Franz-C. Czygan

Biogene Arzneistoffe

Die Autoren

Prof. Dr. A. Baerheim Svendsen
Gorlaeus Laboratoria der Rijksuniversiteit
de Leiden
Postbus 9502
NL-2300 RA Leiden

Dr. med. W. Brüggemann
Hammerstr. 213
D-4400 Münster

Prof. Dr. F.-C. Czygan
Lehrstuhl für Pharmazeutische Biologie
der Universität
Mittlerer Dallenbergweg 64
D-8700 Würzburg

Dr. Beate Diettrich
Martin-Luther-Universität
— Sektion Pharmazie
Weinbergweg 15
DDR-402 Halle/Saale

Prof. Dr. R. Hegmauer
Laboratorium voor Experimentele
Plantensystematiek d. Rijksuniversiteit
Schelpenkade 14a
NL-2313 Leiden

Prof. Dr. H.-D. Klenk
Institut für Virologie der Universität
Frankfurter Str. 107
D-6300 Gießen

Prof. Dr. W. Klingmüller
Lehrstuhl für Genetik der Universität
Universitätsstr. 30
D-8580 Bayreuth

Prof. Dr. K.-H. Kubeczka
Lehrstuhl für Pharmazeutische Biologie
der Universität
Mittlerer Dallenbergweg 64
D-8700 Würzburg

Prof. Dr. M. Luckner
Martin-Luther-Universität
— Sektion Pharmazie
Weinbergweg 15
DDR-402 Halle/Saale

Prof. Dr. Dr. h. c. (mult.) K. Mothes
Hoher Weg 23
DDR-402 Halle/Saale

Dr. Dr. A. Prinz
Hygiene-Institut der Universität
Kinderspitalgasse 15
A-1095 Wien

Priv.-Dozent Dr. O. Schieder
Max-Planck-Institut für Züchtungs-
forschung
D-5000 Köln-Vogelsang

Dr. W. Schiefenhövel
Max-Planck-Institut für Verhaltens-
physiologie
D-8131 Seewiesen

Prof. Dr. E. Sprecher
Lehrstuhl für Pharmakognosie
der Universität
Bundesstr. 43
D-2000 Hamburg

Prof. Dr. E. Teuscher
Ernst-Moritz-Arndt-Universität
— Sektion Pharmazie
Ludwig-Jahn-Str. 17
DDR-22 Greifswald

Biogene Arzneistoffe

Entwicklungen auf dem Gebiet
der Pharmazeutischen Biologie,
Phytochemie und Phytotherapie

Herausgegeben
von
Franz-C. Czygan

Friedr. Vieweg & Sohn   Braunschweig / Wiesbaden

CIP-Kurztitelaufnahme der Deutschen Bibliothek

Biogene Arzneistoffe: Entwicklungen auf d. Gebiet d.
pharmazeut. Biologie, Phytochemie u. Phytotherapie /
hrsg. von Franz-C. Czygan. — Braunschweig; Wiesbaden:
Vieweg, 1984.

NE: Czygan, Franz-Christian [Hrsg.]

Satz: Vieweg, Braunschweig
Druck: Lengericher Handelsdruckerei, Lengerich
Buchbinderische Verarbeitung: Hunke & Schröder, Iserlohn
Softcover reprint of the hardcover 1st edition 1984

ISBN-13: 978-3-322-83169-9   e-ISBN-13: 978-3-322-83168-2
DOI: 10.1007/978-3-322-83168-2

Dieses Buch widme ich allen den Studenten
und Mitarbeitern, die mich im Hörsaal und
im Labor durch oft unkonventionelle Fragen
und Diskussionen angeregt, provoziert und
gezwungen haben nachzudenken.

Vorwort des Herausgebers

Naturalia non sunt turpia
(Euripides)

Als mich vor wenigen Jahren Herr Albrecht A. Weis, Lektor im Vieweg-Verlag, fragte, inwieweit ich bereit sei, an einem Buch über einzelne Fragen und Probleme der Pharmazeutischen Biologie im weitesten Sinne mitzuarbeiten, war ich zunächst recht zurückhaltend. Auf den Wogen der „Grünen Bewegung" war vieles, von biodynamischer Ernährung bis zu natürlichen Heilkräften aus dem Arzneigarten der Natur, aktuell. Berufene und meist weniger Berufene schrieben Heilpflanzenbuch um Heilpflanzenbuch — meist voneinander ab. Nach erneuten Gesprächen zu Beginn des Jahres 1981, die mich davon überzeugten, daß der Verlag eine — zumindest im deutschen Sprachraum — bisher noch nicht erschienene Publikation erwartete, stimmte ich zu, in Zusammenarbeit mit fachkundigen Kollegen das Buch „Biogene Arzneistoffe — Entwicklungen auf dem Gebiet der Pharmazeutischen Biologie, Phytochemie und Phytotherapie" herauszugeben.

Ziel dieses Buches sollte und soll es sein, unterschiedlichste Aspekte der Grundlagenforschung, aber auch der Angewandten Forschung dieses Gebietes zu erfassen und dem naturwissenschaftlich und medizinisch Interessierten aufzuzeigen. Diese Publikation soll darüber hinaus dem auf einzelne Bereiche spezialisierten Fachmann die Möglichkeit geben, Entwicklungen im Umfeld seiner Forschungen verfolgen zu können. Gerade die Fähigkeit vieler Wissenschaftler, eigene, oft notwendigerweise sehr spezielle Untersuchungen in einen weiteren Rahmen zu stellen, ist häufig wenig ausgebildet. Zu leicht besteht heute die Gefahr, daß Forscher zu gelehrten Ignoranten werden. „Barbaren des Spezialistentums" nennt sie Ortega y Gasset in seinem philosophischen Werk „Aufstand der Massen".

Die enge Verknüpfung von Theorie und Praxis, die hier wie selten in einem Bereich der Wissenschaft augenscheinlich ist, läßt einerseits den Bogen der Thematik weit spannen von der Historie der Arzneistoffe über ihre Produktion und Regulation durch verschiedene biologische Systeme bis zur Ethnomedizin und zu den Methoden zur Aufklärung der stofflichen Strukturen. Andererseits verführt natürlich die Fülle der Fragen und Einzelbereiche dazu, den Themenbogen zu überspannen. Es blieb daher der herausgeberischen Freiheit überlassen, wo richtungsweisende Akzente und Zukunftsentwicklungen betont werden sollten. Dieser Freiraum stand nicht nur dem Herausgeber, sondern auch den Autoren der verschiedenen Artikel zur Verfügung. Bewußt wurden sie nicht in ein Schema gezwängt. Gerade in den einzelnen Referaten sollten die Schwerpunkte, ausgehend von den vorgegebenen Themen, unterschiedlich gesetzt werden.

Sicherlich ist das eine oder andere Teilgebiet, das sich mit biogenen Arzneistoffen befaßt, zu wenig oder gar nicht behandelt worden. Das mag an persönlichen Vorlieben des Herausgebers, vielleicht auch an seiner Vergeßlichkeit liegen. Der „Mut zur Lücke" sei hier zitiert.

Ein Hinweis noch zu einer — wie es manchem scheinen mag — Äußerlichkeit dieses Buches. Es ist in deutsch geschrieben. Für wissenschaftliche Bücher heute fast schon eine Ausnahme. Ich meine aber, wir sollten nicht vergessen, wie eng die Sprache eines Kulturkreises mit dessen geschichtlicher Entwicklung und Lebensfähigkeit verknüpft ist. Bei der sicherlich notwendigen Nutzung von Englisch als *lingua franca* in Wissenschaft und Technik sollte diese Sitte nicht zu einem Pseudo-Internationalismus, zu einem Chauvinismus mit umgekehrten Vorzeichen führen. Die Erfahrung zeigt, daß gute und wichtige Publikationen in Deutsch auch von Anglophilen gelesen werden.

Schließlich sei noch eine Bemerkung zur Frage erlaubt, inwieweit es auch für die Erforschung neuer Arzneipflanzen bereits 5 Minuten *nach* 12 Uhr ist. Viele der auf der Erde vorkommenden Pflanzen und Tiere sind pharmakologisch bis heute noch gar nicht untersucht. Man schätzt, daß z.B. in den etwa 260 000 bekannten Blütenpflanzenarten noch mehrere Tausend Substanzen unentdeckt sind, von denen möglicherweise viele neue Strukturen besitzen und damit potentiell bisher unbekannte Arzneistoffe darstellen. Es muß daher immer wieder — und dazu soll auch dieses Buch beitragen — aus sehr *rationalen* Gründen auf die Bedeutung dieser Organismen (ähnliches gilt auch für Meeresbewohner) und auf ihre Bewahrung hingewiesen werden. Nicht zuletzt ist ihr Erhalt eine Grundbedingung für die Verbesserung des Gesundheitswesens mancher Länder der Dritten Welt.

Die Herausgabe dieses Buches war ohne die Hilfe und Mitarbeit vieler nicht möglich. Ich bedanke mich bei Herrn Albrecht A. Weis, Lektor im Vieweg-Verlag, Wiesbaden, für sein verständnisvolles Eingehen auf meine Wünsche. Den Autoren dieses Buches bin ich für die Erfüllung vieler meiner Bitten zu Dank verbunden. Frau Almuth Krüger danke ich für das Zeichnen der Formeln und meiner Sekretärin Frau Christa Schoor für die Herstellung der druckfertigen Reinschriften der Manuskripte und für das unermüdliche Korrekturlesen. Meiner Frau und meinen drei Söhnen danke ich für die Geduld, die sie ihrem Mann und Vater entgegenbrachten, wenn er mürrisch und nicht ansprechbar Manuskripte und Korrekturfahnen am Wochenende bearbeitete.

Franz-C. Czygan

Würzburg, den 13. Juli 1983

Postskriptum zum Vorwort

Bei den Arbeiten zur Herausgabe dieses Buches erreichte mich die Nachricht vom Tode Kurt Mothes (3.11.1900 bis 12.2.1983). Prof. Dr. Dr. h.c. mult. Kurt Mothes war der Nestor der Biochemie der Pflanzen, der Begründer einer biochemisch ausgerichteten Pharmakognosie, der Förderer einer modernen Pharmazeutischen Biologie. Für viele von uns jüngeren Arzneipflanzenforschern war er es, der uns Anfang der sechziger Jahre das faszinierende Gebiet des Sekundärstoff-Stoffwechsels nahe brachte. Darüber hinaus war mir der durch viele Tiefen und Höhen geprägte Mensch Leitbild, der sein Wissen und seine Weisheit nie nutzte, um sich in den Elfenbeinturm der Wissenschaft zurückzuziehen. Er wich den Forderungen und Ansprüchen seiner Gesellschaft nicht aus. Er stellte sich ihnen aber auch entgegen, wenn er es für richtig hielt und wenn er es mit seinem Gewissen vereinbaren konnte. Kurt Mothes hat immer den *Charakter eines Forschers seinen wissenschaftlichen Leistungen und seiner Intelligenz an die Seite gestellt.* Vom Standpunkt der Menschenwürde und des Ethos aus betrachtet sollten diese drei Eigenschaften auf gleicher Ebene liegen. Kurt Mothes war wirklich ein Professor, ein Bekenner. Und zum Bekennen gehören Charakter, Standfestigkeit und Mut. In seinem Dank für die Feierliche Ehrung zu seinem 80. Geburtstag durch die Martin-Luther-Universität in Halle sagte er: „Und so habe ich nie gefragt, ob einer, der bei uns arbeiten wollte, in seiner Eigenart zu der meinen paßt, sondern mir war es recht, wenn es sehr verschiedene Charaktere waren, *nur anständig mußten sie sein.*" Und an anderer Stelle: „Erst in einem Institut mit einer durch den Charakter und der erwiesenen Leistung geschaffenen Atmosphäre wird es möglich sein, auch all die anderen zu integrieren, die notwendig sind, eine international angesehene Stellung zu schaffen."

Kurt Mothes wissenschaftliches Interesse blieb ihm bis zum Lebensende erhalten. Den letzten Brief, den ich in seiner charakteristischen Handschrift erhielt, schrieb er mir kurz vor seinem Tod. Voller Aktivität machte er Vorschläge für unser Buch. Meisterhaft hat er in seinem Beitrag die Geschichte der Arzneistoffe skizziert. Er als *homo historicus* wußte, daß man die Gegenwart, aber auch die Zukunft nur versteht, wenn man die Vergangenheit kennt. Bis zuletzt war mir Kurt Mothes ein engagierter Ratgeber, der dem Jüngeren seine Meinung nicht aufdrängte, der sie ihm nahe brachte, gut und überzeugend begründet.

Ein überragender Forscher, ein überzeugter und seine Schüler überzeugender und begeisternder Lehrer und schließlich ein Mensch, der sich in seinem Leben immer der Humanitas verbunden fühlte, hat ein reiches und erfülltes Leben beschlossen. Vielleicht können wir das Andenken an Kurt Mothes dadurch in Ehren halten, daß wir versuchen, die uns anvertrauten Studenten und Mitarbeiter in seinem Sinne zu erziehen.

Auch dieses Buch soll und wird dazu beitragen, daß Kurt Mothes und seine Leistungen der wissenschaftlichen Welt in Erinnerung bleiben.

Franz-C. Czygan

Einleitung des Herausgebers

Franz-C. Czygan

Arzneistoffe und aus ihnen hergestellte Arzneimittel stehen als wissenschaftliche Objekte im Mittelpunkt der Pharmazie. Eines ihrer Teilgebiete ist neben der Pharmazeutischen Chemie, der Pharmazeutischen Technologie und der Pharmazeutischen Pharmakologie die Pharmazeutische Biologie. Sie beschäftigt sich mit solchen Arzneistoffen, die von Mikroorganismen, höheren Pflanzen und Tieren, produziert werden, die damit „biogen" sind.

Der Begriff „Pharmazeutische Biologie" ist neu. Er wurde am 23. August 1971 mit dem Erlaß der derzeit gültigen Approbationsordnung für Apotheker in der Bundesrepublik Deutschland amtlich eingeführt. Damit löste er gleichzeitig die nicht mehr dem Inhalt dieser Disziplin gerecht werdenden Bezeichnung „Pharmakognosie" ab.

Verwendet wurden sicherlich biogene Arzneimittel schon lange vor Beginn unserer Geschichtsschreibung irgendwann am Anfang der Menschheitsentwicklung. Krankheiten waren immer unabänderliche Begleiter des *Homo sapiens.* Sie zu lindern, bemühte er sich. Dazu stand ihm seine Umwelt mit ihrer lebenden und toten Fülle zur Verfügung. Aus diesem Angebot auszusuchen und auszuprobieren, was heilte und was half, war das Bemühen unserer Vorfahren. Diese Versuche waren erfolgreich, wie Pollenanalysen von Wohnstätten der Steinzeitmenschen zeigten. Hier konnten auffallend viele Pflanzen nachgewiesen werden, die Alkaloide und Ätherische Öle enthielten, typische Arznei- oder Heilpflanzen. Sobald der Mensch zu schreiben verstand, legte er sein Wissen über Arzneimittel auf Tontafeln in Keilschrift, auf Papyrusrollen in Hieroglyphen oder auf Reispapier in chinesischen Tuschezeichnungen nieder. Es gibt wohl keinen Kulturkreis in Ost und West, diesseits und jenseits des Meeres, von dem wir nicht Rezepte mit pflanzlichen, tierischen oder mineralischen Arzneimitteln kennen. Waren es die analgetisch und halluzinogen wirkenden, Atropin und Scopolamin enthaltenden Solanaceen *Atropa belladonna* und *Hyoscyamus niger* als Schmerzmittel der Römer oder als Ingredienzien der Hexensalben des Mittelalters; waren es die Alkaloide des Mutterkorns, die in den letzten Jahrhunderten manche Epidemie verursachten, heute aber aus dem Behandlungsschatz des Arztes als Mittel gegen Migräne und als Therapeutikum der Gynäkologie nicht mehr wegzudenken sind. Nicht zuletzt sind Entdeckung, Entwicklung und erfolgreiche Anwendung der Penicilline ein Ruhmesblatt in der Geschichte des menschlichen Geistes.

Die Entwicklung synthetischer Arzneistoffe gegen Ende des vorigen und bis Mitte unseres Jahrhunderts schien biogene Arzneimittel zurückzudrängen. Heute sind jedoch 40% bis 50% der in Apotheken verkauften Präparate pflanzlicher, mikrobieller oder tierischer Herkunft. Oft haben auch Heilmittel aus der Retorte ihre Vorbilder in Naturstoffen (z.B. wurden aus Kokain Lokalanästhetika, aus Cumarin Antikoagulantien, aus Morphin Analgetika und aus Scopolamin Spasmolytika abgeleitet). Aktiver denn je ist seit etwa 1950 die Forschung auf dem Gebiet der Biologie und Biochemie von Naturstoffen, besonders solcher pflanzlicher Naturstoffe, die als Arzneimittel Verwendung finden können. Es war insbesondere Kurt Mothes (Halle/Saale), der mit seiner Schule vor allem durch Studien auf dem Gebiet der Alkaloide die moderne Erforschung biogener Arzneistoffe entscheidend geprägt hat.

Aber nicht nur pflanzliche Naturstoffe sind in den letzten Jahren auf ihre Bedeutung als Arzneistoffe untersucht worden (z.B. enthielten von 114 000 zwischen 1960 und 1980 geprüften Pflanzenextrakten 4,3 % cytotoxische Prinzipien). Ähnliche Forschungsprogramme wurden auch für die Analyse von Meeresorganismen aufgestellt. Allerdings entsprachen die Ergebnisse — zumindest bis zum heutigen Zeitpunkt — nicht den Erwartungen. Man fand zwar viele Stoffe mit neuen Strukturen; aber nur in wenigen Fällen (z.B. Prostaglandine der A-Reihe in der Hornkoralle *Plexaura homomalla* in einer Konzentration von 1,5 %) waren die Resultate praktisch verwertbar.

Häufig sind biogene Arzneistoffe sogenannte „Sekundärstoffe", Metaboliten also, die dem Grundstoffwechsel der Organismen ferner stehen. Bei der Erforschung dieser Sekundärstoffe spielen biochemisch-stoffwechselphysiologische Fragen nach ihrem Auf-, Um- und Abbau im Organismus des Produzenten eine Rolle. Das Vorkommen, die Verteilung und die Biosynthese der Sekundärstoffe innerhalb der einzelnen Organe, innerhalb der Gewebe, Zellen und Zellorganellen, ihre Abhängigkeit vom pflanzlichen Entwicklungszustand, aber auch ihre Verteilung innerhalb der verschiedenen systematischen Kategorien (Chemotaxonomie) werden untersucht. Fragen nach der pharmakologischen Wirkung der Sekundärstoffe werden in Kooperation mit Pharmakologen beantwortet.

Schließlich bearbeiten seit einiger Zeit verschiedene Laboratorien Probleme der Produktion von Arzneistoffen durch „verbesserte" oder „neu synthetisierte" Organismen. Das geschieht nicht nur durch genetische Manipulation von Bakterienzellen („*genetic engineering*"), sondern auch durch mutagene Veränderung des Erbmaterials von isolierten Zellen höherer Pflanzen, die dann direkt oder nach somatischer Hybridisierung von Protoplasten zu neuen Pflanzen regenerieren.

Grundlage dieser Forschungen muß jedoch eine ausgefeilte qualitative und quantitative Analytik der Substanzen und ihre exakte Strukturbestimmung sein. So wurden in den letzten Jahren Verfahren mikroanalytischer Art speziell zum Nachweis von Nanogramm-Mengen in Pflanzenzellen entwickelt, die den gesamten Bereich der Naturstoff-Forschung entscheidend beeinflußt haben. Erinnert sei an schonende Extraktionsmethoden mit überkritischen Gasen, chromatographische Trennverfahren wie die Dünnschicht-, Hochdruckflüssigkeits- und Gaschromatographie, an spektrometrische Verfahren zur Strukturaufklärung wie die UV-, IR- und vor allem die Protonen- und ^{13}C-Kernresonanzspektroskopie, sowie die Massenspektroskopie, um nur die wichtigsten zu nennen. Hinzu kommen in jüngster Zeit hochspezifische und höchstempfindliche Methoden wie der Radioimmunassay, mit dessen Hilfe zum Beispiel der Herzglykosidgehalt einer einzigen Zelle meßbar wird. Außerdem ist nur dank dieser optimierten Verfahren eine in der Phytotherapie (= medizinische Behandlung mit biogenen Arzneistoffen oder Arzneipflanzenpräparaten) notwendige Standardisierung pflanzlicher Zubereitungen möglich.

Selbstverständlich umfassen die Forschungen mit „biogenen Arzneistoffen" neben den Untersuchungen ihrer Biologie und Biochemie, Chemie und Analytik, sowie ihrer Pharmakologie und medizinischen Anwendung besonders im Bereich der pflanzlichen Sekundärstoffe noch weitere Gebiete. So u.a. die Systematik von Arzneipflanzen und Drogen (dabei sind „Drogen im klassischen Sinne" getrocknete, arzneilich verwendete Teile von Pflanzen und Tieren, nicht „Rauschdrogen" im Sinne halluzinogener Substanzen), oder die Selektion und Kultur besonders hochwertiger Rassen, oder die „Materia medica" der verschiedenen Erdteile, um möglichst alle Heilpflanzen-Reservoire auszuschöpfen. Immerhin schätzt man, daß höchstens 10 % der auf der Erde vorkommenden Heilpflanzen bisher intensiv untersucht worden sind.

Welche Entwicklungen läßt der heutige Stand der Erforschung biogener Arzneistoffe für die Zukunft erwarten. Meines Erachtens werden folgende Forschungsrichtungen das Bild dieses im Spannungsfeld von Biologie, Pharmazie und Medizin liegenden Arbeitsgebietes prägen:

1. Die Produktion von mehr, besseren und neuen Arzneistoffen durch biologische Systeme

   sei es durch die Erzeugung neuer Arzneipflanzen
   — nach den klassischen Methoden der Züchtungsforschung,
   — nach Regeneration aus genetisch veränderten Zellen,
   — durch Fusion von Protoplasten und anschließender Induktion der Verschmelzungsprodukte zu somatischen Hybridpflanzen,
   — durch Gen-Übertragung von Eukaryoten- auf Eukaryoten-Zelle bzw. von Prokaryoten- auf Eukaryoten-Zelle,

   sei es durch die Erzeugung neuer Mikroorganismen
   — nach Verfahren des „genetic engineering",

   sei es durch den Einsatz von pflanzlichen, tierischen und mikrobiellen Zellkulturen
   — als direkte Produzenten von Arzneistoffen,
   — als Agentien, die zugesetzte Substanzen zu erwünschten Verbindungen biotransformieren,
   — als Lieferanten von Enzymen oder Enzymsystemen, die Arzneistoffe auf- oder umbauen,

   sei es mit Hilfe noch neu zu entdeckender Arzneistoffproduzenten aus dem Bereich der Tiere, Pflanzen und Mikroben.

2. Die Klärung von Regulation und Steuerung des Sekundärstoff-Stoffwechsels und seiner molekular-biologischen Beziehungen zum Grundstoffwechsel in Mikroorganismen, Zellkulturen, Organkulturen und in höheren Pflanzen.

3. Die Entwicklung weiterer Analysen-Methoden zur Identifizierung, Strukturaufklärung und Gehaltsbestimmung alter und neuer Naturstoffe.

4. Der Aufbau neuer pharmakologischer Methoden, um auch Arzneistoffe oder Arzneimittel (z. B. Phytotherapeutika) mit schwachen Langzeitwirkungen zu erfassen. Das Netz der meisten heute benutzten pharmakologischen Wirkungstests ist zu weitmaschig. Nur stark wirksame Reinsubstanzen werden erfaßt. Hier müssen vor allem solche biologische Verfahren entwickelt werden, die die Wirkungen auch prophylaktisch einsetzbarer Arzneimittel erkennen lassen.

Diese Ausführungen machen deutlich, daß das im Buch „Biogene Arzneistoffe" behandelte Gebiet in besonderer Weise Grundlagenforschung mit Angewandter Forschung verknüpft. Es sind die zwei Seiten einer Medaille. Gerade der sich bei uns in Deutschland (anders als in den angelsächsischen Ländern) über viele Forschergenerationen hinziehende Disput um Wichtigkeit und Wertigkeit von Theorie und Praxis wird hier *ad absurdum* geführt. Angewandte Forschung ist ohne theoretische Grundlagen nicht möglich. Umgekehrt hat aber auch die Grundlagenforschung aus der Anwendung unschätzbare Impulse erhalten.

Zur Wissenschaftsgeschichte der biogenen Arzneistoffe[*]

Kurt Mothes

Bewußt wird im Titel dieses Beitrages von Arznei*stoffen*, also von chemisch definierten Substanzen, und nicht von Arznei*mitteln* gesprochen. Diese haben ganz ohne Frage seit Beginn der Kulturgeschichte eine große, wenn auch oft verschwommene Rolle im medizinisch-therapeutischen Handwerk gespielt. Arzneistoffe haben dagegen erst mit den Anfängen der Chemie das wissenschaftliche Interesse der Medizin gefunden. An der Schwelle zu dieser *Iatrochemie* (*iatro*, griechisch = die Heilkunde betreffend) steht Paracelsus (1493—1541).

Unter diesem Namen wirkte Theophrastus Bombastus von Hohenheim, der einerseits in der Alchemie des Mittelalters verankert und mit seiner Signaturenlehre noch ganz vergangenen Zeiten zuzuordnen war. Andererseits aber kritisierte er in revolutinärer Weise das Überkommene und sah in solch großen Männern wie Aristoteles, Avicenna und Galen nur Verführer, deren ideologischer Herrschaft zu begegnen sei, indem man jetzt mit den Methoden der Chemie in den Heilpflanzen, in den daraus gefertigten einfachen Abkochungen, Extrakten und Tinkturen nach den darin enthaltenten *Arkana*, den wirksamen Prinzipien, suchen müsse. Das klang ausgesprochen fortschrittlich und wird auf die Zeitgenossen einen hoffnungsvollen Eindruck gemacht haben. So wurde diese Pflanzenchemie durch Thurneysser (1531—1596), Libavius (1540—1616), van Helmont (1577—1644) und anderen ausgebaut. Es wurden immer reinere Destillate und auch kristallisierbare Substanzen erhalten. Die Destillierkunst wurde technisches Allgemeingut, das eigentliche Forschen ging allerdings wieder verloren. So sah man mit einer gewissen Verwunderung, daß bei trockener Destillation alle benutzten Pflanzen ähnliche Produkte ergaben. Das schien den Voraussagen des Paracelsus zu widersprechen. Nur wenige Ausnahmen waren wirkliche Fortschritte der chemischen Präparierkunst und der Analytik. So entdeckte Agricola (1494—1555), daß durch trockene Destillation von Bernstein Bernsteinsäure entstand, Nostradamus (1503—1566) und Pedemontanus (um 1550) gewannen aus Benzoe Benzoesäure. Aber, wenn auch die erhaltenen Präparate durch Wiederholung der Experimente als rein erkannt wurden, fehlten doch die Methoden der Chemie, um die Stoffe genauer zu charakterisieren.

Es ist erstaunlich, daß durch die Verbreitung der Buchdruckerkunst zwar eine Vielzahl von meist noch lateinisch verfaßten Kräuterbüchern und iatrochemischen Werken verfaßt wurde, daß aber ihr Inhalt nichts Neues brachte. Sie erstarrten in den aristotelischen Anschauungen, gegen die eben noch polemisiert worden war.

Man darf nicht übersehen, daß sich in diesem großen Schrifttum auch manche Perle verbirgt. Ich will als ein Beispiel Joachim Jungius (1587—1657) erwähnen, einen der originellsten, aber auch umstrittensten, zum Teil erst nach seinem Tode gedruckten Schriftsteller, den ich nach Julius Sachs (1875) zitiere: „Ganz anders faßt Jungius, ge-

---

[*] „Professor Butenandt anläßlich seines 80. Geburtstags in Freundschaft. Kurt Mothes.“

stützt auf thatsächliche Wahrnehmungen, die Sache auf. Zunächst sei es möglich, sagt er, daß die aufsaugenden Öffnungen der Wurzeln so organisirt sind, daß sie nicht jede Art von Saft eintreten lassen und wer wolle sagen, daß die Pflanzen die Eigenthümlichkeit besäßen, überhaupt nur das ihnen Nützliche anzuziehen, denn sie haben ebenso, wie die anderen lebenden Wesen ihre Ausscheidungen, welche durch Blätter, Blüthen und Früchte ausgehaucht werden. Zu diesen rechnet er aber auch die Harze und sonstigen austretenden Flüssigkeiten und endlich könne es geschehen, daß wie bei den Thieren, ein großer Teil des Saftes durch unmerkliche Ausdunstung entweiche".

Jungius schrieb also den Pflanzen, ganz im Gegensatz zu Aristoteles, eine chemische Tätigkeit zu, die zur Bildung von Exkrementen führen könne.

Schließlich wird dieser Gegensatz zu aristotelischem Denken auch bei anderen bedeutenden Gelehrten deutlich wie bei Johann Baptist van Helmont (1577–1644). Nach ihm entstehen alle pflanzlichen Stoffe aus Wasser, während Aristoteles alle Stoffe der Erde entnehmen und nur durch das Wasser zuführen läßt: „Wieviele Geschmäcker in den Fruchthüllen, soviel walten offenbar auch in der Erde."

Es kann keinem Zweifel unterliegen, daß Paracelsus Ideen verfolgte, deren Realisierung von der Entwicklung der Chemie selbst abhing. Er war in seinen Gedanken seiner Zeit weit voraus. Eine Chemie, die ihm helfen konnte, gab es noch nicht. Und er selbst konnte die Entwicklung der Chemie nicht fördern. Diese entstand aus einer anderen Wurzel. Das war die *Phlogiston-Theorie*. Als ihre Begründer standen nicht mehr nur Mediziner Pate, sondern auch Physiker und erstmalig Chemiker. Ich nenne nur Robert Boyle (1627–1691), den Physiker Edme Mariotte[1]) (1620–1684) und vor allem Georg Ernst Stahl (1660–1734). Der besondere Gegenstand ihrer Aufmerksamkeit war der Verbrennungsvorgang. Dieser hatte zunächst zur Medizin keine Beziehung, war aber ganz allgemein von so zentraler Bedeutung für die Stoffwandlung, daß — soweit von Chemikern gesprochen werden konnte — diese sich im nächsten Jahrhundert noch zu dieser Theorie bekannten, obwohl sie falsch war und aufgegeben werden mußte. Aber nicht selten in der Geschichte der Naturwissenschaften hat eine im Grunde fehlerhafte und heute vielleicht naiv und sehr einseitig erscheinende Auffassung zu einer allgemeinen und ausgesprochen fruchtbaren Entwicklung geführt. So kam es, daß immer mehr Chemiker durch immer geschicktere Handhabung analytischer Methoden in der Absicht, die Theorie zu bestätigen, sie widerlegten. Ich möchte hier nur auf eine solch großartige Persönlichkeit wie Scheele (1742–1786) hinweisen, der ohne akademische Ausbildung eine ganze Reihe von organischen Säuren entdeckte und charakterisierte (z. B. Weinsäure, Oxalsäure, Äpfelsäure, Milchsäure, Citronensäure, Gallussäure) und entscheidend zur Theorie der Säure überhaupt beitrug.

Am Beginn dieser neuen Zeit, der eigentlichen Geburt der antiphlogistischen Chemie, stand der große Lavoisier (1743–1794). Mit ihm und seinen Zeitgenossen Priestley (1733–1804), Ingen-Housz (1730–1799) u. a. war plötzlich, man darf bei den schwierigen Verkehrsverhältnissen, den schnell aufeinanderfolgenden Revolutionen, den noch unzulänglichen Publikationsbedingungen und anderen Hemmnissen sagen, fast über Nacht die eigentliche Chemie entstanden. Diese diente nun nicht mehr bevorzugt den Bedürfnissen der Medizin. Auch waren es nicht mehr in erster Linie Ärzte, die ein chemisches Interesse entwickelten. Vor allem stellten sich Pharmazeuten ein, aber ohne innere Verbindung zu dem fast vergessenen Paracelsus. Und schon bildeten sich verschiedene Rich-

---

[1]) Mariotte war bereits zu der Auffassung gekommen, daß die Pflanzen die zahlreichen Stoffe, die sie offenbar enthalten, auch selbst synthetisieren aus nur wenigen Nahrungsstoffen, die sie der Erde entnehmen.

tungen aus. Einige Chemiker widmeten sich der Mineralogie oder den Problemen der Verhüttung, andere pflanzlichen Vorgängen wie Ingen-Housz und Saussure (1767 bis 1845), den Czapek „vielleicht als den größten Pflanzenbiochemiker" (Biochemie der Pflanzen, 2. Aufl., S. 15) vorstellte; dann waren da Liebig (1803—1873) und Boussingault (1802—1887), die die Grundlagen einer Ernährungs- und Düngerlehre für die Landwirtschaft schufen, wieder andere erstellten die Fundamente einer Allgemeinen Chemie. Diskussionen über Bindung, Wertigkeit spielten eine große Rolle und nicht zuletzt die Erörterung über Grenzen zwischen anorganischer und organischer Chemie.

Ähnlich wie in unserer Zeit die molekularbiologischen Entdeckungen einen neuen Zugang zu bisher verschlossenen Problemen eröffnen und eine starke Anziehung auf harte Kost nicht verschmähende junge Biologen, Chemiker und Physiker ausgeübt haben, wurde die Befreiung von ideologischem Ballast um die Wende vom 18. zum 19. Jahrhundert zu einem entscheidendem Impuls bei der Chemie der Arzneistoffe. Die Fragestellungen gewannen an Klarheit, die quantitative und experimentelle Behandlung der chemischen Vorgänge erleichterten die Bestätigung, die Kritik oder Erweiterung der Befunde; die Schaffung reproduzierbarer Methoden der Extraktion und Präparation ließ überhaupt erst eine Verständigung und sachliche Diskussion zu. Ein gewisser Enthusiasmus führte in kurzer Zeit zur Anhäufung zuverlässiger Ergebnisse. Was Paracelsus gefordert hatte, ging nach 200 Jahren in Erfüllung. Jedoch findet sich in kaum einer der neuen Veröffentlichungen ein Bezug auf Paracelsus. Die nun entstehende Chemie der Arzneistoffe war ein originell gewachsener Zweig der Chemie. Die Zeit war endlich reif dafür.

Die Verlockung, auf diesem sich öffnenden wissenschaftlichen Feld bald hier, bald da herumzugraben, war sehr stark, so daß viele Forscher oder Entdecker als sehr vielseitige Persönlichkeiten erscheinen. Nur wenige haben längere Zeit an ein und derselben Stelle lange und mit Konsequenz gebohrt. Das versuche ich deutlich zu machen durch einen Hinweis auf Sertürner (1783—1841). Er war, vaterlos und mittellos geworden, mit 16 Jahren in die Cramersche Apotheke zu Paderborn als Lehrling eingetreten. Mit 20 Jahren legte er sein Gehilfenexamen ab, und zwar mit solchem Erfolg, daß ihm die Geschäfte einer Apotheke anvertraut werden konnten. Bereits in dieser Zeit widmete er sich dem Opium, das damals als schmerzstillendes und narkotisches Mittel unentbehrlich in der Medizin war. Die Wirkungsunterschiede der im Handel befindlichen Opium-Präparate ließen ein in ihm enthaltenes *principium somniferum* vermuten, das bei gelingender Reindarstellung die Therapie auf eine gesicherte Basis stellen könnte. Arbeiten über das Opium waren an verschiedenen Orten im Gange. Ein später von der Pariser Akademie an Sertürner verliehener Preis hat die Frage nach dem Entdecker des Morphins wohl entschieden. Man darf nicht übersehen, daß Sertürner (so wie Scheele) niemals eine Universität besucht hat, daß er über wenig Literatur verfügte und unter beengenden Bedingungen lebte, daß er zunächst auf falschem Wege war, indem er in der Opiumsäure (Mekonsäure) das *magisterium opii* glaubte gefunden zu haben, daß er diese Vorstellung aber schnell wieder aufgab. Und es erscheint mir unwichtig, daß Sertürner in seinen ersten Publikationen einen oft weitschweifigen und manchmal verworrenen Stil geschrieben hat. Das gehört noch zum Brauch dieser zu Ende gehenden Zeit. Obwohl Sertürner vermutete, daß es noch andere alkalische Stoffe im Pflanzenreich geben könnte, und obwohl er selbst sich über das Prinzip der Chinarinde, der Angosturarinde u. a. äußerte, wandte er sich der „tierischen Kohle", dem Borax, dem Studium besserer Geschütze und Geschosse und dem Erreger der Cholera zu, in dem er „*ein giftiges, belebtes, also ein sich selbst fortpflanzendes belebendes Wesen*" sah (vgl. Krömeke, 1925).

Gewiß ist Sertürner über die Reindarstellung des Morphins nicht hinausgekommen. Das genügte für die Herstellung eines immer gleichartigen Präparats. Eine Strukturformel oder gar eine Synthese des Stoffes lag noch lange außerhalb der gegebenen Möglichkeiten.

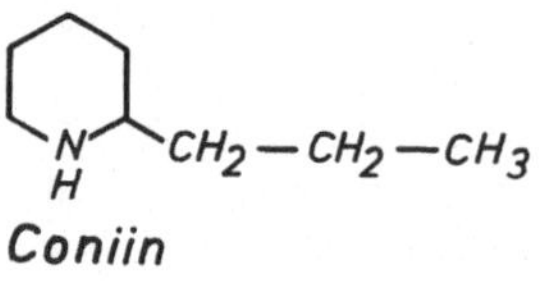

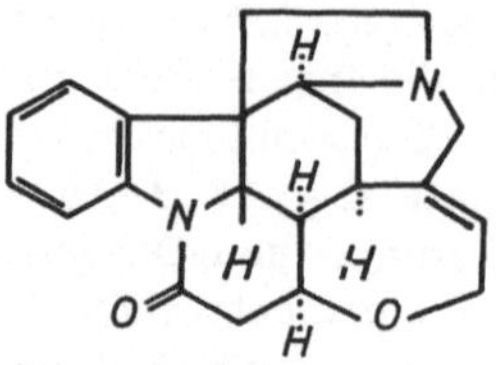

Coniin

Strychnin

Bild 1
Coniin (aus dem Schierling, *Conium maculatum*) wurde 1880 von A. Ladenburg als erstes Alkaloid synthetisiert. Das kompliziert aufgebaute Strychnin (aus den Samen von *Strychnos nux-vomica*) wurde 1954 von R. B. Woodward „konstruiert"

In dieser Periode einer beginnenden Alkaloidforschung konnte es sich nur um die Entdeckung, Reindarstellung und grobe Charakterisierung eines Stoffes handeln.

So wurde das Coniin (Bild 1) bereits 1826 von Giesecke (1761—1833) und 1831 von Geiger (1785—1836) als Alkaloid erkannt, aber erst 1884 von Ladenburg (1842—1911) synthetisiert, obwohl es sich um eine der einfachsten Pflanzenbasen handelt.

Kompliziertere Alkalode wie das Chinin oder das Strychnin (schon 1820 durch Pelletier, 1788—1842, erkannt) wurden erst 1944 bzw. 1954 durch Woodward (1917—1979) (vgl. Woodward et al., 1954), synthetisiert (Bild 1); das Morphin durch Gates 1952.

So war es also verständlich, daß sich Sertürner selbst um die Chemie und den Charakter des Morphins nicht weiter bemühte. Ihm fehlte der tiefere Einblick in die Entwicklung der Chemie. Ein Hochschulbesuch hätte ihm wahrscheinlich ein vertiefendes Studium seiner Pflanzenbase ermöglicht. So hat 1819 der Hallesche Apotheker Dr. Meissner (1792—1853) nach der Entdeckung des Veratrins in Sabadill-Samen vorgeschlagen, diese Stoffe als *Alkaloide* zu bezeichnen, da sie sich von den bisher als Alkalien beschriebenen Stoffe wohl unterscheiden.

Die Entdeckung des Morphins hat eine große Entwicklung ausgelöst. So darf nicht übersehen werden, daß vor allem in Frankreich einige bedeutsame Funde z. B. durch den Apotheker Pelletier (1788—1842) und durch den Apotheker und Professor der Toxikologie J. B. Caventou (1795—1877) gemacht worden sind (Chinin, Cinchonin, Strychnin, Brucin usw.).

Interessant sind die Bemühungen um charakteristische quantitative oder halbquantitative Methoden. Ich denke z. B. an F. Runge (1794—1867), dessen zweibändiges Werk über *Neueste Phytochemische Entdeckungen* (1820) eine eingehende Verwendung der pupillenerweiternden Wirkung des Atropins bzw. Hyoscyamins bringt. Er setzte sie zu einer schon stark pflanzenphysiologisch ausgerichteten Untersuchung über das Vorkommen dieser Stoffe in *Atropa belladonna*, *Hyoscyamus niger* und *Datura stramonium* ein.

Über das Auftreten solcher *Narkotika* hatten schon vor ihm 1809 Vauquelin (1763—1829), 1810 und 1820 R. Brandes (1795—1842) eine Ahnung. Aber der Begriff Narkotika war sehr unscharf. Man pflegte dazu auch *Conium, Aconitum* und *Ledum* zu rechnen. Der pharmakologische Pupillentest machte klar, daß es sich um ganz verschiedene Substanzen handeln müsse. Erst 1833 hatten Geiger (1785—1836) und Hesse (1802—1850) saubere Atropin/Hyoscyamin-Präparate zur Hand, und Willstätter (1872—1942) lieferte 1897 und 1903 die richtige Formel.

Nun ist Runge weniger wegen dieser Alkaloidarbeiten bekannt geworden, sondern als Entdecker des Anilins, des Phenols, der Rosolsäure, überhaupt als einer der Begründer der Farbenchemie. Er war aber auch biologisch sehr aufmerksam. Sein Hinweis, daß man bei der Feststellung von chemischen Stoffverhältnissen auch die periodischen Veränderungen beachten müsse, begründet er mit den von Heyne (1819) gemachten Beobachtungen, daß *Bryophyllum calycinum* in seinem Vaterland

Indien des Morgens so sauer ist wie Sauerampfer, daß es aber mit dem Fortschreiten des Tages an saurem Geschmack einbüßt, mittags geschmacklos ist und abends sogar bitter. Link habe das bestätigt und auf *Cacalia ficorides*, *Portulacca afra* und *Sempervivum arboreum* ausgedehnt. Der ganze Vorgang ist ohne Zweifel das Resultat „der desoxydierenden Licht- und der oxydierenden Finsterniseinwirkung (Runge)".

Die Chemie war ein offenes Feld, aber zunächst noch zu übersehen. Man fing an verschiedenster Stelle an zu graben. Man hat von den Publikationen der großen Forscher jener Jahre leicht den Eindruck, daß es sich um vielseitige, universelle Persönlichkeiten gehandelt haben müsse. Das ist nur zu einem Teil der Fall gewesen. Zunächst wurde das bearbeitet, was verlockend erschien. Wieviel ins Leere experimentiert wurde, ist natürlich unbekannt. Aber zahlreiche Veröffentlichungen sagen uns, daß auch damals nicht nur Originale und Genies am Werke waren.

Sertürners bahnbrechende Leistung lag eben darin, daß er zeigte, daß sich aus der wechselvollen Wirkung eines Arzneimittels die Notwendigkeit einer Reindarstellung des wirkenden Prinzips ergab. Welche Rolle ein solcher Stoff im Leben der *Pflanze* spielt, mußte vorerst ganz unklar bleiben. Erst 1896 konnte der spätere Nobelpreisträger A. Kossel (1853—1927) in einem Vortrag *Über die chemische Zusammensetzung der Zelle* vor der Berliner Physiologischen Gesellschaft folgendes sagen:

„Ebenso wie die mikroskopische Forschung dahin gelangt ist, daß sie die Zellen alles unwesentlichen Beiwerkes entkleidet hat, daß sie das Gehäuse und die in ihr aufgespeicherten Reservestoffe von den eigentlichen Trägern des Lebens zu trennen weiß, so muß auch die Chemie versuchen, diejenigen Bestandteile herauszusondern, welche in ihm entwicklungsfähigen Protoplasma ohne Ausnahme vorhanden sind und die zufälligen oder für das Leben nicht unbedingt nötigen Zellstoffe als solche zu erkennen. Die Aufsuchung und Beschreibung derjenigen Atomcomplexe, an welche das Leben geknüpft ist, bildet die wichtigste Grundlage für die Erforschung der Lebensprozesse. Ich schlage vor, diese wesentlichen Bestandteile der Zelle als PRIMÄRE zu bezeichnen, hingegen diejenigen, welche nicht in jeder entwicklungsfähigen Zelle gefunden werden als SEKUNDÄRE. Die Entscheidung, ob ein Stoff zu den primären oder sekundären Bestandteilen gehört, ist in manchen Fällen äußerst schwierig."

Nachdem durch die rasante Entwicklung der Chemie sich ihr auch weite Bereiche der Biologie und damit der Medizin und der Landwirtschaft öffneten, ergaben sich neue Arbeitsgebiete. Wohl standen allgemeine Fragen des Stoffwechsel im Vordergrund dieser neuen physiologischen Chemie. Doch waren diese Fragen nicht zu lösen, ohne daß die Naturstoffchemie sich z.B. der Coenzyme annahm. Dazu gab es Hinweise, daß in den höheren Organismen zur Regulation des sich immer komplizierter darstellenden Stoffwechsels Stoffe vorhanden sein müßten, die man später Hormone nannte und die der Nachrichtenübermittlung dienten. Dann wurde man aufmerksam auf die Zusammenhänge zwischen mangelhafter Entwicklung und einer einseitigen Ernährung. Es war also dringend zu klären, welche Stoffe neben den gewöhnlichen Massennährstoffen für die Aufrechterhaltung eines normalen Metabolismus nötig sind (Vitaminproblem).

Daneben wuchs die Suche nach vor allem in Pflanzen vorhandenen Stoffen, die wegen ihrer sehr spezifischen Wirkung auf lebenswichtige Systeme in der Therapie eingesetzt werden könnten. Anderen Chemikern erschien es reizvoll, möglichst komplizierten Naturstoffen nachzugehen, ohne eine gezielte Wirkung auf den Organismus vorauszusehen. Diese Entwicklung ging und geht noch über die ganze Welt.

Da war z.B. Paul Karrer (1889—1971), ein stiller, in sich gekehrter Schweizer (*„zunächst beobachten, denken und dann erst sprechen"*). Er kam früh zu Paul Ehrlich (1854—1915) nach Frankfurt a.M., wo er nach dem Tod seines Meisters die chemische Abteilung des Georg-Speyer-Hauses übernahm. Nach wenigen Jahren kam er nach Zürich zurück. Karrer war geradezu unwahrscheinlich fleißig. Seine Arbeiten über Kohlenhydrate, insbesondere auch über Zellwandstoffe, seine Untersuchungen über Anthocyane, Riboflavine und Carotinoide, die zur Isolation von Vitamin A (Bild 2), zur ersten Vi-

β-Carotin

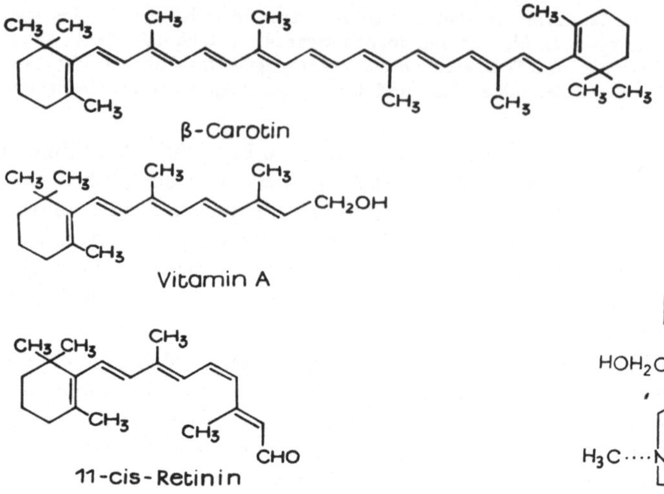

Vitamin A

11-cis-Retinin

Bild 2 Im Menschen wird das pflanzliche β-Carotin (= Provitamin A) oxidativ zum Vitamin A_1-Aldehyd (= Retinal) abgebaut, das in Form des 11-cis-Retinins (= 11-cis-Retinal) an den biochemischen Reaktionen des Sehvorgangs beteiligt ist

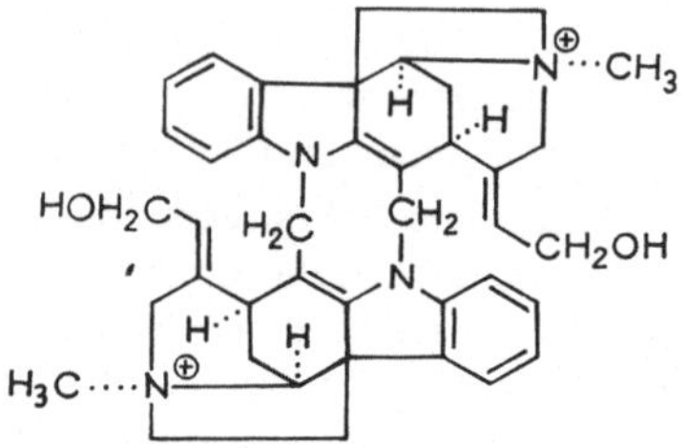

Bild 3 Toxiferin I aus der Gruppe der Curare-Pfeilgifte südamerikanischer Indianer wird von *Strychnos*-Arten biosynthetisiert

taminsynthese überhaupt, zu Arbeiten über den Sehvorgang, über den Vitman B- und den Vitamin E-Komplex, zum Phyllochinon führten, machten ihn berühmt, führten zum Nobelpreis und brachten der leidenden Menschheit einen großen Segen (vgl. Isler, 1978).

Man darf nicht vergessen, ohne dieser der Einsamkeit verpflichteten Persönlichkeit überhaupt nahe zu kommen, daß P. Karrer ein ungewöhnliches *Lehrbuch der organischen Chemie* geschrieben hat, das zu einem nicht ersetzbaren Hilfsmittel vor allem für jeden Naturstoffchemiker geworden ist und das kaum eine Wiederholung aus der Hand eines anderen finden wird. Und man darf auch nicht vergessen, daß er sich an eine der schwierigsten Alkaloidgruppen gewagt hat, an die Toxine der südamerikanischen Pfeilgifte (Calebassen-Curare-Toxiferin) (Bild 3). Er hat gefunden, daß sie als Tryptophanderivate zu betrachten seien. Solche zunächst noch unbekannten Stoffe haben, wenn nicht für die eigentliche Therapie, so doch für die biologische Forschung großen Wert erhalten. Insbesondere ist die Neurologie ohne solche Naturstoffe nicht mehr denkbar (vgl. Huisgen, 1950; Karrer u. Schmid, 1955).

Damit komme ich zu den Alkaloiden zurück.

Es war im letzten Jahrhundert nicht allein eine wissenschaftliche Chemie entstanden, sondern durch oft ganz neuartige Methoden waren die Präparation von Stoffen und die Aufklärung von molekularen Strukturen unter Einsatz von zum Teil kostspieligen Apparaturen sehr erleichtert worden. Nur so ist zu verstehen, daß die Zahl der bekannten Alkaloide geradezu logarithmisch anstieg, so daß wir derzeit etwa 7 000 kennen. Darunter befinden sich neuartige Molekültypen. Auf einen solchen will ich hier eingehen. Ich finde damit einen Anschluß an die Arbeiten von Karrer und Wieland.

Schon seit einigen Jahrhunderten hatten indische Ärzte eine Art Wunderdroge zur Verfügung, die Wurzeln von *Rauwolfia serpentina*, einer Apocynacee. Sie wurde gegen verschiedenartige Erkrankungen verordnet: gegen zu hohen Bluckdruck, gegen

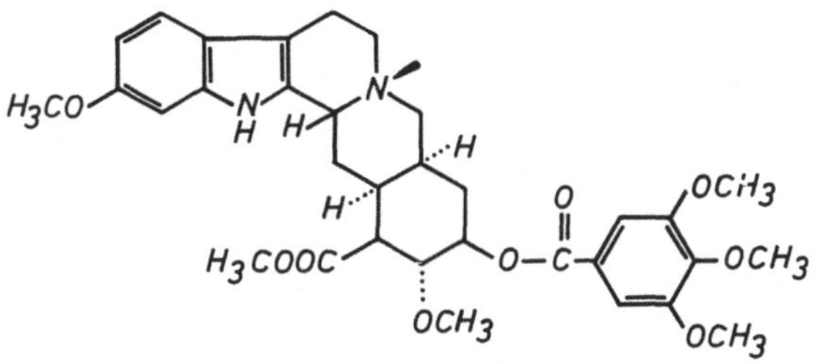

Bild 4

Reserpin aus der Wurzel und dem Rhizom von *Rauwolfia serpentina* wird zur Behandlung neuropsychiatrischer Erkrankungen und des Bluthochdrucks eingesetzt

Schlangenbiß und Bienenstich, in der Geburtshilfe, als Wurmmittel usw., im Grunde ein Hinweis auf das Vorhandensein von verschiedenen wirksamen pharmakologischen Stoffen. Die Medizin der hochzivilisierten Länder war vor allem an der blutdrucksenkenden Wirkung interessiert. Mit Hilfe neuer Methoden gelang es Schlittler (1957) in kurzer Zeit das hauptsächlich wirkende Alkaloid, das Reserpin (Bild 4), rein darzustellen, in seiner Struktur aufzuklären und durch Teilsynthesen abzusichern. Es handelte sich um einen Stoff, der in seinem Kern ein Indolkörper ist, der eine Äthylamin-Seitenkette trägt, die mit einem 9-C-System kondensiert ist. Nun fanden sich nicht allein Beziehungen zu den von Karrer und Wieland aufgeklärten Pfeilgiften, sondern zu einer Unzahl (nahezu 1 000) Alkaloiden in den Pflanzen der Gentianales (Apocynaceae, Loganiaceae, Rubiaceae). Die Mannigfaltigkeit dieses Bauprinzips erschien geradezu unermeßlich. Fanden sich doch gelegentlich in einer einzigen Art (z. B. im Madagaskar-Immergrün: *Catharanthus roseus*) etwa 80 Alkaloide dieses Typs.

Thomas und Wenkert (1961, 1962) hatten eine Hypothese entwickelt, wonach ein Tryptamin und ein Terpen (10-C) kondensiert sein könnten. Arrigoni, Barton, Battersby (1965, 1966) bestätigen diese Vermutung (vgl. Mothes u. Schütte, 1969). Nachdem es Zenk (1980) gelungen ist, die Kondensation eines 10-C-Systems, wie es dem Loganin zugrunde liegt, mit einem Tryptamin enzymatisch zu beweisen, darf wohl dieser sensationellen Tatsache, daß ein Terpen an der Alkaloidbildung beteiligt ist, als gesichert angesehen werden (Bild 5).

Die Forschungen auf diesem Gebiet sind in verschiedensten Laboratorien betrieben worden. Und die Industrie war daran ganz besonders interessiert, weil sich unter diesen Alkaloiden mehrere interessante Heilstoffe befanden, unter anderem auch solche, wie z. B. das Vinblastin aus *Catharanthus roseus*, die eine spezifische Wirkung gegen besondere Formen der Leukämie haben.

Die Suche nach biogenen Arzneistoffen hatte einen ganz neuen Charakter erhalten. Man ging nicht mehr einer, vielleicht seit langem bekannten Heilwirkung nach, man untersuchte eine ganze Gruppe von verwandten Pflanzen auf ähnliche Stoffe (Chemotaxonomie). Man arbeitete ein pharmakologisches Konzept aus zur Prüfung der Wirkung einer neuen Substanz, auch wenn sie nur in sehr geringen Mengen vorlag, auf den menschlichen Körper oder auf den von Versuchstieren. Die pharmakologischen Abteilungen der pharmazeutischen Industrie wurden größer als ihre naturstoffchemischen Laboratorien, deren Arbeit sich zwar auf immer weiter wachsende Terrains erstreckte, aber im Grund immer stärker mechanisiert wurde. Außerdem regte die Aufdeckung der Struktur und der Wirkungsweise eines biogenen Arzneimittels zur künstlichen Abwandlung des natürlichen Stoffes an, so daß es nicht allein zu einer enormen Vermehrung von natürlichen und halb-natürlichen Arzneimitteln kam, sondern auch zur Entdeckung von pharmakologisch günstigen Kombinationen chemischer Strukturen. Die Wirkung dieser neuen Arzneistoffe, ganz gleich ob es biogene oder synthetische waren, erwies sich als Komplex von zusammenhängenden physiologischen Effekten.

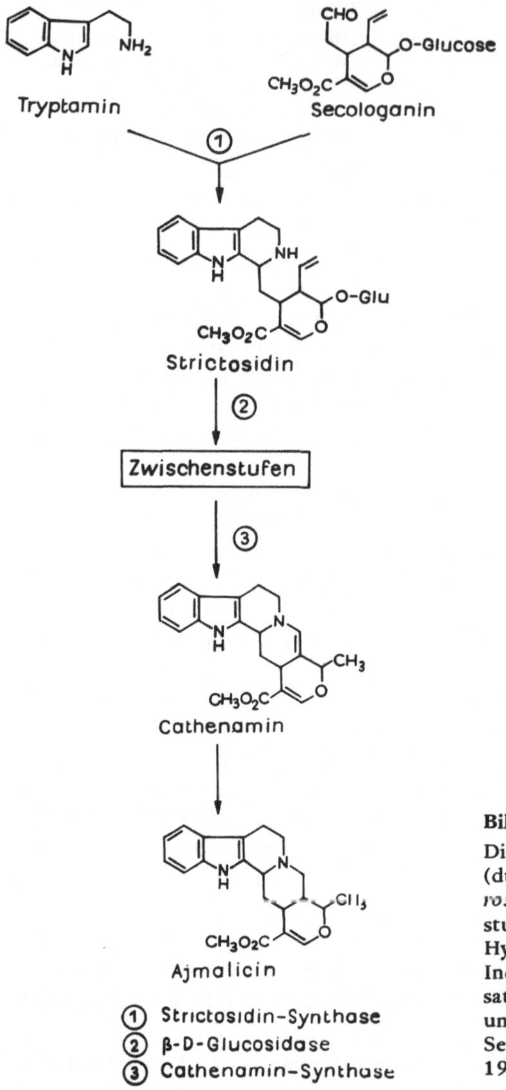

Tryptamin

Secologanin

①

Strictosidin

②

Zwischenstufen

③

Cathenamin

Ajmalicin

① Strictosidin-Synthase
② β-D-Glucosidase
③ Cathenamin-Synthase

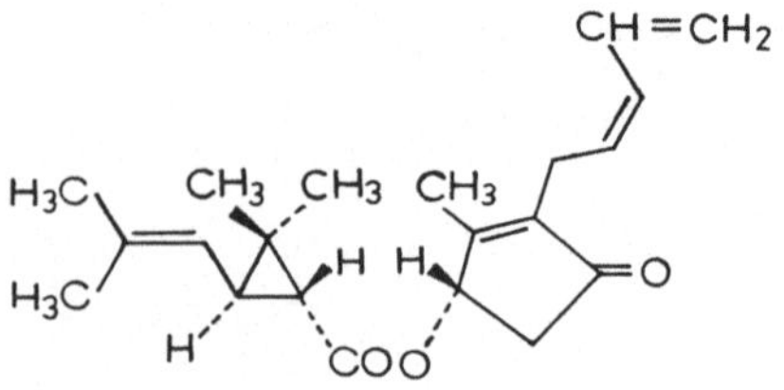

Pyrethrin I

Bild 6

Pyrethrin I (Vorkommen in den
Blüten von *Chrysanthemum
cinerariifolium*) aus der Monoterpen-
gruppe der Pyrethrine. Es sind
heutzutage viel verwendete, für den
Warmblütler ungiftige Kontakt-
insektizide

Bild 5

Die Untersuchungen von Zenk und Mitarbeitern
(durchgeführt mit Zellkulturen von *Catharanthus
roseus* zur Isolierung der entsprechenden Zwischenstufen und Enzyme) bewiesen endgültig die
Hypothese, daß bestimmte Gruppen von
Indolalkaloiden (hier: Ajmalicin) durch Kondensation des Tryptophanabbauprodukts Tryptamin
und eines modifizierten Monoterpens (hier:
Secologanin) entstehen (vgl. Zenk, 1980; Stöckigt,
1980)

So waren seit der durch Paracelsus eingeleiteten Destillierkunst ätherische Öle in
immer reineren Formen bekannt geworden, die im wesentlichen auf wenige Stoffklassen hinwiesen: auf die niederen Terpene, auf die Phenylpropane und auf einfache Kohlenwasserstoffe mit einer reaktionsfähigen Gruppe, z.B. einer Ketogruppe und einer unge-
sättigten C=C-Bindung (z.B. Zibeton). Diese durch hohen Dampfdruck ausgezeichneten
Stoffe hatten das besondere Interesse des Nobelpreisträgers Ružička (1887—1976) gefunden. Der Grund für diese Ausrichtung seiner chemischen Tätigkeit war vielleicht ein
äußerlicher. Zunächst hatte ihn sein Lehrer Staudinger (1881—1965) auf die — auch heute — außerordentlich interessante und praktisch bedeutsame insektizide Wirkung der
Blütenstände von *Chrysanthemum cinerariifolium* hingewiesen, in dem er als wirksames
Prinzip das Pyrethrin (Bild 6) entdeckte. Dazu kam seine lebenslängliche Dankbarkeit

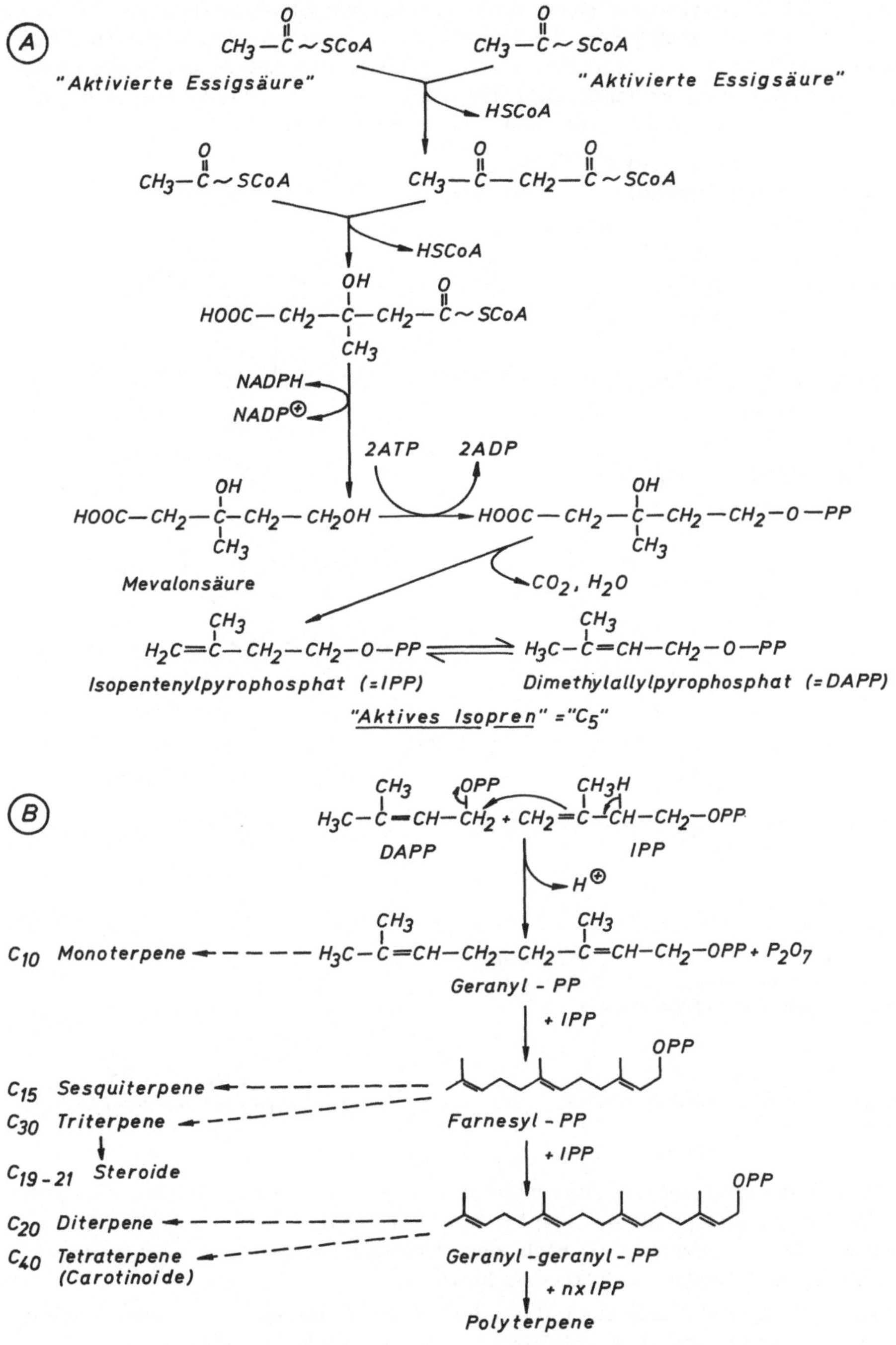

Bild 7 Biosynthese der Terpene nach der 1953 von Ružička aufgestellten „biogenetischen Isoprenregel".
A: Bildung des „aktiven Isoprens" aus „aktivierter Essigsäure"
B: Bildung der verschiedenen Terpengruppen aus C_5-Einheiten

gegenüber Schweizer Riechstoff-Firmen, die ihn als jungen Wissenschaftler unterstützten. So ist zu seinem Hauptarbeitsgebiet die Terpenchemie geworden. Und er erkannte frühzeitig, daß diese Terpene biogenetisch zusammengehören und daß sie aus Hemiterpenen (Isopren) aufgebaut sind. Er faßte diese Hypothese in seiner *biogenetischen Isoprenregel* (Ružička, 1953; vgl. Bild 7) zusammen (vgl. Prelog u. Jaeger, 1980):

1. *Monoterpene* (C_{10}: aus $2 \times C_5$)
   z. B. Geraniol, Menthol

2. *Sesquiterpene* (C_{15}: aus $3 \times C_5$)
   z. B. Farnesol, Matrizin

3. *Diterpene* (C_{20}: aus $4 \times C_5$)
   z. B. Phytol, Abietinsäure

4. *Triterpene* (C_{30}: aus $2 \times C_{15}$)
   z. B. Squalen, Cholesterin (vgl. Bild 8, 9)

5. *Tetraterpene* (C_{40}: aus $2 \times C_{20}$)
   z. B. Carotinoide

6. *Polyterpene* (C_n: aus $n \times C_5$)
   z. B. Kautschuk

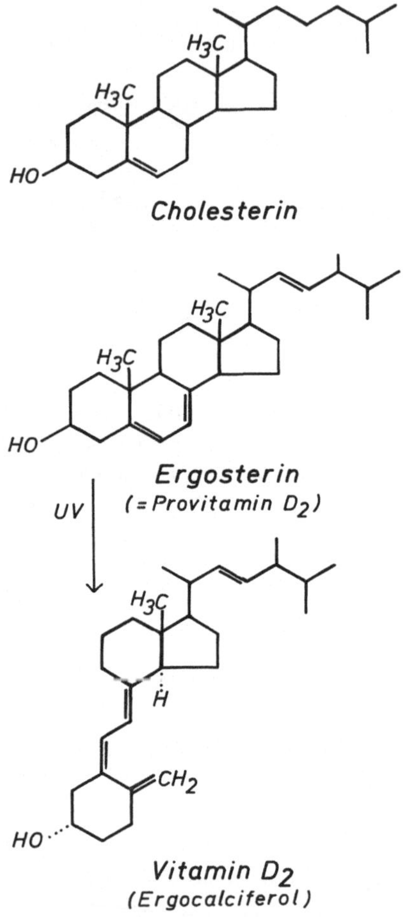

Bild 8

Chemische und biochemische Beziehungen zwischen den Triterpenderivaten Cholesterin (= Cholesterol), Ergosterin (= Ergosterol) und Vitamin D_2

Erst viel später wurde die Arbeitshypothese bestätigt durch die Entdeckung der aktivierten Form des Isoprens, des Isopentenylpyrophosphats, und seiner Vorstufe der Mevalonsäure. Diese C_6-Säure wird nach einer Decarboxylierung zum eigentlichen C_5-Grundkörper (u. a. F. Lynen, K. Folkers, K. Bloch).

Unter den höheren Isoprenen (C_{30}) haben das Cholesterin und seine Derivate erst durch die Arbeiten von H. Wieland (1877–1957) (vgl. Witkop, 1977; Karrer, 1958) und A. Windaus (1876–1959) (vgl. Butenandt, 1960; Butenandt u. Brockmann, 1962) und etlicher anderer bedeutender Forscher ihre strukturelle Aufklärung gefunden. Damit wurde ein Tor zu einem arzneistofflich interessanten und weitverzweigtem Gebiet aufgestoßen. Windaus hat früh vermutet, daß verschiedene „Steroide" biochemische

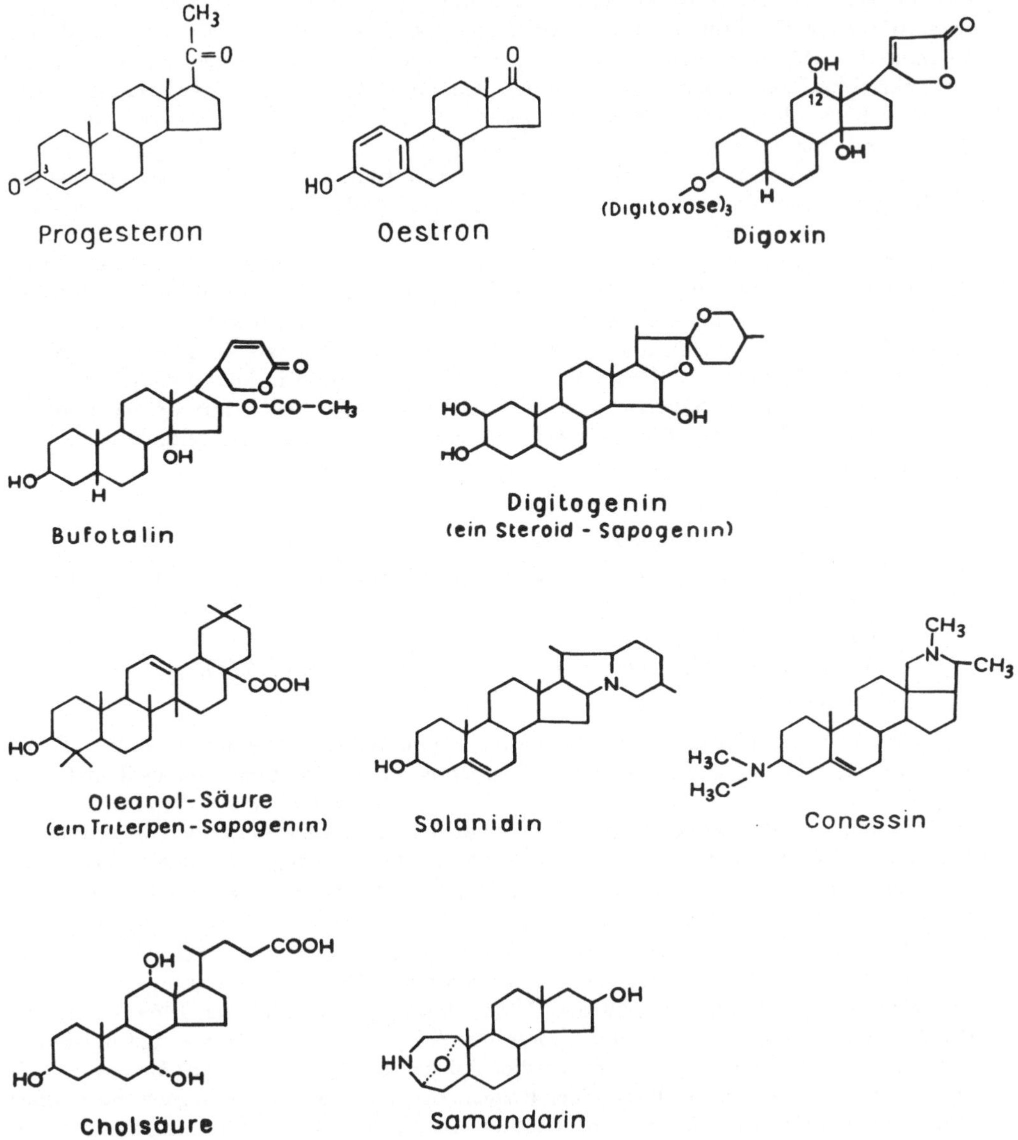

Bild 9 Verbindungen, die biosynthetisch vom Cholesterol abgeleitet sind:

Sexualhormone: z.B. Progesteron, Östron
Nebennierenrindenhormone: z.B. Cortison (s. Bild 12)
Herzwirksame Glykoside: z.B. Digoxin aus *Digitalis lanata*, z.B. Bufotalin aus Kröten
Saponine: z.B. Digitogenin, ein Aglykon eines Glykosids aus *Digitalis purpurea* (vgl. auch die Triterpen-sagogenine wie Oleanol-Säure)
Steroid-Alkalode: z.B. Solanidin aus *Solanum tuberosum*, z.B. Conessin aus *Holarrhena antidysenterica*
z.B. Samandarin aus dem Feuersalamander
Gallensäuren: z.B. Cholsäure

Beziehungen zueinander haben dürften und mit einer enormen Ausdauer nach 30-jähriger Arbeit die Struktur des Cholesterins und des Ergosterins, wie vor allem auch des Vitamins D aufgeklärt (Bild 8). Nachdem seit längerer Zeit die antirachitische Wirkung des Lebertrans bekannt war und durch den Kinderarzt Huldschinsky (1919) in der ultravioletten Bestrahlung ein zweites Mittel gegen eine aufkommende Rachitis gefunden worden war, erkannten Hess (1924) und Steenbock (1924) in den USA, daß es gar nicht nötig sei, das Kind (oder im Tierversuch die Ratten) zu bestrahlen, sondern daß eine solche Behandlung der Nahrung genügt. Windaus und Hess (1937) fanden, daß zwischen dem Cholesterin, dem 7-Dehydrocholesterin und dem Pilz-Ergosterin ein enger struktureller Zusammenhang besteht. Es wurde die sensationelle Tatsache festgestellt und bald durch Strukturformeln unterbaut, daß es verschiedene Provitamine gibt, die durch UV-Bestrahlung in Vitamin D_2 (Calciferol) oder in Vitamin D_3 verwandelt werden können. So war praktisch der als Antirachitikum sehr ungleichwertige Lebertran für eine vorbeugende und heilende Therapie des Kindes durch eine dosierbare und in ihrer Reinheit kontrollierbare hochwirksame Substanz ersetzt. Gleichzeitig aber fielen mit der chemischen Klärung des Aufbaus des Cholesterins und seiner Verwandten wie reife Früchte vom herbstlichen Baum die Strukturen (Bild 9)

— der steroiden Sexualhormone und

— der steroiden Nebennierenrindenhormone (vgl. Butenandt, 1960),

— der Cardenolide aus *Digitalis* und ähnlich wirkenden Heilpflanzen, (vgl. Reichstein, 1951, 1962), sowie aus den Hautdrüsen von Salamandern und Kröten (vgl. Habermehl, 1966; Tschesche, 1967),

— der Saponine vieler Arzneipflanzen (Tschesche u. Wulff, 1973),

— der Gallensäuren.

Die Krönung aller dieser Arbeitn darf in der von R. Robinson und R. B. Woodward 1951 mitgeteilten Totalsynthese des Cholesterins gesehen werden und in dem Erfolg der Biochemiker, die Synthese auch dieser höheren Terpene eben auf die Mevalonsäure zurückzuführen. Das „aktive Isopren" ist eines der häufigsten Bausteine von Naturstoffen. Auch müßten hier die N-haltigen Steroide der Gattungen *Solanum*, *Veratrum*, *Holarrhena* und einiger Giftfrösche (Schreiber, Wieland, Huseva, Witkop u.a.) erwähnt werden (Bild 9).

In diesem Zusammenhang muß einer Gruppe der meist gebrauchten Arzneistoffe, der Alkaloide des Mutterkorns, gedacht werden (Bild 10). Die Arbeitsgruppen Mothes und Weygand (vgl. Neubauer u. Mothes, 1961, 1962; Mothes u. Schütte, 1969) beimpften die Ähren von Roggenpflanzen mit Sporen des Pilzes *Claviceps purpurea* und injizierten gleichzeitig in die Höhlen des Halmes radioaktiv markiertes Tryptophan. Sie fanden solches Tryptophan wieder im Eiweiß der Roggenkörner und außerdem in ganz spezifischer Weise eingebaut in den Mutterkornalkaloiden. Damit war klar, daß Tryptophan tatsächlich eine Vorstufe von gewissen Alkaloiden ist (zur Zeit sind es wohl über 1 200 Alkaloide!). Darüber hinaus konnte gezeigt werden, daß die für einen Ergolinring noch nötigen 5 C-Atome wahrscheinlich von einem Isopren stammen (Bild 11).

Heute ist die Biosynthese der Mutterkornalkaloide soweit geklärt, daß diese vielseitig verwendeten Substanzen in großtechnischem Maßstabe durch Kultur des Pilzes in Tanks gewonnen und bei Bedarf dann chemisch abgewandelt (z.B. hydriert) werden können, ein Triumph der modernen Arzneistoff-Forschung (vgl. Floß, 1980; Gröger, 1980)! Doch sind in der Mutterkornalkaloidforschung noch einige Klippen zu überwinden. So hat A. Hofmann im Forschungslabor der Sandoz AG gefunden, daß diese Alkaloide vom Ergolintyp nicht allein in dem Pilz *Claviceps* vorkommen und in einigen anderen zum Teil nicht eben sonderlich verwandten Pilzen (*Aspergillus, Penicillium, Rhizo-*

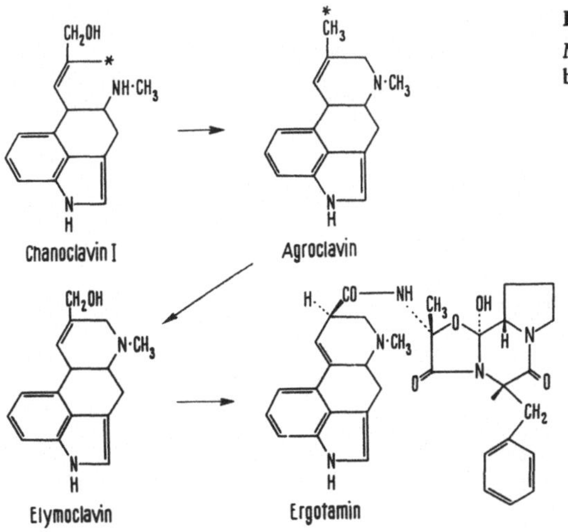

Bild 10
Mutterkorn-Alkaloide und ihre
biogenetischen Beziehungen zueinander

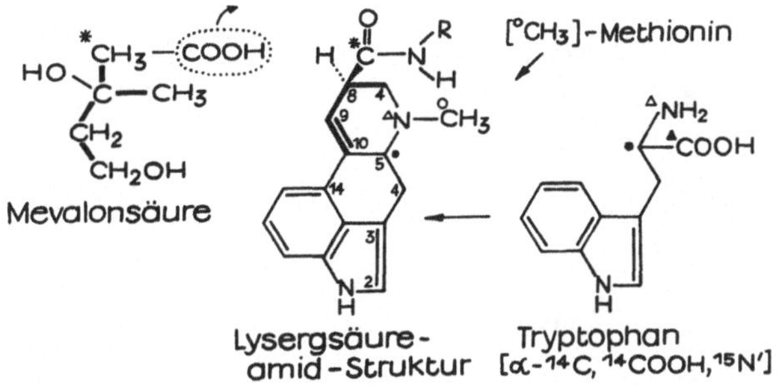

Bild 11
Die Lysergsäureamid-Struktur als
Grundkörper der Mutterkorn-
Alkaloide und der Nachweis ihres
Aufbaus aus Mevalonsäure,
Tryptophan und Methionin als
Methylgruppendonator mit Hilfe
entsprechend radioaktiv markierter
Vorstufen

pus), sondern auch in höheren Pflanzen (in einigen Convolvulaceen). Es ergibt sich die
Frage, ob diese taxonomisch schwer verständlichen Vorkommen wirklich autochthone
Bildungen sind.

Man muß überprüfen, ob die Ergoline führenden Windengewächse durch eine natürliche *Genmanipulation* von einem früher durch Parasitismus oder in einer Mykorrhiza-
Symbiose verbundenen Pilz die erblichen Voraussetzungen einer solchen Biosynthese
übernommen haben oder ob gegenwärtig noch ein Zusammenhang von Pilz und höherer
Pflanze besteht. Dieses Problem ist um so interessanter, da die genetische Voraussetzung
für die Synthese charakteristischer cyclischer Oligopeptide von Actinomyceten auf andere Arten der gleichen Gruppe übertragen werden kann. Ein solcher Vorgang würde erleichtert sein, wenn dieser genetische Apparat an ein Plasmid gebunden ist (Hopwood,
1979; Hopwood u. Chater, 1980; Okami, 1979; Umezawa, 1977).

Nachdem als einigermaßen wahrscheinlich gelten kann, daß der phylogenetische
Beginn einer „höheren" grünen Pflanze in der Vereinigung eines photosynthetisierenden
Prokaryoten (z.B. Blaualgen) mit einem Eukaryoten zu sehen ist (*Endosymbionten-*

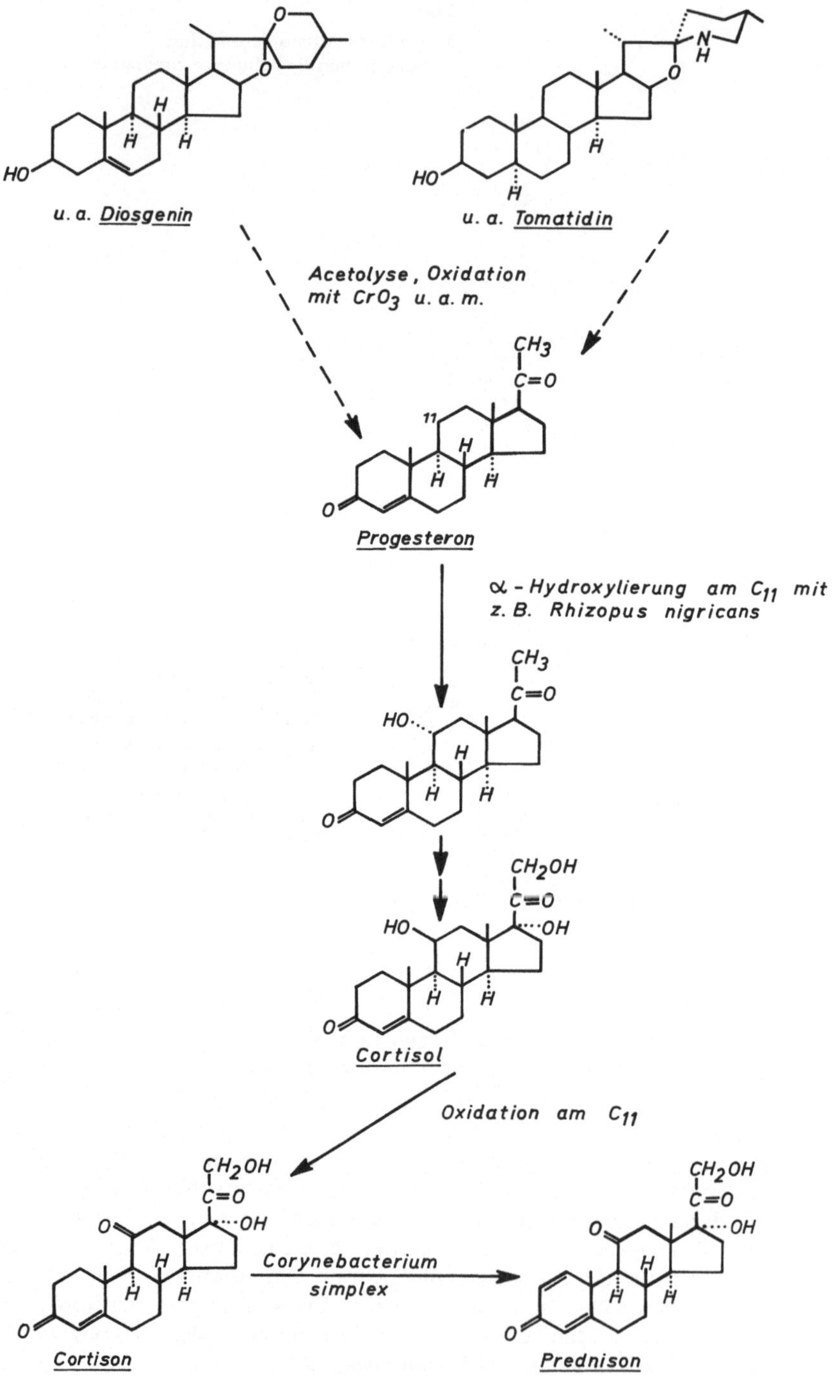

Bild 12 Produktion von Nebennierenrinden-Hormonen aus den Aglyka von Steroid-Alkaloiden (z. B. Tomatidin) und Saponinen (z. B. Diosgenin) mit Hilfe von Mikroorganismen

Theorie), könnten auch andere vollständige oder nur partielle Integrationen von ungleichen und nicht verwandten Organismen stattgefunden haben.

Zunächst wird man abwarten müssen, wie das gleichzeitige Vorkommen des Maytansin in der Ascomyceten-Gattung *Nocardia* und in der Celastracee *Maytenus ovatus* zu verstehen ist. Es bliebe zu klären, ob *Nocardia* etwa wie in Mykorrhiza-Pilz in der Wurzel von *Maytenus* lebt oder ob nur ein Maytansin programmierender Genkomplex (vielleicht ein Plasmid) in die höhere Pflanze übergetreten ist. Jedenfalls werden wir diese Fragen nicht mehr vernachlässigen können. Vielleicht sind sie für die weitere Entwicklung der Genetik von Sekundärstoffen von nicht geringerer Bedeutung als die Molekularbiologie selbst.

Das wiederholte Vorkommen eines Sekundärstoffes in systematisch weit entfernten Gruppen des Pflanzenreiches ist natürlich um so leichter möglich, wenn dieser Stoff mit solchen des Grundstoffwechsels nahe verwandt ist und an seiner Synthese Enzyme beteiligt sind, die noch andere und vielleicht allgemeinere Funktionen haben.

Solche „einfachen" sekundären Stoffe sind z.B. in der Gruppe der Flavonoide zu sehen. Diese haben einen geringen taxonomischen Wert und sind meist auch als Arzneimittel von geringerer Bedeutung.

Die moderne Steroidforschung hat noch einen weiteren Weg zur Produktion eines unentbehrlichen Arzneimittels geöffnet. Es handelt sich um die Ausnutzung der Potenzen von Mikroorganismen zur chemischen Veränderung von preiswerten Stoffen in besonders wertvolle, nicht leicht oder nicht in genügender Menge synthetisch erhältliche Produkte. So sind unter Nebennierenrinden-Steroiden solche, die am C-2-Atom oxidiert sind. Diese β-Oxidation ist chemisch nur auf Umwegen möglich. Es gibt aber eine Reihe von Pilzen und Bakterien, die aus leicht zugänglichen Stoffen wie Progesteron z.B. Cortisone machen können (Peterson u. Murray, 1952). Man hat unterdessen eine große Zahl von Mikroorganismen auf ihre Fähigkeit getestet, Umwandlungen an Steroiden durchzuführen und so eine Kombination von chemischer und biologischer Technik im Großbetrieb ermöglicht (Bild 12). Das ist eine der Ausweitungen bei der Herstellung biogener Arzneistoffe. Ähnliche Verfahren sind bei der Produktion von Antibiotika und ihren Abwandlungsprodukten üblich (vgl. Sprecher, 1983).

Welche Zukunft hat die chemisch-analytisch und experimentelle Pharmakognosie überhaupt?

Zunächst sind eine Reihe sehr interessanter Volksheilmittel chemisch noch ungenügend untersucht. Ich verweise z.B. auf *Valeriana*. Der Nachweis der außerordentlich variablen Valepotriate (Bild 13) ist ein bedeutsamer Fortschritt (vgl. Thies et al., 1981).

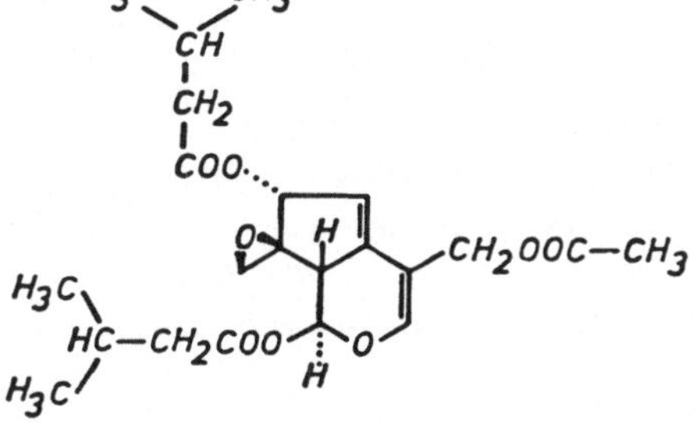

Bild 13

Valtrat, ein Vertreter der in Valerianaceen (u.a. in *Valeriana officinalis* u. *V. wallichii*) vorkommenden modifizierten Monoterpenen, den sedativen Valepotriaten

Das gilt in gewisser Weise auch für *Matricaria* (vgl. Isaac et al., 1981). Überhaupt werden für die Zukunft die „milder" wirkenden natürlichen Arzneimittel wieder stärker gefragt. Die Iridoide, zu denen die *Valeriana*-Stoffe gehören, sind durch die Bitterstoff-Forschung einerseits und durch die spektakuläre Enthüllung des strukturellen Alkaloidreichtums der Gentianales aus ihrem ziemlich verborgenen Dasein in die medizinisch interessierte Welt gerückt (vgl. El-Naggar u. Beal, 1980). Dann sind die Rutaceen noch immer ungenügend erforscht. Das gilt auch für einige andere Familien. Vielleicht steckt hinter der immer wieder bestätigten Tatsache, daß krebswirksame Stoffe in sehr geringen Konzentrationen vorzukommen scheinen, nur der Ausdruck ihrer cytostatischen Aktivität und damit ihrer autointoxischen Wirkung. Alle Mutanten, die zu ihrer Konzentrationserhöhung geführt haben, sind wahrscheinlich ausgestorben. Man wird also den in geringer Konzentration vorkommenden Stoffen eine größere Aufmerksamkeit widmen müssen. Sollte es durch Genmanipulation gelingen, die Fähigkeit, einen solchen Stoff zu bilden, in einen Mikroorganismus zu verlagern, würde sich erweisen, ob solche gegenüber der Anhäufung einer toxischen Substanz stärker resistent sind als höhere Pflanzen. Aber das ist ein weites, noch ganz in den Anfängen der Bearbeitung befindliches Feld.

Auf jeden Fall wird für eine praktische Nutzung der Bildung von Arzneistoffen nicht allein der Mechanismus der Biosynthese von Bedeutung sein, sondern auch die Kenntnis des zellulären Ortes der Entstehung und der der Speicherung und damit der Absicherung gegenüber ihrer möglichen Giftwirkung. Die chemische Untersuchung dieser Arzneistoffe wird um so dringender durch biologische Studien ergänzt werden müssen, je mehr sich ganz neue Produktionsmöglichkeiten durch Gewebe- und Zellkulturen in Tanks und durch *genetic engineering* abzeichnen. Die bisherigen Erfolge sind nicht eben groß, aber sie werden wachsen.

Jedenfalls wird man bei einer Produktion in einem geräumigen Tank das die Zellen umgebende flüssige Medium so gestalten, daß der gebildete Stoff von den Zellen nach außen abgegeben werden kann oder sogar ausgeschieden werden muß. Die Membranpermeation muß bevorzugt nach außen stattfinden, und die nach innen muß verhindert werden.

Ich bin mit diesen Betrachtungen in die Gegenwart gelangt. Wenn diese durch eine apparative Verbesserung der Darstellung von Wirkstoffen zu wesentlichen Entdeckungen geführt hat, so muß doch darauf hingewiesen werden, daß die hinter uns liegenden drei Jahrzehnte mehrere Einbrüche vor allem neuer biologischer Methoden in die Produktion und Veredlung von Arzneimitteln gebracht haben. Da sind mindestens folgende neuartige Gebiete zu erwähnen:

- Die Benutzung von pathogenen Bakterien zur biologischen Testung von antibiotisch wirkenden Stoffwechselprodukten von eukaryotischen und prokaryotischen Mikroorganismen.

- Es wird aber in Zukunft auch mit Erfolg in Meerestieren und Meerespflanzen und vielleicht auch in höheren Pflanzen und in Insekten(-larven) nach Antibiotika gesucht werden.

- Die mikrobiologische, zielgerichtete chemische Veränderung von natürlichen Arzneistoffen (wie sie bei den Steroiden erfolgreich exerziert worden ist).

- Die Durchmusterung von Algen und Land- und Meerestieren, insbesondere der Insekten, auf Stoffe mit voraussichtlicher therapeutischer Verwendbarkeit.

- Die Stoffproduktion (nach Qualität und Quantität) in Gewebe- und Zellkulturen.

- Die bessere Ausnutzung von biologisch aktiven Substanzen, die in Schwärmen chemisch verwandter, aber therapeutisch oft ganz verschiedener Stoffe vorkommen.

Zum Beispiel hat die Mutterkornalkaloid-Forschung deutlich gemacht, daß einst als nebensächlich oder gar als störend bewertete Alkaloide eine große Bedeutung für die Zukunft erlangten. Das gilt auch für manche Mohnalkaloide. So ist von uns gezeigt worden, daß man zur Umgehung eines morphinproduzierenden und damit zum Rauschgiftmißbrauch verleitenden Schlafmohns (*Papaver somniferum*) die Fähigkeit eines im wesentlichen nur Thebain bildenden dunkelrot blühenden Arzneimohns (*Papaver bracteatum*) ausnutzen kann zur Produktion dieses Alkaloids als direkte chemische Vorstufe des wichtigen Codeins (vgl. Böhm, 1981).

— Die genetische Manipulation (z.B. die Übertragung der genetischen Information von Insulin oder Interferon in genetisches Material eines Mikroorganismus, der durch diese für ihn neuartigen Substanzen auf die Dauer nicht gestört wird und sie schneller und in größerer Ausbeute als der höhere Organismus produziert.

Diese Hinweise auf gegenwärtige Entdeckungen beim Auffinden und Produzieren von biogenen Arzneimitteln sind sicherlich sehr wenig vollständig und sollten der Phantasie des einzelnen Forschers keine Grenzen setzen. In der hinter uns liegenden großen Periode der Erforschung biogener Arzneistoffe lag das Schwergewicht der Arbeit auf der Isolation und chemischen Charakterisierung von Substanzen. Schon bei der arzneilich verwendbaren Entdeckung von Vitaminen und Hormonen kamen ganz neue Gesichtspunkte in die Pharmakognosie. Heute sind biologische Methoden der Testung und der Produktion in den Vordergrund getreten.

Versucht man die geschichtliche Entwicklung solcher pflanzlicher und tierischer Substanzen zu überschauen, die auch als Arzneistoffe genutzt werden, wird man sicherlich zunächst die Vielzahl dieser Verbindungen zur Kenntnis nehmen müssen. Wir dürften mit mindestens 40 000 Sekundärstoffen zu rechnen haben. Spekulationen zur Evolution, aber auch zur Coevolution von Insekten und Blütenpflanzen drängen sich auf.

Ich habe schon früher wiederholt darauf hingewiesen, daß die Erschaffung von einer chemisch so verschiedenartigen großen Mannigfaltigkeit mehr einem spielenden Trieb zuzusprechen ist als einem gerichteten Willen (Mothes, 1972—1980)[2].

---

[2] Ich verdanke Frau Ellinor Buchwald (Jena) und Professor Mägdefrau den Hinweis, daß Otto Renner bei der Behandlung der Evolution zu sagen pflegte, *„daß die Natur bei der Erzeugung neuer Formen nicht lamarkistisch zielt, sondern darwinistisch spielt."* (Ber. Dtsch. Bot. Ges. **68**, 147, 1955).

Zeittafel

der Entwicklung einer biogenen Arzneistoffchemie
(ausgewählt nach Angaben bei Lippmann, 1921; Karrer, 1959; Kopp, 1931; Tschirch,
1910; Jessen, 1864); weitere Daten im Text.

Herrn Werner Gerabek (Inst. f. Geschichte d. Medizin, Univers. Würzburg) und Herrn Dipl.
Biol. Wolfgang Heese (Leiter d. Bibliothek der Deutschen Akademie d. Naturforscher,
Leopoldina, Halle/Saale) danke ich für ihre Mitarbeit bei der Zusammenstellung der Zeit-
tafel.

Czygan

1500	Ol. Absinthii wird in Hieronymus Brunschwygk (geb. um 1450, gest. 1512) „*Liber de arte distillandi*" erwähnt.
1540	Äther. Öle (u.a. Anis-, Fenchel- u. Lavendelöl) bei Valerius Cordus (1515—1544) in „*De artificiosis extractionibus*". Anethol aus Anis- u. Fenchelöl isoliert.
1546	Bernsteinsäure aus Bernstein. Agricola (1494—1555) in „*De natura fossilium*".
1556—1557	Benzoesäure sublimiert Michele de Notredame (= Nostradamus: 1503—1566) aus Benzoe.
1555—1580	viele ätherische Öle werden aus Pflanzen durch Destillation gewonnen: Nelken-, Pfeffer-, Muskat, Zimtöl u.a.m.
1600	Traubenzucker aus Honig: Olivier de Serres (1539—1619).
1615	Milchzucker: F. Bartoletti (1576—1630).
1719	Thymol aus Thymianöl (für Kampfer gehalten): K. Neumann (1683—1737).
1723	Essigsäure aus Acetaten mit Schwefelsäure gewonnen: G. E. Stahl (1660—1734).
1725	Kampfer als besondere Substanz erkannt: K. Neumann.
1747	Rohrzucker aus Rüben: A. S. Marggraf (1709—1782).
1749	Ameisensäure aus Ameisen: A. S. Marggraf
1757	Zimtsäure aus Storax durch E. L. Geoffroy (1725—1810).
1760	Kautschuk von J. Priestley (1733—1804) entdeckt.
1780	Eiweiße in Pflanzen nachgewiesen: C. W. Scheele (1742—1786) Milchsäure aus saurer Milch: C. W. Scheele.
1785	Äpfelsäure aus Apfelsaft: C. W. Scheele.
1788	Cholesterin in Gallensteinen beobachtet: F. A. C. Gren (1760—1798).
1806	Morphin, als erstes Alkaloid, aus Opium gewonnen: F. W. Sertürner (1783—1841).
1813 ff.	Höhere Fettsäuren aus Fetten isoliert: M. E. Chevreul (1786—1889).
1817—1820	Chinin, Cinchonin, Strychnin, Brucin u.a. Alkaloide isoliert: P. J. Pelletier (1788—1842), J. B. Caventou (1795—1877).
1817	Narcotin aus Opium: P. J. Robiquet (1780—1840).
1819	Atropin entdeckt: R. Brandes (1795-1842). Veratrin isoliert und als „Alkaloid" bezeichnet: K. F. W. Meissner (1792—1853).
1820	Coffein aus Kaffeebohnen; F. F. Runge (1794—1867).
1825	Sinapin aus Senfsamen: W. Henry (1774—1836) u.a.
1828	Salicin aus Weidenrinde: J. A. Buchner (1783—1852) u.a.
1828	Nikotin aus Tabak durch Chr. W. Posselt (1806—?) und K. L. Reimann (1804—1872).

1831	Ergotin aus Mutterkorn: H. A. L. Wiggers (1803—1880).
1832	Codein: P.-J. Robiquet (1780—1840).
1833	Diastase aus gekeimter Gerste: A. Payen (1795—1871) und J. F. Persoz (1805—1868).
1844	Cumarin aus Waldmeister: C. Ph. Kosmann.
1864	Colchizin aus der Herbstzeitlose: M. Hübler.
1874	Coniferin, daraus Vanillin: F. Tiemann (1848—1899) und W. Haarmann.
1879	Isolierung div. Terpene; Kampfer-Partialsynthese: A. Haller (1849—1925).
1884	Synthese des Coniins (1. Alkaloid-Synthese): A. Ladenburg (1842—1911).
1884 ff.	Isolierung u. Bestimmung der terpenoiden Bestandteile ätherischer Öle: O. Wallach (1847—1931).
1884	Juglon aus Walnüssen als Oxynaphtochinon erkannt: A. Bernthsen (1855—1931).
1900	Cocain-Reindarstellung: R. Willstätter (1872—1942).
1904	Nikotinsynthese: A. Pictet (1857—1937).
1904	Adrenalinsynthese (1. Synthese eines Hormons): F. Stolz (1860—1936).
1909	Kampfersynthese: G. Komppa (1867—1949).
1913	1. Reindarstellung eines Anthocyans: R. Willstätter.
1920	Terpene und „Terpenregel": L. Ružička (1887—1976).
1923	Pterine isoliert: H. Wieland (1877—1957), C. Schöpf (1899—1970).
1923	Einführung der Isotopentechnik in Biochemie und Physiologie: G. v. Hevesy (1885—1966).
1926	Vitamin D aus Ergosterin: A. Windaus (1876—1959) u.a.
1928	Entdeckung des Penicillins durch A. Fleming (1881—1955).
1929	Entdeckung des Östrons: A. Butenandt (* 1903), E. A. Doisy (* 1893).
1931	Anthocyan-Synthese: R. Robinson (1886—1975).
1931—1935	Isolierung und Synthese weiterer Sexualhormone: A. Butenandt u.a.
1933	Synthese des Vitamin C: T. Reichstein (* 1897).
1939 ff.	Chlorophyll-Konstitutionsaufklärung: H. Fischer (1881—1945).
1939—1944	Penicillin-Konstitutionsaufklärung: A. Fleming, H. W. Florey (1898—1968), E. B. Chain (1906—1979).
1950 ff.	Entdeckung neuer Polyacetylene in Pflanzen: Chr. Sörensen (* 1918), F. Bohlmann (* 1921).
1951	Cholesterin-Synthese: R. Robinson (1886—1975) und R. B. Woodward (1917—1979).
1951	„aktivierte Essigsäure": F. Lynen (1911—1979).
1952	Morphin-Totalsynthese: M. D. Gates (* 1915).
1953	Reserpin-Isolierung, Strukturaufklärung u. Partialsynthese: E. Schlittler (* 1906).
1954	Mevalonsäure entdeckt: K. A. Folkers (* 1906).
1954	Strychnin-Totalsynthese: R. B. Woodward.
1956	Mevalonsäure als Schlüsselsubstanz der Isoprenoid-Biosynthese: K. A. Folkers, F. Lynen, K. E. Bloch (* 1912).
1960	Chlorophyll-Totalsynthese: R. B. Woodward.

Literaturauswahl:

Ein Teil der im Text erwähnten Namen und Jahreszahlen wird in den hier aufgeführten zusammenfassenden Arbeiten zitiert:

Böhm, H.: *Papaver bracteatum* Lindl.-Results and problems of the research on a potential medicinal plant. Pharmazie 36, 660—667 (1981).
Butenandt, A.: Zur Geschichte der Sterin- und Vitaminforschung. Adolf Windaus zum Gedächtnis. Angew. Chemie 72, 645—651 (1960).
Butenandt, A., u. H. Brockmann: Adolf Windaus zum Gedächtnis. Jahrb. d. Akad. d. Wiss. Göttingen. 1944—1960, 173—186 (1962).
Czapek, F.: Biochemie der Pflanzen. 3 Bände. 3. Aufl. G. Fischer. Jena. 1922—1925.
El-Naggar, J., u. J. L. Beal: Iridoids. A Review. J. Natur. Prod. 43, 649—707 (1980).
Floss, H. G.: The biosynthesis of ergot alkaloids (or the story of the unexpected). In: I. D. Phillipson u. M. H. Zenk (Eds.) Indole and biogenetically related alkaloids. pp. 249—270. Academic Press. London. 1980.
Gröger, D.: Ergot alkaloids — recent advances in chemistry and biochemistry. In: R. Hütter et al. (Eds.), Antibiotics and other Secondary Metabolites. pp. 201—218. Academic Press. London. 1980.
Habermehl, G.: Chemie und Toxikologie der Salamanderalkaloide. Naturwiss. 53, 123—128 (1966).
Hess, A. F.: On the induction of antirachitic properties in rations by exposure to light. Science 60, 269 (1924).
Hopwood, D. A.: Genetics of antibiotic production by Actinomycetes. J. Natur. Prod. 42, 596—602 (1979).
Hopwood, D. A., u. H. F. Chater: Philosoph. Transact. Royal Soc. B. 290, 313—328 (1980).
Huigsen, R.: Die *Strychnos*-Alkaloide. Angew. Chem. 62, 527—534 (1950).
Isaac, O.: Die Kamillentherapie — Erfahrung und Bestätigung. Deutsch. Apoth. Ztg. 120, 567—570 (1980).
Isler, O.: Biograph. Paul Karrer. Memoirs of Fellows of the Royal Soc. 24, 245—321 (1978).
Jessen, Karl J. W.: Botanik der Gegenwart und Vorzeit. Leipzig. Brockhaus. 1864.
Karrer, P., u. H. Schmid: Neuere Arbeiten über Curare, insbes. Calebassen-Curare und Alkaloide aus *Strychnos*-Rinden. Angew. Chem. 67, 361—373 (1955).
Karrer, P.: Biograph. Heinrich Wieland. Memoirs of Fellows of the Royal Soc. 4, 341—351 (1958).
Karrer, P.: Lehrbuch der Organischen Chemie. 13. Aufl. Thieme. Leipzig. 1959.
Kopp, H.: Geschichte der Chemie. 4 Teile. Lorentz. Leipzig. Neudruck. 1931.
Krömeke, Fr.: Friedrich Sertürner. G. Fischer. Jena. 1925.
Lippmann, E. O. von: Zeittafeln zur Geschichte der organischen Chemie. Springer. Berlin. 1921.
Mothes, K.: Über sekundäre Pflanzenstoffe. Abhandlg. d. Sächs. Akad. d. Wissensch. Math. -nat. Kl. 52, 1, 1—28 (1972).
Mothes, K.: Nebenwege des Stoffwechsels bei Pflanze und Tier. Mitteilungsblatt Chem. Ges. d. DDR 27, 1—10 (1980).
Mothes, K.: The problem of chemical convergence in secondary metabolism. In: M. Kageyanna et al. (Eds.), Science and Scientists. pp. 323—326. Tokyo. 1981.
Mothes, K., u. H. R. Schütte (Herausg.): Biosynthese der Alkaloide. Akademie-Verlag. Berlin. 1969.
Neubauer, D., u. K. Mothes: Zur Dünnschichtchromatographie der Mohnalkaloide. Planta med. 9, 466—470 (1961).
Neubauer, D., u. K. Mothes: Über *Papaver bracteatum*. I. Mitteilung. Ein neuer Weg zur Gewinnung von Morphinanen auf pflanzlicher Rohstoffbasis. Planta med. 11, 387—391 (1963).
Okami, Y.: Antibiotics from marine microorganisms with reference to plasmid involvement. J. Natur. Prod. 42, 583—595 (1979).
Peterson, D. H., u. H. C. Murray: Microbiological oxygenation of steroids at carbon-11. J. Americ. Chem. Soc. 74, 1871—1872 (1952).
Prelog, V., u. O. Jäger: Biograph. Leopold Ružička. Memoirs of Fellows of the Royal Soc. 26, 411—501 (1980).
Reichstein, T.: Chemie der herzaktiven Glykoside. Angew. Chem. 63, 412—421 (1951).
Reichstein, T.: Besonderheiten der Zucker von herzaktiven Glykosiden. Angew. Chem. 74, 887—894 (1962).
Runge, F.: Neueste phytochemische Entdeckungen. 2 Bände. G. Reimer-Verlag Berlin. 1820, 1821.
Ružička, L.: The isoprene rule and the biogenesis of terpenic compounds. Experientia 9, 357—367 (1953).

Sachs, Julius: Geschichte der Botanik vom 16. Jahrhundert bis 1860. R. Oldenbourg. München. 1875.

Schlittler, E.: The chemistry of *Rauwolfia* alkaloids. In: *Rauwolfia*, Botany, Pharmacognosy, Chemistry and Pharmacology. pp. 50—108 Little, Brown & Co., Boston-Toronto. 1957.

Scholz, G., u. H. Böhm: Kulturpflanzen **28**, 11—33 (1980).

Sprecher, E.: Die Produktion von Arzneistoffen durch Mikroorganismen: Voraussetzungen, Möglichkeiten und Grenzen. In; F.-C. Czygan (Herausg.) Biogene Arzneistoffe. pp. 117—142. Vieweg, Wiesbaden/Braunschweig. 1983.

Steenbock, H.: The induction of growth promoting and calcifying properties in a ration by exposure to light. Science **60**, 224 (1924).

Stöckigt, J.: The biosynthesis of heteroyohimbine-type alkaloids. In: I. D. Phillipson u. M. H. Zenk (Eds.), Indole and biogenetically related alkaloids. pp. 113—141. Academic Press. London. 1980.

Thies, P. W., E. Finner u. S. David: Über die Wirkstoffe des Baldrians. XIV. Konstitutive Zuordnung der Acyloxysubstituenten in Valepotriaten via C-13-NMR-Spektroskopie. Planta med. **41**, 15—20 (1981).

Tschesche, R.: Biosynthesis of cardenolides, bufadenolides, and steroid sapogenins. In: J. B. Pridham et al. (Eds.). Terpenoids in Plants. pp. 111—118. Academic Press. London. 1967.

Tschesche, R., u. G. Wulff: Chemie und Biologie der Saponine. Fortschr. d. Chem. organ. Naturst. **30**, 461—606 (1973).

Tschirch, A.: Handbuch der Pharmakognosie. Bd. I, 2: Pharmakochemie, pp. 391 ff., Pharmakohistoria, pp. 446 ff. Tauchnitz. Leipzig. 1910.

Umezawa, H.: Jap. J. Antibiotics **30**, Suppl. 138—169 (1977).

Witkop, B.: Heinrich Wieland hundert Jahre: Sein Werk und Vermächtnis heute. Angew. Chem. **89**, 575—684 (1977).

Woodward, R. B., M. P. Cava, W. D. Ollis, A. Hunger, H. U. Daeniker u. K. Schenker: The total synthesis of strychnine. Tetrahedron **19**, 247—288 (1963).

Zenk, M. H.: Enzymatic synthesis of ajmalicine and related indole alkaloids. J. Natur. Prod. **43**, 438—451 (1980).

Zenk, M. H.: Pflanzliche Zellkulturen in der Arzneimittelforschung. Naturwiss. **69**, 534—536 (1982).

Biogene Arzneistoffe – heute noch oder heute wieder?

Anders Baerheim Svendsen

Die biogenen Arzneistoffe bilden in unserer Zeit das Rückgrat der Arzneimitteltherapie. Nehmen wir als Vergleichsmaßstab den Produktionswert der Arzneimittel, so entfallen in Europa und Nord-Amerika etwa 50 Prozent aller in der heutigen Therapie verwendeten Arzneimittel auf biogene Arzneistoffe, wie Antibiotika, Vitamine, Hormone, Alkaloide, Digitalisglykoside und pflanzliche Arzneidrogen. In anderen Weltteilen aber, wie Süd-Amerika, Afrika und Asien, wo der größte Teil der Weltbevölkerung wohnt, sind der prozentuale Anteil und die Bedeutung der biogenen Arzneistoffe noch größer. In vielen Gebieten der Welt ist man ausschließlich auf biogene Arzneistoffe – hauptsächlich auf solche aus höheren Pflanzen – angewiesen.

Betrachten wir die Rolle der biogenen Arzneistoffe in einem weiteren Zusammenhang, so sehen wir auch, daß wichtige Gruppen rein synthetischer Arzneistoffe ihre Existenz einem biogenen Arzneistoff verdanken, der bei der Synthese als Modell diente: die Salizylsäurederivate dem Salizin, die synthetischen Lokalanästhetika dem Cocain, viele Spasmolytika dem Atropin, viele der starken Analgetika dem Morphin. So stellen also ganze Gruppen synthetischer Arzneistoffe eigentlich nichts anderes dar als mehr oder weniger nahe Abwandlungsprodukte biogener Arzneistoffe.

Die biogenen Arzneistoffe, die in der Arzneimitteltherapie verwendet werden, stammen hauptsächlich aus dem Pflanzenreich und dem Tierreich. Von diesen beiden ist das Pflanzenreich das wichtigste. Es scheint eine praktisch noch nicht ausgeschöpfte Quelle für potentielle Arzneistoffe zu sein.

Man schätzt, daß weniger als 5 bis 10 Prozent aller Pflanzenarten chemisch oder auf ihre pharmakologische Aktivität einigermaßen untersucht worden sind. Aber zu Tausenden haben sie in der traditionellen Medizin im Laufe der Jahrhunderte Verwendung gefunden. Empirische Kenntnisse von Gift- und Arzneipflanzen wurden von unseren Vorvätern in der ganzen Welt gesammelt und von Generation zu Generation durch mündliche Tradition überliefert. Viele von diesen „alten" Pflanzen gehören auch heutzutage zu unseren wichtigsten Arzneipflanzen und aus einigen von ihnen wurden schon im vorigen Jahrhundert die Hauptwirkstoffe isoliert – und als Reinstoffe in die Arzneimitteltherapie eingeführt, so Morphin (1806), Chinin (1819), Atropin (1831), Papaverin (1848), Cocain (1860), Digitoxin (1869) und Pilocarpin (1875). In diesem Jahrhundert folgte die Isolierung anderer wichtiger Wirkstoffe aus Arzneipflanzen und Drogen, wie Ergotamin (1918), Lobelin (1921), Digoxin (1930), Reserpin (1931), Tubocurarin (1935), Ergometrin (1935), Sennosid (1949) und die Vitamine (etwa 1920–1948). Die Antibiotika, deren Ära 1929 begann, wurden freilich nicht in den traditionellen Arzneipflanzen, sondern in Mikroorganismen gefunden. Der Fund dieser wichtigen biogenen Arzneistoffe hat aber in hohem Grad die Auffassung unterstützt, daß die Aussicht, neue potentielle Arzneistoffe im Pflanzenreich aufzuspüren, vielversprechend ist.

Während ursprünglich die Arzneistoffe des Pflanzenreiches in Form der Naturprodukte, worin sie vorkamen, verwendet wurden – Frischpflanzen, getrocknete Pflanzen oder Teile davon –, ist man ziemlich früh auf die Idee gekommen, Auszüge von diesen

Pflanzen zu bereiten, um — bewußt oder unbewußt — ihre Wirkstoffe zu extrahieren und sie — befreit von der pflanzlichen Hülle — zu verwenden. Statt solcher Arzneipflanzenzubereitungen setzte sich dann in diesem Jahrhundert die Verwendung reiner Wirkstoffe der Arzneipflanzen immer mehr durch. Der Grund dafür war klar: Reinstoffe haben eine konstante biologische Wirkung, die nicht beeinflußt wird durch andere — in einem Pflanzenauszug vorkommende — Stoffe mit möglichen unerwünschten Nebenwirkungen. Mit Reinstoffen kann man eine exaktere Dosierung erreichen und die analytische Kontrolle solcher Stoffe ist einfacher.

Die Entwicklung der organischen Chemie in derselben Periode führte dazu, daß die chemische Struktur vieler biogener Wirkstoffe in allen Einzelheiten aufgeklärt wurde. Die gleichzeitige Entwicklung der biologischen Wissenschaften schuf die Grundlage für eingehende Studien über den Zusammenhang zwischen der chemischen Struktur solcher Arzneistoffe und ihrer biologischen Wirkung.

Jetzt wurde es möglich, Derivate biogener Arzneistoffe mit verbesserten oder modifizierten chemischen, physikalischen und/oder therapeutischen Eigenschaften zu entwikkeln, biogene Arzneistoffe als Modell rein synthetischer Arzneistoffe zu gebrauchen, sowie biogene Arzneistoffe als Ausgangsmaterial partialsynthetischer Arzneistoffe zu verwenden.

1   Chemisch modifizierte biogene Arzneistoffe

Durch chemische Modifizierung einiger *Secale*-Alkaloide hat man wesentliche Änderungen in ihrer Wirkung erreicht. Durch Hydrierung der isolierten Doppelbindung im Lysergsäuremolekül werden Dihydro-Alkaloide gebildet. Dadurch nimmt die auf die glatte Muskulatur erregende Wirkung sowie die Toxizität ab, dagegen die sympathikolytische Wirkung zu, so daß man eine günstige therapeutische Breite bekommt. Die hydrierten Ergotoxin-Alkaloide werden unter anderem bei Durchblutungsstörungen verwendet. Das partialsynthetische Methylergometrin wird als effektives Wehenmittel, und das am Indol-N methylierte Derivat des Methylergometrins, das Methysergid (Bild 1), als Serotoninantagonist gegen schwere Migräne eingesetzt.

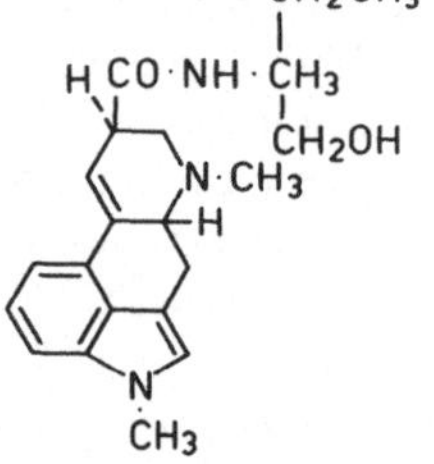

Bild 1 Methysergid

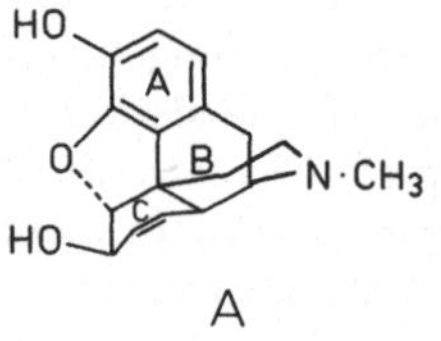

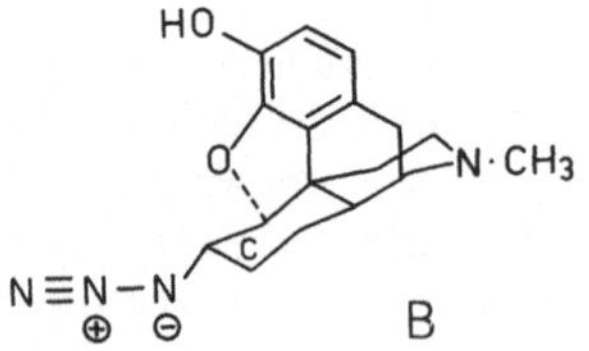

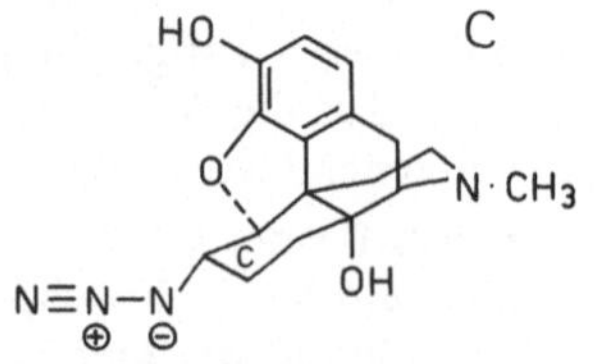

Bild 2
Morphin (A),
Azidomorphin (B),
14-Hydrodyazidomorphin (C)

Nach der Strukturaufklärung des Morphins (1927—28) versuchte man, systematisch das Molekül so zu modifizieren, daß die erwünschte analgetische Wirkung erhalten blieb — allerdings ohne die unerwünschte suchterregende und respirationshemmende Komponente. Die Versuche waren aber zunächst wenig erfolgreich bis Bognár et al. (1968) Stoffe mit einem modifizierten C-Ring, wie 6-Desoxy-6-dihydroazidoisomorphin (Azidomorphin), synthetisierten (Bild 2). Dieser Stoff erwies sich etwa 300 mal analgetisch wirksamer als Morphin und das „drug abuse potential" war in Tierversuchen sehr klein (Knoll et al., 1973). Das 6-Desoxy-6-dihydroazido-14-hydroxyisomorphin (14-Hydroxyazidomorphin) erwies sich noch weniger toxisch als Azidomorphin (Knoll et al., 1975). Durch die Einführung einer Azido-Gruppe am C_6 im Dihydroisomorphin erhielt man also ein sehr wirksames Analgetikum mit stark reduzierten suchterregenden Eigenschaften verglichen mit Morphin, und durch die Einführung einer Hydroxy-Gruppe am C_{14} im Azidomorphin (Bild 2) wurde die Toxizität noch weiter verringert. Das 14-Hydroxyazidomorphin (Bild 2) hat somit — verglichen mit Morphin — sehr günstige therapeutische Eigenschaften.

Von den Herzglykosiden wird Digitoxin zu etwa 100 Prozent resorbiert mit einer Halbwertzeit von 170 Stunden, während die entsprechenden Zahlen für Digoxin 70 Prozent und 35 Stunden sind. Um die Resorption des Digoxins (Bild 3) zu verbessern, hat man den Stoff chemisch verändert, wobei die endständige Digitoxose substituiert wurde. Als α-Derivate werden die in 3-Stellung substituierten Stoffe bezeichnet, als β-Derivate, Stoffe mit Substituenten in 4-Stellung. α-Acetyl-Digoxin wird zu etwa 90 Prozent, β-Acetyl-Digoxin zu etwa 80 Prozent und β-Methyl-Digoxin nahezu vollständig resorbiert — alle mit einer Halbwertzeit von etwa 35 Stunden. Die Dauer bis zum Wirkungseintritt nach intravenöser Injektion beträgt für Methyl-Digoxin 5—10 Minuten, für Digoxin und Acetyl-Digoxin 10—20 Minuten, für Digitoxin dagegen etwa 30 Minuten. So wurden günstige therapeutische Verbesserungen durch kleine chemische Änderungen des biogenen Digoxins erreicht.

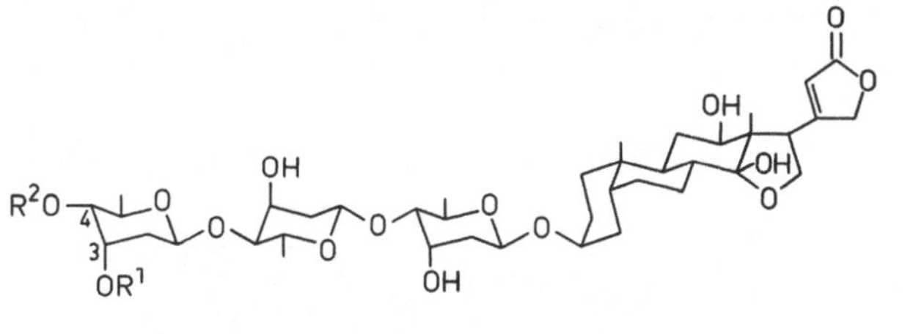

Bild 3

Digoxin $R^1 = R^2 = H$

α-Acetyldigoxin $R^1 = COCH_3$
$R^2 = H$

β-Acetyldigoxin $R^1 = H$
$R^2 = COCH_3$

β-Methyldigoxin $R^1 = H$
$R^2 = CH_3$

2   Biogene Arzneistoffe als Modell synthetischer Arzneistoffe

Viele biogene Arzneistoffe waren wichtige Inspirationsquellen bei der Synthese neuer Arzneistoffe. Ein Hauptziel der Arzneistoffsynthese war es oft, — mit biogenen Arzneistoffen als Vorbilder — Stoffe mit derselben, verbesserter oder modifizierter Wirkung zu entwickeln.

Weil im Anfang die Versuche, modifizierte Morphine mit guter analgetischer und weniger suchterregender Wirkung durch Änderungen im Morphinmolekül zu erhalten, wenig erfolgreich waren, versuchte man, vereinfachte morphinähnliche Stoffe zu synthetisieren. Diese wurden nach umfassenden Studien über den Zusammenhang zwischen der chemischen Struktur des Morphinmoleküls und der pharmakologischen Wirkung „konstruiert". Solche Studien wurden wegen der großen Fortschritte in organischer Chemie und Pharmakologie ermöglicht, wobei der Einfluß selbst kleiner Änderungen im Molekül auf die Wirkung beurteilt werden konnte. Grewe (1946) synthetisierte das N-Methylmorphinan (Bild 4), das sich von Morphin durch das Fehlen der Sauerstoff-Brücke, der phenolischen und alkoholischen Hydroxy-Gruppe und der $\Delta^{7,8}$-Doppelbindung unterscheidet. Das N-Methylmorphinan hat etwa 1/5 der analgetischen Morphin-Aktivität. Die Einführung einer 3-Hydroxy-Gruppe erhöhte diese Aktivität auf das Vierfache. Es zeigte sich aber, daß die Morphinan-Derivate dieselben Nebenwirkungen wie Morphin hatten; die (−)-Formen sind um ein Vielfaches analgetisch wirksamer als die (+)-Formen.

Weil das Fehlen der Sauerstoff-Brücke und anderer peripherer Gruppen im Molekül keinen entscheidenden Einfluß auf die analgetische Wirkung hatte, wurde eine Reihe von Stoffen synthetisiert, bei denen auch der alicyclische Ring durch eine oder zwei Methylgruppen ersetzt war. Man erhielt die Benzomorphan-Derivate (Bild 4), Stoffe mit starker analgetischer Wirkung und einem geringen „drug abuse potential". Doch wurde auch hier in letzter Zeit von Suchtfällen berichtet.

1935 isolierte King (+)-Tubocurarin aus Tubocurare. Erst 1943 wurde endgültig festgestellt, daß der Stoff von der Menispermacee *Chondrodendron tomentosum* stammte. Die Strukturaufklärung zeigte, daß es sich um ein Bisbenzylisochinolin-Alkaloid handelte. Entscheidend für die Wirkung sind der quartäre Stickstoff einer Ammoniumgruppe und ein protonierter tertiärer Stickstoff, die einen Abstand von etwa 14 Å aufweisen. Ursprünglich war man der Meinung, daß das Alkaloid zwei quartäre Ammoniumgruppen enthielt. Diese Auffassung führte dazu, daß die ersten Versuche, Stoffe mit Curarewirkung zu synthetisieren, auf der Voraussetzung basierten, die Wirkung des (+)-Tubocurarins (Bild 5) wäre eine Funktion des optimalen Abstands zweier quartärer Ammoniumgruppen von etwa 14 Å. Bovet und Mitarbeiter (Bovet u. Bovet-Nitti, 1948) synthetisierten auf dieser Grundlage eine Reihe von Stoffen, die zwei (oder mehr) quartäre Ammoniumgruppen in einem Abstand von etwa 14 Å enthielten. Es gelang ihnen, Stoffe mit deutlicher Curarewirkung zu entwickeln. Von diesen zeigte Gallamin (Flaxedil) (Bild 5) die besten Eigenschaften. Diese Substanz war vielleicht nicht die wirksamste aller synthetisierten Verbindungen. Sie hatte aber die wenigsten Nebenwirkungen und wurde darum in den Handel gebracht.

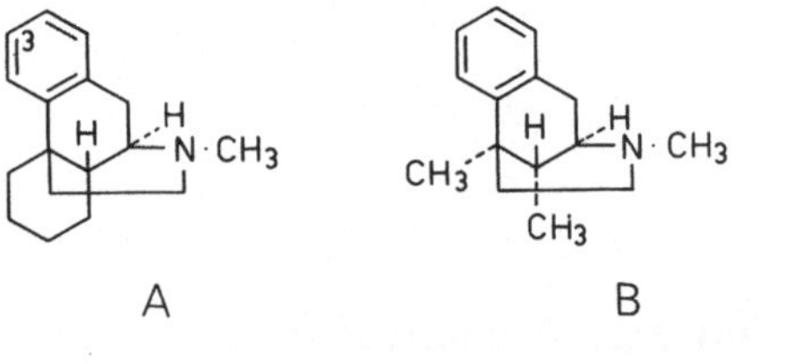

Bild 4 N-Methylmorphinan (A), Benzomorphan (B)

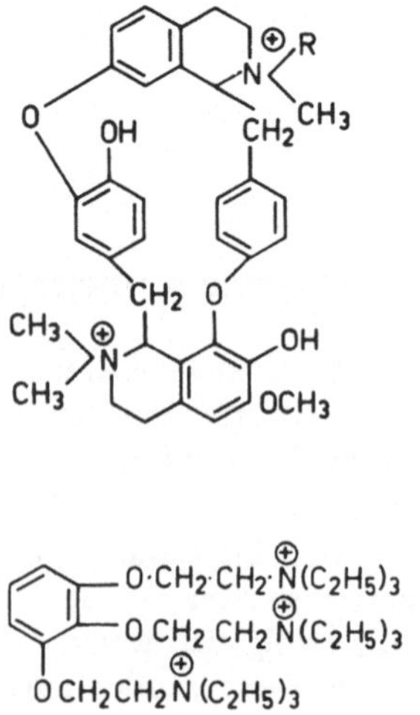

Bild 5 (+)-Tubocurarin (oben), Gallamin (unten)

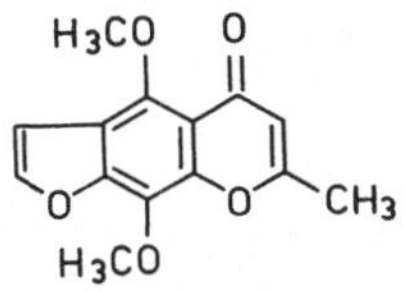

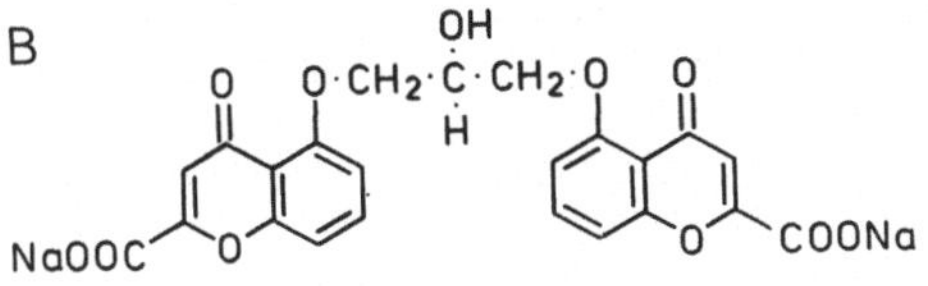

Bild 6
Khellin (A), Dinatriumcromoglykat (B)

　　　Khellin (Bild 6) und sein 9-Desmethoxyderivat, Visnagin, kommen in den Früchten von *Ammi visnaga* vor. Diese Chromonderivate haben eine auf den Herzmuskel spezifische Wirkung, die zu Gefäßerweiterung führen und dadurch bei Angina pectoris, teilweise auch bei Bronchialasthma einen günstigen Effekt haben können. Wegen diesen Eigenschaften wurde *Ammi visnaga* schon lange in der ägyptischen Volksmedizin verwendet. Die unangenehmen Nebenwirkungen des Khellins (Übelkeit, Erbrechen) haben aber seine Anwendung eingeschränkt.

　　　Bei Versuchen, einfache Moleküle mit Khellin-Aktivität zu entwickeln, synthetisierten Schönberg und Sina (1950) Chromone ohne Furanring und bekamen einige Stoffe mit schwacher Khellin-Wirkung. Cox et al. (1970) setzten solche Synthesen mit dem Ziel fort, Stoffe mit muskelerschlaffender Wirkung des Khellins bei Bronchialasthma zu entwickeln — ohne die erwähnten Nebenwirkungen. Hauptsächlich wegen der schlechten Löslichkeit des Khellins versuchte man, wasserlösliche Derivate herzustellen. Chromon-2-Carboxylsäure konnte durch Antigene verursachte Bronchialspasmen verhindern, wenn sie als Aerosol prophylaktisch gegeben wurde. Weitere Studien leiteten zu der Synthese sogenannter Bischromone, Stoffe, die zwei Chromone mit einer gemeinsamen Alkylendioxykette enthalten (Fitzmaurice und Lee, 1969). Von ihnen hat Dinatriumcromoglykat (FPL 670 oder Intal; Bild 6) als Inhalationsmittel weite therapeutische Anwendung wegen seiner starken Hemmung der Mastzellendegranulation gefunden. Nach der Einführung des Dinatriumcromoglykats in der Therapie hat eine neue Phase in der Behandlung verschiedener Asthma-Formen begonnen.

　　　Interessant ist es in diesem Zusammenhang zu erwähnen, daß in der chinesischen Volksmedizin Auszüge der Wurzeln von *Scutellaria baicalensis* schon lange Verwendung gefunden haben und bei oraler Applikation eine sehr deutliche antianaphylaktische Wirkung aufweisen. Der Wirkstoff ist das 5.6.7.-Trihydroxyflavon (Bild 7), das auch in anderen Pflanzen vorkommt, wie z.B. in *Helichrysum italicum*, das schon von Dioscorides als Mittel gegen Bronchialasthma empfohlen wurde (Gábor, 1975).

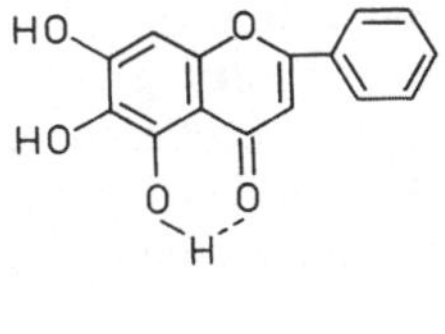

Bild 7
5, 6, 7-Trihydroxyflavon

3 Biogene Arzneistoffe als Modell und Ausgangsmaterial partialsynthetischer Arzneistoffe

In der Mitte unseres Jahrhunderts wurden einige Pflanzen untersucht, die bei der Herstellung von Calebassencurare benutzt wurden, so verschiedene *Strychnos*-Arten. Durch Anwendung verbesserter chromatographischer Trennverfahren gelang es, eine Anzahl Alkaloide mit starker Curarewirkung, wie die Toxiferine (Bild 8) und die Curarine, zu isolieren. Bei der Strukturaufklärung dieser Alkaloide fand man, daß es sich um dimere Indolalkaloide handelte (Bernauer et al., 1958). Parialsynthetisch wurde via Wieland-Gumlich-Aldehyd, das aus Strychnin gewonnen werden konnte, das N,N-Diallylnortoxiferin (Alloferin, Alcuroniumchlorid) hergestellt, das als stabilisierendes Muskelrelaxans Verwendung gefunden hat (Bild 8).

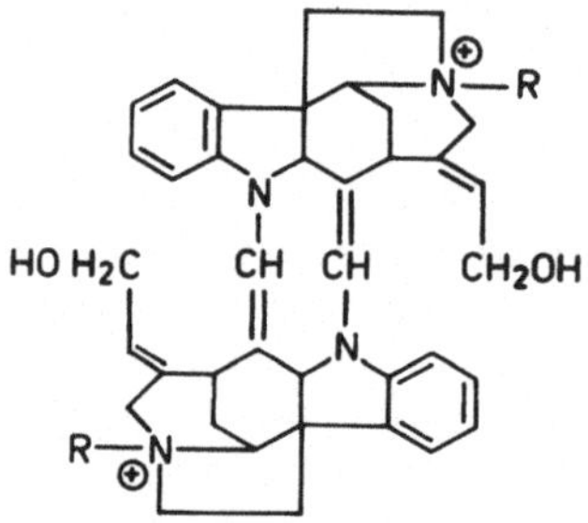

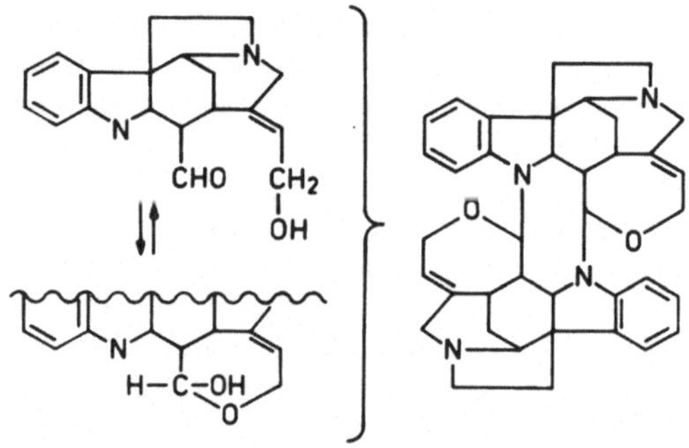

Bild 8
Oben: C-Toxiferin I (R = CH₃)
Alloferin (R = CH₂ − CH = CH₂)
Unten: Wieland-Gumlich Aldehyd (links)
Caracurin V (rechts)

Auf dem Gebiet der Antibiotika hat man in Penicillin ein Beispiel dafür, daß durch partialsynthetische Abwandlung eines biogenen Arzneistoffs ganz neue therapeutische Möglichkeiten erreicht werden können. Wegen der Säureinstabilität des β-Lactamringes im Molekül und infolgedessen der Unmöglichkeit einer oralen Anwendung, sowie wegen des relativ engen Wirkungsspektrums, der Penicillinaseinstabilität und der relativ raschen Ausscheidung versuchte man, Penicilline mit besseren Eigenschaften zu entwickeln. Man folgte hier zwei Wegen: a) über die Partialsynthese und b) über die Biosynthese. Im ersteren Fall wurde vom Benzylpenicillin ausgegangen, das durch enzymatische oder chemische Spaltung der Amidverbindung in der Seitenkette 6-Aminopenicilliansäure lieferte. Durch Acylierung dieser Säure mit den verschiedensten Säurechloriden oder gemischten Anhydriden erhielt man die partialsynthetischen Penicilline. Bei dem Weg der „biosynthetischen Penicilline" handelte es sich um Zusätze von verschiedenen Seitenkettenprecur-

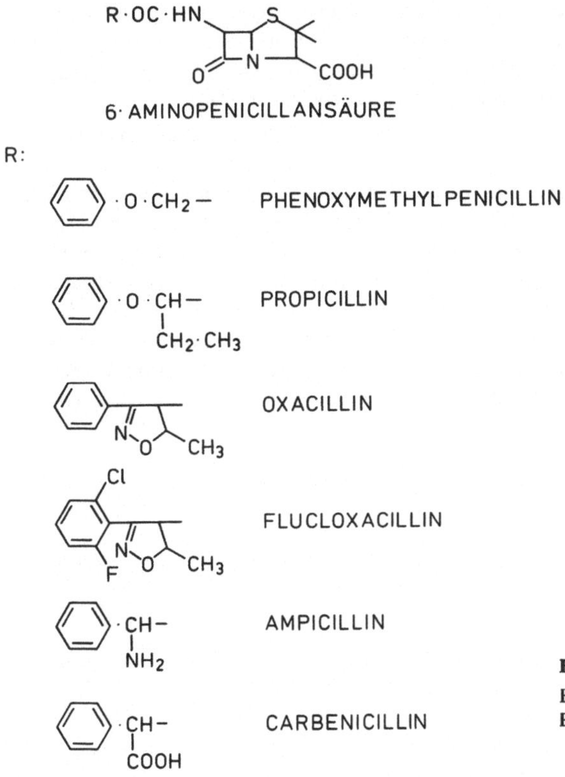

6·AMINOPENICILLANSÄURE

R:

PHENOXYMETHYLPENICILLIN

PROPICILLIN

OXACILLIN

FLUCLOXACILLIN

AMPICILLIN

CARBENICILLIN

Bild 9
Biosynthetische und partialsynthetische
Penicilline

soren zur Kulturlösung. Folgende Gruppen von Penicillinen konnten so entwickelt werden (Bild 9):

1. Oral-Penicilline mit fehlender oder geringer Penicillinase-Stabilität: Phenoxymethylpenicillin, Phenethicillin, Propicillin.

2. Penicillinasestabile Penicilline: Oxacillin, Cloxacillin, Dicloxacillin, Flucloxacillin (säurestabil), Methicillin (nicht säurestabil).

3. Breitspektrum-Penicilline: Ampicillin und Ampicillin-Derivate: Amoxicillin, Epicillin, Carbencillin und Piperacillin. Auch das letztere besitzt die Struktur eines modifizierten Ampicillins mit einem 2,3-Dioxopiperazinylradikal. Es ist ein Breitspektrum-Antibioticum, speziell wirksam gegen *Pseudomonas aeruginosa, Serratia* und *Bacteroides*. Die besten Eigenschaften hatte das 4-Äthyl-2,3-Dioxopiperazinyl-Derivat (Kobo, 1981).

Mit den natürlich vorkommenden — in vieler Hinsicht begrenzt anwendbaren Penicillinen als Vorbilder — gelang es also, patialsynthetisch oder biosynthetisch neue Penicilline mit stark verbesserten Eigenschaften zu entwickeln.

4   Biogene Stoffe als Rohstoffe bei der Synthese von Arzneistoffen

Bei der Synthese wichtiger Arzneistoffe ist man in vielen Fällen abhängig von Naturstoffen, die eine dem gewünschten Arzneistoff ähnliche Struktur haben, aber leichter und billiger erhältlich sind als dieser selbst.

Die Synthese der Steroidhormone aus pflanzlichen Steroid-Saponinen oder Sterolen ist ein ausgezeichnetes Beispiel für den erfolgreichen Einsatz von Stoffen aus höheren Pflanzen im Herstellungsprozeß äußerst effektiver Arzneistoffe. Sie zeigt auch deutlich, daß Pflanzenstoffe selbst *a priori* nicht pharmakologisch aktiv sein müssen.

Die erste Partialsynthese des Cortisons gelang Sarett 1936, sein Ausgangsmaterial war die aus Ochsengalle gewonnene Desoxycholsäure (Bild 10). Wenn auch die Synthese eine chemische Leistung war, war sie doch zu kompliziert und zu teuer für eine technische Anwendung. Von etwa 650 kg Desoxycholsäure erhielt man 938 g Cortisonazetat. Heute wird aus natürlich vorkommenden Steroiden (z. B. aus Diosgenin) erst das Progesteron durch oxidative Verkürzung der Seitenkette und Oxidation der 3-ständigen Hydroxy-Gruppe zur Oxo-Gruppe erhalten. Unter Einwirkung von Mikroorganismen können darauf Hydroxy-Gruppen und Doppelbindungen in das Molekül eingeführt, Hydroxy-Gruppen oxidiert, Carbonyl-Gruppen reduziert, Ester gebildet oder hydrolysiert werden. Auf die Weise kann man die erwünschten Steroidhormone in guter Ausbeute erhalten (Bild 10).

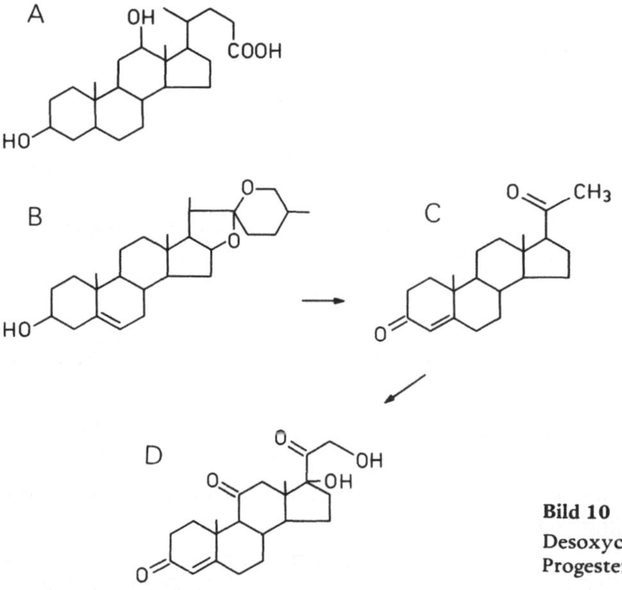

Bild 10

Desoxycholsäure (A), Diosgenin (B), Progesteron (C), Cortison (D)

Man schätzt, daß für etwa 70 Prozent aller Steroidhormonpräparate Rohmaterialien aus in Mexiko und Guatemala wild gesammelten und angebauten *Dioscorea*-Arten herangezogen werden. Andere Ausgangssubstanzen kommen von anderen steroidsaponinhaltigen Pflanzen und pflanzlichen Sterolen wie „Soja-Phytosterol", einem Nebenprodukt der Soja-Öl-Produktion.

5 Biogene Stoffe als „geistige Anreger" der Synthese von Arzneistoffen

Viele der klassischen biogenen Arzneistoffe haben ihre Zeit als chemische Vorbilder neuer Arzneistoffe gehabt. Es ist heute notwendig, neue Modellstoffe zu finden. Welche Möglichkeiten hat man aber, wertvolle biogene Arzneistoffe aufzuspüren — eventuell biogene Substanzen mit neuen chemischen Strukturen, die noch unbekannte potentielle therapeutische Eigenschaften besitzen. Gibt es überhaupt solche Möglichkeiten — oder sind die Quellen der Natur nicht mehr ergiebig?

Bis zur Entdeckung des Penicillins und der vielen anderen Antibiotika waren viele der Auffassung, daß die Quellen der Natur für therapeutisch interessante oder wertvolle Arzneistoffe erschöpft seien. Aber durch diese Entdeckung sowie durch das Auffinden des Reserpins und verwandter hypotensiver Alkaloide, standen die aus der Natur stammenden Arzneistoffe wieder im Brennpunkt des Interesses. Man begann einzusehen, daß die Natur wirklich eine praktisch unerschöpfliche Quelle von Arzneistoffen und potentiellen Arzneistoffen ist — auch in der Form von neuen chemischen Strukturen, die als Vorbilder für völlig neue synthetische Arzneistoffe dienen können.

Ein Beispiel: Etwa 1935 untersuchen von Euler und Erdtman (1935, 1936) ein Alkaloid, Gramin, aus schwedischen Gerstensippen. Es handelte sich um ein Indol-Derivat. Bei der Strukturaufklärung wurde ein Isomer synthetisiert, nämlich das 2-(Dimethylaminomethyl)-Indol (Bild 11). Dieser Stoff erwies sich ganz überraschend als lokalanästhetisch wirksam. Löfgren (1946) sowie Löfgren und Lundqvist (1946) sahen diese lokalanästhetische Wirkung in einem pharmazeutischen Zusammenhang — und mit dem erwähnten Indolderivat als Modell wurde eine Reihe von Stoffen synthetisiert. Einer von ihnen war das Lidocain, eines der wichtigsten Lokalanästhetika unserer Zeit (Bild 11). Die Arbeit von Löfgren basierte also auf der Entdeckung der lokalanästhetischen Wirkung des 2-(Dimethyl-aminomethyl)-indols, das in Verbindung mit der Strukturaufklärung des Gramins hergestellt wurde. Ohne diesen, pharmazeutisch ganz uninteressanten Naturstoff hätte man wahrscheinlich nie das Lidocain synthetisiert.

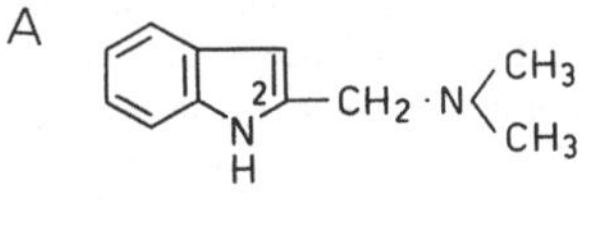

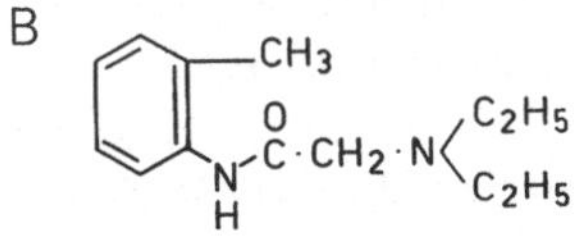

Bild 11
2-(Dimethylaminomethyl)-Indol (A),
Lidocain (B)

Ein Beispiel wie dieses zeigt deutlich, daß man in der Natur chemische Strukturen finden kann, welche wichtige Impulse zur Synthese neuer, wertvoller Arzneistoffe geben können. Die Phantasie eines synthetisch arbeitenden Chemikers ist oft groß. Es ist aber zu bezweifeln, ob sie groß genug ist, um — ohne irgendein Vorbild, ohne einen Modellstoff — ein Lokalanästhetikum wie Lidocain zu synthetisieren.

6 Die Suche nach neuen biogenen Arzneistoffen

Die pharmazeutischen Wissenschaften haben seit der Zeit Sertürners (1783—1841) wichtige Beiträge bei der Suche nach neuen biogenen Arzneistoffen, besonders nach neuen pflanzlichen Arzneistoffen geliefert. Ein wichtiger Faktor bei dieser Suche ist in unserer Zeit die Entwicklung neuer chemischer und biologischer Untersuchungsmethoden.

Trotz der umfassenden Untersuchungen der letzten 25 Jahre nach Pflanzenstoffen mit Antitumor-Wirkung, wobei mehr als 100 000 Extrakte höherer Pflanzenarten untersucht wurden, wurde kein systematisches Screening auf andere biologische Aktivitäten derselben Pflanzen durchgeführt. Das Anti-Tumor-Screening mit einer beschränkten Anzahl von Tumor-Systemen (einige Hunderte sind bekannt) schließt nicht aus, daß dieselben Pflanzen chemische Strukturen von potentiellem Wert bei der Behandlung anderer Krankheiten enthalten. Darum kann man diese Pflanzen als „nicht untersucht" in bezug auf andere mögliche Aktivitäten als Arzneistoffe betrachten.

Bei den umfassendsten Untersuchungen, die an Pflanzen je ausgeführt wurden, wurden also die Pflanzen nur auf eine einzige Wirkungsaktivität hin untersucht. Wenn auch die Anzahl der bis jetzt untersuchten Arten groß ist, so repräsentiert sie doch nur eine beschränkte Anzahl der Vertreter der Weltflora. Die sehr stark dem Zufall überlassene Auswahl der Pflanzen, die beim Screening von Mikroorganismen auf Antibiotika angewandt wurde und noch heute bei der Suche nach Antitumor-Stoffen angewandt wird, ersetzt in den letzten Jahren — zumindest teilweise — eine Suche auf ethnopharmakologischer Grundlage.

Bei dem Screening auf Antibiotika und Antitumor-Stoffe war das Ziel der Untersuchungen beschränkt und die angewandten Untersuchungsmethoden im allgemeinen relativ einfach. Charakteristisch war bei diesen Untersuchungen auch, daß die Teilnehmer eines Forschungsteams meistens dieselbe Ausbildung hatten und daher auch eine gemeinsame „technische Sprache" benutzten, Umstände, die einen günstigen Einfluß auf den Erfolg der Untersuchungen hatten. Bei einer weiter gefaßten Suche nach biologisch aktiven Stoffen in Pflanzen ist aber die Situation eine andere. Hier muß man über ein Team von Botanikern, chemisch orientierten Pharmakognosten und Pharmakologen verfügen. Weil die verschiedenen Teilnehmer in einer solchen Gruppe verschiedene Ausbildungen haben und also auch verschiedene wissenschaftliche Idiome benutzen, hängt der Erfolg vollständig von der Qualität und dem Verantwortlichkeitsgefühl jedes einzelnen Teilnehmers ab. Der Leiter sollte vorzugsweise der chemisch orientierte Pharmakognost sein (Malone, 1981).

Malone (1981) ist der Auffassung, daß die Möglichkeiten zur Entdeckung grundsätzlich neuer Arzneistoffe im Pflanzenreich auf ethnopharmakologischer Grundlage wesentlich besser seien als die Möglichkeiten durch rein chemische Synthese. Er gibt folgendes illustrierendes Beispiel:

Bei der amerikanischen Firma Eli Lilly und Co. wurde 1956 ein Screeningprogramm aufgestellt, das das Ziel hatte, höhere Pflanzen auf eventuell vorkommende chemotherapeutisch aktive Stoffe zu untersuchen. In 20 Jahren wurden etwa 400 Pflanzen untersucht. In diesen Pflanzen wurden die antileukämischen Alkaloide Vinblastin und Vincristin (in *Catharanthus roseus*) und die Antitumor-Alkaloide 9-Methoxy-Ellipicin (in *Ochrosia maculata*) und Acronycin (in *Acronychia baueri*) gefunden. In 400 auf ethnopharmakologischer Grundlage ausgewählten Pflanzen wurden also vier grundsätzlich neue biogene Arzneistoffe isoliert.

Die erhaltenen Ergebnisse sind sehr gut, vergleicht man sie mit Resultaten der chemischen Synthese. Irwin (1962) hat mitgeteilt, daß 1958 etwa 114 600 chemische Stoffe in der pharmazeutischen Industrie synthetisiert wurden. Von diesen wurden 1900 klinisch untersucht, aber nur 44 davon in den Handel gebracht.

Ein grundsätzlich neuer Arzneistoff („a prototype drug") ist nach Malone (1981) ein Stoff mit ganz anderer chemischer Struktur als sie bis jetzt bekannte Stoffe haben und darum auch eine Substanz mit ganz anderer medizinischer Anwendung. Jedesmal, wenn ein solcher Arzneistoff entdeckt wurde, beobachtete man große Änderungen in der medizinischen Praxis. Als Beispiele können der Einfluß des (+)-Tubocurarins auf die Chirurgie, der Einfluß der Antibiotika auf die Behandlung von Infektionskrankheiten und der Einfluß des Reserpins auf die Behandlung von mentalen Krankheiten erwähnt werden. Ein solcher neuer biogener Arzneistoff kann auch als Modell für die Synthese von Analogen oder von ganz neuen synthetischen Arzneistoffen dienen.

Die Aussichten, grundsätzlich neue biogene Arzneistoffe zu finden, sind durchaus gut; einige Probleme gibt es aber, auf die hingewiesen werden muß. Die Entdeckungsphase ist manchmal lang und unsicher. Es ist oft zeitraubend, einen Stoff mit einer bestimmten biologischen Aktivität, aber oft mit ganz unbekannten chemischen Eigenschaften zu isolieren. Es ist auch nicht immer möglich, die Menge solcher Stoffe in höheren Pflanzen für industrielle Zwecke beliebig zu erhöhen. Selbst mit Mikroorganismen, die sich so schnell vermehren und die daher sehr geeignet für die Beeinflussung ihrer Produktivität über das Kulturmedium sind, hat man oft große Probleme. Von allen Quellen biogener Arzneistoffe haben aber die Mikroorganismen bis jetzt die größte Anzahl grundsätzlich neuer biogener Arzneistoffe geliefert. Die Mikroorganismen haben eine beinahe unbeschränkte Kapazität, neue Moleküle verschiedenster Strukturen zu biosynthetisieren.

Bei der ethnopharmakologisch begründeten Suche nach neuen biogenen Arzneistoffen im Pflanzenreich steht man immer einer Reihe biologisch aktiver, aber chemisch unbekannter Stoffe gegenüber. Nur mit Hilfe biologischer Methoden können solche Stoffe entdeckt werden. Die Situation ist aber — jedenfalls in Europa — die, daß an pharmakognostischen Instituten, die zunächst für solche Untersuchungen in Betracht kommen, selten oder nie Möglichkeiten für ein biologisches Screening vorhanden sind. Man muß also notgedrungen einen phytochemischen oder chemotaxonomischen Ausgangspunkt wählen. Für einen Pharmakognosten ist wahrscheinlich ein phytochemischer Ansatzpunkt der natürliche. Die Pharmakognosieforschung baute bisher fast ausschließlich auf phytochemischen Grundlagen auf, biologische Aktivitäten blieben im allgemeinen im Hintergrund.

Trotz der relativ geringen Anzahl höherer Pflanzenarten, die chemisch untersucht worden sind, ist es doch deutlich, daß bestimmte Gattungen oder Familien gehäuft Vertreter mit pharmazeutisch oder medizinisch wichtigen Stoffen enthalten. Durch chemische Untersuchungen anderer, botanisch verwandter Gruppen hat man oft sehr wertvolle Ergebnisse erhalten. Ein phytochemisch-chemotaxonomischer Ausgangspunkt diente z.B. als Grundlage für Studien über Herzglykoside in *Digitalis* und *Strophantus*-Arten von Stoll und Mitarbeitern sowie von Reichstein und Mitarbeitern (Baumgarten, 1963).

Die Ergebnisse, die auf den oben erwähnten Forschungsgebieten während der letzten Dezennien erreicht wurden, sind zu einem großen Teil Entwicklungen zu verdanken, die in anderen Wissenschaften stattgefunden haben. So hatte die Entwicklung der chromatographischen Trennmethoden zwischen 1930 und 1950 einen wesentlichen Einfluß auf die Pharmakognosie und Phytochemie ab 1950.

Bei Untersuchungen von biologischem Material steht man fast immer einem Gemisch von biologisch wirksamen und biologisch unwirksamen Stoffen, von einfachsten und stabilsten bis zu den kompliziertesten und instabilsten Substanzen gegenüber. Die Mischverhältnisse zwischen den einzelnen Komponenten variieren gewöhnlich stark. Einige Stoffe dominieren oft im Gemisch, während andere in kleinen Mengen vorkommen, so daß man über besonders empfindliche Verfahren verfügen muß — biologischen oder chemischen —, falls man überhaupt mit der Möglichkeit ihres Nachweises rechnen kann — ganz zu schweigen von der Möglichkeit, meßbare Mengen von ihnen zu isolieren. Oft sind es gerade solche in kleinsten Mengen vorkommenden Stoffe, die von großem Interesse sind und die man gewinnen möchte.

Die Methoden, die früher bei Untersuchungen biogener Arzneistoffe benutzt wurden — es handelte sich meistens um phytochemische Analysen —, waren im großen und ganzen ziemlich grob. Zwar konnte man eine Reihe relativ stabiler Pflanzenstoffe isolieren, hauptsächlich aber nur solche, die in großen Mengen vorkamen. Zahlreich sind die Untersuchungen, die nichts an den Tag gebracht haben, einfach, weil die Methoden unzulänglich waren. Zahlreich sind daher Arzneipflanzen, die man zu einem frühen Zeitpunkt als unbrauchbar verworfen hat. Anderseits gibt es auch Arzneipflanzen, die dank neuerer Untersuchungen und verbesserter Methoden wieder Bedeutung erlangt haben, weil es sich gezeigt hat, daß sie Stoffe von therapeutischem Wert enthalten.

Bessere und zuverlässigere Untersuchungsmethoden zu entwickeln und sich nutzbar zu machen, ist eine der wichtigsten Aufgaben bei der Suche nach neuen potentiellen Arzneistoffen biogener Herkunft. Die Methoden gelten als die eigentliche Grundlage dieser Forschung. Vor allem haben die chromatographischen Trennmethoden in ihren verschiedenen Ausführungen ganz neue Wege eröffnet und Möglichkeiten geschaffen.

Aber viele unerwartete Probleme können bisweilen auftreten. So können einige im Untersuchungsmaterial vorkommende Stoffe einen markanten Einfluß auf die Löslichkeit anderer Inhaltsstoffe ausüben. Woo (1959) beobachtete z.B., daß Pflanzenstoffe, die in bestimmten Lösungsmitteln im allgemeinen unlöslich sind, mit den gleichen Lösungsmitteln extrahiert werden konnten, wenn Saponine im Material vorkamen. Farnsworth (1966) fand, daß ein Hexan-Extrakt von *Catharanthus lanceus* alkaloidreich war, während die Reinalkaloide absolut unlöslich in Hexan sind. Solche eigentümlichen Lösungsverhältnisse werden oft nicht beachtet; sie können aber Schwierigkeiten bereiten.

Auch bei der Anwendung biologischer Untersuchungsmethoden kann man komplizierende Faktoren beobachten. Pflanzen mit antimikrobiell wirksamen Stoffen können zum Beispiel Substanzen enthalen, die eine antagonistische Wirkung bei den mikrobiologischen Tests ausüben, oder umgekehrt Stoffe, die das Wachstum der Testorganismen stimulieren. Dadurch kann die antimikrobielle Wirkung der Pflanzenextrakte teilweise oder ganz verdeckt werden. In diesem Fall sollte man an eine Kombination von modernen Trennmethoden, wie etwa der Dünnschichtchromatographie und Hochdruckflüssigchromatographie mit mikrobiologischen Testmethoden denken. Dabei können die antimikrobiell aktiven Stoffe vor den mikrobiologischen Tests von eventuellen Antagonisten der Wachstum-stimulierenden Stoffe abgetrennt werden.

Die auf ethnopharmakologischer Forschung basierende Suche nach neuen biogenen Arzneistoffen scheint immer wichtiger zu werden, weil die oft benutzten wahllosen Screening-Tests nicht zum erwünschten Erfolg geführt haben. Malone (1981) hat für eine solche Suche ein Arbeitsschema in mehreren Abschnitten aufgestellt, das durch erfahrene Wissenschaftler systematisch Stufe um Stufe durchgeführt werden muß.

Stufe 1 umfaßt die Selektion der zu untersuchenden Pflanzenarten, die aufgrund systematischer Analysen phytochemischer, taxonomischer und ethnopharmakologischer Daten erfolgen muß. Die ethnopharmakologischen Daten müssen aus der Literatur, durch Feldarbeit, aber auch mit Hilfe von Herbariummaterial ermittelt werden. Die ethnopharmakologische Feldarbeit ist sehr wichtig und darf nicht unterschätzt werden. Wird sie nicht sorgfältig genug ausgeführt, kann es den Erfolg der ganzen Untersuchung kosten.

In Stufe 2 wird das für die Untersuchung notwendige Pflanzenmaterial durch einen Feld-Botaniker, der die Flora des betreffenden Gebietes gut kennt, gesammelt. Auch jetzt muß zusätzlich Herbariummaterial recherchiert werden. In Stufe 3 werden die pharmakologischen Tests durchgeführt. Das getrocknete Pflanzenmaterial wird zu einem 200-mesh-Pulver gemahlen, in einer sterilen, wässerigen 0,25%-igen Agarlösung suspendiert und intraperitonal Ratten eingespritzt. Nach Malone werden die aktiven Substanzen des Pflanzenmaterials vom Blut genauso schnell aufgenommen, als wären sie in gelöster Form appliziert worden. Die Anwesenheit oder Abwesenheit von 63 Symptomen wird nun beobachtet und nach 5, 10, 15, 30 und 60 Minuten, nach 2, 4, 6 und 25 Stunden, sowie nach 2, 4 und 7 Tagen registriert. Bei dieser Arbeitsweise ist es möglich, alle bekannten Arzneitypen mit Ausnahme der Chemotherapeutika aufzufinden.

Nach diesem Screening ist es empfehlenswert, mehrere Extraktionsschemata anzuwenden und bei jeder Stufe einer Extraktion sowohl die extrahierten Stoffe als auch den Rest zu untersuchen, um zu vermeiden, daß Aktivitäten während der Extraktion verloren gehen.

Wenn ein optimales Extraktionsschema gefunden ist, kann Stufe 4 folgen. Hier müssen größere Mengen Pflanzenmaterial gesammelt und ihre Identität von einem botanischen Spezialisten kontrolliert werden. Darauf kann in Stufe 5 die Extraktion und die Isolierung der Wirkstoffe folgen. Dieser Prozeß muß mittels einer biologischen Testmethode genau kontrolliert werden, um zu garantieren, daß die Extraktion erschöpfend und effektiv ist — ohne Verlust oder Veränderung der Wirkstoffe. Die Wirkstoffe werden zuerst vorläufigen Untersuchungen unterworfen, um festzustellen, ob es sich um bekannte oder ganz neue Substanzen handelt. Im letzten Fall folgt Stufe 6, die eine klassische pharmakologische Untersuchung der isolierten Reinstoffe umfaßt. In Stufe 7 kann die chemische Strukturaufklärung folgen. Wenn ein grundsätzlich neuer Arzneistoff gefunden ist, kann man in der folgenden Stufe 8 versuchen, Analoge zu synthetisieren oder die Struktur zu modifizieren, um Arzneistoffe mit verbesserten therapeutischen, chemischen und/oder physikalischen Eigenschaften zu erhalten.

Wenn man das Arbeitsschema von Malone betrachtet, wird deutlich, daß diejenigen Pflanzen, die bis jetzt in Verbindung mit dem sehr umfassenden Screening nach biogenen Stoffen mit Antitumor-Wirkung getestet wurden, in bezug auf eventuell andere biologische Wirkungen als „nicht untersucht" angesehen werden müssen. Systematische Studien nach dem oben beschriebenen Schema würden sicherlich sehr deutlich die Rolle des Pflanzenreiches als Quelle neuer potentieller Arzneistoffe zeigen.

Aber auch ohne ein so umfassendes Untersuchungsschema hat man auf ethnopharmakologischer Grundlage interessante biogene Wirkstoffe entdeckt. Zufällige Beobachtungen von Reisenden oder Missionaren, welche Kultur und Lebensweise der Bewohner abgelegener Gegenden gut kannten, haben mehrfach wichtige Beiträge geliefert. So beobachtete ein norwegischer Arzt-Missionar in Zaïre, daß die Frauen die Blätter einer bestimmten Pflanze verwendeten, um leichter zu gebären. Die Pflanze wurde als *Oldenlandia affinis* identifiziert. Eine uteruskontrahierende Wirkung wurde festgestellt und aus den Blättern wurde eine Reihe von Polypeptiden isoliert, die verantwortlich für diese Wirkung sind (Gran, 1973).

In China werden seit einigen Jahren sehr umfassende und systematische Untersuchungen über die seit alters her verwendeten ca. 2000 Arzneipflanzen der chinesischen Volksmedizin durchgeführt. Die Verwendung von Pflanzen und deren Zubereitungen nimmt einen hohen Stellenwert in der Therapie ein und steht gleichberechtigt neben dem Gebrauch von synthetischen Arzneimitteln. Das Pflanzenreich wird als eine entscheidende Quelle zur Erhaltung der Volksgesundheit und als wichtiger Ausgangspunkt der wissenschaftlichen Forschung betrachtet. In chinesischen Krankenhäusern werden die Patienten regelmäßig mit pflanzlichen Arzneimitteln behandelt. Dadurch werden klinische Erfahrungen gesammelt, die bei der weiteren Erforschung der Wirkstoffe der Arzneipflanzen wertvoll sind.

In der chinesischen Volksmedizin wurde ein Pflanzenpräparat *Dang Gui Lu Hui Wan* bei der Behandlung von Symptomen der chronischen myeloischen Leukose verwendet. Ein Bestandteil des Präparats war *Indigo naturalis*, ein Produkt hergestellt von den Blättern von *Baphicacanthus cusia* und den Wurzeln von *Aucklandia lappa*. Aus *Indigo naturalis* wurde ein Alkaloid mit niedriger Toxizität und stark hemmender Wirkung auf eine Reihe Tumor-Systeme in Tierversuchen isoliert, das Indirubin (Bild 12). Bei Behandlung von 314 Patienten mit myeloischer Leukose trat bei 82 Patienten eine totale, bei 38 eine Teilremission ein (Xiao, 1981).

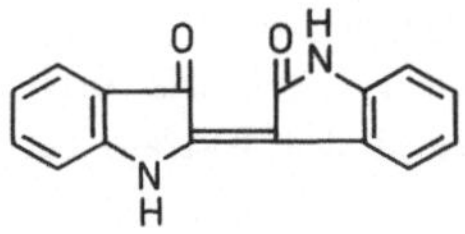

Bild 12 Indirubin

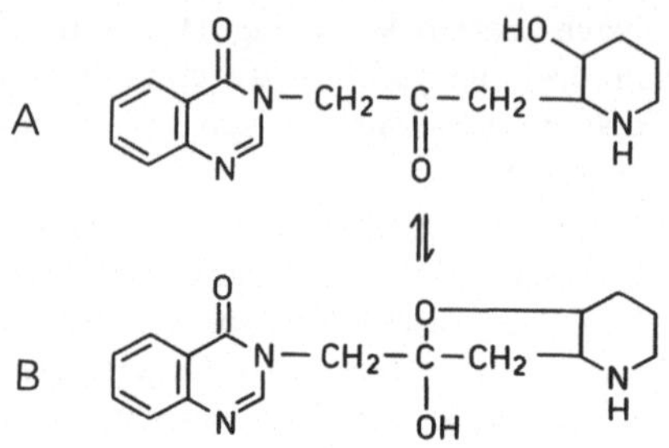

Bild 13 β-Dichroin und γ-Dichroin (A), α-Dichroin (B)

Die Wurzeln (*Chang Shan*) und die Blätter (*Shu Chi*) von *Dichroa febrifuga* werden in China seit mehr als 2000 Jahren als Antimalariamittel verwendet. Aus den Wurzeln wurden u. a. die Alkaloide α-Dichroin (= Iso-febrifugin), β-Dichroin (= Febrifugin F 139—140°) und γ-Dichroin (= Febrifugin F 154—156°) (Bild 13), isoliert. Im pharmakologischen Test zeigte α-Dichroin dieselbe Wirkung wie das Chinin, das β-Dichroin dagegen eine etwa 50-mal, das γ-Dichroin eine etwa 150-mal stärkere Wirkung. Wegen des Fehlens einer uteruskontrahierenden Aktivität kann es auch während der Schwangerschaft gegeben werden. Einer breiten Anwendung stehen allerdings die starken emetischen Nebenwirkungen im Wege (Jang et al., 1948, Tang u. Beyrich, 1961).

Hewitt et al. (1952) versuchten daher, durch Umwandlungen im Molekül Derivate zu erhalten, die eine bessere Malariawirkung und schwächere bzw. keine Nebenwirkungen aufwiesen. Eine Veresterung an der Hydroxygruppe mit Essigsäure unterdrückte die Toxizität. Aber gleichzeitig zeigte Acetyldichroin eine schwächere therapeutische Wirksamkeit. Trotzdem besitzt das Acetyldichroin einen höheren chemotherapeutischen Index als das Dichroin. Durch Einführung von Halogen- oder Alkylresten am Chinazolonring änderten sich die Eigenschaften. So besitzt zum Beispiel das 5-Chlordichroin oder das 5-Methyldichroin einen höheren chemotherapeutischen Index als Dichroin selbst. Das 5-Chlor-6-methyldichroin, das 5,6-Dichlordichroin und das 5,6-Dimethyldichroin besitzen die gleiche Toxizität, aber eine höhere Wirksamkeit als das Dichroin. Das 6,7-Dichlordichroin, das 6-Chlor-7-methyldichroin und das 6,8-Dichlordichroin haben zwar eine noch stärkere Aktivität, aber auch eine höhere Toxizität.

Auch *Artemisia annua*, die seit alters her Verwendung gegen Malaria gefunden hat, wurde untersucht. Ein Sesquiterpen, *Qing Hao Su* (Bild 14), wurde isoliert, das in klinischen Untersuchungen sehr effektiv war. 2069 Patienten, davon waren 1511 an *Plasmodium-vivax-Malaria* erkrankt und 558 an *P.-falciparum-Malaria*, genasen. Der Wirkstoff ist jetzt in China in Großproduktion (Xiao, 1981).

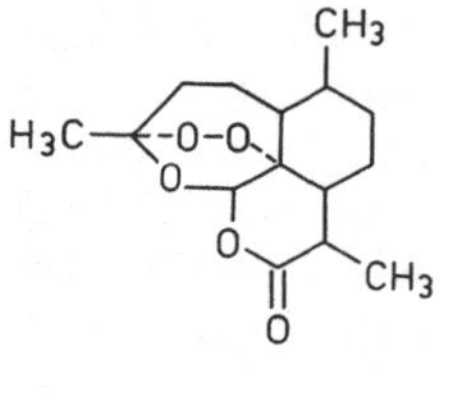

Bild 14

Qing Hao Su aus *Artemisia annua*

Während in Europa *Dryopteris filix-mas*, in Indien und dem ostindischen Archipel *Mallotus phillipinensis* und in Ost-Afrika *Hagenia abyssinica* wegen ihrer Phloroglucinol-Wirkstoffe gegen Bandwürmer Verwendung finden, werden in China die Winterknospen von *Agrimonia pilosa* entsprechend genutzt. Auch in dieser Art wurde ein Phloroglucinol-derivat (Agrimorphol (Bild 15) als Wirkstoff aufgefunden (Xiao, 1981).

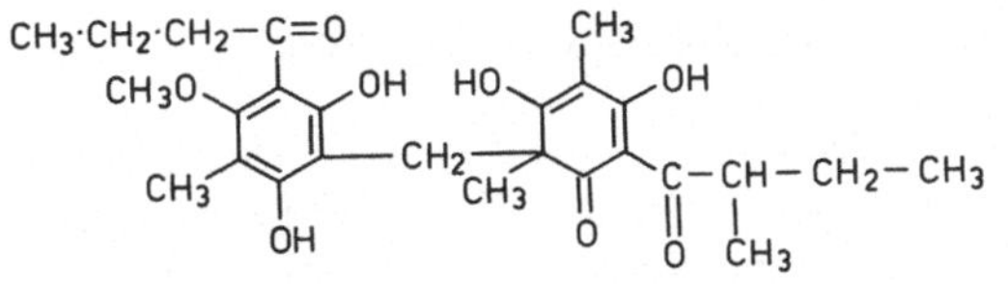

Bild 15 Agrimorphol

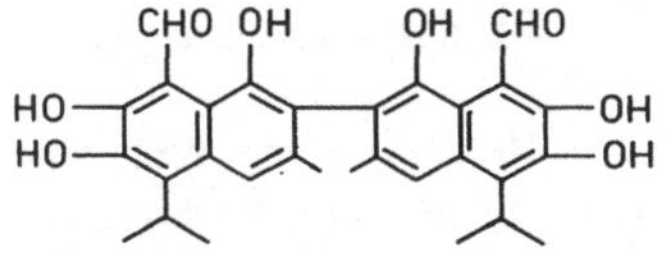

Bild 16 Gossypol

Die Beobachtung, daß die Verwendung von Baumwollsamenöl als Salatöl bei jungen Männern Sterilität verursacht, führte zu umfassenden Untersuchungen. Während einer Periode von 6 Monaten wurde 8000 gesunden Männern, der im Baumwollsamenöl vorkommende Wirkstoff Gossypol (Bild 16) gegeben. Die Untersuchungen zeigten, daß das Gossypol ein zuverlässiges Antifertilitätsmittel ist. Setzt man Gossypol ab, kehrt die Fertilität allmählich zurück. In höheren Dosen ist Gossypol allerdings giftig.

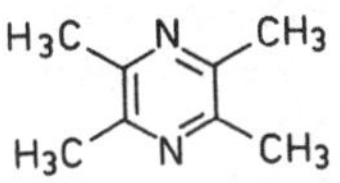

Bild 17 Tetramethylpyrazin

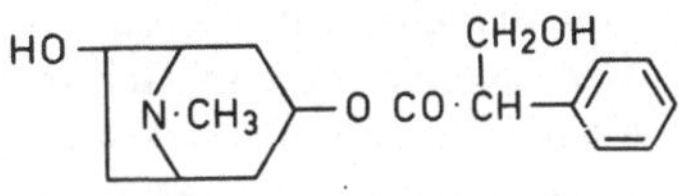

Bild 18 Anisodamin

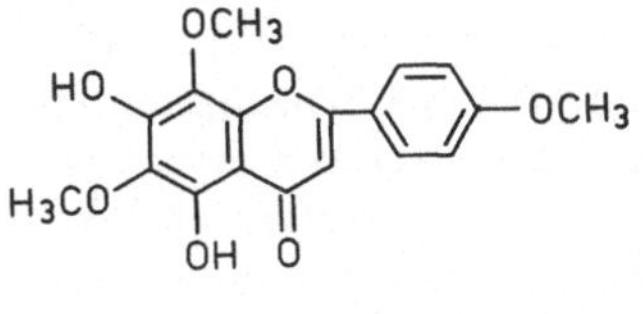

Bild 19
Nevadensin

Noch einige Beispiele: Aus *Ligusticum chuanxiong* wurde Tetramethylpyrazin (Bild 17) mit einer blutgerinnungshemmenden und einer blutkapillarerweiternden Wirkung isoliert. Der Stoff wird jetzt synthetisch hergestellt und u.a. bei der Behandlung cerebraler Embolien eingesetzt. Aus *Scopolia tangutica* wurde ein Tropanalkaloid Anisodamin (Bild 18) isoliert, das klinische Verwendung bei der Behandlung von septischen Schocks gefunden hat, verursacht von toxischer bazillärer Dysentherie, fulminanter, epidemischer Meningitis und hämorrhagischer Enteritis. Aus *Lysionotus pauciflorus* wurde ein Flavon-derivat, Nevadensin (Bild 19), mit nicht nur einer expektorierenden und antitussiven Wirkung, sondern auch mit antituberkulöser Aktivität isoliert. Die klinische Verwendung bei lymphatischer Tuberkulose erwies eine Effektivität bis 90 Prozent (Xiao, 1981).

Die Isolierung, Strukturaufklärung und klinische Testung vieler Wirkstoffe aus den in der chinesischen Volksmedizin verwendeten Arzneipflanzen haben sehr deutlich den großen Wert dieser Pflanzen für die Volksgesundheit in früheren Zeiten bewiesen. Die heutige systematische Erforschung der alten Arzneipflanzen in China zeigt andererseits die Bedeutung dieser Pflanzen und der aus ihnen isolierten Wirkstoffe auch für die Medizin unserer Zeit.

7   Suche nach biogenen Stoffen mit antineoplastischer Wirkung

In der ganzen Welt sind umfassende Untersuchungen nach biogenen Stoffen mit antineoplastischer Wirkung im Gange. Niemals zuvor in der Geschichte der Erde hat man so umfassende Screenings-Programme zur Auffindung biogener Stoffe mit einer ganz spezifischen Wirkung ausgearbeitet. Diese Forschung begann vor etwa 30 Jahren. Im Jahre 1949 prüfte Noble (1964) wässerige Extrakte von *Catharanthus roseus* tierexperimentell, um die angebliche blutzuckersenkende Wirkung der Pflanze näher zu studieren. Überraschenderweise beobachtete er aber eine ganz andere Wirkung, nämlich eine sehr schnelle Abnahme der weißen Blutkörperchen und ein fast völliges Verschwinden der neutrophilen Leukozyten. Die leukopenische Wirkung erwies sich als an die Alkaloidfraktion des Pflanzenauszuges geknüpft. Diese Beobachtungen legten den Gedanken nahe, die Alkaloide gegen Krankheiten einzusetzen, die durch eine krankhafte Vermehrung der weißen Blutkörperchen gekennzeichnet sind, also gegen Leukämien. Es gelang eine Anzahl dimerer Indolalkaloide zu isolieren; einige hatten deutliche Geschwulstaktivität. Unter den Cancerostatika pflanzlichen Ursprungs finden zwei von ihnen, Vinblastin und Vincristin, die breiteste klinische Anwendung, z. B. bei Leukämien, Carcinomen der Haut und Schleimhaut, Colon-, Rektum- und Ovarcarcinom (Vinblastin); Prostatacarcinom, Cervixcarcinom und Gehirntumor (Vincristin); beide Verbindungen bei Hodgkinscher Krankheit, Lymphosarkom und Brustcarcinom (Strauch und Hiller, 1974).

Diese *Catharanthus*-Alkaloide sind nur ein Beispiel in der langen Geschichte der Chemotherapie des Krebses. Riesige Anstrengungen wurden und werden unternommen, um Substanzen mit Antitumor-Wirkung zu finden. Die Intensität dieser Arbeiten wurde schon erwähnt. Etwa 10 Prozent aller bis jetzt untersuchten Pflanzenmuster zeigten eine deutliche Wirkung in tierexperimentellen Tumorsystemen. Wenn man sowohl die positiven als auch die negativen Ergebnisse dieser Antitumor-Tests studiert, wird deutlich, daß die aktiven antineoplastischen Stoffe nicht immer in verwandten Pflanzenarten vorkommen. Chemotaxonomische Betrachtungen waren bisher also weniger erfolgreich. Man findet übrigens die aktiven Stoffe oft nur in speziellen Teilen der Pflanzen lokalisiert und nicht in der ganzen Pflanze, so Vinblastin und Vincristin fast nur in den grünen Teilen von *Catharanthus*. Auch hier kann die Jahreszeit Einfluß auf den Gehalt an wirksamen Inhaltsstoffen haben. Wichtig ist weiter die Tatsache, daß die antineoplastisch aktiven Extrakte oder Reinstoffe aus höheren Pflanzen oft sehr spezifisch in ihrer Wirkung gegen bestimmte Tumore sind — oder nur unter ganz bestimmten experimentellen Bedingungen wirken.

Die bis jetzt erzielten Ergebnisse wurden durch ein sehr breites Screening von Pflanzen und Pflanzenteilen aus verschiedensten Gattungen und Familien erreicht. Die aufgefundenen Antitumor-Stoffe gehören zu den unterschiedlichsten chemischen Stoffgruppen, so zu den Alkaloiden (z. B. dimere Indol- und Bisbenzylisochinolin-Alkaloide), Lignanen, Terpenen (z. B. Sesquiterpenlactone, Diterpene) und Flavonoiden. Durch systematische Studien versucht man nun, einen Zusammenhang zwischen der chemischen Struktur der wirksamen Stoffe und der beobachteten Wirkung zu finden. Im Rahmen dieser Arbeiten hat man auch Gebrauch gemacht von chemisch modifizierten Naturstoffen, von synthetisch hergestellten Intermediärprodukten und Analogen.

Ein Ausgangspunkt bei der Suche nach biogenen Stoffen mit antineoplastischer Wirkung war die Auffassung, daß das Pflanzenreich ein praktisch unerschöpfliches Reservoir an potentiellen Arzneistoffen ist, die entweder selbst als Wirkstoffe oder als chemische Modelle neuer Arzneistoffen dienen können. Die bis jetzt erreichten Ergebnisse auf dem Gebiete der antineoplastischen Stoffe haben die Richtigkeit dieser Auffassung bestätigt.

In einer Rede *Die Zukunft der Pharmakognosie*, gehalten in London 1909, führte Alexander Tschirch (1915) folgendes aus: „So dürfen wir denn auch zuversichtlich hoffen, daß die Medizin auch wieder einmal mehr als heute zu den Drogen zurückkehren wird, wenn sie sich an den Heilmitteln der chemischen Synthese den Magen gründlich verdorben und alle Organe des Tierkörpers durchprobiert haben wird. Sie wird dann zu den ältesten Heilmitteln der Menschheit, den Heilpflanzen und Drogen zurückkehren, für deren Verwendung eine Erfahrung von Tausenden von Jahren vorliegt."

Heute, etwa 70 Jahre später, können wir ruhig feststellen, daß die alten Heilpflanzen mehr als vielleicht jemals zuvor im Brennpunkt des Interesses stehen, allerdings nicht mehr als *Ausgangsmaterial* zur Herstellung *von Arzneidrogen*, sondern als *Ausgangsmaterial* zur Herstellung *von Wirkstoffen*, die als Reinstoffe in der Arzneimitteltherapie verwendet werden — eventuell in chemisch modifizierter Form, als Ausgangsstoffe partialsynthetischer Arzneistoffe oder als Modellsubstanzen totalsynthetischer Arzneistoffe.

Die weltumfassende Suche der letzten Dezennien nach neuen biogenen Arzneistoffen und potentiellen Arzneistoffen hat mit aller Deutlichkeit gezeigt, daß das Pflanzenreich wirklich ein fast unerschöpfliches Reservoir solcher Stoffe ist.

Literatur

Baumgarten, G.: Die herzwirksamen Glykoside. VEB Georg Thieme, Leipzig, 1963.

Bernauer, K., F. Berlage, W. v. Philipsborn, H. Schmid u. P. Karrer: Über die Konstitution der Calebassen-Alkaloide C-Dihydrotoxiferin und C-Toxiferin-I und des Alkaloids Caracurin-V aus *Strychnos toxifera*. Synthetische Versuche mit Wieland-Gumlich Aldehyd als Ausgangsstoff. Helv. chim. acta 41, 2293—2308 (1958).

Bognár, R., S. Makleit u. T. Mile: Reactions of tolysulfonyl and methylsulfonyl derivatives in the morphine series, IV. Azido and amino-6-deoxymorphine derivatives. Magy. Kem. Foly 74, 526—530 (1968).

Bovet, D. u. F. Bovet-Nitti: Curare. Experientia 4, 325—348 (1948).

Cox, J. S. G., J. E. Beach, S. M. J. N. Blair, A. J. Clarke, J. King, T. B. Lee, D. E. E. Loveday, G. F. Moss, T. S. C. Orr, J. T. Ritchie u. P. Sheard: Disodium Cromoglycate (Intal), in Advances in Drug Research, Edit. N. J. Harper u. A. B. Simmonds: Academic Press, London — New York, 1970, 115—196.

Euler, H. von u. H. Erdtman: Über Gramin aus schwedischen Gerstensippen. Justus Liebig Ann. 520, 1—10 (1935).

Euler, H. von, H. Erdtman u. H. Hellström: Über das Alkaloid Gramin. Ber. Deutsch. Chem. Ges. 69B, 743—747 (1936).

Farnsworth, N. R.: Biological and Phytochemical Screening of Plants. J. Pharm. Sci. 55, 225—276 (1966).

Fitzmaurice, C. u. T. B. Lee: B. P. 1144905 (1969).

Gábor, M.: Abriß der Pharmakologie der Flavonoiden. Akadémiai Kiadó, Budapest, 1975.

Gran, L.: The Uteroactive Principles of „Kalata-Kalata" (*Oldenlandia affinis* DC.), Dissert., Universität Bergen, 1973.

Grewe, R.: Das Problem der Morphin-Synthese. Naturwissenschaften 33, 333—336 (1946).

Hewitt, R. I., W. S. Wallace, E. R. Gill u. J. H. Williams: An Antimalarial Alkaloid from *Hydrangea* (XIII). The Effects of Various Synthetic Quinazolons against Plasmodium lophuae in Ducks. Am. J. Trop. Hyg. 1, 768—772 (1952).

Irwin, S.: Drug Screening and Evaluative Procedures. Science 136, 123–128 (1962).

Jang, C. S., F. Y. Fu, K. C. Huang u. C. Y. Wang: Pharmacology of Ch'ang Shan (*Dichroa febrifuga*), a Chinese Antimalarial Herb. Nature 161, 400–401 (1948).

King, H.: Curare Alkaloids. Part I. Tubocurarine. J. Chem. Soc., 1381 (1935).

Knoll, J., S. Fürst u. K. Keleman: The Pharmacology of Azidomorphine and Azidocodein. J. Pharm. Pharmacol. 25, 929–939 (1973).

Knoll, J., S. Fürst u. S. Makleit: The Pharmacology of 14-Hydroxyazidomorphine. J. Pharm. Pharmacol. 27, 99–105 (1975).

Kobo, B.: Arzneimittel-Neuentwicklungen in Japan. Pharmazie 36, 799–804 (1981).

Löfgren, N.: Local Anesthetics I. Arkiv Kemi, Mineral. Geol. A 22, No. 18,30 pp (1946).

Löfgren, N. u. B. Lundqvist: Local Anesthetics II. Svensk Kem. Tids. 58, 206–217 (1946).

Malone, M. H.: The Pharmacological Evaluation of Natural Products. General and Specific Approaches to Screening Ethnopharmaceuticals, in Proceedings van het 7[e] Symposium voor Farmacognosie 1980, Edit. Chr. Violon, V. Maes & A. Vercruysse, Vrije Universiteit Brussel (1981).

Noble, R. L.: Anticancer Alkaloids of *Vinca rosea*. Proc. Intern. Pharmacol. Meeting, 2nd, Prague 1963 (7) 63–80, Publ. 1964.

Sarett, L. H.: Partial Synthesis of Pregnene-4-triol-17(β), 20(β), 21-dione-3,11 and Pregnene-4-diol-17(β), 21-trione-3,11,20 monoacetate. J. Biol. Chem. 162, 601–631 (1946).

Schönberg, A. u. A. Sina: On Visnagin and Khellin and Related Compounds. A Simple Synthesis of Chromone. J. Am. Chem. Soc. 72, 3396–3399 (1950).

Strauch, R. u. K. Hiller: Cancerostatisch wirksame Naturstoffe, Pharmazie 29, 656–670 (1974).

Tang, W. u. Th. Beyrich: *Dichroa febrifuga* Lour., ein Malariamittel im Drogenschatz Chinas. Pharmazie 16, 482–485 (1961).

Tschirch, A.: Die Zukunft der Pharmakognosie. In: A. Tschirch: Vorträge und Reden, Gebrüder Bornträger, Leipzig, 1915, 513–521.

Woo, Lin-K.: Influence of Saponin on the Extraction of Insoluble Compounds, Seoul Univ. J. 8, 322–324 (1959).

Xiao Peigen: Traditional Experience of Chinese Herb Medicine. Its Application in Drug Research and New Drug Searching. In: Natural Products as Medicinal Agents, Edit. J. L. Beal and E. Reinhard, Hippokrates Verlag, Stuttgart 1981, 351–394.

Die Regulation des Sekundärstoffwechsels

Martin Luckner und Beate Diettrich

1 Einleitung

Mit wenigen Ausnahmen (z. B. Seren, Impfstoffe und Enzympräparate) sind die wirksamen Prinzipien biogener Arzneimittel sekundäre Naturstoffe. Zu den in der Therapie angewendeten Sekundärstoffen gehören Verbindungen mit sehr unterschiedlichen chemischen Strukturen und unterschiedlichen pharmakologischen Wirkungen, z. B. die Herzglykoside, bestimmte Alkaloide, die Antibiotika und eine Reihe von Peptiden. Es ist eine bekannte Tatsache, daß diese Wirkstoffe jeweils nur von bestimmten Organismen gebildet werden. Die meisten werden aus pflanzlichen Rohstoffen gewonnen, eine Reihe von Verbindungen stammt jedoch auch von Mikroorganismen und, wie z. B. bestimmte Hormonpräparate, von Tieren. Dabei kommen Sekundärstoffe nicht in allen Organen, Geweben und Zellen dieser Organismen in gleicher Menge vor und werden häufig nur während bestimmter Entwicklungsstadien gebildet. Seit alters her hat sich die Pharmazie mit dieser Problematik auseinandergesetzt und z. B. für die Arzneipflanzen Regeln für die beste Erntezeit und Vorschriften für die zu erntenden Teile aufgestellt.

Ein typisches Beispiel für die unterschiedliche Bedeutung der einzelnen Organe einer Pflanze für die Bildung sekundärer Naturstoffe findet sich bei *Datura*. Wie bei anderen Solanaceen wird die Hauptmenge des für diese Gattung charakteristischen Tropanalkaloids L-Hyoscyamin in den Wurzeln gebildet, mit dem Transpirationsstrom in den Sproß transportiert und in den Blättern gespeichert. Durch Pfropfungsversuche wurde nachgewiesen, daß L-Hyoscyamin beim Durchgang durch die Sproßachse bei bestimmten Solanaceen zu L-Skopolamin epoxidiert wird (Romeike, 1959), das gleichfalls in den Blättern gespeichert wird. Für die Gewinnung von L-Hyoscyamin und L-Skopolamin werden somit zweckmäßigerweise die oberirdischen Organe der Solanaceen verwendet (z. B. Folia oder Herba Belladonnae, Hyoscyami und Stramonii).

Lange Zeit wurde angenommen, daß Sekundärstoffe Endprodukte des Stoffwechsels sind. In den letzten Jahren konnte aber nachgewiesen werden, daß eine Reihe sekundärer Naturstoffe, z. B. Chlorogensäure, Flavonoide, zyanogene Glykoside und eine Reihe von Alkaloiden auch wieder abgebaut werden können und daß Synthese und Abbau nebeneinander möglich sind (Barz und Köster, 1981). Die *biologische Halbwertszeit* dieser Sekundärstoffe hängt vom physiologischen Zustand des sie bildenden Organismus ab und variiert von wenigen Stunden (z. B. Corticosteroide im Menschen) bis zu einigen Monaten (z. B. Monoterpene bei *Pinus sylvestris*). Im Zuge des Abbaues können andere Sekundärstoffe, z.B. polymere Produkte, Verbindungen des Primärstoffwechsels und in letzter Konsequenz CO_2 gebildet werden. Synthese und Abbau sind gewöhnlich unabhängig voneinander reguliert. Exogene und endogene Faktoren können sowohl zu einem Anstieg der akkumulierten Sekundärstoffmenge als auch zu deren Abfall oder zum völligen Verschwinden führen. Der Gehalt vieler Sekundärstoffe unterliegt deshalb in Abhängigkeit von Klima, Boden, Düngung, Jahreszeit, ja selbst der Tageszeit großen Schwankungen. Beispiele hierfür sind die diurnalen Rhythmen im Morphin, Kodein- und Thebaingehalt im Milchsaft junger Papaver-somniferum-Kapseln (Fairbairn und Wassel, 1964) sowie die Fluktuation im Chinolizidinalkaloidgehalt von Zellkulturen und Blättern verschiedener Leguminosen in Abhängigkeit von Hell-Dunkel-Rhythmen (Wink und Hartmann, 1982).

Durch genauere Untersuchungen wurde nachgewiesen, daß die für die arzneiliche Verwendung verantwortlichen Stoffe häufig nur in bestimmten Zellen oder Zellgruppen in größerer Menge vorkommen, ätherische Öle z.B. in spezialisierten Ölzellen, die Anthrazenderivate von *Rheum* in den Markstrahlzellen der Wurzeln und die Herzglykoside von *Digitalis* in den Mesophyllzellen der Blätter. Unterschiede im Sekundärstoffwechsel weisen somit offensichtlich nicht nur verschiedene Organe, sondern auch die einzelnen Typen spezialisierter Zellen auf.

Es ist wissenschaftlich interessant und wirtschaftlich wichtig festzustellen, wie es zu den beschriebenen Unterschieden in Bildung und Speicherung sekundärer Naturstoffe kommt, d.h. wie der Organismus den Sekundärstoffwechsel regelt und steuert. In den letzten Jahren sind auf einige Aspekte dieses Problems erste Antworten möglich geworden. In den folgenden Abschnitten soll versucht werden, diese nachzuzeichnen.

2 Was ist Sekundärstoffwechsel?

Beginnen wir mit einem Überblick über das, was man heute unter Sekundärstoffwechsel versteht (Luckner, 1980, 1982, Luckner et al., 1977):

Es gibt bei allen Organismen einen weitgehend einheitlichen Bereich des Stoffwechsels. Zu ihm gehören Synthese und Abbau der Nukleotide und Nukleinsäuren, der Aminosäuren und Proteine, der Stoffwechsel der Glukose und verwandter Kohlenhydrate, einer Reihe von Karbonsäuren usw. Dieser Bereich des Stoffwechsels charakterisiert das Leben in seiner Gesamtheit. Die hier vorhandene Einheitlichkeit ist die Grundlage für eine Übertragbarkeit biochemischer Befunde zwischen verschiedenen Gruppen von Organismen, z. B. von Ergebnissen, die am Tier, ja sogar an Bakterien erhalten werden, auf den Menschen.

Daneben gibt es spezielle Stoffwechselwege, die jeweils nur in wenigen Arten von Lebewesen, einzelnen chemischen Rassen oder während bestimmter Stadien der Differenzierung realisiert werden. Mit ihrer Hilfe wird eine fast unüberblickbare Vielfalt chemischer Substanzen synthetisiert, die sogenannten *sekundären Naturstoffe*. Mehrere Zehntausend dieser Verbindungen sind heute bereits bekannt und täglich werden neue gefunden. Hierbei spielen die Verfeinerung der analytischen Techniken und die Untersuchung immer neuer Arten von Mikroorganismen, Pflanzen und Tieren eine wichtige Rolle. Es

Tabelle 1: Ungefähre Zahl bekannter Verbindungen in verschiedenen Gruppen sekundärer Naturstoffe

Sekundärstoffgruppe	ungefähre Zahl an bekannten Verbindungen	Sekundärstoffgruppe	ungefähre Zahl an bekannten Verbindungen
Polysaccharide	300	Amine	100
Azetylenderivate	750	Zyanogene Glykoside	30
Polyketide	500	Glukosinolate	80
Monoterpene	1000	Alkaloide	6000
Sesquiterpene	1000	Kumarine	800
Diterpene	1000	Lignane	50
Steroide	1000	Flavonoide	2000
Carotenoide	500	Isoflavonoide	150
Nichtproteinogene Aminosäuren	400	Antibiotika	5500

gibt aliphatische, karbozyklische und heterozyklische, z. B. Stickstoff, Sauerstoff und/ oder Schwefel enthaltende Sekundärstoffe. Es sind gesättigte und ungesättigte Verbindungen mit einer Vielzahl funktioneller Gruppen, z. B. Hydroxy-, Epoxy-, Peroxy-, Ester-, Ether-, Amino-, Nitro-, Karboxylgruppen usw. bekannt. Einen Anhaltspunkt über die ungefähre Zahl bekannter Verbindungen in wichtigen Klassen sekundärer Naturstoffe gibt Tabelle 1. Charakteristisch ist die Beschränkung der Verbreitung der einzelnen Sekundärstoffe im Reich der Lebewesen auf bestimmte Gruppen, z. B. einige Familien, einzelne Arten oder sogar spezielle chemische Rassen. Dies wurde erstmalig bereits am Ende des letzten Jahrhunderts von den Pflanzenphysiologen Sachs (1882) und Pfeffer (1897) gefunden, die das Fehlen einer phylogenetischen Kontinuität hinsichtlich sekundärer Naturstoffe wie Oxalat, Harze und ätherischer Öle innerhalb der höheren Pflanzen feststellten.

Zu Beginn der durchgeführten Untersuchungen wurden sekundäre Naturstoffe fast ausschließlich in Pflanzen nachgewiesen und lange Zeit wurde angenommen, daß der Sekundärstoffwechsel ein charakteristischer Zug des pflanzlichen Stoffwechsels ist (vgl. z. B. Paech, 1950). In der Zwischenzeit sind jedoch viele wichtige Gruppen sekundärer Naturstoffe auch in mikrobiellen Kulturen und in Tieren aufgefunden worden (Tabelle 2). Der Unterschied zwischen dem Sekundärstoffwechsel der Pflanzen und dem der Mikroorganismen und Tiere stellt sich heute deshalb vor allem als ein quantitatives Problem dar. Die große Vielfalt der pflanzlichen Sekundärstoffe scheint hierbei nicht durch eine größere *chemische Potenz* der höheren Pflanzen bedingt zu sein, sondern ist offenbar eine Folge der für Pflanzen charakteristischen *inneren Exkretion* (Mothes, 1973). Während Tiere nicht mehr benötigte Stoffwechselprodukte durch Niere, Leber und andere Exkretionsorgane aus dem Organismus ausscheiden, und Mikroorganismen diese Stoffe leicht in das die Zellen umgebende Medium abgeben, sind Pflanzen dazu nur in sehr beschränktem Umfang in der Lage. Bei ihnen werden Sekundärstoffe im Organismus selbst, in bestimmten Zellen (z. B. ätherische Öle in Ölzellen) oder Zellkompartimenten (z. B. Herzglykoside in der Vakuole) gespeichert. Diese Speicherung begünstigt einerseits Nachweis und Isolierung pflanzlicher Sekundärstoffe und andererseits die weitere Umwandlung dieser Verbindungen und damit das Auftreten neuer Typen von Verbindungen. Die gebildeten Sekundärstoffe sind häufig für die produzierende Zelle selbst ohne Bedeutung. Sie können aber einen wichtigen Einfluß auf die Physiologie und die ökologischen Beziehungen des Organismus als Ganzes haben (vgl. Abschnitt 6).

3 Genetik des Sekundärstoffwechsels

Der Sekundärstoffwechsel ist ein eigenständiger Bereich des Gesamtstoffwechsels, der auf eigenem genetischen Material basiert. Dieses ist wahrscheinlich durch Genduplikation aus dem des Grundstoffwechsels entstanden. Genduplikation und anschließende Neufunktionalisierung der Duplikate im weiteren Verlaufe der Evolution sind wahrscheinlich auch die Basis für die Entwicklung neuer Wege innerhalb des Sekundärstoffwechsels.

Hinweise in dieser Richtung ergeben sich einerseits aus dem Vergleich von Enzymen des Sekundärstoffwechsels mit „verwandten" Enzymen des Primärstoffwechsels. Ein Beispiel hierfür ist 6-Methylsalizylsäure-Synthase, ein Enzym, das in vielen Beziehungen der Fettsäure-Synthase des Primärstoffwechsels gleicht, d.h. aus immunologisch ähnlichen Proteinen zusammengesetzt ist und ähnliche Enzymaktivitäten vereinigt (Packter, 1973).

Andererseits ließen sich bei Sekundärstoffen, die eine Polypeptidstruktur besitzen, durch Analyse der Aminosäuresequenz und der Sequenz der Nukleotide in den zugehörigen mRNS-Spezies genetische Beziehungen auch zwischen sekundären Naturstoffen nachweisen.

Tabelle 2: Vorkommen wichtiger Gruppen sekundärer Naturstoffe im Reich der Organismen

Sekundärstoffgruppe	Vorkommen in		
	Mikroorganismen	Pflanzen	Tieren
Sekundäre Monosaccharide	+	+	+
Zuckerkarbonsäuren	+	+	+
Zuckeralkohole	+	+	+
Holoside	+	+	+
Heteroside	+	+	+
Azetoazetat und -derivate	+		+
Sekundäre Fettsäuren	+	+	+
Alkane, Alkene	+	+	+
Sekundäre Fettsäureester	+	+	+
Azetylenderivate	+	+	
Eicosanoide		+	+
Polyketide	+	+	
Propionsäurederivate	+	+	+
Monoterpene	+	+	+
Sesquiterpene	+	+	+
Diterpene	+	+	+
Triterpene	+	+	+
Carotinoide	+	+	
Von Dehydrochinasäure, Shikimisäure und Chorisminsäure abgeleitete Sekundärstoffe	+	+	
Phenoxazine	+	+	
Chinoline, Akridine, Benzodiazepine	+	+	
Nichtproteinogene Aminosäuren	+	+	+
Amine	+	+	+
Zyanogene Glykoside		+	+
Glukosinolate		+	
Gallenfarbstoffe	+	+	+
Kobalamine	+	+	
Sekundäre Purine	+	+	+
Pteridine	+	+	+
S-Alkylcystein und Sulfoxide		+	
Von Nikotinsäure abgeleitete Alkaloide	+	+	+
Tropanalkaloide		+	
Pyrrolizidinalkaloide		+	
Chinolizidinalkaloide		+	
Imidazolalkaloide		+	
Indolalkylamine	+	+	+
Ergolinalkaloide	+	+	
β-Karbolinalkaloide		+	+
Cinchona-Alkaloide		+	
Kynurensäure und -derivate	+	+	+
Ommochrome			+
Indol und -derivate	+	+	+
Phenylalkylamine	+	+	+
Tetrahydroisochinoline		+	+
Eumelanine			+
Jodierte Phenylpropane		+	+
Zimtsäuren	(+)	+	+
Kumarine		+	
Lignine		+	
Lignane		+	+
Benzoesäurederivate	+	+	+
Stilbene		+	
Flavonoide	(+)	+	
Diketopiperazine	+		
Penizilline	+		
Sekundäre Polypeptide	+	+	+

Von der Adenohypophyse des Menschen werden z. B. mindestens 8 verschiedene Peptidhormone ausgeschieden. Hinsichtlich struktureller Ähnlichkeiten können sie in drei Familien eingeteilt werden (Wallis, 1981):

(a) die ACTH/MSH/Endorphin-Familie
(b) die Glykoproteinhormone und
(c) die Wachstumshormon/Prolaktin-Familie

Einander ähnliche Aminosäuresequenzen in den Hormonen lassen den Schluß zu, daß Verdopplung von genetischem Material und unabhängige Modifizierung der doppelt vorhandenen Sequenzen eine wesentliche Rolle bei der Evolution dieser Familien spielten.

Vergleicht man die Struktur der Hormone der Gruppe (c) innerhalb des Stammbaumes der Lebewesen, so läßt sich aus den Veränderungen der Aminosäuresequenzen die Geschwindigkeit abschätzen mit der das ihnen zu Grunde liegende genetische Material im Verlaufe der Evolution modifiziert wurde. Dabei werden bemerkenswerte Unterschiede sichtbar. Die Linien, die von der plazentaren Urform zum menschlichen Wachstumshormon, zum plazentaren Laktogen des Menschen und zum Prolaktin der Ratte führen, zeigen Evolutionsraten von 50 bis 70 durch Punktmutationen veränderte Basen/100 Nukleotide/10^8 Jahre. Diese Peptide gehören damit zu den sich im Zuge der Evolution am schnellsten entwickelnden Verbindungen. Im Gegensatz dazu verlaufen die Veränderungen in den Linien, die zu den Wachstumshormonen der meisten Nichtprimaten sowie zum Prolaktin des Wals und des Schweins führen, wesentlich langsamer (2 bzw. 7 Punktmutationen/100 Nukleotide/10^8 Jahre).

Letztere Werte gleichen denen, die für das Cytochrom C gefunden wurden, das allgemein als ein sich im Zuge der Evolution sehr langsam entwickelndes Protein angesehen wird. Der Grund für das unterschiedliche Tempo der Evolution ist unklar. Offensichtlich wird die Geschwindigkeit von der der Evolution der Hormonrezeptoren bestimmt, über die bisher jedoch nur sehr wenig bekannt ist (Wallis, 1981).

Ein relativ großer Teil des gesamten Genoms Sekundärstoffe-produzierender Organismen ist direkt oder indirekt in den Sekundärstoffwechsel einbezogen. Vom Genom eines Antibiotika-produzierenden Aktinomyzeten z. B., das etwa 6000 Gene umfaßt, beeinflussen etwa 200 Gene die Sekundärstoffbildung. Mutation, Rekombination oder andere Veränderungen in einer großen Zahl von Genen können somit auf die Sekundärstoffbildung entweder in qualitativer oder wesentlich häufiger in quantitativer Hinsicht einwirken.

Das genetische Material, das den Sekundärstoffwechsel beeinflußt, läßt sich in drei Gruppen unterteilen:

— Strukturgene, die Enzyme des Sekundärstoffwechsels und anderer Proteine kodieren von denen die Bildung von Sekundärstoffen direkt abhängig ist,

— genetisches Material, das die Expression dieser Strukturgene kontrolliert und

— Gene, deren Produkte für Synthese und Kanalisierung von Präkursoren und Kosubstraten, für die Speicherung und die Exkretion sekundärer Naturstoffe und ähnliche für das Ablaufen des Sekundärstoffwechsels nötige „Hilfsprozesse" notwendig sind.

Gesicherte Kenntnisse sind allerdings nur in den ersten beiden Bereichen vorhanden.

3.1 Strukturgene, die Enzyme des Sekundärstoffwechsels kodieren

Mutationen in Strukturgenen führen gewöhnlich zur mehr oder minder vollständigen Inaktivierung, seltener zum Ausfall der Bildung der ihnen entsprechenden Enzyme. Es entsteht ein Block in der Synthesekette zu der das Enzym gehört und das Produkt der Kette wird nicht mehr gebildet. Beispiele hierfür sind die Blockierung der Xanthommatinbildung in künstlich hergestellten Mutanten von *Drosophila melanogaster* durch Wegfall der Tryptophan-Dioxygenase- bzw. der Kynurenin-Hydroxylase-Aktivität oder die Blockierung der Zyanogenese in „chemischen Rassen" (natürlich vorkommenden Mutanten) von *Trifolium repens* durch Fehlen der Aktivitäten der Enzyme Aminosäure-N-Hydroxylase und/oder -Dekarboxylase, bzw. β-Glukosidase (Linamarase).

Die Strukturgene, die Enzyme des Sekundärstoffwechsels kodieren, sind gewöhnlich Teil des Genoms. In Eukaryoten konnten weder in der DNS von Plastiden noch in der der Mitochondrien Strukturgene für Sekundärstoffenzyme nachgewiesen werden. Nur in einigen Prokaryoten wurden Strukturgene des Sekundärstoffwechsels auf Plasmiden gefunden (Hopwood, 1981). Das SCP-1-sex-plasmid von *Streptomyces coelicolor* trägt z. B. 4 oder 5 Strukturgene, die für die Bildung des Antibiotikums Methylenomycin notwendig sind, während entsprechende chromosomale Gene offensichtlich fehlen.

Episome, die Gene für sekundäre Stoffwechselwege enthalten, ermöglichen eine Art *natürliches genetic engineering*. Ein Plasmid des Bakteriums *Agrobacterium tumefaciens*, das bei Pflanzen die Bildung von Crown Gall Tumoren hervorruft, enthält z.B. das Strukturgen für das Enzym Opin-Synthetase, das nach Übertragung auf die Wirtszelle und Integration in ihr Genom die Bildung charakteristischer Aminosäure-Derivate, der Opine hervorruft (Krauspe, 1981). Die Opine werden von den Pflanzenzellen in das umgebende Milieu abgegeben und können von den Bakterien als Nährstoff genutzt werden (genetischer Parasitismus).

Möglicherweise kommt der hier nachgewiesene Transfer von genetischem Material von einem Organismus zu einem anderen in der Natur häufiger vor. Er würde in einfacher Weise z. B. die merkwürdige Tatsache erklären, daß ähnlich gebaute Sekundärstoffe in verschiedenen Gruppen von Organismen gebildet werden. Ein Beispiel für dieses „Konvergenz" genannte Phänomen ist die Snythese von Ergolin-Alkaloiden in verschiedenen Arten von Pilzen und in höheren Pflanzen. Eine parallele Evolution des notwendigen genetischen Materials erscheint in diesen Fällen sehr unwahrscheinlich. „Natürliches genetic engineering" wäre eine plausible Erklärungsmöglichkeit.

3.2 Die genetische Regulation des Sekundärstoffwechsels

Unsere Kenntnisse auf diesem Gebiet sind gering. Wahrscheinlich gibt es jedoch keine grundlegenden Unterschiede zu den Prinzipien, die im Primärstoffwechsel wirksam sind. Im folgenden sollen deshalb nur zwei besondere Fälle besprochen werden:

(a) Die durch Plasmide ausgeübte Kontrolle der Aktivität chromosomaler Gene, die die Bildung von Enzymen des Sekundärstoffwechsels in bestimmten Prokaryoten kodieren (Hopwood, 1981).

Während z. B. die Strukturgene für die Bildung von Chloramphenikol in *Streptomyces venezuelae* offensichtlich auf dem Chromosom liegen, gibt es extrachromosomale Regulationsgene. Nach Aufschluß der Zellen konnte ein Plasmid nachgewiesen werden, das möglicherweise dieses genetische Material enthält. Bis jetzt wurde das Plasmid allerdings nicht näher charkaterisiert.

(b) Die Kontrolle der Aktivität von Strukturgenen durch instabile genetische Elemente *(springende Gene)* (Peterson, 1976, Nover, 1982).

Ein Beispiel ist die Bildung von Farbmosaiken in der Außenschicht der Körner bestimmter Maisvarietäten, die durch das Nebeneinanderliegen anthozyanhaltiger und anthozyanfreier Zellgruppen hervorgerufen wird. Die Bildung der Mosaike geht auf instabile genetische Elemente zurück, die die Aktivität der die Anthozyane synthetisierenden Strukturgene kontrollieren. In den Mosaiktypen existiert ein Rezeptor-Element am Ort der regulierten Strukturgene und ein transponierbares Element an anderer Stelle im Genom. Eine Assoziation des transponierbaren Elements mit dem Rezeptor-Element hemmt die Expression der Strukturgene, während eine Verlagerung des transponierbaren Elements die Expression wieder herstellen kann. Genetische Experimente weisen darauf hin, daß es für die Transposition weg vom Strukturgen drei Möglichkeiten gibt:

— das präzise Herausschneiden des transponierbaren Elements. Hierbei bleibt das Strukturgen unter der Kontrolle des Rezeptor-Elements (metastabiler (−)-Phänotyp)

— das Herausschneiden von transponierbarem Element und Rezeptor-Element. In diesem Fall entsteht der (+)-Phänotyp und

— das Herausschneiden von transponierbarem Element, Rezeptor-Element und einem Teil des Strukturgens. Zurück bleibt hierbei ein Rudiment des Strukturgens, das nicht mehr transkribiert werden kann (stabiler (−)-Phänotyp).

In Abhängigkeit davon, welche dieser Möglichkeiten realisiert ist, enthalten die Zellen Anthozyane oder nicht. Offensichtlich wird diese Entscheidung schon bei der Bildung der Mutterzellen für die potentiell anthozyanhaltigen Zellen getroffen, bei deren weiterer Proliferation jeweils ein zusammenhängender Klon anthozyanhaltiger bzw. anthozyanfreier Zellen gebildet wird.

4   Die Enzymologie des Sekundärstoffwechsels

Die meisten Reaktionen sekundärer Stoffwechselwege werden durch spezifische Enzyme katalysiert. Spontane, d. h. nicht-Enzym-katalysierte Reaktionen spielen nur in wenigen Fällen, z. B. bei der Bildung spezieller hochmolekularer Sekundärstoffe, wie Huminsäuren, Melanine und Lignine, und bei einigen Ringschlüssen eine Rolle. Auch gibt es keine Beweise dafür, daß Enzyme des Primärstoffwechsels Reaktionen innerhalb des Sekundärstoffwechsels katalysieren.

In den letzten Jahren konnte eine ständig steigende Anzahl von Enzymen des Sekundärstoffwechsels isoliert und *in vitro* charakterisiert werden (vgl. z. B. Waller und Dermer, 1981). Bei näherer Untersuchung zeigte sich, daß diese Enzyme denen des Grundstoffwechsels in vieler Hinsicht ähneln. Sie katalysieren ähnliche Reaktionen, haben ähnliche Konstanten, z. B. hinsichtlich ihrer Affinität zu Substraten und Inhibitoren, und zeigen eine ähnliche Regulation ihrer katalytischen Aktivität. Möglicherweise ist diese Verwandtschaft durch oben erwähnte Ableitung des ihnen zu Grunde liegenden genetischen Materials aus dem Bereich des Primärstoffwechsels bedingt.

Es gibt keine Hinweise darauf, daß die Substrataffinität der Schlüsselenzyme sekundärer Stoffwechselketten kleiner ist, als die von Enzymen des Primärstoffwechsels und daß diese Enzyme erst dann wirksam werden, wenn die des Primärstoffwechsels mit Substraten gesättigt sind. Dies steht in Übereinstimmung mit Ergebnissen über die Bedeutung räumlicher Strukturen für die Regulation des Sekundärstoffwechsels, die gezeigt haben, daß Enzyme, Präkursoren, Zwischen- und Endprodukte sekundärer Stoffwechselwege kompartimentiert sind und innerhalb der Zellen kanalisiert werden, und daß die Enzyme von Primär- und Sekundärstoffwechsel aus unterschiedlichen Präkursorpools gespeist werden können (vgl. Abschnitt 5.2).

5   Die Regulation der Genexpression im Sekundärstoffwechsel

Die in der Einleitung erwähnte Phasenabhängigkeit der Bildung sekundärer Naturstoffe beruht darauf, daß die Ausbildung des Sekundärstoffwechsels ein Aspekt der Zellspezialisierung ist. Zellspezialisierung wird durch Prozesse der Zelldifferenzierung bewirkt, die ihrerseits ein Grundzug der Regulation des Stoffwechsels aller Lebewesen ist (Nover et al., 1982). Zelldifferenzierung umfaßt die Vorgänge durch die die Zellen eines Organismus, die das gleiche genetische Material besitzen, unterschiedlich voneinander werden. Sie ist dadurch bedingt, daß in allen Zellen jeweils nur bestimmte Bereiche des vorhandenen genetischen Materials für die Proteinsynthese genützt und damit biologisch wirksam gemacht werden, und daß diese Bereiche bei den einzelnen Zelltypen unterschiedlich und für sie charakteristisch sind.

Die verschiedenen Gruppen von Proteinen, die im Ergebnis von Zelldifferenzierungsprozessen entstehen können, sind in Tabelle 3 zusammengefaßt. Sie schließen auch die für die Bildung sekundärer Naturstoffe notwendigen Enzyme ein. Der *Sekundärstoffwechsel* kann so in Übereinstimmung mit Tabelle 3 als *Biosynthese, Umwandlung und Abbau endogen gebildeter Stoffwechselprodukte durch Spezialisierungsproteine* verstanden

Tabelle 3: Proteine als Primärprodukte der Differenzierung (nach Nover, Luckner und Parthier 1982)

A. Proteine des Primärstoffwechsels	B. Proteine der Zellspezialisierung
Proteine, die selbst oder deren Produkte in Zellen aller Organismen oder zumindest einer großen Gruppe von Organismen vorkommen und die eine direkte Bedeutung für die Existenz der Zelle selbst haben. Die Kontrolle ihrer Bildung und Funktion hat intrazelluläre Bedeutung.	Proteine, die eine auf wenige Zelltypen weniger Organismen begrenzte Verbreitung haben und die selbst oder deren Produkte keine direkte Bedeutung für die sie bildende Zelle haben, obwohl sie in vielen Fällen eine lebensnotwendige Funktion für den Gesamtorganismus besitzen können. In diesen Fällen unterliegt die Kontrolle der Bildung und Funktion intra- und extrazellulären Signalen.
1. Enzyme — Enzyme der Genexpressionskette — Enzyme des Nukleinsäurepräkursor- und Aminosäurestoffwechsels — Enzyme des Energiestoffwechsels — Enzyme der Synthese und des Abbaus von Fettsäuren usw.	*1. Enzyme* — Enzyme des Sekundärstoffwechsels — Enzyme mit morphogenetischer Funktion — Exoenzyme bzw. -enzymogene (Enzyme der Schlangengifte, „Verdauungsenzyme" der Mikroorganismen, Tiere und Pflanzen) — Enzyme der Virusvermehrung infizierter Zellen — adaptive Enzyme, die die Umwandlung oder den Abbau spezieller Nährstoffe oder Schadstoffe aus dem extrazellulären Milieu ermöglichen — Enzyme der Signalwandlung — Enzyme der Photosynthese
2. Nichtenzym-Proteine — Strukturproteine der Zellmembranen — Strukturproteine der Ribosomen — Proteinfaktoren der Genexpressionskette — Strukturproteine des Chromatins (z. B. Histone), ribosomale Proteine — Proteine des Zytoskeletts der Zellen (z. B. Actin und Tubulin)	*2. Nichtenzym-Proteine* — Proteine, die der Zelle eine Spezialfunktion für den Organismus ermöglichen (Hämoglobin, Muskelproteine, Speicherproteine der pflanzlichen Samen) — Proteine zellulärer Bewegungsapparate — Spezielle Proteine an den Außenmembranen von Zellen (Oberflächenantigene) — Strukturproteine des Photosyntheseapparates — Regulatorproteine der Genexpression (Hormonrezeptoren, Regulatorproteine in der NHP-Fraktion der Eukaryoten, Repressor- bzw. Aktivatorproteine) — Exoproteine (z. B. Prokollagen, Antikörper, Serumproteine, Proteine der tierischen Milch oder spezielle Proteine der Fortpflanzungszellen, Proteohormone bzw. deren Präkursoren) — Strukturproteine der Virus- und Phagenvermehrung

werden (Luckner et al., 1977). Mit dieser Definition in Übereinstimmung stehen wichtige Züge des Sekundärstoffwechsels, die bereits besprochen wurden:

— die Abhängigkeit des Sekundärstoffwechsels von den Entwicklungsphasen der jeweiligen Organismen (vgl. Abschnitt 1),

— die Vielfalt der auftretenden Strukturen und ihre geringe Verbreitung innerhalb des Reichs der Lebewesen (vgl. Abschnitt 2) und

— die Bildung sekundärer Naturstoffe durch spezielle Enzyme, die durch eigenes genetisches Material kodiert werden (vgl. Abschnitte 3 und 4).

5.1 Die Regulation von Menge und Aktivität sekundärstoffbildender Enzyme

Am Beispiel von Phenylalanin-Ammoniak-Lyase (PAL) und Chalkon-Synthase, Schlüsselenzymen für die Flavonoidsynthese in *Petroselinum*-Zellkulturen, konnte durch Hemmung der RNS- und der Proteinsynthese, aber auch durch den direkten Nachweis der neugebildeten Enzyme und der für diese Enzyme spezifischen mRNS-Spezies nachgewiesen werden, daß der Anstieg in der Konzentration wichtiger Enzyme sekundärer Stoffwechselwege dem Beginn der Biosynthese der untersuchten Sekundärstoffe unmittelbar vorausgeht oder mit ihr zusammenfällt (vgl. Hahlbrock et al., 1980).

PAL, z.B., wird auch in nicht-induzierten Zellen gebildet. Das Enzym unterliegt jedoch einem schnellen Abbau, so daß seine Konzentration klein bleibt. Wird durch Belichtung die Synthese von PAL-mRNS in den Zellen stimuliert, so steigt die in den Zellen vorhandene Menge an PAL, da die Geschwindigkeit der Synthese nun die des Abbaus übersteigt. Es kommt zum Einsetzen der Flavonoidsynthese und zur Akkumulation der Flavonoide.

Darüber hinaus ist eine Kontrolle des Sekundärstoffwechsels durch Regulation der Enzymaktivität möglich. Eine geringe Aktivität vorhandener Enzyme kann z. B. die Folge einer Substratlimitierung sein. So ist bei *Penicillium cyclopium* das an der Innenseite der Plasmamembran reifer Konidiosporen lokalisierte Enzym Cyclopenase, das die Alkaloide Cyclopenin und Cyclopenol in Viridicatin und Viridicatol umwandelt, *in vivo* trotz Bildung und Exkretion großer Mengen Cyclopenin und Cyclopenol in die Umgebung der Zellen inaktiv. Durch Erhöhung der Membranpermeabilität kann die Viridicatin-Viridicatol-Synthese stark gesteigert werden (Roos und Luckner, 1977), da hierdurch die den Umsatz limitierende Trennung von Enzymen und Substraten aufgehoben wird.

In einigen Fällen wird die Aktivität sekundärstoffbildender Enzyme durch feedback-Mechanismen reguliert. Eine solche Art der Kontrolle könnte z.B. bei der Alkaloidsynthese in *Macleaya*-Zellkulturen eine Rolle spielen. In diesen Kulturen besteht ein Zusammenhang zwischen Alkaloidbildung und -speicherung. Eine Synthese von Alkaloiden ist z.B. im Kallusgewebe nur nachweisbar, wenn zur Speicherung fähige Zellen ausgebildet werden, möglicherweise, weil die Alkaloide sonst ihre eigene Bildung hemmen. In Suspensionskulturen besteht dagegen ein solcher Zusammenhang nicht. Die gebildeten Alkaloide können sich hier im Medium verteilen und erreichen die Konzentration, die eine Hemmung der Synthese hervorruft, offenbar nicht (Böhm und Franke 1982; Franke und Böhm 1982).

5.2 Die Kontrolle des Sekundärstoffwechsels durch Kompartimentierung

Durch Membranen, kovalente Bindungen oder durch einfache Protein-Protein-Wechselwirkungen wird die Zelle in Reaktionsräume unterteilt, die die Kanalisierung von Vorstufen, Zwischen- und Endprodukten verschiedener Stoffwechselwege ermöglichen. Durch Bindung von Vorstufen und Zwischenprodukten an Enzyme, die in unmittelbarer Nachbarschaft zueinander an Membranen gebunden sind, können z. B. *microenvironments* geschaffen werden, die den Ablauf bestimmter Reaktionsketten erleichtern. Es werden interne Zwischenprodukte gegenüber extern zugegebenen bei der Transformation bevorzugt, wie dies z. B. bei der Synthese von Peptidantibiotika, Polyketiden und Zimtsäurederivaten der Fall ist.

Die Sekundärstoffe selbst werden dem aktiven Stoffwechselgeschehen der Zelle häufig dadurch entzogen, daß sie in Kompartimente ausgeschieden werden, die durch Membranen vom protoplasmatischen Raum abgetrennt sind. So dient z. B. die Vakuole als Sammelbecken für eine große Zahl hydrophiler, häufig zytotoxischer Sekundärstoffe. Nur bei wenigen Gruppen weiß man jedoch, wie Ausscheidung und Speicherung erfolgen. Zu ihnen gehören die Alkaloide, die als Basen die (lipophilen) Membranen durchqueren und unter Salzbildung im sauren Saft der Vakuolen festgehalten werden (Prinzip der Ionenfalle).

5.3   Einbindung des Sekundärstoffwechsels in Entwicklungsprogramme

Hauptursache für die Ausprägung des Sekundärstoffwechsels während eines bestimmten Entwicklungszustandes ist die phasenabhängige Bildung der beteiligten Enzyme (Luckner et al., 1977, Luckner, 1980). Die die Enzymsynthese auslösenden Faktoren sind in den meisten Fällen unbekannt. Offensichtlich werden sie während bestimmter Stadien der Spezialisierung sekundärstoffbildender Zellen als Teil der dort ablaufenden Differenzierungsprogramme gebildet. Diese Programme stellen ein wesentliches Charakteristikum der Zelldifferenzierung dar. Durch sie wird die Ausprägung des Sekundärstoffwechsels mit anderen biochemischen und morphologischen Merkmalen koordiniert. Sie stimmen darüber hinaus aber auch die verschiedenen Aspekte des Sekundärstoffwechsels aufeinander ab, z. B. die Synthese der entsprechenden Enzyme mit der Ausbildung der morphologischen und biochemischen Voraussetzungen für die Kompartimentierung und Kanalisierung der Vorstufen, Zwischen- und Endprodukte. Die Einbindung in Programme ist eine Ursache dafür, daß viele sekundäre Stoffwechselwege nur während bestimmter Phasen von außen beeinflußt werden können und erklärt, warum relativ unspezifische Signale, wie Hormone, die eine Bildung spezialisierter Zellen auslösen können, auch den Sekundärstoffwechsel beeinflussen, obwohl sie offenbar nicht direkt in diesem Stoffwechselgebiet zur Geltung kommen.

Ein Beispiel, bei dem die Integration des Sekundärstoffwechsels in Differenzierungs- und Entwicklungsprogramme deutlich wird, ist die Auslösung der Cardenolidbildung in Zellkulturen von *Digitalis* (Garve et al., 1980). Unspezialisierte, in vitro kultivierte Zellen von *Digitalis* sind weder im Dunkel noch im Licht zur Cardenolidsynthese fähig. Eine Voraussetzung für die Bildung der Herzglykoside ist die Auslösung der Programme der Embryobildung durch Behandlung der Zellen mit geeigneten Phytohormonen, in erster Linie Zytokininen. In den spezialisierten Zellen der gebildeten Embryoide kann durch Licht eine Plastidendifferenzierung ausgelöst werden, mit der das Auftreten der Cardenolidsynthese eng zusammenhängt. Ohne vorherige Embryoidbildung ist Licht unwirksam.

Die Art und Weise der Einbindung sekundärer Stoffwechselwege in die Differenzierungs- und Entwicklungsprogramme der Organismen ist unbekannt. Aus Mutationsversuchen und Experimenten unter extremen physiologischen Bedingungen geht jedoch hervor, daß die Bildung sekundärer Naturstoffe in vielen Organismen unterdrückt werden kann, ohne daß die Differenzierungsprogramme unterbrochen werden. Differenzierungsschritte, die den Sekundärstoffwechsel betreffen, scheinen deshalb nicht das Rückgrat der Programme auszumachen, sondern auf Seitenästen zu liegen. Es ist dies die Ursache dafür, daß der Sekundärstoffwechsel in verschiedener Weise beeinflußt werden kann, ohne daß die Lebensfähigkeit des Organismus, der die Stoffe bildet, stark beeinträchtigt wird.

Ein Beispiel hierfür ist die Einbindung der Bildung bestimmter Sekundärstoffe in das Differenzierungsprogramm „Sporenbildung" bei *Bacillus*-Arten (vgl. Nover, 1982). Die Bildung der Endosporen läßt sich in sechs Phasen gliedern (Tabelle 4), die sich durch ihr morphologisches Bild voneinander unterscheiden lassen. Ihnen lassen sich bestimmte biochemische Merkmale zuordnen, zu denen auch die Synthese gewisser Peptidantibiotika, von Sulfomilchsäure, Dipikolinsäure und von nicht näher untersuchten braunen Pigmenten gehört. An der Sporenbildung sind wenigstens 30 unabhängig voneinander regulierte Gengruppen mit mehreren hundert Genen beteiligt. Die Ausbildung aller Merkmale ist zeitlich streng fixiert. Durch Mutation und geeignete Hemmstoffe läßt sich die Sporenbildung auf verschiedenen Stadien unterbrechen. In diesen Fällen treten die folgenden Stadien nicht auf, was zeigt, daß ihre

Tabelle 4: Morphologische und biochemische Charakteristika verschiedener Stadien der Bildung von Endosporen bei *Bacillus* species (nach Luckner, Nover und Böhm, 1977)

Stadium	0	I	II	III	IV	V	VI
Morphologisches Bild	Vegetative Zelle	Zelle mit Chromatinfilament	Zelle mit Sporenseptum	Zelle mit Sporenprotoplast	Bildung der Sporenrinde	Bildung der äußeren Hülle	Reifung
Neu auftretende biochemische Eigenschaften		Exoprotease Ribonuklease Proteinturnover	Alanin-Dehydrogenase Aufnahme von β-Alanin und Pantothensäure Bildung von Peptidantibiotika	70000 Dalton RNS-Bindungsprotein Alkalische Phosphatase Glukose-Dehydrogenase Hitzeresistente Katalase	Aufnahme von Ca^{2+} Ribosidase Adenosin-Desaminase Bildung von Sulfomilchsäure und Dipikolinsäure	Cystein-Einbau Oktanol-Resistenz Bildung eines braunen Pigments	Alanin-Razemase Hitzeresistenz

Ausbildung vom Durchlaufen früherer Stadien abhängig ist und der Gesamtprozeß Programmcharakter hat. Neben den für den Ablauf des Programms notwendigen Schritten gibt es aber auch eine Reihe von Merkmalen, deren Unterdrückung den weiteren Ablauf des Programms nicht verhindern. Zu ihnen gehört die Bildung der genannten sekundären Naturstoffe, deren Synthese durch geeignete Mutationen unterdrückt werden kann, ohne daß die Bildung reifer, lebensfähiger Sporen blockiert ist.

6 Die Bedeutung sekundärer Naturstoffe für die Produzenten

Aus dem bisher gesagten lassen sich zwei Argumente ableiten, die dafür sprechen, daß die Bildung sekundärer Naturstoffe für die sie synthetisierenden Organismen von Bedeutung ist:

— Sekundäre Naturstoffe werden gebildet, obwohl ihre Synthese Stoffe und Energie aus dem Grundstoffwechsel abzieht und deshalb Wachstum und Vermehrung negativ beeinflußt und

— die Bildung sekundärer Naturstoffe setzt einen hohen Grad an Ordnung voraus, vgl. die präzise Kontrolle von Enzymmenge und Enzymaktivität in sekundären Stoffwechselwegen, die strikte Kompartimentierung und Kanalisierung von Enzymen, Präkursoren, Zwischen- und Endprodukten und die Integration des Sekundärstoffwechsels in die Programme der Zellspezialisierung und Entwicklung, der nur durch einen ständig wirkenden Selektionsdruck aufrecht erhalten werden kann.

In der Tat hat man eine Vielzahl von Funktionen für sekundäre Naturstoffe und die Prozesse ihrer Bildung nachgewiesen. Die wichtigsten seien im folgenden genannt:

(a) Sekundärstoffe können als Ergebnis der Entgiftung von Verbindungen entstehen, die sich im Grundstoffwechsel anreichern.

Die meisten Vertebraten sind z. B. nicht in der Lage, die aromatischen Aminosäuren Histidin und Tryptophan, das Ringsystem von Purinen und Porphyrinen, sowie Methylgruppen abzubauen. Nach Transformation in Sekundärstoffe werden die Skelette dieser Verbindungen mit dem Harn oder den Faeces aus dem tierischen Körper entfernt. Auch die meisten Pflanzen können aromatische Aminosäuren nicht abbauen und speichern deshalb Sekundärstoffe, die sich z. B. von Tryptophan oder Phenylalanin/Tyrosin ableiten (Alkaloide, Zimtsäurederivate).

(b) Eine Reihe von Sekundärstoffen hat eine physiologische Bedeutung.

So sind Sekundärstoffe z.B. wirksam als Kosubstrate oder Kofermente, Zellwandbausteine, Lichtschutz, Speicherstoffe für Stickstoff und Kohlenstoff. Oder sie spielen eine Rolle bei Photosynthese, Phototropismus, Lichtperzeption, Ionentransport, der Beeinflussung von Bildung, Aktivität und Abbau von Pflanzenhormonen (und hierdurch von Wachstum und Entwicklung von Pflanzen), der Erhöhung der Membranstabilität usw.

(c) Einige Sekundärstoffe dienen als chemische Signale für die Koordination des Stoffwechsels der unterschiedlich spezialisierten Zellen in vielzelligen Organismen (viele Hormone, Neurotransmitter).

(d) Bestimmte Sekundärstoffe koordinieren die Aktivität verschiedener Organismen einer Art (Pheromone) und

(e) Sekundärstoffe sind an den ökologischen Beziehungen beteiligt, die zwischen den verschiedenen Gruppen von Organismen bestehen (Teuscher, 1983).

Allerdings gibt es kein erkennbares Konzept in der Evolution dieser Funktionen. Der Pool der Sekundärstoffe gleicht eher einem Fundus, der in verschiedener Hinsicht genutzt werden kann, wobei die Art der Nutzung von den jeweiligen Erfordernissen abhängig ist. Die folgenden Beispiele sollen dies verdeutlichen:

(a) Für den gleichen Zweck werden in verschiedenen Organismen unterschiedliche Gruppen sekundärer Naturstoffe verwendet, obwohl es hierfür keinen einleuchtenden Grund gibt.

Ein Beispiel hierfür sind die rotvioletten Pigmente von Blüten, die bei den meisten Pflanzen zur Gruppe der Anthozyane gehören, sich bei den Centrospermae aber von den Betazyanen ableiten.

(b) Sekundäre Naturstoffe, die in einer Gruppe von Organismen eine bestimmte Funktion besitzen, lassen diese in einer anderen Gruppe vermissen.

Typische Beispiele hierfür sind die Sekundärstoffe, die in Pflanzen oder Tieren eine Bedeutung als Hormone oder Neurotransmitter besitzen. Tabelle 5 zeigt, daß alle diese Substanzen auch in Organismen gebildet werden, in denen sie keine vergleichbare Aktivität haben. Offensichtlich kommt es darauf an, daß im Zuge der Evolution ein Targetmechanismus entwickelt wurde, der die Registrierung der Anwesenheit des Sekundärstoffs als Signal und die weitere Verarbeitung dieses Signals ermöglicht

(c) Bestimmte Sekundärstoffe können in unterschiedlicher Weise von verschiedenen Produzenten genutzt werden.

Gallenfarbstoffe, die im Zuge des Abbaues von Porphyrinen gebildet werden, sind z. B. bei Tieren reine Exkretionsprodukte, haben bei vielen Pflanzen aber eine wichtige Funktion als Bestandteil des Phytochroms. In Algen sind sie darüber hinaus akzessorische Pigmente der Lichtabsorption bei der Photosynthese.

Betrachtet man die riesige Vielfalt sekundärer Naturstoffe, so scheinen jedoch nur relativ wenige für die sie bildenden Organismen von wirklicher Bedeutung zu sein. Zweifelhaft ist es z. B. ob jeder einzelne Stoff, der zu einer Gruppe strukturell nahe miteinander verwandter Verbindungen gehört, wirklich eine spezifische Bedeutung hat. In der Tat ist es schwierig zu verstehen, daß die mehr als 130 Alkaloide, die in Pflanzen der Gattung *Papaver* gebildet werden, oder die Hunderte von Substanzen, die in einem einzigen ätherischen Öl vorkommen, einen spezifischen Vorteil für den sie bildenden Organismus bewirken sollen. Offensichtlich lastet nur ein geringer Selektionsdruck auf den Details der chemischen Strukturen der meisten Sekundärstoffe, wodurch die Ergebnisse zufälliger Veränderungen (Mutationen) konserviert werden. Die Details spiegeln damit wider, was als „Spiel der Natur" bezeichnet wurde (Mothes, 1976; Zähner, 1979) und sich in großer Ähnlichkeit z. B. auch bei den Details morphologischer Strukturen findet.

Möglicherweise sind einige Sekundärstoffe auch Relikte aus früheren Epochen, die durch die weitere evolutionäre Entwicklung bedeutungslos geworden sind. Unbekannt ist,

Tabelle 5: Vorkommen sekundärer Naturstoffe mit Hormon- oder Neurotransmitter-Aktivität im Reich der Lebewesen

Verbindung	Bildung in		
	Tieren	Pflanzen	Mikroorganismen
Prostaglandine	+ (H)[1]	+	
Abscisinsäure		+ (H)	+
Gibberelline		+ (H)	+
Ecdysteroide	+ (H)	+	
Progesteron	+ (H)	+	
Testosteron, Androstendion	+ (H)	+	
Östron, Östriol	+ (H)[1]	+	
c-AMP	+ (H)[2]	+	+
Zytokinine	+	+ (H)	+
Histamin	+ (H)	+	+
Serotonin	+ (H)	+	+
Indolessigsäure	+	+ (H)	+
Dopamin	+ (N)	+	
Noradrenalin	+(H,N)	+	

[1]) Hormone in Vertebraten; werden jedoch auch in einigen niederen Tieren gebildet, sind dort aber ohne Hormonaktivität

[2]) Second Messenger, vermittelt die Wirkung der meisten Nicht-Steroidhormone

wie schnell die Synthese sekundärer Naturstoffe wieder verschwindet, wenn sie durch Veränderungen der inneren Organisation der sie produzierenden Organismen oder ihrer Umwelt nicht mehr benötigt wird. In mikrobiellen Kulturen kann unter den „künstlichen" Bedingungen des Laboratoriums oder der Industrie die Fähigkeit zur Sekundärstoffsynthese innerhalb sehr kurzer Zeit verloren gehen. Die produzierenden Stämme werden gewöhnlich leicht durch spontan entstehende nichtproduzierende Stämme überwachsen, sobald der Selektionsdruck wegfällt, der in natürlicher Umgebung die Produktion der Sekundärstoffe vorteilhaft sein läßt. Diese „Instabilität" der Produktionsstämme ist für die mikrobielle Industrie ein großes Problem. Betrachtet man andererseits die Konservativität in der Bildung bestimmter morphologischer Strukturen, die im Verlaufe der Evolution bei einigen Organismen unnötig wurden, so erscheint es möglich, daß auch die Bildung nicht mehr benötigter Sekundärstoffe kürzere oder längere Zeit fortgeführt wird.

Das Verschwinden der Bildung nicht mehr benötigter Sekundärstoffe muß nicht notwendigerweise in einem einzigen Schritt verlaufen, worauf die im folgenden beschriebenen Phänomene hindeuten:

(a) Ausbruch aus der gewöhnlich strengen Regulation des Sekundärstoffwechsels

Beispiele hierfür sind möglicherweise die Enzyme, deren Menge und Aktivität unabhängig von der anderer Enzyme der Stoffwechselkette reguliert werden, zu der sie gehören. Cyclopenase, das letzte Enzym der Synthesekette im Alkaloidstoffwechsel des Pilzes *Penicillium cyclopium*, ist ein solches Enzym.

(b) Fehlen der Expression von Enzymen des Sekundärstoffwechsels unter normalen physiologischen Bedingungen, obwohl das entsprechende genetische Material vorhanden ist.

Offensichtlich bleibt ein großer Teil des genetischen Materials jedes Organismus während der gesamten Lebenszeit ungenutzt. Er kann z. B. aber exprimiert werden, wenn ungewöhnliche physiologische Bedingungen vorliegen, z. B. bei Kultur von Zellen *in vitro* oder nach

Zusatz unphysiologischer Mengen von Präkursoren und Zwischenprodukten. Ein Beispiel für dieses Phänomen ist die Expression des genetischen Materials, das für die Synthese von Sekundärstoffen notwendig ist, die in pflanzlichen Zellkulturen gebildet werden, in den Ausgangspflanzen aber nicht vorkommen.

Das vorhandene nicht benutzte genetische Material, die nicht aktiven Enzyme des Sekundärstoffwechsels und die vielen Sekundärstoffe ohne eine definierte Funktion bilden offensichtlich ein Reservoir chemischer Potenzen, das benutzt werden kann, wenn im Zuge der Evolution ein erneuter Bedarf eintritt. Er ermöglicht ein schnelles Reagieren auf neue Situationen und ist möglicherweise in dieser Hinsicht von Bedeutung.

7   Schlußfolgerungen

Betrachtet man heute das als Sekundärstoffwechsel umschriebene Gebiet, so sind die in den letzten Jahren erzielten Fortschritte im Verständnis auffällig. Es ist erkennbar geworden, daß die Bildung sekundärer Naturstoffe nicht so erratisch ist, wie sie auf den ersten Blick erscheint, sondern daß die in anderen Bereichen des Stoffwechsels nachgewiesenen Ordnungsprinzipien auch für den Sekundärstoffwechsel gelten. Die Ausbildung sekundärer Stoffwechselwege läßt sich heute als Teil der Zellspezialisierung und damit als ein Problem der Zelldifferenzierung definieren. Sie ist in die Programme der Zellspezialisierung eingebunden und unser Wissen über die Regulation des Sekundärstoffwechsels stößt vor allem an die Grenzen, die durch die geringen Kenntnisse über die molekulare Organisation von Differenzierungsprogrammen gezogen werden.

Literatur

Barz, W. und J. Köster: Turnover and Degradation of Secondary (Natural) Products. In: E. E. Conn (Hrsg.): The Biochemistry of Plants: A Comprehensive Treatise, Vol. 7: Secondary Plant Products. pp. 35–84. Academic Press. New York. 1981.

Böhm, H. und J. Franke: Accumulation and Excretion of Alkaloids by *Macleaya microcarpa* Cell Cultures. I. Experiments on Solid Medium. Biochem. Physiol. Pflanzen 177, 345–356 (1982).

Fairbairn, J. W. und G. M. Wassel: The alkaloids of *Papaver somniferum* L-J. Evidence for a rapid turnover of the major alkaloids. Phytochemistry 3, 253–258 (1964).

Franke, J. und H. Böhm: Accumulation and Excretion of Alkaloids by *Macleaya microcarpa* Cell Cultures. II. Experiments in Liquid Medium. Biochem. Physiol. Pflanzen 177, 501–507 (1982).

Garve, R., M. Luckner, E. Vogel, A. Tewes und L. Nover: Growth, morphogenesis and cardenolide formation in long-term cultures of *Digitalis lanata*. Planta medica 40, 92–103 (1980).

Hahlbrock, K., J. Schröder und J. Vieregge: Enzyme Regulation in Parsley and Soybean Cell Cultures Adv. Biochem. Engineering 18, 39–60 (1980).

Hopwood, D. A.: Genetic Studies of Antibiotics and other Secondary Metabolites. In: S. W. Glover und D. A. Hopwood (Hrsg.): Genetics as a Tool in Microbiology. pp. 187–218. Cambridge University Press. Cambridge. 1981.

Krauspe, R.: Cell Differentiation and Tumor State – Plant Crown Gall Tumors. In: L. Nover, M. Luckner und B. Parthier (Hrsg.): Cell Differentiation. pp. 569–596. VEB G. Fischer Verlag, Jena und Springer Verlag. Berlin. 1981.

Luckner, M.: Expression and Control of Secondary Metabolism. In: E. A. Bell und B. V. Charlwood (Hrsg.): Encyclopedia of Plant Physiology, New Series, Vol. 8: Secondary Plant Products. pp. 23–63. Springer Verlag. Berlin. 1980.

Luckner, M.: The Expression of Secondary Metabolism – an Aspect of Cell Specialisation. In: L. Nover, M. Luckner und B. Parthier (Hrsg.): Cell Differentiation. pp. 408–426. VEB G. Fischer Verlag, Jena und Springer Verlag. Berlin. 1982.

Luckner, M., L. Nover und H. Böhm: Secondary Metabolism and Cell Differentiation. Springer Verlag. Berlin. 1977.

Mothes, K.: Pflanze und Tier, ein Vergleich auf der Ebene des Sekundärstoffwechsels. Sitzungsber. Österr. Akad. Wiss. Math.-Naturwiss. Klasse Sonderheft Abt. 1 181, 1–37 (1973).

Mothes, K.: Secondary Plant Substances as Materials for Chemical High Quality Breeding in Higher Plants. In: J. W. Wallace u. R. L. Mansel (Hrsg.): Biochemical Interactions between Plants and Insects. pp. 385—405. Plenum Publ. Co. New York. 1976.

Nover, L.: Molecular Basis of Cell Differentiation. In: L. Nover, M. Luckner und B. Parthier (Hrsg.): Cell Differentiation. pp. 99—254. VEB G. Fischer Verlag, Jena und Springer Verlag. Berlin. 1982.

Nover, L., M. Luckner und B. Parthier (Hrsg.): Cell Differentiation. VEB G. Fischer Verlag, Jena und Springer Verlag. Berlin. 1982.

Packter, N. M.: Biosynthesis of Acetate-derived Compounds. Wiley. London. 1973.

Paech, K.: Biochemie und Physiologie der sekundären Pflanzenstoffe. Springer Verlag. Berlin. 1950.

Peterson, P. A.: Basis for the Diversity of States of Controlling Elements in Maize. Mol. Gen. Genetics 149, 5—21 (1976).

Pfeffer, W.: Pflanzenphysiologie. W. Engelmann Verlag. Leipzig. 1897. Band 1, p. 991.

Romeike, A.: Über die Mitwirkung des Sprosses bei der Ausbildung des Alkaloidspektrums, II. Bildungsstätte und Biogenese des Scopolamins in *Datura ferox* L. Flora **148**, 306—320 (1959).

Roos, W. und M. Luckner: ATP-dependent permeability of membrane barriers in *Penicillium cyclopium* WESTLING. Biochem. Physiol. Pflanzen **171**, 127—138 (1977).

Sachs, J.: Vorlesungen über Pflanzenphysiologie. W. Engelmann Verlag. Leipzig. 1882, pp. 203—222.

Teuscher, E.: Die mögliche Funktion von Sekundärstoffen in biologischen Systemen. In: F.-C. Czygan (Hrsg.): Biogene Arzneistoffe. pp. 61—83. Vieweg. Braunschweig/Wiesbaden. 1983.

Wallis, M.: The Molecular Evolution of Pituitary Growth Hormone, Prolactin and Placental Lactogen: A Protein Family Showing Variable Rates of Evolution. J. Molec. Evolution **9**, 10—18 (1981).

Waller, G. R. und O. C. Dermer: Enzymology of Alkaloid Metabolism in Plants and Microorganisms. In: E. E. Conn (Hrsg.): The Biochemistry of Plants: A Comprehensive Treatise, Vol. 7: Secondery Plant Products. pp. 317—402. Academic Press. New York. 1981.

Wink, M. und T. Hartmann: Diurnal fluctuation of quinolizidine alkaloid accumulation in legume plants and photomixotrophic cell suspension cultures. Z. Naturforsch. **37c**, 369—375 (1982).

Zähner, H.: What are Secondary Metabolites. Folia Microbiol. **24**, 435—443 (1979).

Zur möglichen Funktion von Sekundärstoffen in biologischen Systemen

Eberhard Teuscher

1 Was sind Sekundärstoffe?

Wenn man etwas über die Bedeutung der Sekundärstoffe in biologischen Systemen sagen soll, muß man zunächst die Frage beantworten, welche Stoffe man diesem Begriff zuordnen möchte. Die Grenzziehung kann nur subjektiv sein. Seit der Einführung des Begriffes *sekundäre Bestandteile der Zelle* durch Kossel im Jahre 1891 (zit. bei Mothes, 1980a) gibt jeder mit Sekundärstoffen befaßte Autor, wenn überhaupt, eine eigene Definition. Folgen wir diesem Beispiel! Da hier über die Funktion der Sekundärstoffe gesprochen werden soll, können wir uns nicht der *waste-product-lobby* anschließen wie Swain (1976a) etwas despektierlich die Autorengruppe nennt, die diese Substanzen als physiologisch und ökologisch funktionslose Stoffwechselschlacken betrachtet. Das würde außerdem nicht unserer Überzeugung entsprechen. Doch auch den *protagonists*, die in Sekundärstoffen durchweg gezielt gebildete Signalsubstanzen für die Kohärenz der Ökosysteme sehen, kann man nicht ohne Vorbehalte zustimmen. Wir wollen versuchen, mit folgender Definition zu arbeiten, die die Frage nach dem Nutzen nicht mit einbezieht:

Sekundärstoffe sind weder am Energie- noch am Baustoffwechsel unmittelbar beteiligte Produkte spezieller Syntheseleistungen spezialisierter Zellen.

Diese Definition soll Ausgangsprodukte, Intermediate, Endprodukte und Katalysatoren des Energie- und Baustoffwechsels ausschließen. Im Gegensatz zu den Definitionen, die am Nutzen der Sekundärstoffe orientiert sind, umfaßt sie auch Stoffe, die physiologische Bedeutung für den Sekundärstoffproduzenten besitzen, wie beispielsweise Hormone, Proteine kontraktiler Systeme und Immunglobuline.

2 Warum Sekundärstoffwechsel?

Die Tatsache, daß Lebewesen Sekundärstoffe produzieren, reicht nicht aus, den Sekundärstoffen *Nützlichkeit* zu bescheinigen. Nicht nur *nützliche*, sondern auch selektionsneutrale Merkmale widerstehen dem Selektionsdruck. Außerdem haben wir bei Betrachtung der gegenwärtigen Situation nur eine Momentaufnahme der Evolution vor uns, aus der wir die Dynamik des Kommens und Gehens von Sekundärstoffen nur unvollständig abschätzen können. Die Frage nach dem möglichen Nutzen der Sekundärstoffe für ihren Produzenten läßt sich also nur durch systematische Analyse des Verhaltens jedes Sekundärstoffes oder jeder Sekundärstoffgruppe gegenüber dem Lebewesen, das sie hervorbringt und gegenüber dessen Umwelt beantworten.

Die Ansichten über die Bedeutung der Sekundärstoffe und ihres Stoffwechsels lassen sich in fünf Thesen zusammenfassen:

— Sekundärstoffe sind ohne Bedeutung für ihren Produzenten. Sie sind Abfallprodukte des Grundstoffwechsels.

- Sekundärstoffe haben ökologische Bedeutung für ihren Produzenten. Sie erhöhen seine Konkurrenzfähigkeit im Ökosystem, sie schützen ihn vor Mikroorganismen oder Tieren und dienen der intra- oder interspezifischen Signalgebung.
- Sekundärstoffe haben physiologische Bedeutung für ihren Produzenten. Sie stehen beispielsweise im Dienste der Koordinierung der Zellfunktionen bei Vielzellern, sind Mediatoren der Zelldifferenzierung, übernehmen Transportaufgaben, ermöglichen Bewegungen der Zellen oder in den Zellen und fungieren als Speicherstoffe.
- Sekundärstoffe sind metabolische Exkrete. Sie entstehen bei der Entgiftung von Stoffen, die einen geregelten Ablauf des Primärstoffwechsels stören würden.
- Sekundärstoffe haben phylogenetische Bedeutung. Sie dienen nicht dem Produzenten, sondern der Evolution der Arten. Sie sind Stationen der Evolution auf neuen Wegen zur Optimierung der Lebewesen oder ihre mißlungenen Versuchsmuster.

Wir wollen versuchen, Fakten und Argumente zusammenzutragen, die für oder gegen die einzelnen Thesen sprechen.

3   Sekundärstoffe als Stoffwechselschlacken

Für diese These lassen sich nur wenig Argumente beibringen. Es werden zwar eine Reihe von Stoffen aus dem Organismus ausgeschieden oder an Speicherplätzen deponiert, die den abbauenden Enzymen des Energiestoffwechsels widerstehen, wie z. B. Gallenfarbstoffe, Harnsäure, Kreatin oder Gallensäuren, die man aber besser den metabolischen Exkreten zurechnet (siehe 6).

Gegen diese These spricht, daß die Mehrzahl der Sekundärstoffe nicht während Phasen intensiven Primärstoffwechsels, beispielsweise während der Wachstumsphase der Zellen (Trophophase) gebildet werden, sondern erst nach Abschluß des intensiven Stoffwechsels in einer Spezialisierungsphase (Idiophase) (Bu'Lock und Barr, 1968; Weinberg, 1970). Auch werden sie gezielt, fast stets in endergonischen Prozessen, mit eigens für diesen Zweck gebildeten Enzymgarnituren erzeugt (Luckner und Nover, 1976; Luckner et al., 1977).

4   Sekundärstoffe und Ökosystem

Sehr viele der bekannten Sekundärstoffe besitzen für ihren Produzenten Bedeutung bei der Auseinandersetzung mit der Umwelt.

Entsprechend ihrer ökologischen Funktion kann man sie in inter- und intraspezifisch wirksame Stoffe einteilen. Die interspezifisch wirkenden Stoffe werden untergliedert in *Allomone*, das sind Stoffe, die dem Produzenten nützen, wie beispielsweise Antibiotika, Wehrgifte oder Blütenlockstoffe, und in *Kairomone*, das sind Signalstoffe, die dem Empfänger dienen, wie beispielsweise Geschmacks-, Geruchs- und Farbstoffe der Nahrung. Zu den intraspezifisch wirkenden Substanzen gehören die *Pheromone*, Signalsubstanzen im Dienste des Informationsaustausches zwischen den Individuen einer Art (Whittaker u. Feeny, 1971; Schaefer, 1980).

Selbstverständlich hat auch diese Einteilung ihre Schwächen. So nutzen beispielsweise Blütenlockstoffe als Allomone dem Produzenten und als Kairomone dem Empfänger. Der bittere Geschmack eines Giftstoffes dient dem Räuber als Warnsignal (Kairomon) und der Beute als Schutz (Allomon).

Wenn wir im folgenden eine Vielzahl von Beispielen für die ökologischen Funktionen von Sekundärstoffen anführen, wissen wir, daß nur ein sehr einseitig ausgewählter Ausschnitt betrachtet wird. Selbst wenn für die Hälfte der 20 000 bisher bekannten Sekundärstoffe (Mothes, 1980b) ökologische Bedeutung nachweisbar wäre, dürfte man nicht vergessen, daß unsere Suchstrategie eben diese Wirkungen als Indikatoren für Sekundärstoffe benutzt (Mothes, 1976). Auch ist unklar, ob der im Experiment beobachtete Effekt, beispielsweise der antibiotisch wirksamer Sekundärstoffe bei Mikroorganismen, im natürlichen System wirklich zum Tragen kommt (Weinberg, 1970).

Wir glauben jedoch, daß sich sehr viele Sekundärstoffe in der Population durchsetzen konnten, weil sie von ökologischem Nutzen für den Produzenten sind oder waren. Auch wenn diese Schutz- oder Lockstoffe keine „Allheilmittel" darstellen und sich beispielsweise Räuber gefunden haben, die eine giftige Pflanze attackieren, so ist die Zahl der möglichen Gegner doch um ein Vielfaches verringert worden.

4.1 Sekundärstoffe als äußerer Schutzwall

Eine sehr wichtige Aufgabe erfüllen die Sekundärstoffe beim Schutze eines Lebewesens vor der Invasion durch Parasiten und vor Schädigungen durch physikalische Faktoren. Je nach Bausteinangebot erwiesen sich unterschiedliche Lösungsvarianten für den Aufbau der Abgrenzung zur Umwelt als ökonomisch.

Heterotrophe Lebewesen, die in einem Milieu mit hohem Angebot an verwertbarem Stickstoff leben, haben stickstoffreiche Abschlußsysteme entwickelt. So dienen Bakterien D- und L-Aminosäuren zur Armierung des Mureinskeletts ihrer Zellwand. Pilze bauen in ihre Zellwand und Insekten in ihr Außenskelett Chitin ein, ein Polymeres, das vorwiegend aus 1,4-β-glykosidisch verknüpften N-Acetyl-D-glucosaminresten aufgebaut ist. Die meisten Tiere nutzen Skleroproteine, die durch heterodete Bindungen enzymatisch schwer angreifbar sind, als Barriere zur Umwelt.

Die autotrophen Pflanzen, denen nur bescheidene Stickstoffquellen zugänglich sind, schützen sich durch ein System N-freier Stoffe, dessen komplexe Zusammensetzung in einer langen Auseinandersetzung mit der Umwelt optimiert wurde. So bildet die äußere Schutzschicht der Pflanze ein Gemisch wachsartiger Substanzen, in der Regel bestehend aus Wachsestern, Alkanen und Triterpensäuren. Diese Komponenten sind für die Mehrzahl der Mikroorganismen unangreifbar. Sie halten darüber hinaus durch ihre palisadenartige Struktur Mikroorganismen in gehörigem Abstand von der nächsten Schutzschicht. Ihre wasserabweisende Wirkung bedingt, daß sich kein Wasserfilm auf den Pflanzen bilden und so keine Ansiedlung von Bakterien und Algen erfolgen kann (Kolattukudy, 1970; Brieskorn, 1978).

Zusammen mit der nächsten Schutzschicht, der kutinhaltigen Kutikula auf grünen und dem suberinhaltigen Kork auf verholzten Pflanzenteilen und auf Wurzeln, schränken Wachse die Durchlässigkeit der Oberfläche für den Wasserdurchtritt stark ein. Kutin und Suberin, hochmolekulare Polyester aus Hydroxyfettsäuren, quervernetzt oder beim Suberin auch teilweise durch Dicarbonsäuren verbunden, sind ebenfalls nur für wenige Nahrungsspezialisten unter den Mikroorganismen angreifbar (Brieskorn, 1978).

Auch die Zellwand, die jede einzelne Zelle, bei Ermöglichung des interzellularen Stoffaustausches, selbst zu schützen hat, ist in langer Evolution optimiert worden. Eine Kombination der dehnungsfesten, fibrilläre Kristallite bildenden Cellulose (Colvin, 1980) mit relativ druckfesten Polyosen, wie Hemicellulose und Pektin, garantiert bei guter Biege- und Zerreißfestigkeit eine geringe Angreifbarkeit durch nichtspezialisierte Parasiten. Um dieses Konglomerat von Polysacchariden abbauen zu können, werden neben der Cellulase eine Reihe weiterer Glykosidasen zur Spaltung der vielen aus Pentosen und Hexosen aufgebauten verzweigtkettigen Polyosen gebraucht (Swain, 1977). Um dem angepaßten Angreifer wieder einen Vorsprung abzugewinnen, wurden Schutzgruppen eingeführt: z.B. Acetylreste für die Polyosen und Acylreste, gebildet von antibiotisch wirksamen Hydroxyphenylacrylsäuren, wie beispielsweise der Ferulasäure für die Cellulose (Hartley u. Jones, 1973).

Als weitere Schutzmittel enthält die Zellwand der Dikotyledonen eine Vielzahl von Hemmstoffen für Endopolygalakturonasen angreifender Mikroorganismen. Zur Schädigung der Eindringlinge sind Lysozym, gerichtet gegen Bakterien, und Chitinase sowie Endo-β-1,3-glucanase, gerichtet gegen Pilze, in der Zellwand vorhanden (Albersheim u. Anderson-Prouty, 1975).

Damit hat die Evolution des Guten nicht genug getan. Der bisher scheinbar erreichte höchste Gipfel bei der Gestaltung des äußeren Schutzwalles scheint die „Erfindung" des Lignins zu sein. Die Kombination dieses äußerst druckfesten Materials, entstanden durch Radikalkettenpolymerisation aus Hydroxyphenylallylalkoholen, ermöglichte die äußerst hohe Biege- und Zerreißfestigkeit des Holzes, die den Siegeszug der Pflanzen aus dem Wasser auf das feste Land zuließ (Gross, 1980b; Mothes, 1972a). Nur das Material Holz lieferte ausreichend druckfeste Aussteifungen für die wasserleitenden Gefäße und bot damit die Voraussetzung für die Entstehung von Gefäßpflanzen. Nur Holz erlaubt es den Bäumen „in den Himmel" zu wachsen. Auch ist die Angreifbarkeit des Lignins durch mikrobielle Schädlinge äußerst gering, so daß es Pflanzen zur Abkapselung von Infektionsherden benutzen (Grisebach, 1977).

4.2   Sekundärstoffe als Mittel der Auseinandersetzung mit Eindringlingen

Die Abschlußsysteme eines gesunden Lebewesens werden wohl kaum von mikrobiellen Angreifern durchdrungen. Einfallspforten sind dem Stoffaustausch mit der Umwelt dienende Stellen oder Orte mechanischer Verletzung. Zu kritischen Punkten gehören bei der Pflanze Spaltöffnungen sowie Austrittsstellen der Ektodesmen und bei Tieren Mund- bzw. Atemöffnungen und Hautdrüsen.

Um auch diese Punkte zu schützen, bilden eine Reihe von Lebewesen auf ihrer Oberfläche und in nach außen offenen Hohlräumen eine Diffusionsschicht aus antibiotisch wirksamen Substanzen. Pflanzen dienen die in der Gasphase antiseptisch wirksamen ätherischen Öle als „Schutzvorhang" (Schürmann u. Kühlwein, 1960; Maruzella u. Sicurella, 1960). Auch *trans*-2-Hexenal wird von ihnen als Luftphytonzid genutzt (Major, 1967; Schildknecht, 1981). Blattbehaarung verhindert die Zerstörung der Diffusionsschicht durch Luftbewegung. Bei Tieren, die im Wasser oder in feuchtem Milieu leben, erfüllen nichtflüchtige Substanzen diese Aufgabe. Schwimmkäfer (Dytiscidae) setzen ein Phenolgemisch, dessen Hauptbestandteil p-Hydroxybenzoesäuremethylester ist, zur Oberflächendesinfektion ein (Schildknecht, 1970). Die Hautgifte der Amphibien haben unter anderem auch diese Aufgabe. Stachelhäuter (Echinodermata) scheiden ebenfalls antibiotische Stoffe durch die Körperoberfläche aus. So sind beispielsweise die Salamanderalkaloide, das Asteriastoxin der Seesterne und die Bufotenine der Kröten Antibiotika mit breitem Wirkungsspektrum (Habermehl, 1969, 1975, 1976) (Bild 1).

Sind trotz aller Schutzmaßnahmen Mikroorganismen eingedrungen, muß die chemische Abwehr im Organismus selbst wirksam werden. Die höheren Tiere haben zu diesem Zweck das Immunsystem entwickelt, das eine erstaunliche Vielfalt spezifischer Abwehrstoffe bereitstellen kann.

Über ein wesentlich weniger spezifisches System der chemischen Abwehr verfügen Pilze und Pflanzen. Der Eindringling wird hier mit einem „breit gestreuten Schrotschuß" empfangen. Systematische Untersuchungen haben gezeigt, daß sehr viele Pilz- und Pflanzenextrakte antibiotische und fungistatische Wirksamkeit besitzen. (z.B. Osborn, 1943; Brian, 1951; Madsen u. Pates, 1952; Duquenois, 1955; Tokin, 1956; Glombitza, 1969; Mitschner, 1975; Anke, 1977; Ieven et al., 1979).

I

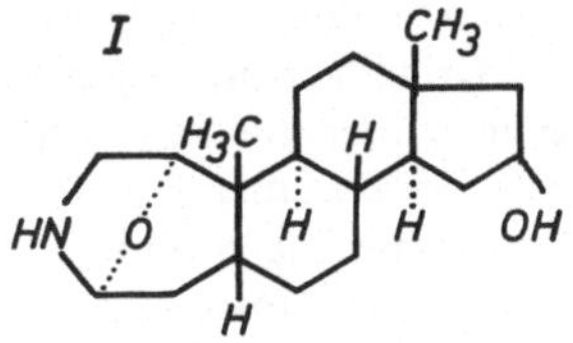

Samandarin

II

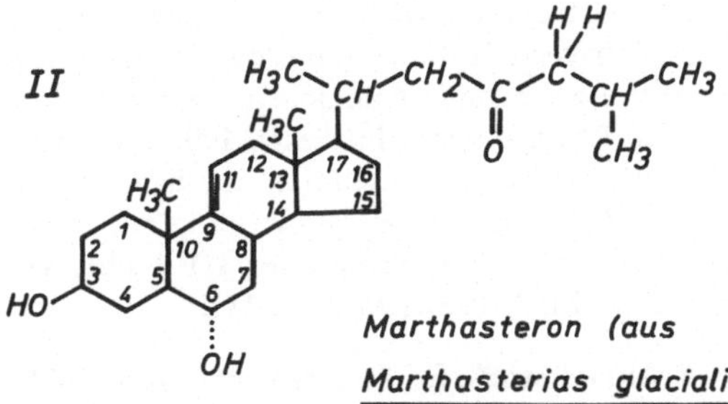

Marthasteron (aus Marthasterias glacialis und Asterias amurensis)

III

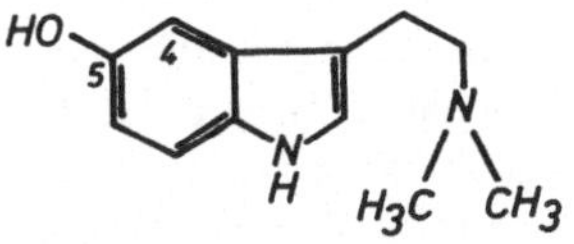

Bufotenin

Bild 1

Antibiotisch wirkende Substanzen aus Salamandern (I), Seesternen (II) und Kröten (III)

Fast alle Sekundärstoffe zeigen mehr oder weniger große antibiotische Effekte (Mitschner, 1975). Besonders viele Antibiotika sind Polyine, Komponenten ätherischer Öle, Saponine, Polyketide, Gerbstoffe, Naphthochinonderivate, Lauchöle, Senföle, cyanogene Glykoside und ungewöhnliche Aminosäuren. Aber auch in anderen Gruppen, z. B. in der der Alkaloide, Anthrachinonderivate und Flavonoide, wurden Vertreter mit starker antibiotischer Wirksamkeit nachgewiesen. Auch virostatische Stoffe wurden in Pflanzen beobachtet (Ieven et al., 1977; Wacker u. Eilmes, 1978).

Bei der Bereitstellung der chemischen Abwehr durch die Pflanze werden unterschiedliche Strategien verfolgt.

In vielen Pflanzen liegen die antibiotisch wirksamen Stoffe bereits fertig vor. Sie werden allerdings sehr häufig zum Schutz der eigenen Zelle vor ihren Giften stoffwechselfern in der Vakuole oder in Exkretzellen gespeichert. Andere Sekundärstoffe entfalten ihre antibiotische Wirkung jedoch erst nach enzymatischem Angriff durch den Eindringling. So sind beispielsweise die Glykoside Aucubin (Elich, 1962), Ranunculin (Tschesche, 1971), bisdesmosidische Saponine (Tschesche, 1971) oder Arbutin (Frohne, 1970) antibiotisch wirkungslos. Erst ihre freien Aglyka (Aucubigenin, Protoanemonin, monodesmosidische Saponine oder Hydrochinon) hemmen das Wachstum von Mikroorganismen. Die Giftung kann aber auch durch die geschädigte Pflanzenzelle selbst erfolgen.

Eine besonders interessante Art der Abwehr ist die durch *Phytoalexine* (Ingham, 1972; Grisebach u. Ebel, 1980; West, 1981). Hier aktiviert der Angriff durch einen Mikroorganismus ruhende Gene der Pflanze und es werden Abwehrstoffe gebildet, die in der gesunden Pflanze nicht oder nur in Spuren zu finden sind. Das Signal für den Beginn der Biosynthese wird durch von Parasiten abgegebene Substanzen, als *Elicitoren* bezeichnet, gegeben. Der bisher am besten untersuchte Elicitor ist ein Polysaccharid, das aus der Zellwand des Pilzes *Phytophthora megasperma* var. *sojae* stammt. Dieser Stoff löst in der Sojabohne die Bildung des Phytoalexins Glyceollin, eines Isoflavonoids aus. Glyceollin vermag in den in resistenten Sorten der Sojabohne vorkommenden Konzentrationen den Pilz, der Erreger der Stamm- und Wurzelfäule der Sojabohne ist, in seinem Wachstum zu hemmen. Aber auch Lipoide oder Polypeptide, z. B. Exoenzyme des Parasiten, fungieren als Elicitoren.

Die Art der Phytoalexine ist spezifisch für die einzelnen Pflanzenfamilien. So bilden die Fabaceen Isoflavonoide, die Solanaceen Sesquiterpene, die Orchidaceen Dihydrophenanthrene und die Asteraceen Polyine. Einige Pflanzen erzeugen mehrere strukturverwandte Phytoalexine. In diesen Fällen ist die Art der gebildeten Stoffe abhängig vom Erreger. Einige Autoren nehmen an, daß bevorzugt diejenigen Phytoalexine produziert werden, die die stärkste Hemmwirkung auf den Angreifer aufweisen. Auch unspezifische Reize, z.B. Kältebehandlung oder UV-Licht, können Phytoalexinbildung auslösen (ref. Grisebach u. Ebel, 1980; West, 1981).

4.3 Sekundärstoffe im Einsatz gegen tierische Räuber

Nur in seltenen Fällen kann die äußere Hülle von Pflanze und Tier dem Angriff eines Phyto- oder Zoophagen widerstehen. Nur wenige Organismen schützen sich oder ihre Vermehrungseinheiten mechanisch durch widerstandsfähige Schalen. Wo der Stoffaustausch durch die Körperoberfläche oder eine gute Ortsbeweglichkeit garantiert sein müssen, sind andere Maßnahmen erforderlich. Hier werden mechanische Mittel, wie Stacheln, Dornen, Krallen, Zähne, Hörner, chemische Abwehrmaßnahmen und bei Tieren auch die Flucht, eingesetzt.

Die wirksamsten chemischen Verteidigungsmittel sind sicher die, die dem Angreifer unmittelbar nach Berührung des Opfers Schmerzen bereiten. Dazu gehören Sekundärstoffe, die rein mechanische Irritanzien darstellen, Kombinationen von mechanischen Mitteln als Applikatoren mit löslichen Verbindungen als eigentlichen Wirkstoffen und die äußere Hülle des Angreifers ohne mechanische Hilfsmittel durchdringende Wirkstoffe, die direkt, nach Lichteinwirkung oder erst nach Sensibilisierung bei wiederholtem Kontakt mit dem Verteidiger wirksam werden (Evans u. Schmidt, 1980).

Die bekanntesten mechanischen Irritanzien der Pflanzen sind wohl die Glochidien der Opuntien, mit denen sicher die meisten von uns schon unangenehme Bekanntschaft gemacht haben, oder die Calciumoxalatrhaphiden in vielen Pflanzenteilen, die die Mundorgane der Phytophagen verletzen. Als Beispiel gleichgearteter Waffen bei den Tieren seien hier die bekannten Haare der Raupen des Goldafters (*Euproctis chrysorrhoea*) genannt.

Die Haut durchdringende Applikatoren für Giftstoffe finden wir in Form der Brennhaare, die uns von den einheimischen Brennesseln bekannt sind, die aber auch bei sehr vielen anderen Pflanzen der Familien Urticaceae, Loasaceae, Euphorbiaceae und Hydrophyllaceae vorkommen (Thurston u. Lersten, 1969). Bei den injizierten schmerzauslösenden Substanzen handelt es sich um Acetylcholin, Histamin und Serotonin (Schildknecht, 1981). Bei *Laportea moroides*, einer in Australien vorkommenden Urticacee, wurde in von den Brennhaaren verschiedenen Drüsenzellen ein Hämolysin gefunden (Triterpenglykosid), das den Effekt der Brennhaare stark potenziert (Schildknecht, 1981).

Die Giftapparate der Tiere sind mannigfaltig, sie reichen von den Nesselkapseln der Quallen über die Giftstacheln der Insekten, die Giftapparate der Skorpione oder Spinnen, die Giftstacheln einer Reihe von Fischen, z.B. der Doktorfische, der Zierde jedes Meeresaquariums, bis hin zu den hochspezialisierten Giftzähnen der Schlangen (Kaltenbach, 1971; Habermehl, 1975).

Es werden fast stets Giftgemische injiziert, die sehr häufig von Hilfsfermenten, wie Hyaluronidasen, Proteinasen oder Phospholipasen begleitet sind. Diese Fermente begünstigen durch Spaltung der Interzellularsubstanzen eine rasche Ausbreitung des Giftes im Gewebe und durch Schädigung der Zellmembranen ein Eindringen in die Zellen (Habermehl, 1975). Bei den Giften der aktiv giftigen Tiere handelt es sich um Serotonin, Acetylcholin, Dopamin oder Noradrenalin, die durch Sofortwirkung abschrecken und um ein Gemisch artspezifischer Peptidtoxine, die durch Angriff an der Reizübertragung vom Nerv zum Muskel den Gegner lähmen oder töten (Russel u. Puffer, 1970, Mebs, 1973; Karlsson, 1973; Tu, 1973; Condrea, 1974; Tu, 1974).

Ebenfalls hochwirksame Abschreckungsmittel sind percutan wirksame Giftstoffe. Bei den Pflanzen sind hier besonders zu erwähnen die stark reizenden Diterpenester der Euphorbiaceen und Thymeliaceen (Evans, 1978), z.B. das Mezerein des Seidelbastes (Schildknecht, 1981), das aus dem in *Ranunculus*- und *Pulsatilla*-Arten verbreiteten Ranunculin frei werdende Protoanemonin, die Capsaicinoide des Paprikas und die bereits wegen ihrer antibiotischen Wirkung erwähnten Lauchöle und Senföle. Auch Tiere haben im Verlaufe der Evolution percutan wirksame Irritanzien entwickelt. Das bekannteste Irritans ist sicherlich das Cantharidin (Bild 2), das die Ölkäfer, darunter auch die „Spanischen Fliegen" (*Lytta vesicatoria*), als Bestandteil ihrer Hämolymphe bei einem Angriff an ihren Kniegelenken auspressen. Auch das Verspritzen bis zu 75%iger Ameisensäure, häufig zusammen mit einem langkettigen Alkan (z.B. n-Decan) als Vehikel für den transdermalen Transport, wird von vielen Insekten praktiziert (Schildknecht, 1970).

Stoffe, die ihre Wirkung dadurch entfalten, daß sie die UV-Wirkung des Lichtes potenzieren und zu Hautschäden führen, sind u.a. die bei den Pflanzenfamilien Asteraceae, Rutaceae, Fabaceae und Moraceae verbreiteten Furocumarine (Beyrich, 1981; Ivie et al., 1981; Köhler, 1981).

Sehr zahlreich sind Sekundärstoffe, die als Kontaktallergene nach vorausgegangener Sensibilisierung bei wiederholtem Kontakt mit der sie enthaltenden Pflanze zu dramatischen Hautaffektionen führen können. Der bekannteste Wirkstoffkomplex dieser Art ist das Urushiol, ein Gemisch von Phenolen mit langkettigem Alkylrest, das in Anacardiaceen, z.B. im Giftefeu (*Rhus toxicodendron*), aber auch in Proteaceen und *Ginkgo biloba* enthalten ist. Weitere Kontaktallergene sind viele Sesquiterpenlactone der Asteraceen sowie Benzochinon- und Naphthochinonabkömmlinge, darunter das Primin (Bild 3), das auf den Blättern von *Primula obconica* vorkommt und die bekannte Primeldermatitis auslöst (Schildknecht, 1981).

Ein weiterer Schutz vor dem Gefressenwerden ist es, schlecht zu schmecken. Besonders die Geschmacksqualitäten bitter und scharf können Feinde zurückhalten. Unter den Pflanzen sind Bitter- und Scharfstoffe weit verbreitet. Die meisten Giftstoffe kündigen sich ebenfalls durch bitteren Geschmack an. Erinnert sei an Strychnin, Chinin, die herzwirksamen Glykoside und die Cucurbitacine. Aber auch Tiere, z.B. unser bekannter Marienkäfer (*Coccinella septempunctata*) und eine Reihe seiner Verwandten,

Cantharidin

Bild 2
Cantharidin, Bestandteil der Hämolymphe der „Spanischen Fliege" (*Lytta vesicatoria*), als Beispiel für ein Abschreckungsmittel

Primin
(Hautgift von
Primula obconica)

$R = C_{15}$ -Kette (gesättigt, mono-, di- und triolefinisch)

Urushiole

Bild 3 Urushiole aus dem Giftefeu (*Rhus toxicodendron*) und Primin der Chinesischen Primel als Beispiele für pflanzliche Kontaktallergene

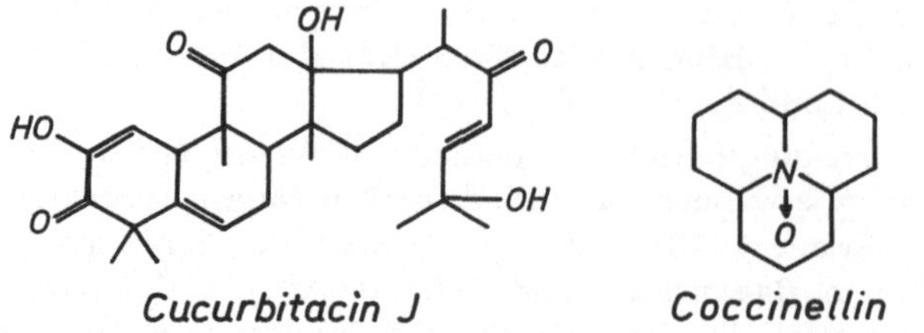

Cucurbitacin J

Coccinellin

Bild 4
Cucurbitacin aus Kürbis-Arten als pflanzlicher und Coccinellin aus dem Marienkäfer als tierischer Bitterstoff

schützen sich vor ihren Feinden durch das äußerst bittere Coccinellin (Bild 4) und ähnliche Alkaloide, die sie bei Gefahr mit ihrer Hämolymphe herauspressen (Tursch et al., 1976).

Ein weiterer Trick der Evolution ist es, ihre Geschöpfe unverdaulich zu machen. Das wird beispielsweise durch die bei den Pflanzen weit verbreiteten Gerbstoffe erreicht, die Nahrungsproteine und Verdauungsfermente ausfällen (Whittacker u. Feeny, 1971; Swain, 1977). Dem gleichen Ziel könnten die in vielen Pflanzen vorkommenden Proteinaseinhibitoren dienen (Richardson, 1977).

Ebenfalls wirksam ist es, dem Räuber den Appetit nach einem bestimmten Lebewesen dadurch zu verderben, daß sein Verzehr zu argen Beschwerden oder bei Unbelehrbaren zum Tode führt. Wenn wir Swain (1976) in seiner Beweisführung folgen wollen, sind die Dinosaurier, deren Aussterben mit der Entwicklung der Angiospermen zusammenfällt, die im Gegensatz zu den primitiven Gefäßpflanzen an toxischen Sekundärstoffen sehr reich sind, dieser „Unbelehrbarkeit" zum Opfer gefallen. Zur Erzielung eines raschen Lerneffektes beim Räuber sind besonders solche Sekundärstoffe geeignet, die schnell zur Wirkung kommen. Aus diesen Gründen überwiegen unter den biogenen Giften diejenigen, die durch Angriff am ZNS oder durch Störung der Reizleitung zum Erfolgsorgan wirksam sind. Unter diesen Giften sind Verbindungen aus fast allen biogenetischen Gruppen zu finden. Eine dominierende Rolle spielen jedoch die Alkaloide.

Die Wirkungsmechanismen sind sehr unterschiedlich und nur zum Teil aufgeklärt. Wir kennen sie insbesondere bei solchen Stoffen, die Anwendung in der Therapie oder experimentellen Pharmakologie gefunden haben. Bisweilen sind jedoch die arzneilich ausgenutzten Wirkungen der Gifte für die Abwehr von Räubern nur Nebenwirkungen. So steht beispielsweise beim Einsatz von herzwirksamen Glykosiden durch einige Insekten zur Abwehr von Vögeln nicht deren Herzwirkung, sondern der bittere Geschmack und die emetische Wirksamkeit im Vordergrund.

Am Zentralnervensystem angreifende Stoffe sind u. a. Morphin, Psilocybin, Harmin, Bufotenin, Mescalin, Salamander-Alkaloide und neurotoxische Aminosäuren wie Ibotensäure oder Quisqualinsäure (Bild 5). Am muscarinerg-cholinergen Rezeptor bei eigener intrinsischer Aktivität greifen beispielsweise an Pilocarpin, Muscarin und Arecolin.

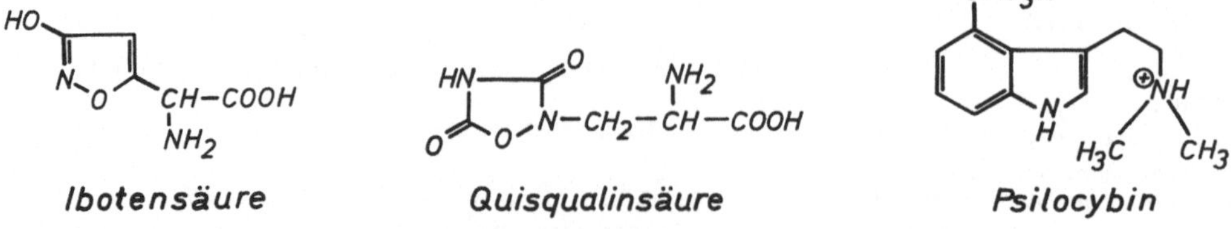

Ibotensäure

Quisqualinsäure

Psilocybin

Bild 5 Pflanzenstoffe, die am Zentralnervensystem angreifen

Zur Blockade des muskarinergen Rezeptors führen die Tropanalkaloide der Solanaceen. Durch Reaktion mit nikotinerg-cholinergen Rezeptoren cholinomimetisch wirken Nikotin und Cytisin aus dem Goldregen (*Laburnum anagyroides*). Ein indirekt, durch Hemmung der Acetylcholinesterase wirksames Cholinomimetikum ist Physostigmin, das Gift der Kalabarbohne (*Physostigma venenosum*). Direkt oder indirekt auf adrenerge Nervenendigungen Einfluß nehmen z.B. Ephedrin, Anagyrin, die Peptidalkaloide des Mutterkorns, Reserpin, Yohimbin und Kokain.

Auch gegen Ionentransportsysteme oder gegen die Ionenpermeabilität tierischer Zellen richtet sich der Angriff verschiedener Giftstoffe. Dadurch geht die Reizbarkeit der Zelle verloren. So blockiert beispielsweise das Perhydrochinazolinalkaloid Tetrodotoxin (Bild 6) des passiv giftigen Pufferfisches (*Sphaeroides rubipes*), das auch in einer Reihe von Amphibien vorkommt, die Natriumkanäle der Zellmembran (Habermehl, 1969; Karlsson, 1973; Kao, 1981). Den gleichen Effekt hat Saxitoxin, ein Tetrahydropurinderivat, das in Muscheln (z.B. *Saxidomas giganteus*) vorkommt, die es aus ihrer Nahrung, dem Dinoflagellaten *Gonyaulax catenella*, aufnehmen (Habermehl, 1975). Zu einer Öffnung der Natriumkanäle führt Batrachotoxin (Bild 6) aus dem Pfeilgiftfrosch, *Phyllobates aurotaenia*, ein Alkaloid, das sich vom Pregnan ableitet (Witkop, 1971). Aber auch Diterpenalkaloide aus *Andromeda*- und *Rhododendron*-Arten und Steroidalkaloide aus *Veratrum*-Arten besitzen diese Wirkung.

Am Transportsystem für Na⁺- und K⁺-Ionen, der Na⁺/K⁺-ATPase, greifen die herzwirksamen Glykoside und die ihnen strukturell verwandten Bufogenine und Bufotoxine der Kröten an (Akera, 1977).

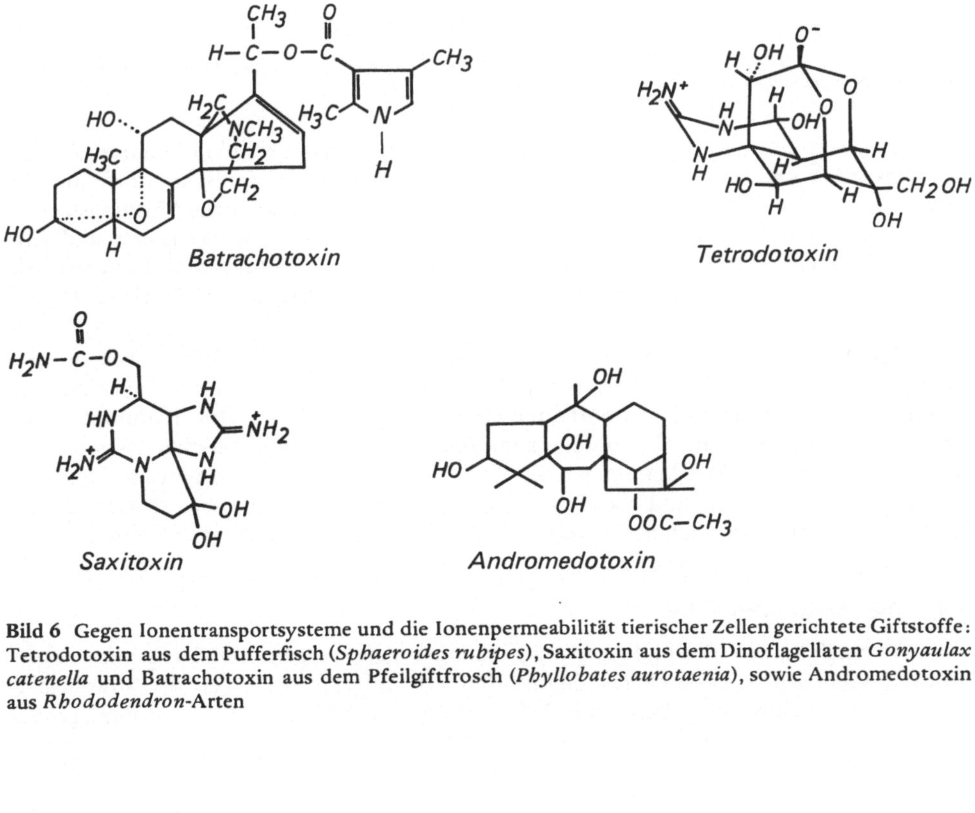

Batrachotoxin

Tetrodotoxin

Saxitoxin

Andromedotoxin

Bild 6 Gegen Ionentransportsysteme und die Ionenpermeabilität tierischer Zellen gerichtete Giftstoffe: Tetrodotoxin aus dem Pufferfisch (*Sphaeroides rubipes*), Saxitoxin aus dem Dinoflagellaten *Gonyaulax catenella* und Batrachotoxin aus dem Pfeilgiftfrosch (*Phyllobates aurotaenia*), sowie Andromedotoxin aus *Rhododendron*-Arten

Die Blockade des Energiestoffwechsels des Räubers durch aus cyanogenen Glykosiden freigesetzte Blausäure ist ebenfalls eine rasch wirksame Abwehrmaßnahme. Sie wird nicht nur von höheren Pilzen und Pflanzen, sondern auch von Arthropoden genutzt (Eyjolfsson, 1970; Conn, 1980).

Langsam wirkende Mittel scheinen sich im Laufe der Evolution auch als Abwehrmaßnahmen bewährt zu haben. Ein Eingriff in die Eiweißsynthese durch Angebot „falscher Aminosäuren" (Bell, 1976a, 1976b), durch Hemmung der RNS-Polymerase II durch die Amatoxine des Knollenblätterpilzes (Wieland, 1972; Mitchel, 1980) oder durch die Störung der Ribosomenfunktion durch die Lectine Abrin (aus den Samen der Paternostererbse, *Abrus precatorius*) und Ricin (aus den Samen von *Ricinus communis*) vermag Schutz vor Räubern zu bieten (Olsnes u. Pihl, 1978).

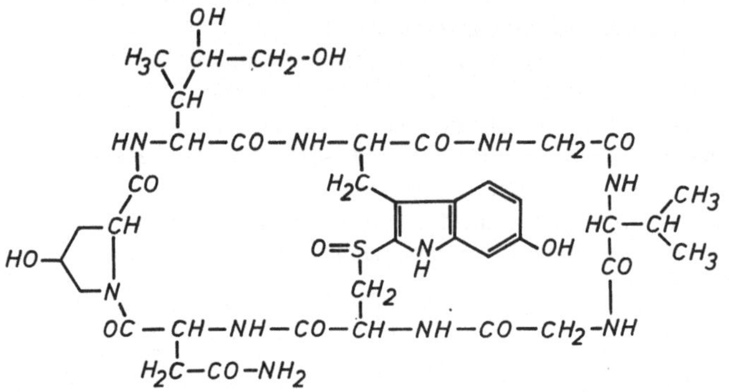

$$\alpha - Amanitin$$

Bild 7 In die Proteinsynthese (z. B. durch Hemmung der RNA-Polymerase II) eingreifendes Toxin des Knollenblätterpilzes (*Amanita phalloides*)

Die meisten unserer pharmakologischen Untersuchungen sind am höheren Tier gemacht worden und wir wissen nur wenig wie für das Säugetier toxische Stoffe am niederen Tier, beispielsweise am Insekt, wirken. Man darf jedoch ähnliche Wirkungsmechanismen annehmen, da Acetylcholin, Noradrenalin bzw. Adrenalin, Serotonin und Glutaminsäure auch bei der Reizübertragung in Insekten von Bedeutung sind. Für das insektizide Nicotin ist ein Angriff am cholinergen Rezeptor des Insektes nachweisbar (Levinson, 1976).

Abschließend soll noch eine interessante Variante der pflanzlichen Abwehr vorgestellt werden, die darin besteht, ein „echtes" tierisches Hormon dem Gegner im „falschen Moment" anzubieten. So enthalten viele Pflanzen Ecdyson, das Häutungshormon der Insekten oder strukturell ähnliche, zum Teil stärker wirksame Phytoecdysone (Karlson, 1976). Sie bewirken bei einigen Insekten (andere haben Resorptionsbarrieren aufgebaut) Extrahäutungen und die Entwicklung verstümmelter Imagines (Swain, 1977). Die bei Pflanzen verbreiteten Oestrogene können beim höheren Tier Infertilität auslösen (Singleton u. Kratzer, 1969).

4.4 Die überwundene Abwehr

So vielfältig die Verteidigungsmöglichkeiten eines Organismus auch sein mögen, immer finden sich unter den Parasiten und Räubern einige, die es lernen, die Abwehrmaßnahmen zu durchbrechen. Besonders Mikroorganismen können auf Grund ihrer großen genetischen Flexibilität, bedingt durch die kurzen Generationszeiten und die Möglichkeit des intra- und interspezifischen Genaustausches, den gewonnenen Vorsprung schnell zunichte machen. Die „Abnutzung" der therapeutisch eingesetzten Antibiotika zeigt das deutlich. Aber auch Insekten vermögen es, vermutlich u. a. weil sie einen raschen Genaustausch in der Gesamtpopulation eines Erdteils oder der gesamten Erde ausführen können, sich in relativ kurzen Zeiträumen an chemische Abwehrmittel anzupassen. Ein eindrucksvolles Beispiel ist die Entwicklung der DDT-Resistenz einer Reihe von Insektenarten. Höhere Tiere und der Mensch haben ebenfalls viele Resistenzen entwickelt. Nur wenn sie uns fehlen, wie beispielsweise die Unempfindlichkeit vieler Pflanzenfresser gegenüber Tropanalkaloiden, werden wir uns dieser Tatsache überhaupt noch bewußt.

Die Art und Weise der Resistenzentwicklung kann sehr unterschiedlich sein. Sie reicht vom Aufbau von Resorptionsschranken im Darm über die enzymatische Entgiftung bis zur Verfeinerung der Angriffspunkte der Gifte in der Zelle, die dazu führt, daß der Sekundärstoff als fremd erkannt und vom nunmehr spezifischeren Rezeptor nicht mehr in gleicher Weise wie der körpereigene Agonist akzeptiert wird. Resorptionsschranken wurden beispielsweise von vielen Insekten gegen Phytoecdysone errichtet (Karlson, 1976). Beispiel für die enzymatische Entgiftung ist die „Erfindung" der Penicillinase durch Mikroorganismen oder einer Tropinesterase durch viele Pflanzenfresser. Aber neben diesen spezifischen Enzymen gibt es eine Reihe von polyvalenten enzymatischen Entgiftungsmaßnahmen, wie beispielsweise der Einsatz mischfunktioneller Oxidasen, die durch sehr viele Sekundärstoffe, sowohl beim niederen (Brattsten et al., 1977) als auch beim höheren Tier (Pfeifer u. Borchert, 1980) induziert und wirksam werden. Ein Beispiel für die Verfeinerung des Rezeptors ist die Entwicklung einer Arginyl-t-RNS-Synthetase durch die Larve von *Caryedes brasiliensis*, die auf an Canavanin reichen Samen lebt. Dieses Enzym vermag im Gegensatz zur entsprechenden t-RNS-Synthetase anderer Organismen zwischen Arginin und Canavanin zu unterscheiden (Rosenthal et al., 1976).

Durch Entwicklung von Resistenzen gegen die chemische Abwehr erschließen sich viele Tiere ökologische Nischen. Um ihren Nachkommen zu ermöglichen, diese Nischen immer wieder aufzufinden, wird sehr häufig der „entschärfte Abwehrstoff" als Signal benutzt. Das Allomon, das seinem Produzenten Vorteile verleihen soll, ist zum Kairomon, einem Stoff geworden, der dem Angreifer nützt. So dienen die extrem bitteren und hochtoxischen Cucurbitacine, die in etwa 100 Arten von Cucurbitaceen vorkommen, als Fraßstimulanzien für sehr viele Blattkäfer (Chrysomelidae), z.B. für den Gefleckten Gurkenkäfer, *Diabrotica undecimpunctata howardi* (Metcalf et al., 1980).

Doch damit nicht genug. Eine nicht kleine Anzahl resistenter Räuber nutzen die Giftstoffe ihrer pflanzlichen Nahrung, um sie ihrerseits gegen Konkurrenten und Angreifer einzusetzen. Das beste Beispiel dieser Art ist die Speicherung pflanzlicher Cardenolide durch Insekten. Von den bisher bekannt gewordenen Cardenolide akkumulierenden Insektenarten sind der in Nordamerika beheimatete Schmetterling Monarch, *Danaus plexippus*, oder die tropischen Heuschrecken der Gattungen *Poekilocerus* und *Phymateus*, besonders gut untersucht (Reichstein, 1967; Rothschild u. Reichstein, 1976).

Allerdings ist dabei die Entwicklung nicht stehengeblieben. Der Schwarzkopfkernknacker, *Pheuticus melanocephalus*, seinerseits cardenolidresistent, verspeist den Monarch mit großem Appetit. Der Schwarzrückentrupial, *Icterus abeillei*, hat es gelernt, den Monarch weidgerecht auszunehmen und nur die cardenolidarmen Teile zu vertilgen (Fink u. Brower, 1981).

Auch andere Giftstoffe werden von Tieren gespeichert: z.B. Saxitoxin durch verschiedene Muscheln (Habermehl, 1975), Pyrrolizidinalkaloide durch afrikanische und australische Schmetterlinge der Familie der Danaidae (Edgar et al., 1979) sowie die Zinnobermotte, *Callimorpha jacobaeae* (Aplin et al., 1968).

4.5 Auseinandersetzungen unter der Erdoberfläche

Ebenso wie Tiere konkurrieren auch Mikroorganismen und Pflanzen um Nahrung. Während Pflanzen an der Erdoberfläche möglichst großen Lichtgewinn erzielen müssen, wetteifern sie im Boden um Mineralstoffe und Wasser. Mikroorganismen sind um einen möglichst großen Anteil an organischem Substrat bemüht.

Auch in diesen Auseinandersetzungen werden Sekundärstoffe eingesetzt. Pflanzen scheiden auf den Blattoberflächen wasserlösliche Stoffe aus, die mit dem Regen in den Boden gelangen. Flüchtige Substanzen der Pflanzen werden von Bodenpartikeln adsorbiert. Dazu kommen Verbindungen, die von Wurzeln oder aus abgestorbenen Pflanzenteilen freigesetzt werden. Mikroorganismen geben ebenfalls Sekundärstoffe an die Umgebung ab. Die ausgeschiedenen Stoffe können die Keimung von Samen und das Wachstum anderer Pflanzen stark beeinflussen (Bonner, 1950; Grümmer, 1955; Woods, 1960; Carey u. Watson, 1968; Rovira, 1969).

Nur in wenigen Fällen allelopathischer Wechselwirkungen sind die verantwortlichen Sekundärstoffe bekannt. Vom Walnußbaum wissen wir, daß er durch seine Blätter Hydrojuglonglucosid ausscheidet, das mit dem Regen in den Boden gelangt, in Juglon umgewandelt wird und dort die Keimung von Samen verhindert sowie das Wachstum von Pflanzen negativ beeinflußt (Grümmer, 1955). *Salvia leucophylla* und *Artemisia californica*, Sträucher des südkalifornischen Chaparrals, unterdrücken durch die Ausscheidung von 1,8-Cineol und Campher das Aufkommen von Pflanzen bis zu einer Entfernung von 1 m von ihrem Laubdach völlig und hemmen es bis zu 9 m Entfernung stark (Muller et al., 1964; Muller, 1965). Der allelopathisch wirksame Stoff der Guajulepflanze, *Parthenium argentatum*, ist Zimtsäure (Bonner, 1950). *Eucelia farinosa*, ebenfalls eine Asteracee, ist durch 3-Acetyl-6-methoxybenzaldehyd wirksam (Gray u. Bonner, 1948). Auch nichtproteinogene Aminosäuren, beispielsweise die in hoher Konzentration in einigen Liliaceen, z. B. *Convallaria majalis* und *Polygonatum multiforum*, vorkommende Azetidin-2-carbonsäure könnten allelopathische Effekte besitzen (Bell, 1976b). Welcher Stellenwert der Allelophatie im Konkurrenzkampf der Pflanzen zukommt, ist ungewiß. Ein Hinweis dafür, daß zumindest in geschlossenen Beständen pflanzliche Gegner niedergehalten werden können, ist die den Forstleuten bekannte Tatsache, daß Heidekraut, *Calluna vulgaris*, durch Stoffausscheidungen die Mykorrhizapilze der Waldbäume schädigt, so daß eine natürliche Wiederbesiedlung von Kahlschlagflächen durch Bäume sehr erschwert ist (Remmert, 1980, zitiert bei Schildknecht, 1981).

Sehr widersprüchlich sind die Meinungen über die Bedeutung der Antibiotika im Konkurrenzkampf der Bodenmikroorganismen. Es erscheint nicht unwahrscheinlich, daß sie ihnen bei der Behauptung eines bestimmten Substrates, z. B. eines abgestorbenen Pflanzenteiles im Boden gegenüber Nahrungskonkurrenten, Vorteile verschaffen. Auch wird angenommen, daß einige Pilze ihre Hyphen durch Sekundärstoffe vor Nematoden und bodenbewohnenden Arthropoden schützen (Whittaker u. Feeny, 1971). Viele Autoren negieren die Bedeutung der Antibiotika als Abwehrstoffe der Mikroorganismen jedoch völlig, weil sie erst am Ende der Wachstumsphase gebildet werden und weil sie im natürlichen Milieu nur in Ausnahmefällen nachweisbar sind (z. B. Zähner, 1977).

4.6 Sekundärstoffe als Signalsubstanzen

Gefärbte oder flüchtige Sekundärstoffe können auf visuellem bzw. olfaktorischem Wege Informationen von einer Pflanze an ein Tier bzw. von Tier zu Tier übermitteln. Wir kennen, ohne uns vielleicht immer Rechenschaft darüber abzulegen, viele Beispiele dafür. Eine grüne Kirsche übermittelt uns die Nachricht „grün", nach einmal gemachter Erfahrung jedoch die Information „hart, sauer, unbekömmlich". Eine rote Kirsche teilt uns mit „wohlschmeckend, bekömmlich". Die Bildung von Anthocyanen und das

Schmackhaftwerden der Frucht zur Zeit der Reife des Samens, entstanden in Coevolution von Pflanze und Tier, hat sich als Vorteil durchgesetzt. Der Farbstoff wird zum Werbemittel der Pflanze. Er informiert darüber, daß die ,,Belohnung" für die Verbreitung des Samens bereitgestellt ist. Die Vernichtung unreifer Samen wird eingeschränkt.

So wie die Farben im Dienst der Verbreitung von Samen über den Verdauungstrakt von Tieren stehen (Endozoochorie), so dienen sie auch der Sicherung der Bestäubung der Blüten durch Tiere (Zoidiogamie). Mit den erzeugten Blütenfarbstoffen, insbesondere Anthocyanen, Flavonoiden, Carotinoiden und in einigen Fällen auch Betalainen und Auronen, können alle Farbnuancen, die es den Blüten erlauben, sich von den grünen Blättern abzuheben, hervorgebracht werden. Bei Betrachtung der Blütenfarben müssen wir beachten, daß der Mensch die Blüten anders sieht als das Insekt, dessen Empfindlichkeitsbereich zu kurzen Wellenlängen hin verschoben ist (300—650 nm). Weiße Blüten, die keine im Bereich von 300—400 nm absorbierenden Substanzen enthalten, erscheinen den Bienen ,,ultraviolett". Das gleiche gilt für eine rote Blüte, deren rot sie nicht wahrnehmen können. Eine weiße Blüte mit UV-Absorbern sehen die Bienen in der Komplementärfarbe zu ultraviolett, nämlich blaugrün (Kugler, 1970; Lepper, 1973). Besonders eindrucksvoll sind Blütenaufnahmen im UV-Bereich (Kugler, 1970; Horovitz u. Cohen, 1972). So zeigen beispielsweise die uns einförmig gelb erscheinenden Blüten vom Weißen Senf, *Sinapis alba*, oder vom Rübsen, *Brassica rapa*, wunderbare, dunkle Saftmale. Für diese ,,unsichtbare" Zeichnung sind die im Bereich von 330—350 nm absorbierenden Flavon- und Flavonolglykoside verantwortlich (McClure, 1976).

Auch Tiere benutzen gefärbte Sekundärstoffe als Werbefaktoren, Tarnfarben und Warnfarben. Die Farbstoffe des tierischen Organismus sind auf Grund des großen Stickstoffangebotes im Organismus häufig N-Heterozyklen, wie z.B. Melanine, Ommochrome, Pteridine, Tetrapyrrole und Biline. Eine große Rolle spielen auch die aus der pflanzlichen Nahrung aufgenommenen Carotinoide als tierische Farbstoffe (Nahrstedt, 1982).

Über die Zweckmäßigkeit der Tarnfarbe der grauen Maus, die durch natürliche positive Auslese der jeweils am besten an die Umgebung angepaßten Tiere entstanden ist, braucht wohl kaum gesprochen werden. Wenig verständlich erscheint uns der Nutzen der Farbenpracht des schillernden Gefieders eines Pfauhahnes. Hier hat die geschlechtliche Auslese der jeweils schönsten männlichen Tiere, also das Ansehen in den Augen der Pfauendamen, über die natürliche Auslese gesiegt. Leicht einzusehen ist das Vorkommen der aposematischen Färbung, der Warntracht. Sie ist für den erfahrenen Räuber eine Information, die ihn daran erinnert, daß er mit einem Artgenossen des auffällig gefärbten Tieres schon einmal unangenehme Erfahrungen gemacht hat. Durch sie ist die gekennzeichnete Art des passiv oder aktiv giftigen Tieres, nachdem sie einige Exemplare für den Lernvorgang des Räubers geopfert hat, nunmehr vor weiteren Zugriffen geschützt. Diese Maßnahme ist so wirksam, daß viele harmlose Tiere, unter der falschen Flagge eines gefährlichen Tieres auftretend, ebenfalls in den Schutz mit einbezogen sind. So schützt die Mimikry eine gelb-schwarz gefärbte Schwebfliege (z.B. *Myiatropa florea*), die eine Wespe nachahmt, ebenso sicher vor der Verfolgung wie der Stachel ihres Vorbildes, der den Vögeln Respekt vor Tieren mit dieser Warntracht eingeflößt hat (Krauß u. Miersch, 1979). Durch die Coevolution von Warnfarbe und Gift ist die Schutzwirkung des Giftes potenziert worden.

Auch Gerüche können einem Tier wichtige Informationen übermitteln. Sind Pflanzen die Signalgeber, dienen sie sehr häufig der Anlockung, seltener auch der Abschreckung. Während die Farben Fernsignale sind, dienen Düfte meistens der Nahwirkung. Das komplexe Signal Form, Farbe und Geruch einer Blüte, das in Coevolution mit dem Bestäuber entstanden ist, sichert die Blumenstetigkeit der Insekten. Damit gibt es die Garantie für die Bestäubung mit arteigenem Pollen (Kugler, 1970).

Tiere setzen stark riechende Sekundärstoffe auch zur Abwehr ein. Das bekannteste Beispiel sind die Stinktiere oder Skunks (Mephitinae), die aus ihren Afterdrüsen meterweit ein Sekret verspritzen, dessen übelriechende Hauptbestandteile Crotylmercaptan und Isopentylmercaptan sind (Wheeler, 1976).

Ein besonders interessantes Kapitel des Einsatzes von Sekundärstoffen zur Signalgebung durch Tiere ist das der Pheromone. Pheromone sind definiert als Stoffe, die von einem Individuum nach außen sezerniert, von einem zweiten Individuum der gleichen Art aufgenommen werden und dort eine spezifische Reaktion, z.B. ein bestimmtes Verhalten oder eine entwicklungsphysiologische Determination auslösen (Karlson u. Lüscher, 1959). Derartige Stoffe wirken meistens olfaktorisch, d.h. über Rezeptoren für flüchtige Stoffe. Dabei werden Releaser-Effekte und Primer-Effekte unterschieden. Der Releaser-Effekt besteht in einer unmittelbaren Verhaltensantwort, die allerdings nur kurze Zeit wirksam ist. Der Primer-Effekt schafft durch endokrine Änderungen des Status des Empfängers die Voraussetzung für eine Veränderung der Empfangsbereitschaft für ein später eintreffendes Signal (Tembrock, 1971).

Pheromone werden in exokrinen Drüsen gebildet. Besonders Insekten verfügen häufig über eine Vielzahl verschiedener Drüsen, von denen jede ein oder mehrere Pheromone mit unterschiedlichen Signalaufgaben produziert. Je nach den ausgelösten Reaktionen kann man unterscheiden Aggregationspheromone, Dispersionspheromone, Alarmpheromone, Geschlechtsattraktionspheromone, Aphrodisiaca, Brutpflegepheromone, Spur- und Territorialmarkenpheromone, sowie Pheromone zur Individual- und Sozialkennzeichnung (Tembrock, 1971; Wheeler, 1976).

So vielfältig Pheromone ihrer chemischen Natur nach auch sind, so fällt jedoch auf, daß es sich bei den bisher bekannten Verbindungen vorwiegend um modifizierte Fettsäuren (aliphatische Kohlenwasserstoffe, Alkohole, Aldehyde, Carbonsäuren, Carbonsäureester) oder um Mono- bzw. Sesquiterpene handelt. Die Fettsäureabkömmlinge sind meistens weibliche Sexuallockstoffe, die Terpene Spur- und Alarmpheromone (Karlson, 1973). Aus dem Überwiegen von Fettsäureabkömmlingen leitet Karlson ab, daß sich diese Signalsubstanzen aus Komponenten der Oberflächenlipide entwickelt haben und daß am Anfang der Evolutionskette die Wahrnehmung des Körpergeruches stand.

Aber auch völlig anders gebaute Stoffe fungieren als Pheromone. So kommen bei Ameisenarten Alkylpyrazine, Anabasein, Pyrrolderivate und Indolizidinderivate als Signalsubstanzen vor (Wheeler, 1976; Wheeler et al., 1981). Pyrrolizidinderivate, produziert aus aufgenommenen pflanzlichen Pyrrolizidinalkaloiden, sind die in den Flügelschuppen männlicher Falter gebildeten und mit Haarpinseln auf das Weibchen gepuderten Aphrodisiaca einiger Schmetterlinge (Otto, 1980, Bild 8). Wir kennen auch eine Vielzahl von Pheromonen höherer Tiere, so beispielsweise das Civeton der Zibethkatze, *Viverra moschifera*, das Muskon des Moschustieres, *Moschus moschifera*, oder das früher als Droge genutzte, sehr komplex zusammengesetzte Bibergeil des Bibers, *Castor fiber* (Tembrock, 1971; Wheeler, 1976) (Bild 9).

Noch weitgehend ungeklärt ist die Syntax der *chemischen Sprache*, die nach Tembrock (1971) die stammesgeschichtlich älteste ist. Bisher kennen wir nur einige Worte. Beispielsweise bedeuten in der *Bienensprache*:

— Isoamylacetat, an der Stachelbasis gebildet und 2-Heptanon, aus der Mandibeldrüse: Alarm! Angreifer!

— Citral, Geraniol, Nerolsäure und Geraniumsäure (Sekrete der Nassanoff-Drüse): Futterquelle!

— *trans*-9-Oxo-2-decensäure (aus der Mandibeldrüse der Königin): Hier ist die Königin! Dieses Signal lockt beim Hochzeitsflug die Drohnen an und unterdrückt im Bienenstock die Entwicklung der Ovarien der Arbeitsbienen.

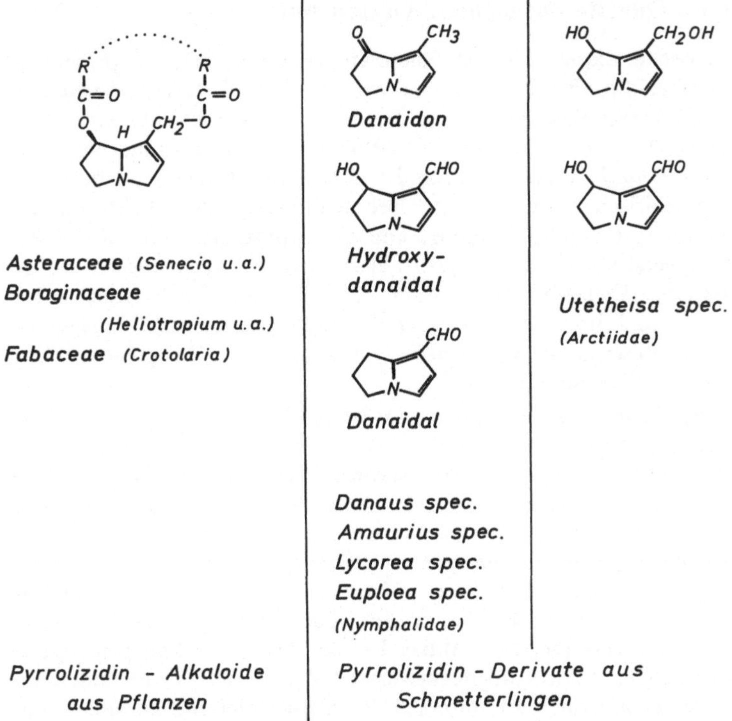

Bild 8 Beziehungen zwischen pflanzlichen Pyrrolizidin-Alkaloiden der Asteraceen, Boraginaceen und Fabaceen und den als Aphrodisiaca genutzten Pyrrolizidin-Derivaten einiger Schmetterlinge

Bild 9 Zibeton (= Civeton) der Zibethkatze und Muskon des Moschustieres als Beispiele für Pheromone höherer Tiere

Das ist sicherlich nur ein Bruchteil des Wortschatzes. Allein aus dem Kopf einer Bienenkönigin konnten 32 Pheromone isoliert werden. Pheromonkombinationen haben vermutlich Sonderbedeutung. So bewirkt die Kombination von 2 Pheromonen der Königin als Aggregationssignal die Bildung der Schwarmtraube (Tembrock, 1971; Mac Connell u. Silverstein, 1973).

5 Sekundärstoffe im Dienste des eigenen Organismus

Wenn man eine tierische Explantatkultur kinematographisch einige Tage verfolgt und den erhaltenen Zeitrafferfilm ablaufen läßt, wie wir es bei Motilitätsuntersuchungen häufig tun, wird man sich der großen Bedeutung der *chemischen Kohärenz* eines Vielzellers besonders bewußt. Den koordinierenden Einflüssen des Organismus entzogen, laufen die Zellen auseinander und „vergessen alsbald was sie gelernt haben", d.h. sie verlieren viele ihrer zelltypspezifischen Funktionen. Neben physikalischen Faktoren, wie beispielsweise der umstrittenen Kontakthemmung, sind es hauptsächlich Produkte spezieller Syntheseleistungen spezialisierter Zellen, also Sekundärstoffe nach unserer Definition, die diese Kohärenz eines Vielzellers garantieren. Hier sind besonders tierische Hormone bzw. Phytohormone und bei Tieren darüber hinaus Neurotransmitter, Neurosekrete, Mediatorstoffe, parakrin wirkende Signalstoffe (Karlson, 1982), Mitogene und Chalone (Thornley u. Laurence, 1975) zu nennen.

Es ist bemerkenswert, daß viele Hormone und Signalstoffe, wie auch die größte Anzahl der Alkaloide, von stoffwechselträgen Aminosäuren durch einfache Transformationen abgeleitet worden sind: Indolylessigsäure, Serotonin und Melatonin vom Tryptophan, Noradrenalin, Adrenalin, Dopamin und Thyroxin von Phenylalanin bzw. Tyrosin und Histamin vom Histidin. Für den Totalabbau der Ringsysteme dieser Aminosäuren gab es zunächst wahrscheinlich keine oder nur insuffiziente Enzymgarnituren, so daß Transformationsprodukte mit langer Lebensdauer auftraten. Dafür spricht auch die Tatsache, daß viele dieser Stoffe heute noch in Pflanzen gefunden werden. Das lange Vorhandensein dieser Substanzen im physiologischen Milieu hat der Evolution Zeit genug gelassen, entsprechende Rezeptorstrukturen, möglicherweise aus den transformierenden Enzymen zu entwickeln und diese Stoffe zur interzellulären Signalgebung zu adaptieren. Ähnliches gilt wahrscheinlich auch für die Transformationsprodukte des Cholesterols (Nebennierenrindenhormone, Sexualhormone, Ecdysteron), der Purine (Cytokinine) und der Carotinoide (Abscisinsäure). Auch intermediär beim Proteinabbau auftretende Peptide wurden zu Signalsubstanzen entwickelt. Es fällt auf, daß bei der Bildung von Peptidhormonen aus Preprohormonen und Prohormonen die Spaltung in Nachbarschaft eines Dipeptidrestes aus zwei basischen Aminosäuren (Lysin, Arginin) erfolgt (Schwyzer, 1982). Vielleicht lagen hier die Angriffspunkte der „Urproteinasen".

Für die weite Verbreitung gleicher Hormone im Tierreich und gleicher Phytohormone im Pflanzenreich ist wahrscheinlich das hohe phylogenetische Alter dieser Signalsubstanzen verantwortlich. Bei der Einfachheit der Verbindungen sind jedoch auch Parallelentwicklungen bei verschiedenen genetisch isolierten Gruppen nicht auszuschließen. Spätere „Entwicklungen", wie beispielsweise die einiger Wachstumsregulatoren bei Pflanzen, die sich von Fettsäuren und ihren Estern, von phenolischen Verbindungen, Sesqui- bzw. Diterpenen und N- bzw. S-Heterozyklen ableiten (Gross, 1980a), sind nur sporadisch verbreitet. Auch bei Mikroorganismen werden Sekundärstoffen regulatorische Funktionen, z.B. bei der Sporulation oder dem Ionentransport, zugeschrieben (Bodanszky et al., 1969; Weinberg, 1970; Paulus u. Sankar, 1976).

Weitere von Sekundärstoffen wahrgenommene Funktionen sind beispielsweise die des Lichtschutzes bei Pflanze und Tier (Anthocyane, Flavonoide, Melanin), die der akzessorischen Pigmente der Photosynthese (Carotinoide) und die des Eisentransportes in Pflanzen (Nicotianamin).

Besonders viele Positionen werden im tierischen Organismus von nicht am Stoffwechsel beteiligten Proteinen besetzt. Sie dienen u.a. als Präkursoren der Peptidhormone (Schwyzer, 1982), als Regulatoren der Hormonwirkung (aktivierende und inaktivierende Enzyme), als Komponenten kontraktiler Systeme (z.B. Actin, Myosin, Tubulin), als Baumaterial (Kollagen, Elastin. Keratin), als Bestandteile des Gerinnungssystems sowie des Komplementsystems, als Immunglobuline und Transportproteine für Lipide, Vitamine, Hormone und Schwermetallionen (Schwick u. Haupt, 1980).

Trotz dieser Apologie der physiologischen Bedeutung der Sekundärstoffe sind wir weit davon entfernt, allen diesen Stoffen eine physiologische Wirkung zuschreiben zu wollen, wie das beispielsweise Heftman (1975) für die pflanzlichen Steroide versucht.

6   Sekundärstoffe als metabolische Exkrete

Lebewesen können nicht alle von ihnen selbst gebildeten oder mit der Nahrung aufgenommenen organischen Verbindungen abbauen. Entweder fehlen ihnen die dazu notwendigen Enzyme oder die Enzymmengen reichen in besonderen Situationen nicht aus, die anfallenden Stoffe umzusetzen. Damit diese Stoffe, die physiologisch meistens sehr aktiv sind, den geregelten Stoffwechselablauf nicht stören, müssen sie entweder in physiologisch inerte Substanzen oder in solche Verbindungen umgewandelt werden, die aus der Zelle oder dem Organismus ausgeschieden werden können.

Solche Exkrete des Menschen sind beispielsweise Gallensäuren, Gallenfarbstoffe, Kreatin, Harnsäure, Trigonéllin und Harnstoff. Diese Substanzen werden bei Mensch und Tier meistens über Harn oder Faeces aus dem Körper entfernt. Tiere, denen Ausscheidungsmöglichkeiten für Exkrete völlig (z. B. Schaben, Springschwänze) oder vorübergehend (z. B. Landschnecken im Winter) fehlen, lagern sie im Körper ab. Bisweilen werden Entgiftungsprodukte der Ammoniumionen auch als Farbstoffe in die Körperoberfläche eingebaut, z. B. das den Silberglanz der Fische bedingende Guanin oder die gefärbten Pteridine der Schmetterlinge und Wespen (Sterba, 1976).

Bei Mikroorganismen und Pflanzen fallen am Ende der Wachstumsphase aus dem nicht völlig gebremsten Baustoffwechsel und bei katabolischen Prozessen Überschüsse an Primärstoffen, beispielsweise Acetat, Pyruvat, Aminosäuren und Purine an (Mothes, 1972a). Diese Stoffe sind in der Lage, den Stoffwechsel zu stören. Hier soll nun der Sekundärstoffwechsel als *safety-valve-shunt* wirksam werden und diese Produkte in nicht rückgekoppelter Reaktion in Stoffe umwandeln, die aus der Zelle ausgeschieden werden können (Woodruff, 1966). Weinberg (1970) hat festgestellt, daß bei selektiver Hemmung des Sekundärstoffwechsels Mikroorganismen nach der Wachstumsphase absterben. Ähnliche Verhältnisse könnten auch bei der Pflanze vorliegen.

Aus welchem Grund diese Verbindungen auch immer entstehen, sie dürfen wegen ihrer hohen Toxizität nicht in der Zelle verbleiben. Sieht man vom Laubfall ab, hat die Pflanze nur geringe Möglichkeiten (Auswaschung durch den Regen, Abgabe durch die Wurzel, Verdunstung) der Abgabe metabolischer Exkrete. Sie muß diese Stoffe also entweder in hochmolekulare (z. B. Lignin) oder lipophile Verbindungen (z. B. ätherische Öle) umwandeln, die die Zelle verlassen oder in gut wasserlösliche Substanzen (Glykoside, Alkaloidsalze) transformieren, die in die Vakuolen abgeschoben werden können (Mothes, 1966; Schnepf, 1976). Die Entstehung von Sekundärstoffen in der Pflanze setzt also eine Coevolution von Exkretionsmechanismen und die Schaffung von Speicherplätzen voraus (Mothes, 1972b; 1976, 1980a; Müller, 1976a).

7   Sekundärstoffwechsel, das Experimentierfeld der Evolution

Mutation und Kombination auf der einen Seite und Selektion auf der anderen sind die Triebkräfte der biologischen Evolution. Das wird besonders auf dem Gebiet des Sekundärstoffwechsels sichtbar. Von hier aus kann auch der Primärstoffwechsel entscheidende Impulse erfahren. Er schickt, um mit den Worten von Schulz (1981) zu reden, seine Gene auf die „Spielwiese". Die Gene für Enzyme und Regulatoren des Primärstoffwechsels werden dupliziert oder multipliziert. Ein Genpaar bleibt für die ursprünglichen Aufgaben reserviert. Der Rest darf sich „austoben". Ihre Produkte werden nicht benötigt. Diese Gene können sich unter dem Einfluß der Mutation und Rekombination frei verändern, bis ihre Produkte fähig sind, neue Aufgaben zu erfüllen. Isoenzyme, auf deren Bedeutung für die Evolution der Sekundärstoffe bereits Mothes (1972a) hingewiesen hat, sind frühe Produkte der Differenzierung multiplizierter Gene (Schulz, 1981).

Sind Gene entstanden, die neue Enzyme kodieren und sind für diese Enzyme Substrate vorhanden, werden zunächst Sekundärstoffe produziert. Das Experimentierfeld dieser Enzyme sollte die Idiophase sein, weil ihr Wirken in der Trophophase dem Primärstoffwechsel die Substrate entziehen würde. Aus diesem Grunde haben sich in der Evolution die Varianten bewährt, bei denen diese Enzyme, häufig induziert durch ein Substratüberangebot (siehe 6), erst in der Idiophase gebildet werden.

Haben die neuen Sekundärstoffe eine physiologische oder ökologische Funktion gefunden, werden sie durch die Triebkräfte der Evolution optimiert, physiologisch wirksame Stoffe, um mit wenig Substanz- und Energieverbrauch große Effekte auszulösen, ökologisch wirksame Verbindungen, um möglichst große Vorteile bei der Auseinandersetzung mit der Umwelt zu schaffen. Das *ping-pong challenge of interacting organisms* (Swain, 1976) und die Auseinandersetzung mit klimatischen, edaphischen, chemischen und jetzt auch anthropogenen Faktoren schafft die Mannigfaltigkeit der Lebewesen. So nimmt Müller (1976b) an, daß die Artenvielfalt tropischer Pflanzen in der Vielfalt tropischer Insekten (und *vice versa*) ihre Ursachen hat.

Haben die neuen Sekundärstoffe keine Funktion gefunden, besitzen aber auch keine Selektionsnachteile für den Produzenten, können sie weiter mitgeschleppt werden, bis sie Ansatzpunkte für eine Weiterentwicklung geworden sind oder bis sie verloren gehen. Schädliches wird sofort eliminiert, so daß viele „mißlungene Produkte" nicht sichtbar werden (Mothes, 1980b).

Mit etwas Glück kann man einen Blick auf diese „Spielwiese" werfen. Bietet man beispielsweise einigen Pilzen der Gattung *Trametes* Thebain an, so wandeln sie es in ein Codeinderivat um, eine Reaktion, die sonst von nur zwei *Papaver*-Arten bekannt ist (Gröger u. Schmauder, 1969). Auch die vielfältigen Fähigkeiten von Mikroorganismen zur Hydroxylierung von Steroiden hält Mothes (1980c) für schlummernde Potenzen, die in der natürlichen Umwelt nicht sichtbar werden. Sicherlich existieren neben einem Heer von unentdeckten Sekundärstoffen auch Heere von Genen für nicht einsetzbare Enzyme und für funktionslose Proteine. Ein schönes Beispiel für die Entstehung des physiologisch wirksamen Sekundärstoffes Insulin ist seine Ahnenreihe. Insulin, Relaxin, NGF (Nerve-growth-factor) und IGF I und II (Insulin-like-growth-factor) haben einen gemeinsamen Proteinvorfahren und es ist sogar erkennbar, daß IGF I und Insulin noch vor der Entstehung der Vertebraten eigene Wege der Evolution gegangen sind (Rinderknecht u. Humbel, 1978). In ähnlicher Weise läßt sich erkennen, daß beispielsweise Lactalbumin ein „Abkömmling" des Lysozyms ist und daß die Proteinasen der Enzymkaskade der Blutgerinnung Varianten des Verdauungsenzyms Trypsin sind (Schulz, 1981).

Wir wissen heute, daß die Punktmutation und die Rekombination als Zufallsereignisse nicht ausreichen, um die große genetische Variabilität zu erklären. Aber es ist noch sehr unklar, welche Rolle die Exon-Intron-Struktur, die Transposons und die Genfusion bei der Erzeugung einer programmierten Variabilität spielen. Ebenso unklar ist es, ob in Analogie zur Translokation und Fusion der Gene bei der Differenzierung der Immunzellen vielleicht auch Enzyme des Sekundärstoffwechsels aus Enzymen des Primärstoffwechsels und funktionslosen Enzymen bzw. Proteinen „zusammengesetzt" werden können. Die irreversible Differenzierung tierischer Zellen deutet darauf hin. Auch an die

Übertragung genetischer Informationen von Organismus zu Organismus, wie er beim plasmidkodierten Sekundärstoffwechsel der Mikroorganismen durchaus denkbar und auch für die Übertragung von bakteriellen Informationen auf höhere Pflanzen am Beispiel der Opin-Gene des Ti-Plasmids von *Agrobacterium tumefaciens* auf die Wirtspflanzen bekannt ist (Laplace u. Fritsche, 1981), wird gedacht. So nimmt man beispielsweise an, daß die Bildung des antileukämischen Ansamakrolids Maytansin (Bild 10), das in der Pflanze *Maytenus ovatus* und im Actinomyceten *Nocardia* gefunden wird, durch Gene des mit der Pflanze symbiotisch lebenden oder früher gelebt habenden Pilzes erfolgt. Auch im Hinblick auf die Biosynthese anderer Stoffe, beispielsweise der Peptidalkaloide der Rhamnaceen und der Mutterkornalkaloide der Convolvulaceen wird ein derartiger Gentransfer vom Mikroorganismus zur höheren Pflanze vermutet (Mothes, 1980b; 1981).

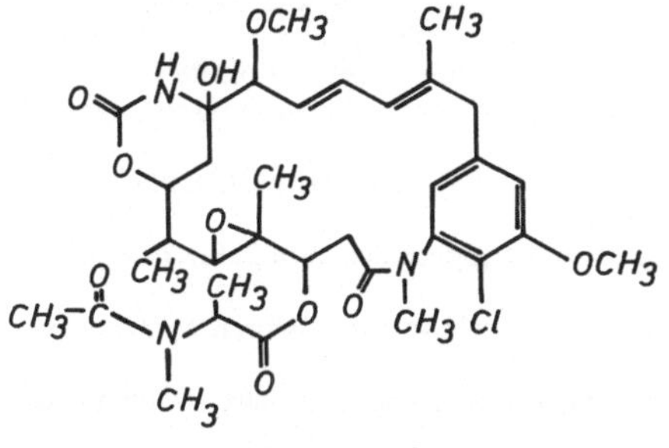

Bild 10

Maytansin, ein antileukämisches Ansamakrolid, das sowohl in einer höheren Pflanze (*Maytenus ovatus*), als auch in einem Bakterium (*Nocardia* spec.; Actinomycet) gefunden wurde

8 Resumé

Wird nun nach dieser Analyse, die sicherlich sehr subjektiv angelegt ist und zur Diskussion herausfordert, erneut die Frage nach dem Nutzen der Sekundärstoffe im biologischen System an den Autor gestellt, könnte die Antwort etwa lauten: Sekundärstoffe sind Versuchsmuster der Evolution, von denen viele ihre Brauchbarkeit im Dienste des Organismus des Produzenten und bei seiner Auseinandersetzung mit der Umwelt gezeigt haben oder zu Primärstoffen aufgestiegen sind. An ihrer Verbesserung wird ständig gearbeitet. Andere haben sich als nutzlos erwiesen. Ihre Aufwertung wird versucht. Die Mehrzahl ist bereits ausgemustert und verschwunden. Ungezählte werden vorbereitet. Einige tragen die Keime der Zukunft in sich.

Literatur

Akera, T.: Membrane adenosintriphosphatase: a digitalis receptor. Science **198**, 569–574 (1977).

Albersheim, P., u. A. J. Anderson-Prouty: Carbohydrates, proteins, cell surfaces and the biochemistry of pathogenesis. Annu. Rev. Plant Physiol. **26**, 31–52 (1975).

Anke, T.: Antibiotika aus Basidiomyceten. Z. Mykol. **44**, 131–141 (1977).

Aplin, R. T., M. H. Benn u. M. Rothschild: Poisonous alkaloids in the body tissues of the Cinnabar moth (*Callimorpha jacobaea* L.). Nature, (London) **219**, 747–748 (1968).

Bell, E. A.: "Unusual" plant amino acids. Nova Acta Leopoldina Suppl. **7**, 455–461 (1976a).

Bell, E. A.: Uncommon amino acids in plants. FEBS Lett. **64**, 29–35 (1976b).

Beyrich, T.: Furocumarine. Wiss. Z. Univ. Greifswald, Med. Reihe **30**, 25–28 (1981).

Bodanszky, M., u. D. Perlman: Peptide antibiotics. Science **163**, 352–358 (1969).

Bonner, J.: The role of toxic substances in the interaction of higher plants. Bot. Rev. **16**, 51–65 (1950).

Brattsten, L. B., C. F. Wilkinson u. T. Eisner: Herbivore plant interactions: mixed function oxidases and secondary plant substances. Science 196, 1349–1352 (1977).

Brian, P. W.: Antibiotics produced by fungi. Bot. Rev. 17, 357–430 (1951).

Brieskorn, C. H.: Oberflächenlipide und Lipidpolymere von Pflanzen. Fette, Seifen, Anstrichmittel 80, 15–20 (1978).

Bu'Lock, J. D., u. J. G. Barr: A regulation mechanism linking tryptophan uptake and synthesis with ergot alkaloid synthesis in Claviceps. Lloydia 31, 342–354 (1968).

Carey, H. E., u. R. D. Watson: Effect of various aqueous plant extracts upon seed germination. Bot. Gaz. 129, 57–62 (1968).

Colvin, J. R.: The biosynthesis of cellulose. In: Biochemistry of plants 3, 544–570. Academic Press. New York. 1980.

Condrea, E.: Membrane-active polypeptides from snake venom: cardiotoxins and haemocytotoxins. Experientia 30, 121–129 (1974).

Conn, E. E.: Cyanogenic compounds. Annu. Rev. Plant Physiol. 31, 433–451 (1980).

Duquenois, P.: Les antibiotiques des plantes supérieures. Bull. de la Soc. Bot. France 102, 377–405 (1955).

Edgar, J. A., M. Boppre u. D. Schneider: Pyrrolizidine alkaloid storage in african and australian danaid butterflies. Experientia 35, 144–147 (1979).

Elich, J.: Die antibakterielle Aktivität einiger einheimischer Plantago-Arten. Dissertation Berlin (1962).

Evans, F. J., u. C. J. Soper: The tigliance, daphnane and ingenane diterpenes, their chemistry, distribution and biological activities. Lloydia 41, 193–233 (1978).

Evans, F. J., u. R. J. Schmidt: Plants and plant products that induce contact dermatitis. Planta med. 38, 289–316 (1980).

Eyjolfsson, R.: Recent advances in the chemistry of cyanogenic glycosides. Fortschr. Chem. org. Naturstoffe 28, 74–108 (1970).

Fink, L. S., u. L. P. Brower: Birds can overcome the cardenolide defence of monarch butterflies in Mexico. Nature (London) 291, 67–70 (1981).

Frohne, D.: Untersuchungen zur Frage der harndesinfizierenden Wirkung von Bärentraubenblattextrakten. Planta med. 18, 1–25 (1970).

Glombitza, K. W.: Antibakterielle Inhaltsstoffe in Algen. Helgoländer wiss. Meeresunters. 19, 376–384 (1969).

Gray, R. u. J. Bonner: Structure determination and synthesis of a plant growth inhibitor 3-acetyl-6-methoxybenzaldehyd in the leaves of Encelia farinosa. J. Am. Chem. Soc. 70, 1249–1253 (1948).

Grisebach, H.: Biochemistry of lignification. Naturwissenschaften 64, 619–625 (1977).

Grisebach, H., u. J. Ebel: Phytoalexine, chemische Abwehrstoffe höherer Pflanzen. Angew. Chem. 90, 668–681 (1980).

Gröger, D., u. H. P. Schmauder: Mikrobielle Umwandlung von Thebain. Experientia 25, 95–96 (1969).

Gross, D.: Wachstumsregulatorisch wirksame Pflanzeninhaltsstoffe. Z. Chem. 20, 397–406 (1980).

Gross, G. G.: The biochemistry of lignification. Advances Bot. Res. 8, 25–63 (1980).

Grümmer, G.: Die gegenseitige Beeinflussung höherer Pflanzen — Allelopathie. Fischer Verlag. Jena. 1955.

Habermehl, G.: Chemie und Biochemie von Amphibiengiften. Naturwissenschaften 56, 615–622 (1969).

Habermehl, G.: Die biologische Bedeutung tierischer Gifte. Naturwissenschaften 62, 15–21 (1975).

Habermehl, G.: The biological significance of amphibian venoms. Nova Acta Leopoldina Suppl. 7, 499–502 (1976).

Hartley, R. D., u. E. C. Jones: Diferulic acid as a component of cell wall of Lolium multiflorum. Phytochem. 12, 661–665 (1973).

Heftman, E.: Functions of steroids in plants. Phytochem. 14, 891–901 (1975).

Horovitz, A. u. Y. Cohen: Ultraviolet reflectance characteristics in flowers of Crucifers. Amer. J. Bot. 59, 706–713 (1972).

Ieven, M., D. A. van den Berghe, F. Mertens, A. Vlietinck u. E. Lammens: Screening of higher plants for biological activities. I. Antimicrobial activity, Planta med. 36, 311–321 (1979).

Ieven, G., D. A. van den Berghe u. A. Vlietinck: Antiviral activity of higher plants. Acta pharmac. Suecica 14, Suppl., 58 (1977).

Ingham, J. L.: Phytoalexins and other natural products as factors in plant disease resistance. Bot. Rev. 38, 343–424 (1972).

Ivie, G. W., D. L. Holt u. M. C. Ivey: Natural toxicants in human foods: Psoralen in raw and cooked parsnip roots. Science 213, 909–910 (1981).

Kaltenbach, A.: Gifte und Giftwaffen im Tierreich. Naturwiss. Rdsch. 24, 380—388 (1971).

Kao, C. Y.: Tetrodotoxin, saxitoxin, chiriquitoxin: new perspectives on ionic channels. Federat. Proc. 40, 30—35 (1981).

Karlson, P.: Sexualhormone der Schmetterlinge als Modelle chemischer Kommunikation. Naturwissenschaften 60, 113—121 (1973).

Karlson, P.: Animal hormones as secondary plant products and their ecological relevance. Nova Acta Leopoldina Suppl. 7, 423—432 (1976).

Karlson, P.: Was sind Hormone? Der Hormonbegriff in Geschichte und Gegenwart. Naturwissenschaften 69, 3—14 (1982).

Karlson, P., u. M. Lüscher: Pheromone — Ein Nomenklaturvorschlag für eine Wirkstoffklasse. Naturwissenschaften 46, 63—64 (1959).

Karlsson, E.: Chemistry of some animal toxins. Experientia 29, 1319—1327 (1973).

Köhler, K. H.: Der photodynamische Effekt. Wiss. Z. Univ. Greifswald, Med. Reihe 30, 5—14 (1981).

Kolattukudy, P. E.: Plant waxes. Lipids 5, 259—275 (1970).

Krauß, G. J., u. J. Miersch: Chemische Signale. Urania-Verlag. Leipzig, Jena, Berlin. 1979.

Kugler, H.: Blütenökologie. Gustav-Fischer-Verlag. Stuttgart. 1970.

Laplace, F., u. W. Fritsche: Plasmidkodierter Sekundärstoffwechsel bei Bakterien. Biol. Rdsch. 19, 238—239 (1981).

Lepper, L.: Blüten, Blumen, Bestäubung. Urania-Verlag. Leipzig, Jena, Berlin. 1973.

Levinson, H. Z.: The defensive role of alkaloids in insects and plants. Experientia 32, 408—411 (1976).

Luckner, M., u. L. Nover: Integration of secondary metabolism into programs of differentiation and development. Nova Acta Leopoldina Suppl. 7, 183—211 (1976).

Luckner, M., L. Nover u. H. Böhm: Molecular biology, biochemistry and biophysics, 23. Secondary metabolism and cell differentiation. Springer-Verlag. Berlin, Heidelberg, New York. 1977.

Mac Conell, J. G., u. R. M. Silverstein: Neue Ergebnisse der Chemie von Insektenpheromonen. Angew. Chem. 85, 647—657 (1973).

Madsen, G. C., u. A. L. Pates: Occurence of antimicrobial substances in chlorophyllous plants growing in Florida. Bot. Gaz. 113, 293—300 (1952).

Major, R. T.: The Ginkgo, the most ancient living tree. The resistance of *Ginkgo biloba* L. to pests accounts in part for the longevity of this species. Science 157, 1270—1273 (1967).

Maruzzella, J. C., u. N. A. Sicurella: Antibacterial-activity of essential oil vapors. J. Amer. pharmac. Assoc. 49, 692—694 (1960).

McClure, J. W.: Progress toward a biological rationale for the flavonoids. Nova Acta Leopoldina Suppl. 7, 465—496 (1976).

Mebs, D.: Chemistry of animal venoms, poisons and toxins. Experientia 29, 1328—1334 (1973).

Metcalf, R. L., R. A. Metcalf u. A. M. Rhodes: Cucurbitacins as kairomones for diabroticite beetles. Proc. nat. Acad. Sci. USA 77, 3769—3772 (1980).

Mitchel, D. H.: Amanita mushroom poisoning. Annu. Rev. Med. 31, 51—57 (1980).

Mitschner, L. A.: Antimicrobial aspects from higher plants. Recent Advances Phytochem. 9, 243—282 (1975).

Mothes, K.: Zur Problematik der metabolischen Exkretion bei Pflanzen. Naturwissenschaften 53, 317—323 (1966).

Mothes, K.: Über sekundäre Pflanzenstoffe. Abhdlg. d. sächs. Akad. d. Wissensch. zu Leipzig, Math.-naturwiss. Klasse 52, 3—28 (1972a).

Mothes, K.: Pflanze und Tier. Ein Vergleich auf der Ebene des Sekundärstoffwechsels. Sitzungsber. Österr. Akad. Wiss. Math. Naturwiss. Kl. Sonderh. Abt. I, 181, 1—37 (1972b).

Mothes, K.: The storage excretion. Nova Acta Leopoldina Suppl. 7, 403—410 (1976).

Mothes, K.: Historical introduction. In: Encyclopedia of plant physiology. New series, 8. Secondary plant products. Springer Verlag. Berlin, Heidelberg. 1980a.

Mothes, K.: Sekundärstoffe — eine Spielerei der Natur. Wissenschaft u. Fortschr. 30, 413—418 (1980b).

Mothes, K.: Nebenwege des Stoffwechsels bei Pflanze und Tier. Chem. Gesellsch. DDR. Mitteilungsbl. 1, 27, 2—10 (1980c).

Mothes, K.: Zur Geschichte unserer Kenntnisse über die Alkaloide. Pharmazie 36, 199—209 (1981a).

Mothes, K.: The problem of chemical convergence in secondary metabolism. Science and Scientist (Tokyo) 323—326 (1981b).

Müller, E.: Principles in transport and accumulation of secondary products. Nova Acta Leopoldina Suppl. 7, 123—128 (1976a).

Müller, H. J.: Ecological aspects of the joined evolution of plants and animals. Nova Acta Leopoldina Suppl. 7, 433—440 (1976b).

Muller, C. H., W. H. Muller u. B. L. Haines: Volatile growth inhibitors produced by aromatic shrubs. Science 143, 471—473 (1964).

Muller, W. H.: Volatile materials produced by *Salvia leucophylla*: effects on seedling growth and soil bacteria. Bot. Gaz. **126**, 195—200 (1965).

Nahrstedt, A.: Strukturelle Beziehungen zwischen pflanzlichen und tierischen Sekundärstoffen. Planta med. **44**, 2—14 (1982).

Olsnes, S., u. A. Pihl: Abrin and ricin — two toxic lectins. Trends Biochem. Sci. **3**, 7—10 (1978).

Osborn, E. M.: On the occurence of antibacterial substances in green plants. Brit. J. exp. Pathol. **24**, 227 (1943).

Otto, D.: Sexuallockstoffe der Insekten — Kenntnisstand und Möglichkeiten der Anwendung. Chem. Gesellsch. DDR, Mitteilungsbl. 1, **27**, 10—16 (1980).

Paulus, H., u. N. Sankar: Peptide antibiotics as regulatory effectors during bacterial sporulation. Nova Acta Leopoldina Suppl. **7**, 357—373 (1976).

Pfeifer, S., u. H. H. Borchert: Pharmakokinetik und Biotransformation. Verlag Volk und Gesundheit. Berlin. 1980.

Reichstein, T.: Cardenolide als Abwehrstoffe bei Insekten. Naturwiss. Rdsch. **20**, 499—511 (1967).

Remmert, H.: Ökologie. Springer Verlag. Berlin. 1980.

Richardson, M.: The proteinase inhibitors of plants and microorganisms. Phytochem. **16**, 159—169 (1977).

Rinderknecht, E., u. R. E. Humbel: Primary structure of human insulin-like growth factor II. FEBS Lett. **89**, 283—286 (1978).

Rosenthal, G. A., D. L. Dahlman u. D. H. Janzen: A novel means for dealing with L-canavanine, a toxic metabolite. Science **192**, 256—258 (1976).

Rothschild, M., u. T. Reichstein: Some problems associated with the storage of cardiac glycosides by insects. Nova Acta Leopoldina Suppl. **7**, 507—550 (1976).

Rovira, A. D.: Plant root exudates. Bot. Rev. **35**, 35—37 (1969).

Russel, E. F., u. H. W. Puffer: Pharmacology of snake venoms. Clin. Toxicol. **3**, 433—444 (1970).

Schaefer, M.: Chemische Ökologie — ein Beitrag zur Analyse von Ökosystemen. Naturwiss. Rdsch. **33**, 128—134 (1980).

Schildknecht, H.: Die Wehrchemie von Land- und Wasserkäfern. Angew. Chem. **82**, 17—25 (1970).

Schildknecht, H.: Reiz- und Abwehrstoffe höherer Pflanzen — ein chemisches Herbarium. Angew. Chem. **93**, 164—183 (1981).

Schnepf, E.: Morphology and cytology of storage spaces. Nova Acta Leopoldina Suppl. **7**, 23—44 (1976).

Schürmann, C., u. H. Kühlwein: Antibakterielle Wirksamkeit ätherischer Öle in der Dampf- und Flüssigkeitsphase. Zentralbl. Bakteriol., Parasitenkunde, Infektionskrankheiten u. Hygiene 1. Abtl. **178**, 372—380 (1960).

Schulz, G. E.: Protein-Differenzierung: Entwicklung neuartiger Proteine im Laufe der Evolution. Angew. Chem. **93**, 134—151 (1981).

Schwick, H.-G., u. H. Haupt: Chemie und Funktion der Human-Plasmaproteine. Angew. Chem. **92**, 83—95 (1980).

Schwyzer, R.: Peptides and the new endocrinology. Naturwissenschaften **69**, 15—20 (1982).

Singleton, V. L., u. F. H. Kratzer: Toxicity and related physiologic activity of phenolic substances of plant origin. J. agric. Food Chem. **17**, 497—512 (1969).

Sterba, G.: Excretion storage and its functional integration in animals. Nova Acta Leopoldina Suppl. **7**, 13—22 (1976).

Swain, T.: Secondary compounds: primary products. Nova Acta Leopoldina Suppl. **7**, 411—421 (1976a).

Swain, T.: Reptile-angiosperm co-evolution. Nova Acta Leopoldina Suppl. **7**, 551—561 (1976b).

Swain, T.: Secondary compounds as protective agents. Annu. Rev. Plant. Physiol. **28**, 479—501 (1977).

Tembrock, G.: Biokommunikation — Informationsübertragung im biologischen Bereich. Akademie-Verlag. Berlin. 1971.

Thornley, A. L., u. E. B. Laurence: The present state of biochemical research on chalones. Int. J. Biochem. **6**, 313—320 (1975).

Thurston, E. L., u. N. R. Lersten: The morphology and toxicology of the plant stinging hairs. Bot. Rev. **35**, 393—405 (1969).

Tokin, B. P.: Phytonzide. Verlag Volk und Gesundheit. Berlin. 1956.

Tschesche, R.: Fortschritte in der Chemie antibiotisch wirkender Inhaltsstoffe von höheren Pflanzen. Pharma Int. H.2, 1—6 (1971).

Tu, A. T.: Neurotoxins of animal venoms: snakes. Annu. Rev. Biochem. **42**, 235—258 (1973).

Tu, A. T.: Sea snake venoms and neurotoxins. J. agric. Food Chem. **22**, 36—43 (1974).

Tursch, B., J. C. Brackman u. D. Daloze: Arthropod alkaloids. Experientia **32**, 401—407 (1976).

Wacker, A., u. H. G. Eilmes: Antiviral activity of plant components: 1. Flavonoids. Arzneimittel-Forsch. 28-1, 347—350 (1978).

Weinberg, E. D.: Biosynthesis of secondary metabolites: role of trace metals. Advances Microbiol. Physiol. 4, 1—15 (1970).

West, C. A.: Fungal elicitors of the phytoalexin response in higher plants. Naturwissenschaften 68, 447—457 (1981).

Wheeler, J. W.: Insect and mammalian pheromones. Lloydia 39, 53—59 (1976).

Wheeler, J. W., Olubajo, O., Storm, C. B., u. R. M. Duffield: Anabaseine: venom alkaloid of *Aphaenogaster* ants. Science 211, 1051—1052 (1981).

Whittaker, R. H., u. P. P. Feeny: Allelochemics: chemical interaction between species. Science 171, 757—770 (1971).

Wieland, T.: Struktur und Wirkung der Amatoxine. Naturwissenschaften 59, 225—231 (1972).

Witkop, B.: New directions in the chemistry of natural products: the organic chemist as a pathfinder for biochemistry and medicine. Experientia 27, 1121—1138 (1971).

Woodruff, H. B.: In: B. A. Newton u. P. E. Reynolds (Herausg.): Biochemical studies of antimicrobial drugs. Cambridge University Press. London. 1966.

Woods, F. W.: Biological antagonism due to phytotoxic root exudates. Bot. Rev. 26, 546—569 (1960).

Zähner, H.: Einige Aspekte der Antibiotikaforschung. Angew. Chem. 89, 696—703 (1977).

Pflanzliche Gewebe- und Zellkulturen als Arzneistoffproduzenten

Franz-Christian Czygan

Einleitung: Das Konzept der Omnipotenz der Zelle

Zellen außerhalb intakter Organismen, hier außerhalb der intakten Pflanzen anzulegen und zu kultivieren, war der Wunschtraum von Biologengenerationen seit den grundlegenden Überlegungen von Schleiden (1838) und Schwann (1839). Sie postulierten, daß die Zelle die Grundeinheit aller Organismen sei. Ihre *Zellentheorie* implizierte zwei logische Folgerungen:

— Die Struktur der Zellen aller Lebewesen ist im Prinzip universell.

— Jede Zelle ist in ihrer Physiologie selbständig.

Die erste Folgerung konnte in den letzten hundert und mehr Jahren — trotz der Unterschiede zwischen prokaryotischer und eukaryotischer Zelle — in vielfältiger Weise belegt werden. Heute scheint auch das zweite Postulat selbstverständlich, da aus einer befruchteten Eizelle, der Zygote, die den gesamten Genbestand und damit die vollständige Information für die Bildung einer intakten Pflanze enthält, durch Zellteilungen und Differenzierungsprozesse eine neue Pflanze hervorgeht. Jede ihrer Körperzellen muß demnach die gleiche Zusammensetzung des Erbmaterials haben wie die Zygote und daher ebenfalls in der Lage sein, einen neuen Organismus zu bilden. Der experimentelle Nachweis jedoch, daß eine bereits differenzierte Zelle höherer Pflanzen und Tiere wieder in den meristematischen Zustand zurückkehren und außerhalb ihrer Umgebung, unbeeinflußt durch die Nachbarzellen als omnipotenter Elementarorganismus existieren kann, wurde erst seit 1912 durch Carrel für die tierische und seit 1937 für die pflanzliche Zelle (Nobécourt, 1937, 1938; und Gautheret, 1939: Dauergewerbe aus *Daucus-carota*-Wurzeln; White, 1939: Gewebe von *Nicotiana*) geführt. Es konnte gezeigt werden, daß eine einzige Pflanzenzelle, vorausgesetzt, sie hat alle zum autonomen Leben notwendigen genetischen Informationen, in der Lage ist, einen selbständigen Stoffwechsel durchzuführen, nach Teilungen zu Zellaggregaten, sogenannten Kalli[1] heranzuwachsen und schließlich zur intakten Pflanze zu regenerieren. Die somatische Körperzelle ist — unabhängig davon, ob sie aus der Blüte, der Wurzel, dem Blatt oder einem anderen Organ stammt — *omni-* oder *totipotent*. Das muß nicht nur für die „morphologisch" sichtbaren, sondern auch für die nur „chemisch-analytisch" erfaßbaren Eigenschaften, z. B. für die Fähigkeit zur Bildung biogener Arzneistoffe, gelten.

---

1) Ein Wort zur Definition: Unter Gewebekulturen sind Kulturen von mehr oder weniger undifferenzierten Zellaggregaten zu verstehen, die entweder als Oberflächen- oder Kalluskulturen *auf* einem verfestigtem Nährboden oder als Suspensionskulturen *in* flüssigem Nährmedium submers kultiviert werden. Häufig wird für letztere Art von Gewebekulturen auch der Begriff „Zellkultur" benutzt. Korrekterweise heißt der Plural von Kallus *Kalusse*, nicht Kalli. Allerdings hat sich in der gesamten deutschen Literatur über Gewebekulturen der „falsche" Begriff eingebürgert.

1   Gewebekulturen zur direkten Produktion von Arzneistoffen

Zell- und Gewebekulturen haben in den letzten Jahrzehnten nicht nur für die Klärung von Fragen und Problemen der Grundlagenforschung an Bedeutung gewonnen, auch im Bereich der angewandten Forschung, z. B. auf dem Gebiet des Nutz- und Zierpflanzenbaus, wurden sie erfolgreich eingesetzt (vgl. Zusammenfassungen bei Murashige, 1974; Reuther, 1981; Tomes et al., 1982).

Es lag daher nahe, nach Möglichkeiten zu suchen, Gewebekulturen auch als Produzenten pharmazeutisch-medizinisch wichtiger und synthetisch — zumindest im wirtschaftlichen Maßstab — nicht zugänglicher Arzneistoffe zu verwenden. (Zusammenfassungen u. a. bei Teuscher, 1973; Barz et al., 1977; Zenk, 1978; Böhm, 1980; Czygan, 1980; Staba, 1980; Barz u. Ellis, 1981). Ähnlich den bekannten Fermenterverfahren zur Gewinnung von Antibiotika oder von Mutterkornalkaloiden (Sprecher, 1983) haben Zellkulturen bei der Produktion von Naturstoffen gegenüber Isolierungen aus angebauten oder wild vorkommenden Pflanzen eine Reihe von Vorteilen (Teuscher, 1973):

— Die Produktion wäre unabhängig von nicht oder nur schwer beherrschbaren Umweltfaktoren, wie Jahreszeit, Witterung, Insektenbefall und Pflanzenkrankheiten, aber auch von politisch-wirtschaftlichen Unsicherheiten.

— Die Gewinnung von Arzneistoffen aus Pflanzen, die besondere Klimaansprüche stellen, wie z. B. tropische Pflanzen, wäre an jeder Stelle der Erde möglich.

— Die Produktion würde keine landwirtschaftliche Nutzfläche in Anspruch nehmen.

— Billige Rohstoffe und Abfallstoffe, wie Abfälle der Zuckerindustrie, Algenhydrolysate u. a. m., könnten zur Herstellung von Nährmedien verwertet werden.

— Die Produktion wäre industriell möglich und daher automatisierbar.

— Die Bildung der Arzneistoffe wäre durch exogene Faktoren (z. B. Zugabe von Endprodukt-Vorstufen bzw. von Wachstumsregulatoren) und durch endogene Veränderungen der Zelle (z. B. Mutationen) leichter zu steuern.

Diese Überlegungen führten dazu, daß in vielen Laboratorien versucht wurde, von Arzneipflanzen Gewebe anzulegen (Tabelle 1). Die Aufgabe dieser Forschungsrichtung besteht nun darin, die von der intakten Arzneipflanze bekannten Möglichkeiten zur Produktion von Arzneistoffen in der Kalluskultur dieser Pflanze zu verifizieren. Das biochemische Potential der intakten Pflanze muß auch in der, zumindest morphologisch, undifferenzierten Gewebekultur ausgespielt und nach Möglichkeit weiter intensiviert werden.

Im Normalfall ist in der intakten Pflanze die Bildung von Sekundärstoffen häufig erst dann möglich, wenn das primäre Wachstum mit allen seinen Begleiterscheinungen einen gewissen Abschluß erfahren hat. Das heißt, daß meistens die Sekundärstoff-Produktion erst dann beginnt, wenn morphologische Differenzierungen eingetreten sind, die mit den biochemischen synchron verlaufen oder ihnen vorhergehen. Das zentrale Problem bei der Anwendung von Gewebekulturen als Sekundärstoffproduzenten wäre damit die Antwort auf die Frage, wie Substanzen, die in ihrer Biosynthese vom Grundstoffwechsel weiter entfernt sind (= Sekundärstoffe = oft Arzneistoffe), unabhängig von morphologischen Veränderungen der Zelle, von eben dieser Zelle produziert werden können. Gilt tatsächlich das Postulat, daß ohne morphologische Differenzierung eine biochemische nicht möglich ist, oder kann man beide Prozesse voneinander abkoppeln und getrennt experimentell zugänglich machen?

Diese Probleme sind bis heute nicht geklärt. Man muß jedoch davon ausgehen, daß morphologische und biochemische Differenzierungen auf das gleiche molekular-biolo-

Tabelle 1: Auswahl von Arzneipflanzen, die derzeit im Labor des Autors als Gewebekulturen herangezogen werden (vgl. Abou-Mandour, 1977; weitere Beispiele bei Barz et al. (1977), Thorpe (1978), Pierik (1979).

Ursprünglich angelegt aus: Blatt (B), Wurzel (W), Stengel (ST), Antheren (Anth), Fruchtknoten (Frk).

Kultivierbar als: Oberflächenkallus (K) oder Suspensionskultur (S)

Ammi visnaga	B/K	St/K	W/K		
Artemisia dracunculus	B/K				
Atropa belladonna	B/K & S	St/K & S	W/K & S	Frk/S	Anth/S
Catharanthus roseus	B/K & S	St/K & S	W/K		Anth/S
Cinchona succirubra	B/K & S	St/K			
Datura arborea	B/K	St/K	W/K		
Datura chlorantha	B/K	St/K	W/K		
Datura cornigera	B/K	St/K	W/K		
Datura inoxia	B/K & S	St/K & S	W/K & S	Frk/S	Anth/S
Datura sanguinea	B/K	St/K	W/K		
Datura stramonium	B/K & S	St/K & S	W/K & S	Frk/S	Anth/S
Dictamus albus	B/K	St/K			
Digitalis purpurea	B/K	St/K			
Duboisia myoporoides	B/K & S	St/K & S			
Harpagophytum procumbens			W/K & S		
Hyoscyamus albus	B/K & S	St/K & S	W/K & S	Frk/S	Anth/S
Hyoscyamus muticus	B/K	St/K	W/K		
Hyoscyamus niger	B/K & S	St/K & S	W/K & S	Frk/S	Anth/S
Mandragora officinarum	B/K & S	St/K & S	W/K & S	Frk/S	Anth/S
Melilotus albus	B/K	St/K			
Nicandra physaloides	B/K & S	St/K & S	W/K & S		
Nicotiana glauca	B/K & S	St/K & S	W/K & S		
Nicotiana rustica	B/K & S	St/K & S	W/K & S		
Nicotiana sylvestris	B/K	St/K	W/K		
Nicotiana tabacum	B/K & S	St/K & S	W/K & S		
Papaver bracteatum	B/K & S		W/K & S		Anth/S
Papaver orientale	B/K & S		W/K & S		Anth/S
Papaver somniferum	B/K & S		W/K & S		Anth/S
Pastinaca sativa	B/K & S	St/K & S	W/K & S		
Peganum harmala	B/K	St/K	W/K & S		
Petroselinum hortense	B/K & S	St/K & S	W/K & S		
Physalis alkekengi	B/K	St/K	W/K		
Physalis peruviana	B/K	St/K	W/K		
Physalis semenowii	B/K	St/K	W/K		
Ruta graveolens	B/K & S	St/K & S			
Ruta graveolens ssp. *divaricata*	B/K & S	St/K & S			
Salvia officinalis	B/K				
Scopolia carniolica	B/K & S	St/K & S	W/K & S		Anth/S
Skimmia japonica	B/K	St/K			
Solanum pseudocapsicum		St/K		Frucht/K	
Tanacetum vulgare	B/K	St/K	W/K		
Vinca minor	B/K	St/K			
Withania somnifera	B/K	St/K	W/K		

gische Grundmodell zurückzuführen sind, daß keine prinzipiell unterschiedlichen Mechanismen diese Differenzierungen steuern. Die Differenzierung in diesem Sinne zu definieren, ist daher in Anlehnung an Luckner und Nover (1973) zugleich Ausdruck der prinzipiellen Einheitlichkeit aller Grundprozesse des Lebens und der Mannigfaltigkeit seiner einzelnen Formen. Bei dieser Definition ist sicherlich der Begriff der morphologischen Differenzierung, daher der Morphogenese auf zellulärer Ebene, problematisch. Gerade die Bildung zellulärer Grundstrukturen erfolgt durch komplexe Überlagerungen einer großen Vielzahl von Einzeldifferenzierungen (Luckner u. Diettrich, 1983).

Das Zurückführen der verschiedenen Differenzierungen auf molekularbiologische Grundmodelle müßte es andererseits möglich machen, aus jeder omnipotenten Zelle und damit aus jeder Kalluskultur — vorausgesetzt alle notwendigen genetischen Informationen sind gegeben — nicht nur alle Potentiale abzurufen, sondern auch zu regulieren und damit zu „bremsen" und zu „verstärken", sowie an- und abzuschalten.

Zwei Beispiele aus dem Bereich der biogenen Arzneistoffe sollen die in den letzten Abschnitten erörterten Probleme experimentell vorführen.

In der ersten Versuchsserie diente die Gartenraute, *Ruta graveolens*, als Modellpflanze (vgl. Bild 1; Czygan, 1975, 1980). In dieser Pflanze sind viele Acridin-Alkaloide nachgewiesen worden, die in den einzelnen Organen unterschiedlich biosynthetisiert und akkumuliert werden. In der hier untersuchten *Ruta-graveolens*-Herkunft enthielten die Wurzeln außer einigen Nebenalkaloiden Rutacridon, 1-Hydroxy-N-methylacridon und 1-Hydroxy-3-methoxy-N-methylacridon. Im Blatt ließ sich nur Arborinin nachweisen. Im Stengel waren Acridone in meßbaren Mengen nicht zu finden. Von Blatt, Wurzel und Stengel wurden Kalli angelegt. Stengel- und Blattkalli waren im Dunkeln gelblich-weiß, im Licht grün. Unabhängig von ihrem Ursprung enthielten sie im Hellen alle Acridone. Im Dunkeln fehlte Arborinin. Im Wurzelkallus wurden in den ersten Passagen zunächst die Alkaloide der Wurzel (also kein Arborinin) gebildet. Erst nach weiterer Übertragungen dieser Kalli auf neues Nährmedium wurde ihre Omnipotenz in bezug auf die Acridon-Muster voll ausgespielt. Jetzt stimmten die Kalli der drei unterschiedlichen Ausgangsorgane völlig überein. Bei beginnender Regeneration der Gewebe zur intakten Pflanze wurde die Omnipotenz erneut schrittweise eingeschränkt, bis in den Regeneraten aus Wurzel-, Stengel- und Blattkalli eine mit der Ausgangs*pflanze*, nicht mit dem Ausgangs*organ* identische Alkaloidzusammensetzung nachzuweisen war.

In einem zweiten Beispiel sollen die Veränderungen im Muster der Tropan-Alkaloide in ein- und zweijährigen *Atropa-belladonna*-Pflanzen mit den Garnituren der Gewebe und daraus regenerierter neuer Organismen verglichen werden (Bild 2; Czygan, 1975, 1980). *Atropa* enthielt in den ersten Monaten ihrer Entwicklung einen hohen (bis 50 %) Scopolaminanteil an den Gesamtalkaloiden. Gegen Ende des 1. Jahres verschwand dieses Epoxid und war auch im 2. und 3. Jahr meist nicht mehr, gelegentlich nur in Spuren nachzuweisen. Der Anteil von Hyoscyamin/Atropin an den Gesamtalkaloiden betrug dann mehr als 95 %. Im Gegensatz zu den hohen Tropanalkaloidkonzentrationen der intakten Pflanze enthielten die Kalli aus Wurzeln, Blättern und Blütenteilen keine Alkaloide. Wurden nun jedoch aus den Geweben wieder Regenerate gebildet, so war in den jungen Pflanzen Scopolamin zu etwa 30 % der Gesamtalkaloide zu finden. Erst in mehrere Wochen alten Regeneraten übertraf Hyoscyamin/Atropin das Scopolamin bei weitem. Die Omnipotenz der Kalluszellen muß in diesem Fall blockiert gewesen sein.

Beide Beispiele zeigen, daß zwar in jeder Zelle die Omnipotenz zur Produktion von Sekundärstoffen vorhanden ist, jedoch auch in undifferenzierten Geweben teilweise unterschiedlich abgerufen wird. Bei der morphologischen Redifferenzierung oder Spezialisierung wird offenbar die Omnipotenz der Einzelzelle unterdrückt; nicht alle, nur bestimmte Teile des Genoms werden aktiviert (= *differentielle Genaktivität*). Möglicherweise

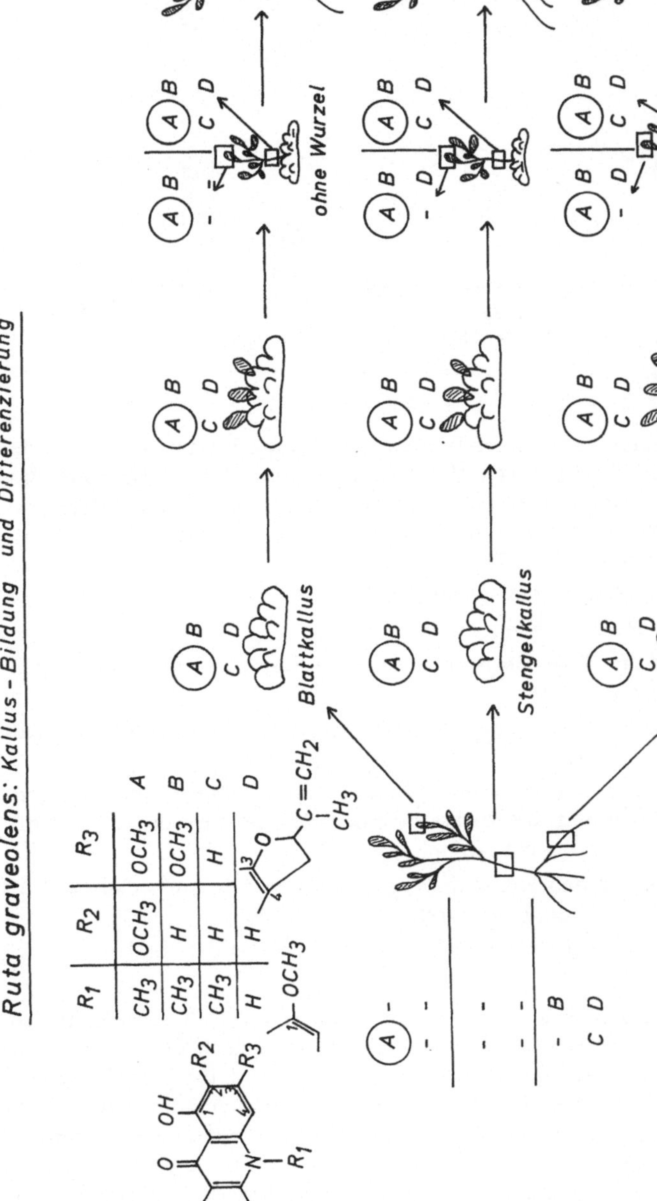

Bild 1 Verteilungsmuster der Alkaloide A, B, C und D in Blatt, Stengel und Wurzel intakter Pflanzen von *Ruta graveolens*, in aus diesen Organen angelegten Kalli und in aus diesen Kalli regenerierten Pflanzen (aus: Czygan, 1975)

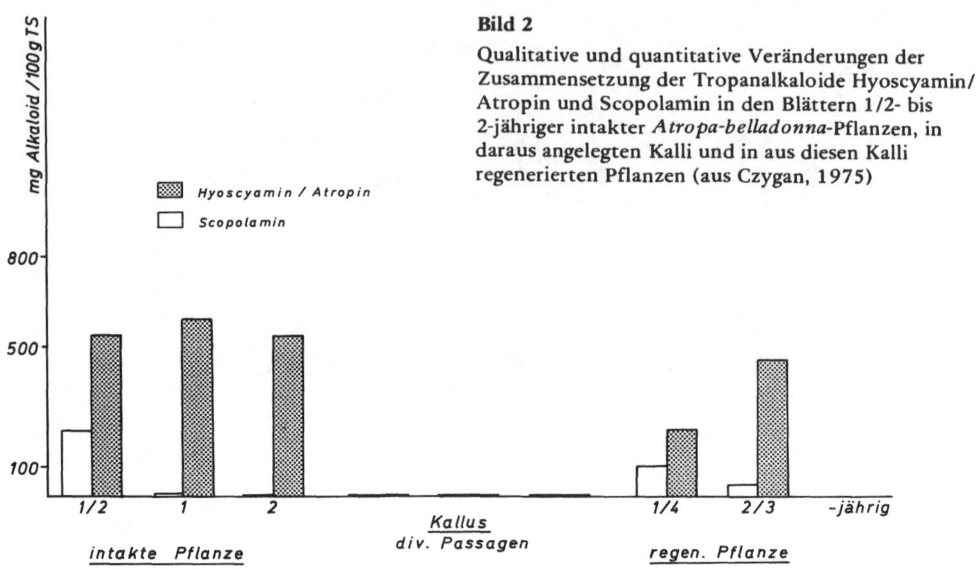

Bild 2

Qualitative und quantitative Veränderungen der Zusammensetzung der Tropanalkaloide Hyoscyamin/Atropin und Scopolamin in den Blättern 1/2- bis 2-jähriger intakter *Atropa-belladonna*-Pflanzen, in daraus angelegten Kalli und in aus diesen Kalli regenerierten Pflanzen (aus Czygan, 1975)

wird erst durch einen partiellen, temporären Verlust der Fähigkeit zum Ausspielen der Omnipotenz die stoffliche und energetische Voraussetzung geschaffen, bestimmte Biosynthesewege zu bevorzugen. Das könnte auch die sehr häufig zu beobachtende Tendenz von Gewebekulturen erklären, keine oder nur wesentlich weniger Sekundärstoffe als die Ausgangspflanze zu produzieren (vgl. Tab. 2).

Bereits Teuscher (1973) fragte sich, welche Gründe für die mangelhafte Produktionsfähigkeit vieler Kalluskulturen denkbar wären:

— Die Präkursoren für die Biogenese stehen am Reaktionsort nicht in ausreichender Konzentration zur Verfügung.

— Die für die Biogenese der Sekundärstoffe verantwortlichen Enzyme werden nicht in genügendem Maße gebildet.

— Die Reaktionsbedingungen (pH, Ionenmilieu, Cofaktorenkonzentration, Aktivatoren, Hemmstoffe) lassen das Wirksamwerden der für die Sekundärstoffbildung notwendigen Fermente nicht zu.

— Die Zwischenprodukte gehen auf dem Weg vom Präkursor zum Sekundärstoff durch Diffusion in das Medium oder durch Abbau verloren.

— Der gebildete Sekundärstoff kann nicht akkumuliert werden und wird rasch katabolisiert.

Diese oder weitere Faktoren sind sicherlich für manche mangelhafte oder fehlende Sekundärstoffproduktion verantwortlich. Wesentlich scheint jedoch für die Beeinflussung der unterschiedlichen Stoffwechselbereiche das relative und für jede Gewebeart spezifische Verhältnis der Phytohormone (Auxine, Kinine, Abscicinsäure, Gibberelline etc.) zueinander zu sein. Hier ist in engem Kontakt mit der Steuerung des primären Wachstums zumindest *ein* Regulationszentrum zu vermuten, das im Gewebe gezielt an den Nahtstellen zwischen dem primären und sekundären Stoffwechsel eingreift. Möglicherweise sind diese Mechanismen dafür verantwortlich, daß das Wachstum der Biomasse gebremst und die überzähligen Bausteine in den Sekundärstoff-Stoffwechsel eingeschleust werden können. So konnte z. B. gezeigt werden, daß Gewebe alkaloidhaltiger

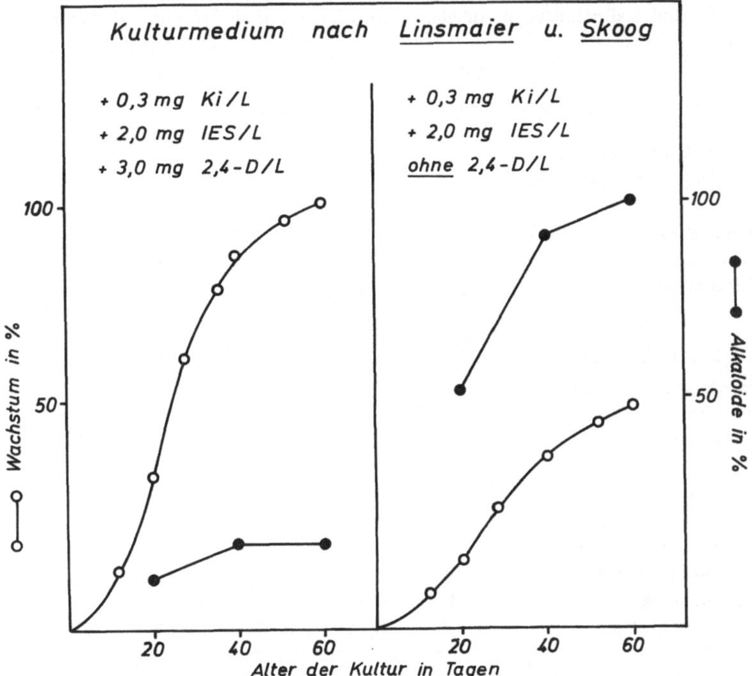

Bild 3 Wachstumsverlauf (gemessen als Frischgewicht je Kulturkolben) und Alkaloidproduktion (gemessen als Tropanalkaloidmenge je Kulturkolben) von *Duboisia*-Kallus in Abhängigkeit von der Zusammensetzung der Phytohormongarnitur und der Kulturdauer. Die höchste Menge Frischgewicht je Kulturkolben bzw. die höchste Menge Alkaloide je Kulturkolben wurde = 100% gesetzt (Czygan u. Abou-Mandour, unveröffentl.). Nährmedium nach Linsmaier u. Skoog: Physiol. Plant. 18, 100 (1965) Ki: Kinetin; IES: β-Indolylessigsäure; 2,4-D: 2,4-Dichlorphenoxyessigsäure, ein synthetisches Phytohormon. Angaben in mg je Liter Nährmedium.

Pflanzen für die maximale Alkaloidsynthese und für maximales Wachstum unterschiedliche Phytohormonzusammensetzungen im Nährmedium benötigen (Bild 3).

An dieser Stelle muß gefragt werden, inwieweit es bis heute gelungen ist, Gewebe als *direkte* Produzenten von wichtigen Arzneistoffen zu nutzen. Gibt es Hinweise dafür, daß Naturstoffe, vor allem pharmazeutisch relevante Arzneistoffe, in Geweben in gleichen oder höheren Konzentrationen gebildet werden als in der intakten Pflanze. Tabelle 2 zeigt einige Beispiele. Besonders erwähnenswert sind Serpentin und Raubasin, wichtige Vorstufen für Arzneistoffe gegen Bluthochdruck. Aber selbst bei diesen Substanzen kann von Wirtschaftlichkeit keine Rede sein. Über Gewebekulturen werden sie noch zu teuer produziert. Im günstigsten Fall liegen die Produktionskosten für Sekundärstoffe aus Gewebekulturen bei einigen 100 DM pro kg und damit im Vergleich zur Isolierung aus intakten Pflanzen zu hoch für eine wirtschaftliche Produktion vieler Biochemika.

Es ist also sinnvoll, nach Substanzen Ausschau zu halten, die viel genutzt werden, relativ teuer und damit für die Produktion durch Gewebekulturen, vor allem im Fermenter-Maßstab, attraktiv sind. Eine interessante Untersuchung über den Verbrauch pflanzlicher Reinsubstanzen (ohne Antibiotika) in den USA im Jahre 1973 führten Farnsworth und Morris (1976) durch. Nach ihren Recherchen gehören mit zu den am häufigsten in Rezepturen genutzten Naturstoffen: Steroide aus Diosgenin (14,7% Anteil an den Ge-

Tabelle 2: Beispiele von Zell- und Kalluskulturen, die gleichviel wie oder mehr Produkte als die intakten Ausgangspflanzen bilden.

K = Kalluskulturen
Z = Zellsuspensionskulturen
A: g Subst./100g Kallustrockengew.
B: Ausbeute in g Subst./Liter Kulturmedium
C: g Subst./100g Trockengew. der Ausgangspflanze
Faktor: A/C
(vgl. Zenk, 1978; Matsumoto et al., 1981)

Pflanzenstoff	Pflanzenart	Kulturbedingt	A	B	C	Faktor
Ginsengoside	*Panax ginseng*	K	27	—	4,5	6
Anthrachinone	*Morinda citrifolia*	Z	18	2,5	2,2	8
Anthrachinone	*Cassia tora*	K	6	—	0,6	10
Rosmarinsäure	*Coleus blumei*	Z	15	3,6	3	5
Diosgenin	*Dioscorea deltoides*	Z	2	—	2	1
Coffein	*Coffea arabica*	K	1,6	—	1,6	1
Ajmalicin	*Catharanthus roseus*	Z	1,0	0,26	0,3	3
Serpentin	*Catharanthus roseus*	Z	0,8	0,16	0,5	1,6
Serpentin	*Catharanthus roseus*	K	0,5	—	0,5	1
Ubichinon-10	*Nicotiana tabacum*	Z	0,189	0,015	0,003	63

samtrezepturen), Codein (2,0%), Atropin (1,5%), Reserpin (1,5%), Hyoscyamin (0,75%), Digoxin (0,73%) Scopolamin (0,66%), Digitoxin (0,33%), Pilocarpin (0,26%), Chinin (0,18%). Wenn man bedenkt, daß diese und weitere biogene Arzneistoffe in den USA im Jahr einen Wert von fast 10 Milliarden DM darstellen — und entsprechend höhere Zahlen gelten sicherlich auch für die europäischen Länder — so werden von der pragmatischen Pharmazie her Ansatzpunkte für die Nutzung von Gewebekulturen als Arzneistoffproduzenten deutlich.

Es muß allerdings darauf hingewiesen werden, daß die theoretischen Grundlagen für die Beantwortung der Fragen nach der „Sekundärstoff-Bildung in Gewebekulturen" in keiner Weise erschöpfend erörtert oder experimentell abgesichert sind (vgl. Teuscher, 1973; Böhm, 1977). Nach wie vor steckt in der Lösung dieser Probleme viel Empirie. Trotz der Lücken in der exakten Vorhersage einiger Wirkungen exogener oder endogener Faktoren (u.a. von Phytohormonen oder Wachstumsregulatoren, von Licht und Temperatur) auf die Sekundärstoffproduktion zeigen Arbeiten der letzten Jahre Ansätze für den direkten Einsatz von Gewebe- und Zellkulturen bei der Herstellung arzneilich wichtiger Substanzen.

An einigen Beispielen sollen allgemeine Kriterien der Anzucht von Oberflächen- und Suspensionskulturen und ihrer experimentellen Beeinflussung erörtert werden.

Das Madagaskar-Immergrün (*Catharanthus roseus*, eine Apocynacee) enthält über 80 Indol-Alkaloide: darunter zum einen im Sproß dimere Indol-Indoline wie Vinblastin (= Vincaleucoblastin) und Vincristin (= Leurocristin) (Bild 4), die als Onkolytika bei besonderen Leukämie-Formen eingesetzt werden, und zum anderen in den Wurzeln die monomeren Indole Serpentin und Raubasin (= Ajmalicin) als Ausgangsmaterialien für Antihypertonika und Tranquilizer vom Reserpin-Typ (Bild 4). Vinblastin konnte in Oberflächenkulturen (nicht in Suspensionskulturen!) in Mengen von nur 0,0000013g je g Trocken-

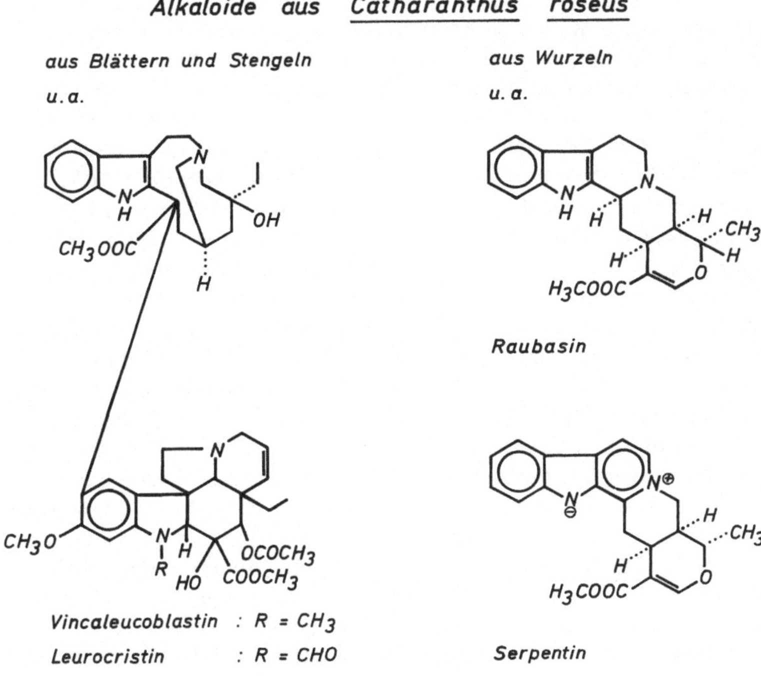

Bild 4 Vier Indolalkaloide aus *Catharanthus roseus*

gewicht nachgewiesen werden. Das entspricht nur einem Vierhundertstel der in der intakten Pflanze vorhandenen Konzentration (Hofmann et al., 1983). Das Fehlen dieser Substanz in Suspensionskulturen läßt sich zumindest *auch* damit erklären, daß unter diesen Bedingungen Zellen selektioniert werden, die diese ebenfalls für die eigenen Zellen toxischen Substanzen nicht produzieren. Andererseits sterben jedoch alle spontan oder durch Kulturbedingungen induzierten Varianten, die höhere Onkolytika-Konzentrationen als die Normalzelle enthalten, ab. Die monomeren Indolalkaloide Serpentin und Raubasin kommen in Geweben in Mengen vor (bis 1%), die gleich denen intakter Pflanzen sind (Döller et al., 1976; Zenk et al., 1977; Moßner u. Czygan 1978). Natürlich reichen diese Werte für eine wirtschaftliche Produktion dieser Alkaloide durch Gewebe nicht aus, so daß man versucht, diese Ausbeuten zu erhöhen. Es hat sich hier — wie auch an anderen Beispielen — gezeigt, daß eine Voraussetzung für eine gute Serpentin-Produktion durch Kalli — neben dem Einsatz optimaler Phytohormonkonzentrationen (vgl. Tabata, 1977) — vor allem ein genetisch stabiler Hochleistungsstamm als Ausgangsmaterial für die Anlage des Gewebes ist. Dann ist die Wahrscheinlichkeit groß, daß Zellklone geliefert werden, die über viele Generationen und Passagen hinweg ihre Potenz zur Sekundärstoffproduktion behalten. Dabei spielt es keine Rolle, aus welchem Organ der Ausgangspflanze das Gewebe angelegt worden ist und wie alt die Kalli sind. So konnte nachgewiesen werden (Czygan, unveröffentl.), daß mehrere Jahre alte Kalli von *Catharantus roseus* mindestens genau so viel Serpentin und Raubasin, oft aber mehr als frisch angelegte Gewebe produzieren. Daß dies nicht so sein muß, machen Versuche mit *Digitalis*-Gewebe deutlich. Wenige Passagen nach der Kallusinduktion wird die Fähigkeit zur Sekundärstoffbildung (hier: *Digitalis*-Glykoside) stark reduziert. Ältere Kalli sind nicht in der Lage, diese Substanzen zu bilden (Kartnig, 1977). Dieses Beispiel zeigt, daß hier noch wesentliche Fragen der Steuerungs- und Regulationsmechanismen aufgeklärt werden müssen; denn die Potenz zur Sekundärstoff-Bildung ist in diesen Geweben enthalten, da aus ihnen spontan regenerierte Pflanzen in allen Eigenschaften den Ausgangspflanzen gleichen (für *Digitalis lanata*: Reinhard, unveröffentl.; für *Digitalis purpurea*: Abou-Mandour u. Czygan, unveröffentl.)

Versuche zur Verfütterung biosynthetischer Vorstufen haben teilweise zu höheren Ausbeuten an sekundären Naturstoffen geführt. So konnten Zenk et al. (1977) nach Zugabe von L-Tryptophan und Seco-Loganin in *Catharanthus*-Kulturen den Gehalt an monomeren Indolalkaloiden wesentlich steigern. Im Gegensatz dazu stehen allerdings Ergebnisse von Döller et al., (1976; vgl. auch Döller, 1978), die mit dem gleichen Objekt (nicht mit den gleichen Zellkulturen!) gewonnen wurden. Hier war die Ausbeute an Serpentin bzw. Raubasin nach entsprechender Applikation von L-Tryptophan nicht erhöht.

Es hat nicht an Versuchen gefehlt, über klonale Selektionierungen ähnlich wie im Bereich der industriellen Antibiotika-Gewinnung (vgl. Sprecher, 1983) zu Hochleistungsstämmen zu kommen. So isolierten Zenk et al. (1977) aus *Catharanthus*-Zellkulturen Zellen, die besonders hohe Raubasin-Mengen biosynthetisierten und diese Potenz über 56 Passagen beibehielten (vgl. auch Tabata et al., 1978). Inwieweit es sich hier um ein besonders günstiges experimentelles System handelt, lassen die Ergebnisse anderer Laboratorien fragen (vgl. Döller, 1978; Roller, 1978). So ist nicht ausgeschlossen, daß sich — zumindest in den meisten Fällen — nach einigen Passagen „gute" und „schlechte" Zellstämme in ihrer Biosynthesefähigkeit auf einen Mittelwert, der zum einen genetisch, zum anderen durch die Kulturbedingungen bedingt ist, einpendeln.

Allerdings gelang es Matsumoto und seiner Arbeitsgruppe (Matsumoto et al., 1981) mit Hilfe selektionierter Einzelzellen aus Tabakkulturen den Ubichinon-Gehalt von 0,003 % in der Ausgangspflanze auf 0,2 % in der Zellsuspensionskultur zu erhöhen. Dieses Verfahren wird industriell für die Ubichinongewinnung in Japan bereits eingesetzt. Ebenfalls im technischen Maßstab werden von der Mitsui Petroleum Company in Japan und China als Arzneistoff genutzte Shikonin-Derivate, Naphtochinone, aus Zellkulturen der Boraginacee *Lithospermum erythrorhizon* gewonnen, deren Gehalt über klonale Selektionierungen und durch Verbesserungen des Nährmediums auf 12 % Shikonin (bezogen auf die getrockneten Zellen) erhöht wurde (Fujita et al., 1981).

Die hier aufgeführten Beispiele sind allerdings bis heute Ausnahmen geblieben. Es sind vor allem Fragen nach der genetischen Stabilität der Zellkulturen, sowie nach ihrer physiologischen Kontrolle und Steuerung, die nach wie vor nicht beantwortet sind. Aber nur dann, wenn es gelingt, diese Probleme zu lösen, wird auch in weiteren Fällen ein Einsatz von Zell- und Gewebekulturen im industriellen Maßstab für die Produktion von Naturstoffen wirtschaftlich sein. (Literatur zum industriellen Einsatz von Zellkulturen u.a. bei Zenk, 1978; Wilson, 1978; Tomes et al., 1982).

Von besonderer Bedeutung scheinen mir Gewebe als Lieferanten von Enzymen oder Enzymsystemen für theoretische Biosyntheseversuche und für praktische Zwecke zu sein. Hier sollte es möglich sein, entsprechende Enzyme leichter als aus intakten Pflanzen zu isolieren. Die Nutzung von Zellkulturen als *Enzymlieferanten* wurden von Zenk und Mitarbeitern sehr eindrucksvoll demonstriert (u.a. Zenk, 1980). Sie konnten zeigen, daß ausgehend von der Kondensation von Tryptamin und Secologanin zum Strictosidin in einer Reihe weiterer komplizierter Reaktionen und Ringschlüsse das Heteroyohimbin Raubasin und seine Isomere gebildet werden. Dies wurde mit Hilfe von Zellsuspensionskulturen von *Catharanthus roseus* möglich und durch Isolierung ausreichender Mengen diese Reaktionen katalysierender Enzyme und entsprechender

Zwischenstufen. Sicherlich hätten diese Studien mit intakten Pflanzen nicht erfolg-reich abgeschlossen werden können. Ob es zukünftig möglich sein wird, mit Enzymen aus Zellkulturen (evtl. immobilisiert; vgl. Seite 96) im industriellen Maßstab Naturstoffe zu biotransformieren, wird bereits diskutiert (vgl. Pfitzner u. Zenk, 1982).

Auf eine besondere Art der Beeinflussung der Naturstoffproduktion von Kallus-kulturen sei noch kurz hingewiesen. Nach Untersuchungen von Wolters u. Eilert (1982, 1983) gelingt es, durch Zugabe von verschiedenen Pilzarten (u.a. *Botrytis allii*) und ihren Kulturfiltraten zu Suspensionskulturen von *Ruta graveolens* die Gehalte an den antibio-tisch wirksamen Rutacridonepoxid und Hydroxy-Rutacridonepoxid teilweise bis zum 50-fachen der Kontrolle (ohne Pilze) zu steigern. Die stofflichen Prinzipien der Pilze in diesen Mischkulturen sind diffusible Elicitoren; Rutacridonepoxid und dessen Hydroxy-Derivat sind die durch sie induzierbaren Phytoalexine. Inwieweit es möglich ist, durch Mischkulturen nicht nur die Bildung bestimmter Phytoalexine in Gewebekulturen, sondern auch sonstige Enzyme des Sekundärstoff-Stoffwechsels zu erhöhter Aktivität anzuregen, bleibt weiteren Experimenten vorbehalten. Immerhin wird hier ein neuer Weg für den Einsatz von Gewebekulturen zur Produktion von möglichen Arzneistoffen aufge-zeigt (Angaben über weitere Arbeiten zum Problem Elicitoren/Phytoalexine-Kalluskul-turen finden sich bei Dixon, 1980, sowie bei Wolters u. Eilert, 1983).

Die in diesem Abschnitt ausgewählten Beispiele zur direkten Nutzung von Gewebe-kulturen als Arzneistoffproduzenten zeigen zwar positive Ansätze; bis heute ist es aller-dings nur in den beiden erwähnten Ausnahmefällen (Ubichinon- u. Shikonin-Produk-tion) gelungen, Arzneistoffe höherer Pflanzen auf diesem Wege in ökonomischer Weise der Medizin zur Verfügung zu stellen.

2 Gewebekulturen als Produzenten neuer, in intakten Pflanzen nicht vorhandener Substanzen

Gewebekulturen können jedoch auch Produzenten neuer, von der intakten Pflanze nicht gebildeter Substanzen sein. Hier besteht die Möglichkeit, die Palette unserer Arznei-stoffe zu erweitern. Zwei Beispiele sollen das erläutern. Butcher und Conolly (1971) iso-lierten aus Kalluskulturen der Acanthacee *Andrographis paniculata*, die sie aus Blättern, Stengeln, Hypokotylen, Wurzeln und Embryonen angelegt hatten, die Sesquiterpene Paniculid A, B und C, nicht dagegen die in den entsprechenden Teilen der intakten Pflan-ze vorkommenden diterpenoiden Andrographolide. Die Paniculide sind neue, bisher in biologischen Systemen nicht aufgefundene Substanzen. Verschiedentlich werden auch Verbindungen in Geweben gebildet, die zwar bekannt sind, jedoch nicht in der Ausgangs-pflanze vorkommen. So produzierte Gewebe von *Morinda citrifolia* Alizarin, das in der einjährigen intakten Ausgangspflanze nicht nachgewiesen werden konnte (Leistner, 1973). Auf diesem Gebiet steht die Gewebekultur-Forschung erst am Anfang neuer Entdeckun-gen (weitere Beispiele bei Böhm, 1978). Offensichtlich bleibt ein großer Teil des gene-tischen Materials jedes Organismus während der gesamten Lebenszeit ungenutzt. Es kann aber exprimiert werden, wenn ungewöhnliche physiologische Bedingungen vorliegen, z.B. wenn Zellen *in vitro* kultiviert werden (Luckner u. Diettrich, 1983).

3 Kalluskulturen zur Partialsynthese neuer Substanzen

Die Rolle von Kalluskulturen bei der Partialsynthese neuer Substanzen — ähnlich der im Bereich der Mikroorganismen schon lange genutzten Biotransformation zum Bei-spiel zur Herstellung von Corticoiden aus Progesteron — wurde vor allem von Furuya und Reinhard und ihren Arbeitsgruppen intensiv untersucht. Es werden u.a. Mono-, Di- und Triterpene, Isochinolin- und Indol-Alkaloide reduziert, oxidiert, hydroxyliert, epoxidiert, glycosyliert, verestert, methyliert bzw. demethyliert sowie isomerisiert (Furuya, 1978; Reinhard u. Alfermann, 1981). Diese biotransformierenden Zellkulturen müssen nicht von der Pflanze stammen, die die zu metabolisierenden Substanzen selbst produziert. Es können Zellen von systematisch entfernt stehenden Organismen sein. So werden das Diterpen Steviol (aus: *Stevia rebaudiana*) oder das Triterpen Progesteron auch von *Digitalis-purpurea*-Zellkulturen hydroxyliert. Schon seit längerem ist bekannt, daß Tabakzellkulturen, obwohl frei von Isochinolinen, Thebain zu Codein demethylieren können (Grützmann und Schröter, 1966). Es wäre denkbar — und es wird in einigen Labors bereits experimentell bearbeitet, — daß auch Solanaceen-Gewebe (hier besonders von *Duboisia*- und *Scopolia*-Arten), aber auch Gewebe tropanfreier Pflanzen, zur Epoxidation von Hyoscyamin zum wirtschaftlich wichtigeren Scopolamin fähig sind.

Von besonderer Bedeutung sind die Ergebnisse von Reinhard und seiner Arbeitsgruppe (vgl. Reinhard, 1979; Reinhard u. Alfermann, 1981) zur Biotransformation von β-Methyldigitoxin durch Zellkulturen von *Digitalis lanata* zu dem heute sehr wichtigen β-Methyldigoxin (Bild 5). Hier sind die Fragen im Labormaßstab gelöst. Man hat begonnen, das „scale up" aufzubauen und nach der wirtschaftlichen Rentabilität zu fragen. Es werden bereits Ausbeuten von mehreren Gramm pro Liter Nährlösung gewonnen. Die geplante technische Anlage für die spezielle Aufgabe der C12-Hydroxylierung von β-Methyldigitoxin stellte Reinhard (1979) folgendermaßen dar:

„Durch scale up wird eine großvolumige Zellkultur angelegt. Diese wird auf eine bestimmte optimale Zelldichte eingestellt und die Kultur selbst durch Zufüttern von neuer Nährlösung in der logarithmischen Wachstumsphase gehalten. Aus diesem Vorkulturfermenter werden diskontinuierliche Teile der Zellkultur und der Nährlösung in kleinere Reaktionsfermenter umgepumpt und der Vorkulturfermenter mit neuer Nährlösung aufgefüllt. In den Reaktionsfermentern wird die Hydroxylierung durchgeführt, danach der Inhalt dieser Fermenter der chemischen Aufarbeitung zugeführt. In der Zwischenzeit hat die Zellkultur im Vorkulturfermenter die optimale Zelldichte wieder erreicht, neue Reaktionsfermenter könnten gefüllt werden. Wird dieser Prozeß so gesteuert, daß die Reaktionsfermenter zeitlich hintereinandergeschaltet beschickt werden, so kann die Hydroxylierung quasi kontinuierlich durchgeführt werden. Auf diese Weise kann eine einmal erhaltene Vorkultur über einen längeren Zeitraum genutzt werden.

Im Fall möglicher Anbau- und Versorgungsschwierigkeiten mit *Digitalis lanata* könnte als Rohstoff für die Herstellung von β-Methyldigoxin auch unsere heimische Fingerhutart, *Digitalis purpurea*, benutzt werden. *Digitalis purpurea* liefert kein Digoxin, jedoch Digitoxin, das nach Methylierung mit Hilfe von Zellkulturen zu β-Methyldigoxin hydroxyliert werden könnte (Bild 6)."

An dieser Stelle müssen erste Versuche mit immobilisierten Pflanzenzellen erwähnt werden. Seit einigen Jahren werden im Bereich biotechnologischer Forschung verstärkt mikrobielle Zellen und Enzyme eingesetzt, die u.a. in Polymere (z.B. Agar-Gele, Ca-Alginate, Polyacrylamide) eingebettet oder an Ionenaustauscher, Glaskugeln und Sephadex adsorbiert sind (vgl. Chibata u. Tosa, 1977, 1980; Klein u. Wagner, 1979). Der Vorteil liegt auf der Hand. Anders als freie Zellen und Enzyme bleiben die immobilisierten Formen über längere Zeit biokatalytisch aktiv und können als Langzeitagentien wiederholt für biochemische Umsetzungen genutzt werden. Gebiete, auf denen diese Systeme bereits mit wirtschaftlichem Erfolg eingesetzt werden, sind Steroid-Biotransformationen, die Umsetzung von Penicillin zur 6-Aminopenicillansäure, die Produktion von Fructose und Asparaginsäure.

Es lag daher nahe, diese Vorteile auch für Reaktionen zu nutzen, die von Pflanzenzellen durchgeführt werden. Nachdem über erste Versuche zur Produktion und Biotransformation von pflanzlichen Sekundärprodukten von Brodelius et al. (1979) berichtet wurde, konnten Alfermann et al. (1980) mit immobilisierten *Digitalis-lanata*-Zellen u.a.

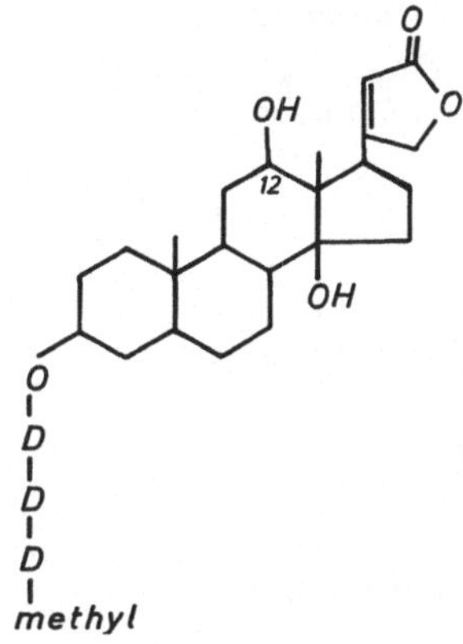

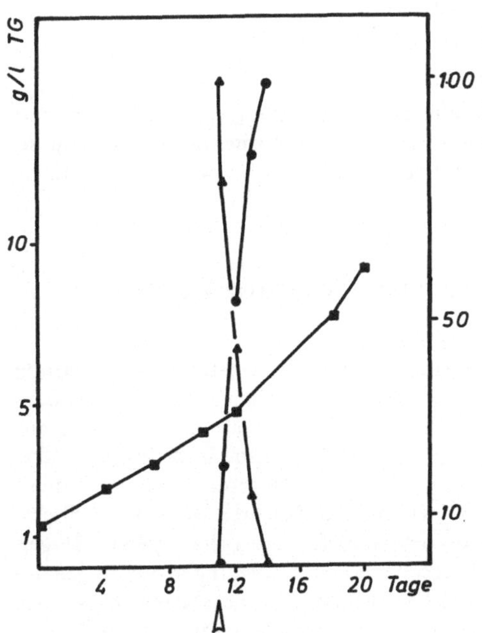

Bild 5

Wird das Digitoxin aus *Digitalis purpurea* vor Zugabe zu den Zellkulturen zum β-Methyldigitoxin methyliert, so hydroxylieren die Zellkulturen von *Digitalis lanata* vollständig und ohne Nebenreaktionen dieses Moleküls zum erwünschten Arzneistoff β-Methyl-Digoxin (Reinhard, 1979)
Wachstum der Zellkultur angegeben als Zunahme des Zelltrockengewichts (TG) je L Nährmedium.

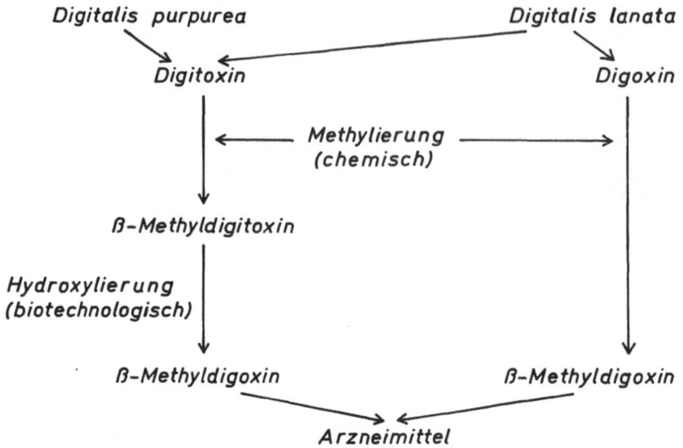

Bild 6 Produktionsschema zur Gewinnung und Herstellung des wichtigen Arzneistoffs β-Methyldigoxin: In *Digitalis purpurea* kommt vor allem Digitoxin, in *Digitalis lanata* kommen u.a. Digitoxin und Digoxin vor. Beide Verbindungen werden chemisch methyliert. β-Methyldigitoxin wird zusätzlich mit Hilfe der Zellkulturen am C-12 zum β-Methyldigoxin β-hydroxyliert

β-Methyldigitoxin zu β-Methyldigoxin hydroxylieren. Wenn auch zunächst in diesen Versuchen die Umsatzrate nur halb so groß war wie mit frei suspendierten Zellen, so konnten doch — ihnen gegenüber ein wichtiger Vorteil — die immobilisierten Zellen mehr als 60 Tage lang genutzt werden.

4 Gewebekulturen als Ausgangsmaterial für die vegetative Vermehrung von Arzneipflanzen

Gewebekulturen sind aber auch Ausgangsmaterial für die vegetative Vermehrung von Arzneipflanzen und damit für die Produktion genetisch einheitlicher Stammpflanzen (zum Beispiel Hochleistungspflanzen) im Feld- und Gewächshausanbau. Gerade auf diesem Gebiet wird die Bedeutung der Gewebe- und Kalluskultur noch unterschätzt, meines Erachtens zu unrecht. Hat sich doch im Zier- und Nutzpflanzenanbau diese Möglichkeit für viele Kulturen (zum Beispiel bei Orchideen-Kulturen oder bei Erdbeer-Kulturen; vgl. Murashige, 1978) als die Methode der Wahl für den Erhalt gleichmäßigen Ausgangsmaterials erwiesen. Offen ist oft die Frage nach den Bedingungen zur Regeneration. So bleibt zur Zeit noch viel dem Gespür des Experimentators überlassen. Zu wenige theoretische Grundlagen sind bekannt. Ein Beispiel aus unserem Labor ist die Kultur einheitlicher *Catharanthus*-Pflanzen. Erst nach sehr umständlichen und langwierigen Experimenten konnten Pflanzen regeneriert werden (Bild 7 u. 8).

Über erste Erfolge bei der Vermehrung von *Digitalis-lanata*-Hochleistungspflanzen über Regenerate aus Kallus-Kulturen berichteten kürzlich Schöner und Reinhard (1982).

Auf diesem Gebiet wird — mehr als im Bereich der direkten Produktion von Naturstoffen durch Zell- und Kalluskulturen — die zukünftige Aufgabe der Gewebekulturen liegen, vor allem dann, wenn die Ausgangszellen vor der Regeneration genetisch manipuliert worden sind (vgl. Punkt 7 bzw. 8).

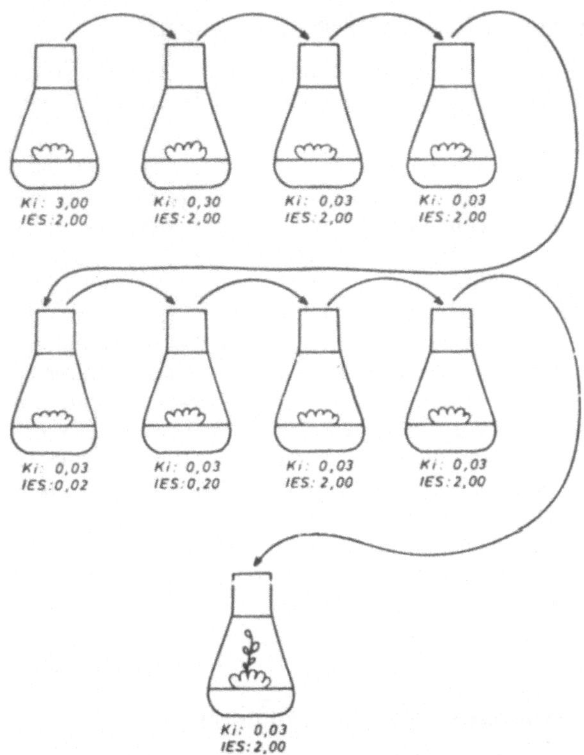

Bild 7

Experimente zur Induktion von Regeneraten von *Catharanthus roseus* aus entsprechenden Kalli mit Hilfe unterschiedlicher Zusätze von Phytohormonen (KI: Kinetin; IES: β-Indolylessigsäure in mg je L Nährlösung; Dauer der Einzelpassage 45 Tage (Abou-Mandour et al., 1979)

Bild 8

Nach den Angaben in Bild 7 induzierte, im Kulturkolben blühende Einzelpflanze von *Catharanthus roseus* (aus: Abou-Mandour et al., 1979)

5   Kalluskulturen als Stamm-Material für Hochleistungspflanzen

Eng mit Punkt 4 verbunden ist die Frage nach der Bedeutung von Kalluskulturen als Stamm-Material für Hochleistungspflanzen in Form einer Genbank (Bajaj u. Reinert, 1977).

Das Problem der *Konservierung* von Geweben ist bisher noch nicht gelöst. Es wäre natürlich sinnvoll — ähnlich wie in einer Genbank — für die theoretische und angewandte Forschung wichtige Kalluskulturen (z.B. Hochleistungsstämme) in einer Art Dauerzustand zu erhalten, um sie zu gegebener Zeit zum Wachstum und zur Regeneration neuer intakter Pflanzen zu induzieren. Es ist bisher jedoch nur in Einzelfällen geklärt, inwieweit durch Tieftemperaturkonservierung Gewebe stabil und in ihrer genetischen Potenz unverändert bleiben (Zusammenfassung bei Diettrich u. Luckner, 1981). Die Schwierigkeit, pflanzliches Gewebe durch Tiefgefrieren zu konservieren, ist besonders in seiner Inhomogenität zu suchen. Auch Zellaggregate sind unterschiedlich differenzierte Gebilde, die natürlich unterschiedliche Anforderungen an die Gefrierbedingungen stellen. Es wäre daher immerhin denkbar, daß einzelne Zelltypen absterben und sich damit andere anhäufen. Beim Wiederauftauen könnten so bestimmte Zellen selektioniert sein. Es muß daher nach dem Auftauen in jedem Fall das Gewebe überprüft und mit dem Ausgangsmaterial verglichen werden. Allerdings zeigen neue Untersuchungen von Diettrich et al. (1982), daß nach dem Auftauen überlebende *Digitalis-lanata*-Zellen von Geweben, die bei − 100 bzw. − 196°C tiefgefroren waren, sich in ihren untersuchten Eigenschaften nicht von den Ausgangsformen unterschieden.

6   Virus- und pilzfreie sowie resistente Arzneipflanzen durch Gewebekulturen

Bei der Gewinnung und dem Erhalt virus- und pilzfreier, aber auch entsprechend resistenter Stämme wird man sich im Bereich der Arzneipflanzenforschung die mit Zier- und Nutzpflanzen gewonnenen Erfahrungen (u.a. durch gemischte Anwendung von Hitzebehandlung und Kalluskultur) zu nutze machen müssen. (Quak, 1977; Walkey, 1980).

So sind die äußersten, neuen Zellschichten der Vegetationskegel infizierter Pflanzen oft noch virusfrei oder zumindest virusarm. Werden aus diesen Zellen Gewebe angelegt und zusätzlich bei höheren Temperaturen (ca. 35−40°C oder höher!) für einige Zeit kultiviert (damit wird die Thermolabilität der Viren ausgenutzt), ist es möglich, aus diesem Kalli neue, virusfreie Pflanzen zu regenerieren. Ähnlich — eventuell unter Zusatz von Fungiziden oder Antibiotika — müßte bei mikrobiell infizierten Pflanzen vorgegangen werden. So ist z.B. das Problem der Hemmung von Wachstum und Alkaloidproduktion des Chinarinden-Baumes (*Cinchona*-Arten) durch den Schadpilz *Phytophtora cinchonae* in einigen Gebieten des *Cinchona*-Anbaus hochaktuell.

Zur Selektion gegen Pilze oder Bakterien resistenter Pflanzen wird — ähnlich den Selektionsmethoden der Mikrobiologie — dem festen Nährmedium einer Petrischale das Toxin des Krankheitserregers zugesetzt. Auf diesem Nährboden werden Pflanzenzellen einer Suspensionskultur ausgeplattet. Die meisten Zellen gehen zu Grunde, einige wenige bleiben am Leben. Sie sind gegen diese Substanz resistent. Bei Versuchen auf Kältetoleranz oder Kälteresistenz, werden die Pflanzenzellen entsprechenden Temperaturen ausgesetzt. Auch hier überleben die resistenten Zellen. Bei diesen Resistenzversuchen muß allerdings besonders sorgfältig nachgeprüft werden, ob es sich um echte Selektionen und nicht nur um Anpassungen der Zellen an die Selektionsbedingungen handelt (zum Thema „Resistenzuntersuchungen mit Gewebekulturen" vgl. Helgeson u. Haberlach, 1980).

7 Entflechtung von Chimären mit Hilfe von Gewebekulturen

Eine vielleicht einmal wichtig werdende Aufgabe können Gewebekulturen bei der Entflechtung von Arzneipflanzen-Chimären übernehmen. Im Gegensatz zur Sektorialchimäre, bei der z.B. einzelne Organbereiche, genetisch bedingt, unterschiedlich gefärbt sind, liegen bei Periklinalchimären genetisch differenzierte Zellschichten im Meristemgewebe übereinander. Dies sei am Beispiel einer Periklinalchimäre von *Datura* erörtert. Durch Behandlung mit dem Mitosegift Colchizin erzeugte Periklinalchimären können in ihrem Polyploidiegrad unterschiedliche Tunicaschichten und Corpusschichten besitzen (Bild 9). Da häufig die Biosynthesefähigkeit für Sekundärstoffe mit steigendem Polyploidiegrad erhöht ist, wäre es von Interesse, mit den Methoden der Zell- und Gewebekulturen die unterschiedlichen Zellen zu isolieren und aus ihnen möglicherweise neue Hochleistungsstämme zu regenerieren.

Daß diese *Entmischung verschiedener Zellen* z.B. im Zierpflanzenbau mit Erfolg angewandt wird, zeigen Versuche zur Gewinnung reinfarbiger Pflanzen aus mischfarbigen Periklinalchimären von *Chrysanthemum*-Arten (Bush et al., 1976) oder aus mischfarbigen Sektorialchimären von *Euphorbia pulcherima* (Preil u. Engelhardt, 1982).

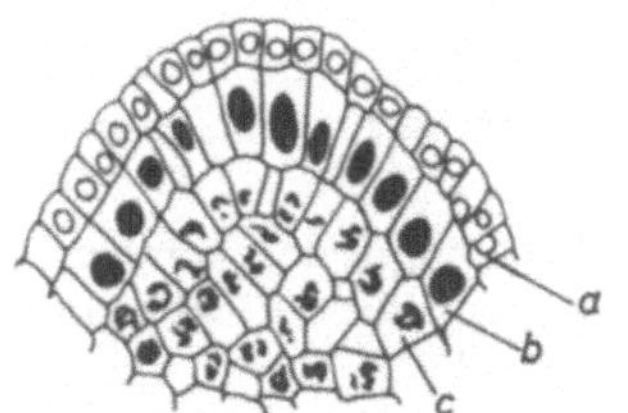

Bild 9
Sproßscheitel einer durch Behandlung mit Colchizin erzeugten Periklinalchimäre von *Datura:* die äußerste Tunicaschicht (a) ist diploid (2n), die zweite Tunicaschicht (b) ist octaploid (8n) und das Corpus (c) ist tetraploid (4n) (nach S. Satina et al., Americ. J. Bot. 27, 895, 1940)

8 Die Bedeutung von Haploiden-Kulturen

Die bisher erwähnten Methoden der Gewebekulturforschung haben das vorhandene Pflanzenmaterial durch exogene Beeinflussung optimiert, ohne die genetische Basis zu verändern. Für den Pflanzenzüchter sind jedoch homozygote, d.h. reinerbige Pflanzen von Bedeutung, da in den nachfolgenden Generationen die erwünschten Merkmale immer wieder auftreten. Heterozygote, d.h. mischerbige Pflanzen spalten in ihrer Nachkommenschaft entsprechend den Mendelschen Regeln auf. Es ist zwar möglich, durch Inzucht und Rückkreuzung „reine Linien" zu gewinnen; diese Verfahren sind jedoch sehr zeitraubend. Hier kann die Zellkultur mit Hilfe der Haploiden-Methodik (d.h. mit Zellen, die nur den einfachen Chromosomensatz besitzen) den Aufwand für die Züchtung neuer Pflanzen mit erwünschten Eigenschaften wesentlich verringern. Außerdem ist mit Haploiden die Erzeugung von Mutanten erleichtert, die in bezug auf eine bessere Arzneistoffproduktion regulationsgestört sind. Daß hier auf dem Gebiet der Arzneipflanzenforschung erste Erfolge zu verzeichnen sind, zeigen die Ausführungen von Schieder (1983) (vgl. auch Abou-Mandour et al., 1979).

9 Zur Rolle von Protoplastenkulturen

Ein relativ neues, aber auch für die Arzneipflanzenzüchtung wichtiges Forschungsgebiet innerhalb der Zell- und Gewebekulturen verwendet „Protoplasten = nackte Zellen". Diese „Zellen ohne Zellwand" nehmen nicht nur fremde Zellkerne, Chloroplasten und Mitchochondrien, sondern auch Viren und Nukleinsäuren auf, die in das genetische Material des Protoplastenkerns eingebaut und zur Expression gebracht werden können. Inwieweit Protoplasten in ihren Erbanlagen mutagen verändert werden können, um aus ihnen dann besonders arzneistoffreiche Mutanten zu regenerieren, bleibt zur Zeit noch eine Frage der Zukunft. Auf einem anderen Gebiet hat sie allerdings bereits begonnen: So gelingt es bereits in einigen Fällen, nach Verschmelzen von Protoplasten verschiedener Elternpflanzen aus diesen Verschmelzungsprodukten über Kalluskulturen „neue" Pflanzen zu regenerieren. Z.B. enthalten solche *somatischen Hybriden* aus zwei *Datura*-Arten ca. 25% mehr Alkaloide (hier: Tropanalkaloide) als die Elternpflanzen. (Ausführliche Bearbeitung dieser Probleme bei Schieder, 1983).

Abschluß und Ausblick

Eine Vielzahl von Problemen der Zell- und Gewebekulturen wurde erörtert. Welche Bedeutung hat dieses Gebiet für die Arzneipflanzenforschung? Welche Perspektiven zeichnen sich für die Zukunft ab.

Der anfänglichen Euphorie über die Möglichkeiten zum *direkten* Einsatz pflanzlicher Zellkulturen ist eine wohlbegründete Skepsis gefolgt. Trotz vieler Erfolge ist die theoretische Basis dieser Experimente häufig noch sehr schmal. Die Empirie hat einen großen Anteil an den bisherigen Ergebnissen. Es ist daher in den nächsten Jahren die Grundlagenforschung auf diesem Gebiet zu intensivieren. Das bedeutet durchaus nicht, daß pragmatische Fragestellungen vernachlässigt werden sollen. Im Gegenteil, beide Bereiche, Theorie und Praxis als zwei Seiten einer Medaille, müssen parallel bearbeitet werden.

Allerdings wird die der Anwendung mehr verbundene Richtung in den kommenden Jahren sich darüber klar werden müssen, daß sich die Aufgaben dieser Forschung verlagert haben. Standen zunächst Überlegungen zur direkten Produktion von Arzneistoffen durch Gewebekulturen im Vordergrund, so werden es in Zukunft andere Aspekte sein. Ich sehe zur Zeit nur wenige Ansätze, eine wirtschaftliche Rentabilität der Produktion von Arzneistoffen bei der Anwendung von Zellkulturen zu erreichen. Das liegt sicherlich nicht zuletzt daran, daß Pflanzenzellen im Vergleich zu Bakterienzellen bezogen auf das Volumen etwa 200 000 Mal größer sind, damit einen sehr viel langsameren Stoffwechsel und Zellteilungsraten von oft mehreren Tagen haben. Auch scheinen mir theoretische Erörterungen beachtenswert, die eine Bildung von kompliziert strukturierten Naturstoffen durch Gewebekulturen in Konzentrationen, die wesentlich über denen der intakten Pflanze liegen, für unwahrscheinlich halten. Ein Grund mag sein, daß meristematische Zellen, und Gewebekulturen entsprechen ihnen in etwa, nur sehr selten einen aktiven Sekundärstoff-Metabolismus besitzen. Hinzu kommt, daß in Kulturen von Zellen und kleineren Zellaggregaten Akkumulations- und Speichermöglichkeiten für Sekundäre Pflanzenstoffe fehlen und daher solche Substanzen, selbst wenn sie gebildet werden, einem intensiven zellinternen Umsatz unterliegen. Schließlich ließen sich die ausbleibende Produktion von biologisch hochaktiven Substanzen auch damit erklären, daß zumindest in Suspensionskulturen Zellen selektioniert werden, die diese ja auch für sie selbst oft toxischen Verbindungen nicht produzieren. Natürlich sterben dann ebenfalls alle „Varianten" ab, die höhere Konzentrationen an diesen Cytotoxika als die „Normalzelle" enthalten. Diese und weitere Überlegungen (vgl. Teuscher, 1973) mögen die Unfähigkeit vieler Kalluskulturen (insbesondere von Suspensionskulturen) zur Sekundärstoffproduktion erklären. Meines Erachtens werden Kalluskulturen daher nur in Ausnahmefällen für diese Aufgaben eingesetzt werden können.

Andererseits sollten Gewebekulturen bei der Bearbeitung folgender Probleme der Arzneipflanzenforschung genutzt werden:

— zur Partialsynthese und Modifikation von Naturstoffen,

— als Enzymproduzenten für zellfreie (z.T. immobilisierte) Stoffumsetzungen,

- als Ausgangsmaterial für die vegetative Vermehrung von Arzneipflanzen und damit zur Produktion genetisch einheitlicher Hochleistungsstämme für den Feld- und Gewächshausanbau,

- als Stamm-Material von Arzneipflanzen, insbesondere zur Erhaltung und Gewinnung virus- und pilzfreier, aber auch entsprechend resistenter Klone,

- im Bereich der Haploiden-Forschung für die Züchtung von Hochleistungsstämmen, für die Erzeugung von Mutanten, die in bezug auf eine bessere Stoffproduktion regulationsgestört sind,

- als Ausgangsmaterial für haploide und diploide Protoplastenkulturen, aus denen — möglicherweise nach gezielter Mutagenese — über somatische Hybriden Hochleistungspflanzen entstehen.

- Schließlich sollte beachtet werden, daß es mit Hilfe gentechnischer Verfahren möglich werden könnte, aus Zellkulturen „erwünschte" Gene zur Arzneistoffsynthese zu isolieren und auf Bakterien zu übertragen, die dann ihrerseits zur Bildung medizinisch verwendeter Naturstoffe eingesetzt werden.

Literatur

Abou-Mandour, A. A., S. Fischer u. F.-C. Czygan: Regeneration von intakten Pflanzen aus diploiden und haploiden Kalluszellen von *Catharanthus roseus*. Z. Pflanzenphysiol. 91, 83—88 (1979).

Abou-Mandour, A. A.: Ein Standardnährmedium für die Anzucht von Kalluskulturen einiger Arzneipflanzen. Z. Pflanzenphysiol. 85, 273—277 (1977).

Alfermann, A. W., I. Schuller u. E. Reinhard: Biotransformation of cardiac glycosides by immobilized cells of *Digitalis lanata*. Planta medica 40, 218—223 (1980).

Bajaj, Y. P. S. u. J. Reinert: Cryobiology of plant cell cultures and establishment of gene banks. In: J. Reinert u. Y. P. S. Bajaj (Eds.), Applied and Fundamental Aspects of Plant Cell, Tissue and Organ Culture. pp. 757—777. Springer-Verlag/Berlin (1977).

Barz, W. u. B. E. Ellis: Plant tissue cultures and their biotechnological potential. Ber. Deutsch. Bot. Ges. 94, 1—26 (1981).

Barz, W., E. Reinhard u. M. H. Zenk (Eds.): Plant Tissue Culture and its Biotechnological Application. Springer-Verlag, Berlin (1977).

Böhm, H.: Secondary metabolism in cell cultures of higher plants and problems of differentiation. In: M. Luckner, L. Nover u. H. Böhm (Eds.), Secondary Metabolism and Cell Differentiation. pp. 103—123. Springer-Verlag, Berlin (1977).

Böhm, H.: Regulation of alkaloid production in plant cell cultures. In: T. A. Thorpe (Ed.), pp. 201—211 (1978).

Böhm, H.: The formation of secondary metabolites in plant tissue and cell cultures. In: I. Vasil (Hrsg.), Perspectives in plant cell and tissue culture. Inter. Rev. of Cytol., Suppl. 11B, 183 (1980).

Brodelius, P., B. Deus, K. Mosbach u. M. H. Zenk: Immobilized plant cells for the production and transformation of natural products. FEBS LETTERS 103, 93—97 (1979).

Bush, S. R., E. D. Earle u. R. W. Langhans: Plantlets, from petal segments, petal epidermis, and shoot tips of the periclinal chimera, *Chrysanthemum moridolium* "Indiapolis". Amer. J. Bot. 63, 729—737 (1976).

Butcher, D. N. u. J. D. Conolly: An investigation of factors which influence the production of abnormal terpenoids by callus cultures of *Andrographis paniculata*. J. Exp. Bot. 22, 314—322 (1971).

Carrel, A.: J. exper. Med. 15, 516 (1912).

Chibata, I., u. T. Tosa: Transformations of organic compounds by immobilized microbial cells. Adv. Appl. Microbiol. 22, 1—27 (1977).

Chibata, I. u. T. Tosa: Trends Biochem. Sci. 5, 88—90 (1980).

Czygan, F.-C.: Möglichkeiten zur Produktion von Arzneistoffen durch pflanzliche Gewebekulturen. Planta medica Suppl. 169—185 (1975).

Czygan, F.-C.: Pflanzliche Gewebekulturen — Objekte der Pharmazie. pp. 45—74. In: Weefselcultures in de Farmacie. Sympos. voor Farmacognosie 1979. Groningen (1980).

Diettrich, B., A. S. Popov, B. Pfeiffer, D. Neumann, R. Butenko u. M. Luckner: Cryopreservation of *Digitalis lanata* cell cultures. Planta medica 46, 82—87 (1982).

Diettrich, B., u. M. Luckner: Die Tieftemperaturkonservierung pflanzlicher und tierischer Zellen. Biol. Rdsch. 19, 269—284 (1981).

Dixon, R. A.: Plant tissue culture methods in the study of phytoalexin induction. In: D. S. Ingram u. J. P. Helgeson (Eds.), pp. 185—196 (1980).

Döller, G., A. W. Alfermann u. E. Reinhard: Produktion von Indolalkaloiden in Calluskulturen von *Catharanthus roseus*. Planta medica 30, 14—20 (1976).

Döller, G.: Influence of the medium on the production of serpentine by suspension cultures of *Catharanthus*. In: A. W. Alfermann u. E. Reinhard (Eds.), Production of natural compounds by cell culture methods. pp. 109—116. Ges. f. Strahlen- u. Umweltforsch. München 1978.

Farnsworth, N. R. u. R. W. Morris: Higher plants — the sleeping giant of drug development. Am J. Pharmacy 148, 46—52 (1976).

Fujita, Y., Y. Hara, C. Suga u. T. Morimoto: Production of shikonin derivatives by cell suspension cultures of *Lithospermum erythrorhizon*. II. A new medium for the production of shikonin derivatives. Plant Cell Rep. 1, 61—63 (1981).

Furuya, T.: Biotransformation by plant cell cultures. In: T. A. Thorpe (Ed.), pp. 191—200 (1978).

Gautheret, R. J.: C. R. hébd. Séances Acad. Sci. 208, 118 (1939).

Grützmann, K.-D. u. H. E. Schröter: Zur Umwandlung von Thebain in Gewebekulturen. Abhandl. Dtsch. Akad. Wiss. Berlin 347 (1966).

Helgeson, J. P., u. G. T. Haberlach: Disease resistance studies with tissue cultures. In: D. S. Ingram u. J. P. Helgeson (Eds.), pp. 179—184 (1980).

Hofmann, W., K.-H. Kubeczka u. F.-C. Czygan: Ein verbessertes Verfahren zur Isolierung und quantitativen Bestimmung von Vincaleucoblastin aus intakten Pflanzen und Gewebekulturen von *Catharanthus roseus* G. Don. Z. Naturforsch. 38c, 201—206 (1983).

Ingram, D. S., u. J. P. Helgeson (Eds.): Tissue Culture Methods for Plant Pathologists. Blackwell Scientific Publications/Oxford etc. (1980).

Kartnig, T.: Cardiac glycosides in cell cultures of *Digitalis*. In: W. Barz, E. Reinhard u. M. H. Zenk (Eds.), pp. 44—51 (1977).

Klein, J., u. F. Wagner: DECHEMA-Monographs. 84, 265—335, Verlag-Chemie Weinheim (1979).

Leistner, E.: Biosynthesis of morindone and alizarin in intact plants and cell suspension cultures of *Morinda citrifolia*. Phytochem. 12, 1669—1674 (1973).

Luckner, M., u. B. Diettrich: Die Regulation des Sekundärstoffwechsels. In: F.-C. Czygan (Herausg.): Biogene Arzneistoffe pp. 45—59. Vieweg, Braunschweig, Wiesbaden (1983).

Luckner, M., u. L. Nover: Diskussionsveranstaltung: Differenzierungsvorgänge bei Mikroorganismen, Tieren und Pflanzen. Halle/Saale (1973).

Matsumoto, T., N. Kanno, T. Ikeda, Y. Obi, T. Kisaki u. M. Noguchi: Selection of cultured tobacco cell strains producing high levels of ubichinone 10 by a cell cloning technique. Agric. Biol. Chem. 45, 1627—1633 (1981).

Moßner, H., u. F.-C. Czygan: Gewebekulturen und ihre Bedeutung für die Züchtung und Kultivierung von Arzneipflanzen. Acta Horticulturae 73, 47—57 (1978).

Murashige, T.: Plant propagation through tissue cultures. Ann. Rev. Plant Physiol. 25, 135—136 (1974).

Nobécourt, P.: C. R. hébd. Séances Acad. Sci. 205, 521 (1937).

Nobécourt, P.: Bull. Soc. Bot. France 85, 1 u. 490 (1938).

Pfitzner, U. u. M. H. Zenk: Immobilization of strictosidine synthase from *Catharanthus* cell cultures and preparative synthesis of strictosidine. Planta medica 46, 10—14 (1982).

Pierik, R. L. M.: In vitro culture of higher plants. Kniphorst. Wageningen. 1979.

Preil, W., u. M. Engelhardt: In vitro-Entmischung von Chimärenstrukturen durch Suspensionskulturen bei *Euphorbia pulcherima* Willd. Gartenbauwissenschaft. 47, 241—244 (1982).

Quak, F.: Meristem culture and virus-free plants. In: J. Reinert u. Y. P. S. Bajaj (Eds.), Applied and Fundamental Aspects of Plant Cell, Tissue and Organ Culture. pp. 598—615. Springer-Verlag /Berlin (1977).

Reinhard, E. u. A. W. Alfermann: Biotransformation by plant tissue cultures. In: A. Fischer (Ed.), Advances in Biochemical Engineering Plant Cell Cultures I. pp. 49—83. Vol. 16. (1980).

Reinhard, E.: Die Gewinnung eines Arzneistoffes durch Zellkulturen. Die Entwicklung eines biotechnologischenVerfahrens zur Umwandlung von β-Methyldigitoxin zu β-Methyldigoxin. In: W. Barz (Herausg.), Pflanzliche Zellkulturen und ihre Bedeutung für Forschung und Anwendung. Bundesminister f. Forschung und Technologie. Bonn. (1979).

Reuther, G.: Regeneration von Kulturpflanzen aus Gewebekultur. Deutsch. Gartenbau 29, 1186—1192 (1981).

Roller, W.: Selection of plants and plant tissue cultures of *Catharanthus roseus* with high content of serpentine and ajmalicine. In: Alfermann, A. W. u. E. Reinhard (Eds.), Production of natural compounds by cell culture methods. pp. 95—108 Ges. Strahlen- u. Umweltschutz, München. 1978.

Schieder, O.: Züchtungsforschung mit Arzneipflanzen. In: F.-C. Czygan (Herausg.).: Biogene Arzneistoffe pp. 177—200. Vieweg Braunschweig/Wiesbaden. (1983).

Schleiden, M. J.: Beiträge zur Phytogenesis. Müller's Archiv. 137, (1838).

Schöner, S., u. E. Reinhard: Clonal multiplication of *Digitalis lanata* by meristeme culture. Planta medica 45, 155 (1982).

Schwann, Th.: Mikroskopische Untersuchungen über die Übereinstimmung in der Struktur und dem Wachstum der Tiere und der Pflanzen. Berlin, 1839.

Sprecher, E.: Die Produktion von Arzneistoffen durch Mikroorganismen: Voraussetzungen, Möglichkeiten und Grenzen. In: F.-C. Czygan (Herausg.): Biogene Arzneistoffe. pp. 117—142. Vieweg Braunschweig/Wiesbaden. (1983).

Staba, E. J.: Plant tissue culture as a source of biochemicals. CRC Press. Inc. Boca Raton, Tl. (1980).

Tabata, M.: Recent advances in the production of medicinal substances by plant cell cultures. In: Barz, W., et al. (Eds.), pp. 3—16 (1977).

Tabata, M., T. Ogino, K. Yoshika, N. Yoshikawa u. N. Hiraoka: Selection of cell lines with higher yield of secondary products. In: T. A. Thorpe (Ed.) pp. 213.—222 (1978).

Teuscher, E.: Probleme der Produktion sekundärer Pflanzenstoffe mit Hilfe von Zellkulturen. Pharmazie 28, 6—18 (1973).

Thorpe, T. A. (Ed.): Frontiers of Plant Cell Culture. Intern. Assoc. Plant Tissue Culture, Univ. Calgary, Calgary (1978).

Tomes, D. T., B. E. Ellis, P. M. Harney, K. J. Kasha u. R. L. Peterson (Eds.): Application of Plant Cell and Tissue Culture to Agriculture & Industry. Publ. University of Guelph, Canada. 1982.

Walkey, D. G. A.: Production of virus-free plants by tissue culture. In: D. S. Ingram u. J. P. Helgeson (Eds.), pp. 109—117. (1980).

White, P. R.: Amer. J. Bot. 26, 59 (1939), zit. nach White, P. R. (1963).

White, P. R.: The Cultivation of Animal and Plant Cells. Ronald Press New York (1963).

Wilson, G.: Growth and product formation in large scale and continous culture systems. In: T. A. Thorpe (Ed.), pp. 169—177 (1978).

Wolters, B. u. U. Eilert: Acridonepoxidgehalte in Kalluskulturen von *Ruta graveolens* und ihre Steigerung durch Mischkulturen mit Pilzen. Z. Naturforsch. 37c, 575—583 (1982).

Wolters, B. u. U. Eilert: Elicitoren-Auslöser der Akkumulation von Pflanzenstoffen. Deutsche Apoth. Ztg. 123, 659—667 (1983).

Zenk, M. H.: The impact of plant cell culture on industry. In: T. A. Thorpe (Ed.). pp. 1—13 (1978).

Zenk, M. H.: Enzymatic synthesis of ajmalicine and related indole alkaloids. J. Natur. Prod. 43, 438—451 (1980).

Zenk, M. H., H. El-Shagi, N. Arens, J. Stöckigt, E. W. Weiller u. B. Deus: Formation of indole alkaloids serpentine and ajmalicine in cell suspension cultures of *Catharanthus roseus*. In: Barz, W., E. Reinhard u. M. H. Zenk (Eds.) pp. 27—43 (1977).

Ergänzung während des Druckes:

1983 erschien der Berichtsband des „5th International Congress of Plant Tissue and Cell Culture" in Tokio vom 11.—16. Juli 1982. (Herausg.: Akio Fujiwara. Publ. by the Japanese Ass. Plant Tissue Culture. Tokyo, 1982).

Mehrere Autoren befassen sich auch mit der Nutzung von Gewebekulturen im Rahmen der Arzneipflanzen- und Arzneistofforschung. Folgende Auswahl der Referate sei aufgeführt:

Gautheret, R. J.: Plant tissue culture: the history. pp. 7—12.

Melchers, G.: The first decennium of somatic hybridization. pp. 13—18.

Loo, S.: Perspective on the application of plant cell and tissue culture. pp. 19—24.

Staba, E. J.: Production of useful compounds from plant tissue cultures. pp. 25—30.

Furuya, T.: Production of pharmacologically active principles in plant tissue cultures. pp. 269—272.

Matsumoto, T., T. Ikeda, C. Okimura, Y. Obi, T. Kisaki u. M. Noguchi: Production of ubiquinone 10 (UQ-10) by UQ highly producing strains selected by a cell cloning technique. pp. 275—276.

Böhm, H.: The inability of plant cell cultures to produce secondary substances. pp. 325—328.

Wink, M. u. T. Hartmann: Physiological and biochemical aspects of quinolizidine alkaloid formation in cell suspension cultures. pp. 333—334.

Brodelius, P., L. Linse u. K. Nilsson: Viability and biosynthetic capacity of immobilized plant cells. pp. 371—372.

Zenk, M. H. u. B. Deus: Natural product synthesis by plant cell cultures. pp. 391—394.

Ellis, B.: Cell-to-cell variability in secondary metabolite production within cultured plant cell populations. pp. 395—396.

Moritz, S., I. Schuller, C. Figur, A. W. Alfermann u. E. Reinhard: Biotransformation of cardenolides by immobilized *Digitalis cells.* pp. 401—402.

Hashimoto, T., S. Azechi, S. Sugita u. K. Suzuki: Large scale production of tobacco cells by continuous cultivation. pp. 403—404.

Henshaw, G. G.: Tissue culture methods and germplasm storage. pp. 789—792.

Withers, L. A.: The development of cryopreservation techniques for plant cells, tissue and organ cultures. pp. 793—794.

Tierische Zellkulturen als Produzenten von Arzneistoffen

Hans-Dieter Klenk

Einleitung

Zellen menschlichen und tierischen Ursprungs wurden schon zu Beginn unseres Jahrhunderts unter Kulturbedingungen gezüchtet. Die Routinearbeit mit derartigen Kulturen wurde aber erst durch die Einführung der Antibiotika möglich, da nur mit deren Hilfe die bis dahin bestehenden Sterilitätsprobleme ausgeschaltet werden konnten. Kulturen von Säugerzellen wurden deswegen auch erst in den 50er Jahren für industrielle Zwecke nutzbar gemacht, als man fand, daß das Poliomyelitis-Virus in menschlichen Zellen und in Affenzellen zur Impfstoffherstellung gezüchtet werden kann. Gleichzeitig hat die Zellkultur eine Schlüsselstellung in der virologischen Grundlagenforschung und in der virologischen Diagnostik eingenommen. Darüber hinaus gibt es heute wohl keinen Zweig in der biomedizinischen Forschung, der zur Lösung bestimmter Fragestellungen die Zellkultur als die Methode der Wahl nicht benötigt. Im folgenden wird nur ein kurzer Überblick über die Grundlagen der Zellkulturtechnik gegeben. Genauere Beschreibungen der verschiedenen Methoden findet der Leser in umfassenderen Darstellungen (Maramorosch u. Koprowski: 1967—1971; Pollack, 1973).

Tierische Zellen unterscheiden sich von pflanzlichen und mikrobiellen Zellen u. a. durch das Fehlen einer starren äußeren Zellwand. Ihr Zytoplasma wird von der Außenwelt nur durch eine relativ dünne Plasmamembrane abgregrenzt, durch die Nährstoffe aufgenommen und Stoffwechselprodukte abgegeben werden. Tierische Zellen sind im allgemeinen diploid und teilen sich durch Mitose. In Kultur findet eine Zellteilung ungefähr alle 24 Stunden statt. Die Zellvermehrung läuft also bedeutend langsamer ab als bei Bakterien und Hefezellen, die sich ungefähr einmal pro Stunde teilen.

Man unterscheidet drei verschiedene Arten von tierischen Zellkulturen. *Primärkulturen* werden durch Dispersion von Zellen durch proteolytische Enzyme unmittelbar aus tierischem oder menschlichem Gewebe gewonnen. Meist vermehren sie sich nur über wenige Passagen *in vitro*. Diploide Zellstämme sind *Sekundärkulturen*, die eine begrenzte Kultivierbarkeit (bis zu 50 Passagen) gewonnen haben. Sie behalten ihren normalen Chromosomensatz. *Kontinuierliche* oder *permanente Zellstämme* können über einen nicht begrenzten Zeitraum kultiviert werden. Sie stammen ursprünglich meist aus maligne entartetem Gewebe. Diese Zellstämme weisen stets veränderte und irreguläre Chromosomenzahlen auf.

Die Kulturmedien, die für die Züchtung tierischer Zellen verwendet werden, zeichnen sich durch eine recht komplexe Zusammensetzung aus. Sie enthalten essentielle und meistens auch nicht-essentielle Aminosäuren, die zur Proteinsynthese benötigt werden. Glukose dient als Kohlenstoff- und Energiequelle. Weiterhin enthalten die Medien Vitamine und Salzmischungen, die zur Aufrechterhaltung des isoosmotischen Drucks und des pH-Optimums dienen. Antibiotika dienen der Verhütung von bakteriellen Infektionen. Außerdem ist meist die Zugabe von Serum, das häufig vom Rind, aber auch von anderen Tierspezies stammt, für das Zellwachstum notwendig. Von großer Wichtigkeit ist der Reinheitsgrad des Wassers, das gewöhnlich mit Hilfe von Ionenaustauschharzen entmineralisiert und anschließend einer doppelten Destillation unterzogen wird. Bei Temperaturen unter $-80°C$ können Kulturzellen über lange Zeiträume gelagert werden.

Zellkulturen werden häufig als Zellrasen angelegt, bei dem sich die einzelnen Zellen an der Wand des Kulturgefäßes festsetzen und vermehren. Als Kulturgefäße dienen Petrischalen, sog. Wannenstapel und Rollerflaschen. Die Rollerflaschen rotieren langsam um ihre Längsachse, so daß der Zellrasen mit einer relativ geringen Mediummenge versorgt werden kann. Eine andere Form der Zellkultur sind die Suspensionskulturen, bei denen die Zellen mit Hilfe von Rührvorrichtungen frei im Medium flottieren. Durch Zugabe von mikroskopisch kleinen Trägerpartikeln aus inerten Polymeren, auf denen die Zellen sich festsetzen, kann die Ausbeute gesteigert werden. Für Suspensionskulturen werden Gefäße mit einem Inhalt von mehr als 1000 Litern mit Erfolg eingesetzt.

Die Zellkultur als Quelle von Impfstoffen gegen Virusinfektionen

Viren sind obligatorische Zellparasiten. Menschen- und tierpathogene Viren können sich deswegen nur in lebenden Zellen tierischen oder menschlichen Ursprungs vermehren. Virusmaterial, das für die Immunprophylaxe gegen Viruskrankheiten verwendet wird, stammt aus infizierten Tieren, embryonierten Eiern oder Zellkulturen. Dabei kommt heute ohne Zweifel der Zellkultur die größte Bedeutung als Medium für die Herstellung von Impfstoffen zu. Vakzinen gegen Viruskrankheiten (Tabelle 1) enthalten entweder vermehrungsfähige Viruspartikel (Lebendvakzinen) oder mittels chemischer und physikalischer Methoden inaktiviertes Virusmaterial (Totimpfstoffe).

Bei den *Lebendimpfstoffen* handelt es sich um Viren, die in ihren antigenen Eigenschaften eng verwandt mit den entsprechenden Krankheitserregern sind, sich von diesen jedoch durch eine nicht vorhandene oder deutlich abgeschwächte Pathogenität unterscheiden. Man bezeichnet derartige Impfstämme auch als attenuierte Viren.

Die Attenuierung von virulenten Wildstämmen durch Serienpassagen in Tieren oder embryonierten Eiern wird heute nur noch gelegentlich zur Herstellung eines Impfstammes benutzt. Seit einigen Jahren sind die *in-vivo*-Systeme weitgehend durch die Zellkultur verdrängt worden, doch ist das empirische Verfahren der Serienpassagen dasselbe geblieben. Durch Inokulierung großer Virusmengen sucht man nach seltenen, spontan auftretenden Mutanten, die sich unter den gegebenen Kulturbedingungen besser vermehren als der Wildtyp. Das Virus aus verschiedenen Passagen wird auf Virulenz und Immunogenität geprüft, und Material derjenigen Passagen in die Vakzineproduktion genommen, bei denen minimale klinische Reaktionen und optimale Immunogenität zusammentreffen.

Der Vorteil der Lebendimpfstoffe gegenüber den Totimpfstoffen besteht darin, daß sie im Hinblick auf die Immunogenität wie eine natürliche Infektion wirken. Wie die pathogenen Viren vermehren sich die attenuierten Viren im Wirtsorganismus, induzieren im allgemeinen eine länger andauernde Antikörperbildung und führen auch zur Ausbildung einer Resistenz an den Eintrittspforten des Wildvirus. Diesen erwünschten Eigenschaften der Lebendimpfstoffe stehen einige Nachteile gegenüber. So besteht das Risiko einer unbemerkten latenten Infektion des Kultursubstrates durch zusätzliche Erreger, die in den Impfstoff gelangen können. Zu diesen kontaminierenden Erregern gehören Hühnerleukoseviren, das Affen-Papova-Virus SV40 und das Zytomegalievirus der Affen. Zu solchen Kontaminationen kommt es gelegentlich, wenn das Impfvirus in Affennierenzellen oder in Hühnereiern gezüchtet wird. Man ist deswegen bestrebt, zur Impfstoffproduk-

Tabelle 1: Impfstoffe gegen Virusinfektionen

Erkrankung	Erreger	Art d. Impfstoffes	Herkunft d. Impfstoffes
Poliomyelitis (Mensch)	Picornavirus	Totimpfstoff	Zellkultur
Maul- und Klauenseuche (Rind, Schwein)	Picornavirus	Lebendimpfstoff	Zellkultur
Röteln (Mensch)	Togavirus	Lebendimpfstoff	Zellkultur
Gelbfieber (Mensch)	Togavirus	Lebendimpfstoff	Zellkultur
Influenza (Mensch)	Orthomyxovirus	Totimpfstoff	Hühnerembryo
Masern (Mensch)	Paramyxovirus	Lebendimpfstoff	Zellkultur
Staupe (Hund)	Paramyxovirus	Lebendimpfstoff	Zellkultur
Mumps (Mensch)	Paramyxovirus	Lebendimpfstoff	Zellkultur
Atypische Geflügelpest (Huhn)	Paramyxovirus	Lebendimpfstoff	Hühnerembryo
Tollwut (Mensch, Tier)	Rhabdovirus	Totimpfstoff	Zellkultur
Panleukopenie (Katze)	Parvovirus	Lebendimpfstoff	Zellkultur
Hepatitis contagiosa (Hund)	Adenovirus	Lebendimpfstoff	Zellkultur
Marek'sche Krankheit (Huhn)	Herpesvirus	Lebendimpfstoff	Zellkultur
Aujetzky'sche Krankheit (Schwein)	Herpesvirus	Totimpfstoff	Zellkultur
Pocken (Mensch, Tier)	Pockenvirus	Lebendimpfstoff	„Lymphe" von Versuchstier, Hühnerembryo, Zellkultur

tion in erster Linie permanente diploide Zellstämme zu benutzen, da hier die Überwachung hinsichtlich einer Kontamination besser gewährleistet ist. Ein weiteres Risiko liegt zumindest theoretisch in einer Reversion zu größerer Virulenz während der Virusvermehrung im Impfling. Diese Reversion hat sich zwar bislang in der Praxis nicht als Problem erwiesen, die Möglichkeit hierzu kann jedoch nicht übersehen werden.

Daraus ergibt sich für die Immunprophylaxe die unmittelbare Notwendigkeit, genetisch vollkommen stabile, attenuierte Mutanten zu entwickeln. Theoretisch sollten Deletionsmutanten stabil sein, weil sie nicht revertieren können. Außerdem ist es unwahrscheinlich, daß Deletionen durch neue Mutationen in einem anderen Teil des viralen Genoms ausgelöscht werden können. Aus diesem Grunde ist man zur Zeit bestrebt, Deletionsmutanten herzustellen, die so starke Defekte im Virusgenom haben, daß das Virus seine Pathogenität verliert, aber nicht so geschwächt wird, daß es sich nicht mehr vermehren kann. Eine derartige Manipulation kann man nur an DNS vornehmen, bei

DNS-Viren also im Virusgenom selbst. Virale Genome, die aus RNS bestehen, müssen jedoch erst in DNS umschrieben werden und dann auf die besprochene Art behandelt werden. Danach besteht nun das schwierige Problem, die DNS dieser Mutanten wieder in eine RNS zu überführen, die sich dann für den Einbau in ein infektiöses Viruspartikel eignet (Chanock, 1982).

Ein weiterer Weg, der bei der Entwicklung von neuartigen Lebendimpfstoffen beschritten wird, ist der *Einsatz von temperatur-empfindlichen Mutanten*. Sie werden bei Infektionen des Respirationstraktes, in erster Linie bei der Influenza, angewendet. Das Wirkungsprinzip besteht darin, daß hier Mutanten zum Einsatz kommen, für die die Körpertemperatur restriktiv, niedrigere Temperaturen (ca. 33 °C) jedoch permissiv sind. Solche Mutanten können sich deswegen nur in den oberen Stockwerken des Respirationstraktes und in den oberflächlichen Schleimhautschichten vermehren und dort eine lokale Immunität erzeugen. Im Gegensatz zu den pathogenen Wildstämmen sind sie jedoch nicht in der Lage, in die Lunge vorzudringen und dort Krankheitserscheinungen hervorzurufen (Murphy and Chanock, 1981; Massaab et al., 1981).

Totimpfstoffe, die durch Inaktivierung infektiöser Virionen gewonnen werden, stimulieren meist die Bildung zirkulierender Antikörper gegen die an der Oberfläche des Viruspartikels gelegenen Proteine und führen hierdurch zur Ausbildung einer gewissen Immunität. Das bedeutet, daß die Oberflächenantigene im Vakzinepräparat in exponierter Form enthalten sein müssen (Bild 1). Hinsichtlich ihrer Herstellung kann man drei verschiedene Arten von Totimpfstoffen unterscheiden. Bei den *Vollvirusvakzinen* handelt es sich um intakte Viruspartikel, die ihre Infektiosität durch chemische

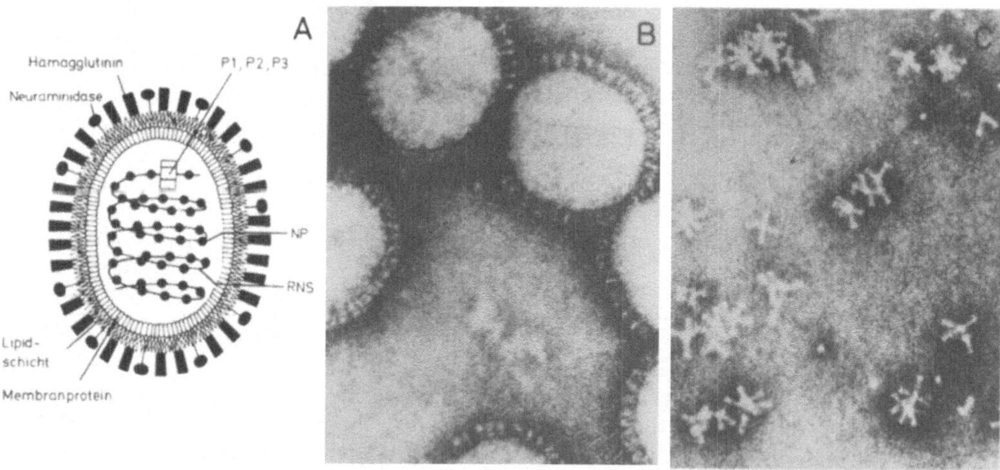

Bild 1 Die Struktur des Influenza A-Virus.
(A) Schematischer Querschnitt durch ein Viruspartikel. Das Viruspartikel besteht aus der inneren Komponente (Nukleokapsid) und der Virusmembran (Hülle). RNS = Ribonukleonsäure; NP = Nukleokapsidprotein; P_1, P_2, P_3 = Untereinheiten des RNS-Polymerasekomplexes.
(B) Elektronenmikroskopische Aufnahme von Viruspartikeln. Die Oberflächenkomponenten (Spikes) sind deutlich erkennbar. Negativ-Kontrast-Darstellung.
Vergrößerung: 150.000 X. Vollvirus-Vakzinen (s. Text) enthalten solche Partikel.
(C) Elektronenmikroskopische Aufnahme der isolierten Oberflächenkomponenten (Hämagglutinin und Neuraminidase). Negativ-Kontrast-Darstellung.
Vergrößerung: 150.000 X. Die Subunit-Vakzinen (s. Text) werden von solchen Strukturen gebildet

Modifikation der Nukleinsäure mittels Formaldehyd, β-Propiolakton, Acetyl- bzw. Äthyläthylenimin und dgl. verloren haben. Bei der Herstellung von *Spaltvakzinen* werden lipidhaltige Viren mittels organischer Lösungsmittel und Detergenzien gespalten. Hierbei bleiben die Proteinuntereinheiten des Viruspartikels in der wässrigen Phase zurück, während die Lipide extrahiert werden. Schließlich können nach Spaltung des Virus die für die Induktion neutralisierender Antikörper allein bedeutsamen Oberflächenproteine durch Ultrazentrifugation auf Dichtegradienten von den internen Viruskomponenten abgetrennt werden. Einen derartigen Impfstoff bezeichnet man als *Subunitvakzine*. Da bei Totimpfstoffen im allgemeinen recht hohe Mengen von körperfremden Makromolekülen im Organismus deponiert werden, ist bei dieser Art der Vakzination die Gefahr allergischer Reaktionen relativ groß. Dieses Risiko ist bei den Subunitvakzinen naturgemäß am geringsten, da sie den höchsten Reinheitsgrad unter den Totimpfstoffen besitzen.

Während bei attenuierten Impfstoffen sorgfältig auf die Erhaltung der Infektiosität des Präparates geachtet werden muß (Lagerung und Transport bei niedrigen Temperaturen, Vermeidung von Desinfektionsmitteln in Behältern, Injektionsspritzen etc.), sind inaktivierte Vakzinen robuster; jedoch dauert ihre Schutzwirkung im Impfling nur kurz (6—12 Monate) an, und Wiederholungsinjektionen müssen vorgenommen werden. Ihr entscheidender Vorzug besteht darin, daß Antigene mehrerer Viren gemeinsam in Form einer polyvalenten Vakzine appliziert werden können, ohne daß eine Interferenz zu befürchten ist. Auch Kombinationen, in welchen ein Virus in inaktivierter, ein anderes in vermehrungsfähiger Form vorliegt, sind bekannt. Meist ist inaktivierten Virusimpfstoffen ein Adjuvans hinzugefügt (Aluminiumverbindungen, Calciumphosphat, Öle/Tenside) welches das Antigen in adsorbierter oder emulgierter Form enthält. Das Adjuvans erfüllt eine Depotfunktion und setzt das Antigen verzögert frei.

Impfstoffe, die nicht aus Zellkulturen stammen

Obwohl der Zellkultur eine zentrale Bedeutung bei der Produktion von Impfstoffen zukommt, darf bei der Behandlung dieses Themas nicht unerwähnt bleiben, daß es auch andere Quellen für Vakzinen gegen Virusinfektionen gibt. So wird das vermehrungsfähige Vaccinia-Virus, das als Impfstoff gegen die Pocken verwendet wird (Jenner, 1798), aus den bläschenförmigen Läsionen, die sich auf der Haut von infizierten Kälbern oder Schafen bilden, gewonnen („Lymphe"). Der fertige Pockenimpfstoff enthält 40% Glycerin und 0,4% Phenol, um die Bakterien zu zerstören und um ein Einfrieren der Vakzine bei der üblichen Lagerung bei – 10 °C zu verhindern. Eine handelsübliche Kälberlymphe von guter Wirksamkeit muß etwa 4×10^8 Viruspartikel pro ml enthalten, was etwa 10^8 infektiöser Einheiten pro ml entspricht. Eine Vielzahl von Impfstoffen, von denen hier nur die Influenzavakzinen namentlich genannt werden sollten, werden in embryonierten Eiern hergestellt, die meistens vom Huhn, aber auch von der Ente stammen. Die Viren vermehren sich dabei im allgemeinen im Endoderm der Chorioallantois-Membran und werden von dort in die Allantoisflüssigkeit ausgeschieden, aus der sie dann isoliert werden können. Viren, die auf diese Weise gewonnen wurden, können sowohl als Lebendimpfstoffe eingesetzt wie auch zu Totimpfstoffen weiter verarbeitet werden.

Ungewöhnliche Wege müssen bei der Herstellung von Impfstoffen gegen die Hepatitis B beschritten werden, da alle Versuche, den Erreger dieser Infektion unter Kulturbedingungen zu vermehren und auf dieser Basis nach dem Muster anderer Virusimpfstoffe eine Vakzine zu produzieren, bislang fehlgeschlagen sind. Da das Hüllantigen des Hepatitis-B-Virus, das HB_S-Antigen, in Form 20nm großer Partikel von den infizierten Leberzellen überschüssig in hohen Konzentrationen in das Plasma von Patienten mit akuter oder persistierender Hepatitis-B-Infektion abgegeben wird, lag es nahe, dieses Antigen aus dem Plasma von Patienten zu isolieren und es als Vakzine einzusetzen. In jüngster Zeit wurde von verschiedenen Arbeitsgruppen die Wirksamkeit solcher Impfstoffe beim Menschen in kontrollierten Studien nachgewiesen (Szmuness et al., 1980; Thomssen et al., 1982). Eine wichtige Aufgabe bei der Herstellung derartiger Vakzinen aus Plasma bestand darin, eine Kontamination mit infektiösem Hepatitis-B-Virus durch besonders rigorose Reinigungsmethoden auszuschalten.

Große Erwartungen sind natürlich an die Möglichkeit einer gentechnologischen Herstellung von Impfstoffen geknüpft. So ist es zum Beispiel gelungen, klonierte cDNA des Hauptantigens des Influenzavirus (Emtage et al., 1980) und des Virus der Maul- und Klauen-Seuche (Küpper et al., 1981) in *Escherichia-coli*-Bakterien zur Expression zu bringen. Eine ganze Reihe von grundlegenden Problemen, wie z. B. Verbesserung der Immunogenität, Erhöhung der Ausbeute und Optimierung der Reinigungsverfahren, müssen jedoch noch gelöst werden, bevor virale Impfstoffe auf diesem Wege im technischen Maßstab hergestellt werden können.

Hormonproduktion in Zellkulturen

Seit langem wird versucht, biotechnologische Verfahren, die auf Zellkulturen beruhen, zur Herstellung von Insulin und anderen Hormonen zu entwickeln. Trotz großer Anstrengungen ist diesen Versuchen bislang kein durchschlagender Erfolg beschieden gewesen. Ein Grund dafür liegt darin, daß die Hormonproduktion im allgemeinen einen hohen Differenzierungsgrad bei der produzierenden Zelle voraussetzt.

Eine differenzierte Zelle hat jedoch keine große Vermehrungstendenz. Bei der Anlagerung von Zellkulturen muß man deswegen von sehr hohen Zellzahlen ausgehen, um einigermaßen hinreichende Hormonmengen zu erhalten. Außerdem ist auch unter optimalen Bedingungen die Lebensfähigkeit einer differenzierten Zelle in einer Kultur begrenzt. Man ist deswegen gezwungen, in relativ kurzen Abständen auf frisches Organmaterial zur Herstellung neuer Zellkulturen zurückzugreifen. Die Schwierigkeiten, die durch das begrenzte Wachstum normaler Zellen verursacht werden, fallen weg, wenn Tumorzellen mit den gewünschten Syntheseleistungen zur Verfügung stehen. Solche Zellen haben ein praktisch unendlich großes Vermehrungspotential. Leider nimmt jedoch eine zunächst vorhandene Syntheseleistung häufig im Laufe der Zeit auf Grund einer weiteren Entdifferenzierung der Zelle ab. Die Kontinuität eines biotechnologischen Verfahrens ist deswegen nur dann gewährleistet, wenn Tumoren mit der gewünschten Gewebe- und Synthesespezifität relativ häufig vorkommen und sich tierexperimentell erzeugen lassen. Dies ist jedoch nur selten der Fall.

Trotz der bislang nicht befriedigenden Ergebnisse könnte der Zellkultur in Zukunft vielleicht doch noch eine größere Bedeutung bei der Gewinnung von Hormonen zukommen. Es ist denkbar, daß sich durch Fusion von Tumorzellen und differenzierten Zellen *Hybride* herstellen lassen (s. u.), die sowohl die spezifische Syntheseleistung als auch die unbegrenzte Vermehrungsfähigkeit ihrer Elternzellen vereinigen. Schließlich soll nicht unerwähnt bleiben, daß es gelungen ist, eine Reihe von menschlichen Hormonen, wie z. B. Insulin und Somatostatin, aus Bakterien zu gewinnen, in die das entsprechende Gen mit Hilfe gentechnologischer Maßnahmen eingebaut wurde.

Gewinnung monoklonaler Antikörper

In den letzten Jahren ist es gelungen, monoklonale Antikörper in industriellem Maßstab mit Hilfe einer Methode herzustellen, bei der normale Lymphozyten mit Myelomzellen, d.h. mit Tumorzellen des Immunsystems, fusioniert wurden. Das normale Immunsystem ist in der Lage, mindestens eine Million verschiedener Antikörper zu produzieren, die Abwehrreaktionen mit Fremdproteinen oder anderen in den Organismus eingedrungenen Antigenen eingehen. Normale Lymphozyten sind jedoch nicht in der Lage, sich unter Kulturbedingungen zu teilen, d.h. sie können nicht kloniert werden. Eine maligne Myelomzelle behält dagegen auch in der Kultur ihr ausgeprägtes Vermehrungsvermögen. Sie sezerniert zwar auch Immunglobulin, kann aber nicht dazu gebracht werden, spezifische Antikörper gegen ein bestimmtes Antigen zu produzieren.

Im Jahre 1975 ist es nun Köhler und Milstein gelungen, Myelomzellen der Maus mit Milzlymphozyten einer Maus, die mit einem spezifischen Antigen immunisiert war, zu fusionieren. Als Fusionsagenzien wurden entweder Sendaiviren oder Polyäthylenglykol verwendet. Man erhält auf diese Weise „*Hybridom*"-Zellen, die von jeder Elternzelle eine wichtige Eigenschaft geerbt haben: Unsterblichkeit und die Fähigkeit, große Mengen eines spezifischen Antikörpers zu synthetisieren. Diese Technik hat in den letzten Jahren breiteste Anwendung gefunden. Diese Untersuchungen haben eine neue Ära in der Immunologie eröffnet. Die Probleme, die bislang bei Heteroantiseren bestanden, d.h. das Vorliegen einer Mischung von Antikörpern gegen unterschiedliche Antigendeterminanten, konnten nun ausgeschaltet werden. Später ist es dann auch gelungen, menschliche Hybridomzellen zu bekommen, indem Lymphozyten eines Myelompatienten fusioniert wurden mit den Lymphozyten eines Patienten, der an subakuter sklerosierender Panenzephalitis (SSPE) litt. Derartige Hybridomzellen sezernierten Antikörper gegen Masernvirus, das als Erreger der SSPE gilt. Menschliche monoklonale Antikörper werden in der Zukunft mit Sicherheit in der Medizin eine breite therapeutische und diagnostische Anwendung finden.

Interferon-Produktion

Interferone sind eine Gruppe von Proteinen, die die Virusvermehrung hemmen und die sowohl in Tieren als auch in Zellkulturen als Reaktion auf eine Virusinfektion oder andere Induktoren gebildet werden. Interferon ist als antivirale Substanz in den Zellen jener Tierspezies wirksam, in der es gebildet wurde. In Zellen anderer Spezies ist es unwirksam. Interferon ist damit Spezies-spezifisch. Es hat dagegen keine Spezifität hinsichtlich des zu hemmenden Virus. Das durch ein Virus induzierte Interferon kann die Vermehrung einer Vielzahl von Viren hemmen. Man hat deswegen schon lange dem Interferon Bedeutung bei der Behandlung von Virusinfektionen zugemessen. Eine andere bemerkenswerte Eigenschaft des Interferons beruht in seinem hemmenden Einfluß auf die Zellteilung. Interferon hat deswegen auch großes Interesse als Therapeutikum in der Tumorbehandlung gefunden. Schließlich übt das Interferon gewisse Regulationsfunktionen auf das Immunsystem aus.

Man unterscheidet drei verschiedene Interferontypen: Interferon-α aus Leukozyten, Interferon-β aus Fibroblasten, und Interferon-γ aus Lymphozyten. Bei allen 3 Typen handelt es sich um Proteine (Molekulargewicht ca. 20 000), deren Aminosäuresequenz vollständig aufgeklärt ist (Goeddel et al., 1981; Gray et al., 1982). Obwohl die 3 Typen sich in ihrer Säureempfindlichkeit, in ihren Antigendeterminanten und ihrer zellulären Herkunft voneinander unterscheiden, haben sie letztlich ähnliche antivirale, immunregulatorische und tumorhemmende Eigenschaften.

Menschliches Interferon wird heute in einem Maßstab produziert, der es erlaubt, klinische Studien an ausgewählten Patienten durchzuführen. Interferon-α wird aus Leukozytenpräparationen, die aus Blutkonserven stammen, isoliert, während Interferon-β aus menschlichen Fibroblastenzellkulturen hergestellt wird. Eines der Hauptprobleme, das es zu überwinden galt, sind die geringen Interferonmengen, die in Zellkulturen produziert werden. Der Produktionsprozeß beginnt damit, daß ein geeigneter Zellstamm ungefähr eine Woche lang in Kultur gezüchtet wird. Zu diesem Zeitpunkt wird praktisch noch kein Interferon produziert. Das Nährmedium wird dann durch ein Induktionsmedium ersetzt, das im allgemeinen Polyinosincytosin, d.h. doppelsträngige RNS, enthält. Diese Substanz dient als Interferoninduktor. Bevor die Zellen mit der Interferonsekretion beginnen, werden durch nochmaligen Mediumwechsel zusätzliche Substanzen (wie z.B. Insulin, Guanosinphosphat oder Serumalbumin) hinzugegeben, die zu einer Steigerung der Interferonausbeute führen. Zum Schluß wird das Medium gesammelt, konzentriert, dialysiert und lyophilisiert. Das so hergestellte Produkt enthält nur ca. 1 % Interferon. Deswegen schließen sich weitere Reinigungsprozeduren an. Eine äußerst effiziente und spezifische Methode ist die Immunaffinitäts-Chromatographie. Hierbei werden monoklonale Antikörper, die gegen ein bestimmtes Interferon gerichtet sind, an Trägermaterial in einer Säule gekoppelt. Wenn man den Interferon-Rohextrakt durch die Säule passieren läßt, werden die Interferonmoleküle auf der Säule adsorbiert, während die kontaminierenden Substanzen durchlaufen. Interferon wird dann durch Änderung des pH-Wertes eluiert. Durch eine einmalige Säulenpassage kann die spezifische Interferonaktivität um das 5000-fache gesteigert werden.

Zu den biologisch interessanten Proteinen, die auf gentechnologischem Wege in Bakterien produziert werden, gehören auch alle 3 Interferontypen (Goeddel et al., 1981). Aus einem Liter Fermentationsmedium konnten auf diese Weise 600 Mikrogramm Interferon gewonnen werden. Das ist mehr als die tausendfache Menge, die aus der gleichen Menge Blut isoliert werden kann. Erwähnt werden muß, daß mit Hilfe der Gentechnologie auch Hefe zur Produktion von Interferon gebracht werden konnte.

Lymphozyten-Chalone sind Proteine, die vom Produktionsort wie auch von der Wirkungsweise gewisse Ähnlichkeiten mit den Interferonen haben und deswegen auch mit diesen zur Gruppe der sogenannten *Lymphokine* gerechnet werden. Es handelt sich bei den Chalonen um Zellinien-spezifische, aber Art- und Gattungs-unspezifische Regulationsstoffe der Zellproliferation. Sie werden von sich differenzierenden und ausgereiften Zellen in geringen Mengen gebildet, ausgeschieden und hemmen hauptsächlich lokal nach dem Prinzip der negativen Rückkopplung die Proliferation der generativen Zellen derselben Art. Die Proliferationshemmung ist reversibel und nicht zytotoxisch. Lymphozyten-Chalone haben wie Interferon hemmende Wirkung auf das Wachstum gewisser Tumorzellen. Es gibt deswegen Bestrebungen, auch diese Stoffe in Massenkulturen von Lymphoblasten zu züchten und sie auf ihre klinische Anwendbarkeit zu testen (Maurer, 1977).

Schlußfolgerungen

Kulturen menschlicher und tierischer Zellen finden breiteste Anwendung bei der industriellen Herstellung von Impfstoffen gegen Virusinfektionen. Zunehmende praktische Bedeutung bekommen monoklonale Antikörper, die aus Kulturen von Hybridomzellen gewonnen werden. Massenzellkulturen werden auch für die Herstellung von Interferon benutzt. Jedoch ist es fraglich, ob es mit Zellkulturverfahren möglich sein wird, Interferon in genügenden Mengen für die allgemeine therapeutische Verwendung zu produzieren. Auch bleibt es abzuwarten, ob die auf das Interferon gesetzten Erwartungen hinsichtlich seiner medikamentösen Wirksamkeit erfüllt werden. Wenig erfolgversprechend sind die bisherigen Ergebnisse über den Einsatz von Zellkulturen für die Hormonproduktion. Es ist damit zu rechnen, daß überall dort, wo die Zellkultur als Produktionsweg Insuffizienzen zeigt, gentechnologische Verfahrensweisen zum Zuge kommen werden (Klingmüller, 1983).

Literatur

Chanock, R. M.: Viruses that cause acute disease in the gastrointestinal and respiratory tracts: current understanding and prospects for control. Robert-Koch-Stiftung, Beiträge und Mitteilungen **4**, 21—33 (1982).

Emtage, J. S., Tacon, W. C. A., Catlin, G. H., Jenkins, B., Porter, A. G. u. N. H. Carey: Influenza antigenic determinants are expressed from haemagglutinin genes cloned in *Escherichia coli*. Nature **283**, 171—174 (1980).

Goeddel, D. V., Leung, D. W., Dull, W. J., Gross, M., Lawn, R. M., McCandliss, R., Seeburg, P. H., Ullrich, A., Yelverton, E. u. P. W. Gray: The structure of eight distinct cloned human leukocyte interferon cDNAs. Nature 290, 20—26 (1981).

Gray, P. W., Leung, D. W., Pennica, D., Yelverton, E., Najarian, R., Simonsen, C. C., Derynck, R., Sherwood, P. J., Wallace, D. M., Berger, S. L., Levinson, A. D. u. D. V. Goeddel: Expression of human immune interferon cDNA in E. coli and monkey cells. Nature 295, 503—508 (1982).

Klingmüller, W.: Genmanipulation und Arzneistoffe von morgen. In: F.-C. Czygan (Herausg.), Biogene Arzneistoffe, pp. 143—156, Vieweg. Braunschweig, Wiesbaden. 1983.

Köhler, G. u. C. Milstein: Continuous cultures of fused cells secreting antibody of predefined specificity. Nature 256, 495—497 (1975).

Küpper, H., Keller, W., Kurz, C., Forss, S., Schaller, H., Franze, R., Strohmaier, K., Marquardt, O., Zaslavsky, V. G. u. H. P. Hofschneider: Cloning of cDNA of major antigen of foot and mouth diesease virus and expression in E. coli. Nature 289, 555—559 (1981).

Massaab, H. F., Monto, A. S., De Borde, D. C., Cox, N. J. u. A. P. Kendal: Development of cold recombinants of influenza virus as live virus vaccines. In: Genetic Variation among Influenza Viruses. (D. B. Nayak, ed.) ICN-UCLA Symposia on Molecular and Cellular Biology XXI, 617—637 (1981).

Maramorosch, K. u. H. Koprowski (eds.): Methods in Virology, Vols I—V. Academic Press (1967—1971).

Maurer, H. R.: Chalone: Wachstumshemmstoffe von Zellen und Geweben. Dtsch. Apoth. Ztg. 117, 1503—1507 (1977).

Murphy, B. R. u. R. M. Chanock: Genetic approaches to the prevention of influenza A virus infection. In: Genetic Variation among Influenza Viruses. (D. B. Nayak, Ed.), ICN-UCLA Symposia on Molecular and Cellular Biology XXI, 601—615 (1981).

Pollack, R. (ed.): Readings in Mammalian Cell Culture. Cold Spring Harbor Laboratory (1973).

Szmuness, W., Stevens, C. E., Harley, B. J., Zang, E. A., Oleszki, W. R., William, D. C., Sadovsky, J. M., Morrison, J. M. u. A. Kellner: Hepatitis B vaccine. Demonstration of efficacy in a controlled clinical trial in a high-risk population in the United States. New Engl. J. Med. 303, 833 (1980).

Thomssen, R., Gerlich, W., Böttcher, U., Stibbe, W., Legler, K., Weinmann, E., Klinge, O. u. U. Pfeifer: Herstellung und Erprobung eines Hepatitis-B-Impfstoffes. Dtsch. med. Wschr. 107, 125—131 (1982).

Die Produktion von Arzneistoffen durch Mikroorganismen – Voraussetzungen, Möglichkeiten und Grenzen

Ewald Sprecher

Die Entwicklung der Arzneimittel weist im Laufe der Geschichte der Menschheit im großen und ganzen etwa folgende Tendenz auf: Am Anfang steht zunächst die mehr oder weniger zufällige Verwendung pflanzlicher, tierischer und mikrobieller sowie mineralischer Drogen und Zubereitungen, häufig eingebunden in magische Rituale. Über die zum Teil recht unterschiedlich gelungene Einengung dieses Sammelsuriums durch die Erfahrungsheilkunde wurde in neuerer Zeit zunehmend versucht, das eigentliche Wirkungsprinzip, zunächst in Form von Extrakten und schließlich als Monosubstanz, zur Anwendung zu bringen. Dies hat dazu geführt, daß — zumindest bei stark wirksamen Arzneimitteln — etwa seit Anfang des letzten Jahrhunderts die Wirksubstanzen, wie z.B. Morphin, Hormone, Antibiotika u.a., isoliert und als exakt dosierbare Reinsubstanz, gegebenenfalls zusammen mit Hilfsstoffen, angewandt wurden. Dazu ist es natürlich notwendig, sie zuvor aus dem kompliziert zusammengesetzten und in seiner Zusammensetzung auch noch sehr variablen natürlichen Ausgangsmaterial zu gewinnen (Mothes, 1983).

Die genaue Kenntnis der Struktur dieser Verbindungen ermöglichte in vielen Fällen nicht nur ihre chemische Synthese, sondern auch die Herstellung und pharmakologische Prüfung einer Unzahl von Molekülvariationen. Das dadurch zunehmende Wissen um die pharmazeutischen, pharmakodynamischen und pharmakokinetischen Daten der einzelnen Wirkstoffe und ihrer Varianten, ergänzt durch neue Erkenntnisse aus der Pathophysiologie, ließ schließlich die gezielte Konstruktion von Wirkstoffen für die jeweilige pathophysiologische Situation möglich erscheinen. Eine auf dieser Grundlage durchführbare rationale Therapie konnte bis jetzt allerdings nur in Einzelfällen erreicht werden.

Bei der Herstellung eines bestimmten Arzneimittels ist die Wahl des Ausgangsmaterials und die Methode der Produktion ausschließlich eine Frage der Wirtschaftlichkeit. Insgesamt wird man davon ausgehen können, daß kompliziert aufgebaute Wirkstoffe, vor allem solche mit mehreren Asymmetriezentren im Molekül, in der Regel wirtschaftlicher aus Naturstoffen gewonnen werden können. Beispiele dafür sind die herzwirksamen Glykoside, Polypeptidhormone, die meisten Antibiotika u.a. Einfachere Moleküle lassen sich oft leichter und billiger „synthetisch" — z.B. aus geeigneten Fraktionen des Erdöls — herstellen. Allerdings zwingt in manchen Fällen der steigende Preis von Rohöl auch hier in zunehmendem Maße zum Umdenken (Hanselmann, 1982; Lipinsky, 1981).

Während vor der *Antibiotika-Ära* Naturstoffsynthese im Hinblick auf arzneilich verwendete Wirkstoffe nahezu gleichbedeutend mit der Bildung derartiger Stoffe in höheren Pflanzen war, hat sich dieses Bild in den letzten Jahrzehnten merklich geändert. Dafür kann eine ganze Reihe von Gründen genannt werden: Die Mikroorganismen sind den höheren Pflanzen als Produzenten sekundärer Stoffwechselprodukte zumindest im Prinzip durchaus gleichwertig. Darüber hinaus ist die Synthese dieser Stoffe durch Mikroorganismen — im Gegensatz zu ihrer Synthese durch höhere Pflanzen — unabhängig von Klima, Boden und Jahreszeit. Auch verläuft sie rascher und läßt sich — wie noch zu zeigen sein wird — in genetischer, biochemischer, technologischer und wirtschaftlicher Hinsicht sehr weitgehend optimieren. Aus diesen Gründen hat sich die industrielle Mikrobiologie in den letzten 10 bis 15 Jahren zur umfassenderen Biotechnologie entwickelt (Rehm u. Reed, 1981; Gröger u. Johne, 1982; Präve et al., 1982). Die Prognosen, die derzeit für die Entwicklung dieses Gebiets gestellt werden (Thesing, 1982), sind atemberaubend.

Für die Produktion pharmazeutisch interessanter Substanzen finden bis jetzt nahezu ausschließlich die heterotrophen Bakterien und Pilze Verwendung. Diese sind zumindest auf eine organische C-Quelle, häufig auch noch auf andere organische Substrate angewiesen. Abgesehen von gewissen Gärungsprodukten wurden diese Organismen früher zur Herstellung solcher Verbindungen herangezogen, aus denen ihre Biomasse besteht: *Proteine*, besonders die verschiedenen Enzyme und — nach Hydrolyse — auch ihre Bausteine, die Aminosäuren; *Lipide*, und dabei besonders Neutralfette, Fettsäuren, Phospholipide, Steroide, Carotinoide; ferner *Nukleinsäuren* und verschiedene *Kohlenhydrate* einschließlich ihrer Hydrolyseprodukte sowie verschiedene *Vitamine* bzw. *Vitaminvorstufen* (Rehm, 1980). Mit Hilfe geeigneter Organismen und geeigneter Bedingungen können neben Alkoholen, Säuren, Ester, Aldehyden usw. zunehmend auch *Zwischenprodukte dieses Stoffwechsels*, wie Aminosäuren, Fettsäuren, Nukleoside und Nukleotide, Coenzyme und Vitamine sowie Zucker direkt aus dem mikrobiellen Stoffwechsel gewonnen werden (Rehm, 1980).

Die stärksten Impulse hat die Stoffproduktion durch Mikroorganismen mit der Entdeckung antibakteriell wirksamer Metabolite erfahren. Derartige Verbindungen werden als Ergebnis des sogenannten *Sekundärstoffwechsels* angesehen. Sie entstammen dem in der Regel für den betreffenden Organismus nicht unbedingt essentiellen und deshalb sekundär genannten Stoffwechselbereich. Dieser leitet sich mit gelegentlich unscharfen Übergängen von dem mit gewissen Einschränkungen in sämtlichen Organismen vorliegenden Grundstoffwechsel ab. Dem Sekundärstoffwechsel fehlt diese allgemeine Verbreitung. Er weist einen mehr speziellen, oft auf relativ enge taxonomische Bereiche begrenzten Charakter auf (Martin u. Liras, 1981; Hegnauer, 1983; Luckner u. Diettrich, 1983; Malik, 1982).

Überlegungen, welche eine planvolle Synthese wünschenswerter chemischer Verbindungen durch Mikroorganismen zum Ziele haben, müssen von folgenden Grundvoraussetzungen ausgehen:

Der Stoffwechsel der hier im wesentlichen zu behandelnden heterotrophen Mikroorganismen ist — von mehr oder weniger stark angepaßten Spezialisten abgesehen — optimalerweise auf eine möglichst hohe Effizienz bei der Verwertung des angebotenen Nährstoffes eingestellt. Als optimal hat in diesem Falle zu gelten, wenn diese 100%ig für Wachstum und Vermehrung des Organismus verwendet werden. Eine derartige Effizienz, die in dieser Ausprägung wahrscheinlich kaum erreicht wird, hat nach unseren heutigen Kenntnissen folgende Voraussetzungen:

a) Eine hochentwickelte Struktur, die eine entsprechende „Kompartimentierung" des Organismus in verschiedene Reaktionsräume beinhaltet.

b) Eine den Erfordernissen des Stoffumsatzes angepaßte Enzymausstattung, die zusammen mit der unter a) genannten Struktur durch reguliertes Zusammenwirken einen effizienten Stoffwechsel möglich macht.

c) Das Funktionieren von Kontrollmechanismen, welche eine möglichst erfolgreiche Anpassung an wechselnde Verhältnisse ermöglichen.

d) Optimale Umweltbedingungen, d.h. solche, an die sich der Organismus im Laufe seiner Evolution am besten angepaßt hat.

Eine wirtschaftlich verwertbare Produktion, d.h. praktisch eine weit über die lebensnotwendige Synthese hinausgehende massive Akkumulation bestimmter chemischer Verbindungen (in der Regel Zwischen- oder Endprodukte des Stoffwechsels), ist nur durch Störungen in mindestens einer der von a) bis d) genannten Stoffwechselvoraussetzungen möglich.

— Dabei ist zu beachten, daß eine derartige Störung durch eine spontan oder durch Einwirkung von außen erfolgende Veränderung der Erbsubstanz (Mutation, Rekombination usw.) den Organismus und seine Nachkommen prinzipiell ändert (ein Vorgang, ohne den die Evolution nicht denkbar ist). Durch Auslese der für den bestimmten Zweck am besten geeigneten Organismen lassen sich mehr oder weniger „domestizierte" Mikroorganismen gewinnen.

— Die unter a) bis d) genannten Voraussetzungen für einen effizienten Stoffwechsel können durch die Einwirkung physikalischer oder chemischer Agenzien (Temperatur, pH, Nährmedium, Effektoren usw.) auch nicht-erbliche Veränderungen erfahren. Diese vermögen die durch erbliche Faktoren bedingte Produktion bestimmter Stoffe sehr wesentlich, mindestens aber quantitativ zu beeinflussen.

Die für den Menschen wünschenswerte Stoffproduktion durch Mikroorganismen entspricht nur im Falle der sogenannten Biomasseproduktion — zumindest angenähert — den oben skizzierten „idealen" Wachstumsbedingungen. Unter Biomasseproduktion wird eine Vermehrung der lebendigen Substanz, also der Zellen des betreffenden Organismus verstanden, wie dies z.B. bei der Herstellung von Futter- oder Nährhefe deutlich wird. Aber auch bei der Produktion von Glutamin- und Zitronensäure, von Antibiotika und Enzymen sowie von den meisten anderen, durch Mikroorganismen hergestellten Verbindungen geht der eigentlichen Produktionsphase eine solche Biomasseproduktion voraus. Im Anschluß an diese Phase der Zellvermehrung kommt es dann aus verschiedenen Gründen zu jenen Entgleisungen des effizienten, ausgeglichenen Stoffwechsels, die eine einseitige Produktion der erwünschten Stoffe auf Kosten der „normalen" Körpersubstanz ermöglichen.

Produktion einzelner Verbindungen des Grundstoffwechsels sowie von Enzymen

Von den einfacheren Verbindungen des Grund- oder Primärstoffwechsels werden zum Beispiel Ethanol, Milchsäure, Zitronensäure und Gluconsäure in größerer Menge industriell durch Mikroorganismen (*Saccharomyces cerevisiae*, *Lactobacillus delbrueckii* bzw. *Aspergillus niger*) produziert.

Am Beispiel der Glutaminsäureproduktion, die derzeit pro Jahr etwa 300 000 to beträgt (Eveleigh, 1981), sollen nachstehend die wichtigsten Voraussetzungen gezeigt werden, die generell für die mikrobielle Industrieproduktion erfüllt sein müssen.

Wie bereits angedeutet, kann die bei dieser Art der Produktion erwünschte Überproduktion einer bestimmten Verbindung auf drei Wegen (in der Regel in Kombination angewendet) erreicht werden:

1. Durch spontane bzw. durch künstlich herbeigeführte Änderung des Erbgutes im Sinne einer einseitigen Stoffwechselführung zu Gunsten der erwünschten Substanz. Diese durch Mutation und Rekombination erreichbaren Erbänderungen

Tabelle 1: Genetische und physiologische Manipulationen zur Verbesserung der mikrobiellen Arzneimittelproduktion

---

A Genetische Manipulationen (mit anschließender Selektion)

1. Durch Mutation an Regulatorgenen:

   a) Umwandlung einer induzierbaren in eine konstitutive Enzymsynthese;

   b) Ausschaltung oder Verminderung von Katabolit- bzw. Endproduktrepression, von toxischen Wirkungen bestimmter Effektoren und von konkurrierenden Stoffwechselwegen;

   c) Einrichtung oder Förderung erwünschter Stoffwechselabläufe.

2. Durch Mutation an Strukturgenen:

   a) Ausschaltung unerwünschter bzw. Vermehrung erwünschter Gene;

   b) Veränderung der „Target"-struktur hemmbarer Enzyme;

   c) Veränderung der Membranpermeabilität;

   d) positive Veränderung im Hinblick auf Spezifität und Aktivität des Genprodukts.

3. Durch Rekombination (inkl. illegitimer Rekombination und „genetic engineering"):

   a) Vermehrung erwünschter Gene (Amplifikation);

   b) Ausschaltung schädigenden Erbmaterials;

   c) Einschleusung von günstigem Erbmaterial mittels Plasmiden oder Viren, Transformation, Konjugation bzw. Protoplastenfusion.

4. Kombination von Mutation und Rekombination

B Physiologische Manipulationen

1. Ausschaltung oder Verminderung hemmender Bedingungen:
   Im Falle von Katabolitrepression oder -hemmung, Endproduktrepression oder -hemmung sowie von negativen Phosphat-, Schwermetall-, Metabolit- oder Präkursoreffekten durch geeignete Zufütterungsstrategie bzw. durch permeabilitätsändernde Zusätze;
   im Falle unerwünschter bzw. toxischer Genprodukte oder konkurrierender Stoffwechselwege durch Zusatz von Hemmstoffen und Mangel an positiven Effektoren.

2. Verbesserung der Produktionsbedingungen durch optimale Nährstoff-, Präkursor- und Effektorgaben bzw. durch andere optimale Kulturbedingungen (pH, Belüftung, Temperatur usw.).

C Kombination von genetischer und physiologischer Manipulation

   Mutasynthese

---

müssen durch ein entsprechendes Selektionsprogramm aus der großen Zahl der für die Produktion nicht oder weniger tauglichen Organismen ausgelesen werden (Tabelle 1 A).

2. In gewissen Grenzen kann ein bestimmtes Ungleichgewicht im Nährstoffangebot über eine unausgeglichene Biomassesynthese hinaus auch eine einseitige Überproduktion an bestimmten Verbindungen ergeben (Tabelle 1 B2).

3. Durch Beeinflussung des Stoffwechsels mit Hilfe physikalischer und chemischer Effektoren können die unter 1. und 2. genannten Möglichkeiten einer Produktionsverbesserung ergänzt und verstärkt werden (Tabelle 1 B).

Der Einfluß des Erbgutes kann vor allem durch folgende Erbänderungen zum Ausdruck kommen (siehe auch Tabelle 1).

1. In ihrer Wirkung auf die Synthese bestimmter Enzyme, z.B. durch verstärkte Synthese eines für die betreffende Stoffproduktion wichtigen Enzyms durch Genamplifikation (s. S. 139). Umgekehrt kann auch der durch Mutation oder Rekombination bedingte Ausfall eines ganz bestimmten, an einer entsprechenden Stoffwechselsequenz beteiligten Enzyms für die Produktion einer Verbindung herangezogen werden: da in diesem Falle das Substrat dieses Enzyms und eventuelle Folgeprodukte akkumuliert oder in anderer Weise umgesetzt werden (Bild 1).
2. In der Beeinträchtigung der Regulierung von Enzymsynthese oder -aktivität (Bild 1), z.B. durch Beeinträchtigung der *feed-back*-Repression bzw. -Hemmung. Dadurch wird trotz Akkumulation der zu produzierenden Verbindungen seine weitere Synthese nicht — wie sonst meist üblich — unterbunden.

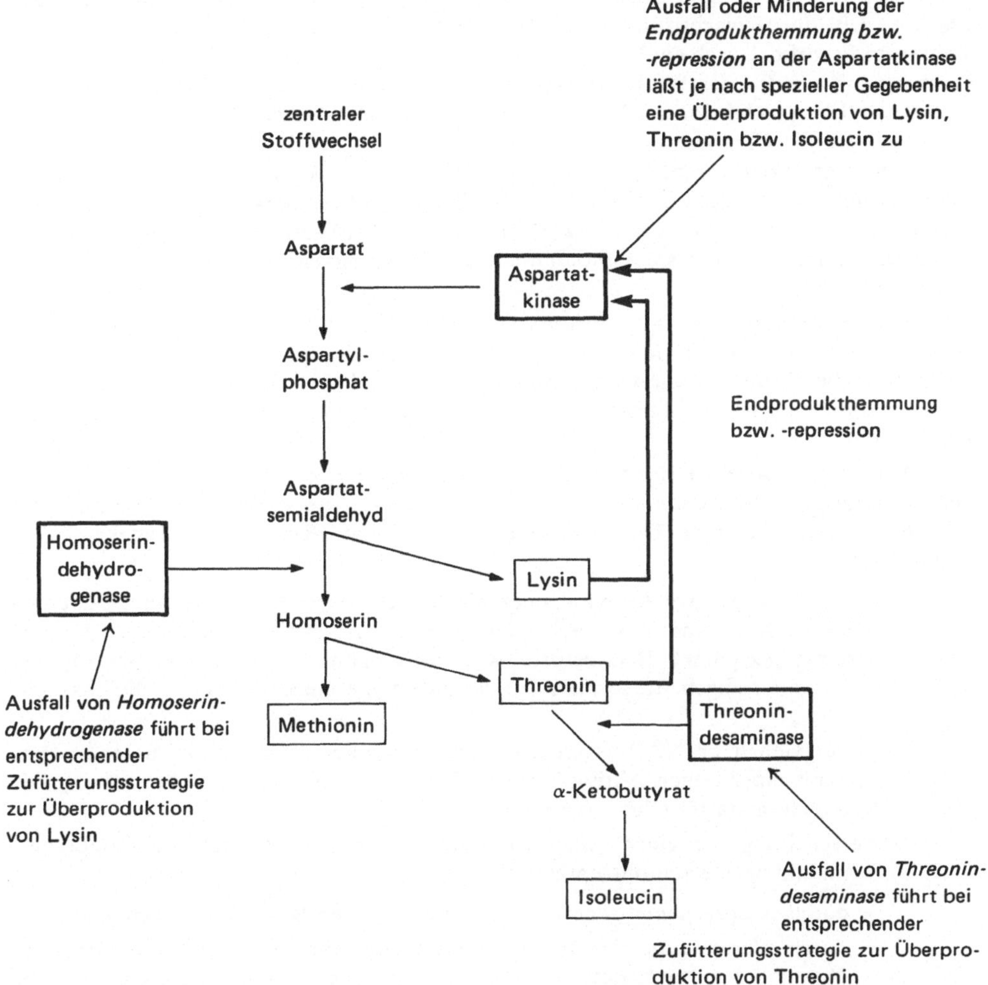

Bild 1 Einige Regulationsmöglichkeiten bei der Biosynthese verschiedener Aminosäuren. Eingezeichnet sind einige der wichtigsten Zwischenprodukte, der wichtigsten Enzyme und zwei von vielen Möglich-keiten der Endprodukthemmung bzw. -repression

3. In der Beeinträchtigung der Permeabilität der Zellmembran. Durch eine entsprechende genetisch oder physiologisch bedingte Permeabilitätsänderung können einerseits mehr Präkursoren für die gewünschte Verbindung in die Zelle gelangen; andererseits besteht auch die Möglichkeit, daß die produzierte Verbindung aus der Zelle austritt, so daß in diesem Falle kein negativer *feedback*-Mechanismus einsetzt.

Durch Manipulation der Wachstums- und Kulturbedingungen kann eine industriell interessante Stoffproduktion folgendermaßen erreicht bzw. verbessert werden (siehe auch Tabelle 1). Wie bereits erwähnt, muß vor der eigentlichen Produktionsphase eine ausreichende Menge an produzierenden Zellen vorhanden sein. Für die dazu erforderliche optimale Biomasseproduktion ist zunächst eine qualitativ geeignete und quantitativ ausreichende C-Quelle sowie ein für den betreffenden Organismus entsprechend ausgeglichenes Angebot hinsichtlich der N-Quelle und den übrigen Nährstoffen notwendig. Die Produktionsphase wird dadurch eingeleitet, daß ein Ungleichgewicht im Nährstoffangebot, z.B. durch wachstumsbegrenzende N-, P- oder Vitamingaben, ein vermindertes Wachstum bewirkt. Durch ein Überangebot an einer geeigneten C-Quelle (nicht unbedingt identisch mit der für das Wachstum optimalen C-Quelle) kann auf diese Weise eine beträchtliche Überproduktion an bestimmten einzelnen Metaboliten bewirkt werden. Ein derartiges, für die Überproduktion notwendiges Ungleichgewicht läßt sich durch Zugabe von Effektoren (Cofaktoren, Induktoren, Hemmstoffen, Präkursoren usw.), sowie durch Veränderungen der allgemeinen Wachstumsbedingungen (Temperatur, pH, Rühren usw.) verstärken. Unter solchen Voraussetzungen konnte bei 10—30% der untersuchten Bakterien und Pilze eine gewisse Glutaminsäureausscheidung entdeckt werden (Kinoshita u. Tanaka, 1972).

Bei bestimmten *Corynebacterium*-Arten wurde eine Glutaminsäureüberproduktion erreicht, die um das 200-fache größer ist als die Menge, die für optimales Wachstum ausreicht. Für die Cyanocobalamin (Vitamin B_{12}) — Produktion durch *Pseudomonas denitrificans* konnte sogar eine Überproduktion um das 50 000-fache erhalten werden (Rivière, 1977).

Bei der industriellen Herstellung von Glutaminsäure, die vor allem mit Hilfe von *Corynebacterium glutamicum* durchgeführt wird, wirken unter anderem folgende erbliche bzw. umweltbedingte Faktoren in positivem Sinne (Kinoshita u. Tanaka, 1972; Rehm, 1980).

a) Fehlen bzw. geringe Aktivität oder Blockierung der α-Ketoglutarsäure-Dehydrogenase. Infolge eines entsprechenden genetischen „Defekts" bzw. durch die Einwirkung geeigneter Hemmstoffe wird α-Ketoglutarat im Zitronensäurezyklus nicht weiter abgebaut, sondern in, besonders aber außerhalb der Zelle akkumuliert.

b) Hoher Gehalt an $NADPH_2$-spezifischer Glutaminsäure-Dehydrogenase, verbunden mit einer hohen Aktivität dieses Enzyms für die reduktive Aminierung des α-Ketoglutarats zur Glutaminsäure.

c) Ausschaltung der einer „Überproduktion" entgegenstehenden Rückkopplungshemmung bzw. Katabolitrepression

— durch entsprechende genetische Defekte in diesen Regulationsmechanismen,

— durch Vermeidung der zur Hemmung oder zur Repression erforderlichen Metabolitkonzentrationen, z.B. durch Ausschleusung der anfallenden Stoffwechselprodukte aus der Zelle (siehe d).

d) Defekte in der Permeabilitätsbarriere der Zellmembran erwiesen sich — wie unter c) vermerkt — als förderlich für die Glutamatproduktion. Sie können genetisch bedingt sein, aber auch durch Biotinmangel, durch bestimmte Fettsäurederivate oder durch Penicillineinwirkung hervorgerufen werden.

e) Da die Glutaminsäure aus dem α-Ketoglutarat des Zitronensäurezyklus hervorgeht, wirkt sich auch die Auffüllung des Zitronensäurezyklus durch anaplerotische Reaktionen positiv auf ihre Synthese aus. Dabei wird das zur Synthese als erstem Zwischenprodukt dieses Kreisprozesses notwendige Oxalacetat zusätzlich noch durch Carboxylierung von Pyruvat bzw. Phosphoenolpyruvat oder durch den Glyoxylsäurezyklus gebildet.

Folgende allgemeine Kulturbedingungen wirken darüber hinaus ebenfalls fördernd auf die Glutaminsäuresynthese bzw. -akkumulation:

— ausreichende O_2-Zufuhr (bei zu wenig O_2 entsteht z.B. Milchsäure),
— ausreichend NH_4^+ (bei zu wenig NH_4^+ entsteht α-Ketoglutarsäure, bei zu viel Glutamin),
— neutraler oder schwach alkalischer pH (bei saurem pH entsteht N-Acetylglutamat),
— ausreichende Phosphatkonzentration (bei höherer entsteht Valin).

Weitere wichtige Erfordernisse für eine optimale Glutamatproduktion bestehen in der Beachtung folgender Bedingungen: Einhaltung einer optimalen Temperatur sowie von ganz bestimmten Konzentrationen einiger Ionen, besonders von Fe^{++}, K^+ und Mg^{++}. Dadurch wird die katalytische Aktivität bestimmter Enzyme gefördert oder gehemmt. Positive Wirkungen auf eine bestimmte Stoffproduktion lassen sich nämlich nicht nur durch die Aktivierung der direkt beteiligten Enzyme, sondern auch durch die Hemmung von mit diesem Vorgang konkurrierenden Enzymen erreichen.

Es ist selbstverständlich, daß eine so hohe Glutamatausbeute, wie sie von den Produktionsstämmen der Industrie zu fordern ist, nur von Mutanten erbracht werden kann, die nach spontaner und induzierter Mutagenese in intensivem Screening selektiert wurden. Für die Erzielung und Auslese dieser Mutanten existieren heute sehr differenzierte Strategien (Wang u.a., 1975; Bull u.a., 1979; Malik, 1979), auf deren generelle Grundlagen bei der Antibiotikaproduktion noch näher eingegangen wird.

Die Fermentation läuft bei 30 °C in zwei Phasen ab. In der ersten erfolgt das Wachstum, in der zweiten die Produktbildung. Bei Zuckerkonzentrationen von 100g/l werden Ausbeuten von 50g/l Glutaminsäure erreicht. Die molare Ausbeute liegt zwischen 50 und 70% (Fritsche, 1978).

Eine Glutaminsäureproduktion kann auch mit Paraffinen oder Ethanol als Rohstoff durchgeführt werden. Stämme, die zur Paraffinassimilation befähigt sind (z.B. *Corynebacterium hydrocarboclastus*), bilden bis über 80g/l Glutaminsäure. Die gewichtsmäßige Ausbeute auf n-Hexadecan beträgt 70% (Fritsche, 1978).

Grundsätzlich unterscheiden sich die Voraussetzungen und Bedingungen bei der mikrobiellen Herstellung von Produkten des Grundstoffwechsels einschließlich der Vitamine (Rose, 1978), aber auch von Enzymen (Tabelle 2) (Ruttloff u.a., 1979) kaum von den entsprechenden Bedingungen bei der Sekundärstoffproduktion. Diese sollen nachstehend etwas eingehender am Beispiel der Penicillinproduktion erläutert werden.

Tabelle 2: Einige wichtige mikrobielle Enzyme für Medizin und Pharmazie (nach Rehm, 1980)

Enzym	Wichtige produzierende Mikroorganismen	Hauptwirkung	Anwendung
α-Amylase (α-1,4-Glucanglucanohydrolase)	*Aspergillus oryzae, A. niger, Bacillus subtilis*	Hydrolyse der α-1,4-Glucanbindungen von Stärke	Verdauungshilfsmittel Stärkeverzuckerung
Glucoamylase (α-1,4-Glucanglucohydrolase)	*Aspergillus niger, A. oryzae, Rhizopus niveus, R. delemar, Endomycopsis sp.*	Hydrolyse der α-1,4-Glucanbindungen unter Abspaltung von Glucose vom nicht-reduzierenden Ende her	Glucoseproduktion aus Stärke nach Einwirkung von Bakterien-α-Amylase
Dextranase	*Penicillium funiculosum* u. a. *Penicillium*-Arten	Hydrolyse von α-1,6-Glucanbindungen	Zusatz zu Zahnpasta als Kariesprophylaxe
Pilzproteasen	*Aspergillus oryzae, A. niger, A. saitoi, Mucor pusillus* u. a.	Hydrolysiert ein breites Spektrum von Proteinen	Verdauungshilfen, Tenderizer, Desodorantien u. v. a.
Streptokinase Streptodornase	hämolysierende *Streptococcen*	Plasminogen → Plasmin/Hydrolyse von DNA	Entzündungshemmung, Beseitigung von Blutgerinnseln, Verflüssigung von eitrigem Gewebe
L-Asparaginase	*Escherichia coli* u. a. *Enterobakterien*		Behandlung von Leukämie
Lipasen	*Aspergillus niger, Rhizopus* sp.	Fettspaltung zu Fettsäuren und Glycerin	Verdauungshilfe, Extraktionshilfsmittel
Penicillinacylase	*Escherichia coli*	Abspaltung des Acylrestes von Penicillin	Herstellung von 6-Aminopenicillansäure
L-Aminosäureacylase		DL-Aminosäure → L-Aminosäure + D-Aminosäure	Herstellung von L-Aminosäuren
β-Lactamasen (z. B. Penicillinase)	*Bacillus subtilis*	Spaltung des β-Lactamringes von β-Lactamantibiotika, z. B. Zerstörung von Penicillin	Penicillinentfernung aus Milch u. Penicillinzerstörung im Blut bei Penicillinallergien
Hyaluronidase	*Streptococcus* spp.	Hydrolyse der β-1,3-Glucanbindungen	Beseitigung von Ödemen und Exsudaten

Produktion von Sekundärstoffwechselprodukten am Beispiel der Herstellung von Penicillin

Unter den Sekundärstoffwechselprodukten, die industriell mit Hilfe von Mikroorganismen hergestellt werden, kommt den Antibiotika eine ganz besondere Rolle zu. So wurden 1978 auf der ganzen Erde für 4,2 Milliarden Dollar Penicilline, Cephalosporine, Tetracycline und Erythromycin (die vier häufigsten Antibiotikagruppen) verkauft (Aharonowitz u. Cohen, 1981).

Tabelle 3: Einige Antibiotika mit klinischer Bedeutung (verändert nach Miller u. Litsky, 1976)

Antibiotikum	Strukturmerkmal	Herkunft	Hauptsächliches antimikrobielles Spektrum
Amphotericin B	Makrocycl. Heptaen-lacton	*Streptomyces nodosus*	Pilze
Bacitracine	Polypeptidkomplex	*Bacillus subtilis*	Gram-positive Bakterien
Cephalosporine	β-Lactamring	*Cephalosporium* ssp. u. a. partial-synthetisch	Gram-positive Bakterien
Cephalexin	Derivat von 7-Amino-cephalosporan-säure		Gram-positive u. einige gram-negative Bakterien, oral
Erythromycin	Makrolid	*Streptomyces erythreus*	Gram-positive u. einige wenige gram-negative Bakterien; einige Protozoen
Gentamicine	Aminoglykoside	*Micromonospora* spp.	Gram-positive u. gram-negative Bakterien
Griseofulvin	Spirobenzofurano-cyclohexenon	*Penicillium* spp. Synthese	Pilze
Penicilline	β-Lactamring	*Penicillium chrysogenum* u. a.	Gram-positive Bakterien säurelabil;
Penicillin G	Derivat von 6-Amino-penicillansäure	*P. chrys.*	Penicillinase-sensitiv
Penicillin V	Derivat von 6-Amino-penicillansäure	*P. chrys.*; biosynthetisch	säurestabil; Penicillinase-sensitiv
Ampicillin	Derivat von 6-Amino-penicillansäure	*P. chrys.*; partialsynthetisch	auch gram-negative Bakterien; säurestabil; Penicillinase-sensitiv
Cloxacillin	Derivat von 6-Amino-penicillansäure	*P. chrys.*; partialsynthetisch	mäßig säurestabil; Penicillinase resistent
Streptomycine	Aminoglykoside	*Streptomyces griseus*	Gram-positive u. gram-negative Bakterien *Mycobacterium tuberculosis*
Tetracycline	Naphthacen-derivate	*Streptomyces* spp.	Gram-positive u. gram-negative Bakterien
Chlortetracyclin	Naphthacen-derivate	*Streptomyces aureofaciens*	Rickettsien u. große Viren; Coccidien;
Oxytetracyclin	Naphthacen-derivate	*Streptomyces rimosus*	Amoeben; Myco-plasmen
Minocyclin	Naphthacen-derivate	partialsynthe-tisch	Hemmt auch Staphylococcen, die gegenüber anderen Tetracyclinen resistent sind.

Die — je nach angewandten Kriterien — auf mehrere Tausend geschätzten mikrobiellen Metabolite, die als Antibiotika bezeichnet werden, lassen sich auf Grund ihrer chemischen Struktur in verschiedene Klassen einteilen (Perlman u. Martin, 1977): in β-Lactamantibiotika, Aminoglykoside, Makrolide mit und ohne Polyenstruktur, Polypeptide, Phenylpropane, Hydronaphthacenderivate u.a. Von Bedeutung für eine industrielle Produktion sind allerdings weniger als 1% der natürlichen Antibiotika, zu denen noch das Mehrfache an partialsynthetisch veränderten Verbindungen kommt. Einige der wichtigsten medizinisch verwendeten Verbindungen zeigt Tabelle 3. Insgesamt sind heute — auch für nichtmedizinische Zwecke als Futtermittelzusatz, als Pflanzenschutzmittel, zur

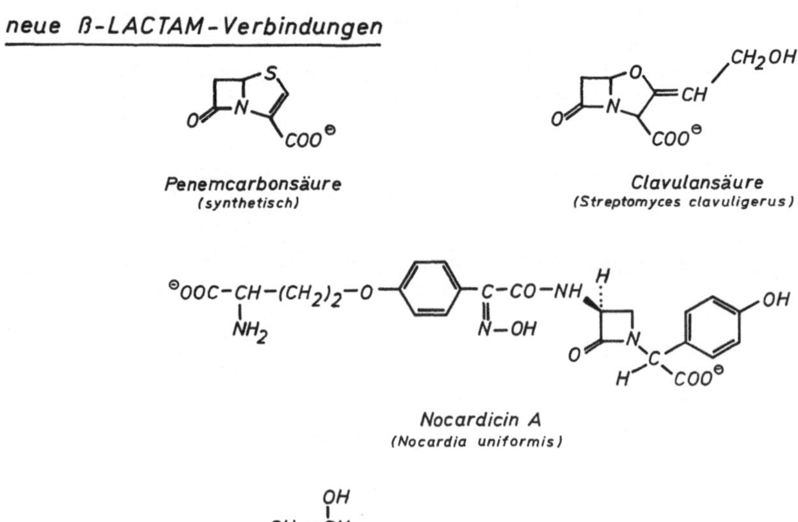

Bild 2 Antibiotika mit dem β-Lactam-Grundgerüst

Lebensmittelkonservierung und für biochemische Zwecke — etwa 100 native Antibiotika auf dem Markt (Rehm, 1980).

Die Bedeutung der hier als näher erläutertes Beispiel ausgewählten Penicilline läßt sich daran erkennen, daß sie zusammen mit den Tetracyclinen die bei weitem größten Produktionsziffern aufweisen. Auch wurden bereits weit über 20 000 neue Penicilline durch Abwandlung des noch immer biologisch hergestellten Grundgerüsts synthetisiert (Perlman u. Martin, 1977) (Bild 2). Einige Gründe dafür sind auf Seite 134 angeführt.

Faßt man die Möglichkeiten der Antibiotikaproduktion durch Mikroorganismen einmal unter allgemeinen Gesichtspunkten zusammen, die weitgehend auch für andere mikrobiell hergestellte Arzneimittel gelten, so kann eine Produktion entsprechender Wirk- bzw. Hilfsstoffe durch folgende Maßnahmen verbessert werden:

a) Optimierung bzw. Differenzierung der Screeningmethoden nach geeigneten Produktionsorganismen und nach neuen Antibiotika.

b) Genetische Manipulationen mit dem Ziel, die Antibiotikaausbeute der Produktionsorganismen zu erhöhen.

c) Wahl geeigneter Wachstums- und Produktionsbedingungen, die vom Ausgangsmaterial her wirtschaftlich realisierbar sind, mit gleichzeitiger Optimierung der technologischen Prozesse einschließlich denen der Aufarbeitung und der Rückstandsverwertung.

d) Variation der bereits bekannten Wirkstoffmoleküle.

Suche (Screening) nach Antibiotika-produzierenden Organismen

Die klassischen Suchverfahren nach Antibiotika bzw. Antibiotikaproduzenten waren in ihrem Prinzip auf der Beobachtung Flemings aufgebaut, daß antibiotisch aktive Organismen bzw. die von ihnen ausgeschiedenen Antibiotika bestimmte andere Mikroorganismen in ihrem Wachstum hemmen. Sie wurden als Strich-, Loch-, Filtrierpapier- oder Trübungstest durchgeführt (Nakayama, 1981).

Nachdem bei der Suche nach neuen Antibiotika und nach neuen Antibiotikaproduzenten mit den klassischen Tests in den 60er Jahren fast nur bereits bekannte Antibiotika entdeckt wurden, mußte das Testsystem wesentlich erweitert und teilweise grundlegend verändert werden (Zähner, 1979). Entsprechende Möglichkeiten zeigt Tabelle 4. Einige weitere Hinweise zur Methodik der Selektion von Produktionsorganismen werden bei der Besprechung der Mutantenselektion gegeben (S. 130).

Mit diesen Methoden konnten eine größere Zahl von Substanzen mit zum Teil völlig neuen Strukturen isoliert werden (Zähner, 1979; Ninet u.a., 1981). Selbst bei den etwa 40 Jahre lang intensiv untersuchten β-Lactamantibiotika, bei denen — abgesehen von partialsynthetischen Variationen — lange keine echten Fortschritte mehr zu verzeichnen waren, konnten mit den neuen Methoden neuartige Strukturen gefunden werden, von denen einige, besonders als β-Lactamasehemmer, eine wesentliche Bereicherung der Therapie bedeuten (Mitsuhashi, 1981) (Bild 2).

Im übrigen stammen die bis jetzt gefundenen, klinisch verwendeten natürlichen Antibiotika aus einigen wenigen aeroben, heterotrophen Mikrobengruppen. Bei weitem die größte Zahl (etwa 70) wird aus Actinomyceten, vor allem von *Streptomyces*-Arten gewonnen, etwa 10 aus Pilzen, besonders von den Aspergillaceen, und schließlich etwa weitere 10 aus Eubakterien: *Bacillus*- und *Pseudomonas*-Arten (Hopwood u. Merrick, 1977).

Tabelle 4: Einige Möglichkeiten für den Nachweis der antibiotischen Wirksamkeit von chemischen Verbindungen (nach Zähner, 1979)

A. Klassischer Test: Wachstumshemmung oder Abtötung eines pathogenen Organismus durch die Verbindung im Diffusionstest unter optimalen Entwicklungsbedingungen für den Testorganismus.

B. Variationen des klassischen Testes, bei denen die betreffenden Verbindungen unter folgendermaßen abgeänderten Bedingungen geprüft werden:

   1) unter nicht optimalen Bedingungen für den Testkeim;

   2) in Kombination mit Detergentien oder EDTA;

   3) an genetisch permeationsgeschädigten Testkeimen;

   4) an überempfindlichen (supersensitiven) Testkeimen;

   5) an antibiotikaresistenten Stämmen in Kombination mit dem betreffenden Antibiotikum;

   6) unter Beobachtung anderer Kriterien als Wachstum
      a) morphologische Veränderungen z. B. von Hyphen
      b) Hemmung der Sporenbildung,
      c) Hemmung der Chemo- oder Phototaxis.

C. Untersuchung von Transportsystemen von Mikroorganismen mit dem Ziel der Akkumulation bestimmter Substanzen in diesen.

D. Untersuchungen an Zellkulturen.

E. Untersuchungen an zellfreien Systemen:

   1) Beeinflussung bzw. Hemmung der Enzymsynthese

   2) Beeinflussung bzw. Hemmung bestimmter Enzyme (Proteasen, Chitin-Synthetasen, Amylasen, Neuraminidasen).

F. Chemische Methoden im primären Screening: chromatographische Methoden in Verbindung mit spezifischen Reagenzien oder geeigneten Detektoren zum Nachweis bestimmter chemischer Gruppen.

Mit den verfeinerten Prüfungsmethoden können nunmehr auch solche Organismen untersucht werden, in denen bis dahin keine Antibiotika nachgewiesen wurden. Darüber hinaus aber ist auch die Prüfung auf antibiotisch wirksame Nebenprodukte von Produzenten bereits eingeführter Antibiotika durchaus lohnend, ferner die Prüfung der Ergebnisse neuer genetischer Techniken wie Protoplastenfusion, Genamplifikation, Mutasynthese, *site directed mutation* und andere Möglichkeiten des Gentransfers (Sprecher, 1983). Entsprechende Screeningverfahren wurden auch für Antitumor- oder für toxische und generell für verschiedene pharmakologische Wirkungen entwickelt (Nakayama, 1981).

Im übrigen muß hier darauf hingewiesen werden, daß die Produktion der Antibiotika in einer Reinkultur erfolgt. Für die dazu erforderlichen Isolierungsmethoden gibt es heute ausgefeilte Techniken (Nakayama, 1981). Ebenso ist die Aufrechterhaltung der Reinkulturen bei Aufbewahrung und Produktion ein wesentliches Anliegen des Mikrobiologen in der Industrie (Dietz, 1981).

Genetische Methoden zur Verbesserung der Antibiotikaproduktion

Hinsichtlich der Verbesserung der Antibiotikaproduktion mit Hilfe genetischer Methoden muß zunächst einmal festgestellt werden, daß

a) die möglichst hohe Produktion (bezogen auf Substratkonversion) eines Produktionsstammes nicht die einzige Eigenschaft ist, auf die er selektiert wird. Dazu kommen

b) eine hohe Produktivität (Produktion pro Zeiteinheit),

c) Eigenschaften, die eine möglichst einfache Produktgewinnung zulassen, wie extrazelluläre Produktbildung, leichte Filtrierbarkeit, geringe Anwesenheit störender Substanzen usw.,

d) Stabilität des Produktionsorganismus hinsichtlich Genotyp, Morphologie, Resistenz gegen Viren und generell gegen Kontamination,

e) trotzdem aber eine gewisse genetische Variationsfähigkeit und damit die Möglichkeit für weitere genetische Manipulationen.

f) Wichtig sind auch Eigenschaften, die eine ökonomische Substratversorgung ermöglichen, z.B. die Fähigkeit, billige anorganische statt teurer organischer N-Quellen zu verwerten, sowie einen möglichst hohen Anteil an preiswerten, ungereinigten Naturprodukten wie Ölpreßkuchen, Maisquellwasser usw. in der Nährlösung. Ferner sollten die Vitaminbedürfnisse möglichst nieder sein.

g) Positiv können sich auch spezielle Temperaturcharakteristika auswirken, ferner

h) spezielle Anpassung an den geeigneten Prozeßtyp, wie z.B. Oberflächen- oder Submerskultur, Chemostatkultur, aseptische oder septische Kultur mit Zusätzen usw.

i) Einige Eigenschaften, die sich technologisch bemerkbar machen, wie Schaumbildung, Anhaften an die Gefäß- bzw. Tankwände, Zerreißen der Organismen unter Rührbedingungen usw. können ebenfalls die Produktivität beeinflussen.

Die für eine industrielle Herstellung ausreichende Ausbeute an Penicillin kann nur durch ausgesprochen „domestizierte" Organismen, sogenannte Hochleistungsstämme, hervorgebracht werden. Zu ihrer Züchtung wurden und werden aus der Natur isolierte Penicillinproduzenten weiteren Mutationen unterworfen, um auf diesem Wege durch Mutantenauslese schließlich immer bessere Produktionsstämme zu züchten.

Dabei ist zu bedenken, daß bei der Mutationsauslösung durch Röntgen- oder UV-Strahlen oder durch Chemikalien im allgemeinen über 50%, ja sogar über 90% der bestrahlten Pilzsporen absterben und von dem verbliebenen Rest nur ein geringer Bruchteil eine verstärkte Antibiotikaproduktion aufweist. Aber selbst von diesen ist wiederum nur ein Bruchteil für die industrielle Verwendung tauglich, da die Industriestämme auch die vorstehend aufgeführten Eigenschaften a)—i) aufweisen müssen.

Die Wahl eines effektiven Mutagens erwies sich als hochspezifisch für den jeweils zur Verfügung stehenden Organismus. Nach häufiger Mutationsauslösung durch ein bestimmtes Mutagen sinkt im übrigen die Effizienz bei der Auslese brauchbarer Stämme deutlich ab. Ein Wechsel des Mutagens erscheint daher nach einiger Zeit entsprechender Behandlung grundsätzlich angezeigt. Während zur Verbesserung der Penicillinausbeute bei *Penicillium chrysogenum* bis in die Mitte der 60er Jahre Methyl-bis-(β-chlor-ethyl)-amin und UV (275 und 253 nm)-Bestrahlung bevorzugt Verwendung fanden, spielt heute vor allem N-Methyl-N′-nitro-N-nitrosoguanidin eine bedeutende Rolle (Queener u. Swartz, 1979). Ferner werden Salpetrige Säure, Diepoxybutan und einige weitere Chemikalien sowie Röntgen- und γ-Strahlen als Mutagene eingesetzt. Im allgemeinen bringt ein Mutations-Selektionsprogramm, das sich um eine allmähliche Akkumulation kleiner Verbesserungen über 10 bis 20 Schritte bemüht, die nachhaltigsten Erfolge. Nachdem sowohl spontane als auch induzierte Mutationen ungerichtet und unvorhersehbar verlaufen, ist es sehr wesentlich, die für die Produktion günstigsten Mutanten auf eine möglichst effiziente Art und Weise aus der Überzahl der unbrauchbaren Mutanten auszulesen. Relativ zeitaufwendig und ungeheuer kostenintensiv verläuft die Mutantenauslese, wenn sie ausschließlich nach dem Zufallsprinzip durchgeführt wird. Dabei werden die Mutanten auf einem Agarnährboden so ausplattiert, daß aus jeder unter den gegebenen Bedingungen wachstumsfähigen Mutante sich eine Kolonie entwickeln kann, die dieselben Erbanlagen wie die Mutante hat. Aus diesen Kolonien werden dann mehr oder weniger zufällig einige isoliert und in weiteren Untersuchungen auf ihre Produktionsfähigkeit getestet.

Da Stoffwechsel und Morphogenese in direkter Beziehung zueinander stehen, ist es auch möglich, daß morphologisch veränderte Kolonien (Farbstoffproduktion, Wuchsform) zur Mutantenauslese Verwendung finden. Dazu werden nach längerer Erfahrung mit der Zufallsselektion gewisse morphologische Eigenschaften, die häufiger mit der erwünschten physiologischen Eigenschaft zusammen vorkommen, bevorzugt weiter untersucht. Morphologische Mutanten waren z.B. ausgesprochen nützlich bei der Auslese von Hochleistungsstämmen zur Bildung von Zitronensäure, Penicillin und Oxytetracyclin (Demain, 1973; Malik, 1979).

Leider fallen die Verbesserungen der Penicillinausbeute als Folge mutativer Veränderungen keineswegs zwingend mit morphologischen Veränderungen zusammen. Sie erfolgen in der Regel unabhängig voneinander, so daß höchstens eine angenäherte Möglichkeit besteht, gut sichtbare morphologische Änderungen als „Marker" für eine verbesserte Penicillinproduktion zu verwenden (Casida, 1968; Malik, 1979). Bei der Selektion geeigneter Produktions- oder Aufzuchtstämme muß daher — auch bei hunderten bzw. tausenden von Isolaten — letzten Endes der Penicillingehalt bestimmt werden. Bei Vorliegen morphologischer „Marker" wurden inzwischen computerunterstützte Methoden mit Fernsehkameras erarbeitet, die es erlauben, mehr als 10 000 Agarschalen mit bis zu 10^8 Kulturen zu überwachen (Malik, 1979).

Nach der Entdeckung der Stoffwechselregulierung in Mikroorganismen durch Genetiker und Biochemiker im Verlauf der 50er Jahre konnten auch in der Mutantenauslese große Fortschritte gemacht werden: Einblicke in diese Vorgänge wurden vor allem durch die Untersuchung auxotropher Mutanten gewonnen. Dabei handelt es sich um „Defektmutanten", die bestimmte lebenswichtige Bestandteile von Proteinen oder Nukleinsäuren nicht selbst synthetisieren können. Bei ihnen ist — gegenüber dem „Wildstamm" — ein bestimmtes Enzym ausgefallen. Als Folge davon wird das Substrat dieses Enzyms angereichert. Das Enzymprodukt bzw. das aus diesem gebildete lebenswichtige Folgeprodukt muß dagegen mit den übrigen Nährstoffen zugeführt werden (Bild 1).

Auxotrophe Mutanten lassen sich auf folgende Weise selektieren: Auf einem Mangelmedium, bei dem das von der Mutante nicht produzierte, essentielle Produkt fehlt, verbleibt die Mutante im Ruhestadium, während die nicht entsprechend mutierten Wildstämme wachsen und im Gegensatz zu der auxotrophen Mutante dabei durch bestimmte Antibiotika abgetötet werden. Nach Transferierung der Ruhezellen der Mutanten auf ein Vollmedium, das die essentielle Verbindung einschließt, können die auxotrophen Mutanten von diesem selektiert werden. Derartige Mutanten lassen sich auch als „Marker" für eine bessere Produktion von Sekundärprodukten verwenden. So wurden z.B. von auxotrophen Mutanten Hochleistungsstämme zur Produktion von verschiedenen Tetracyclinen, von Streptomycin, Actinomycin, Cephalosporin u.a. gewonnen (Demain, 1973; Gräfe, 1981).

Die Beobachtung, daß Revertanten (eine Rückmutation von auxotrophen zu prototrophen Stämmen) unter Umständen eine höhere Aktivität bestimmter Enzyme als die ursprünglichen prototrophen „Wildstämme" aufweisen, machte ebenfalls eine verbesserte Auslese möglich (Gräfe, 1981). Eine drei- bis vierfache Erhöhung der Enzymaktivität konnte z.B. auf diese Weise in Streptomyceten beobachtet werden, die Chlortetracyclin synthetisieren (Demain, 1973).

Durch den Einsatz von Stoffwechselanalogen, welche den normalen Stoffwechsel strukturverwandter Metabolite hemmen, können analogresistente Mutanten selektiert werden. Diese weisen häufig eine Enzymsynthese bzw. Enzymaktivität auf, die gegenüber einer feed back-Repression bzw. -Hemmung resistent sind. Auch diese Methode führt nicht nur zu einer verbesserten Primärstoffsynthese, sondern gelegentlich auch zur Auffindung besserer Antibiotikaproduzenten (Demain, 1973; Gräfe, 1981; Malik, 1982).

Während Flemings *Penicillium-notatum*-Stamm eine Penicillinausbeute von 6 mg pro Liter Nährlösung aufwies, konnten durch Züchtungen und Selektionen von *Penicillium-chrysogenum*-Stämmen nach Strahlen- und Chemikalienbehandlung Hochleistungsstämme erhalten werden, die in der Lage sind, bis gegen 40g Penicillin pro Liter Nährlösung zu produzieren. Da diese Stämme nach einiger Zeit degenerieren, ist die Aufgabe von Züchtung und Selektion eine Dauerforderung, der wegen der enorm gestiegenen Anforderungen heute nur noch wenige Spezialfirmen nachkommen können. Zwar wurden mit den Penicillin produzierenden Pilzen schon relativ früh Kreuzungsexperimente durchgeführt (Calam u.a., 1976), doch blieben die erzielten Ergebnisse weit hinter denen zurück, die durch Mutantenselektion erreicht wurden.

Nachdem 1975 ein U.S.-Patent erlosch, das die Anwendung parasexueller Zyklen zur Züchtung von Hochleistungsstämmen für die Herstellung nützlicher mikrobieller Stoffwechselprodukte beinhaltet und nachdem bestimmte Stämme käuflich erwerbbar sind, wurden Kreuzungsexperimente wesentlich interessanter als zuvor (Queener u. Swartz, 1979). Die Schwierigkeiten bei Kreuzungen dieser Pilze sind verständlich, wenn man bedenkt (Demain, 1973), daß zwischen genetisch divergenten Stämmen Rekombinationsbarrieren existieren und die Diploiden instabil sind. Dazu kommt die rezessive Natur von Genen, die zur Überproduktion führt.

Seit Mitte der 70er Jahre ist es gelungen, mit Hilfe von Zellwand auflösenden Enzymen Protoplasten herzustellen und diese z.B. nach Zugabe von Polyethylenglykol mit großer Häufigkeit zur Verschmelzung zu bringen. Sowohl bei der Penicillinproduktion als auch bei der Cephalosporin-C-Produktion konnten durch Protoplastenfusion erhebliche Verbesserungen hinsichtlich Wachstum, Sporulation und Ausbeute erzielt werden (Malik, 1978). Mit Hilfe der Protoplastenfusion gelingt es, gewisse, besonders bei parasexuellen Vorgängen übliche Kreuzungsbarrieren zu überwinden. Dadurch kann die Restriktion der betreffenden Rekombination aufgehoben bzw. die Rückentwicklung zu den haploiden Elternteilen verhindert werden. Mit derartigen Manipulationen läßt sich die direkte Selektion von Eigenschaften unter kontrollierten Bedingungen erreichen (Malik, 1979; Peberdy, 1979; Esser u. Stahl, 1981).

Während sich die Investitionen, die zur Entwicklung von Produktionsstämmen mit Hilfe von Mutation und Selektion eingesetzt wurden, bis in die frühen 70er Jahre auszahlten, wurde es mit der Zeit allein mit dieser Methode immer schwieriger, verbesserte Mutanten zu isolieren. Die Gründe dafür sind folgende (Bull et al., 1979):

a) Im gesamten Genpool einer entsprechenden Entwicklungslinie stehen nach langer Selektionsarbeit immer weniger Gene zur Verfügung, die noch positive Mutationen ermöglichen.

b) Kryptische Verlustmutationen, welche das genetische Potential eines Organismus im Hinblick auf weitere günstige Veränderungsmöglichkeiten reduzieren, können ungewollt Teil des Genoms der Zuchtstämme werden. Derartige negativ wirksame Mutationen aber können unter Umständen die Produktionsausbeute bzw. generell die industriell ausnutzbaren Fähigkeiten des Organismus beträchtlich beeinflussen.

c) Ein für die Mutations-Selektions-Methode wesentlicher Nachteil ist die Tatsache, daß diese Methode es nicht erlaubt, schädliches genetisches Material von einem sonst wünschenswerten Genom zu trennen.

Bei der Kreuzung zwischen einem terminalen Stamm eines Mutations-Selektions-Programms mit einem „Vorläufer"-Stamm kann dagegen eine genetische Rekombination Rekombinanten ergeben, welche die positiven Mutationen des terminalen Stammes behalten, jedoch die schädlichen kryptischen Mutationen ausscheiden. Kreuzungen zwischen divergierenden Linien eines Mutations-Selektions-Programms können daher zur Isolierung von Rekombinanten führen, welche aus beiden Eltern die positiven Mutationen ohne die negativen Eigenschaften übernommen haben.

Nur in solchen Fällen, in denen der Preis stark von den Produktionskosten abhängt und Produkt bzw. Organismus für die betreffende Industrie von langwährender Bedeutung ist, wird es sinnvoll sein, ein Mutations-Selektions-Programm durch ein gezieltes genetisches zu ersetzen, da — wie bereits am Beispiel *Penicillium chrysogenum* gezeigt — dazu sehr langwierige genetische Untersuchungen notwendig sind.

Publizierte Resultate hinsichtlich der praktischen Ausnutzung der für Streptomyceten — wie generell für Bakterien, aber auch für die in Frage kommenden Pilze — anwendbaren parasexuellen Methoden gibt es nur wenige, doch wurden in gewissem Umfange bereits Stämme für die industrielle Penicillinproduktion verwendet, die aus parasexuellen Manipulationen hervorgingen (Queener u. Swartz, 1979; Esser u. Stahl, 1981). Eine Übersicht über einige der genetischen bzw. der physiologischen Methoden, die generell zur Produktionsverbesserung einsatzbar sind, zeigt Tabelle 1.

Wachstums- und Produktionsbedingungen

Wie bereits mehrfach angedeutet, ist kein Organismus, also auch kein Pilz, in der Lage, jede Art von Substrat zu assimilieren. Entsprechend stellen auch die für die Penicillinproduktion geeigneten Stämme von *Penicillium chrysogenum* ganz bestimmte Anforderungen an ihr Substrat. Dazu gehört in erster Linie die Auswahl einer geeigneten C- bzw. N-Quelle.

Dabei erwies sich Glucose als preiswerte, hervorragend assimilierbare C-Quelle für das Wachstum des Pilzes. Allerdings tritt gleichzeitig eine Unterdrückung der Penicillinbildung mittels Katabolitrepression bzw. Katabolithemmung (Demain u.a., 1979) ein. Demgegenüber zeigten Versuche mit Lactose, daß dieser Zucker für das Pilzwachstum keine gute C-Quelle darstellt, doch wird bei seiner Verwendung die Penicillinausbeute gegenüber den Ansätzen mit Glucose als C-Quelle wesentlich erhöht. Dies führte vorübergehend zur Verwendung von Lactose in der Produktionsphase (Hockenhull, 1981).

In neuerer Zeit konnte die zunächst für die Penicillinproduktion eingesetzte teure Lactose durch eine verlangsamt erfolgende niedere Glucosedosierung in der Produktionsphase — also durch ein Unterlaufen der Katabolitrepression bzw. -hemmung — ersetzt werden (Queener u. Swartz, 1979). Im übrigen unterdrückt Glucose die Produktion einer großen Zahl von Sekundärstoffwechselprodukten: neben vielen Antibiotika gehören dazu auch die Mutterkornalkaloide (Demain u.a., 1979).

Als N-Quelle wird im allgemeinen eine leicht verwertbare, billige anorganische N-Quelle benützt, deren Konzentration und Mengenverhältnis zur C-Quelle bei jedem

Stamm für Wachstum bzw. für die Produktion jeweils empirisch ermittelt werden muß. Allerdings besteht bei einer leicht verwertbaren N-Quelle auch die Möglichkeit einer Metabolitrepression, wie sie bei der Penicillinsynthese hinsichtlich der NH_4^+-Konzentration nachgewiesen wurde. Es zeigte sich, daß regulative Signale aus dem N-Stoffwechsel an verschiedenen Stellen der Antibiotikasynthese wirken (Martin u. Demain, 1980; Hockenhull, 1981).

Unter anderem konnte die schon relativ früh erkannte hemmende Wirkung von Lysin auf die Penicillinsynthese als Endprodukthemmung bzw. -repression eines verzweigten Syntheseweges gedeutet werden, an dessen einem Ende Lysin, am anderen der α-Aminoadipatanteil des Penicillins steht (Gräfe, 1981). Über den Einfluß weiterer Aminosäuren auf die β-Lactamantibiotikasynthese — auch bei Streptomyceten — berichten Martin u. Demain (1980) und Gräfe (1981). Ebenso wird dort eingegangen auf die hemmende Wirkung höherer Phosphatgaben sowie höherer Fe-Konzentrationen auf die Penicillinsynthese. Auch die Konzentrationen anderer Schwermetalle wie Mn-, Co-, Zn-, Cu- und anderer Metallionen sind von Bedeutung (Gräfe, 1981).

Über die fördernde Wirkung der — zunächst vor allem als Antischaummittel zugesetzten — Fettsäuren mit einer längeren C-Kette als C_{14} berichtet Casida (1968). Die optimale O_2-Versorgung richtet sich u.a. nach Qualität und Quantität der C-Quelle sowie nach dem jeweiligen Wachstumsstadium.

Da während des Produktionsprozesses u.a. auch organische Säuren gebildet werden, sinkt der pH-Wert ab. Dieser Vorgang muß zur Erreichung einer besseren Penicillinproduktion durch $CaCO_3$-Zusatz bzw. durch eine entsprechende qualitative und quantitative Abstimmung der N-, S- und P-Gaben kompensiert werden (Hockenhull, 1981). Schließlich kann durch die zeitgerechte Zugabe bestimmter Präkursoren, die dann in das Penicillinmolekül eingebaut werden, die Ausbeute wesentlich erhöht werden. Dies trifft bei der Penicillin-G-Synthese vor allem hinsichtlich der Phenylessigsäure zu, die als Baustein der Seitenkette nicht nur eine höhere Ausbeute an Benzylpenicillin ergibt, sondern auch eine Verminderung der Menge an bei der Aufarbeitung störenden anderen Penicillinen. Allerdings ist es manchmal schwierig, zwischen einem Präkursor und einem Induktor zu unterscheiden. So dient Methionin z.B. bei der Cephalosporin C-Synthese als beides, das Nor-S-analoge Norleucin aber nur als Induktor (Martin u. Demain, 1980). Die gelegentliche toxische Wirkung des Antibiotikums bzw. eines Präkursors wie Phenylacetat auf den produzierenden Organismus wird sowohl durch eine entsprechende Zufütterungsstrategie als auch durch die Auswahl geeigneter Mutanten unterlaufen (Gräfe, 1981).

Eine generelle Übersicht über einige zur Verbesserung der Antibiotikaproduktion, ja generell der Stoffproduktion durch Mikroorganismen angewendeten physiologischen, aber auch genetischen Methoden vermittelt Tabelle 1. Da die Produktion von Penicillin in mehreren Phasen abläuft — Mycelwachstum, Penicillinproduktion, Autolyse — müssen für jede dieser Phasen natürlich auch die jeweils geeigneten Bedingungen vorgelegt werden bzw. muß die Produktion im richtigen Moment abgebrochen werden, da sonst die Penicillinkonzentration wieder absinkt.

Zu Beginn der *Antibiotika-Ära* wurden Schimmelpilze mit wenigen Ausnahmen in Oberflächenkulturen kultiviert. Als daher nach den ersten Erfolgen der Penicillintherapie das Bedürfnis nach verstärkter Produktion immer mehr anstieg, war schon relativ früh der Zwang zur Submerskultur in möglichst großen Tanks gegeben. Eine derartige Umorientierung von Oberflächen- auf Submerskultur ist, wie das „scale up" von Labor- zu Produktionsansätzen, mit großen technischen, aber auch biochemischen Schwierigkeiten verbunden, auf die hier nicht weiter eingegangen werden soll. Auch die Vorbereitung der zur Impfung benutzten Sporen und ihre Zugabe zu den Kulturgefäßen bedarf großer Erfahrung, ebenso die möglichst zügig durchzuführende Vergrößerung der Pilzmasse. Sie erfolgt durch aufeinanderfolgende Übertragung der wachsenden Mycele in Behälter mit jeweils immer größerem Volumen bis auf ein solches von 200 000 bis 300 000 Liter Inhalt. Weitere wichtige, für Wachstum und Produktion unterschiedlich zu manipulierende Bedingungen sind die jeweils optimale Belüftung, die geeignete Temperaturführung, die automatische, richtig dosierte Zugabe von Nähr-, Wirk- und Hilfsstoffen und die gleichmäßige Durchmischung dieser großen Ansätze mit einem entsprechendem Rührwerk. Dazu kommt, daß diese Vorgänge im wesentlichen unter sterilen Bedingungen ablaufen müssen.

Teilweise beträchtliche Schwierigkeiten treten immer wieder hinsichtlich der kontinuierlichen Versorgung mit billigen, im Gehalt der wichtigsten Nährstoffe möglichst nicht schwankenden natürlichen Substrate für Wachstum und Produktion auf. Abgesehen davon, daß die Zusammensetzung von Maisquellwasser oder von Ölpreßkuchen, von Sojaschrot oder Baumwollsaatmehl — je nach Herkunft — recht unterschiedlich sein kann und damit auch Wachstum und Produktion beeinträchtigt werden, ist auch der Preis dieser Substrate nicht stabil. Gelegentlich ist sogar die sichere Versorgung mit einem besonders geeigneten Nährmedium in Frage gestellt und damit unter Umständen die Wirtschaftlichkeit der Produktion. Ein Teil dieser Versorgungsschwierigkeiten kann durch entsprechende Vorsorge bei der Beschaffung sowie durch gewisse Variationsmöglichkeiten auf genetischem, biochemischem und technischem Gebiet aufgefangen werden.

Die Aufarbeitung der Ansätze wird außerordentlich erleichtert, wenn die produzierten Stoffe in die Kulturlösung ausgeschieden werden. Dies ist bei Penicillin der Fall. Die Penicillingewinnung wird eingeleitet durch Abkühlung auf 2 bis 10 °C bzw. Hemmstoffzusatz zur Abstoppung der Stoffwechselumsetzungen. Darauf folgen Filtration, Waschen des Mycels, Ansäuerung und Extraktion der Kulturflüssigkeit mit organischen Lösungsmitteln (z.B. Amyl- oder Butylacetat) sowie eine Reihe von Reinigungsprozessen (Queener u. Swartz, 1979; Rehm, 1980).

Im übrigen hat es natürlich auch nicht an Bemühungen gefehlt, die Antibiotikaproduktion kontinuierlich, d.h. ohne Unterbrechung mit vielen Ernten aus einem Ansatz, als Dauerbetrieb zu fahren. Dieses ist — im Gegensatz zur Biomasseproduktion — zumindest in größerem Maßstab bis jetzt weder hier noch bei anderen Antibiotika gelungen.

Variation des Wirkstoffmoleküls

Von der Mitte bis Ende der 70er Jahre wurden in der westlichen Welt pro Jahr 10 000 bis 20 000 t Penicillin hergestellt. Dies bedeutet seit 1945 eine Steigerung um mehr als das 20 000fache, seit 1957 immer noch eine Steigerung um mehr als das Dreifache. Etwa 80 % dieser Gesamtmenge besteht aus Penicillin G. Allerdings wird fast die Hälfte davon zur Bildung semisynthetischer Penicilline verwendet (Queener u. Swartz, 1979; Thrum, 1981).

Neben dem grundsätzlich bei allen Arzneimitteln unternommenen Versuch, Molekülvariationen zu synthetisieren mit dem Ziel einer Verbesserung ihrer pharmakodynamischen und ihrer pharmakokinetischen Eigenschaften, forderte dazu bei den Penicillinen die Säurelabilität des zur Wirkung notwendigen β-Lactamringes geradezu heraus: die ursprünglich gefundenen Penicilline verlieren bekanntlich bei peroraler Verabreichung durch die Magensäure ihre Wirksamkeit. Die Spaltung des β-Lactamringes ist darüber hinaus auch durch die bei Bakterien sehr verbreiteten induzierbaren bzw. transferierbaren β-Lactamasen möglich. Durch Variation der Seitenkette gelang es, nicht nur säurestabile, sondern zusätzlich auch β-Lactamase-stabile Penicilline herzustellen. Weitere partialsynthetisch zugängliche Molekülvariationen führten zu „Breitspektrumpenicillinen", welche — im Gegensatz zu den „natürlichen" Penicillinen — auch gegen gramnegative Bakterien wirksam sind.

Die Herstellung von Penicillinen mit verschiedener Seitenkette erfolgt (Queener u. Swartz, 1979; Thrum, 1981)

a) direkt beim Produktionsprozeß durch Zusatz geeigneter Vorstufen zum Substrat (z. B. Phenoxyessigsäure zur Synthese von Penicillin V),

b) durch Herstellung von 6-Aminopenicillansäure (6-APS Bild 2) und ihre chemische bzw. enzymatische Acylierung.

Die 6-APS wird wegen der Instabilität des Penicillinmoleküls im allgemeinen aus Penicillin G mit Hilfe trägergebundener Enzyme (Penicillin-Acylasen aus *E. coli* und anderen Bakterien sowie Pilzen), oder aber chemisch nach Schutz der C_3-Carboxylgruppe durch Silylierung hergestellt. Die Acylierung der 6-APS erfolgt chemisch, oder sie wird ebenfalls mit trägergebundenen Enzymen durchgeführt.

Neben der geringen Toxizität der Penicilline und ihrer ungewöhnlich großen therapeutischen Breite sind es besonders die Erfolge auf dem Gebiet der Strukturvariationen, welche diese Antibiotika zu den wichtigsten Chemotherapeutika überhaupt gemacht haben. Auch bei anderen Antibiotika sind chemische Modifizierungen bekannt geworden. Ein Teil von ihnen wird ganz oder teilweise mit Hilfe von Mikroorganismen oder mit mikrobiellen Enzymen durchgeführt. (Rose, 1979; Thrum, 1981).

Die Produktion anderer Antibiotika

Neben den Penicillinen werden noch eine ganze Reihe verschiedener Antibiotika aus unterschiedlichen Bereichen des Sekundärstoffwechsels durch verschiedene Mikroorganismen industriell produziert (Tabelle 3). Sie finden Verwendung in der Human- und Veterinärmedizin, als ergotrope Futtermittelzusätze, als Konservierungsmittel, als Pestizide, als „biochemische Werkzeuge" und als selektive Agenzien in Kulturmedien. Die industrielle Produktion dieser Verbindungen durch Mikroorganismen verläuft im Prinzip nach Grundsätzen, wie sie exemplarisch bei Penicillin aufgezeigt wurden, auch wenn die Produktionsorganismen zum größten Teil zu den Aktinomyceten, also zu den Prokaryoten gehören, und wenn es sich dabei um sehr unterschiedliche Stoffklassen handelt. Weitere Einzelheiten dazu siehe bei Rose (1979), Rehm (1980), Präve et al. (1982).

Die Produktion weiterer arzneilich verwendeter Sekundärstoffwechselprodukte durch Mikroorganismen

Seit Jahren gehören mehrere Präparate aus oder mit Mutterkornalkaloiden zu den 10 wertmäßig führenden Arzneimitteln in der Bundesrepublik (Transparenztelegramm 1980/81). Die von dem Mutterkornpilz *Claviceps purpurea* in Sklerotien synthetisierten Lysergsäurealkaloide (einfache Amide und Tripeptide mit Cyclolstruktur) (Bild 3) wurden bis vor kurzem ausschließlich durch Extraktion der parasitisch gebildeten Sklerotien aus besonders dafür angelegten Roggenfeldern gewonnen. Dabei werden die Roggenblüten maschinell mit Sporen von speziell in Oberflächen- oder Submerskulturen auf hohe Alkaloidproduktion gezüchteten Stämmen des Mutterkornpilzes beimpft (Ausbeute 200—700 kg Mutterkorn pro Hektar). Die Sklerotien enthalten im allgemeinen 0,1 %—0,5 % Peptidalkaloide (Rehm, 1980).

Chemischer Aufbau einiger Mutterkornalkaloide

Einfache Amide der D-Lysergsäure:

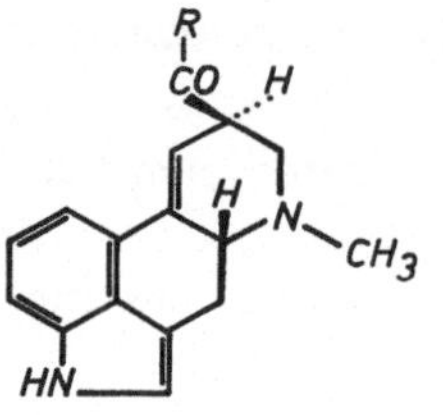

Ergin $\qquad$ $R = NH_2$

Ergometrin (Ergobasin) $\quad$ $R = NH-CH-CH_2OH$
$\qquad\qquad\qquad\qquad\qquad\qquad CH_3$

Alkaloide vom Peptidtyp

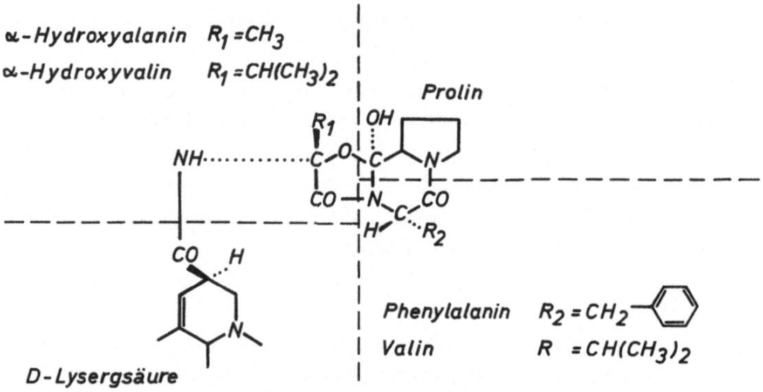

α-Hydroxyalanin $\quad R_1 = CH_3$

α-Hydroxyvalin $\quad R_1 = CH(CH_3)_2$

Prolin

Phenylalanin $\quad R_2 = CH_2-$⟨phenyl⟩

Valin $\qquad\quad R = CH(CH_3)_2$

D-Lysergsäure

R_2	Ergotamingruppe $R_1 = CH_3$	Ergotoxingruppe $R_1 = CH(CH_3)_2$
CH_2-⟨phenyl⟩	Ergotamin	Ergocristin
$CH(CH_3)_2$		Ergocornin

Bild 3 Grundstrukturen einiger Mutterkorn-Alkaloide

Nach jahrzehntelanger intensiver Forschung konnte in den letzten Jahren zusätzlich die vom Roggen und von der Sklerotienbildung unabhängige saprophytische Alkaloidbildung in die industrielle Produktion eingeführt werden (Sprecher, 1983): 1. Durch Züchtung hochspezialisierter Stämme von *Claviceps purpurea* und 2. über Synthese von Paspalsäure durch *Claviceps paspali* und deren chemische Umwandlung in Lysergsäure bzw. Lysergsäurederivate (Rehm, 1980).

Inwieweit künftig noch andere typische Sekundärstoffwechselprodukte aus Mikroorganismen in der Medizin eine so herausragende Rolle wie die Antibiotika und die Mutterkornalkaloide spielen werden, bleibt der Zukunft vorbehalten. Mikrobielle Metabolite mit recht verschiedenartiger pharmakologischer Wirkung existieren in relativ großer Zahl (Woodruff, 1980). Zu den medizinisch bereits eingesetzten Produkten aus Mikroorganismen gehören Enzyminhibitoren. Exopolysaccharide, besonders Dextran, sowie bakterielle Toxine zur Herstellung von Impfstoffen und indirekt auch von entsprechenden Seren (Sprecher, 1983).

Mikrobielle Stoffumwandlungen

Wie bereits festgestellt, weisen Mikroorganismen in ihrer Gesamtheit eine kaum übersehbare Zahl verschiedener Enzyme auf, welche sie befähigen, letzten Endes jede natürliche und nahezu jede synthetische organische Verbindung umzusetzen. Es ist daher naheliegend, Mikroorganismen nicht nur zur Synthese von komplizierten (d.h. durch chemische Synthese nur unwirtschaftlich herstellbaren) Verbindungen einzusetzen, sondern auch solche Reaktionsschritte mit ihnen durchzuführen, bei denen sich die sonst üblichen chemischen Reaktionen als unwirtschaftlich erwiesen haben. Einige Beispiele, bei denen mikrobielle Zwischensynthesen oder Abschlußreaktionen Teil einer Produktsynthese darstellen, zeigt Tabelle 5. Weitere Beispiele bei Kieslich (1978), sowie Iizuka u. Naito (1981). Bei diesen Umsetzungen gelten im wesentlichen die bereits mehrfach genannten Bedingungen, die letzten Endes von einem geeigneten Organismus in einem für diese Umsetzung optimalen Milieu ausgehen. Dabei wird in der Regel die Synthese der erforderlichen Enzyme durch Substratanaloge als Induktoren verstärkt. Da bei relativ schlecht permeierenden Substraten oder Produkten auch die Permeabilität eine wichtige Rolle spielen kann, wird diese unter Umständen z.B. durch Wachstums-limitierende Mn^{++}-konzentrationen oder durch oberflächenaktive Substanzen in positivem Sinne verändert (Sprecher, 1983). Unlösliche Substrate können als feinstverteilte Suspensionen mit Hilfe von Komplexbildung oder von oberflächenaktiven Substanzen umgewandelt werden. Gewisse Schwierigkeiten können z.B. durch die Toxizität des umzusetzenden Substrats entstehen, doch lassen sich diese durch subtoxisch dosierte Zugaben überwinden, aber auch durch die Verwendung weniger empfindlicher Mutanten.

Besondere Vorteile mikrobieller Partialsynthesen sind ihre hohe Spezifität und die schonenden Bedingungen, bei denen sie durchgeführt werden können, sowie hohe, häufig über 90% liegende Ausbeuten (Wang u.a., 1975). Schließlich lassen sich auch Reaktionen an Positionen eines Moleküls durchführen, an denen normalerweise keine Reaktion erfolgt. Selbst mehrere sequentielle Reaktionsschritte werden in einigen Fällen durchgeführt (Wang u.a., 1975).

Tabelle 5: Biokonversionen mit Hilfe von Mikroorganismen bzw. partielle Syntheseschritte (nach Wang et al., 1977; Rehm, 1980)

Endprodukt der Synthese	Mikrobiell durchgeführter Zwischen- oder Endschritt	Verwendeter Organismus
Gluconsäure	Glucose → Gluconsäure	*Aspergillus niger*
Fructose	Mannit → Fructose Sorbit → Fructose	*Gluconobacter suboxidans* *Bacillus fructosus*
Vitamin C	D-Sorbit → L-Sorbose	*Acetobacter suboxidans*
Cortisol	Cortexolon → Cortisol	*Cunninghamella blakesleeana,* *Curvularia lunata*
Hydrocortison	Progesteron → 11 α-Hydroxyprogesteron	*Rhizopus nigricans*
Östron	Cholesterol → 1,4-Androstadien-3,17-dion	*Arthrobacter simplex*
Ampicillin	DL-Phenylglycinmethylester + 6-Aminopenicillansäure	*Pseudomonas melanogenium*

Da durch die Menge an Mikrobenmasse bei derartigen Umsetzungen die Aufarbeitung häufig schwierig sein kann, wurden in den letzten Jahren Auswege aus dieser Situation gesucht und gefunden. So gelingt z. B. die 11-β-Hydroxylierung bestimmter Steroide auch mit Mikroorganismen, die sich — in einem Polyacrylamidgel eingeschlossen — in einer Säule befinden, durch die das Substrat durchgegeben wird (Chibata u. Tosa, 1980). Generell können Mikroorganismen auf diese Weise in eine polymere Matrix wie Polyacrylamid, Collagen, Agar, Alginat, Zelluloseester usw. physikalisch eingeschlossen werden. Andere Möglichkeiten der Immobilisierung bestehen in der Fixierung an wasserunlöslichen Ionenaustauschern oder durch Vernetzung mit bifunktionellen Reagenzien wie Glutaraldehyd oder Toluoldiisocyanat. Die Vorteile dieser Verfahren bestehen darin, daß keine Extraktion oder Reinigung von Enzymen notwendig wird, die Stabilität der immobilisierten Zellen groß und die Ausbeute an Enzymaktivität hoch ist. Der Gesamtvorgang entspricht einem kontinuierlichen Verfahren mit wesentlich geringerem Volumen an Fermentationsmasse als bei konventionellen Verfahren. (Präve et al., 1982).

In Anbetracht der Tatsache, daß bei derartigen Umsetzungen häufig nur ein Enzym notwendig ist, wurde auch versucht, mit Enzymreaktoren zu arbeiten (Rehm, 1980). Dabei können gelöste bzw. verkapselte Enzyme in Fermentern mit ihrem Substrat zusammengebracht werden. Die Enzyme können auch trägergebunden in Festbettreaktoren oder kovalent gebunden an Säulenfüllmaterial bzw. an Röhrenwandungen eingesetzt werden. Eine Reihe von industriellen Verfahren, besonders die Umwandlung von Benzylpenicillin in 6-Aminopenicillansäure oder die Glucoseisomerisierung zu Fructose, werden heute vielerorts auf diese Weise durchgeführt.

Zukunftsweisende Methoden der Primär- und Sekundärstoffproduktion durch Mikroorganismen

Seit Anfang der 70er Jahre wurden in der Grundlagenforschung — völlig unabhängig von der Industriemikrobiologie — Techniken entwickelt, die heute als „genetic engineering" bezeichnet werden. Diese erlauben Manipulationen mit dem Erbmaterial — also mit der DNS — die inzwischen auch der industriellen Produktion unerwartete, neue Impulse geben (Malik, 1979, 1982; Martin u. Demain, 1980; Ninet et al., 1981; Klingmüller, 1981, 1983).

Die bis jetzt zur Entwicklung einer industriellen Produktion durch Mikroorganismen so erfolgreichen Mutations-Selektions-Programme werden zwar auch weiterhin eine Rolle spielen, doch werden sie — und darüber hinaus auch die Rekombinationstechnik — durch die molekularbiologischen Erkenntnisse durchschaubar und damit auch in einem gewissen Sinne manipulierbar gemacht. So hat sich z. B. gezeigt, daß Veränderungen in der Codierung eines Strukturgens die Aminosäureabfolge eines Enzyms und damit seine Aktivität beeinflussen können. Durch geringe Veränderungen in der Promotorsequenz kann die RNS-Polymerasebindung und damit die Transkriptionsrate positiv oder negativ beeinträchtigt werden. Mutationen im Operatorbereich oder in einem Regulatorgen können die Bindung eines Repressors verhindern und damit die Transkriptionsrate erhöhen. Mutationen im Bereich der Zellpermeabilität und der Transportmechanismen, die es erlauben, Vorstufen zu akkumulieren bzw. Hemmstoffe oder Endprodukte auszuschleusen, können die Stoffproduktion ebenfalls stark beeinflussen.

Während die für derartige Vorgänge verantwortlichen Punktmutationen einzelne Gene verändern, ermöglicht der Gentransfer einen grundsätzlich anderen Eingriff in das genetische Programm. Ein solcher Gentransfer findet einmal als homologe Rekombination statt, indem bakterielle oder eukaryotische Chromosomen mit ähnlicher Abfolge der DNS-Basen durch Kreuzung zusammengebracht und korrespondierende DNS-Teile durch

Bruch und Wiedervereinigung ausgetauscht werden. Darüber hinaus können seit einigen Jahren auch „illegitime" Rekombinationen durchgeführt werden. Über die dabei angewandten Techniken, so z. B. über die Protoplastenfusion, über die verschiedenen Möglichkeiten des Gentransfers von natürlichen und künstlichen Genen sowie über die Genamplifikation unterrichten Birge, 1981; Demain u. Solomon (1981); Gräfe (1981); Klingmüller (1981, 1983); Ninet et al. (1981); Pühler u. Heumann (1981); Rehm (1981); Smith u. Danner, (1981); Malik (1982). Sie betreffen unter den hierher gehörenden Stoffwechselprodukten in erster Linie die Produktion von Peptiden bzw. Proteinen, wie Insulin, Wachstumshormon, Interferone, Antikörper und Enzyme. Dies beinhaltet häufig die Fähigkeit zur Synthese eines bestimmten Peptids in einem Organismus, der zuvor dazu nicht in der Lage war.

Zur Verbesserung der mikrobiellen Produktion von anderen Sekundärstoffwechselprodukten wird man im allgemeinen die genetische Information eines bereits existierenden Industriestammes modifizieren. Zum Beispiel könnte die Zahl derjenigen Genkopien vermehrt werden, die für einen metabolischen „Flaschenhals" verantwortlich sind.

Eine ganz wesentliche Verbesserung bedeutet auch die Erhöhung der Präzision, mit der die an sich ungerichtet erfolgenden Mutationen ausgewertet werden können. Dies kann nicht nur mit der bereits geschilderten Protoplastenfusion (S. 131), sondern in ganz besonderer Weise auch mit einer „gezielten" Mutation (*site directed mutation*) geschehen. Dazu wird ein bestimmter Teil eines Gens in der Weise geändert, welche die gewünschte Verbesserung der Produktion erwarten läßt. Das ist außerhalb der Zelle durch chemische Behandlung oder durch partielle Neusynthese möglich. Auf verschiedene Weise kann das so gezielt mutierte Gen dann wieder in den geeigneten Organismus eingeführt werden (Shortle et al., 1981).

Die Sekundärstoffproduktion kann auch durch Einführung eines neuen Gens, das ein bestimmtes Enzym codiert, in einer gewünschten Richtung beeinflußt werden. Für solche Zwecke werden bereits entsprechende *cloning*-Systeme entwickelt (Ninet et al., 1981).

Darüber hinaus erscheint es möglich, auch mehrere Gene, die eine wichtige Enzymabfolge zur Produktion eines Antibiotikums codieren, in einen geeigneten Organismus einzuführen. Es hat sich nämlich gezeigt, daß derartige Gene in einem bestimmten Segment (cluster) auf einem Plasmid lokalisiert sein können (Malik, 1982).

Eine interessante Möglichkeit zur Entwicklung neuer Wirkstoffe besteht in der sogenannten Mutasynthese (*mutational synthesis*). Dabei geht man von Mutanten aus, die bestimmte Zwischenprodukte nicht mehr bilden können. Diesen werden Strukturanaloge der nicht synthetisierten Zwischenprodukte zugefüttert, aus denen dann neue Verbindungen, wie z. B. neue Penicilline, entstehen können (Daum u. Lemke, 1979; Gräfe, 1981; Ninet et al., 1981; Malik, 1982).

Die Produktion von Primär- und Sekundärstoffwechselprodukten wie auch von Enzymen kann in Verbindung mit den neu gewonnenen Einsichten in die molekularbiologischen Vorgänge der Biosynthese natürlich auch von den Kulturbedingungen her wesentlich verbessert werden. (Gräfe, 1981; Demain, 1981a u. b) (s. a. Tabelle 1 B).

Nach den ersten Meldungen über gentechnologische Erfolge etwa ab 1980 schossen die Erwärtungen der Öffentlichkeit zunächst weit über das Ziel hinaus. Dabei wurden vor allem die Schwierigkeiten, welche eine großtechnische Herstellung gegenüber Laborversuchen aufweist, sowie die Kosten und die Dauer eines Zulassungsverfahrens für ein gentechnologisch gewonnenes Arzneimittel stark unterschätzt. Inzwischen werden diese Dinge wieder etwas nüchterner gesehen.

Generell besitzen biotechnologische Verfahren folgende Vorteile gegenüber den üblichen chemischen Produktionsprozessen (Kieslich, 1982):

- Nutzung preiswerter nachwachsender Rohstoffe an Stelle nicht unerschöpflicher fossiler Ausgangsstoffe.

- Verminderter Energiebedarf und Schonung thermolabiler Substanzen durch eine Prozeßführung bei Raumtemperaturen und Normaldruck.

- Abkürzung von teilweise vielstufigen klassischen Verfahren der Chemie durch eine Fermentationsstufe mit geringen Nebenproduktbildungen, hoher Ausbeute und Stereospezifität der Synthese.

- Verringerte Umweltbelastung durch Ausschluß aggressiver Agenzien und vermindertem Einsatz organischer Lösungsmittel.

- Biotechnologische Verfahren sind in einigen Fällen der einzig mögliche Herstellungsweg für bestimmte Produkte.

Gentechnologisch, mit Hilfe der DNS-Rekombinationstechnik, von verschiedenen Firmen hergestellte Leukocyten-(α)-Interferone, Human-Insulin, menschliches Wachstumshormon befinden sich derzeit bereits im klinischen Versuch, entsprechend hergestellte Impfstoffe gegen Maul- und Klauenseuche im Feldversuch. Ebenso dürften β- und γ-Interferon in Kürze klinisch getestet werden können (Leeney, 1982).

Literatur

Aharonowitz, Y., u. G. Cohen: Medikamente; Spektrum der Wissenschaft (Scientific American), 11, 102—115 (1981).

Birge, E. A.: Bacterial and Bacteriophage Genetics. Springer-Verlag. New York. 1981.

Bull, A. T., D. C. Ellwood u. C. Ratledge: The Changing Scene in Microbial Technology. In: A. T. Bull, D. C. Ellwood, C. Ratledge (Hrsg.): Microbial Technology: Current State, Future Prospects. Univ. Press. Cambridge. 1979.

Calam, C. T., L. B. Daglish u. E. P. McCann: Penicillin: Tactics in Strain Improvement. In: K. D. Macdonald (Hrsg.): Second Intern. Symp. on the Genetics of Industrial Microorganisms. Acad. Press. London. 1976.

Casida Jr. L. E.: Industrial Microbiology. J. Wiley. London. 1968.

Chibata, I., u. T. Tosa: Immobilized microbial cells and their applications. TIBS April 1980, 88—90.

Daum, S. J., u. J. R. Lemke: Mutational Biosynthesis of New Antibiotics. Ann. Rev. Microbiol. 33, 241—265 (1979).

Demain, A. L.: The Marriage of Genetics and Industrial Microbiology — after a Long Engagement, a Bright Future. In: Z. Vanek, Z. Hostalek, J. Cudlin (Hrsg.): Genetics of Industrial Microorganisms, Vol. 1 Bacteria. Elsevier, Amsterdam. 1973.

Demain, A. L., Y. M. Kennel u. Y. Aharonowitz: Carbon Catabolite Regulation of Secondary Metabolism. In: A. T. Bull, D. C. Ellwood, C. Ratledge (Hrsg.): Microbial Technology: Current State, Future Prospects. Univ. Press. Cambridge, 1979.

Demain, A. L.: Microbial Production of Primary Metabolites. Naturwissenschaften 67, 582—587 (1980).

Demain, A. L., u. N. A. Solomon: Industrielle Mikrobiologie. Spektrum der Wissenschaft (Scientific American) 11, 21—37 (1981).

Demain, A. L.: Applied Microbiology. In: J. R. Norris, M. H. Richmond (Hrsg.): Essays in Applied Microbiology. J. Wiley. Chichester, 1981.

Demain, A. L.: Industrial Microbiology. Science 214, 987—995 (1981).

Dietz, A.: Pure Culture Methods for Industrial Microorganisms. In: J. R. Norris, M. H. Richmond (Hrsg.): Essays in Applied Microbiology. J. Wiley, Chichester, 1981.

Esser, K., u. U. Stahl: Hybridization. In: H. J. Rehm, G. Reed (Hrsg.): Biotechnology. Vol. 1: Microbial Fundamentals. pp. 305—329. Verlag Chemie. Weinheim, 1981.

Eveleigh, D. E.: Industriechemikalien. Spektrum 11, 88—101 (1981).

Fritsche, W.: Biochemische Grundlagen der Industriellen Mikrobiologie. G. Fischer Verlag. Jena, 1978.

Gräfe, U.: Möglichkeiten zur gezielten Manipulation der Genexpression des mikrobiellen Sekundärstoffwechsels. Z. Allgem. Mikrobiol. 21, 373—409 (1981).

Gröger, D., u. S. Johne: Mikrobielle Gewinnung von Arzneistoffen. Akademie-Verlag. Berlin. 1982.

Hanselmann, K. W.: Lignochemicals. Experientia **38**, 176–188 (1982).

Hegnauer, R.: Die Bedeutung der Chemotaxonomie für die Pharmazeutische Biologie. In: F.-C. Czygan (Hrsg.): Biogene Arzneistoffe. pp. 157–175. Vieweg. Braunschweig/Wiesbaden, 1983.

Hockenhull, D. J. D.: Production of Antibiotics by Fermentation. In: J. R. Norris, M. H. Richmond (Hrsg.): Essays in Applied Microbiology. J. Wiley. Chichester, 1981.

Hopwood, D. A., u. M. J. Merrick: Genetics of antibiotic production. Bacteriological Rev. **41**, 595–635 (1977).

Iizuka, H. u. A. Naito: Microbial Conversion of Steroids and Alkaloids. Springer Verlag. Berlin, 1981.

Kinoshita, S., u. K. Tanaka: Glutamic Acid. In: K. Yamada, S. Kinoshita, T. Tsunoda, K. Aida (Hrsg.): The Microbial Production of Amino Acids. Kodansha Ltd. Tokio, 1972.

Kieslich, K.: Microbial Transformations – Type Reactions. In: R. Hütter, T. Leisinger, J. Nüesch, W. Wehrli (Hrsg.): Antibiotics and Other Secondary Metabolites. Acad. Press. London, 1978.

Kieslich, K.: Biotechnologische Verfahren zur Arzneistoffgewinnung. Deutsch. Apoth. Ztg. **122**, 1223–1224 (1982).

Klingmüller, W.: Möglichkeiten und Grenzen der genetischen Manipulation. Naturwissenschaften **68**, 120–127 (1981).

Klingmüller, W.: Genmanipulation und Arzneistoffe von morgen. In: F.-C. Czygan (Hrsg.): Biogene Arzneistoffe. pp. 143–156. Vieweg. Braunschweig/Wiesbaden. 1983.

Leeney, T.: Health care applications. Chemistry and Industry **1982**, 518–521 (1982).

Lipinsky, E. S.: Chemicals from biomass: Petrochemical substitution options. Science **212**, 1465–1471 (1981).

Luckner, M., u. B. Diettrich: Regulation des Sekundärstoffwechsels. In: F.-C. Czygan (Hrsg.): Biogene Arzneistoffe. pp. 45–59. Vieweg. Braunschweig/Wiesbaden. 1983.

Malik, V. S.: Genetics of industrial microorganisms. Nature **274**, 844–855 (1978).

Malik, V. S.: Genetics of Applied Microbiology. In: Advances in Genetics, Vol. 20, Academic Press. 1979.

Malik, V. S.: Genetics and biochemistry of secondary metabolism. In: A. I. Laskin (Hrsg.): Advances in Applied Microbiology, Vol. 28, Academic Press. 1982.

Martin, J. F., u. A. L. Demain: Control of antibiotic biosynthesis. Microbiol. Rev. **44**, 230–251 (1980).

Martin, J. F. u. Paloma Liras: Biosynthetic Pathways of Secondary Metabolites in Industrial Microorganisms. In: H. J. Rehm, G. Reed (Hrsg.): Biotechnology. Verlag Chemie. Weinheim, 1981.

Mitsuhashi, S.: Beta-Lactam Antibiotics. Springer-Verlag. Berlin, 1981.

Mothes, K.: Zur Geschichte biogener Arzneistoffe. In: F.-C. Czygan (Hrsg.): Biogene Arzneistoffe. pp. 5–25. Vieweg-Verlag. Braunschweig, 1983.

Miller, B. M. u. W. Litsky: Industrial Microbiology. McGraw-Hill Book Comp. New York, 1976.

Nakayama, K.: Sources of Industrial Microorganisms. In: H. J. Rehm u. G. Reed (Hrsg.): Biotechnology. Verlag Chemie. Weinheim, 1981.

Ninet, L.; P. E. Bost, D. H. Bouanchaud u. J. Florent: The Future of Antibiotherapy and Antibiotic Research. Acad. Press. New York, 1981.

Peberdy, J. F.: Fungal protoplasts: Isolation, reversion, and fusion. Ann. Rev. Microbiol. **33**, 21–39 (1979).

Perlman, D. u. C. K. A. Martin: Antibiotics by the Thousand: An Overview from the USA. In: Woodbine (Hrsg.): Antibiotics and Antibiosis in Agriculture. Butterworth. London, 1977.

Präve, P., U. Faust, W. Sittig, D. A. Sukatsch: Handbuch der Biotechnologie. Akad. Verl. Ges., Wiesbaden, 1982.

Pühler, A. u. W. Heumann: Genetic Engineering. In: H. J. Rehm u. G. Reed (Hrsg.): Biotechnology. Verlag Chemie. Weinheim, 1981.

Queener, S. u. R. Swartz: Penicillins: Biosynthetic and Semisynthetic. In: A. H. Rose (Hrsg.): Secondary Products of Metabolism. Acad. Press. London, 1979.

Rehm, H.-J.: Industrielle Mikrobiologie. Springer Verlag, 2. Aufl. Berlin, 1980.

Rehm, H.-J.: Biotechnologie: Möglichkeiten und Grenzen. Naturwiss. Rdsch. **34**, 494–502 (1981).

Rehm, H.-J. u. G. Reed: What is Biotechnology? In: H.-J. Rehm u. G. Reed (Hrsg.): Biotechnology. Verlag Chemie. Weinheim, 1981.

Rivière, J.: Industrial Applications of Microbiology. Surrey University Press. London, 1977.

Rose, A. H.: Primary Products of Metabolism. Acad. Press, London, 1978.

Rose, A. H.: Secondary Products of Metabolism. Acad. Press, London, 1979.

Ruttloff, H., J. Huber, F. Zickler u. K.-H. Mangold: Industrielle Enzyme. D. Steinkopff Verlag. Darmstadt, 1979.

Shortle, D., D. Dimaio u. D. Nathans: Directed Mutagenesis. Ann. Rev. Genet. **15**, 265–294 (1981).

Smith, H. O., D. B. Danner u. R. A. Deich: Genetic Transformation. Ann. Rev. Biochem. **50**, 41—68 (1981).

Sprecher, E.: Arzneistoffproduktion durch Mikroorganismen. Dtsch. Apoth. Verlag, Stuttgart, 1983.

Thesing, J.: Heutiger Stand der Arzneimitteltherapie und Bewertung pharmazeutischer Qualität. Dtsch. Apoth.-Ztg. **122**, 552—556, (1982).

Thrum, H.: Chemische Modifizierung von Antibiotika: Aminoglykosid und β-Laktam-Antibiotika. Biol. Rdsch. **19**, 69—78 (1981).

Wang, D. I. C., C. L. Cooney, A. L. Demain, P. Dunnhill, A. E. Humphrey u. M. D. Lilly: Fermentation and Enzyme Technology. J. Wiley. New York. 1975.

Woodruff, H. B.: Natural Products from Microorganisms. Science **208**, 1225—1229 (1980).

Zähner, H.: Zukünftige Entwicklungslinien der Antibiotika-Produktion und -Therapie. Österr. Apoth. Ztg. **33**, 796—799 (1979).

Genmanipulation und Arzneistoffe von morgen

Walter Klingmüller

Genmanipulation ist der gezielte Eingriff in das Erbgut eines Lebewesens (Klingmüller, 1976). Außer der Änderung bestimmter Gene ein und desselben Objektes gehört dazu auch die Verknüpfung von Genen aus verschiedenen Objekten und die Übertragung von Genen aus einem in ein anderes Objekt. Gerade die letzten beiden Eingriffe werden seit den siebziger Jahren insbesondere bei Mikroorganismen in immer zunehmendem Umfang vorgenommen. Sie versprechen für die Produktion von Arzneistoffen von weitreichender Bedeutung zu werden. Was hier gegenwärtig möglich und was für die Zukunft zu erwarten ist, soll im folgenden Beitrag aufgezeigt werden.

1 Methodische Grundlagen

In Bild 1 ist schematisch eine Bakterienzelle gezeigt. Sie enthält das bakterielle Chromosom sowie einen kleinen zusätzlichen DNA-Ring, ein sogenanntes Plasmid. Plasmide können Gene tragen, z. B. solche für Resistenz gegen Antibiotika. Sie können sich in der Bakterienzelle unabhängig vom Chromosom vermehren, haben also eine eigene Replikationsmaschinerie. Die auf ihnen liegenden Gene können abgelesen werden und dem Bakterium entsprechende Eigenschaften verleihen.

Plasmide, wie auch andere DNA-Moleküle, lassen sich durch bestimmte Enzyme in definierter Weise zerschneiden. (Hierzu Bild 2). In dem oben gezeigten Plasmid ist eine

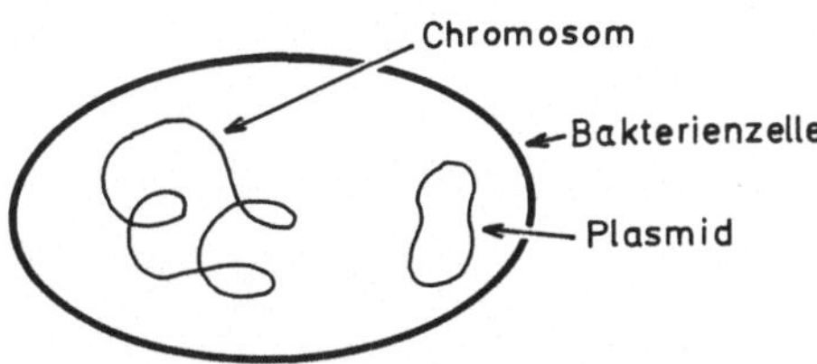

Bild 1 Bakterienzelle mit Plasmid, schematisch
(aus Klingmüller, 1981)

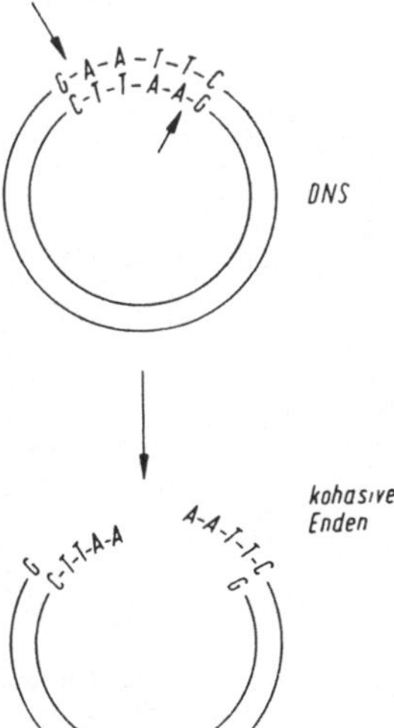

Bild 2
Plasmid mit Erkennungsregion für das Restriktionsenzym Eco RI.
Entstehung kohäsiver Enden durch versetztes Schneiden (aus
Klingmüller, 1981)

Folge von sechs Basenpaaren angegeben, die Erkennungsregion für ein solches „Restriktionsenzym" ist. Für die Entdeckung der Restriktionsenzyme und die Ausarbeitung von Methoden zur Analyse des genetischen Materials mit ihnen wurde 1978 an Arber, Nathans und Smith der Nobelpreis für Medizin und Physiologie verliehen.

Durch Aufschneiden in der angedeuteten Weise entsteht ein lineares Doppelstrangmolekül mit überstehenden Einzelstrangenden (kohäsive Enden). Hat man eine andere DNA-Species — z. B. aus einem Säuger (wie der Maus) — in der gleichen Weise geschnitten und mischt sie mit Plasmid-DNA, so können unter geeigneten Bedingungen die Molekülstücke aufgrund der überstehenden Einzelstrangenden, die in der Nukleotidsequenz ja einander komplementär sind, miteinander verschmelzen.

Auf diese Weise ist es möglich, in bakterielle Plasmide Stücke von DNA verschiedenster Organismen gezielt einzusetzen (Bild 3). Auch synthetisch hergestellte DNA-Stücke sind als Einsatz verwendbar. Es entstehen so Hybridplasmide, die wie das betreffende Originalplasmid durch Transformation auf passende Wirtsbakterien übertragen und in ihnen vermehrt werden können. Das eingesetzte DNA-Stück wird so angereichert oder *kloniert*.

Der Sinn dieser Arbeiten liegt einerseits im Erkenntnisgewinn. Durch Zerlegung von DNA-Fäden in definierte Teilstücke, Klonierung dieser Stücke in Bakterien, Bestimmung ihrer Größe (z. B. durch Gelelektrophorese) und „Einortung" der Stücke in abstrakte Genkarten erhält man Aufschlüsse über die Struktur des genetischen Materials, vor allem bei höheren Organismen. Unsere Kenntnis gerade des Aufbaus des Säugergenoms ist durch die Verwendung von Restriktionsenzymen in Verbindung mit *in-vitro*-Neukombination von DNA und DNA-Sequenzierung in den letzten Jahren beträchtlich erweitert worden (s. beispielsweise Klingmüller, 1982).

Andererseits zeichnen sich aber auch vielfältige Anwendungsmöglichkeiten ab. Es handelt sich hierbei u. a. um die Produktion von Hormonen, Virostatika, Impfstoffen und anderen Substanzen unter Verwendung von Bakterien oder neuerdings auch Hefen (Tabelle 1).

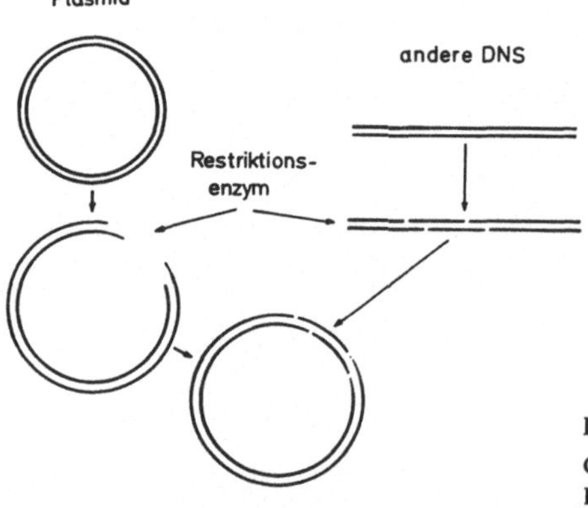

Bild 3
Gewinnung von Plasmiden, die zusätzliche DNA-Stücke aus anderen Organismen enthalten, schematisch (aus Klingmüller, 1981)

Tabelle 1: Pharmazeutisch interessante Substanzen, an deren Produktion durch Mikroorganismen gearbeitet wird (aus Klingmüller, 1982)

Substanz	Funktion und Zahl der Aminosäurebausteine	ungefähre Ausbeute (Moleküle/Zelle)
Somatostatin	Neurohormon, inhibiert Ausschüttung anderer Hormone, 18 AS	10^4
Wachstumshormon	stimuliert Längenwachstum, 191 AS	$1,8 \times 10^5$
Insulin	senkt Blutzuckerspiegel, 51 AS	10^5
β-Endorphin	endogenes Opiod, 31 AS	8×10^4
Antigene aus Enterotoxinen und Cholera-toxinen	Toxine verursachen Durchfälle	
Antigene von Hepatitis-Virus	Virus verursacht in-fektiöse Gelbsucht	$1,7 \times 10^5$ bei trp-Promotor
Hauptantigen des FMD-Virus	Virus verursacht Maul- und Klauenseuche, 213 AS	1 % des Zellproteins von B. subtilis
Interferone	wirksam gegen Virus-infektionen und evtl. Krebs, 165 AS	10^4, 10^6 aus Hefe

2   Programmierung von Mikroorganismen

Wie können Mikroorganismen durch gezielte Eingriffe in ihr Erbgut dazu gebracht werden, die genannten Substanzen zu bilden? Wie können derart manipulierte Mikroorganismen-Stämme dann erkannt werden? Nötig dafür sind 1. die genetische Information in Form eines DNA-Stückes, 2. geeignete Vektoren, 3. die Einfügung des DNA-Stückes in diese, 4. die Übertragung der entstandenen Hybridmoleküle in geeignete Wirtszellen, 5. die Expression des DNA-Stückes in ihnen bis hin zur Proteinsynthese und 6. geeignete Selektionsverfahren (hierzu z. B. Adams et al., 1981).

2.1   Gewinnung der genetischen Information

2.1.1 Chemische Synthese: Erste Erfolge wurden um 1970 in der Arbeitsgruppe von Khorana erzielt. Dabei wurde von der bekannten Nukleotidsequenz einer Transfer-RNA ausgegangen. Es wurden zunächst Di-, Tri- und andere Oligonukleotide synthetisiert, die dann in Gruppen zusammengefügt werden konnten. Die seinerzeitigen Arbeiten waren noch außerordentlich mühsam und aufwendig. Inzwischen sind die Methoden beträcht-lich verbessert worden (z. B. Alvarado-Urbina et al., 1981). Amerikanische Firmen bieten bereits Apparate zur automatischen Synthese von DNA käuflich an. DNA-Einzelstrang-ketten von bis zu 40 Nukleotiden mit gewünschter Sequenz können mit ihnen leicht erhalten werden. Das Anfangs-Nukleotid wird an eine feste Phase, z. B. Kieselsäurekörn-chen in einer Säule, gebunden. Es werden dann nacheinander, mit zwischengeschalteten

Waschschritten, die übrigen Nukleotide durchgepumpt und zur Verknüpfung gebracht. Die Bedienung besteht darin, die Säule zu beschicken, Nukleotide und Reagentien in den Apparat einzufüllen und die gewünschte Sequenz durch Knopfdruck einzuprogrammieren. Dies alles kann von einer technischen Assistentin bewältigt werden. Jede Nukleotid-Addition benötigt ungefähr 30 Minuten. Größere Moleküle können als Doppelstränge aus kürzeren Einzelsträngen mit überlappenden Sequenzen aufgebaut werden.

2.1.2 Schrotflintenexperimente: Ist die Nukleotidsequenz des gewünschten Gens nicht bekannt, oder dieses für die chemische Synthese zu groß, so kann folgendermaßen vorgegangen werden: Aus Zellen, die das Gen enthalten, wird DNA extrahiert und gereinigt. Sie wird sodann in geeigneter Weise zerstückelt, z. B. mit Restriktionsenzymen. Die Stücke werden in Plasmide aufgenommen. Mit den Plasmiden werden *Escherichia-coli*-Zellen transformiert. Nicht transformierte Zellen und jene, die kein Plasmid mit eingebautem DNA-Stück enthalten, werden ausgeschieden. Unter den verbleibenden Zellen wird nach jenen gefahndet, die ein Plasmid mit dem gewünschten Gen besitzen. Sind sie gefunden, so können aus ihnen die Plasmide extrahiert werden. Das gewünschte Gen läßt sich abtrennen.

2.1.3 Komplementäre DNA: Ist die Boten-RNA des gewünschten Gens zu fassen, so kann man von ihr als Matrize ausgehen und das gewünschte Gen enzymatisch synthetisieren. Z. B. bilden sich bei röntgenbestrahlten Ratten Tumoren der Bauchspeicheldrüse. In ihnen wird besonders viel Insulin-Boten-RNA produziert. Diese kann daher in nahezu reiner Form gewonnen werden. Im Reagenzglas wird nun zur Boten-RNA das Enzym *reverse Transkriptase* zugefügt. Es kann an RNA als Matrize die zugehörige DNA synthetisieren, sogenannte *komplementäre* DNA oder kurz cDNA. Diese entspricht in ihrer Nukleotidsequenz über weite Abschnitte hin dem eigentlichen Gen.

Chemisch synthetisierte Gene sind für bakterielle Produktionsstämme sehr geeignet, da ihre Transkriptions- und Translationsprodukte nicht reifen müssen. Auch das biologische Risiko ist klein, da die Gene genau bekannt sind.

Mit Schrotflintenexperimenten kann im Prinzip jedes beliebige Gen gefaßt werden. Für eine sinnvolle Expression werden aber meist Reifungsschritte nötig, und das biologische Risiko ist größer. Hierauf wird weiter unten eingegangen.

Gene, die als komplementäre DNA gewonnen wurden, nehmen eine Mittelstellung ein. Es kann, wie beim Insulin, eine Reifung der erhaltenen Proteinmoleküle nötig sein.

2.2 Vektoren

Stehen die gewünschten Gene oder Gengruppen zur Verfügung, so müssen sie in geeigneten Vektoren aufgenommen werden. Einige derzeit gebräuchliche Vektoren sind in Tabelle 2 zusammengestellt. Es handelt sich meist um Plasmide, die mehrere Resistenzmarken mit passenden Restriktionsschnittstellen tragen und in *E. coli*-Zellen amplifizierbar, aber nicht selbsttransmissibel sind. Einige dieser Plasmide tragen zusätzlich gut bekannte, leicht manipulierbare genetische Abschnitte aus *E. coli*, z. B. die *lac*-Region. Auch Bakteriophagen-Genome, meist Abkömmlinge des Phagen *Lambda*, sind in Gebrauch.

2.3 Einfügung der DNA

Hierfür stehen heute verschiedene Methoden zur Verfügung. Die bekannteste wurde einleitend bereits erwähnt. Sie nutzt die durch viele Restriktionsenzyme erzeugten kohäsiven Enden. An DNA-Stücken, die keine kohäsiven Enden haben, können durch das Enzym *terminale Transferase* einsträngige poly-A- oder poly-T-Enden angefügt werden, die dann eine Zusammenlagerung herbeiführen. Man spricht von *homopolymer-tailing*. Diese Methode wird z. B. für den Einbau von komplementärer DNA in Plasmide benutzt.

Tabelle 2: Zusammenstellung gebräuchlicher Vektoren. Aus Adams et al. (1981)

	Größe (kb)	Markierungsgene	Schnittstellen von Restriktionsenzymen
pMB9	5,2	Tetracyclinresistenz Immunität gegen Col EI	In Tc^r-Gen Bam HI, Hind III, Sal I, außerhalb Eco RI
pBR322	4,0	Tetracyclinresistenz Ampicillinresistenz	In Tc^r-Gen Bam HI, Hind III, Sal I, in Ap^r-Gen Pst I, Pvu I, außerhalb Eco RI
pBR325	5,2	Tetracyclinresistenz Ampicillinresistenz Chloramphenicolresistenz	In Tc^r-Gen Bam HI, Hind III, Sal I, in Ap^r-Gen Pst I, Pvu I, in Cm^r-Gen Eco RI
pUR2	2,7	Ampicillinresistenz *lac*-Operator und z-Gen	In Ap^r-Gen Pst I, Pvu I, in lac-Genen Eco RI

Bestimmte Ligasen, z. B. aus T4-infizierten *E. coli*-Zellen, können doppelsträngige DNA-Stücke auch stumpf aneinanderfügen. Die Reaktion geht allerdings langsamer als jene über kohäsive Enden. Ligasen dieses Typs werden heute von verschiedenen Firmen käuflich angeboten (Boehringer, 1981).

2.4 Expression

Um eine Bakterien- oder Hefezelle zum Produzenten der gewünschten Substanz zu machen, genügt es nicht, das zugehörige Gen in diese Zelle zu übertragen. Vielmehr muß das Gen „lesbar" an einem geeigneten Genanfang oder „Promotor" angeschlossen sein. Die Genanfänge von Säugergenen sind in Bakterienzellen unbrauchbar. Nur bakterielle oder Phagen-Promotoren können hier als Startsignal der Transkription dienen. Das Gen muß ferner, wenn es an einen solchen Promotor angeschlossen wurde, die richtige Phase im Leseraster haben und in normaler, nicht in umgekehrter Orientierung eingebaut sein. Um diese Voraussetzungen zu erfüllen, ist ein beträchtlicher experimenteller Aufwand notwendig. Es werden vor allem die folgenden beiden grundsätzlich verschiedenen Methoden benutzt:

2.4.1 Indirekte Methode über Fusionspeptide und deren Spaltung: Das interessierende Gen wird in größerem Abstand vom Promotor in ein bakterielles Gen eingebaut. Das von der Zelle synthetisierte Protein besteht dann aus dem mehr oder weniger langen aminoterminalen Teilstück des bakteriellen Proteins und dem gewünschten Fremdprotein. Man spricht von Fusionspeptiden. Um das gewünschte Protein zu gewinnen, muß das Fusionspeptid gezielt gespalten werden. Das gelingt mit Bromcyan, falls das Fusionspeptid an der entscheidenden Nahtstelle Methionin enthält. Dafür kann durch Ergänzung einiger Nukleotide in der DNA gesorgt werden. Die Bromcyanmethode hat allerdings einen Nachteil. Das gewünschte Protein darf selbst kein Methionin enthalten. Dies ist nur selten der Fall, z. B. beim Somatostatin und den beiden Proteinuntereinheiten des Insulins. Die Methode wird deshalb von der Fa. Genentech in Kalifornien für die Synthese von Somatostatin und Insulin benutzt.

Ist Methionin vorhanden, müssen andere Wege gesucht werden. Einer wäre der folgende (Schering AG, Berlin): Es werden Schnittstellen konstruiert, die in Proteinen normalerweise kaum vorkommen (Töpert, 1981). Eine solche Schnittstelle ist z. B. die Aminosäurenfolge Pro-X-Gly-Pro. Sie wird von einer Collagenase, der Clostridio-Pepti-

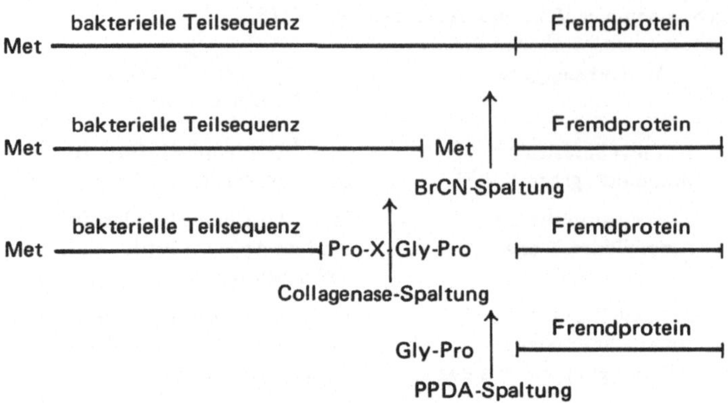

Bild 4 Möglichkeiten zur Aufarbeitung von Fusionspeptiden (aus Töpert, 1981)

dase A erkannt und zwischen X und Gly aufgespalten. Liegt sie an der Nahtstelle eines Fusionspeptids, so muß das gewünschte Protein frei werden, zunächst noch mit Gly und Pro am aminoterminalen Ende. Diese zwei Aminosäuren können ihrerseits mit einer Exopeptidase (PPDA) abgespalten werden (Bild 4). Die Verwendung bestimmter Collagenasen für die Spaltung von gentechnisch erhaltenen Fusionspeptiden haben auch andere Autoren vorgeschlagen (Wünsch et al., 1981). Das Fusionspeptid muß in einer Form vorliegen, in der die Schnittstelle für die benutzten Enzyme zugänglich ist. Um dies zu erreichen, muß der prokaryotische Anteil des Fusionspeptids möglichst kurz sein.

2.4.2 Direkte Methode, korrekter Einbau hinter geeigneten Promotoren: Hierbei wird versucht, die gewünschte Gengruppe hinter einen mikrobiellen Promotor unmittelbar an das Iniationscodon ATG des zugehörigen Gens anzuschließen. Es entsteht dann nur das gewünschte Protein, allerdings, wie die meisten bakteriellen Proteine, mit einem Methionin am aminoterminalen Ende. Das Methionin wird in Bakterien in der Regel auf natürliche Weise vom Protein abgetrennt. Wo dies nicht geschieht, bleibt die Möglichkeit, daß es die biologische Funktion des Fremdproteins nicht stört.

Ein Beispiel ist die Synthese von menschlichem Leukozyten-Interferon durch Hefezellen. Hierfür wurde ein in geeigneter Weise verkürzter Genanfang aus Hefe, und zwar von dem Gen für Alkoholdehydrogenase benutzt (Hitzeman et al., 1981). Bei der medizinischen Anwendung einer so gewonnenen Substanz würden aber erhebliche Probleme auftreten (Töpert, 1981). Die Substanz müßte eine erneute aufwendige klinische Prüfung durchlaufen, selbst wenn das Naturprodukt längst als Pharmakon registriert und eingeführt wäre. Daher wird weiter nach Methoden gesucht, mit denen das überflüssige Methionin abgespalten werden kann.

2.5 Selektionsverfahren

Bei Schrotflinten-Experimenten ist es nötig, unter der Vielzahl an erhaltenen Hybridplasmiden jene herauszufinden, die die relevante Gengruppe tragen. Dafür werden Nukleinsäure-Hybridisierungstechniken benutzt. Die DNA der fraglichen Bakterien bzw. ihrer Plasmide wird aufgeschmolzen und mit einer radioaktiv markierten Probe von Boten-RNA oder komplementärer-DNA hybridisiert. Die Probe muß zu dem gesuchten Gen bzw. der zugehörigen Boten-RNA passen. Solche Proben sind für bestimmte Systeme verfügbar. Wurden die Gene als komplementäre DNA gewonnen, so kann als Probe die ursprünglich eingesetzte Boten-RNA dienen.

Eine arbeitssparende Methode zum Auffinden der gesuchten Zellinien ist die Filterhybridisierung. Es werden 100 bis 150 Zellen pro Platte Vollmedium ausgebracht und bebrütet. Die entstehenden Kolonien werden auf Filter abgeklatscht. Die Zellen werden dann durch Lysozym aufgeschlossen, die DNA wird denaturiert und mit der radioaktiv markierten Probe hybridisiert. Es folgt Autoradiographie und Vergleich des Koloniemusters mit dem der Mutterplatte.

Eine andere, prinzipiell ähnliche Methode, ist das *Southern blotting*. Hierbei wird die DNA der zu prüfenden Plasmide enzymatisch geschnitten und das gestückelte Material nach Größe in Gelen aufgetrennt. Das erhaltene Bandenmuster wird auf Filter überführt. Die Filter werden, wie bei der oben besprochenen Filterhybridisierung, mit radioaktiver Probe getränkt und radioautographisch ausgewertet. Auch hierbei erkennt man, welches Isolat Plasmide mit DNA-Abschnitten enthält, die der radioaktiven Probe homolog sind.

Während zur Identifizierung der gesuchten Plasmide Nukleinsäure-Hybridisierungstechniken benutzt werden, müssen zur Identifizierung und Anreicherung von Zellinien, die das gesuchte Protein bilden, serologische und physiologische Verfahren angewendet werden. Vor der klinischen Prüfung müssen dann biologische Tests und Tierversuche stehen. Dazu ist in den nächsten Abschnitten mehr gesagt.

3   Produktion von Insulin

Insulin senkt den Blutzuckerspiegel. Dem Zuckerkranken fehlt dieses Hormon, es kommt daher zu Störungen in der Blutzuckerregulation. Diese werden heute z. B. durch Spritzen von Insulin ausgeglichen. Das Insulinmolekül besteht aus zwei Untereinheiten, einer kleineren (A) und einer größeren (B) (Bild 5). Die genetische Information für die kleine und für die große Untereinheit konnte nachgebaut werden. Sie wurde in Plasmide eingesetzt und in Bakterienzellen eingeführt. Der weitere Versuchsablauf ist in Bild 6 schematisch angegeben. In der links gezeigten Bakterienzelle befindet sich ein Plasmid mit der Information für die A-Untereinheit, entsprechend soll sich in der rechts gezeigten Bakterienzelle ein Plasmid mit der Information für die B-Untereinheit befinden. Die beiden genetischen Abschnitte können im vorliegenden Fall im z-Gen des *lac*-Operons sitzen, welches das Enzym β-Galaktosidase spezifiziert. Die Untereinheiten entstehen

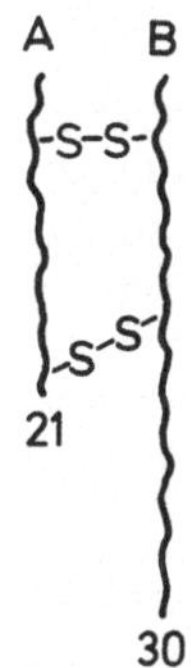

Bild 5

Molekül menschlichen Insulins, schematisch. Zwei der drei Disulfidbrücken und die Zahl der Aminosäuren je Untereinheit sind angegeben (aus Klingmüller, 1981)

dann als Anhängsel der β-Galaktosidase. Sie müssen durch Bromcyanspaltung abgetrennt und anschließend in korrekter Weise zum Insulin-Molekül miteinander verbunden werden. Letzteres ist heute technisch durchführbar.

Außer dem hier besprochenen Verfahren wird auch der Weg über komplementäre DNA verfolgt. So programmierte Bakterienzellen machen zunächst Pro-Insulin, welches durch einen im Molekül liegenden zusätzlichen Peptidabschnitt die Voraussetzung zur korrekten Verbindung der beiden Untereinheiten zum Insulinmolekül mitbringt. Die Schwierigkeit ist hier, daß der genannte zusätzliche Abschnitt des Pro-Insulins später im Zuge eines Reifungsvorganges herausgeschnitten werden muß, er ist im Insulin selbst nicht mehr vorhanden. Die Enzyme dafür fehlen in *E. coli*.

In den letzten Jahren wurde fieberhaft an der Produktion menschlichen Insulins durch Bakterien gearbeitet, und zwar in Kooperation mit verschiedenen pharmazeutischen Firmen, die hier eine Möglichkeit sehen, die Insulinversorgung der Zuckerkranken auf neuartigen Wegen sicherzustellen. Genannt sei die amerikanische Pharma-Firma Eli Lilly & Co. (Indianapolis). Von ihr werden für die Insulinproduktion durch Bakterien Fermenter mit 40 000 l Fassungsvermögen betrieben. Pro Ansatz werden mehrere Kilogramm Humaninsulin gewonnen. In den USA, England und Deutschland sind klinische Versuche mit der Substanz an etwa 400 Personen gelaufen, sie waren erfolgreich, unerwünschte Nebenwirkungen traten nicht auf. Das so gewonnene menschliche Insulin wurde daher im September 1982 in England, im Oktober 1982 in den U.S.A., und Anfang 1983 auch in der Bundesrepublik Deutschland offiziell als Medikament zugelassen. Es wird bei uns als „*Huminsulin*" in vier Varianten vertrieben. Eine Packung mit 5 Fläschchen zu 10 ml (40 Internationale Einheiten pro ml) kostet in den Apotheken DM 88,00. Das neue Produkt hat Vorteile bei Diabetikern, die Allergien gegen Rinder- und Schweineinsulin entwickelt haben. Man schätzt, daß die Firma Eli Lilly insgesamt etwa 100 Millionen Dollar eingesetzt hat, um das Produkt marktreif zu machen.

Als weitere menschliche Hormone, die für eine Gewinnung auf den hier beschriebenen Wegen in Frage kommen und an deren Produktion mit Hilfe von Bakterien gearbeitet wird, seien das Somatostatin, das Wachstumshormon (z.B. Aharonowitz u. Cohen, 1981) und das β-Endorphin angeführt (siehe Tabelle 1).

4   Produktion von Impfstoffen

Zur möglichen Produktion von Impfstoffen durch Bakterien folgendes: Einige Stämme von *E. coli* sind für den Menschen pathogen. Die von solchen Bakterien infizierten Patienten bekommen starken Durchfall. Ursache sind Giftstoffe, Enterotoxine genannt, die diese Bakterien ausscheiden. Es hat sich gezeigt, daß eines der Enterotoxine aus zwei Protein-Untereinheiten besteht, einer kleineren, welche die toxische Wirkung bedingt, und einer mit dieser eng verbundenen größeren, welche vom Immunsystem des Körpers erkannt und abgewehrt werden kann. Damit wird dann auch das gesamte Enterotoxin abgewehrt. Es wäre wünschenswert, von der größeren Untereinheit, die allein harmlos ist, genügend Material zur Verfügung zu haben und damit eine aktive Immunisierung von Patienten zu versuchen.

Wie man manipulierte Bakterien zur Gewinnung dieses Eiweißstoffes einsetzen kann, ist in Bild 7 schematisch angegeben. Es ist gelungen, Plasmide herzustellen, welche nur die genetische Information für die antigene Determinante des besagten Enterotoxins tragen, nicht aber die Information für die toxische Komponente. Sie konnten in Bakterienzellen eingeschleust werden. Solche Bakterien produzieren nun antigene Determinanten.

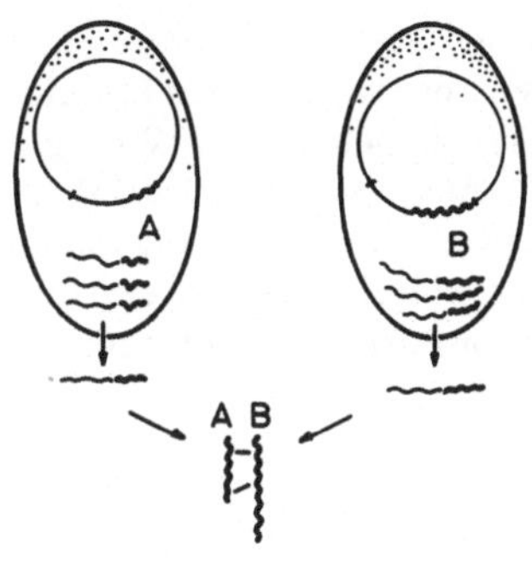

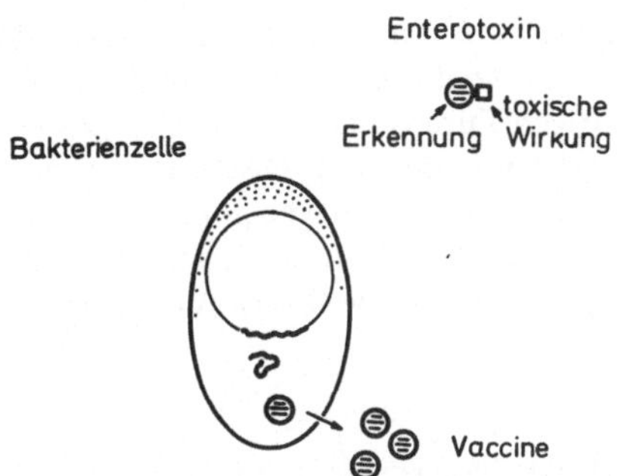

Bild 6 Insulinproduktion mit Hilfe
von Bakterien, schematisch, Grundlage sind synthetische Insulingen-
Stücke für die A- bzw. B-Untereinheit
(aus Klingmüller, 1981)

Bild 7 Impfstoffproduktion durch
Bakterien, schematisch (aus Klingmüller,
1981)

Es liegt nahe, die Arbeiten bis zur Gewinnung dieser Substanzen als Impfstoffe weiter-
zuführen. Da die pathogene Wirkung von Cholera-Bakterien auf einem ganz ähnlichen
Prinzip beruht, sollte es möglich sein, auch gegen sie Impfstoffe zu entwickeln. Ein Problem bei solchen Verfahren ist vorerst noch die Verunreinigung der gesuchten Eiweißstoffe durch andere bakterieneigene Proteine.

In ähnlicher Weise bemühen sich zur Zeit eine Vielzahl von Arbeitsgruppen um die
Gewinnung von Proteinen, die (harmlose) Bestandteile von pathogenen Viruspartikeln
sind. Hierher gehören Arbeiten zur bakteriellen Produktion des Kern-Antigens und des
Oberflächen-Antigens von Hepatitis-B-Viren, den Erregern der infektiösen Gelbsucht.
Bisher mußte man, da Hepatitis-B-Viren nicht im Labor vermehrt werden können, zur
Immunisierung Antiserum aus dem Blut chronisch kranker Hepatitis-B-Patienten be-
nutzen. Der so zu erzielende Impfschutz war nur vorübergehend.

Inzwischen ist es gelungen, die relevanten Gene des Virus zu identifizieren, wiederum in Plasmide einzubauen, mit deren Hilfe in *E. coli*-Zellen zu übertragen und dort
zur Funktion zu bringen. Mit so gewonnenen Proteinen konnte eine Antikörper-Produk-
tion in Kaninchen erzielt werden, die der von Kern-Antigen entsprach. Auch an der Gewinnung von Oberflächen-Antigen wird gearbeitet, man erhofft schon in Kürze weitere
Fortschritte. Sobald das Problem der Reinigung gelöst ist, könnte die großtechnische
Produktion ins Auge gefaßt werden. Als weiteres, insbesondere für die Veterinärmedizin wichtiges Beispiel sei noch die Produktion von Impfstoffen gegen das Maul- und
Klauenseuchevirus durch Verwendung entsprechend programmierter Bakterien besprochen (Küpper et al., 1981):

Die Maul- und Klauenseuche ist bekanntlich eine der gefürchtetsten Tierkrank-
heiten überhaupt. Zur Verhütung werden Rinder, Schweine usw. geimpft. Die Impfstoffe dafür mußten bisher aus Viren gewonnen werden, die in Zungengewebe von ge-
schlachteten Tieren oder in Zellsuspensionskulturen gezüchtet werden. Dies ist schon an
sich aufwendig. Zusätzlich ergeben sich Schwierigkeiten wegen der Vielzahl von Subtypen, in denen das Virus vorkommt und denen durch Produktion immer neuer Impfstoff-
varianten Rechnung getragen werden muß.

Das Virus enthält als genetisches Material einzelsträngige RNA. Es besitzt eine Hülle, deren wichtigster Bestandteil, ein Protein, als VP1 bezeichnet wird. Dieses Protein hat Antigen-Funktion, immunisiert also damit geimpfte Tiere. Es gelang, das Virusgenom in komplementäre DNA umzuschreiben, und den DNA-Abschnitt mit der Information für das VP1 in geeignete Plasmide so einzusetzen, daß *E. coli*-Zellen mit ihnen programmiert VP1-Protein synthetisieren. Das VP1-Protein ist eingebunden in ein Fusionspeptid. Der Beweis des Vorliegens von VP1 wurde mit spezifischen Antikörpern geführt.

5   Produktion von Interferon

Schließlich seien auch die vielbeachteten Versuche zur Darstellung von Interferon angeführt: Interferone sind Eiweißstoffe, welche Vertebraten-Zellen, z.B. auch in Gewebekultur, als Antwort auf die Infektion mit bestimmten Viren bilden. Sie versetzen Zellen, denen man sie zufügt, in einen virusresistenten Zustand und sollen außer gegen Viruskrankheiten auch gegen bestimmte Krebsformen Wirksamkeit entfalten. Obwohl letzteres noch umstritten ist, setzen doch viele naturgemäß große Hoffnungen auf die neue Stoffklasse. Die Interferonforschung wird durch die zu geringen bisher verfügbaren Mengen an Interferonen beschnitten. Hier sollte die Produktion durch Bakterien Abhilfe schaffen können.

Daran wird in mehreren Instituten der Welt intensiv gearbeitet. Der Durchbruch scheint Arbeitsgruppen in Japan, der Schweiz, Belgien und den USA gelungen zu sein. Die Arbeitsgruppe von Weissmann, Zürich, konnte ein Gen für menschliches Leukozyten-Interferon, wiederum mit Hilfe geeigneter Plasmide, in *E. coli* klonieren und dort zur Funktion bringen. Das erhaltene Produkt ist allerdings dem menschlichen Interferon noch nicht völlig gleich. Es ist nicht wie dieses glycosyliert. *In-vitro*-Versuche haben jedoch gezeigt, daß es die immunologischen und biologischen Eigenschaften von menschlichem Leukozyten-Interferon besitzt und menschliche Zellen in Kultur vor der Zerstörung durch Viren schützt. Die Arbeitsgruppe von Goeddel, San Francisco, gewann auf ähnlichem Wege unter Benutzung eines verbesserten Plasmids das gleiche Interferon in bereits relativ guter Ausbeute von $2,5 \times 10^8$ Einheiten pro Liter Bakteriensuspension. Im biologischen Test mit Affen schützten 10^6 Einheiten, intravenös appliziert, vor einer sonst tödlich verlaufenden Virusinfektion.

Inzwischen wird Interferon in größeren Mengen in Fermentern gewonnen und bereits an Menschen erprobt. Über erste Injektionen bei Krebspatienten mit bakteriell erzeugtem Interferon wurde berichtet. Versuche aus der Arbeitsgruppe von Weissmann, zusammen mit holländischen Kollegen, haben gezeigt, daß Interferon aus menschlichen Zellkulturen, und solches, welches aus programmierten Bakterien gewonnen werden konnte, in ihrer Wirkung auf Rhesusaffen gleich sind (Schellekens et al., 1981). Getestet wurde der Schutzeffekt gegen eine Infektion mit Vaccinia-Viren. Das bakteriell gewonnene Interferon hatte weniger toxische Nebenwirkungen als das aus menschlichen Zellen gewonnene. Bei Versuchen an Menschen verursachte ein von der Firma Genentech aus *E. coli* gewonnenes α-Interferon allerdings noch Fieber und Leukopenie (Newmark, 1981). Neueste Versuche betreffen die Programmierung, nicht von *E. coli*, sondern von Hefezellen zur Produktion von Interferon (Hitzemann et al., loc. cit.). Da Hefezellen Eukaryoten sind, im Gegensatz zu Bakterien, bringt die Verwendung solcher Zellen vielleicht geringere Nebenwirkungen mit sich.

6   Mögliche Risiken

Die bisher zusammenfassend referierten Arbeiten sind sicher vielversprechend. Es stellt sich aber die Frage nach etwaigen Risiken. Diese sind nicht nur, wie oben schon angedeutet, in etwaigen Mängeln der gewonnenen Substanzen zu suchen, solche Mängel können sicher durch weitere Forschungs- und Entwicklungsarbeiten behoben werden. Vielmehr geht es insbesondere um Risiken, die den neuen, eingangs ausführlicher besprochenen Techniken der Genmanipulation anhaften könnten. Dazu drei Beispiele:

1. Bei der *in-vitro*-Neukombination von DNA werden gewöhnlich Plasmide mit Resistenzen gegen Antibiotika benutzt. Wenn Bakterien mit solchen Plasmiden aus dem Labor verschleppt werden, kann es unter Umständen zur Übertragung der Resistenzen auf andere Bakterien, vielleicht sogar auf pathogene Formen, kommen. Deren Bekämpfung würde dadurch erschwert.

2. Die *in-vitro*-Neukombination von DNA liefert Bakterien mit Plasmiden, die neue Genkombinationen tragen. Auch Viren mit neuen Genkombinationen entstehen. So könnten Krankheitskeime „gezeugt" werden, gegen die es noch keine ausreichenden Behandlungsmethoden gibt, mit der Gefahr ihrer weltweiten Verbreitung.

3. Bei Versuchen zur Isolierung menschlicher Gene könnten, unbeabsichtigt, auch Gene für die Entstehung von Krebs einbezogen werden, dies insbesondere dann, wenn nach dem Schrotschußverfahren von der Gesamt-DNA aus menschlichen Zellen ausgegangen wird. Nach neueren Erkenntnissen kommen solche Gene (*sarc*-Gene) im Genom von Vögeln, Säugern und dem Menschen vor, wenn auch normalerweise in harmloser Form. Die gesonderte Vermehrung von *sarc*-Genen in Bakterien könnte diese Gene aber aktivieren.

Der erstgenannte Punkt, die mögliche Übertragung von Resistenzen auf pathogene Bakterien, ist nicht spezifisch für den hier erörterten Zusammenhang, sondern gilt generell für Arbeiten mit bakteriellen Resistenzfaktoren. Hier lassen sich noch am ehesten Zahlenwerte für das zu erwartende Risiko gewinnen. Wir haben dazu Modelluntersuchungen durchgeführt. Sie betrafen die Resistenzen gegen Carbenicillin, Kanamycin und Tetracyclin. Benutzt wurde ein relativ großes Plasmid mit besonders weitem Wirtsbereich, das Plasmid pRD1, das die Information für diese drei Resistenzen trägt.

Wir fragten, ob schon natürlicherweise dreifach resistente Keime im Boden vorkommen, wie häufig unter Laborbedingungen das Plasmid auf Bodenbakterien übergehen kann, und wie lange bei Absetzen der drei Antibiotika die übertragenen Resistenzen in den neuen Wirtsbakterien erhalten bleiben. Die erste Frage ließ sich bejahen (Tabelle 3). Es ließ sich ferner zeigen, daß das Plasmid in der Tat sensible Bakterien aus den vorgelegten Bodenproben infizieren kann, daß aber die Mehrzahl der so erhaltenen dreifachresistenten Bakterien die Resistenz — und das heißt das Plasmid — bald wieder verliert. Versuche mit ausgewählten *Enterobacteriaceen* aus Wiesenboden hatten zuvor schon ein ähnliches Bild ergeben. Die Befunde sind aber vom jeweils benutzten Plasmid abhängig. Verallgemeinerungen sind daher nicht möglich.

Zum zweiten Punkt, der denkbaren Entstehung neuer Krankheitskeime, hat Waclaw Szybalski, einer der prominenten Molekularbiologen der USA, Stellung genommen. Nach ihm müßten, wenn überhaupt, außer sehr gefährlichen zunächst in ungleich größerer Zahl auch relativ harmlose neue Krankheitskeime auftreten. Solche wurden bisher jedoch nicht beobachtet. Erst wenn sie tatsächlich aufträten, wären Besorgnisse hinsichtlich gefährlicher Keime am Platze.

Zum dritten Punkt, der etwaigen Klonierung von Krebsgenen, liegen Ergebnisse von Modellversuchen aus den USA und England vor. Da es sich um Versuche mit ursprünglich sehr hoch veranschlagtem Risiko handelte, spricht man hier von *worst case*-Experi-

　　　　　　　　　　　　　　　　　　　　　　　F.-C. Czygan: Biogene Arzneistoffe

Tabelle 3: Risikoabschätzung beim Arbeiten mit Resistenzfaktoren. (Nach Schilf, Bericht an das Bayerische Staatsministerium für Landesentwicklung und Umweltfragen, München 1980)

a) Anzahl natürlicherweise dreifach resistenter Bakterien in 3 von insgesamt 6 verschiedenen Böden, bezogen auf die Gesamtzahl vorhandener Bakterien.

Boden 2: $4,4 \times 10^{-9}$

Boden 4: $1,1 \times 10^{-7}$

Boden 6: $1,2 \times 10^{-8}$

b) Anzahl der unter Laborbedingungen durch Plasmidübertragung in diesen 3 Böden zusätzlich zu erhaltenden dreifach resistenten Bodenbakterien.

Boden 2: $7,1 \times 10^{-8}$

Boden 4: $4,5 \times 10^{-6}$

Boden 6: $5,5 \times 10^{-8}$

c) Verlust der Resistenz solcher Bakterien bei Weitervermehrung ohne Antibiotika. Angegeben ist der prozentuale Anteil dreifach resistenter nach bis zu 128 Zellgenerationen, für 5 verschiedene Isolate (erste Ziffer der Isolate: Boden; zweite Ziffer: Bakterienkolonie).

Isolat		Generationen				
		1	16	32	64	128
Pseudomonas	2/1	100	30	2	0	0
fluorescens	5/1	100	20	0	0	0
Pseudomonas	3/8	100	—	—	—	95
putida	6/5	100	100	95	77	20
Enterobac-teriaceen-Isolat	2/1	100	99	80	3	0

menten. Die dafür notwendigen Sicherheitsbedingungen sind an einigen Stellen der Welt in sog. P4- oder L4-Laboratorien gewährleistet, z. B. in Fort Detrick, USA. Gearbeitet wurde mit Mäusen, neugeborenen Hamstern und Mäusezellkulturen sowie mit Plasmiden, denen man DNA von Polyoma-Viren eingesetzt hatte. Diese Viren erzeugen bei Mäusen und Hamstern Krebs. Wurden die Plasmide mit der eingesetzten Virus-DNA in Bakterien übertragen und mit den Bakterien z. B. neugeborenen Hamstern subkutan appliziert, so entstanden, entgegen den Befürchtungen, keine Tumoren. Bei Applikationen reiner Hybrid-Plasmide war die Rate der Tumorinduktion ähnlich der bei Verwendung reiner Virus-DNA und geringer als bei Applikation vollständiger Viren. Offenbar hat das Krebsvirusgenom in der Virushülle ein Höchstmaß an Gefährlichkeit für die Hamster, seine Umsetzung in Plasmide und Bakterien macht es nicht etwa gefährlicher, sondern ungefährlicher.

7　Sicherheitsrichtlinien

Dennoch dürfen die hier ja nur an drei Beispielen angesprochenen etwaigen Risiken der in-vitro-Neukombination von DNA nicht bagatellisiert werden. Dies war schon die Grundtendenz des vielzitierten Aufrufs angloamerikanischer Wissenschaftler unter der Federführung von Paul Berg im Jahre 1974 (Nobelpreis 1980). Es kam zu einer internationalen Konferenz in Asilomar, Kalifornien, 1975. Hier wurden erste Sicherheitsrichtlinien ausgearbeitet. Diese Richtlinien wurden dann in verschiedener Weise verändert und ergänzt und schließlich von den National Institutes of Health (N. I. H.) in Washington publiziert. Die Einhaltung der Richtlinien wurde allen mit solchen Arbeiten befaßten Wissenschaftlern in den USA, welche von den N. I. H. finanziert werden, zur Auflage gemacht. Andere Länder haben die Richtlinien der N. I. H. in mehr oder weniger abgewandelter Form übernommen, darunter auch die Bundesrepublik. Hier wurden entsprechende Richtlinien im Frühjahr 1978 vom Bundesministerium für Forschung und Technologie erstmals publiziert. Sie sind inzwischen schon dreimal überarbeitet worden (Bundesminister für Forschung und Technologie, 1981). Die 2. Fassung ist vollständig in dem Buch „Genforschung im Widerstreit" (Klingmüller, 1980) abgedruckt und dort von Norbert Binder sachkundig kommentiert.

8 Effizienz biologischer Sicherheitsmaßnahmen

Viele Experten sind heute der Ansicht, daß die Risiken der in-vitro-Neukombination von DNA überschätzt worden sind. Sie sind nicht größer als bei anderen biologischen oder biochemischen Verfahren (für die USA siehe z. B. Recombinant DNA technical bulletin 4, 166–179, 1981). Die Auflagen wurden daher in den letzten zwei Jahren allgemein gelockert. Die Kommission zur Koordinierung gentechnischer Sicherheitsvorschriften in den europäischen Ländern wurde aufgelöst. Andererseits gibt es Beispiele, die zur Vorsicht mahnen. So erregte 1980 ein Fall Aufsehen, in dem — vermutlich aus Unkenntnis — entgegen den Sicherheitsrichtlinien ein gefährliches Virus kloniert worden war (s. Wade, 1980). Die Frage, wie effizient die jetzt noch verbleibenden Sicherheitsmaßnahmen sind, ist daher berechtigt. Die im vorstehenden Bericht referierten Techniken der Genmanipulation können der öffentlichen Kritik auf Dauer nur standhalten, wenn das Ausmaß der damit verbundenen Risiken hinreichend bekannt ist und angesichts des zu erwartenden Nutzeffektes tolerierbar erscheint.

Literatur

Adams, R. L. P., R. H. Burdon, A. M. Campbell, D. P. Leader u. R. M. S. Smellie: The Biochemistry of the Nucleic Acids, 9th ed. S. 488–506. Chapman and Hall. London-New York. 1981.

Aharonowitz, Y. u. G. Cohen: The microbiological production of pharmaceuticals. Scientific American 245, Sept. 1981, 106–118 (1981).

Alvarado-Urbina, G., G. M. Sathe, W.-C. Liu, M. F. Gillen, P. D. Duck, R. Bender u. K. K. Ogilvie: Automated synthesis of gene fragments, Science 214, 270–274 (1981).

Boehringer Mannheim: Biochemicals for Molecular Biology (1981).

Bundesminster für Forschung und Technologie: Richtlinien zum Schutz vor Gefahren durch in vitro-neukombinierte Nukleinsäuren, 4. überarbeitete Fassung. Bundesanzeiger Verlagsges. mbH. Köln. 1981.

Hitzeman, R. A., F. E. Hagie, H. L. Levine, D. V. Goeddel, G. Ammerer u. B. D. Hall: Expression of a human gene for interferon in yeast, Nature (London) 293, 717–722 (1981).

Klingmüller, W.: Genmanipulation und Gentherapie, Springer Verlag, Berlin — Heidelberg — New-York. 1976.

Klingmüller, W. (Hrsg.): Genforschung im Widerstreit. Wissenschaftliche Verlagsgesellschaft. Stuttgart. 1980.

Klingmüller, W.: Möglichkeiten und Grenzen der genetischen Manipulation, Naturwissenschaften 68, 120–127 (1981).

Klingmüller, W.: Möglichkeiten und Grenzen der in vitro-Neukombination von Nukleinsäuren. In: W. Klingmüller (Hrsg.): Erbforschung heute, S. 29–39, Verlag Chemie, Weinheim, Deerfield Beach, Florida, Basel. 1982.

Küpper, H., W. Keller, C. Kurz, S. Forss, H. Schaller, R. Franze, K. Strohmaier, O. Marquardt, V. G. Zaslavsky u. P. H. Hofschneider: Cloning of cDNA of major antigen of foot and mouth disease virus and expression in *E. coli*, Nature (London) 289, 555–559 (1981).

Newmark, P.: Interferon: decline and stall, Nature (London) **291**, 105−106 (1981).

Schellekens, H., A. de Reus, R. Bolhuis, M. Fountoulakis, C. Schein, J. Ecsödi, S. Nagata u. C. Weissmann: Comparative antiviral efficiency of leukocyte and bacterially produced human α-interferon in rhesus monkeys, Nature (London) **292**, 775−776 (1981).

Töpert, M.: Neues Verfahren zur enzymatischen Spaltung von Fusionsproteinen. Vortrag im Deutschen Wollforschungsinstitut in Aachen, November 1981.

Wade, N.: DNA: Chapter of accidents at San Diego, Science **209**, 1101−1102 ((1980).

Wünsch, E., L. Moroder, W. Göhring, P. Thamm u. R. Scharf: Studies on enzymatic methods for processing hybrid proteins produced by recombinant DNA technology, Hoppe-Seyler's Z. Physiol. Chem. **362**, 1285−1287 (1981).

Bedeutung der Chemotaxonomie für die Pharmazeutische Biologie

Robert Hegnauer

1 Einleitung

Als pharmazeutische Biologie kann man denjenigen Zweig der Biologie bezeichnen, der sich mit Arzneistoff produzierenden Organismen beschäftigt. Einer der Eckpfeiler der Biologie ist die *biologische Systematik* oder *Taxonomie*. Um Verwirrung zu vermeiden, sollen diese zwei Ausdrücke kurz erläutert werden. Nach Merxmüller (1967) ist botanische Systematik die Wissenschaft vom Vergleich der Pflanzensippen mit dem Ziel, ihre Verwandtschaften zu eruieren, und Taxonomie jenes ihrer Teilgebiete, das sich mit dem Beschreiben, Benennen und Ordnen (= Klassifizieren) der einzelnen Sippen beschäftigt. Crowson (1970) hält die Bezeichnung Taxonomie für überflüssig; ihm genügen Klassifikation und Systematik. Ähnlich wie Merxmüller unterscheiden, bezeichnen und definieren Alston (1966, S. 53—54) und Frohne und Jensen (1979, S. 2). Die meisten modernen Systematiker oder Taxonomen begnügen sich jedoch keineswegs mit Abgrenzung, Beschreibung, Benennung und dem Ordnen von Sippen, sondern messen der Verwandtschaftsforschung große Bedeutung zu. Darum hat sich — wenigstens in der Botanik — die Gleichsetzung der Bezeichnungen Pflanzensystematik und Pflanzentaxonomie eingebürgert; die Termini sind für viele Forscher inhaltsgleich und ohne weiteres austauschbar geworden. Dieses Vorgehen empfiehlt sich umso mehr, als im Gegensatz zu Alston und Merxmüller einige Autoren umgekehrt definieren. Für Rothmaler (1955, S. 5) ersetzen die Ausdrücke botanische Taxonomie oder taxonomische Botanik die Bezeichnung systematische Botanik im weiten Sinne von Wettstein (1935) und Heslop-Harrison (1953, S. 128) nennt Taxonomie das Gebiet, das Merxmüller als Systematik bezeichnet, und Systematik, was Merxmüller Taxonomie nennt. Tatsache bleibt, daß viele Systematiker oder Taxonomen beide Ausdrücke als synonym für das weitumfassende Gebiet der biologischen Systematik oder Taxonomie betrachten und oft auch verwenden (Benson, 1962; Cronquist, 1980; Davis und Heywood, 1965; Jones und Luchsinger, 1979, S. 2; Ross, 1974; Street, 1978). Liegt der Schwerpunkt einer Abhandlung auf dem Ordnen einer großen Pflanzengruppe, dann werden zuweilen die Bezeichnungen Taxonomie oder Systematik durch die Ausdrücke Evolution (Takhtajan, 1959, 1973; Hutchinson, 1969) und (oder) Klassifikation (Benson, 1979; Cronquist, 1968, 1981; Dahlgren, 1980; Dahlgren et al., 1981; Takhtajan, 1980) oder Phylogenie (Hutchinson, 1969; Thorne, 1976, 1981) ersetzt.

Schematisch läßt sich das Gebiet wie in Tabelle 1 dargestellt zusammenfassen.

In diesem Beitrag sollen die Ausdrücke Taxonomie und Systematik inhaltsgleich verwendet werden (vgl. auch Hegnauer, 1971). Ferner soll fast ausschließlich die botanische Seite der Chemotaxonomie berücksichtigt werden.

Von den unterschiedlichen Merkmalen, die für die Einordnung der Organismen in Systeme genutzt werden, sollen hier die chemischen in den Vordergrund gestellt werden.

Tabelle 1: Arbeitsgebiete der biologischen Systematik oder Taxonomie und ihre Bezeichnungen

Gebietsbezeichnungen		Hauptaufgaben
Systematik sensu lato = Taxonomie sensu lato	Taxonomie sensu stricto oder Klassifikation oder Systematik sensu stricto	Abgrenzen, Beschreiben, Benennen und Klassifizieren von Sippen (= systematischen Einheiten = Taxa).
	Biosystematik oder experimentelle Systematik	Studium des Sippenverhaltens in der Natur und der Sippenbildung[1].
	Biogeographie im weitesten Sinne	Studium der Sippenaus- und -verbreitung (u. a. Arealvergleich).
	Phylogenie[2]	Studium der Stammesgeschichte von Merkmalen und Sippen und der Sippenverwandtschaften.
	Evolutionsforschung[2]	Studium der Einflüsse und Vorgänge, welche die Evolution von Merkmalen und Sippen aller Rangstufen beherrschen.

[1] Soweit experimentell zugänglich, also in erster Linie innerhalb von Arten und Gruppen von verwandten Arten.

[2] Manche Autoren unterscheiden Evolution und Phylogenie nicht streng (vgl. z.B. Hutchinson, 1969, Vorwort, Seite V).

Bereits Linnaeus (1751) wußte, daß formverwandte Pflanzen oft ähnlich riechen oder schmecken oder ähnliche therapeutische Eigenschaften haben; er sagte diesbezüglich u.a. *„Plantae, quae genere conveniunt, etiam virtute conveniunt"*. Selbstverständlich waren in Linnés Zeiten die chemischen Merkmale im modernen Sinne noch gänzlich unbekannt. Man kannte nur ihre Äußerungen in Geruch, Geschmack, Farbe, Giftigkeit und heilender und technischer Verwertbarkeit (z.B. zum Gerben) der einzelnen Pflanzensippen. Erst im Laufe des 19. Jahrhunderts wurden die ersten reinen Alkaloide und Glykoside aus Pflanzen isoliert und genau beschrieben. Im 18. Jahrhundert hatte man, angeregt durch die wegweisenden Arbeiten von Carl Wilhelm Scheele (1742−1786), mit der Darstellung und genauen Beschreibung von Reinstoffen aus Drogen und Frischpflanzen begonnen. Es handelte sich zunächst vorzüglich um organische Säuren und ihre Salze, aber auch um Zucker und Glycerin als Spaltprodukt von fetten Ölen (Tschirch, 1910). Trotz allen Anstrengungen der „modern" gewordenen Pflanzenchemie waren zu Beginn des 19. Jahrhunderts nur wenige pflanzliche Inhaltsstoffe genau bekannt. Es ist darum ganz erstaunlich, daß die erste und gleichzeitig in mancher Hinsicht grundlegende und heute noch gültige Abhandlung über die Bedeutung der Phytochemie für die Pflanzentaxonomie bereits im Jahr 1804 veröffentlicht wurde. A. P. de Candolle muß als Begründer der modernen Chemotaxonomie, also desjenigen Zweiges der Phytochemie, der sich mit vergleichender chemischer Pflanzenanalyse und der taxonomischen Interpretation der erzielten Resultate beschäftigt (de Candolle, 1816; Hegnauer, 1958, 1967), betrachtet werden. Im Grunde genommen ist die Chemotaxonomie die erste nichtmorphologische Hilfswissenschaft der systematischen Botanik. Sie entwickelte sich allerdings während etwa 150 Jahren träge; als einige begeisterte Förderer dieses Wissenszweiges seien Rochleder (1854), Greshoff (1890, 1893), Hallier (1913), Ivanow (1926), Molisch (1933), Colin (1935) und McNair (1935, 1965) genannt. Der große Aufschwung der Chemotaxonomie als Hilfswissenschaft der Pflanzentaxonomie setzte jedoch erst in den sechziger Jahren unseres Jahrhunderts ein (Hegnauer, 1962; Alston und Turner, 1963; Swain, 1963), wie zahlreiche nach 1965 erschienene Abhandlungen bezeugen.

2   Chemotaxonomie und Pflanzenklassifikation

Da in sehr vielen Fällen eindeutige fossile Pflanzenreste fehlen und dementsprechend die Stammesgeschichte weitgehend anhand von Merkmalen noch existierender Vertreter des Pflanzenreiches rekonstruiert werden muß, können beträchtliche Meinungsunterschiede zwischen einzelnen Taxonomen kaum vermieden werden. Auch änderten sich die Ansichten selbstverständlich im Laufe der Zeiten. Engler hatte in vieler Hinsicht eine umfangreichere Kenntnis von Pflanzenmerkmalen als de Candolle, und die modernen Taxonomen (z.B. Cronquist, Dahlgren, Takhtajan, Thorne) können ihre Klassifikationsvorschläge auf Vertiefung und Erweiterung der Merkmalsforschung während den vergangenen 50 Jahren stützen. Zwangsläufig bestehen große Unterschiede zwischen Klassifikationsvorschlägen von Wettstein (1935), Engler (1954), Whittaker (1969), Margulis (1982) (alle ganzes Pflanzenreich) und Takhtajan (1959, 1980), Engler (1964), Hutchinson (1969), Cronquist (1968, 1981), Dahlgren (1980), Dahlgren et al. (1981) und Thorne (1976, 1981) (alle nur Angiospermenklassifikationen). Eine ähnliche Sachlage herrscht unvermeidlich ebenfalls bei der Klassifikation von Ordnungen, Familien, Gattungen und Sammelarten. Oft kann das Heranziehen von chemischen Merkmalen einiges zum Ausmerzen von Unsicherheiten beitragen. Dann wird die vergleichende Phytochemie Hilfswissenschaft der Pflanzentaxonomie, also Chemotaxonomie. Drei Beispiele sollen diese Seite der Chemotaxonomie etwas näher erläutern.

a) Cronquist (1981) und Takhtajan (1980) gruppieren die Dikotyledonen (= Magnoliopsida) in 6 respektiv 7 Unterklassen:

Takhtajan (1980)	Cronquist (1981)
1. Magnoliidae	1. Magnoliidae
2. Ranunculidae	in Magnoliidae
3. Hamamelididae	2. idem
4. Caryophyllidae	3. idem
5. Dilleniidae (hier u.a. Theaceae, Flacourtiaceae, Cucurbitaceae, Cruciferae, Euphorbiaceae)	4. idem, aber Euphorbiaceae in Rosidae
6. Rosidae (hier u.a. Rosaceae, Saxifragaceae, Rutaceae, Cornaceae, Umbelliferae)	5. idem
7. Asteridae (hier u.a. Gentianaceae, Labiatae, Scrophulariaceae, Compositae)	6. idem

Dahlgren (1980; ebenfalls Dahlgren et al., 1981) und Thorne (1976, 1981) vermeiden den Rang Unterklasse, da sie Taxa wie die Dilleniidae, Rosidae und Asteridae für unnatürlich halten. Die phytochemische Betrachtung dieses Bereiches der Angiospermensystematik scheint Thorne und Dahlgren in dieser Hinsicht zu rechtfertigen. Die Compositen erinnern in mancher Beziehung stark an die Umbelliferen (z.B. Acetylenverbindungen, isoprenylierte Cumarine, Sesquiterpenlactone, gänzliches Fehlen von Gerbstoffen und iridoiden Verbindungen); Einreihung dieser Familien in verschiedene Unterklassen erscheint nicht angebracht. Andererseits weichen die Compositen im Chemismus derart

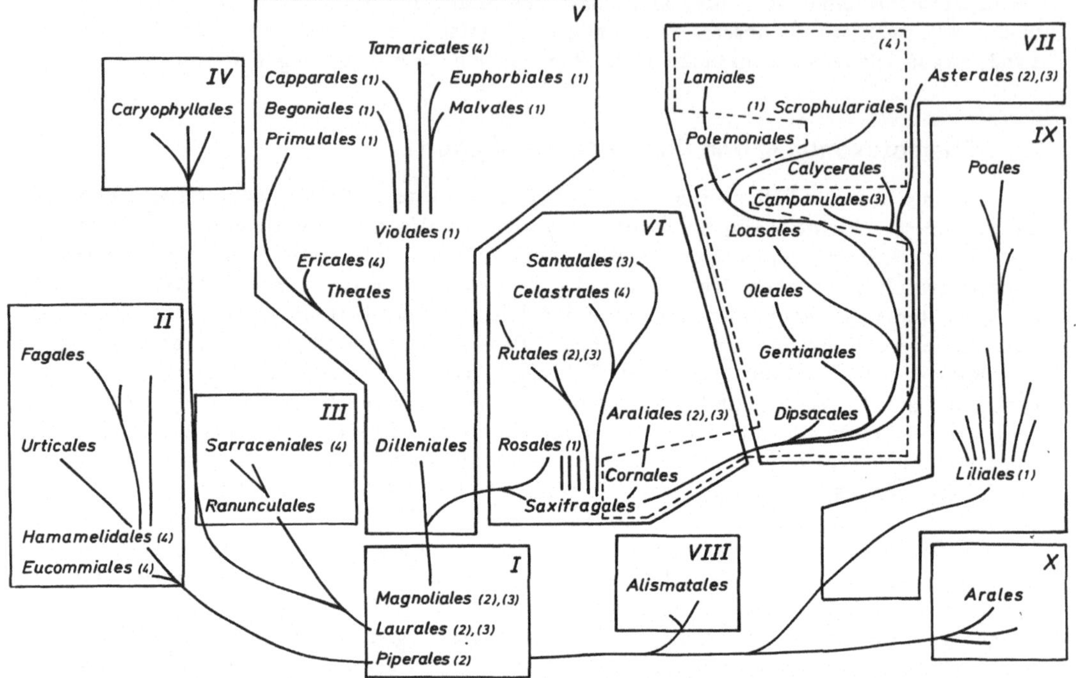

Bild 1 Entwicklungslinien der Angiospermen nach Takhtajan (1980; stark vereinfacht) und bekanntes Vorkommen einiger Verbindungsklassen.

Die abgegrenzten Gebiete stellen die Unterklassen dar: I = Magnoliidae, II = Hamamelididae, III = Ranunculidae, IV = Caryophyllidae, V = Dilleniidae, VI = Rosidae, VII = Asteridae, VIII = Alismatidae, IX = Liliidae, X = Arecidae. Die nach „==== Ferner:" genannten Sippen weisen auf Konvergenz, oder (besonders bei den Iridoiden) auf unnatürliche Sippenklassifikation.

(1) Cucurbitacine. (a) Dilleniidae: Cucurbitaceae (allgemein verbreitet in der Familie [Violales]); *Iberis* (Cruciferae-Capparales), *Begonia tuberhybrida* Voss (Begoniales); *Datisca cannabina* L. (Begoniales); *Anagallis arvensis* L. (Primulales); *Crinodendron hookerianum* Gay (Malvales); verschiedene Euphorbiaceen (Euphorbiales). (b) Rosidae: *Purshia tridentate* (Pursh) DC. (Rosales). === Ferner: *Gratiola officinalis* L. (Asteridae-Scrophulariales); *Phormium tenax* J.R. et G. Forst. (Liliidae-Liliales).

(2) Sesquiterpenlactone vom Typus der Compositen-Lactone (oft bitter; zuweilen stark toxisch). (a) Magnoliidae (verschiedene Familien). (b) Rosidae: Burseraceae (nur *Commiphora*; Rutales); Umbelliferae (recht verbreitet; Araliales). (c) Asteridae: Compositae (sehr verbreitet; Asterales). === Ferner: *Glechoma hederacea* L. (Labiatae) und Lebermoose und *Callitris columellaris* F. von Muell. (Cupressaceae, Gymnospermen).

(3) Von Ölsäure abgeleitete Acetylenverbindungen. (a) Magnoliidae: Annonaceae und Lauraceae (nicht häufig). (b) Rosidae: Sagifragales (Pittosporaceae); Rutales (Simaroubaceae, nur Taririsäure); Araliaceae und Umbelliferae (Araliales). (c) Asteridae: Campanulales und Asterales (sehr verbreitet). === Ferner: Santalales (nur Fettsäuren wie Santalbinsäure u.a.).

(4) Iridoide im weitesten Sinne (einschließlich Secoiridoide und von diesen abgeleitete Alkaloide). (a) Rosidae: Ziemlich allgemein bei gewissen Saxifragales und Celastrales (Icacinaceae) und bei den Cornales. (b) Asteridae: Weitverbreitet bei den Dipsacales, Gentianales, Oleales, Loasales pro parte, Scrophulariales (nicht bei den Solanaceae) und bei den Lamiales. === Ferner bei den Hamamelididae (*Liquidambar* und *Daphniphyllum* in Hamamelidales und *Eucommia* [Eucommiales]), Ranunculidae (*Sarracenia* in Sarraceniales), Dilleniidae (Actinidiaceae und einige Ericaceae [Ericales]; Tamaricales [Fouquieriaceae]) und ausnahmsweise im Compositenast der Asteridae (Calycerales, Campanulales [nur Stylidiaceae und Goodeniaceae pro parte]).

stark von den Contortae (u.a. Gentianaceae) und Tubiflorae (u.a. Labiatae und Scrophulariaceae) von Wettstein ab, daß eine Vereinigung dieser drei Sippen in der gleichen Unterklasse sich keineswegs aufdrängt (vgl. Bild 1 und Hegnauer, 1964, S. 544 und Hegnauer, 1971).

b) Die nur durch die Gattung *Hippuris* mit der vielförmigen Art *Hippuris vulgaris* gebildete Familie der Hippuridaceae stellt eine Sippe zweifelhafter Stellung im System der Angiospermen dar, weil sie stark reduzierte Blüten besitzt, deren Merkmalsarmut den Vergleich mit anderen Sippen außerordentlich erschwert. Für die Hippuridaceae wurden sehr unterschiedliche Klassifikationsvorschläge gemacht. Berücksichtigt man, daß *Hippuris* die Iridoide Aucubin und Catalpol bildet, Stachyose an Stelle von Stärke speichert, keine Gerbstoffe enthält und Haare, welche an Labiatendrüsen erinnern, besitzt, dann drängt sich eine Klassifizierung der Familie, gleich den sich ähnlich verhaltenden Callitrichaceae, in der Nähe von Wettsteins Tubiflorae auf.

c) Die Cucurbitacine (Bild 2) sind in der Regel bittere und giftige tetracyclische Polyhydroxytriterpene, welche biogenetische Beziehungen zum weitverbreiteten Cycloartenol vermuten lassen. Das allen Cucurbitacinen zukommende Strukturelement ist das Cucurbit-5, (6)-en-Gerüst. Ein hydratisiertes Derivat des letzteren wurde aus der Lauracee *Neolitsea tomentosa* isoliert, Litsomentol genannt, und als einfachstes Cucurbitacin bezeichnet. Alle echten Cucurbitacine sind jedoch viel stärker oxidiert; sie haben auch im C- und D-Ring und in der Seitenkette Sauerstoff-Funktionen. Betrachtet man die Verbreitung dieser auffälligen Pflanzenstoffe, dann fällt auf, daß der Schwerpunkt im Bereich von Takhtajans Dilleniidae liegt (Bild 1). Man könnte die Cucurbitacine geradezu als ein Tendenzmerkmal der Dilleniidae bezeichnen, welches nur im Falle der

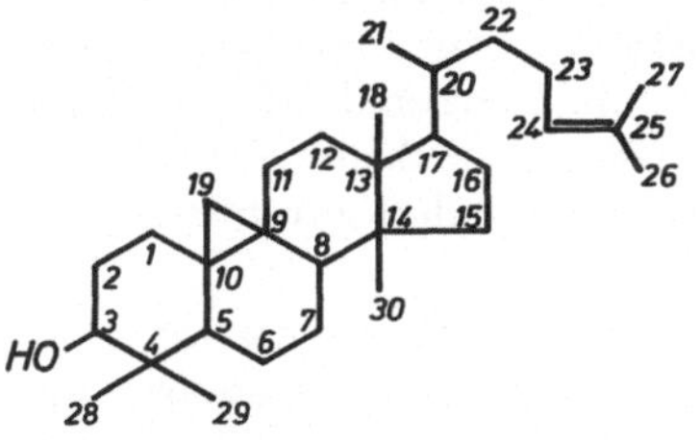

Cycloartenol

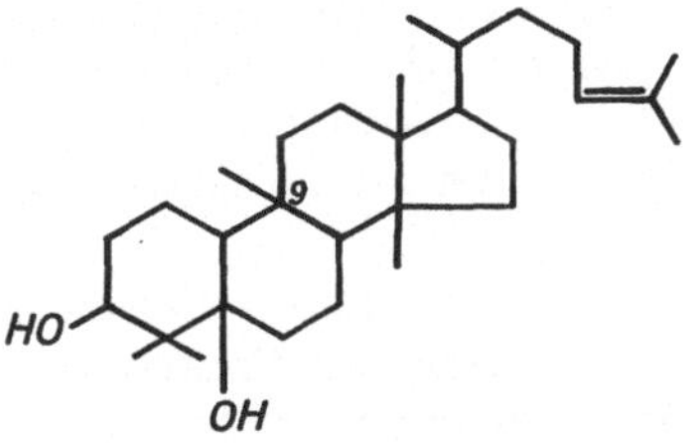

Litsomentol

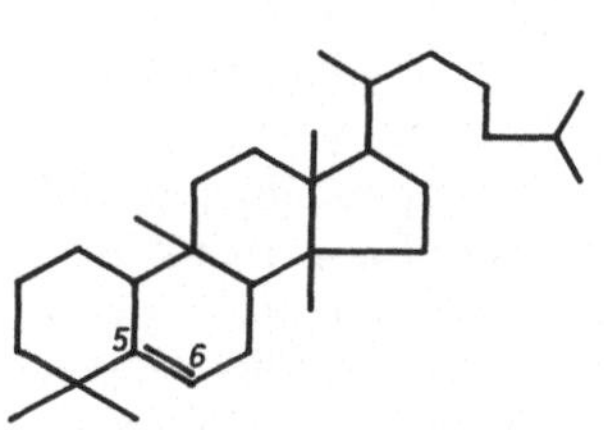

Cucurbit-5(6)-en

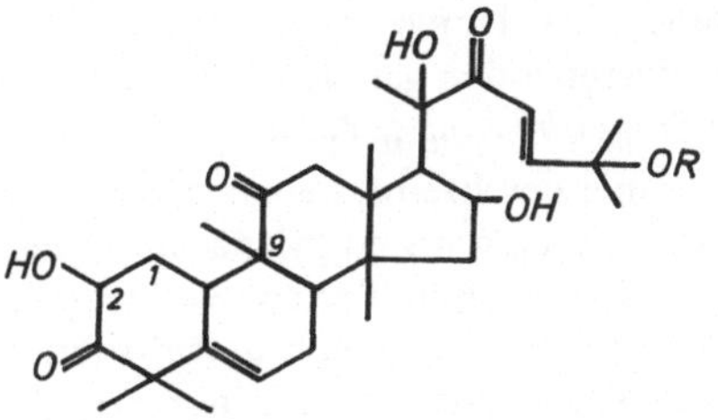

Cucurbitacin B : R = $COCH_3$
" D : R = H
" E : R = $COCH_3$; $\Delta^{1,2}$
" I : R = H; $\Delta^{1,2}$

Bild 2 Cucurbitacine und ihre mutmaßlichen biogenetischen Vorläufer. Cucurbit-5(6)-en = Grundskelett der Cucurbitacine

Cucurbitaceen zum eigentlichen Familienmerkmal geworden ist. Ihr Vorkommen bei Begoniaceen und Datiscaceen spricht zu Gunsten der Stellung, welche Takhtajan diesen Sippen im System der Angiospermen anweist. Vorkommen von Cucurbitacinen bei Rosaceen und Euphorbiaceen deutet vielleicht an, daß die Rosidae und Dilleniidae kaum zu trennen sind (vgl. eben angedeutete Stellung der Euphorbiaceae bei Takhtajan und Cronquist; ferner Guédès und Sastre, 1981). Ausgesprochen konvergentes Auftreten von Cucurbitacinen scheint auf die Scrophulariaceen (*Gratiola officinalis*) und die Liliales (*Phormium tenax*) beschränkt zu sein.

3   Chemotaxonomie und Sippenbildung

Die Evolution der Pflanzen bringt unablässig neue Sippen hervor. Prozesse der Sippenbildung sind der genauen Analyse und dem Experiment zugänglich, soweit es sich um Sippen niedrigen Ranges (vgl. Tabelle 1: Biosystematik) handelt. Treibende Kräfte der Sippenbildung sind Mutationen, Genrekombination während der sexuellen Fortpflanzung und Auslese von geeigneten und Ausmerzung von ungeeigneten Genotypen durch die Umwelt. Der letzterwähnte Prozeß wird allgemein Selektion genannt. Die geschilderten Vorgänge spielen sich in den örtlichen Populationen der Pflanzen ab. Erstes Resultat ist genetische Variation in lokalen Populationen; man spricht von genetischem Polymorphismus. Er kann je nach Umständen mehr oder weniger umfangreich sein und sehr verschiedene Merkmalstypen betreffen. In der Pflanzenwelt trägt nicht selten Hybridisierung zwischen taxonomisch eingestuften Sippen (Hybridisierung zwischen Varietäten, Unterarten und Arten) zur Variation in lokalen Populationen bei.

Genetischer Polymorphismus liefert dem Menschen die Möglichkeit, mit Hilfe von Auslesezüchtung gewünschte Kulturpflanzensorten zu schaffen. Auf diese Weise erhielten Moens (1882) auf Java die *Cinchona*-Cultivars mit chininreichen Rinden und von Sengbusch (1942, 1953) in Deutschland die Süß- und Öllupinen. Beide Beispiele illustrieren chemischen Polymorphismus und dessen Ausnützung durch Kulturpflanzenforscher und -züchter.

Bei der Rassenbildung in der Natur wird die auslesende Tätigkeit des Menschen durch die selektierenden Faktoren der Umwelt ersetzt. Verändert ein Standort oder breitet eine Population ihr Areal mit Hilfe von leistungsfähigen Verbreitungsmitteln (= Diasporen) aus, dann werden die betroffenen Teilpopulationen zwangsläufig mehr oder weniger anders gerichtetem Selektionsdruck unterworfen. Die klimatischen, edaphischen oder (und) biotischen Umweltbedingungen haben sich eben geändert. Auf lange Sicht können neue Rassen oder gar neue Arten entstehen. Der geschilderte Prozeß wird *ökogeographische Sippenbildung* genannt.

Die Pflanzentaxonomie beschreibt, benennt und klassifiziert morphologisch distinkte Sippen. Ihre wichtigsten Einheiten sind Pflanzengruppen, denen der Rang *Art = Species* zugekannt wird. Aufgrund der geschilderten Evolutionsprozesse können Arten vielförmig (= polytypisch) sein; sie können sehr variabel sein, ohne daß sich deutlich Abgrenzungen durchführen lassen oder sie können mehrere Unterarten umfassen. Unterarten sind morphologisch distinkte Populationen mit eigenem Areal, welche an Treffpunkten durch Übergangsformen miteinander verbunden sind. Sind die morphologischen Unterschiede gering, dann entsprechen Unterarten dem Begriff „*geographische Rassen*".

Es gibt keine allgemein gültige Definition für die biologische Species. Intersterilität ist kein unfehlbares Artkriterium; wie bereits erwähnt, liefern manche Pflanzenarten mehr oder weniger fertile Hybriden. Umgekehrt können zuweilen morphologisch nicht unterscheidbare Populationen völlig intersteril sein.

Die Untersuchung der Sippenbildung gehört zum Gebiet der experimentellen Pflanzensystematik. Eine ihrer wichtigsten Einheiten ist die örtliche Population, weil sich in ihr die geschilderten Evolutionsprozesse abspielen und weil ihr genaues Studium wichtige Beiträge zum Verständnis der einzelnen Sippen und ihrer Entstehungsweise liefert.

Die Arbeitsweise und das Arbeitsziel der experimentellen Pflanzensystematik bedingen, daß in manchen Fällen die normalen Rangstufen der Pflanzentaxonomie nicht genügen. Sie benötigt Arbeitskategorien, welche auch auf morphologisch nicht faßbare Pflanzengruppen anwendbar sind und welche nicht den Regeln des Internationalen Code der botanischen Nomenklatur unterliegen. Die ältesten derartigen experimentell-systematischen Arbeitskategorien sind Turessons Oekotypus, Oekospezies und Coenospezies (vgl. dazu Hegnauer, 1959). Sie sind ökologisch-genetisch definiert und entsprechen etwa dem, was in der klassischen Pflanzentaxonomie ökologische Rasse, Art und Sammelart genannt wird. Als Nachteil dieser Arbeitskategorien wirkt sich die Tatsache aus, daß ihre Namen an genetische Begriffe (Genotypus, Phaenotypus: haben Bezug auf Einzelpflanzen) oder an die international reglementierte Kategorie „Species" erinnern; dadurch wurden und werden sie oft verkehrt interpretiert und angewendet. Außerdem können die Grenzen von Oekospezies und Coenospezies nur experimentell festgelegt werden, eine Arbeit, die bisher nur annähernd und nur für ganz wenige Pflanzensippen, zum Beispiel die Gattungen *Galeopsis* (Müntzing, 1930) und *Brassica* (Tsunoda et al., 1980) geleistet wurde. Den ersten, aber nicht den zweiten Nachteil vermeiden die Arbeitskategorien von Danser (vgl. dazu Hegnauer, 1959): das *Convivium* (umfaßt alle vollständig interfertilen Individuen), das *Commiscuum* (umfaßt alle Individuen, deren Hybriden nicht 100% steril sind) und das *Comparium* (die ideale Art; umfaßt alle Individuen, welche Hybriden bilden können). Ein weiterer Nachteil von Turessons und Dansers Arbeitskategorien besteht darin, daß sie nur auf Pflanzengruppen mit sexueller Fortpflanzung anwendbar sind. Die weitaus flexibelste und beste Terminologie von Arbeitskategorien zum Studium der Sippenvariation und Sippenbildung ist die auf Gilmour und Gregor zurückgehende Verwendung der Endsilbe *-dem* (vgl. dazu Heslop-Harrison, 1953; Briggs und Walters, 1969). Die Endsilbe *-dem* deutet eine Gruppe von Individuen eines bestimmten Taxons (meist einer Art oder Unterart) an, die erst in Zusammenhang mit Vorsilben Inhalt erhält. Einige Beispiele sollen dies erläutern:

Topodem = Individuen einer bestimmten Örtlichkeit (= die lokale Population).

Oekodem = Individuen eines bestimmten Standortes.

Cytodem = Gruppe von Individuen, die durch bestimmte karyologische Eigenarten (meist die Chromosomenzahl) gekennzeichnet ist.

Genodem = Gruppe von Individuen, welche genetisch von andern Gruppen des gleichen Taxons abweicht.

Chemodem = Gruppe von Individuen, welche durch bestimmte chemische Eigenarten gekennzeichnet ist. Man könnte beispielsweise die Varietät *tatula* als Chemodem von *Datura stramonium* bezeichnen; sie erzeugt im Gegensatz zu var. *stramonium* Anthocyane. In diesem Falle erfolgte die taxonomische Einstufung (*Datura tatula* L.) bereits durch Linné, weil es sich um ein auffälliges Merkmal handelt, das infolge von Autogamie fixiert ist. Da die genetischen Verhältnisse im Falle von *Datura tatula* und *Datura stramonium* abgeklärt sind (monofaktorielle Steuerung von Anthocyansynthese mit Dominanz von Anthocyanbildung), stellen die Varietäten *stramonium* und *tatula* bei richtiger und vollständiger Anwendung der Dem-Terminologie Genochemodeme der Art *Datura stramonium* L. dar. Diese Betrachtung soll zu dem für die pharmazeutische Biologie wichtigen Begriff der *chemischen Rasse* überleiten. Rassen im biologischen Sinne sind genetisch distinkte innerartliche Populationen mit eigenem Areal, wobei hinsichtlich des letzteren die geographische Komponente (geographisch getrennt) oder die ökologische

Komponente (oft angrenzend, aber auf ökologisch distinkten Standorten wachsend) überwiegen kann. In der Dem-Terminologie stellen demnach chemische Rassen Genochemotopodeme oder Genochemoökodeme dar. Es liegt auf der Hand, den Ausdruck „chemische Rasse" an Stelle der kompliziert gewordenen Dem-Terminologie zu verwenden. Die letztere verdeutlicht aber den Rassenbegriff. Von Rassen kann erst gesprochen werden, nachdem genetische Steuerung der betreffenden chemischen Eigenarten nachgewiesen wurde, und nachdem für die betreffenden Pflanzengruppen ein charakteristisches Verbreitungsgebiet oder ein charakteristischer Standort (= Habitat) wahrscheinlich gemacht wurde. Chemisch abweichende Gruppen von Individuen in einer örtlichen Population sind nur Chemodeme (= chemische Varianten: Ursache der Variation unbekannt) oder Genochemodeme (Variation nachgewiesenermaßen unter genetischer Kontrolle).

Wir fassen zusammen: Die Dem-Terminologie ist neutral; erst die gewählte(n) Vorsilbe(n) gibt (geben) einer Arbeitskategorie Inhalt. Ein Chemodem ist eine Gruppe von chemisch charakterisierten Individuen eines Taxons, zum Beispiel die methylarbutinhaltigen Vertreter von *Arctostaphylos uva-ursi* (L.) Sprengel oder die Vertreter von *Chrysanthemum vulgare* (L.) Bernh. (= *Tanacetum vulgare* L.) mit dem giftigen Thujon als Hauptbestandteil des ätherischen Öles. Ohne nähere Andeutung ist der Ausdruck Chemodem inhaltsgleich mit dem Ausdruck chemische Variante, aber nicht mit dem Ausdruck chemische Rasse. Rassen sind nämlich das Ergebnis von Sippenveränderung in der Natur, das heißt von Sippenevolution. Eine genetisch polypmorphe lokale Population kann verschiedene Chemodeme oder Genochemodeme enthalten. Rassen, also Sippen im eigentlichen Sinne, werden solche Genochemodeme aber erst, nachdem sie durch Selektion moduliert wurden, und sich ein eigenes Areal erworben haben. Dabei spielen zweifellos die Umwelt, also Standorts-Faktoren, eine große Rolle. Es ist aber viel leichter, örtliche Populationen morphologisch, cytologisch oder chemisch zu charakterisieren, als eine ökologische Erklärung für die festgestellte Sippendifferenzierung zu finden. Anders ausgedrückt, kann man auch sagen, daß es meistens schwierig ist, ursächliche Zusammenhänge zwischen dem Ergebnis der Selektion und einzelnen ökologischen Faktoren aufzudecken. Springen bestimmte Standortsfaktoren eines Gebietes stark ins Auge, dann kann man, wenn man das als erwünscht achtet, eine chemische Rasse ohne weiteres als ökologische Rasse mit bestimmten chemischen Merkmalen bezeichnen. Das trifft beispielsweise für die Thymol-Carvacrol-Rasse von *Thymus vulgaris* L. zu. Abschließend sei darauf hingewiesen, daß auch die für die Sippenevolution so wichtigen Fortpflanzungsverhältnisse vollständig durch die Dem-Terminologie abgedeckt werden:

Gamodem = Gruppe von kreuzbefruchtenden Individuen eines Taxons (die örtliche Population von Kreuzbestäubern).

Autodem = Gruppe von Selbstbefruchtern.

Agamodem = Gruppe von Pflanzen mit apomiktischer Reproduktion.

Hologamodem: entspricht ungefähr Dansers Convivium.

Coenogamodem: entspricht ungefähr Dansers Commiscuum.

Syngamodem: entspricht ungefähr Dansers Comparium.

Genetischer Polymorphismus von chemischen Merkmalen (genetisch kontrollierte chemische Variation in örtlichen Populationen) und chemische Rassen haben große Bedeutung für die pharmazeutische Biologie. Die taxonomischen Arten, welche als Stammpflanzen von Arzneipflanzen und von Drogen gelten, sind oft keine homogenen Einheiten (Hegnauer, 1959, 1975). Nicht selten variieren innerhalb von Arten auch die den therapeutischen Wert bestimmenden chemischen Merkmale. Eine derartige Variation kann bei der Arzneipflanzenzüchtung verwertet werden und sollte beim Drogeneinkauf stets berücksichtigt werden.

Die chemische Analyse von Einzelpflanzen und von Pflanzenmustern verschiedener Herkunft hat sich als wertvolles Hilfsmittel beim Studium der Sippenbildung erwiesen. Wie bereits erwähnt, bildet lokaler Polymorphismus die Ausgangslage der ökogeographischen Sippendifferenzierung. Diese genetische Variation kann auf Mutationen oder auf Hybridisierung beruhen. Zuweilen ist der Einfluß von Bastardierung leicht durch chemische Untersuchungen nachzuweisen, was anhand der zwei folgenden Beispiele näher erläutert werden soll.

(a) In Kalifornien ist die Compositengattung *Encelia* mit den Arten *E. californica* Nutt. und *E. farinosa* A. Gray vertreten. An bestimmten Örtlichkeiten können die beiden Arten aufeinander stoßen und Bastarde bilden. Wie Bjeldanes und Geissman (1971) nachwiesen, haben beide Eltern und der F_1-Bastard sehr charakteristische Sekundärstoffmuster (Tabelle 2 und Bild 3). Der Bastard kombiniert Merkmale beider Eltern, bildet aber auch einen Stoff, der aus der Interaktion der zwei verschiedenen Genome resultiert. Außerdem ließen sich einige Metaboliten der Eltern im Hybriden nicht nachweisen.

(b) *Linaria purpurea* Mill. und *L. vulgaris* L. sind zwei nichtcyanogene Arten der Gattung *Linaria*. Beide hybridisieren zuweilen mit *L. repens* Mill. (= *L. striata* DC.), welche Prunasin und Emulsin bildet, und deshalb spontan cyanogen ist. Dillemann hat nachgewiesen, daß F_1-Hybriden stets cyanogen sind, aber weniger Blausäure abgeben als *L. repens*. Trotz reduzierter Fertilität der Bastarde gelang die Aufzucht kleiner F_2-Generationen; sie enthielten cyanogene und nicht-cyanogene Pflanzen. Durch zweimalige Zurückkreuzung des Bastards *L.* X *sepium* Allman (*L. repens* X *L. vulgaris*) mit der nicht-cyanogenen Elterart wurden Pflanzen erhalten, welche morphologisch von *L. vulgaris* nicht zu unterscheiden waren. Einige dieser Pflanzen enthielten aber die Cyanogenese-Gene (Dillemann, 1953; vgl. ferner Hegnauer, 1973, S. 371—372). Übertragung von Genen von einer Art auf eine andere Art, ein Prozeß, der Introgression genannt wird, konnte in diesem Falle experimentell eindeutig nachgewiesen werden. Populationen von *L. vulgaris* mit cyanogenen Exemplaren enthalten das Genochemodem „Prunasin + Emulsin". Theoretisch besteht die Möglichkeit, daß solche lokalen Genochemodeme evoluieren und chemische Rassen werden.

Bei Pflanzen kommt es verhältnismäßig oft vor, daß sterile Hybriden durch Chromosomenverdopplung fertil werden. Wenn solche sprunghaft entstandenen allopolyploiden Individuen im Stande sind, sich fortzupflanzen, sich zu behaupten und allmählich ein Gebiet zu besiedeln, dann ist eine neue hybridogene Art entstanden, welche Merkmale beider Elternarten kombiniert und durch Genominteraktionen auch eigene Merkmale besitzen kann (vgl. Hybrifarin: Tabelle 2; Bild 3). Polyploidisierung ist bei Gefäßpflanzen ein sehr wichtiger Sippenbildungsprozeß. Er verläuft, verglichen mit der bereits erwähnten ökogeographischen Sippenbildung, schnell und ist als *Saltation* oder *abrupte Artbildung* bekannt.

Tabelle 2: Sekundärstoffe von *Encelia*-Sippen von Kalifornien (vgl. auch Bild 3)

Sippe	Hauptbestandteile	Begleitstoffe	Bemerkungen
Encelia californica (bildet *p*-Acetophenonderivate)	Encecalin und Euparonmethyläther	Euparin	Keine C_{15}-Lactone
Encelia farinosa (bildet C_{15}-Lactone)	Farinosin	Encelin	Keine *p*-Hydroxyacetophenonderivate
E. californica X *E. farinosa*	Encecalin und Farinosin	Hybrifarin	Kein Encelin, Euparin und Euparonmethyläther

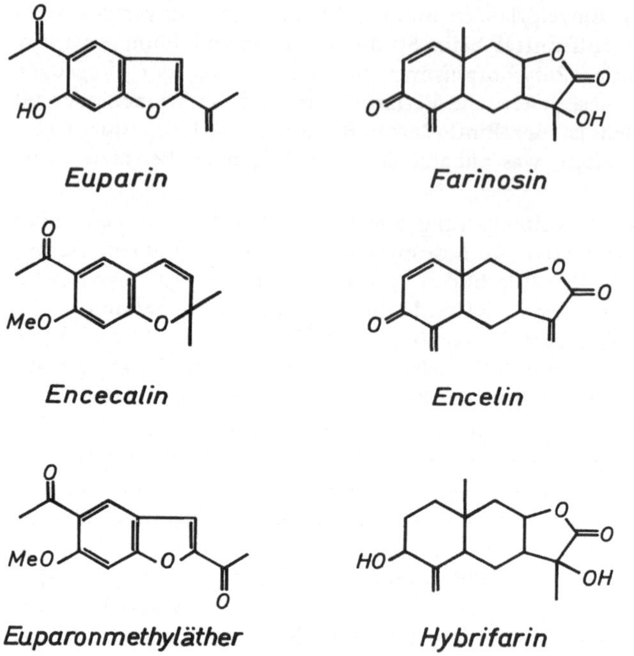

Euparin

Farinosin

Encecalin

Encelin

Euparonmethyläther

Hybrifarin

Bild 3

Sekundärstoffe der Gattung *Encelia*

Viele sogenannte Sammelarten stellen polyploide Komplexe dar, welche ihre Geheimnisse nur dem experimentell arbeitenden Forscher offenbaren. Bei der experimentellen Evolutionsforschung können chemische Merkmale manches zum Verständnis der oft sehr komplizierten Verhältnisse beitragen. Da viele Drogen durch dergleiche variable, polyploide Aggregate geliefert werden (z.B. Baldrian, Kalmus, Wurmfarn, Schafgarbe), haben die hier kurz geschilderten Tatsachen eine große Bedeutung für die pharmazeutische Biologie. Ein einziges Beispiel soll die Rolle, welche die Chemotaxonomie beim Studium der Sippenbildung durch Hybridisierung und Chromosomenverdopplung spielen kann, erläutern. Es betrifft nordamerikanische Vertreter der Farngattung *Asplenium* (Smith und Levin, 1963), welche durch Chromosomenzahlen und Blattphenolmuster (Bild 4 und 5) eindeutig charakterisiert werden konnten.

Die Bilder 4 und 5 illustrieren die Rolle, welche chemische Merkmale bei der Analyse von polyploiden Komplexen spielen können, deutlich.

(a) Im vorliegenden Falle besitzen die diploiden Ausgangsarten sippenspezifische Blattphenolmuster. Die Genome M, P und R können chemisch erkannt werden.

(b) In jedem sterilen Hybriden lassen sich die Elternarten chemisch nachweisen.

(c) Bei fertilen allopolyploiden Arten liefern die Phenolmuster Hinweise auf die Sippenphylogenese. Vorkommen von Mangiferin (*A. pinnatifidum* Nutt., *A. bradleyi* D. C. Eat.) weist beispielsweise *A. montanum* als eine der beteiligten diploiden Ausgangssippen an.

Das *Asplenium*-Beispiel stellt einen Idealfall dar: Addition aller geprüften Merkmale der Eltern in den hybridogenen Sippen. Oft sind die Verhältnisse komplizierter, da in den Hybriden einerseits Elternmerkmale fehlen können, und andererseits neue Merkmale auftreten können, wie dies bereits am Beispiel von *Encelia* (Tabelle 2; Bild 3) gezeigt wurde.

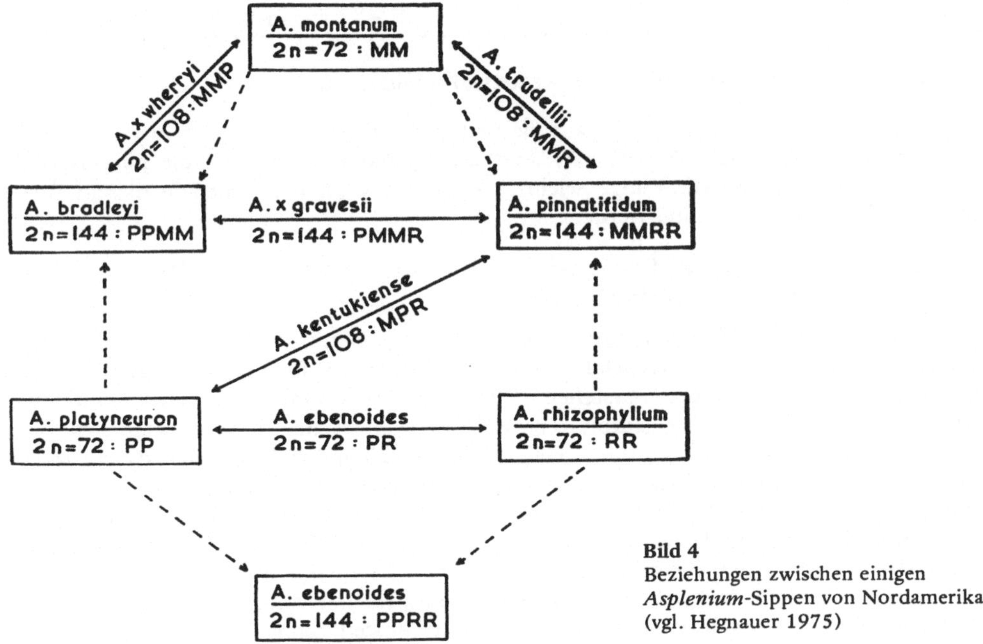

Bild 4
Beziehungen zwischen einigen *Asplenium*-Sippen von Nordamerika (vgl. Hegnauer 1975)

——— Bekannte sterile Bastarde

- - - - - - Aufgrund von morphologischen Merkmalen und Chromosomenzahlen vermutete Abstammung der allopolyploiden, fertilen Arten. Durch chemische Merkmale (Bild 5) bestätigt.

M = Genom von *Asplenium montanum* Willd.
P = Genom von *Asplenium platyneuron* (L.) Oakes.
R = Genom von *Asplenium rhizophyllum* L. (= *Camptosorus rhizophyllus* [L.] Link)

A. montanum (M)

	R_1	R_2
Mangiferin	*Glucosyl*	*H*
Isomangiferin	*H*	*Glucosyl*

$R_1 = R_2 = R_3 = H$: Kaempferol

A. platyneuron (P) : R_1 und $R_2 = CH_3$
Acylierung von Glucosiden mit aliphatischen Säuren

A. rhizophyllum (R) : R_2 = Sophorosyl
Acylierung von Glucosiden mit Kaffeesäure

Alle Arten : R_1 und (oder) R_2 = Glucosyl ; $R_3 = H$

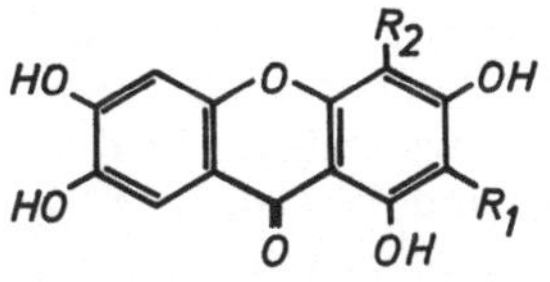

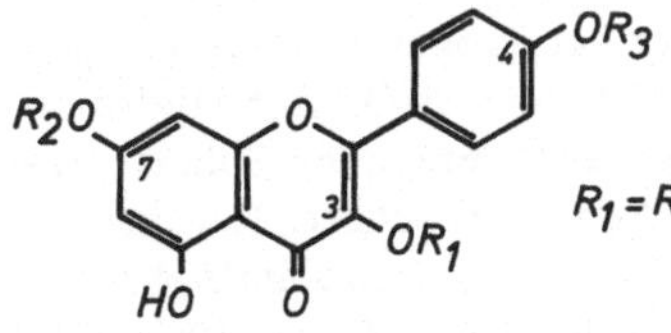

Bild 5
Blattphenole der *Asplenium*-Sippen von Bild 4 (vgl. Hegnauer 1975). Für M, P und R siehe Bild 4. Mangiferin und Isomangiferin kommen in *A. montanum* auch als O-Glucoside vor

4   Chemotaxonomie und Pharmazeutische Biologie

Bereits verschiedentlich wurde auf die Bedeutung der vergleichenden Phytochemie, der chemischen Merkmale der Pflanzen und der Chemotaxonomie für die pharmazeutische Biologie hingewiesen. Einige wichtige Punkte des Themas sollen in diesem Abschnitt ausführlicher beleuchtet werden.

4.1   Chemotaxonomie als Richtlinie bei der orientierenden Überprüfung des Pflanzenreichs auf bestimmte Wirkstoffgruppen

Ein Blick auf Bild 1 verdeutlicht zweifellos die These, daß natürliche Pflanzenklassifikationen die beste Richtschnur für ein erfolgreiches Suchen nach bestimmten chemischen Wirkstoffgruppen darstellen. Wer neue Cucurbitacine benötigt, sollte in erster Linie die Familie der Cucurbitaceen weiter durchforschen. Ferner bieten sich die durch Takhtajan in den Dilleniidae vereinigten Sippen als mögliche Quellen für cucurbitacinartige Triterpene an. Nach Polyacetylenen wird man vorteilhaft bei den Araliales, Campanulales und Asterales (und Fungi) suchen. Andererseits ist die Wahrscheinlichkeit gering, daß Iridoide gefunden werden, wenn man sich mit den Campanulales und Asterales beschäftigt. Gleiches gilt für sehr viele Verbindungsklassen des pflanzlichen Sekundärstoffwechsels. So liegt beispielsweise das Massenzentrum der von Phenylalanin und Tyrosin abgeleiteten Phenylisochinolinalkaloide im weitesten Sinne bei den Magnoliidae und Ranunculidae. Außerhalb dieser zwei Sippen werden sie nur sporadisch in leicht nachweisbaren Mengen gespeichert. Beispiele für solches erratisches Vorkommen liefern uns einige Gattungen der Rutaceae (Hinweis auf Abstammung von den Magnoliidae?), Euphorbiaceae (vor allem *Croton*) und Rhamnaceae.

4.2   Chemotaxonomie als Richtlinie bei der Suche nach neuen Quellen für bekannte Pharmaka

Wichtige Pharmaka wie Chinin, Cocain, Colchicin, Hyoscyamin und Digitoxin wurden ursprünglich aus einer oder wenigen nahverwandten Pflanzenarten isoliert. Kann die erste Quelle aus irgend welchem Grunde das Bedürfnis an einem Naturstoff nicht mehr befriedigen, dann wird man die hierarchische Klassifikation des Pflanzenreiches zu Rate ziehen. Die bereits durch Linné (1751) vertretene und durch de Candolle (1804, 1816) stark erweiterte und theoretisch untermauerte Ansicht, daß formverwandte Pflanzen oft gleiche oder ähnliche Inhaltsstoffe bilden, konnte seither tausendfach bestätigt werden. Nach Chinin hat man sehr intensiv gesucht. Es wurde in vielen *Cinchona*-Arten und in der verwandten Rubiaceengattung *Remijia* in reichlichen Mengen gefunden. Hyoscyamin und verwandte mydriatisch aktive Tropanalkaloide sind Ester der Tropasäure mit wenigen Tropinderivaten (Nortropin, Tropin, Scopin, Tropin-N-Oxid, Scopin-N-Oxid, 6-Hydroxytropin). Sie wurden bereits frühzeitig aus Arten der in Europa vorkommenden Solanaceengattungen *Atropa*, *Datura*, *Hyoscyamus*, *Mandragora* und *Scopolia* isoliert. Man hat sie seither auch in den Solanaceengattungen *Anthocercis*, *Anthotroche*, *Atrophanthe*, *Brugmansia* (inklusiv *Methysticodendron*), *Duboisia*, *Latua*, *Physochlaina*, *Przewalskia*, *Salpichroa* und *Solandra* gefunden, ist ihnen aber bisher nur einmal (*Heisteria olivae* Steyerm., Olacaceae: Scopolamin aus Früchten) außerhalb der Familie der Solanaceae begegnet, obwohl die Gruppe der Tropanesteralkaloide bei den Dikotyledonen eine recht erratische Verbreitung hat (Romeike 1978). Bei den Tropanalkaloiden sind die Alkamine Tropan-3-α-ol (= Tropin) und Tropan-3-β-ol (= Pseudotropin) weniger sippencharakteristisch als einige der mit ihnen veresterten Säuren, wie beispielsweise die Tropasäure. Das gilt nicht für das Ecgonin (= 2β-Carboxytropan-3-β-ol) und Methylecgonin, deren Ester bisher allein in der großen Gattung *Erythroxylum* gefunden wurden. In Australien entdeckte man in den fünfziger Jahren in der Gattung *Duboisia* die ergiebigsten Quellen der wichtigen Alkaloide Atropin, Hyoscyamin und Scopolamin; selbstverständlich fiel die Wahl bei der Suche nach diesen Alkaloiden auf die einheimischen Gattungen der Solanaceae.

4.3 Chemotaxonomie und die Korrektur von Irrtümern bei der Drogen- und Stammpflanzenidentifikation und bei der Strukturbestimmung von Inhaltsstoffen

Die Chemotaxonomie hat bereits viele Pflanzensippen chemisch mehr oder weniger scharf charakterisiert. Bei Rutaceen und Umbelliferen erwartet man Furano- und Pyranocumarine und Cumarinäther mit isoprenoiden Alkoholen, bei einem Teil der Umbelli-

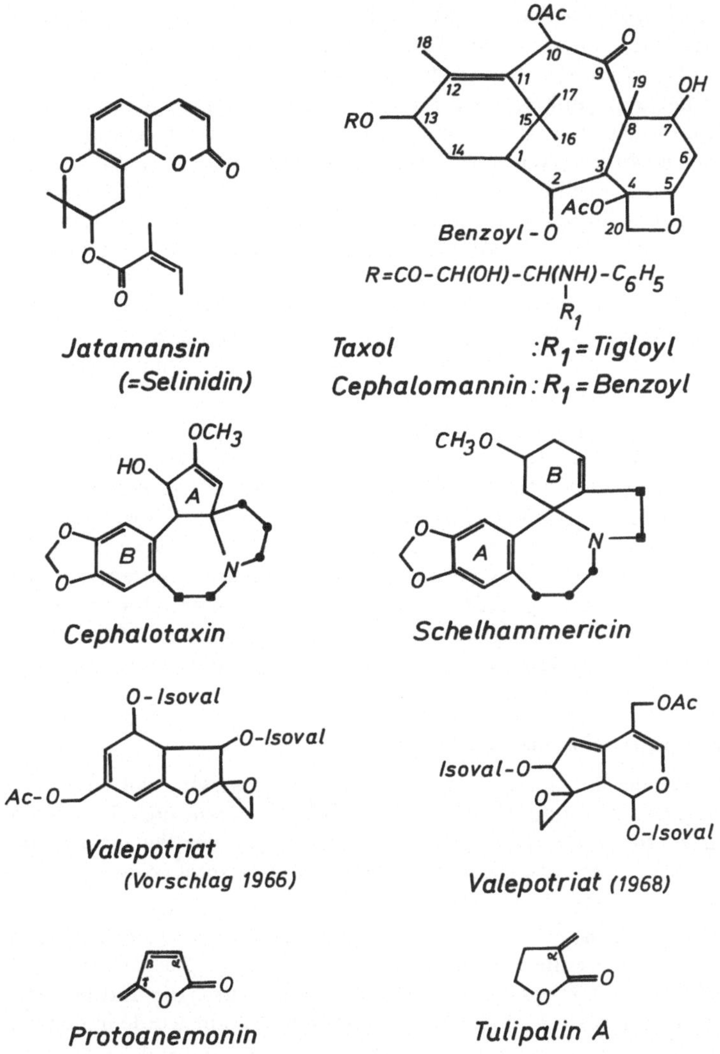

Jatamansin
(=Selinidin)

Taxol :R_1 = Tigloyl
Cephalomannin : R_1 = Benzoyl

$R = CO-CH(OH)-CH(NH)-C_6H_5$
 R_1

Cephalotaxin

Schelhammericin

Valepotriat
(Vorschlag 1966)

Valepotriat (1968)

Protoanemonin

Tulipalin A

Bild 6 Einige biologisch aktive Pflanzenstoffe, welche in Abschnitt 4 zur Sprache kommen. Ac = Acetyl; Isoval = Isovaleroyl. Cepalomannin ist ein unpassender Name geworden; das gilt auch für das ebenfalls abgebildete Pyranocumarin Jatamansin, das nicht aus der Valerianacee *Nardostachys jatamansi* (ursprünglich vermutet), sondern aus der Umbellifere *Selinum vaginatum* stammt.

feren und bei den Compositen Sesquiterpenlactone, und bei vielen Vertretern der Gentianales komplexe Indolalkaloide. Wird in der Literatur über Vorkommen von derartigen sippencharakteristischen Verbindungsklassen außerhalb der betreffenden Sippenbereiche berichtet, dann ist ein gewisses Mißtrauen stets dann am Platz, wenn Angaben über Herkunft und Identifizierung des untersuchten Pflanzenmaterials fehlen oder wissenschaftlich anfechtbar sind. Erst nachdem Fehlermöglichkeiten, wie Verwechslung, Falschidentifizierung und übersehene Beimischungen (z.B. Flechten auf Rinden; Pilzinfektionen; Insekten; ungenügend gereinigte Extraktoren) ausgeschlossen wurden, darf auf andere Erklärungsmöglichkeiten zurückgegriffen werden: Die isolierten Verbindungen sind tatsächlich erratisch verbreitet (Konvergenz) oder sie fordern zur Überprüfung der Klassifikation der betreffenden Sippe auf (vgl. Beispiele in Abschnitt 2).

Das Diterpenpseudoalkaloid Cephalomannin (Bild 6) wurde zusammen mit Taxol und verwandten basischen Diterpenestern mit Taxanskelett angeblich aus *Cephalotaxus mannii* Hooker isoliert. Da derartige Pseudoalkaloide aus der Gattung *Cephalotaxus* (Cephalotaxaceae) nicht bekannt sind, sondern für die Taxaceen-Gattung *Taxus* charakteristisch sind, wurde die botanische Abstammung des Materials überprüft und festgestellt, daß Cephalomannin in Wirklichkeit aus *Taxus wallichiana* Zucc. (mutmaßlich nur eine Form von *Taxus baccata* L.) isoliert worden war (McLaughlin et al., 1981). Die Gattung *Cephalotaxus* bildet Alkaloide mit dem Gerüst des Cephalotaxins und des Homoerythrinans (z.B. Schelhammericin; Bild 6). An der Biogenese dieser Alkaloide sind ein Molekül Tyrosin und ein Molekül Phenylalanin beteiligt (Parry, 1979). Die Homoerythrinane bilden übrigens eines der überraschenden Beispiele von Stoffwechselkonvergenz. Bisher sind sie aus der Coniferen-Gattung *Cephalotaxus*, aus der Aquifoliaceen-Gattung *Phelline* (Langlois et al., 1970) und aus der Liliaceen-Gattung *Schelhammera* bekannt geworden.

Ein weiteres Beispiel sei genannt, das zeigt, daß die Chemotaxonomie auch dem Phytochemiker manches zu bieten hat. Bereits aus bestimmten Sippen bekannte Verbindungen erleichtern sehr oft die endgültige Strukturaufklärung und können Hinweise auf mögliche Biogenesewege verschaffen. Als Thiess im Jahre 1966 einen Strukturvorschlag für Valepotriate publizierte, wurde im gleichen Jahre aufgrund von chemotaxonomischen Überlegungen (Iridoide bei den Dipsacales verbreitet; Iridoidalkaloide bereits aus Valerianaceae bekannt) die Vermutung geäußert, daß es sich bei diesen Inhaltsstoffen der Valerianaceen um iridoide Verbindungen handeln könnte (Hegnauer, 1966). Diese Annahme erwies sich als richtig; die definitive Struktur der Valepotriate (Bild 6) konnte zwei Jahre später (Thiess, 1968) veröffentlicht werden.

4.4 Chemotaxonomie und Arzneipflanzenzüchtung

In Abschnitt 3 wurde bereits verschiedentlich darauf hingewiesen, daß chemische Variation in lokalen Populationen und chemische Rassen (vgl. dazu auch Dillemann, 1959) innerhalb von Arten für die Arzneipflanzenzüchtung von großer Bedeutung sind. Zwei weitere Beispiele sollen diese Seite der Phytochemie und Chemotaxonomie etwas näher erläutern.

(a) *Papaver somniferum* L. ist eine sehr wichtige Arzneipflanze, weil sie uns Opium und einige Reinalkaloide, wie Morphin, Codein und Papaverin liefert. Das therapeutisch kaum verwendete Thebain ist im Gegensatz zum Morphin kein Rauschgift und läßt sich verhältnismäßig leicht im Laboratorium in Codein umwandeln. Darum wurde in den vergangenen Jahren in vielen Laboratorien und Arzneipflanzenversuchsanstalten nach *Papaver*-Sippen gesucht, welche kein Morphin (Rauschgift; leicht zum Heroin zu acetylieren) enthalten, sondern viel Thebain bilden, das für die Bereitung des für die Therapie noch stets wichtigen Codeins dienen kann. Derartige Sippen wurden in den systematisch schwierigen Sektionen *Oxytona* Bernh. (= *Macrantha* Fedde) und *Miltantha* Bernh. entdeckt. Am meisten Beachtung fand der zu *Oxytona* gehörende ausdauernde Mohn, *Papaver bracteatum* Lindl. Diese Art lieferte Cultivars mit hohem Thebaingehalt in Wurzeln, Blättern und reifen Kapseln. Die Übersichtsberichte von Mothes (1975), Nyman und Bruhn (1979) und Böhm (1981) zeigen deutlich, welche Riesenarbeit zur Erreichung dieses Zieles geleistet werden mußte. Hier soll nur festgehalten werden, daß Thebainakkumulation ein gutes Merkmal von *Papaver bracteatum* darstellt, und daß die Art bezüglich der Menge und Zahl der Nebenalkaloide verschiedene Chemodeme umfaßt. Alpinigenin kann beispielsweise in erwachsenen Pflanzen gänzlich fehlen (rezessives Merkmal) oder deutlich vorhanden sein (dominantes Merkmal). Vor kurzem haben Phillipson et al. (1981) berichtet, daß die Verhältnisse in der kleinen Sektion *Oxytona* komplizierter sind, als allgemein angenommen wurde. Weder die Chromosomenzahl noch die Hauptalkaloide sind untrügliche Artmerkmale, weil in Anatolien Alkaloidführung und Chromosomenzahlen innerhalb der einzelnen Arten variieren können. Im Grunde genommen stellt die Sektion *Oxytona* eine polyploide Sammelart mit dem diploiden *P. bracteatum* (2n = 14; Hauptalkaloid Thebain), dem tetraploiden *P. orientale* L. (2n = 28; Hauptalkaloid meist Oripavin) und dem hexaploiden *P. pseudo-orientale* (Fedde) Medw. (2n = 42; Hauptalkaloid meist Isothebain) dar. Die erwähnten Autoren haben nun für *P. orientale* zusätzlich ein Mecambridin-Dem und für *P. pseudo-orientale* diploide und tetraploide Cytodeme und abweichende Chemodeme nachgewiesen. Diese Ergebnisse illustrieren die Schwierigkeiten, welche polyploide Komplexe dem Systematiker bereiten, aber auch der Möglichkeiten, welche sie dem Pflanzenzüchter bieten, wenn er bereit und im Stande ist, alle biologischen Sippeneigenarten zu berücksichtigen.

(b) Steroide sind wichtige Ausgangsprodukte für die Partialsynthese von Steroidhormonen. Darum hat man seit Markers bahnbrechenden Untersuchungen steroidhaltigen Pflanzen sehr viel Beachtung geschenkt. Bevorzugt wurden Sippen mit C_{27}-Steroidsapogeninen und -alkaloiden bearbeitet. Die Ergebnisse von zahlreichen Untersuchungen mit dem europäischen Nachtschattengewächs *Solanum dulcamara* L. wurden durch Hegnauer (1973, S. 426—427) und vor kurzem durch Máthé und Máthé (1979) zusammengefaßt. Das Steroidmuster der Pflanze ist stark organ- und stadiumabhängig. Umweltfaktoren beeinflussen hauptsächlich die Menge, und weniger die Qualität der gebildeten Steroide. In Europa scheinen viele Chemodeme vorzukommen, welche sich zwei chemischen Hauptrassen zuordnen lassen. Im atlantischen Westeuropa mit eher feuchtem Klima wächst die Tomatidenolrasse (Tomatidenol ist Hauptsteroid der Blätter und Stengel) und im kontinentalen Europa mit trockenerem Klima gedeiht die Soladulcidinrasse (Soladulcidin ist Hauptsteroid der vegetativen Pflanzenteile und wird von Solasodin begleitet). Wo die Rassen aufeinanderstoßen, hybridisieren sie. Dabei kann als neues Steroidalkaloid Tomatidin auftreten. In den Blättern und Stengeln liegen die Steroidalkaloide in der Form verschiedener Glykoside vor; als Rassenmerkmale wurden bisher vorzüglich die Aglykone verwendet. Nach gewissen Autoren existiert auch ein reines Solasodin-Chemodem (nur Solasodinglykoside in Blättern); ein Areal ist für dieses Chemodem aber noch nicht mit Sicherheit ermittelt worden. Die Ausführungen veranschaulichen die Tatsache, daß es heute ohne weiteres möglich wäre, je nach Bedürfnis *Solanum dulcamara* in Richtung von Tomatidenol oder Soladulcidin oder Solasodin zu veredeln. Ferner zeigt auch dieses Beispiel deutlich, daß bei der Arzneipflanzenzüchtung Phytochemie, experimentelle Systematik, Vererbungsforschung und Pflanzenphysiologie zusammenarbeiten sollten.

4.5 Chemotaxonomie und Giftpflanzen

Bei jeder phytogenen Vergiftung ist schnelle Identifizierung der verantwortlichen Pflanze wichtig, weil erst die Kenntnis der Natur der giftigen Bestandteile dem Arzt gezieltes Eingreifen ermöglicht. Oft wird es schwierig bis unmöglich sein, die Identifizierung bis zur Art oder gar Varietät durchzuführen. Das ist aber in vielen Fällen kein großer Nachteil. Wenn es gelingt, die Familie oder die Gattung der betreffenden Pflanze zu ermitteln, dann werden chemotaxonomische Erwägungen weiterhelfen können. Colchicin und verwandte Tropolonbasen sind Leitalkaloide der Liliaceae-Wurmbaeoideae. Wer das weiß, wird bei einer allfälligen Vergiftung durch die heute beliebten Schnittblumen aus der Gattung *Gloriosa* direkt die Möglichkeit einer Colchicin-Intoxikation in Erwägung ziehen und dementsprechend handeln können.

Kuske (1936) hat eindeutig *Ranunculus acris* L. als eine der Ursachen der sogenannten *Dermatitis bullosa pratensis* nachgewiesen. Hautlädierendes Agens der Pflanze ist das Protoanemonin (= γ-Methylenbutenolid) (Bild 6), welches aus dem Glucosid Ranunculin freigesetzt wird, wenn sonnenbadende Personen sich auf die Pflanze setzen und ihre ranunculinhaltigen Gewebe beschädigen. Ranunculin ist in den Ranunculaceen-Gattungen *Anemone* s. l., *Clematis, Helleborus, Knowltonia, Myosurus* und *Ranunculus* weitverbreitet (vgl. Hegnauer 1973, S. 17—19, 721—722). Treten Hautschäden nach Kontakt mit Vertretern dieser Gattungen auf, dann liegt es auf der Hand, Protoanemonin als Ursache zu vermuten. Ein dem Protoanemonin ähnliches, ebenfalls hautschädigend wirkendes Lacton, das α-Methylenbutyrolacton (= Tulipalin A) (Bild 6) wird aus dem Esterglucosid Tuliposid A nach dem Verletzen von Geweben der Tulpe freigesetzt. Im Gegensatz zum Protoanemonin hat Tulipalin A bereits in sehr niedrigen Konzentrationen allergene Eigenschaften. Nach der Sensibilisierung anfälliger Personen tritt nach erneutem Kontakt mit dem Saft von Tulpen die als „Tulpenfinger" bekannte ekzematöse Hauterkrankung auf. Sie stellt eine Berufskrankheit bei Arbeitern in Tulpenzuchtbetrieben dar und nötigt einmal sensibilisierte Personen den Arbeitskreis zu wechseln. Nachdem in Holland *Alstroemeria*-Arten beliebte Schnittblumen geworden waren, begannen sich bei einzelnen Arbeitern dem „Tulpenfinger" ähnliche Berufsekzeme zu manifestieren. Da die Alstroemeriaceen den Liliaceae-Lilioideae (mit u. a. *Gagea, Tulipa, Erythronium, Fritillaria* und *Lilium*) nächst verwandt sind, drängte sich die Annahme auf, daß *Alstroemeria*-Arten ebenfalls Tuliposid A bilden; sie konnte später bestätigt werden (Slob, 1973). Die *Alstroemeria*-Allergie muß durch Dermatologen dementsprechend in jeder Hinsicht gleich behandelt werden wie die Tulpenallergie.

Es darf allerdings nicht außer Acht gelassen werden, daß selbst auf Gattungsebene die Chemotaxonomie kein untrüglicher Wegweiser ist. Ausnahmen können vorkommen, wie ein Blick auf die Tabelle 2 und die Bilder 3 und 5 zur Genüge illustrieren dürfte.

5   Schlußbetrachtungen

Die Pflanzenwelt ist durch einen erstaunlich mannigfaltigen Sekundärstoffwechsel ausgezeichnet. Dieser liefert dem Systematiker manches brauchbare Merkmal und dem Pharmazeuten eine große Zahl an Arzneistoffen. Sekundärstoffe werden aber auch durch alle Stämme des Tierreiches gebildet. Der tierische Sekundärstoffwechsel und seine Produkte werden in jüngster Zeit sehr intensiv bearbeitet (Schildknecht et al., 1968; Schildknecht, 1976; Nahrstedt, 1982). Im Tierreich dienen Sekundärstoffe als intraspezifische Signalstoffe (= Pheromone) oder als chemische Waffen bei Angriff und Verteidigung (Eisner und Meinwald, 1966; Habermehl, 1977) und zu weiteren Zwecken (Schildknecht, 1976). Die Sekundärstoffe der Tiere sollten gleich denjenigen der Pflanzen durch die Systematik berücksichtigt werden (vgl. z. B. Schildknecht et al., 1968). Bereits Stahl (1888) und Kerner von Marilaun (1887, S. 399—420, 429—433) wußten, daß die Sekundärstoffe der Pflanzen ähnliche ökologische Funktionen haben wie diejenigen der Tiere. Später wurde diese Ansicht gänzlich verworfen, aber heute wird wiederum allgemein angenommen, daß die pflanzlichen Sekundärstoffe in erster Linie Schutzstoffe gegen Pflanzenfresser (Animalia) und Pflanzenparasiten (Monera, Protista, Fungi) sind (vgl. z. B. Schildknecht, 1981).

Literatur

Alston, R. E.: Chemotaxonomy or biochemical systematics. In: T. Swain (Editor): Comparative phytochemistry, pp. 33—56. Academic Press. London and New York. 1966.

Alston, R. E., u. B. L. Turner: Biochemical systematics. Prentice Hall, Inc. Englewood Cliffs, N. J. 1963.

Benson, L.: Plant taxonomy. Methods and principles. The Ronald Press Company. New York. 1962.

Benson, L.: Plant classification. Second edition. D. C. Heath and Company. Lexington, Massachusetts and Toronto. 1979.

Bjeldanes, L. F., u. T. A. Geissman: Sesquiterpene lactones: Constituents of an F_1 hybrid *Encelia farinosa* X *Encelia californica*. Phytochemistry **10**, 1079—1081 (1971).

Böhm, A.: *Papaver bracteatum* Lindl. — Results and problems of the research on a potential medicinal plant. Pharmazie **36**, 660—667 (1981).

Briggs, D., u. M. Walters: Die Abstammung der Pflanzen. Evolution und Variation bei Blütenpflanzen. Kindlers Universitäts Bibliothek 1969. Aus dem Englischen von Dr. Annemarie Rau-Hund. Titel der englischen Originalausgabe: Plant variation and evolution.

Candolle, A. P., de: Essai sur les propriétés médicales des plantes comparées avec leurs formes extérieures et leur classification naturelle. Seconde édition, revue et augmentée. Chez Crochard. Paris. 1816. (1. Aufl. 1804).

Colin, H.: Chimie et classification chez les végétaux. Rev. Gén. Sci. Pures et Appl. **46**, 185—187 (1935).

Cronquist, A.: The evolution and classification of flowering plants. Houghton Mifflin Company. Boston etc. 1968.

Cronquist, A.: Chemistry in plant taxonomy: an assessment of where we stand. In: F. A. Bisby, J. G. Vaughan and C. A. Wright: Chemosystematics: principle and practice, pp. 1—27. Academic Press. London — New York — Toronto — Sydney — San Francisco. 1980.

Cronquist, A.: An integrated system of classification of flowering plants. Columbia University Press. New York. 1981.

Crowson, R. A.: Classification in Biology. Heinemann Educational Books. London. 1970.

Dahlgren, R.: A revised system of classification of the angiosperms. Bot. J. Linn. Soc. **80**, 91—124 (1980).

Dahlgren, R., S. Rosendal-Jensen u. B. J. Nielsen: A revised classification of the angiosperms with comments on the correlation between chemical and other characters. In: D. A. Young and D. S. Seigler (Editors): Phytochemistry and angiosperm phylogeny. pp. 149—204. Praeger Publishers. New York. 1981.

Davis, P. H., u. V. H. Heywood: Principles of angiosperm taxonomy. Reprinted with corrections and supplementary bibliography. Oliver and Boyd Ltd. Edinburgh. 1965.

Dillemann, G.: Le rôle de l'auto-stérilité dans l'hybridisation spontanée de deux expèces de *Linaria* de la Flore française. Phyton (Argentinia) **3**, 35—45 (1953).

Dillemann, G.: Les races chimiques chez les plantes médicinales. Ann. Pharm. Franç. **17**, 214—222 (1959).

Eisner, T., u. J. Meinwald: Defensive secretions of arthropods. Science **153**, 1341—1350 (1966).

Engler, A.: Syllabus der Pflanzenfamilien. 12. Auflage, I. Band (bearbeitet von H. Melchior und E. Werdermann). Gebrüder Borntraeger. Berlin-Nikolassee. 1954.

Engler, A.: Syllabus der Pflanzenfamilien. 12. Auflage, II. Band (H. Melchior, Herausgeber). Gebrüder Borntraeger. Berlin-Nikolassee. 1964.

Frohne, D., u. U. Jensen: Systematik des Pflanzenreiches. Zweite Auflage. Gustav Fischer. Stuttgart und New York. 1979.

Greshoff, M.: Eerste verslag van het onderzoek naar de plantenstoffen van Nederlandsch-Indië. Mededeelingen uit 's-Lands Plantentuin VII, 127 S. Landsdrukkerij. Batavia. 1890. (Sehr lesenswert die Einleitung, S. 1—4!).

Greshoff, M.: Gedanken über Pflanzenkräfte und phytochemische Verwandtschaft. Ber. Dtsch. Pharm. Ges. **3**, 191—204 (1893).

Guédès, M., u. C. Sastre: Morphology of the gynoecium and systematic position of the Ochnaceae. Botan. J. Linn. Soc. **82**, 121—138 (1981).

Habermehl, G.: Gift-Tiere und ihre Waffen. 2. Aufl. Springer-Verlag. Berlin — Heidelberg — New York. 1977.

Hallier, H.: Über die Anwendung der vergleichenden Phytochemie in der Systematik. Compte Rendu du XIme Congrès International de Pharmacie. Den Haag-Scheveningen. 1913. Tome II, S. 969–978.

Hegnauer, R.: Chemotaxonomische Betrachtungen. IV. Phytochemie und Systematik: Eine Rück- und Vorausschau auf die Entwicklung einer Chemotaxonomie. Pharm. Acta Helv. 33, 287–305 (1958).

Hegnauer, R.: Rassenbildung in der Natur und ihre Bedeutung für die Pharmakognosie. Pharm. Z. 104, 382–388 (1959).

Hegnauer, R.: Chemotaxonomie der Pflanzen. Band 1. Birkhäuser Verlag. Basel und Stuttgart. 1962.

Hegnauer, R.: Chemotaxonomie der Pflanzen. Band 3. Birkhäuser Verlag. Basel und Stuttgart. 1964.

Hegnauer, R.: Aucubinartige Glucoside. Über die Verbreitung und Bedeutung als systematisches Merkmal. Pharm. Acta Helv. 41, 557–587 (1966).

Hegnauer, R.: A. P. de Candolle, fondateur de la chimiotaxinomie moderne et quelques aspects récents de cette branche de science. Mémoires publ. par la Sociéte Botanique de France. Colloque de Chimiotaxinomie, Paris. 1965, 103–116. Publié 1967.

Hegnauer, R.: Pflanzenstoffe und Pflanzensystematik. Naturwissenschaften 58, 585–598 (1971).

Hegnauer, R.: Chemotaxonomie der Pflanzen. Band 6. Birkhäuser Verlag. Basel und Stuttgart. 1973.

Hegnauer, R.: Biologische und systematische Bedeutung von chemischen Rassen. Planta Medica 28, 230–243 (1975).

Heslop-Harrison, J.: New concepts in flowering-plant taxonomy. William Heinemann Ltd. Melbourne – London – Toronto. 1953.

Hutchinson, J.: Evolution and phylogeny of flowering plants. Academic Press. London and New York. 1969.

International Code of Botanical Nomenclature (adopted by the 12th internat. botan. congress, Leningrad, July 1975; edited by F. A. Stafleu et al.). Regnum Vegetabile, vol. 97. Bohn, Scheltema and Holkema. Utrecht. 1978. Deutsche Version mit Titel: Internationaler Code der botanischen Nomenklatur, S. 154–237.

Ivanow, S.: Die Evolution des Stoffes in der Pflanzenwelt und das Grundgesetz der Biochemie. Ber. Dtsch. Bot. Ges. 44, 31–39 (1926).

Jones, S. B., Jr., u. A. E. Luchsinger: Plant systematics. Mc Graw-Hill Book Company. New York etc. 1979.

Kerner von Marilaun, A.: Das Pflanzenleben, Band 1. Verlag des Bibliographischen Instituts. Leipzig. 1887.

Kuske, H.: Über durch *Ranunculus acer* verursachte Hautveränderungen. Ein Beitrag zur Aetiologie der Dermatitis bullosa pratensis. Inauguraldissertation Med. Fak. Univ. Bern. 1936.

Langlois, N., B. C. Das, P. Potier u. L. Lacombe: Alcaloides de *Phelline comosa* Labill. (Illiciacées). Bull. Soc. Chim. France 1970, 3535–3543.

Linnaèus, C.: Philosophia botanica; Kapitel XII. Vires. S. 278–288. Stockholm (apud G. Kiesewetter) und Amsterdam (apud Z. Chatelain). 1751.

Margulis, L., u. K. V. Schwartz: Five kingdoms. An illustrated guide to the phyla of life on earth. W. H. Freeman and Company. San Francisco 1982.

Máthé, I., Jr. u. I. Máthé, Sr.: Variation in alkaloids in *Solanum dulcamara*. In: J. G. Hawkes et al. (Editors): The biology and taxonomy of the Solanaceae, pp. 211–222. Academic Press. London and New York. 1979.

McLaughlin, J. L., R. W. Miller, R. G. Powell u. C. R. Smith, Jr.: 19-Hydroxybaccatin III, 10-deacetyl-cephalomannin and 10-deacetyltaxol: new antitumor taxanes from *Taxus wallichiana*. J. Natural Products (Lloydia) 44, 312–319 (1981).

McNair, J. B.: Angiosperm phylogeny on a chemical basis. Bull. Torrey Botan. Club 62, 515–532 (1935).

McNair, J. B.: Studies in plant chemistry including chemical taxonomy, ontogeny, phylogeny etc. Published by the author. Los Angeles. 1965 (Nachdruck und Bündelung von 16 zwischen 1916 und 1945 publizierten Artikeln).

Merxmüller, H.: Chemotaxonomie? Ber. Dtsch. Bot. Ges. 80, 608–620 (1967).

Moens, B.: De Kinacultuur in Azië 1854 t/m 1882. Ernst en Co. Batavia. 1882.

Molisch, H.: Pflanzenchemie und Pflanzenverwandtschaften. Verlag Gustav Fischer. Jena. 1933.

Mothes, K.: Der rauschgiftfreie Arzneimohn *Papaver bracteatum* „Halle III". Wissenschaft und Fortschritt 25, 300–305 (1975).

Müntzing, A.: Outlines of a genetic monograph of the genus *Galeopsis*. Heriditas 13, 185–341 (1930). Zusammenfassung von Müntzing's *Galeopsis*-Publikationen 1927–1941. In: J. H. Wieffering und L. H. Fikenscher, Aucubinartige Glucoside als systematische Merkmale bei Labiaten. II. Galeopsis. Biochem. Systematics and Ecology 2, 39–46 (1974).

Nahrstedt, A.: Strukturelle Beziehungen zwischen pflanzlichen und tierischen Sekundärstoffen. Planta Medica 44, 2—14 (1982).

Nyman, U., u. J. G. Bruhn: *Papaver bracteatum* — A summary of current knowledge. Planta Medica 35, 97—117 (1979).

Parry, R. J.: Biosynthesis of *Cephalotaxus* alkaloids. Recent Advances in Phytochemistry 13, 55—84 (1979). Plenum Press. New York.

Phillipson, J. D., A. Scutt, A. Baytop, N. Özhatay u. G. Sariyar: Alkaloids from Turkish samples of *Papaver orientale* and *P. pseudo-orientale*. Planta Medica 43, 261—271 (1981).

Rochleder, F.: Phytochemie. Verlag Wilhelm Engelmann. Leipzig. 1854.

Romeike, A.: Tropane alkaloids — occurrence and systematic importance. Bot. Notiser 131, 85—96 (1978).

Ross, H. H.: Biological systematics. Addison-Wesley Publishing Company, Inc. Reading etc. 1974.

Rothmaler, W.: Allgemeine Taxonomie und Chorologie der Pflanzen. Wilhelm Gronau Verlag. Jena. 1955.

Schildknecht, H.: Chemische Ökologie — Ein Kapitel moderner Naturstoffchemie. Angew. Chemie 88, 235—243 (1976).

Schildknecht, H.: Reiz- und Abwehrstoffe höherer Pflanzen — ein chemisches Herbarium. Angew. Chemie 93, 164—183 (1981).

Schildknecht, H., U. Maschwitz u. H. Winkler: Zur Evolution der Carabiden-Wehrdrüsensekrete. Naturwissenschaften 55, 112—117 (1968).

Sengbusch, von, R.: Süßlupinen und Öllupinen. Die Entstehungsgeschichte einiger neuer Kulturpflanzen. Landwirtschaftliche Jahrbücher 91, 719—880 (1942).

Sengbusch, von, R.: Ein Beitrag zur Entstehungsgeschichte unserer Nahrungs-Kulturpflanzen unter besonderer Berücksichtigung der Individualauslese. Der Züchter 23, 353—364 (1953).

Slob, A.: Tulip allergens in *Alstroemeria* and some other Liliiflorae. Phytochemistry 12, 811—815 (1973). Vgl. ebenfalls A. Slob et al., ibid. 14, 1997—2005 (1975).

Smith, D. M., u. D. A. Levin: A chromatographic study of reticulate evolution in the Appalachian *Asplenium* complex. Amer. J. Botany 50, 952—958 (1963).

Stahl, E.: Pflanzen und Schnecken — eine biologische Studie über die Schutzmittel der Pflanzen gegen Schneckenfraß. Jenaische Z. Naturwissenschaften 22 (= N. F. 15), 557—684 (1888).

Street, H. E. (Editor): Essays in plant taxonomy. Academic Press. London — New York — San Francisco. 1978.

Swain, T. (Editor): Chemical plant taxonomy. Academic Press. London and New York. 1963.

Takhtajan, A.: Die Evolution der Angiospermen. VEB Gustav Fischer Verlag. Jena. 1959.

Takhtajan, A.: Evolution und Ausbreitung der Blütenpflanzen. VEB Gustav Fischer Verlag. Jena. 1973.

Takhtajan, A.: Outline of the classification of flowering plants (Magnoliophyta). Botanical Review 46, 225—359 (1980).

Thiess, P. W.: Über die Wirkstoffe des Baldrians. 2. Mitt. Zur Konstitution der Isovaleriansäureester Valepotriat, Acetoxyvalepotriat und Dihydrovalepotriat. Tetrahedron Letters 1966, 1163—1170.

Thiess, P. W.: Die Konstitution der Valepotriate. Tetrahedron 24, 313—347 (1968).

Thorne, R. F.: A phylogenetic classification of the Angiospermae. Evolutionary Biology 9, 35—106 (1976). Plenum Press. New York.

Thorne, R. F.: Phytochemistry and angiosperm phylogeny — A summary statement. In: D. A. Young and D. S. Seigler (Editors): Phytochemistry and angiosperm phylogeny, pp. 233—295. Praeger Publishers. New York. 1981.

Tschirch, A.: Handbuch der Pharmakognosie, Band 1, Zweite Abteilung, Kapitel VI Pharmakohistoria. Verlag Chr. Herm. Tauchnitz. Leipzig. 1910.

Tsunoda, S., K. Hinata u. C. Gomez-Campo (Editors): *Brassica* crops and wild allies. Biology and Breeding. Japan Scientific Societies Press. Tokyo. 1980.

Wettstein, R.: Handbuch der systematischen Botanik. Vierte, umgearbeitete Auflage. Franz Deuticke. Leipzig und Wien. 1935.

Whittaker, R. H.: New concepts of kingdoms of organisms, Science 163, 150—160 (1969).

Aktuelle Züchtungsforschung mit Arzneipflanzen: Ergebnisse und Perspektiven

Otto Schieder

1 Einführung

Die züchterische Bearbeitung von Arzneipflanzen steht im Vergleich zu der von allen anderen Kulturpflanzen (z.B. Nahrungspflanzen, Zierpflanzen) an letzter Stelle (Schratz, 1961; Hoffmann et al., 1971). Wenn auch heute viele Arzneipflanzen systematisch kultiviert werden (z.B. Kamille, Schlafmohn, Europäischer und Indischer Baldrian, Pfefferminze, Fenchel, Kümmel, Engelwurz, Stechapfel, Melisse, Mariendistel, Wolliger Fingerhut, Immergrün, Madagaskar-Immergrün, Sennespflanzen, Gelbwurz, Chinarindenbaum u.a.m.), so befinden sich doch viele von ihnen noch im Zustand der Wildpflanze. Ausnahmen, bei denen „wilde" Arzneipflanzen züchterisch verbessert wurden, gibt es nur wenige: u.a. den Schlafmohn (*Papaver somniferum*) (Andersson u. Lööf, 1965; Heltmann u. Silva, 1978; Kopp et al., 1961; Pfeifer, 1962; Tetenyi et al., 1961; Tetenyi u. Lörincz, 1970), den Thebain-Mohn (*Papaver bracteatum*) (Böhm, 1981; Mothes, 1975), Rassen und Hybriden des Chinarindenbaumes (*Cinchona-Arten*) (Hegnauer, 1978), den Wolligen Fingerhut (*Digitalis lanata*) (Mastenbroek, 1980; Schwerdtfeger, 1975; Stary, 1971; 1973), die Kamille (*Chamomilla recutita*) (Franz, 1982; Poethke u. Bullin, 1969; Vrzalowa, 1972) und die Pfefferminze (*Mentha piperita*) (Brückner, 1960). Meistens erschöpften sich allerdings die züchterischen Ansätze in der Selektion von Hochleistungsstämmen aus dem Wildmaterial. Die Gründe für das geringe züchterische Interesse mögen einmal in der relativen wirtschaftlichen Bedeutungslosigkeit von Arzneipflanzen (immerhin werden aber z.B. in den USA im Jahr für fast 3,5 Milliarden Dollar biogene Arzneimittel produziert!), zum anderen in dem hohen Aufwand der chemischen Voruntersuchungen für eine systematische Auslese zu suchen sein.

Dies hat dazu geführt, daß private Züchter in der Bearbeitung von Arzneipflanzen keinen finanziellen Vorteil gesehen haben und auch noch nicht sehen, zumal darüber hinaus für die chemischen Analysen erst teure Investitionen vorgenommen werden müssen. Anders wäre dies bei pharmazeutischen Unternehmen, wo dies in der Tat im geringen Umfang geschieht (z.B. bei *Digitalis lanata*; erinnert sei auch an die Nutzung von Hochleistungsstämmen der Pilze *Penicillium chrysogenum* zur Penicillin-Produktion und *Claviceps purpurea* zur Gewinnung von Mutterkorn-Alkaloiden). Meist hat sich jedoch auch hier die Bearbeitung von Arzneipflanzen auf den anbautechnischen Bereich beschränkt.

Die Züchtung von Arzneipflanzen aus oben genannten Gründen effizienter und billiger zu machen, ist, neben der Erarbeitung von verbesserten Analyseverfahren, dringend geboten. Eine Möglichkeit, dem genannten Ziel näher zu kommen, könnten Methoden sein, die in den letzten Jahren in vielen Laboratorien entwickelt wurden: *die pflanzlichen Zellkulturen*. Das nun folgende Kapitel soll die bisher geleistete Arbeit und die Möglichkeit darstellen, die pflanzliche Zellkulturen zur Verbesserung von Arzneipflanzen bieten können. Das Kapitel erhebt nicht den Anspruch, eine vollständige Übersicht zu geben, auch sollen nicht systematisch alle die Arzneipflanzen abgehandelt werden, bei denen irgendwelche pflanzliche Zellkulturen angelegt wurden (vgl. Czygan, 1983). Es werden nur drei Teilgebiete dargestellt.

Mit diesen drei Teilgebieten, und zwar der Mutagenese bei Zellkulturen, der Herstellung von Haploiden über eine Antherenkultur und schließlich der Fusion und Regeneration von Protoplasten, können neue und effizientere Wege beschritten werden, um Arzneipflanzen mit hohen Wirkstoffgehalten zu gewinnen.

Da jedoch zur Zeit die Möglichkeit, aus undifferenzierten Zellen wieder vollständige Pflanzen zu regenerieren, nur bei einigen Arten möglich ist, und diese meist aus der Familie der Solanaceen stammen, muß eine Schilderung dessen, was zur Zeit durchführbar ist, auf nur wenige Spezies beschränkt bleiben. So werden im folgenden vor allem Forschungsergebnisse bei *Atropa, Datura* und *Hyoscyamus* dargestellt.

2   Haploide und ihr Nutzen

A.   Allgemeine Grundlagen

Im Jahre 1964 berichteten Guha und Maheshwari von *Datura innoxia*-Pflanzen, die sich nach Auflegen von Antheren auf ein Agar-Medium aus Pollen entwickelt hatten. Die meisten dieser Pflanzen besaßen nur den haploiden Chromosomensatz von n = 12. Dies ließ aufhorchen. Zwar war auch schon vorher hin und wieder von haploiden Pflanzen berichtet worden wie z.B. von *Datura stramonium* (Blakeslee et al., 1922), jedoch waren dies nur seltene Ereignisse, da sich solche Pflanzen zumeist entweder aus Samen, die sich parthenogenetisch aus der Eizelle oder aus sog. Zwillingssamen entwickelt hatten. Mit Hilfe der Antherenkultur aber ließen sich gezielt zahlreiche haploide Pflanzen erzeugen. In den darauffolgenden Jahren konnten mit Hilfe der Antherenkultur an zahlreichen anderen Pflanzen, vor allem aus der Familie der Solanaceen, haploide Pflanzen erzeugt werden (siehe Reviews: Vasil, 1980; Maheshwari et al., 1980). Über haploide Pflanzen von *Catharanthus roseus* und *Papaver bracteatum* berichteten Abou-Mandour et al. (1979) und Czygan und Abou-Mandour (1984).

Worin liegt nun die Bedeutung von haploiden Pflanzen für die Züchtung von Sorten? In der konventionellen Pflanzenzüchtung werden in der Regel zwei Linien gekreuzt, um eine Neukombination zu erhalten, in der die gewünschten Eigenschaften beider Sorten miteinander vereinigt sind. Nach erfolgter Selbstung des entstandenen Bastards (F_1) kann in der Nachkommenschaft (F_2) die erwünschte Neukombination ausgelesen werden (Bild 1). Normalerweise führt diese Auslese jedoch noch nicht zum endgültigen Erfolg, da aufgrund polygen vererbter Merkmale die selektierten Pflanzen nicht reinerbig sind. Das bedeutet, daß auch noch in der F_3 unerwünschte Merkmalskombinationen herausspalten. Erst durch mehrmaliges Selbsten und Auslesen entsteht nach Jahren eine reinerbige Linie mit der gesuchten Merkmalskombination. Als Züchtungszeit z.B. für eine Getreidesorte auf konventionellem Wege werden daher 10 bis 15 Jahre angesetzt. Diese Methode ist natürlich teuer und in der Regel nur für wichtige Nahrungspflanzen noch einigermaßen rentabel, für Arzneipflanzen jedoch unrentabel.

Über Haploide kann diese Zeit entscheidend verkürzt werden, wie aus Bild 1 hervorgeht. Ein Bastard bildet in seinen haploiden Keimzellen (Eizelle und Pollen) alle nur möglichen Kombinationen, wobei eine Kombination unter der Gesamtzahl aller Keimzellen wesentlich häufiger als in der diploiden Generation auftritt. Bei einer hypothetischen Anzahl von 4 Genen, die eine gesuchte Merkmalskombination erbringen, beträgt die Gesamtzahl der möglichen Kombinationen in den Keimzellen $2^4 = 16$. Die gesuchte Merkmalskombination kommt demnach einmal unter 16 Individuen vor. In der F_2 ist die Anzahl aller möglichen Kombinationen jedoch $2^{4+4} = 256$. Dies bedeutet,

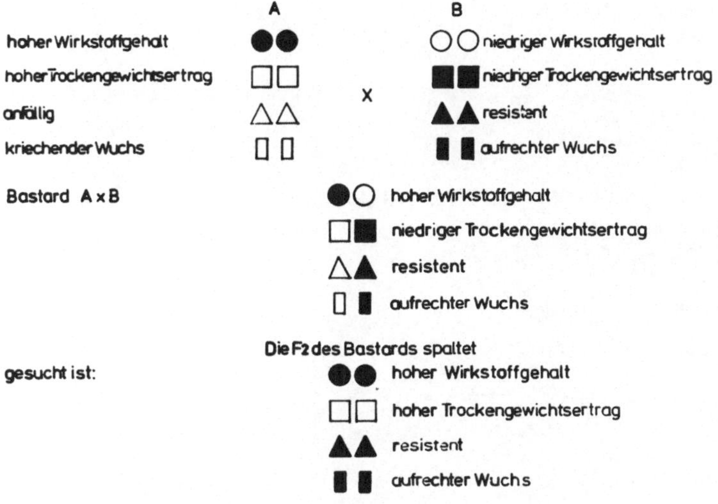

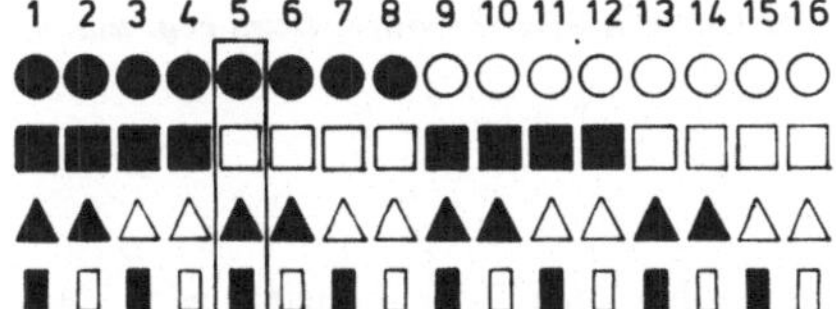

Bild 1
Schematische Darstellung der Haploidentechnik (nach Straub, 1977, verändert)

daß in einer F_2 die gesuchte Merkmalskombination nur einmal unter 256 Individuen gefunden werden kann. Hält man sich diese Zahlen vor Augen, dann wird einem klar, zumal in der Regel für bestimmte Eigenschaften nicht nur einzelne Gene, sondern mehrere verantwortlich sind (bei 10 Genen sind die Verhältnisse einmal unter 1024 bei den Keimzellen und einmal unter über einer Million in der F_2), daß unter den Keimzellen, sprich hier haploide Pflanzen aus Pollen, die gesuchte Merkmalskombination leichter zu finden ist als in der F_2. Darüber hinaus kann sie schon im ersten Jahr der Züchtungsarbeit endgültig selektiert werden (Straub, 1977; Schieder u. Straub, 1978).

Haploide Pflanzen sind meist schwächer im Wuchs (Bild 2) und besitzen kleinere Blüten im Vergleich zu diploiden Pflanzen. Sie sind steril und demnach als solche nicht sexuell zu vermehren. Dieses erscheint nachteilig. Mit Hilfe des Colchicins jedoch, einem Alkaloid der Herbstzeitlose, sind sie leicht diploid zu machen. Solche diploidisierten Haploiden sind dann homozygot und fertil und vererben sich nach Selbstung reinerbig.

Neben der Möglichkeit, Haploide über die Kultur von Antheren oder isolierten Pollen herzustellen, haben sich einige andere Methoden als brauchbar erwiesen, die hier nur kurz erwähnt werden sollen. Nach Kreuzung von tetraploiden *Solanum tuberosum* mit diploiden *Solanum phureja* Pflanzen entstehen in größerer Anzahl parthenogenetisch dihaploide Samen, aus denen sich dihaploide Pflanzen entwickeln (Frandsen, 1967; Hermsen u. Verdenius, 1973). Diese Methode der Reduktion der Chromosomenzahl wird heute schon bei der Kartoffel in Kombination mit der Antherenkultur, wo-

Bild 2 Eine haploide (links) und eine diploide (rechts) Pflanze von *Datura innoxia*

bei die Chromosomenzahl weiter auf die monohaploide Zahl reduziert wird (Sopory et al., 1978), routinemäßig in Züchtungsprogrammen eingesetzt.

Zahlreiche haploide Pflanzen können nach einer Kreuzung von *Hordeum vulgare* X *H. bulbosum* erhalten werden (Symko, 1969; Kasha, 1974). Es erfolgt normale Befruchtung, jedoch während der Entwicklung zum Embryo werden die Chromosomen von *H. bulbosum* eliminiert (Subrahmanyam u. Kasha, 1973). Artkreuzungen, wie eben dargestellt, spielen bei der Herstellung von haploiden Arzneipflanzen noch keine Rolle, könnten aber in Zukunft in dem einen oder anderen Fall von Bedeutung werden.

B.   Kulturmethoden von Antheren und Mikrosporen

Ein kritischer Punkt bei der Induktion von Haploiden aus Mikrosporen ist der Zeitpunkt der Entnahme der Antheren aus der Blütenknospe. Die Experimente haben gezeigt, daß bei den meisten Pflanzen die besten Resultate erzielt werden, wenn die Antheren kurz vor, während, oder kurz nach der ersten Pollenmitose entnommen werden (z.B. Sunderland u. Dunwell, 1977), wenn dies auch nicht in allen Fällen zutreffend ist. Vor der Entnahme der Antheren sind demnach cytologische Untersuchungen unerläßlich, um den Erfolg zu gewährleisten.

Die Fähigkeit der Pollen, sich zu Embryonen (Bild 3) oder Kallus und schließlich zu Pflanzen zu entwickeln, scheint auch unter genetischer Kontrolle zu stehen (z.B. Guha-Mukherjee, 1973; Keller et al., 1975; Wenzel et al., 1977). In vielen Spezies lassen sich nur an wenigen Genotypen mit Hilfe der Antherenkultur haploide Pflanzen induzieren. Die Beobachtung, daß an Pflanzen, die selbst aus Mikrosporen entstanden sind, sich mit viel größerem Erfolg haploide Pflanzen induzieren lassen, spricht auch für eine genetische Kontrolle (Picard u. de Buyser, 1977; Jacobsen u. Sopory, 1978).

Eine Vorbehandlung der entnommenen Blütenknospen mit niedrigen Temperaturen kann die Ausbeute an Pflanzen und Mikrosporen deutlich erhöhen. So fanden Nitsch

Bild 3 Sich entwickelnde Embryonen aus Mikrosporen von *Datura innoxia*

und Norrell (1973) bei *Datura innoxia* eine verbesserte Ausbeute, wenn die Blütenknospen für 48h in einem Eisschrank gehalten wurden. Die Kältevorbehandlung wird heute routinemäßig angewendet.

Zahlreiche weitere physikalische und physiologische Faktoren können, je nach Spezies, für einen Erfolg bedeutsam sein. Darauf soll hier aber nicht eingegangen werden, da sie in zusammenfassenden Artikeln schon des öfteren eingehend beschrieben worden sind (Nitzsche u. Wenzel, 1977; Vasil, 1980). Generell werden für die Kultur der Antheren Agar-Medien verwendet, die auch für die normale Gewebekultur benutzt werden. In Tabelle 1 sind zwei Agar-Medien dargestellt, die am häufigsten bei der Antherenkultur zur Anwendung gelangen. Häufig werden noch verschiedenartige organische Extrakte zugesetzt (siehe Vasil, 1980). Die Kultur erfolgt normalerweise bei ca. 25 °C, wobei für manche Arten auch höhere Temperaturen notwendig zu sein scheinen. Temperaturen unter 25 °C reduzieren generell die Anzahl der sich entwickelnden Mikrosporen. Licht scheint zu Beginn nicht erforderlich zu sein.

C.   Ploidie der aus Mikrosporen entstandenen Pflanzen

Die Ploidie der Pflanzen, die sich aus Mikrosporen entwickelt haben, ist sehr variabel und meistens überwiegen Pflanzen mit höherer Ploidiestufe als der der haploiden. So wurden bei *Datura innoxia* wie auch bei *Datura metel* haploide bis hexaploide Pflanzen beobachtet (Narayanaswamy u. Chandy, 1971; Engvild et al., 1972; Sunderland et al., 1974), während nach Kultur der Antheren von *Atropa belladonna* haploide bis triploide Pflanzen erhalten wurden (Zenkteler, 1971; Narayanaswamy u. George, 1972). Pflanzen, entwickelt aus Mikrosporen nach Kultur der Antheren von *Digitalis purpurea* und *Hyoscyamus niger*, zeigen vorzugsweise diploide, triploide oder tetraploide Ploidiestufen (Corduan u. Spix, 1975; Corduan, 1975).

Diese Variation der Ploidiestufen androgenetischer Pflanzen wird einerseits auf Endomitosen während der Kultur, andererseits auf Fusionen von Kernen zu Beginn der Mikrosporenentwicklung zurückgeführt (Narayanaswamy u. Chandy, 1971; Engvild et al., 1972; Engvild, 1973; Sunderland et al., 1974). Generell kann man wohl sagen, daß

Tabelle 1: Häufig benutzte Kulturmedien für Antheren nach Murashige und Skoog (1962) und Nitsch (1969)

	MS	NN
Makroelemente	mg/l	mg/l
KNO_3	1 900	1 000
KH_2PO_4	170	300
NH_4NO_3	1 650	1 000
$MgSO_4 \cdot 7H_2O$	370	35
$CaCl_2 \cdot 2H_2O$	440	—
KCl	—	65
$Ca(NO_3)$	—	347
Mikroelemente		
H_3BO_3	6,2	10
$MnSO_4 \cdot 4H_2O$	22,3	25
$FeSO_4 \cdot 7H_2O$	27,8	—
$Na_2EDTA \cdot 2H_2O$	37,3	—
$CaCl_2 \cdot 6H_2O$	0,025	—
$CuSO_4 \cdot 5H_2O$	0,025	0,025
$ZnSO_4 \cdot 7H_2O$	8,6	10
$Na_2MoO_4 \cdot 2H_2O$	0,25	0,25
KI	0,83	—
Organische Komponenten		
Edamin	1 000	—
myo-Inositol	100	—
Glycin	2	2
Thiamin-HCl	0,1	0,1
Pyridoxin-HCl	0,5	0,1
Nicotinsäure	0,5	0,5
Indolylessigsäure (IAA)	2,0	5
Kinetin	0,2	0,5
Saccharose	30 000	30 000
Agar-Agar	8 000	8 000
pH	5,7—5,8	6,0

Diploidie und Tetraploidie vorzugsweise durch Endomitosen entstehen, während dagegen Triploidie, wie auch Pentaploidie durch Kernfusionen verursacht werden. Chromosomale Variation durch atypische Mitosen, welche zu Polyploidie, aber auch zur Aneuploidie führt, ist weit verbreitet in Zellkulturen (Murashige, 1974). Die Erscheinung der Endomitose muß als Vorteil angesehen werden, da diploide Pflanzen, die sich aus Mikrosporen entwickelt haben, meist homozygot sind. Eine Verdopplung der Chromosomenzahl muß nicht mehr vorgenommen werden. Es soll aber nicht verschwiegen werden, daß sich in manchen Fällen auch aus unreduzierten Pollen Pflanzen entwickeln können (Wenzel et al., 1976), die natürlich weiterhin als heterozygote anzusehen sind.

Tabelle 2: Haploide Arzneipflanzen androgenetischen Ursprungs

Spezies	Autoren
Atropa belladonna	Zenkteler (1971)
	Rashid und Street (1973)
Catharanthus roseus	Abou-Mandour et al. (1979)
Datura innoxia	Guha und Maheshwari (1966)
	Geier und Kohlenbach (1973)
Datura metel	Narayanaswamy und Chandy (1971)
Datura meteloides	Kohlenbach und Geier (1972)
	Nitsch (1972)
Datura muricata	Nitsch (1972)
Datura stramonium	Guha und Maheshwari (1967)
Datura wrightii	Kohlenbach und Geier (1972)
Digitalis purpurea	Corduan und Spix (1975)
Hyoscyamus albus	Raghavan (1975)
Hyoscyamus niger	Corduan (1975)
	Raghavan (1975 und 1976)
Hyoscyamus pusillus	Raghavan (1975)
Hyoscyamus muticus	Wernicke et al. (1979)
Papaver bracteatum	Czygan u. Abou-Mandour (1984)
Scopolia carniolica	Wernicke und Kohlenbach (1975)
Scopolia physaloides	Wernicke und Kohlenbach (1975)

D. Arzneipflanzen aus Mikrosporen

In Tabelle 2 sind die Arzneipflanzen zusammengefaßt, bei denen mit Hilfe einer Antherenkultur androgenetische Pflanzen induziert werden konnten. Es fällt auf, daß bis auf wenige Arten alle aus der Familie der Solanaceen stammen. Dies ist nicht allzu verwunderlich, da sich aus unbekannten Gründen die Solanaceen für Zellkulturen ganz besonders gut eignen. Auffällig ist auch, daß unter diesen die meisten Spezies als Hauptalkaloide Scopolamin und Hyoscyamin produzieren.

Erstaunlicherweise ist aber bis heute noch keine systematische Züchtung mit Hilfe androgenetisch induzierter Pflanzen vorgenommen worden. Das liegt wohl vor allem darin begründet, daß die Anzahl der gewonnenen Pflanzen zu klein war, um eine systematische Auslese zu versuchen. Corduan (1974) gibt, zwar etwas vage, einen erhöhten Alkaloidgehalt für Linien, gewonnen aus einer Antherenkultur bei *Hyoscyamus niger*, an. Diese Linien wurden vorher einer mutagenen Behandlung mit UV- bzw. Röntgenstrahlen ausgesetzt. Abou-Mandour et al. (1969) fanden in di-haploiden Regeneraten von *Catharanthus roseus*, die aus haploiden Zellen entstanden waren, und in Regeneraten mit Chromosomen-Aberrationen (2n + 1) Konzentrationen der Alkaloide Serpentin und Raubasin, die doppelt so hoch waren wie in den diploiden (heterozygoten) Ausgangspflanzen. Diese erhöhte Biosynthesefähigkeit besitzen die Pflanzen noch heute (Czygan, persönl. Mitteilung 1982).

Im folgenden sollen eigene, unveröffentlichte Versuche dargestellt werden, die aber keineswegs den Anspruch erheben, exemplarisch zu sein, da das Zahlenmaterial zu gering und somit eine statistische Auswertung nicht möglich ist.

Zur Induktion von androgenetischen Pflanzen von *Atropa belladonna* wurden Antheren einer Pflanze auf ein Agarmedium nach Nitsch und Nitsch (1969; Tabelle 1) aufgelegt und kultiviert. Diese Pflanze zeigte unter einer bestehenden Population den

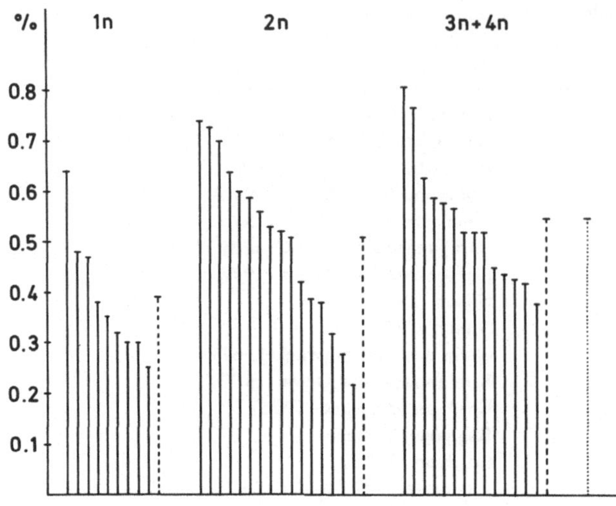

Bild 4

Gesamtalkaloidgehalt von aus Mikrosporen entstandenen Linien von *Atropa belladonna* mit unterschiedlichen Ploidiestufen

höchsten Gesamtalkaloidgehalt. 39 androgenetische Linien konnten erhalten werden, von denen 9 haploid, 16 diploid, 12 triploid und 2 tetraploid waren. Von allen Linien wurde 1978 an Freilandmaterial der Gesamtalkaloidgehalt bestimmt (Bild 4). Der prozentuale Durchschnittsgehalt an Alkaloiden, bezogen auf das Trockengewicht, lag bei den haploiden Linien deutlich unter den Linien mit höherer Ploidiestufe. Der durchschnittliche Alkaloidgehalt aller diploiden, triploiden und tetraploiden Linien war ziemlich exakt der gleiche wie der der Ausgangspflanze, jedoch konnten Linien gefunden werden, die einen deutlich geringeren oder höheren Gehalt an Alkaloiden zeigten. Die diploiden Linien mit dem höchsten Gehalt wurden geselbstet und die Nachkommen weiter beobachtet. Hiervon wurde eine Linie, deren Selbstungsnachkommenschaft sich durch gleichmäßige Wuchshöhe und hohen Alkaloidgehalt auszeichnete, in den Anbau genommen. Diese Linie erbringt heute den doppelten Alkaloidertrag im Vergleich zu nicht selektiertem Material (Schieder u. Osthoff, unveröffentlicht).

Dieses Beispiel zeigt, daß schon mit einer relativ geringen Anzahl androgenetischer Pflanzen erfolgreich an Arzneipflanzen selektiert werden kann. Dies ist natürlich auch darauf zurückzuführen, daß Arzneipflanzen züchterisch meist überhaupt nicht bearbeitet worden sind und sich daher der Erfolg sicher leichter einstellt als bei den übrigen Kulturpflanzen.

Ebenfalls mit Hilfe eines Agarmediums nach Nitsch und Nitsch (1969) wurden mehrere hundert androgenetische Pflanzen (1n − 4n) von *Datura innoxia* gewonnen (Schieder, unveröffentlicht). *Datura innoxia* dient der pharmazeutischen Industrie als Hauptlieferant des Alkaloids Scopolamin. Ausgangsmaterial waren die F_1 einer Kreuzung zwischen einer Linie aus Ekuador und einer Linie, die in Spanien angebaut wird. Zwei Ziele wurden mit diesen gewonnenen Linien verfolgt. Einmal wurde geprüft, inwieweit die aus der Antherenkultur gewonnenen diploiden Linien tatsächlich homozygot sind, und zum zweiten sollte versucht werden, Linien mit hohem Scopolamingehalt aus diesem Material zu gewinnen. Dies konnte leider nur punktuell erfolgen, da die chemische Untersuchung recht aufwendig und teuer ist. (Hierfür gilt der Dank der Firma Boehringer, Ingelheim.)

Zur Klärung der ersten Frage wurden androgenetisch gewonnene diploide Linien im Gewächshaus herangezogen und geselbstet und die Selbstungsnachkommenschaft

Bild 5 Zwei aus Mikrosporen entstandene Linien von *Datura innoxia* angebaut auf dem Feld

Tabelle 3: Scopolamingehalt (%) von je 10 Pflanzen 5 androgenetischer Linien von *Datura innoxia*

Linie	% Scopolamin										
	1	2	3	4	5	6	7	8	9	10˙	ϕ
H 261	0,14	0,18	0,15	0,13	0,10	0,15	0,15	0,20	0,14	0,13	0,147
H 328	0,27	0,34	0,37	0,25	0,32	0,28	0,26	0,26	0,31	0,24	0,29
H 331	0,13	0,14	0,13	0,22	0,11	0,12	0,15	0,26	0,12	0,12	0,15
H 369	0,34	0,23	0,28	0,30	0,32	0,27	0,23	0,22	0,18	0,28	0,265
H 395	0,15	0,25	0,19	0,16	0,09	0,33	0,18	0,15	0,10	0,17	0,177

auf dem Feld in Köln-Vogelsang angebaut. Auffällig war, daß jede Selbstungsnachkommenschaft phänotypisch erstaunlich einheitlich war (Bild 5). So konnten starkwüchsige und weniger wüchsige Linien ausgemacht werden, was auch im Trockengewichtsertrag deutlich sichtbar wurde. Von 5 Linien wurde der Scopolamingehalt von jeweils 10 Einzelpflanzen bestimmt. Wie aus der Tabelle 3 zu entnehmen ist, sind die Werte für den Scopolamingehalt innerhalb einer Linie relativ einheitlich, während zwischen den Linien recht große Unterschiede zu erkennen sind. Dabei sind die Unterschiede der beiden Linien H 328 und H 369 gegenüber den drei anderen signifikant. Berücksichtigt man Meßfehler und Standortunterschiede, so muß man davon ausgehen, daß die getesteten androgenetischen Linien homozygot sind und demnach durch Endomitose während der *in vitro*-Kultur diploid geworden sind.

Wie schon angedeutet, wurde auch versucht, Linien mit hohem Scopolamingehalt aus den androgenetisch gewonnenen Pflanzen zu selektieren (Schieder, unveröffentlicht). Aus den schon genannten Gründen konnte leider nicht alles vorhandene Material in die Untersuchung mit einbezogen werden. Außerdem beruhen die gewonnenen Daten zumeist

Tabelle 4: Scopolamingehalt einiger androgenetischer Linien von *Datura innoxia*, kultiviert in Köln und Badajoz/Spanien

Linie	Ernte Köln 1980	Ernte Badajoz 1980	Ernte Köln 1981
	% Scopolamin		
H 261	0,15	0,30	0,11
H 321	0,23	0,33	0,10
H 328	0,29	0,44	0,11
H 331	0,15	0,24	0,13
H 332	0,18	0,31	0,04
H 356	0,19	0,32	0,22
H 368	0,25	0,39	0,12
H 369	0,27	0,32	0,19
H 370	0,26	0,44	0,22
H 395	0,18	0,40	0,22
H 397	0,20	0,32	0,13
H 404	0,27	0,42	0,15
Durchschnitt	0,218	0,352	0,145

nur auf Untersuchungen von jeweils einer Pflanze je Linie. Jedoch lassen die gewonnenen Daten einige Schlüsse zu. Vergleicht man die Scopolaminwerte in Tabelle 4 von den Ernten aus den Jahren 1980 und 1981 in Köln-Vogelsang miteinander, so fällt auf, daß generell der Scopolamingehalt im Jahr 1981 geringer war als im Jahr davor. Dies deutet auf einen großen Witterungseinfluß in bezug auf den Alkaloidgehalt hin. Vergleicht man die Werte der beiden Anbauorte Köln und Badajoz in Spanien aus dem Jahre 1980 (für 1981 stehen leider keine Vergleichswerte zur Verfügung), so fällt auf, daß der durchschnittliche Scopolamingehalt in Spanien höher liegt. Auch dies dürfte klimatisch bedingt sein. Man könnte aufgrund der Vergleichswerte der beiden Anbauorte den Schluß ziehen, daß relativ hoher Alkaloidgehalt in Köln auch hohem Alkaloidgehalt in Badajoz entspricht und umgekehrt. Jedoch sprechen die Vergleichswerte in Köln aus dem Jahre 1981 nicht unbedingt dafür. Die Selektion am Anbauort vorzunehmen erscheint sinnvoller, müßte aber über mehrere Jahre erfolgen, um auch klimatisch bedingte Schwankungen zu erfassen. Darüber hinaus sollten mehr androgenetische Linien in eine Untersuchung einbezogen werden. Dies kann aber nur mit vereinfachten und schnelleren Analyseverfahren erreicht werden. Analysen mit Hilfe eines Radioimmunassay für Scopolamin, wie von Weiler et al. (1981) kürzlich entwickelt, können höchstwahrscheinlich dieses Problem lösen helfen.

Diese wenigen Beispiele von Versuchen, mit Hilfe androgenetisch erzeugter Linien eine Selektion auf Hochleistungslinien vorzunehmen, sind nur Anfänge und können noch nicht für die Überlegenheit dieser Methode gegenüber konventionellen Methoden sprechen. Weitere Versuche mit umfangreicherem Material müssen vorgenommen werden. Daneben sind Versuche unerläßlich, die es ermöglichen, mehr als bisher auch bei anderen Spezies als den Solanaceen androgenetische Pflanzen zu gewinnen.

3 Mutagenese in Zellkulturen

Ein weiterer Vorteil haploider Pflanzen ist, daß sich an ihnen leicht Mutanten induzieren lassen, vor allem bei Verwendung von Zellkulturen oder Protoplasten. Aufgrund des haploiden Chromosomensatzes sind rezessive Mutationen sofort erkennbar. Zahlreiche Experimente, an haploiden Zellkulturen oder Protoplasten Mutanten zu induzieren und zu selektieren, wurden in den letzten Jahren auch an Arzneipflanzen unternommen (siehe Übersicht: Maliga, 1980). Wenn auch diese Versuche bisher noch nicht der Verbesserung von Arzneipflanzen dienten, so sollen hier doch kurz diese Experimente dargestellt werden, denn prinzipiell sollte auch durch eine Mutagenese die Synthese des einen oder anderen Naturstoffes gesteigert werden können. Vorstellbar ist z. B. eine durch eine Mutation bedingte Blockade der Synthese eines Nebenalkaloids, die zur verstärkten Synthese des Hauptalkaloids führt. Auch genetische Defekte der Abbaureaktionen könnten zu einer Steigerung des Gehaltes eines Naturstoffes führen.

Die Tabelle 5 gibt einen Überblick über den Charakter der Mutanten, die bisher bei Arzneipflanzen an haploiden Zellkulturen selektiert werden konnten. In den meisten Fällen wurden haploide Protoplasten enzymatisch isoliert (siehe Kapitel 4) und anschließend mutagen behandelt. Als Mutagene dienten N-Methyl-N'-nitro-N-nitrosoguanidin (Krumbiegel, 1979; Gebhardt et al., 1981; Strauss et al., 1981), Ethanmethansulfonat (King et al., 1980) und Röntgenstrahlen (Schieder, 1976). Diese Versuche zeigen, daß eine Induktion von Mutanten an haploiden Einzelzellen mit Erfolg zu bewerkstelligen ist. Jedoch wird eine Selektion von Mutanten mit erhöhter Naturstoffproduktion sich nicht einfach gestalten, da die Anzahl solcher Mutanten unter einer aus Zellen oder Protoplasten regenerierten Population relativ gering sein wird. So wurden z. B. bei dem Lebermoos *Sphaerocarpos donnellii*, wie auch bei *Hyoscyamus muticus* jeweils unter ca. 2000 Regeneraten nur eine auxotrophe Mutante selektiert (Schieder, 1976b; Gebhardt et al., 1981). Diese Zahlen verdeutlichen, daß relativ große Populationen untersucht werden müssen, um eine Mutante mit erhöhter Naturstoffproduktion zu finden. Das erfordert leistungsfähige biochemische Untersuchungsmethoden, wie dies im Moment wahrscheinlich nur mit Hilfe eines Radioimmunassay möglich ist (Weiler, 1978; Weiler et al., 1981).

Tabelle 5: Mutanten selektiert nach mutagener Behandlung haploider Protoplasten (P) oder Zellkulturen (Z)

Mutanten	Mutagen	Anzahl	Autoren
Datura innoxia			
Adenin auxotroph (Z)	EMS	1	King et al., 1980
Panthotensäure auxotroph (Z)	EMS	1	
Chlorophyll defekt (P)	Röntgen	9	Schieder, 1976a
Chlorophyll defekt (P)	MNNG	4	Krumbiegel, 1979
Anthocyan defekt (P)	Röntgen	1	Schieder, 1976a
Hyoscyamus muticus			
Histidin auxotroph (P)	MNNG	2	Gebhardt et al., 1981
Tryptophan auxotroph (P)	MNNG	1	
Nicotinsäure auxotroph (P)	MNNG	3	
Aminosäure auxotroph (P)	MNNG	4	
Nitratreductase defekt (P)	MNNG	1	Strauss et al., 1981
EMS = Ethanmethansulfonat			
MNNG = N-methyl-N'-nitro-N-nitrosoguanidin			

Erste Versuche, mit Hilfe eines Radioimmunassay Linien mit erhöhtem Naturstoffgehalt zu selektieren, wurden an *Catharanthus roseus* von Deus (1978) unternommen. *Catharanthus* produziert die Indol-Alkaloide Serpentin und Raubasin, für die ein Radioimmuntest entwickelt wurde (Weiler, 1977). Zellen wurden mit bis zu 100 Kr Cs 137 bestrahlt, deren Alkaloidgehalt bei durchschnittlich 0,12 % lag. Aus einer Population von 700 sich entwickelter Kolonien konnten solche selektiert werden, die bis 2 % Serpentin und Raubasin enthielten. Da keine Pflanzen aus diesen Linien regeneriert wurden und somit keine genetische Prüfung erfolgte, ist aber nicht sicher, ob diese Linien tatsächlich Mutanten sind oder ob, bedingt durch die Bestrahlung, nur eine vorübergehende Steigerung der Alkaloidproduktion erfolgte.

Daß letzteres wahrscheinlich ist, ergibt sich aus folgenden Überlegungen: Es wurden keine haploiden Zellkulturen eingesetzt, denn nur solche lassen eine hohe Mutationsrate erwarten. Zweitens ist die Anzahl der Linien mit erhöhter Alkaloidproduktion (Mutanten?) erheblich höher als aufgrund der vorher beschriebenen Mutationsexperimente, bei denen haploide Zellkulturen eingesetzt wurden, zu erwarten gewesen wäre. Dieses Beispiel jedoch zeigt, daß die Kapazität des Radioimmunassay ausreichend ist, eine solch große Individuenzahl, und sicher auch noch größere als in diesem Beispiel beschrieben, zu untersuchen.

Generell läßt sich sagen, daß es möglich sein sollte, unter Einsatz mutagen behandelter haploider Zell- oder Protoplastenkulturen in Kombination mit dem Radioimmunassay Linien mit erhöhter Naturstoffproduktion zu selektieren. Natürlich wird zu Beginn immer eine Kosten-Nutzenrechnung aufgestellt werden müssen, zumal neben nicht unerheblichen Investitionskosten auch die Kosten für den recht großen Arbeitsaufwand kalkuliert werden müssen.

4 Somatische Hybridisierung

A. Bedeutung der Art- und Gattungshybridisierung

Die Kreuzung von Pflanzen, die unterschiedliches Erbgut enthalten, führt häufig zu Bastarden mit besserer Wüchsigkeit als sie den Eltern eigen ist und folgerichtig auch zu einer Ertragssteigerung. Daher spielt die Hybridzüchtung in der Pflanzenzüchtung eine wesentliche Rolle. Extreme Hybriden enthalten die Genome von zwei oder sogar drei verschiedenen Pflanzenarten, ja sogar Gattungen. So sind wichtige Kulturpflanzen durch natürliche Bastardierung oder durch vom Menschen vorgenommene Kreuzung entstandene Art- bzw. Gattungsbastarde, wie zum Beispiel der Weizen oder der Raps. Die sexuelle Bastardierung ist aber nur in solchen Fällen möglich, bei denen eine Kreuzung auch zu lebensfähigen Samen führt. Dies ist jedoch bei Art- und Gattungskreuzungen meist nicht der Fall. Wir wissen, daß die Entstehung lebensfähiger Embryonen aus solchen Kreuzungen dadurch verhindert wird, daß die Entwicklungsprozesse zwischen Bestäubung, Befruchtung und Embryo- bzw. Endospermentwicklung in bestimmten Phasen sistieren können. Eine künstliche Herstellung von Hybriden von Spezies, die auf natürliche Weise nicht kreuzbar sind, kann nun von einer Technik bewerkstelligt werden, und zwar durch Fusion somatischer Zellen, im allgemeinen heute als *somatische Hybridisierung* bezeichnet.

B. Isolierung, Regeneration und Fusion der Protoplasten

Zwei wesentliche Schritte sind für die Fusionstechnik erforderlich: Zum einen die Beseitigung der starren, pflanzlichen Zellwand mit Hilfe von Pektinasen und Cellulasen (Cocking, 1960; Takebe et al., 1968), wodurch in Anwesenheit eines osmotischen Stabilisators — meist der stoffwechselinaktive Zuckeralkohol Mannit — *nackte Zellen*, die sog. *Protoplasten*, gewonnen werden können. Die zweite wesentliche Voraussetzung für diese Technik ist, daß unter geeigneten Nährbedingungen die Protoplasten wieder eine Wand regenerieren, sich teilen und sich schließlich über Kalli zu einer funktionstüchtigen Pflanze entwickeln.

Tabelle 6: Häufig verwendetes Protoplastenregenerationsmedium nach Durand et al. (1973)

Makroelemente	mg/l	Mikroelemente	mg/l
NH_4NO_3	270	H_3BO_3	2
KNO_3	1 480	$MnSO_4 \cdot H_2O$	5
$MgSO_4 \cdot 7H_2O$	340	$ZnSO_4 \cdot 7H_2O$	1,5
$CaCl_2 \cdot 2H_2O$	570	KI	0,25
KH_2PO_4	80	$Na_2MoO_4 \cdot 2H_2O$	0,1
$FeSO_4 \cdot 7H_2O$	27,8	$CuSO_4 \cdot 5H_2O$	0,015
Na_2EDTA	37,3	$CoCl_2 \cdot 6H_2O$	0,01

Organische Komponenten			
myo-Inositol	100	2,4-Dichlorphenoxyessig-säure	1,4
Folsäure	0,4	6-Benzylaminopurin	0,4
Glycin	1,4	Saccharose	14 115
Nicotinsäure	4	Mannit	54 651
Thiamin-HCl	4		
Pyridoxin-HCl	0,7		
Biotin	0,04		

pH 5,6

Tabelle 7: Arzneipflanzen, von welchen sich Protoplasten bis zum Kallus (K) oder Pflanzen (P) regenerieren lassen

Spezies	Regeneration	Autoren
Atropa belladonna 2n	P	Gosch et al. (1975)
Catharnathus roseus 2n	K	Koblitz (1975)
Datura innoxia 1n + 2n	P	Schieder (1975)
Datura metel 1n + 2n	P	Schieder (1977a)
Datura meteloides 1n + 2n	P	
Digitalis lanata 2n	P	Li (1981)
Hyoscyamus muticus 2n	P	Lörz et al. (1979)
Hyoscyamus muticus 1n	P	Wernicke et al. (1979)
Hyoscyamus albus 2n	K	Lörz et al. (1979)
Hyoscyamus niger 2n	K	Kohlenbach und Bohnke (1975)

Als Ausgangsmaterial für die Protoplastengewinnung dienen vor allem das Blattmesophyll und Zellsuspensionskulturen, seltener Wurzeln oder Kallus. Die durch Enzyme freigesetzten Protoplasten werden in speziell für Protoplasten entwickelten flüssigen Nährmedien (Tabelle 6) kultiviert, wo sie nach zwei Tagen eine vollständige Wand regeneriert haben und sich anschließend zu teilen beginnen. Aus daraus entwickelten Kalli können meist unter Einsatz von Cytokininen Sprosse und anschließend Wurzeln induziert werden, die nach einem Transfer in Erde zu normalen Pflanzen heranwachsen. Theoretisch lassen sich auf diese Weise aus einer Pflanze viele Millionen Pflanzen gleichen Genotyps herstellen. Zum ersten Mal gelang dies beim Tabak durch Takebe et al. (1971). In den darauffolgenden Jahren kamen zahlreiche Pflanzenarten hinzu (Übersicht siehe Vasil u. Vasil, 1980b), unter denen auch einige pharmazeutisch interessante Pflanzen zu finden sind (Tabelle 7). Auch hier fällt auf, daß es sich vorzugsweise um Vertreter aus der Familie der Solanaceen handelt.

Frisch isolierte Protoplasten lassen sich unter Einwirkung des Polymers Polyethylenglycol (Kao u. Michayluk, 1974) und Ca(NO₃)₂ oder auch nur durch Ca(NO₃)₂ jedoch bei hohem pH-Wert (Keller u. Melchers, 1973) zur Fusion bringen. So können Protoplasten ganz unterschiedlicher Herkunft miteinander verschmelzen. Daß solche Verschmelzungsprodukte auch wieder zur Pflanze regenerieren können, wurde — wenn auch nur bei intraspezifischen Kombinationen — erstmals überzeugend am Tabak (Melchers u. Labib, 1974) und am Lebermoos *Sphaerocarpos donnellii* (Schieder, 1974) nachgewiesen. Zahlreiche weitere somatische Hybriden, sowohl intra- wie auch interspezifische, konnten von da an bis heute nach Fusion von Protoplasten hergestellt werden (Schieder u. Vasil, 1980).

C. Selektion von somatischen Hybriden

Neben den Problemen der Isolierung, Regeneration und Fusion von Protoplasten existiert eine weitere Schwierigkeit auf dem Weg zur somatischen Hybridisierung, und zwar die Selektion möglicher Hybriden, da sie normalerweise während ihrer Entwicklung nicht von den sich gleichzeitig entwickelnden nicht-hybriden Zellkolonien zu unterscheiden sind. Die Anzucht aller Protoplasten bis zur vollständigen Pflanze wäre aber ein zu großer Aufwand. Ein Erkennen der somatischen Hybriden zu einem möglichst frühen Zeitpunkt der Entwicklung oder gar direkt nach der Fusion ist daher wünschenswert. Das folgende schematische Beispiel soll dies verdeutlichen: Die Behandlung eines Gemisches, bestehend aus je 50% Protoplasten zweier Linien mit der genetischen Konstitution Ab und aB mit einem Fusionsagens, führt zu fünf verschiedenen Protoplastentypen (Bild 6), wobei in der Regel weniger als 1% der Protoplasten die gewünschte genetische Konstitution AaBb besitzt, da nur einige Protoplasten an einem Fusionsereignis beteiligt sind. In einer anschließenden Kultur eines solchen Protoplastengemisches werden daher meist Protoplasten fünf verschiedener Typen (Bild 6) zur Regeneration gebracht. Diese Tatsache macht es notwendig, Selektionssysteme zu finden, die es ermöglichen, somatische Hybriden zu einem möglichst frühen Zeitpunkt der Entwicklung von den übrigen zu unterscheiden. Zwei prinzipielle Selektionssysteme lassen sich postulieren, die diesem Wunsch Rechnung tragen. Erstens eine Selektion, die darauf beruht, daß durch Kombination zweier unterschiedlicher „Eltern" die daraus resultierenden Hybriden ein anderes phänotypisches Erscheinungsbild oder ein anderes Wachstumsverhalten zeigen als beide „Eltern" (Komplementation). Zweitens eine mechanische Isolierung der Hybridprotoplasten gleich oder kurz nach der Fusion mit Hilfe von Mikropipetten und ihre separate Kultur.

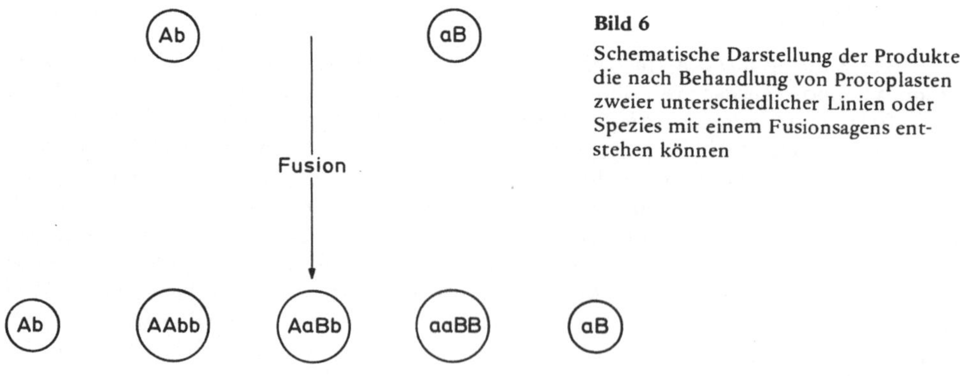

Bild 6
Schematische Darstellung der Produkte, die nach Behandlung von Protoplasten zweier unterschiedlicher Linien oder Spezies mit einem Fusionsagens entstehen können

Das erst genannte Selektionsprinzip kann in mehrere Teile aufgegliedert werden: 1. Komplementation zweier Chlorophyll-defekter oder auxotropher Mutanten zum Wildtyp. 2. Komplementation zur Doppelresistenz zweier Linien mit je einer Resistenz. 3. Unterschiedliches Wachstumsverhaltens der „Elternlinien" einerseits und der somatischen Hybriden andererseits in einem definierten Kulturmedium. Aus diesen drei Selektionssystemen lassen sich auch Mischformen konstruieren. Neben diesen Möglichkeiten wurden hin und wieder auch morphologische Merkmale zur Identifizierung von somatischen Hybriden herangezogen. Umfassende Darstellungen über die somatische Hybridisierung und die dabei herangezogenen Selektionsmethoden sind in den vergangenen Jahren zahlreich erschienen (Cocking, 1980; Schieder u. Vasil, 1980; Schieder, 1982), so daß hier nicht im Detail darauf eingegangen werden muß.

Eine mechanische Isolierung der Hybridprotoplasten gleich oder kurz nach der Fusion unter Verwendung von Mikropipetten hat gegenüber der Selektion mit Hilfe der Komplementation den Vorteil, daß hierbei keine Mutanten oder sonstige Marker erforderlich sind. Das Prinzip beruht darauf, daß grüne Protoplasten aus Mesophyllzellen mit nicht-grünen, gewonnen aus Kallus oder Zellsuspensionen, zur Fusion gebracht werden. Die gut im Mikroskop erkennbaren Hybridprotoplasten werden herausselektiert und in sog. Cuprak-Schalen, die zahlreiche kleine Vertiefungen besitzen, als Einzelprotoplasten in den Vertiefungen kultiviert (Kao, 1977; Gleba u. Hoffmann, 1978). Doch auch diese Methode ist nur begrenzt brauchbar, da in den meisten Fällen Einzelprotoplasten nicht regenerieren wollen und wenn, dann auch nur unter Verwendung sehr komplexer Nährmedien (Kao u. Michayluk, 1975). Diese Schwierigkeit läßt sich umgehen bei Verwendung von Protoplasten einer Chlorophyll-defekten Linie, in die die Hybridprotoplasten transferiert werden. Die Selektion der somatischen Hybriden kann dann nach Regeneration aller Protoplasten aufgrund ihrer grünen Farbe erfolgen (Menczel et al., 1978). Da hier jedoch eine Selektion erst nach der Induktion von Blatt- und Sproßprimordien durch Behandlung der sich entwickelten Kalli mit Cytokininen erfolgen kann, erscheint die Verwendung von Protoplasten auxotropher Mutanten als Ammenkultur noch geeigneter. Durch Entzug der für die auxotrophen Zellkolonien lebenswichtigen Supplemente kann sehr viel früher mit einer Selektion der ja autotrophen somatischen Hybriden begonnen werden (Hein et al., 1983).

D.   Somatische Hybridisierung bei Arzneipflanzen

Selektion

In der Gattung *Datura* sind nach Satina und Avery (1959) zehn verschiedene krautige Spezies vertreten. Nach Bristol (1966) werden dieser Gattung auch baumartige Vertreter zugeordnet, die häufig in die separate Gattung *Brugmannsia* eingeordnet werden. Hier wird jedoch dem Vorschlag Bristols (1966) gefolgt. Artkreuzungen innerhalb dieser Gattung sind zum Teil schwierig, wenn nicht unmöglich (Rietsema u. Satina, 1959). Eine Arthybridisierung mit Hilfe einer Protoplastenfusion erscheint daher als der gegebene Weg, diese Kreuzungsbarrieren zu überwinden. *Datura innoxia*, die Art bei der eine Regeneration der Protoplasten vorzüglich gelingt, diente für alle Hybridisierungsexperimente als Basispflanze (Tabelle 8), wobei von dieser Spezies Chlorophyll-defekte Mutanten (Schieder, 1976a) verwendet wurden. So dienten zwei genetisch unterschiedliche Chlorophyll-defekte Mutanten zur Selektion intraspezifischer Hybriden von *Datura innoxia*. Die durch Komplementation ergrünungsfähigen somatischen Hybriden konnten damit leicht von den nicht-grünen Zellkolonien, die sich aus nicht-hybriden Protoplasten synchron entwickelt hatten, unterschieden werden (Schieder, 1977). Auch für interspezifische Hybridisierungsexperimente wurden Protoplasten Chlorophyll-defekter Mutanten von *Datura innoxia* herangezogen. Sie wurden jedoch mit grünen Protoplasten der

Tabelle 8: Somatische Hybriden hergestellt bei Arzneipflanzen

Somatische Hybriden	Chromo-somen-zahlen	Sprosse	Wurzeln	Pflanzen	Fertilität	Autoren
D. innoxia (+) *D. innoxia*	48—96	+	+	+	+*	Schieder, 1977
D. innoxia (+) *D. stramonium*	48—96	+	+	+	+	Schieder, 1978
D. innoxia (+) *D. discolor*	46—48	+	+	+	+	Schieder, 1978
D. innoxia (+) *D. candida*	72	+	+	+	−	Schieder, 1980a
D. innoxia (+) *D. sanguinea*	48—96	+	−	−	−	Schieder, 1980a
D. innoxia (+) *D. quercifolia*	ca. 48	+	−	−	−	Schieder, 1982
D. innoxia (+) *A. belladonna*	96—175	+**	+**	−	−	Krumbiegel und Schieder, 1979
H. muticus (+) *H. muticus*	42	+	+	+	0	Jing-Fen und Potrykus, pers. Mitteilung

+* = vermindert; +** = nach teilweiser Elimination von *Atropa*-Chromosomen; 0 = nicht untersucht

krautigen Spezies *Datura stramonium* und *Datura discolor*, sowie der baumartigen Spezies *Datura candida* und *Datura sanguinea* fusioniert. Die Selektion der somatischen Hybridkolonien beruhte auf der Unfähgikeit der grünen Protoplasten unter den Kulturbedingungen zu regenerieren, wie dies die Protoplasten von *Datura innoxia* sowie auch die Hybridprotoplasten vermögen. Grüne Zellkolonien konnten demnach als potentielle somatische Hybriden selektiert werden (Schieder, 1978 u. 1980a). Chromosomenzählungen, Isoenzymuntersuchungen (Lönnendonker u. Schieder, 1980) und, wo möglich, phänotypische Vergleiche der zu Pflanzen regenerierten Hybriden mit ihren „Elternpflanzen" bestätigten die Hybridnatur dieser selektierten Zellkolonien. Häufig wurde schon bei noch relativ kleinen Zellkolonien somatischer Hybriden eine bessere Wüchsigkeit dieser Kolonien im Vergleich zu nicht-hybriden Kolonien beobachtet (Schieder, 1978; Douglas et al., 1981). Dieses Phänomen der Heterosis, das sicher nicht bei allen Kombinationen zu erwarten ist, wurde schließlich zur Selektion von Hybriden, bestehend aus *Datura innoxia* und *Datura quercifolia*, verwendet. Die bestwüchsigen Zellkolonien wurden herausgelesen und auf ihre Hybridnatur geprüft. Bei einer dieser Kolonien konnte die Hybridnatur tatsächlich bestätigt werden (Schieder, 1982).

Auch konnten somatische Hybriden zwischen *Datura innoxia* und *Atropa belladonna* hergestellt werden (Krumbiegel u. Schieder, 1979). Ihre Selektion beruhte ebenfalls auf die Verwendung von Protoplasten einer Chlorophyll-defekten Mutante von *Datura innoxia*, die mit grünen Protoplasten von *Atropa belladonna* fusioniert wurden. Die Protoplasten von *Atropa belladonna* jedoch regenerieren unter den gleichen Kulturbedingungen wie die von *Datura innoxia*. Daher mußte noch ein anderer Marker als die grüne Farbe allein zur Selektion der Hybriden herangezogen werden. *Atropa* besitzt im Gegensatz zu *Datura* in allen Entwicklungsstadien keine Haare. Die Produktion von

Haaren ist bei *Datura* der erste sichtbare Schritt der beginnenden Morphogenese aus Kallus. Grüne und Haare produzierende Zellkolonien wurden selektiert und konnten als somatische Hybriden identifiziert werden.

Schließlich konnten kürzlich auch intraspezifische somatische Hybridpflanzen von *Hyoscyamus muticus* erhalten werden. Sie wurden mit Hilfe auxotropher Mutanten selektiert (Jing-Fen u. Potrykus, pers. Mitteilung).

Morphologie und Fertilität

Bei nahezu allen Zellkolonien, die nach Hybridisierungsexperimenten innerhalb der Gattung *Datura* selektiert worden waren, ließen sich auf cytokininhaltigen Kulturmedien Sprosse induzieren. Diese Sprosse jedoch zeigten ein unterschiedliches Verhalten in bezug auf die Fähigkeit, Wurzeln zu bilden. Sprosse der somatischen Hybriden von *Datura innoxia* (+) *Datura discolor*, *Datura innoxia* (+) *Datura stramonium* und *Datura innoxia* (+) *Datura candida* bildeten auf hormonfreiem Kulturmedium leicht Wurzeln und konnten im Gewächshaus zu blühenden Pflanzen herangezogen werden. Tetraploide somatische Hybriden (SF$_1$) mit 48 Chromosomen (amphidiploid), bestehend aus je einem diploiden Genom von *Datura innoxia* und *Datura stramonium* bzw. *Datura discolor*, erwiesen sich nach Selbstung als voll fertil und produzierten zahlreiche Samen und wurden zur Vereinfachung als *Datura straubii* bzw. *Datura hybrida* bezeichnet (Schieder, 1980b). Die Selbstungsnachkommenschaften (SF$_2$) beider Hybriden zeigten, bis auf wenige Chlorophyll-defekte Keimlinge, ($< 1\%$), phänotypisch eine große Uniformität (Bild 7). Dies ist in Übereinstimmung mit dem Befund zu sehen, daß eine nur sehr geringe Rate an Quadrivalenten in der Meiose zu finden ist. Auch in den weiteren Selbstungsnachkommenschaften (SF$_3$−SF$_5$) trat sonst keine ins Auge fallende phänotypische Variation auf (Schieder, 1980b). Diese Hybriden fielen in allen Generationen durch ihren im Vergleich zu den „Eltern" stärkeren Wuchs auf. Die somatischen Hybridpflanzen von *Datura innoxia* (+) *Datura candida* jedoch erwiesen sich als steril. Dies mag daran liegen, daß die baumartigen *Datura*-Spezies ohnehin selbststeril sind (Bristol, 1966), was nun auch in den Hybridpflanzen manifestiert ist, oder daran, daß alle regenerierten Hybridpflanzen dieser Kombination eine hexaploide Chromosomenzahl besitzen (Schieder, 1980a). Hier scheinen nur Fusionsprodukte, bestehend aus drei Protoplasten, zur Regeneration befähigt zu sein.

Bild 7 Aus Samen herangezogene Pflanzen (SF$_4$) der somatischen Hybride *Datura straubii*

Jedoch sind die regenerierten Sprosse der somatischen Hybriden, bestehend aus den Genomen von *Datura innoxia* und *Datura sanguinea* bzw. *Datura quercifolia*, unfähig, Wurzeln zu bilden. Amphidiploide Sprosse von *Datura innoxia* (+) *Datura sanguinea* wurden daher auf „Elternpflanzen" im Gewächshaus gepfropft. Diese Pfropflinge wuchsen zu Monstergebilden mit zahlreichen Adventivsprossen und nur kleinen Blättern heran und sind unfähig zu blühen (Schieder, 1980a). Ähnliche Pfropfversuche mit Sprossen der Hybriden, bestehend aus *Datura innoxia* (+) *Datura quercifolia*, gelangen gleichermaßen (Schieder, unveröffentlicht).

Diese Beispiele demonstrieren, daß tatsächlich Kreuzungsbarrieren mit Hilfe der Protoplastenfusion überwunden und fertile amphidiploide somatische Hybriden gewonnen werden können. Jedoch zeigen die genannten Beispiele auch, daß nicht in allen Fällen normal wachsende Hybridpflanzen erhalten wurden. Aufgrund somatischer Inkompatibilitätserscheinungen entstehen neben normalwüchsigen auch morphologisch gestörte Hybriden. Dies ist um so mehr zu erwarten, wenn Protoplasten von Spezies aus verschiedenen Gattungen zur Fusion gebracht werden, wie das am Beispiel von *Datura innoxia* (+) *Atropa belladonna* sichtbar wird (Krumbiegel u. Schieder, 1979). Diese Hybriden sind nur noch fähig, fleischige Blätter zu bilden. Normale Sproßbildung konnte nicht beobachtet werden. Ein anderes Phänomen jedoch wurde an diesen Hybriden sichtbar, und zwar die Elimination von Chromosomen eines „Elter". Aufgrund der verschiedenen Größen der Chromosomen von *Datura* und *Atropa* konnte dies neben phänotypischen Merkmalen cytologisch verfolgt werden. Auf diese Weise entstanden grüne, aber auch Chlorophyll-defekte Sublinien mit einer verminderten Anzahl von *Atropa*-Chromosomen bis hin zu stabilen grünen Linien, die nur noch 4 von ursprünglich 72 Chromosomen von *Atropa* besitzen. Gleichzeitig mit der Elimination der Chromosomen stellte sich eine zunehmende Normalisierung des Phänotyps ein (Krumbiegel u. Schieder, 1981). Ähnliche Beobachtungen wurden auch an somatischen Hybriden von *Arabidopsis thaliana* und *Brassica campestris* gemacht (Gleba u. Hoffmann, 1979).

Diese Beispiele zeigen, daß neben der Zusammenfügung kompletter Genome zweier Spezies auch eine Übertragung von Teilgenomen über eine Protoplastenfusion möglich zu sein scheint. Versuche an der Möhre (Dudits et al., 1979) und am Tabak (Gupta et al., 1982) verdeutlichen darüber hinaus, daß sogar einzelne Gene auf diese Weise übertragen werden können. Vielleicht läßt sich dieses in Zukunft auch für die Verbesserung von Arzneipflanzen nutzbar machen.

Alkaloidgehalt

Auch hinsichtlich des Alkaloidgehaltes wurden an den somatischen Hybriden *Datura straubii* und *Datura hybrida* einige, wenn auch nicht erschöpfende Untersuchungen gemacht (Schieder, unveröffentlicht). Für diesen Zweck wurden im Gewächshaus Pflanzen aus Samen vorgezogen und im Jahre 1979 in Badajoz in Spanien und in den Jahren 1980 und 1981 in Köln-Vogelsang auf dem Feld angebaut und am Ende der Vegetationsperiode der Scopolamingehalt untersucht. Sie zeigten dort einen außerordentlich guten Wuchs, während der Scopolamingehalt bei beiden somatischen Hybriden an beiden Anbauorten nur bei etwa 0,2 % bezogen auf das Trockengewicht lag (Tabelle 9). Dies ist kein besonders herausragender Gehalt, zumal Linien von *Datura innoxia* aus Mikrosporen in Spanien Scopolaminwerte von 0,44 % aufwiesen. Vergleicht man den Scopolamingehalt der somatischen Hybriden jedoch mit der Linie von *Datura innoxia*, aus der die für die Hybridisierung verwendete Chlorophyll-Mutante hergestellt wurde, dann liegen die Verhältnisse etwas anders. Denn diese Linie erbrachte in Spanien über mehrere Jahre nie mehr als einen durchschnittlichen Scopolamingehalt von 0,15 %. Zum Zeitpunkt der Hybridisierung war über den Scopolamingehalt dieser Linie noch nichts

Tabelle 9: Scopolaminwerte (%) zweier somatischer Hybriden der Gattung *Datura* kultiviert in Köln und Badajoz/Spanien

	Badajoz 1979	Köln 1980	Köln 1981
Datura straubii	0,20	0,19	0,19
Datura hybrida	0,24	0,22	0,20

bekannt. So betrachtet produzieren die somatischen Hybriden *Datura straubii* und *Datura hybrida* ca. 25 % mehr Alkaloide (Schieder u. Krumbiegel, 1979). Bei Verwendung von Linien von *Datura innoxia* zur Hybridisierung mit erheblich höheren Alkaloidwerten sollten auch Hybriden mit höherem Alkaloidgehalt zu erwarten sein.

Eine auffällige Beobachtung konnte hinsichtlich der Scopolamingehalte an den somatischen Hybriden gemacht werden. Im Gegensatz zu allen untersuchten Linien von *Datura innoxia* aus Mikrosporen (siehe unter 2D) zeigten die somatischen Hybriden in allen Jahren und an beiden Anbauorten mehr oder weniger den gleichen Scopolamingehalt (Tabelle 9). Diese Gleichmäßigkeit des Scopolamingehaltes mag auf die bessere genetische Pufferung, bedingt durch die Kombination zweier Genome, zurückzuführen sein. Für einen gleichmäßigen Ertrag im Verlauf vieler Jahre ist das sicherlich von großer Bedeutung.

5 Nutzung „natürlicher" genetischer Manipulation für die Pflanzenzüchtung

Seit einigen Jahren zeichnet sich eine weitere, vielversprechende Möglichkeit moderner Pflanzenzüchtung ab: die Nutzung „natürlicher" genetischer Manipulation (Schell, 1981). In enger Zusammenarbeit von Zellbiologen und Molekulargenetikern ist man am Max-Planck-Institut für Züchtungsforschung in Köln, aber auch in anderen Laboratorien damit beschäftigt, Gene höherer Pflanzen mit Hilfe des Tumor-induzierenden Plasmids von *Agrobacterium tumefaciens* auf andere Pflanzen zu übertragen. *Agrobacterium*, ein Bakterium, das an Wundstellen höherer Pflanzen knollige Wucherungen, sogenannte Wurzelhalsgallen induziert, transferiert ein Stück eines Plasmids in das Pflanzengenom. Die Folge davon ist, daß die transformierten Pflanzenzellen, neben anderen Erscheinungen, ungewöhnliche in Pflanzenzellen sonst nicht vorkommende Aminosäuren, die sogenannte Opine, produzieren. Diese biosynthesische Eigenschaft wird normal mendelnd vererbt (Otten et al., 1981). Das natürliche Vorkommen einer Transformation erscheint damit heute als praktikabler Weg, gezielt ökonomisch interessante Pflanzengene in Nahrungspflanzen, aber natürlich auch in Arzneipflanzen zu übertragen (Schell, 1981).

6 Schlußbetrachtung

Die Ausführungen haben gezeigt, daß es Zellkulturtechniken heute erlauben, eine Züchtung von Arzneipflanzen zumindest teilweise vom Feld weg in das Labor zu verlegen. Ob diese Methoden tatsächlich eine Züchtung effizienter machen, kann erst die Zukunft erweisen, da bisher noch zu wenig greifbare Resultate vorliegen. Auch beschränken sich diese Möglichkeiten leider noch auf nur relativ wenige Spezies und diese stammen vorzugsweise aus der Familie der Solanaceen. Um auch bei Arten anderer Familien ähnliche Techniken anwenden zu können, sind noch Grundvoraussetzungen zu erfüllen, wie die Regeneration von Mikrosporen und Einzelzellen oder Protoplasten zu Pflanzen. Die Regeneration von Einzelzellen ist hier nicht nur wesentlich für die hier vorgestellten Techniken, sie kann ebenso bedeutsam für die genetische Manipulation an der Pflanze sein, wie sie heute in vielen Labors angestrebt wird (siehe Klingmüller, 1983).

Auch bei einzelnen Techniken sind noch Verbesserungen notwendig, so z. B. bei der somatischen Hybridisierung. Die hier dargelegten Hybridisierungsexperimente wurden mit Hilfe von Mutanten bewerkstelligt. Für zukünftige Hybridisierungsversuche ist es jedoch unerläßlich, sie ohne die direkte Verwendung von Mutanten vorzunehmen. Die Selektion der somatischen Hybriden mit Hilfe der Komplementation ist zwar elegant, doch nicht von jeder Linie oder Spezies, die für eine Bastardierung herangezogen werden sollen, stehen entsprechende Mutanten zur Verfügung. Die Verwendung von Protoplasten Chlorophyll-defekter oder auxotropher Mutanten als Ammenkultur ist sicher ein praktikabler Weg. Die Protoplasten, die hierbei als Amme dienen, sowie die mit Hilfe von Mikropipetten selektierten Hybridprotoplasten müssen nicht einmal der gleichen Spezies angehören. So konnten Hybridprotoplasten der Kartoffel in einer Protoplastensuspension einer Nitratreduktase-defizienten Mutante des Tabaks zur Entwicklung angeregt werden (Hein et al., 1983). Das bedeutet, daß ein und dieselbe Mutante als Amme für ganz unterschiedliche Hybridprotoplasten dienen kann.

Es steht daher zu hoffen, daß die hier vorgestellten Zellkulturtechniken zukünftig verstärkt zur Anwendung gelangen, um mit ihrer Hilfe Hochleistungslinien von Arzneipflanzen zu gewinnen. Dieses erfordert jedoch eine verstärkte Zusammenarbeit von Pharmazeuten und Zellbiologen bzw. Zellgenetikern, denn nur durch das Zusammenlegen von „Know how" sind wirkliche Fortschritte zu erzielen.

Ich danke meiner Frau Heike Schieder für die stilistische Überarbeitung des Manuskripts und Frau Margrit Pasemann für die technische Hilfe.

Literatur

Abou-Mandour, A., S. Fischer u. F.-C. Czygan: Regeneration von intakten Pflanzen aus diploiden und haploiden Kalluszellen von *Catharanthus roseus*. Z. Pflanzenphysiol. 91, 83—88 (1979).

Andersson, G. u. B. Lööf: Erhöhung des Anbauwertes des Mohns durch Züchtung. Pharmazie 20, 240—245 (1965).

Barner, J.: Experimentelle Ökologie des Kulturpflanzenanbaus. Verl. P. Parey, Hamburg, 1965.

Blakeslee, A. F., J. Belling, M. E. Farnham u. A. D. Bergner: A haploid mutant in the Jimson weed, *Datura stramonium*. Science 55, 646—647 (1922).

Böhm, H.: *Papaver bracteatum* Lindl.-Results and Problems of the Research on a Potential Medicinal Plant. Pharmazie 36, 660—667 (1981).

Bristol, M. L.: Notes on the species of tree *Datura*. Bot. Mus. Leaflets, Harvard Univ. 21, 229—248 (1966).

Brückner, K.: Neue leistungsfähige Arzneipflanzensorten. Dtsch. Gartenbau 7, 178—180 (1960).

Cocking, E. C.: A method for the isolation of plant protoplasts and vacuols. Nature 187, 962—963 (1960).

Cocking, E. C.: Protoplasts: Past and present. In: L. Ferency u. G. L. Farkas (Hrsg.) Advances in protoplast research. Proc. of the 5th Internat. Protoplast Symp. Pergamon Press, New York, 3—15 (1980).

Corduan, G.: Mutations obtained from anther-derived plants of *Hyoscyamus niger*. In: K. J. Kasha (Hrsg.) Haploids in higher plants, 387, Univers. Guelph (1974).

Corduan, G.: Regeneration of anther-derived plants of *Hyoscyamus niger* L. Planta 127, 27—36 (1975).

Corduan, G., u. C. Spix: Haploid callus and regeneration of plants from anthers of *Digitalis purpurea* L. Planta 124, 1—11 (1975).

Czygan, F.-C.: Pflanzliche Gewebekulturen als Produzenten von Arzneistoffen. In: F.-C. Czygan (Hrsg.), Biogene Arzneistoffe. pp. 85—105. Vieweg-Verlag. Braunschweig/Wiesbaden. 1983.

Czygan, F.-C., u. A. Abou-Mandour: Thebain produzierende haploide und diploide Kalluskulturen und aus ihnen regenerierte Pflanzen von *Papaver bracteatum*. Im Druck: Deutsche Apoth. Ztg. (1984).

Deus, B.: Zellkulturen von *Catharantus roseus*. In: Production of natural compounds by cell culture methods. BPT-Report 1/78, 118—129 (1978).

Douglas, G. C., W. A. Keller u. G. Setterfield: Somatic hybridization between *Nicotiana rustica* and *N. tabacum*. II. Protoplast fusion and selection and regeneration of hybrid plants. Can. J. Bot. **59**, 220—227 (1981).

Dudits, D., O. Fejér, G. Hadlaczky, C. Koncz, G. Lázár u. G. Horváth: Intergeneric gene transfer mediated by plant protoplast fusion. Mol. Gen. Genet. **179**, 283—288 (1980).

Durand, J., I. Potrykus u. G. Donn: Plantes issues de protoplastes de *Pétunia*. Z. Pflanzenphysiol. **69**, 26—34 (1973).

Engvild, K. C.: Triploid petunias from anther cultures. Hereditas **74**, 144—147 (1973).

Engvild, K. C., I. Lind-Larsen u. A. Lundquist: Anther cultures of *Datura innoxia*: flower bud stage and embryoid level of ploidy. Hereditas **72**, 331—332 (1972).

Frandsen, N. O.: Haploidproduktion aus einem Kartoffelzuchtmaterial mit intensiver Wildarteinkreuzung. Der Züchter **37**, 120—134 (1967).

Franz, Ch.: Genetische, ontogenetische und umweltbedingte Variabilität der Bestandteile des ätherischen Öls von Kamille, *Chamomilla recutita* (L.) Rauschert (syn. *Matricaria chamomilla* L.). In: K.-H. Kubeczka (Hrsg.) Ätherische Öle, Analytik, Physiologie, Zusammensetzung. pp. 214—224. Thieme-Stuttgart. 1982.

Gebhardt, C., V. Schnebli u. P. J. King: Isolation of biochemical mutants using haploid mesophyll protoplasts of *Hyoscyamus muticus*. II. Auxotrophic and temperature-sensitive clones. Planta **153**, 81—89 (1981).

Geier, T. u. H. W. Kohlenbach: Entwicklung von Embryonen und embryogenem Kallus aus Pollenkörnern von *Datura meteloides* und *Datura innoxia*. Protoplasma **78**, 381—396 (1973).

Gleba, Y. Y. u. F. Hoffmann: Hybrid cell lines *Arabidopsis thaliana* + *Brassica campestris*: no evidence for specific chromosomal elimination. Mol. Gen. Genet. **165**, 257—264 (1978).

Gleba, Y. Y., u. F. Hoffmann: *Arabidobrassica*: plant-genome engineering by protoplast fusion. Naturwissenschaften **66**, 547 (1979).

Gosch, G., Y. P. S. Bajaj u. J. Reinert: Isolation, culture and induction of embryogenesis in protoplasts from cell-suspension of *Atropa belladonna*. Protoplasma **86**, 405—410 (1975).

Guha, S. u. S. C. Maheshwari: Development of embryoids from pollen grains of *Datura* in vitro. Phytomorphology **17**, 454—461 (1967).

Guha, S. u. S. C. Maheshwari: In vitro production of embryos from anthers of *Datura*. Nature (Lond.) **204**, 497 (1964).

Guha-Mukherjee, S.: Genotypic differences in the in vitro formation of embryoids from rice pollen. J. Exp. Bot. **24**, 139—144 (1973).

Gupta, P. P., M. Gupta, O. Schieder: Correction of nitrate reductase-defect in auxotrophic plant cells through protoplast-mediated intergeneric gene transfer. Mol. Gen. Genet. **188**, 378—383 (1982).

Heeger, E. F.: Heil- und Gewürzpflanzenzüchtung. Pharmazie **2**, 368—376 (1947).

Hegnauer, R.: Biologische und systematische Bedeutung von chemischen Rassen. Planta med. **28**, 230—243 (1975).

Hegnauer, R.: Arzneipflanzen gestern, heute und morgen. Festvortrag Int. Tagung f. Arzneipfl. Forsch., Münster 1978. (vgl. Ref. in Deutsch. Apoth. Ztg. **118**, 844—845, 1978).

Hein, T., T. Przewozny u. O. Schieder: Culture and selection of somatic hybrids using an auxotrophic cell line. Theor. Appl. Genet. **64**, 119—122 (1983).

Heltmann, H., F. Silva: Zur Züchtung leistungsfähiger Inzuchtlinien für eine synthetische Mohnsorte. Herba Hungarica 17/2, 55—60 (1978).

Hermsen, J. G. Th., u. J. Verdenius: Selection from *Solanum tuberosum* group *phureja* of genotypes combining high-frequency haploid induction with homozygosity for embryo-spot. Euphytica **22**, 244—259 (1973).

Hoffmann, W., A. Mudra u. W. Plarre: Lehrbuch der Züchtung landwirtschaftlicher Kulturpflanzen, Bd. 1. P. Parey-Verl., Hamburg. 1971.

Jacobson, E., u. S. K. Sopory: The influence and possible recombination of genotypes on the production of microspore embryoids in anther cultures of *Solanum tuberosum* and dihaploid hybrids. Theor. Appl. Genet. **52**, 119—123 (1978).

Kao, K. N.: Chromosomal behaviour in somatic hybrids of soybean-*Nicotiana glauca*. Mol. Gen. Genet. **150**, 225—230 (1977).

Kao, K. N., u. M. R. Michayluk: A method for high frequency intergeneric fusion of plant protoplasts. Planta **115**, 355—367 (1974).

Kao, K. N., u. M. R. Michayluk: Nutritional requirements for growth of *Vicia hajastana* cells and protoplasts at a very low population in liquid media. Planta **126**, 105—110 (1975).

Kasha, K. J.: Haploids from somatic cells. In: K. J. Kasha (Hrsg.) Haploids in higher plants, 67—87, Univers. Guelph (1974).

Keller, W. A., u. G. Melchers: The effect of high pH and calcium on tobacco leaf protoplast fusion. Z. Naturforsch. 28c, 737—741 (1973).

Keller, W. A., T. Rajhathy u. J. Lacarpa: In vitro production of plants from pollen in *Brassica campestris*. Can. J. Genet. Cytol. 17, 655—666 (1975).

King, J. R. B. Horsch u. A. D. Savage: Partial characterisation of two stable auxotrophic cell strains of *Datura innoxia* Mill. Planta 149, 480—484 (1980).

Klingmüller, W.: Genmanipulation und Arzneistoffe von morgen. In: F.-C. Czygan (Herausg.): Biogene Arzneistoffe. pp. 143—156. Vieweg-Verlag. Wiesbaden/Braunschweig. 1983.

Koblitz, H.: Isolierung und Kultivierung von Protoplasten aus Kalluskulturen von *Catharanthus roseus*. Biochem. Physiol. Pflanzen 167, 489—499 (1975).

Kohlenbach, H. W., u. E. Bohnke: Isolation and culture of mesophyll protoplasts of *Hyoscyamus niger* L. var. *annuus*. Experientia 31, 1281—1283 (1975).

Kohlenbach, H. W., u. T. Geier: Embryonen aus in vitro kultivierten Antheren von *Datura meteloides* Dun., *Datura wrightii* Regel und *Solanum tuberosum*. Z. Pflanzenphysiol. 67, 161—165 (1972).

Kopp, E., E. Kotilla, K. Csedö u. S. Mathyas: Weitere Versuche zur Züchtung einer alkaloidreichen Mohnsorte. Pharmazie 16, 224—231 (1961).

Krumbiegel, G.: Response of haploid and diploid protoplasts from *Datura innoxia* Mill. and *Petunia hybrida* L. to treatment with X-rays and a chemical mutagen. Environm. Exp. Bot. 19, 99—103 (1979).

Krumbiegel, G., u. O. Schieder: Selection of somatic hybrids after fusion of protoplasts form *Datura innoxia* Mill. and *Atropa belladonna* L. Planta 145, 371—375 (1979).

Krumbiegel, G., u. O. Schieder: Comparison of somatic and sexual incompatibility between *Datura innoxia* and *Atropa belladonna*. Planta 153, 466—470 (1981).

Li, X.: Plantlet regeneration from mesophyll protoplasts of *Digitalis lanata* Ehrh. Theor. Appl. Genet. 60, 345—347 (1981).

Lönnendonker, N. u. O. Schieder: Amylase isoenzymes of the genus *Datura* as a simple method for an early identification of somatic hybrids. Plant Sci. Lett. 17, 135—139 (1980).

Lörz, H., W. Wernicke u. I. Potrykus: Culture and plant regeneration of *Hyoscyamus* protoplasts. Planta Med. 36, 21—29 (1979).

Maheshwari, S. C., A. K. Tyagi, K. Malhorta u. S. K. Sopory: Induction of haploidy from pollen grains in angiosperms — the current status. Theor. Appl. Genet. 58, 193—206 (1980).

Maliga, P.: Isolation, characterisation and utilization of mutant cell lines in higher plants. In: I. Vasil (Hrsg.) Perspectives in plant cell and tissue culture. Intern. Rev. of Cytol. Suppl. 11A, 225—249 (1980).

Mastenbroek, C.: Some experiences in breeding *Digitalis lanata*. Acta Hort. 96, 167—173 (1980).

Melchers, G., u. G. Labib: Somatic hybridisation of plants by fusion of protoplasts. I. Selection of light resistant hybrids of „haploid" light sensitive varieties of tobacco. Mol. Gen. Genet. 135, 277—294 (1974).

Menczel, L., G. Lázár u. P. Maliga: Isolation of somatic hybrids by cloning *Nicotiana* heterokaryons. Planta 143, 29—32 (1978).

Mothes, K.: *Papaver bracteatum* „Halle III". Lloydia 38, 531 (1975).

Murashige, T.: Plant propagation through tissue cultures. Ann. Rev. Plant Physiol. 25, 135—166 (1974).

Murashige, T., u. F. Skoog: A revised medium for rapid growth and bioassays with tobacco tissue culture. Physiol. Plant. 15, 473—497 (1962).

Narayanaswamy, S., u. L. P. Chandy: In vitro induction of haploid, diploid, and triploid androgenic embryoids and plantlets in *Datura metel* L. Ann. Bot. 35, 535—542 (1971).

Narayanaswamy, S., u. L. George: Morphogenesis of belladonna (*Atropa belladonna*) plantlets from pollen in culture. Indian J. Exp. Biol. 10, 382—384 (1972).

Nitsch, C.: Haploid plants from pollen. Z. Pflanzenzüchtg. 67, 3—18 (1972).

Nitsch, C. u. J. P. Nitsch: Haploid plants from pollen grains. Science 163, 85—87 (1969).

Nitsch, C. u. B. Norreel: Effect d'un choc termique sur le pourvoir embryogen du pollen de *Datura innoxia* cultivé dans l'anthère ou isolé de l'anthère, C. R. Acad. Sci. Paris 276 DM 303—306 (1973).

Nitzsche, W., u. G. Wenzel: Haploids in plant breeding. In: W. Horn u. G. Röbbelen (Hrsg.) Advances in plant breeding 8, Paul Parey Verlag, Berlin u. Hamburg (1977).

Os, F. H. L. van: Chemische Analytik der *Digitalis*-Wirkstoffe in Beziehung zur Selektion von chemischen Rassen. Planta med. Suppl. 4, 160—165 (1971).

Otten, L., de Greve, H., Hernalsteens, J. P., van Montagu, M., Schieder, O., Straub, J., u. J. Schell: Mendelian transmission of genes introduced into plants by the Ti plasmids of *Agrobacterium tumefaciens*. Mol. Gen. Genet. 183, 209—213 (1981).

Pfeifer, S.: Mohn — Arzneipflanze seit mehr als zweitausend Jahren. Pharmazie 17, 467—479 u. 536—554 (1962).

Picard, E., u. J. de Buyser: Histophysiologie Végétale. — Obtention de plantules haploides de *Triticum aestivum* L. á partir de culture d'anthères in vitro. R. C. Acad. Sci. Ser. D 277, 1463—1466 (1977).

Poethke, W., u. P. Bullin: Phytochemische Untersuchung einer neu gezüchteten Kamillensorte, 2. Mitt.: Äther, Öl. Pharm. Zentralhalle **108**, 813—823 (1969).

Raghavan, V.: Induction of haploid plants from anther cultures of henbane. Z. Pflanzenphysiol. **76**, 89—92 (1975).

Raghavan, V.: Role of the generative cell in androgenesis in henbane. Science **191**, 388—389 (1976).

Rashid, A., u. H. E. Street: The devlopment of haploid embryoids from anther cultures of *Atropa belladonna* L. Planta **113**, 263—270 (1973).

Rietsema, J., u. S. Satina: Barriers to crossability: In: A. G. Avery, S. Satina u. J. Rietsema (Hrsg.) Blakeslee: The genus *Datura*, The Ronald Press Company, New York. 235 (1959).

Satina, S. u. A. G. Avery: A review of the taxonomic history of *Datura*. In: A. G. Avery, S. Satina u. J. Rietsema (Hrsg.) Blakeslee: The genus *Datura*, The Ronald Press Company, New York, 16—47 (1959).

Schell, J.: Neue Aussichten für die Pflanzenzüchtung: Gen-Übertragung mit dem Ti-Plasmid. In: Rheinisch-Westfälische Akademie der Wissenschaften, Westdeutscher Verlag, Vorträge N 300, 31—51 (1981).

Schieder, O.: Selektion einer somatischen Hybride nach Fusion von Protoplasten auxotropher Mutanten von *Sphaerocarpos donnellii* Aust. Z. Pflanzenphysiol. **74**, 357—365 (1974).

Schieder, O.: Regeneration von haploiden und diploiden *Datura innoxia* Mill. Mesophyll-Protoplasten zu Pflanzen. Z. Pflanzenphysiol. **76**, 462—466 (1975).

Schieder, O.: Isolation of mutants with altered pigments after irradiating haploid protoplasts from *Datura innoxia* Mill. with X-rays. Mol. Gen. Genet. **149**, 251—254 (1976a).

Schieder, O.: The spectrum of auxotrophic mutants from the liverwort *Sphaerocarpos donnellii* Aust. Mol. Gen. Genet. **144**, 63—66 (1976b).

Schieder, O.: Attempts in regeneration of mesophyll-protoplasts of haploid and diploid lines, and those of chlorophyll-deficient strains from different Solanaceae. Z. Pflanzenphysiol. **84**, 274—281 (1977a).

Schieder, O.: Hybridisation experiments with protoplasts from chlorophyll-deficient mutants of some solanaceous species. Planta **137**, 253—257 (1977b).

Schieder, O.: Somatic hybrids of *Datura innoxia* Mill. (+) *Datura discolor* Bernh. and *Datura innoxia* Mill. (+) *Datura stramonium* L. var. *tatula* L. I. Selection and characterisation. Mol. Gen. Genet. **162m** 113—119 (1978).

Schieder, O.: Somatic hybrids between a herbaceous and two tree *Datura* species. Z. Pflanzenphysiol. **98**, 119—127 (1980a).

Schieder, O.: Somatic hybrids of *Datura innoxia* Mill. (+) *Datura discolor* Bernh. and of *Datura innoxia* Mill. (+) *Datura stramonium* L. var. *tatula* L. II. Analysis of progenies of three sexual generations. Mol. Gen. Genet. **179**, 387—390 (1980b).

Schieder, O.: Somatic hybridisation: A new method for plant improvement. In: K. Frey, W. R. Scowcroft u. K. J. Frey (Hrsg.) Plant improvement and somatic cell genetics. pp. 239—253. Academic Press, New York, 1982.

Schieder, O., u. G. Krumbiegel: Höhere Erträge bei Arzneipflanzen durch künstliche Zellfusion. Umschau **79**, 545—546 (1979).

Schieder, O., u. J. Straub: Haploide und ihre Bedeutung für die Pflanzenzüchtung. In: W. Barz (Hrsg.) Pflanzliche Zellkulturen und ihre Bedeutung für Forschung und Anwendung, BMFT, Bonn, 9—13 (1978).

Schieder, O., u. I. Vasil: Protoplast fusion and somatic hybridisation. In: I. Vasil (Hrsg.) Perspectives in plant cell and tissue culture. Int. Rev. of Cytol. Suppl. **11B**, 21—46 (1980).

Schilcher, H.: Chemische Rassen bei Kamille? Dtsch. Apoth. Ztg. **115**, 1334 (1975).

Schratz, E.: Arzneipflanzen. In: H. Kappert u. W. Rudorf (Hrsg.) Handbuch der Pflanzenzüchtung. pp. 383—474, Parey Verlag, Berlin, Hamburg (1961).

Schwerdtfeger, G.: Züchtungsprobleme bei *Digitalis lanata*. Ref., IV. Arzneipfl.-Coll. Rauischholzhausen (1975).

Sopory, S. K., E. Jacobsen u. G. Wenzel: Production of monohaploid embryoids and plantlets in cultured anthers of *Solanum tuberosum*. Plant Sci. Lett. **12**, 47—54 (1978).

Stary, F.: Unsere Erkenntnisse bei der Züchtung von *Digitalis lanata* ssp. *lanata*. Planta med. Suppl. **4**, 166—168 (1971).

Stary, F.: Aktuelle Probleme der Züchtung und Anbautechnik von wolligem Fingerhut (*Digitalis lanata* E.). Sympos. Cardioactive Glycosides, Harrachov/CSSR 1973.

Straub, J.: Forschung für das tägliche Brot. Jahrbuch der Max-Planck-Gesellschaft 1977, 52—85 (1977).

Strauss, A., F. Bucher u. P. J. King: Isolation of biochemical mutants using haploid mesophyll protoplasts of *Hyoscyamus muticus*. I. A NO_3^- non-utilizing clone. Planta **153**, 75—80 (1981).

Subrahmanyam, N. C., u. K. J. Kasha: Feeding of detached tillers improves haploid production in barley. Barley Genet. Newsl. **1**, 47—50 (1973).

Sunderland, N., G. B. Collins u. J. M. Dunwell: The role of nuclear fusion in pollen embryogenesis of *Datura innoxia* Mill. Planta **117**, 227—241 (1974).

Sunderland, N., u. J. M. Dunwell: Anther and pollen culture. In: H. E. Street (Hrsg.), Plant tissue and cell culture. pp. 223—265. Blackwell Sci. Publ., Oxford (1977).

Symko, S.: Haploid barley from crosses of *Hordeum bulbosum* (2x) x H. vulgare (2x). Can. J. Genet. Cytol. **11**, 602—608 (1969).

Takebe, I., Y. Ossuki u. S. Aoki: Isolation of tobacco mesophyll cells in intact and active state. Plant Cell Physiol. **9**, 115—124 (1968).

Takebe, I., G. Labib u. G. Melchers: Regeneration of whole plants from mesophyll protoplasts of tobacco. Naturwissenschaften **58**, 318 (1971).

Tetenyi, P., G. Lörincz, E. Szabo: Untersuchung der intraspezifischen chemischen Differenzen bei Mohn. Beiträge zur Charakterisierung der Hybriden von *Papaver somniferum* L. x P. *orientale* L. Pharmazie **16**, 426—433 (1961).

Tetenyi, P., u. G. Lörincz: Results of poppy breeding by the method of crossing taxonomically distant varieties. Herba Hungarica **9/3**, 79—87 (1970).

Vasil, I. K.: Androgenetic haploids. In: I. K. Vasil (Hrsg.) Perspectives in plant cell and tissue culture. Int. Rev. of Cytol. Suppl. **11A**, 195—223 (1980).

Vasil, I. K. u. V. Vasil: Isolation and culture of protoplasts. In: I. K. Vasil (Hrsg.) Perspectives in plant cell and tissue culture. Int. Rev. of Cytol. Suppl. **11B**, 1—19 (1980).

Vrzalowa, J.: Einige Fragen der Zucht echter Kamille (Matricaria chamomilla L.) Herba Polon. Suppl. **18**, 229—234 (1972).

Weiler, E.: Radioimmuno-screening methods for secondary plant products. In. W. Barz, E. Reinhard u. M. H. Zenk (Hrsg.) Plant tissue culture and its bio-technological application, Springer Verlag Berlin, Heidelberg, New York, 266—277 (1977).

Weiler, E.: Application of radioimmun-assay for the screening of plants and cell cultures for secondary plant products. In: A. W. Alfermann u. E. Reinhard (Hrsg.) Production of natural compounds by cell culture methods. BPT-Report **1**, 27—38 (1978).

Weiler, E., J. Stöckigt u. M. H. Zenk: Radioimmunassay for the quantitative determination of scopolamine. Phytochem. **20**, 2009—2016 (1981).

Wenzel, G., F. Hoffmann u. E. Thomas: Heterozygous microspore derived plants in rye. Theor. Appl. Genet. **48**, 205—208 (1976).

Wenzel, G., F. Hoffmann u. E. Thomas: Anther culture as a breeding tool in rape. I. Ploidy level and phenotype of androgenetic plants. Z. Pflanzenzüchtung **78**, 149—155 (1977).

Wernicke, W. u. H. W. Kohlenbach: Antherenkulturen bei *Scopolia*. Z. Pflanzenphysiol. **77**, 89—93 (1975).

Wernicke, W., H. Lörz u. E. Thomas: Plant regeneration from leaf protoplasts of haploid *Hyoscyamus muticus* L. produced via anther culture. Plant Sci. Lett. **15**, 239—249 (1979).

Zenkteler, M. A.: *In vitro* production of haploid plants from pollen grains of *Atropa belladonna*. Experientia **27**, 1087 (1971).

Anmerkung nach der 2. Korrektur:

Zur Frage und zu den Möglichkeiten der natürlichen Genmanipulation und ihrer Nutzung bei der Pflanzenzüchtung (siehe Punkt 5 des vorstehenden Referats) erschienen kürzlich zwei Aufsätze, die diese Problematik zusammenfassend erörtern:

Barton, K. A., u. W. J. Brill: Prospects in plant genetic engineering. Science **219**, 671—676 (1983).

Chilton, Mary-Dell: Genmanipulation an Pflanzen: ein Schädling als Helfer. Spektrum der Wissenschaft 8/1983, 36—47 (1983).

Einen allgemeinen Überblick zum Thema „Tradition und Fortschritt in der Pflanzenzüchtung" gibt G. Röbbelen in einem Artikel in den Berichten der Deutschen Botanischen Gesellschaft (Bd. **95**, 547—560, 1982).

Cz.

Phytotherapie, ein Teil der modernen Medizin

Wolfgang Brüggemann

1 Historie

Arzneipflanzen gelten wohl mit Recht als die ältesten Heilmittel überhaupt. Schon vor mehr als 3000 Jahren spielten sie z. B. in der indischen Ayurveda-Medizin eine große Rolle. Tausende von Heilpflanzen werden auch heute in der indischen traditionellen Medizin verwendet. Indien ist aber andererseits ebenso das Herkunftsland mancher europäischen Heilpflanze (Ammon, 1982).

Nach ayurvedischer Lehre besteht der Körper aus fünf Elementen: Feuer, Wasser, Erde, Himmel, Luft. Bei der Krankheit entsteht ein Mißverhältnis dieser Elemente untereinander. Durch Zufuhr von Pflanzen, bei denen Geschmack und physikalische Eigenschaften als Indikatoren für das Vorhandensein dieser Elemente in den Pflanzen gelten, werden mit der Arznei fehlende substituiert. Auf diese Weise wird die Balance wieder hergestellt. Krankheit wird als Disharmonie im Körper aufgefaßt. Psyche und Soma werden nicht als getrennte Prinzipien der Persönlichkeitsbildung angesehen. Die Theorie der Arzneimittelwirkung gründet sich in dieser Medizin auf das Gesetz der Ähnlichkeit und Unähnlichkeit, wie wir es bei uns in der Homöopathie kennen.

Seit der Antike war man der Meinung, die Heilkraft käme den Drogen, also den Pflanzen oder Pflanzenteilen oder auch Tieren als mystische Gesamtheit zu, nicht aber irgendwelchen Inhaltsstoffen. In der indischen wie auch in der chinesischen traditionellen Medizin gilt diese Ansicht noch heute (Ammon, 1979).

Als älteste Auswahlkriterien für die Arzneipflanzen hinsichtlich ihrer Indikationsgebiete galten denn auch Hinweise aus der Gestalt, Farbe, dem Duft usw., also äußerliche *Signaturen*. Darauf baut die Signaturenlehre auf, nach der herzförmige Blätter einer Pflanze ein Hinweis auf ihre Herzwirksamkeit sind, nierenförmige Blätter entsprechend auf eine Heilwirkung bei Nierenerkrankungen. So soll die Walnuß mit ihrer harten Schale und dem darunter liegenden tiefgefurchten Kern als Hinweis auf ein Mittel bei Erkrankungen des Schädels und des Gehirns gelten.

In der Antike und im Mittelalter beherrschte eine komplizierte Säftelehre die Medizin. Noch heute liegt sie der indischen und chinesischen Volksmedizin zugrunde. Paracelsus (zit. nach Graf, 1981) kannte die Säfte- und Signaturenlehre. Er vermutete in den Arzneipflanzen eine *Quinta essenzia*, das *Arcanum*, und versuchte, dieses geheimnisvolle Wirkprinzip zu isolieren. Damit überschritt er die Schwelle vom Mittelalter zur Neuzeit.

Gegen Ende des 18. Jahrhunderts wurden die ersten pflanzlichen Wirkstoffe isoliert. Vornehmlich waren es in der Anfangszeit Säuren: Äpfelsäure, Zimtsäure, Benzoesäure, Oxalsäure und andere. Von weit größerer Tragweite war jedoch die Entdeckung der ersten pflanzlichen Basen. Hier gelang dem Apotheker Sertürner in Paderborn 1806 der große Wurf mit der Isolierung des Morphins. Bald folgten andere Alkaloide: Pelletier und Caventou entdeckten das Chinin, Geiger das Atropin, Runge das Coffein, Reimer und Posselt das Nikotin usw. (Graf, 1981).

Die rasche Entwicklung der organischen Chemie, insbesondere der analytischen Chemie, führte dazu, daß heute die Wirkprinzipien vieler Arzneipflanzen so gut bekannt sind, daß man sie rein isolieren kann. Mittels biochemischer Methoden lassen sich die Blutspiegel der verabreichten pflanzlichen Wirkstoffe messen. Ihre Pharmakokinetik wird genau erforscht. Die Metaboliten sind bekannt und bestimmbar. Der Stand der Kenntnis dieser stark wirkenden Reinstoffe ist sehr erfreulich.

Auch in Mittel- und Südamerika war und ist die Heilpflanzenkunde weit verbreitet und spielt in der Volksmedizin der Indios eine dominierende Rolle. Die dort eventuell verborgenen Schätze sind noch kaum erforscht. Zur Zeit ist man z. B. im Heilpflanzenforschungsinstitut in Mexiko City mit einer biographischen Aufstellung der von den Indios benutzten Heilpflanzen und deren Indikationsgebieten beschäftigt (Diaz, 1976; Ramirez, 1978; Lozoya, 1980).

Allerdings sind unsere Kenntnisse von vielen möglichen Arzneipflanzen bei weitem noch nicht ausreichend. Nur zu 10 % ist der Heilschatz der Pflanzenwelt bisher erforscht (Bock, 1980).

2 Definition des Begriffes „Phytotherapie"

Unter Phytotherapie muß man streng genommen die Behandlung mit allen aus Pflanzen hergestellten Heilmittel verstehen. Dazu gehören auch stark wirkende Medikamente wie Digitoxin, Morphin u. a. Alkaloide, Colchicin u. a. Zytostatika usw. Im allgemeinen Sprachgebrauch versteht man jedoch heute unter *Phytotherapeutika pflanzliche Arzneimittel mit „milder" Wirkung.* Allerdings ist der Begriff „milde" nicht unumstritten. (Phytotherapie hat mit Homöopathie nichts zu tun. Es ist eine Allopathie.) Weiß (1980, 1981) spricht von *mite-* und *forte*-Phytotherapeutika. Trunzler (1980) unterscheidet Phytopharmaka mit geringer therapeutischer Breite und solche mit großer therapeutischer Breite. Forte-Präparate sind oft Reinstoffmedikamente, während die mite-Präparate in der Regel Drogen mit dem natürlichen Wirkstoffgemisch der Pflanze sind. Hänsel (1981c) definiert folgendermaßen: „Phytotherapeutika sind Pflanzenauszüge, deren Wirkung durch Beobachtungen am Menschen entdeckt wurden, meist ohne auffallende akute Wirkung, in der Regel auch ohne akute Toxizität, mit therapeutischer Anwendung, die naturwissenschaftlich exakt zu begründen bisher nicht oder nur unvollständig gelungen ist, jedoch mit Belegen für eine somatisch angreifende Wirkung in experimentellen, pharmakologischen oder anderen biologischen Versuchsanordnungen". Nach seiner Ansicht ist die Anwendung derartiger milder Phytotherapeutika grundsätzlich naturwissenschaftlich begründet. Graf (1981) schreibt: „Phytotherapeutische Arzneimittel sind Arzneimittel pflanzlicher Herkunft, die mit ihren Wirkstoffen aus komplexen Zusammensetzungen in den Verkehr gebracht werden und bei denen eine unmittelbare oder mittelbare Gefährdung der Gesundheit von Mensch oder Tier nicht zu befürchten ist".

Bei klassischen Phytopharmaka obiger Definition gibt es erstens solche, die chemisch oder physikalisch bestimmbare Wirkstoffe enthalten, zweitens solche, die biologisch bestimmbare Wirkstoffe und drittens solche, die keine standardisierten bzw. standardisierbaren Wirkstoffe enthalten.

Diese Einteilung, die der Roten Liste, dem Arzneimittelverzeichnis der Bundesrepublik Deutschland, zugrundeliegt, könnte man auch noch feiner differenzieren. Beispielsweise könnte man unterscheiden in Mittel, welche chemisch aufgeklärte Wirkstoffe enthalten, die man chemisch-physikalisch analysieren und standardisieren kann und denen auch Wirksamkeitsrelevanz zukommt. Dabei ist der Unterschied zwischen Wirkung und Wirksamkeit im Amtsblatt der Europäischen Gemeinschaft folgendermaßen definiert: *Wirkung* = pharmakodynamischer Effekt, d. h. Parameter-Änderung; *Wirksamkeit* = therapeutischer Wert, d. h. Heilerfolg beim Patienten (zit. nach Graf, 1981).

Eine zweite Gruppe wären die, bei denen zwar Inhaltsstoffe entdeckt und aufgeklärt worden sind, deren Relevanz für die therapeutische Wirksamkeit jedoch nicht erwiesen ist.

Eine dritte Gruppe könnten die bilden, bei denen man zwar keinen Wirkstoff, aber einwandfrei meßbare Wirkung kennt, die also eine biologische Standardisierung erlauben.

Die vierte Gruppe schließlich könnten die Mittel sein, die keine meßbaren oder jedenfalls keine statistisch zu sichernden Wirkungen zeigen.

Zu der Divergenz zwischen chemischem Bekanntheitsgrad und Wirkungsrelevanz der Inhaltsstoffe besteht eine Analogie bei der pharmakologischen Analyse. Auch hier gibt es meßbare Wirkungen, Effekte, deren therapeutische Relevanz jedoch nicht erwiesen oder nicht nachweisbar ist. Entscheidend ist natürlich allein die Wirksamkeit, also der Heilwert am Kranken (Graf, 1981).

3   Probleme der Herstellung und des Einsatzes von Phytotherapeutika

Phytotherapeutika bieten gegenüber Reinstoffen eine ganze Reihe zusätzlicher Schwierigkeiten: Die chemische Analyse ist ungleich komplizierter und damit ist auch die Standardisierung der Präparate auf gleichbleibende Zusammensetzung erschwert (vgl. Menßen, 1981). Die pharmakologische Analyse ist bei der Vielzahl von Stoff- und Wirkungskomponenten mit ihren vielfach unvorhersehbaren Interaktionen ein sehr schwer zu lösendes Problem. Die Erforschung der Pharmakokinetik erfährt selbst beim Vorliegen einer für die Wirksamkeit verantwortlichen Hauptkomponente infolge der Anwesenheit der zahlreichen weiteren Komponenten eine exponentielle Zunahme der Schwierigkeit (Graf, 1981). Auf die Probleme bei der Herstellung gleichbleibender haltbarer Produkte, sowie auf rein verarbeitungstechnische Probleme sei kurz hingewiesen.

Sind Phytopharmaka noch zeitgemäß?

Bei Würdigung aller angedeuteten Schwierigkeiten muß man fragen, ob ein Phytotherapeutikum heutzutage noch eine zeitgemäße Arzneiform darstellt. Graf (1981) beantwortet diese Frage mit „Ja". Phytotherapeutika können zeitgemäße und zweckmäßige Arzneiformen darstellen, wenn bestimmte Voraussetzungen gegeben sind, die entweder ihre Herstellung oder ihren Einsatz betreffen.

Von Seiten der Herstellung kann ein Phytotherapeutikum dadurch begründet sein, daß

— der für die Wirksamkeit einer Pflanze verantwortliche Wirkstoff noch nicht bekannt ist,

— der Wirkstoff zwar bekannt, aber nur unter erheblicher und dazu nutzloser Verteuerung isolierbar wäre,

— der Wirkstoff nur einer frischen Pflanze innewohnt und bereits beim Trocknen verloren geht.

Von Seiten des Einsatzes kann ein Phytotherapeutikum begründet sein,

— wenn die Wirksamkeit auf Kombinationseffekten (synergistischen Wirkungen) beruht oder dank solcher verbessert ist,

— wenn die Nebenwirkungsquote geringer ist als bei der Anwendung des reinen Wirkstoffes,

— wenn bestimmte Synthetika oder Reinstoffe nicht vertragen werden oder infolge Gewöhnung keine Wirksamkeit mehr zeigen,

— wenn unspezifische, psychosomatisch auszulösende Wirkungen adäquat sind.

Der Grund für Herstellung und Einsatz dieser Mittel kann schließlich im biopharmazeutischen Grenzgebiet zwischen Pharmazie und Medizin liegen, nämlich

— wenn ein Wirkstoff in isolierter Form wegen Unlöslichkeit oder schlechter Resorbierbarkeit oder sonstiger biopharmazeutischer Daten ungünstiger ist als in natürlicher Kombination mit den sogenannten Ballaststoffen,

— wenn die therapeutische Breite eines Wirkstoffes in der Kombination als Folge von Resorptionsverlangsamung (Depoteffekt) besser ist als in reiner Form (Graf, 1981).

Zu dem viel diskutierten Problem Monosubstanz oder Gesamtdroge schreibt Bock (1980): „Die Frage, ob man besser mit der Gesamtdroge, d. h. mit dem natürlichen Wirkstoffgemisch der Pflanze oder überhaupt mit einem Gemisch entsprechender synthetischer Wirkstoffe behandelt oder monotherapeutisch mit der Einzelsubstanz, ist durchaus diskutabel, aber leider durch Vorurteile und Sperrmechanismen belastet. Im Endeffekt soll man das benutzen, was am besten heilt".

4 Nachweis der Wirkung der Phytotherapeutika

Die klassische Methode zur Feststellung der Wirkung und auch der Nebenwirkung eines Arzneimittels sind experimentelle Untersuchungen, in erster Linie Tier-, aber auch z. T. Menschenversuche. Die Resorption, Elimination, der eventuelle Metabolismus werden dabei untersucht; es wird eine Dosis-Wirkungskurve erstellt und die therapeutische Breite ermittelt, ebenso die Pharmakokinetik. Selbstverständlich können die in Tierversuchen gewonnenen Erkenntnisse nicht ohne weiteres auf den Menschen übertragen werden. Außerdem muß berücksichtigt werden, daß Ergebnisse experimenteller Untersuchungen nur unter den gegebenen Untersuchungsbedingungen eine Aussage ermöglichen und daher nicht generell angewandt werden können. Diese für den pharmakologischen Test mit Monosubstanzen erarbeiteten Verfahren gelten im Prinzip auch für die Prüfung von Phytotherapeutika. Allerdings sind die heutzutage benutzten Wirkungsprüfungen für schwach wirkende (mite-)Phytotherapeutika trotz Verbesserung der Methoden noch nicht ausreichend. Die große Schwierigkeit ist, daß bei diesen Arzneimitteln der „Immediat-Effekt" nicht so deutlich sein kann wie bei „forte"-Arzneien. Der Nachweis eines Langzeiteffektes, der bei der großen Mehrzahl der „mite"-Phytotherapeutika im Vordergrund steht, ist wesentlich schwieriger. Man ist zu einem großen Teil auf statistische Methoden angewiesen, die wegen der zahlreichen Faktoren und Variablen erstens erhebliche Probleme bereiten und zweitens sehr viel Zeit und Geld kosten.

Es ist nicht zu leugnen, daß aus Tierversuchen wesentliche Erkenntnisse für den Einsatz von irgendwelchen Medikamenten beim Menschen gewonnen wurden, sowohl was die Wirkung als auch was die schädlichen Nebenwirkungen betrifft. Man kann daher Tierversuche nicht völlig verbieten, ohne die Menschen in hohem Grade zu gefährden und die Entwicklung der Medizin, die uns gerade in den letzten Jahrzehnten eine nicht zu bestreitende große Hilfe bei der Behandlung verschiedenster Krankheiten gebracht hat, zu hemmen. Schon aus ethischen Gründen kann man Menschen zu derartigen Versuchen nicht heranziehen. Erschreckendes Beispiel sind die Versuche in den Konzentrationslagern des Dritten Reiches. Welcher Tierschützer würde sich schon selbst zur Verfügung stellen, um die Versuche an sich machen zu lassen, die jetzt bei Tieren durchgeführt werden. Selbstverständlich muß eine exakte Indikation für einen Tierversuch gegeben sein; überflüssige Tierversuche sollten vermieden werden.

Diese pharmakologischen Methoden sollte man jedoch nicht als einzigen Beweis für Wirksamkeit und Nebenwirkungen von Phytotherapeutika gelten lassen. Man sollte auch die ärztliche Erfahrung, besonders wenn sie über einen großen Zeitraum kritisch gesammelt wurde, mit einbeziehen.

Beispielhaft seien die Kriterien aufgeführt, nach denen die Kommission E des Bundesgesundheitsamtes eine Wirksamkeit von Phytopharmaka bezüglich einer Zulassungsempfehlung nach § 25/7 des Arzneimittelgesetzes (1976) als wahrscheinlich ansieht:

Wenn die Wirkung und Wirksamkeit durch Aufnahme in angesehene Übersichtsartikel, Handbücher oder Lehrbücher belegt ist,

oder

bei Vorliegen der Ergebnisse kontrollierter Studien mit Placebo oder Referenzsubstanzen,

oder

wenn klinische Prüfungen vorliegen, die für sich allein für eine Zulassungsempfehlung nicht ausreichen, aber in gleiche Richtung weisende experimentelle Untersuchungsergebnisse bekannt sind,

oder

wenn wissenschaftlich aufbereitetes Erfahrungsmaterial vorliegt,

oder

wenn Erfahrungswissen vorliegt, das allein für eine Zulassungsempfehlung nicht ausreicht, aber in gleiche Richtung weisende aussagekräftige experimentelle Untersuchungsergebnisse oder weitere auswertbare Beobachtungen oder Hinweise bekannt sind.

5 Einige Beispiele für Wirkungen und Wirkungsweisen ausgewählter Phytotherapeutika

5.1 Weißdorn-Präparate (Extrakte aus Blättern, Früchten und Blüten verschiedener *Crataegus*-Arten)

Im folgenden ist ein nach diesen Kriterien erstellter Bericht (in gekürzter Form) aufgezeigt, der als beispielhaft bewertet wurde. Die Kommission E empfahl aufgrund der vorliegenden Erkenntnisse, *Crataegus* für die Behandlung leichterer Formen der Herzinsuffizienz, pectanginöser Beschwerden und einiger Rhythmusstörungen zuzulassen (Bild 1).

Nach Ammon und Händel (1981) werden *Crataegus*-Präparate vor allem für drei Krankheitsgruppen des Herzens angewandt:
— für coronare Herzkrankheit
— für Herzinsuffizienz,
— für Rhythmusstörungen.

Die coronare Herzkrankheit entsteht als Folge eines Mißverhältnisses zwischen Sauerstoff-Bedarf und Angebot des Herzens. Um das zu beseitigen, gibt es im wesentlichen zwei Möglichkeiten:

1. Steigerung der coronaren Durchblutung,
2. Senkung des myokardialen Sauerstoff-Bedarfs bzw. Schutz des Herzens vor plötzlichen Sauerstoff-Verbrauchssteigerungen.

Zu 1: Wässrige und alkoholische Präparationen aus *Crataegus* zeigen im Tierversuch eine coronardilatierende Wirkung.

Zu 2: Senkung des myokardialen Sauerstoff-Verbrauchs kann erreicht werden durch:
— Senkung des arteriellen Druckes,
— Senkung des peripheren Widerstandes,
— Senkung der Herzfrequenz,
— Senkung der Kontraktilität,
— bessere Nutzung des Sauerstoff-Angebots (Ökonomisierung).

Tierversuche brachten folgende Ergebnisse:

Bei der Anwendung alkoholischer Zubereitungen, die die *Crataegus*-Inhaltsstoffe Flavone, oligomere Procyanidine und Saponingemische enthielten, fand sich eine mäßige Blutdrucksenkung, eine Steigerung der Durchblutung durch Herabsetzung des peripheren Gefäßwiderstands und eine Abnahme der Herzfrequenz.

Anwendungsgebiete	Begründung	
	Kriterium	Literatur
1a. Beginnende Herz-insuffizienz mit erhöhter Ermüdbarkeit, Tachykardie, Belastungsdyspnoe u. leichteren Knöchelödemen, sofern keine klinische Notwendigkeit einer Glykosidbehandlung besteht	1b. Doppelblindstudie unter Einbeziehung von Placebo, sowie Klinische Prüfungen, die allein für eine Zulassungsempfehlung nicht ausreichen, zusammen mit aussagekräftigen experimentellen Untersuchungsergebnissen	IWAMOTO et al. (1978) AMMON u. HÄNDEL (1981)
2a. Pectanginöse Beschwerden	2b. Klin. Prüfungen, die allein für eine Zulassungsempfehlung nicht ausreichen zusammen mit aussagekräftigen experimentellen Untersuchungsergebnissen	AMMON u. HÄNDEL (1981) sowie Tierexperimentelle Studie zur Herzwirksamkeit
3a. Leichte Formen v. Sinustachycardie, Paroxysmaler Tachycardie	3b. s. 2b	AMMON u. HÄNDEL (1981) sowie Tierexperimentelle Studie zur Herzwirksamkeit d. im Eurayton^R-Hausmann zur Anwendung kommenden Wirkstoffgemisches von Crataegus
4a. **Wirkungen** Verbesserung der Herzleistung. Coronar durchflußsteigernd; peripher durchflußsteigernd; antiarrhythmisch	4b. s. 2b	AMMON u. HÄNDEL (1981)

Bild 1 Begutachtung des Erkenntnismaterials über *Crataegus*

Eine Reihe der heute im Handel befindlichen Therapeutika zur Behandlung von coronaren Durchblutungsstörungen besitzen eine negativ inotrope Wirkung; sie vermindern die Kontraktionskraft des Herzens; sie senken die Leistung und sparen Sauerstoff. Eine solche Wirkung besitzt *Crataegus* nicht, Extraktionen aus *Crataegus* wirken kontraktionssteigernd; wahrscheinlich sind daran Flavone beteiligt.

Untersuchungen von Kreislaufparametern an Patienten erbrachten folgende Resultate

Coronare Durchblutung:

Exakte Untersuchungen unter Bedingungen des kontrollierten Versuches liegen bisher nicht vor. Allerdings wurden aber in den EKG von Patienten mit Coronarinsuffizienz in etwa 50 % nach länger dauernder Behandlung mit *Crataegus* eine Hebung der ST-Strecke beobachtet.

Blutdruck:

Mäßige Senkung mit unterschiedlichen Ergebnissen verschiedener Autoren.

Periphere Durchblutung:

Es liegen keine Untersuchungen an Patienten vor.

Herzfrequenz:

Mäßige Abnahme der Schlagfrequenz.

Herzinsuffizienz:

Ergebnisse widersprüchlich und nicht interpretierbar.

	Behandlungsgruppen		
	Esbericard n = 157	Tranquilizer n = 157	Vitamine n = 60
nächtliche Tachykardie Patienten mit Symptomen			
vor Behandlung	118	125	45
Besserung	114 (97 %)	55 (44 %)	21 (47 %)
keine Besserung	4	70	24
Herzstiche Patienten mit Symptomen			
vor Behandlung	142	140	51
Besserung	136 (96 %)	6 (4 %)	4 (8 %)
keine Besserung	6	134	47
Kurzatmigkeit nach Belastung Patienten mit Symptomen			
vor Behandlung	77	64	28
Besserung	75 (97 %)	26 (41 %)	13 (46 %)
keine Besserung	2	38	15
Ruhe-EKG Patienten mit Unregelmäßigkeit			
vor Behandlung	34	30	14
Besserung	30 (88 %)		
keine Besserung	4	30	14
Belastungs-EKG Patienten mit Unregelmäßigkeit			
vor Behandlung	86	54	16
normalisiert	83 (97 %)	21 (39 %)	6 (38 %)
unregelmäßig	3	33	10
Schwimm-Test Patienten mit Symptomen			
vor Behandlung (Abbruch)	81	52	16
normalisiert	79 (98 %)	21 (40 %)	8 (50 %)
Abbruch	2	31	8

Bild 2 Behandlungsergebnisse nach dreiwöchiger Therapie mit dem *Crataegus*-Präparat Esbericard[R]

In einer kontrollierten Studie von Iwamoto et al. (1978) wurde der Einfluß einer einjährigen Behandlung mit einem *Crataegus*-Präparat auf die subjektiven Symptome, wie man sie bei der Herzinsuffizienz vorfindet, ermittelt. Dabei zeigte sich bei der Herzinsuffizienz der Schweregrad I und II nach der Definition der „New York Heart Association" eine statistisch signifikante Besserung des allgemeinen Befindens und der Herzfunktion, der Atemnot nach Belastung, des Herzklopfens und ein Rückgang der Stauungszeichen.

Mit dem *Crataegus*-Präparat Esbericard[R] wurde von Kühle (1982) kürzlich das Ergebnis einer offenen Feldstudie vorgelegt, das in Bild 2 dargestellt ist. Die Resultate sind auffallend günstig.

Es sei an dieser Stelle betont, daß es durchaus noch nicht geklärt ist, ob nur die Procyanidine an der Herzwirkung von *Crataegus* beteiligt sind. Möglicherweise spielen auch die übrigen Inhaltsstoffe (u. a. Flavonoide, Gerbstoffe, Triterpensäure, Chlorogensäure, Amine, Purine wie Adenosin und Adenin) eine wichtige (synergistische?) Rolle.

5.2 Expektorantien

Das Bronchialsystem produziert täglich etwa 50 bis 100 ml glasiges, dünnflüssiges Sekret. Dieser Bronchialschleim überzieht als geschlossener Film die Oberfläche der Trachea und der Bronchien. Er bildet zusammen mit dem Flimmerepithel ein hocheffektives „mukoziliares Reinigungssystem". Die Kapazität dieses Systems hängt von der Funktion des Flimmerepithels und der Beschaffenheit des Schleimfilmes ab. Letzterer besteht aus Glykoproteinen, freien Proteinen, Lipiden und Desoxynucleinsäuren.

Ein großer Teil der eingeatmeten Partikel mit einem Durchmesser von 2 bis 10 μm bleibt auf dem Schleimfilm der Trachea, Bronchien und Bronchiolen hängen und wird in Richtung Außenluft transportiert. Kleine Partikel, die bis in die Alveolen gelangen, werden entweder an größere Partikel aggregiert oder im alveolären Bereich durch Makrophagen beseitigt. Eine Beschleunigung mukoziliarer Aktivität kann durch folgende Mechanismen beschleunigt werden:
– Senkung der Oberflächenspannung,
– Steigerung der serösen Sekretproduktion,
– Viskositätssenkung des Sekrets,
– Steigerung der Flimmerepitheltätigkeit.

Müller-Limmroth und Fröhlich (1980) untersuchten mit Hilfe der Viscometrie die Wirkung phytotherapeutischer Expektorantien auf die mukoziliare Aktivität und damit die Transportleistung des Flimmerepithels von Fröschen. Beim Menschen bewegt sich die Schleimschicht bei einer Flimmerfrequenz von 200 μm/s bis zu 320 μm/s. Als tatsächliche Transportgeschwindigkeit beim Menschen sind etwa 240 μm/s ermittelt. Die normale Transportgeschwindigkeit des Flimmerepithels (nach 90 s Einwirkung von Kaltblütler-Ringerlösung) beim Frosch beträgt etwa 228 ± 15 μm/s. Zur Erfassung der Transportgeschwindigkeit des Flimmerepithels wurde unter Bildschirmkontrolle die Wanderung eines Stahlkügelchens auf der Schleimhaut des Oesophagus, die im Aufbau der Tracheaschleimhaut des Menschen weitgehend ähnlich ist, gemessen. Geprüft wurden Kaltblütler-Ringerlösung (Placebo), Nikotin-Lösung (0,1 %), Bromhexin-Lösung (0,1 mg/ml) als Vergleichssubstanz und eine Teezubereitung von 6,4 g/140 ml folgender Drogen: *Folia Farfarae* (Huflattichblätter), *Fructus Foeniculi* (Fenchelfrüchte), *Fructus Anisi* (Anisfrüchte), *Herba Plantaginis* (Spitzwegerichkraut), *Flores Verbasci* (Wollblumen, Königskerzenblüten), *Radix Liquiritiae* (Süßholzwurzel), *Semen Foenugraeci* (Bockshornklee-Samen), *Radix Althaeae* (Eibisch-Wurzel) und *Herba Thymi* (Thymiankraut) (Bestandteile des Kneipp[R]-Hustentees).

Das Ergebnis dieser Untersuchungen ist in Bild 3 und Tabelle 1 wiedergegeben. Es zeigte sich, daß Nikotin die Transportgeschwindigkeit durch Verringerung der ziliaren Aktivität deutlich vermindert und Bromhexin durch Herabsetzung der Sputumviskosität die Transportgeschwindigkeit deutlich erhöht. Bei Prüfung der einzelnen Drogen war die Wirkung unterschiedlich. *Folia Farfarae, Fructus Foeniculi* und *Fructus Anisi* bewirkten eine Steigerung mukoziliarer Aktivität, *Herba Plantaginis, Flores Verbasci* und *Radix*

Tabelle 1: Zusammensetzung der für Hutstentees verwendeten Phytotherapeutika, ihrer Inhaltsstoffe und Wirkungen, sowie deren Einfluß auf die mukoziliare Aktivität.

Droge	Inhaltsstoffe	Bemerkungen	mukoziliare Aktivität
Folia Farfarae (Huflattichblätter) [*Tussilago Farfarae*]	Mukopolysaccharide (Galaktose: 24 %, Glukose: 15 %, Arabinose: 21 %, Fruktose: 30 %, Uronsäure: 6 %); Cholin; Inulin (17 %); Gerbsäure (17 %); Gallussäure; Bitterstoff (0,05 %); Sitosterin; Asche: hoher KNO_3-Gehalt	k e i n e Saponine geringe Viskosität	+ + +
Fructus Foeniculi (Fenchelfrüchte) [*Foeniculum vulgare*]	ätherisches Öl (4—6 %): Anethol (50—60 %), Pinen, Fenchon, Camphen, Foeniculin, Methylchavicol; Proteine (20 %); Saccharose; (fettes Öl meist als Petroselinsäureester)	spasmolytisch, schleimhautstimulierend, sekretolytisch, bakterizid (13 fach stärker als Phenol)	+ +
Fructus Anisi (Anisfrüchte) [*Pimpinella anisum*]	ätherisches Öl (1,5—3 %): Anethol (80—90 %), Dianethol, Anisketon (p-Methoxyphenylazeton); Protein (fettes Öl)	spasmolytisch, schleimhautstimulierend, Östrogen-wirkend, leicht bakterizid, (Ausscheidung über Atemwege)	+
Herba Plantaginis (Spitzwegerichkraut) [*Plantogo lanceolata*]	Mukopolysaccharide (mit Galakturonsäure), Aucubin (Glykosid), Invertin, Emulsin (Enzyme), Kaffeesäureester; Vitamin C	k e i n Saponin, Viskosität: + (kalt), epithelisierend, antiphlogostisch, blutgerinnungsfördernd	~
Flores Verbasci (Königskerzenblüten) [*Verbascum densiflorum*]	Saccharose (10 %), Saponin, Bitterstoff, Crocetin; β-Carotin; Xanthophylle, Hesperidin (Schleimstoff: 3 %)		~
Radix Liquiritiae (Süßholzwurzel) [*Glycyrrhiza glabra*]	Saponine, Glyzyrrhizin (7—14 %), Glyzyrrhetin (5 %); Flavon- und Isoflavonglykoside; Oxykumarine; bittere Harze; Saccharose (5 %); Glukose (2,5 %)	oberflächenspannungssenkend, bakterizid, spasmolytisch, adrenokortikotropwirkend, Antilysozymaktivität	~
Semen Foenugraeci (Bockshornkleesamen) [*Trigonella foenum-graecum*]	Mannogalaktane (30—38 %); Saponine (u. a. Diosgenin, Yamogenin); Trigonellin; Cholin, Bitterstoff, ätherisches Öl (fettes Öl: 6—10 %); Proteine	Viskosität: + + (kalt) + (warm) (Schleimdroge)	—
Radix Althaeae (Eibischwurzel) [*Althaeae officinalis*]	Glukosane, Xylosane, Stärke (30—38 %); Saccharose (10 %); Galakturonrhamnane, Arabinogalaktane	Viskosität: + (kalt), (Schleimdroge)	— —
Herba Thymi (Thymiankraut) [*Thymus vulgaris*]	ätherisches Öl (0,7—5 %), Thymol, Carvacrol, Cymol, Borneol, Pinen	spasmolytisch, sekretionsfördernd, bakterizid (25 fach stärker als Phenol) (Ausscheidung über Atemwege)	— — —

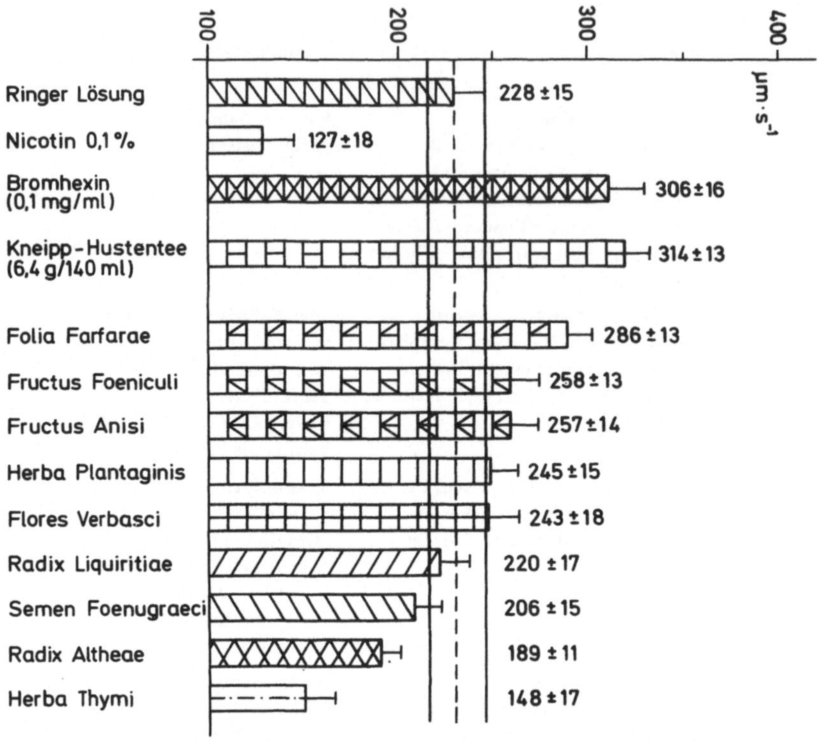

Bild 3 Die Wirkung von Nikotin, Bromhexin und den im Kneipp-Hustentee enthaltenen Drogen auf die mukoziliare Aktivität (Müller-Limmroth u. Fröhlich, 1980)

Liquiritiae blieben indifferent, *Semen Foenugraeci, Radix Althaeae* und *Herba Thymi* hemmten sogar die mukoziliare Aktivität. Dafür besitzt aber diese Droge eine deutliche bakterizide und auch eine spasmolytische Wirkung. Die lokale Applikation aller dieser Drogen hatte eine Geschwindigkeitssteigerung des mukoziliaren Transportes auf 314 ± 13 µm/s, d. h. um das 1,38fache zur Folge.

5.3 Baldrian-Hopfen

Müller-Limmroth und Ehrenstein (1977) untersuchten im Doppelblind-Versuch die Wirkung eines kombinierten Baldrian-Hopfen-Präparates (Seda-Kneipp[R]) auf schlaffördernde Wirkung.

Methodik: sechs männliche und sechs weibliche Versuchspersonen im Alter von 22—27 Jahren mit glaubhaft geäußerten Schlafstörungen schliefen während sechs aufeinanderfolgenden Nächten in einem wohnlich eingerichteten lärmabgeschirmten und gegen Schwingungen geschützten Schlaflaboratorium. Während der gesamten dritten, vierten und fünften Nacht wurde kontinuierlich der Verkehrslärm einer lebhaften Straßenkreuzung mit Ampelschaltung über Lautsprecher vom Tonband in den Schlafraum eingespielt. Der äquivalente Dauerschallpegel betrug 67 dB(A). Während des Schlafes wurden Elektroencephalogramm (EEG), Elektrookulogramm (EOG) und das Elektromyogramm (EMG) der Kinnmuskulatur fortlaufend mit Analysenintervallen von 15 s aufgezeichnet. Die Ergebnisse sind in den Bildern 4, 5 und 6 dargestellt. (Bild 4 Vorversuch, Bild 5 Tiefschlaf vermehrt, Bild 6 REM-Phasen vermehrt).

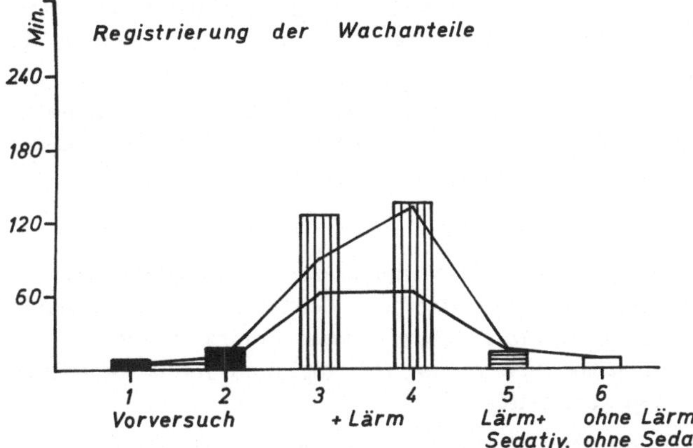

Bild 4

Registrierung der Wachanteile bei Lärmeinspielung und bei Lärmeinspielung + Seda-Kneipp im Vergleich zum Vorversuch bei Ruhe (Müller-Limmroth u. Ehrenstein, 1977)

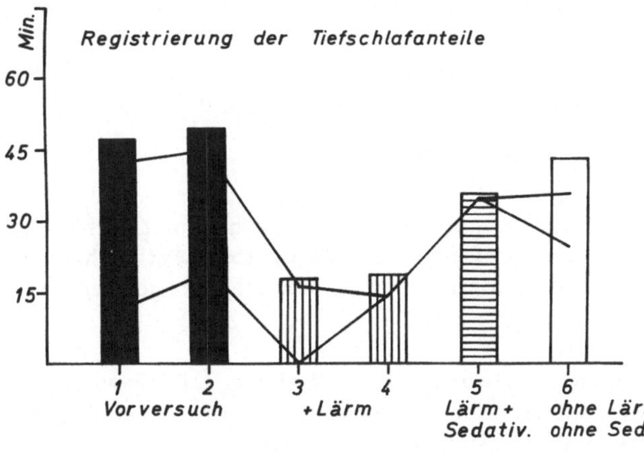

Bild 5

Registrierung der Tiefschlafanteile bei Lärmeinspielung und bei Lärmeinspielung + Seda-Kneipp im Vergleich zum Vorversuch bei Ruhe

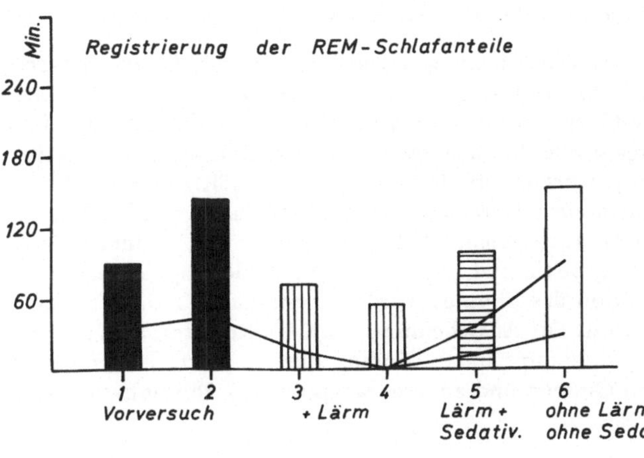

Bild 6

Registrierung der REM-Schlafanteile bei Lärmeinspielung und bei Lärmeinspielung + Seda-Kneipp im Vergleich zum Vorversuch bei Ruhe

Es zeigt sich, daß die Gabe des Präparates den durch die Lärmeinspielung gestörten Schlaf in physiologischer Weise beeinflußt, in dem sowohl die Tiefschlaf- als auch die REM-Phasen verlängert werden.

Von Interesse ist, daß nicht nur im Baldrian (erwähnt seien die bekannten Valepotriate), sondern auch im Hopfen sedativ-hypnotische Wirkstoffe (z. B. 2-Methyl-3-buten-2-ol) nachgewiesen wurden (Hänsel et al., 1982).

5.4 Carminativa

Niklas (1979) untersuchte die spasmolytische Wirkung eines pflanzlichen Carminativums (Flatuol[R]) am isolierten Meerschweinchen-Ileum. In dem Präparat sind folgende — ätherische Öle enthaltende — Drogen: *Flores Chamomillae, Fructus Carvi, Fructus Foeniculi, Fructus Anisi, Folia Menthae piperitae* (á 100 mg) und *Radix Gentianae* (30 mg/Tablette) als Bitterstoff-Droge verarbeitet.

Bei der Versuchsanordnung wurde die Kontraktion des isolierten Dünndarms durch Acetylcholin oder Histamin maximal angeregt. Dann wurde der Lösung aus diesen Stoffen ein alkoholischer Extrakt aus Flatuol zugegeben und dessen Wirkung mit der Zugabe von Atropin verglichen.

Ein alkoholischer Extrakt aus Flatuol-Tabletten in der Konzentration von 1,25 bis 2,5 ml/l (entsprechend 1/2 bzw. 1 Tbl. pro Liter) führt dosisabhängig zu einer signifikanten Hemmung der durch Acetylcholin hervorgerufenen Kontraktion des isolierten Meerschweinchendarmes. Die von der Alkoholwirkung bereinigte Wirkung von 1,25 bzw. 2,5 ml/l des alkoholischen Extraktes der Tabletten auf die durch Acetylcholin ausgelösten Kontraktionen entspricht etwa der Wirkung von 0,06 bzw. 0,2 μg/l Atropin.

5.5 Echinacea

Tympner (1981) konnte mittels des Phagozythose-Testes nach Brandt nachweisen, daß bei Zusatz von Extrakten aus *Echinacea purpurea* die Phagozytose-Leistung humaner Granulozyten gegenüber einer indifferenten Kontroll-Lösung deutlich gesteigert wurde.

5.6 Melisse

May (1981) erzielte in vitro eine deutliche antivirale Wirkung, z. B. gegen Herpes-Viren mit einem wässrigen Melissen-Extrakt. Ebenso berichtet Aschoff (1981) über gute Ergebnisse mit einer 1 %igen Melissensalbe bei Herpes-simplex-Erkrankungen.

6 Phytotherapeutika mit „adaptogener" Wirkung

Russische Autoren haben bei Untersuchungen von *Ginseng* und *Eleutherococcus* auf Eigenschaften dieser Pflanzen hingewiesen, die sie als *adaptogene* Wirkung bezeichneten. Brekhman und Dardynov (1969) verstehen darunter Stoffe, die in der Lage sind, die Anpassungsfähigkeit des Organismus bei außergewöhnlichen Belastungen zu verbessern und die Widerstandskraft gegen neuerliche Belastungen, gleichgültig welcher Art, zu erhöhen. In zahlreichen experimentellen Untersuchungen konnte nachgewiesen werden, daß Ginseng sowohl anatomische als auch biochemische Manifestationen, die für das Adaptationsstadium der Streßreaktion typisch sind, verändert. Die Hypertrophie der Nebenniere wurde reduziert, die Involution des Thymus wurde gehemmt, die Zahl der blutenden Magenulcera wurde herabgesetzt. Die Ausscheidung von C-17-Ketosteroiden im Urin, die unter Streß stark erhöht sind, nimmt unter Ginseng niedere Werte an. Insgesamt verliefen unter dem Einfluß von Ginseng und anderen adaptogenen Phytopharmaka die Streßreaktionen weniger ausgeprägt.

Adaptation oder Anpassungsfähigkeit ist ein Prinzip aller Lebewesen und erstreckt sich auf alle Ebenen biologischer Betrachtung, auf strukturelle, funktionelle und biochemische Bereiche. Eine strukturelle Adaptation ist beispielsweise die Hypertrophie der Nebenniere bei Einwirkung eines Dauerstreß oder die Hypertrophie der Herzmuskelzellen bei funktioneller Überbeanspruchung des Herzens. Bei der Adaptation muß man zwischen spezifischer und unspezifischer Adaptation unterscheiden. Bei Stressoren wie Kälte, Hitze, Übermüdung, Infektion, Intoxikation, Sauerstoffmangel, psychische Belastung usw. werden vom Organismus eine spezifische, der Art der Belastung adäquate Adaptationsmodifikation und andererseits eine von der Art des Stressors unabhängige Antwort, das allgemeine Adaptationssyndrom nach Selye (zit. nach Sandritter und Beneke, 1974; s. Bild 7), gegeben.

Zwischen spezifischer Adaptation und Auslösung der Alarmreaktion bestehen enge Zusammenhänge. Sobald sich der Körper an die veränderte Situation angepaßt hat, ist der ursprüngliche Reiz für den Organismus nicht mehr nennenswert belastend. So wird erklärlich, daß bei wiederholter Reizbelastung die unspezifischen Begleitreaktionen abnehmen. Man bezeichnet dieses Phänomen als Gewöhnung oder Habituation. Aufgrund tierexperimenteller Versuche und Studien am Menschen ist Habituation stressorspezifisch.

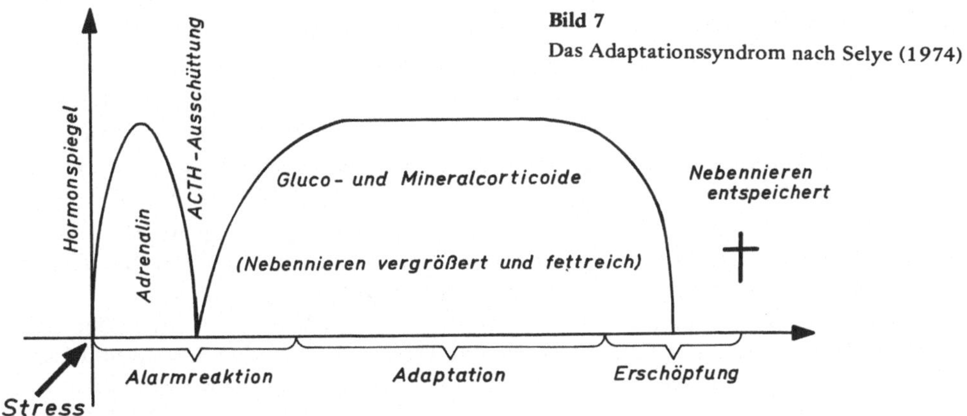

Bild 7

Das Adaptationssyndrom nach Selye (1974)

Das Phänomen der unspezifischen Adaptation

Setzt man Ratten mehrmals täglich für zehn Minuten in eine sehr kalte Umgebung (z. B. −15 °C), zeigen sie nach zwei Tagen signifikant erhöhte Kälteresistenz. In diesem kurzen Zeitraum konnte sich keine spezifische Adaptation ausbilden, etwa metabolisch (zitterfreie Wärmebildung) oder morphologisch (dichter Pelz). Diese Adaptation kommt dadurch zustande, daß adrenomedulläre Systeme eine verminderte Reaktionsfähigkeit ausbilden. Die Tiere reagieren dann mit stark abgeschwächter Alarmreaktion. Diese Adaptation ist durch eine positive Kreuzadaptation charakterisiert. Die Tiere hatten durch die Kälteposition zugleich eine erhöhte Toleranz gegen Hypoxie erworben. Reimann und Mitarbeiter (1977) konnten z. B. durch Vorbehandlung mit Kaltreizen die Wirkung des Stressors Immobilisation soweit mildern, daß Streßulcera am Magen signifikant weniger auftraten als bei Tieren ohne Vorbehandlung. Lazarjew (zit. nach Astrachanzewa, 1977) beobachtete in Tierversuchen eine positive Kreuzadaptation zwischen einem chemischen Stressor (Bendazol, 2-Bencylbenzimidazol) und Hypoxie. Reimann (1980) wies bei vorheriger oraler Zufuhr von Ginseng bei Ratten, die einem Immobilisationsstreß oder Kältestreß ausgesetzt wurden, eine deutliche Abnahme der Zahl der Streßulcera im Magen der Tiere nach. Die Streßprophylaxe mit Ginseng zeigte bei den Tieren hochsignifikante Erfolge.

Bei der Adaptation des Organismus an einen chronischen Sauerstoffmangel sind viele Teilsysteme wie Atmung, Sauerstofftransport, Herzgefäße und schließlich die Zelle beteiligt. Eine Adaptation läßt sich auf zwei grundsätzlich unterschiedlichen Wegen erweitern: durch Verbesserung im energiebereitstellenden System (das betrifft die Funktion von Herz und Kreislauf) und die Energieverwertung in der Zelle. Anpassung kann erfolgen durch Erhöhung der Zahl der Mitochondrien durch zahlenmäßige Zunahme der *Christae mitochondriales* und durch Steigerung der Aktivität oxidativer Enzyme.

Nach russischen Autoren stellt die Adaptation an Sauerstoffmangel eine wirksame Prophylaxe gegen die Altershypoxie dar. Arzneimittel können die Toleranz gegenüber Sauerstoffmangel erhöhen. Nach Trunzler (1980) bremst orale Zufuhr eines *Crataegus*-Extraktes bei Kaninchen hypoxiebedingte Störungen der elektrischen Aktivität und der Kontraktionskraft der Herzmuskelfaser. Durch präventive Gaben von Ascorbinsäure wird eine Steigerung der Leistungsfähigkeit erreicht. Vitamin C beschleunigt die Bereitstellung körpereigener Katecholamine und dadurch auch die Umstellung von der Glukoseverwertung auf die Fettverwertung. Procyanidine, wie sie u. a. im *Crataegus* enthalten sind, wirken im Endeffekt analog. Der russische Pharmakologe Lazarjew (1980) hat Adaptogene wie folgt charakterisiert:

— ein Adaptogen muß weitgehend untoxisch sein,

— die Wirkung soll unspezifisch sein, d. h., es sollte die unspezifischen Reaktionsmechanismen des Organismus auf Noxen verschiedenster Art beeinflussen,

— ein Adaptogen sollte je nach der Ausgangslage des Organismus stimulierend oder dämpfend wirken, d. h., es soll amphitrope Wirkungsqualität aufweisen.

Folgende Drogen bzw. Arzneipflanzen haben adaptogene Eigenschaften: *Panax ginseng, Eleutherococcus senticosus maximus, Aralia mandschurica*. Wahrscheinlich besitzen auch viele flavonoide Drogen eine adaptogene Wirkung.

Mittel zur Steigerung der unspezifischen Resistenz haben sich bisher in der naturwissenschaftlich orientierten Medizin wenig durchsetzen können. Ein Hauptgrund mag in der unpräzisen Indikationsstellung liegen. Man erwartet im allgemeinen von einem Heilmittel, daß es gegen eine bestimmte Erkrankung oder allenfalls einige bestimmte Krankheiten wirkt, während Adaptogene vom Ansatz her einer unspezifischen Prävention dienen. Sie sind daher im allgemeinen nicht in der Lage, schon eingetretene Krankheiten wirksam zu bekämpfen. So ist z. B. körperliche Abhärtung nützlich für relativ Gesunde. Im Stadium einer akuten Erkrankung, z. B. bei Infektionskrankheiten oder auch sonstigen Erkrankungen, ist eine derartige Droge, z. B. *Echinacea*, bei Anfälligkeit gegen Infekte und nicht zur Behandlung einer akuten Infektion mit voll entwickelter Abwehrreaktion indiziert. Weiterhin muß man bedenken, daß Adaptogene eine Wirksamkeit nur entfalten können, wenn sie auf einen reaktionsfähigen Organismus treffen. Damit zeichnen sich die generellen Grenzen derartiger therapeutischer Maßnahmen ab.

Bei den tierexperimentellen Prüfungen von Arzneimitteln geht man üblicherweise so vor, daß man ein der menschlichen Erkrankung möglichst nahekommendes Modell am Tier simuliert. Das Arzneimittel wird dann daraufhin geprüft, ob es im Stande ist, die defekte Funktion zu kompensieren. Bei der Prüfung von Adaptogenen muß man diese Mittel einen mehr oder weniger langen Zeitraum präventiv geben und dann messen, ob eine Schädigung verhindert oder in ihren Auswirkungen abgemildert wird. Adaptogene müssen den Stabilitätsbereich der Adaptation zu erweitern im Stande sein. Wichtig ist dabei, daß Phytopharmaka in hinreichender Konzentration und über hinreichend lange Zeit gegeben werden (Hänsel, 1982).

Unspezifische Resistenzsteigerung gegen Infektionserreger

Mit Ginseng vorbehandelte Tiere überlebten künstlich gesetzte Infektionen länger als unbehandelte. Die mikrobielle Wirkung adaptogener Drogen ist nur in *in-vivo*-Systemen nachweisbar. Eine direkte Aktivität in vitro ist nicht vorhanden. Eine klinische Studie aus dem Jahre 1980 betrifft den Effekt präventiver *Eleutherococcus*-Gaben auf die Morbidität an respiratorisch viralen Infektionen bei Kindern (zit. nach Hänsel, 1982). Die Zahl der Erkrankungen war bei den behandelten Kindern 3,6fach niedriger als bei 177 unbehandelten Kontrollen.

Sowohl die westliche als auch die traditionelle Medizin Amerikas kennt zahlreiche Pflanzen, welche die unspezifische Resistenz des Organismus steigern. In erster Linie wurde das zur Bekämpfung von Infektionskrankheiten angewandt. Nach Hänsel (1981c) sind das vorwiegend Saponindrogen. Saponine sind grenzflächenaktive Stoffe, die alle mehr oder weniger lokal reizende Eigenschaften aufweisen. Sie wirken reizend auf die innere Oberfläche des Organismus und aktivieren über diesen Reiz die im Körper bereitliegenden Abwehrmechanismen. Orale Applikation von Saponinen führt zu einem starken Anstieg des Corticosteronspiegels im Blut. Sie sind ein chemischer Stressor. Mayr et al. haben für Wirkstoffe dieser Art den Ausdruck „Para-Immunitätsinduzer" geprägt. Abwehrmechanismen bestehen in unspezifischer Phagozytose, Entzündungsreaktion, Komplementlyse und Virostase durch Interferon (zit. nach Hänsel, 1982).

7 Weitere Beispiele für den Einsatz der Phytotherapie in der modernen Medizin

Mit verbesserter Methodik vermehren sich täglich die Berichte über Wirkung und Wirkungsweise phytotherapeutischer Arzneimittel, von denen einige als Beispiel angeführt wurden. Eingangs wurde schon darauf hingewiesen, daß die Phytotherapie keine Alternative zur „Schulmedizin" sein will. Der Einsatz bezieht sich in erster Linie auf leichte Erkrankungen sowie auf die Prävention und Rehabilitation, wobei letztere oft auch als Zweitprävention anzusehen ist, z. B. nach einem Herzinfarkt. Bei akuten und sonstigen schweren Erkrankungen stehen in aller Regel die starken und schnell wirkenden Mittel der modernen Medizin im Vordergrund. Gelegentlich kommt jedoch auch hier ein Phytotherapeutikum als *Adjuvans* zur übrigen Behandlung in Frage.

Als besonders nützlich hat sich die Kombination der Phytotherapie mit anderen naturheilkundlichen Maßnahmen erwiesen. Das zeigt sich besonders in der Kneipptherapie, bei der die Phytotherapie eine große Rolle spielt. Sie wird dort nach Möglichkeit nicht isoliert, sondern in Verbindung mit einer Hydro- und Bewegungstherapie, einer gesunden Ernährung, die weitgehend den Forderungen der „Deutschen Gesellschaft für Ernährung" entspricht, und einer „Ordnungstherapie" eingesetzt. Eine wichtige Aufgabe der Phytotherapie habe ich als *Spareffekt* bezeichnet (Brüggemann, 1976). Damit ist folgendes gemeint: So wichtig und unersetzlich die Medikamente der modernen Medizin bei den verschiedenen Krankheiten sind, so dringend muß vor der Gefahr eines Tablettenabusus gewarnt werden. Ein großer Teil der heutigen Menschen neigt zur Passivität in Sachen Gesundheit. Man greift aus Bequemlichkeit lieber zu Tabletten als selbst an seiner Gesundheit mitzuarbeiten.

Es ist bekannt, daß stark wirkende Medikamente zu einem großen Prozentsatz mit schädlichen Nebenwirkungen belastet sind, die wir bei entsprechender Indikation in Kauf nehmen müssen. Zum Glück stehen sie größtenteils in keinem Verhältnis zu ihrem Nutzen. Nach Abklingen akuter oder sonstiger schwerer Krankheitserscheinungen sollte man jedoch die dafür notwendigen spezifischen stark wirkenden Mittel allmählich durch Phytotherapeutika ersetzen, um damit die Gefahr der Nebenwirkungen zu verringern und einem Tablettenabusus vorzubeugen. Bei der klinischen, aber auch nicht selten bei der ambulanten Behandlung werden erfahrungsgemäß oft die stark wirkenden Medikamente zu lange gegeben. Es hat sich sehr bewährt, im Ausheilungsstadium einer Erkrankung diese Medikamente rechtzeitig abzusetzen und an ihrer Stelle als Übergang Phytotherapeutika zu verwenden. Gleichzeitig sollen dabei die Patienten motiviert werden, durch aktive Maßnahmen aus dem naturheilkundlichen Bereich zur Wiederherstellung und Erhaltung ihrer Gesundheit selbst beizutragen. Die heute im Vordergrund stehenden sogenannten Zivilisationskrankheiten (Herzinfarkt, Schlaganfall, Arteriosklerose, vegetative Regulationsstörungen usw.) haben eine multifaktorielle Genese. Es ist naheliegend, daß die Behandlung dieser Erkrankungen eine gewisse Kenntnis der Genese und eine multifaktorielle Therapie erfordert. Das soll an einigen Beispielen gezeigt werden.

7.1   Einsatz der Phytotherapie bei vegetativen Regulationsstörungen

Für die vegetative Regulation ist das Zwischenhirn, ein phylogenetisch alter Hirnteil zuständig. Dabei spielt die *Formatio reticularis* mit ihren zahlreichen Verbindungen zur Großhirnrinde eine große Rolle (Bild 8). Überall besteht eine gegenseitige Beeinflussung im Sinne eines Rückkoppelungseffektes. Dieses System hat die Aufgabe, eine dem gegebenen Anlaß und Zweck adäquate Funktionslage sowohl im somatischen als auch im psychischen Bereich herzustellen. Das heißt, wenn vom Organismus eine Anstrengung irgendwelcher Art verlangt wird, muß eine ergotrope und in Ruhe eine trophotrope Funktionslage — ebenfalls somatisch wie psychisch — hergestellt werden. Die psychischen Ausdrucksformen und Manifestationen sind aufgrund experimenteller Untersuchungen und klinischer Beobachtungen folgende (Hess, zit. bei Schellong, 1952):

— Schlaf-Wachfunktion
— Antrieb — psychische Aktivität, Motorik, Konzentrationsfähigkeit
— Reizempfänglichkeit — Reizbarkeit. Geräusch- und Schmerzempfindlichkeit
— Stimmung — Triebleben, Hunger, Durst, Sexus.

In Bild 9 ist die physiologische Leistungsbereitschaft im circadianen Rhythmus dargestellt. Im Laufe des Tages zeigt sich mit Ausnahme der Mittagssenke eine vorwiegend ergotrope Phase, während in der Nacht eine trophotrope Phase vorherrscht. In Bild 10 ist der Aktivitätspegel der *Formatio reticularis*, einer wichtigen Schaltstelle im Zwischenhirn, aufgezeichnet. Man ersieht daraus, daß die Empfindlichkeit und Reaktionsweise dieses Systems typmäßig verschieden ist.

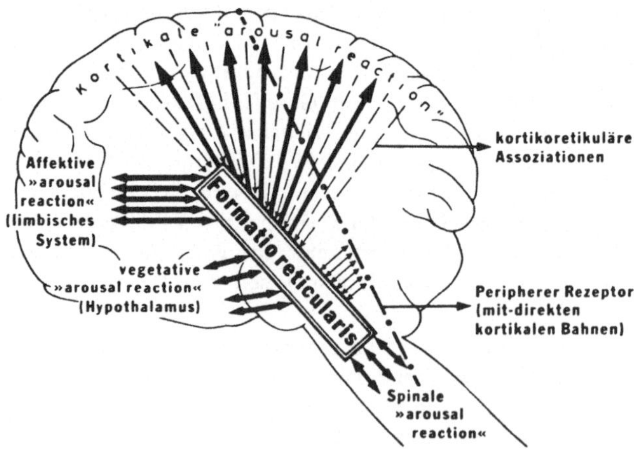

Bild 8

Schematische Darstellung der Verbindungen zwischen Reticularformation und dem limbischen System, Cortex, dem Hypothalamus und dem spinalmotorischen Regelsystemen (Müller-Limmroth, 1974)

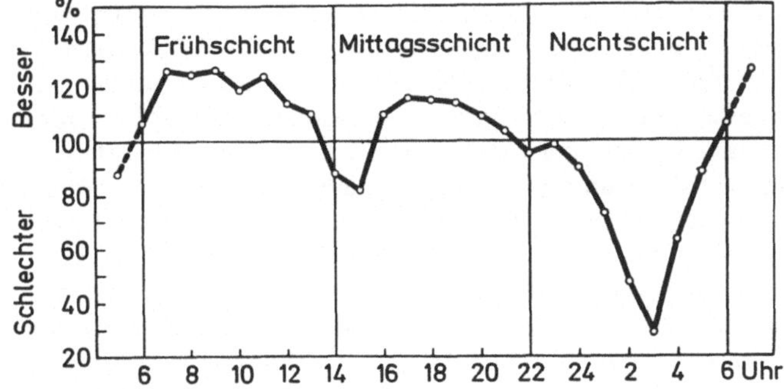

Bild 9
Prozentuale Schwankungen der physiologischen Leistungsbereitschaft innerhalb von 24 Stunden (zit. nach Müller-Limmroth, Vortrag auf dem ärztlichen Kolloquium, Bad Wörishofen, 1975)

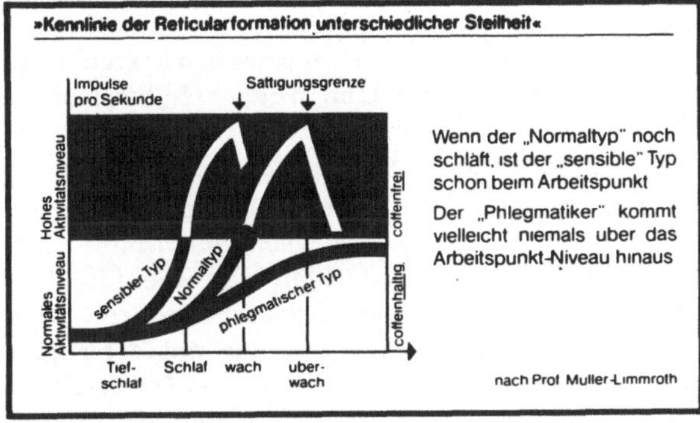

Bild 10
Aktivitätsspiegel der Formation reticularis

Euregulation

Als Euregulation bezeichnet man eine Reaktionsweise, die dem gegebenen Zweck und Anlaß adäquat ist. Als Beispiel sei ein 100-m-Läufer genannt. Wenn dieser in seinem Startloch sitzt, muß die Konzentration, die Aufmerksamkeit und Erregbarkeit im psychischen Bereich gesteigert sein, und gleichzeitig muß im somatischen Bereich der Blutdruck erhöht, die Pulsfrequenz beschleunigt und die Atmung vertieft werden, damit er diese Höchstleistung vollbringen kann. Der Aktivitätspegel steht also sehr hoch. Nach Beendigung des Laufes muß die Schaltstelle dafür sorgen, daß diese Parameter — somatisch wie psychisch — zur Norm zurückgehen oder sogar eine trophotrope Ruhephase sich einstellt.

Dysregulation

Dysregulation ist die Herstellung einer Funktionslage, die dem gegebenen Zweck und Anlaß nicht adäquat und krankmachend ist. Dafür ebenfalls ein Beispiel: Bei einer Überfunktion der Schilddrüse oder bei einem psychischen Konflikt wird die *Formatio reticularis* ständig gereizt und der Aktivitätspegel bleibt auch während der Nacht hoch, so daß auch dann eine ergotrope Phase vorherrscht. Das ist in etwa zu vergleichen mit einem Automotor, den man in der Garage auf Vollgas laufen läßt. Er wird nach kurzer Zeit „sauer". So ist es auch mit dem zentralen Regulationszentrum. Es wird labil, stellt unangepaßte Funktionslagen her und wird schließlich „übersteuert". Der Sättigungsgrad wird überschritten, und es gibt eine „vegetative Krise" mit Dysregulation des Kreislaufs, Tachykardien, Kollapszuständen, mitunter auch Blutdruckerhöhungen, nervösen Krisen und den bekannten zahlreichen Beschwerden der vegetativen Dysregulation. Man ist müde und kann doch nicht schlafen, man ist erregt, kann sich aber nicht konzentrieren. Das Problem der heutigen Zeit ist nicht die Untersteuerung, wie z. B. beim Myxödem oder *morbus Addison*, sondern die Übersteuerung durch mentale und psychische Belastungen, die eine unphysiologische Reizung der zentralen Regulationszentren darstellen, während die physiologischen Trainingsreize in der hochzivilisierten Gesellschaft weitgehend fehlen. So haben z. B. Hydro- und Bewegungstherapie einen regulierenden Einfluß.

Im akuten Stadium einer Übersteuerung sind Tranquilizer zur Dämpfung notwendig und hilfreich. Nach Abklingen der akuten Erscheinungen sollte man aber — möglichst nach Beseitigung der Störfaktoren — diese durch Baldrian, Hopfen, Melisse usw. ersetzen und gleichzeitig den Patienten motivieren, aktiv durch Hydro- und Bewegungstherapie — ohne Hetze und Überlastung!! — an seiner Gesundung mitzuarbeiten und in den trophotropen Phasen des circadianen Rhythmus Muße-Stunden einzulegen, sein Leben zu überdenken, Wertmaßstäbe zu entwickeln, die nicht jeden Alltagsärger zum Disstreß werden lassen, und sich so gewissermaßen einen *psychischen Filter* einzubauen (Brüggemann, 1980). *Fazit*: Die Kombination milder Phytotherapeutika mit den eben angedeuteten Maßnahmen müssen nach Beseitigung des auslösenden Störfaktors als die optimale Therapie dieser derzeit so häufigen Regulationsstörungen angesehen werden, die durch Erhöhung des Sympatikotonus zudem auf die Dauer ein Wegbereiter des Hochdrucks mit den sich daraus ergebenden Folgen sind.

7.2 Habituelle Obstipation

Voraussetzung jeder Therapie ist dabei der Ausschluß einer organischen Erkrankung, insbesondere eines Dickdarmkarzinoms. Auf die Physiologie kann in diesem Rahmen nicht eingegangen werden. Auch hier spielt die zentrale Regulation eine Rolle. Ständige mentale Reizung bzw. Belastung erhöht den Sympatikotonus und ist Wegbereiter einer Obstipation.

Unter den Phytotherapeutika spielen die antrachinonhaltigen Drogen eine große Rolle (*Fol. Sennae, Aloe, Cortex Frangulae* usw.). Diese pflanzlichen Abführmittel sind in der Bevölkerung sehr beliebt. Im Gegensatz zu den meisten Phytotherapeutika tritt die Wirkung schon nach einigen Stunden ein. Für den Patienten ist das sehr bequem. Vom medizinischen Standpunkt bestehen aber gegen eine Dauerbehandlung mit derartigen Drogen die weithin bekannten Bedenken (Erhöhung der Reizschwelle des Defäkationsreizes, Elektrolytverluste, insbesondere von Kalium, die ihrerseits u. a. eine Obstipation begünstigen). Man sollte daher diese Drogen in erster Linie bei akuten Reise-Obstipationen oder bei solchen durch Nahrungswechsel, Bettlägerigkeit usw. und nicht als Dauerbehandlung benutzen. Dazu eigenen sich pflanzliche Quellsubstanzen wie *Psyllium*, Spitzwegerichsamen, Leinsamen usw. wesentlich besser. Sie vermehren, insbesondere in Verbindung mit einer schlackenreichen Kost, das Stuhlvolumen, machen es auch meistens geschmeidiger und lösen einen physiologischen Defäkationsreiz aus. Wichtig ist dabei eine genügende tägliche Flüssigkeitszufuhr von etwa 2—3 Liter.

Eine optimale Therapie der habituellen Obstipation sieht etwa folgendermaßen aus:

- pflanzliche Quellmittel, z. B. *Psyllium*, Leinsamen in Verbindung mit ballaststoffreicher Nahrung (Tabelle 2).
- Sport, Bewegung, Obstipationsgymnastik und Colonmassage.
- Hydrotherapie zunächst mit warmen Bädern und Zusatz von Heublumen oder Melisse; allmählicher Übergang zu wechselwarmen Teilbädern und wechselwarmen Güssen; später — besonders in der warmen Jahreszeit — kalte Güsse, Wassertreten und kalte Teilbäder.
- Keine Unterdrückung des Defäkationsreizes (Wegbereiter der Obstipation).
- Natürlicher Lebensrhythmus im Sinne der Ordnungstherapie. Kleine Hilfen können ein Glas kaltes Wasser oder kalter Pflaumensaft sein.

Die eben angedeutete Ernährung muß außerdem als protektiver Faktor gegen eine Dickdarmdivertikulose wahrscheinlich auch gegen ein Dickdarmkarzinom und gegen die Bildung von Gallensteinen angesehen werden.

Tabelle 2: Gehalt einiger Lebensmittel an Ballaststoffen (Zellulose, Rohfaser)

Fleisch, Fett, Milcherzeugnisse, Eier, Zucker	0,0 Prozent
Weizenfeinmehl, Weizenfeinbrot, Feinmehlback- und Teigwaren	0,1 Prozent
Weizenschrot, Roggenschrot	ca. 2,0 Prozent
Vollkornbrot	1,5 Prozent
Kleie-Spezialbrot	4,0 bis 6,0 Prozent
Haferflocken	1,0 Prozent
Weizenkeime	2,5 Prozent
Leinsamen	ca. 6,0 Prozent
Weizenkleie	ca. 10,0 Prozent
Äpfel, Pfirsiche, Kirschen, Pflaumen, Orangen	ca. 0,5 Prozent
Birnen, Erdbeeren, Stachelbeeren	ca. 1,0 Prozent
Trockenobst (Backobst)	2,0 bis 4,0 Prozent
Kartoffeln, Spinat, Endivien, Kopfsalat	0,6 bis 0,8 Prozent
Karotten, Kohlrabi, Rotkohl, Blumenkohl	ca. 1,0 Prozent
Steckrüben, Weißkohl, Grünkohl, Rosenkohl, grüne Bohnen, Pilze	ca. 1,5 Prozent
grüne Erbsen, Schwarzwurzeln	ca. 2,0 Prozent
weiße Bohnen, Trockenerbsen, Linsen	ca. 3,5 Prozent

7.3 Katarrhalische Erkrankungen der oberen Luftwege

Saponinhaltige Drogen sind nach Hänsel (1981a, b, c) chemische Stressoren. Sie bewirken eine Stimulierung des Immunsystems, wie neuere Untersuchungen ergeben haben. Ihr Einsatz zur Vorbeugung in Zeiten vermehrten Auftretens von Erkältungskrankheiten ist daher sinnvoll. Der große Vorteil einer Paramunisierung ist, daß sie öfters induziert werden kann. Damit kommt es zu einem Training der für die Infektabwehr verantwortlichen Mechanismen. Das ist in unserer veränderten Umwelt durchaus notwendig, denn perfektionierte Hygiene und immunsuppressive Einflüsse und Vorgänge machen Mensch und Tier infektionsanfällig.

Besonders geeignet ist eine kurzfristige, prophylaktische Paramunisierung für all die Fälle, die zu einer streßbedingten Abwehrschwäche des Organismus führen können, z. B. Milieuwechsel, Erkältung, Operationen, Reisen und Transport, erhöhte Leistungsanforderung oder auch psychische Belastungen. Begleitend kommen noch allgemeine Abhärtungsmaßnahmen in Frage, dazu phytotherapeutische Expektorantien.

7.4 Venenerkrankungen

Die Rückleitung des Blutes zum Herzen erfordert einen kleinen, der niedrige periphere Venendruck einen großen Strömungsquerschnitt, denn das Blut kann nur in einem weiten Venennetz in genügender Menge unter geringem Druck fließen. Der Organismus muß den Venentonus so regeln, daß beide Aufgaben erfüllt werden. Der Steuerung sind daher Grenzen gesetzt. Krampfadern sind heutzutage ein weit verbreitetes Leiden, wobei neben der Lebensweise ätiologisch eine hereditäre Komponente eine Rolle spielt.

Das Venengewebe stellt ein stoffwechselautonomes Bindegewebesystem dar und weist die typischen Merkmale mesenchymaler Gewebe auf. Die Festigkeit des Venengewebes wird durch die Faserproteine Kollagen und Elastin gewährleistet. Die Substrataufnahme der Endothelzellen erfolgt aus dem Blut über eine Transitstrecke. Wenn dieser Transportweg gestört ist, kommt es zu Stoffwechselstörungen der Endothelzellen, die sich negativ auf die Produktion der Stützsubstanzen Kollagen und Elastin auswirken. Das bedingt einen Elastizitäts- und Festigkeitsverlust und damit eine Erweiterung der Venen, die einerseits durch Verminderung der Produktion dieser Stützsubstanzen und andererseits durch eine Zunahme hexosaminhaltiger und uronsäurehaltiger Bausteine charakterisiert ist (Buddecke, 1976). Bei varikösen Venen ist die Aktivität lysosomaler Enzyme, welche die Mucopolysaccharide abbauen, erhöht. Diese sind aber mit den Strukturglykoproteinen für Zusammenarbeit und Festigkeit der Kollagenfasern verantwortlich. Die Aktivitätssteigerung der lysosomalen Enzyme führt zu Strukturveränderungen des Kollagens.

Eine Reihe von Phytotherapeutika werden bei Venenerkrankungen heutzutage eingesetzt.

Bestimmte Flavonoide, insbesondere die Hydroxyäthylrutoside setzen die Milchsäurebildung herab, hemmen die Aktivität lysosomaler Enzyme und verbessern den Nutzeffekt der Kohlenhydratverbrennung. Den Stoffwechselwirkungen der Flavonoide entsprechen therapeutische Effekte (Laszt, 1976; Buddecke, 1976). Außerdem verbessern Flavonoide die Fließeigenschaften des Blutes, hemmen die Aggregation der Erythrozyten und sind daher ein protektiver Faktor gegen Thrombosen.

Eines der bekanntesten phytotherapeutischen Mittel bei Varizen ist die Roßkastanie. Der wirksame Bestandteil ist das Aescin, ein Gemisch von Triterpensaponinen. Es wird in erster Linie zur „Tonisierung" der Venen angewandt. Experimentell konnte eine derartige Tonisierung nachgewiesen werden. Das gilt aber leider nur für gesunde Venen, während sich die krankhaft überdehnten und überlasteten Venen praktisch nicht mehr kontrahieren. Dazu kommt noch, daß bei höherer Dosierung durch venentonisierende Mittel auch die Arterien verengt, damit der periphere Widerstand erhöht wird und eine hypertensive Wirkung sich nicht vermeiden läßt. Man sieht daher heute den Wert des Aescin aus der Roßkastanie in erster Linie in der antiödematösen und antiphlogistischen Wirkung (Felix, 1970).

Gerade das Beispiel der Behandlung von Varizen macht deutlich, daß sowohl im präventiven, als auch im konservativen Bereich phytotherapeutische Maßnahmen nur ein Teil der Therapie sein können. Eng müssen sie, sollen sie erfolgreich sein, mit anderen Verfahren verknüpft sein. Folgendermaßen sollte ein optimales Programm aussehen:

— Kompressionsverband oder ein Gummistrumpf, der aber individuell angepaßt sein muß und im allgemeinen weniger wirksam ist als der Kompressionsverband.

— Zur Beeinflussung der Stoffwechselstörungen der Venen möglichst frühzeitig Flavonoide, z. B. Rutin oder sonstige flavonoidhaltige Drogen, die man nicht zu niedrig dosieren sollte. Nebenwirkungen sind dabei nicht zu erwarten. Selbst wenn schon Varizen deutlich erweitert sind und dann die Wirkung problematisch wird, können die bis dahin noch nicht erweiterten Gefäßgebiete geschützt werden. (Varikose ist bekanntlich eine System-Erkrankung, die sich aus statischen Gründen in erster Linie an den unteren Extremitäten manifestiert). Aescin kommt vor allem bei entzündlichen und ödematösen Zuständen in Frage. Äußerlich kommen dazu Heparin und *Arnica*-haltige Salben in Betracht, die sich empirisch sehr gut bewährt haben. Die in der Arnika enthaltenen Helenaline haben nach Willuhn (1981) eine deutlich antiphlogistische und antiödematöse Wirkung.

— Kalte hydrotherapeutische Maßnahmen und bei Ödemen, Thrombophlebitiden oder sonstigen Entzündungen zusätzlich Lehm- oder Quarkwickel.

— Bewegungstherapie, Radfahrbewegungen der Beine in horizontaler Lage, Sport und Gymnastik aller Art. Langes Stehen und Sitzen vermeiden. Beim Autofahren oder sonstigem längeren Sitzen Fußrollen. (Experimentell ist durch Fußrollen eine deutlich gesteigerte Durchblutung der *vena saphena magna* festgestellt worden.)

— Ernährung, Übergewicht vermeiden!

Bei schweren Veränderungen, z. B. Insuffizienz der *venae perforantes, ulcus cruris*, deutlichen Ödemen kommen andere z. T. operative Maßnahmen in Frage, die hier nicht besprochen werden sollen. Das gilt auch für die Indikation und Durchführung von Verödungen. Dazu gehört eine exakte vorherige Untersuchung, möglichst einschließlich einer Phlebographie. Akute und sonstige schwere Thrombosen tiefliegender Venen mit erhöhter Emboliegefahr gehören in klinische Beobachtung und Behandlung (Fibrinolyse, Operation usw.). Als Nachbehandlung und im Sinne der Zweitprävention sowie zum Schutz der noch nicht erkrankten Gefäßgebiete kann die eben skizzierte Behandlung dringend empfohlen werden.

Derartige Beispiele des Einsatzes von Phytotherapeutika könnte man noch beliebig erweitern, z. B. bei funktionellen Herzkrankheiten, peripheren arteriellen Durchblutungsstörungen, Erkrankungen des Magen-Darmkanals usw. (Brüggemann, 1980; Weiß, 1980, 1981).

8 Schlußwort

Das Anliegen dieses Beitrages war es, die Definition, das Prinzip, die Indikation, die Möglichkeiten und Grenzen der Phytotherapie in der heutigen Medizin aufzuzeigen, den praktischen Einsatz an einigen häufig vorkommenden Erkrankungen und deren Prävention darzustellen sowie auf die neuen Möglichkeiten der unspezifischen Adaptation durch die Phytotherapie hinzuweisen und ihr den Stellenwert in der modernen Medizin zuzuordnen. Er liegt in der Prävention, Rehabilitation sowie bei leichten Erkrankungen hoch, während bei akuten oder schweren Erkrankungen die „Schulmedizin" bevorzugt werden muß und Phytotherapie höchstens als *adjuvans* der übrigen Therapie in Frage kommt. Um es zum Abschluß noch einmal deutlich zu sagen: Die zu den Naturheilweisen gehörende Phytotherapie versteht sich nicht als Alternative zur „Schulmedizin", sondern als eine Erweiterung der therapeutischen und präventiven Möglichkeiten zum Wohle der Menschen.

Literatur

Ammon, H. P. T.: Bericht über die indische traditionelle Medizin im Auftrag des Bundesministeriums für Jugend, Familie und Gesundheit (1979).
Ammon, H. P. T.: Ayurveda − 3000 Jahre indische traditionelle Medizin. Deutsch. Apoth. Ztg. 122, 2117−2122 (1982).
Ammon, H. P. T., u. Händel, M.: *Crataegus*, Toxikologie und Pharmakologie (Teil I, II und III), Planta Medica 43, 105−120; 209−239; 313−322 (1981).
Aschoff, S.: Praktische Erfahrungen beim Einsatz einer Melissensalbe 1 %. Z. Angewandte Phytotherapie 2, 219−220 (1981).
Astrachanzewa, L. Z.: Geriatrische Pharmakologie. VEB Verlag Volk und Gesundheit, Berlin (1977).
Barkan, A. I.: Effekt präventiver *Eleutherococcus*-Gaben auf die Morbidität an respiratorisch-viralen Infektionen bei Kindern (zit. nach Hänsel in Vortrag vor der Ärztegesellschaft für Naturheilverfahren) Berlin (1982).
Bock, H. E.: Pflanzen und Pflanzliches in der Geschichte der menschlichen Krankenbehandlung. Therapiewoche 30, 6807−6813 (1980).
Brekhman, I. I., u. Dardynov, V.: New substances of plant origin which increase nonspecific resistance. Ann. Rev. Pharmac. 9, 419−430 (1969).
Brüggemann, W.: Die Kneipptherapie. Z. physikalische Medizin 5, 1−12 (1976).
Brüggemann, W. (Hrsg.): Kneipp-Therapie − ein Lehrbuch. Springer-Verlag Berlin/Heidelberg (1980).
Buddecke, E.: Chemie und Stoffwechsel des Venengewebes. Therapiewoche 26, 5088−5098 (1976).
Diaz, J. L.: Indice y sinonimia de las plantas medicinales de Mexico. Monografias Cientificas I. Imeplam D. F. Mexico (1976).
Felix, F.: Wirkungsmechanismus der internen Therapie mit Venopharmaka. Deutsches Med. Journal 21, 456−466 (1970).
Graf, E.: Die Stellung der Phytotherapie in der modernen Medizin. Der Kassenarzt 21, 5036−5048 (1981).
Hänsel, R.: Ginseng und *Eleutherococcus*: Ihre adaptogenen Eigenschaften als Modell präventiv wirkender Phytotherapeutikum-Effekte. Z. Angewandte Phytotherapie 1, 28−33 (1980).
Hänsel, R.: Phytopharmaka heute. Z. Angewandte Phytotherapie 2, 38−45 (1981a).
Hänsel, R.: Anti-infektiöse Prophylaxe durch Immunstimulation unter besonderer Berücksichtigung der Phytopharmaka. Z. Angewandte Phytotherapie 2, 172−180 (1981b).
Hänsel, R.: Phytopharmaka zur Selbstmedikation und zur Prophylaxe. Vortrag anl. d. XIX. Internationalen Fortbildungskongresses für praktische und wissenschaftliche Pharmazie. Meran (1981c).
Hänsel, R.: Was sind und was können Adaptogene? Vortrag vor der Ärztegesellschaft für Naturheilverfahren. Berlin (1982).

Hänsel, R., Wohlfahrt, R., u. Schmidt, H.: Nachweis sedativ-hypnotischer Wirkstoffe im Hopfen. 3. Mitt. Der Gehalt von Hopfen und Hopfenzubereitungen an 2-Methyl-3buten-2-ol. Planta medica 45, 224—228 (1982).

Iwamoto, K., Sato, T., u. T. Ishizaki: Clinical Effect of Crataegutt in Heart Failure — A Double Blind Study by Multiple Institutions. Japanese J. Clinical and Experimental Vol. 55 No. 6 (1978).

Hess, R.: Zit. Bei Schellong: Psychische Funktion und Hypophysen-Zwischenhirnsystem. Regensburger Jahrb. ärztl. Fortbildung 2, 1—10 (1952).

Kühle, A.: Weißdorn hilft dem leistungsschwachen Herzen. Ärztliche Praxis 34, 224—225 (1982).

Laszt, L.: Die Biochemie und Pharmakologie der Venenwand. Therapiewoche 26, 5085—5086 (1976).

Laszt, L.: Zur Biochemie der Venenwand. In: Rüttner, J. R. und Leu, H. J. (Hrsg.) Verlag Hans Huber, Bern, Stuttgart, Wien (1971).

Lazarjew, N. W.: Ginseng und *Eleutherococcus*. Zit. in Hänsel, R.: Z. Angewandte Phytotherapie 1, 28—33 (1980).

Lozoya, X.: Las Fuentes Bibliograficas de la Herbolaria Medicinal Mexicana. Medicina Tradicional 3, 5—8 (1980).

May, G.: Virustatische Wirkung von Pflanzenextrakten. Z. Angewandte Phytotherapie 2, 187—189 (1981).

Menßen, H. G.: Der Phytostandard und seine Bedeutung. In: H. G. Menßen (Hrsg.), Moderne Aspekte der Phytotherapie. pp. 29—34. pharm & medical inform. Verlags-GmbH, Frankfurt 1981.

Müller-Limmroth, W., u. Fröhlich, H. H.: Wirkungsnachweis einiger phytotherapeutischer Expektorantien auf den mukoziliaren Transport. Fortschr. Medizin 98, 95—101 (1980).

Müller-Limmroth, W., u. Ehrenstein, W.: Untersuchungen über die Wirkung von Seda-Kneipp auf den Schlaf schlafgestörter Menschen. Medizinische Klinik 72, 1119—1125 (1977).

Niklas, H.: Untersuchungen zur spasmolytischen Wirkung eines pflanzlichen Carminativums. Deutsche Apotheker Zeitung 119, 1374—1376 (1979).

Ramirez, A.: Bibliografia comentada de la medicina traditional mexicana. Monografias Cientificas III. Imeplam D. F. Mexico (1978).

Reimann, H. J., u. Meyer, H. J., Schmal, A., Fischer, M., u. W. Lorenz: Adaptation und Kreuzadaptation an Kälte und Restraint zur Vermeidung von Streß-Ulcusbildung bei der weiblichen Ratte. Z. f. Physikalische Medizin 6, 22—25 (1977).

Reimann, H. J.: Habilitationsschrift — Untersuchungen zur Streß-Ulcus Phatogenese; die Bedeutung adaptativer Vorgänge und des Histamins bei dieser Begleiterkrankung schwerer pathophysiologischer Zustände. Phillips Universität Marburg (1980).

Selye, B.: Das Adaptationssyndrom. In: Sandritter, W. und Beneke, G., Allgemeine Pathologie, Schattauer Verlag (1974).

Trunzler, G.: Herz- und kreislaufwirksame Phytopharmaka. Ärztliche Praxis 32, 950—956 (1980).

Tympner, K. D.: Der immunbiologische Wirkungsnachweis von Pflanzenextrakten. Z. Angewandte Phytotherapie 2, 181—184 (1981).

Weiß, R. F.: Wirksamkeitsnachweis von Phytopharmaka. Z. Angewandte Phytotherapie 2, 119—127 (1981).

Weiß, R. F.: Lehrbuch der Phytotherapie, IV. Aufl. Hippokrates Verlag Stuttgart (1980).

Willuhn, G.: Neue Ergebnisse der Arnikaforschung. Pharmazie i.u. Zeit 10, 1—7 (1981).

Anmerkung des Herausgebers:

Nach Abschluß der Korrekturen erschien eine für die Thematik des hier vorgelegten Referats wichtige Publikation:
Hänsel, R., u. H. Haas: Therapie mit Phytotherapeutika. Springer-Verlag. Berlin-Heidelberg-New York-Tokyo. 1983.

Ethnomedizin und Ethnopharmakologie – Quellen wichtiger Arzneimittel

Wulf Schiefenhövel und Armin Prinz

Einleitung

Traditionelle medizinische Systeme üben häufig eine gewisse Faszination aus, der sich auch Ärzte und Pharmazeuten nicht entziehen können. Obgleich die „moderne", stark von den neuen technischen Möglichkeiten geprägte Medizin und die synthetisierende Pharmazie in Teilbereichen der Krankenbehandlung eindrucksvolle Erfolge aufweisen konnten, ist gerade in den letzten Jahren die ethnozentrische Überschätzung unserer eigenen Heilkunst einer realistischeren Betrachtung gewichen, wie auch das aufkeimende Interesse an ethnomedizinischen Fragestellungen und Forschungen zeigt.

Die Beschäftigung mit neuen oder neubelebten Randbereichen der Medizin geschieht ja zumeist auch in der Hoffnung, bessere Einsichten in die Prozesse des Krankwerdens, Krankseins und Gesundens zu erhalten, dem leidenden Menschen wirkungsvollere oder nebenwirkungsärmere Wege zur Heilung aufzeigen zu können.

Für die ethnomedizinische Forschungsrichtung ist diese Zielsetzung ein Teil des von ihr betrachteten Spektrums. Zunächst geht es ihr darum, ohne Blick auf mögliche Anwendungen der erbrachten Ergebnisse in unserer Medizin eine Bestandsaufnahme medizinischen Wissens und Tuns in solchen Gruppen und Kulturen zu leisten, die von der naturwissenschaftlichen, dem eigenen Anspruch gemäß kosmopolitisch genannten Medizin ganz oder teilweise unbeeinflußt geblieben sind. Die mit Übernahme dieser Aufgabe verknüpfte Hoffnung ist, daß so wertvolles kulturelles Erbe solcher Ethnien bewahrt werde, die starker, insbesondere medizinischer Transkulturation ausgesetzt sind. Auch können, wie Beispiele aus einigen Entwicklungsländern (z. B. Indien) zeigen, funktionierende Modelle des Nebeneinanders der traditionellen und der kosmopolitischen Medizin, bisweilen gar eine Integration der einen in die andere entwickelt werden. Erst in dritter Linie hat die Ethnomedizin nach dem Verständnis vieler, die sich mit ihr befassen, die Aufgabe, unsere eigene Medizin im Spiegelbild ihrer archaischen Schwester deutlicher werden, ihre Vorzüge, aber auch ihre Versäumnisse und Unfähigkeiten hervortreten zu lassen und womöglich zu einer Verbesserung unserer eigenen medizinischen Situation beizutragen.

In diesem Beitrag soll, der Bestimmung des Buches gemäß, von der Volksmedizin in ihrer Bedeutung für die Pharmakotherapie die Rede sein, was an einigen, sozusagen klassischen Beispielen aufgezeigt werden wird. Leser, deren Interesse den oft faszinierenden, als wirklich naturwissenschaftlich zu bezeichnenden Konzepten der Pflanzen- und Tierwelt und des Menschen bei „Naturvölkern" gilt, seien auf die entsprechenden Fachpublikationen (u.a. in der Zeitschrift ‚curare') hingewiesen. Hier möge die Feststellung genügen, daß der Angehörige einer traditionellen (Stammes–)Gesellschaft ein hervorragender Beobachter der Natur ist. Die Freude am Erkunden, die sich aus dem Überlebenmüssen ergebenden Zwänge zur Erkenntnis und die erstaunlichen kombinatorischen Fähigkeiten des menschlichen Gehirns haben häufig dazu geführt, daß Angehörige der

Tabelle 1: Übersicht pharmakologisch wichtiger Schlüsselsubstanzen ethnomedizinischen Ursprungs:

Anwendungsgruppe	Substanz, u. a.	Herkunft	Vulgärname	traditionelle Verwendung	Vorkommen
Parasympathomimetika	Physostigmin	*Physostigma venenosum*	Kalabarbohne	Orakelgift	W. Afrika
	Pilokarpin	*Pilocarpus sp.*	Jaborandi	Schweiß- und speicheltreibend	S. Amerika
Parasympatholytika	Atropin	*Atropa bella-donna* u. a.	Tollkirsche	Gift, antitremor, Hexenkulte	ubiquitär
	Hyoscyamin	*Hyoscyamus niger* u. a.	Bilsenkraut	Gift, antitremor	Eurasien
periphere Muskelrelaxantien	Curare	*Strychnos sp.* *Chondodendron sp.*	Curare	Pfeilgift	S. Amerika
indirekte Sympathomimetika	Ephedrin	*Ephedra sinica*	Ma Huang	Fieber, Husten	China
Antisympathotonika	Reserpin	*Rauwolfia sp.*	Schlangenbrot	Psychosen, Schlangenbisse	Indien, SO-Asien
Herzglykoside	Digitoxin u. a.	*Digitalis sp.*	Fingerhut	Gift, Herzkrankheiten	Eurasien
	Strophanthin	*Strophanthus sp.*	— — —	Pfeilgift	Afrika
	Scillaren	*Scilla maritima*	Meerzwiebel	Gift, Herzkrankheiten	Ägypten, Europa
Methylxanthine	Coffein	*Coffea sp.*	Kaffee		Arabien
(zentrale, kardiale, bron-	Theophyllin	*Camellia sinensis*	Tee		O.- u. S.-Asien
cho- und vasodil. Wirkung)	Theobromin	*Theobroma sp.*	Kakao	Stimulantien	S. Amerika
		Ilex paraguariensis	Maté		S. Amerika
		Cola sp.	Kola		W.- und Z.-Afrika
ZNS-wirksam	Cathin	*Catha edulis*	Khat	Stimulanz	Yemen, NO.-Afrika
Lokalanästhetika	Cocain	*Erythroxylum coca*	Kokain	Rauschmittel	S. Amerika
stark wirksame Analgetika	Morphin				
Antitussiva	Codein	*Papaver somniferum*	Schlafmohn	Rauschmittel, Durchfälle	Eurasien
myogene Spasmolytika	Papaverin				
Antikoagulantien	Hirudin	*Hirudo medicinalis*	Blutegel	Thrombophlebitis	ubiquitär
Antitumor-Substanzen	Colchizin	*Colchicum autumnale*	Herbstzeitlose	akute Gicht, Gift	Eurasien
	Vinblastin	*Catharanthus roseus*	Madagaskar-	Hyperglykämie	Afrika, Mittel-
	Vincristin	*Catharanthus roseus*	Immergrün		amerika
Chemotherapeutika und	Chinin (Malaria)	*Cinchona sp.*	Chinarinde	fiebersenkend?	S. Amerika
Antibiotika	Emetin (Amöben)	*Cephaelis ipecacuanha*	Brechwurzel	emetisch	Brasilien
				(In den Volksheilkunden werden außerdem zahlreiche antibiotisch wirkende Drogen verwendet — in Europa etwa Meerrettich, Knoblauch, Kresse u.a.m.)	
Östrogene Wirkung	Dianethol	*Foeniculum vulgare*	Fenchel	Menstruationsbeschwerden	Europa
	Dianisoin	*Pimpinella anisum*	Anis	Libidosteigerung	
Inhibition der Spermienreifung	Gossypol	*Gossypium sp.*	Baumwolle	Baumwollsaatöl in der Ernährung	China
				(Diese Anwendung ist unbewußt. Gossypol gilt derzeit als erfolgsversprechendstes Ausgangsprodukt für die Entwicklung eines Kontraszeptivums für den Mann.)	

„Naturvölker" über botanische und zoologische Kenntnisse verfügen, die durchaus denen von Fachwissenschaftlern vergleichbar sein können (vgl. Hiepko u. Schiefenhövel, im Druck).

Es nimmt daher nicht wunder, daß die moderne Pharmazie häufig Anleihen bei ihrer „primitiven" Vorgängerin gemacht hat. Im folgenden sind die befruchtenden Wirkungen der traditionellen Medizin verschiedener Völker für die Bereiche *Chinarinde, Physostigmin* und *Pilokarpin, Rauwolfia* und *Antitumor-Substanzen* dargestellt. Im zweiten Teil des Beitrags wird am Beispiel der nun in Vergessenheit geratenden traditionellen Therapie einer Hautmykose (*Tinea imbricata*) mit Blättern der *Cassia alata*, wie sie im westlichen Pazifik nahezu überall üblich war, aufgezeigt, welche Bedeutung die Wiederbelebung volksmedizinischer Praktiken auch und gerade in den Ländern der Dritten Welt haben kann. Mit diesem Aspekt kehren wir zur oben erwähnten Zielsetzung der Ethnomedizin, ihrer Aufgabe zurück, bei entwicklungs- und gesundheitspolitischen Prozessen in solchen Ländern Hilfestellung zu leisten, aus denen unsere Pharmazie so wertvolle Anregungen und Rezepte erhalten hat (vgl. Tabelle 1).

1 Ethnomedizinische Leihgaben für unsere Pharmakopoe

Die Chinarinde

Die Chinarinde gilt als Aushängeschild der Ethnomedizin und als schlagender Beweis für die Wirksamkeit traditionell verwendeter Drogen. Die legendären Entdeckungsgeschichten wurden über die Jahrhunderte hinweg verbreitet und ausgeschmückt in wissenschaftlichen und populären Arbeiten wiedergegeben. Die landläufigste dieser Geschichten ist die eines Kaziken aus der Nähe der Stadt Loxa in Peru, der mit der Fieberrinde einen malariakranken Jesuiten heilte, der dann seinerseits mit dieser Droge die Gräfin Chinchon, Gattin des Vizekönigs von Peru, behandelte. Diese Gräfin, deren Namen Linné mit der Benennung des Chinarindenbaumes als *Cinchona officinalis* verewigte, sorgte ihrerseits für die weitere Verbreitung dieses Mittels. Hierbei wären ihr die Jesuiten behilflich gewesen, worauf sich für das Pulver der Chinarinde bald der Name ‚Jesuitenpulver' eingebürgert haben soll (Starkenstein, 1930). Eine andere Legende besagt, daß beobachtet wurde, wie ein fieberkranker Löwe von der Rinde dieses Baumes fraß und gesund wurde (Rompel, 1905). In einer weiteren stürzte während eines Unwetters in der Nähe von Loxa ein Chinarindenbaum in einen Teich, die Wirkstoffe lösten sich im Wasser und als zufällig ein malariabefallener Indio des Weges kam, trank dieser von dem Wasser und genas auf rätselhafte Weise (Canezza, 1925).

Wie Rompel, einer der bekanntesten Chininforscher, jedoch festgestellt hat (1905), gehören all diese Geschichten in den Bereich der Sagen. Weder existierte eine Gräfin Chinchon noch ein amerikanischer Löwe und auch der fieberkranke Indio ist höchst unwahrscheinlich. Einziges Faktum ist, daß um 1630 die Chinarinde in der Gegend von Loxa in Peru den Europäern bekannt wurde, und daß sie von dort, unter tätiger Mithilfe der Jesuiten, ihren Siegeszug um die Welt angetreten hat (Zekert, 1931). Inwieweit ihre Wirksamkeit den Indianern bekannt war, ist umstritten. Ackerknecht (1948) etwa zitiert Berichte von frühen Reisenden, wonach die Chinarinde nicht zur *Materia medica* der wandernden peruanischen Heilbehandler gehörte und dies unwahrscheinlich wäre, wenn sie von deren spezifischen Heilkraft gewußt hätten. Ebenso meinen Ackerknecht, aber auch Netolitzky (1931), daß die Malaria erst durch Europäer und Negersklaven nach Südamerika eingeschleppt worden sei und die Diskussion einer präkolumbianischen Kenntnis der Droge sich erübrige. Andererseits halten es Rompel (1905) und Zekert (1931) ohne weiteres für möglich, daß in dem eng begrenzten Raum von Loxa, sehr wohl Indianer die Europäer auf die Wirkung der Chinarinde aufmerksam gemacht haben könnten. Zusammenfassend kann man jedoch festhalten, daß der Ursprung dieser Droge höchst vage ist und *Cinchona officinalis* durchaus nicht als „das" ethnomedizinische Paradebeispiel dienen kann.

Die Chinarinde fand in der Alten Welt sehr schnell Eingang in die Therapie, oft mit dem Fluidum eines mystischen Allheilmittels, dessen Ruf durch die oben beschriebenen Entdeckungsgeschichten begründet wurde. Schon 1669 wird diese Droge in der deutschen Arzneitaxe von Leipzig und Frankfurt angeführt (Starkenstein, 1930). Es ist daher nicht verwunderlich, daß wegen des durch die starke Nachfrage hohen Preises die Cinchonen fast ausgerottet wurden. Erst durch die Kultivierung der Pflanze ab 1855 in Java und Indien konnte die Versorgung gesichert werden (in Plantagen auf Java, in Indien, in Kongo-Kinshasa und in anderen tropischen Ländern werden vor allem die Arten *C. pubescens* und *C. calisaya* sowie ihre Hybriden angebaut). Wegen des hohen Werts der Rinden litt der Chinahandel stark unter betrügerischen Machinationen, und es entwickelte sich eine eigene Wissenschaft vom Handel mit dieser Droge (Delondre u. Bouchardat, 1866). Vereinfacht wurde die Qualitätskontrolle der Chinarinden durch chemische Analysen der Inhaltsstoffe, die seit der Erstdarstellung des Chinin durch Pelletier und Caventou (1820) kein Problem mehr darstellten (Zekert, 1931).

Der therapeutische Einsatz des Chinins konzentrierte sich gegen Ende des vorigen Jahrhunderts, nach einer kritischen Durchforstung der vorangegangenen Indikationen-vielfalt, auf fieberhafte Zustände und die Malariabehandlung (Nothnagel u. Rossbach, 1894). Durch die systematische Verabreichung von 23 000 kg Chinin im Jahre 1908 konnte die durchschnittliche Anzahl von 14 000 bis 15 000 Malariatoten pro Jahr in Süditalien auf 3 500 gesenkt werden (Zekert, 1931). Durch die Synthese neuer Malaria-mittel, vor allem der Aminochinoline und des Pyrimethamins, schien die Bedeutung des Chinins verloren gegangen zu sein. Doch in letzter Zeit, bedingt durch die rasche Zunah-me der Erregerresistenz, muß häufig wieder auf das Chinin zurückgegriffen werden. Eine weitere, höchst wichtige Indikation des Dextroisomers des Chinins, des Chinidins, sind supraventrikuläre Rhythmusstörungen des Herzens.

In der Homöopathie ist das Chinin ebenfalls von hervorragender Bedeutung. Hahnemann testete im Selbstversuch die Chinarinde und bekam nach einigen Tagen wechsel-fieberähnliche Erscheinungen. Diese Beobachtung veranlaßte ihn zur Formulierung seiner Ähnlichkeitsregeln. Gegner der Homöopathie führen für diese Erscheinung eine mög-liche Allergie Hahnemanns auf Chinin ins Treffen, da er in seiner Jugend an Wechsel-fieber erkrankt war und mit Chinarinde behandelt wurde (Halter, 1973). Befürworter zitieren Untersuchungen, denen zufolge Chinin noch in einer Verdünnung von 1:300 000 als Protoplasmagift wirksam sei (Netolitzky, 1931).

In der modernen Homöopathie wird die Chinarinde gegen chronische Fieberzu-stände, periodische angiospastische Kopfschmerzen, Trigeminusneuralgie, Schwindel, Grippekonvaleszenz, Herzklopfen, Atemnot, aktive und passive Blutungsneigung und Malaria verwendet (Zimmermann, 1980). Mit den chronischen Fieberzuständen, dem Herzklopfen und der Malaria zeigen Homöopathie und Allopathie im Fall der China-rinde ein ähnliches Behandlungsspektrum.

Die Parasympathomimetika Physostigmin und Pilokarpin

Diese beiden Alkaloide sind ethnomedizinisch vollkommen verschiedenen Ur-sprungs, jedoch wegen ihrer ähnlichen Wirkungsweise als Parasympathomimetika in der modernen Therapie von äußerster Wichtigkeit. Angewendet werden sie, beziehungsweise ihre synthetischen Abkömmlinge, beim Glaukom, der Darm- und Blasenatonie und der *Myasthenia gravis* (Greeff u. Wirth, 1977).

Das Physostigmin stammt aus der Kalabar-Bohne, dem Samen einer westafrikanischen Schlingpflanze (*Physostigma venenosum*). Diese Samen werden als *esere* von den Kalabarleuten als Orakelgift verwendet. Das Orakelwesen, vor allem vor Gericht als Ordal, ist in Afrika südlich der Sahara außerordentlich stark verbreitet. Früher wurden vor Gericht die Kontrahenten direkt der Giftprobe unterzogen, heute nimmt man stattdessen Hühner oder Hunde. Während dieser Zeremonien wird das Gift um eine wahre Entscheidung gebeten und je nachdem wie, wann und welches Tier stirbt, ist das Orakel im Sinn der Frage positiv oder negativ zu deuten (Prinz, 1978).

Lewin (1929) schildert das Esere-Orakel noch wohlig-schaurig ausgeschmückt: „Der vor ein Idol geschleppte Angeklagte mußte dort eine Anzahl der Samen, die zwischen zwanzig und hundert schwankte, verzehren und danach hin- und hergehen, um die Giftaufnahme in die Säftebahnen zu beschleunigen, so wie es einst dem Sokrates nach dem Trinken des Schierlingbechers von dem Gefängniswärter angeraten worden war. Bricht er während des Umhergehens, und damit auch das Gift aus, so gilt er als unschuldig. Das Einnehmen von wenigen Samen ist beträchtlich gefährlicher als von vielen, weil die Aufnahme in die Säftebahnen (Blut- und Lymphgefäße) sich im ersteren Falle so schnell vollzieht, daß Magenreizung kaum entstehen kann. Daher kann dann allgemeines Kranksein eintreten, ehe Erbrechen erfolgt. Wiederholt wurde von europäischen Beobachtern festgestellt, daß, wenn die Zeichen der Allgemeinvergiftung sich eingestellt hatten, die Zuschauer sich auf den Vergifteten wie wilde Tiere stürzten und ihn töteten".

Neben der Kalabarbohne werden in Westafrika auch noch *Erythrophleum guineense*, *Adenium obesum*, *Datura metel* und *Calotropis procera* als Orakelgifte verwendet (Kerharo, 1968), wobei vor allem ersteres ethnopharmakologisch intensiv untersucht wird (Cronlund u. Oguakwa, 1975).

Die Zeitspanne von der europäischen Entdeckung der Kalabarbohne bis zum ersten therapeutischen Einsatz des Physostigmins war mit 30 Jahren äußerst kurz. Nach der Erstbeschreibung durch Daniell (1846) wurden von Christison (1856) ihre Wirkung genauer erforscht und erste orientierende Untersuchungen durchgeführt. 1860 wurde durch Jobst und Hesse in Stuttgart das Alkaloid Physostigmin erstmals dargestellt (Anonymus, 1864). Schon 1876 wurde es durch Laqueur mit Erfolg beim Glaukom, der späteren Hauptindikation dieser Substanz, therapeutisch genutzt (Arlt, 1912). Die genaue pharmakologische Untersuchung erfolgte durch Loewi und Mansfeld (1910).

Diesem kurzen Weg zwischen Entdeckung der Pflanze und der therapeutischen Anwendung der daraus gefundenen Substanz steht der um so längere des Pilokarpins gegenüber. Erst kürzlich wurde in einer ausführlichen Arbeit über diese lange Entwicklung berichtet (Holmsted et al., 1979).

Das Alkaloid Pilokarpin stammt aus den Blättern des südamerikanischen Strauchs *Pilocarpus jaborandi*, jedoch auch andere *Pilocarpus*-Spezies enthalten diesen Wirkstoff (Shellard, 1979). Bereits im 16. und 17. Jahrhundert wurde die Jaborandi von europäischen Forschern, allen voran Soares, Piso und Marcgrave beschrieben, denen schon damals die schweiß- und speicheltreibende Wirkung dieser Droge aufgefallen ist. Diese Exkretion, die bis zu mehreren Litern betragen kann, wurde gemäß der Säftelehre als besonders heilkräftig empfunden, da durch diesen Verlust an Körpersäften auch das krankmachende Prinzip entfernt wurde. Symphronio Olympio Cezar Coutinho (1832—1887), ein brasilianischer Arzt, führte sie auch aus diesem Grund in die moderne Therapie ein. Jaborandi-Blätter beziehungsweise das 1875 isolierte Pilokarpin wurde in der Folge gegen Fieber, Stomatitis, Enterokolitis, Laryngitis, Bronchitis, Bronchiektasien, Grippe, Pneumonie, Hydropericarditis, Ödeme, Psoriasis, Vergiftungen, Neurosen und Nierenkrankheiten verwendet (Holmsted et al., 1979). Kosegarten (o.J.) setzte sie mit Erfolg zur Sekretionssteigerung bei alten chronischen Prozessen im Mittel- und Innenohr ein. Als letztes Aufbäumen der Säftelehre oder Humoralpathologie gegen die neue

Virchowsche Zellularpathologie in der modernen Medizin kann die Begründung Lewins für seinen Einsatz des Pilokarpins zur Syphillisbekämpfung aufgefaßt werden (1880): „Der Grund, weshalb ich gerade das Pilokarpin zum Experimentieren wählte, bestand darin, daß mir die Cardinalwirkung desselben, die Hypersekretion der Schweiß- und Speicheldrüsen als mächtige Faktoren erschienen, welche geeignet sein könnten, eine Krankheit zu bekämpfen, deren Heilung vorzüglich darauf beruht, das Blut und die Lymphe, die Träger des Virus, durch Ausfuhr des inficirten Materials zu purificiren"

Gegen das Glaukom, die heute noch letzte bestehende Indikation für das Pilokarpin, setzte es als erster Weber 1877 mit Erfolg ein (Arlt, 1912).

Über die traditionelle Verwendung der Jaborandi in den Heilkunden der südamerikanischen Indianer gibt es nur wenige Quellen. Bei Holmsted et al. (1979), wo auch die indianische Etymologie dieses Wortes abgehandelt wird, werden aus den verschiedensten Quellen von den unterschiedlichsten Stämmen folgende Indikationen zusammengestellt: Antidot bei Schlangenbissen und Vergiftungen (Förderung der Ausscheidung durch die verstärkte Exkretion), zum bewußten Auslösen eines Niesreizes, um verstocktes Sekret aus den Nasennebenhöhlen zu lösen, gegen Entzündungen der Augen, katarrhalische Krankheiten, Wassersucht, Gonorrhoe und Harnverhaltung. Weiter soll es bei der Behandlung von infizierten Wunden und Geschwüren verwendet worden sein. Immer wieder wird auch von einem anästhesierenden Effekt dieser Droge auf die Schleimhäute berichtet. Wegen dieser Wirkung ist *Pilocarpus jaborandi* auch heute noch in der Volksmedizin Brasiliens geschätzt (de Mello, 1980).

Die Rauwolfia

Unter den ethnopharmakologisch interessanten Pflanzen nimmt die *Rauwolfia* eine Sonderstellung ein. Schon seit der frühen Neuzeit durch die in Goa 1563 erschienene Arbeit von Garcia da Orta bekannt, wurde diese Pflanze erst in den dreißiger Jahren dieses Jahrhunderts Gegenstand wissenschaftlicher Untersuchungen. Erst 1952 wurde in den Ciba-Forschungslaboratorien mit der Isolierung des Alkaloids Reserpin aus *Rauwolfia serpentina* die Aufnahme in den Arzneimittelschatz der modernen Medizin vollzogen (Müller et al., 1952). Die blutdrucksenkende Wirkung des Reserpins und der antiarrhythmische Effekt eines anderen Rauwolfiaalkaloids, des Ajmalins, sind aus der heutigen Therapie nicht mehr wegzudenken.

Über die lange Entdeckungsgeschichte und die Unklarheiten, durch wen und wann die botanische Bestimmung dieser Pflanze erfolgte, sind eine Reihe von Arbeiten erschienen (Rieppel, 1956; Schadewaldt, 1957; Ganzinger, 1962). Benannt wurde die Pflanze nach dem berühmten Arzt und Naturforscher Leonart Rauwolf durch den französischen Minoritenpater Plumier (1703). Der Name der Spezies (*serpentina*) weist auf die häufige Verwendung als Antidot bei Schlangenbissen in den traditionellen Heilkunden hin, als auch, gemäß der Signaturenlehre, auf die schlangenartige Form der Wurzel.

Schon in der Erstbeschreibung durch da Orta (1563), wird die Verwendung bei Schlangenbissen in den Vordergrund gestellt. In seiner Darstellung der indischen *Materia medica*, der ersten diesbezüglichen Arbeit durch einen Europäer überhaupt, wählte er als Form Gespräche mit einem fiktiven Partner. In seinem 42. Gespräch ,Über das Schlangenbrot' schreibt er über die *Rauwolfia* unter anderem: „Auf der schönen Insel Ceylon, die doch voll von zahlreichen und guten Früchten und Klein- und Großwild ist, gibt es viele Schlangen, vom Volk Brillenschlangen genannt, wir können sie auf Latein *Regulus serpens* heißen. Und dagegen gab Gott dort dieses Schlangenbrot. Und ich weiß, dieses hilft gegen ihren Biß. Denn auf dieser Insel gibt es Tiere wie Frettchen, die man Quil heißt (andere nennen es Quirpele). Und es kämpft oft mit diesen Schlangen. Und wenn es weiß oder befürchtet, daß es mit ihr zu kämpfen hat, beißt es in ein Stück dieser Wurzel, das sichtbar ist, leckt sich mit der Hand, oder genauer gesagt schmiert sich mit der Hand ein, die es mit dem Saft befeuchtet hat. Und es tut es am Kopf, am Körper und an jenen Teilen, wo, wie es weiß, die Schlange bei ihrem Sprung beißen wird. Und es kämpft mit ihr, bis es sie durch Beißen und Zerkratzen tötet. Und wenn es mit ihr nicht fertig wird, oder sie mehr Kraft als es hat, geht das Quil oder Quirpale genannte Tier und reibt sich an der Wurzel und geht dann wieder mit ihr kämpfen, und so tötet oder besiegt es sie schließlich. Und diese Gelegenheit haben die Singhalesen wahrgenommen. Und durch diese Feststellung sahen sie, daß diese Wurzel und dieses Brot gegen die Schlangenbisse von Nutzen wäre" (Rieppel, 1956).

Da Orta starb nach seiner Rückkehr aus Indien verarmt 1568 in Lissabon. Zwölf Jahre nach seinem Tod wurde er, als Sohn jüdischer Eltern, beschuldigt, heimlich nach jüdischem Glauben gelebt zu haben, worauf seine Knochen ausgegraben und verbrannt wurden (Plashkes, o. J.).

Auch in Mittelamerika wird ein Extrakt aus *Rauwolfia heterophylla*, ‚Chalcupa‘ genannt, gegen Schlangenbisse verwendet (Auster, 1957). Belloni (1956) meint, daß die nach dem Genuß von *Rauwolfia* eintretende allgemeine Beruhigung und Hyporeaktivität die Ursache für diese weltweite Indikation dieser Droge sei. Außer gegen Schlangenbisse wird die *Rauwolfia* traditionellerweise auch gegen Insektenstiche und Vergiftungen aller Art, bei Malaria, fieberhaften Darmkrankheiten einschließlich Cholera, Wurmbefall, Rheumatismus, Blasen- und Nierenleiden, Leberkrankheiten, Gelbsucht, Herzerkrankungen, Syphilis und Gonorrhoe, Mund- und Racheninfektionen, schmerzenden Zähne, Nerven- und Geisteskrankheiten, besonders Epilepsie und Krämpfen bei Kindern, sowie als Wehenmittel verwendet (Kerstein, 1957). Der Botaniker Rumpf schreibt schon 1755 aus Batavia über die Verwendung der Wurzeln, zusammen mit Betelnuß, gegen Angst- und Unruhezustände (Schadewaldt, 1958). Chopra (1933) berichtet, daß diese hypnotische Wirkung bei den ärmeren Kasten in Bihar bis heute genutzt wird, um Kinder zum Schlafen zu bringen. Auch die traditionellen Heiler von Bihar verwenden häufig *Rauwolfia*. Diese umfassenden Indikationen der *Rauwolfia* wurden auch direkt in die Pharmacopoea Wirtenbergica von 1771 und die Pharmacopoea Batava von 1811 aufgenommen (Kerstein, 1957). Die Hochdruckwirksamkeit konnte ja damals wegen der fehlenden biophysikalischen Kenntnisse und Meßmethoden noch nicht festgestellt werden. Diese Indikationsvielfalt könnte auch der Grund gewesen sein, warum sich die akademische Medizin so lange nicht mit der *Rauwolfia* befaßt hat.

In Afrika ist die Spezies *Rauwolfia vomitoria* in der traditionellen Medizin weit verbreitet (Sandberg, 1980). Bei den Azande Nordost-Zaïres, aber auch in anderen Teilen Zentralafrikas, wird deren Wurzel für die pharmazeutische Industrie in großen Mengen gesammelt. Durch den Raubbau wird die Pflanze immer seltener, und es entstehen außerdem zunehmend soziale Probleme durch das immer geringer werdende Einkommen der *Rauwolfia*-Sammler (Prinz, 1976).

Homöopathisch wurde die *Rauwolfia* als erstes wiederum in Indien verwendet. Chatterjee beschreibt 1934 den Einsatz dieser Droge in seinem Buch *Drugs of India*. 20 Jahre später wird sie durch Eisfelder in Amerika, aber nur bei psychischen Erkrankungen, in die homöopathische Therapie eingeführt. In Europa wurden bei Arzneimittelprüfungen Anfang der fünfziger Jahre ausgeprägte Druckanstiege beobachtet, weshalb nun die Indikation auch auf hypotone Regulationsstörungen erweitert wurde (Auster, 1957).

Antitumor-Substanzen

Antitumor-Medizinen sind in den Volksheilkunden weit verbreitet. Schon im *Papyrus Ebers*, 1550 v. Chr., wird der Knoblauch als krebswirksam gepriesen (Charlson, 1980). Die erste ausgetestete Antitumor-Substanz aus volksmedizinisch genutzten Pflanzen war das aus dem Colchizin der Herbstzeitlose (*Colchicum autumnale* L.) abgeleitete

Demecolcin, das Wirkung bei der chronisch myeloischen Leukämie zeigt (Neumann, 1977). Auf die antimitotische Aktivität des Colchicins als Spindelgift stieß man bei der Aufklärung der Wirkungsmechanismen dieser Substanz beim akuten Gichtanfall, der klassischen Indikation der Herbstzeitlose seit altersher (Zöllner, 1977). Von Linné nach Colchis am Schwarzen Meer benannt, setzte sie sich in der Mitte des 17. Jhds. in der europäischen Heilkunde durch, nachdem sie schon lange vorher bei den Arabern als Gichtmittel verwendet wurde (Claus, 1956). Die Herbstzeitlose wurde sowohl gegen die Gicht als auch gegen rheumatische Beschwerden eingesetzt. Diese unklaren Indikationen und die hohe Toxizität bewog noch um die Jahrhundertwende Nothnagel und Rossbach (1894) von einer Anwendung des Colchizins abzuraten. Trotzdem blieb es bis heute das einzige Spezifikum gegen den akuten Gichtanfall. Die Homöopathie verwendet die Herbstzeitlose ihrer wichtigsten Vergiftungssymptomatik entsprechend, gegen akute Gastroenteritis, Darmtenesmen und Nephritis, aber auch gemäß der alten allopathischen Indikationen gegen Gicht, Muskel- und Gelenkrheumatismus sowie akute Peri- und Endocarditis (Zimmermann, 1980).

Die bis jetzt größte Entdeckung auf dem Gebiet der Antitumor-Substanzen aus Volksheilmitteln verdanken wir einem Zufall. Ende der fünfziger, Anfang der sechziger Jahre, fanden unabhängig voneinander Forschungsgruppen der Collip Laboratories (University of Western Ontario) und der Lilly Research Laboratories auf der Suche nach Antidiabetica im Madagaskar-Immergrün (*Catharanthus roseus* G. Don)[1] vier das Zellwachstum hemmende Indol-Alkaloide: Vinblastin (Vincaleukoblastin), Vincristin (Leurocristin), Vinleurosin (Leurosin) und Vinrosidin (Leurosidin) (Creasey, 1975). Von diesen Substanzen haben Vinblastin in der Therapie des Morbus Hodgkin, der Lymphosarkome, sowie des Chorion- und Mammakarzinoms und das Vincristin bei der akuten lymphatischen Leukämie, dem Neuroblastom, dem Rhabdomyosarkom, sowie ebenfalls bei Morbus Hodgkin und den Lymphosarkomen ihren festen Platz gefunden (Neumann, 1977).

Das Madagaskar-Immergrün ist in der traditionellen Medizin tropischer Länder weit verbreitet. In der Volksmedizin Guyanas wird ein Absud dieser Pflanze gegen „Herz-Krankheiten" getrunken (Mihalik, 1978/79). Peckolt (1910) berichtet aus Brasilien, daß „eine Infusion der Blätter innerlich bei Blutflüssen und Skorbut, als Mundwasser bei Zahnschmerzen und als Waschung zur Reinigung und Heilung chronischer Wunden" verwendet wird. Tatsächlich wurden antibiotische (Svoboda u. Blake, 1975) und antivirale (Farnsworth et al., 1968) Aktivitäten bei den *Catharanthus*-Alkaloiden gefunden. Heute noch wird die Pflanze in Brasilien unter dem Namen *Boa-noite* als Antidiabeticum eingesetzt (de Mello, 1980). Auch auf den Philippinen, in Jamaika, Süd-Afrika, Indien und Australien wird ein Infus der Blätter dieser Pflanze bei Diabetes getrunken (Bever, 1980). Bei der Suche nach möglichen antidiabetischen Substanzen starben den Untersuchern viele Versuchstiere an *Pseudomonas*-Infektionen, und Nachforschungen ergaben, daß es durch die *Catharanthus*-Alkaloide zu einer starken Lymphozytenreduktion gekommen war. Somit wurde das Augenmerk der Forscher auf die Antitumor-Aktivitäten dieser Alkaloide gelenkt und deren Aufklärung in die Wege geleitet. Bei der Untersuchung der isolierten *Catharanthus*-Alkaloide konnten außerdem mit Leurosin, Vindolin und Vindolinin drei Substanzen gefunden werden, die in gleich hoher Dosis eine höhere antidiabetische Wirkung als Tolbutamid besitzen (Bever, 1980).

Es wird vermutet, daß sich unter weiteren ethnomedizinisch genutzten Pflanzen noch eine große Anzahl solcher mit Antitumor-Wirkung befinden. J. L. Hartwell (cit.

---

[1] Den Medizinern ist diese Pflanze häufig noch unter der älteren taxonomischen Bezeichnung *Vinca rosea* bekannt.

n. Arcamone et al., 1980) zählt über 3 000 in dieser Hinsicht vielversprechende Spezies auf. Barclay u. Perdue (1976), Cordell u. Farnsworth (1976), Perdue et al. (1970), Spuijt u. Perdue (1976) haben in ihren Arbeiten gezeigt, daß Pflanzen tatsächlich eine gute Fundgrube für antineoplastische Substanzen sein können. Systematische Untersuchungen von traditionellen Heilpflanzen in Süd-Afrika durch Charlson (1980) erbrachten folgende Ergebnisse: Unter 46 Pflanzen mit den unterschiedlichsten Indikationen, konnten sechs (*Raphionacme hirsuta, Cheilanthes contracta, Haemanthus natalensis, Urginea capitata, Brunsvigia radulosa* und *Amaryllis belladonna*) mit Antitumor-Aktivität festgestellt werden. Von diesen sechs werden zwei (*Raphionacme hirsuta* und *Cheilanthes contracta*) auch traditionellerweise gegen Tumore eingesetzt.

Trotz dieser vielversprechenden Erfolge ist die weitere Forschungsarbeit auch bei den pflanzlichen Antitumor-Substanzen durch den allgemeinen Geldmangel bei phyto-pharmakologischen Untersuchungen stark behindert (Farnsworth u. Bingel, 1977).

2 Traditionelle Heilmittel für den Einsatz in Entwicklungsländern

Am Beispiel der im westlichen Pazifik üblichen oder üblich gewesenen Behandlung der *Tinea imbricata*, einer oberflächlichen Hautpilzerkrankung, mittels auf die Haut geriebener Blätter von *Cassia alata* können einige der für die ethnomedizinische Diskussion wichtigen Bereiche angesprochen werden:

— Die geringe Aussagekraft, die in der ethnologischen und verwandten Literatur eingestreute ethnomedizinische Beobachtungen bisweilen haben,

— die Nachprüfbarkeit der günstigen Wirkung mancher autochthoner Heilpflanzenanwendungen,

— das Verschwinden dieser traditionellen Heilformen durch den Import westlicher medikaler Versorgung,

— die Nachteile, die diese Behandlungen mit sich bringen können,

— die Vorteile, die ein Bewahren oder ein Reimport der traditionellen Therapieweisen haben würden und

— die Notwendigkeit, weitere, vor allem klinische Tests auch in den angesprochenen Ländern der „Dritten Welt" durchzuführen.

Die Cassia alata und ihre Inhaltsstoffe

Die *Cassia alata* (Caesalpiniaceae, zu den Fabales gerechnet), zu deutsch *Flügelkassie*, auf englisch *ringworm shrub*, ist eine auffällige, buschig wachsende Pflanze, die in Gebieten mit Sekundärvegetation in den meisten Tieflandregionen Neuguineas und der umliegenden Inseln häufig anzutreffen ist. Als Standort kommen Waldränder, aber auch freie Flächen nahe der Dörfer sowie Fluß- und Bachufer in Meeresnähe in Frage. Die gesellige *Cassia alata* wird bis ca. 3 m hoch und ist an den charakteristischen kerzenähnlichen gelben Blütenständen sowie den typischen, oval geformten Fiederblättern zu erkennen, die tagsüber ausgebreitet, nachts zusammengefaltet sind.

Die *Cassia alata* hat einige sehr viel berühmtere Schwestern, vor allem die *Cassia senna* und *C. angustifolia*, Lieferanten der Anthrachinon-haltigen *Folia Sennae*, den Sennesblättern, die als wirksames Abführmittel heute weite Verwendung finden und in vielen Laxantien enthalten sind. Auch *C. alata* hat, innerlich genommen, eine purgierende Wirkung, auf die jedoch hier nicht näher eingegangen werden soll. Die antimykotische Wirkung der *C. alata* beruht auf dem in den Blättern (und anderen Pflanzenteilen) vorkommenden Anthracen-Derivat Chrysophanol. Die gleiche Substanz enthält auch das Chrysarobin, das seit etwa 100 Jahren als sehr wirksames Mittel gegen Erkrankungen der Haut, insbesondere die Psoriasis (Schuppenflechte) im europäischen Arzneimittelschatz enthalten ist. Es wird aus Spalten und Hohlräumen des brasilianischen Baumes *Andira araroba* als sogenanntes Goa-Pulver gewonnen (Hager, 1972). In diesem Zusammenhang würde interessant sein, die ethnomedizinischen Angaben aus der brasilianischen Volksmedizin daraufhin durchzusehen, ob *Andira araroba* von den Einheimischen ebenfalls als Dermatikum verwendet wurde.

„Das stark haut- und schleimhautreizende Chrysarobin stellt ein Gemisch freier, nicht glykosidisch gebundener Anthrone und Anthrachinone dar mit 1,8-Dihydroxy-3-methyl-9-anthrachinon als Hauptbestandteil. Ebenso wie das ähnliche, synthetisch hergestellte Dianthranol gehört Chrysarobin noch heute zu den wirksamsten Mitteln gegen die Schuppenflechte und wird auch bei Mykosen verwendet. Die Wirkung der Droge ist auf starke zellteilungshemmende Eigenschaften zurückzuführen (R. Wolff-Eggert 1977, S. 37)".

In Hagers Handbuch (opus cit.) ist als Indikation zur Anwendung einer 5 bis 10 %-igen Salbe oder Lösung mit Chrysarobin angegeben: Psoriasis, Ekzema marginatum, Pityriasis versicolor und Herpes tonsurans, einer durch *Trichophyton tonsurans* hervorgerufenen, häufig durch Friseurwerkzeuge übertragenen Pilzinfektion des Kopfes. Im Vorgriff sei darauf hingewiesen, daß es sich bei der Tinea imbricata ebenfalls um eine Trichophytie handelt. — Da die durch den Hautpilz *Microsporon furfur* hervorgerufene Pityriasis versicolor ebenfalls eine Mykose ist, kann also an der antimykotischen Wirksamkeit des Chrysophanols und des Chrysarobins und damit der *C. alata* kein Zweifel bestehen.

Die Tinea imbricata

Bei der Tinea imbricata, im Deutschen und Englischen etwas irreführend als Schuppenringwurm bzw. ‚ringworm', auch als Herpes squamans und Tokelau bezeichnet (Pschyrembel, 1977), handelt es sich um eine aufgrund ihrer charakteristischen konzentrischen Schuppenringe leicht zu diagnostizierende Kontaktinfektion vor allem der oberflächlichen Hautschichten, unter der viele Einheimische der tropisch-feuchten Gebiete leiden. Der Erreger ist *Trichophyton concentricum*. Im melanesischen Pidgin, dem ‚pisin' Papua New Guineas, wird sie als *grile*, auf Neu-Hannover als *mangrile* bezeichnet (Mihalic, 1971); in diesem Terminus steckt offenbar die französische Wurzel *gril, grille*, die in unserem ‚Grill' fortlebt und in der ursprünglichen Bedeutung ‚Gitter', ‚Rost' meint. — Die hintereinander angeordneten Linien sind ja für die Tinea imbricata pathognomonisch. Ein ähnliches Konzept liegt wohl auch der Bahasa Indonesia Bezeichnung *Cascado* zugrunde, nämlich das Kaskadenförmige der Schuppenringe. In der dritten großen Lingua franca Neuguineas, dem Police Motu, motu gado, heißt die Tinea imbricata *sipoma*.

Die Haut der von dieser ungefährlichen, aber sehr auffälligen und daher sozial diskriminierenden Hautpilzerkrankung betroffenen Personen kann mehr oder weniger, bisweilen über und über von *Trichophyton concentricum* befallen sein. Vor allem dann, wenn die schuppenden Hautpartien trotz bedeckender Kleidung sichtbar sind, wird die Mykose als besonders stigmatisierend empfunden. Zum Schönheitsideal der Papua und Melanesier gehört eine gesunde Haut ebenso wie bei uns. Die Betroffenen leiden also unter ihrer Erkrankung; das kommt u. a. in der derogativen pisin-Bezeichnung *grile pukpuk* „schuppiges Krokodil" für eine Person mit Tinea imbricata zum Ausdruck.

Zur Verbreitung der Cassia alata als Antimykotikum

In den konsultierten pharmakognostischen und pharmakologischen Werken und Artikeln wird die Verwendung von *C. alata* für folgende Länder belegt: Indien (Kirtikar u. Basu, 1935), Afrika (Watt u. Breyer-Brandwijk, 1962; Hagers Handbuch der pharmazeutischen Praxis, 1972; Hoppe, 1975). Watt u. Breyer-Brandwijk führen weiter auf: Ceylon, Surinam, Mauritius, Queensland und pazifische Inseln. Das therapeutische Spektrum der *C. alata* reicht dabei (bei äußerlicher Anwendung) von mykotischen und anderen Hauterkrankungen über Herpes bis zur Lepra (Afrika, u.a. Belgisch-Kongo), (bei innerlicher Verabreichung) vom Laxans und Vermifugum zum Mittel gegen Asthma und Wochenbetterkrankungen.

Für Melanesien wird die Verwendung von *C. alata* als Phytotherapeutikum erstaunlich selten erwähnt, obwohl diese auffällige Pflanze in den Tiefland-, insbesondere den Küstenregionen sehr häufig vorkommt. In seiner umfangreichen, die Literatur recht vollständig berücksichtigenden Kompilation führt Sterly (1970) *C. alata* nur für die Gunantuna[2] auf Neu-Britannien an, die die mehrfachen pharmakologischen Wirkungen dieser Pflanze weitgehend nutzten, da sie nicht nur die Blätter (mit Kalk und Öl bzw. Petroleum vermischt) als Antimykotikum, sondern auch einen Absud aus Blättern, Blüten und dem Holz gegen Obstipation und die Samen als Wurmmittel verwendeten[3]. In dem von Paijmans (1976) herausgegebenen Werk über die Vegetation Neuguineas wird *C. alata* ebenfalls nur einmal, und zwar recht kursorisch als Mittel gegen Hauterkrankungen und ‚grile‘, also Tinea imbricata, genannt. In Zepernicks Zusammenstellung über die Arzneipflanzen der Polynesier (1972) kommt *C. alata* nicht vor — ob zu recht, konnte bisher noch nicht nachgeprüft werden; es ist immerhin denkbar, daß die *C. alata* ursprünglich nicht auf Koralleninseln vorkommt. Dafür würde die Information sprechen, die W. S. 1979 auf Kiriwina (Trobriand-Inseln) erhielt, daß die *C. alata*-Therapie dort unbekannt sei.

Bei den zwischen 1964 und 1980 durchgeführten ethnomedizinischen Erhebungen in Papua New Guinea, Irian Jaya und (während eines kurzen Aufenthaltes) auf Guadalcanal konnte der Gebrauch von *Cassia alata* als Antimykotikum für folgende Gebiete bzw. ethnische Gruppen festgestellt werden:

> in Papua New Guinea — Roro und ihre Nachbarn (Central Province), Bägua und ihre Nachbarn (Western Province), Misima (Milne Bay Province),
>
> in Irian Jaya — Biak, Serui, Sentani-See, Humboldt-Bay, Tana merah, Sarmi, Sorong, Aifat, Fakfak und Merauke,
>
> sowie Guadalcanal.

Es ist als sehr wahrscheinlich anzunehmen, daß *C. alata* als Antimykotikum noch weit verbreiteter ist und möglicherweise in der gesamten Küstenzone Neuguineas vorkommt.

Die Angaben in der Literatur sind also nicht repräsentativ. Ethnologen, Ärzte, Kolonialbeamte u. a. haben zumeist keine systematischen ethnomedizinischen Erhebungen durchgeführt, ihre Angaben dürfen also bestenfalls als Hinweis auf die Existenz bestimmter therapeutischer Maßnahmen, nicht aber als Beweis dafür genommen werden, daß nicht erwähnte Heilpflanzen und Behandlungsweisen etwa nicht vorkämen. Da in der herkömmlichen Bestandsaufnahme, wie am Beispiel der Nutzung von *C. alata* als Antimykotikum erkennbar, wichtige traditionelle Therapieformen nicht erfaßt werden, hat die ethnomedizinische Feldforschung hier eine, vor dem Hintergrund des eminent schnellen Kulturwandels besonders wichtige Aufgabe.

Das Prinzip der Anwendung der *C. alata* war (oder ist) in allen genannten Gebieten gleich: Blätter, vor allem jüngere, werden auf der Haut zerrieben. Die Zubereitungsform unterscheidet sich jedoch insofern, als in einigen ethnischen Gruppen den (eventuell zerkleinerten) Blättern Muschelkalk und (Kokos)Öl oder Petroleum zugesetzt wird. Insbesondere letzterem Zusatz wird eine günstige Wirkung zugesprochen. Nach der weiter oben gegebenen pharmakologischen Evaluierung ist also die Behandlung von Tinea imbricata mit *C. alata*-Blättern als wirksam und damit sinnvoll zu bezeichnen. Sie stellt eines der vielen traditionellen Behandlungsprinzipien dar, die auch den Kriterien der naturwissenschaftlichen Medizin standhalten. — Zur weiteren Aufdeckung der Wirkungs-

---

[2] Sterly (1970) (pp. 232/33) zitiert hier die Angaben Futschers.
[3] Für die Anwendung der *Cassia alata* als Antimykotikum bei Tinea imbricata und als Purgans in Indonesien zitiert Sterly (1970) De Clercq.

weise der *C. alata*-Blätter, zur Klärung der Frage, ob die Hemmwirkung des Chrysophanols auf die Zellteilung der *Trichophyton*-Kolonien oder ob die hautreizende Eigenschaft der Anthrachinonglykoside oder eine Kombination von beiden entscheidend sind, wären ausführliche klinische Tests wünschenswert.

Medizinische Akkulturation

Wenn auch zum derzeitigen Zeitpunkt die Flügelkassie von Erwachsenen und Kindern taxonomisch sicher benannt[4]) wird und die mögliche Verwendung als Mittel gegen Tinea imbricata zumeist bekannt ist, so ist doch festzustellen, daß sie nur mehr sehr selten tatsächlich in der beschriebenen Weise angewendet wird. Einige der an Tinea imbricata erkrankten Personen begeben sich in ambulante Behandlung bei Missionsstationen oder Medical Aid Posts und ländlichen Krankenhäusern, andere lassen den Befund unbehandelt. Darin zeigt sich der typische Effekt des Kulturwandels, der auch in anderen Bereichen zu konstatieren ist: Der weiße Mann hatte so viele äußerst wirksame Mittel gebracht, daß das autochthone Medizinalsystem fast überall aufgebrochen und zum größten Teil außer Kraft gesetzt ist. — Die Einheimischen schämen sich, dem Zivilisierungs- und Indoktrinationsdruck vor allem einiger Missionen folgend, und lehnen die traditionellen Heilmethoden als „rückständig" ab, sie nutzen sie nicht einmal dann, wenn etwa keine westlichen Antimykotika in der Behandlungsstation verfügbar sind; d.h. die traditionellen Heilmethoden kommen zumeist nicht einmal mehr als 2. Wahl in Frage.

Die Nachteile der Griseofulvin-Therapie der Tinea imbricata

In Papua New Guinea und in geringerem Maße auch in Irian Jaya erhielten Missionare, Missions- und Regierungsärzte z.T. große Mengen aus dem Ausland geschickten Griseofulvins, eines systemisch verabreichten Antimykotikums, von dem bis zu 4g pro Tag über Zeiträume von bis zu einigen Wochen oral genommen werden müssen. Griseofulvin hat etliche ernstzunehmende Nebenwirkungen, es schädigt die Leber, den Porphyrinstoffwechsel und soll vor allem bei schwangeren Frauen und Kindern nicht angewendet werden. Es handelt sich also um ein Mittel, das nur nach ärztlicher Indikationsstellung und unter ärztlicher Kontrolle gegeben werden sollte. Derartige Voraussetzungen sind jedoch in den wenigsten Gebieten Melanesiens gegeben; im Gegenteil, die Arzneien werden oft in zu geringer oder überhöhter Dosierung und nach unzureichender Diagnosestellung von bisweilen wenig geschultem Personal (z.B. Lehrerinnen und Lehrern) an Kinder und Jugendliche verteilt. Wir halten daher die Verwendung von Griseofulvin für gefährlich unter den meist obwaltenden Bedingungen und plädieren für ihren Ersatz durch äußerlich anzuwendende Mittel wie *C. alata*-Blätter, auch wenn wir, einer Argumentation des hervorragenden Neuguineakenners Carleton Gajdusek (pers. Mitt. 1976) folgend einsehen, daß die Tinea imbricata vor allem bei Schulkindern und Studenten behandlungsbedürftig ist, da die Erkrankung diesen Personenkreis sozial besonders belastet, und daß daher eine möglichst effiziente Therapie angewendet werden muß. Es läßt sich jedoch in vielen Fällen nicht sicherstellen, daß die Griseofulvin-Anwendung richtig dosiert durchgeführt wird; da zudem keine routinemäßigen Kontrolluntersuchungen stattfinden, werden mögliche Schädigungen durch Griseofulvin oft gar nicht oder zu spät zu entdecken sein.

Die Vorteile der Verwendung von Cassia alata

Es erscheint also sinnvoll, nach einer alternativen, weniger durch Nebenwirkungen belasteten Therapie der Tinea imbricata Ausschau zu halten. In Frage kommt wegen

---

[4]) z.T. leiten sich die Namen der *C. alata* von der Eigenschaft der Blätter ab, sich nachts zusammenzufalten, so daß sie „Schlafblatt" o.ä. genannt wird.

der geschilderten Bedingungen eigentlich nur eine äußerliche Behandlungsform. Was läge näher, als auf die jahrhundertealte Tradition der Nutzung von *C. alata* zurückzugreifen? Zumal die Arznei leicht und kostenlos zu erhalten, da häufig vorkommend, und einfach anzuwenden ist. Durch eine Stärkung, oder dort, wo die Kenntnisse und Praktiken der Verwendung von *C. alata* als Pilzmittel bereits verlorengegangen sind, durch Wiederbelebung dieser Methode, können nicht nur gesundheitsplanerische Ziele auf kostengünstigem, praxisnahem Wege erreicht, sondern auch Impulse zur Rückbesinnung auf die kulturelle Eigenständigkeit gegeben werden. Sie werden um so stärker sein, je effizienter die wiederentdeckte traditionelle Therapie ist. Fehlerhafte Planung und Durchführung derartiger Programme zur Nutzung herkömmlicher Heilmittel sollten also vermieden werden, da die einheimische Bevölkerung, die wegen der erwähnten Hinwendung zur kosmopolitischen Kultur ohnehin von der Potenz der eigenen Therapeutika nicht gerade überzeugt ist, sonst sofort wieder nach dem Griseofulvin rufen wird.

Die Verwendung der *C. alata* als Antimykotikum erscheint uns wegen der beschriebenen guten pharmakologischen Wirksamkeit, der Verfügbarkeit der Heilpflanze, der Behandlungsbedürftigkeit der Tinea imbricata und weil sie Teil des kulturellen Erbes ist, als geeignetes *Modell für ein gesundheitliches Forschungs- und Erziehungsprogramm.*

In einer ersten Stufe müßten möglichst groß angelegte, gut dokumentierte klinische Tests durchgeführt werden, die einige der noch offenen Fragen, etwa nach dem hauptsächlichen Wirkmechanismus (Zellteilungshemmung oder Hautreizung und damit Ingangsetzen körpereigener Abwehrvorgänge gegen die an sich bland verlaufende Mykose) oder nach den wirksamsten Pflanzenteilen, nach der günstigsten Zubereitungsform und nach der vorzuschlagenden Häufigkeit der Anwendung beantworten könnten. Sollte sich herausstellen, daß die *C. alata*-Therapie anderen Methoden, insbesondere der systemischen Griseofulvin-Anwendung, hinsichtlich des Therapieerfolgs und des Ausbleibens von schädlichen Nebenwirkungen ebenbürtig oder gar überlegen ist, wäre es geboten, eine größere Aufklärungskampagne zu starten, die sowohl die Bevölkerung und die traditionellen Heilkundigen als auch die Ärzte und das weitere im Gesundheitsdienst tätige Personal in geeigneter Form informieren müßte.

Schlußbemerkung

Die im allgemeinen ersten und im speziellen zweiten Teil dieses Beitrags dokumentierten ethnobotanischen und ethnopharmakologischen Kenntnisse der Angehörigen nicht-westlicher Kulturen könnten um lange zusätzliche Aufzählungen weiter belegt werden (vgl. auch die Beiträge zur 5. internationalen Fachkonferenz Ethnomedizin „Ethnobotanik und Ethnopharmakologie", Schröder (im Druck) und vor allem die Fachzeitschrift „Journal of Ethnopharmacology").

Mit der hier vorgelegten kleinen Auswahl sollte denn auch keine (in diesem Rahmen nicht zu erreichende) Vollständigkeit angestrebt, sondern das Augenmerk auf die Leistungsfähigkeit der Volksmedizin gelenkt werden, denn gerade im Bereich der Phytotherapie liegt ja ihre besondere Stärke. Es erscheint nicht ausgeschlossen, daß der großenteils noch ungehobene Schatz autochthonen medizinischen Wissens der „Naturvölker" weitere Heilmittel von der Bedeutung der *Cinchona officinalis*, der *Rauwolfia serpentina* oder des *Catharanthus roseus* zum Nutzen auch unserer Pharmazie und Medizin bereithält.

Literatur

Ackerknecht, E. H.: Cinchona and malaria in Pre-Columbian South-America. In: S. R. Kagan (Hrsg.): Victor Robinson Memorial Volume. Essays on History of Medicine. Froben Press. New York. 1948.

Anonymus: Neues Alkaloid von der Calabar Bohne. Wr. med. Wschr. 14, Sp. 692 (1864).

Arcamone, F., G. Cassinelli u. A. M. Casazza: New antitumour drugs from plants. J. Ethnopharm., 2, 149—160 (1980).

Arlt, F. R. v.: Eine neue Methode der Glaukom Behandlung mit Pilocarpin und Dionin-Merck. Wschr. Ther. Hyg. Aug. 15, 20—21 (1912).

Auster, F.: *Rauwolfia* in der internationalen homöopathischen Literatur. Planta medica 5, 195—197 (1957).

Barclay, A. S., u. R. E. Perdue: Distribution of anticancer activity in higher plants. Cancer Treat. Rep. 60, 1081—1113 (1976).

Belloni, L.: Dall' Elleboro alla Reserpina. Arch. Psi. Neur. Psi. Suppl. 17, 3—36 (1956).

Bever, O. B.: Oral hypoglycaemic plants in West Afrika. J. Ethnopharm. 2, 119—127 (1980).

Canezza, A.: Pulvis Jesuiticus. Note storiche sulla scoperta e diffusione della china. Fides romana. Rom. 1925.

Charlson, A. J.: Antineoplastic constituents of some southern African plants. J. Ethnopharm. 2, 323—335 (1980).

Chopra, R. N.: Indigenous Drugs of India. The Art Press, Calcutta. 1933.

Christison, R.: Om egenskaperna hos Esére- eller ‚Ordalie'-bonan fran Gamla Calabar i Vestra Afrika. Ref.: O. T. Sandahl. Beckman. Stockholm. 1856.

Claus, E. P.: Pharmacognosy. Lae + Febiger, Philadelphia (1956).

Cordell, G. A., u. N. R. Farnsworth: A review of selected potential anticancer plant principles. Heterocycles. 4, 393—426 (1976).

Creasey, W. A.: Biochemistry of dimeric *Catharanthus* alkaloids. In: W. I. Taylor, N. R. Farnsworth (Hrsg.): The *Catharanthus* Alkaloids. Marcel Decker. New York. 1975.

Cronlund, A., u. J. U. Oguakwa: Alkaloids from the bark of *Erythrophleum couminga*. Acta Pharm. Suec. 12, 467—478 (1975).

Delondre, A., u. A. Bouchardat: Chinologie. Von den Chinarinden und den Fragen, welche in dem jetzigen Zustande der Wissenschaft und des Handelns zeitgemäß damit verknüpft sind. Allg. österr. Apotheker-Verein. Wien. 1866.

Farnsworth, N. R., G. H. Svoboda u. R. N. Blomster: Antiviral activity of selected *Catharanthus* alkaloids. J. Pharm. Sci. 57, 2174—2175 (1968).

Farnsworth, N. R., u. A. S. Bingel: Problems and prospects of discovering new drugs from higher plants by pharmacological screening. In: H. Wagner u. P. Wolff (Hrsg.): New Natural Products and Plant Drugs with Pharmacological, Biological and Therapeutical Activity. Springer Verlag. Berlin. 1977.

Gajdusek, C.: pers. Mitteilung (1976).

Ganzinger, K.: Rauwolf und Fuchs. Ein Beitrag zur Geschichte der Botanik im 16. Jahrhundert. In: Festschrift zum 65. Geburtstag von Georg Edmund Dann. Ver. Int. Ges. Gesch. Pharm. 22, 23—33 (1963).

Greeff, K., u. K. E. Wirth: Pharmakologische Beeinflussung der cholinergen Erregungsübertragung. In: W. Forth, W. Henschler u. W. Rummel (Hrsg.): Allgemeine und spezielle Pharmakologie und Toxikologie. B. I. Wissenschaftsverlag. Mannheim, Wien, Zürich. 1977.

Hagers Handbuch der Pharmazeutischen Praxis (Hrsg. P. H. List, L. Hörhammer, H. J. Roth u. W. Schmid), 3. Bd. Springer, Berlin, Heidelberg, New York (1972).

Halter, H.: Akupunktur, Homöopathie, Naturheilkunde. König-Verlag. München, 1973.

Hiepko, P., u. W. Schiefenhövel: Die Pflanzenwelt aus der Sicht der Eipo, Hochland von West-Neuguinea. In: E. Schröder (Hrsg.): Beiträge und Nachträge zur 5. intern. Fachkonferenz Ethnomedizin, Freiburg, Dez. 1980 (im Druck).

Holmstedt, B., H. S. Wassén u. R. E. Schultes: Jaborandi: An interdisciplinary appraisal. J. Ethnopharm. 1, 3—21 (1979).

Hoppe, H. A.: Drogenkunde — Handbuch der pflanzlichen und tierischen Inhaltsstoffe . 8. Aufl. de Gruyter, Berlin (1975).

Kerharo, J.: Les plants magiques dans la Pharmacopée sénégalaise traditionnelle. Etnoiatria. 2, 3—6 (1968).

Kerstein, G.: Geschichte der *Rauwolfia*. Planta medica. 5, 131—134 (1957).

Kirtikar, K. R.,, u. B. D. Basu: Indian medicinal plants. Vol. II. L. M. Basu, Indien (1935).

Kosegarten, W.: Über die Einwirkung des Pilocarpins auf die Schleimhaut der Paukenhöhle. Z. Ohrenheilk. 14, 114—119. o.J.

Lewin, G.: Über die Wirkung des Pilocarpins im Allgemeinen und auf die syphilitischen Prozesse im Besonderen. Charité-Ann. 5, 1—74 (1880).

Lewin, L.: Gottesurteile durch Gifte und andere Verfahren. In: L. Lewin (Hrsg.): Beiträge zur Giftkunde. Stilke Verlag. Berlin. 1929.

Loewi, O., u. G. Mansfeld: Über den Wirkungsmodus des Physostigmins. Arch. exp. Path. Pharm. 62, 180—185 (1910).

de Mello, J. F.: Plants in traditional medicine in Brazil. J. Ethnopharm. 2, 49—55, (1980).

Mihalic, F. S. V. D.: The Jacaranda Dictionary and Grammar of Melanesian Pidgin. Jacaranda Press, Milton (Queensland) (1971).

Mihalik, G. J.: Guyanese ethnomedical botany. A folk pharmacopoeia. Ethnomed. 5, 83—96 (1978/79).

Müller, J. M., E. Schlittler u. H. J. Bein: Reserpin, der sedative Wirkstoff aus *Rauwolfia serpentina*. Experentia. 8, 338— (1952).

Netolitzky, F.: 3000 Jahre Malaria, 300 Jahre Chinarinde. Biol. Heilkunst. 12, Sonderdruck o. S. (1931).

Neumann, H. G.: Entstehung und Behandlung von Tumoren: In: W. Forth, D. Henschler, W. Rummel (Hrsg.): Allgemeine und spezielle Pharmakologie und Toxikologie. B. I. Wissenschaftsverlag. Mannheim, Wien, Zürich. 1977.

Nothnagel, H., u. M. J. Rossbach: Handbuch der Arzneimittellehre. Verlag August Hirschwald. Berlin. 1894.

Orta, G. da (del Huerto): Colloquios dos simples, e drogas he cousas medicinais da India. Goa. 1573.

Paijmans, K. (Ed.): New Guinea Vegitation. ANU Press, Canberra. 1976.

Peckolt, Th.: Heil- und Nutzpflanzen Brasiliens. Ber. deut. pharm. Ges. 20, 36—58 (1910).

Perdue, R. E., R. J. Abbott u. J. L. Hartwell: Screening plants for antitumour activity. II. A comparison of two methods of sampling herbaceous plants. Lloydia. 33, 1—6 (1970).

Plashkes, Z.: The first description of *Rauwolfia* by da Orta. Harokeach Haivri. 8, Sonderdruck o. Jahres- u. Seitenangabe.

Plumier, Ch.: Nova plantarum Americanarum genera. Paris. 1703.

Powell, J. M.: Ethnobotany. In: K. Paijmans (Hrsg.): New Guinea Vegetation. Elsevier, Amsterdam, Oxford, New York (1976).

Prinz, A.: Das Ernährungswesen der Azande Nordost-Zaires. Ein Beitrag zum Problem des Bevölkerungsrückganges auf der Nil-Kongo Wasserscheide. Phil. Diss. Wien. 1976.

Prinz, A.: Azande (Äquatorialafrika, Nordost-Zaire) Gift-Orakel Film E 2380 des IWF, Göttingen 1978. Publikation von A. Prinz, Publ. Wiss. Film., Sekt. Ethnol., Ser. 8, Nr. 19 E 2380 (1978).

Pschyrembel, Klinisches Wörterbuch. 253. Aufl. De Gruyter, Berlin, New York (1977).

Rieppel, F. W.: Zur Frühgeschichte der *Rauwolfia*. Sudhoffs Gesch. Med. Nat. 40, 231—239 (1956).

Rompel, J.: Kritische Studien zur älteren Geschichte der Chinarinde. XIV. Jahr. ber. d. öff. Privatgymnasiums an der Stella Matutine zu Feldkirch, Feldkirch (1905).

Sandberg, F.: Medicinal and toxic plants from Equatorial Africa: A pharmacological approach. J. Ethnopharm. 2, 105—108 (1980).

Schadewaldt, H.: Zur Geschichte der *Rauwolfia*. Ver. Int. Ges. Gesch. Pharm. 13, 139—155 (1957).

Schiefenhövel, W.: Die Anwendung von Heilpflanzen und die traditionelle Geburtenkontrolle bei Eingeborenen Neuguineas. Sitz. ber. d. Physik. med. Soz. zu Erlangen 83/84, 114—133 u. 179—182 (1970).

Schiefenhövel, W.: Methoden ethnomedizinischer Feldforschung. In: G. Rudnitzki, W. Schiefenhövel u. E. Schröder (Hrsg.), Ethnomedizin — Beiträge zu einem Dialog zwischen Heilkunst und Völkerkunde. Kurth Verlag, Barmstedt (1977).

Schröder, E. (Hrsg.): Beiträge und Nachträge zur 5. intern. Fachkonferenz Ethnomedizin, Freiburg, Dez. 1980 (im Druck).

Shellard, E. J.: Jaborandi: a note on the contribution of E. M. Holmes to the identification of commercial available *Pilocarpus* species. J. Ethnopharm. 1, 407—410 (1979).

Spuijt, R. W. u. R. E. Perdue: Plant folklore: A tool for predicting sources of antitumor activity? Cancer Treat. Rep. 60, 979—985 (1976).

Svoboda, G. H. u. D. A. Blake: Phytochemistry and pharmacology of *C. roseus*. In: W. I. Taylor u. N. R. Farnsworth (Hrsg.): The *Catharanthus* Alkaloids. Marcel Decker. New York. 1975.

Starkenstein, E.: Die Chinarinde und ihre Alkaloide. Beitr. ärztl. Forb. 9, 1—24 (1930).

Sterly, J.: Heilpflanzen der Einwohner Melanesiens. Renner, München, Hamburg (1970).

Velimirovic, B.: Contribution to the Epidemiology of Trichophytoses in the Tropics. Yonsei Reports on Tropical Medicine 8, 1 64—71 (1977).

Watt, J. M. u. M. G. Breyer-Brandwijk: The medical and poisonous plants of southern and eastern Africa. Livingston Ltd. Edinburgh, London (1962).

Wolff-Eggert, R.: Über Heilpflanzen von Papua Neuginea. Dissertation, Universität Erlangen (1977).
Zekert, O.: Dreihundert Jahre Chinarinde. Pharm. Monatshefte. Sonderdruck, 1—9, (1931).
Zepernick, B.: Arzneipflanzen der Polynesier. Baessler Archiv, Neue Folge, Beiheft 8, Dietrich Reimer, Berlin (1972).
Zimmermann, G.: Homöopathie. Österr. Apothekerkammer. Wien. 1980.
Zöllner, N.: Urikosurika und Urikostatika; Insulin und Antidiabetika; Pharmakotherapie der Stoffwechsel-Krankheiten. In: W. Forth, D. Henschler, W. Rummel (Hrsg.): Allgemeine und spezielle Pharmakologie und Toxikologie. B. I. Wissenschaftsverlag. Mannheim, Wien, Zürich. 1977.

Neue Entwicklungen auf dem Gebiet der Drogen- und Naturstoffanalyse

Karl-Heinz Kubeczka

„Jeder wissenschaftliche Fortschritt ist ein Fortschritt der Methode"
(Zechmeister — Cholnoky, 1937)

Bei der Untersuchung von Naturstoffgemischen, insbesondere aus Arzneipflanzen, kommen wegen der verschiedenartigen Natur des zu prüfenden Materials sehr verschiedene Methoden zum Einsatz. Bis zur Mitte dieses Jahrhunderts lag der Schwerpunkt der pharmakognostischen Drogenanalyse auf der mikroskopischen Prüfung von charakteristischen pflanzlichen Strukturelementen und typisch geformten Inhaltsstoffen wie Haaren, Fasern, Gefäßen bzw. Calciumoxalatkristallen, Stärken u. ä., während der chemische Nachweis einzelner Inhaltsstoffe eine untergeordnete Rolle spielte. Hier trat in den letzten 30 Jahren eine merkliche Wandlung ein, die vor allem auf das zunehmende Bewußtsein zurückzuführen ist, daß die Arzneipflanze bzw. Droge Träger bestimmter Wirkstoffe ist, deretwegen sie therapeutisch eingesetzt wird. Aus diesem Grunde muß eine moderne Drogenanalytik auf die Inhaltsstoffe und nicht nur auf die Arzneipflanze, die gleichsam das Verpackungsmaterial darstellt, ausgerichtet sein. Erst der Nachweis einzelner Wirkstoffe und ihr festgelegter Gehalt verbürgen letztlich einen bestimmten therapeutischen Effekt, eine Erkenntnis, die allerdings gar nicht so neu ist. In seinem „Handbuch der Pharmakognosie" schreibt A. Tschirch bereits 1909 über die Aufgabe der Pharmakognosie: „Die chemischen Bestandteile sind es, wegen deren wir die Droge als Heilmittel benutzen. Sie sind also das Wichtigste. ... Die Ergebnisse der Pharmakochemie dienen dazu, zunächst durch qualitative Reaktionen die Identität festzustellen, dann aber durch quantitative Methoden zu einer Wertbestimmung zu gelangen."

Bereits damals wurde demnach die Forderung nach einer qualitativen und quantitativen Analyse der Drogeninhaltsstoffe erhoben. Allerdings standen zu jener Zeit noch kaum geeignete Methoden zur Analyse der meist recht komplizierten Naturstoffgemische zur Verfügung, so daß mehr als 50 Jahre vergehen mußten, bis dieser Aufforderung auf breiter Front Folge geleistet werden konnte, und trotzdem stehen wir — betrachtet man die Vielzahl noch ungelöster Aufgaben — erst an einem Beginn.

Heute werden in der Arzneipflanzenanalytik neben rein chemischen, physikalischen und biologischen vor allem physikochemische Methoden angewandt. Der entscheidende Durchbruch in der Analytik von Naturstoffen ist auf die Einführung chromatographischer Trennmethoden sowie spektroskopischer Identifizierungs- und Strukturaufklärungsverfahren vor etwa 30 Jahren zurückzuführen, die im letzten Jahrzehnt ungemein verfeinert und perfektioniert worden sind. Diese Methoden kommen den Erfordernissen der Naturstoffanalyse in besonderer Weise entgegen, da sie sich — im Vergleich zu den klassisch-chemischen Analysenverfahren — durch einen weitaus geringeren Substanzbedarf und Zeitaufwand, ungleich höhere Trennschärfe und Selektivität, häufig aber auch durch die Einfachheit ihrer Durchführung auszeichnen. Es ist deshalb nicht verwunderlich, daß viele dieser Methoden zuerst in der Arzneipflanzenanalytik Eingang gefunden haben, war man doch erst mit ihrer Hilfe in der Lage, ein wenig Licht in die komplexen Naturstoffgemische zu bringen. So haben nicht zuletzt Pharmakognosten wie Egon Stahl diese Methoden aufgegriffen und entscheidende Entwicklungsarbeit geleistet, denn es dürfte wohl kaum ein Gebiet mit so vielfältigen Anwendungen chromatographischer Methoden wie das der Naturstoffanalytik geben. Dabei reichen die Einsatzmöglichkeiten von der Identitäts- und Reinheitsprüfung einer Droge bis zur Isolierung und Charakterisierung ihrer Bestandteile, weswegen auch die Pharmakopöen heute von diesen Methoden häufig Gebrauch machen. So ist z. B. die dünnschichtchromatographische Analyse mit ihrem hohen Informationsgehalt und nicht zuletzt wegen ihrer Schnelligkeit und Einfachheit der Durchführung als Standardmethode der Identitäts- und Reinheitsprüfung in die Drogenmonographien des Deutschen und Europäischen Arzneibuches aufgenommen worden.

Außerdem besteht die Möglichkeit, einzelne Drogeninhaltsstoffe nach ihrer chromatographischen Abtrennung quantitativ zu bestimmen, was gegenüber einer Bestimmung ganzer Wirkstoffgruppen, wie z.B. der Gesamtalkaloide einer Droge aus verschiedenen Gründen vorzuziehen ist, denn

1. erlaubt eine Gesamtalkaloidbestimmung überall dort keine sicheren Aussagen über den therapeutischen Wert einer Droge, wo Gemische chemisch ähnlicher Inhaltsstoffe mit pharmakologisch unterschiedlicher Wirkung vorkommen, und

2. ist vor allem bei der industriellen Gewinnung von Naturstoffen, wie z.B. Digitoxin aus *Digitalis*blättern die Kenntnis des Gesamtglykosidgehaltes von untergeord-

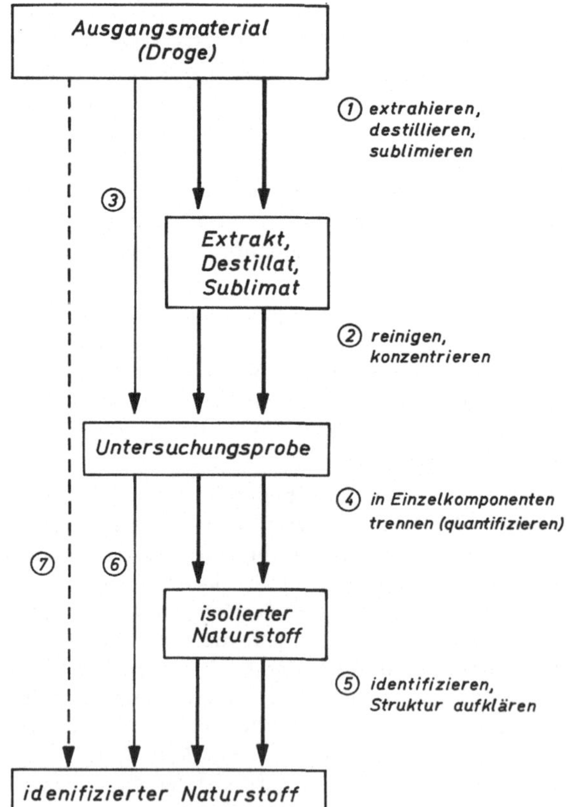

Bild 1

Arbeitsschritte bei der Analyse von Naturstoffen (die Ziffern entsprechen der Bezifferung der einzelnen Abschnitte)

netem Interesse und die Angabe des Gehaltes einzelner Inhaltsstoffe erforderlich. Aus diesem Grunde richtet sich auch der Handelswert verschiedener Industriedrogen heute vorrangig nach dem Gehalt an bestimmten Inhaltsstoffen.

Die dafür nötigen Analysenverfahren wurden vielfach erst in jüngster Zeit entwickelt, da noch vor kurzem unlösbare Probleme zu überwinden waren. Probleme in mehrfacher Hinsicht: Neben der Schwierigkeit, äußerst komplexe Stoffgemische aufzutrennen, die aus einer Vielzahl chemisch unterschiedlicher und zum Teil labiler Individuen bestehen, müssen diese zuvor aus einer nicht minder komplizierten biologischen Matrix abgetrennt und häufig Konzentrationsunterschiede von vielen Zehnerpotenzen bewältigt werden.

Eine Lösung dieser Schwierigkeiten ist meist nur durch die Hintereinanderschaltung mehrerer Arbeitsgänge möglich, die sorgfältig aufeinander abgestimmt sein müssen und sowohl den physikalischen als auch chemischen Eigenschaften der einzelnen Bestandteile Rechnung zu tragen haben. Die Abfolge der im allgemeinen nötigen Arbeitsgänge geht aus Bild 1 hervor.

1 Abtrennung der zu analysierenden Stoffe aus biologischem Material

Dem ersten Schritt, nämlich der Abtrennung der zu analysierenden Stoffe aus dem biologischen Material, ist besondere Aufmerksamkeit zu schenken, da hier spezifische Probleme der Naturstoffanalyse auftreten wie sie z. B. die rein chemische Analytik kaum kennt und die u. a. darauf zurückzuführen sind, daß die zu untersuchenden Substanzen häufig nur in Bruchteilen von Prozenten, nicht selten im ppm- und ppb-Bereich im biologischen Gerüstmaterial vorliegen. Hinzu können bei der Pflanzenzerkleinerung ablaufende enzymatische Prozesse kommen, die eine Isolierung nativer Bestandteile ganz erheblich erschweren. Ebenso muß mit Substanzveränderungen bei der Abtrennung der Naturstoffe aus der biologischen Matrix durch pH- und thermische Einflüsse gerechnet werden.

Neben den „klassischen" Verfahren der Destillation, Sublimation und Extraktion mit geeigneten, gängigen Solventien sind Versuche unternommen worden, die Anwendung von Hitze zur Vermeidung thermischer Umlagerungs- und Zersetzungsprozesse bei der Probenabtrennung und -konzentration weitgehend auszuschließen. Nachdem sich flüssiges CO_2 als gutes Lösungsmittel für viele organische Verbindungen erwiesen hat, lag es nahe, dieses, aber auch andere, unter Normalbedingungen gasförmige Verbindungen wie z. B. Trifluormethan und Difluordichlormethan (Freon 12) zur Extraktion einzusetzen. Eine für die unter hohem Druck durchzuführende Extraktion geeignete Apparatur, in der ein Standard Soxhlet-Extraktor aus Glas integriert ist, wurde von Jennings (1979) beschrieben. Mit ihr war es möglich, vor allem sehr flüchtige Pflanzeninhaltsstoffe zu isolieren und ohne störende Lösungsmittelreste und -verunreinigungen für nachfolgende Analysen ausreichend zu konzentrieren.

Auch die Kryosublimation hat sich als brauchbar bei der Gewinnung flüchtiger Sekundärprodukte erwiesen (Kubeczka, 1966; Fries, 1969). Grundlegende Untersuchungen zur Brauchbarkeit dieser Methode für eine schonende und gleichzeitig qualitativ und quantitativ befriedigende Abtrennung flüchtiger Stoffe aus biologischem Material sind verschiedentlich gemacht worden (z. B. Iffland, 1967; Fries, 1969).

Die bei dieser Substanzgewinnungsmethode anfallenden, z. T. recht erheblichen Wassermengen erweisen sich manchmal bei der weiteren Untersuchung der Probe als störend und machen eine weitere Flüssig-Flüssig-Extraktion mit den bereits diskutierten Nachteilen erforderlich. Deshalb ist es vorteilhaft, die Kühlfalle durch eine mit einem körnigen Kunststoff vom Typ des Polystyrols (z. B. Porapak Q) gefüllte kurze Säule zu ersetzen, in der die zu untersuchenden Substanzen adsorptiv festgehalten werden. Dieses Anreicherungsprinzip kann auch zur Gewinnung pflanzlicher Duft- und Aromastoffe aus hohen Verdünnungen wie z. B. der Atmosphäre oder aus verdünnten wässrigen Lösungen herangezogen werden (Kubeczka, 1967; Weurman, 1969; Jennings et al., 1972). Mit Hilfe eines frontalchromatographischen Prozesses lassen sich anschließend die sorbierten Verbindungen ohne jegliche Hitzeeinwirkung für nachfolgende Untersuchungen in wenigen Mikrolitern Lösungsmittel gelöst erhalten (Kubeczka, 1969).

2 Selektive Anreicherung der zu analysierenden Substanzen

Die durch Extraktion biologischen Materials erhaltenen Lösungen eignen sich in den seltensten Fällen direkt als Dosierproben für nachfolgende Trennverfahren, da in der Regel zuvor noch die Trennung negativ beeinflussende, mitextrahierte Ballaststoffe entfernt werden müssen. Wegen der Volumenbeschränkung der nachfolgenden Trennsysteme wird außerdem eine Anreicherung der zu analysierenden Verbindung in dem zur Dosierung bestimmten Probenvolumen erforderlich, wobei die Sensitivität des gewählten Trennverfahrens das Maß der Probenanreicherung bestimmt.

Neuerdings lassen sich zur Abtrennung und Anreicherung der verschiedensten Naturstoffe aus Lösungen, einschließlich von Naturstoffmetaboliten aus Körperflüssigkeiten kurze Einweg-Säulen des Handels (z. B. der Firmen Merck (Extrelut[R]), Waters (SEP-PAK[R]) und Analytichem International (Bond elut[R]) sehr effizient einsetzen. Auf die mit verschiedenen Füllungen wie Kieselgur, Kieselgelen, Cellulose, Ionenaustauschern oder chemisch gebundenen Phasen (Umkehrphasen) gefüllten kurzen Säulen werden die flüssigen Proben direkt, oder zur Beschleunigung des Verfahrens mit Druck (Injektionsspritze) aufgegeben bzw. durch Anlegen von Vakuum durchgesaugt. Dabei werden die interessierenden Substanzen auf der Oberfläche des Füllmaterials zurückgehalten und können anschließend durch ein geeignetes Lösungsmittel eluiert werden. Von einzelnen Herstellern dieser Einweg-Säulen sind z. T. umfangreiche Dokumentationen über verschiedene Applikationen erschienen.

Durch pH-Wert Verschiebungen und Aussalzeffekte läßt sich in einigen Fällen die Ausbeute und vor allem die Selektivität dieses Verfahrens noch deutlich erhöhen (Weiss und Jork, 1982). Die verschiedenen Möglichkeiten zur schonenden und möglichst verlustfreien Konzentration von Substanzlösungen für nachfolgende chromatographische Untersuchungen einschließlich mikrochemischer Derivatisierung der Analysensubstanzen beschreibt Dünges (1979 und 1982).

3 An chromatographische Trennmethoden adaptierte Verfahren zur selektiven Abtrennung der zu analysierenden Substanzen

Zur selektiven Abtrennung der zu untersuchenden Inhaltsstoffe aus biologischem Material sind verschiedene Verfahren entwickelt worden, die der gewählten, analytischen Trennmethode angepaßt sind und den geringen Substanzbedarf bei chromatographischen Untersuchungen Rechnung tragen. Die Abtrennung der Substanzen kann entweder durch Thermoextraktion wie Mikro-Destillation, -Trägerdestillation bzw. -Sublimation oder durch Hochdruckextraktion mit überkritischen Gasen erfolgen. Der Transfer der geringen Substanzmengen in das chromatographische Trennungssystem ist bei diesen Verfahren mit dem Extraktionsschritt gekoppelt und wird in ein und demselben Arbeitsgang ausgeführt.

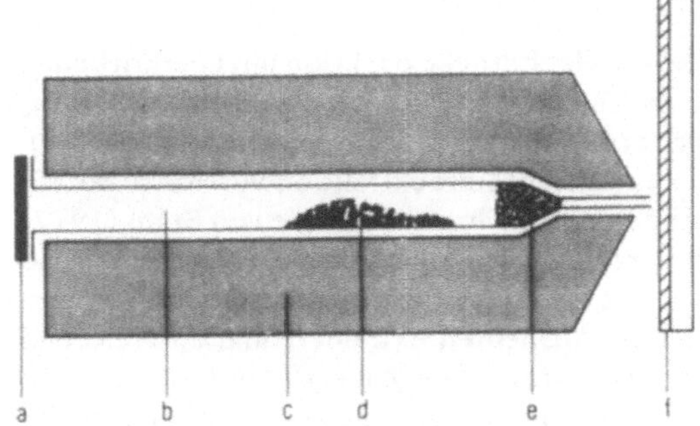

Bild 2

Längsschnitt durch einen TAS-Ofen mit DC-Platte

a = Abdichtung; b = Glaspatrone;
c = Heizblock (Ofen); d = Probe;
e = Glaswolle; f = DC-Schicht

Thermoextraktion

Für die Thermoextraktion von Naturprodukten und den Transfer der Extraktstoffe auf eine Dünnschichtplatte wurden das sog. TAS-Verfahren (TAS = Abkürzung für Thermo-mikro-Abtrenn- und Aufgabeverfahren für Substanzen) und die Thermofraktographie (TFG) entwickelt (Stahl, 1968, 1969, 1972). Hierbei werden ca. 5 bis 50 mg des zu untersuchenden Materials in eine einseitig verjüngte, kurze Glasröhre gefüllt, die am weiten Ende mit einer Silikongummischeibe verschlossen wird (Bild 2). Nach Einschieben in einen genügend hoch aufgeheizten (z. B. 200 °C), entsprechend der Glasröhre aufgebohrten Metallblock verdampfen die unter diesen Bedingungen verflüchtigbaren Substanzen und treten durch die kapillare Öffnung der Glaspatrone als Dampfstrahl aus.

Bei trockenen Proben ist allerdings die dabei erzielte thermische Extraktion unvollständig und die Ausbeute gering. Eine deutliche Verbesserung kann durch Zugabe von sphärischem 4-Å Molekularsieb mit 25 % Wassergehalt zur Probe erreicht werden, wodurch es zu einer Mikro-Wasserdampfdestillation kommt. Auf einer im Abstand von etwa einem Millimeter vor der Düse des Probenröhrchens gehalterten Dünnschichtplatte kondensieren die flüchtigen Substanzen punktförmig als „Startfleck" und können unmittelbar danach chromatographisch getrennt werden.

Eine Weiterentwicklung des TAS-Verfahrens stellt die Thermographie (TFG) dar, bei der während des programmierten Aufheizvorganges der Probe gleichzeitig die DC-Platte vor der Düsenöffnung des Probenröhrchens langsam vorbeibewegt wird. Hierdurch erfolgt eine Vorfraktionierung der zu untersuchenden Substanzen nach ihrer Flüchtigkeit, wodurch auch komplexe Proben rasch analysierbar werden, wie an zahlreichen Beispielen verschiedener Stoffgruppen gezeigt wurde (Stahl, 1976). Der Transport der verdampften Probenanteile auf die DC-Platte wird hierbei durch einen über die Probe geleiteten Inertgasstrom (z. B. Stickstoff oder Helium) erleichtert und vervollständigt. Selbst hochpolymere Verbindungen, wie z. B. Lignine, Polysaccharide und Proteine ließen sich mit dieser Technik durch Pyrolyse und DC-Untersuchung der erhaltenen Fragmente charakterisieren (Stahl und Brüderle, 1979).

Auch für die Thermoextraktion und direkte Eingabe der Extraktstoffe in ein gaschromatographisches Trennsystem sind geeignete Vorrichtungen entwickelt und beschrieben worden (von Rudloff, 1965; Baerheim Svendsen und Karlsen, 1970; Karlsen, 1972). Ein für diese Zwecke von Kubeczka (1971, 1979) beschriebener GC-Probengeber gestattet die verlustfreie Eingabe mehrerer Proben ohne Unterbrechung des Trägergasstromes und kann zudem an jedem beliebigen Gaschromatographen ohne apparative Veränderung des Gerätes angeschlossen werden. Auf Fragen der Reproduzierbarkeit und eventuelle Artefaktbildungen bei dieser Form der Thermoextraktion gehen Rasmussen et al. (1972a, b) ausführlich ein.

Hochdruckextraktion mit überkritischen Gasen

Gegenüber der Thermoextraktion besitzt die Hochdruckextraktion mit überkritischen Gasen den Vorzug des Arbeitens bei niederen Temperaturen, so daß auch thermolabile, aber auch höher siedende Verbindungen zerstörungsfrei einer weiteren Untersuchung zugänglich gemacht werden können. Eine Apparatur zur Mikroextraktion von Naturstoffen und dem Direkttransfer der Extrakte auf eine Dünnschichtplatte wurde von Stahl (1977) beschrieben. Als Extraktionsmittel werden vorzugsweise Kohlendioxid, Distickstoffoxid (Lachgas) und Trifluormethan (Fluoroform) eingesetzt. Mit Hilfe dieser Methode konnten apolare bis mittelpolare Verdingungen in guten Ausbeuten extrahiert und anschließend weiter untersucht werden, während stärker polare Stoffe wie Zucker, Aminosäuren u. ä. selbst bei Drücken von 500 bar und darüber sich praktisch nicht extrahieren ließen. Für sie müssen stärker polare Solventien eingesetzt werden.

4 Trennung der Untersuchungsprobe in Einzelkomponenten

Zur Trennung der meist komplexen Naturstoffgemische kommen heute vorwiegend chromatographische Methoden zum Einsatz, die im Idealfall eine Trennung in einzelne Komponenten gestatten und z. T. bereits gewisse qualitative und quantitative Informationen liefern. Diese bereits über 30 Jahre in der Naturstoffanalytik etablierten Methoden haben ihren Platz nicht nur behaupten können, sondern erfuhren durch zahlreiche methodische und apparative Verbesserungen einen unvorhergesehenen Aufschwung. Neben einer Steigerung der Trennleistung und Empfindlichkeit konnten vor allem auch die Analysenzeiten vielfach drastisch gesenkt werden, was sich vor allem bei Routineanalysen positiv auswirkt.

Dünnschichtchromatographie

Am vielseitigsten anwendbar und am wenigsten aufwendig ist bis heute immer noch die Dünnschichtchromatographie, und sie wird es wohl auch künftig bleiben. Sie hat bei guter Trennleistung und Empfindlichkeit sicherlich nicht zuletzt wegen der Einfachheit ihrer Durchführung Eingang in die meisten Pharmakopöen bei der Drogenuntersuchung gefunden. Ein entscheidender Vorteil der Dünnschichtchromatographie gegenüber den übrigen chromatographischen Verfahren besteht in der einfachen Möglichkeit des Wechsels von mobiler *und* stationärer Phase, so daß das Trennsystem den analytischen Erfordernissen rasch angepaßt werden kann.

Dem Trennverfahren sind grundsätzlich alle Substanzen zugänglich, die in einem Fließmittel hinreichend löslich sind, von diesem transportiert werden können und während des Trennvorganges von der Schicht nicht abdunsten. Durch Bildung geeigneter Derivate vor der Trennung läßt sich der Anwendungsbereich der Dünnschichtchromatographie z. T. auch auf flüchtige Produkte ausdehnen. Innerhalb dieser Grenzen umfaßt das Spektrum der mit dieser Methode untersuchten Verbindungen heute nahezu alle Gruppen von Naturstoffen. Neben analytischen Trennungen im µg-Bereich bereitet es keine Schwierigkeiten, die Trennleistung der Dünnschichtchromatographie zu präparativen Trennungen von Massen im mg- bis g-Bereich einzusetzen, was allerdings größere Schichtdicken (1—2 mm) erfordert.

Die Forderung nach höherer Trennleistung hat vor etwa sieben Jahren zur Entwicklung neuer Trennschichten geführt (Ripphahn und Halpaap, 1975), die sich durch eine kleinere Partikelgröße des Sorbens (5 bzw. 7 µm ϕ) und eine merklich engere Korngrößenklassierung auszeichnen. Die daraus resultierende, verbesserte Trennschärfe hat trotz Dosierung kleinerer Probenmengen (10 bis 50 ng gegenüber 5 bis 20 µg bei herkömmlichen Schichten) zu einer hohen Nachweisempfindlichkeit geführt, da die Substanz-flecken nach der Trennung maximal 2 mm ϕ (gegenüber ca. 15 mm ϕ bei herkömmlichen Schichten) haben. In Anlehnung an die HPLC (s. dort) wurde daher für diese Methode die Bezeichnung HPTLC (von engl. High Performance Thin-Layer Chromatographie) und der hohen Empfindlichkeit wegen — es sind noch Nanogramm erfaßbar — auch die Bezeich-nung Nano-Dünnschichtchromatographie gewählt. Wegen der kleineren Korngröße ist die Fließgeschwindigkeit der mobilen Phase geringer als bei herkömmlichen Schichten, doch werden nach ca. 3 cm Laufstrecke bereits optimale Trennungen erzielt, so daß trotzdem merklich kleinere Analysezeiten resultieren (meist weniger als 10 Minuten).

Wegen der guten Reproduzierbarkeit der Ergebnisse eignet sich die HPTLC auch im besonderen Maße für die quantitative Direktauswertung, wobei die ungleich höhere Proben-zahl pro Platte ein nicht zu unterschätzender Vorteil ist. Wichtige Voraussetzung dafür war allerdings die Entwicklung geeigneter, leistungsfähiger Chromatogramm-Spektral-photometer, die heute als befriedigend gelöst angesehen werden kann (Kubeczka und Ebel, 1980). Durch die Möglichkeit der Automatisierung und Steuerung des Photometers durch Kleinrechner findet diese Technik vor allem in Industrielaboratorien zunehmende Verbreitung.

Zentrifugale Dünnschichtchromatographie

Kürzlich hat die bereits länger bekannte Zentrifugalchromatographie, bei der Zentri-fugalkräfte für den Transport des Fließmittels verantwortlich sind, durch ein kommerziell hergestelltes Gerät (CHROMATOTRON) neue Impulse erfahren. Die Vorrichtung besteht aus einer runden mit Sorbens 1 bis 4 mm beschichteten Glasplatte, die mit ca. 750 U/min rotiert. Auf diese rotierende Dünnschicht wird das zu trennende gelöste Substanzgemisch und anschließend das Fließmittel in der Nähe des Zentrums mittels einer Pumpe konti-nuierlich zugeführt. Die dadurch entstehenden konzentrischen Substanzzonen wandern auf den Rand zu und werden dort zusammen mit der mobilen Phase aus der Schicht ge-schleudert und lassen sich schließlich mit einem Fraktionssammler einzeln auffangen.

Diese Methode eignet sich gut zur präparativen Gewinnung von Substanzmengen zwischen 100 mg und 1 g und wurde bereits zur Isolierung zahlreicher Naturstoffe wie Saponine, Flavonoide, Lignane, Alkaloide u. ä. erfolgreich eingesetzt (Sticher, 1981).

Dünnschicht-Elektrophorese

Auf dem Gebiet der Naturstoffanalytik, insbesondere der Drogenanalyse, kommt der Dünnschicht-Elektrophorese — anders als in der Eiweißanalytik — wegen ihres stoff-lich begrenzten Einsatzgebietes nur relativ geringe Bedeutung zu. Erwähnt seien lediglich die hohen Trennschärfen, die bei der isolektrischen Focussierung durch die Bildung von pH-Gradientenschichten und den damit verbundenen Bandenschärfungseffekt erzielt wurden, so daß sich Trennungen in sehr zahlreiche Bestandteile auf relativ kurzer Trenn-strecke erzielen lassen.

Gaschromatographie

Im Gegensatz zur Dünnschichtchromatographie, die nur bedingt zur Analyse flüch-tiger Verbindungen eingesetzt werden kann, eignet sich die Gaschromatographie besonders gut zur Trennung gasförmiger oder durch Erhitzen unzersetzt verflüchtigbarer Substanzen, da die Analyse in der Gasphase durchgeführt wird. Durch Umsetzung mit geeigneten Rea-genzien, insbesondere durch Silylierung lassen sich auch polare, schwerflüchtige Verbin-dungen gaschromatographisch trennen, doch läßt sich heute deutlich ein Trend zu anderen chromatographischen Trennmethoden hin, insbesondere zur HPLC bei dieser Kategorie von thermolabilen Substanzen erkennen, wenngleich die hohen Trennleistungen der Gaschromatographie bei den übrigen chromatographischen Methoden noch nicht annähernd erreicht worden sind.

Welche Entwicklung die Gaschromatographie in den vergangenen 20 Jahren durchlaufen hat, mögen Beispiele aus der Analytik ätherischer Öle verdeutlichen, einem Gebiet, auf dem die Gaschromatographie ihre volle Leistungsfähigkeit entfalten konnte. 1961 konnte z. B. Rautenöl in acht Komponenten zerlegt werden (Bruno, 1961). Bereits wenige Jahre danach gelang durch methodische und apparative Verbesserungen eine gaschromatographische Zerlegung des gleichen Öles in mindestens 20 Individuen (Kubeczka, 1966). Eine überzeugende Verbesserung wurde durch die Einführung der temperaturprogrammierten Gaschromatographie erzielt. Da ätherische Öle Substanzgemische mit einem verhältnismäßig großen Siedebereich sind, werden dabei die niedrig siedenden Komponenten bei tieferen und die höher siedenden Anteile bei höheren Temperaturen in einem Arbeitsgang getrennt. Dies hat neben einer Steigerung der Trennleistung auch eine Erhöhung der Nachweisempfindlichkeit zur Folge, da schmälere und damit höhere Signale erhalten werden. Ein auf diese Weise gewonnenes Gaschromatogramm von Rautenöl zeigt ca. 80 einzelne Komponenten.

Eine sprunghafte Verbesserung der gaschromatographischen Analysentechnik wurde durch Verbesserung der Trenneigenschaften mit Einführung der Dünnfilmkapillare erzielt. Chromatographiert man dasselbe Rautenöl auf einer 50-m-langen Kapillar-Trennsäule gleicher Belegung wie zuvor und führt die Analyse ebenfalls temperaturprogrammiert aus, so läßt es sich in mehr als 170 Bestandteile in weniger als einer Stunde zerlegen (Kubeczka, 1982). Nachteilig ist bei dieser Technik die geringe Substanzmenge, die getrennt werden kann. Eine Weiteruntersuchung der zunächst meist unbekannten Einzelkomponenten stößt daher auf Schwierigkeiten, bewegen sich doch die erhaltenen Einzelsubstanzen im ng-Bereich. Ihre Identifizierung ist daher praktisch nur durch Massenspektrometrie in direkter Kopplung möglich.

Die allerjüngsten methodischen Verbesserungen auf dem Gebiete der Gaschromatographie (Bertsch et al. 1981, 1982) betreffen neben einer Verbesserung der Probeneingabe vor allem die Säulentechnologie. Nach Einführung der leichter zu handhabenden und inerteren Quarzkapillare wurden vor allem thermisch beständigere, chemisch gebundene Phasen entwickelt, deren Schichtdicke sich vorbestimmen läßt, so daß neben einem größeren Arbeitstemperatur-Bereich auch eine Erhöhung der Probenkapazität erzielt wurde, was vor allem in der Spurenanalytik von größter Bedeutung ist. Durch Serienschaltung zweier oder mehrerer Trennsäulen unterschiedlicher Selektivität ließ sich die Trennleistung gaschromatographischer Systeme noch erheblich steigern (Schomburg, 1979; Kubeczka, 1979).

Flüssigkeits-Säulenchromatographie

Zur Trennung schwerflüchtiger, insbesondere thermolabiler Naturstoffe wird seit einigen Jahren in zunehmendem Maße die Hochdruckflüssigkeitschromatographie (HPLC von engl.: **H**igh **P**erformance **L**iquid **C**hromatography) eingesetzt, die eine konsequente Fortentwicklung der konventionellen Säulenchromatographie ist. Durch die Verwendung kleinerer (3 bis 10 μm Korndurchmesser) und enger klassierter Sorbensteilchen wird die Trennleistung der Säulenchromatographie erheblich verbessert, was jedoch ein Arbeiten bei erhöhtem Druck erfordert. Dadurch lassen sich allerdings auch die Arbeitszeiten drastisch verkürzen, so daß häufig eine Analysendauer von 10 Minuten und weniger resultiert.

Neben den klassischen Kieselgelen kommen heute überwiegend sog. chemisch gebundene Phasen wegen ihrer höheren Langzeitstabilität zum Einsatz, an denen auch problemlos Gradientenelutionen möglich sind, so daß relativ große Polaritätsbereiche in einem Analysengang abgedeckt werden können. Durch Variation der am Kieselgel gebundenen Reste lassen sich die verschiedensten Eigenschaften und Selektivitäten der stationären Phase realisieren. Am häufigsten finden heute die apolaren, sogenannten RP-Materialien (von *reversed phase*) mit unterschiedlich langen Alkylresten (C_2, C_8, C_{18}) Anwendung, wenngleich auch polarere Materialien z. B. mit Amin- bzw. Diolresten u. ä. zunehmend eingesetzt werden und vielfach die klassischen Kieselgele vorteilhaft ersetzen (Bickert et al. 1979 und 1980).

Eine der Hauptschwierigkeiten der HPLC besteht nach wie vor in der empfindlichen Detektion der getrennten Verbindungen. Neben deutlichen Verbesserungen des am weitesten verbreiteten UV-Detektors durch die Zwei- bzw. Mehrwellenlängen-Meßtechnik wurde mit dem sog. Photodioden-Array-Detektor (Hewlett-Packard), ein schnelles UV-Spektrometer eingeführt, das praktisch die gesamte spektrale Information *on-line* zu messen gestattet. Mittels eines Rechners lassen sich im Anschluß an die Analyse die gespeicherten Werte direkt oder nach rechnerischer Manipulation abfragen und ausdrucken.

Für im UV nicht absorbierende Verbindungen werden in jüngster Zeit neben den bereits länger eingesetzten und etablierten anderen Detektoren (z. B. RI-Detektoren) sog. Reaktionsdetektoren erprobt und bereits mehrfach erfolgreich verwendet. Unter Anwendung des Prinzips der *post-column-reaction* wurden kommerzielle Geräte entwickelt, die verschiedene chemische Umsetzungen zum Zwecke einer empfindlichen Substanzdetektion durchzuführen gestatten.

Auch für die Kopplung der HPLC mit einem Massenspektrometer werden bereits apparative Lösungen angeboten, die jedoch wegen des hohen Investitionsaufwandes noch keine sehr weite Verbreitung gefunden haben. Auch die von Bayer und Mitarbeitern (1979) vorgestellte interessante Kopplung der HPLC mit einem Kernresonanzspektrometer dürfte auf spezielle Untersuchungen beschränkt bleiben.

Da sowohl die Optimierung der Substanztrennung als auch der Detektion bei stark wechselnder Probenzusammensetzung viel Zeit in Anspruch nehmen, hat sich die HPLC vor allem in der Routineanalytik durchgesetzt, wo sie vielfach den übrigen chromatographischen Methoden deutlich hinsichtlich Schnelligkeit und Selektivität überlegen ist. Aber auch in der Forschung ist sie vielfach unentbehrlich geworden, liefert sie doch — ähnlich wie die Gaschromatographie — nicht nur qualitative, sondern auch direkt quantitativ verwertbare Resultate. Daneben spielt die präparative HPLC heute bei der Isolierung von Reinsubstanzen eine wichtige, aus der Laboratoriumspraxis kaum mehr wegzudenkende Rolle.

Flüssig-Flüssig-Verteilung

Neben den bereits als klassisch zu bezeichnenden chromatographischen Verfahren wie Dünnschicht-, Gas- und Säulenchromatographie sind in jüngster Zeit zwei Methoden zur Stofftrennung bekannt geworden, die direkt an die von Craig zu Laboratoriumsreife entwickelte Verteilung (Hecker, 1955) anknüpfen. Durch die Verwendung zweier begrenzt miteinander mischbarer flüssiger Phasen ohne festem Träger lassen sich Einflüsse des Trägermaterials wie Adsorption, katalytische Effekte u. ä. vermeiden.

Tropfen-Gegenstrom-Chromatographie

Die von Tanimura und Mitarbeitern (1970) entwickelte Tropfen-Gegenstrom-Chromatographie (engl.: **Droplet Counter-Current Chromatography DCCC**) ist bei uns vor allem durch die Arbeiten von Hostettmann bekannt geworden und zur präparativen Trennung und Isolierung zahlreicher, polarer Naturstoffe wie Saponine, Herzglykoside, Flavon-, Xanthon-, Anthrachinonglykoside sowie verschiedener Alkaloide eingesetzt worden (Hostettmann, 1980, 1981 a, b). Mit dieser Methode lassen sich Massen von wenigen Milligrammen bis zu etwa einem Gramm während eines Analysenganges trennen.

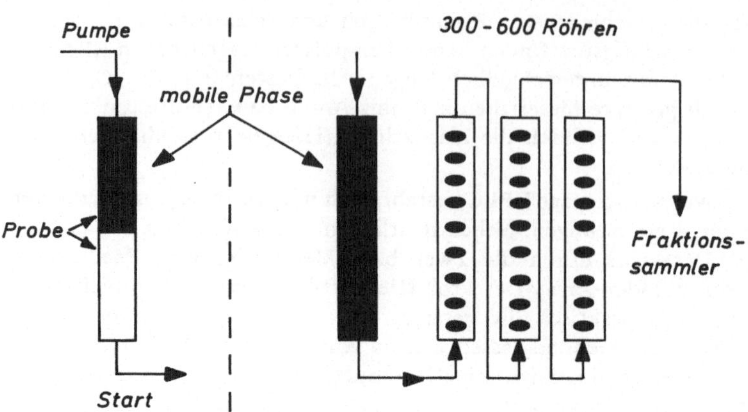

Bild 3 Prinzip der Tropfen-Gegenstrom-Chromatographie (DCCC); aufsteigender Modus

Die Trennung vollzieht sich in einem mit der stationären, flüssigen Phase gefüllten, vertikalen Röhrensystem, durch das einzelne Tropfen einer mit der stationären Flüssigkeit nicht mischbaren, mobilen Phase hindurchgepumpt werden (Bild 3). Je nachdem, ob die mobile oder stationäre Phase eine höhere Dichte besitzt, kann auf- oder absteigend gearbeitet werden. Der Weg, den die einzelnen Tropfen in den 300 bis 600 hintereinandergeschalteten, ca. 40 cm langen und 2 bis 4 mm weiten Röhren zurücklegen, beträgt 120 bis 240 m, so daß die einzelnen Substanzen sehr effektiv zwischen den beiden Phasen verteilt werden. Die mit der mobilen Phase austretenden Fraktionen bzw. Einzelsubstanzen lassen sich in einem Fraktionssammler getrennt auffangen und anschließend weiter untersuchen.

Prinzipiell sind für die DCCC alle Lösungsmittelgemische geeignet, die zwei Phasen bilden, wobei allerdings eine Tropfenbildung der mobilen Phase möglich sein muß. Durch diese Einschränkung sind bis vor kurzem nur Systeme zur Trennung relativ polarer Stoffe eingesetzt worden (Hostettmann, 1980). Durch die Entwicklung eines wasserfreien Lösungsmittelsystems läßt sich die DCCC neuerdings jedoch auch erfolgreich zur Trennung wenig polarer Naturstoffe, wie z. B. von Terpenen einsetzen (Becker et al. 1982 a, b).

Rotation Locular Counter-current Chromatography (RLCC)

Die für die DCCC gemachten Einschränkungen der Lösungsmittelwahl bezüglich der Tropfenbildung gelten nicht für eine weitere Flüssig-Flüssig-Verteilungsmethode, die im Grunde eine apparative Weiterentwicklung der bereits Anfang der 50er Jahre von Signer eingeführten RONOR-Verteilung ist.

Das RLCC-Gerät (Zinsser Analytik GmbH) besteht im wesentlichen aus 16 konzentrisch angeordneten und mit Teflon-Kapillaren hintereinandergeschalteten ca. 500 mm langen und 15 mm weiten Glasröhren, die durch gebohrte Teflonscheiben in zahlreiche Segmente (= loculi) unterteilt sind. Das mit 60 bis 80 Umdrehungen/Minute um seine Längsachse rotierende Säulenpaket ist normalerweise während der Trennung um ca. 20 bis 30° geneigt, kann jedoch beliebig verstellt werden. Bei der aufsteigenden Arbeitstechnik werden zu Beginn der Trennung die Röhren mit der spezifisch schwereren Phase gefüllt und die Probe zusammen mit der zweiten, spezifisch leichteren Phase am unteren Ende eingespeist. Dabei verdrängt die leichte Phase die in der Röhre befindliche schwere Phase bis zur Höhe der Segmentöffnung und fließt dann in die nächste und folgende Zel-

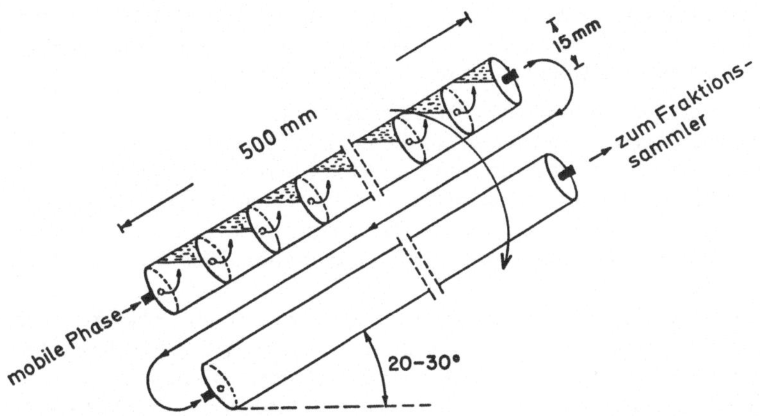

Bild 4 Prinzip der „Rotation Locular Countercurrent Chromatography" (RLCC); aufsteigender Modus

len, wo sich die Vorgänge wiederholen. Jede Zelle bleibt schließlich bis zur Hälfte mit schwerer Phase gefüllt, über die kontinuierlich die leichte Phase durch das ganze System gepumpt wird (Bild 4). Dabei sorgt die Rotation für einen guten Stoffaustausch zwischen den beiden Phasen. Prinzipiell ist auch ein absteigendes Arbeiten durch Umkehren der Fließrichtung mit der gleichen Apparatur möglich, wobei die spezifisch leichtere Phase stationär bleibt. Auch eine Phasenumkehr während einer Analyse, bei der die stationäre Phase als mobile Phase weiter verwendet wird, ist problemlos durchführbar, was zu einer Verkürzung der Analysendauer führen kann.

Vergleicht man die beiden Flüssig-Flüssig-Verteilungsmethoden DCCC und RLCC, so lassen sich etwa vergleichbare Trennungen in nahezu gleichen Zeiträumen (24 bis 48 h) erzielen. Auch der Massendurchsatz liegt in der gleichen Größenordnung, wenngleich sich mittels RLCC durchaus mehrere Gramm — allerdings auf Kosten der Trennleistung — trennen lassen. Ein nicht zu unterschätzender Vorteil der RLCC gegenüber der DCCC ist jedoch die größere Variationsmöglichkeit bei der Wahl der beiden Phasen, so daß ein merklich breiteres Spektrum von Naturstoffen dieser erfolgversprechenden Trennmethode zugänglich ist. Allerdings liegen für eine endgültige Beurteilung der Methode noch zu wenig Trennbeispiele vor.

5 Identifizierung und Strukturaufklärung isolierter Naturstoffe

Zur Identifizierung und Strukturaufklärung isolierter Naturstoffe werden heute überwiegend spektroskopische Methoden eingesetzt, die in den letzten Jahren enorme apparative Verbesserungen erfahren haben. Dabei sind neben einer Steigerung der Meßempfindlichkeit, die das Arbeiten mit wesentlich kleineren Probenmengen gestattet, eine nicht unerhebliche Verbesserung der Auflösung zu verzeichnen. Hinzu kommen bei den verschiedenen spektroskopischen Verfahren, besonders auf dem Gebiete der Kernresonanzspektroskopie und der Massenspektrometrie, so zahlreiche neue Arbeitstechniken, daß bereits ihre kurze Erläuterung bei weitem den Rahmen dieses Beitrages sprengen würde und auf entsprechende Beschreibungen in Fachzeitschriften verwiesen werden muß. Fachbücher zu dieser Thematik können aufgrund der atemberaubenden Entwicklung auf diesen Gebieten bereits bei ihrem Erscheinen nicht mehr auf dem neuesten Stand sein.

Neueren Datums ist auch der Einsatz von Digitalrechnern bei der Strukturermittlung einer Verbindung unter Einbeziehung der verschiedenen Spektraldaten (Milne, 1981), wobei grundsätzlich zwischen zwei Möglichkeiten zu unterscheiden ist:

1. Die „unbekannte" Verbindung ist in Wirklichkeit eine bekannte Substanz, die bereits zuvor charakterisiert worden ist. In diesem häufigeren Falle läßt sich nach einer rechnerunterstützten Strukturermittlung eine Übereinstimmung der gemessenen Daten mit Literaturdaten feststellen. Hierbei leisten die heute zur Verfügung stehenden, immer größer werdenden Datenbanken wie z. B. das *Chemical-Informations-System CIS* (Heller et al., 1977) des National Institute of Health in den USA unschätzbare Dienste.

2. Die unbekannte Verbindung ist noch nicht beschrieben und charakterisiert worden und stellt somit eine echte unbekannte Verbindung dar. Für diesen Fall sind verschiedene Systeme wie z. B. das von der McLafferty-Gruppe entwickelte STIRS-System (Dayringer et al., 1976) oder das in Stanford entwickelte CONGEN-System (Carhardt et al., 1975) beschrieben worden, die allerdings bei größeren Molekülen (<C20) wegen der Vielzahl möglicher Strukturen heute noch versagen. Ihre Treffsicherheit nimmt verständlicherweise mit der Anzahl und Güte vorhandener spektraler Informationen zu, wobei neben positiven Hinweisen *(goodlist)* auch Negativinformationen *(badlist)* gleichermaßen zur Einschränkung der Strukturvorschläge führen. Trotzdem wird die letzte Entscheidung für eine unbekannte Struktur heute und sicherlich auch noch in naher Zukunft von der menschlichen Intelligenz zu treffen sein und ganz entscheidend von der Erfahrung des Analytikers abhängen.

Ultraviolett-Spektroskopie

Der Ultraviolett-Spektroskopie kommt bei der Strukturermittlung einer unbekannten Verbindung nur eine eingeschränkte Bedeutung zu, da sie keine gleichmäßigen Informationen über die gesamte Molekel zu liefern vermag und die zu erhaltenden Aussagen partiell auch von anderen Methoden wie z. B. der Kernresonanzspektroskopie geliefert werden können. Trotzdem sollten ihre Möglichkeiten nicht unterschätzt werden, steht sie doch hinsichtlich ihrer Sensitivität mit an der Spitze aller spektroskopischen Methoden. Durch Einführung der Derivativspektroskopie (Bildung der ersten und höherer Ableitungen des gemessenen Kurvenzuges), die heute mit den meisten UV-Spektrometern durchführbar ist, läßt sich die Empfindlichkeit noch deutlich steigern, so daß diese Technik für die Spurenanalytik und die quantitative Bestimmung einzelner Verbindungen, aber auch für die simultane Bestimmung von Zwei- und Mehrstoffgemischen sehr aussichtsreich erscheint. Durch die zunehmende Bandenschärfung und die damit verbundene bessere Auflösung bieten vor allem höhere Ableitungen (n>2) eine Reihe von Vorteilen und ermöglichen z. T. erst die Lösung schwieriger analytischer Probleme (Talsky, 1982).

Auf die Möglichkeit der direkten Kopplung der HPLC mit einem schnellen UV-Spektrometer (Photodioden-Array-Detektor) als selektivem Detektionssystem wurde bereits hingewiesen.

Infrarot-Spektroskopie

Auf dem Gebiet der Infrarot-Spektroskopie sind durch Einführung von Spektrometern, die nach dem Fourrier-Transform-(FT)-Prinzip arbeiten, neben einer Empfindlichkeitssteigerung und einer deutlich höheren Meßpräzision ungleich schnellere Messungen möglich. Erst nachdem für die Aufnahme eines kompletten Spektrums Meßzeiten von 1 s bis 0,1 s erreicht wurden, war es möglich, direkte Kopplungen von Infrarotspektrometern mit Gaschromatographen zu konstruieren (Bruker, Digilab, Nicolet), die selbst in Verbindung mit Kapillartrennsäulen ausreichend schnell arbeiten. Für die Identifizierung der gemessenen Verbindungen sind verschiedene Rechnerprogramme entwickelt worden, die durch entsprechende Suchroutinen den automatischen Spektrenvergleich mit den immer umfangreicher werdenden Datenbanken ermöglichen, wobei sich die gesteigerte Meßpräzision der FT-Meßtechnik vorteilhaft auswirkt (Evers und Belz, 1982; Herres, 1982).

Massenspektrometrie

In der Massenspektrometrie sind in jüngster Zeit eine Vielzahl neuer Techniken entwickelt worden (Millington, 1980), die für die Naturstoffanalytik von nicht zu unterschätzender Bedeutung sind, da sie ein Vielfaches an zusätzlicher Information über die Struktur einer unbekannten Verbindung liefern. So finden neben der Elektronenstoßionisation (EI von engl. *electron impact*) zunehmend andere Ionisationstechniken Verwendung mit deren Hilfe auch labilere und größere Moleküle untersucht werden können. Durch Anwendung der chemischen Ionisation mit beispielsweise Methan oder Isobutan als Reaktantgasen, wobei sog. CI-Spektren erhalten werden, lassen sich die Molekulargewichte von labileren Verbindungen wie z. B. Alkoholen oder Estern häufig erst bestimmen. Auch der Einsatz von OH^- als Reaktantion, wodurch negative Ionen erzeugt werden, die sich durch negative Ionen-Massenspektrometrie analysieren lassen, führt häufig erst zu eindeutigen Resultaten. In vielen Fällen ist das dabei entstandene quasi-Molekülion $(M-H)^-$ das einzige Fragment im gesamten Spektrum, welches demzufolge leicht zu interpretieren ist.

Eine neue Dimension erhält die Strukturaufklärung durch die (hochauflösende) Massenspektrometrie/Massenspektrometrie (MS/MS) bei der im ersten Massenspektrometer abgetrennte Ionen einer bestimmten Masse nach einer weiteren Fragmentierung — oft durch ein neutrales Stoßgas initiiert (*collisional activation* CA) — in einem zweiten Massenspektrometer analysiert werden. Durch die Anwendung von zwei sequentiellen Schritten der Massenanalyse verbunden mit einer zwischengeschalteten Ionen-Fragmentierung lassen sich vielfach die einzelnen Ionen und ihre Entstehung eindeutig interpretieren und somit schließlich wertvolle Informationen über die Struktur der Probe erhalten.

Bei der Strukturaufklärung thermisch labiler und vor allem größerer Moleküle spielen neuerdings „weiche" Ionisierungstechniken eine bedeutende Rolle, unter denen die Felddesorption (FD), Desorptions-CI (DCI) und die Hochenergie-Atom-Stoßionisation (FAB von engl. *fast-atom bombardment*) wohl die bedeutendsten für die Naturstoffanalytik sind (Taylor, 1981). Mit diesen Techniken lassen sich Moleküle mit Massen bis über 2500 analysieren, wobei der FAB-Technik vor allem wegen ihrer einfacheren Durchführbarkeit und Vermeidung thermischer Effekte künftig eine höhere Priorität bei der Untersuchung von Naturstoffen zukommen wird.

Bei der Analyse von natürlichen Vielkomponentengemischen wie z. B. ätherischen Ölen hat sich bereits seit geraumer Zeit die Gaschromatograph-Massenspektrometer-Kopplung einen festen Platz erobert. Hierbei wird der Trägergasstrom nach Verlassen der gc-Trennsäule in die Ionenquelle des Massenspektrometers geleitet und üblicherweise in gleichen Zeitabständen — etwa alle 0,5 Sekunden — ein Spektrum aufgenommen. Bei dieser Arbeitsweise lassen sich während einer gc-Trennung so viele Daten gewinnen, daß allein ihre rechnerische Auswertung mehrere Tage und Wochen in Anspruch nehmen würde. Aus diesem Grund werden heute die erhaltenen Meßwerte in eine Datenanlage eingespeist und dort gespeichert bzw. verarbeitet. Anhand des sog. Totalionenstrom-Chromatogramms ist es anschließend möglich, jedes gewünschte Spektrum einzeln abzufragen und auszudrucken.

Kernresonanzspektroskopie

Die Kernresonanzspektroskopie ist neben der Massenspektrometrie heute die wichtigste Methode bei der Strukturaufklärung von Naturstoffen. Während die ^{1}H NMR-Spektroskopie bereits seit etwa 30 Jahren sehr erfolgreich in der Naturstoffanalytik eingesetzt wird, erfolgte erst etwa 15 Jahre später eine ähnlich stürmische Entwicklung auf dem Gebiete der ^{13}C NMR-Spektroskopie. Der Grund für diese zeitliche Verzögerung liegt in der − gegenüber dem Proton − etwa 5700mal geringeren Resonanzstärke des Kohlenstoffs, die auf die relativ geringe Häufigkeit des stabilen Kohlenstoffisotops ^{13}C in der Natur von 1,1 % und sein kleineres magnetisches Moment (ca. 1/4 des Protons) zurückzuführen ist. Diese Schwierigkeiten konnten erst durch die Einführung der Fourier-Transform-(FT)-Technik überwunden werden, die auch in der ^{1}H NMR-Spektroskopie eine merkliche Empfindlichkeitssteigerung mit sich brachte.

Eine weitere Verbesserung erfuhr die Kernresonanzspektroskopie in den vergangenen Jahren durch technologische Fortschritte, insbesondere durch Hochfeldgeräte mit supraleitenden Magneten, die z. Z. bei 500 bzw. 600 MHz in der ^{1}H NMR-Spektroskopie eine technologische Grenze erreicht haben. Neben einer merklichen Empfindlichkeitssteigerung wurden durch die hohen Feldstärken vor allem viele komplizierte Spinsysteme wesentlich vereinfacht und die entsprechenden Spektren dadurch leichter interpretierbar. Parallel dazu zeichnet sich eine rasche Entwicklung der verwendeten Rechner sowie der dazugehörigen Programme ab, so daß heute eine Reihe von Spezialtechniken wie z. B. besondere Pulsfolgen wichtige Strukturinformationen zusätzlich zu liefern vermögen.

Da in der ^{13}C NMR-Spektroskopie wegen der geringen Häufigkeit des ^{13}C-Isotops homonukleare Kopplungen zwischen den einzelnen C-Atomen praktisch fehlen, lassen sich durch die sog. Protonen-Breitbandentkopplung relativ einfache Spektren erhalten, deren einzelne Signale je einem C-Atom entsprechen, so daß sich relativ einfach die Anzahl der C-Atome eines Moleküls bestimmen läßt. Durch Anwendung spezieller Entkopplungstechniken, wie der *off-resonance*-Technik oder des *gated-decoupling* sowie durch selektive Entkopplungen lassen sich zahlreiche Informationen über die Wechselwirkungen zwischen ^{13}C- und anderen Kernen mit magnetischem Moment, vornehmlich mit Protonen, erhalten, woraus wichtige Schlüsse auf die vorliegende Verbindung möglich sind (Breitmaier und Bauer, 1977). Bei einigen Naturstoffen hat allerdings erst der Einsatz von Chelatkomplexen paramagnetischer Ionen der Lanthaniden (sog. Shiftreagenzien) zur Klärung der Struktur geführt. Dabei treten die Ionen der Komplexe in dipolare Wechselwirkung mit solchen Atomen des Moleküls, die freie Elektronenpaare besitzen (sog. „Pseudokontakt"-Wechselwirkung), wodurch die Resonanzlagen räumlich benachbarter Atome merklich beeinflußt und in Abhängigkeit von der Reagenzkonzentration mehr oder minder stark verschoben werden (Siewers, 1973). Bei Verwendung chiraler Shiftreagenzien ließ sich bei einer Reihe von Naturstoffen kernresonanzspektroskopisch zwischen Enantiomeren differenzieren (Kutal, 1973).

Auf spezielle Techniken (Friebolin, 1980) wie z. B. die Bestimmung der Relaxationszeiten einzelner Kerne, die Differenzspektroskopie von biologischen Makromolekülen, sowie die zwei- bzw. dreidimensionale Spektroskopie (Zeugmatographie/Spin-Mapping) kann hier nicht näher eingegangen werden.

6 Direkte Analyse von Naturstoffgemischen ohne vorangehende Trennung in Einzelkomponenten

Für die direkte qualitative und z. T. auch quantitative Analyse von natürlichen Vielstoffgemischen wie z. B. von ätherischen Ölen werden neuerdings einige spektroskopische Verfahren, insbesondere der Massenspektrometrie und der ^{13}C NMR-Spektroskopie erfolgreich eingesetzt.

Massenspektrometrische Mehrkomponentenanalyse

Bei der direkten Untersuchung von Vielkomponentengemischen leistet vor allem die massenspektrometrische Untersuchung der Zerfallsprodukte metastabiler Ionen, durch die sog. MI-Spektren erhalten werden, wertvolle Dienste. Das EI-Massenspektrum eines Gemisches zeigt zwar in der Regel ein typisches Fragmentmuster, doch ist es nicht möglich, einzelne Fragmente mit Sicherheit distinkten Gemischkomponenten zuzuordnen. Dies ist jedoch möglich, wenn sog. MIKE- (von Engl. *mass analyzed ion kinetic energy*) und CA-Spektren (von engl. *collisional activation*) einzelner Ionen in einer MS/MS-Kombination aufgenommen und mit denen von Referenzsubstanzen verglichen werden. Auf diese Weise werden nicht nur einzelne Komponenten in ätherischen Ölen oder Pflanzenextrakten identifizierbar und bestimmbar; selbst Pflanzenteile wie z. B. zerriebene Samen des Goldregens oder Proben von Tabakblättern wurden direkt in das Massenspektrometer eingebracht und auf einzelne Alkaloide hin analysiert (Grützmacher, 1982). Allerdings setzt diese massenspektrometrische Technik, wie auch die entsprechenden NMR-Methoden das Vorhandensein von Referenzsubstanzen bzw. -daten voraus, so daß sie sich kaum zur Analyse unbekannter Verbindungen, sondern eher zum Nachweis von bereits früher isolierten und meist strukturell bekannten Substanzen heranziehen lassen. Andererseits können in solchen Fällen häufig sehr umständliche und auch zeitraubende Isolierungs-, Reinigungs- und Anreicherungsschritte umgangen werden.

^{13}C NMR spektroskopische Mehrkomponentenanalyse

Die ^{1}H NMR-Spektren komplexer·Gemische bestehen wegen der zahlreichen Spin-Spin-Kopplungen der einzelnen Kerne aus komplizierten, verhältnismäßig breiten Banden, die sich zudem wegen des geringen Verschiebungsunterschiedes oft überlagern. Die ^{1}H NMR-Spektroskopie kommt daher für eine Vielkomponenten-Analyse nicht in Betracht. Anders bei der ^{13}C NMR-Spektroskopie, wo sich durch Protonen-Breitbandentkopplung selbst von relativ komplizierten Gemischen einfache Spektren erhalten lassen (Formaček, 1979; Formaček und Kubeczka, 1979). Eine Überlappung einzelner Resonanzsignale tritt aufgrund der wesentlich größeren chemischen Verschiebung und der geringeren Linienbreite selten auf. Der in der ^{13}C NMR-Spektroskopie zur Verfügung stehende Resonanzbereich beträgt 0 bis 240 ppm gegenüber 0 bis 15 ppm in der Protonenspektroskopie.

Die Hauptkomponente eines Gemisches läßt sich in der Regel bereits nach einem Puls — Dauer ca. 1 Sekunde — bei Verwendung einer 10 mm Küvette und 90 %igen Lösung erkennen. Geringere Konzentrationen einer Komponente werden nach wenigen Minuten erkennbar und können mit Hilfe eines Referenzspektrums durch Vergleich der Signallagen identifiziert werden (Formaček, 1979; Formaček und Kubeczka, 1979).

Als Beispiel für eine ^{13}C NMR-Analyse eines komplizierter zusammengesetzten Gemisches soll hier das ätherische Fenchelöl dienen. Auch hierbei sind die Hauptkomponenten *trans*-Anethol, Fenchon und Anisaldehyd relativ rasch zu erkennen und lassen sich mit Referenzspektren leicht und sicher identifizieren. Nach 12stündiger Akkumulationsdauer werden noch Bestandteile unter einem Prozent erfaßt und können identifiziert werden. Dazu empfiehlt es sich, sowohl eine horizontale als auch vertikale Dehnung des Spektrums vorzunehmen und den Bereich von 0 bis 80 ppm, in dem die aliphatischen Kohlenstoffatome in Resonanz treten, und den „aromatischen bzw. Doppelbindungsbereich" von 100 ppm an getrennt zu registrieren. Die entsprechenden Spektren des Fenchelöls mit den einzelnen Zuordnungen zeigt Bild 5.

Neben der Möglichkeit qualitativer ^{13}C NMR-spektroskopischer Analysen von Naturstoffgemischen wurden auch die Voraussetzungen zur Quantifizierung der einzelnen Gemischkomponenten untersucht. Dabei war zu berücksichtigen, daß die quantitative Information eines Spektrums verschlüsselt vorliegt und von mehreren Faktoren wie der

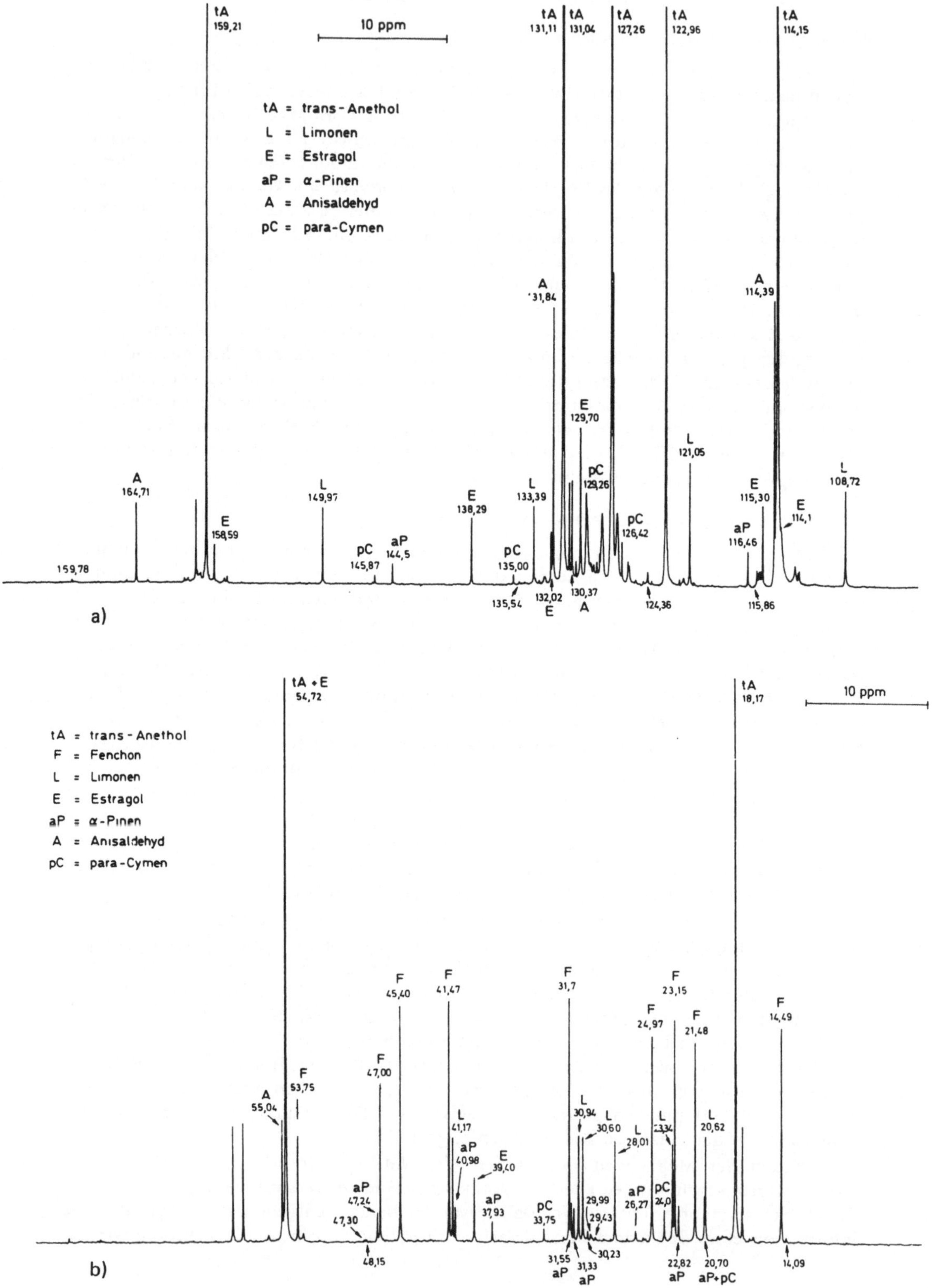

tA
159,21
10 ppm
tA
131,11
tA
131,04
tA
127,26
tA
122,96
tA
114,15
tA = trans-Anethol
L = Limonen
E = Estragol
aP = α-Pinen
A = Anisaldehyd
pC = para-Cymen
A
131,84
E
129,70
pC
129,26
A
164,71
E
158,59
L
149,97
pC
145,87
aP
144,5
E
138,29
L
133,39
pC
135,00
pC
126,42
L
121,05
A
114,39
E
115,30
aP
116,46
E
114,1
L
108,72
159,78
135,54
132,02
E
130,37
A
124,36
115,86
a)
tA + E
54,72
tA
18,17
10 ppm
tA = trans-Anethol
F = Fenchon
L = Limonen
E = Estragol
aP = α-Pinen
A = Anisaldehyd
pC = para-Cymen
F
45,40
F
41,47
F
31,7
F
23,15
F
24,97
F
21,48
F
14,49
F
47,00
A
55,04
F
53,75
L
41,17
aP
40,98
E
39,40
L
30,94
L
30,60
L
28,01
L
23,34
L
20,62
aP
47,24
aP
37,93
pC
33,75
29,99
29,43
aP
26,27
pC
24,0
47,30
48,15
31,55
aP
31,33
aP
30,23
22,82
aP
20,70
aP+pC
14,09
b)

digitalen Auflösung des verwendeten Rechners und der Relaxationszeit bzw. dem Nuclear Overhauser Effekt (NOE) einzelner Kerne beeinflußt wird. Durch Elimination der Signale nichtprotonierter Kerne und Berechnung der mittleren Signalintensität pro C-Atom als charakteristischer Meßgröße, konnte ein Weg für quantitative Analysen gefunden werden (Formaček, 1979; Formaček und Kubeczka, 1982).

7 Direkte Untersuchung von biologischem Material

Auf die Möglichkeit der direkten massenspektrometrischen Untersuchung von Pflanzenmaterial mit Hilfe der MIKE-Spektroskopie (Grützmacher, 1982) wurde bereits im vorigen Abschnitt hingewiesen. Aber auch direkte kernresonanzspektroskopische Untersuchungen von biologischem Material liegen bereits vor, die zudem den Vorzug haben, zerstörungsfrei zu arbeiten, und die *in vivo*-Analysen ermöglichen. So konnten Kainosho und Mitarbeiter (1976, 1977, 1978) Glykoside, Zucker Triglyceride, ätherische Öle und Stärke in Zellen intakter Gewebe mittels ^{13}C NMR-Spektroskopie nachweisen und z. T. ihre Veränderungen beim Wachstumsprozess verfolgen.

Eine der z. Z. bedeutendsten Entwicklungen bei der direkten Untersuchung von Pflanzeninhaltsstoffen basiert auf dem sog. *Radioimmunoassay* (RIA), einem serologischen Verfahren. Mit Hilfe dieses äußerst sensitiven aber auch selektiven Verfahrens lassen sich noch wenige Nanogramme (teilweise noch weniger) einzelner Naturstoffe nachweisen und quantifizieren, so daß diese Methode heute wohl zu den empfindlichsten analytischen Verfahren überhaupt zählt (Bild 6). Mit Hilfe dieser von Zenk und Mitarbeitern in München sehr breit untersuchten und angewandten Methode ließen sich zahlreiche sekundäre Pflanzenstoffe wie z. B. Sennoside, Peptid- und Indolalkaloide, Steroidalkaloide, Herzglykoside

Nachweisgrenzen verschiedener Analysenverfahren

Methode	Nachweisgrenze/g(ml) Material			
	10^{-3}	10^{-6}	10^{9}	10^{-12}
	g mg	µg	ng	pg
Gravimetrie				
Colorimetrie				
Infrarot				
Spektrophotometrie				
Fluorometrie				
Polarographie				
Chromatographie TLC				
GC				
HPLC				
Massenfragmentographie (GC/MS)				
Radioaktivitätsmessung (^{14}C, ^{3}H u. a.)				
Radioimmunoassay				
	ppm	ppb		

Bild 6
Nachweisgrenzen verschiedener Analyseverfahren

Bild 5 Gedehntes Protonen-breitbandentkoppeltes 20,1 MHz-^{13}C NMR-Spektrum von Fenchelöl (90% in Hexadeuterobenzol, 10 mm Küvette, 48 000 akkumulierte Messungen) mit Zuordnung der einzelnen Ölkomponenten. Bereich: 100—180 ppm und 0—80 ppm

u. a. in lebenden Pflanzen und Pflanzen-Rohextrakten nachweisen und quantifizieren (Weiler et al., 1976; Arens et al., 1978; Westekemper et al., 1980; Weiler, 1980; Weiler et al., 1981). Selbst an Herbar-Material waren zuverlässige Untersuchungen möglich, da vielfach bereits 0,5 mg einer Herbar-Probe für eine Analyse ausreichen (Weiler et al., 1980).

Mit Hilfe des von Weiler und Zenk (1979) beschriebenen autoradiographischen Immunoassays (ARIA) läßt sich zudem mit geringem analytischen Aufwand eine sehr große Analysenprobenzahl, etwa 10^4 Proben pro Tag und Person, bewältigen, so daß ein äußerst wirksames Instrument für ein Massen-Screening z. B. bei chemotaxonomischen Studien und der Selektions- und Züchtungsforschung in die Hand des Analytikers gelegt ist. Dabei sind aufgrund der hohen Empfindlichkeit der Methode nur einige wenige Zellen für die Untersuchung erforderlich. Sie erweist sich somit auch bei der Selektion von Hochleistungsstämmen und chemischen Varianten in pflanzlichen Zellkulturen und der Kultur von Mikroorganismen als äußerst nützlich und dürfte künftig noch weitere Anwendungen finden.

Versucht man abschließend die heute in der Naturstoffanalytik zur Verfügung stehenden Methoden zu überblicken und zu bewerten, so muß man feststellen, daß es trotz aller faszinierender Erfindungen und Entwicklungen nicht *die* universelle und beste analytische Methode gibt und wohl auch künftig nicht geben wird. Vielmehr ist es die richtige Auswahl und Kombination einzelner Methoden, die zu höchsten Leistungen führt, so daß trotz zunehmender Automatisierung der menschlichen Erfahrung und Intelligenz noch immer der entscheidende Anteil bei der Analyse von Naturstoffen zukommt.

Literatur

Arens, H., J. Stöckigt, E. W. Weiler und M. H. Zenk: Radioimmunoassays for the Determination of the Indole Alkaloids Ajmalicine and Serpentine in plants. Planta med. 34, 37—46 (1978).

Baerheim Svendsen, A., und J. Karlsen: Die Anwendung der Gaschromatographie in der chemischen Pharmakognosie. Präparative Pharmazie 6, 1—8 (1970).

Bayer, E., K. Albert, M. Nieder, E. Grom und T. Keller: On-line Coupling of High-Performance Liquid Chromatography and Nuclear Magnetic Resonance. J. Chromatogr., Advances in Chromatography pp. 525—535, 1979.

Becker, H., J. Reichling und W.-C. Hsieh: Water-free Solvent System for Droplet Counter-Current Chromatography and its Suitability for the Separation of Non-polar Substances. J. Chromatogr. 237, 307—310 (1982).

Becker, H., W.-C. Hsieh und K.-H. Kubeczka: Isolation of Essential Oil Constituents by Droplet Counter Current Chromatography (DCCC). Vortrag beim 13th Internat. Workshop on Essential Oils. Würzburg. 7.—11. 9. 1982.

Bertsch, W., W. G. Jennings und R. E. Kaiser (Eds.): Recent Advances in Capillary Gas Chromatography. Dr. A. Hüthig Verlag. Heidelberg, Basel, New York. 1981—1982. Vol. I—III.

Bickert, P., E. Roggendorf u. R. Spatz: HPLC Applications Data Bank. Spectra-Physics GmbH. Darmstadt. 1979 und 1980.

Breitmaier, E., und G. Bauer: ^{13}C-NMR-Spectroskopie. Georg Thieme Verlag. Stuttgart. 1977.

Bruno, S.: La Cromatografia in Fase Vapore Nell'identificazione di Alcuni Olii Essenziali in Materiali Biologici. Farmaco, Ed. Prat. 16, 481—486 (1961).

Carhart, R. E., D. H. Smith, H. Brown und C. Djerassi: Application of Artificial Intelligence for Chemical Inference. XVII. An Approach to Computer-Assisted Elucidation of Molecular Structure. J. Amer. Chem. Soc. 97, 5755—5762 (1975).

Dayringer, H. E., G. M. Pesyna, R. Venkataraghavan und F. W. McLafferty: Computer-Aided Interpretation of Mass Spectra. Organ. Mass Spectrom. 11, 529—542 (1976).

Dayringer, H. E., und F. W. McLafferty: Computer-Aided Interpretation of Mass Spectra. Organ. Mass Spectrom. 11, 543—551 (1976).

Dünges, W.: Prä-chromatographische Mikromethoden. Dr. A. Hüthig Verlag. Heidelberg, Basel, New York. 1979.

Dünges, W.: Probenvorbereitung für die Chromatographie. Mikrolitertechniken in Routine und Forschung. GIT f. Lab., Supplement „Chromatographie". 1982. pp. 17—26.

Evers, H., und H.-H. Belz: GC-IR Coupling and Spectral Library Search. Vortrag beim 13th Intern. Workshop on Essential Oils. Würzburg. 7.—11. 9. 1982.

Formácek, V.: Einsatzmöglichkeiten der ^{13}C NMR-Spektroskopie bei der direkten Analyse ätherischer Öle. Dissertation. Würzburg. 1979.

Formácek, V., und K. H. Kubeczka: Einsatzmöglichkeiten der ^{13}C-NMR-Spektroskopie bei der Analyse ätherischer Öle. In: K.-H. Kubeczka (Hrsg.), Vorkommen und Analytik ätherischer Öle. pp. 130—138. G. Thieme Verlag. Stuttgart. 1979.

Formácek, V., und K.-H. Kubeczka: Quantitative Analyse ätherischer Öle mittels ^{13}C-NMR-Spektroskopie. In: K.-H. Kubeczka (Hrsg.), Ätherische Öle, Analytik, Physiologie, Zusammensetzung. pp. 42—53. G. Thieme Verlag. Stuttgart/New York. 1982.

Friebolin, H.: Magnetische Kern- und Elektronenspinresonanz-Spektroskopie. In: Ullmanns Encyklopädie der technischen Chemie, Bd. 5, pp. 381—422. Verlag Chemie. Weinheim, Deerfield Beach, Basel. 1980.

Fries, K.: Kryosublimation im Vakuum. Ein schonendes Verfahren zur Extraktion ätherischer Öle aus Pflanzenmaterial. Biol. Zentralblatt 88, 215—224 (1969).

Grützmacher, H.-F.: Gemischanalysen mit neuen massenspektrometrischen Techniken — eine Übersicht. In: K.—H. Kubeczka (Hrsg.) Ätherische Öle, Analytik, Physiologie, Zusammensetzung. pp. 1—24. G. Thieme Verlag. Stuttgart, New York. 1982.

Hecker, E.: Verteilungsverfahren im Laboratorium. Verlag Chemie. Weinheim. 1955.

Heller, S. R., G. W. A. Milne und R. J. Feldmann: The Computer-based Chemical Information System. Chemical Data Stored in a Central Computer can be Used Internationally in Real Time and at Low Cost. Science 195, 253—259 (1977).

Herres, W.: The Use of GC-FTIR in the Analysis of Essential Oils. Vortrag beim 13th Intern. Workshop on Essential Oils. Würzburg. 7.—11. 9. 1982.

Hostettmann, K.: Droplet Counter-Current Chromatography and its Application to the Preparative Scale Separation of Natural Products. Planta med. 39, 1—18 (1980).

Hostettmann, K.: Tropfen-Gegenstrom-Chromatographie. Chemie für Labor und Betrieb 32, 211—212 (1981).

Hostettmann, K.: Droplet Counter-Current Chromatography, an Ideal Method for the Isolation of Natural Products. In: J. L. Beal und E. Reinhard (Eds.) Natural Products as Medicinal Agents. pp. 79—92. Hippokrates Verlag. Stuttgart. 1981.

Iffland, R. und G. Dotzauer: Anwendung eines Vakuumdestillationsverfahrens zur gaschromatographischen Bestimmung organischer Lösungen in Körperflüssigkeiten. Arzneim.-Forsch. (Drug Res.) 17, 918—919 (1967).

Jennings, W. G., R. Wohleb und M. J. Lewis: Gas Chromatographic Analysis of Headspace Volatiles of Alcoholic Beverages. J. Food Sci. 37, 69—71 (1972).

Jennings, W. G.: Vapor-Phase Sampling. HRC & CC 2, 221—224 (1979).

Kainosho, M., und H. Konishi: ^{13}C Nuclear Magnetic Resonance Spectrum of Dried Star Anise Fruits and its Histological Implications. Tet. Lett. No. 51, 4757—4760 (1976).

Kainosho, M.: Application of High Resolution ^{13}C Nuclear Magnetic Resonance Spectroscopy to Inhomogeneous Systems. Bunseki 8, 26—31 (1977).

Kainosho, M., und K. Ajisaka: Carbon-13 Nuclear Magnetic Resonance Spectra of Gross Plant Tissues Containing Starch. Tet. Lett. No. 18, 1563—1566 (1978).

Karlsen, J.: Microanalysis of Volatile Compounds in Biological Material by Means of Gas Liquid Chromatography. J. Chromatogr. Sci. 10, 642—643 (1972).

Kubeczka, K.-H.: Neue analytische Methoden bei Untersuchungen zur Biogenese des Rautenöls. Planta med. 14, 381—391 (1966).

Kubeczka, K.-H.: Vorrichtung zur Isolierung, Anreicherung und chemischen Charakterisierung gaschromatographisch getrennter Komponenten im µg-Bereich. J. Chromatogr. 31, 319—325 (1967).

Kubeczka, K.-H.: Ein einfaches Verfahren zur Gewinnung kleinster Duftstoffmengen für die DC-Analyse. Planta med. 17, 249—299 (1969).

Kubeczka, K.-H.: Gaschromatographie. Grundlagen und Anwendung auf dem Naturstoffgebiet. Mitt. Dtsch. Pharmazeut. Ges. 304, 278—299 (1971).

Kubeczka, K.-H.: Chromatographische Kombinationstechniken bei der Analyse von Naturstoffen. Planta med. 35, 291—307 (1979).

Kubeczka, K.-H., und S. Ebel: Dünnschichtchromatographie. In: Ullmanns Encyklopädie der technischen Chemie, Bd. 5, pp. 183—215. 4. Aufl. Verlag Chemie. Weinheim, Deerfield Beach, Basel. 1980.

Kubeczka, K.-H.: Neue Techniken zur Isolierung kleinster ätherischer Ölmengen für gaschromatographische Analysen. In: K.-H. Kubeczka (Hrsg.) Ätherische Öle, Analytik, Physiologie, Zusammensetzung. pp. 116—122. G. Thieme Verlag. Stuttgart, New York. 1982.

Kutal, C.: Chiral Shift Reagents. In: R. E. Siewers (Ed.) Nuclear Magnetic Resonance Shift Reagents. Academic Press, New York, London. 1973.

Millington, D. S.: New Mass Spectral Techniques for Organic and Biochemical Analysis; a Review. Vacuum Generators GmbH. Wiesbaden. 1980.

Milne, G. W. A.: The Use of Computers in Chemical Structure Determination. In: J. L. Beal und E. Reinhard (Eds.) Natural Products as Medicinal Agents. pp. 55—77. Hippokrates Verlag. Stuttgart. 1981.

Rasmussen, K. E., S. Rasmussen und A. Baerheim Svendsen: Quantitative Determination of the Various Compounds of the Volatile Oil in Small Amounts of Plant Material by Means of Gas-Liquid Chromatography. Pharm. Weekblad 107, 277—284 (1972).

Rasmussen, K. E., S. Rasmussen und A. Baerheim Svendsen: Quantitative Schwankungen in der Zusammensetzung des ätherischen Öls in Einzelblättern von *Rosmarinus officinalis* L. Sci. Pharm. 40, 286—290 (1972).

Ripphahn, J., und H. Halpaap: Quantitation in High-Performance Micro-Thin-Layer Chromatography. J. Chromatogr. 112, 81—96 (1975).

von Rudloff, E.: Gas Chromatographic Analysis of the Volatile Oil from a Single Conifer Needle. J. Gas Chromatogr. 3, 390—391 (1965).

Siewers, R. E. (Ed.): Nuclear Magnetic Resonance Shift Reagents. Academic Press. New York, London. 1973.

Schomburg, G.: Gaschromatographische Analyse komplizierter Stoffgemische. In: K.-H. Kubeczka (Hrsg.) Vorkommen und Analytik ätherischer Öle. pp. 93—113. G. Thieme Verlag. Stuttgart. 1979.

Stahl, E.: TAS, ein Thermomikro-Abtrenn- und Applikationsverfahren gekoppelt mit der Dünnschichtchromatographie. J. Chromatogr. 37, 99—102 (1968).

Stahl, E.: A Thermo Micro Procedure for Rapid Extraction and Direct Application in Thin-Layer Chromatography. Analyst 94, 723—727 (1969).

Stahl, E.: Thermofraktographie. Z. Anal. Chem. 261, 11—21 (1972).

Stahl, E.: Advances in the Field of Thermal Procedures in Direct Combination with Thin-Layer Chromatography. Accounts of Chemical Research 9, 75—80 (1976).

Stahl, E.: Coupling of Extraction with Supercritical Gases and Thin-Layer Chromatography. J. Chromatogr. 142, 15—21 (1977).

Stahl, E., und V. Brüderle: Polymer Analysis by Thermofractography. Advances in Polymer Science 30, 1—88 (1979).

Sticher, O.: Bedeutung und Entwicklungstendenzen der Arzneistoffe aus der Natur. In: H. G. Menßen (Hrsg.) Moderne Aspekte der Phytotherapie. A. Nattermann & Cie. GmbH. Köln. 1981.

Talsky, G.: Warum Derivativspektrophotometrie höherer Ordnung? GIT Fachz. Lab. 26, 929—932 (1982).

Tanimura, T., J. J. Pisano, Y. Ito und R. L. Bowman: Droplet Countercurrent Chromatography. Science 169, 54—56 (1970).

Taylor, L. C. E.: Fast Atoms Allow MS Study of Large Molecules. Industrial Res. & Development 124—128 (1981).

Tschirch, A.: Handbuch der Pharmakognosie. Verlag von C. H. Tauchnitz. Leipzig. 1909.

Weiler, E. W., und M. H. Zenk: Radioimmunoassay for the Determination of Digoxin and Related Compounds in *Digitalis lanata*. Phytochemistry 15, 1537—1545 (1976).

Weiler, E. W., und M. H. Zenk: Autoradiographic Immunoassay (Aria): A Rapid Technique for the Semiquantitative Mass Screening of Haptens. Analyt. Biochem. 92, 147—155 (1979).

Weiler, E. W.: Radioimmunoassays for the Differential and Direct Analysis of Free and Conjugated Abscisic Acid in Plant Extracts. Panta 148, 262—272 (1980).

Weiler, E. W., H. Krüger und M. H. Zenk: Radioimmunoassay for the Determination of the Steroidal Alkaloid Solasodine and Related Compounds in Living Plants and Herbarium Specimens. Planta med. 39, 112—124 (1980).

Weiler, E. W., und R. L. Mansell: Radioimunnoassay of Limonin Using a Tritiated Tracer. J. Agric. Food. Chem. 28, 543—545 (1980).

Weiler, E. W., J. Stöckigt und M. H. Zenk: Radioimmunoassay for the Quantitative Determination of Scopolamine. Phytochemistry 20, 2009—2016 (1981).

Weiss, M., und H. Jork: Quantitative TLC-Spectroskopie der Catecholamine und ihrer Metaboliten. 2. Mitt.: Anreicherung und Clean-up der wichtigsten Phenolcarbonsäuren im Urin. GIT f. Lab. Supplement „Chromatographie". 1982. pp. 55—62.

Westekemper, P., U. Wieczorek, F. Gueritte, N. Langlois, Y. Langlois, P. Portier und M. H. Zenk: Radioimmunoassay for the Determination of the Indole Alkaloid Vindoline in *Catharanthus*. Planta med. 39, 24—37 (1980).

Weurman, C.: Isolation and Concentration of Volatiles in Food Odor Research. Agricult. Food Chem. 17, 370—384 (1969).

Namenverzeichnis

Verzeichnis wissenschaftlicher Namen

Sachwortverzeichnis

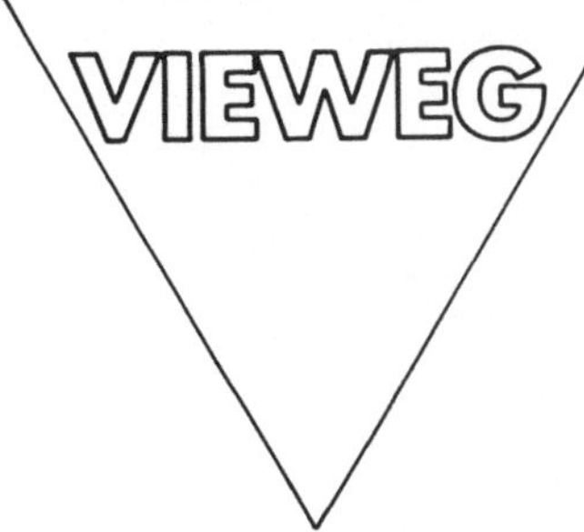

Das große Lehrbuch
und Nachschlagewerk in der 2. Auflage

Lubert Stryer

Biochemie

2., neubearb. Aufl. 1983. IX, 750 S. mit 980 meist mehrfarb. Abb. 22,5 X 24,5 cm. Gbd.

Inhalt: Moleküle und Leben: Konformation und Dynamik — Erzeugung und Speicherung der Stoffwechselenergie — Biosynthese der Vorstufen von Makromolekülen — Information — Molekularphysiologie — Anhang — Lösungen zu den Aufgaben — Register.

Das enorme Anwachsen des biochemischen Wissensstoffes machte eine überarbeitete Auflage des bewährten Lehrbuches nötig. Hierbei ist nicht nur eine Anpassung der einzelnen Kapitel und der Literaturzitate an den neuesten Stand der Forschung erfolgt, das Buch hat außerdem eine Erweiterung um zwei vollständig neue Kapitel erfahren. Das eine befaßt sich mit der Koordination und Steuerung der Stoffwechselvorgänge, das andere mit einem heute hochaktuellen Thema, mit den Möglichkeiten zur Genveränderung — einem Problemkreis, der die Wissenschaft noch einige Zeit beschäftigen wird.

Das Lehrbuch ist für Studenten der Biochemie, der Biologie und der Medizin geschrieben. Für Medizinstudenten ist dem Buch eine Synopse beigefügt, die den Inhalt in bezug auf die Anforderungen des Gegenstandskatalogs aufschlüsselt.

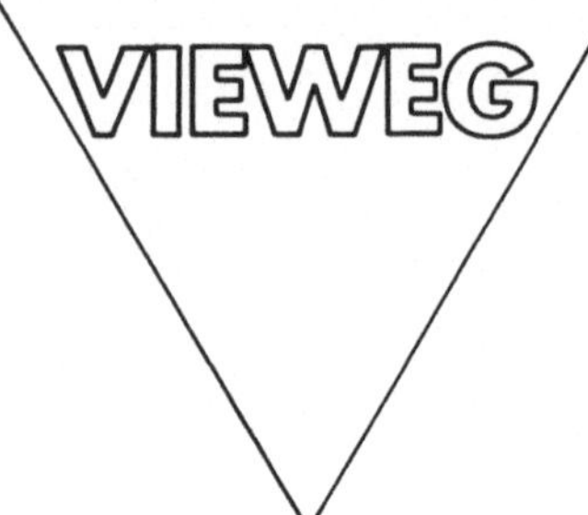

Walter Schunack, Klaus Mayer und Alfred Haake

Arzneistoffe

Lehrbuch der Pharmazeutischen Chemie

2., überarb. Aufl. 1983. XI, 608 S. mit 43 Abb. und 103 Tab. 17,5 X 24,5 cm. Gbd. DM 72,—

Prägnanz, klare Gliederung und Aktualität wurden in Besprechungen zur Erstauflage dieses Lehrbuches hervorgehoben. Seine neuartige Konzeption einer integrierten Darstellung stofflich-chemischer und biochemischer Aspekte der Arzneistoffe erlaubt es, Themen wie Struktur-Wirkungs-Beziehungen und Arzneistoffentwicklung, in die chemische und biologische Inhalte gleichermaßen einfließen, zusammenhängend verständlich zu machen. Durch Eingliederung pharmakologischer Abschnitte wird der medizinischen Zweckgebundenheit der Arzneistoffe Rechnung getragen.

Die Anforderungen der geltenden Approbationsordnung finden Berücksichtigung. So enthält das Buch auch Abschnitte aus dem Grenzbereich zur Medizin wie beispielsweise Blutuntersuchung und Enzymdiagnostik.

Die 2. überarbeitete Auflage ermöglichte die Durchführung erforderlich gewordener Korrekturen; einige kleinere Passagen wurden auf den neuesten Stand gebracht.

Das Lehrbuch wendet sich insbesondere an Studierende der Pharmazie. Dem praktischen Apotheker dient es zur Fort- und Weiterbildung sowie als aktuelles Nachschlagewerk.

Teubner-Reihe UMWELT

G. Schuster

Viren in der Umwelt

Teubner-Reihe UMWELT

Herausgegeben von
Prof. Dr. mult. Dr. h.c. Müfit Bahadir, Braunschweig
Prof. Dr. Hans-Jürgen Collins, Braunschweig
Prof. Dr. Bertold Hock, Freising

Diese Buchreihe ist ein Forum für Veröffentlichungen zum gesamten Themenbereich Umwelt. Es erscheinen einführende Lehrbücher, Monographien und Forschungsberichte, die den aktuellen Stand der Wissenschaft wiedergeben.

Das inhaltliche Spektrum reicht von den naturwissenschaftlich-technischen Grundlagen über umwelttechnische Fragestellungen bis hin zu juristisch, sozial- und gesellschaftswissenschaftlich ausgerichteten Titeln. Besonderer Wert wird dabei auf eine allgemeinverständliche, dennoch exakte und präzise Darstellung gelegt. Jeder Band ist in sich abgeschlossen.

Die Autoren der Reihe wenden sich vorwiegend an Studierende, Lehrende sowie in der Praxis tätige Fachleute.

Viren in der Umwelt

Von Prof. Dr. Gottfried Schuster

 Springer Fachmedien Wiesbaden GmbH

Prof. Dr. rer. nat. habil. Gottfried Schuster

Geboren 1923 in Meißen. Von 1946 bis 1951 Studium der Biologie, 1954 Promotion, 1960 Habilitation an der Universität Leipzig. 1960 Dozent, 1962 Professor mit Lehrauftrag, 1964 Professor mit vollem Lehrauftrag für Botanik an der Landwirtschaftlichen Fakultät, 1968 bis 1988 o. Professor für Pflanzenphysiologie und Mikrobiologie an der Sektion Biowissenschaften der Mathematisch-Naturwissenschaftlichen Fakultät der Universität Leipzig. Vorlesungen vor allem über Allgemeine Botanik, Pflanzenphysiologie, Pathophysiologie und Virologie. Autor zahlreicher Lehrbücher, Monographien und Publikationen in Fachzeitschriften; 46 Patente, vorwiegend zur antiphytoviralen Therapie i. w. S. Hauptforschungsgebiete: Pathophysiologie pflanzlicher Virosen und biologische Grundlagen für die Entwicklung antiphytoviraler Verbindungen.

Gedruckt auf chlorfrei gebleichtem Papier.

Die Deutsche Bibliothek – CIP-Einheitsaufnahme

Schuster, Gottfried:
Viren in der Umwelt / von Gottfried Schuster. –
Stuttgart ; Leipzig : Teubner, 1998
  (Teubner-Reihe Umwelt)
  ISBN 978-3-519-00209-3   ISBN 978-3-322-96637-7 (eBook)
  DOI 10.1007/978-3-322-96637-7

Umschlaggestaltung: E. Kretschmer, Leipzig

Vorwort

Viren sind in der Umwelt nahezu allgegenwärtig. Sie stellen Umweltfaktoren dar, die in starkem Maße sowohl auf Individuen, besonders auf deren Eigenumwelt, als auch auf Ökosysteme und Populationssysteme einwirken.

Viren werden oft als Parasiten auf genetischer Ebene bezeichnet, denn sie zwingen den befallenen Organismus, Virusnucleinsäure sowie Virusproteine und schließlich neue Viruspartikeln zu bilden. Hierfür muß er zahlreiche Wirtsenzyme, die zur Proteinbildung erforderlichen Ribosomen sowie seine Mitochondrien und andere für die Energiegewinnung und den Energietransport erforderliche Mechanismen bereitstellen. Im Hinblick auf diese Verhältnisse ist eine Analyse der Eigenumwelt der virusbefallenen Organismen von besonderer Bedeutung.

Es ist nicht unumstritten, die Viren, die in der Lage sind, Wirtsmechanismen zur Virusreplikation umzustimmen und zu nutzen, die also gewissermaßen ein geborgtes Leben führen, als Organismen anzusehen, deren Funktionen durch extremen Parasitismus stark vermindert sind. Zumindest für einige große Tierviren dürfte das aber mit einiger Sicherheit zutreffen. Kleinere Tierviren und Viren von Bakterien und Pflanzen könnten demgegenüber eher von Zellbestandteilen abstammen, die sich verselbständigt haben. Macht man sich – gewissermaßen als gemeinsamen Nenner – die Sicht zu eigen, daß Viren lebendig sind, auch wenn ihr Leben ähnlich wie das extrem stark zurückgebildeter Parasiten nur geborgt ist, dürfen befallene Wirtszellen und vielfach der gesamte Wirtsorganismus als wesentlicher Teil der Umwelt der Viren angesehen werden. Hierdurch wird es erleichtert, die Wechselwirkungen zwischen den Viren und ihren Wirtsorganismen zu untersuchen und zu verstehen. Auch für die Gewinnung von Kenntnissen über die Wechselwirkungen zwischen Viren und nichtorganismischen Umweltfaktoren sowie zwischen Viren und den oft zur Virusübertragung erforderlichen Organismen ist diese Sicht von Bedeutung. Sie erleichtert es, auftretenden Gesetzmäßigkeiten nachzuspüren, hierfür Methoden und Denkweisen der Ökologie zu nutzen und den dringend erforderlichen Brückenschlag zwischen Virologie und Ökologie voranzubringen.

Die bei dieser Vorgehensweise gewonnenen Kenntnisse sind für die Gesunderhaltung der Umwelt von erheblicher Bedeutung. Sie ermöglichen es, Fehlentwicklungen zu korrigieren, denn am Ausufern der Viruskrankheiten vieler Organismengruppen hat der Mensch erheblichen Anteil, beispielsweise durch Urbanisierung oder falsche Verhaltensweisen, Züchtung hochleistungsfähiger Pflanzen und Tiere, deren natürliche Widerstandskraft gegenüber Viren verlorengegangen ist, durch die Ausbreitung von Monokulturen im Pflanzenbau und durch Haltung von Tieren in großen Ställen. Damit kommt dem noch längst nicht abgeschlossenen Aufbau einer Virusökologie als der Lehre von den Wechselwirkungen der Viren untereinander und mit ihrer Umwelt ständig wachsende Bedeutung zu.

Aus der Kenntnis der an die jeweiligen Wirte bzw. Wirtsgruppen, also Mikroorganismen, Pflanzen, Tiere und Menschen, angepaßten Replikationsstrategien der Viren und der Abwehrmaßnahmen ihrer Wirte lassen sich Maßnahmen zum Schutz vor Viren und für ihre Bekämpfung ableiten. Doch nicht selten entziehen sich die Viren den Abwehrmaßnahmen der Wirte oder den Bekämpfungsmaßnahmen des Menschen, z. B., indem sie sich im Nervensystem oder im Genom verstecken. Letzteres hat oft fatale Folgen für den Wirt bis hin zur Tumorbildung.

Um ihre Art zu erhalten, müssen die Viren immer wieder in andere Wirtsorganismen gelangen. Auch bezüglich dieser horizontalen bzw. vertikalen Verbreitung haben die Viren besondere, den Gegebenheiten der Wirtsgruppen, in denen sie parasitieren, Rechnung tragende Strategien entwickelt. Diese sind u. a. darauf gerichtet, daß die Viren aus ihrer zellulären und organismischen Umwelt in „unsere" Umwelt übertreten, sei es als freie Viruspartikeln oder in einem organismischen Überträger, der als Vektor bezeichnet wird. In „unserer" Umwelt sind die Viren oft auch nichtorganismischen Umwelteinflüssen unmittelbar ausgesetzt. Sie müssen diesen widerstehen, um zu gegebener Zeit und in geeigneter Situation wieder in einen neuen Wirt inkorporiert zu werden. Damit ergeben sich Wechselwirkungen zwischen Viren, nicht organismischen Umweltfaktoren und im Fall der Vektorübertragung zusätzlich zwischen verschiedenen Organismengruppen. Diesbezügliche Kenntnisse sind besonders für ökologisch eingepaßte Abwehrmaßnahmen von großer Bedeutung.

Fehlen oder Mißachtung breiter, über die Virusökologie hinausgehender Kenntnisse haben nicht selten zu ernsten Fehlentwicklungen der Ökosysteme geführt, z. B., wenn bei intensiver Bekämpfung virusübertragender Insekten auch viele Nützlinge vernichtet worden sind, denn das hatte oft eine Massenvermehrung von Schädlingen zur Folge. Umgekehrt können bestimmte Viren auch im Rahmen der biologischen Schädlingsbekämpfung zum Schutz von Ökosystemen vor Schädigern, besonders Pilzen, Insekten oder bestimmten Wirbeltieren, eingesetzt werden. Auch ist es in einigen Fällen möglich, Viren durch Viren zu bekämpfen. Somit ergibt sich ein Netz von Wechselwirkungen zwischen den Viren und organismischen sowie nichtorganismischen Umweltfaktoren, in das der Mensch mit zahlreichen Maßnahmen eingreift.

In der vorliegenden Schrift werden autökologische, demökologische und synökologische Verflechtungen kenntlich gemacht. Das ist in dem verhältnismäßig eng gesteckten Rahmen allerdings nur anhand einiger Beispiele und „Entwicklungslinien" möglich. Doch diese lassen bereits erkennen, daß im

Gleichklang mit einer Vertiefung ökologischer Untersuchungen auch eine Vertiefung der Arbeiten zur Virusökologie erfolgen muß und daß es erforderlich ist, die ökologischen Untersuchungen auf verschiedenen Gebieten noch stärker untereinander zu vernetzen. Hierzu Anregungen zu vermitteln, ist ein wesentliches Anliegen dieses Buches.

Wie immer, wenn der Umfang des Stoffs zu Einschränkungen zwingt, werden die Ansichten darüber geteilt sein, an welchen Stellen diese vorzunehmen sind. Nach Möglichkeit wurde versucht, den bei der Aufarbeitung virologischer Sachverhalte sich abzeichnenden ökologischen Gesichtspunkten Rechnung zu tragen und gleichzeitig einen Überblick über die gesamte Problematik zu vermitteln. Da virologische Grundkenntnisse nicht in jedem Fall vorausgesetzt werden können, erschien es unerläßlich, auch diese in gewissem Umfang zu berücksichtigen. Für den Leser, der sich tiefer in virologische Grundfragen einarbeiten möchte, ist am Schluß auf weiterführende Literatur verwiesen.

Herrn Dr.rer.nat.habil. Reinhard Schuster möchte ich sehr herzlich für die Unterstützung bei der Arbeit mit dem Satzprogramm TeX unter Nutzung der logischen Struktur von LaTeX danken. Ohne seine aufopferungsvolle Hilfe wäre die Verwendung dieser Software mit zahlreichen spezifischen Anpassungen nicht möglich gewesen, und das Buch hätte nicht im Druck erscheinen können. Dem Verlag B.G.Teubner danke ich für die gute Zusammenarbeit sowie für Geduld und Verständnis.

Leipzig, Dezember 1997 Gottfried Schuster

Inhalt

1 Die Bedrohung der Umwelt durch Viren

1.1 Einführung: Die schlechten Nachrichten und der Umgang mit ihnen

Viren sind einmal treffend als in Proteine verpackte schlechte Nachrichten bezeichnet worden. Die schlechten Nachrichten sind in der Aufeinanderfolge von Nucleotiden in der DNS (Desoxyribosenucleinsäure) oder RNS (Ribosenucleinsäure) der Viren in verhältnismäßig wenigen Virusgenen verschlüsselt. Die Nucleinsäure großer Viren, z.B. der Pockenvirusgruppe, kann jedoch auch mehr als 200 Gene enthalten.

Eingehüllt und geschützt durch Proteine gelangen die schlechten Nachrichten von einem Wirtsorganismus in einen anderen. In Zellen geeigneter Wirte werden sie in der Regel vom Wirt selbst „ausgepackt". Kaum ist das geschehen, zwingen die schlechten Nachrichten den Wirt, seine Replikationsmechanismen und seine Energie bereitstellenden Mechanismen zur Vervielfältigung der Nachrichten und zur Herstellung neuen Verpackungsmaterials einzusetzen. Es kommt zunächst zur Replikation der Virusnucleinsäure, und zwar in enger Verbindung mit dem Endomembransystem der Wirte. Dann erfolgt die Bildung von Proteinen an den Ribosomen der Wirtszellen entsprechend der in der Virusnucleinsäure codierten Erbinformation. Dabei kann in vielen Fällen die Virusnucleinsäure die Botennucleinsäure des Wirts vollständig von den Ribosomen verdrängen, so daß die Synthese von Wirtsproteinen zum Erliegen kommt.

Indem die Viren den Wirtsstoffwechsel im Sinne ihrer eigenen Replikation umstellen, schädigen sie in vielen Fällen den Wirt beträchtlich. Sie führen oft zum Tod der befallenen Wirtszellen und häufig auch des gesamten Wirtsorganismus. Bei Virusepidemien sterben nicht selten so viele Wirtsorganismen, daß das ökologische Gleichgewicht beträchtlich gestört wird.

Häufig versucht der Wirt, die Virusschäden zu begrenzen, indem er die Virusvermehrung durch Abwehrmaßnahmen einschränkt. Es wird also gewissermaßen durch eine Nachrichtensperre die Vervielfältigung und somit die Weitergabe der schlechten Nachrichten erschwert. Darüber hinaus wird, besonders bei Pflanzen, nicht selten die Virusausbreitung von befallenen Gewebeteilen zu nicht befallenen verhindert oder eingeschränkt. Derartige Auseinandersetzungen zwischen Virus und Wirt suchen Arzt, Tierarzt und Pflanzenarzt im Sinne der Gesunderhaltung der ihnen anvertrauten Organismen zu beeinflussen.

Günstige und häufig genutzte Möglichkeiten zur Beeinflussung der Virussituation ergeben sich, wenn die Viren aus ihren Wirtsorganismen in unsere Umwelt gelangt sind, um neue Wirte zu infizieren. Häufig wird angestrebt, durch Hygiene- und Desinfektionsmaßnahmen zu verhindern, daß die Viren neue Wirte erreichen. Bei Viren, die durch Tiere, vor allem Insekten, ferner durch Pilze oder andere als Vektoren bezeichnete Organismen von einem Wirt in den anderen übertragen werden, kann die Virussituation durch Bekämpfung der Virusvektoren verbessert werden. Bei der Bekämpfung von Virusvektoren, z. B. virusübertragenden Blattläusen, die wegen der sehr raschen Blattlausvermehrung in der Regel mehrere Male wiederholt werden muß, werden in vielen Fällen auch Nützlinge vernichtet, die Schadorganismen niederhalten. Nicht selten werden diese so nachhaltig geschädigt, daß in den Folgejahren ernste Verluste durch Schaderreger entstehen, die zuvor ohne jede Bedeutung waren. Dementsprechend kann die mit der Vektorbekämpfung einhergehende Verschiebung ökologischer Gleichgewichte ernste ökologische und wirtschaftliche Probleme nach sich ziehen (vgl. auch Abschnitte 1.3 und 8.5.5).

Wenn auch in den letzten Jahren in weiten Kreisen der Bevölkerung die Kenntnisse über Viruskrankheiten bei Mensch und Tier gewachsen sind, so wird doch die Rolle der Viren in der Umwelt häufig nicht voll erkannt. Erst recht trifft das für Pflanzen–, Pilz– und Bakterienviren zu. Nachfolgend soll daher die Problematik für jede größere Gruppe von Wirtsorganismen an einigen Beispielen dargestellt werden.

1.2 Viren als Krankheitserreger von Mensch und Tier

Viruskrankheiten des Menschen sind allgemein bekannt und zum Teil sehr gefürchtet. Fast jeder erkrankt alljährlich mehrmals an Schnupfen oder anderweitigen Virusinfekten der oberen Luftwege. In den USA werden z. B. jährlich ca. 1 Milliarde Infekte der oberen Luftwege registriert, d. h. etwa 6 Erkrankungen je Mensch und Jahr. Diese hohe Erkrankungsrate ist im wesentlichen dadurch bedingt, daß die Erreger, zu denen vor allem die Rhinoviren (Schnupfenviren), ferner Adeno–, REO–, Parainfluenza– und Influenzaviren zählen (vgl. Abschnitt 5.4), in sehr vielen Stämmen oder Typen auftreten und daß überdies bei diesen Viren durch Mutationen immer neue Stämme und Typen entstehen. Die

Abwehrmaßnahmen des Wirts, die insbesondere in der Bildung von Antikörpern bestehen, die eine mehr oder weniger lange Immunität hervorrufen, richten sich nämlich in der Regel nur gegen einen Virustyp oder –stamm. Daher wird die in Wechselwirkung von Virus und Wirt erworbene Immunität durch Infektionen mit anderweitigen Virustypen und –stämmen immer wieder durchbrochen. Die Wahrscheinlichkeit hierfür ist sehr groß, denn vom Schnupfenvirus des Menschen sind z. Z. bereits mehr als 200 verschiedene Typen bekannt. Bei Influenzaviren (Grippeviren) kommt es durch Herausbildung neuer Stämme aller 8 bis 10 Jahre zu Epidemien bzw. Pandemien (= über Länder und Erdteile ausgedehnte Epidemien) mit oft gefährlichen Ausmaßen (vgl. Abschnitt 7.4.3). Es ist jetzt zwar möglich, Grippeerkrankungen durch geeignete Schutzimpfungen zu verhindern. Wenn Epidemien oder Pandemien durch neu gebildete Serotypen hervorgerufen werden, vergeht aber einige Zeit, bis geeignete Antiseren zur Verfügung stehen. Somit ergibt sich ein ständiger Wettkampf zwischen Virus, Wirt und moderner Medizin.

Viren, deren Mutationsrate gering ist, so daß gegen diese gewonnene Antiseren bzw. die nach Immunisierung mit ihnen im zu schützenden Organismus gebildeten Antikörper lange wirksam sind und der hierdurch erworbene Schutz lange anhält, haben dagegen ihre Schrecken verloren. Das trifft beispielsweise für die Erreger von Poliomyelitis und Pocken zu. In Ländern, in denen Impfung gegen Poliomyelitis Pflicht war, ist diese Krankheit praktisch erloschen. Gleiches gilt für die Pocken, die früher eine der am weitesten verbreiteten und am meisten gefürchteten Seuchen der Welt waren. Während noch in den vierziger und fünfziger Jahren in den großen Seuchenzentren, z. B. Indien, Pakistan und Indonesien, jährlich rund drei Millionen Krankheitsfälle und über eine Million Todesfälle registriert werden mußten, gelten die Pocken im Ergebnis der Schutzimpfungen zur Zeit als erloschen.

Im Gegensatz zu den zuletzt angeführten Beispielen sind andere Viruskrankheiten weltweit in rascher Ausbreitung begriffen. Besonders trifft das für **AIDS** (akquiriertes **I**mmundefizienz–**S**yndrom) zu, das durch das **HIV** (human immundeficiency virus = menschliche Immunschwäche herbeiführendes Virus) hervorgerufen wird. Das Virus wurde erst 1983 nachgewiesen und beschrieben, und zwar annähernd gleichzeitig von Luc Montagnier und Roberto Gallo.

HIV tritt beim Menschen in zwei serologisch deutlich voneinander unterschiedenen Typen auf, die als HIV–1 und HIV–2 bezeichnet werden. Aus mehreren Affenarten wurden SIV–Viren (S = simian = Affe) isoliert, die besonders den menschlichen HIV–2–Viren nahe verwandt sind. So lassen sich HIV–2 und SIV–mac, das aus Makaken isoliert worden ist, serologisch nicht voneinander unterscheiden. Ebenso weist SIV–sm aus Mangaben große serologische Ähnlichkeiten mit HIV–2 auf. Auch biologisch verhalten sich die Affenviren ähnlich wie HIV. Derartige und andere auffallende Ähnlichkeiten zwischen diesen Viren lassen einen gemeinsamen Ursprung mit anschließendem Wirtswechsel vermuten.

Im Gegensatz zu SIV–mac und SIV–sm ist SIV–AGM, das aus kleinen, langschwänzigen Halbweltaffen mit oft auffällig bunten Gesichts- und Fellfärbungen, den afrikanischen *Grünen Meerkatzen*, isoliert worden ist, nicht pathogen für ihren Wirt. Vermutungen und Spekulationen, nach denen HIV–1 von den in Afrika heimischen Meerkatzen auf den Menschen übergegangen sein soll und dabei gleichzeitig die Aggressivität erhöht hat, sind durch den Fortgang der Forschung nicht bestätigt worden. Über den Ursprung von HIV–1 gibt es dementsprechend keine sicheren Erkenntnisse. Verschiedene Forscher nehmen an, daß sich HIV–1 und –2 ebenso wie das Affen–AIDS–Virus SIV aus einem gemeinsamen Vorläufer durch Mutationen entwickelt haben. Als der späteste Zeitpunkt der eingetretenen Veränderungen wurde aus Mutationssequenzanalysen das Jahr 1951 ± 3 Jahre ermittelt. In Übereinstimmung hiermit gibt es Hinweise darauf, daß die ersten AIDS–Fälle um 1950 auftraten. Infolge fehlender diagnostischer Voraussetzungen konnten diese in jener Zeit jedoch nicht als neues Krankheitssyndrom erkannt werden. In den frühen 60er Jahren wurden bei jüngeren männlichen Wanderarbeitern aus Zentralafrika vereinzelte Fälle von Kaposi–Sarkom (Abschnitt 7.1.4 und Abb. 7.14) bei gleichzeitigen atypischen Mykobakterieninfektionen und nicht mehr funktionsfähigem Immunsystem entdeckt, die damals ein Rätsel waren, heute aber mit verhältnismäßig großer Sicherheit mit dem Auftreten von HIV in Verbindung gebracht werden können. In Blutkonserven, die zwischen 1960 und 1965 in den entsprechenden Gebieten Zentralafrikas gewonnen worden waren und bis in die 80er Jahre für Untersuchungen zur Verfügung standen, wurde allerdings noch kein HIV nachgewiesen. Aber bereits in Blutkonserven, die danach, spätestens bis 1970, gewonnen worden sind, wurde zunehmend HIV vorgefunden.

Nachdem sich AIDS im afrikanischen Ursprungsgebiet offenbar besonders durch Geschlechtsverkehr mit häufig wechselnden Partnern rasch ausgebreitet hatte, wurde die Krankheit durch Reisende, die sich infiziert hatten, in Sekundärländer und von dort in Tertiärländer, zunächst besonders des amerikanischen Kontinents, weiter verbreitet. Heterosexueller Verkehr bei hoher Promiskuität, homosexuelle Praktiken, Analverkehr usw. begünstigten die Ausbreitung.

Es gab aber noch einen zweiten Weg, auf dem das Virus verhältnismäßig lange unbemerkt in europäische Länder, aber auch in die USA gelangte. Die Blut verarbeitende Industrie Europas und der USA erwarb den erforderlichen Rohstoff „Blut" außerordentlich preisgünstig und in verhältnismäßig großen Mengen im zentralafrikanischen Ursprungsgebiet von AIDS wie auch in anderen

Entwicklungsländern. Das mit HIV verseuchte Blut wurde nach Verarbeitung zu Medikamenten, z. B. zu Blutgerinnungsmitteln, oder in Form von Blutkonserven Blutern und Personen, die, beispielsweise nach Operationen, große Blutverluste auszugleichen hatten, verabreicht und führte nach mehr oder weniger langer Zeit zum Ausbruch von AIDS. Da hochempfindliche Kontrollverfahren, die auch in Blutkonserven sehr geringe Kontamination mit HIV anzeigen, erst etwa Mitte der 80er Jahre entwickelt und in der BRD nach einigen nicht in den Kontrollverfahren begründeten Verzögerungen schließlich ab Oktober 1985 vermeintlich flächendeckend eingesetzt worden sind, wurden allein in Deutschland nach Angaben des Bundesgesundheitsblattes vom Oktober 1993 2305 Menschen durch Blut und Blutprodukte mit HIV infiziert. Eine Anzahl von Infektionen erfolgte auch nach dem genannten Termin durch Präparate, die nicht ordnungsgemäß geprüft oder trotz Feststellung der Kontamination mit HIV nicht ausgesondert worden waren.

In Deutschland gab es 1995 mehr als 100 000 mit HIV Infizierte. Über 10 000 Menschen sind bereits an AIDS gestorben. *Weltweit waren 1995 über 18 Millionen Menschen mit HIV infiziert, davon über eine Million Kinder.* Die nicht erkannten Infektionen dürften jedoch 2 bis 3mal so hoch sein.

Die meisten HIV–Infektionen, und zwar über 10 Millionen, sind aus Schwarzafrika bekannt. Die Zahl der HIV–Infizierten in Süd- und Südostasien wurde 1995 auf 2,5 bis 3 Millionen geschätzt, in Lateinamerika und der Karibik auf über 2 Millionen, in Nordamerika auf über eine Million. In Westeuropa hat die Zahl der HIV–Infektionen inzwischen eine halbe Million überstiegen. Aus Osteuropa und Zentralasien sowie Ostasien und dem pazifischen Raum wurden dagegen bisher mit je über 50 000 Fällen verhältnismäßig wenig HIV–Infektionen gemeldet. Es wird befürchtet, daß bis zum Jahr 2 000 weltweit 30 bis 40 Millionen Menschen infiziert sein werden. Dabei breitet sich HIV zur Zeit in Südostasien am schnellsten, nachgerade explosionsartig aus.

Innerhalb einer verhältnismäßig kurzen Zeitspanne sind HIV bzw. die durch dieses hervorgerufene AIDS–Erkrankung zu einem ernsten medizinischen Problem mit tragischen Folgen für die Betroffenen geworden, zumal die wirksame Bekämpfung des HIV, nicht zuletzt infolge der großen Mutabilität des Virus, noch immer große Schwierigkeiten bereitet (vgl. Abschnitte 7.1.4 und 7.3.3). Darüber hinaus ist HIV aber auch aus ökologischer, soziologischer und nicht zuletzt ökonomischer Sicht zu einem schwerwiegenden Problem geworden. So wird es in einigen zentralafrikanischen Ländern infolge der hohen Zahl an AIDS Erkrankter oder bereits Gestorbener immer schwieriger, die bisher im jeweiligen Land erfolgte Grundversorgung mit Agrar- und Industrieprodukten aufrechtzuerhalten. Ähnliches ist in naher Zukunft auch für Südostasien zu befürchten, wenn sich die dortige rasche Ausbreitung des HIV nicht stoppen läßt. Damit könnte u. a. auch die industrielle Produktion, die aus Deutschland und anderen europäischen Ländern in entsprechende Billiglohnländer verlagert worden ist bzw. verlagert werden soll, durch die sich in der Umwelt außerordentlich rasch ausbreitenden Viren und die entsprechend anwachsende hohe Zahl an AIDS Erkrankter bzw. Gestorbener ernstlich bedroht sein.

Struktur und Replikationszyklus des HIV sowie Wechselwirkungen zwischen Virus und Wirt sind im Abschnitt 7.1.4 ausführlich dargestellt. Über Schwierigkeiten bei der Bekämpfung von HIV, aber auch über durchaus hoffnungsvolle Therapieansätze wird im Abschnitt 7.3.3 berichtet.

Im Gegensatz zu dem außerordentlich wirtsspezifischen HIV zeigen viele Viren nur eine geringe Wirtsspezifität. Das trifft u. a. für das *Rabies–Virus*, den Erreger der Tollwut, zu. Das neurotrope, d. h. vor allem im Nervensystem vorkommende Virus befällt in der Natur vor allem Hunde, Wölfe, Füchse und andere Wildtiere. Durch den Biß befallener Tiere wird es auch auf Haustiere und den Menschen übertragen. Die Infektion verläuft bei Säugetieren und dem Menschen stets tödlich, wenn keine Immunisierung erfolgt, die das Virus eliminiert, bevor rasche Virusvermehrung und Wanderung in den Nervenbahnen einsetzen. Um der Gefahr zu begegnen, die von Füchsen und anderen Wildtieren ausgeht, die das Reservoir für das Rabies–Virus darstellen, wird der Bestand dieser Tiere niedrig gehalten. Neuerdings wird der Gefahr auch begegnet, indem Füchse und andere wild lebende Tiere immunisiert werden (vgl. Abschnitt 7.3.2).

Das durch Moskitos übertragene *Rifttalfieber–Virus* ist im Gegensatz zum HIV im Demozön[1] „Mensch" nur schwach pathogen, während es im Demozön „Schaf", „Ziege" und „Rind" zu einer schweren fieberhaften Erkrankung mit hoher Sterblichkeit führt.

Bei einigen nahe verwandten Viren aus der Gruppe der Paramyxoviren ist die Anpassung der Viren an das jeweilige Demozön jedoch so weit fortgeschritten, daß die entsprechenden Viren entweder den Menschen oder bestimmte Haustiere befallen. Das *Masern–Virus* befällt beispielsweise nur Menschen. Es ruft entgegen landläufigen Ansichten jedoch nicht in allen Fällen eine verhältnismäßig harmlose Krankheit hervor. Nach Schätzungen von Kleinschmidt sterben vielmehr jährlich etwa 1 Million Menschen an Masern. Besonders schwere Erkrankungen treten auf, wenn die Masern in Gebiete verschleppt werden, die bisher frei von Masern waren (vgl. Abschnitt 7.4.3).

Nahe verwandt mit dem Masern-Virus ist das *Hundestaupe–Virus*. Die Verwandtschaft ist so eng, daß Welpen mit dem Masern–Virus gegen Staupe vorimmunisiert werden können.

---

[1]ökologischer Begriff für alle das populationsdynamische Geschehen bestimmende Faktoren, z. B. Strukturelemente, Mitwelt, Umwelt.

Ebenfalls eine reine Zoonose (Tiererkrankung) mit hoher Sterberate ruft das *Rinderpest-Virus* hervor. Einer der schwersten Seuchenzüge begann, als in den 80er Jahren des vorigen Jahrhunderts während der italienischen Invasion in Äthiopien infiziertes indisches Vieh nach Somaliland importiert wurde. Von dort breitete sich die Seuche 1890 über Kenia und Uganda aus, erreichte 1892 den Njassa-See und bald darauf südafrikanische Länder. In diesen wurden 3 Millionen Rinder Opfer der Rinderpest. Etwa zur gleichen Zeit wurden auch westafrikanische Gebiete befallen, wo ähnlich hohe Verluste auftraten. Dabei trugen offensichtlich empfängliche Wildarten wesentlich zur Verbreitung der Krankheit bei. Ab 1903 wurde die Seuche in Afrika zurückgedrängt, doch blieben dort bis jetzt Krankheitsherde erhalten. Demgegenüber ist Europa zur Zeit frei von Rinderpest. Gebiete, die frei von Rinderpest sind, schützen sich durch Einfuhrverbote und geeignete Quarantänemaßnahmen. In verseuchten Gebieten hat sich Vorbeugung durch Impfung bewährt.

Eine Viruserkrankung der Kaninchen wird durch das zur Pockenvirusgruppe gestellte *Myxomatose-Virus* hervorgerufen. Dieses verursacht beim Europäischen Kaninchen (*Oryctolagus cuniculus*) eine schwere, in der Regel tödlich verlaufende Erkrankung, die Anfang der 50er Jahre in Mitteleuropa in einem schweren Seuchenzug nicht nur die Wildkaninchen, sondern auch die Hauskaninchen stark dezimiert hatte. Die Folge war ein katastrophaler Rückgang des Fellhandels. In Australien war etwa zur gleichen Zeit zur biologischen Bekämpfung einer schweren Wildkaninchenplage eine Anzahl von Tieren mit dem Myxomatosevirus infiziert und wieder in Freiheit gesetzt worden. Von diesen künstlich geschaffenen Infektionsherden breitete sich die Krankheit, die sehr effektiv von Stechmücken und Flöhen von Tier zu Tier übertragen wird, rasch unter den Kaninchenbeständen aus. Mehr als 90% der Kaninchen starben an Myxomatose. Hierdurch konnte sich zwar die von den Kaninchen stark geschädigte Pflanzenwelt wieder erholen, und die weidenden Haustiere fanden wieder genügend Futter. Aber nun fehlte es Dingos, Füchsen und anderem Raubzeug an Nahrung, und die hungernden Tiere fielen Schafe und andere Haustiere an. Hierdurch verursachten sie Schäden, die in ihrer Höhe denjenigen nicht nachstanden, die vorher durch die Kaninchen durch Vernichtung der Futterpflanzen verursacht worden waren. Daher betrachtet man es jetzt geradezu als eine Erlösung, daß sich im Laufe der Zeit gegen Myxomatose resistente Kaninchenrassen herausgebildet haben, die die Kaninchenbestände wieder anwachsen lassen. Dieses Beispiel zeigt, wie bestimmte Viren Biozönosen nachhaltig beeinflussen können, und führt gleichzeitig Wirksamkeit und Gefahren einer biologischen Schädlingsbekämpfung deutlich vor Augen.

Einige der angeführten Beispiele haben erkennen lassen, daß verschiedene Viren durch Insekten auf Menschen und Tiere übertragen werden. Dabei vermehren sich die Viren z. T. auch im Insekt. Es gibt aber auch Viren, die sich nur in Insekten vermehren. Das trifft z. B. für das *Bienensackbrut–Virus* zu. Dieses ruft eine als Sackbrut bezeichnete, seuchenhaft auftretende Krankheit der Honigbiene hervor, die ganze Bienenvölker ausrotten kann und daher von den Imkern gefürchtet ist. Seidenraupenzuchten können innerhalb kurzer Zeit durch eine als Gelbsucht der Seidenraupe bezeichnete tödliche Krankheit vernichtet werden, deren Erreger das *Kernpolyedervirus der Seidenraupe* ist.

Andere Insektenviren befallen und töten Schadinsekten und können Insektenkalamitäten zum Zusammenbruch bringen. In diesem Zusammenhang ist der Erreger der Wipfelkrankheit der Nonne zu nennen. Die Bezeichnung der Krankheit rührt daher, daß die befallenen Raupen der Nonne (*Lymantria dispar*), die im Forst schwere Fraßschäden verursachen, kurz vor ihrem Tod auf die Wipfel der Bäume zu kriechen beginnen. Nach dem Tod platzt die Haut der Raupen auf. Viren und Viruseinschlußkörper treten aus und können weitere, bisher verschont gebliebene Raupen infizieren. Auf diese Weise breitet sich die Krankheit oft so rasch aus, daß selbst ein Massenauftreten der Nonne binnen kurzem beendet wird. In der Regel hat die Nonne jedoch bereits große Schäden angerichtet, bevor eine derartige Virusepidemie ausbricht. Sollen empfindliche Verluste vermieden werden, muß daher eine *künstliche Verseuchung der Nonnenraupen* herbeigeführt werden, wenn die Massenvermehrung des Schädlings gerade erst beginnt. Mit diesem Ziel werden in den befallenen Waldgebieten Suspensionen eines Kernpolyedervirus ausgebracht. Diese können jedoch nur durch Vermehrung der Viren in Wirtsorganismen und nachfolgende Isolierung gewonnen werden. Dieses Verfahren verursacht erhebliche Kosten. Daher ist die *biologische Schädlingsbekämpfung mit Insektenviren*, abgesehen von Ausnahmen, zur Zeit noch sehr teuer. Eine beträchtliche Senkung der Unkosten wird von der industriellen Produktion von Insektenviren in Zellkulturen erhofft (vgl. Abschnitt 7.4.5).

Besondere Erfolge wurden in der biologischen Schädlingsbekämpfung beim Einsatz von Polyederviren gegen die Rotgelbe Kiefernbuschhornblattwespe (*Neodiprion sertifer*) erzielt. Der Viruserreger wurde aus Schweden nach Nordamerika eingeführt, wo die entsprechenden Insektenpopulationen bis zu dieser Zeit virusfrei waren. Nachdem vom Flugzeug aus größere Waldbestände mit Virussuspensionen besprüht worden waren, gingen 90 bis 100% der aktiv fressenden Larven an der Viruskrankheit zugrunde. Darüber hinaus ließ sich die in die Befallsgebiete importierte Insektenseuche dauerhaft ansiedeln. In Jahren, in denen die Rotgelbe Kiefernbuschhornblattwespe verstärkt auftritt, breitet sich nunmehr auch das Virus in stärkerem Maße aus. Hierdurch wird der Schädling bald wieder reduziert. In diesem Fall ist also ein Virus zu einem wichtigen Regulativ der entsprechenden Biozönose geworden.

1.3 Schwere Schäden nach Befall mit Pflanzenviren

Das Ausmaß der Schäden, die von Viruskrankheiten der Pflanzen verursacht werden, übersteigt nicht selten die durch altbekannte Großschädlinge bedingten Ertragsausfälle. Infolge ihres schleichenden Charakters sind sie aber häufig weit weniger auffällig und werden dementsprechend vielfach weniger beachtet als Erkrankungen durch bakterielle, pilzliche oder tierische Schaderreger.

Im *Kartoffelbau* können Viruskrankheiten einen wesentlichen ertragsbegrenzenden Faktor darstellen. Mehr als 20 verschiedene Virusarten sind in mehr oder weniger großem Ausmaß an den Ertragsverlusten beteiligt. Die durch das weit verbreitete Blattrollvirus der Kartoffel hervorgerufenen Schäden können sich auf 20 bis 85% der Gesamternte belaufen. Schäden etwa gleichen Ausmaßes entstehen durch das Kartoffel–Y–Virus. Werden die Pflanzen gleichzeitig von mehreren Virusarten befallen, entsteht also im virologisch–ökologischen Sinn aus dem Demotop[2] der nur von einem Virus befallenen Zelle ein Biotop[3], so sind die Schäden besonders groß. Bei entsprechenden Mischinfektionen werden oft überhaupt keine Knollen mehr gebildet.

Fast alle Viruskrankheiten der Kartoffel sind mit den Saatkartoffeln von einer Vegetationsperiode auf die andere übertragbar. Innerhalb des Feldbestandes werden die meisten Viren durch saugende Insekten verbreitet, vor allem durch die Grüne Pfirsichblattlaus (*Myzus persicae*) und weitere Blattlausarten. In Gebieten, in denen die Grüne Pfirsichblattlaus in großem Umfang vorkommt, treten daher in der Regel auch starke Virusschäden auf. Da der Winterwirt der Grünen Pfirsichblattlaus der Pfirsichbaum ist, an dem die gegen Frost sehr widerstandsfähigen Eier abgelegt werden, ergeben sich Beziehungen zwischen dem Vorkommen und dem Besatz an Pfirsichbäumen in einem bestimmten Gebiet und dem Befall mit Kartoffelviren. Diese treten besonders deutlich in Gebieten mit kalten Wintern hervor, in denen die nicht selten als Vollinsekt (Imago) überwinternden Tiere, die im Frühjahr sehr zeitig Virusinfektionen weiter verbreiten können, erfrieren. Daher werden Saatkartoffeln vornehmlich in Gebieten gewonnen, in denen der Pfirsichbaum nicht oder nicht gut gedeiht. Wo diese zur Pflanzkartoffelgewinnung nicht zur Verfügung standen, hat man vor längerer Zeit versucht, die Virusinfektionen durch Ausrottung der Pfirsichbäume zu

---

[2]ökologischer Begriff für einen Raum, in dem Faktoren populationsdynamischen Geschehens, wie Strukturelemente, Mitwelt oder Umwelt auf Organismen *einer* Art, z. B. einer Virusart, wirken.

[3]ökologischer Begriff für einen Raum, in dem die Faktoren populationsdynamischen Geschehens auf *mehrere* Arten und die Arten (Viren) aufeinander gegenseitig wirken (vgl. Abschnitte 7.1.6 und 8.1.3).

vermindern. Da die Grüne Pfirsichblattlaus mit dem Wind über Hunderte von Kilometern passiv verbreitet werden kann, war derartigen Maßnahmen allerdings nur ein sehr geringer Erfolg beschieden.

Die Bekämpfung der Grünen Pfirsichblattlaus und anderer Kartoffelviren übertragender Blattläuse auf Feldflächen, die für die Erzeugung von Kartoffelpflanzgut vorgesehen sind, ist im Prinzip durch *Anwendung geeigneter Insektizide* möglich und wird auch in vielen Ländern in großem Umfang durchgeführt. Dabei müssen die Behandlungen mehrfach wiederholt werden, da sich aus wenigen der Bekämpfung entgangenen Blattläusen infolge ihres großen Vermehrungspotentials binnen kurzem neue Bestände regenerieren. Aber selbst durch Behandlungen in Wochenabständen können Infektionen mit dem Blattroll–Virus nicht vollständig und Infektionen mit dem Kartoffel–Y–Virus nur zu einem gewissen Teil verhindert werden. *Mit den Blattläusen werden aber auch die Nützlinge unter den Insekten vernichtet.* Hierdurch werden nicht selten populationsökologische Gleichgewichte verschoben. Auf diese Weise kann es zur Massenvermehrung von Insekten kommen, die normalerweise nicht durch Schäden auffällig werden, da sie von Nützlingen niedergehalten werden. So sind nach intensiver Blattlausbekämpfung in den folgenden Jahren oft anderweitige Kulturen, vor allem Getreide, ernstlich geschädigt worden, bei denen die entsprechenden Schädlinge zuvor kaum in größerem Umfang aufgetreten waren. Die Beziehungen zwischen Virus und Umwelt und die möglichen Folgen einer Beeinflussung durch den Menschen müssen daher eingehender betrachtet werden (vgl. Abschnitte 8.4.1 und 8.5.5).

Auch die Erträge des *Zuckerrübenbaus* können durch Viruskrankheiten stark dezimiert werden. So führen z. B. die Nekrotische und die Milde Rübenvergilbung bei frühzeitiger Infektion zu einer Verringerung des Zuckerertrages von weit mehr als 40%. Diese ist einmal dadurch bedingt, daß weniger Rübenmasse gebildet wird. Darüber hinaus ist aber auch der Zuckergehalt verringert. Schließlich führt eine Verschlechterung der Ausbeute bei den für die Zuckergewinnung erforderlichen Extraktionsprozessen zu einer weiteren Schmälerung des Zuckerertrages.

In den letzten Jahren hat sich weltweit die *Rizomania der Zuckerrübe* stark ausgebreitet, die durch das *Rübenwurzelbärtigkeits–Virus* (beet necrotic yellow vein virus) hervorgerufen wird. Das Virus wird durch den im Boden lebenden einzelligen Pilz (Urpilz) *Polymyxa betae* übertragen, der seinerseits in Zuckerrüben parasitiert, ohne wesentliche Schäden hervorzurufen. In den Fortpflanzungskörpern (Cystosori) des Pilzes kann das Virus im Boden viele Jahre bis Jahrzehnte überleben. Einmal befallene Felder sind daher zur Zeit kaum wieder vom Virus zu befreien. Die Krankheit hat auf verseuchten Praxisschlägen zu Zuckerertragsverlusten bis zu 80% geführt und die Erträge des Rübenbaus

u. a. auch in einigen Gebieten Deutschlands bis an die Grenze der Rentabilität herabgedrückt. Besonders gefährdet sind Flächen, auf denen ständig oder zeitweilig stauende Nässe vorherrscht. Unter diesen Bedingungen breiten sich *Polymyxa betae* und damit das von diesem übertragene Virus besonders rasch aus, wenn im Frühjahr bereits hohe Bodentemperaturen erreicht werden, wie das beispielsweise im Rhein- und Donautal oder auch auf den vom Gelben Fluß durchflossenen Hochebenen Zentralchinas der Fall ist. Somit sind auch in diesem Fall Virusauftreten und Virusschäden sehr eng mit ökologischen Faktoren verknüpft. Diese Beziehungen sollen im Abschnitt 8.3 untersucht werden.

In den letzten Jahren haben auch beim *Getreide* Viruskrankheiten zu stetig wachsenden Schäden geführt. In Deutschland treten u. a. zwei Viruskrankheiten in immer stärkerem Umfang auf, deren Erreger durch den bodenbewohnenden Urpilz *Polymyxa graminis* übertragen werden, und zwar *das Gerstengelbmosaik- und das Bodenübertragbare Weizenmosaik–Virus*. Dabei ist ca. ein Drittel der Anbaufläche durch das Gerstengelbmosaik gefährdet, das bei anfälligen Sorten bei stärkerem Befall den Ertrag auf die Hälfte vermindern kann. Die Schäden können aber auch so stark sein, daß man sich zum Umbruch entschließt.

Neben den genannten Viren verursachen bei Getreide weltweit über 100 weitere Viren große wirtschaftliche Verluste. So wurden in einigen Gebieten der USA durch das von Blattläusen übertragene Gelbverzwergungs–Virus bei Gerste Ertragsrückgänge von über 40% und bei Hafer von über 60% festgestellt. In den 40er und 50er Jahren verursachte das von Milben übertragene Weizenstrichelmosaik–Virus im USA–Staat Kansas in einer Reihe von Jahren Verluste von über 30 Millionen Dollar.

Schwere Schäden entstehen auch in *Obstkulturen* durch Viruskrankheiten. Oft können diese nur bekämpft werden, indem die befallenen Bäume gerodet werden. So sind der *Scharkakrankheit der Pflaume*, die durch das *Plum–pox–Virus* verursacht wird, allein in Jugoslawien über 16 Millionen Bäume zum Opfer gefallen. Inzwischen hat sich die Krankheit über ganz Europa verbreitet. Citruskulturen werden durch das *Citrus–Tristeza–Virus*, den Erreger der Tristeza–Krankheit, weltweit stark dezimiert. In Brasilien starben z. B. innerhalb von 10 Jahren 7 Millionen, in Argentinien 10 Millionen Citrus–Bäume ab. Aber auch in anderen Regionen, wie Südafrika, USA, Spanien, Java, Australien und Israel sowie einigen Gebieten von Asien, ist die Krankheit zu einem Problem geworden. Ein weiteres Beispiel für die verheerende Wirkung von Virusepidemien bei Kulturpflanzen stellt die *Sproßschwellungskrankheit (= swollen shoot) der Kakaobäume* dar. Allein in Ghana mußten wegen dieser Viruskrankheit 160 Millionen Kakaobäume gerodet werden.

Angesichts der vorstehend nur durch wenige Beispiele belegten Schäden, die durch Viruskrankheiten der Pflanzen hervorgerufen werden, ist eine Bekämpfung der pflanzlichen Virosen unumgänglich. Während sowohl gegen zahlreiche pilzliche als auch tierische Schaderreger, besonders gegen Insekten, geeignete Pflanzenschutzmittel zur Verfügung stehen, befindet sich die Entwicklung antiphytoviraler Chemotherapeutika noch in der Anfangsphase. Es bedarf daher oft großer Anstrengungen und eines hohen finanziellen Aufwandes, um die um sich greifenden Viruskrankheiten vornehmlich durch indirekte Maßnahmen sowie züchterische Maßnahmen zurückzudrängen. Die Eingriffe des Menschen in das Wechselspiel zwischen Pflanzenvirus, Wirtspflanze und Virusübertragung sollen in diesem Buch besonders unter ökologischen Aspekten untersucht werden (vgl. Abschnitte 8.4 und 8.5).

1.4 Viren befallen auch Mikroorganismen und gefährden biotechnologische Prozesse

Von den Viren der Mikroorganismen sind diejenigen am längsten bekannt und am gründlichsten untersucht, die Bakterien i.e.S. befallen. Diese *Bakterienviren* werden auch *Bakteriophagen* (griech. phagein = fressen) genannt. Die Bezeichnung wurde im Hinblick auf die bakterienzerstörende Tätigkeit der entsprechenden Formen von D'Hérelle (1917) zu einer Zeit eingeführt, als über die Natur der Bakterienviren noch sehr wenig bekannt war. Sie ging von der Beobachtung aus, daß Fleischbrühe oder andere Kulturflüssigkeiten, die sich durch lebhafte Vermehrung von Bakterien verhältnismäßig rasch trüben, nach einiger Zeit wieder klar werden. Gleichzeitig sind auch keine Bakterien mehr nachweisbar. Das führte zu der Annahme, daß ein Bakterien „fressendes" Prinzip gewirkt haben müßte. Daß es sich um Bakterienviren handelt, die in der Regel etwa 20 bis 40 Minuten nach der Infektion ihre Wirte zur Auflösung bringen, wurde erst viel später klar.

Die Hoffnung, durch Phagenapplikation bakterielle Infektionskrankheiten bekämpfen zu können, hat sich nicht erfüllt. Als ein Grund hierfür ist die starke Mutabilität sowohl der Phagen als auch ihrer Bakterienwirte in Betracht zu ziehen. Insbesondere aber dürfte die starke Kompartimentierung der von Bakterien befallenen Menschen und Tiere, die nicht nur durch die verschiedenen Gewebe und Zellen, sondern auch durch Kompartimente innerhalb einer Zelle gegeben ist, die Durchseuchung bakterieller Krankheitserreger mit Phagen stark behindern. Eine rasche Ausbreitung von Bakteriophagen, wie sie in Flüssigkulturen möglich ist, wird offensichtlich auch im Erdboden durch Kompartimentierung verhindert, selbst wenn diese dort nicht so ausgeprägt ist wie in Mensch, Tier und Pflanze. Diese Kompartimentierung dürfte ein Grund dafür sein, daß bei Bodenmikroorganismen bisher keine größeren Schädigungen durch Bakteriophagen festgestellt worden sind, obwohl eine beträchtliche Zahl von Phagenarten aus dem Boden bzw. aus Bodenmikroorganismen isoliert werden konnte. Das trifft z. B. für die Luftstickstoff bindenden *Rhizobium*-Arten zu. Allein im Botanischen Garten der Universität Leipzig wurden nach 1980 zwei zuvor offenbar nicht bekannte Phagen aus Rhizobien isoliert. Bei Fortsetzung der Untersuchungen im Niltal kam es zur Isolierung von weiteren 8 Phagen aus Rhizobien. Größere Phagenschäden wurden bei den in den Wurzelknöllchen der Leguminosen in großer Zahl vorhandenen Rhizobien jedoch bisher nicht beobachtet. Auch bei den besonders in humusreichen Böden in großer Zahl und Artenmannigfaltigkeit vorhandenen Actinomyceten (Strahlen„pilze") wurden bisher keine größeren Virusschäden beobachtet, obwohl sie von zahlreichen, als *Actinophagen* bezeichneten Viren befallen werden. In diesem Zusammenhang ist von besonderem Interesse, daß Actinomyceten Substanzen produzieren, die sie vor der Lyse (Auflösung) durch verschiedene Phagen bewahren. *So übten beispielsweise von 1000 untersuchten Actinomyceten-Kulturen 578 Kulturen hemmende Wirkungen auf einen oder mehrere Actinophagen aus. Damit ergeben sich im Biotop Boden Wechselwirkungen zwischen den bodenbewohnenden Organismen, in die Viren in vielfacher Weise eingeschaltet sind und die auch, z. B. durch Beeinflussung von Symbionten, auf die Kulturpflanzen wirken können.* Nicht wenige Agrarwissenschaftler sind davon überzeugt, daß durch geeignete Beeinflussung bzw. Nutzung dieser Wechselwirkungen ohne Chemikalieneinsatz im alternativen Landbau im Ergebnis weiterer intensiver Forschungstätigkeit erhebliche Ertragssteigerungen zu erreichen sind.

Die Aktinophagenforschung ist in den letzten Jahren allerdings weniger unter den genannten Aspekten aktiviert worden. Sie wurde vielmehr intensiviert, als sich *bei der großtechnischen Herstellung von Antibiotika aus Streptomyceten Mißerfolge* einstellten, *die auf einen Befall der Produktionsstämme mit Actinophagen zurückgeführt werden konnten.* Neben Actinomyceten werden zahlreiche weitere Bakterien i.e.S., die in der *mikrobiologischen Industrie* und in der *Biotechnologie* zur Wirk- und Wertstoffproduktion eingesetzt werden, von Bakterienviren befallen. So haben beispielsweise Bakterienviren in Produktionsanlagen ernste Probleme verursacht, in denen Ketogluconsäure durch Arten bzw. Stämme der Gattung *Pseudomonas*, Milchsäure durch *Lactobacillus*, Enzyme, Nucleotide und Antibiotika durch Arten und Stämme der Gattung *Bacillus*, Aceton und Butanol durch *Clostridium*, Aminosäuren durch *Brevibacterium* und *Corynebacterium* erzeugt werden. Der phagenbedingte Ausfall eines in der mikrobiellen Produktion eingesetzten Fermentors und, damit verbunden, des dort hergestellten Produkts kann Verluste zwischen 10 000 und 20 000 DM, in Großfermentoren auch ein Vielfaches hiervon bedeuten. Wenn es nicht zum

Totalausfall der Produktion kommt, müssen bei Phagenbefall Verluste zwischen 20 und 80% hingenommen werden. Darüber hinaus werden durch Phagenverseuchung Produktionsanlagen bisweilen über Monate stillgelegt.

Mit der verstärkten Nutzung mikrobiologischer Produktionsabläufe und mit dem zunehmenden Einsatz selektierter oder im Wege gentechnologischer Prozesse für Spezialproduktionen, z. B. die Insulinproduktion, hergestellter Hochleistungsstämme dürften sich die Phagenschäden weiter ausweiten, ähnlich wie dies in der Vergangenheit im Zusammenhang mit der Züchtung hochleistungsfähiger Pflanzensorten bezüglich des Befalls mit Pflanzenviren zu verzeichnen war. Es ist daher erforderlich, wirkungsvolle antiphagale Maßnahmen (Regimes) zu erarbeiten, wie dies zum Schutz von Kulturpflanzen gegen Viren in ähnlicher Weise geschieht. Über die Beeinflussung des Wechselspiels zwischen Mikroorganismenviren und den Wirten wird in Abschnitt 6.3 zu berichten sein.

Neben Bakterien i.e.S. werden auch *Cyanobakterien* (Blaualgen) von Viren befallen. Ebenso wurden Viren aus Algen isoliert. Besonders bezüglich der Algenviren (Phycoviren) befindet sich die Virusforschung jedoch noch in den Anfängen. Besser untersucht worden sind *Viren in Pilzen (Mycoviren)*. Viren oder virusähnliche Partikeln (= VLP = virus like particles) wurden in mehr als 100 Pilzarten vorgefunden, von denen über 40 Arten Erreger von Pflanzenkrankheiten sind. Nicht mitgerechnet sind dabei pilzliche Vektoren, d. h. Pilze, die Viren von Samenpflanzen übertragen. Oft vermehren sich diese Pflanzenviren auch in ihrem pilzlichen Vektor.

Verschiedene Pilzviren verursachen bei ihren Wirten keine erkennbaren Schäden. Andere führen unter bestimmten Bedingungen zur Auflösung (Lyse) ihrer Wirtszellen, oder sie verursachen Degenerationserscheinungen. So wird das Wachstum des Mycels von *Helminthosporium victoriae*, des Erregers einer Krankheit des Hafers, durch Befall mit einem noch nicht näher charakterisierten Virus beträchtlich vermindert. Der Maisrost (*Ustilago maydis*) bildet nach Befall mit drei einander ähnlichen Pilzviren, die als P1, P4 und P6 bezeichnet werden, toxische Glycoproteide, die den genannten Rostpilz und z. T. auch verwandte Rostpilzarten abtöten. Diese Erscheinung wird als *Killer–Phänomen* bezeichnet. Zweifellos bedeutet auch die Abtötung von Schadpilzen durch Pilzviren einen Eingriff in landwirtschaftliche Ökosysteme, deren Nutzung zur biologischen Pflanzenkrankheitsbekämpfung denkbar ist. Jedoch stehen entsprechende Untersuchungen erst in den Anfängen. Noch gibt es keine verläßlichen Erkenntnisse darüber, ob durch Ausnutzung des Killer–Phänomens oder anderweitiger schädigender Einflüsse von Mycoviren auf pilzliche Krankheitserreger eine biologische Pilzbekämpfung, die zu einer Minimierung des Fungizideinsatzes führen könnte, möglich sein wird. Demgegenüber sind wirtschaftliche Verluste, die durch das Killer–Phänomen nach Befall von Brauhefe mit bestimmten

Viren bzw. VLP entstanden sind, gut belegt.

Von den *Hutpilze* befallenden Viren sind vor allem Schäden in Champignonkulturen bekannt geworden. Diese haben oft beträchtliche Ausmaße angenommen und zu erheblichen wirtschaftlichen Verlusten geführt. Um diesen vorzubeugen, sind aufwendige Schutzmaßnahmen erforderlich.

2 Bau und Struktur der Viruspartikeln

Das Verständnis virusökologischer Zusammenhänge erfordert die Kenntnis bestimmter virologischer Sachverhalte, die sicherlich nicht allgemein vorausgesetzt werden können. Um den Rahmen des Buches nicht zu sprengen, müssen entsprechende Darstellungen allerdings kurz gehalten werden. Wer sich eingehender und im Systemzusammenhang mit Virus und Viruskrankheiten und auch mit entsprechenden Forschungsmethoden befassen will, sollte daher systematisierende Literatur zur Ergänzung heranziehen, wie sie im Literaturverzeichnis am Schluß des Buches angegeben ist.

Bereits in der zweiten Hälfte der 30er Jahre wurden aus virusinfizierten Organismen Viruspartikeln isoliert und elektronenmikroskopisch dargestellt. *Diese auch als Virionen bezeichneten Teilchen dienen vornehmlich der Weitergabe der jeweiligen Virusart von einem Wirt zum anderen*, und zwar vielfach über größere Entfernungen und bisweilen auch von Vegetationsperiode zu Vegetationsperiode. Das ist in der Regel nur möglich, indem sie aus ihrer zellulären Umwelt in unsere Umwelt gelangen. Für die Ausbreitung der Virusinfektionen innerhalb ihres Wirtes können Viruspartikeln ebenfalls bedeutsam sein.

Viruspartikeln schützen die von ihnen umschlossene Erbsubstanz vor schädigenden Umwelteinflüssen. Dieser Schutzfunktion dient in der Regel ein *Proteinmantel*, der in seiner Gesamtheit das *Kapsid* ergibt, das auch als *Nucleokapsel* bezeichnet wird. *Bei einer Anzahl von Virusarten ist das Kapsid von einer weiteren Hülle, dem Peplos umgeben.* Viren ohne diese Hülle bezeichnet man als nackt, Viren mit Peplos als umhüllt.

Der durch die Umhüllungen gebotene Schutz ist allerdings unterschiedlich gut und währt unterschiedlich lange. So wird beispielsweise HIV, der Erreger von AIDS, außerhalb der Wirtszellen innerhalb kurzer Zeit inaktiviert. Bei dem Tabakmosaik–Virus bleibt dagegen die Replikationsfähigkeit auch außerhalb des Wirtes, sogar im Erdboden, über Jahre bis Jahrzehnte erhalten. Die Ausbreitungsstrategien der Viren haben sich daher in enger Wechselwirkung mit Eigenschaften ihrer schützenden Hüllen entwickelt.

Das *Kapsid* besteht in der Regel aus zahlreichen untereinander identischen Proteineinheiten, die als *Kapsomeren* bezeichnet werden. Diese sind bei einer Anzahl von Viren mit den chemischen Untereinheiten, den Struktureinheiten (vgl. Abb. 2.7), identisch. Bei anderen Viren sind die Kapsomeren aus 2 bis 7 gleichen Proteinuntereinheiten zusammengesetzt.

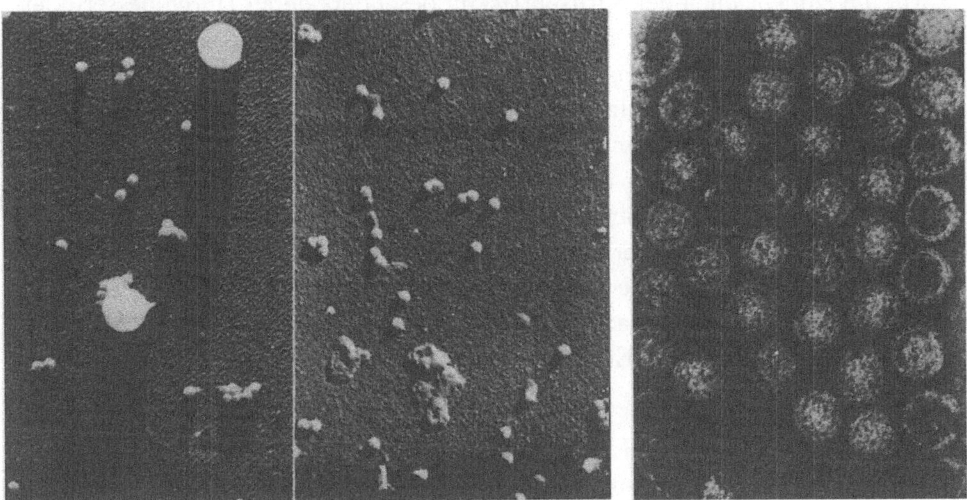

Abb. 2.1: Gegenüberstellung der Abbildung kontrastarmer Objekte durch Schrägbedampfung von Metallen (links u. Mitte) und durch das Negativkontrastverfahren (rechts) am Beispiel des Wundtumoren–Virus. Im linken Bild wurde das Virus aus der Wirtspflanze isoliert. Die großen Partikeln sind Polystyren–Latex–Teilchen, die wegen ihres konstanten Durchmessers (260 nm) bei Arbeiten mit den älteren elektromagnetischen Elektonenmikroskopen, deren Vergrößerung nicht konstant ist, vielfach als Vergleichsstandard für die Größenbestimmung der Virusteilchen vor der Aufnahme auf das Präparat aufgesprüht wurden. Der Bedampfungswinkel ist so gewählt, daß die Länge der Schatten der sechsfachen Höhe des Objekts entspricht. Im mittleren Bild wurde das Wundtumoren–Virus aus seinem Überträger, der Zikade *Agallia constricta*, isoliert. Bei der Darstellung des Wundtumoren–Virus im Negativkontrastverfahren (rechts) sind nunmehr auch die Kapsomeren der Nucleokapsel sichtbar. Der mit diesem Verfahren erreichte Fortschritt ist deutlich erkennbar (F. L. Black et al., J. Biol. Chem. 202 (1953) 51)

Die Anordnung der Kapsomeren im Kapsid bestimmt die *Gestalt und die Dimension* der Viruspartikeln. Wir unterscheiden zwischen Viren, die kugelförmige (= sphärische = kubisch–symmetrische) Partikeln ausbilden, deren Durchmesser zwischen 25 und 300 nm schwankt, und Viren mit gestreckten (= stäbchenförmigen = helikal–symmetrischen) Partikeln, deren Durchmesser zwischen 12 und 28 nm und deren Längen zwischen 45 und 1250 nm schwanken können.

Da die Dimensionen der Viruspartikeln, besonders deren Durchmesser, kleiner als die Wellenlängen des sichtbaren Lichtes sind, die je nach Farbe zwischen 400 und 800 nm liegen, können die meisten Viren nicht im Lichtmikroskop abgebildet werden. Wesentliche Erkenntnisse über Gestalt und Struktur der Viren wurden daher erst nach Entwicklung des *Elektronenmikroskops* gewonnen, denn die Wellenlängen der Elekronenstrahlen sind wesentlich kleiner als diejenigen des sichtbaren Lichts und die Dimensionen der Viruspartikeln. Da Viruspartikeln infolge der geringen Masse ihrer Atome jedoch Elektronenstrahlen schwach streuen, sind sie im Elektronenmikroskop nicht an Kontrasten erkennbar. Daher war die Ausarbeitung geeigneter *Kontrastierungsverfahren* eine wichtige Voraussetzung zur Erforschung von Gestalt und Struktur der Viruspartikeln.

Erste bedeutsame Erkenntnisse bezüglich Bau und Struktur der Viruspartikeln hat die *Schrägbedampfung mit Metallen* erbracht. Bei diesem Verfahren werden auf die Viruspartikeln feine Metallüberzüge, z. B. von Palladium, Chrom, Gold, Uran oder anderen Metallen mit hoher Ordnungszahl aufgebracht, die Elektronen stark streuen und daher als elektronendicht erscheinen. Durch diese Überzüge werden Viruspartikeln mit deutlichen Konturen sichtbar. Da Bedampfungsaufnahmen in der Regel als Negativkopien wiedergegeben werden, erscheinen im Bild die stärker bedampften Viruspartikeln hell, die schwächer bedampften Stellen hinter den Partikeln, der sog. Dampfschatten, dunkler (Abb. 2.1 links und Mitte). Durch die Metallüberzüge werden Feinstrukturen auf den Viruspartikeln allerdings vielfach überdeckt und damit verschleiert. Es bedeutete daher einen erheblichen Fortschritt, daß durch die Entwicklung des Negativkontrastverfahrens auch feinste Oberflächenstrukturen dargestellt werden konnten.

Beim *Negativkontrastverfahren* werden gereinigte Virussuspensionen oder auch Viren im Zellverband mit Lösungen versetzt, die Elektronenstrahlen zurückhalten, z. B. mit neutralisierten Lösungen von Phosphorwolframsäure oder Uranylacetat. Diese Lösungen drängen sich zwischen die feinen Oberflächenreliefs. Ebenso dringen sie in Hohlräume der Viruspartikeln ein. Da sie Elektronenstrahlen zurückhalten, bilden sie in Positivkopien elektronenmikroskopischer Aufnahmen einen dunklen Hintergrund, von dem sich die für Elektronenstrahlen durchlässigen Viruspartikeln mit ihren Aufwölbungen usw. hell abheben. Daher werden selbst die winzigen Kapsomeren noch deutlich abgebildet (Abb. 2.1 rechts). Bei einigen Kapsiden ist auch das vom Kapsid umschlossene Innere geschwärzt. Hieraus ist zu schließen, daß die entsprechenden Partikeln keine Nucleinsäure enthalten, so daß die Kontrastlösung eindringen konnte. Solche durch Fehlentwicklung entstandenen, nicht zur Replikation befähigten Partikeln werden als ghosts (Geister) bezeichnet.

Im Negativkontrastverfahren gewonnene Aufnahmen zeigen, daß die nach Schrägbedampfung mit Metallen kugelförmig erscheinenden Partikeln in Wirklichkeit Polyeder sind, und zwar in den meisten Fällen Ikosaeder, also Zwanzigflächner. Das ist in Abb. 2.2 in einem Strukturmodell und in einer im Negativkontrastverfahren gewonnenen elektronenmikroskopischen Abbildung am Beispiel des Adenovirus, eines Erregers von Infektionen der oberen Luftwege, dargestellt. Bei gleichartiger Symmetrie unterscheiden sich die Ikosaeder verschiedener Virusarten oft durch die Zahl der Kapsomeren, die das Ikosaeder bilden. Je größer die Nucleokapseln, desto mehr Kapsomeren sind vorhanden.

Die Kapsomeren einer Nucleokapsel sind nicht alle gleich groß. Kapsomeren, die die Flächen und Kanten des Ikosaeders besetzen und als *Hexamere* oder *Hexonen* bezeichnet werden, da sie jeweils sechs Nachbarkapsomeren haben, bestehen oft aus einer größeren Anzahl von Proteinuntereinheiten als die Kapsomeren, die die Spitzen besetzen. Diese haben nur fünf Nachbarkapsomeren und werden deshalb *Pentamere* oder *Pentone* genannt. Bei verschiedenen Virusarten, z. B. bei den Adenoviren, ist den Pentonen ein etwa 20 nm langer, faserförmiger Anhang aufgelagert, der von einem knopfartigen Gebilde von 4 nm Durchmesser abgeschlossen wird und aus verschiedenen Polypeptidketten zusammengesetzt ist (Abb. 2.2). Diesen auch als Antennen bezeichneten Anhängen wird eine wesentliche Rolle bei der Anheftung der Virionen an die Wirtszelle zugesprochen.

Das genetische Material der Viruspartikeln, das meistens aus einem Nucleinsäurestrang, bisweilen aber auch aus mehreren Strängen besteht, befindet sich in der Regel im Inneren der Nucleokapsel. Dabei gewährleisten nicht selten viruscodierte Proteine eine geordnete Einlagerung, d. h. eine Sekundär- und bisweilen auch eine Tertiärstruktur der Nucleinsäurestränge.

Bei bestimmten Viren, z. B. beim Wasserrübengelbmosaik–Virus, ist der Nucleinsäurestrang weitgehend von den Kapsomeren umschlossen, so daß die Partikeln einen relativ großen Hohlraum umfassen (Abb. 2.3).

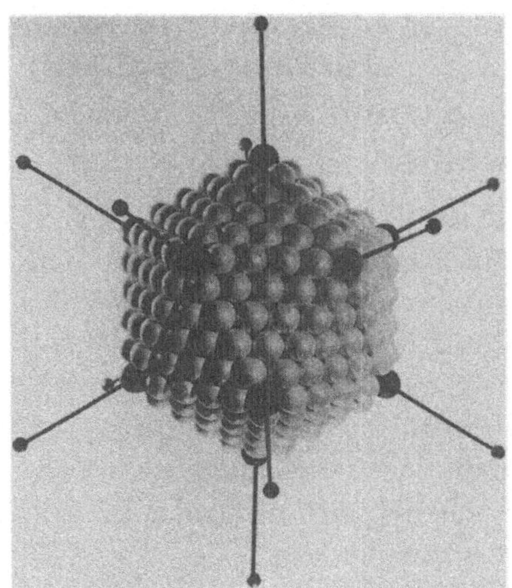 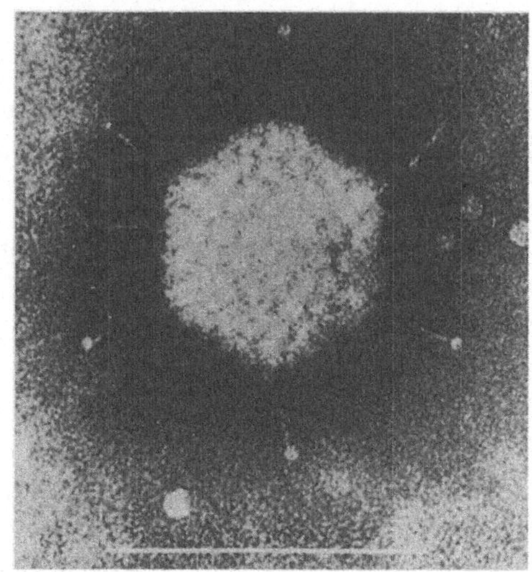

Abb. 2.2: Strukturmodell (links) und im Negativkontrastverfahren gewonnene elektronenmikroskopische Aufnahme (rechts) eines Adenovirus. Die Eikosaedergestalt ist gut sichtbar. Die Pentonen, d. h. die Kapsomeren, die die Spitzen des Eikosaeders besetzen, tragen einen faserförmigen, von einem knopfartigen Gebilde abgeschlossenen Anhang, der als Antenne bezeichnet wird. Einige in der Bildebene liegende Antennen sind auch in der elektronenmikroskopischen Aufnahme sichtbar. Hexonen besetzen Flächen und Kanten des Eikosaeders. Der Maßstrich kennzeichnet 100 nm (R. C. Valentine u. H. G. Pereira, Mol. Biol. 13 (1965) 13)

Den isodiametrischen oder kugelförmigen Viren mit kubischer Symmetrie stehen die *stäbchenförmigen oder gestreckten Viren mit helikaler Symmetrie* gegenüber. Bei diesen sind die Kapsomeren, die mit den Strukturproteinen identisch sind, wie die Stufen einer Wendeltreppe aneinandergereiht. Dabei verbleibt im Inneren ein Hohlraum, der als *Zentralkanal* bezeichnet wird. Der Nucleinsäurestrang verläuft spiralförmig gewunden in einer Furche der Kapsomeren. Das zeigt Abb. 2.4 in einem Strukturmodell und zwei elektronenmikroskopischen Aufnahmen des Tabakmosaik–Virus (TMV). Die Nucleokapsel des TMV, das als Prototyp der Viren mit helikaler Symmetrie gilt, umfaßt 2130 Kapsomeren mit jeweils 158 Aminosäuren. Sie bilden eine Helix mit 130 Windungen, deren Ganghöhe 2,3 nm beträgt. Der Zentralkanal hat einen Durchmesser von 4 nm. Der etwa 4 nm von der Achse des Hohlzylinders entfernt in eine Vertiefung der Kapsomeren wendelförmig eingelagerte Nucleinsäurestrang ist ca. 3300 nm lang und umfaßt ca. 6400 Mononucleotide.

Abb. 2.3: Modell des Wasserrübengelbmosaik–Virus in Aufsicht und Querschnitt. Die Lage des Nucleinsäurestranges ist schwarz markiert (D. L. D. Caspar u. A. Klug, Cold Spring Harbor Symp. Quant. Biol. 27 (1962) 1)

Die Nucleokapseln der einzelnen gestreckten, d. h. helikal–symmetrischen Virusarten können bezüglich Partikellänge und Durchmesser sowie in der Zahl der Kapsomeren variieren. Je länger die Partikeln sind, desto geringer ist ihr Durchmesser und umgekehrt. Kurze, gedrungene Stäbchen sind starr, lange, dünne Fäden flexibel. Je flexibler ihre Partikeln, desto besser werden die Viren in der Regel von Insekten übertragen. Ursachen für diese Korrelation sind bisher nicht bekannt.

Kubische und helikale Symmetrie können auch in einem Virion miteinander kombiniert vorkommen, z. B. bei vielen Bakterienviren. Man spricht in diesen Fällen von *binaler Symmetrie.* Abb. 2.5 zeigt den Bau eines Phagen mit binaler Symmetrie, und zwar des *Coli*–Phagen T2 in einem Schema (links) und in elektronenmikroskopischen Aufnahmen (Mitte und rechts). Der isodiametrische Kopf birgt das genetische Material, in diesem Falle DNS. In der einen elektronenmikroskopischen Aufnahme (Mitte) ist die DNS neben dem Kopf als Fadenknäuel sichtbar, denn die Proteinhülle des Kopfes ist bei bestimmten Temperaturen mit osmotisch wirksamen Substanzen behandelt und zum Platzen gebracht worden. Dabei ist der Nucleinsäurestrang herausgeschleudert worden. Der sog. Schwanz mit seinen Fasern und Spikes dient vor allem der Anheftung des Phagen an einen Bakterienwirt und der anschließenden Durchdringung der Bakterienwand mittels eingelagerter, die Zellwand des Wirtes auflösender Enzyme. Durch einen Kanal im Inneren eines hohlen Stiftes im Schwanz, der in Abb. 2.5 (rechts) durch partiellen Abbau der äußeren kontraktilen Scheide sichtbar gemacht worden ist, wird dann die im Kopfteil unter Druck stehende Nucleinsäure in die Bakterienzelle injiziert.

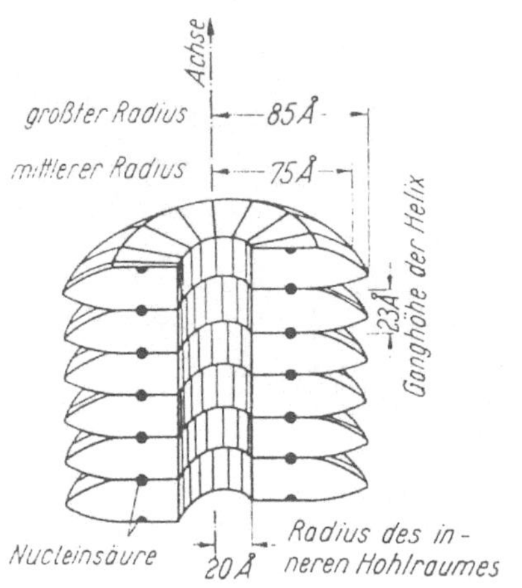

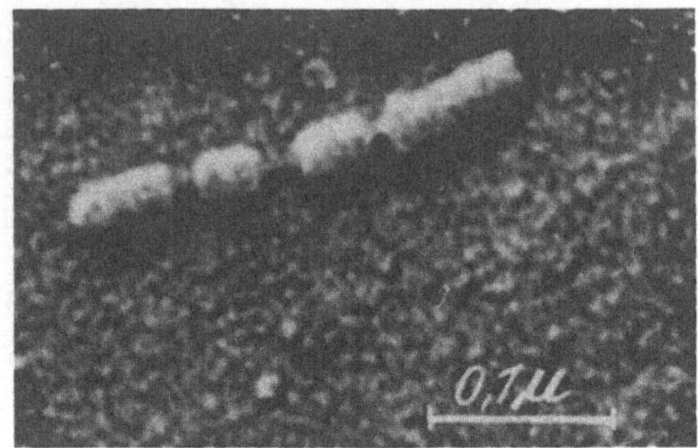

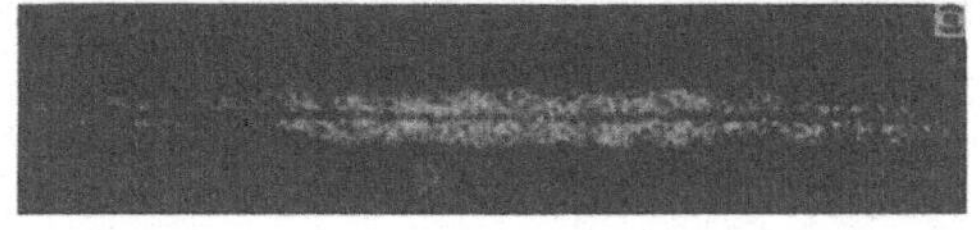

Abb. 2.4: links: Strukturmodell des Tabakmosaik-Virus (R. Franklin, Nova Acta Leopoldina, N. F. 19 (1967) 34); rechts oben: Teilchen des Tabakmosaik-virus, dessen Nucleinsäurestrang durch vorsichtige Entfernung der Proteinhülle freigelegt ist, Schrägbedampfung mit Metallen (G. G. Schramm et al., Nature 175 (1955) 549); rechts unten: Teilchens des Tabakmosaik–Virus, Negativkontrastierung. Die helikale Struktur der Proteinhülle und der Zentralkanal sind deutlich zu erkennen (R. Leberman, Molecular Biology of Viruses, Cambridge (1968) 183)

Bei einer Anzahl von Virusarten ist die Nucleokapsel zusätzlich von einer *Hülle* umgeben, die auch als *Peplos* bezeichnet wird. Die Hülle besteht zumeist aus viruscodierten Proteinen, Lipoproteiden und verschiedentlich aus Glycoproteiden. In verschiedenen Fällen sind aber auch aus der Wirtszellmembran stammende Lipide am Aufbau der Hülle beteiligt. Aus der Hülle ragen häufig Anhängsel hervor, die Peplomeren, Antennen oder Projektionen genannt werden (Abb. 2.6 rechts). Diese bewirken oft die ersten Kontakte zwischen den entsprechenden Viruspartikeln und der Wirtszelle. In der vielfach isodiametrischen Hülle können sowohl kubische Nucleokapseln (Abb. 2.6 links oben sowie Abb. 2.7) als auch helikale Nucleokapseln (Abb. 2.6 links unten und rechts) eingeschlossen sein. Bei Rhabdoviren, zu denen u. a. das Tollwut–Virus gehört, ist die helikale Nucleokapsel von einer gedrungenen, stäbchenförmigen Hülle umgeben, die auch als bazillenförmig bezeichnet wird.

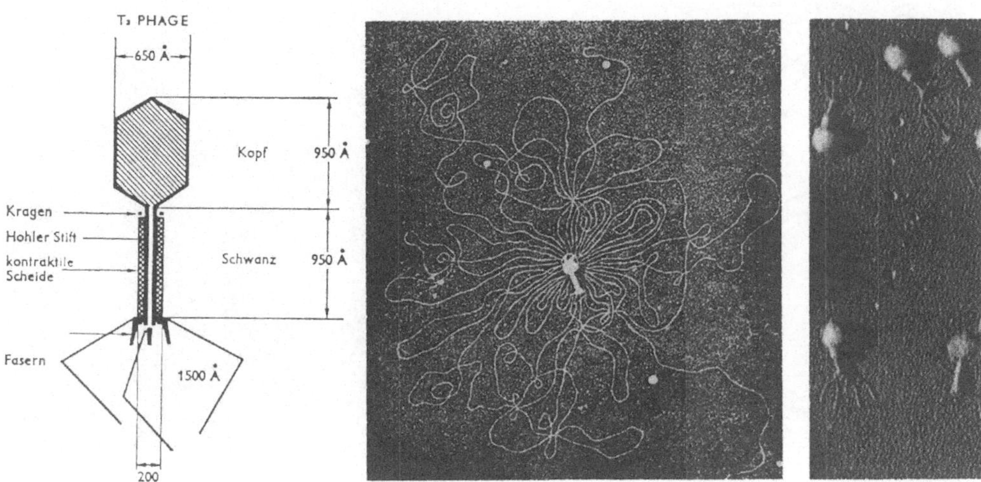

Abb. 2.5: Phage T2; links: Bau und Abmessungen im Schema; Mitte: geplatztes Phagenteilchen; neben der Proteinhülle ist die aus dem Kopfteil herausgeschleuderte Nucleinsäure als Fadenknäuel sichtbar. Vergr. etwa 36 000fach; rechts: Aufbau des Phagenschwanzes. Durch oxydativen Abbau wurde der im Inneren des Schwanzes befindliche Stift freigelegt. An einigen Stellen sind auch die Schwanzfasern sichtbar. Vergr. etwa 36 000fach (E. Kellenberger u. W. Arber, Z. Naturforsch. 106 (1955) 168 und A. K. Kleinschmidt et al., Biochim. Biophys. Acta 61 (1962) 857, Mitte)

Viruspartikeln, die keine zusätzliche Hülle haben, nennt man *nackt*, Viruspartikeln, die von einer Hülle umgeben sind, *umhüllt*. Umhüllte Viruspartikeln werden vor allem bei Viren angetroffen, die Vertebraten infizieren. Bei dieser Gruppe bilden von den 17 vom Internationalen Komitee zur Taxonomie der Viren anerkannten Familien 10 umhüllte Viruspartikeln aus. Bei Pflanzenviren finden sich dagegen nur in 2 von 24 Virusgruppen (Familien) umhüllte Partikeln. Bei Bakterienviren bilden 2 von 15 Gruppen umhüllte Viruspartikeln aus.

Die Formenmannigfaltigkeit der nackten und umhüllten Viruspartikeln in den verschiedenen Familien bzw. Gruppen der Prokaryoten- und Pflanzenviren sowie der Evertebraten- und Vertebratenviren zeigen die Abbildungen 5.1 bis 5.4.

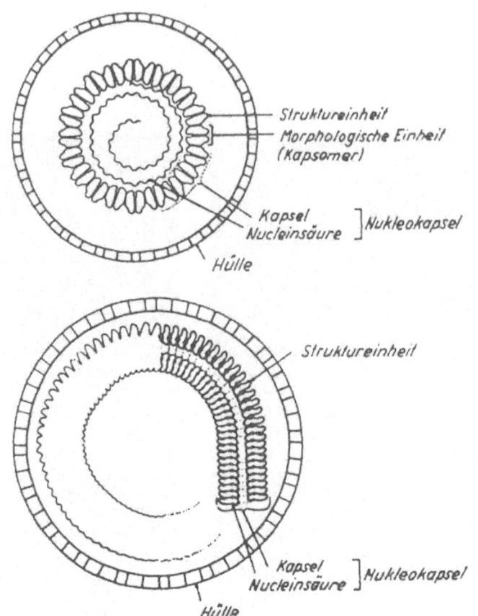

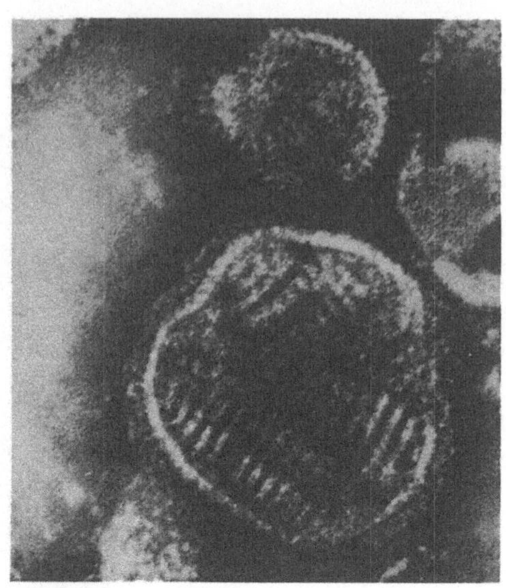

Abb. 2.6: links: Schematische Darstellung der Ultrastruktur von umhüllten kubischen (oben) und helikalen (unten) Viren; rechts: Innerhalb der Hülle des Influenza–A–Virus sind einige der 8 helikalen Nucleokapseln sichtbar, auf die das Genom verteilt ist. Auf der Oberfläche der Hülle sind der Anheftung des Virions dienende Fortsätze gut zu erkennen (D. L. D. Caspar et al., Cold Spring Harbor Symp. Quant. Biol. 27 (1962) 5; J. D. Almeida u. A. P. Waterson, J. Gen. Microbiol. 46 (1967) 109)

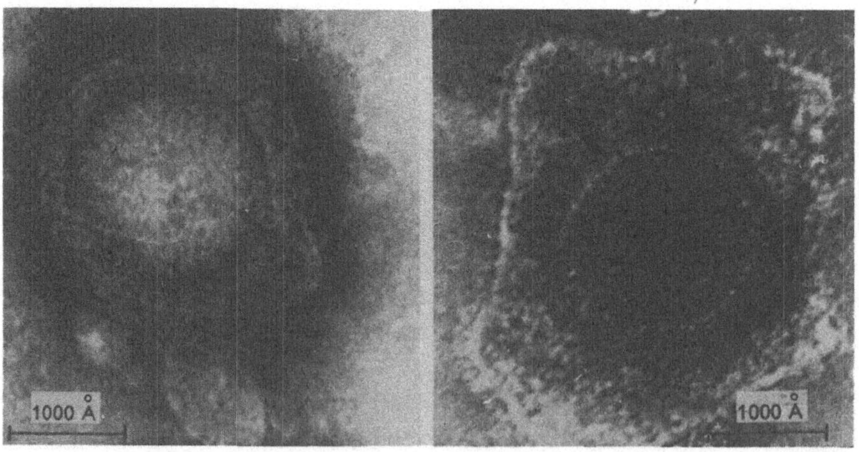

Abb. 2.7: Umhüllte Teilchen des Herpes–simplex–Virus. Die isodiametrische Nucleokapsel und deren Kapsomeren sind in der Hülle gut sichtbar (D. H. Watson et al., Virology 24 (1964) 523)

3 Struktur und Eigenschaften der Virusnucleinsäuren

3.1 Bau der Nucleinsäuren und Genomtypen

Die Virusnucleinsäuren werden wie die Nucleinsäuren im Genom der Lebewesen i. e. S. aus vielen kettenförmig aneinander gereihten Nucleotiden gebildet. Jedes Nucleotid vereinigt in sich wiederum drei Bauelemente, und zwar einen Zucker, eine Nucleobase und einen Phosphorsäurerest.

Der *Zucker* enthält in seinem Molekül 5 Kohlenstoffatome und stellt somit eine *Pentose* dar. Diese liegt entweder in Form der *Ribose* oder der *Desoxyribose* vor. Letztere unterscheidet sich dadurch von der Ribose, daß das zweite Kohlenstoffatom keinen Sauerstoff trägt. Durch eine Sauerstoffbrücke entsteht in beiden Fällen eine Ringstruktur.

Nucleinsäuren, deren Zuckeranteil aus Desoxyribose besteht, gehören dem Typ der *Desoxyribosenucleinsäuren* (=DNS) an. DNS findet sich in Zellkernen bzw. in Kernäquivalenten sowie in zahlreichen Viren und stellt den eigentlichen Speicher genetischer Informationen dar.

Nucleinsäuren, deren Nucleotide Ribose enthalten, werden als *Ribosenucleinsäuren* (=RNS) bezeichnet. In Zellen werden drei Typen von RNS angetroffen, die Boten-RNS, die Ribosomen-RNS und die Transport-RNS. Bei den meisten Pflanzenviren, bei einer größeren Anzahl von Tierviren und einigen Bakteriophagen dient RNS als Speicher der Erbinformation.

Bei den *Nucleobasen* unterscheiden wir zwischen den Purinbasen Adenin (A) und Guanin (G) sowie den Pyrimidinbasen Thymim (T), Uracil (U) sowie Cytosin (C) (Abb. 3.1). In der Desoxyribosenucleinsäure kommen die Purinbasen Adenin und Guanin sowie die Pyrimidinbasen Cytosin und Thymin vor. In der RNS tritt Uracil an die Stelle des Thymin. Die anderen Basen sind die gleichen wie bei der DNS.

Nucleinsäuren entstehen, indem die Zuckeranteile vieler Nucleotide miteinander durch *Phosporsäure* verknüpft werden. Hierdurch wird quasi der Holm einer Leiter gebildet, aus dem, gewissermaßen als die Hälften von Leitersprossen, die Nucleobasen herausragen. Ein *Nucleinsäuredoppelstrang* bildet sich, indem zwei derartige Leiterholme durch zueinander passende Sprossenhälften zu einer Leiter verbunden werden. Dabei reagiert, besonders aufgrund steri-

scher Gegebenheiten der entsprechenden Moleküle, Guanin (Gu) mit Cytosin
(Cyt) und Adenin (Ad) mit Thymin (Thy; bei der Bildung von DNS) bzw. Uracil (U; bei der Bildung von RNS). Es entsteht eine vollständige Leiter, in der
die komplementären Nucleobasen die Sprossen und die durch Phosphorsäure
miteinender verknüpften Zuckermoleküle die Holme darstellen (Abb. 3.2 links).
In der Natur ist dieser leiterförmige Nucleinsäuredoppelstrang jedoch spiralig
gewunden. Er bildet also gewissermaßen eine Wendeltreppe, wie das in Abb. 3.2
rechts dargestellt ist.

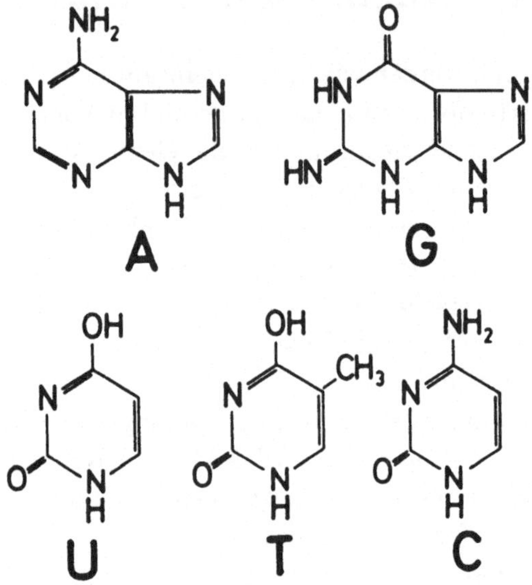

Abb. 3.1: Die Purinbasen Adenin (A) und Guanin (G) sowie die Pyrimidinbasen Uracil (U), Thymin (T) und Cytosin (C) als wichtige Bausteine der
Nucleinsäuren

Doppelstrangdesoxyribosenucleinsäure (= dsDNS = dsDNA = double strain
DNA), bei der zwei DNS–Stränge durch Basenpaarung miteinander gekoppelt und ineinander schraubenförmig verdrillt sind, stellt bei den meisten ein-
bzw. mehrzelligen Lebewesen das genetische Material dar und dient auch bei
zahlreichen Vertebratenviren, d. h. bei Viren, die bei Wirbeltieren und Menschen auftreten, ferner bei vielen Insekten- und Prokaryotenviren, besonders
Bakterienviren, als Speicher der Erbinformation. Demgegenüber gibt es nur
eine Gruppe von Pflanzenviren mit dsDNS, und zwar die Caulimovirus–Gruppe
(= Blumenkohlmosaik–Virus–Gruppe).

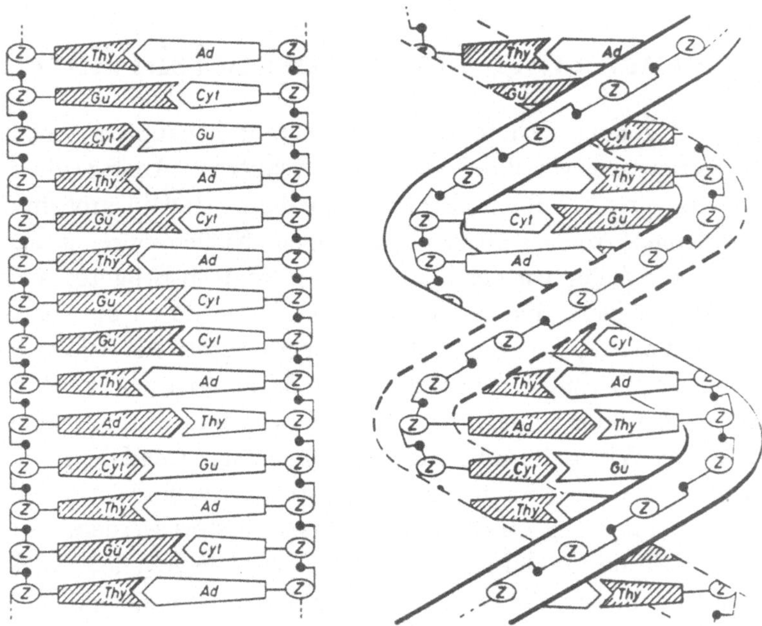

Abb. 3.2: Struktur der Desoxyribosenucleinsäure (links) und schematische Darstellung des Watson–Crick–Modells der DNS

Einzelstrangdesoxyribosenucleinsäure (= ssDNS = ssDNA = single strain DNA) ist nur bei zwei Gruppen von Bakterienviren sowie bei je einer Gruppe von Pflanzen– bzw. Tierviren als Speicher der Erbinformation vertreten.

Doppelstrangribosenucleinsäure (= dsRNS = dsRNA = double strain RNA) tritt in Viruspartikeln verhältnismäßig selten als Speicher der Erbinformation auf. Lediglich bei Pilzviren wird sie in einem relativ hohen Anteil vorgefunden. Bei Vertebratenviren und den anderen nach den Viruswirten gebildeten Virusgruppen gibt es nur einzelne mit dsRNS.

Einzelstrangribosenucleinsäure (= ssRNS = ssRNA = single strain RNA) tritt in den meisten ein– und mehrzelligen Lebewesen nicht als Informationsspeicher, sondern gewissermaßen als ein Bote auf, der die im Zellkern gespeicherte Erbinformation ins Cytoplasma zu den Ribosomen, den Stätten der Eiweißsynthese, transportiert. Sie ist in den Partikeln sehr vieler Viren als Informationsspeicher vertreten. So stellt Einzelstrang–RNS bei rund 94% der Pflanzenviren das genetische Material dar. Aber auch ein relativ hoher Anteil von Tiervieren,

und zwar 58% der Virusarten, hat die Erbinformation in Einzelstrang–RNS gespeichert. Bei Insekten– und Bakterienviren tritt demgegenüber ssRNS nur in
geringem Umfang als Speicher der Erbinformation auf. Unter den Pilzviren ist
bisher nur eine einzige Art mit ssRNS bekannt.

3.2 Strukturierung der Virusnucleinsäure

Viele Lebewesen können sich in ihrer Umwelt nur behaupten, wenn sie die
Möglichkeit haben, sich vor ihren Feinden zu schützen. Analog gilt das auch
für die Viren in ihrer zellulären Umwelt. In dieser sind in großem Umfang
Nucleasen vorhanden, die vor allem nichtarteigene Nucleinsäuren abbauen und
auf diese Weise die Zellen vor der Inkorporation fremden Erbgutes schützen.

In den Viruspartikeln sind die Virusnucleinsäuren durch die Nucleokapsel
oder die Hülle vor dem Angriff dieser Nucleasen geschützt. Der Schutz geht aber
verloren, wenn die Virusnucleinsäure aus dem Virion freigesetzt wird, um einen
neuen Replikationszyklus zu beginnen. Erst wenn sich die Virusnucleinsäure an
die Ribosomen der Wirtszelle anheften kann, um entsprechend der in ihr codierten Erbinformation virale Proteine zu bilden, ist sie zunächst wieder geschützt.
Ebenso kann sie in der Regel nicht von Nucleasen zerstört werden, während sie
repliziert wird, d. h. während ihrer Vermehrung. Die neu gebildete Nucleinsäure
ist jedoch erneut dem Angriff von Nucleasen ausgesetzt, bis sie schließlich in Viruspartikeln eingebaut wird. Ebenso ist die freie Virusnucleinsäure gefährdet,
wenn sie von Zelle zu Zelle transportiert werden soll. Vor diesen Gefahren sind
die Nucleinsäuren in vielen Fällen durch besondere Strukturierungen geschützt.

Vor dem *Zugriff der Exonucleasen der Wirtszellen*, d. h. der Fermente, die
Nucleinsäuren abbauen, indem sie von den Enden der Stränge her die einzelnen Nucleinsäurebausteine, die Nucleotide, abspalten, schützt sich eine Anzahl von Viren dadurch, daß sich die Nucleinsäurestränge unmittelbar nach
ihrer Bildung zu *ringförmigen Strukturen* zusammenschließen, indem die Enden der Stränge miteinander verknüpft werden. Ein derartiges ringförmiges,
nur 240 bis 380 RNS–Moleküle umfassendes Genom findet sich auch bei den
Viroiden. Diese können keine Nucleokapsel ausbilden und werden daher auch
als nackte Miniviren bezeichnet. Bei ihnen stellt das ringförmige Genom zusammen mit Doppelstrangabschnitten, die zwischen Einzelstrangabschnitte einge-
schoben sind (s. u.), offenbar den einzigen Schutz vor Nucleasen dar.

Bei strangförmigen Virusgenomen, die sich nicht zu einem Ring schließen
können, vor allem bei Genomen von Einzelstrang–RNS–Viren, *schützen oft besondere Strukturen an den Enden der Nucleinsäurestränge vor dem Angriff
der Nucleasen.* So schließt das 3'-Ende, d. h. das Ende, an dem die Phosphorsäure am C–Atom 3 der Ribose gebunden ist, bei den Picornaviren, zu de-

nen z. B. das Poliomyelitis–Virus und das Schnupfen–Virus gehören, mit einer
Polyadenylsäuresequenz ab, d. h. mit der Aufeinanderfolge vieler Adenylsäuremoleküle. Auch in anderen Virusgruppen, z. B. bei den Potexviren, zu denen
u. a. das Kartoffel–X–Virus gehört, ist am 3'–Ende ein hoher Adenylsäurege-
halt vorhanden. Das gegenüberliegende Ende der entsprechenden RNS–Stränge,
das sog. 5'–Ende, ist oft vor dem Angriff der Exonucleasen geschützt, indem
an das letzte Nucleotid ein Protein gebunden ist. In der Gruppe der Tobamoviren, deren bekanntester Vertreter das Tabakmosaik–Virus ist, wird das 3'–Ende
dadurch vor den Einzelstränge zerstörenden Nucleasen geschützt, daß sich in
einigen Genomabschnitten *Doppelstrangstrukturen* bilden. Einzelstränge fal-
ten sich in diesen Bezirken und werden durch Wasserstoffbrücken mit komplementären Basen (s. o.) zu Doppelsträngen verknüpft. Dadurch entsteht eine
sog. *Kleeblattstruktur*, wie sie den verschiedenen Formen der Transfer–RNS
eigen ist, die in dem an Nucleasen reichen Milieu des Cytoplasmas die Aminosäuren von den Stellen ihrer Bildung an die Stellen der Ribosomen transportieren, wo sie bei der Proteinbildung gebraucht werden. Abb. 3.3 zeigt einige
Transfer–RNS–Formen mit Kleeblattstruktur.

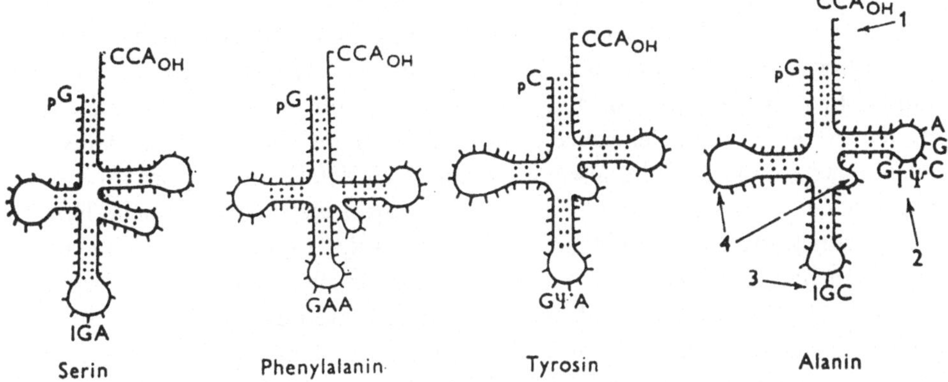

Abb. 3.3: Die den Kleeblattstrukturen am 3'–Ende der Tobamoviren ähnelnden
Kleeblattstrukturen von vier verschiedenen Transfer–RNS—Formen. An allen
Formen ist am 3'–Einzelstrang–Ende (1) eine Gruppierung vorhanden, die vor
dem Angriff von Nucleasen schützt

Auch das 5'–Ende ist bei den Tobamoviren sowie verschiedenen anderen Virusgruppen in besonderer Weise geschützt, und zwar durch eine sog. *Kappenstruktur*, wie sie auch an den Enden der Boten–RNS kernhaltiger Organismen
vorkommt. In der Kappenstruktur ist Guanylsäure, die durch Methylierung
vor dem Zugriff von Nucleasen geschützt ist, über Triphosphat an Guanylsäure
gebunden. Die Kappenstruktur schützt offenbar nicht nur vor dem Angriff von

Nucleasen. Sie fördert vielmehr darüber hinaus auch den Kontakt zwischen Nucleinsäure und Ribosomen, der eine wichtige Voraussetzung für die Synthese viruscodierter Proteine darstellt.

Den *Zugriff von Endonucleasen*, die Nucleinsäurestränge in kleinere Stücke zerschneiden, *verhindert oft geeignete Alkylierung*, z. B. Methylierung, *von Nucleotiden* des Nucleinsäurestranges der Viren.

Umfangreichen Schutz vor dem Angriff von Nucleasen erhalten die Nucleinsäurestränge vieler Viren, indem sie nach ihrer Freisetzung aus der Nucleokapsel, dem sogenannten Uncoating, sehr rasch eine *Sekundärstruktur* annehmen. In dieser wechseln wie in den Transfer–RNS–Formen Paarstrangabschnitte mit Einzelstrangabschnitten ab, die als *loops* bezeichnet werden. Während bei den Kleeblattstrukturen der verschiedenen t–RNS–Formen 3 bis 4 loops durch Paarstrangabschnitte getrennt sind, enthalten die erheblich längeren und dementsprechend mehrfach gefalteten Virusnucleinsäurestränge wesentlich mehr Einzel– und Paarstrangabschnitte. Man spricht in diesem Fall von einer *Blumenstruktur* oder einem *Blumenmodell* (vgl. Abb. 6.9).

Bei Viren mit langen Nucleinsäuresträngen, z. B. beim Tabakmosaik–Virus, kommen derartige Sekundärstrukturen offenbar nicht allein dadurch zustande, daß sich Nucleotide durch Wasserstoffbrücken zu Doppelstrangabschnitten paaren. Es liegt vielmehr nahe, daß an der Bildung der Blumenmodelle auch bestimmte *Proteine* beteiligt sind. Diese können sowohl in der Virusnucleinsäure als auch in der Wirtsnucleinsäure codiert sein. Offensichtlich erfolgt der Virustransport von Zelle zu Zelle sowie bisweilen auch der Ferntransport im Siebteil der Pflanzen nicht selten durch Virusnucleinsäure, die durch vielfache Faltung unter Vermittlung von Proteinen als Sekundärstruktur eine Blumenstruktur angenommen hat und hierdurch vor dem Zugriff verschiedener Nucleasen besser geschützt ist. Wenn die zur Bildung einer bestimmten Sekundärstruktur erforderlichen Proteine nicht im Virus codiert sind, kann der Transport über größere Entfernungen nur erfolgen, indem der Wirt oder ein anderes Virus diese Proteine zur Verfügung stellt. So ist z. B. das in vielen Pflanzen, beispielsweise den meisten Tabaksorten, in nahezu alle Pflanzenteile einwandernde Tabakmosaik–Virus in Gerste normalerweise auf das inokulierte (infizierte) Blatt beschränkt. Es kann sich jedoch in der gesamten Pflanze ausbreiten, wenn gleichzeitig eine Infektion mit dem Trespenmosaik–Virus vorliegt. Es wird diskutiert, daß ein im Genom des Trespenmosaik–Virus codiertes Protein die Sekundärstruktur des Tabakmosaik–Virus in einer Weise verändert, daß dessen Nucleinsäure beim systemischen Transport vor der Zerstörung durch Wirtsnucleasen besser geschützt ist. Somit ergeben sich auch auf molekularer Ebene vielfältige Beziehungen zwischen den Viren und ihrer zellulären Umwelt.

3.3 Genüberlappungen

Die Evolution der Viren wie auch der Organismen i. e. S. geht in der Regel
mit einer Vergrößerung des genetischen Materials einher, bei den Viren vor
allem mit einer Verlängerung der Nucleinsäurestränge. Während das bei den
helikalen Viren keine Probleme mit sich bringt, da entsprechend der Verlängerung der Nucleinsäurestränge ohne Schwierigkeiten auch eine Verlängerung der
stäbchenförmigen Nucleokapseln erfolgen kann, sind bei den kleinen isodiametrischen Viren einer Erweiterung des genetischen Materials enge Grenzen gesetzt.
Diese rühren daher, daß die Größe der Nucleokapseln durch die Art und Anzahl der Kapsomeren festgelegt ist und kaum verändert werden kann. Daher
läßt sich in diesen Nucleokapseln nur eine bestimmte Menge von Nucleinsäuren
unterbringen. Um trotzdem den Genbestand erweitern zu können, sind eine Anzahl von DNS- und auch RNS-Viren der Pro- und Eukaryoten, beispielsweise
bestimmte Bakteriophagen sowie Adeno- und Papovaviren, ferner zahlreiche
Retroviren, u. a. HIV, einen nahezu unikalen Weg gegangen. *Sie haben in ein-
und demselben Abschnitt der Nucleinsäure mehrere genetische Informationen
verschlüsselt.* Diese Erscheinung wird als *Genüberlappung* bezeichnet.

Genüberlappungen können auf verschiedene Weise zustande kommen. Bei
der *Rasterverschiebung* wird im gleichen Abschnitt des genetischen Materials mehr als ein Leseraster ausgenutzt. Das wird dadurch erreicht, daß im
Nucleinsäurestrang *mehrere Startcodonen* vorhanden sind, die zur Bildung unterschiedlicher Tripletts und damit zur Bildung anderer Aminosäuren und dementsprechend auch anderer Proteine führen.[1] In Abb. 3.4 ist die Überlappung
der Gene VP2 und VP3 mit dem Gen VP1 des SV–40–Virus, eines nackten
Doppelstrang–DNS–Virus aus der Familie der *Papovaviridae*, das unter be-

---

[1]Wir erinnern uns an molekularbiologische Grundkenntnisse: Eine Aminosäure wird von
drei aufeinanderfolgenden Nucleotiden bestimmt, die zusammen ein *Triplett* bilden. Alle Aminosäuren mit Ausnahme von Methionin werden durch mehrere verschiedene Tripletts codiert.
Welche Aminosäuren durch welche Tripletts codiert werden, ist bekannt und im sogenannten
genetischen Code zusammenfassend dargestellt. *Welche Tripletts in einer Aufeinanderfolge
von Nucleotiden gebildet werden, hängt vom Startpunkt der Ablesung des Nucleinsäurestrangs ab.* Dieser wird durch *Startcodonen* bestimmt. Das bekannteste Startcodon ist AUG.
Auch das Triplett GUG kann als Startcodon dienen. Ist in gewissem Abstand vom ersten
Startcodon auf dem gleichen Nucleinsäurestrang ein zweites Startcodon vorhanden, ohne daß
zwischen diesen beiden Codonen ein Stop-Codon liegt, so beginnt bei diesem die Ablesung
der „Botschaft" zur Bildung eines zweiten Proteins. Wenn die Ablesung beim zweiten oder
dritten Nucleotid einer ursprünglichen Triplettfolge beginnt, kommt es zur *Verschiebung des
Ableserasters um ein bzw. zwei Nucleotide.* Es werden somit andere Tripletts mit anderen
Codierungen abgelesen. Diese Ablesungen erfolgen, bis sie durch ein Stop-Codon (UAA,
UAG oder UGA) beendet werden. Die Zahl der Tripletts zwischen Start- und Stop-Codon
bestimmt die Zahl der Aminosäuren und damit die Größe des codierten Proteins.

stimmten Bedingungen zur Tumorbildung führen kann, dargestellt. Bewun-
dernswert und in den Ursachen unverstanden ist, daß sich nach der Rasterverschiebung wiederum eine Aminosäureaufeinanderfolge ergibt, die ein sinnvolles,
funktionsfähiges Protein bildet.

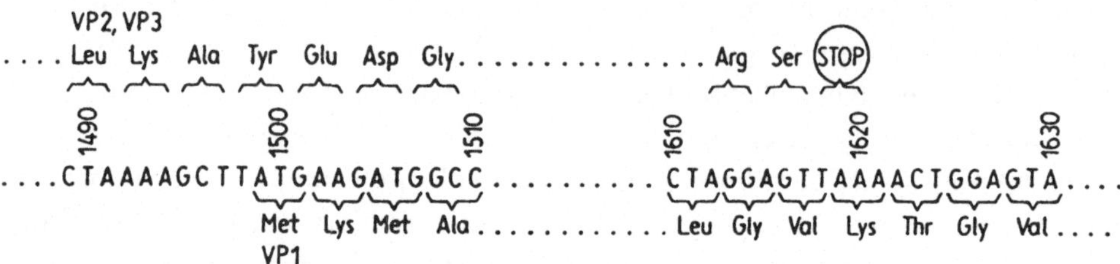

Abb. 3.4: Überlappung der SV–40–Gene VP2 und VP3 mit VP1 durch Ra-
sterverschiebung. Startcodon für das VP1-Gen ist ATG, denn in DNS tritt
Thymin auch im Startcodon AUG an die Stelle von Uracil (vgl. Abschnitt
3.1). AUG bzw. ATG codiert auch für die Aminosäure Methionin (Met).
Leu=Leucin, Lys=Lysin, Ala=Alanin, Tyr=Tyrosin, Glu=Glutaminsäure,
Asp=Asparaginsäure, Gly=Glycin, Arg=Arginin, Ser=Serin, Val=Valin; die
Zahlen geben die Nucleotid–Nummern auf dem Nucleinsäurestrang an

Abb. 3.5 (links) zeigt am gleichen Beispiel, den Genen VP2 und VP3 des SV-
40–Virus, daß es auch durch *Überlesen von Startcodonen im gleichen Genombereich zur Bildung von zwei unterschiedlich großen Proteinen kommen kann*,
die beide an der Ausbildung der Nucleokapsel beteiligt sind.

Im rechten Teil der Abb. 3.5 ist am Beispiel des RNS–Phagen Qβ dargestellt, wie ein größeres Genprodukt, das 326 Aminosäuren umfassende regu-
latorisch wirksame Protein A1, durch *Überlesen des „schwachen" Stopcodons
UGA entstehen kann. Im Hinblick auf seine Entstehung spricht man von einem
Read–through–Protein (Durchleseprotein). Wird die Ablesung bereits beim
„schwachen" Stopcodon UGA unterbrochen, entsteht das 131 Aminosäuren umfassende Hüllprotein.*

Ein weiterer Weg, der bei bestimmten Eukaryotenviren aus dem gleichen
Genombereich heraus zur Bildung unterschiedlicher Genprodukte führt, ist
das *Splicing* (=Spleißen). Dabei werden aus einem langen Prä–messenger
(=Vorboten–RNS) unterschiedliche Abschnitte herausgeschnitten und die „Reste" danach wieder in verschiedener Weise miteinander verbunden. Hierdurch
kommt es zur Bildung unterschiedlicher Boten–RNS–Formen. Auch diese

Möglichkeit wird beispielsweise beim SV–40–Virus genutzt.

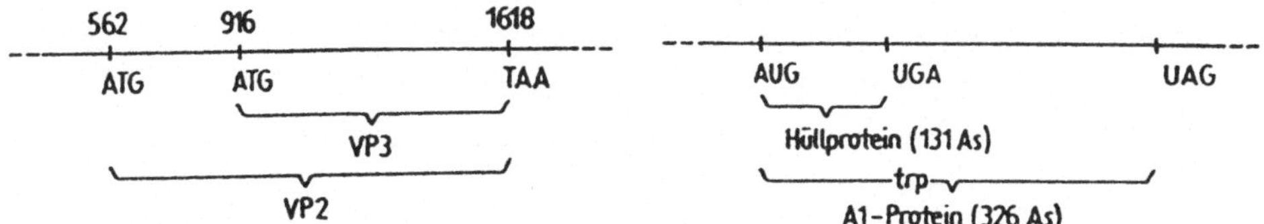

Abb. 3.5: links: Überlappung der SV–40–Gene VP2 und VP3. Das beim Nucleotid 562 beginnende Startcodon wird von einigen Transkriptasen überlesen. Diese beginnen die Ablesung erst beim Nucleotid 916; rechts: Überlappung der Gene für das Hüll- und A1-Protein des Phagen Qβ. A1 wird als Read-through–Protein gebildet; AS = Aminosäuren

3.4 Viren mit geteiltem Genom

Bei verschiedenen Viren ist die Erbinformation nicht in einem einzigen Strang enthalten, sondern *auf mehrere Nucleinsäurestränge verteilt*, wie das bei Karyoten (kernhaltigen Organismen) die Regel ist. Derartige *Viren mit geteiltem Genom* sind bisher im wesentlichen bei pflanzen- bzw. tierpathogenen Einzelstrang–RNS–Viren gefunden worden. Kürzlich wurde jedoch auch über Hinweise berichtet, daß bestimmte Pflanzenviren mit Einzelstrang–DNS aus der Gruppe der Geminiviren, z. B. das bean golden mosaic virus, ein geteiltes Genom aufweisen.

Vielfach sind die verschiedenen Nucleinsäurestränge in *einer* Nucleokapsel enthalten. Die Nucleokapsel der nackten Reoviren, zu denen z. B. das Wundtumoren–Virus und das Virus der Afrikanischen Pferdepest gehören, enthält beispielsweise 10 bis 12 Doppelstrang–RNS–Stränge. Bei umhüllten Viren sind oft mehrere RNS–Moleküle jeweils in einem gesonderten helikalen Kapsid eingeschlossen, und diese Kapside sind von einer gemeinsamen Hülle umgeben. So enthält z. B. die Hülle des zu den Orthomyxoviren gestellten Influenza–Virus 8 unterschiedlich lange RNS–Moleküle in 8 ebenso unterschiedlich langen helikalen Kapsiden (vgl. Abb. 2.6).

Bei zahlreichen Pflanzenviren mit geteiltem Genom sind die *Nucleinsäurestränge auf mehrere Viruspartikeln von z. T. unterschiedlicher Größe verteilt*. Man spricht in diesen Fällen von *Coviren* oder *Multikomponentenviren*. Die Bildung von Multikomponentenviren ist eine weitere Möglichkeit, der Vergrößerung des Gen– und somit des Nucleinsäurebestandes im Zuge der Evolution Rechnung zu tragen.

Bei den *Dreikomponentensystemen* ist das genetische Material in *drei*, bei den *Zweikomponentensystemen* in *zwei* verschiedenen, unterschiedlich langen RNS–Strängen enthalten, die alle für die Infektion und Replikation erforderlich sind.

Bei Viren mit geteiltem Genom liegt oft eine große Anzahl verschiedener, sich in zahlreichen Eigenschaften unterscheidender Stämme vor. Wenn der gleiche Wirtsorganismus durch verschiedene Stämme eines Virus infiziert worden ist, kommt es im Zusammenhang mit der Replikation vielfach zur Neuverteilung der verschiedenen Nucleinsäurestränge auf die einzelnen Viruspartikeln und damit zur Bildung von neuen Virusstämmen, die bisher nicht bekannte Eigenschaften aufweisen können. Die Folge hiervon ist beispielsweise bei den Influenzaviren die Bildung immer neuer aggressiver Grippeformen, die alle acht bis zehn Jahre zu Epidemien bzw. Pandemien führen (vgl. Abschnitte 1.2 u. 7.4.3). Nach der Neuzüchtung von Pflanzensorten, die gegen bestimmte Multikomponentenviren resistent sind, bilden sich in vielen Fällen verhältnismäßig rasch Virusformen heraus, die diese Resistenz brechen. Damit sind auch in dieser Beziehung enge Verflechtungen zwischen molekularbiologischen und ökologischen Gegebenheiten zu verzeichnen.

3.5 Diploide Viren

In der Regel enthält das Virusgenom, gleichgültig, ob es aus einem einzigen Nucleinsäurestrang oder aus mehreren Strängen besteht, die Erbinformation nur einmal. Dementsprechend sind die meisten Viren im Gegensatz zur Mehrzahl der ein– oder mehrzelligen Organismen haploid. Nur die Onkoviren, d. h. die Gruppe der RNS–haltigen, Tumoren bildenden Viren, und einige andere Virusarten aus der Gruppe der Retroviren enthalten in zwei identischen Virus–RNS–Molekülen zwei Genome je Virion, sind also diploid. Bei manchen Viren, z. B. bei bestimmten Formen der Herpesviren, sind nur einige Gene zweifach vertreten, d. h., sie sind partiell diploid. Über die biologische Bedeutung der Diploidie bei Viren besteht noch keine Klarheit.

4 Grundzüge der Virusvermehrung

Mit der Virusinfektion gelangen neue, zusätzliche Informationen in die Wirtszelle und veranlassen diese, Virusnucleinsäure und Virusproteine zu bilden. Dabei haben sich die Replikationsstrategien der verschiedenen Viren an ihre Wirte angepaßt. In allen Fällen stellt jedoch die Vermehrung des genetischen Materials den zentralen Akt in dem komplexen, vielschichtigen Drama der Virusinfektion dar. Viele Virusgenome, die in die Wirtszelle gelangen, enthalten nicht nur die spezifische Information für die Bildung von Virusnucleinsäure und Virusstrukturproteinen, sondern auch in mehr oder weniger großer Zahl weitere Gene für das operative Potential, das die Synthese der Wirtszellen im Sinne der Produktion neuer Viruspartikeln beeinflußt. So sichern sich vor allem Bakterien- und Tierviren die für die Synthese der Viruspartikeln erforderlichen Bausteine, die Nucleotide für die Synthese der Virusnucleinsäure und die Aminosäuren für die Synthese der viralen Proteine, indem sie die Synthese wirtseigener Nucleinsäuren und Proteine zum Erliegen bringen und auf diese Weise den gesamten Nucleotid- und Aminosäurepool des Wirts für ihre Synthesen nutzen können. Da die Viren nicht wie ihre Wirte über Ribosomen und die mit diesen verbundenen Mechanismen zur Proteinsynthese verfügen, werden hierfür ebenfalls die Wirtsmechanismen genutzt. Es ist jedoch immer noch weitgehend unklar, warum die Wirte Virusproteine oft bereitwilliger bilden als ihre eigenen Proteine. Im Hinblick auf die enge Verknüpfung der Virusreplikation mit den Synthesemechanismen des Wirts wird im Zusammenhang mit der Virusinfektion und der Virusvermehrung oft von *Parasitismus auf genetischer Ebene* gesprochen.

Indem die Wirtszelle als Umwelt eines sich vermehrenden Virus aufgefaßt wird, lassen sich die Beziehungen zwischen Virus und Wirt unter dem Gesichtspunkt der *Demökologie* abhandeln, die sich mit den Beziehungen einartiger (homotyper) Populationen zu ihrer Um- und Mitwelt befaßt. Da der Parasitismus insgesamt und damit auch der Parasitismus auf genetischer Ebene als eine Sonderform der Synökologie aufgefaßt wird, können die Beziehungen zwischen Virus und Wirt auch unter den Gesichtspunkten der *Synökologie* dargestellt werden. Zunehmend gewinnen Gesichtspunkte der Synökologie an Bedeutung, wenn zwei oder mehr Viren die Zelle gleichzeitig infizieren. In besonderem Maße gilt das für die Viren, die andere Viren zu ihrer Vermehrung nutzen,

also wissermaßen auf ihnen parasitieren. Entsprechende Beziehungen sind in
verschiedenen Abschnitten dieses Buches zu behandeln.

Wenn auch die Beziehungen zwischen Virus und Wirt bei allen Viren in den
Grundlagen übereinstimmen, so sind doch in Abhängigkeit vom Bau und der
Organisation des Virus und seines Wirtes erhebliche Abweichungen zu verzeichnen. Gleiches gilt für die Mechanismen, mit denen sich der Wirt gegen Virusinfektionen wehrt. Die Darstellung der Spezifika der vielfältigen Virus–Wirt-
Beziehungen muß jedoch späteren Abschnitten vorbehalten bleiben. Nachfolgend soll zunächst ein Überblick über die Grundvorgänge bei der Virusreplikation und gleichzeitig über wesentliche, durch die Organisation von Virus und
Wirt bedingte Abweichungen gegeben werden. Hierdurch sollen die Voraussetzungen geschaffen werden, die für das Verständnis spezifischer Virus–Wirt-
Beziehungen erforderlich sind.

*Der Gesamtvorgang der Virusvermehrung läßt sich in mehrere Phasen untertei-
len.* Wir unterscheiden:

1. *Eindringphase.* Bei dieser wird besonders deutlich, in welch starkem Maße
   sich die Viren auf Wirtsspezifika eingestellt haben. Bakterienviren heften
   sich beispielsweise zunächst mit dem Schwanzende an das Wirtsbakterium
   an, und zwar in *Rezeptorarealen,* die Substanzen enthalten, die spezifisch
   jeweils einen Phagentyp adsorbieren. Im Anschluß an die Adsorption löst
   der Phage enzymatisch einen unter dem Rezeptor gelegenen Zellwandbe-
   zirk auf. Durch das hierdurch entstandene Loch dringt der Phagenschwanz
   in das Bakterium ein und injiziert die im Phagenkopf unter einer Art Tur-
   gordruck stehende Virusnucleinsäure in das Cytoplasma der Wirtszelle.

   Viele Tierviren werden ähnlich wie Bakterienviren zunächst an Rezeptoren
   in der Membran der Wirtszellen, z. B. der Schleimhäute der Atemwege,
   gebunden. Dann stülpt sich die Zellmembran in diesem Bereich nach
   innen, und es werden Membranvesikeln abgeschnürt, in die das infizierende Virusteilchen zunächst eingeschlossen ist. Aus diesen wird das Virus
   schließlich durch Abbau der Vesikelmembranen freigesetzt. Die Wirtszelle
   inkorporiert somit das diese oft zerstörende Virus aktiv.

   Anders verläuft die Inkorporation von Pflanzenviren. Da das pflanzliche
   Gewebe von einer dicken, überdies oft von einer Kutikula überzogenen
   Zellwand geschützt ist, die das Pflanzenvirus nicht durchdringen kann, ist
   die Infektion nur im Bereich von Wunden, in denen das Cytoplasma offen
   liegt, z. B. im Bereich abgebrochener Pflanzenhaare, möglich, oder aber
   das Virus läßt sich von saugenden oder beißenden Insekten sowie Milben,

Fadenwürmern oder einzelligen Pilzen von einer Wirtspflanze zur anderen befördern und in eine Zelle des neuen Wirts einführen. Aber auch bei Tierviren ist die Übertragung durch saugende oder beißende Insekten verbreitet. Eine Anzahl von Tierviren wird ferner durch Bißwunden übertragen, z. B. das Tollwutvirus durch den Biß von Füchsen.

2. Auf die Eindringphase folgt *die Phase der Freisetzung der Nucleinsäure der Viruspartikeln.* Mit Hilfe von Eiweiße abbauenden Enzymen des Wirts wird die Proteinhülle des Virus zerstört. Dieser Vorgang wird als *Uncoating* (Entkleidung, strip tease) bezeichnet. Bei Bakterienviren, die die Nucleinsäure in den Wirt injizieren, entfällt diese Phase.

3. Unmittelbar nach dem Uncoating heftet sich die in Freiheit gesetzte Nucleinsäure des Virus an Wirtsribosomen an, und es beginnt *die Phase der Bildung früher Proteine.* Hierunter werden viruscodierte Enzyme verstanden, die sehr früh im Replikationszyklus der Viren gebildet und benötigt werden. Sie sind in vielen Fällen Voraussetzung für die Replikation der Virusnucleinsäure. Für RNS–Viren ist beispielsweise ein Enzym, das neue RNS–Stränge nach dem Vorbild des Muster–RNS–Stranges bildet und als viruscodierte RNS–abhängige RNS–Polymerase bezeichnet wird, von besonderer Bedeutung, denn die Viruswirte bilden ihre wirtseigene RNS, beispielsweise die Boten–RNS oder die Transfer–RNS, an DNS– und nicht an RNS–Strängen. Das Enzym, das RNS an RNS–Strängen zu bilden vermag, ist daher im Wirt in der Regel für das Virus nicht verfügbar. Das im RNS–Genom des Virus codierte Enzym muß somit noch vor der Replikation der Virus–RNS gebildet werden. Eine Anzahl von Tierviren benötigen ferner bestimmte frühe Proteine, die die Nucleinsäure– und Proteinsynthese des Wirts hemmen, so daß vom Wirt für eigene Synthesen gebildete Nucleotide und Aminosäuren nunmehr für die Virussynthesen zur Verfügung stehen.

4. Nach der Bildung der frühen Proteine beginnt die Phase der *Vermehrung (Replikation) der Virusnucleinsäure,* die je nach dem Genomtyp des infizierenden Virus (Einzel– oder Doppelstrang–DNS oder –RNS) sehr unterschiedlich verlaufen kann. Sie muß daher in verschiedenen Abschnitten dargestellt werden.

5. Sind in großer Anzahl Nucleinsäuremoleküle gebildet worden, erfolgt, wiederum an Wirtsribosomen, die *Bildung später Proteine.* Zu diesen gehören die Proteine der Nucleokapsel, oft auch Proteine der Hülle oder spät im Replikationszyklus erforderliche Enzyme, bei Bakterienviren z. B. Lysozym (s. u. und Abschnitt 6.2.1).

6. Die *Reifephase* ist durch Vereinigung der Virusnucleinsäure mit dem Hüll-protein zu kompletten Virusteilchen gekennzeichnet.

   Die für die Virusreplikation i.e.S. erforderliche Zeit, d. h. die Zeit, in der die Phasen 2 bis 6 durchlaufen werden, ist relativ kurz. Häufig werden Replikationszeiten von 20 bis 40 Minuten festgestellt. Es sind jedoch auch erhebliche Abweichungen nach unten und insbesondere nach oben zu verzeichnen.

7. In der *Austrittsphase* werden die neu gebildeten Viruspartikeln aus der Zelle ausgeschleust. Das geschieht bei Bakterienviren, indem durch ein als *Lysozym* bezeichnetes Enzym die Zellwand des Wirts zerstört wird. Bei vielen Tierviren, z. B. beim Influenza–Virus, regen die replizierten Viruspartikeln die Bildung von Zellwandausstülpungen, von sogenannten *Mikrovilli*, an. In diese wandern die Viruspartikeln ein. Dann schnüren sich die Mikrovilli von der Membran der Wirtszelle ab. Anschließend befreien sich die Viruspartikeln unter Mitwirkung von Membranen zerstörenden Enzymen aus den Mikrovilli. Nunmehr können beispielsweise Viren, die wie die Influenza– oder Adenoviren die Atemwege infizieren, durch Husten aus dem Wirt ausgestoßen werden und in den Luftraum und somit erneut in unsere Umwelt gelangen. Andere Tier- und auch Pflanzenviren verlassen beim Saugakt von Insekten bzw. beim Biß von Insekten oder anderen Tieren die Wirtszelle und können durch diese Organismen in andere Wirte transportiert werden. Wenn Pflanzenviren nicht in der angeführten Weise beim Austritt aus dem Wirt geholfen wird, können sie diesen nur durch Wunden verlasssen. Auch verschiedene Tierviren, z. B. HIV, können durch blutende Wunden in unsere Umwelt gelangen.

Zwischen dem Austritt aus dem bisherigen Wirt und dem Eintritt in einen neuen Wirt befindet sich das Virus in unserer Umwelt, die auch als *Habitat* bezeichnet wird. Hierunter versteht man die auf eine Biozönose, d. h. das Bevölkerungs-system von Pflanze, Tier und Mensch bezogene Gesamtheit aller ökologischen Faktoren einschließlich der biotischen, also durch die Lebewesen selbst bedingten Einflüssen. Im Habitat wird wesentlich über die Ausbreitung der Viren und den Befall neuer Wirte entschieden. Die Einflüsse der Viren auf die neuen Wirte stellen wiederum Faktoren dar, die auf die Gestaltung der Umwelt einwirken. In diesem Zusammenhang sei auf die Sekundäreinflüsse des Myxomatosevirus auf die Umwelt in Australien nach dem künstlichen Auslösen einer Epidemie erinnert (vgl. Abschnitt 1.2).

Der Mensch sucht die angeführten Beziehungen im Sinne der Gesunderhaltung von Mensch, Tier und Pflanze zu beeinflussen. Der Erfolg dieser Einflußnahme ist oft von ökologischen Gegebenheiten abhängig. Ebenso zeigt diese Einflußnahme nicht selten positive oder negative Rückwirkungen auf die Umwelt. Infolge der Komplexität dieses Beziehungsgeflechts werden die Auswirkungen der Eingriffe des Menschen in diese Verflechtungen noch längst nicht in vollem Umfang überblickt. Es beginnen sich jedoch gewisse Leitlinien abzuzeichnen, die, zumindest in Grundrissen, in dieser Schrift an geeigneten Stellen erörtert werden sollen.

5 Benennung und Einteilung der Viren

5.1 Prinzipien der Nomenklatur und Klassifizierung; Herkunft der Viren

Zur Zeit sind über 400 Pflanzenviren, ca. 800 Tierviren, ca. 300 Bakterienviren, ca. 200 Insektenviren und ca. 30 Pilzviren bekannt. Um einen Überblick über diese Vielfalt zu erhalten, wurden auf Grund der umfangreichen Ergebnisse und Erkenntnisse, die die Virologen in vieljähriger Forschungsarbeit gewonnen haben, Virusarten und -gruppen und, wenn hinreichend gesicherte Kenntnisse vorlagen, Virusfamilien gebildet. Für die Klassifizierung der Viren in Systemen, die den natürlichen Systemen der Pflanzen und Tiere analog sind, besteht allerdings auch heute noch keine sichere Basis. *Es konnten bei Viren noch keine entwicklungsgeschichtlich eindeutigen Verwandtschaften nachgewiesen werden. Überdies sind die Viren offensichtlich polyphyletisch entstanden*, d. h., sie sind unterschiedlicher Herkunft.

Einige große Viren, wie etwa die Pockenviren, könnten durchaus durch Regression, d. h. weitere Rückbildung, *aus parasitischen Organismen*, z. B. Rickettsien, entstanden sein. Für andere Viren ist wahrscheinlich, daß sie sich *von Zellorganellen ableiten*, die sich verselbständigt haben. Hieraus ist z. T. das exakt aufeinander abgestimmte Wechselspiel zu erklären, das in der Eindringphase z. B. zwischen den im Schwanz der Bakteriophagen enthaltenen Substanzen und den Rezeptorarealen des Wirtsbakteriums zu beobachten ist. Eine große Zahl von Bakterienviren könnte *aus Plasmiden*, d. h. ringförmigen, zu autonomer Reduplikation befähigten DNS-Molekülen der Bakterien, die auch zeitweilig in den Haupt-DNS-Strang eingebaut und später wieder aus diesem ausgestoßen werden können, entstanden sein, indem es ihnen möglich war, sich eine eigene schützende Proteinhülle zu schaffen. Bezüglich verschiedener DNS-Vertebratenviren liegt nahe, daß sie in ähnlicher Weise *aus Transposons* (Sprunggenen) entstanden sind, d. h. aus kleineren, nur wenige Gene enthaltenden DNS-Abschnitten, die aus einem Chromosom heraustreten und an einer anderen Stelle des gleichen oder eines anderen Chromosoms wieder eingebaut werden können und auf diese Weise ggf. zum Austausch von Erbgut innerhalb des Genoms einer Zelle führen. Auch für Retroviren könnte diese Herkunft zutreffen. Für viele andere RNS–Viren liegt nahe, daß sie sich von *Boten–RNS* herleiten, die sich mit einer schützenden Hülle umgeben konnte. Demgegenüber war es den Viroiden, deren ringförmiges RNS–Genom teils in Einzelstrangabschnitten, teils in Doppelstrangabschnitten vorliegt und somit gewisse Analogien zur Transport–RNS aufweist, nicht möglich, eine Hülle auszubilden.

In der Vergangenheit wurde eine Anzahl von *Virussystemen* aufgestellt. Diese mußten angesichts erheblicher Erkenntnislücken fehlerhaft sein und konnten sich daher auch nicht durchsetzen. Erst in jüngerer Zeit wurden wesentliche Beiträge zur allmählichen Abtragung der bei einer umfassenden Klassifikation der Viren auftretenden Schwierigkeiten geleistet, indem aus experimentell gut untersuchten, einander ähnlichen Viren taxonomische Gruppen gebildet worden sind. Diese Klassifikation wird durch das Internationale Komitee zur Taxonomie der Viren (ICTV) nach sorgfältig ausgearbeiteten Regeln, die laufend ergänzt werden, organisiert und kontrolliert.

Grundlagen für die Klassifikation der Viren bilden die physikalischen und morphologischen Eigenschaften des Virions, insbesondere:

- *der Nucleinsäuretyp* (Einzel– bzw. Doppelstrang–DNS oder –RNS), die Zahl der Nucleinsäurestränge im Virion, der prozentuale Anteil der Nucleinsäure an der Masse des Virions;

- *die Symmetrieform der Nucleokapsel*, bei Viren mit kubischer Symmetrie ferner die Zahl der Kapsomeren, Vorhandensein oder Fehlen einer Außenhülle, Auftreten von Anhangsgebilden auf Kapsomeren oder Peplomeren, bei helikalen Viren Länge und Durchmesser der Nucleokapsel;

- *physikochemische Eigenschaften*, z. B. Molekülmasse des Virions, Anzahl der Strukturproteine, Sedimentationskonstante, Lipid– und Kohlenhydratgehalt des Virions;

- *die Art der Replikation*;

- *biologische Aspekte*, z. B. Wirtsspektrum, Art der Virusübertragung von Wirt zu Wirt.

Eine Anzahl von sehr gut untersuchten taxonomischen Gruppen hat nach den Festlegungen des ICTV den Rang von Familien erhalten. Für jede Familie, aber auch für die meisten Virusgruppen wurde eine typische Art und Gattung festgelegt. Eine Virusart umfaßt ein Cluster (engl.= Büschel, Anzahl) von Stämmen (strains) aus einer Mannigfaltigkeit von Herkünften (Quellen) oder aus einer Population von Stämmen einer Herkunft, das eine Reihe oder ein Muster korrelierender stabiler Eigenschaften gemeinsam hat, durch die das entsprechende Cluster von anderweitigen Clustern anderer Arten unterschieden ist. Als Typus werden Arten gewählt, die in Publikationen am vollständigsten definiert worden sind. Oft lassen sich in einer Familie auch mehrere Gattungen abgrenzen.

Familien wurden bisher vor allem bei Bakterien– und Tierviren gebildet. Bei Pflanzenviren konnten infolge von Kenntnislücken bisher einander ähnliche Virusarten in der Regel nur zu Gruppen zusammengefaßt werden.

Die Benennung (Nomenklatur) der Virusarten erfolgte in den Anfängen der Virusforschung besonders bei Tier– und Pflanzenviren vielfach nach dem Trivialnamen der Krankheit, die diese hervorrufen. Dementsprechend tragen die gleichen Viren in den verschiedenen Sprachgebieten z.T. auch heute noch unterschiedliche Namen. Pflanzenviren wurden oft nach der ersten oder wichtigsten Wirtspflanze, aus der sie isoliert worden waren, und dem an dieser auftretenden bemerkenswerten Symptom bezeichnet (z. B. Tabakmosaik–Virus, Rübenkräusel–Virus). Diese Namen sind häufig zu Trivialnamen geworden. Bei den späteren *Katalognomenklaturen* wurden die aus einer Wirtspflanze isolierten Viren mit dem Namen der Pflanze benannt und durch Zahlen oder Buchstaben voneinander unterschieden (z. B. Rübenvirus Nr.1, Kartoffel–X–Virus, Kartoffel–Y–Virus). Derartige Bezeichnungen sind z. T. noch heute gebräuchlich.

Jetzt vollzieht sich die *Benennung (Nomenklatur) der Viren* nach Regeln, die vom ICTV aufgestellt und laufend ergänzt werden. Eine binäre Nomenklatur, wie wir sie von der Taxonomie der Pflanzen und Tiere kennen, konnte allerdings auf Grund der noch vorhandenen Kenntnislücken bisher noch immer nicht durchgehend eingeführt werden. Es wird aber angestrebt, daß der *Artname* ein latinisiertes Wort ist. Er muß es jedoch nicht sein. Vielfach stellt der englische Trivialname die offizielle Bezeichnung dar. Auch Buchstaben– und Zahlengruppen, allein oder in Kombination miteinander, wurden vor allem bei Bakterienviren in vielen Fällen als Artname anerkannt. Neue derartige Bezeichnungen werden allerdings nicht zugelassen. Bei Pflanzenviren wird dem Trivialnamen oft eine Zahl oder ein Buchstabe angefügt. Diese Art der Nomenklatur ist als das Relikt eines ursprünglichen Katalogsystems anzusehen (s.o.). Die *Gattungsnamen* sollen nach einer für die Gattung typischen Art gebildet werden, indem die Artbezeichnung durch die Endung *–virus* ergänzt wird. Der *Familienname* soll mit *–iridae* enden.

Obwohl in der vorliegenden Schrift Virusfamilien bzw. –gruppen, die dort eingeordneten Viren und deren Wirte, Virusschäden am Wirt, Übertragungsweise der einzelnen Viren usw. vor allem im Zusammenhang mit ökologischen Gegebenheiten und zu deren Verständnis angeführt werden, soll ein kurzer Überblick über wichtige Familien und Gruppen von Prokaryoten-, besonders Bakterienviren, sowie von Pflanzen- und Vertebratenviren und von bei Insekten auftretenden Viren vorangestellt werden. Dabei werden vor allem Angaben berücksichtigt, die für die nachfolgenden Abschnitte von Bedeutung sind.

5.2   Familien von Prokaryotenviren

Gestalt und relative Größe der Viruspartikeln einer Anzahl von Virusfamilien, die „kernlose" Organismen befallen, sind in Abb. 5.1 dargestellt. Diese Abbildung sowie die Abbildungen 5.2 bis 5.4 sind nach den Festlegungen des ICTV zusammengestellt worden und lassen Klassifikationsprinzipien sowie Bau und relative Größe der Viruspartikeln erkennen. Maßstriche erleichtern Größenvergleiche.

5.2.1   Familien mit Doppelstrang–DNS

Doppelstrang–DNS (= dsRNA)–Genome enthalten die meisten und überdies artenreichsten Familien der Bakterienviren. Besonders bedeutsam sind die sehr arten- bzw. formenreichen Familien, die *Nucleokapseln mit binaler Symmetrie* ausbilden.

Die Familie der *Myoviridae* (1a und 1b in Abb. 5.1) umfaßt sowohl Arten mit isodiametrischem (kubischem) Kopfteil (1a) als auch Arten mit helikalem (gestrecktem) Kopfteil (1b). Arttypus ist der Coli–Phage T2 (Abb. 2.5). Zahlreiche Formen (Arten) der Familie befallen u. a. *Enterobacteriaceae*, bes. *Escherichia coli, Agrobacterium, Bacillus, Clostridium, Mycobacterium, Pseudomonas, Rhizobium, Staphylococcus, Streptococcus* und *Xanthomonas*.

Arttypus der *Styloviridae* (2 in Abb. 5.1) ist der temperente, Lysogenie hervorrufende Coli–Phage λ (vgl. Abschnitt 6.2.4). Das Virion der *Styloviridae* ist durch einen Schwanz mit verhältnismäßig geringem Durchmesser gekennzeichnet. Der Wirtskreis der zahlreichen Formen der *Styloviridae* entspricht etwa dem der *Myoviridae*.

Die in der Familie der *Podoviridae* (3)) zusammengefaßten Bakteriophagen zeichnen sich durch einen stark verkürzten Schwanzteil aus. Arttypus ist der Coli–Phage–T7. Wesentliche Wirte sind die *Enterobacteriaceae*, vor allem (–)-Formen, ferner *Agrobacterium, Brucella, Micrococcus, Pseudomonas* und *Rhizobium*.

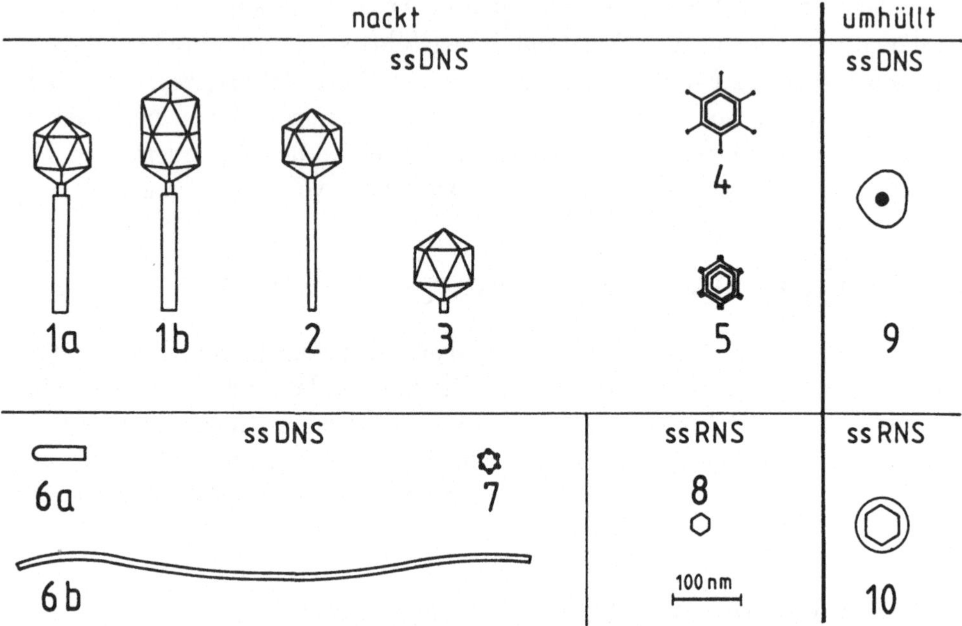

Abb. 5.1: Familien der Prokaryoten befallenden Viren. Erklärungen siehe Text (R. E. F. Matthews, Internationales Komitee zur Taxonomie der Viren, verändert)

Die Partikeln der *Tectiviridae* (4) und *Corticoviridae* (5) sind *isodiametrisch* und damit schwanzlos. Erste Kontakte zwischen Virus und Wirt werden bei den entsprechenden Formen durch Anhangsgebilde an einigen Kapsiden der Nucleokapsel hergestellt. Beide Familien umfassen verhältnismäßig wenige Formen. Diejenigen der *Tectiviridae* befallen vor allem gramnegative Bakterien, besonders Formen der *Enterobacteriaceae*, ferner Formen von *Acinetobacter, Pseudomonas, Vibrio* sowie *Bacillus*, die bestimmte Resistenzplasmide besitzen, d. h. extrachromosomale Erbträger der Bakterien, die u. a. die Resistenz gegen Antibiotika bewirken und auch auf andere Bakterien übertragen werden können. Es ist noch offen, ob durch diese Bakterienviren eine Dezimierung von Bakterien mit unerwünschten Resistenzen erreicht werden kann.

Die den *Corticoviridae* zugeordneten Viren befallen vor allem marine Bakterien der Gattung *Pseudomonas*.

Die Formen der *Plasmaviridae* (9 in Abb. 5.1) bilden *umhüllte Virionen* aus, deren Nucleokapsel Doppelstrang–DNS enthält.

5.2.2 Familien mit Einzelstrang–DNS

Einzelstrang–DNS (= ssDNA)–Genome enthalten die *Inoviridae* und die *Microviridae*.

Die Familie der *Inoviridae* (6 in Abb. 5.1) bildet in der Gattung *Plectovirus* (6a) kurze, gedrungene, in der Gattung *Inovirus* (6b) lange, flexible Fäden aus, deren Länge in den verschiedenen Untergruppen beträchtlich schwankt. Die neu gebildeten Partikeln dieser *filamentösen Phagen* werden im allgemeinen aus dem Bakterienwirt ausgeschleust, ohne daß dieser aufgelöst wird. Wesentliche Wirte sind *Enterobacteriaceae*, besonders *Pseudomonas* und *Xanthomonas*.

Die ca. 20 Virusarten der Familie der *Microviridae* (7) bilden isodiametrische Nucleokapseln. Wirte sind vor allem Enterobakterien.

5.2.3 Familien mit Doppelstrang– oder Einzelstrang–RNS

Doppelstrang–RNS (= dsRNA) umschließen die *umhüllten Partikeln* der *Cystoviridae* (10 in Abb. 5.1). Dieser Familie gehört als einzige Art der Phage $\phi6$ an, der Arten der Gattung *Pseudomonas* befällt.

Kleine nackte *Nucleokapseln mit Einzelstrang–RNS* bilden die *Leviviridae* (8). Diese Familie umfaßt zahlreiche Viren mit einem breiten Wirtskreis, zu denen besonders Formen der *Enterobacteriaceae*, ferner von *Pseudomonas* und *Bdellovibrio* zählen. Die Eindringphase verläuft bei diesen Viren ungewöhnlich. Ihre Virionen adsorbieren an den Sex–Pili, d. h. an den zylinderartigen Fortsätzen der Zellwand von F^2–Zellen (=„männlichen" Zellen) ihrer Wirte, die bei der Konjugation der Bakterien als Konjugationsröhre dienen und die Übertragung der DNS von einem Konjugationspartner auf den anderen ermöglichen. Die RNS der Virionen der *Leviviridae* gelangt nach der Adsorption der Virionen durch den Kanal der Sex–Pili in die neuen Wirte.

5.3 Gruppen bzw. Familien der Pflanzenviren

Eine Übersicht über wichtige Gruppen bzw. Familien der Pflanzenviren gibt Abb. 5.2. Sie läßt erkennen, daß bei den Pflanzenviren Gruppen bzw. Familien mit nackten Partikeln überwiegen, die als genetisches Material Einzelstrang–RNS enthalten.

5.3.1   Doppelstrang–DNS–Pflanzenviren

Die *Caulimovirus-Gruppe* (Cauli flower mosaic virus group, Blumenkohlmosaik–Virus–Gruppe) ist die einzige Gruppe von Pflanzenviren, deren relativ kleine, kugelförmige, nackte Partikeln Doppelstrang–DNS (dsDNA) enthalten. Zu dieser Gruppe gehören u. a. die Erreger des Dahlienmosaiks und des Blumenkohlmosaiks. Das Blumenkohlmosaik–Virus, das auch Wirsing-, Weiß- und Rotkohl sowie weitere Kreuzblütler befällt, vermag die Erträge um mehr als 40% zu vermindern und hat beispielsweise im Erfurter Anbaugebiet bei Blumenkohl Ertragsausfälle von mehr als einer Million Mark verursacht.

5.3.2   Einzelstrang–DNS–Pflanzenviren

Die *Geminivirus–Gruppe* enthält als einzige Gruppe von Pflanzenviren Einzelstrang–DNS (ssDNA) als genetisches Material. Die ringförmig geschlossenen DNS–Stränge sind in kleinen, kugelförmigen, nackten Partikeln enkapsidiert, die häufig paarweise auftreten (gemini; lat.= Zwillinge). Der geringe Umfang des Virusgenoms führt zu der Erwägung, daß die Geminiviren ein geteiltes Genom aufweisen und damit ein „DNS–Gegenstück" zu den RNS–Koviren darstellen könnten. Wichtige Vertreter der Gruppe sind das Maisstrichel–Virus und das Tabakkräusel–Virus.

5.3.3   Doppelstrang–RNS–Pflanzenviren

Die verhältnismäßig wenigen Pflanzenviren, deren Virionen Doppelstrang–RNS (dsRNA) enthalten, gehören der formenreichen Familie der *Reoviridae* an, die mit zahlreichen Arten vor allem in Vertebraten, mit anderen auch in Insekten vertreten ist. Die Reoviren, die Pflanzen befallen, sind den Gattungen *Phytoreovirus* und *Fijivirus* zugeordnet. Die kugelförmigen, aus zwei Proteinschichten bestehenden Nucleokapseln enthalten mehrere Stränge von Doppelstrang–RNS.

Wichtige Vertreter der Gattung *Phytoreovirus* sind das Wundtumoren–Virus (Abb. 2.1) und das Reisverzwergungs–Virus. In der Gattung *Fijivirus* ist vor allem das Fiji–disease–Virus anzuführen, das Gramineen befällt und bei Zuckerrohr die Fidschikrankheit hervorruft, die besonders im indonesischen Raum zu starken Schäden führt. Zur Gattung it Fijivirus werden ferner das Maisrauhverzwergungs–Virus, das Schwarzstrichelverzwergungs–Virus des Reises und das Virus der Sterilen Verzwergung des Hafers gestellt.

Die Phytoreoviren werden durch Zikaden von Pflanze zu Pflanze und über das Zikadenei von Generation zu Generation sowie von Vegetationsperiode zu Vegetationsperiode übertragen.

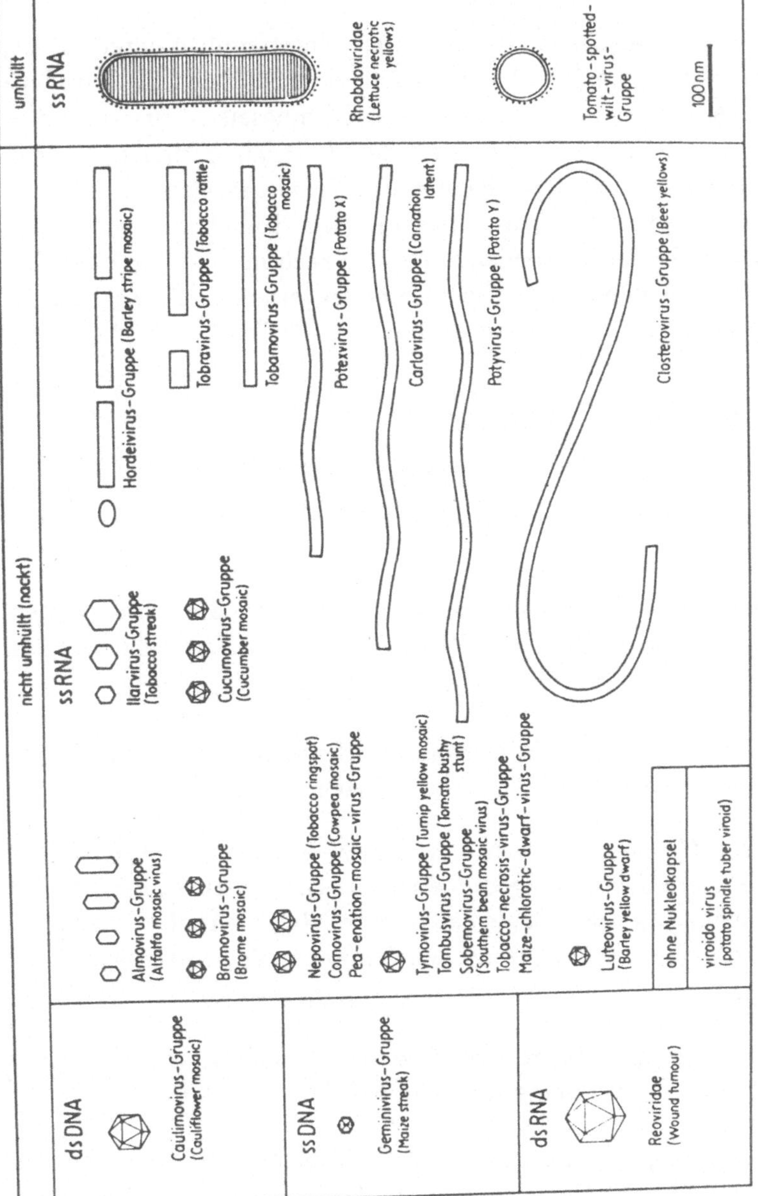

Abb. 5.2: Gruppen und Familien der Pflanzenviren; Erklärungen im Text (R. E. F. Matthews, Internationales Komitee zur Taxonomie der Viren, verändert)

5.3.4 Umhüllte Einzelstrang–RNS–Pflanzenviren

Von der Familie der *Rhabdoviridae*, die in mehrere Unterfamilien unterteilt ist, befallen Viren der Unterfamilie der Pflanzenrhabdoviren zahlreiche Kulturpflanzen. Von diesen verursacht u. a. das Weizenstreifenmosaik–Virus verbreitet starke Schäden. Andere Unterfamilien der *Rhabdoviridae* treten bei Vertebraten und Insekten auf. Die typische Art der *Tomato–spotted–wilt–Virus–Gruppe* (Tomatenbronzeflecken–Virus–Gruppe), das Tomatenbronzeflecken–Virus, führt besonders in den Balkanländern, aber auch in Polen und der Slowakei sowie anderen Gegenden mit heißer Sommerwitterung bei Gewächshaus- und Freilandtomaten zu schweren Schäden.

5.3.5 Nicht umhüllte (nackte) Einzelstrang–RNS–Pflanzenviren

Helikale (stäbchenförmige) Einzelstrang–RNS–Viren mit ungeteiltem Genom

Nach zunehmender Länge und abnehmendem Durchmesser der Virionen werden folgende Gruppen von nackten Einzelstrang–RNS–(ssRNA)–Pflanzenviren gebildet:

- die *Tobamovirus–Gruppe* mit dem außerordentlich stabilen und leicht übertragbaren Tabakmosaik–Virus als Arttypus;

- die *Potexvirus–Gruppe* mit dem Kartoffel–X–Virus als Arttypus. Die zahlreichen in diese Gruppe eingeordneten Virusarten verursachen zumeist Mosaikerscheinungen. Die Schäden sind in der Regel verhältnismäßig gering, obwohl die einzelnen Pflanzenzellen Zehntausende von Viruspartikeln enthalten können;

- die *Carlavirus–Gruppe*, die relativ viele Arten umfaßt, von denen das Kartoffel–M– und –S–Virus die Kartoffel befallen;

- die *Potyvirus–Gruppe*, deren Arttypus, das Kartoffel–Y–Virus, bei der Kartoffel sehr starke Schäden hervorruft. Das zur gleichen Gruppe gestellte Zuckerrohrmosaik–Virus hat im Zuckerrohranbau und das Scharka–Virus bei Pflaumenbäumen außerordentlich hohe Schäden verursacht;

- die *Closterovirus–Gruppe* mit dem Nekrotischen Rübenvergilbungs–Virus, das bei Beta–Rüben zu schweren Schäden führt, und dem Citrus–Tristeza–Virus, das im Citrusbau stark schädigend auftritt.

Bei den helikalen Pflanzenviren nimmt mit zunehmender Partikellänge die mechanische Übertragbarkeit ab und die Übertragbarkeit durch Insekten zu.

Helikale (stäbchenförmige) Einzelstrang–RNS–Viren mit geteiltem Genom

Die *Almovirus-Gruppe* ist eine monotypische Gruppe, die allein das Luzernemosaik–Virus umfaßt. Das Virus bildet drei gedrungene, bazillenförmige Partikeln unterschiedlicher Länge und eine ellipsoide Komponente aus. Die drei bazillenförmigen Partikeln enthalten je einen RNS–Strang des geteilten Genoms. In der ellipsoiden Komponente ist Boten–RNS für das Hüllprotein enkapsidiert. Das Luzernemosaik–Virus hat einen großen Wirtspflanzenkreis und verursacht beträchtliche Schäden.

In der *Hordeivirus-Gruppe* ist das Virusgenom je nach Virusart bzw. Virusstamm auf 2 bis 4 RNS–Moleküle unterschiedlicher Länge verteilt, die sich in der Regel in Stäbchen unterschiedlicher Länge, aber gleichen Durchmessers befinden. Ein wichtiger Vertreter der Gruppe ist das Gerstenstreifenmosaik–Virus.

Bei der *Tobravirus-Gruppe* ist das Genom der Viren in 2 RNS–Strängen enthalten, die in 2 unterschiedlich langen Partikeln enkapsidiert sind. Art–Typus ist das tobacco rattle virus (Tabakmauche–Virus), das bei Tabak schädigend auftritt.

Sphärische (kugelförmige) Einzelstrang–RNS–Viren mit ungeteiltem Genom

Fünf Virusgruppen bilden Virionen mit einem Durchmesser von etwa 30 nm aus. Voneinander abgegrenzt sind diese vor allem durch die Art der Replikation und die Übertragungsweise. Der wirtschaftliche Schaden, der durch Viren aus diesen Gruppen verursacht wird, hält sich in Grenzen. Im einzelnen handelt es sich um:

- die *Tymovirus-Gruppe*, deren Arttypus und wichtigster Vertreter das Wasserrübengelbmosaik–Virus ist;

- die *Tombusvirus-Gruppe* mit dem Tomatenzwergbusch–Virus als Typus;

- die *Sobemovirus-Gruppe* mit dem Südlichen Bohnenmosaik–Virus als Typus;

- die *Tabaknekrose-Virus-Gruppe* (Tobacco-necrosis-Virus-Gruppe), zu der als einziges Virus das Tabaknekrose–Virus gestellt wird;

- die *Maize–chlorotic–dwarf–Virus–Gruppe*, in die bisher nur das maize-chlorotic-dwarf-Virus sicher eingeordnet wird;

- die *Luteovirus–Gruppe*, die sich von den vorstehend angeführten 5 Virusgruppen durch kleinere Virionen mit einem Durchmesser von 25 nm, durch größere Vielfalt der in diese Gruppe eingeordneten Virusarten und durch größeren Umfang der Schäden in befallenen Pflanzen unterscheidet. So verursachen das Gerstengelbverzwergungs–Virus, das Kartoffelblattroll–Virus und das Westliche sowie das Milde Rübenvergilbungs–Virus beträchtliche Schäden. Die Viren der Luteovirus-Gruppe vermehren sich allein im Siebteil der Pflanzen. Auch sind sie nur durch Insekten übertragbar.

Sphärische (kugelförmige) Einzelstrang–RNS–Viren mit geteiltem Genom

Das Genom ist auf 2 RNS-Stränge verteilt.

Die Viren der *Nepovirus–Gruppe* bilden zwar 3 gleichgroße, isodiametrische Partikeln aus, die sich durch ihre Sedimentationskonstanten unterscheiden. Das Genom ist aber nur auf 2 dieser Komponenten verteilt. Die schwerste Komponente enthält den längeren RNS-Strang und bei einigen Arten darüber hinaus auch noch 2 Stränge der kürzeren RNS. Die mittlere Komponente birgt einen Strang der kürzeren RNS. Bei der leichtesten Komponente enthält die Nucleokapsel in der Regel keine RNS. Zur Nepovirus-Gruppe, deren Vertreter durch Nematoden (Fadenwürmer) übertragen werden können, daneben aber auch gut mechanisch und darüber hinaus vielfach durch Samen übertragbar sind, gehören u. a. das Tabak- und das Tomatenringflecken–Virus sowie das Tomatenschwarzring- und das Arabismosaik–Virus. Die Viren der Gruppe haben in der Regel einen großen Wirtspflanzenkreis.

Bei der *Comovirus–Gruppe* ist das Genom auf 2 RNS-Stränge unterschiedlicher Länge verteilt, die jeweils in einer eigenen Nucleokapsel enkapsidiert sind. Eine dritte, sehr leichte Nucleokapsel ist frei von RNS. Arttypus und wichtigstes Virus dieser Gruppe ist das Kundebohnenmosaik–Virus.

In der monotypischen *Erbsenenationenmosaik–Virus–Gruppe* (Pea-enation-mosaic-Virus-Gruppe) ist das zweigeteilte Genom auf 2 gleich große Partikeln mit unterschiedlichen Sedimentationskonstanten verteilt.

Das Genom ist auf 3 RNS-Stränge verteilt.

In 2 Gruppen ist *das dreigeteilte Genom in 3 Partikeln von gleicher Größe,
aber mit unterschiedlichen Sedimentationskonstanten* enkapsidiert. In der
Bromovirus-Gruppe ist das Trespenmosaik-Virus Arttypus und zugleich wichtigste Art. Der Durchmesser der Partikeln beträgt 26 nm. In der *Cucumovirus-
Gruppe*, deren Partikeln mit 28 nm Durchmesser etwas größer sind, verursacht
die typische Art, das weltweit verbreitete, mehr als 400 Pflanzenarten befal-
lende Gurkenmosaik-Virus (cucumber mosaic virus) erhebliche Schäden. Auch
das Erdnußstauche-Virus und das Tomatenaspermie-Virus können beträchtliche Schäden hervorrufen.

Bei der *Ilarvirus-Gruppe* sind die *3 RNS-Stränge des geteilten Genoms auf
3 Partikeln unterschiedlicher Größe* verteilt, deren Durchmesser zwischen 26
und 35 nm schwankt. Die typische Art ist das Tabakstrichel-Virus. Weitere
bekannte Viren dieser Gruppe sind das Apfelmosaik-Virus und das Nekrotische
Kirschenringflecken-Virus.

5.4 Familien der Vertebratenviren

Eine Übersicht über wichtige Familien der Vertebratenviren gibt Abb. 5.3. Diese
läßt u. a. erkennen, daß bei den Vertebratenviren wesentlich mehr Familien mit
umhüllten Partikeln vorhanden sind als bei den anderen nach den Wirtsorganismen gebildeten Gruppierungen. Auch ist die Formenmannigfaltigkeit größer.

5.4.1 Umhüllte Doppelstrang–DNS–Viren

Die *Poxviridae* (Pockenviren) bilden große, quaderförmige Partikeln, die vielfach auch bereits lichtmikroskopisch erkennbar sind. Als wichtige Vertreter sind
das Pocken-Virus des Menschen sowie das Kuh-, Affen-, Büffel-, Schaf- und
Schweinepocken-Virus anzuführen. Acht weitere Arten verursachen Pocken-
erkrankungen bei Geflügel. Das Myxomatose-Virus ruft bei Kaninchen die
Myxomatose hervor.

Zu den *Herpesviridae* (Herpesviren) werden z. B. das Herpes–simplex–Virus
(Abb. 2.7), das u. a. die als Fieberbläschen bekannten Hauterkrankungen hervorruft, ferner das Varicella–zoster–Virus, der Erreger der Windpocken und
der Gürtelrose, sowie das Epstein–Barr–Virus, das das Pfeiffersche Drüsenfieber verursacht und mit großer Wahrscheinlichkeit auch an der Ausbildung von
Tumoren beteiligt ist, gestellt.

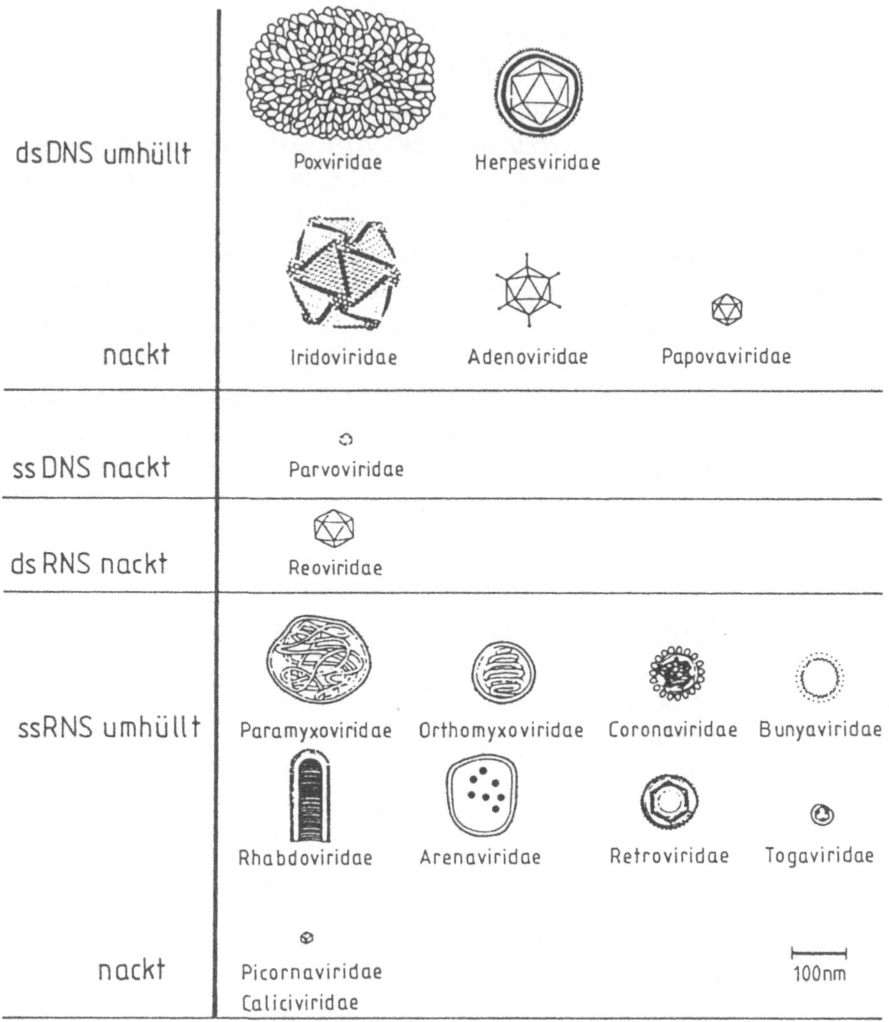

Abb. 5.3: Familien der Vertebratenviren; Erklärungen finden sich im Text (R. E. F. Matthews, Internationales Komitee zur Taxonomie der Viren, verändert)

5.4.2 Nackte Doppelstrang–DNS–Viren

Ein wichtiger Vertreter der *Iridoviridae* ist das Virus der Afrikanischen Schweinepest.

Die *Adenoviridae* stellen eine sehr artenreiche Familie mit 2 Gattungen dar.

Aus der Gattung *Mastadenovirus* infizieren 34 Arten den Menschen und rufen vornehmlich Erkrankungen der Atemwege hervor. Die ca. 20 Arten der Gattung *Aviadenovirus* führen bei Vögeln, u. a. bei Hühnern, Truthühnern, Gänsen, Enten und Fasanen, zu teilweise schweren Erkrankungen.

Die Familie *Papovaviridae*, deren Bezeichnung aus wesentlichen, durch die entsprechenden Viren hervorgerufenen Erkrankungen hergeleitet ist, und zwar von „ papilloma, polyoma forming as well as vacuolating agents", umfaßt ebenfalls 2 Gattungen. Arten der Gattung *Papillomavirus* verursachen beim Menschen gutartige Geschwülste der Haut und Schleimhäute, z. B. „gewöhnliche" Warzen. Viren der Gattung *Polyomavirus (= Miopapovavirus)* können nach Injektion in neugeborene Tiere verschiedener Arten ein breites Spektrum von Tumoren hervorrufen. Natürliche Infektionen sind dagegen in der Regel harmlos. Ist jedoch das Immunsystem der Wirte geschädigt, werden auch bei älteren Tieren nach natürlicher Infektion Tumoren induziert.

5.4.3 Viren mit Einzelstrang–DNS

Die nackten *Parvoviridae* sind unter den Vertebratenviren die einzige Familie mit einem Einzelstrang–DNS–Genom. Der sehr kurze DNS–Strang codiert nicht alle erforderlichen regulatorischen Proteine. Daher erfordert die Vermehrung der Viren Hilfsfunktionen. Viren der Gattung *Dependovirus* nutzen vor allem regulatorische Proteine anderer Viren, z. B. von Adenoviren oder Herpesviren, für ihre eigene Vermehrung. Hierdurch werden diese Parvoviren von den entsprechenden Viren abhängig. Sie treten daher auch nur in Gemeinschaft mit ihnen auf. Sie sind zu *Satellitenviren* geworden, die gewissermaßen auf anderen Viren parasitieren (vgl. Abschnitt 7.16). Viren der Gattung *Parvovirus* nutzen für ihre Vermehrung Hilfsfunktionen der Wirtszelle, die während der späten S– oder der frühen G2–Phase des Zellzyklus zur Verfügung stehen. Daher vermehren sich diese Viren vornehmlich in sich teilenden Zellen.

5.4.4 Viren mit Doppelstrang–RNS

Die nackten *Reoviridae* sind unter den Vertebratenviren die einzige Familie mit einem Doppelstrang–RNS–Genom. Bestimmte Viren dieser Familie kommen auch in Pflanzen und Insekten vor. Beim Menschen treten Reoviren verbreitet auf, ohne wesentliche Krankheitssymptome zu verursachen. Bei Tieren führen sie oft zu ernsten, z. T. seuchenhaft auftretenden Erkrankungen. Sehr gefürchtet ist z. B. die Afrikanische Pferdepest.

5.4.5 Viren mit umhüllten Einzelstrang–RNS–Partikeln

Die *Orthomyxoviridae* haben ein *geteiltes Genom.* In der Hülle der Partikeln sind mehrere helikale Nucleokapseln eingeschlossen (Abb. 2.6). Die einzelnen Virusarten umfassen in der Regel zahlreiche Typen. Die Typen des Influenza–Virus rufen bei Mensch und Tier Virusgrippe hervor, die oft seuchenhaft auftritt. Auch das Virus der Klassischen Geflügelpest wird zu dieser Familie gestellt.

Die Virionen der *Paramyxoviridae* ähneln denen der *Orthomyxoviridae* in vieler Hinsicht. *Ihr Genom ist jedoch nicht geteilt.* Die Hülle umschließt eine sehr lange helikale Nucleokapsel. Wichtige Viren der Familie sind das Mumps–Virus, der Erreger des Ziegenpeter, das Masern–Virus, das Hundestaupe–Virus und das Rinderpest–Virus.

Die *Bunyaviridae* stellen eine sehr artenreiche Familie mit mehr als 200 Virusarten dar. Sie ist nach dem Ort Bunyamwera in Uganda benannt. Viruswirte sind sowohl warm– als auch kaltblütige Vertebraten sowie Arthropoden. Die befallenen Haus– und Wildtiere erkranken mehr oder weniger ernst. Einige Arten infizieren auch den Menschen. In dieser Hinsicht ist das Rifttalfieber–Virus bedeutsam.

Die *Rhabdoviridae* befallen mit zahlreichen Arten Vertebraten. Andere Virusarten aus anderen Unterfamilien und Gattungen haben Pflanzen oder Insekten als Wirte. Bei Vertebraten ist das Rabies–Virus, der Erreger der Tollwut, am gefährlichsten. Auch bei Fischen treten Rhabdoviren schädigend auf. So bewirkt das Egtved–Virus die Hämorrhagische Septikämie der Regenbogenforelle, die in Regenbogenforellenzuchten bis zu 80% der Fische zum Absterben bringen kann.

Die *Arenaviridae* bilden pleomorphe (vielgestaltige) Partikeln mit Durchmessern zwischen 50 und 300 nm aus. In ihrem Inneren befinden sich elektronendichte, sandartige Körnchen mit Durchmessern von 20 bis 30 nm, die als Ribosomen der Wirtszellen identifiziert worden sind. Die Körnchen stellen die Grundlage der Familienbezeichnung dar (arenosus, lat.= sandig). Die Arten der *Arenaviridae* sind besonders in Afrika sowie Südamerika verbreitet. Sie können sowohl bei Tieren als auch beim Menschen zu schweren Erkrankungen führen. So verursacht das Virus der Lymphozytären Choriomeningitis u. a. Hirnhautentzündungen. Ein anderes Virus der Familie ruft das mörderische Lassa–Fieber hervor, das nach einem Dorf in Nigeria benannt ist. 30 bis 50% der Infizierten sterben an der Krankheit.

Die Familie der *Coronaviridae* umfaßt mindestens 20 verschiedene Viren, die jedoch z. T. noch nicht sicher als Art klassifiziert werden konnten. Sie ist durch die weit aus der Hülle der Partikeln herausragenden Peplomeren (spikes) charakterisiert, die im Negativkontrastverfahren eine dem Strahlenkranz der

Sonne (Corona) ähnliche Erscheinung hervorrufen. Beim Menschen bewirken bestimmte Coronaviren verhältnismäßig leichte Erkrankungen der Atemwege. Bei Haustieren kommt es dagegen oft zu schweren Erkrankungen der Atemwege und zu Darminfektionen.

Die *Retroviridae* zeichnen sich durch ein diploides Genom aus. Nach dem Uncoating wird mittels viruscodierter Umkehrtranskriptase nach dem Muster des in Freiheit gesetzten RNS-Stranges Doppelstrang-DNS gebildet. Diese kann an verschiedenen Orten in das Genom der Wirtszellen integriert werden. Da verschiedene Retroviren in ihrem Genom *Onkogene* enthalten, die eine entscheidende Rolle bei der Umwandlung normaler Zellen in Tumorzellen spielen können, kann der Einbau von Retroviren in das Genom zur Ausbildung von *Tumoren* führen, und zwar sowohl bei Tieren als auch beim Menschen. Diese besonders unter pathologischen Aspekten bedeutsamen Wechselwirkungen zwischen dem Virus und seiner zellulären Umwelt werden im Abschnitt 7.1.5 ausführlich behandelt. Auch HIV, der Erreger von AIDS, ist ein Retrovirus. Es kann in Zellen des Immunsystems, besonders in T-Lymphozyten, eingebaut werden und hierdurch das Immunsystem stark schwächen und schließlich inaktivieren.

Die *Togaviridae* bilden unter den umhüllten Vertebratenviren die kleinsten Partikeln aus. Die meisten Vertreter kommen in wärmeren Ländern vor und verursachen dort bei Mensch und Tier gefährliche Erkrankungen, unter anderem das Gelbfieber, ferner verschiedene Enzephalitiserkrankungen. Das Zeckenenzephalitis-Virus tritt auch in verschiedenen Gebieten der BRD auf, und zwar sowohl in den alten als auch in den neuen Bundesländern. Auch das Rubella-Virus, der Erreger der Röteln, ist ein Togavirus. Beim Schwein kann das Schweinepest-Virus zu gefährlichen Seuchenzügen führen.

5.4.6 Viren mit nackten Einzelstrang-RNS-Partikeln

Die *Picornaviridae* stellen eine umfangreiche Gruppe von kleinen (*picos* gr.= klein), *RNS* enthaltenden Partikeln dar. Unter anderem gehören zu den *Picornaviridae* das Poliovirus des Menschen, das die Spinale Kinderlähmung hervorruft, das Hepatitis-B-Virus, der Erreger der Serumhepatitis, die Schnupfenviren, die beim Menschen in mehr als 120 Typen auftreten, und die Maul- und Klauenseuche-Virustypen, die besonders beim Rind, aber auch bei anderen Paarhufern zu schweren Erkrankungen führen können.

Die zur Zeit bekannten 13 Formen der *Caliciviridae* befallen unter anderem Schweine, Katzen, Seelöwen sowie Fische und verursachen Erkrankungen unterschiedlicher Schwere. Viren mit calicivirusähnlicher Morphologie rufen Durchfallerkrankungen beim Menschen, bei Rindern sowie Schweinen hervor.

5.5 In Insekten auftretende Viren

Aus Abb. 5.4 sind Genom sowie Aufbau und Gestalt der Viruspartikeln von 11 Virusfamilien ersichtlich, denen mehr als 200 in Insekten autretende Viren sicher und eine etwa gleich große Zahl mit großer Wahrscheinlichkeit zugeordnet werden können. Die *Poxviridae* (1), *Iridoviridae* (3), *Parvoviridae* (4), *Bunyaviridae* (6), *Togaviridae* (7) und *Picornaviridae* (10) haben wir bereits als Vertebratenviren kennen gelernt. Vertreter der *Reoviridae* (8) sowie der *Rhabdoviridae* (9) finden wir sowohl als Vertebratenviren als auch als Pflanzenviren. Offenbar haben Insekten vor langer Zeit beim Saugakt Viren von ihren Vertebraten– oder Pflanzenwirten aufgenommen, die sich dann an die Insektenwirte angepaßt haben und sich auch in diesen vermehren konnten. Ebenso ist denkbar, daß sich Viren ursprünglich in saugenden Insekten entwickelt haben, von diesen beim Saugakt auf Vertebraten oder Pflanzen übergegangen sind und sich in diesen weiter entwickelt und spezialisiert haben.

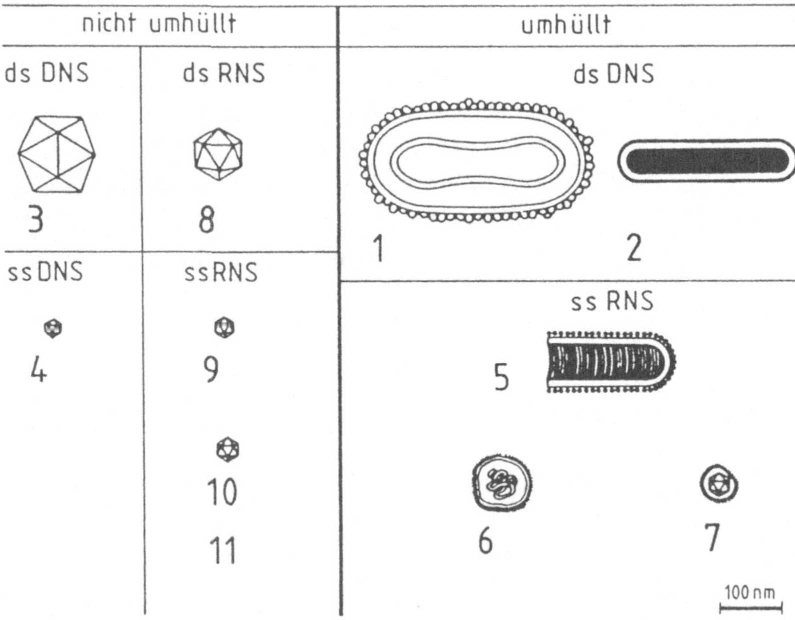

Abb. 5.4: Virusfamilien, von denen Arten Evertebraten, besonders Insekten, befallen; Erklärung der Ziffern im Text (R. E. F. Matthews, Internationales Komitee zur Taxonomie der Viren)

Allein Insektenviren umfassen nach bisherigen Kenntnissen die *Baculoviri-*

dae (2), die *Nodaviridae* (9) und die Nudaurelia–β–Virusgruppe (11). Vor allem auf diese drei Familien soll nachfolgend eingegangen werden.

Die meisten Formen der *Baculoviridae* (2), die umhüllte Virionen mit Doppelstrang–DNS ausbilden, wurden aus Insekten, einige aber auch aus anderen Arthropoden, z. B. Spinnen, Krebsen und Milben, isoliert. Starke wirtschaftliche Schäden ruft das Kernpolyeder–Virus der Seidenraupe hervor. Es verursacht eine als Gelbsucht der Seidenraupe bezeichnete Krankheit, die sehr rasch um sich greifen und innerhalb kurzer Zeit ganze Seidenraupenzuchten zum Absterben bringen kann. Eine Art der *Baculoviridae* verursacht die Wipfelkrankheit der Nonne, eines Schädlings, dessen Larvenstadien vor allem im Forst beträchtliche Fraßschäden verursachen. Das Virus wurde mit Erfolg zur biologischen Bekämpfung der Nonnenraupe eingesetzt, indem in befallenen Waldgebieten Virussuspensionen oder befallene Nonnenraupen zur künstlichen Verseuchung des Schädlings ausgebracht wurden.

Die *Nodaviridae* (9), die durch kleine nackte Partikeln mit Einzelstrang–RNS gekennzeichnet sind, befallen vor allem Schmetterlinge, Zweiflügler und Käfer. Ein Virus aus dieser Gruppe, das Nodamura–Virus, kann von seinem Wirt, der Stechmücke *Aedes aegypti*, jedoch auch auf säugende Mäuse übertragen werden. Das legt den Gedanken nahe, daß sich der Übergang von einem Insektenwirt auf einen Vertebratenwirt, der sich in vielen Virusfamilien offenbar bereits vor längerer Zeit vollzogen hat, in dieser Familie gerade erst anbahnt.

Die Viren der *Nudaurelia–β–Virusgruppe*, die wie diejenigen der *Nodaviridae* kleine, nackte Partikeln mit Einzelstrang–RNS ausbilden, befallen vor allem verschiedene Schmetterlingsarten.

Von den ebenfalls kleine, nackte Partikeln mit Einzelstrang–RNS ausbildenden *Picornaviridae*, deren Arten vor allem bei Tier und Mensch auftreten, gibt es auch eine Anzahl von Viren, die sich ausschließlich in Insekten vermehren. Vier von ihnen befallen die Honigbiene und verursachen z. T. große wirtschaftliche Schäden. Das gilt besonders für das Bienensackbrut–Virus, das eine von Imkern gefürchtete, als Sackbrut bezeichnete Seuche hervorruft, die vorwiegend die Larven der Honigbiene zum Absterben bringt.

6 Bakterienviren

6.1 Nachweis der Bakterienviren

Bakterienviren oder Bakteriophagen kommen in der Natur überall dort vor, wo auch Bakterien vorhanden sind, und zwar sowohl in Bakterien, die in Organismen leben, als auch in Bakterien, die Substrate, Milch oder Erde besiedeln, daneben auch oft außerhalb der Bakterien in diesen Substraten selbst.

Um Phagen in Substraten nachzuweisen, bringt man das zu untersuchende Substrat, z. B. Erde oder einen wäßrigen Extrakt aus Erde, zu einer jungen, in flüssiger Nährlösung wachsenden Bakterienkultur. Befinden sich in dem auf das Vorkommen von Phagen zu prüfenden Substrat Bakteriophagen, die sich in den angebotenen Bakterienzellen vermehren können, so infizieren sie die Bakterien (vgl. z. B. Abschnitt 6.2) und vermehren sich in ihnen innerhalb einer knappen Stunde um etwa das 100fache. Dann bringen sie die Bakterienzellen zur Auflösung (Lyse), werden hierdurch frei und infizieren innerhalb kurzer Zeit weitere Wirte. Da sich dieser Vorgang in jeder Stunde wiederholt, kann sich die Zahl der Phagen innerhalb von 24 bis 48 Stunden beachtlich vergrößern. Filtriert man nun die Kulturflüssigkeit durch bakteriendichte Filter und bringt den Filterinhalt wieder in Kontakt mit den Wirtsbakterien, so werden die Phagen weiter rasch angereichert. Schließlich können mehrere 100 Millionen Phagenteilchen je cm^3 Kulturflüssigkeit vorliegen.

Um die Zahl der gebildeten Phagen experimentell zu ermitteln, werden zunächst auf festen Nährböden geschlossene Rasen von Wirtsbakterien hergestellt. Unmittelbar danach verteilt man auf diesen Rasen Phagensuspensionen, die so stark verdünnt sind, daß relativ wenige Phagen, z. B. 50, auf den Bakterienrasen einer Petrischale gelangen. Diese Phagen infizieren jeweils das nächstgelegene Bakterium, vermehren sich darin und lysieren es schließlich. Die hierdurch frei werdenden Tochterphagen infizieren nunmehr die benachbarten Bakterien und so fort. Im Gegensatz zu flüssigen Nährböden ist jedoch die Ausbreitung der Phagenteilchen in festen, z. B. mit Agar versteiften Nährböden stark behindert. Daher entsteht nur in einem gewissen Umkreis von der Infektionsstelle jeweils eine Zone, in der die Bakterien lysiert sind. Hierdurch erscheint diese klar. Die Größe dieser als *Plaques* bezeichneten hellen Zonen (Abb. 6.2, rechts) ist sowohl vom infizierenden Phagen als auch vom Wirtsbakterium abhängig. Ihre Zahl entspricht etwa der Zahl der mit der Suspension auf den Bakterienrasen einer Petrischale aufgesprühten Phagen. Daher kann man aus der Zahl der auftretenden Plaques unter Berücksichtigung der Verdünnungsstufe der Kulturflüssigkeit Rückschlüsse auf den Bakteriophagengehalt einer Suspension ziehen. Um sichere Ergebnisse zu erhalten, werden die Versuche mit unterschiedlich stark verdünnten Lösungen wiederholt.

6.2 Die Vermehrung der Bakterienviren im Wechselspiel zwischen den Viren und ihren Wirtsorganismen

In Kapitel 4 wurde ein allgemeiner Überblick über Wechselwirkungen zwischen Viren und ihren Wirten gegeben, die nach der Virusinfektion vor sich gehen und letztendlich zur Bildung einer großen Zahl neuer Viruspartikeln führen. Sowohl in Abhängigkeit vom infizierenden Virus als besonders auch von der Organisation der Wirtsorganismen ergeben sich unterschiedliche Replikationsstrategien der Viren und damit unterschiedliche Wechselwirkungen zwischen Virus und Wirt. Wenn auch die hieraus resultierende Vielfalt bei weitem nicht dargestellt werden kann, sollen doch an einigen typischen Beispielen die Auseinandersetzungen zwischen verschiedenen Bakterienviren und ihren Wirten verfolgt werden.

Infolge der relativ einfachen Organisation der Bakterien und der hierdurch gegebenen günstigen methodischen Voraussetzungen konnten bei Bakterienviren und ihren Wirten auch besonders tiefe Erkenntnisse bezüglich der Wechselwirkungen auf molekularer Ebene gewonnen werden. Vor allem im Hinblick hierauf werden Bakterienviren in ihrer und unserer Umwelt zuerst abgehandelt. Auf den hierbei gewonnenen Erkenntnissen aufbauend, sollen die Tierviren und schließlich die Pflanzenviren in die Betrachtungen einbezogen werden.

6.2.1 Replikation der Doppelstrang–DNS–Phagen

Die Replikation der Doppelstrang-DNS-Phagen wird vorwiegend am Beispiel des *Escherichia-coli*-Phagen-T4 bzw. anderer T-Phagen dargestellt, da über diese eingehende Kenntnisse vorliegen.

Die *Eindringphase* beginnt, wenn ein Phagenteilchen, das trotz mangelnder Eigenbewegung langsam von der Stelle gebracht wird, da es durch Wärmebewegungen des umgebenden Mediums von allen Seiten Stöße erhält, auf einen geeigneten Wirt trifft, in unserem Fall auf das Bakterium *Escherichia coli*. In der *Zellwand* dieses Wirtes befinden sich 200 bis 300 *Rezeptorareale*, d. h. Zellwandbezirke, in denen sich der Phage an die Zellwand anheften kann. Für jeden Phagentyp gibt es spezifische Rezeptorareale mit spezifischen Rezeptoren.

Hierunter werden chemische Substanzen verstanden, die mit phagenspezifischen Substanzen reagieren. In der Regel handelt es sich um Lipopolysaccharide. Die Rezeptoren für die Phagen T2 und T6 enthalten jedoch Lipoproteide. Die Rezeptoren für den Phagen T5 haben einen Lipopolysaccharidkern, der von einer Lipoproteidschicht umgeben ist.

Die Rezeptorsubstanzen in der Zellwand der Bakterien, die den ersten Schritt zum Eintritt der Tod und Verderben bringenden Phagen ermöglichen, konnten isoliert und anschließend gereinigt werden. Im Elektonenmikroskop erwiesen sie sich als kugelförmige Teilchen von ca. 30 nm Durchmesser (Abb. 6.1 links). Werden derartige Rezeptorteilchen mit den entsprechenden Phagen zusammengebracht, so wird je ein Rezeptorkügelchen am Ende des Phagenschwanzes gebunden (Abb. 6.1 rechts). Hieraus folgt, daß sich ein intaktes Phagenteilchen mit dem Ende seines Schwanzes im Rezeptorareal an der Wand seines Wirtes anheftet.

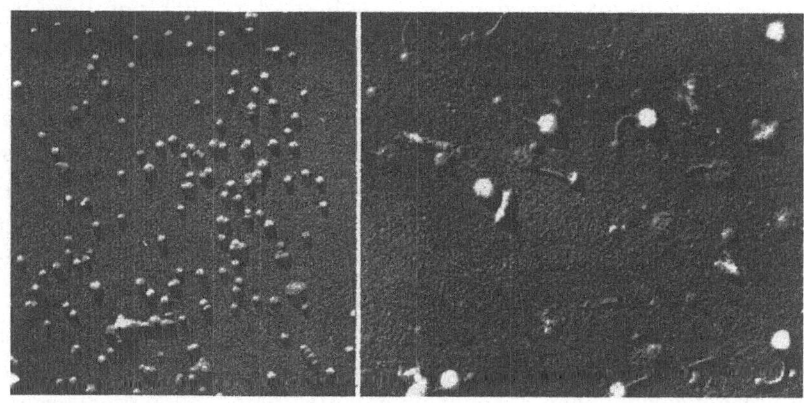

Abb. 6.1: Rezeptorteilchen für den Phagen T5; links: aus den Zellwänden extrahierte, gereinigte Rezeptoren; rechts: T5–Phagen, die am Ende des Phagenschwanzes je ein Rezeptorkügelchen gebunden haben. Hierdurch haben sie ihre Infektionsfähigkeit verloren. Vergr. etwa 40 000fach (W. Weidel u. E. Kellenberger, Biochim. Biophys. Acta 17 (1955) 4)

Die Adsorption der Phagen an die geeignete Wirtszelle wird von der Konzentration bestimmter Ionen im Medium, vielfach von Calcium- oder Magnesium-Ionen, maßgeblich beeinflußt. Häufig sind zusätzlich noch bestimmte Co-Faktoren erforderlich, im Falle der intensiv untersuchten Infektion mit dem Phagen T4 Tryptophan. Anscheinend werden einige Moleküle dieser Aminosäure fest an den Phagenschwanz gebunden. Hierdurch verändert sich die Konfiguration der Schwanzfasern (Abb. 2.5) in einer Art, die die Verknüpfung mit dem

Rezeptorareal begünstigt. Indol hemmt diese Reaktion.

Wenn sich die Schwanzfasern an die Bakterienoberfläche angeheftet haben, folgt die *Bindung der Spikes* (Schwanzdornen). Anschließend wird die Schwanzröhre von der Endplatte losgelöst. Die Scheide des Schwanzes kontrahiert sich. Durch diese Kontraktion, die der Muskelkontraktion ähnelt, wird die Schwanzröhre durch die weichen Schichten der Zellwand, die die Rezeptorsubstanzen enthalten, hindurchgestoßen. *Anschließend werden die inneren Zellwandschichten z. T. aufgelöst.* Dabei spielt offensichtlich ein Enzym, das als *Phagenlysozym* bezeichnet wird, eine wesentliche Rolle. Dieses spaltet die Polysaccharidketten des Mureins, der Gerüstsubstanz der Bakterienzellwände, in Disaccharide. Hierdurch wird es der Schwanzröhre ermöglicht, die Zellwand vollständig zu durchdringen. Ist das erfolgt, wird das *Phagengenom*, ein etwa 50 000 nm langer DNS-Strang, *aus dem Kopf des Phagen in ca. einer Minute durch die Schwanzröhre hindurchgedrückt und gelangt in das Cytoplasma des Phagen.* Abb. 6.2 zeigt an der Zellwand von *Escherichia coli* adsorbierte T4-Phagen, die ihre Phagen-DNS in das Bakterium entleert haben.

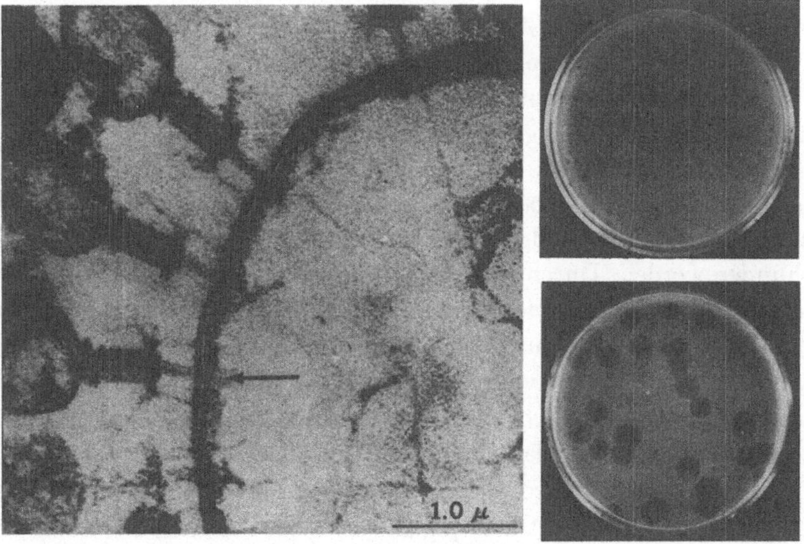

Abb. 6.2, links: an der Zellwand von *Escherichia coli* B adsorbierte T4-Phagen. Der Pfeil ist auf eine Schwanzröhre gerichtet, die die Zellwand durchdrungen hat. Die dünnen Fäden von 2 nm Durchmesser im Inneren des Bakteriums stellen wahrscheinlich Phagen-DNS dar (L. D. Simson u. T. F. Anderson, Virology 32 (1967) 298); rechts: Plaques eines Coli- Wildphagentyps (oben) und des Coli-Phagen-T2 (unten) in Bakterienrasen von *Escherichia coli* B (F. Mach, Urania 24 (1961) 250)

Nach der Injektion der Phagen–DNS beginnt die *Phase der Bildung früher Proteine.* Hierunter werden die Proteine verstanden, die sehr bald nach Beginn des Replikationszyklus benötigt werden. Ihre Bildung erfolgt wie diejenige der späten Proteine bei den Viren in ähnlicher Weise wie bei Organismen. Es wird zunächst am infizierenden Phagen–DNS–Strang Boten–RNS (= messenger–RNS = mRNS) gebildet, die einen Teil der in der DNS niedergelegten Erbinformation aufnimmt. Der Boten–RNS–Strang löst sich vom DNS–Strang ab und gelangt an Ribosomen des Wirtes. Hier heftet er sich an, und es wird entsprechend der Aufeinanderfolge von Nucleotiden im Boten–RNS–Strang eine Aufeinanderfolge von Aminosäuren und damit ein Protein gebildet. Dieser Ablesevorgang wird als *Translation* bezeichnet.

Die in dieser Weise entstandenen frühen Proteine sind sog. *regulatorische Proteine.* Sie zwingen den neuen Wirt, die Voraussetzungen zur Replikation (Neubildung) der Phagen–DNS zu schaffen. So *unterbinden frühe Proteine die weitere Bildung von Wirtsnucleinsäuren und Wirtsproteinen.* Die hierfür erforderlichen Nucleotide und Aminosäuren stehen nunmehr für die Synthese neuer Bakteriophagen zur Verfügung. Andere im Genom des Phagen codierte *Frühproteine bewirken den Abbau von Wirts–DNS* und vergrößern auf diese Weise den für die Phagenreplikation zur Verfügung stehenden Nucleotidpool. Ein Teil dieser *Nucleotide* wird unter Beteiligung *von mindestens 8 phagencodierten frühen Enzymen phagenspezifisch umgebaut.* So wird z. B. aus Desoxycytidintriphosphat Desoxy–5– hydroxymethylcytidintriphosphat gebildet. Dieses kann zusätzlich mit Mono– oder Disacchariden verknüpft werden. Auch anders substituierte Methyl– oder Ethylgruppen können an entsprechende Nucleotide gebunden werden. Durch den Einbau derartiger Gruppen wird die Phagen–DNS vor dem Angriff von Endonucleasen des Bakterienwirts geschützt. Das sind Enzyme, die in das Bakterium eingedrungene fremde DNS in kleinere Stücke zerschneiden, dadurch inaktivieren und auf diese Weise das Bakterium vor dem Eindringen fremden genetischen Materials schützen. Sie stellen also gewissermaßen die Fremdenpolizei dar, vor deren Zugriff sich die Phagen–DNS durch den Einbau atypischer Nucleotide entzieht, ohne daß ihre Replikationsfähigkeit verloren geht (vgl. Abschnitt 6.1.7).

Zu den Frühproteinen zählt auch ein thermosensibler Faktor, der sich mit den Ribosomen kombiniert und diesen nur noch die Ablesung von Boten–RNS der Phagen erlaubt. Damit drängt er die wirtseigene Boten–RNS von den Ribosomen ab und verhindert hierdurch die Bildung von Wirtsproteinen.

Weitere wichtige Frühproteine sind eine phagenspezifische DNS–Polymerase und eine phagenspezifische Ligase. Beide Enzyme werden zur Bildung neuer Doppelstrang–DNS nach dem Muster des in das Bakterium injizierten Phagen–

DNS–Stranges benötigt. Wenn diese Frühproteine etwa vier Minuten nach der Injektion der Phagen–DNS gebildet worden sind, bestehen alle Voraussetzungen für die Replikation der eingedrungenen DNS.

Die *Replikation des* 50 000 nm langen *Phagen–DNS–Stranges* ist ein komplizierter Prozeß, der noch immer nicht voll verstanden wird. Offensichtlich wird in einem Rolling–circle–Mechanismus (Modell des rollenden Kreises), auf den hier nicht eingegangen werden kann, zunächst eine große Anzahl von Teilsträngen gebildet, die als *Okazaki–Fragmente* bezeichnet werden. Diese werden in „ordnungsgemäßer" Aufeinanderfolge durch DNS–Ligasen (s. o.) zu sehr langen DNS–Strängen, die als *Concatemeren* bezeichnet werden, zusammengefügt. Diese umfassen oft drei– bis viermal das gesamte Phagengenom. Sie werden zur Füllung der neu gebildeten Phagenköpfe mit DNS (s. u.) bereitgestellt.

Wenn die Phagen–DNS–Produktion ein bestimmtes Ausmaß erreicht hat, beginnt die *Bildung später Proteine.* Bei diesen handelt es sich *vorwiegend um Strukturproteine,* aus denen schließlich die Nucleokapsel der Phagen zusammengesetzt wird. Sie entstehen in dem Maß, wie sie zur *Bildung neuer Phagenpartikeln* benötigt werden. Das ist ein komplizierter Prozeß, den mindestens 45 Phagengene kontrollieren. Die *Morphogenese,* d. h. der Zusammenbau der verschiedenen Kapselproteine zu fertigen Nucleokapseln, ist für den Phagen T4 weitgehend bekannt. Es ist bemerkenswert, daß auf molekularer Ebene etwa nach den gleichen Prinzipien produziert wird wie in der Automobilindustrie, die für eine ökonomisch günstige Produktion Taktstraßen eingerichtet hat. Wir erkennen in Abb. 6.3 Taktstraßen (Produktionslinien). In der *ersten Produktionslinie* entsteht der Phagenkopf. Hierzu sind zwei aufeinanderfolgende Reihen von 8 Genen tätig. Diese sind in Abb. 6.3 als Y und X bezeichnet. Die Numerierung der einzelnen Gene entspricht derjenigen in der Genkarte des Phagen T4.[1] Wir erkennen, daß Gene, die bei der Bildung des Phagenkop-

---

[1] In Abb. 6.4 ist die *genetische Kartierung* des Genoms des Phagen T4 dargestellt. Eine derartige Kartierung ist nur möglich, wenn eine größere Anzahl von Mutanten aufgefunden werden, bei denen z. B. bestimmte Gene nur bei niedrigen Temperaturen stabile Produkte bilden. Auch Mutanten, die sich nur in bestimmten Wirtsbakterien vermehren können, die die erfolgten Letalmutationen kompensieren, sind in dieser Hinsicht bedeutsam. Wird ein Wirt gleichzeitig mit verschiedenen derartigen oder auch anderweitigen Mutanten infiziert, so kann es bei der Bildung neuer Phagen zu einem Austausch der unterschiedlichen Mutationen kommen. Je weiter Mutationsorte voneinander entfernt sind, desto häufiger erfolgen Rekombinationen (Austausche) und umgekehrt. Es treten somit bei Viren ähnliche Rekombinationsphänomene in Erscheinung wie bei der Kreuzung höher organisierter Organismen, z. B. von *Drosophila.* Wie durch Registrierung der Häufigkeiten von Rekombinationen auf bestimmten Chromosomen von *Drosophila* Chromosomenkarten konstruiert werden können, ist es daher auch bei Phagen möglich, Genkarten aufzustellen. Ein Nachteil der genetischen Kartierung ist, daß diese nur Gene erfaßt, von denen Mutationen bekannt sind. Dieser Nachteil wird durch die Aufstellung von *physikalischen Karten* behoben, die in neuerer Zeit durch

fes nacheinander tätig werden, oft im Nucleinsäurestrang einander benachbart codiert sind. Sie gehören offensichtlich der gleichen Transkriptionseinheit an, die auch als Operon bezeichnet wird. Sie werden somit auf die gleiche Boten–RNS übertragen und dementsprechend auch gleichzeitig bzw. nacheinander in Proteine übersetzt (translatiert). Auch die etwa 45 Gene, die an der Bildung von Strukturproteinen bzw. Phagenstrukturen, wie Schwänzen, Scheiden und Schwanzfasern, mitwirken, treten an bestimmten Stellen der Karte, in Abb. 6.4 vor allem rechts oben, gehäuft auf.

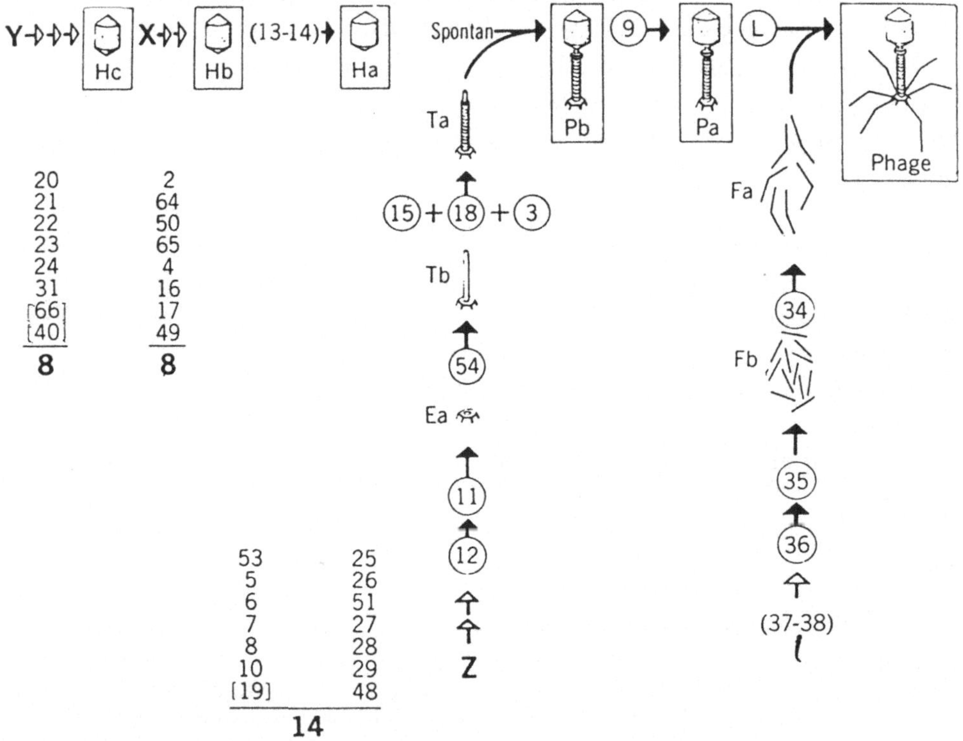

Abb. 6.3: Morphogenese des Phagen T4. Die Zahlen kennzeichnen die in der Genkarte (Abb. 6.4) angeführten Gene, die bei der Synthese und beim Zusammenbau der Phagenstrukturen eine Rolle spielen. Es zeichnen sich deutlich 3 „Produktionslinien" ab. Weitere Erklärungen im Text (R. S. Edgar u. W. B. Wood, Proc. Natl. Sci. U.S. 55 (1966) 498)

---

die Gentechnik möglich geworden ist (vgl. Fußnote in Abschnitt 6.3).

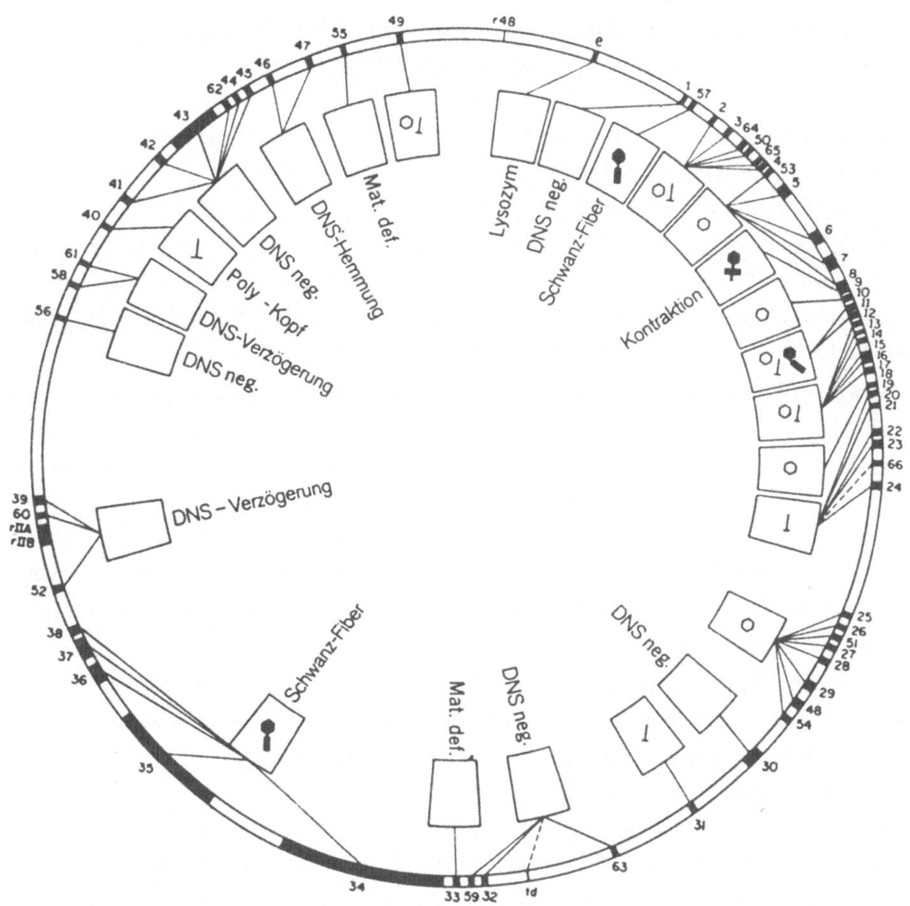

Abb. 6.4: Genkarte des Phagen T4. Die experimentell charakterisierten Gene sind durch dunkle Zonen dargestellt, die in der Lage bzw. Ausdehnung der relativen Lokalisation des Gens, und, soweit bekannt, seiner Länge entsprechen. Die Erklärungen bzw. Symbole kennzeichnen die Art der Defektmutation des entsprechenden Gens: DNS neg = keine DNS-Synthese, Mat.def.= Phagenreife fehlerhaft, d. h., die DNS-Synthese ist normal, aber späte Funktionen sind nicht realisiert, Sechseck = freie Köpfe werden produziert, umgekehrtes T = freie Schwänze werden produziert (R. S. Edgar u. W. B. Wood, Proc. Natl. Acad. Sci. U.S. 55 (1966) 501)

Die Bildung des Phagenkopfes wird mit Aktivitäten der Gene 13 und 14 abgeschlossen. Während einer der letzten Syntheseschritte erfolgt auch die Füllung des Phagenkopfes mit neu gebildeter DNS. Hierbei werden von den bei der Replikation der Nucleinsäure entstandenen, jeweils mehrere vollständige Phagengenome umfassenden Concatemeren (s. o.) DNS–Stränge abgeschnitten, die etwas länger als das Phagengenom sind, und in den Phagenkopf eingeführt. Auf diese Weise wird sichergestellt, daß alle Gene auf die neuen Phagenteilchen übertragen werden und keine Ausfallerscheinungen auftreten. Gleichzeitig hat dieser Mechanismus zur Folge, daß die *DNS–Stränge* der einzelnen Phagen mit verschiedenen Genen beginnen und enden, also *zyklisch permutiert* sind. Hierdurch wird, obwohl die DNS–Stränge linear sind, bei der Aufstellung genetischer Karten (Abb. 6.4) ein ringförmiges Genom vorgetäuscht.

Während der Phagenkopf entsteht, wird in einer *zweiten Produktionslinie* durch Mitwirkung der Produkte einer Reihe von 14 Genen, die in Abb. 6.3 mit Z bezeichnet werden, zunächst ein Vorläufer der Endplatte des Phagenschwanzes gebildet. Auf dieser wird dann unter Beteiligung einer Anzahl weiterer Gene der *Schwanz nebst Kragen* aufgebaut. Nunmehr treten Kopf und Schwanz spontan, also ohne Mitwirkung von Fermenten, zusammen. Inzwischen sind *in der dritten Produktionslinie Schwanzfasern* hergestellt worden. Diese werden schließlich am Schwanzende eingebaut.

Wenn in der geschilderten Weise unter Mitwirkung der Produkte von mindestens 45 Genen eine größere Anzahl von Phagen, und zwar etwa 50 bis 500 je Zelle, gebildet worden sind, was je nach Phagenart und Stoffwechselintensität 20 bis 60 Minuten nach der Infektion der Fall ist, wird ein sehr spät im Replikationszyklus auftretendes Protein, das *Lysozym*, gebildet, das die Zellwand des Wirtsbakteriums auflöst. Einige Lysozymmoleküle werden an den Phagenschwanz gebunden und ermöglichen später, wie wir bereits gesehen haben, das Eindringen des Phagenschwanzes in einen neuen Wirt. Die meisten der gebildeten Lysozymmoleküle bleiben jedoch frei im alten Wirt und lösen schließlich die Zellwand des Wirtsbakteriums auf. Mit der *Lyse des Wirts beginnt die letzte Phase des Vermehrungszyklus der Phagen.* Das Bakterium platzt, und die Phagen werden frei (Abb. 6.7). Sie können nunmehr weitere Bakterien infizieren.

Einige der angeführten Schritte der Phagenvermehrung lassen sich auch elektronenmikroskopisch verfolgen. Unmittelbar nachdem die Phagen–DNS in das Bakterium injiziert worden ist, sind noch keine Veränderungen feststellbar. Die in bestimmten Bereichen des Bakteriums, den Nucleoiden, konzentrierte Wirts–DNS ist elektronenmikroskopisch als ein kontrastarmes Netzwerk feinster Fäden sichtbar (Abb.6.5, links). Diese Wirts–DNS nimmt jedoch 1 bis 2 min nach der Infektion ab und ist schließlich ganz verschwunden. Dafür tritt, zunächst ständig an Umfang zunehmend, ein pool von Phagen-DNS auf, der in Abb. 6.5

(rechts) randständig erscheint. Daß es sich um neugebildete Phagen–DNS und nicht um in andere Zellbezirke verlagerte Wirts–DNS handelt, ist an den zahlreichen, in dieser DNS vorhandenen anormalen Nucleotiden (s.o.) zu erkennen.

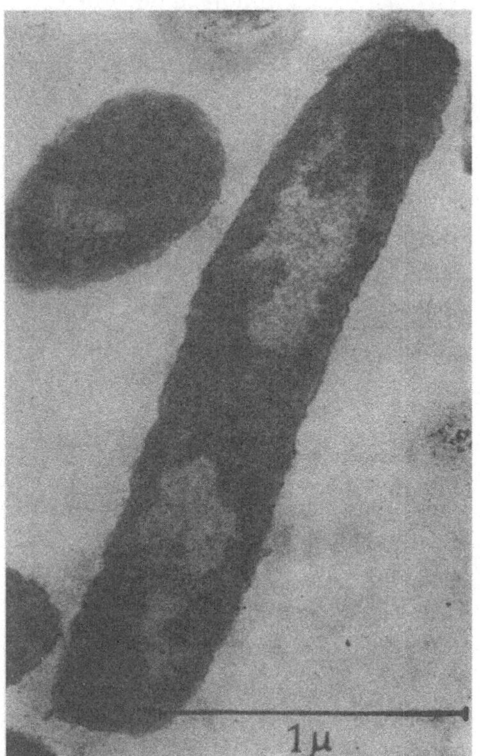

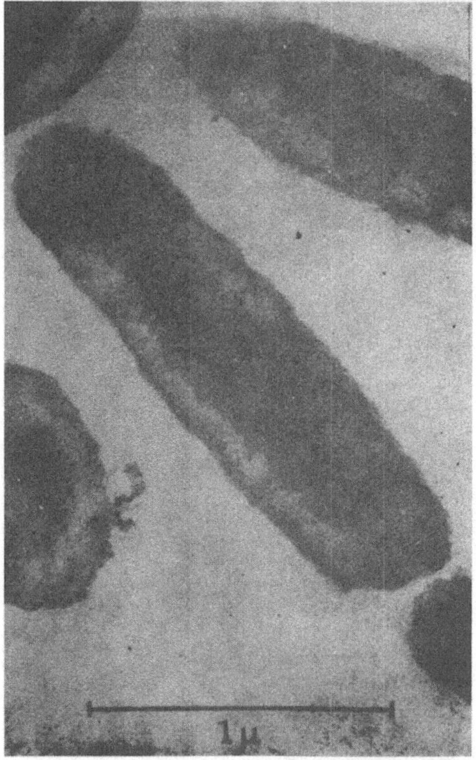

Abb. 6.5, links: Ultradünnschnitt durch ein *Escherichia–coli*-Bakterium, das einer belüfteten, exponentiell wachsenden Kultur entstammt; in den Nucleoiden ist ein sehr feinfädiges Nucleoplasma zu erkennen. Rechts: Ultradünnschnitt einige Minuten nach der Infektion durch einen T2-Phagen; die Nucleoide sind verschwunden; dafür tritt randständig Phagen–DNS auf (A. Ryter, Univ. Genf, Lab. f. Biophysik)

Wenn sich so viel Phagen–DNS gebildet hat, daß damit etwa 40 bis 80 Phagenköpfe gefüllt werden können, treten mitten im Netzwerk der Phagen–DNS neben einigen der in Abb. 6.3 dargestellten Zwischenprodukte der Phagenmorphogenese reife Phagenteilchen als wesentlich kontrastreichere Gebilde in Erscheinung (Abb. 6.6 links). Das ist etwa 30 min nach der Infektion der

Fall. Die Zahl der reifen Phagenteilchen nimmt nun geradlinig mit der Zeit zu
(Abb. 6.6 rechts), und zwar etwa mit derselben Geschwindigkeit, mit der weitere Virus–DNS gebildet wird. Der beim Erscheinen der ersten Phagenteilchen
angesammelte Vorrat an Virus–DNS bleibt also etwa in gleicher Größe erhalten.
Wenn sich etwa 50 bis 500 je Bakterium gebildet haben, was je nach Phagenart
und Stoffwechselintensität des jeweiligen Wirts 20 bis 60 min nach der Infektion
der Fall ist, beginnt schließlich mit der Lyse des Wirts die letzte Phase des Vermehrungszyklus. Das Bakterium platzt, und die Phagen werden frei (Abb. 6.7).
Sie sind nunmehr in der Lage, weitere Bakterien zu infizieren.

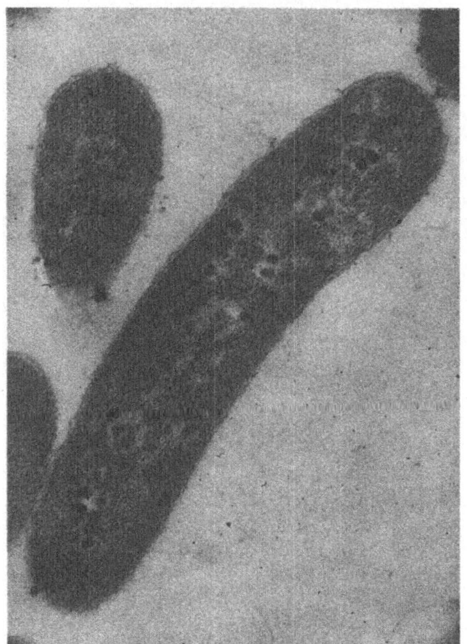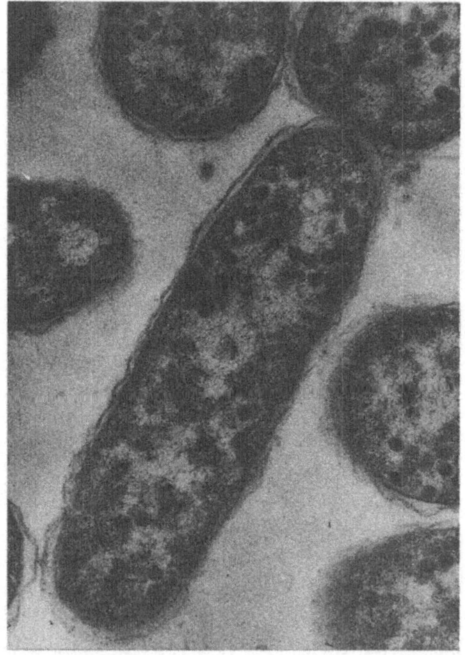

Abb. 6.6: Ultradünnschnitte durch ein *Escherichia–coli*-Bakterium 30 min nach
der Infektion (links) und kurz vor der Lyse (rechts). Es ist nunmehr deutlich
der polyedrische Bau der Phagenköpfe zu erkennen. Vergrößerung 45 000fach
bzw. 50 000fach (A. Ryter, Univ. Genf, Lab. f. Biophysik)

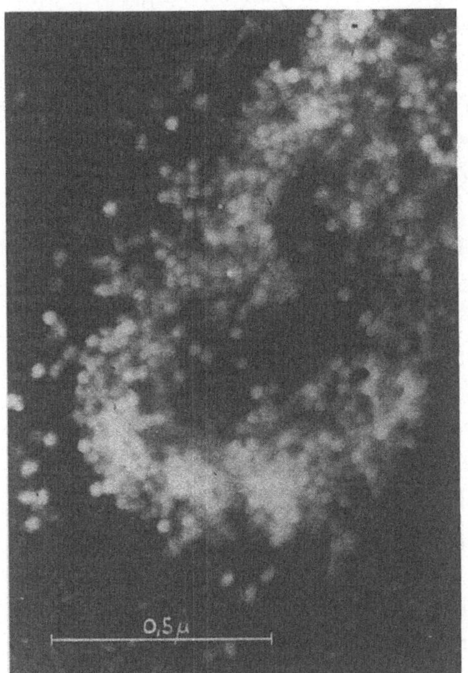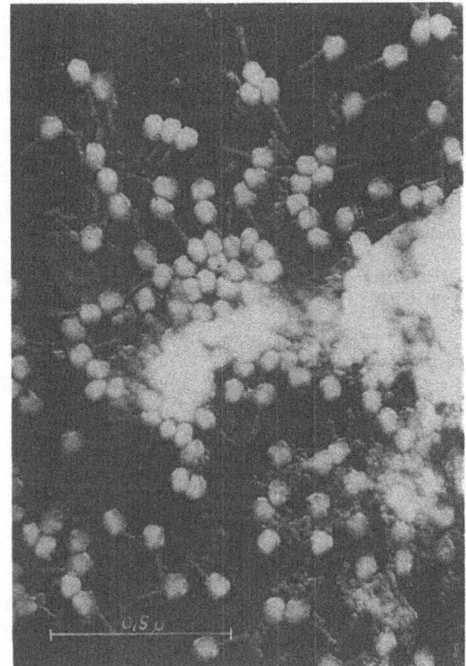

Abb. 6.7: Die Lyse der Bakterien; links: zahlreiche Phagenpartikeln sind in Freiheit gesetzt. Von der Bakterienzelle sind nur noch die Umrisse zu erkennen; rechts: neben den neuen Phagenteilchen sind nur noch unbedeutende Reste der Bakterienzelle sichtbar (A. Ryter, Univ. Genf, Lab. f. Biophysik)

6.2.2 Replikation der Einzelstrang–DNS–Phagen

Von den Phagen, deren Genom aus Einzelstrang–DNS besteht, sind die Phagen ϕX 174 und M 13 am bekanntesten. Von diesen ist die Replikation des Phagen ϕX 174 aus der Familie der *Microviridae* (Abschnitt 5.2.2), der vor allem Enterobakterien befällt, besonders gut untersucht worden.

Die kleinen isodiametrischen Partikeln des Phagen ϕX 174, die einen Durchmesser von 27 nm aufweisen, umschließen ein einsträngiges, zu einem Ring geschlossenes DNS– Molekül, das nur 5500 Nucleotide umfaßt. Trotzdem codiert diese DNS neben dem Kapsidprotein (Hüllprotein) 8 weitere Proteine. Das wird durch *Genüberlappung* ermöglicht, d. h., in der Regel codiert ein Genomabschnitt für zwei verschiedene Proteine, die in unterschiedlichen Leserastern abgelesen werden (vgl. Abschnitt 3.3).

Die meisten viruscodierten Proteine des Phagen ϕX 174 sind regulatorische

Proteine, die für die Replikation der Phagen–DNS benötigt werden. Daneben sind an der Replikation der Phagen–DNS auch Wirtsenzyme beteiligt, und zwar in wesentlich stärkerem Umfang als beispielsweise bei dem viel größeren Phagen T4.

Nachdem die ringförmige Einzelstrang–DNS des Phagen ϕX 174 bei der Infektion in etwa der gleichen Weise, wie das für den Phagen T4 beschrieben wurde, in die Bakterienzelle gelangt ist, wird sie an einer spezifischen, wahrscheinlich in der Bakterienmembran gelegenen Stelle gebunden, die gewissermaßen als Rezeptor fungiert. An diesem Rezeptor wird der Einzelstrang zunächst in einen Doppelstrang überführt, indem unter Mitwirkung eines zur Zeit der Infektion bereits vorhandenen Wirtsenzyms ein dem infizierenden DNS–Strang komplementärer Strang gebildet wird. *Die Bildung eines derartigen, als replikative Form (RF) bezeichneten Doppelstranges geht bei allen Viren, in deren Nucleokapseln Einzelstränge enkapsidiert sind, der Replikation der Nucleinsäure voraus, und zwar sowohl bei DNS– als auch bei RNS–Viren.*

Mit Hilfe einer DNS–abhängigen RNS–Polymerase, die der Wirt zur Verfügung stellt, wird dann an der replikativen Form (RF) der DNS zunächst frühe Boten–RNS transkribiert. Diese führt schließlich u. a. zur Bildung eines viruscodierten regulatorischen Proteins, das für die Replikation der RF erforderlich ist. Nun können neue Doppelstränge entstehen.

Bei der Replikation der RF bleibt der DNS–Strang, der in das Bakterium bei der Infektion injiziert wurde, mit der Stelle des Bakteriums, an der die Replikation möglich ist, verbunden, und es löst sich jeweils der neu gebildete Doppelstrang vom Mutterstrang ab. Die frei gesetzten Doppelstränge lagern sich an der Wirtsmembran an, insofern dort weitere Stellen vorhanden sind, die sich zur Replikation eignen und noch nicht besetzt sind. Je besser das Wirtsbakterium ernährt ist, desto mehr Replikationsorte sind vorhanden, die von weiteren RF–Tochtersträngen besetzt werden können.

Je Replikationsort werden etwa in der 3. bis 12. Minute nach der Infektion bis zu 2 RF–Moleküle pro Minute gebildet. Die Synthese von Wirts–DNS geht während dieser Zeit in nahezu normalem Umfang weiter. Etwa 12 Minuten nach der Infektion kommt dann die Synthese von Wirts–DNS zum Erliegen. Etwa zur gleichen Zeit hört auch die Netto-Synthese der RF auf. Nunmehr wird Einzelstrang–DNS gebildet. Sie entsteht offenbar an Doppelstrangstrukturen, für die in der Wirtsmembran keine Replikationsorte mehr vorhanden sind, indem der eine Strang wieder abgebaut wird. Die Einzelstrang–DNS wird sofort nach ihrer Entstehung wieder zum Ring geschlossen und in die inzwischen ebenfalls synthetisierten Nucleokapseln verpackt.

Wenn sich eine größere Anzahl von Phagen gebildet hat, kommt es schließlich zur Lyse des Wirts und damit zur Vollendung des Replikationszyklus des

Phagen. Die frei werdenden Phagen sind nunmehr in der Lage, neue Wirtsbakterien zu befallen.

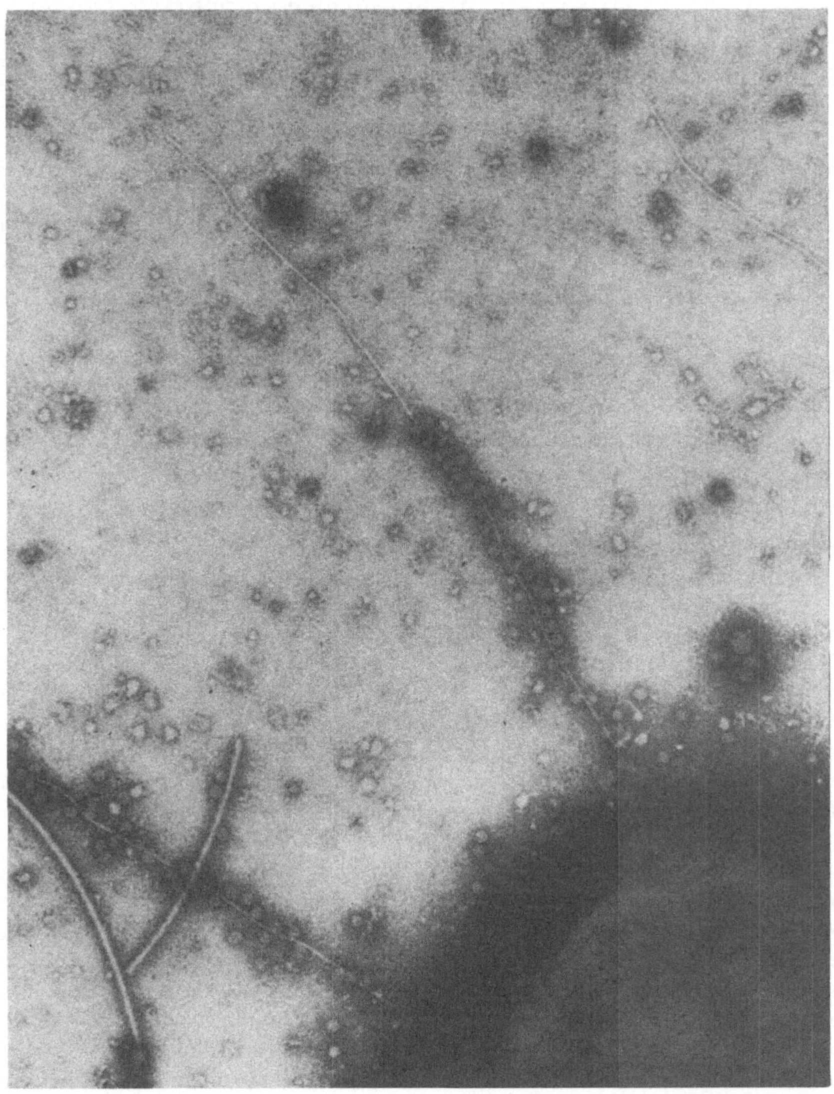

Abb. 6.8: Viele MS-2-Phagen sind an zwei Sex-Pili einer Zelle von *Escherichia coli* adsorbiert. Zusätzlich ist ein fadenförmiger f-1-(DNS) Phage, der auch die Sex-Pili als Eingangspforte benutzt, am Ende des einen der Pili sichtbar. Vergr. etwa 50 000 (L. G. Caro u. M. Schnös, Proc. Natl. Acad. Sci. U.S. 56 (1966) 126)

6.2.3 Replikation der Einzelstrang–RNS–Phagen

Die RNS–Phagen, in deren Nucleokapsid ein Einzelstrang–RNS–Genom enkapsidiert ist, werden zur Familie der *Leviviridae* (Abschnitt 5.2.3) gestellt. Sie bilden isodiametrische Partikeln aus, deren Durchmesser nur etwa 23 nm beträgt. Besonders gut untersucht worden sind die Phagen Qβ und MS 2. Die Replikation der Einzelstrang–RNS–Phagen soll vorwiegend am Beispiel des Phagen MS 2 dargestellt werden.

Die *Eindringphase* verläuft beim Phagen MS 2 in besonderer Weise. Sie beginnt, indem die Virionen an den *Sex–Pili* adsorbieren. Hierunter werden zylinderartige Fortsätze der Zellwand von F2-Zellen (= „männlichen" Zellen) der Wirtsbakterien verstanden, die bei der Konjugation der Bakterien als Konjugationsröhre dienen und die Übertragung der DNS von einem Konjugationspartner auf den anderen ermöglichen (Abb. 6.8). Durch den Kanal in den Sex–Pili gelangt auch die Phagen–RNS in den neuen Wirt. Um sich vor dem Abbau durch Wirtsnucleasen zu schützen, nimmt die eingedrungene Einzelstrang–Phagen–RNS eine *Sekundärstruktur* an, und zwar eine *Blumenstruktur* (vgl. Abschn. 3.2). Die Lage der Gene auf dem RNS–Strang und die Form der Blumenstruktur sind in allen Einzelheiten aufgeklärt. Die physikalische Karte[2] des Phagen MS 2

---

[2]In *Physikalischen Karten* werden im Gegensatz zu den Genkarten (vgl. Fußnote in Abschnitt 6.1.1) nicht Mutationsorte von Genen, sondern die Aufeinanderfolge der Nucleotide und anderer Strukturparameter des genetischen Materials erfaßt. Sie werden ermittelt, indem Virusgenome durch Restriktionsenzyme (Abschnitt 6.5) in kleinere Abschnitte gespalten werden, bei denen dann nach modernen Methoden der Sequenzanalyse die Nucleotidaufeinanderfolge bestimmt wird. Entsprechende Genomabschnitte werden mit den vollständigen Nucleinsäuresträngen des gleichen Virus zusammengebracht. Sie lagern sich an diesem in dem Abschnitt an, der ihrer Nucleotidaufeinanderfolge komplementär ist. Hierdurch wird die Lage der Teilsequenzen auf dem Genom erkannt. Indem alle Informationen, die bei der Analyse der vielen kleinen Abschnitte gewonnen worden sind, schließlich nach Art eines Puzzles zusammengesetzt werden, ergeben sich Aufschlüsse über die Informationen, die in den einzelnen Abschnitten des Virusgenoms verschlüsselt sind.– Auch durch Hemmung der Transkription bestimmter Transkriptionseinheiten, z. B. eines Operons, kann die Lage des Operons und der darauf lokalisierten Gene im Nucleinsäurestrang ermittelt werden. Dieses Vorgehen wird als *Transkriptionskartierung* bezeichnet. Darüber hinaus können Informationen über den Genbestand eines Nucleinsäurestranges auch erhalten werden, indem die verschiedenen Boten–RNS–Formen nach ihrer Bildung isoliert und in komplementäre DNS–Stränge, sogenannte cDNS, umgewandelt werden. Diese binden entsprechend ihrer Nucleotidfolge an den Abschnitten des DNS–Genoms, an denen die isolierte und in cDNS umgewandelte Boten–RNS gebildet worden ist. Durch derartige Hybridisierungsexperimente wird daher Aufschluß über den Bezirk im Genom erhalten, in dem die entsprechende Boten–RNS, deren Proteinprodukte in der Regel bekannt sind, codiert ist. Diese Art der Kartierung wird *Hybridisierungskartierung* genannt.– Physikalische Karten können auch von Viren aufgestellt werden, von denen keine oder nur wenig Mutanten vorhanden sind. Auch die Position von Genen, die regulatorische Proteine bilden, kann in diesen Karten erfaßt werden.

ist in Abb. 6.9 in vereinfachter Form dargestellt. Es ist deutlich zu erkennen, wie durch Paarstrangabschnitte, die durch Einzelstrangabschnitte, sogenannte loops, voneinander getrennt sind, die Blumenblattstruktur entstanden ist.

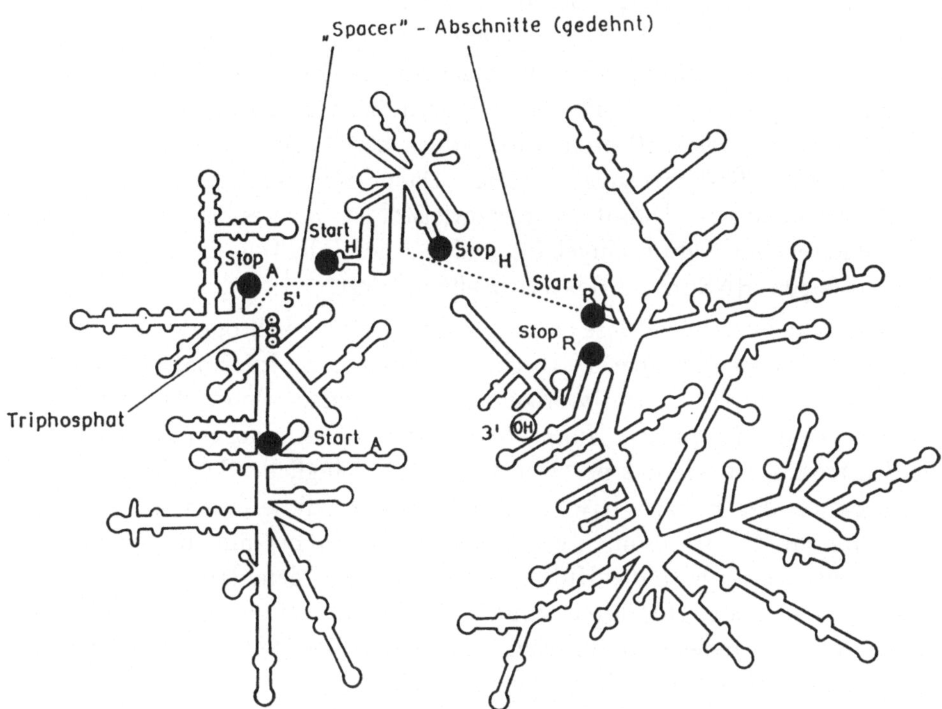

Abb. 6.9: Blumenmodell (Strukturschema) der RNS eines MS–2–Bakteriophagen von *Escherichia coli* mit den Positionen für die 3 Start– und die 3 Stopcodonen (Abschnitt 3.4, Fußnote) der Strukturgene. Wir sehen Doppelstrangabschnitte (parallele Anordnung der Einzelstrang–RNS), die durch Paarung komplementärer Basen entstanden sind und von Einzelstrangabschnitten, sogenannten loops, unterbrochen werden. Die 3 Strukturgene sind durch kurze, nicht codierende RNS–Abschnitte, die als spacer bezeichnet werden, voneinander getrennt (W. Min You u. W. Fiers, J. Mol. Biol. 40 (1969) 187, verändert)

Am 5'–Ende des RNS-Strangs des Phagen MS 2 befindet sich eine Aufeinanderfolge von 130 Nucleotiden, die keine Aminosäuren und damit auch kein Protein codiert und deshalb auch nicht abgelesen (translatiert) werden kann (Abb. 6.9). Durch Paarung komplementärer Basen liegt jedoch auch dieser Abschnitt vorwiegend in Form von Doppelsträngen vor, die von einsträngigen loops unterbrochen sind. *Die Ablesung des ersten Gens* beginnt mit dem Initiatorcodon GUG und endet mit dem Stopcodon UAG. In dem zwischen Initiator- und Stopcodon liegenden, 1179 Nucleotide umfassenden, in Doppel- und Einzelstrangabschnitte unterteilten Abschnitt des RNS-Stranges ist eine Folge von 393 Aminosäuren codiert, die zusammen das sogenannte *A-Protein* ergeben. Dieses wird für die Bildung eines RNS-Doppelstranges aus dem infizierenden Einzelstrang gebraucht. Da die Startregion für die Synthese des A-Proteins von RNS-„Zweigen" der Blumenstruktur zugedeckt ist, kann das A-Protein nur an wachsenden, in Synthese begriffenen und hierdurch aufgefalteten RNS-Strängen gebildet werden. Das A-Protein wird jedoch bereits für die erste Replikation des infizierenden RNS-Stranges benötigt. Daher muß es schon im infizierenden Virion vorhanden sein. Damit das gewährleistet ist, wird es bei der Phagenreife in das entstehende Virion eingebaut und bei der Infektion eines neuen Wirts mit der Phagen-RNS in die Bakterienzelle injiziert.

Auf das die Proteinsynthese am ersten Gen beendende Stopcodon folgt ein 36 Nucleotide umfassender Spacer-Abschnitt, in dem keine Information codiert ist. Dann beginnt, durch das Initiatorcodon AUG gekennzeichnet, das 390 Nucleotide umfassende *Gen für das Hüllprotein*, in dem 130 Aminosäuren codiert sind. Das Startcodon ist wie das gesamte Gen frei zugänglich. Sehr bald nach der Inkorporation der Phagen-RNS in den Wirt wird diese daher kurz vor dem Startcodon an Wirtsribosomen gebunden. Nunmehr beginnt die Synthese des Hüllproteins. Dabei wird das Hüllproteingen, das mit dem Triplett UAA endet, wiederholt abgelesen. Hierdurch wird gewährleistet, daß die zur Umhüllung des Phagen-RNS-Stranges erforderlichen, einander völlig identischen 180 Hüllproteinmoleküle schließlich zur Verfügung stehen.

Dem Hüllproteingen folgt nach einem weiteren, ebenfalls 36 Nucleotide umfassenden, in Abb. 6.9 (rechts oben) gestrichelt und gedehnt gezeichneten Spacerabschnitt *das dritte Gen, das die RNS-abhängige RNS-Replikase codiert*, die an vorhandenen RNS-Strängen neue RNS-Stränge bildet. Es beginnt mit dem Startcodon AUG und umfaßt 1635 Nucleotide. Wenn das Gen für Hüllprotein translatiert worden ist, öffnet sich der „Stamm" der „Blume", und die Startregion des dritten Gens wird für die Translation zugänglich. Damit sind aus Veränderungen der Sekundärstruktur der Nucleinsäure bestimmte Phänomene der biologischen Regelung, im vorliegenden Fall der Synthese des A-Proteins und der RNS-abhängigen RNS-Polymerase, abzuleiten.

Auch bei der Replikation der RNS des Phagen MS 2 treten zunächst Doppelstrangstrukturen auf, wie wir sie bereits als RF-Formen kennen gelernt haben. An diesen werden schließlich wieder Einzelstränge gebildet, die nebst einigen Molekülen A-Protein (s.o.) in die reifenden Phagenpartikeln verpackt werden. Die neu gebildeten Phagenteilchen können in dem infizierten Wirt zu kristallinen Gebilden zusammentreten. Wenn die Lyse beginnt, werden Tausende von

Viruspartikeln freigesetzt. Der Entwicklungszyklus ist bei dem Phagen MS 2 in etwa 60 min beendet.

6.2.4 Lysogenie und temperente Phagen

Nicht alle Bakteriophagen bewirken eine rasche Lyse des Wirts. Eine Anzahl von Phagenarten bringt vielmehr weder die Bildung von bakterieneigenen Nucleinsäuren noch die Bildung von bakterieneigenen Proteinen zum Erliegen. Die befallenen Bakterien können sich daher weiter vermehren. Es entstehen aber auch keine voll ausgebildeten infektionsfähigen Phagen. Bei jeder Teilung des Bakteriums wird jedoch das volle Phagengenom, gewissermaßen im Bakterium versteckt, auf die Tochterzellen weitergegeben. Nach wenigen oder erst nach Hunderten von Wirtsgenerationen kann es schließlich doch einmal zur Lyse und damit zum Tod des Wirts kommen. Dabei wird eine größere Anzahl von Phagen frei, die dann neue Wirte infizieren, in denen sie sich erneut „verstecken".

Derartige Phagenarten, die nicht kurz nach der Infektion zur Lyse des Wirts führen, sondern zunächst in dessen Genom eingebaut werden, bezeichnet man als *temperente Phagen* (= gemäßigte Phagen). Bakterien, die das Genom eines derartigen temperenten Phagen in sich tragen und daher nach mehr oder weniger langer Zeit zur Lyse kommen können, werden *lysogene Bakterien* genannt. Der Vorgang selbst wird als *Lysogenie* bezeichnet. Die Lysogenie bewirkt infolge der raschen Vermehrung der Wirtsbakterien auch eine rasche passive Vermehrung der in ihrem Genom eingebauten temperenten Phagen. Da lysogene Bakterien, wie andere Bakterien auch, oft in rascher Folge neue Wirte besiedeln, erfahren temperente Phagen häufig eine sehr intensive passive Verbreitung.

Die Etablierung der Lysogenie wird durch regulatorische Prozesse gesteuert. Diese sind am *Escherichia-coli*–Phagen λ sehr gründlich untersucht worden. Sie sollen daher auch an diesem Beispiel dargestellt werden.

Der λ–Phage enthält in seinem Genom etwa die gleichen frühen und späten Gene wie der Bakteriophage T4. Zusätzlich ist jedoch ein weiteres Gen, das C1–Gen, vorhanden, dessen Produkt der λ–*Repressor* ist. Dieser verhindert die Transkription und damit auch die Translation einer Anzahl von Genen, deren Aktivität der Aktivität der Strukturgene vorausgehen muß. Diese treten daher im Replikationszyklus des Phagen frühzeitig auf und werden als frühe Gene bezeichnet. Ihr Genprodukt nennt man frühe Enzyme. Da nunmehr keine frühen Enzyme gebildet werden, wird die weitere Entwicklung des infizierenden Phagen unterbunden, und der infizierende DNS–Strang des Phagen λ bleibt zunächst unverändert im Cytoplasma des befallenen Bakteriums liegen. Da an seinen beiden Enden kurze, 12 Nucleotide umfassende Abschnitte von Einzelstrang–DNS mit einander komplementären Nucleotidsequenzen herausragen, entsteht jedoch rasch eine *Ringstruktur* (Abb. 6.10), da sich die komplementären Nucleotide reversibel durch Basenpaarung vereinigen.

Auf dem nunmehr ringförmig vorliegenden DNS–Strang des Phagen λ befindet sich eine weitere Basensequenz, die in lytischen Phagen nicht enthalten ist und als *Anheftungsregion* oder *Episite* bezeichnet wird. In Abb. 6.10 ist diese durch die Zahlenfolge 1,2,3,4 symbolisiert. Eine gleiche (homologe) Basensequenz befindet sich auch im Genom des Wirtsbakteriums. Diese wird als *homologe Region* oder *Chromosite* bezeichnet. An sie lagert sich durch Paarung der komplementären Basen der Anheftungsregion das ringförmige Virusgenom an. Bestimmte Enzyme des Wirts, sogenannte Endonucleasen, zerschneiden nunmehr innerhalb der homologen Region des kleinen ringförmigen Phagengenoms und des großen ringförmigen Bakteriengenoms die beiden Ringe an jeweils den gleichen Stellen, wobei kurze, einander komplementäre Einzelstrangenden überstehen. Andere Enzymaktivitäten verknüpfen dann die aufgeschnittenen Enden des Phagenringes mit den aufgeschnittenen komplementären Enden des Bakteriengenoms, d. h., es wird die Virus–DNS mit der Bakterien–DNS vereinigt. Das Viruschromosom befindet sich nun, jeweils durch eine homologe Region begrenzt, innerhalb des Bakteriengenoms. *Es ist zum Prophagen geworden*, der bei jeder Teilung des Bakteriumgenoms synchron mit diesem vermehrt wird.

In ähnlicher Weise wird auch das Genom anderer temperenter Phagen in das Genom ihrer Wirtszellen integriert und vermehrt.

Der Einbau eines Phagengenoms in ein Bakteriengenom hat in verschiedenen Fällen bestimmte Veränderungen der Bakterienzellen zur Folge, die als lysogene Konversionen bezeichnet werden. So gewinnen Mutanten von *Escherichia coli*, die das von ihnen benötigte Thymin nicht selbst bilden können, durch Infektion mit einem bestimmten temperenten Phagen, der das Thymin–Gen in seinem Genom trägt, die *Befähigung zur Thyminsynthese*. Auch Zusammenhänge zwischen dem Befall mit temperenten Phagen und *Veränderungen in den Merkmalen der Bakterienkolonien* wurden nachgewiesen. Darüber hinaus bewirkt der Einbau einiger temperenter Phagen bei ihren Wirten die *Ausbildung von Geißeln*. Damit werden unbewegliche in bewegliche Bakterien verwandelt. Es werden Merkmale verändert, nach denen Bakterienarten voneinander unterschieden werden bzw. wurden. So haben sich beispielsweise in verschiedenen Fällen zwei einander ähnliche Bakterienarten als Angehörige ein und derselben Art erwiesen, deren Formen einmal von temperenten Phagen befallen, in anderen Fällen aber frei von Phagen waren.

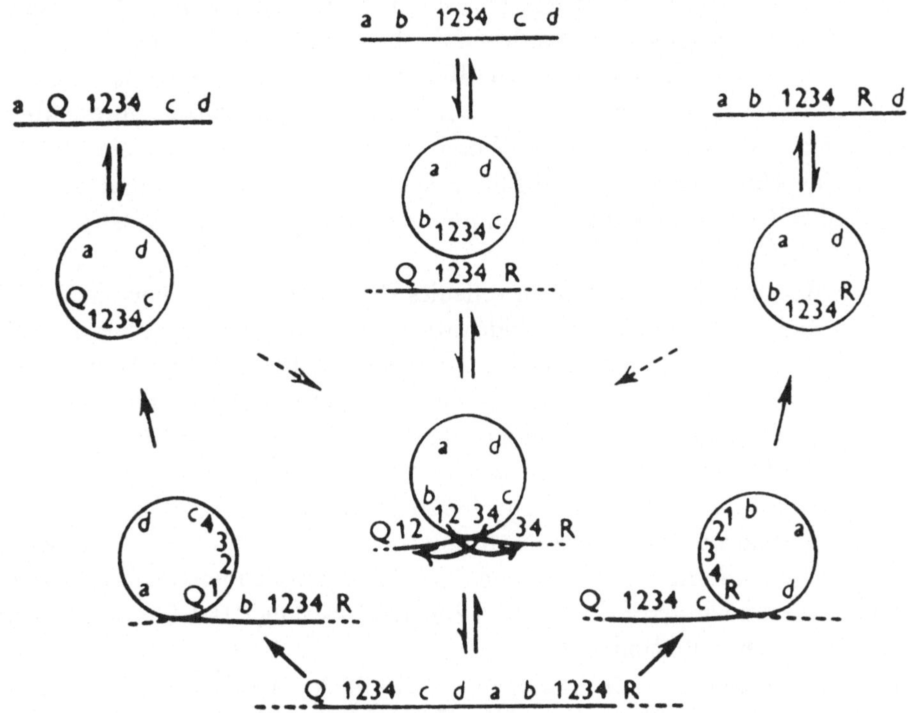

Abb. 6.10: Das Campbell-Modell für die Integration und Desintegration des Phagen λ sowie für Transduktionsvorgänge; Mitte: Normale Integration und Desintegration; Mitte oben: lineares Genom des λ-Phagen mit den genetischen Markern a,b,c,d und den Markern 1,2,3,4 der Anheftu.gsregion; darunter Phagengenom nach Ringschluß; die Anheftungsregion befindet sich gegenüber der homologen Region (Anheftungsregion) des Bakteriengenoms, von denen die genetischen Marker Q und R eingetragen sind; darunter Integration des Phagengenoms in das Bakteriengenom bei gleichzeitiger Permutation der Marker des Phagengenoms; ganz unten ist das Phagengenom in das Bakteriengenom integriert. Das Genom des Phagen mit den Markern c,d,a,b ist von je einer homologen Region begrenzt; links und rechts: die Bildung transduzierender Phagen, die die Bakterienmarker Q im Austausch gegen die Phagenmarker b (links) bzw. R im Austausch gegen c (rechts) tragen. Weitere Erklärungen im Text (E. R. Signer u. J. Beckwith, J. Mol. Biol. 22 (1966) 33)

Bestimmte lysogene Konversionen wirken sich auch auf das epidemiologische Geschehen in unserer Umwelt aus. So gewinnt *Corynebacterium diphtheriae*, das ohne Phagen nicht pathogen ist, durch Inkorporation des lysogenen Phagen β und den damit verbundenen Einbau des *tox*-Gens des Phagen in das Bakteriengenom die Fähigkeit zur Bildung des Diphtherietoxins, das toxische Herzschädigung, vasomotorische Schocks, Blutungsneigung, schwere Membranschäden usw. hervorrufen und bereits in den ersten Tagen nach der Erkrankung an Diphtherie zum Tod führen kann. Nicht das Bakterium, sondern sein Befall mit einem bestimmten temperenten Phagen ist die Ursache dieses Übels!

Der λ-Repressor, der unter Kontrolle des Prophagengenoms nach jeder Teilung des Wirtsbakteriums neu gebildet wird, schützt das entsprechende Bakterium gegen Befall mit dem gleichen temperenten Phagen. Er kann jedoch ebenso wie Repressoren anderer temperenter Phagen durch ein spezielles Genprodukt verschiedener Wirtsbakterien, das sog. rec A-Protein, das bisweilen spontan gebildet wird, inaktiviert werden. Auch Bestrahlung mit UV-Licht oder Röntgenstrahlung führt oft zur *Inaktivierung des Repressors* und somit zur *Phageninduktion*. Ebenso kann Mitomycin C den λ-Repressor inaktivieren. Auch führt Behandlung mit Thiomalonsäure, Wasserstoffsuperoxid, Glutathion, Ascorbinsäure und anderen Substanzen zur Inaktivierung des λ-Repressors und damit zur Phageninduktion.

Wenn der λ-Repressor in irgendeiner Weise inaktiviert worden ist, beginnt die Ausgliederung des Phagen aus dem Wirtsgenom. Diese erfolgt in Umkehrung der Vorgänge des Phageneinbaus, wie das auch aus der mittleren Reihe von Abb. 6.10 ersichtlich ist. Die ersten Schritte der lytischen Entwicklung des Phagen λ setzen mit der Transkription früher Gene ein. Dann folgen Replikation der Phagen-DNS, Bildung von Spätproteinen, Reifung der Phagenteilchen und Lyse der Wirtszellen, wie das bereits im Abschnitt 6.1.1 beschrieben worden ist.

6.2.5 Lysogene Transduktion

Wenn die in das Bakteriengenom integrierten Prophagen mit Beginn lytischer Prozesse wieder aus diesen herausgelöst werden, kommt es vor, daß diese Vorgänge nicht exakt ablaufen. *Bisweilen wird vielmehr ein Stück des Bakteriengenoms aus der Nachbarschaft der Anheftungsstelle in das Phagengenom integriert. Im Austausch wird ein Stück des Phagengenoms in das Wirtsgenom eingebaut.* In Abb. 6.10 ist links z. B. das Bakteriengen Q gegen das Phagengen b und rechts das Bakteriengen R gegen das Phagengen c ausgetauscht worden. Dabei steht Q für die *Gal*$^+$-Region, in der 3 für die Verwertung von Galaktose erforderliche Enzyme codiert sind. R steht für die Biotin-Region, in der die Enzyme zur Synthese des Vitamins Biotin lokalisiert sind. Nach der Replikation des entsprechend veränderten Phagengenoms werden die ausgetauschten Gene mit den bei der Lyse freigesetzten Phagen auf neue Wirtsbakterien übertragen. Werden Bakterien, die Galaktose nicht metabolisieren können, mit einem Phagen infiziert, der die Gal^+-Region mit sich führt, so gewinnen diese die Befähigung zur Galaktoseverwertung, nachdem der temperente Phage in das Wirtsgenom integriert worden ist. Ebenso können Bakterienformen, die nicht in der Lage sind, Biotin zu bilden, nach Einbau von temperenten Phagen, die sich mit dem Biotin-Gen ihres vorhergehenden Wirtes beladen haben, Biotin bilden. *Eine derartige Übertragung von Bakteriengenen durch temperente Phagen von Spender– auf Empfängerbakterien wird als lysogene Transduktion bezeichnet.*

Da λ–Phagen, die Bakteriengene, beispielsweise die Gal^+ Region, mit sich führen, bei deren Aufnahme eigene Gene verloren gegangen sind, sind die transduzierenden Phagen in der Regel defekt und können sich nicht mehr ohne weiteres replizieren. Daher kann es nur dann zur Lyse der induzierten Zelle kommen, wenn auch andere, nicht defekte λ–Phagen vorhanden sind, die dem defekten Phagen bei der Replikation helfen. Sie stellen ihm die Enzyme, die der transduzierende Phage beim Genaustausch verloren hat, zur Verfügung und ermöglichen somit die Einleitung für seine Replikation wichtiger Reaktionsschritte. Ein transduzierender und somit *defekter Phage* benötigt also zur Replikation einen *Helfer-Phagen.*

Erstreckt sich die Transduktion auf wenige Wirtsmerkmale, wie dies bei den geschilderten Transduktionen von Wirts–Genomen durch den *Escherichia-coli*-Phagen λ der Fall ist, so spricht man von *spezifischer Transduktion* oder *Spezialtransduktion* .

Bestimmte Phagen mit ringförmig permutierter DNS (vgl. Abschnitt 6.1.1), z. B. der *Escherichia-coli*-Phage-P1, übertragen demgegenüber nicht nur einzelne Gene, sondern jedes beliebige Gen des Wirts, allerdings mit sehr geringer Frequenz. Eine derartige Transduktion wird als *allgemeine (generelle) Transduktion* bezeichnet. Zur allgemeinen Transduktion befähigte Phagen entstehen nicht nur bei der Induktion temperenter Phagen. Sie können auch bei lytischen Infektionen gebildet werden, indem bei der Phagenreife anstelle von Phagen-DNS gelegentlich bakterielle DNS-Fragmente in die Nucleokapsel des Phagen verpackt werden. Die bakteriellen DNS-Fragmente unterscheiden sich offensichtlich in bestimmten, z. B. topologischen Eigenschaften von der Phagen-DNS, und daher erfolgen derartige Verwechslungen nur selten.

Transduzierende Phagen sind *Gentechnologen besonderer Art* , und zwar unbeschadet dessen, ob sie zur spezifischen Transduktion oder zur allgemeinen Transduktion führen. Seit Jahrtausenden haben sie das Erbgut ihrer Bakterien-

Wirte und somit auch entsprechende Merkmale verändert und damit nicht nur
ihre zelluläre Umwelt, sondern bisweilen indirekt auch unsere Umwelt beträch-
lich umgestaltet.

6.2.6 Lysogenie und lysogene Transduktion als Sonderfälle des Einbaus, der Ausstoßung und der Übertragung von kleineren Genomabschnitten; mögliche Entwicklung der Viren aus transponierbaren Elementen

Nicht nur bestimmte Bakterienviren, sondern auch verschiedene Tierviren,
z. B. einige Adenoviren und insbesondere Retroviren, vor allem Tumoren indu-
zierende Retroviren und HIV, der Erreger von AIDS, sind in der Lage, ihr Virusgenom in das Genom ihrer Wirtszellen einzubauen, und zwar in ähnlicher Weise
wie der temperente Phage λ (vgl. Abschnitte 7.1.4 u. 7.1.5). Auch in diesen
Fällen ist das Virusgenom auf beiden Seiten von je einer homologen Region gegenüber dem Wirtsgenom abgegrenzt. Offensichtlich handelt es sich um ein allgemeines Prinzip des Einbaus, der Ausstoßung und der Übertragung genetischen
Materials zwischen Viren und ihren Wirten unterschiedlicher Organisationsformen. Aber auch bei Bakterien sowie Tieren und Pflanzen gibt es Vorgänge,
durch die kürzere Nucleinsäurestränge spontan aus längeren herausgelöst und
in anderen Strängen wieder eingebaut werden. So können bei den Bakterien
ringförmig geschlossene, doppelsträngige DNS–Moleküle, die z. B. Fertilitäts-
faktoren oder Resistenzfaktoren codieren und als *Plasmide* bezeichnet werden,
in den Haupt–DNS–Strang der Bakterien eingebaut und nach einiger Zeit auch
wieder ausgestoßen werden. Sie sind in der Lage, sich sowohl innerhalb als auch
außerhalb des Haupt–DNS–Stranges zu replizieren. Plasmide können aber auch
aus den Bakterien ausgeschleust und in andere Bakterien wieder eingeschleust
werden. Hierdurch kommt es oft zur Übertragung bestimmter Eigenschaften
von einem Bakterium auf ein anderes. So wird z. B. die Resistenz gegen bestimmte Antibiotika von Bakterium zu Bakterium übertragen, und zwar nicht
selten auch auf Bakterien anderer Arten. Die Ti–Plasmide von *Agrobacterium
tumefaciens* können sogar in Zellen ihrer Wirtspflanzen eindringen. Ein spezifisches Stück der Ti–Plasmide, die T-DNS 3, kann danach an verschiedenen
Stellen in Chromosomen der Pflanzen eingebaut werden und bewirkt dadurch
zusätzliche Zellteilungen und damit tumorartiges Wachstum von Zellbezirken,
das schließlich zur Bildung pflanzlicher Tumoren führt.

Transponierbare Elemente, die den Plasmiden ähneln, sind auch von kernhaltigen Organismen bekannt. Besonders gut sind sie bei *Drosophila* untersucht

worden. Sie enthalten wie Bakterienplasmide ein bis mehrere Gene und können an andere Stellen sowohl des gleichen Chromosoms als auch von anderen Chromosomen verlagert werden und dadurch zu Mutationen führen.

Ein Austausch von Genen zwischen verschiedenen Chromosomenbezirken oder Chromosomen durch transponierbare Elemente jeglicher Art scheint allgemein verbreitet zu sein. *Der durch Viren bewirkte Austausch von Erbsubstanzen läßt sich somit in das allgemeine biologische Geschehen einordnen.* Nach dem gegenwärtigen Stand der Kenntnisse könnten sich Viren aus Plasmiden und anderweitigen transponierbaren Elementen entwickelt haben, indem sie durch Ausbildung einer schützenden Umhüllung befähigt worden sind, aus ihrer ursprünglichen zellulären Umwelt in die Umwelt außerhalb des Organismus überzutreten, dort zu bestehen und schließlich andere Individuen der gleichen Art oder einer anderen Art zu besiedeln und diese zu zwingen, neue Viren nach vorgegebenem Muster zu replizieren.

6.2.7 Restriktion und Modifikation und die Beziehungen zur Biotechnologie

Wir haben gesehen, daß in der Natur nicht nur Gene von Viren, sondern auch anderweitige genetische Materialien von Organismus zu Organismus übertragen werden können. *Nunmehr lernen wir kennen, wie sich Bakterien gegen eingedrungene Phagengenome und sonstiges fremdes genetisches Material wehren und wie sich Phagen ihrerseits vor dem Zugriff der „Fremdenpolizei" der Bakterien schützen. Dieses in der zellulären Umwelt der Phagen vor sich gehende versteckte Ringen zwischen Virus und Wirt hat zur Ausbildung von Mechanismen geführt, deren Kenntnis und Nutzung wesentlich zur Entwicklung der Biotechnologie beigetragen hat.*

Restriktions- und Modifikationsenzyme

Bakterien schützen sich oft vor eingedrungenem fremdem genetischem Material, indem sie dieses in kleine Stücke zerschneiden, die nicht mehr repliziert werden können. Dieser Vorgang wird als *Restriktion* bezeichnet. Er wird durch bestimmte Enzyme bewirkt, die *Restriktionsendonucleasen* genannt werden. Diese gewissermaßen als Fremdenpolizei fungierenden Enzyme sind jedoch nicht in der Lage, ihr Zerstörungswerk an jeder beliebigen Stelle des Nucleinsäurestranges zu verrichten. Sie können vielmehr nur an bestimmten Basensequenzen des Nucleinsäurestranges, die oft als *Erkennungssequenzen* bezeichnet werden, angreifen. Fehlen diese im Nucleinsäurestrang des Phagen, sind die Restriktionsendonucleasen machtlos.

Die *Erkennungssequenzen* sind in der Regel kurze, reverse (umgekehrte) Verdopplungen von DNS–Sequenzen, die vor und rückwärts gelesen denselben Sinn ergeben und in der Regel eine Symmetrieachse besitzen. Sie stellen also *Palindrome* dar. In Abb. 6.11 ist als Beispiel die Palindromsequenz wiedergegeben, die von der Restriktionsendonuclease *Eco* R1 aus *Escherichia coli* erkannt wird. Sie weist in jeder Richtung zur Mittelachse hin die gleiche Nucleotidfolge auf. Diese Zielsequenz wird jedoch nicht einfach in der Mittelachse zerschnitten. Sie wird vielmehr asymmetrisch geöffnet. Die versetzten Schnitte erzeugen zwei überstehende, aber zueinander komplementäre, einsträngige Enden, die jeweils eine Länge von vier Nucleotiden aufweisen. Wenn DNS anderer Herkunft, in der sich das gleiche Palindrom befindet, vom gleichen Enzym gespalten wird, entstehen wiederum Spaltstücke mit entsprechenden überstehenden Enden. Diese können durch geeignete Enzyme (Ligasen) leicht mit den überstehenden Enden anderer Spaltstücke verknüpft werden. Derartige Enden werden daher als „kohäsiv" oder „klebrig" bezeichnet. Wie wir weiter unten sehen werden, sind in entsprechender Weise arbeitende Restriktionsendonucleasen bzw. die durch diese gewonnenen Spaltstücke ausgezeichnete Werkzeuge der Gentechnologie. In der Natur, z. B. in der Bakterienzelle, werden die Spaltstücke jedoch, wenn sie einmal entstanden sind, meist durch andere Exo– oder Endonucleasen weiter abgebaut.

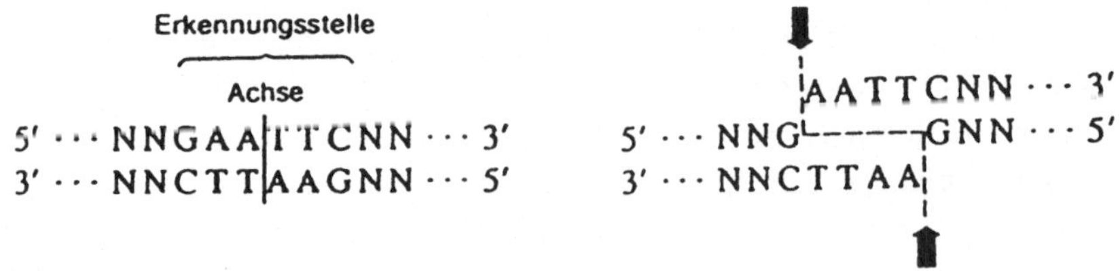

Abb. 6.11: Palindromsequenz (links), die von dem *Escherichia-coli*-Enzym *Eco* R1 erkannt und asymmetrisch aufgeschnitten wird (rechts)

Die Restriktionsendonucleasen, die spezifische Nucleotidaufeinanderfolgen erkennen und in diesen den Nucleinsäurestrang in bestimmter Weise aufschneiden, können jedoch nicht unterscheiden, ob es sich um fremde DNS oder um DNS der eigenen Zelle handelt. Auch diese würden die gewissermaßen als wenig sensible Fremdenpolizei fungierenden Endonucleasen erbarmungslos zerstören. Daher mußte sich die Wirtszelle vor dem Zugriff der eigenen Fremdenpolizei absichern. *Diesen Schutz vermitteln Enzyme, die die gefährdeten Basensequenzen erkennen und tarnen,* indem sie einer oder mehren Basen der Erkennungsregion eine Methylgruppe, die z. T. auch substituiert sein kann, anfügen und hierdurch dem Zugriff der Restriktionsendonucleasen entziehen. So wird beispielsweise aus Cytosin das Methylcytosin gebildet. Hierdurch ist die *Erkennungssequenz* in einer Weise *modifiziert* worden, daß die Restriktionsendonucleasen sie nicht mehr erkennen und angreifen können. Das entsprechende Enzym wird daher auch als *Modifikationsenzym* bezeichnet.

Dringt ein Phage in ein entsprechendes Bakterium ein, wird die Phagen–DNS in der Regel von den Restriktionsendonucleasen als fremd erkannt und zerschnitten, nicht jedoch die durch Modifikationsenzyme modifizierte Bakterien–DNS. Da aber das Modifikationsenzym ständig anwesend ist, rettet es jedoch nicht nur die Wirts–DNS, sondern auch etwas Phagen–DNS vor dem Zugriff der Fremdenpolizei, denn auch die Phagen–DNS kann modifiziert werden. Hierzu bleibt dem Modifikationsenzym allerdings nur wenig Zeit, bevor die Restriktionsenzyme angreifen. Daher wird lediglich etwa jeder zehntausendste bis hunderttausendste Phagen–DNS–Strang modifiziert und entgeht so der Zerstörung. Die aus dieser modifizierten Phagen–DNS entstehenden Tochterstränge sind allerdings ebenso wie die neu gebildeten Phagen, in die sie eingebaut worden sind, *wirtsspezifisch modifiziert.* Wenn sie nach der Lyse des Wirts andere Bakterien des gleichen Typs befallen, sind sie deshalb nicht mehr der Restriktion unterworfen. Sie sind an den Wirt angepaßt, können sich in diesem replizieren und zerstören ihn schließlich. Befallen die modifizierten Phagen jedoch einen anderen Wirtstyp, der andere Restriktionsendonucleasen besitzt, werden sie wiederum der Restriktion unterworfen. So vollzieht sich in der zellulären Umwelt der Bakteriophagen ein Kampf zwischen Phagen und Wirten, der durch Restriktionen und Modifikationen immer wieder zur Verschiebung von Gleichgewichten und zur Herstellung neuer Gleichgewichte führt.

Restriktionsenzyme als Werkzeuge des Gentechnologen; Wirkstoffproduktion mit Hilfe gentechnologisch veränderter temperenter Phagen in Mikroorganismen

Die Abwehrwaffen der Bakterien gegen eingedrungene Fremdgene, die *Restriktionsenzyme,* hat der Gentechnologe als *wichtige Werkzeuge der Biotechnologie* erkannt. So können beispielsweise mit dem Restriktionsenzym *Eco* RI (s. o.) auch aus den in der Regel langen DNS–Strängen von Säugetieren oder Menschen kleinere DNS–Stränge mit den gleichen überstehenden kohäsiven Enden gewonnen werden. Bisweilen enthalten diese Gene für dringend erforderliche Wirk- oder Wertstoffe, die nicht in genügend großen Mengen aus Organismen isoliert werden können, z. B. für Insulin (Abb. 6.12). Diese Gene können nunmehr in DNS eingebaut werden, die in Bakterien bereitwillig vermehrt wird, z. B. in das Genom des temperenten Phagen λ oder in Plasmide. Deren ringförmiges Genom wird durch das gleiche Restriktionsenzym, mit dem das Wirkstoffgen isoliert worden ist, aufgeschnitten und weist daher die gleichen kohäsiven Enden auf wie das isolierte Wirkstoffgen. Dieses kann infolgedessen mit Hilfe einer geeigneten DNS-Ligase mit den jeweiligen komplementären Enden des aufgeschnittenen DNS-Ringes verknüpft werden. Hierdurch entsteht ein größerer Ring, der aus DNS-Molekülen ganz unterschiedlicher Herkunft zusammengesetzt ist und daher oft als *DNS-Chimäre* bezeichnet wird. Das ringförmige Genom des temperenten Phagen bzw. des Plasmids, das die zusätzlichen Gene enthält, wird nun in ein geeignetes Bakterium eingeführt, das diese Strukturen mitsamt dem eingeführten Fremdgen vermehrt.

Temperente Phagen sind für derartige Manipulationen besonders geeignet, denn sie können, wie wir in Abschnitt 6.1.5 gesehen haben, auch in der Natur Wirtsgene, beispielsweise den Genbezirk, der zur Biotinbildung führt, in einem Wirt aufnehmen und in einem anderen vermehren. Hinzu kommt, daß im Genom temperenter Phagen viel mehr fremde DNS stabil eingebaut, transportiert und vermehrt werden kann als in Plasmiden. *So kann beispielsweise ein Drittel des Genoms des Phagen λ durch fremde DNS ersetzt werden, ohne daß dieses die Befähigung zur Replikation einbüßt.* Wenn aus dem Phagen λ vor dem Einbau der zu replizierenden Fremd-DNS der λ-Repressor durch geeignete Restriktionsenzyme „herausgeschnitten" wird, lysiert er das Wirtsbakterium, nachdem eine größere Anzahl von biochemisch veränderten λ-Phagen gebildet worden ist. Es werden viele Phagen frei, die neue Wirte befallen, sich in diesen vermehren und sie schließlich erneut lysieren, so daß der Kreislauf immer wieder beginnen kann. Wenn in dieser Weise genügend Phagen-DNS entstanden ist, wird das eingebaute Fremdgen in geeigneter Weise, oft nach Isolierung, zu der wiederum die Restriktionsendonuclease *Eco* RI benötigt wird, in einem natürlichen oder künstlichen System zur Translation gebracht, d. h., es wird Protein nach dem Muster des eingebauten und vermehrten Gens gebildet.

In vielen Ländern wird jetzt u. a. Insulin, dessen hoher Bedarf zunehmend schwieriger aus Schlachttieren gedeckt werden kann, auf biotechnologischem Wege mit Hilfe von Mikroorganismen hergestellt. Das Insulin-Gen wird jedoch nicht unmittelbar aus der DNS der Zellkerne der Bauchspeicheldrüse gewonnen. Es kann wesentlich einfacher erhalten werden, indem in einem ersten Schritt aus der Bauchspeicheldrüse geeigneter Lebewesen Vorboten-RNS isoliert wird, in der das Insulin-Gen enthalten ist. Diese Vorboten-RNS wird mit Hilfe des aus Retroviren gewonnenen Ferments *Umkehrtranskriptase* (vgl. Abschnitt 7.1.4) in einen komplementären DNS-Doppelstrang umgewandelt. Aus diesem kann nunmehr durch das Restriktionsenzym *Eco* RI das das Insulin codierende Gen herausgeschnitten werden. Dieses steht nunmehr zum Einbau in einen temperenten Phagen oder in ein Plasmid zur Verfügung und wird nach dessen Einführung in ein geeignetes Bakterium durch dieses vermehrt, wie das bereits beschrieben worden ist. Wenn eine große Anzahl von Phagen oder Plasmiden, die das Insulin–Gen enthalten, gebildet worden ist, wird das Fremdgen isoliert und in einem geeigneten natürlichen oder künstlichen System zur Translation gebracht. Das hierbei entstehende Insulin wird anschließend ggf. chemisch vervollständigt und gereinigt.

Das Verfahren, das vorstehend nur in groben Umrissen beschrieben werden konnte, und ähnliche biotechnologische Produktionsverfahren werden so gut beherrscht, daß die biotechnologische Produktion hochwertiger Wirk- und Wertstoffe auch unter ökonomisch günstigen Bedingungen möglich ist.

Sicherheitsvorkehrungen bei biotechnologischen Manipulationen und Aufbau von Genbanken mittels Charon–λ–Phagen

Gentransferexperimente und auf diesen basierende *biotechnologische Produktionen* dürfen nur durchgeführt werden, wenn spezifische *Sicherheitsbedingungen* erfüllt sind. Werden Phagen für die DNS–Klonierung verwendet, sind hierfür nur sog. *Charonphagen* zugelassen. Diese haben ihre Bezeichnung nach dem mythologischen Fährmann erhalten, der auf dem Fluß Styx den Zugang zur Unterwelt regelt. Den Charonphagen sind bestimmte Gene „herausoperiert" worden, die für ihre Vermehrung von Bedeutung sind. Sie können sich daher nur in solchen in der Natur nur selten vorkommenden *Escherichia-coli-*Mutanten vermehren, die ihnen das fehlende Genprodukt zur Verfügung stellen. Hierdurch ist die Vermehrung gentechnologisch veränderter Phagen auf spezielle Laborstämme von Wirtsbakterien beschränkt, die ihrerseits von besonderen Kulturbedingungen abhängig sind. Auf diese Weise wird die Verbreitung von Phagen mit rekombinanter DNS außerhalb des Laboratoriums mit großer Sicherheit verhindert. Der viel verwendete λ–Vektor Charon 4A muß darüber hinaus ständig in einem speziellen Medium (Xgal) in einer Farbreaktion bezüglich Sicherheit und Funktionsfähigkeit überprüft werden. Die Umweltsicherheit wird dementsprechend auch im mikrobiologisch- virologischen Bereich durch strenge Sicherheitsvorkehrungen gewährleistet.

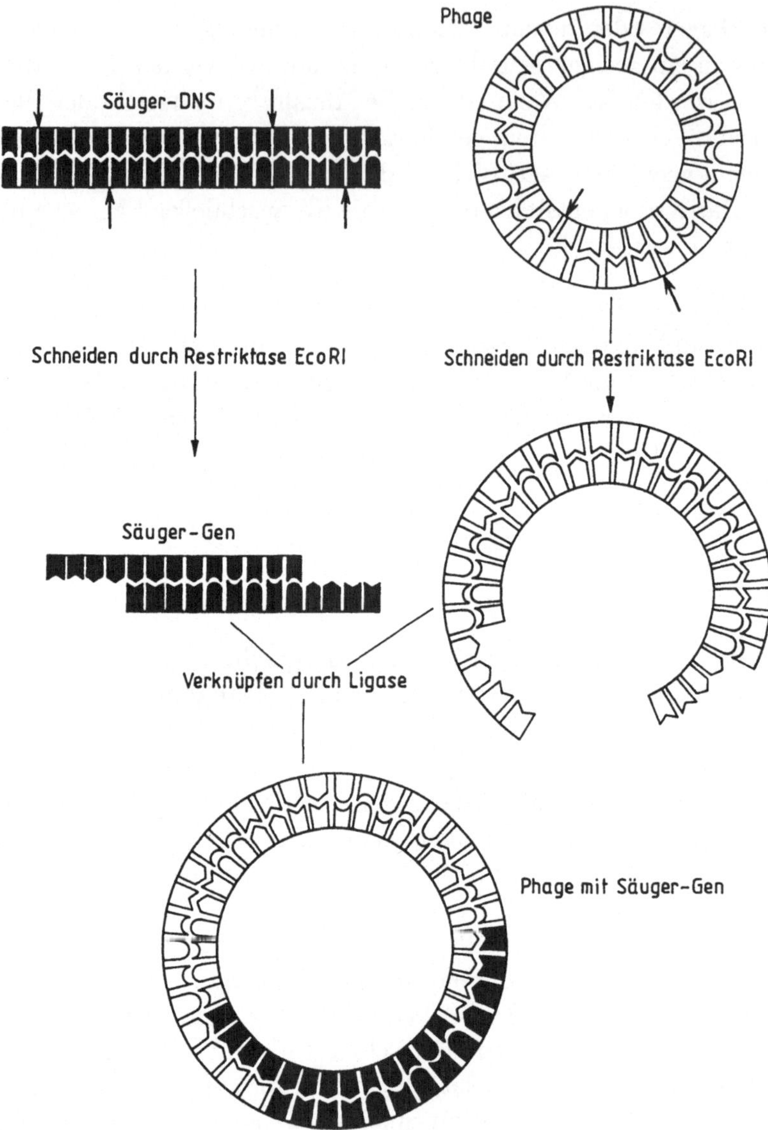

Abb. 6.12: Beispiel für den Einbau von Säuger-DNS, z. B. des Insulin-Gens, in das Genom eines temperenten Phagen. Das Insulin-Gen wurde durch die Restriktionsendonuclease *Eco* RI aus einem längeren DNS-Strang herausgeschnitten. Mit dem gleichen Enzym wurde das Phagen-Genom aufgeschnitten. Beide Teile lassen sich infolge ihrer kohäsiven Enden durch eine geeignete Ligase leicht miteinander verknüpfen. Das nunmehr vorliegende rekombinante DNS-Molekül läßt sich relativ leicht in Bakterien einbringen und vermehren

Da große Fragmente von Fremd-DNS in Charon-λ-Phagen eingebaut werden können, werden diese u. a. dazu benutzt, *Genbanken* oder *DNS-Bibliotheken* aufzubauen, in denen die gesamte DNS eines Organismus, beispielsweise auch die des Menschen, in 100 000 bis 1 000 000 Phagenpartikeln geklont und sicher verwahrt ist.

Das Genom, das in eine Genbank überführt werden soll, wird zunächst durch Restriktionsenzyme in Fragmente geeigneter Länge zerlegt, die dann in die Phagen-DNS eingebaut werden. Anschließend wird ein geeigneter *Escherichia-coli*-Stamm mit den entsprechenden Charon-λ-Phagen infiziert. Auf diese Weise entsteht eine große Vielfalt von Phagen mit Zufalls-DNS-Fragmenten. Aus diesen können dann durch Techniken, auf die im vorliegenden Rahmen nicht eingegangen werden kann, z. B. durch Koloniehybridisierung oder Southern-blot-Hybridisierung, bestimmte Klone selektiert und identifiziert werden. So entstehen immer vollständigere Genkarten von zahlreichen Lebewesen, u. a. auch vom Menschen, indem DNS aus Genbanken nach Umwandlung in radioaktive DNS mit spezifischen Stellen auf Chromosomen hybridisiert wird. Gene für menschliches Insulin und andere für die Medizin wichtige Proteine können auch auf diesem Weg isoliert und anschließend zu biotechnologischen Prozessen herangezogen werden. In einigen biotechnologisch fortgeschrittenen Ländern werden entsprechende Medikamente in großem Maßstab hergestellt. Andere Viren, z. B. Retroviren, werden als Vektoren eingesetzt, um in Zellkulturen von genetisch erkrankten Zellen die funktionsunfähigen Gene durch funktionstüchtige zu ersetzen. Damit wird im Zeitalter der Biotechnologie die zelluläre Umwelt der Viren und auch unsere zelluläre Umwelt in ähnlicher Weise manipuliert und verändert, sicherlich mit ähnlichen Vorteilen und Gefahren, wie das in Vergangenheit und Gegenwart in Ökosystemen in der Natur durch transponierbare Elemente ständig erfolgt ist bzw. erfolgt.

6.3 Bekämpfung der biotechnologische Prozesse störenden Bakterienviren

Im Abschnitt 1.4 wurde bereits auf die Verbreitung der Viren von Bakterien und anderen Mikroorganismen in verschiedenen Biotopen und auf mögliche Auswirkungen und Schäden eingegangen. Unter anderem wurde erwähnt, daß die entsprechenden Viren durch Schädigung von Mikroorganismen, die in der mikrobiologischen Industrie und in der Biotechnologie zur Wirk- und Wertstoffproduktion eingesetzt werden, zu beträchtlichen Schäden führen können. Um gefährdete Produktionsabläufe zu schützen, ist es daher erforderlich, in das Wechselspiel zwischen Mikroorganismenviren und ihren Wirten einzugreifen. Bisher konnte jedoch noch kein Verfahren ausgearbeitet werden, das es ermöglicht, Phagenbefall in der technischen Mikrobiologie sicher zu verhindern oder zu bekämpfen. Mit vier Gruppen von Maßnahmen sind allerdings Teilerfolge erreicht worden, die eine verhältnismäßig gute Sicherheit bei der Phagenbekämpfung bieten, besonders, wenn sie im Komplex angewendet werden.

Besonders wichtig ist, für biotechnologische Prozesse nur vollkommen phagenfreie Mikroorganismenkulturen zu verwenden. Diese Forderung ist, obwohl sie banal erscheint, schwer zu erfüllen. Der Grund hierfür ist besonders darin zu suchen, daß wohl Befall mit lytischen Phagen sicher erkannt werden kann, nicht aber Befall mit temperenten Phagen. Darüber hinaus gibt es Phagen, die gewissermaßen zwischen lytischen und temperenten Phagen vermitteln und in Tests ebenfalls nicht ohne weiteres erkannt werden können. Unter geeigneten Bedingungen treten diese jedoch rasch in die lytische Phase über und können dann in der biotechnologischen Produktion innerhalb kurzer Zeit ganze Fermentoransätze zerstören. Um dieser Gefahr zu begegnen, ist es erforderlich, durch Bestrahlung oder Behandlung mit geeigneten Chemikalien, auf die bereits im Abschnitt 6.2.4 hingewiesen worden ist, die lytische Phase zu induzieren und aus Plattenkulturen, in denen auch dann keine Phagen aufgetreten sind, mit hoher Wahrscheinlichkeit phagenfreie Stamm- odes Impfkulturen von Mikroorganismen zu selektieren.

Fermentation unter sterilen Bedingungen schützt mit Sicherheit vor der Einschleusung möglicherweise mit Phagen befallener Fremdbakterien. Derartige Sterilverfahren sind jedoch bei der Gewinnung eines Massenprodukts oft unwirtschaftlich. Insofern für biotechnologische Prozesse aerobe Mikroorganismen zum Einsatz kommen, ist durch die erforderliche Belüftung, auch wenn diese unter bestmöglichen Sterilbedingungen erfolgt, stets ein gewisses Risiko nicht auszuschließen. Besonders hoch ist dieses Risiko in Molkereibetrieben, wo bei der Herstellung von Quark und Käse jeweils eine Anzahl von Mikroorganismen nacheinander oder gleichzeitig tätig werden, und zwar bei jeder Käsesorte andere Aufeinanderfolgen von Mikroorganismen. Wenn in diesen vom Menschen gelenkten Mikroorganismen-Ökosystemen nur ein Glied der jeweiligen Kette durch Phagenbefall zum Teil oder vollständig ausfällt, verlaufen die Prozesse in anderen Richtungen. Dabei entstehen oft bitterer Quark oder bitterer bzw. in anderer Weise übel schmeckender Käse. Das Erreichen und die Beibehaltung antiphagaler Produktionsbedingungen sind dementsprechend wesentliche Voraussetzungen zur ökonomischen Führung großer Molkereibetriebe. Wege hierzu sind neben der Verwendung getesteter, phagenfreier Mikroorganismenstammkulturen die Einhaltung bestimmter Hygienemaßnahmen.

Schutz vor Phagenschäden gewährt auch die Verwendung phagenresistenter Produktionsstämme. In diesem Zusammenhang wird die Methode der „Alternativkulturen" empfohlen. Hierunter wird verstanden, daß die Produktion bei Phagenbefall mit einem anderen Mikroorganismenstamm weitergeführt wird, der gegenüber dem aufgetretenen Phagen resistent ist. Als derartige Alternativstämme kommen vor allem Mutanten in Betracht, die im Rezeptorbereich abgewandelt sind und den Phagen daher nicht mehr binden. Nicht selten erbringen entsprechende phagenresistente Mutanten jedoch nicht die erforderliche Produktionsleistung. Auch sind sie oft gegen andere, ebenfalls in den Produktionsstämmen auftretende Phagen nicht resistent. Ferner sind nicht für alle Produktionen Alternativstämme verfügbar. Schließlich mutieren Phagen nicht selten erneut und durchbrechen die Resistenz. So traten beispielsweise in einem japanischen Werk bei der Produktion von Glutaminsäure im Verlauf von 6 Jahren 15 Phagenmutanten auf, wodurch die Alternativstämme immer wieder unbrauchbar wurden.

Schutz vor Phagenschäden kann weiterhin die Entwicklung und Anwendung phagenhemmender Verbindungen bringen. In dieser Hinsicht sind aber noch beachtliche Anstrengungen bei der Entwicklung und besonders bei der Überleitung aufgefundener antiphagaler Verbindungen in die Praxis erforderlich. Forschungen zur Entwicklung von Phageninhibitoren (= antiphagalen Substanzen) werden in Japan intensiv betrieben, außerdem u. a. in den USA, in Frankreich und in Bulgarien. Auch in der ehemaligen DDR wurde an der Entwicklung antiphagaler Substanzen gearbeitet. Im Ergebnis dieser weltweit durchgeführten Untersuchungen ist eine beachtliche Anzahl von Phageninhibitoren als Mittel biologischer Prozeßsteuerung beschrieben worden, z. B. Antibiotika, Chelatoren, Kohlenwasserstoffe und Synthetika aus unterschiedlichen chemischen Gruppen. Ihr Einsatz erfolgt z. T. prophylaktisch, z. T. auch erst nach eingetretener Phageninfektion. Es wurden antiphagale Substanzen aufgefunden, die mit Phagen infizierte Kulturen schützen und den Produktionsertrag stabilisieren können. So war es beispielsweise einer Leipziger Forschungsgruppe möglich, in Flüssigkulturen von Stämmen von *Bacillus subtilis*, mit deren Hilfe biotechnologisch Amylase hergestellt wird, durch Zugabe von bestimmten substituierten Triazinen, hydrierten Triazinen oder Triazolen die lytischen Prozesse vollständig aufzuhalten, die nach der Infektion mit Phagen in Gang kommen. Es wurde die gleiche Zelldichte erreicht wie in nicht infizierten Kontrollansätzen. Demgegenüber betrug die Zelldichte in den nicht mit antiphagalen Präparaten behandelten, mit Phagen infizierten Ansätzen weniger als 10% der nicht infizierten Kontrollen. Hierbei ist aus humantoxikologischer Sicht von Bedeutung, daß die angeführten Substanzen nicht toxisch sind. Darüber hinaus ist zu berücksichtigen, daß der Mensch häufig nicht mit den zur Sicherung der biotechnologischen Produktion eingesetzten antiphagalen Verbindungen in Berührung kommt. So schließen sich beispielsweise an die biotechnologische Gewinnung von Amylasen

Reinigungsvorgänge an, durch die die ohnehin in geringer Konzentration vorliegenden antiphagalen Verbindungen eliminiert werden. Schließlich ist oft auch durch die Art der Anwendung der Amylasen ausgeschlossen, daß der Mensch mit dem durch die Amylasen hergestellten Nahrungs- bzw. Genußmittel, beispielsweise Bier, die antiphagalen Substanzen inkorporiert. Es ist also eine hohe Sicherheit gewährleistet. Da auch die meisten anderen biotechnologisch erzeugten Produkte in Verfahren gereinigt werden, die gleichzeitig die in der Regel den Fermentoren nur in sehr geringen Konzentrationen zugesetzten antiphagalen Verbindungen eliminieren, sind auch aus humantoxikologischer Sicht gute Aussichten für die Anwendung antiphagaler Substanzen in der Praxis gegeben.

Bezüglich der Sicherung mikrobiologischer Produktionsprozesse vor Phagenbefall gibt es offensichtlich Analogien zur Sicherung pflanzenbaulicher Produktionsprozesse vor der Wirkung von Viren. Hier wie dort kommt es in erster Linie darauf an, Viren fernzuhalten, resistente Formen zu schaffen, in der Praxis anzuwenden und gleichzeitig Resistenzdurchbrüchen nach Möglichkeit zu begegnen. Wenn durch derartige Maßnahmen Viren nicht in erforderlichem Umfang eliminiert werden können, muß als ultima ratio zu geeigneten chemotherapeutischen Mitteln bzw. Maßnahmen gegriffen werden, insofern diese zur Verfügung stehen.

7 Viren von Tier und Mensch in ihrer und unserer Umwelt

7.1 Virusvermehrung im Wechselspiel zwischen den Viren und ihrer zellulären und organismischen Umwelt

Die Vorgänge, die zur Vermehrung tierpathogener Viren führen, gleichen in ihren Grundzügen den Umsetzungen, die bei der Vermehrung von Bakterienviren ablaufen. *Die Verhältnisse sind jedoch viel komplizierter als bei Bakterienviren und ihren Wirten.* Das ist unter anderem darauf zurückzuführen, daß die tierische Zelle im Gegensatz zur Bakterienzelle in Kompartimente unterteilt ist. So ist der Zellkern, in dem sich die DNS als genetisches Material befindet, durch eine Kernmembran vom Cytoplasma abgetrennt. Das Cytoplasma wiederum ist durch ein Endomembransystem, das endoplasmatische Retikulum, das auch mit dem Zellkern in Verbindung steht, weiter kompartimentiert. Zusätzlich finden sich neben den bei Bakterien auftretenden Zellorganellen u. a. Mitochondrien, Golgi–Apparate, Lysosomen und Mikrotubuli. Auch diese Organellen können bei der Virusvermehrung eine Rolle spielen. Von besonderer Bedeutung ist weiterhin, daß die vielzelligen Tierwirte in der Regel in Organe unterteilt sind, die Viren unterschiedlich gut vermehren können. Durch zunehmende Größe der Wirte wird ferner der Transport der Viren innerhalb des Wirtes immer bedeutsamer. Zusätzlich werden die Verhältnisse dadurch kompliziert, daß Tier und Mensch Abwehrmechanismen, u. a. Immunmechanismen, ausgebildet haben, die die Virusvermehrung einschränken und in vielen Fällen vollständig eliminieren können.

Wenn nachfolgend die Virusvermehrung im Wechselspiel zwischen Virus und Wirt verfolgt wird, so soll zunächst die zelluläre Umwelt des Virus im Vordergrund stehen. Dabei werden die Grundzüge der Vermehrung der tierpathogenen Viren nicht so eingehend wie die der Bakterienviren erörtert, insofern sie ähnlich wie bei Bakterienviren ablaufen. Dafür werden spezifische Unterschiede hervorgehoben. Besonders wird auf Eingriffe der Viren in biologische Regelmechanismen eingegangen, die zur Bildung von Tumoren oder zu Immunschwäche führen.

7.1.1   Vermehrung der Adenoviren als Beispiel für nackte Doppelstrang–DNS–Viren

Die Adenoviren, deren Partikeln bereits im Abschnitt 2 beschrieben worden sind (vgl. auch Abb. 2.2), kommen in allen Erdteilen vor. Ihr Name nimmt darauf Bezug, daß die ersten hierher gehörigen Arten aus adenoidem (= drüsenähnlichem) Gewebe und aus Tonsillen–(= Mandel)material des Menschen isoliert worden sind.

Adenoviren der Gattung *Mastadenovirus* treten beim Menschen und bei Säugetieren auf. 34 verschiedene Adenoviren infizieren den Menschen und rufen vor allem Erkrankungen der Atemwege hervor. Sie können zu Abgeschlagenheit, Fieber, Rachenkatarrh, Kehlkopfentzündung, Bindehautentzündung, Halslymphknotenschwellung und evtl. Schnupfen, seltener auch zu Magen– und Darmbeschwerden bis hin zu heftigen Durchfällen führen.

Auch bei vielen Tierarten rufen Adenoviren Erkrankungen der Atemwege sowie des Magen-Darmkanals hervor. Hieran sind beim Rind 9, beim Schwein 4 und beim Schaf 5 verschiedene Adenovirusarten beteiligt. Beim Pferd, bei der Ziege und bei der Maus wurde je ein Adenovirus festgestellt. Beim Hund und anderen Caniden, beispielswewise Füchsen, bewirkt das Mastadenovirus *can* 1 die Hepatitis contagiosa canis, eine weltweit verbreitete, akute, mit schweren Krankheitserscheinungen einhergehende Allgemeininfektion („Blutvergiftung"). 25 bis 40% der Infektionen mit dem vorwiegend in den Epithelien der Gefäße sowie in der Leber auftretenden Virus verlaufen tödlich. In Fuchsfarmen entstehen oft schwere Verluste.

Viren der Gattung *Aviadenovirus*, deren Partikeln etwas größer sind als die der Gattungg *Musladenovirus*, befallen u. a. Hühner, Truthühner, Gänse, Fasanen und Enten. Einschlußkörperhepatitis und respiratorische Erkrankungen des Huhns, die hämorrhagische Putenenteritis und die Marmormilzkrankheit des Fasans sind einige der durch diese ausgelösten Erkrankungen. Das Eggdrop-Syndrom 76 äußert sich beim Haushuhn in gestörter Legeleistung, die oft mit ordnungswidriger Schalenbildung verbunden ist.

Die einzelnen *Schritte der Vermehrung der Adenoviren* sind in Abb. 7.1 schematisch dargestellt. In der *Eindringphase* (1 in Abb. 7.1) heften sich die infizierenden Viruspartikeln mit ihren faserförmigen Anhängen, die als Antennen bezeichnet werden (Abb. 2.2), an *Rezeptoren der Zelloberfläche* von Wirtszellen an. Die Zelloberflächen der Epithelien der Atemwege enthalten je Wirtszelle bis zu 40 000 Rezeptoren unterschiedlicher Ausbildungsformen und sind daher für die Inkorporation des Virus besonders geeignet. Mehrere Wirtszellrezeptoren, darunter ein Polypeptid mit einem Molekulargewicht von 78 000 und ein kleineres mit einem Molekulargewicht von 42 000, bilden mit dem infizierenden Virion

einen Rezeptor–Virus–Komplex. Im Bereich dieses Komplexes stülpt sich die
Zellmembran mitsamt dem Virion nach innen. Diese Einstülpung wird abgeschnürt, und das Virion befindet sich im Inneren der abgeschnürten Vesikel.

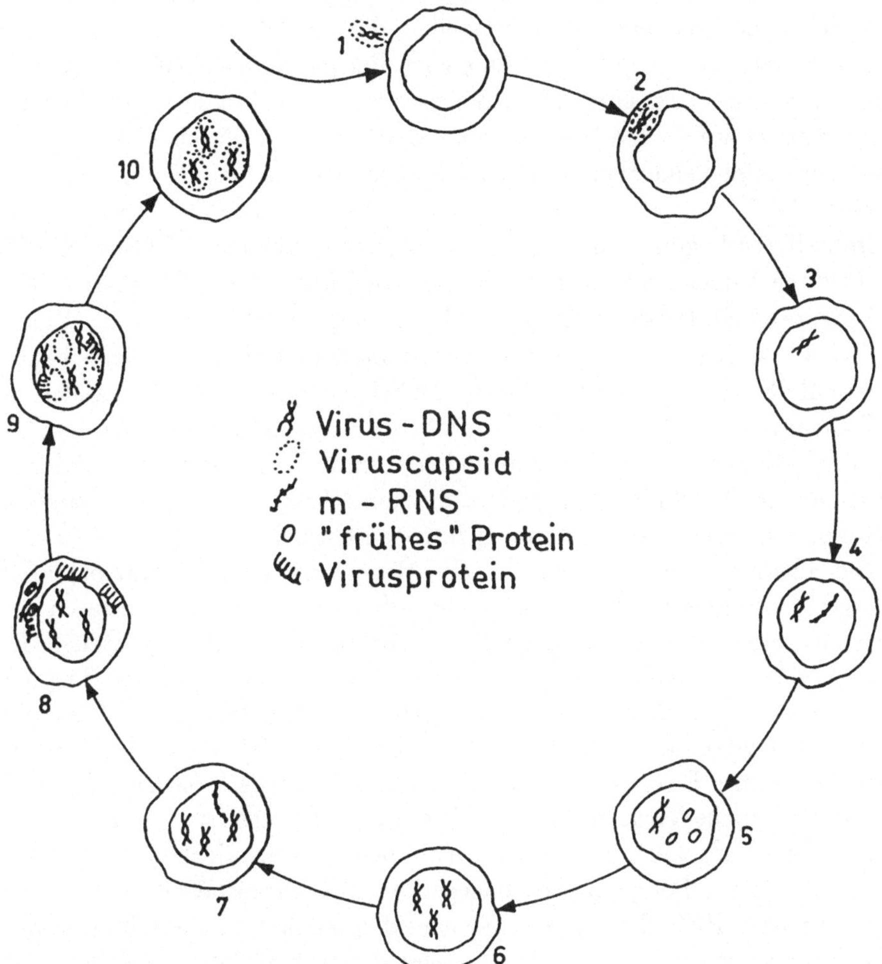

Abb. 7.1: Die Schritte der Replikation des Adenovirus. Erklärungen im Text
(F. Rapp aus L. V. Crawford u. M. G. Stoker, The Molecular Biology of Viruses,
Cambridge University Press 1968, 277, verändert)

Durch partiellen oder vollständigen Abbau der Vesikelmembran gelangt das Virion anschließend in das Innere der Wirtszelle (2 in Abb. 7.1). Nun wird die Nucleokapsel innerhalb kurzer Zeit, etwa in 10 min, unter Mitwirkung röhrenförmiger Organellen der Wirtszellen, die als Mikrotubuli bezeichnet werden, zum Zellkern transportiert. An dessen Peripherie vollzieht sich die *Freisetzung der Virusnucleinsäure*. Die Nucleokapsel bleibt dort leer zurück. Die aus dieser freigesetzte lineare Doppelstrang–DNS, die u. a. durch Assoziierung mit Proteinmolekülen eine Sekundärstruktur angenommen hat, wird in den Zellkern entleert (3).

Im Zellkern beginnt 2 bis 6 h p. i. (= Stunden nach der Infektion) die *Phase der Bildung früher Enzyme* mit der Bildung früher Boten–RNS (= mRNS = messenger–RNS). Diese erfolgt unter Mitwirkung von Wirtsenzymen. Zunächst werden an 5 Regionen des Virusgenoms, in dem sich frühe Gene befinden, längere RNS–Moleküle transkribiert. Dabei entstehen verhältnismäßig lange RNS–Stränge, die als Prä(kursor)–mRNS–Stränge bezeichnet werden. Diese enthalten Abschnitte, die Proteine codieren und *Exonen* genannt werden. Dazwischen sind Abschnitte vorhanden, die keine Proteine und auch keine Aminosäuren codieren. Diese werden als *Intronen* bezeichnet.

Die Intronen werden dann in der Regel aus den Prä(kursor)–mRNS–Strängen herausgeschnitten. Das erfolgt offensichtlich vor allem durch in den Intronen vorhandene Enzymaktivitäten, die an vorgegebenen Stellen RNS–Stränge zerschneiden können. RNS–Abschnitte mit derartigen Enzymaktivitäten werden auch *Ribozyme* genannt. Die durch das Herausschneiden der Intronen frei gewordenen codierenden Abschnitte der Prä(kursor)–mRNS werden durch bestimmte Enzyme miteinander verbunden. Hierdurch entsteht schließlich die eigentliche Virus–mRNS (4). Die mRNS-Stränge sind in der Regel mit Polypeptiden assoziiert. 4 von ihnen kommen auch in nicht infizierten Wirtszellen vor. Das 5. Polypeptid ist dagegen offenbar virusspezifisch.

Die Virus–mRNS Stränge gelangen aus dem Zellkern in das Cytoplasma und heften sich an Ribosomen an. Hier erfolgt deren Translation, die zur Bildung von *frühen Proteinen* führt. Diese üben vor allem regulatorische Funktionen aus. So bewirken sie u. a. die Verminderung oder auch völlige Einstellung der Synthese zelleigener Proteine. Bestimmte Frühproteine wandern in den Zellkern und beeinflussen dort den Nucleinsäurenhaushalt des Wirts. Vor allem führen sie zur Verminderung und Einstellung zelleigener DNS– und RNS–Synthesen (5).

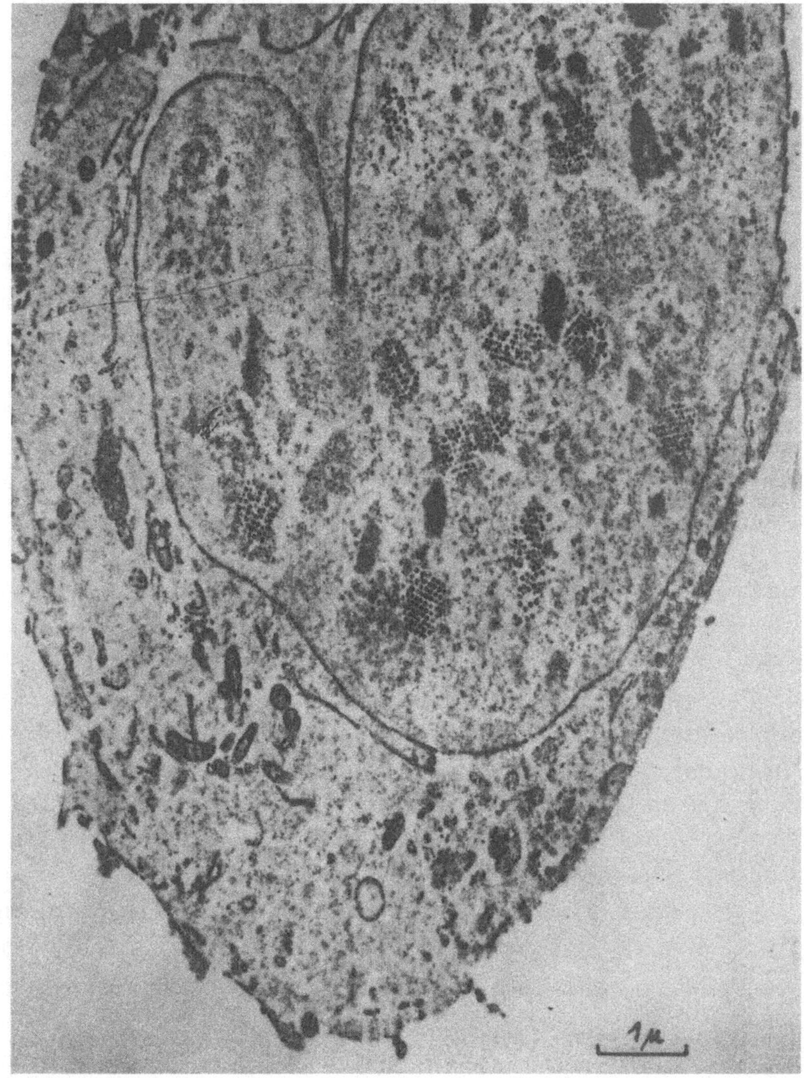

Abb. 7.2: Partikeln des Adenovirus (Typ 3) nach Degeneration des Zellkerns, teils noch in kristalliner Anordnung, teils bereits im Plasma einer HeLa–Zelle dispergiert. Membransysteme umsäumen viruspartikelhaltige Bereiche (S. Peters in G. Schuster, Virus u. Viruskrankheiten, A.Ziemsen Verlag, Wittenberg Lutherstadt 1988, 87)

Die *Replikation der Virus–DNS* beginnt 6–8 h p. i. im Zellkern mit Hilfe zelleigener DNS–Polymerasen (6). Sie erreicht das Maximum etwa 13 h p. i. Etwa zu dieser Zeit setzt mit der Bildung später mRNS die *Phase der Bildung später Proteine* ein. Wiederum entstehen zunächst längere Prä(kursor)–mRNS–Stränge, aus denen schließlich durch Abspaltung von Exonen die eigentliche mRNS gebildet wird (7). Diese verläßt den Zellkern und verdrängt die mRNS der Wirtszelle fast vollständig aus der Bindung mit Ribosomen, so daß schließlich nur noch Virus–mRNS an den Ribosomen gebunden ist. Als wichtigste Spätproteine werden die 10 Polypeptide gebildet, die am Aufbau der Nucleokapsel des Virus beteiligt sind (8). Diese wandern aus dem Cytoplasma zurück in den Zellkern (9). Hier erfolgt nun in der *Reifephase* die Vereinigung der Virus–DNS und der Kapsidproteine zum Virion (10). Dieser Prozeß läuft nur in Gegenwart der Aminosäure Arginin ab. Je Zelle entstehen etwa 10 000 Viruspartikeln. Ein großer Teil von ihnen tritt zu Virusaggregaten zusammen, die ein regelmäßiges Kristallgitter bilden (Abb. 7.2). Da die Strukturproteine im Überschuß entstanden sind, werden nur 5 bis 10% in die Nucleokapsel eingebaut. Es treten daher neben Aggregaten aus Viruspartikeln kristalline und parakristalline Strukturen aus viralen Komponenten, sternförmige Strukturen aus Pentonen, leere Nucleokapseln und Nucleokapseln mit reduziertem DNS–Anteil auf.

Etwa zu dieser Zeit schwillt die Kernmembran an und weist Defekte auf. Schließlich degeneriert der Zellkern. Die Virusaggregate treten in das Cytoplasma über und werden dort allmählich aufgelöst, so daß zuletzt viele Viruspartikeln frei im Cytoplasma dispergiert sind. Gleichzeitig werden Membransysteme aufgebaut, durch die die Viruspartikeln bereichsweise vom übrigen Cytoplasma isoliert werden (Abb. 7.2). Die Viruspartikeln der Adenoviren werden ähnlich wie Bakteriophagen frei, wenn die Wirtszellen nach dem Tod zerfallen. Insofern Epithelzellen der Atemwege befallen waren, gelangen die Viren durch Husten oder mit abgesondertem Nasenschleim wieder in unsere Umwelt.

7.1.2 Vermehrung der Picornaviren als Beispiel für nackte Einzelstrang–(+)RNS–Viren

Die *Picornaviridae* bilden kleine, nackte, isodiametrische Partikeln aus, deren Durchmesser 22 bis 30 nm beträgt (Abb. 7.3). Die Nucleokapseln umschließen jeweils einen Einzel–(+)RNS–Strang. Der Familie *Picornaviridae* gehören die Gattungen *Enterovirus, Cardiovirus, Rhinovirus* und *Aphthovirus* an.

Prototyp der Gattung *Enterovirus* ist das *Poliovirus des Menschen*, das die

Spinale Kinderlähmung hervorruft. Das Virus befällt zunächst die oberen Luftwege sowie den Magen–Darm–Trakt und bewirkt u. a. Erbrechen, Appetitlosigkeit und Durchfall. Wenn es nicht in diesem Stadium durch Abwehrmaßnahmen des befallenen Organismus (vgl. Abschnitte 7.2.1 und 7.2.2) eliminiert wird, kann das Poliovirus in das Zentralnervensystem eindringen und u. a. zu Hirnhautentzündung und wenige Tage später zur Lähmung mehrerer Muskelgruppen führen. Auch andere Enteroviren können das Nervensystem befallen. Sie verursachen u.a. beim Menschen Poliomyelitiserkrankungen, bei Schweinen die ansteckende Schweinelähmung, die auch als Teschener Krankheit bezeichnet wird, und bei Vögeln die aviäre Poliomyelitis. Auch der Erreger der Hepatitis A des Menschen ist ein Enterovirus.

Die Gattung *Cardiovirus* ist nach ihrem Prototyp, dem Encephalomyocarditis–Virus, benannt. Dieses Virus kommt in verschiedenen Varianten vor, die vor allem bei Nagetieren auftreten. Manche Stämme rufen z. B. bei Mäusen Herzmuskelentzündung, Bauchspeicheldrüsenentzündung oder eine Entzündung des Inselorgans der Bauchspeicheldrüse mit nachfolgendem Diabetes mellitus hervor. Andere Stämme verursachen tödliche Infektionen des Zentralnervensystems. In seltenen Fällen geht das Virus von Nagern auf den Menschen über und führt bei diesem zu Hirnhaut– und Gehirnentzündungen.

Die Gattung *Rhinovirus* befällt mit mehr als 110 verschiedenen Typen den Menschen. Weitere Typen treten beim Rind und Pferd auf. Alle Rhinoviren verursachen ausschließlich Atemwegsinfektionen. Das typische Krankheitsbild ist der Schnupfen.

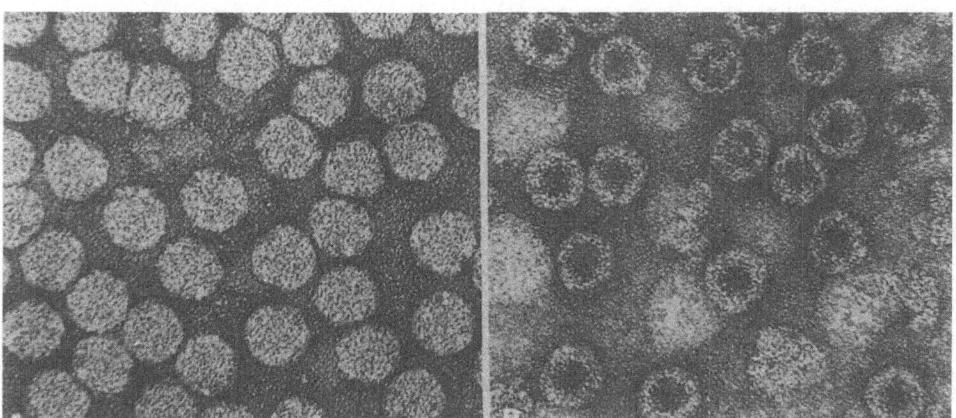

Abb. 7.3: Partikeln des Rhinovirus-(Schnupfenvirus-)Stammes HRV–2; links: komplette Partikeln; rechts: RNS–freie Partikeln (C. Korant et al., Virology 48 (1972) 75)

In der Gattung *Aphthovirus* sind die verschiedenen Maul- und Klauenseuche–Virustypen von besonderer Bedeutung, denn die Maul- und Klauenseuche stellt eine volkswirtschaftlich außerordentlich bedeutsame akute Tierseuche dar, die in nahezu allen Ländern der Erde gefürchtet ist.

Die Virionen aller 4 Gattungen der Picornaviren weisen im Gegensatz zu den Adenoviren keine Oberflächenprojektionen (Antennen) auf (Abb. 7.3). Offenbar beginnt bei diesen die *Eindringphase*, indem die Kapsomeren der Nucleokapsel, die jeweils 4 verschiedene Proteine enthalten, unmittelbar an Rezeptoren der Wirtszelle gebunden werden. Fehlen die Rezeptoren, ist der entsprechende Organismus bzw. die entsprechende Zelle nicht als Viruswirt geeignet. Deshalb können die meisten Formen der Picorna–Viren nur eine oder wenige Wirtsarten und in diesen nur wenige Gewebe, und zwar bevorzugt Schleimhäute, infizieren.

Nach der Bindung von Picornaviren an ihre Rezeptoren stülpen sich die Zellmembranen ein, und das Virus wird in die Zelle inkorporiert. Unmittelbar danach erfolgt im Cytoplasma das *Uncoating*. Der hierbei freigesetzte Nucleinsäurestrang, der etwa 7500 Nucleotide umfaßt, kann *direkt als mRNS* wirken. Derartige Nucleinsäurestränge werden als *Plus–RNS–Stränge* bezeichnet. Im Gegensatz hierzu steht die *Minus–Strang–RNS*, die nicht unmittelbar als Translationsmuster dienen kann, sondern erst in den komplementären (+)–RNS–Strang umkopiert werden muß (vgl. Abschnitt 7.1.3). Der (+)–RNS–Strang heftet sich sehr bald nach seiner Freisetzung aus dem Kapsid an Ribosomen an. Er wird in seiner Gesamtheit in ein großes Polyprotein mit einem Molekulargewicht von 250 000 übersetzt. Dieses besitzt eine proteolytische Enzymaktivität, die das Protein an spezifischen Stellen in einer Weise spaltet, daß 4 Frühproteine entstehen. 2 von ihnen führen sehr rasch zu einer Hemmung der RNS und Proteinsynthese der Wirtszelle und verursachen das sogenannte *Ausschalt- Phänomen*. Dabei greift der Inhibitor der Zell–RNS–Synthese direkt im Zellkern am Chromatin an. Der Inhibitor der Proteinsynthese bewirkt, daß sich die wirtseigene RNS von den Ribosomen ablöst, so daß diese nunmehr für die Synthese viraler Proteine zur Verfügung stehen. 2 weitere Frühproteine (Replikasen), die RNS–abhängigen RNS–Polymerasen I und II, sind für die Replikation des Virusgenoms erforderlich.

Wenn genügend Frühproteine gebildet worden sind, löst sich der (+)RNS–Strang von den Ribosomen ab, wird an cytoplasmatischen Membranen der Wirtszellen gebunden und dort unter Mitwirkung der RNS–Polymerasen I und II repliziert. Es treten 2 Komplexe von replikativen (Doppelstrang–) Intemediaten auf, von denen der eine (+)–Strang–RNS und der andere (–)–Strang-RNS als Replikativmuster enthält. Besonders gefördert ist die Bildung von (+)–Strang–RNS. Die neu gebildeten (+)–RNS–Stränge binden an Ribosomen. An diesen entsteht nunmehr ein großes Polyprotein, das mehrere Spätproteine umfaßt. Zunächst werden aus dem Polyprotein die Kapsidproteine VP3 und VP4 sowie ein großes Protein VPO abgespalten. Aus letzterem entstehen die Kapsidproteine VP2 und VP4.

Da Kapsomeren im Überschuß gebildet werden, entstehen in der *Reifephase* beim Zusammenbau der Viruspartikeln auch RNS–freie, leere Kapside (Abb.7.3 rechts). Die *Viruspartikeln werden freigesetzt*, wenn die Wirtszellen, deren zelleigene Nucleinsäuren– und Proteinsynthesen unterbunden worden sind, schließlich zerfallen. Durch Husten, mit Nasenschleim oder Kot treten die Picornaviren aus ihrer zellulären Umwelt wieder in unsere Umwelt über.

7.1.3 Vermehrung von Orthomyxoviren als Beispiel für umhüllte Viren mit Einzelstrang–(–)RNS und geteiltem Genom

Die wichtigste Gattung der *Orthomyxoviridae* stellt die Gattung *Influenzavirus* dar. Zu dieser werden mit Sicherheit die in einer Vielzahl von Subtypen auftretenden Typen A und B gestellt, die beim Menschen die epidemische (A) bzw. sporadische (B) Grippe hervorrufen. Die Virusgrippe oder Influenza verläuft unter besonderer Beteiligung der Atemwege. Sie beginnt beim Menschen etwa 2 bis 3 Tage nach der Infektion plötzlich, keulenschlagartig. Sie äußert sich in trockenem Husten, Rachenkatarrh, bronchitischen Erscheinungen, oft auch in hohem Fieber, Abgeschlagenheit sowie Kopf-, Glieder– und Kreuzschmerzen. Häufig stellt sich ferner Kreislaufschwäche ein, die nicht selten in einem Mißverhältnis zu den lokalen Veränderungen steht und vielfach den überraschend ungünstigen Verlauf der Erkrankung erklärt.

Verschiedene Subtypen des Typs A infizieren auch andere Primaten, ferner Hunde, Rinder, Bären, Seelöwen und Vögel, unter diesen besonders Hühner, Enten, Wildenten, Möwen, Schwalben und neben diesen viele weitere Zugvögel. Letztere können das Virus über Hunderte bis Tausende von Kilometern, auch von einem Erdteil zum anderen, transportieren und schließlich nicht nur auf Geflügel, sondern auch auf Schweine, Pferde und andere Säuger übertragen, von denen letztendlich auch wieder der Mensch angesteckt werden kann. Auf diese Weise konnten sich auch vor Entwicklung der Luftfahrt Seuchenzüge der Grippe sehr rasch weltweit ausbreiten. Es gibt Vermutungen, nach denen Wasservögel, besonders Wildenten, das Hauptreservoir der Grippeerreger darstellen.

Die *Schweineinfluenza*, die hauptsächlich in den Wintermonaten auftritt, stellt eine akut verlaufende, sehr ansteckende Erkrankung des Respirationstrakts der Schweine dar, die mit Fieber, Mattigkeit und Husten einhergeht. Sie führt häufig zu Wachstumsdepressionen und damit zu wirtschaftlichen Schäden. Die *Pferdeinfluenza* ist auch als Seuchenhafter Husten oder Hoppegartener Husten bekannt. Durch häufiges Husten der erkrankten Pferde wird infektiöses Sekret in kleine, als Aerosol bezeichnete Speicheltröpfchen überführt, die sich lange in der Schwebe halten. Hierdurch werden in weitem Umkreis die noch gesunden Tiere angesteckt, und es kommt nicht selten zu explosionsartigen Ausbrüchen der Pferdeinfluenza. Bei Hühnern bewirkt ein Influenza–Virus des Typs A (4) die *Klassische Geflügelpest*, die eine schwere, septikämisch verlaufende, sehr gefürchtete Allgemeinerkrankung darstellt.

An den Orthomyxoviren, besonders an den Influenzaviren, wurden wesentliche Erkenntnisse sowohl über die Funktion der Hülle als auch über die Replikation von Einzelstrang-(-)RNS–Viren und die Replikation von Viren mit geteiltem Genom gewonnen.

Die kugelförmig oder filamentös gestalteten Partikeln der Influenza–Viren sind von einer zweischichtigen, lipidhaltigen Hülle begrenzt, die 8 helikale Nucleokapseln umschließt (Abb. 7.4 oben und 2.6). Aus der Hülle ragen Oberflächenprojektionen (= Peplomeren) heraus, die aus den glycosylierten Proteinen Neuraminidase und Hämagglutinin bestehen. In der *Eindringphase* lagert sich das Hämagglutinin an Rezeptoren der Wirtszelle an, die durch einen hohen Gehalt an Sialinsäure gekennzeichnet sind. Da Wirtszellen oft sehr viele derartige Rezeptoren enthalten, können sie auch eine größere Anzahl von Influenzaviruspartikeln binden. Abb. 7.4 (unten) zeigt ein rotes Blutkörperchen, das mit vielen Influenza–A–Virus– Partikeln besetzt ist. Da auch diese mehrere, aus sterischen Gründen allerdings meist nur 2 rote Blutkörperchen an sich binden können, kommt es bei Befall mit Influenzaviren oft zu einem Verklumpen der roten Blutkörperchen, die als *Hämagglutination* bezeichnet wird.

An der Stelle, an der die infizierenden Virusteilchen an der Wirtszelle gebunden sind, bildet die Zellmembran eine sich ständig vertiefende Einbuchtung, in die die Teilchen immer tiefer hineingeraten (Abb. 7.5 oben). Schließlich wird die Einbuchtung abgeschnürt, und die infizierenden Virusteilchen sind in intrazellulären Vesikeln eingeschlossen (Abb. 7.5 innerhalb der Zelle). Nunmehr werden die Vesikelwandungen an den Stellen, an denen sie sich in enger Berührung mit den Viren befinden, immer stärker aufgelockert und schließlich zerstört. Dabei spielt die Neuraminidase, ein Enzym, das in der Lage ist, die Mucoproteide in den Zellwänden der Wirte unter Freisetzung von Neuraminsäure zu spalten, eine wesentliche Rolle. Ihre Tätigkeit bewirkt, daß nunmehr auch weitere die Zellmembran abbauende Enzyme angreifen können. Gleichzeitig werden die Viruspartikeln aus ihrer Bindung an die Rezeptoren in der Zellmembran gelöst. Diese Reaktion ist auch nach Vollendung des Replikationszyklus für die Ablösung neu gebildeter Teilchen von der Zellwand der Wirtszelle und damit für die Freisetzung des replizierten Virus von Bedeutung.

Etwa gleichzeitig mit dem Abbau der Membranvesikeln wird auch die Hülle

der Viruspartikeln aufgelöst. Die Partikeln bersten und entlassen die 8 Nucleokapseln in das Cytoplasma. Wirtsproteasen bauen nunmehr die Kapsidproteine
ab. Damit ist die *Freisetzung der Nucleinsäure* aus den Kapsiden abgeschlossen.
Der Gesamtvorgang von der Bindung der Viruspartikeln bis zur Freisetzung der
Nucleinsäuren aus den Kapsiden ist in etwa 20 min abgelaufen.

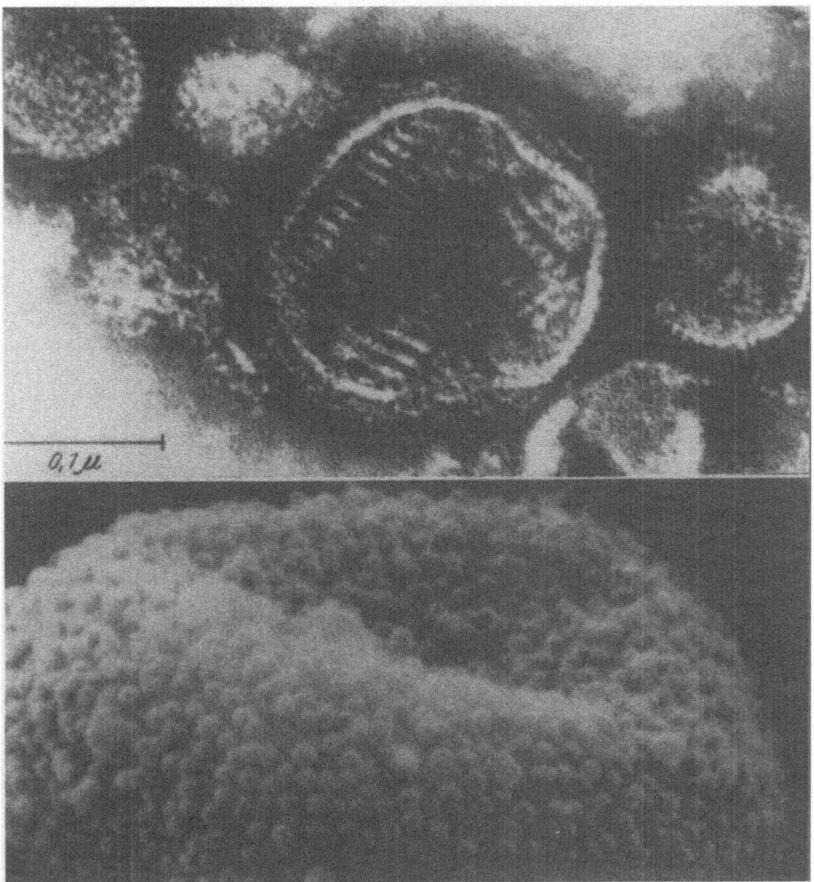

Abb. 7.4: Influenza–A–Virus; oben: Virion im elektronenmikroskopischen Bild,
die Neuraminidase und Hämagglutinin enthaltenden Oberflächenprojektionen
(Peplomeren) sind gut zu erkennen; innerhalb der Hülle sind einige der 8 Nucleokapseln sichtbar. auf die das Genom verteilt ist; unten: rotes Blutkörperchen,
das stark mit Influenza–A– Virus--Partikeln besetzt ist (J. Almeida u. A. P. Waterson, J. Gen. Microbiol. und P. Luther, Wiss. u. Fortschr. 36 (1986) 126)

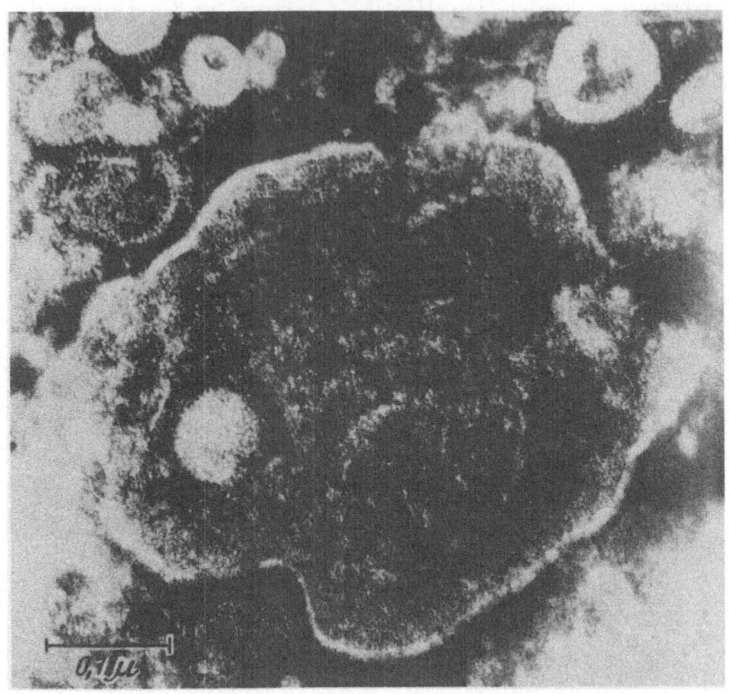

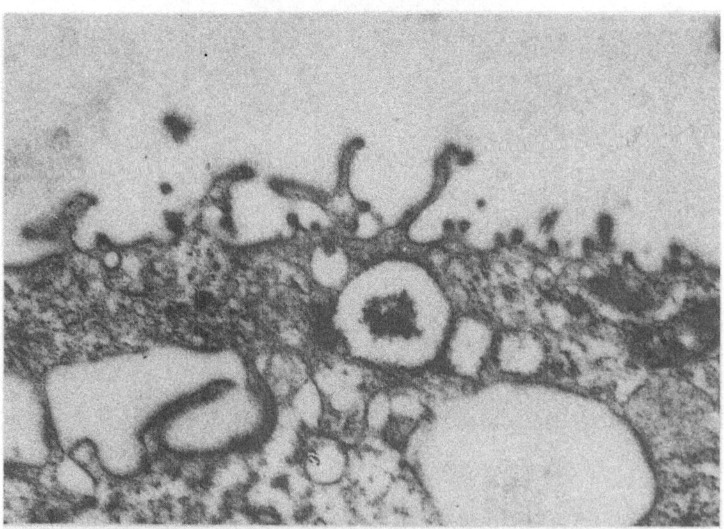

Abb. 7.5: Inkorporation (oben) und Ausschleusung (unten) des Influenza–Virus; Erklärungen im Text (L. Hoyle, The Influenza Viruses, Springer–Verlag, Wien u. New York (1968) 123 und G. Hotz u. W. Schäfer, Virology 4 (1957) 328)

Die (–)–Strang–RNS der Orthomyxoviren kann nicht als Matrize zur Bildung von Proteinen dienen. *An den (–)–Strängen müssen vielmehr erst (+)– Stränge gebildet werden.* Das erfordert die Aktivität von 3 im Virusgenom codierten Polymerasen, die als P1, P2 und P3 bezeichnet werden und als Frühproteine vor der Replikation der infizierenden RNS–Stränge zur Verfügung stehen müssen. Damit das gewährleistet ist, werden bei allen (–)– Strang–RNS–Viren die für das Anlaufen der RNS–Replikation erforderlichen Replikasen in das infizierende Virion eingebaut und sind daher bereits zum Zeitpunkt der Infektion neuer Wirtszellen funktionsfähig vorhanden. Die mit ihrer Hilfe nach dem Muster der (–)–RNS–Stränge gebildeten (+)–RNS–Stränge sind jedoch bei Orthomyxoviren nicht ohne weiteres zur Translation befähigt. Sie benötigen vielmehr noch Funktionen des Zellkerns ihrer Wirte und unterscheiden sich diesbezüglich von allen anderen (–)–Strang– RNS–Viren mit Ausnahme der Retroviren. Von Wirts–mRNS–Strängen müssen durch viruscodierte Enzyme, die ebenfalls bereits im infizierenden Virion enthalten sind, die am 5'–Ende befindlichen Kappenstrukturen (vgl.Abschnitt 3.2) abgeschnitten und an das 5'–Ende der Virusnucleinsäurestränge angeheftet werden. Diese von mRNS der Wirtszelle stammende Kappenstruktur ermöglicht oder erleichtert die Anheftung der RNS–Stränge an die Wirtsribosomen und damit die Translation der Virusproteine. Darüber hinaus wird die Kappenstruktur als Startort für die mRNS–Synthese benötigt.

In der Regel codiert jeder RNS–Strang der 8 Nucleokapseln ein Protein. Nur 2 mRNS–Stränge codieren mehr als ein Protein und werden nach der Bildung eines längeren Proteinstranges weiter modifiziert. Die Replikationsstrategie der Orthomyxoviren unterscheidet sich also nicht zuletzt dadurch von derjenigen der Picornaviren, daß nicht zunächst ein einziges großes Polyprotein gebildet wird.

Die angeführten Vorgänge finden ebenso wie die *Bildung neuer (–)–RNS–Tochterstränge* im Kern statt. Auch die *viralen Proteine* akkumulieren nach ihrer Bildung im Zellkern. Die Proteine der Nucleokapsel und z. T. auch bereits die Proteine der Hülle sind dort etwa drei Stunden nach der Infektion nachweisbar. Etwas später können dann auch Proteine der Oberflächenprojektionen, d. h. der aus der Oberfläche der Hülle herausragenden Strukturen, nachgewiesen werden. Später sind sie im gesamten Cytoplasma verteilt, jedoch in unmittelbarer Nähe des Kerns in besonderem Maße angereichert. Sie assoziieren mit endoplasmatischen Membranen, an denen sie glykosyliert werden.

Mit Beginn der *Reifephase* vereinigen sich die replizierten (–)RNS– Stränge mit den Strukturproteinen der Nucleokapsel zu neuen Nucleokapseln. Diese treten aus dem Zellkern aus. Sie reichern sich ebenso wie die verschiedenen Proteine der Hülle einschließlich Neuraminidase und Hämagglutinin in der Nähe der Zellmembran an. Nunmehr werden neue Viruspartikeln gebildet, wobei die meisten Lipide der Virushülle vom Wirt zur Verfügung gestellt werden. Die neu gebildeten Nucleokapseln werden in die Hülle eingeschlossen. Wenn Partikeln mehrerer unterschiedlicher Virusstämme die gleiche Zelle infiziert haben, werden die 8 Nucleokapseln und damit die 8 Genome der verschiedenen Virusstämme zufällig auf die verschiedenen Viruspartikeln verteilt. Hierdurch kommt es zur *Bildung neuer genetischer Kombinationen*, die in ihren Eigenschaften oft von den infizierenden Viren abweichen. Dieser auch als *Reassortment* bezeichnete Vorgang führt zu *neuen Virustypen*, die nicht selten stärker pathogen als ihre Ausgangsformen sind, andere immunologische Eigenschaften besitzen und *neue Seuchenzüge des Grippevirus* bewirken können.

Die neu gebildeten Viruspartikeln rufen an den Wirtszellmembranen Ausstülpungen (Protrusionen) hervor, insofern die Zellen an innere Hohlräume angrenzen. Zunächst entsteht ein *dünner Saum von winzigen Bläschen*, die auch als *Mikrovilli* bezeichnet werden (Abb. 7.5 unten rechts). Diese werden bald wie Zotten aus der Zelloberfläche herausgestülpt (Abb. 7.5 unten Mitte). Mit Hilfe der Neuraminidasen und weiterer Rezeptoren sowie Zellmembranstrukturen zerstörender Enzyme der Hülle der Viruspartikeln befreien sich diese vom Wandmaterial der Zotten. Dann sind sie in der Lage, weitere Zellen des Wirtsorganismus zu infizieren. Insofern Influenzaviren aus Epithelzellen des Respirationstraktes freigesetzt worden sind, gelangen sie vor allem beim Husten aus ihrer zellulären Umwelt in unsere Umwelt zurück. Zuvor haben sie bei ihrer Replikation in mannigfacher Weise die Struktur ihrer Wirtszellen beeinflußt und u. a. durch Inaktivierung von mRNS des Wirts und, oft damit verbunden, durch Umsteuerung des Wirtsstoffwechsels zur Toxinbildung und damit zu Krankheitserscheinungen geführt.

7.1.4 Vermehrung der Retroviren; Umkehrtranskription

Überblick und Besonderheiten

Der Informationsfluß verläuft bei Organismen und DNS-Viren im allgemeinen von der DNS, die als Informationsspeicher dient, zur RNS. Diese nimmt bei ihrer Bildung am DNS-Strang, die als Transkription bezeichnet wird, einen Teil der in der DNS gespeicherten Erbinformation in sich auf und transportiert sie als Bote zu den Ribosomen, den Stätten der Proteinsynthese. Bei den Viren aus der Familie der *Retroviridae* verläuft dieser Informationsfluß demgegenüber umgekehrt von der RNS zur DNS. Dieser Vorgang wird als Umkehrtranskription bezeichnet, das Enzym, das dieses bewirkt, als *Umkehrtranskriptase*.

Neben der Umkehrtranskription verdienen die Retroviren deshalb besondere Aufmerksamkeit, weil sie viele Tumoren bildende Viren umfassen. Darüber hinaus ist HIV, der Erreger von AIDS, ein Retrovirus.

Die Familie der *Retroviridae* wird in 3 Subfamilien unterteilt, und zwar in die *Oncovirinae*, die *Lentivirinae* und die *Spumavirinae*. Diese 3 Subfamilien unterscheiden sich z.T. in ihrer Replikationsstrategie, besonders aber in ihrer Auswirkung auf die infizierten Wirte.

Oncovirinae

Bereits die Bezeichnung *Oncovirinae* (onkos, gr.: Tumor) läßt erkennen, daß viele Virusarten dieser Subfamilie an der Entstehung bösartiger Tumoren beteiligt sind, u. a. an der Bildung von Leukämien, Sarkomen, Brustdrüsen-, Leber- und Nierenkarzinomen bei Säugern, Vögeln, Reptilien und Fischen. Andere Onkoviren können mit nicht tumorösen Erkrankungen, wie Anämien oder Autoimmunoerkrankungen, d. h. der Bildung immunologischer Abwehrreaktionen gegen körpereigene Strukturen, assoziiert sein. Daneben gibt es einige Onkoviren, bei denen bisher keine pathogene Wirkungen vorgefunden worden sind.

Im Hinblick auf die Bedeutung der *Onkovirinae* und die große Anzahl vorliegender einschlägiger Ergebnisse soll die Replikation der Retroviren vor allem am Beispiel der Onkoviren dargestellt werden. Abweichungen vom Replikationsmuster, die bei den anderen Subfamilien der Retroviren von Bedeutung sind, werden im entsprechenden Zusammenhang nachgetragen.

Als erstes Tumorvirus ist bereits im Jahr 1910 das *Rous–Sarkom–Virus* entdeckt worden. Diesem Virus kommt ein besonders hohes onkogenes Potential zu. Es vermag nicht nur bei Geflügel, sondern auch bei Säugern Sarkome, d. h. von mesodermalem Gewebe abgeleitete bösartige Geschwülste, zu induzieren. Daher ist die virusinduzierte Tumorbildung am Rous–Sarkom–Virus modellhaft studiert worden (vgl. Abschnitt 7.1.5).

Als ein weiteres bedeutsames Onkovirus ist das *Katzenleukämie–Virus* anzuführen, das sich unter Katzen bisweilen epidemieartig ausbreitet. Das in mindestens 6 verschiedenen Stämmen auftretende Virus wird vorwiegend mit dem Speichel von Tier zu Tier übertragen. Es kann nicht nur Leukämie und schwere chronische Schäden im Immunsystem hervorrufen, sondern führt auch zur Bildung von Lymphosarkomen im Thymus, im Magen- und Darmtrakt sowie in der Haut oder in den Augen, die einige Ähnlichkeit mit menschlichen Tumoren aufweisen. Dem Virus kommt insofern besondere Bedeutung zu, als an ihm die Übertragung von bösartigen Geschwülsten von Organismus zu Organismus durch Viren modellhaft studiert werden kann.Infektionen mit dem Katzenleukämievirus führen jedoch nicht nur zur Bildung von Tumoren. Sie rufen vielmehr auch eine große Anzahl nichtneoplastischer Erkrankungen hervor,

z. B. regenerative und nichtregenerative Anämie, Thymusatrophie, Störungen
der Reproduktion und verschiedene Immunkrankheiten. Zur Bildung von Tumoren führen bei Katzen ferner sechs verschiedene Stämme von Katzensarkom-
Viren. In erster Linie werden Fibrosarkome, daneben auch Melanome induziert.
Oft treten Katzenleukämie- und Katzensarkom-Viren auch in Komplexen auf,
die dann durch ein ungewöhnlich breites pathogenes Potential charakterisiert
sind. Zahlreiche weitere Onkoviren wurden bei Ratte, Hamster und Schwein,
ferner bei verschiedenen Reptilien, z. B. bei Vipern, und bei Fischen, z. B. beim
Hecht, vorgefunden. *Aviäre Leukämieviren*, die B-Zell-Lymphome und andere
Neoplasien induzieren, wurden aus Truthahn, Huhn und anderen Vögeln isoliert.

Das erste aus einem Menschen isolierte Onkovirus ist das HTLV I (= hu-
manes *T-Zell-Leukämie-(Lymphom-)Virus I*. Es wurde aus kultivierten T-
Lymphozyten gewonnen, die dem Lymphom eines amerikanischen Patienten
entnommen worden waren. Die Viren der HTLV-Gruppe bewirken nach langer
Latenzzeit vor allem Leukämien. Daneben können sie zu schweren Beeinträch-
tigungen des Nervensystems führen. Unter anderem rufen sie die Tropische
Spastische Paraparese hervor, die durch unvollständige motorische Lähmungen
gekennzeichnet ist.

Die Viren der HTLV-Gruppe wie auch die anderen bisher angeführten On-
koviren werden nach einer Infektion von „außen" durch Viruspartikeln in das
Wirtsgenom eingebaut. Sie werden daher als *exogene Onkoviren* bezeichnet.
Im Gegensatz hierzu werden die *endogenen Onkoviren* im Wirtsgenom von den
Eltern auf die Nachkommen übertragen. In genetischen Versuchen verhalten
sie sich wie mendelnde Gene. Durch Basen- und Aminosäurenanaloga, Inhibitoren der DNS- und RNS- Synthese, Demethylierungen und immunologische
Reaktionen kann jedoch eine Aktivierung erfolgen, die mit der Bildung von
Viruspartikeln einhergeht. In partikulärer Form sind endogene Onkoviren allerdings in der Regel nicht pathogen. Einige von ihnen können aber, wenn
sie wieder in das Wirtsgenom eingebaut werden, Mutationen hervorrufen. Zu
den am besten charakterisierten endogenen Onkoviren gehören diejenigen von
Geflügel sowie Mäusen und Katzen.

Die Replikation der Retroviren wird nachfolgend vor allem an den besonders
gut untersuchten *Typ-C-Onkoviren* dargelegt. Der *Infektionsprozeß* beginnt
bei diesen damit, daß aus der Lipidschicht der Hülle herausragende Glycoproteine (Abb. 7.6) mit spezifischen Rezeptoren auf der Oberfläche der Wirtszelle
reagieren. Nach der Anheftung gelangt das Virus in das Zellinnere, indem sich
die Zellmembran im Gebiet der Anheftungsstelle einstülpt. Schließlich wird sie
abgeschnürt und aufgelöst. Auch durch direkte Fusion des Virions mit der Zellmembran können bestimmte Onkoviren ins Innere der Zelle überführt werden.

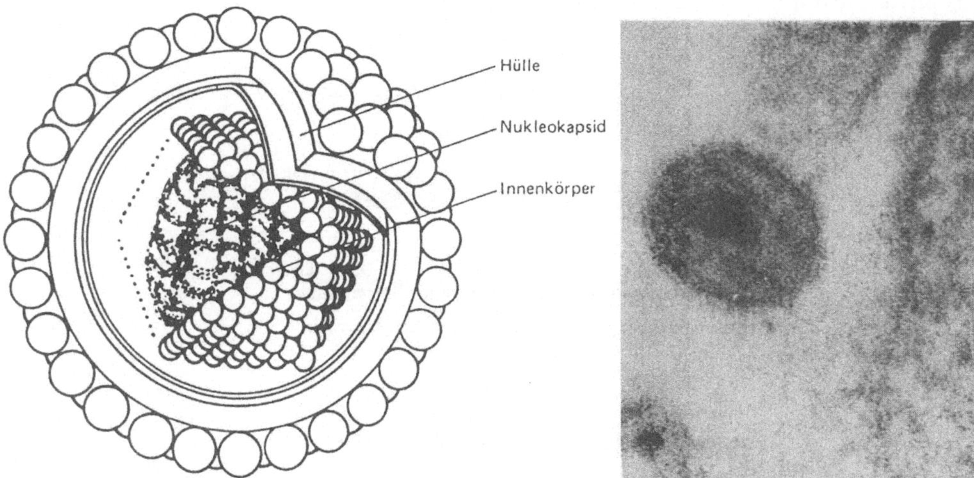

Abb. 7.6: Retroviren; links: Modell eines Virions; rechts: freie Partikeln eines Onkovirus (M. Rudolph, BI–Lexikon Virologie, Leipzig 1986)

Nach Beendigung der Eindringphase erfolgt die Freisetzung der Virusnucleinsäure. Offensichtlich an Lysosomen (= Zellorganellen der intrazellulären Verdauung) werden die ikosaedrische Nucleokapsel und der Innenkörper abgebaut und das *(+)–Strang–RNS–Genom der Retroviren frei gesetzt. Es besteht aus zwei identischen, spiegelbildlich zueinander stehenden Untereinheiten, die* an den 5'–Enden miteinander verknüpft sind. Es ist also *diploid.* Abb. 7.7 zeigt das Genom einer dieser Untereinheiten in schematischer Darstellung. Dabei ist die bei Retroviren allgemein vorkommende Rasterverschiebung (vgl. Abschnitt 3.4) nicht dargestellt. Am 3'–Ende jeder Untereinheit befinden sich viele miteinander verknüpfte Adenylsäuremoleküle. Das 5'–Ende ist in Form einer Kappenstruktur ausgebildet (vgl. Abschnitt 3.2). Diesen Strukturen folgt an beiden Enden nach innen eine vielfach wiederholte (repetitive) Sequenz von Nucleotiden, die in Abb. 7.7 als R bezeichnet worden ist, die aber auch LTR (long terminal repeat) genannt wird. Diese Sequenz variiert bei den verschiedenen Retroviren, ist aber für jede Virusart spezifisch. Den repetitiven Sequenzen schließen sich am 3'–Ende die unikale Sequenz U3 und am 5'–Ende die unikale Sequenz U5 an. Zwischen diesen beiden Sequenzen ist die genetische Information zur Bildung infektiöser Nachkommen der Retroviren verschlüsselt. Die *gag*–Region (Abb. 7.7) codiert für die Strukturproteine des Kapsids, die *pol*–Region für die Umkehrtranskriptase und die *env*–Region für die Hüllproteine. Besonders bedeutsam ist die *src*–Region, denn diese umfaßt u. a. *Onkogene,* in denen die genetische Information für die *tumorbildenden Eigenschaften* der Onkoviren enthalten ist. Die Onkogene und die Tumorbildung werden in Abschnitt 7.1.5 ausführlich behandelt.

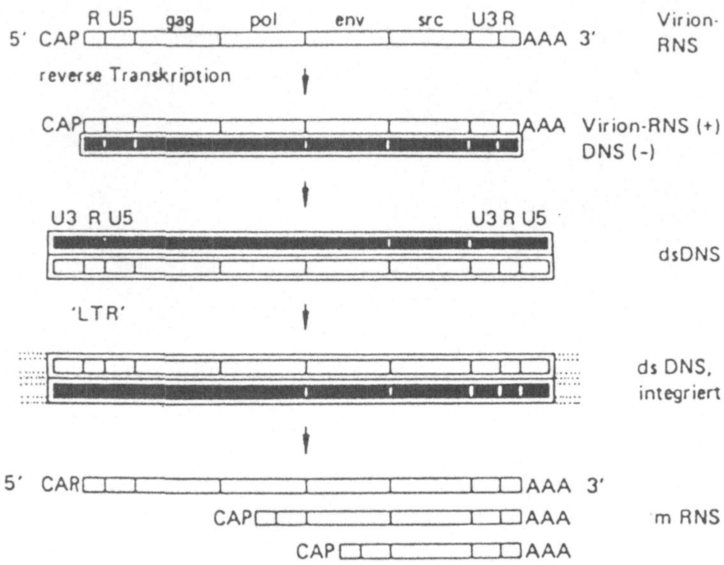

Abb. 7.7: Replikation des Rous–Sarkom–Virus (*Retroviridae*, U.Fam.*Oncovirinae*). Erklärungen im Text (M. C. Horzinek, Kompendium der allgemeinen Virologie, Paul Parey, Berlin u. Hamburg, 1985, 90)

Die Replikation der Nucleinsäure beginnt im Cytoplasma und nimmt einen ungewöhnlichen Weg, den wir bereits als *Umkehrtranskription* kennen gelernt haben. Es bilden sich an den RNS-Strängen nicht neue RNS- Tochterstränge, wie z. B. bei Picornaviren oder Orthomyxoviren. *Nach dem Muster des Virus-RNS-Stranges entsteht vielmehr ein komplementärer DNS- Strang.* Die Erbinformation wird also nicht wie üblich von der DNS auf RNS übertragen, sondern nimmt den umgekehrten Weg. Daher spricht man von *Umkehrtranskription.* Das Enzym, das diese bewirkt, wird als *Umkehrtranskriptase,* reverse Transkriptase, Revertase oder RNS-abhängige DNS- Polymerase bezeichnet. Es kann nicht nur vom RNS-Genom der Retroviren DNS-Kopien anfertigen, sondern auch von beliebiger Boten–RNS der verschiedenen Organismen. Da auch an komplizierten Genomen gebildete Boten–RNS verhältnismäßig leicht isoliert werden kann, ist es möglich, mit Hilfe der Umkehrtranskriptase nach dem Muster der isolierten Boten–RNS das entsprechende Gen zu synthetisieren. Die Umkehrtranskriptase ist daher zu einem wichtigen Werkzeug des Gentechnologen geworden (vgl. Abschnitt 6.1.5).

Die Umkehrtranskriptase wird als spätes Protein relativ spät im Replikationszyklus der Onkoviren gebildet, aber bereits vor Beginn der Nucleinsäurereplikation benötigt. Daher baut das Virus bei der Partikelreife Umkehrtranskriptase in den Innenkörper der Nucleokapsel ein und sichert hierdurch, daß das Enzym trotz seiner späten Bildung zur Zeit des Bedarfs zur Verfügung steht. Jedes Virion enthält 40 bis 100 Moleküle des Enzyms.

Durch die Tätigkeit der Umkehrtranskriptase entsteht in einem ersten Schritt aus dem infizierenden RNS–Strang zunächst ein *RNS–DNS–Hybridmolekül* (Abb. 7.7). Der RNS–Strang dieses Hybridmoleküls wird jedoch rasch durch eine Ribonucleaseaktivität der Umkehrtranskriptase abgebaut. Nunmehr wird nach dem Muster des verbliebenen DNS–Stranges ein komplementärer DNS–Strang gebildet. *Dieser DNS–Doppelstrang (dsDNS, Abb.7.7) tritt aus dem Cytoplasma in den Zellkern über.* Gleichzeitig wird er zu einem *ringförmigen DNS–Molekül* umgebildet. Das geschieht etwa in der gleichen Weise, wie dies bezüglich der Zirkularisierung des temperierten Phagen λ beschrieben worden ist (vgl. Abschnitt 6.2.4).

Das entstandene ringförmige DNS–Genom des Retrovirus ähnelt der Struktur von *Transposons*, d. h. von beweglichen DNS–Elementen, die bei Eukaryoten in verschiedenen Stellen ihres DNS–Genoms eingebaut und später wieder ausgestoßen werden können und dabei Gene von einer Position des Genoms an eine andere transportieren. *Ähnlich wie ein Transposon kann auch das ringförmige Genom des infizierenden Retrovirus an verschiedenen Stellen in das Genom der Wirtszelle integriert werden.* Diese Integration verläuft etwa so, wie das im Abschnitt 6.2.4 bezüglich der Integration der temperenten Phagen in ein Bakteriengenom beschrieben worden ist. Analog zum Prophagen entsteht hierdurch ein *Provirus*. Dessen Genom gleicht demjenigen des nicht integrierten Virus. Vom Wirtsgenom ist es auf beiden Seiten durch long terminal repeats (s. o.) und bestimmte Sequenzen von Wirts–DNS abgegrenzt. *Immer wenn sich die DNS des Wirts repliziert, wird nunmehr auch das in diese eingebaute Virusgenom repliziert und gleichfalls auf die Tochterzellen verteilt.* Auf diese Weise kann ein infiziertes Individuum lebenslänglich Träger des Provirus werden. Wenn Zellen, die ein Provirus im Genom enthalten, in die Keimbahn gelangen, wird dieses auch auf die Nachkommen weitergegeben.

Nachdem die dsDNS–Kopie des Retrovirus in die DNS eines Wirtsgenoms eingebaut worden ist, kann sie auch exprimiert (transkribiert) werden. An der Provirus-DNS wird dabei unter Mitwirkung wirtseigener RNS–Polymerase–II Boten–RNS gebildet, die das gesamte Genom umfaßt (Abb. 7.7 unten). Der Zeitpunkt der Transkription ist nicht genau festgelegt. Sie kann sehr bald nach der Bildung des Provirus oder aber auch erst nach Wochen, Monaten oder Jahren erfolgen. Bestimmend hierfür sind eine Anzahl von zellulären und viralen

Faktoren, die über Signale wirken, die für die das Virusgenom begrenzenden long terminal repeats (LTR) bestimmt sind und dort wirksam werden.

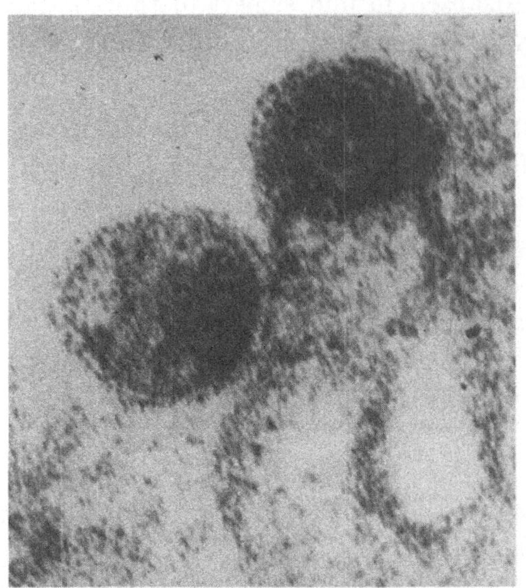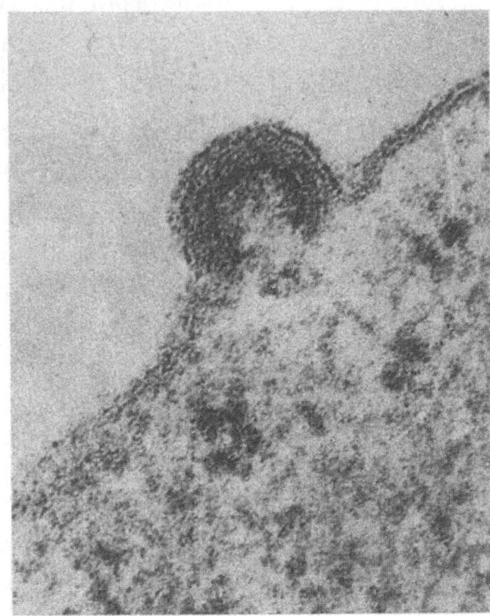

Abb. 7.8: Abschnürung je eines Partikels eines Typ–B–Retrovirus (links) und eines Typ–C–Retrovirus (rechts); im linken Bild ist zusätzlich das extrazelluläre Virion eines Typ–B–Retrovirus sichtbar (Ch. Kemmer, BI-Lexikon- Virologie, Leipzig 1986)

In den LTR befindet sich auch die Bindungsstelle für RNS–Polymerase–II. Daher wird das Genom von den LTR aus transkribiert, und zwar mehrmals und in seiner gesamten Länge. Etwa die Hälfte der hierbei entstandenen RNS–Moleküle wird in das Cytoplasma transportiert und dort später in die in Bildung begriffenen neuen Viruspartikeln verpackt. Die hierfür erforderlichen Strukturproteine entstehen aus den im Kern verbliebenen transkribierten RNS–Molekülen. Die großen, das gesamte Virusgenom umfassenden Transkripte werden in einem ersten Schritt zunächst in verschiedene Boten–RNS– Formen gespalten. Dabei entsteht u. a. ein verhältnismäßig langes RNS–Molekül, das die *gag*- und *pol*-Region (vgl. Abb. 7.7) umfaßt. Die in der *pol*-Region codierten Proteine werden an den Ribosomen in einem besonderen Leseraster abgelesen. Zunächst wird dabei ein einziges großes Protein gebildet. Eine ebenfalls in der *pol*-Region codierte Protease zerschneidet dann dieses große Vorläuferprotein in verschiedene Untereinheiten. Hierdurch und durch zusätzliche posttranslationelle Modifikationen entstehen u. a. die *Umkehrtranskriptase* und eine *Endonuclease*. Ebenso werden die in der *gag*-Region codierten Proteine der

Nucleokapsel zunächst in ein großes Protein übersetzt, das dann durch eine virale Protease in verschiedene Strukturproteine zerlegt wird. Eine kleinere, die Basenfolge der *env*-Region enthaltende mRNS wird in Vorläuferproteine der Hülleiweiße übersetzt. Aus diesen entstehen durch proteolytische Spaltung und posttranslationelle Modifikationen, insbesondere durch Glycosylierung, die *Proteine der Virushülle*. Aus den entstandenen Proteinen werden nunmehr an der Zellmembran Viruspartikeln gebildet, in die der vollständige Virus-(+)RNS-Strang eingebaut wird. An der Zellmembran findet dann auch die Reifung der Partikeln statt. Die reifen Viruspartikeln werden schließlich von der Zelloberfläche nach außen abgeschnürt (Abb. 7.8). Dabei ist bemerkenswert, daß die Virushülle hinsichtlich ihrer Lipidbestandteile der Zellmembran sehr ähnelt.

Lentivirinae

Die *Lentivirinae* (lat. lente: langsam) haben ihren Namen durch die Befähigung erhalten, *lange in ihren Wirten zu persistieren und chronische Krankheiten auszulösen*. So ruft beispielsweise das *Visna–Virus*, das als Prototyp der *Lentivirinae* gilt, bei Schafen und Ziegen eine chronische Lungenentzündung hervor, die als Maedi– Erkrankung bezeichnet wird (maedi, isländisch: Atemstörung). Darüber hinaus verursacht das Virus oft auch Erkrankungen des Zentralnervensystems, die zu Paralysen führen. Dieses Krankheitsbild wird Visna genannt (visna, isländisch: Schrumpfung oder Verfall, das Hauptkrankheitssymptom der gelähmten Schafe und Ziegen). Beide Krankheitsformen des Visna–Virus verlaufen tödlich. Die Übertragung des Virus erfolgt durch direkten Kontakt unter den Tieren.

Sehr viele Lentiviren befallen Zellen des Monocyten/Makrophagensystems, das Infektionserreger, z. B. Viren und Bakterien, aber auch anderweitige zellfremde Partikeln, Kolloide usw. oder auch körpereigene Zellen, die durch Zellwandveränderungen als fremd erkannt werden, z. B. Krebszellen, aufnehmen und beseitigen kann. Auch anderweitige Immunmechanismen werden durch Lentiviren geschädigt. Die Folge sind *Immundefizienzerkrankungen*, d. h. Erkrankungen des Immunsystems, die unter dem Bild einer erhöhten Infektanfälligkeit verlaufen und in schweren Fällen zum Tode führen. In diesem Zusammenhang sind u. a. das *Bovine (=Rinder-)Immundefizienz-Virus*, das aus Rindern mit persistenter Lymphocytose isoliert wurde, sowie das *Feline (=Katzen-)Immundefizienz- Virus* zu nennen. Letzteres tritt weltweit in Katzenpopulationen auf. wird durch Beißen und Kratzen übertragen und führt zu Erkrankungen des lymphatischen Systems, das für die zelluläre Immunität bedeutsam ist. Hierdurch verlaufen bei infizierten Katzen harmlose Infektionskrankheiten oft tödlich.

Das bedeutsamste, beim Menschen auftretende Lentivirus ist das *Humane (= Menschen-)Immundefizienz-Virus (HIV)*, das die unter der Bezeichnung *AIDS* bekannte Immunerkrankung des Menschen hervorruft, die weltweit in furchterregender Ausbreitung begriffen ist (vgl. Abschnitt 1.2).

Übertragung, Struktur und Replikationszyklus der Lentiviren sowie die Wechselwirkung dieser Viren mit ihrer zellulären und organismischen Umwelt sollen im Hinblick auf seine Bedeutung am HIV erörtert werden, auch wenn zwischen HIV und verschiedenen anderen Lentiviren einige Unterschiede auftreten.

Die Übertragung des HIV auf neue Wirte geht von Viruspartikeln aus, die sich in Blut und Lymphe infizierter Personen befinden (Abb. 7.9). In besonders hohen Konzentrationen tritt des Virus von dort in die Samenflüssigkeit des Mannes über. Daneben wird das Virus von Schleimhäuten, z. B. der weiblichen Genitalien oder auch der Mund- und Atemwege, ausgeschieden. Auch in Speichel und in Tränen erkrankter Personen sowie in der Milch infizierter Mütter wurden HIV-Partikeln nachgewiesen, allerdings nur in verhältnismäßig geringen Konzentrationen. Da die HIV-Partikeln außerhalb des Körpers sehr wenig beständig sind, büßen sie bald ihre Infektionsfähigkeit ein, wenn sie nicht rasch in einen neuen Wirt gelangen. In diesen können sie allein durch Wunden eindringen, allerdings auch durch kleinste Wunden und in geringster Partikelkonzentration. Daher sind Virusübertragung und Infektion mit dem AIDS-Erreger vor allem durch intime körperliche Kontakte oder durch Übertragug von Blut bzw. Blutbestandteilen möglich. Gar nicht so selten wird HIV aber auch von der infizierten Mutter auf neu geborene Kinder übertragen.

Am effektivsten ist infolge der dort erreichten Konzentration die Über tragung des HIV durch Sperma. Sie ist umso effektiver, je größer die Wahrscheinlichkeit ist, daß HIV-haltiges Sperma auf Wunden trifft. Diese ist bei Analverkehr besonders hoch, da in Anus und Rectum fast stets kleine Wunden vorhanden sind. Gleiches gilt für den Oralverkehr, denn in Mundepithelien werden durch den Gebrauch der Zahnbürste, durch Zerkleinerung der Nahrung usw. ständig kleine Wunden verursacht. Auch in den Epithelien der äußeren und inneren weiblichen Genitalien befinden sich oft zahlreiche kleine Wunden, die als Eintrittspforten für HIV dienen. Zusätzliche Wunden können bei aggressiven Verkehrspraktiken entstehen.

Nach Erhebungen in den USA wurden bei bei 70% der Ehefrauen mit HIV infizierter Männer Antikörper gegen HIV nachgewiesen. Umgekehrt können auch Männer vom infizierten weiblichen Geschlechtspartner während des Geschlechtsverkehrs durch virushaltige Scheidensekrete infiziert werden. Da am männlichen Genital im allgemeinen weniger kleine Wunden als am weiblichen auftreten, ist die Wahrscheinlichkeit für eine Infektion etwas geringer.

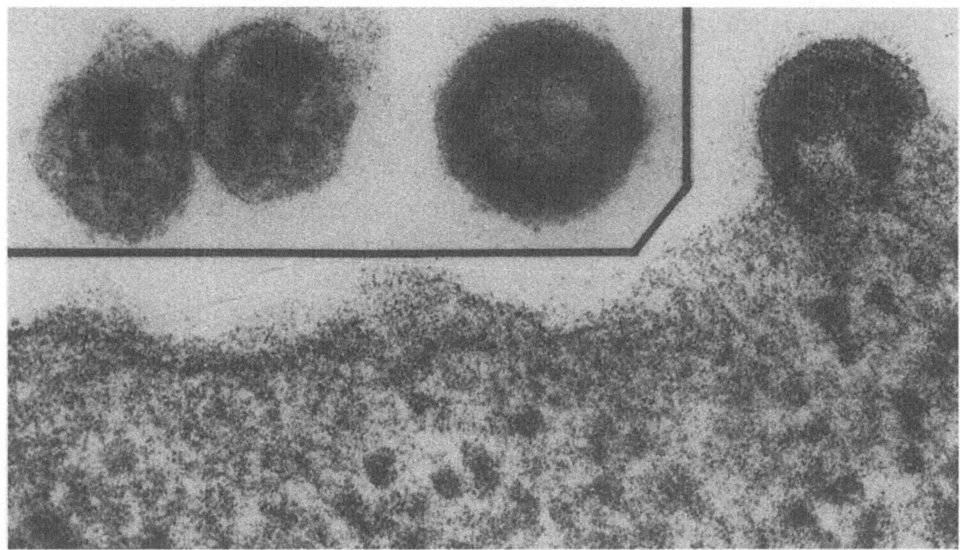

Abb. 7.9: Elektronenmikroskopische Aufnahmen von HIV1. Im Ausschnitt oben links sind die Oberflächenprojektionen deutlich sichtbar. Im Cytoplasma der Zelle sind Virusproteine und unreife Partikeln zu erkennen. Das vollständige Assembly und die Freisetzung der Partikeln aus der Zelle erfolgen an Membranen im Wege der Knospung (oben rechts) (Ch. Dauget, Pasteur–Institut Paris)

Ist das HIV in die Blutbahn des Menschen gelangt, kommt es vor allem in Kontakt mit Zellen, auf deren Membran sich ein Rezeptor befindet, der durch ein großes Proteid, das CD4-Molekül, gekennzeichnet ist. Dieser *Rezeptor* befindet sich *auf der Oberfläche von Zellen der Immunabwehr*, besonders von *T4–Lymphozyten* und auch von *Monozyten/Makrophagen* (Abb. 7.12), die dementsprechend die wesentlichen Wirtszellen für HIV darstellen (Abb. 7.10). Damit greift HIV sowohl das spezifische Immunsystem, die Lymphozyten, als auch das unspezifische Immunsystem, das Monozyten/Makrophagensysten (MPS) an. Im Gegensatz zu den meisten Erregern wird HIV nicht abgetötet, wenn es in Kontakt mit einem Makrophagen kommt. Es wird zwar über ein als gp120 bezeichnetes, aus der Virushülle herausragendes Glycoprotein (Abb. 7.9) an den Rezeptor gebunden und gelangt anschließend in das Innere des Monozyten oder Makrophagen, indem ein anderes, stäbchenförmiges Protein der Virushülle (gp41) eine Verschmelzung der Hülle mit der zellulären Membran bewirkt. Im Gegensatz zu den meisten anderen Viren und zu Mikroorganismen überlebt HIV jedoch die Aufnahme und ist nunmehr vor dem Zugriff des Immunsystems weitgehend geschützt. Im Zellinneren erfolgen Umkehrtranskription und Einbau in das Genom der Wirtszelle etwa in der Weise, wie das bei den Onkoviren bereits beschrieben worden ist. *Das in das Genom seiner Wirtszellen integrierte Virus wird nunmehr in dieser proviralen Form bei jeder Zellteilung auf die Tochterzellen weitergegeben.* In diesem latenten Zustand wird der infizierte Mensch nicht geschädigt. Es entstehen keine Krankheitssymptome. Es werden aber ständig verhältnismäßig geringe Mengen von Virusproteinen, u. a. regulatorischen Proteinen, gebildet. Diese können mit empfindlichen serologischen Tests nachgewiesen werden. Hierdurch ist es möglich, die HIV–Infektion bereits in diesem latenten Zustand zu erkennen.

Der latente Zustand wird bei einer HIV–Infektion nach unterschiedlich langer Zeit beendet. Im ersten Jahr nach der Infektion erkranken nur etwa 5% der mit HIV Infizierten an AIDS. Innerhalb von 5 Jahren entwickeln ungefähr 10% das Vollbild von AIDS. 10 Jahre nach der Infektion sind etwa 50% an Aids erkrankt. Heute muß man davon ausgehen, daß langfristig 60 bis 80% der Infizierten mit mehr oder weniger schweren Symptomen erkranken werden. Für den individuellen Fall gibt es jedoch keine Prognose.

Der Übergang von der Latenz im proviralen Zustand zur Aktivierung des HIV, die zur Produktion neuer Viruspartikeln führt, wird durch das Ineinandergreifen verschiedener Mechanismen geregelt, die somit über das Wohl und Wehe des infizierten Menschen entscheiden. Diese Regulation ist gleichzeitig ein interessantes Beispiel für die Vielfalt der Wechselwirkungen zwischen dem Virus und seiner zellulären und organismischen Umwelt. Wenn es gelänge, im Rahmen der noch längst nicht abgeschlossenen Erforschung dieser Zusammenhänge geeignete Maßnahmen zu erarbeiten, die es ermöglichen, die Latenzperiode optimal zu verlängern, wäre HIV–Infizierten beträchtlich geholfen (vgl. Abschnitt 7.3.3, Chemotherapie). Im Hinblick auf ihre Bedeutung soll die Regulation des Übergangs von der Latenz zur Virusproduktion etwas ausführlicher besprochen werden.

Die Regulation zwischen der Latenz im proviralen Zustand und der Aktivierung zur Virusproduktion erfolgt über Wechselwirkungen zwischen positiv und negativ regulierenden Faktoren, wie das ähnlich für den Übergang temperenter Phagen von der lysogenen zur lytischen Phase des Replikationszyklus bekannt ist (vgl. Abschnitt 6.2.4). *An der Regulation sind eine Anzahl von Virusgenen und daneben Aktivitäten der Wirtszellen beteiligt.* Das Genom des HIV (Abb. 7.11) umfaßt daher mehr Gene bzw. Genbezirke als das der Onkoviren (vgl. Abb. 7.7).

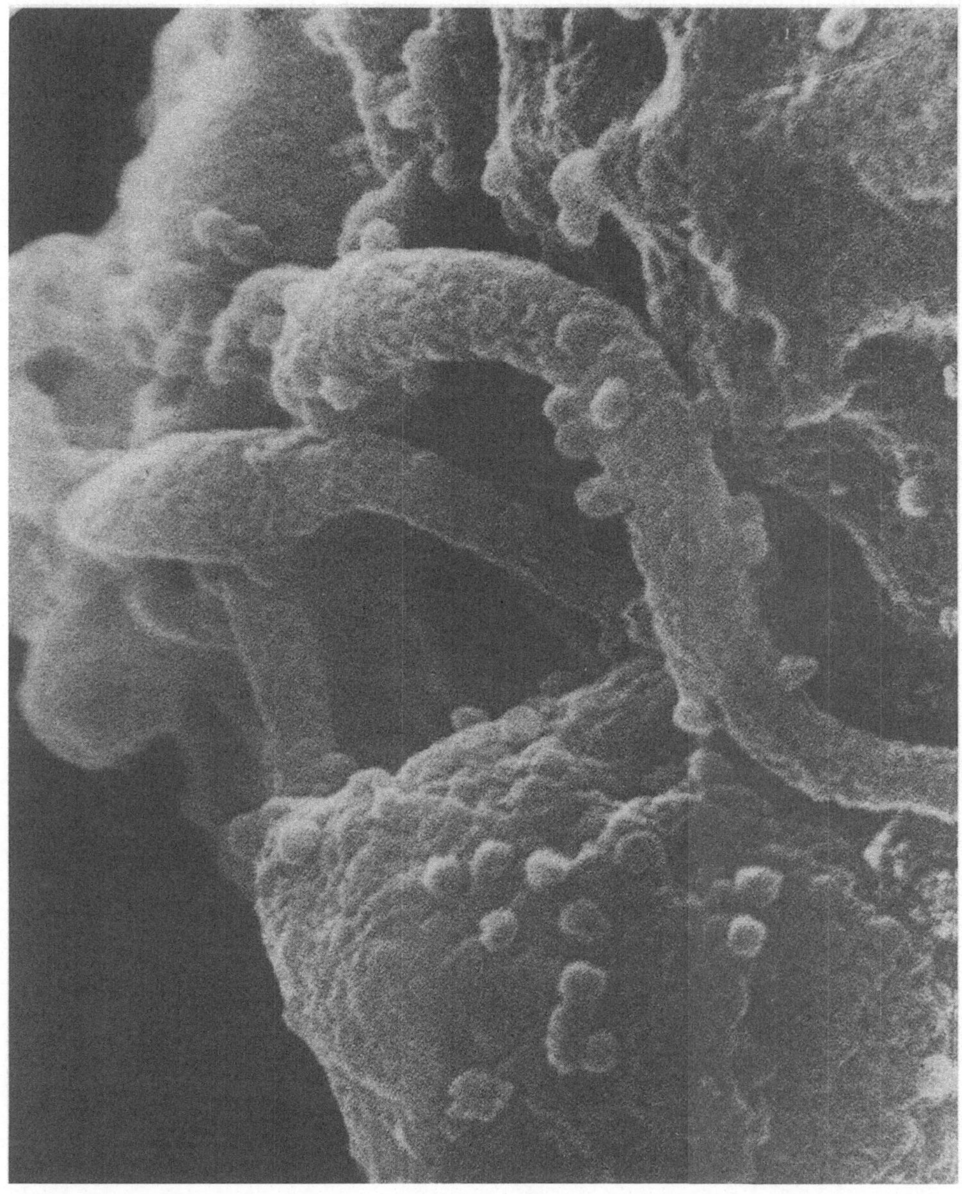

Abb. 7.10: T4–Lymphozyten, an die zahlreiche HIV–Partikeln gebunden sind, in Wechselwirkung mit einer großen Makrophagenzelle mit langen, schlanken, rankenförmigen Fortsätzen. Der Durchmesser der T4–Lymphozyten ist etwa 100mal größer als derjenige von HIV, Vergr. 65 000 (United States Centre for Disease Control, Atlanta, Georgia)

Wie bei Onkoviren finden wir die einander teilweise überlappenden Gene *gag*
und *pol*, die Strukturproteine codieren, ferner das Proteine der Hülle codierende
Gen *env*. Zusätzlich sind jedoch eine Anzahl regulatorischer Gene vorhanden,
die als *nef, tat, rev, vpr, vif* und *vpu* bezeichnet werden (Abb. 7.11). Das *nef*–
Gen hat Ähnlichkeit mit Onkogenen (*src* in Abb. 7.7) und ist auch im Genom
des HIV etwa an gleicher Stelle wie das *src*–Gen im Genom der Onkoviren zu
finden. Das vom *nef*–Gen codierte Protein trägt jedoch nicht zur Bildung von
Neoplasien bei. Es weist vielmehr Charakteristika auf, die eine Kommunikation
zwischen Plasmamembran und Zellkern über sogenannte sekundäre Messenger
erlauben. Von diesen Signalen wird offensichtlich die Entscheidung zwischen
Latenz und Virusproduktion mitbestimmt. Die *nef*–Region wird auch im latenten Zustand transkribiert, und das entsprechende Protein bindet an definierten Stellen im LTR (long terminal repeat). Ebenso binden die im Genom
der Wirtszelle codierten Transkriptionsfaktoren Sp 1, TF II D und CTF sowie
das leader binding protein (LBP) in einer nicht aktivierten Zelle an definierten
Stellen des LTR. Hierdurch wird offensichtlich der latente Zustand aufrechter-
halten. In jüngster Zeit wurden von R. Gallo und Mitarbeitern drei weitere
Proteine beschrieben, die offenbar ebenfalls zur Aufrechterhaltung des latenten
Zustandes beitragen. Diese als RANTES, MIP–1 alpha und MIP–1 beta bezeichneten mutmaßlichen Schutzfaktoren, über deren Angriffsort jedoch bisher
kaum etwas bekannt ist, können auch bereits gentechnologisch produziert werden. R. Kurth beschrieb ein weiteres, als Interleukin 16 bezeichnetes Protein,
das die HIV–Vermehrung in der Zelle hemmt.

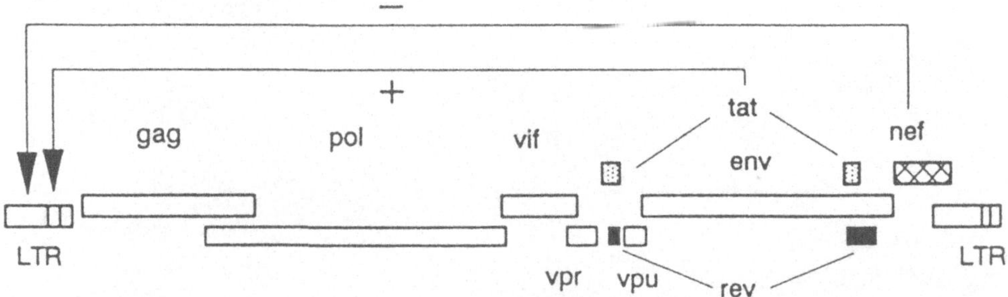

Abb. 7.11: Anordnung der Gene des HIV im viralen Genom; Erklärungen im
Text

Werden die Wirtszellen aktiviert. z. B. durch Antigene, die eine Antikörperbildung herausfordern, oder durch andere Viren, z. B. durch das humane
Herpes–Virus, das Epstein–Barr–Virus oder das Zytomegalie–Virus, so binden andere zelluläre Faktoren, z. B. NFkB (Nuclearfaktor kappa B), NFAT–1

(Nuclearfaktor 1 aktiver T–Zellen) oder TNF an Bindungsstellen des LTR. Hierdurch wird die Transkriptionsrate stark erhöht. Ebenso wird die Transkriptionsrate durch Bindung des HIV– Transaktivatorproteins Tat, das Transkript des *tat*-Gens, verstärkt. Das Rev–Protein wirkt positiv auf die Bildung von Strukturproteinen und negativ auf die Bildung regulatorischer Proteine. Es können nunmehr auch die entsprechenden Strukturproteine in solchen Mengen gebildet werden, wie sie für die Bildung von HIV–Partikeln erforderlich sind.

Es gibt neben den angeführten Mechanismen auch eine Anzahl wichtiger Regelmechanismen, die nicht über die LTR verlaufen. So bestimmt das *vpr*-Gen den Umfang der Virusproduktion und hierdurch den Krankheitsverlauf in beachtlichem Umfang. Je größer das *vpr*-Gen ist, desto stärker ist die Virusproduktion. Die Zellen enthalten dann mehr virale Proteine, und es kommt vermehrt zu cytopathischen Effekten und zur Zell–Lyse und damit zu einer empfindlichen Schädigung des Immunsystems. Die Größe des *vpr*-Gens kann sich von Virusisolat zu Virusisolat ändern. Entsprechende Mutationen im *vpr*-Gen können daher zu raschem Fortschritt und baldigem tödlichem Ausgang der HIV–Infektion führen. Auch das *vif*-Gen trägt zur Entscheidung über die Schwere der AIDS–Erkrankung nach HIV–Infektionen bei. Sein Genprodukt Vif (viral infectivity factor) erhöht die Infektiosität der Partikeln und verstärkt damit den Fortschritt der HIV–Infektion. Auch Mutationen im *vif*-Gen können daher die Erkrankung verstärken.

Das Produkt des *vpu*-Gens, das Vpu–Protein, assoziiert mit der Membran der infizierten Zellen und regelt den Virusexport aus der Zelle. Mutationen im *vpu*-Gen führen oft zur Anhäufung der Viruspartikeln in den infizierten Zellen. Vielfach bilden sich auch sogenannte Knospen an der Zelloberfläche oder in dem Innenraum der Zellvakuolen, ohne daß die Viruspartikeln abgeschnürt werden. Das kann für den an AIDS Erkrankten lebensverlängernd sein.

Nicht nur die zuletzt angeführten regulatorischen Gene, sondern auch zahlreiche weitere Gene mutieren häufig. *Das alles führt zu einer außerordentlich hohen Variabilität des HIV*. Daher unterscheiden sich oft die Isolate verschiedener Patienten und nicht selten auch die Viren, die aus ein und demselben Patienten zur gleichen Zeit isoliert werden, erheblich voneinander. Die hohen Mutationsraten und somit die große Variabilität werden wesentlich durch eine hohe Fehlerrate bei der Umkehrtranskription bestimmt. Daneben ist sie sicherlich auch durch die Selektion bedingt, die das Immunsystem des Menschen auf die verschiedenen HIV–Varianten ausübt.

Die große genetische Variabilität spiegelt sich häufig auch in Unterschieden in der Replikationsgeschwindigkeit und Zytopathogenität wider. Mutationen in der die Proteine der Hülle codierenden *env*-Region des HIV führen vielfach zu Veränderungen der antigenen Eigenschaften der entsprechenden Glycopro-

teide und damit zur *Bildung immer neuer Serotypen*. Hierdurch verlieren die
vom Wirt gebildeten Antikörper oft ihre Wirkung. Das hat zu Folge, daß das
Virus der Immunabwehr des Wirtes entkommen kann. Der Wirt muß neue
Antikörper entsprechend dem Muster des mutierten Antigens bilden, die oft
durch erneute Mutation bald wieder wirkungslos werden. *Durch wiederholtes
Erzwingen immer neuer Immunantworten bei gleichzeitig ständig anwachsenden
Schäden im Immunsystem des Wirts kommt es in ungünstigen Fällen bald zu
einer Erschöpfung der Immunmechanismen.*

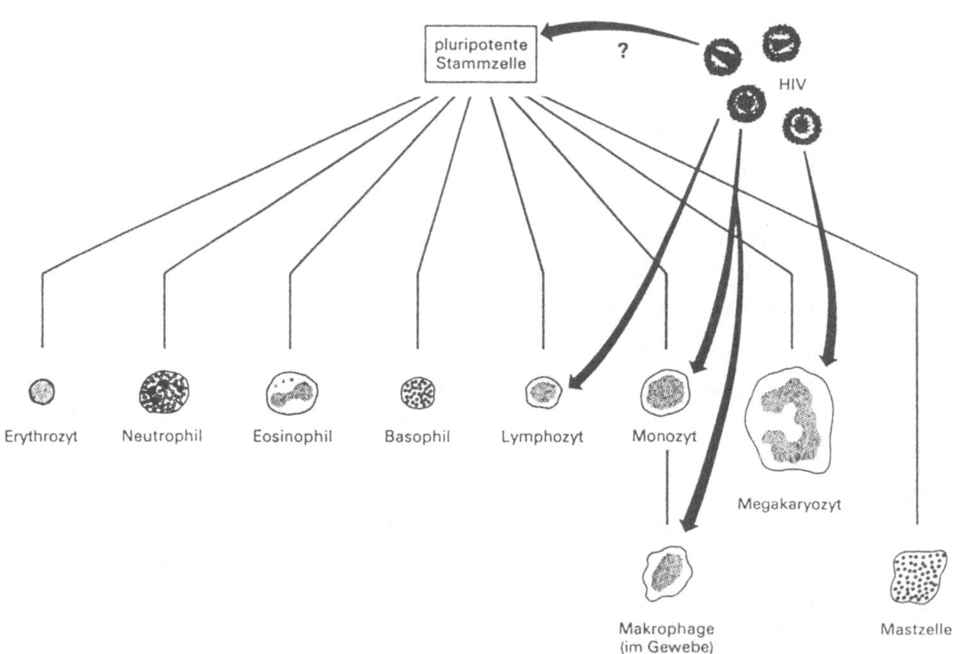

Abb. 7.12: Blutzellen einschließlich der Zellen der Immunabwehr und die In-
fektionswege des HIV; Erklärungen im Text (H. Rübsamen–Waigmann und H.
Hampl, Klinischer Leitfaden HIV, Abbott, Wiesbaden 1992, 23)

*Zusätzlich kann das Immunsystem dadurch zum Erliegen gebracht werden,
daß auch die Stammzellen des Blutzellen bildenden Systems im Knochenmark
durch HIV infiziert werden.* Hierdurch kommt es in der Regel zu einer drasti-
schen Verringerung des Nachschubs an Blutzellen. Davon sind auch die Zellen betroffen, die sich zu Zellen des Immunsystems umbilden (Abb. 7.12 und

Abschnitt 7.2.2). *In den unreifen Zellen des Monozyten–Phagozytensystems (MPS) existiert HIV zunächst nur als reine Erbinformation, ohne daß die Zellen Virusnachkommen bilden.* Auffällig ist bei derartig mit HIV infizierten MPS–Zellen, daß sie massiv miteinander verschmelzen und Plasmabrücken bilden (Abb. 7.13). Durch solche Brücken wird HIV vermutlich intrazellulär weitergegeben. Das stellt einen weiteren effizienten Mechanismus dar, durch den sich HIV der Immunabwehr entzieht.

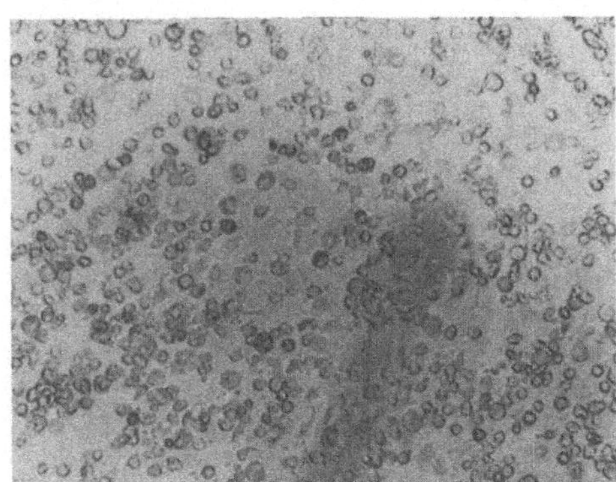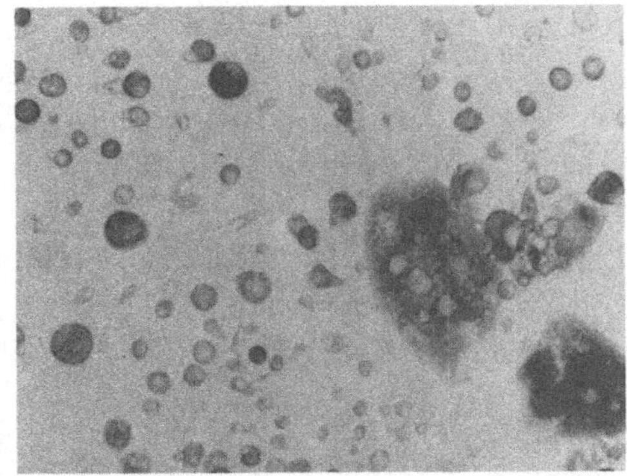

Abb. 7.13: Mit HIV infizierte periphere Monozyten (links) und gesunde Kontrollen (rechts). Die Aufnahmen erfolgten bei gleicher Vergrößerung. Die Unterschiede in der Zellmorphologie sind durch die HIV–Infektion bedingt (H. Rübsamen–Waigmann et al., HIV–Skriptum 7, 1988, 3, Abbott, GIT–Verlag, Darmstadt)

Die latent infizierten MPS–Zellen benutzt HIV vermutlich als Trojanische Pferde. Diese Zellen können aus dem Blut in Körperorgane, z. B. in Mikroglia des Gehirns, Langerhans–Zellen der Haut oder in das Knochenmark einwandern. Da in latent infizierten Zellen auch die Ausbildung von HIV–Antigenen unterbleibt, erkennt das Immunsystem diese infizierten Zellen nicht. *Die Immunüberwachung wird unterlaufen.* Hierdurch kann HIV auch besonders abgeschirmte Organe, z. B. das durch die Blut–Hirn–Schranke geschützte zentrale Nervensystem, erreichen. Dort können die latent infizierten Zellen auch weiterhin als stilles Virusreservoir dienen. Es können aber auch neue Viren gebildet werden, die pathologische Veränderungen hervorrufen. *Veränderungen im Nervensystem führen bisweilen schon vor dem Auftreten von Immunschwäche zu neurologischen Symptomen,* z. B. von Verwirrtheitszuständen, Psychosen, massiven Lähmungen oder Demenz, d. h. Persönlichkeitsabbau infolge der Abnahme von höheren geistigen Funktionen. Häufiger treten neurologische Komplikationen jedoch erst nach Beginn der Immunschwäche auf. Sie können auch nicht nur unmittelbar durch HIV, sondern ebenso mittelbar durch *opportunisti-sche*, d. h. infolge der Schwächung des Immunsystems auftretende *Infektionen* hervorgerufen werden. In diesem Zusammenhang sind Infektionen mit dem Pro-tozoon *Toxoplasma gondii* oder durch den Pilz *Cryptococcus neoformans* zu nen-nen, durch die Encephalitis bzw. Meningitis hervorgerufen werden. Durch die *Schwächung des MPS*, das in der Haut und Schleimhaut eine erste immunologi-sche Verteidigungslinie beim Kontakt infektiöser Agentien mit dem Organismus und gleichzeitig ein mobiles, in allen Körperregionen abrufbares Abwehrsystem darstellt, kommt es oft zu *weiteren opportunistischen Infektionen mit Parasi-ten*, z. B. mit *Mycobacterium tuberculosis*, das unter diesen Umständen schwere atypische Tuberkulosen hervorruft, ferner mit verschiedenen Salmonellenarten, die zu Septikämie („Blutvergiftung"), Emphysemen und Abszessen führen, und besonders mit verschiedenen Protozoenarten, die u. a. Lungenentzündung und schwere Durchfälle verursachen können. Auch opportunistische Infektionen mit Pilzen führen nach HIV–Infektionen nicht selten zu schweren Schäden. So können z. B. *Aspergillus-*(Schimmelpilz-)Arten Lungenentzündungen hervor-rufen und bei generalisierendem Befall auch andere innere Organe und das Zentralnervensystem schwer schädigen. Ebenso werden Infektionen mit dem Cytomegalie–Virus, dem Epstein–Barr–Virus, dem Herpes–simplex–Virus, dem Varizella–zoster–Virus sowie dem Papovavirus durch HIV verstärkt. So kann z. B. das Varizella–zoster–Virus, der Erreger der Windpocken und der Gürtel-rose, bei AIDS–Kranken Ausschlag auf der gesamten Haut und zusätzlich Lun-genentzündung sowie neurologische Folgeschäden hervorrufen.

Außerordentlich schwerwiegend ist ferner die *im Gefolge von AIDS auftre-tende Förderung bestimmter Krebserkrankungen*. Eine wesentliche Ursache hierfür dürfte ebenfalls die durch HIV bedingte Hemmung der immunologischen Überwachung sein, die die frühzeitige Entfernung transformierter Krebszellen durch Immunmechanismen (vgl. Abschnitte 7.1.5 und 7.2.2) verhindert. So tritt *in den USA bei etwa 20% aller AIDS–Opfer das Kaposi–Sarkom auf*, das in den meisten Teilen der Welt eine seltene Krebserkrankung darstellt und zumeist nur bei älteren Menschen vorkommt. Dieser maligne Tumor ist vorzugsweise in der Haut lokalisiert, kann sich jedoch auch auf Lymphknoten und Milz erstrecken. Als bedeutsamstes Symptom werden auf der Haut purpurfarbene Läsionen aus-gebildet, die mit fortschreitender Erkrankung immer größer werden (Abb. 7.14). Oft endet die Erkrankung am Kaposi–Sarkom tödlich.

Als weitere schwere Krebserkrankung von AIDS–Patienten ist das B–Zell-Lymphom zu nennen.Dieses tritt besonders im Hirn und Zentralnervensystem auf und kann schließlich zum Tode des Patienten führen.

Eine andere bei AIDS–Patienten gehäuft vorkommende, vielfach tödlich ver-laufende Tumorerkrankungen ist die Hodgkinsche Krankheit, die auch als Lymphogranulomatose bezeichnet wird. Diese stellt die häufigste bösartige Erkrankung der Lymphknoten dar. Daneben kann es aber auch zu einem granulomatösen Befall von Milz, Knochenmark, Leber und Lunge kommen. Bisweilen werden ferner andere Organe und Gewebe in Mitleidenschaft gezogen. Schließlich können auch orale und anorektale Karzinome mit AIDS assoziiert sein.

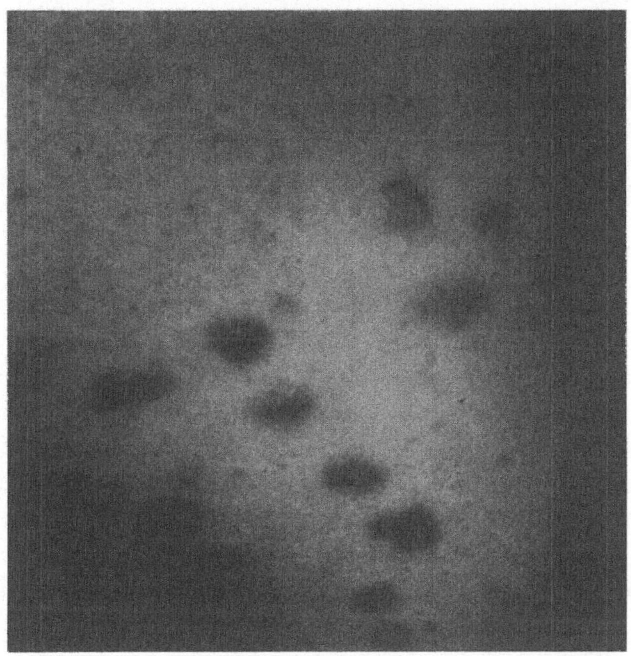

Abb. 7.14: Kaposi–Sarkom am Rücken (H. Rübsamen–Waigmann und H. Hampl, Klinischer Leitfaden HIV, Abbott, Wiesbaden 1992, 19)

Durch Veränderungen am MPS führen HIV–Infektionen auch zu *Störungen im Stoffwechsel*, da das MPS an der Bildung von mehr als hundert verschiedenen biologisch aktiven Substanzen beteingt ist, über die es z. B. in den Calciumstoffwechsel und damit in den Knochenumbau, in die Wundheilung und Geweberegenerierung, in den Fett– und Cholesterinstoffwechsel und hierdurch in die Alterung und Degeneration des Gefäßsystems und darüber hinaus wahrscheinlich auch in Ernährungs– und Regulationsfunktionen für Nervenzellen eingreift.

Die vorstehenden Ausführungen lassen in Umrissen erkennen, wie das Wohl und Wehe des HIV–Infizierten durch viele verschiedene Faktoren bestimmt wird, die die Wechselwirkungen des HIV mit seiner Umwelt, den Wirtszellen und darüber hinaus dem Wirtsorganismus, beeinflussen. Dabei ist den Einflüssen auf das Immunsystem, mit dem sich der Wirt nicht nur gegen HIV, sondern auch gegen zahlreiche weitere schädigende Organismen und Schadfaktoren wehrt, zentrale Bedeutung zuzumessen. Es wird nicht nur, wie bereits ausführlich dargelegt, die Abwehrkraft des Erkrankten verringert. Es kommt vielmehr häufig auch zu *Autoimmunantworten*, d.h., das Immunsystem spricht infolge des HIV–Befalls auch auf bestimmte zelluläre Proteine an, die gewisse Ähnlichkeiten mit viralen Proteinen aufweisen. Hierdurch eliminiert das Immunsystem viele körpereigene Zellen und damit letztendlich den Organismus, der dieses zu seinem Schutz ausgebildet hat.

Über die Auswirkungen des HIV auf Umwelt und Gesellschaft, die in den afrikanischen Hauptbefallsgebieten nicht zuletzt durch einen tiefgreifenden Bevölkerungsrückgang gekennzeichnet ist, kann an dieser Stelle nicht eingegangen werden.

Spumavirinae

Die Bezeichnung der dritten Subfamilie der Retroviren, der *Spumavirinae*, rührt daher, daß infizierte Zellen in Gewebekulturen nach mehrwöchiger Kultivierung schaumartig vakuolisierte (spuma, lat.: Schaum), vielkernige Riesenzellen (Synzytien) bilden. Die Viruspartikeln sind durch lange Oberflächenprojektionen (Spikes) und ein elektronendurchlässiges Nucleoid gekennzeichnet.

Die *Spumavirinae* werden nur in sich teilenden Zellen vermehrt. Bereits wenige Stunden nach der Infektion treten virale Antigene im Zellkern auf. Das wird als eine charakteristische Eigenart der *Spumavirinae* angesehen. Der gesamte Replikationszyklus, dessen einzelne Schritte noch wenig bekannt sind, erfordert jedoch fünf bis sieben Tage. Die reifenden Partikel werden häufig in intrazytoplasmatische Vakuolen abgeschnürt.

Die Formen der *Spumavirinae* können sich in verschiedenen Zellarten zahlreicher Organismen vermehren. Sie erreichen in vielen Säugetierarten, zu denen Hamster, Kaninchen, Katzen, Rinder, Affen und auch Menschen zählen, z. T. sehr hohe Viruskonzentrationen. Trotzdem wurden bisher weder pathogene Wirkungen noch transformierende oder tumorbildende Eigenschaften beobachtet. Persistierende Infektionen und hohe Spiegel an zirkulierenden Antikörpern sind bei den Säugetieren, die natürliche Wirte der *Spumavirinae* sind, verbreitet. Vielfach erwiesen sich auch bereits deren Feten als infiziert. Wie bei anderen Retroviren finden wir also auch bei den *Spumavirinae* die genetische (germinative) Übertragung über die Keimbahn.

Im Vergleich zu anderen Retroviren wurden die *Spumavirinae* bisher nur wenig charakterisiert. Ein wesentlicher Grund hierfür dürfte sein, daß die Potentiale der Forschung insbesondere durch die tumorbildenden Retroviren gebunden sind.

7.1.5 Auslösung der Bildung von Tumoren

Grundlagen

Von den ungefähr 650 bisher bekannten Vertebratenviren sind etwa 180 *onkogen*, d. h., sie sind in der Lage, in Wildtieren, geeigneten Versuchstieren, Haustieren oder beim Menschen *Zellen in einen Zustand zu versetzen, der unkontrollierte Vermehrung und somit Tumorbildung erlaubt.* In Zellkulturen bewirken diese Viren in der Regel eine maligne Transformation von Zellen. Letztere kommt u. a. in einer Veränderung der Zell- und Koloniemorphologie zum Ausdruck.

Werden transformierte Zellen in geeignete Versuchstiere injiziert, kann es zur Tumorbildung kommen. Es ist jedoch auch möglich, daß die transformierten Zellen eliminiert werden, denn in der Zellwand transformierter Zellen bilden sich vielfach im Zusammenhang mit der Transformation sogenannte *tumorspezifische Transplantationsantigene.* Diese führen dazu, daß die entsprechenden Zellen von den Immunmechanismen eines Organismus (vgl. Abschnitt 7.2.2), dessen Immunsystem intakt ist, als „fremd" erkannt und eliminiert werden. Zur Tumorbildung kommt es daher besonders oft dann, wenn das Immunsystem nicht voll funktionsfähig ist, beispielsweise in jungen Tieren oder nach Störungen im Immunsystem, wie sie z. B. durch HIV verursacht werden.

Onkogene Viren finden sich bei RNS-Viren insbesondere in der Familie der Retroviren und bei DNS-Viren in den Familien der Pocken-, Herpes-, Papova- und Adenoviren. Die meisten Kenntnisse bezüglich der Bildung virusinduzierter Tumoren sind bei den Onkoviren, d. h. bei den tumorbildenden Retroviren, gewonnen worden. Nicht zuletzt aus diesem Grund sollen diese an erster Stelle behandelt werden.

Tumorbildung durch Retroviren (RNS–Viren)

Erste grundlegende Vorstellungen bezüglich der Tumorbildung durch Viren wurden am *Rous-Sarkom-Virus* gewonnen. Dieses Virus ist bereits im Jahre 1910 bei der zellfreien Übertragung eines spontanen Hühnersarkoms entdeckt worden. Es wurde nach seinem Entdecker, der für seine Forschungsergebnisse über Tumorviren den Nobelpreis erhielt, benannt.

Für die Fähigkeit des Rous-Sarkom-Virus, Tumorbildung hervorzurufen und tierische Zellen in Gewebekulturen maligne zu transformieren, d. h. zu Krebswachstum zu veranlassen, ist ein Gen verantwortlich, das als src-Gen bezeichnet wird. Es ist im Genom des Virus der *env*-Region benachbart (vgl. Abb. 7.7), die Proteine der Hülle codiert. Bei einer Anzahl von Stämmen, z. B. bei den Bryon-Stämmen des Rous-Sarkom-Virus, ist das Onkogen jedoch nicht in einer besonderen Region vorhanden, sondern ersetzt Abschnitte des Genoms, in denen Strukturgene oder regulatorische Gene codiert sind. Die entsprechenden Viren können sich daher nicht mehr selbständig replizieren, wie wir das in ähnlicher Weise bei den transduzierenden Phagen kennen gelernt haben, die ein Wirtsgen im Austausch gegen ein Phagengen aufgenommen haben. Ähnlich den transduzierenden Phagen benötigen die Bryonstämme des Rous–Sarkom–Virus für ihre Vermehrung ein intaktes Helfervirus (Hilfsvirus), das ihnen das durch den Genaustausch verloren gegangene Genprodukt zur Verfügung stellt. Im Fall der Bryon–Stämme fungiert das Rous–assoziierte Virus (RAV) als Helfervirus.

Im Verlauf der weiteren Forschungen zeigte es sich, daß alle RNS–Viren, die im Tierversuch nach relativ kurzer Zeit Tumoren hervorrufen und Zellen in vitro, d. h. in Gewebekulturen, transformieren können, derartige Onkogene enthalten. Diese werden oft unter dem Oberbegriff *onc*–Gene zusammengefaßt. Bisher sind 23 verschiedene *onc*–Gene aufgefunden worden. Gleiche *onc*–Gene können in unterschiedlichen Viren vorkommen. Einige Viren enthalten auch zwei verschiedene *onc*–Gene in ihrem Genom.

Die Genprodukte der retroviralen Onkogene sind in vielen Fällen bereits identifiziert worden. Es sind Proteine, die als *transformierende Proteine* bezeichnet werden. Viele von ihnen sind sogenannte *Zellvermehrungsfaktoren* oder *Rezeptoren für Zellvermehrungsfaktoren der Wirtszelle*. Über den Wirkungsmechanismus der meisten transformierenden Proteine ist jedoch noch wenig bekannt, obwohl auf diesem Gebiet intensiv gearbeitet wird.

Ebenso überraschend wie bedeutsam war der Befund, daß *auch in den Zellen der Wirte der Onkoviren Gene vorhanden sind, die den retroviralen Onkogenen entsprechen*. Alle retroviralen Onkogene finden ihre Entsprechung in Wirtsonkogenen, und zwar offenbar bei allen Eukaryonten, bei *Drosophila* beginnend und bei Maus, Katze oder beim Menschen endend. Bis auf die *ras*–Gene tritt jedes der 23 Onkogene im haploiden Genom eines eukaryonten Organismus nur ein– bis zweimal auf. Wenn verschiedene Onkogene im gleichen Organismus vorkommen, befinden sich diese häufig auf verschiedenen Chromosomen. Beim Menschen sind 22 verschiedene zelluläre Onkogene nachgewiesen worden, die viralen Onkogenen entsprechen. Sie sind auf 15 Chromosomen verteilt.

Die zellulären Onkogene werden als c–Onkogene (*c–onc*) bezeichnet, während den viralen Onkogenen zur Unterscheidung ein v vorangestellt wird (*v–onc*). In ihrem Bau unterscheiden sich die c–Onkogene von den v–Onkogenen dadurch, daß ihre codierenden Regionen durch *nicht codierende Genabschnitte*, die als *Intronen* bezeichnet werden, voneinander getrennt sind. Die Intronen werden bei der Transkription in der Regel durch Spleißen aus dem Gen entfernt.

Das dem *v–ras*–Gen homologe *c–ras*–Gen tritt in mehreren, einander ähnlichen Varianten auf, und zwar in sehr vielen Tierarten. 5 verschiedene *c–ras–* Gene sind jeweils 5 verschiedenen Chromosomen zugeordnet. Das *c–N–ras–*Gen wurde jedoch nur in menschlichen Zellen, und zwar im Chromosom 1, vorgefunden. Dem *v–src–*Onkogen des Rous–Sarkom–Virus ist ein beim Menschen im Chromosom 20 lokalisiertes *c–src–*Onkogen homolog.

Die angeführten Befunde, die durch weitere ergänzt werden könnten, legen nahe, daß *die viralen Onkogene ursprünglich Gene der Wirtsorganismen waren, die im Verlauf der Evolution durch ein seltenes Ereignis, über das nur wenig bekannt ist, in Viren eingebaut worden sind. Mit diesen können sie nunmehr auch auf andere Organismen übertragen werden.*

Heute besteht kein Zweifel mehr daran, daß *zelluläre Onkogene auch ohne zusätzliche Infektion mit Tumorviren an der Bildung von Tumoren beteiligt* sein können. Beispielsweise enthalten 15% der untersuchten bösartigen Tumoren des Menschen eines der zellulären *ras–*Gene in aktiver Form. Derartige Befunde lassen erkennen, daß *die mehrzelligen Organismen einschließlich des Menschen den Keim des Verderbens, gewissermaßen einen Tod bringenden Sprengsatz, in sich tragen.* Hieraus erwachsen Fragen, und zwar einmal nach den Gründen für die Entstehung derartiger, die Individuen bedrohender Mechanismen im Verlauf der Evolution und zum anderen nach der Art und Weise, wie diese bedrohlichen „Sprengsätze" gezündet werden.

Die erste Frage ist dahingehend zu beantworten, daß die *zellulären Onkogene im Verlauf der Ontogenese,* d. h. der Entwicklung der Individuen von der Keimzelle bis zu ihrem Tod, *bei Eukaryonten offensichtlich spezifische physiologische Funktionen ausüben. Insbesondere steuern sie häufig Differenzierungs- und Wachstumsvorgänge.* So deutet z. B. vieles darauf hin, daß das *c–fos–*Gen, dem das *v–fos–*Gen im Maus– Osteosarkom–Virus entspricht, an der *intrazellulären Signalübertragung* und damit an der Regulation der Aktivität anderer Gene beteiligt ist. Ferner liegen Hinweise darauf vor, daß die *c–fos–* Gene eine Funktion bei der *Kontrolle des Wachstums verschiedener Zellen,* z. B. von Fibroplasten, *der Zelldifferenzierung,* z. B. von F9–Zellen und offenbar auch von bestimmten Blutzellen sowie bei der funktionellen Differenzierung von Makrophagen haben. *Tumortransformation* wird durch das *c–fos–*Gen bewirkt, wenn dieses in einem ungeeigneten Zelltyp exprimiert wird, in dem es normalerweise nicht aktiv wird, und wenn hierdurch hohe Konzentrationen von c–fos–Protein entstehen. Da auch bezüglich anderer zellulärer Onkogene ähnliche Beobachtungen vorliegen, ist die Bildung von Tumoren offensichtlich nur *eine* mögliche Funktion dieser Gene. *Nach der Genprodukt–Dosis–Hypothese resultiert die Tumorinduktion aus einer erhöhten Expression oft veränderter (mutierter) Onkogene, die an einem falschen Ort, in einer falschen Zelle bzw. in einem ungeeigneten Stadium der Individualentwicklung erfolgt.*

Aus Vorstehendem erwächst die *Frage nach den Faktoren, die zur erhöhten Expression der zellulären Onkogene und damit zur Tumorbildung führen.* In diesem Zusammenhang ist von Bedeutung, daß häufig *spezifische Punktmutationen in codierenden Sequenzen zellulärer Onkogene eine erhöhte Genexpression bewirken.* So konnte beispielsweise nachgewiesen werden, daß das c–ras–Gen nach Austausch eines Nucleotids in einer der Basendreiergruppen (= Codonen), die die Aminosäuren Nr.12 oder 61 des im c–ras–Gen verschlüsselten Proteins codieren, zur Aktivierung eines sogenannten transformierenden Proteins führt, mit der u. a. eine veränderte Triphosphatbindung einhergeht. Derartig aktivierte c–ras–Gene wurden in zahlreichen Tumoren des Menschen, vor allem in Karzinomen, nachgewiesen.

Häufig werden Onkogene auch dadurch aktiviert, daß sie durch Translokation in Regionen des gleichen Chromosoms verlagert werden, die in besonders starkem Maße transkribiert werden.

Eine weitere Möglichkeit der Aktivierung von Onkogenen stellt die *Genamplifikation* dar. Hierunter wird die Vergrößerung der Anzahl gleicher Gene verstanden. Auch diese führt zu erhöhter Genexpression. Ebenso kann ein Onkogen aktiviert werden, indem dieses in ein *Transposon*, d. h. in einen beweglichen DNS–Abschnitt, der innerhalb eines Genoms eine größere Anzahl verschiedener Positionen besetzen kann, eingebaut wird. Gleiches gilt für die *Insertion von Promotorsequenzen*, d. h. von Nucleotidfolgen, die als Bindungsort der für die Bildung von Boten–RNS erforderlichen RNS–Polymerase dienen und damit die Transkription des benachbarten Onkogens ermöglichen.

Viele zelluläre Onkogene vermögen auch im aktivierten Zustand nur einen einzigen Schritt der Tumortransformation zu aktivieren. Offenbar müssen bei der Krebsentstehung jedoch verschiedene physiologische Funktionen aktiviert werden. Hierzu ist die Beteiligung von mindestens zwei, möglicherweise sogar drei Onkogenen erforderlich. *Durch den Einbau von Onkoviren, die v–onc–Gene in ihrem Genom enthalten und diese verhältnismäßig gut exprimieren, in das zelluläre Genom wird der Bestand an Onkogenen erhöht.* Damit vergrößert sich die Wahrscheinlichkeit beträchtlich, daß mehrere verschiedene Onkogene, die zur Krebsentstehung erforderlich sind, gleichzeitig aktiv werden und daß die Tumorgenese (Tumorbildung) einsetzen bzw. vollendet werden kann. *Onkoviren bewirken also selten allein die Bildung von Tumoren. Sie fördern jedoch die Tumorbildung in erheblichem Ausmaß.*

Auch Chemikalien können die unselige Allianz zur Tumorbildung beitragender Faktoren vergrößern. *Es ist nachgewiesen worden, daß eine Anzahl von Substanzen, die als kanzerogen (krebserregend) bekannt sind, zelluläre und auch virale Onkogene aktivieren, indem sie in diesen Punktmutationen hervorrufen (s.o.). Verschiedene Chemikalien entfalten die kanzerogene Wirkung auch da-*

durch, daß sie Repressoren von Onkogenen inaktivieren, die die Expression der Onkogene und damit die Bildung krebserregender Genprodukte bisher verhindert haben.

Den die Tumorbildung fördernden Faktoren stehen andere Faktoren gegenüber, die die Tumorgenese verzögern oder gar vollständig unterbinden können. Besonders wenn Viren an der Bildung von Tumoren beteiligt sind, treten vielfach *an der Zelloberfläche Proteine auf, die die Immunmechanismen (vgl. Abschnitt 7.2.2) als fremd einstufen.* Hierdurch kommt es zur Bildung von *Antikörpern, die schließlich zur Eliminierung der transformierten Zellen führen* können. Je aktiver das Immunsystem eines Organismus ist, auch das des Menschen, desto größerer wird die Wahrscheinlichkeit, daß kanzerogene Entartungen eliminiert werden. Hierauf dürfte zurückzuführen sein, daß Menschen, deren Immunsystem durch häufige Erkältungskrankheiten oft aktiviert wird, und zwar nicht nur erregerspezifisch, sondern auch unspezifisch, offensichtlich eher von Krebserkrankungen verschont bleiben als kerngesunde Menschen. Diese werden nicht selten im besten Lebensalter plötzlich durch sich rasant entwickelnde Tumorerkrankungen dahingerafft, da vielfach ihr untrainiertes Immunsystem auf die Tumortransformation von Zellen zu träge reagiert.

In der Sicht der vorstehenden Ausführungen stellt sich die Manifestation von Tumoren als das Resultat des Zusammenwirkens oder Gegeneinanderwirkens einer Vielzahl von Faktoren dar, unter denen Onkoviren, die zusätzliche Onkogene in ein Wirtsgenom einführen, eine bedeutsame Rolle spielen.

Tumorbildung durch DNS–Viren

Tumoren bildende DNS–Viren sind vor allem unter den Pocken–, Herpes–, Papova– und Adenoviren bekannt. Onkogene sind jedoch bei diesen Virusfamilien in unterschiedlichem Maße charakterisiert worden, und zwar bei den Adeno– und Papovaviren relativ gut, bei Pocken– und Herpesviren in geringerem Maße. *Eine Anzahl dieser Viren hat offensichtlich keine Onkogene. Die entsprechenden Viren bewirken die Bildung von Tumoren, indem sie zelluläre Onkogene aktivieren.* Dabei spielen Wechselwirkungen zwischen zellulären Faktoren, organismischen Faktoren und Umweltfaktoren oft eine große Rolle. Viren, die in dieser Weise wirken, werden als *transformierende Onkoviren* bezeichnet.

Bei den DNS–Viren, die durch den Besitz von Onkogenen zur Tumorinduktion befähigt sind, müssen wie bei den tumorbildenden RNS–Viren die Onkogene in das Wirtsgenom eingebaut werden, indem virale DNS in das Wirtsgenom integriert wird. Die Integration erfolgt in ähnlicher Weise, wie wir das bei den temperenten Phagen kennen gelernt haben. Zunächst schließt sich die Virus--DNS zu einem Ring, und dann wird das gesamte DNS–Molekül des Virus in einen Wirts–DNS–Strang eingebaut.

Bei den Adenoviren gehen beim Einbau einige Nucleotide von den Enden des Virusgenoms verloren. Etwas später werden mehr oder weniger große Genbezirke aus dem in ein Wirtschromosom integrierten Adenovirus–Genom eliminiert, und zwar insbesondere solche, die Spätproteine oder regulatorische Proteine enthalten, die für die Bildung neuer Viruspartikeln erforderlich sind. Hierdurch hat das Virus die Befähigung verloren, sich zu replizieren, wenn es aus dem Wirtsgenom ausgestoßen werden sollte. Damit ist der Fortbestand der transformierten Zellen gesichert, denn es wird verhindert, daß die mit Adenovirus infizierten Zellen absterben, wie das in der Regel nach Vollendung der Replikationszyklen der Fall ist (vgl. Abschnitt 7.1.1).

Von der Eliminierung von Teilen des Virusgenoms verschont bleiben die Genbezirke des Adenovirus, in denen die frühen Gene codiert sind. Diese sind bezüglich der Tumorbildung besonders bedeutsam, vor allem eine Region, die als E1–Region bezeichnet wird. Es wurden verschiedene strukturelle und funktionelle Beziehungen zwischen den in der E1–Region codierten Proteinen und viralen sowie zellulären Onkogenen, besonders vom *ras–* und *myc*–Typ, nachgewiesen. Auch stimulieren einige in dieser Region codierte Proteine die Transkription von anderen frühen viralen Genen und bestimmten Wirtszellgenen. Einem Protein dieser Region, dem sogenannten *176–R–Protein*, kommt offensichtlich eine wesentliche Rolle bei der Tumortransformation zu. Das Protein ist aber auch an der Zelloberfläche zu finden. Es ist mit großer Wahrscheinlichkeit *mit dem tumorspezifischen Transplantationsantigen identisch, das spezifische Immunreaktionen auslöst*, die die entsprechenden, zur Tumorbildung transformierten Zellen eliminieren. *Durch Adenoviren induzierte Tumoren können sich daher nur in Organismen entwickeln, deren Immunsystem nicht oder noch nicht in Takt ist*, z. B. in neu geborenen und sehr jungen Tieren. Auch in Kulturen von Säugetierzellen können Adenoviren, u. a. zahlreiche menschliche Adenoviren, onkogene Transformationen hervorrufen, denn in Zellkulturen treten in der Regel keine Antikörper auf, die die transformierten Zellen vernichten. Damit zeigt sich erneut die enge Verflechtung zwischen der Expression von viralen Tumorgenen und der zellulären und besonders auch der organismischen Umwelt der Viren, wie wir sie bereits bei den tumorbildenden RNS–Viren kennen gelernt haben. Der Mensch braucht dementsprechend nicht zu befürchten, daß er im Verlauf der zahlreichen Erkältungskrankheiten, die durch Adenoviren hervorgerufen werden, zur Tumorbildung transformiert wird.

In der Familie der *Papovaviridae* rufen die Viren der Gattung *Papillomavirus* Papillome, d. h. zumeist gutartige Geschwülste der Haut und Schleimhäute, hervor. Die Papillome entstehen, indem die befallenen Zellen durch das Virus zu erhöhter Vermehrung angeregt werden. *Beim Menschen* sind *drei Typen in-*

fektiöser Papillome beschrieben worden, und zwar die *Gewöhnlichen Warzen*, die durch mindestens 25 verschiedene menschliche Papillomaviren hervorgerufen werden können, die *Flachen Warzen* und die *Genitalwarzen*. Die Mehrzahl dieser Papillome kann unter Beteiligung von Immunfunktionen spontan zurückgebildet werden. In einigen Fällen, offensichtlich besonders bei latenten Schäden im Immunsystem, kann es jedoch auch zur *Konversion von Warzen zu malignen Tumoren* kommen. *So wurde in 85% der Zervixkarzinome DNS der menschlichen Papillomviren 16 oder 18 gefunden. Das spricht für eine entscheidende Rolle der menschlichen Papillomviren als Risikofaktoren der Induktion der am Gebärmutterhals auftretenden Karzinome.*

Auch natürliche Infektionen mit Viren der zweiten Gattung der Papovaviren, der Gattung *Polyomavirus (= Miopapovavirus)* sind in immunologisch kompetenten Wirten, d. h. in Wirten mit voll entwickeltem Immunsystem, in der Regel harmlos. Werden jedoch große Dosen des Virus in *neugeborene* Mäuse, Hamster, Meerschweinchen, Kaninchen oder andere Nagetiere injiziert, bei denen das immunologische Abwehrsystem noch nicht oder nur unvollständig ausgebildet ist, so vermehrt sich das Virus sehr stark, und es treten etwa 10 Tage nach der Infektion erste transformierte Zellen auf, die schließlich zu Tumoren heranwachsen. Innerhalb weniger Wochen entstehen an zahlreichen Stellen Tumoren (polyoma, lat.: viele Tumoren ausbildend), u. a. in den Speicheldrüsen, am Thymus, am Herzen, am Magen, an den Eingeweiden, den Nieren, an der Lunge, der Leber, den Zehen, den Backentaschen von Hamstern usw. (Abb. 7.15). Die Tumoren sind im allgemeinen frei von infektiösem Virus oder von Viruspartikeln. Die virale DNS ist in das Wirtsgenom integriert. Auch in erwachsenen Tieren mit kompetentem Immunsystem können Papovaviren jedoch Tumoren induzieren, wenn einige wenige Tumorzellen in diese implantiert werden. Die Tumortransformation ist also irreversibel und kann durch Transplantation von Tumorzellen von Tier zu Tier weitergegeben werden.

In der Familie der *Poxviridae* (Pockenviren) finden wir einige wenige Neoplasien bildende Viren in der *Myxomgruppe*. Unter diesen noch relativ wenig untersuchten Viren ruft das *Molluscum-contagiosum- Virus* beim Menschen auf der Haut stecknadel- bis erbsengroße Gewebewucherungen, sogenannte Noduli, hervor. Diese enthalten Riesenzellen, die mit 20 bis 30 nm großen „Molluscumkörperchen" gefüllt sind und große Mengen an quaderförmigen Poxviruspartikeln beherbergen. Nach einigen Monaten bilden sich diese Noduli in der Regel wieder zurück. Die Molluscum-contagiosum- Erkrankung ist über die gesamte Welt verbreitet. Sie tritt entweder sporadisch oder epidemisch auf. Kinder werden häufiger als Erwachsene befallen. Molluscum contagiosum wird sowohl durch direkten als auch indirekten Kontakt, z. B. durch Gerätschaften von Friseuren, gemeinsame Benutzung von Handtüchern usw. übertragen.

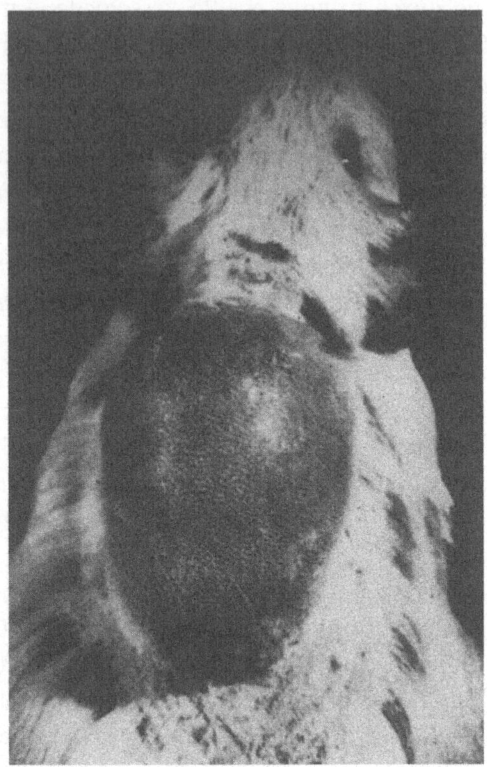

Abb. 7.15: Nach Injektion von Polyomavirus in neugeborene Tiere entstandene Tumoren. Links: Tumoren an Speicheldrüsen und Thymus einer Maus; rechts: bereits äußerlich deutlich sichtbarer Tumor in einem Meerschweinchen (B. E. Eddy, Virology Monographs, 7, 1969, 58 u. 67)

Auch eine Anzahl von *Herpesviren* sind onkogen. So ist das *Lucke–Herpes-Virus* bei Leopardfröschen an der Entstehung von Nierentumoren beteiligt. Das *Virus der Marekschen Krankheit der Hühner* ruft schnell wachsende Tumoren des lymphatischen Systems hervor. Das *Herpes–Virus saimiri* läßt bei Affen ein rasch wachsendes malignes Lymphom oder eine akute lymphatische Leukämie entstehen.

Das am besten untersuchte onkogene Herpesvirus ist das Epstein–Barr-Virus (EBV). Die erhaltenen Untersuchungsergebnisse zeigen eindrucksvoll, wie ein und dasselbe Virus bei unterschiedlichen genetischen, ethnischen, geographischen bzw. ökologischen Bedingungen unterschiedliche Erkrankungen verursachen kann.

Das Epstein–Barr–Virus (EBV) hat einen stark eingegrenzten Wirts– und

Wirtszellbereich. Es wurde bisher nur in B–Lymphozyten des Menschen und anderer Primaten gefunden. Nach der Infektion mit EBV wird ein Teil der B–Lymphozyten transformiert. In den transformierten Zellen ist dem Zellgenom ringförmig geschlossene Virus–DNS assoziiert. Alle Zellen, die in dieser Weise gebundene EBV–DNS enthalten, produzieren mindestens ein virusspezifisches Antigen. Das Epstein–Barr–nuclear–Antigen (=EBNA), das offensichtlich für die kontinuierliche Vermehrung der Virus–DNS enthaltenden Zellen notwendig ist, wird im Kern aller EBV–DNS–haltigen Zellen vorgefunden. EBV–Antigene sind in über 80% der Weltbevölkerung vorhanden, und zwar auch bei Personen, bei denen nichts auf Befall mit EBV hindeutet. Erkrankungen können sich in unterschiedlicher Weise, und zwar nicht nur in der Ausbildung von Tumoren, manifestieren.

In *Mitteleuropa* und in *Nordamerika* verursacht EBV in erster Linie eine *fieberhafte Erkrankung*, die als *Infektiöse Mononucleose* oder *Pfeiffersches Drüsenfieber* bezeichnet wird. Die Erkrankung tritt meist im Jugendalter auf, ist von Lymphknoten-, Milz- und Leberschwellungen begleitet und heilt in der Regel nach wenigen Wochen folgenlos ab. Dabei kommt es zu hohen Antikörpertitern, die lebenslang erhalten bleiben.

In *Südostasien*, besonders *Südchina*, daneben auch relativ häufig in *Tunesien* und *Alaska* ist EBV an der Bildung des *Nasopharynx–Karzinoms* (NPC) beteiligt. In der Regel enthalten die entsprechenden Tumoren EBV–DNS und EBNA. Zwischen der Primärinfektion mit dem EBV und der Tumorausbildung, die meist im Pubertätsalter bemerkbar wird, liegt offenbar ein Zeitraum von mehreren Jahren. Bei der Entstehung des NPC spielen offensichtlich auch genetische Faktoren eine wichtige Rolle. So tritt bei Auswanderern aus einem Gebiet, in dem NPC gehäuft vorkommt, auch in dem neuen Land in etwa gleicher Häufigkeit dieses Karzinom auf.

In *Afrika* ist EBV wesentlich an der Bildung des *Burkitt–Lymphoms* beteiligt. Dieses stellt ein bösartiges Lymphosarkom dar, das bevorzugt bei Mädchen zwischen 6 und 8 Jahren in Form multipler Tumoren im Bereich der Kiefer, Nieren, Nebennieren, Ovarien und Leber in Erscheinung tritt. Bei allen am Burkitt–Lymphom Erkrankten werden bestimmte EBV–spezifische Antikörper vorgefunden. Der Antikörpertiter ist 8 bis 10mal höher als bei Kontrollpersonen.

An der Bildung des Burkitt–Lymphoms wirken offensichtlich viele verschiedene Faktoren mit. Das Unheil beginnt, indem im Kindesalter durch eine Infektion mit EBV B–Lymphocyten unbegrenzt teilungsfähig werden. Durch einen Kofaktor, offensichtlich durch den Malariaerreger *Plasmodium falciparum*, werden die virusinfizierten Zellen dann chronisch zur Teilung stimuliert. Darüber hinaus schädigt die Malariainfektion das Immunsystem. Dadurch werden die mit EBV infizierten Zellen, obwohl sie ein virales Membranantigen ausbilden, nicht mehr mit gleicher Effektivität wie durch das intakte Immunsystem als fremd erkannt und eliminiert. Hierdurch wird die Vermehrung infizierter Zellen zusätzlich begünstigt.

In einer weiteren Etappe der Onkogenese werden über noch weitgehend unbekannte Mechanismen zelluläre *onc*-Gene aktiviert. Das betrifft in erster Linie das auf Chromosom 8 lokalisierte *c-myc*-Gen. In 90% der Fälle wird durch Austauschvorgänge zwischen den Chromosomen 8 und 14 und in 5% der Fälle durch Austauschvorgänge zwischen den Chromosomen 8 und 2 bzw. 22 jeweils ein *c-myc*-Gen an ein Immunoglobulin-Gen gekoppelt. Hierdurch wird das *c-myc*-Genprodukt offenbar der normalen Kontrolle entzogen. Darüber hinaus hat man in einer Anzahl von Burkitt-Lymphom-Zellen auch andere aktivierte *c-onc*-Gene gefunden. Ob die Aktivierung auch dieser *c-onc*-Gene für die Entstehung des Tumors notwendig ist, bleibt z. Z. noch offen.

Wenn auch in der Ereigniskette, die zwischen der Infektion mit dem tumorbildenden Virus und der Entstehung des Tumors abläuft, noch längst nicht alle Vorgänge sicher erkannt werden konnten, so zeigt doch dieses Beispiel in aller Deutlichkeit, welche *komplizierten Aufeinanderfolgen von Ereignissen* in der zellulären Umwelt des Virus, aber auch in unserer Umwelt schließlich *zur Tumorbildung führen*. Es ist ganz offensichtlich, daß das Virustumorproblem neben zellulären und organismischen Aspekten auch zahlreiche Umweltaspekte aufweist. Diese immer besser zu erkennen, würde wesentlich zur Lösung der schrecklichen Tumorproblematik beitragen.

7.1.6 Infektion einer Zelle mit zwei oder mehreren Virusarten

Wenn Zellen gleichzeitig von zwei oder mehreren Virusarten infiziert werden, kann das unterschiedliche Wirkungen nach sich ziehen. Oft werden die Vermehrung eines bestimmten Virus im Wirt sowie die Reaktionen des tierischen oder menschlichen Organismus auf den Befall mit diesem Virus durch die Gegenwart eines zweiten Virus in beachtlichem Umfang verändert. Erste diesbezügliche Beobachtungen wurden bereits vor längerer Zeit mit dem Gelbfieber-Virus getroffen. Wird dieses Virus Affen subkutan injiziert, so führt die Infektion zum sicheren Tod. Wenn das Virus jedoch gleichzeitig mit dem Rifttalfieber-Virus injiziert wird, kommt es nur zu einer leichten Erkrankung. Das Rifttalfieber-Virus schwächt also die Aggressivität und Pathogenität des Gelbfieber-Virus ab. Gelbfieber und Dengue, eine mit hohem hämorrhagischem Fieber einhergehende Erkrankung mit großer Sterblichkeit, deren Erreger wie das Gelbfiebervirus zur Familie der *Togaviridae* gestellt wird, treten in der Regel nicht gleichzeitig auf, obwohl sie beide durch die Stechmücke *Aedes aegypti* übertragen werden. Offenbar verhindert das zuerst anwesende Virus die Replikation des zweiten Virus. Derartige oder ähnliche Einflüsse eines Virus auf ein anderes werden als *Virusinterferenzen* bezeichnet. Die Virusinterferenz kann einseitig sein, d. h., ein Virus ver- oder behindert die Infektion der gleichen Wirtszelle durch ein zweites Virus, das aber umgekehrt nicht in der Lage ist, das erste Virus zu beeinträchtigen. Es können sich aber auch beide Viren gegenseitig behindern. Virusinterferenzen treten sowohl zwischen miteinander verwandten als auch zwischen nicht verwandten Viren auf.

Als *Ursache für die Interferenzerscheinungen* wird diskutiert, daß das erste Virus Virusrezeptoren auf der Zellmembran prospektiver Wirtszellen inaktiviert und diese dadurch für das zweite Virus unzugänglich macht. Ferner wird erwogen, daß bestimmte Stoffwechselprodukte oder Enzyme, die für die Vermehrung des zweiten Virus erforderlich sind, vom ersten Virus mit Beschlag belegt werden oder daß das erste Virus deren Bildung behindert bzw. völlig unterbindet. Schließlich dürfte die Ausbildung von Interferonen (vgl. Abschnitt 7.2.1) an der Ausbildung von Interferenzerscheinungen beteiligt sein.

Wenn zwei Viren gleichzeitig die gleichen Zellen infizieren, ist es möglich, daß zwischen diesen *Teile ihrer Genome ausgetauscht* werden. Hierdurch können *Viren mit neuen Eigenschaften* entstehen.

Bei *Viren mit geteiltem Genom*, bei denen die genetische Information auf verschiedene Nucleinsäurestränge verteilt ist (vgl. Abschnitt 3.2), ist dieser Austausch besonders intensiv. Es kann zu einer Neukombination von Erbanlagen kommen, indem während der Replikation ganze Nucleinsäurestränge zwischen den verschiedenen Virusstämmen und ggf. auch -arten ausgetauscht werden. Hierdurch entstehen *Hybridviren*, die Erbanlagen beider Elternstämme zeigen. Diese sind nicht selten in einer Weise kombiniert, daß das Hybridvirus sich besser als seine Elternstämme durchsetzen kann. So ist beispielsweise der Erreger der 1968 weltweit grassierenden „Hongkong-Grippe", das Influenza–A–Virus Hongkong/168, einer Hypothese zufolge dadurch entstanden, daß Wildenten gleichzeitig mit 2 Influenza–A–Typen infiziert worden waren, und zwar mit einem „Ententyp" und daneben mit dem Subtyp A/Singapure/1/57, der 1957/58 den Seuchenzug der sogenannten Asiatischen Grippe ausgelöst hatte. Bei der gleichzeitigen Replikation dieser beiden Subtypen sind deren 8 Genomsegmente neu kombiniert, d. h. in neuer, unterschiedlicher Weise auf die Tochtervirionen verteilt worden. Hierdurch ist es zur Herausbildung eines neuen Subtyps mit neuen Oberflächenantigenen gekommen, gegen den in Menschen weder durch überstandene Grippeerkrankungen noch durch Impfungen induzierte Antikörper vorhanden waren. Auch waren offensichtlich Infektiosität und Pathogenität erhöht. Das gab dem neuen Subtyp eine so große Überlegenheit, daß er sich in einer Pandemie über die ganze Welt verbreiten konnte.

Weniger gravierend sind die Veränderungen, wenn bei gleichzeitiger Infektion mit zwei verschiedenen Virusarten *Nachkommen* gebildet werden, *bei denen das Genom der einen Virusart durch Hüllprotein der anderen Virusart enkapsidiert worden ist.* Dieser Austausch wird als *phänotypisches Mischen* bezeichnet. Er führt zur Bildung von sogenannten *Pseudotypen.* Phänotypisches Mischen ist sogar zwischen RNS- und DNS-Viren möglich, beispielsweise zwischen dem Vesikulär-stomatitis-Virus, einem Rhabdovirus, das bei Rind, Schwein, Schaf und Pferd eine nicht sehr schwere exanthematische Erkrankung hervorruft, und dem Herpes-simplex-Virus, das zur Bildung von Bläschen auf der Haut bzw. auf Schleimhäuten führt. Besitzen derartige Pseudotypen das Genom des einen und ausschließlich die Hülle des anderen Virus, so spricht man von *Transkapsidierung* oder *Genommaskierung.* Diese wird z. B. nach Koinfektion von Affenzellen mit Adenovirus-SV40-Hybridviren und verschiedenen Adenovirus-Genotypen beobachtet. Sie hat oft den Forscher oder Arzt genarrt, da serologische Nachweismethoden auf Proteine der Kapsidoberfläche reagieren, die Erkrankung bzw. deren Verlauf aber wesentlich durch den Nucleinsäureanteil der Partikeln bestimmt werden.

Eine besondere Wechselwirkung zwischen zwei Virusformen, die in die gleiche Zelle gelangt sind, stellt die *Komplementation* dar. Hierunter wird die Wechselwirkung zwischen zwei Viren verstanden, die deren Replikation auch unter normalerweise restringierenden Bedingungen ermöglicht. Wenn beispielsweise bestimmte Stämme von Adenoviren, die in der Regel nur im Menschen vorkommen, in den Respirationstrakt von Affen gelangen, so werden sie zwar von den diesen auskleidenden Epithelzellen inkorporiert. Auch wird die DNS repliziert. Weitere Replikationsschritte können jedoch nicht stattfinden, und der Replikationszyklus wird nicht vollendet. Sind jedoch gleichzeitig in der Zelle das Affen-Papova-Virus SV 40 oder die in Affen vorkommenden Adenoviren SV 15 bzw. SA 7 vorhanden, so kann auch der Replikationszyklus des menschlichen Adenovirus vollendet werden. Die hierfür erforderlichen Enzyme oder sonstigen regulatorischen Proteine, die das menschliche Adenovirus normalerweise in der Menschenzelle vorfindet, die aber in der Affenzelle nicht vorhanden sind, stellen jetzt die angeführten Viren zur Verfügung, in deren Genom sie codiert sind. Das menschliche Adenovirus, das sich unter den geschilderten Bedingungen nur replizieren kann, wenn ihm ein an Affenzellen adaptiertes Virus dabei hilft, ist dementsprechend ein *abhängiges* oder *defektes* Virus. Das die Vollendung seines Replikationszyklus ermöglichende Virus wird *Helfervirus* oder *Hilfsvirus* genannt. Während die Replikation des menschlichen Adenovirus vom Affenvirus abhängig ist, kann sich das Affenvirus auch ohne das menschliche Adenovirus replizieren. Eine derartige Komplementation wird als *nicht reziproke Komplementation* bezeichnet.

Nicht reziproke Komplementation finden wir auch bei *den* Onkoviren (Abschnitte 7.1.5 und 7.1.6), die ein Wirtsonkogen im Austausch gegen einen Abschnitt ihres eigenen Genoms in sich aufgenommen haben, hierdurch regulatorische Proteine oder andere wichtige Proteine usw. nicht mehr bilden können und somit ihren Replikationszyklus nicht selbst vollenden können. Als Helferviren, die die fehlende Genaktivität zur Verfügung stellen, fungieren in diesem Fall meist in der gleichen Wirtsart vorkommende Retroviren, z. B. das Rous-assoziierte Virus oder Leukämieviren.

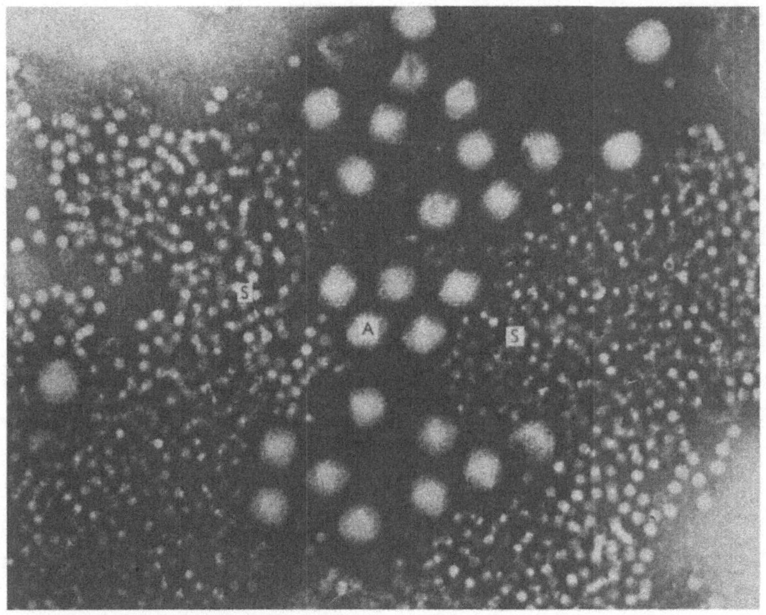

Abb. 7.16: SV 15–(Affen–) Adenovirus (A) und das adenoassoziierte Satellitenvirus Typ 4 (S). Vergr. etwa 135 000fach (W. P. Parks et al. aus G. Schuster, Virus und Viruskrankheiten, A. Ziemsen Verlag, Wittenberg–Lutherstadt 1988, 99)

Als weiteres interessantes Beispiel für nicht reziproke Komplementation sind die Beziehungen zwischen dem adenoassoziierten *Satellitenvirus* und Adenoviren anzuführen. Die Virionen der Gattung *Dependovirus*, zu der das adenoassoziierte Satellitenvirus gehört. sind sehr klein. Der Durchmesser ihrer Nucleokapsel beträgt nur 20 nm. In dem von ihr umschlossenen Raum ist daher nur Platz für einen sehr kurzen DNS-Strang, auf dem bei weitem nicht alle für die Replikation erforderlichen Aktivitäten codiert sein können. Vor allem fehlt die Information für regulatorische Proteine. Die Viren können daher ihre Replikation nur vollenden, wenn die entsprechenden regulatorischen Proteine von anderen Viren zur Verfügung gestellt werden. Aus diesem Grund finden wir die *Satellitenviren in der Zelle stets vergesellschaftet mit einem Helfervirus*. So wird beispielsweise das *adenoassoziierte Satellitenvirus Typ 4 stets zusammen mit dem SV 15–(Affen–) Adenovirus* vorgefunden (Abb. 7.16). Wenn das Satellitenvirus repliziert wird, ist gleichzeitig die Geschwindigkeit der Vermehrung des Helfervirus beträchtlich verringert. Das deutet darauf hin, daß das Satellitenvirus mit seinem Helfervirus um schrittmachende Enzyme konkurriert. Das abhängige Virus kann als ein Parasit aufgefaßt werden, der auf seinem Helfervirus schmarotzt. Wir haben es also gewissermaßen mit einem *doppelten Parasitismus* zu tun. Das adenoassoziierte Satellitenvirus schmarotzt auf einem anderen Schmarotzer auf genetischer Ebene.

Es kommt aber auch vor, daß sich *von zwei Viren jedes nur in Gegenwart des anderen vermehren kann*. Jedes der beiden Viren ist vom anderen abhängig. Wir sprechen in diesem Fall von *reziproker Komplementation. Diese kann als eine spezielle Form der Symbiose bei Viren aufgefaßt werden.* Ein Beispiel hierfür stellt das System Affen–Papova–Virus SV 40 — Adenovirus 1 bis 5 bzw. 7 dar. Es wurde an einem sich normalerweise in menschlichem Gewebe replizierenden Stamm des Adenovirus Typ 7 entdeckt, der für die Gewinnung von Antiseren an das Wachstum in Gewebekulturen von Affennieren adaptiert worden war. Die Untersuchungen ergaben, daß die Vermehrung des (menschlichen) Adenovirus Typ 7 in dem Affengewebe durch das Affen–Papova–Virus in ähnlicher Weise ermöglicht wird, wie wir das bereits bei der Erörterung der nicht reziproken Komplementation kennen gelernt haben. Der vorliegende Typ des Affenpapova–Virus hat jedoch die Befähigung zur selbständigen Vermehrung eingebüßt. Er ist nicht mehr in der Lage, eine eigene Nucleokapsel auszubilden. Daher kann sich das Virus nur zusammen mit Adenoviren der Typen 7 bzw. 1 bis 5 vermehren. Dabei wird das SV–40–Genom schließlich in das Kapsid des Adenovirus eingeschlossen. Die reziproke Komplementation hat im vorliegenden Fall zur Bildung eines Hybridvirus geführt.

Mit der Erörterung der Wechselwirkungen zwischen den Viren und ihrer zellulären Umwelt sowie zwischen den verschiedenen Viren, die sich gleichzeitig in dieser Umwelt befinden, hat sich der Bogen gespannt zwischen Autökologie, Demökologie und Synökologie (Biozönotik). Dabei konnte die Erörterung molekularbiologischer Vorgänge nicht ausgespart werden, denn die Viren sind Parasiten auf molekularer Ebene. Die Erörterungen im Blickwinkel ökologischer Gegebenheiten stellen teilweise Neuland dar.

7.2 Der Wirt wehrt sich gegen den Virusbefall; Virus und Wirt im Kampf gegeneinander

Bei Bakterien führt der Befall mit Viren in der Regel zum Tod des infizierten Individuums, und zwar bei Befall mit lytischen Phagen bereits kurz nach der Infektion, bei Befall mit temperenten Phagen erst, wenn das Virus aus dem Genom des Wirts ausgestoßen wird, nachdem es dort über viele Generationen hinweg vermehrt worden ist. Abwehr durch Restriktion (Abschnitt 6.1.5) ist ein relativ seltenes Ereignis. Demgegenüber rüsten Wirbeltiere und Mensch nach der Virusinfektion zum Gegenangriff und wehren sich so erfolgreich gegen die Viren, daß der Tod der befallenen Individuen in sehr vielen Fällen verhindert wird.

Die Abwehr der Viren erfolgt bei warmblütigen Wirbeltieren und besonders beim Menschen in zwei Verteidigungslinien. Oft wird der Virusinfekt unmittelbar nach der Infektion, gewissermaßen *in einer ersten Verteidigungslinie*, durch *Interferone* (Abschnitt 7.2.1) eliminiert. Dabei sterben meist nur so wenige Zellen ab, daß keine Beeinträchtigung des Wirts erfolgt. Der Wirt bleibt gesund, wenn die Infektion zur Bildung von ausreichenden Mengen von Interferonen führt.

Nicht selten gelingt es dem Virus aber, die erste Verteidigungslinie zu durchbrechen, und zwar insbesondere dann, wenn die Virusinfektion zu einem Zeitpunkt erfolgt, in dem die Interferonbildung vermindert ist. In diesen Fällen kommt es zu einer *Allgemeinerkrankung des Wirts.* Diese würde in der Regel tödlich verlaufen, wenn der Wirt nicht eine zweite Verteidigungslinie errichten könnte. Letztere ist durch die *virusinduzierte Aktivierung von Immunmechanismen* (Abschnitt 7.2.2) gekennzeichnet. Durch diese Immunmechanismen werden die infizierenden Viren schließlich eliminiert. Je rascher die Immunmechanismen aktiv werden, desto leichter verläuft die Viruserkrankung. Oft bleiben die Polizisten der Abwehr, die mobilisiert worden sind, sehr lange, in vielen Fällen lebenslang, wachsam in Stellung. Das bedeutet, daß der Organismus, der die Virusinfektion überstanden hat, lebenslang gegen bestimmte Virusarten bzw. –stämme immun bleiben kann.

In nicht wenigen Fällen gelingt es aber Viren auch, die Immunabwehr zu unterlaufen, beispielsweise, indem es die zur Abwehr eingesetzten Polizisten verwundet oder tötet, d. h. die Immunmechanismen schädigt oder eliminiert. HIV bzw. AIDS sowie das Bovine und Feline Immundefizienzvirus sind bereits behandelte Beispiele hierfür (vgl. Abschnitt 7.1.4). Weitere Beispiele werden wir im Zusammenhang mit chronischen Virusinfektionen kennen lernen.

Anderen Viren, und zwar oft konventionellen Viren, z. B. dem Masern- und dem Windpocken-Virus, gelingt es in einer Anzahl von Fällen, sich in Nischen zurückzuziehen, in die die Immunabwehr nicht eindringen kann. Aus dieser geschützten Stellung heraus können die Viren erneut zum Angriff vorstoßen. Auch können sie, wenn sie in der Lage sind, sich in ihrem Refugium langsam zu vermehren, verhältnismäßig lange nach der Infektion den Tod des befallenen Individuums herbeiführen. Es gibt also einen ständigen Kampf zwischen den Viren und ihren Wirten, in dem sehr viele Faktoren entscheiden, wer wem unterliegt.

7.2.1 Interferone als erste Abwehrfront nach der Virusinfektion

Interferone sind im Genom warmblütiger Wirte codierte *Glycoproteine*. Die Interferon-Gene des Menschen sind größtenteils im Chromosom 9 lokalisiert. In der Regel unterliegen sie einer Repression, d. h., sie sind nicht aktiv. Diese Repression kann jedoch durch doppelsträngige DNS oder RNS aufgehoben werden, wie sie nach der Infektion der Zelle mit DNS- oder RNS-Doppelstrangviren bereits unmittelbar nach dem Uncoating zur Verfügung steht. Nach Befall mit Einzelstrangviren heben die bei der Replikation der Einzelstränge stets auftretenden Doppelstränge, die sogenannten replikativen Intermediate, die Repression auf. Auch sie wirken als *Interferoninduktoren*. Neben viralen DNS- und RNS-Doppelsträngen können auch beliebige Stränge von Polynucleotiden, aber auch anionische Polymere, z. B. Polycarboxylate, Polysulfate oder Polyphospate, ferner bestimmte Antibiotika, z. B. Canamycin, einige Bakterien, u. a. *Corynebacterium parvum*, und einige bakterielle Produkte, z. B. Endotoxine, oder auch Protozoen als Interferoninduktoren dienen. Die Derepression der die *Interferonbildung* codierenden Gene und damit die Interferoninduktion erfolgen dementsprechend *unspezifisch*.

An den Interferon-Genen wird nach ihrer Aktivierung Boten-RNS gebildet. Diese verläßt den Zellkern. Im Cytoplasma werden dann die Interferone an den Wirtsribosomen entsprechend der in der Boten-RNS verschlüsselten Information in engem Kontakt mit dem endoplasmatischen Retikulum, einem komplexen System von Doppelmembranen, das das Cytoplasma der Zellen durchzieht, synthetisiert. Es entstehen Polypeptide, die 166 bzw. 167 Aminosäuren umfassen und an Kohlenhydrate gebunden sind, und zwar vorwiegend an Neuraminsäure und Galactose. Nach der Aminosäurensequenz und der Antigenität werden drei Typen von Interferonen (IFN) unterschieden, die wiederum in verschiedene Subtypen unterteilt werden können. Man unterscheidet vor allem zwischen IFN-alpha und IFN-beta, die früher als Leukozyten- bzw. Fibroblasten-

Interferon bezeichnet worden sind und einander ähneln, sowie IFN–gamma, das frühere Immuninterferon. Die Interferone der einzelnen Wirbeltierarten unterscheiden sich untereinander, und zwar um so mehr, je weniger die Wirbeltierarten miteinander verwandt sind. Je stärker ein Interferon von den Interferonen einer bestimmten Wirbeltierart abweicht, desto geringer ist seine antivirale Wirkung, wenn es in diese Art injiziert wird.

Nachdem die Interferone an oder in den Membrandurchzügen des endoplasmatischen Retikulums gebildet worden sind, werden sie zur Zellwand der infizierten Zelle transportiert und aus dieser freigesetzt. *Sie dringen in die nicht von Viren infizierten Nachbarzellen ein.* Dort wirken sie offenbar als *Induktor für die Bildung bestimmter Proteine*, die ihrerseits die Translation von Proteinen hemmen und dementsprechend als TIP (translation inhibitory proteins) bezeichnet werden. Bei den TIP handelt es sich offensichtlich um Proteinkinasen, Oligo-isoadenylsynthetasen und andere Enzyme. Der Mechanismus der durch diese bewirkten Proteinhemmung ist im wesentlichen noch unbekannt. Sicher ist allerdings, daß *die Bildung von Proteinen der aus der infizierten Zelle nach der TIP-Bildung einwandernden Viren nicht spezifisch gehemmt* wird, sondern daß es sich um *eine allgemeine Hemmung der Proteinbildung handelt.* Hieraus ist die breite Wirkung der Interferone verständlich. Unter anderem wirken sie Zellteilungen entgegen und können auf diese Weise das Wachstum von Tumoren, das durch rasche, unkontrollierte Zellteilungen gekennzeichnet ist, beeinträchtigen und z. T. verhindern. Da aber auch die Teilung anderer, sich normalerweise rasch teilender Zellen, z. B. die Teilung von Haarfollikeln, verhindert wird, kommt es bei einer Therapie mit Interferonen zu vielen Nebenwirkungen, beispielsweise zu Haarausfall.

Aus den vorstehenden Ausführungen folgt, daß *Interferone keine direkte antivirale Wirkung entfalten. Sie versetzen vielmehr die Zellen in einen antiviralen Zustand* (antiviral stage) und eliminieren auf diese Weise den Infektionsherd, insofern sie in ausreichendem Umfang gebildet werden. Da die Bildung der Interferone über wirtseigene Proteinsynthesen erfolgt, sind Viren, die die Proteinsynthese des Wirts durch viruscodierte Frühproteine beeinträchtigen oder vollständig ausschalten, naturgemäß schlechte Interferoninduktoren. Oft kommt es in der infizierten Zelle zu einer Art Wettlauf zwischen der virusinduzierten Interferonbildung und der virusinduzierten Hemmung der Proteinsynthesen des Wirts. Sein Ausgang kann darüber entscheiden, ob der infizierte Organismus gesund bleibt oder erkrankt.

Ob es zu einer Erkrankung kommt oder nicht, ist darüber hinaus auch von anderen Faktoren abhängig. So ist der Umfang der virusinduzierten Interferonbildung in vielen Organismen, auch beim Menschen, bei optimalen Lebensbedingungen besonders hoch. Bei ungünstigen Bedingungen, z. B. bei *Unterkühlung* oder bei körperlicher und offenbar auch geistiger *Überbeanspruchung*, wird die Interferonbildung jedoch rasch verringert. Dementsprechend ist die erste Abwehrlinie gegen ständig eindringende Viren und anderweitige Krankheitserreger unter derartigen Bedingungen oft wenig effektiv oder völlig unwirksam. Es kommt zu einer „Erkältung".

Versuchspersonen, die ungenügend bekleidet waren und durchnäßte Strümpfe trugen, blieben in einem unterkühlten, aber sterilen Raum frei von Erkältungskrankheiten. Wurden sie aber in entsprechendem Zustand in einen kalten, überfüllten Unterrichtsraum gesetzt, in dem in der Regel zahlreiche Adenoviren sowie andere Viren und sonstige Pathogene vorhanden sind, so erkrankte ein hoher Prozentsatz. Bei einer gleich großen Anzahl von Versuchspersonen, die im gleichen Raum warme, trocken Kleidung trugen, war der Prozentsatz der Erkrankten dagegen wesentlich geringer, was darauf zurückzuführen ist, daß die Interferonbildung unter diesen Umständen nicht beeinträchtigt war.

Die *therapeutische Anwendung von Interferonen* ist noch im Versuchsstadium. Sie wird u. a. dadurch erschwert, daß Interferone optimal nur in der Vertebraten-Art wirken, in der sie induziert worden sind, oder bei nahe verwandten Arten. Die zur Therapie beim Menschen vorgesehenen Interferone werden dementsprechend in der Regel aus mit Sendai- oder Newcastle-Disease-Virus (Virus der atypischen Geflügelpest) infizierten menschlichen Leukozyten- oder Fibroblastenkulturen gewonnen. Daneben werden Interferone des Menschen in wachsendem Maße gentechnologisch mittels genetisch neu programmierter Bakterien oder einzelliger Hefen erhalten.

Häufig wird *der Erfolg einer therapeutischen Anwendung von Interferonen durch die zahlreichen Nebenwirkungen beeinträchtigt.* Bei der Behandlung von Virusinfektionen mit injizierten Interferonen wirkt sich besonders nachteilig aus, daß diese im Gegensatz zu den im Organismus gebildeten Interferonen ungezielt in sehr viele Zellen des zu schützenden Organismus gelangen, in denen sie die Nebenwirkungen entfalten, ohne therapeutisch wirksam zu werden.

7.2.2 Immunmechanismen als zweite Abwehrfront gegen Virusinfektionen

Wenn es dem Organismus nicht gelingt, die Virusinfektion durch Interferone in unmittelbarer Nachbarschaft der befallenen Zellen zu eliminieren, wird in der Regel durch das *Immunsystem eine zweite Abwehrfront* aufgebaut. Das Immunsystem hat sich im Verlauf der Evolution als *spezifisches Abwehrsystem* zur Ergänzung unspezifischer Abwehrmechanismen entwickelt, zu denen auch die Interferone zählen.

Das Immunsystem ist dadurch zur spezifischen Abwehr befähigt, daß es zwischen „eigen" und „fremd" unterscheiden kann und hierdurch in der Lage ist, im Zusammenwirken mit anderen Mechanismen das *Fremde selektiv aus dem Organismus zu eliminieren*. Es ist ein *lernendes System*, das Erfahrungen akkumuliert und auf diese Weise hochspezifische, oft lange anhaltende Immunität aufbaut. Die Immunantwort kann sich gegen jede Struktur richten, die als fremd erkannt worden ist, z. B. gegen einzelne Virusarten, aber auch gegen Stämme und Typen unterhalb der Art, ferner gegen Bakterien oder auch gegen Zellen des eigenen Organismus, deren Oberflächenstruktur beispielsweise durch Transformation zu Tumorzellen verändert worden ist, sowie gegen fremde, unbelebte Moleküle. Für all diese Strukturen, die eine Immunantwort auslösen, wird der Begriff *Antigen* verwendet.

Als Produkte der Immunantwort entstehen *Lymphozyten* und *Antikörper*. Die Voraussetzungen hierfür werden im *lymphatischen System* geschaffen, wobei auch einige andere Zelltypen, besonders *Monozyten* und *Makrophagen*, einbezogen werden. Zunächst werden in den *primären Immunorganen* Stammzellen aus dem Knochenmark ohne Antigeneinfluß zu Lymphozyten mit organspezifischer Prägung umgebildet. Hierbei entwickeln die Zellen typische Oberflächenstrukturen, Zellmarker oder Membranantigene. Vor allem aber bilden sich *antigenspezifische Rezeptoren* aus. Verläuft diese Entwicklung im *Thymus*, entstehen thymusabhängige oder thymusgeprägte Lymphozyten, die allgemein als *T- Lymphozyten* bezeichnet werden. Diese sind der Träger der *zellvermittelten Immunität*, die bei der Abstoßung von Organtransplantaten oder bei der Vernichtung von Tumorzellen und virusinfizierten Zellen von entscheidender Bedeutung ist. Außerdem spielen die T–Lymphozyten bei der *Regulation der Immunantwort* eine wesentliche Rolle.

Aus Stammzellen, die bereits im *Knochenmark* zu Lymphozyten umgewandelt werden, entstehen die *B–Lymphozyten*, die die Produzenten der *Antikörper* darstellen. Letztere bilden u. a. *gegen Viren eine wirksame Abwehrfront*. Die mit der Antikörperbildung verknüpften Prozesse werden unter der Bezeichnung *humorale Immunantwort* zusammengefaßt. Lymphozyten und andere wesentliche Zellen der Immunabwehr sind in Abb. 7.12 dargestellt.

Neu entstandene T- oder B–Lymphozyten stellen gewissermaßen die *erste Generation immunkompetenter Zellen* dar. Sie sind als virgine oder virginile Lymphozyten verhältnismäßig kurzlebig. Sie sterben nach einigen Tagen oder Wochen ab, wenn sie nicht über antigene Rezeptoren Antigene, z. B. Viren, binden können. Ist das jedoch der Fall, erfolgen weitere Zellteilungen und Differenzierungsvorgänge, als deren Ergebnis die langlebigen reifen Zellen entstehen, die auch als *Gedächtniszellen* bezeichnet werden und zur *zweiten Generation immunkompetenter Zellen* gehören. So entstehen aus B–Lymphozyten, die mit Virusproteinen in Berührung gekommen sind, *Plasmazellen*, die Antikörper bilden. Letztere werden den *Globulinen* zugeordnet und daher auch als *Immunglobuline* bezeichnet. Die Immunglobuline, die in unterschiedlichen Klassen und Formen auftreten, binden die entsprechenden Antigene, z. B. Viren. Es bilden sich Antigen–Antikörper–Komplexe, die rasch eliminiert werden, indem sie von Phagozyten durch Phagozytose aufgenommen und im Inneren dieser Zellen abgebaut werden.

Wenn schließlich alle Partikeln des eingedrungenen Virus auf die angeführte Weise eliminiert worden sind, lassen sich auch Antikörper nachweisen, die kein Virus gebunden haben und als freie Antikörper bezeichnet werden. Mit wachsendem Abstand von der Infektion nimmt ihre Zahl jedoch ab. Antikörper gegen verschiedene Viren verschwinden schließlich nach mehr oder weniger langer Zeit wieder. Antikörper gegen Schnupfenviren sind bereits nach etwa zwei Wochen verschwunden, so daß sogar mit demselben Schnupfenvirus–Stamm eine erneute Infektion erfolgen kann. „Man wird den Schnupfen nicht los." Antikörper gegen Influenzaviren sind nach 6 bis 12 Monaten verschwunden. Antikörper gegen andere Viren, z. B. gegen das Masern– oder das Röteln–Virus oder gegen Erreger anderer sogenannter Kinderkrankheiten bleiben dagegen lange, z. T. lebenslänglich, erhalten.

Als zweiter wichtiger Mechanismus zur Abwehr von Virusinfektionen ist die Entstehung cytotoxischer T–Lymphozyten zu nennen. Sie entwickeln sich im Verlauf der Immunantwort nach Viruskontakt und sind dazu in der Lage, virusinfizierte Zellen zu zerstören und damit dem Virus die Grundlage zu seiner Vermehrung zu entziehen.

Der Verlauf einer Viruskrankheit wird wesentlich durch die *Latenzzeit* bestimmt. Hierunter wird die Zeit verstanden, die zwischen dem ersten Auftreten zirkulierender Viren und der Bildung größerer Mengen von Antikörpern oder der Entstehung spezifischer cytotoxischer T–Lymphozyten vergeht. Ist sie lang und die Virusvermehrung stark, kann es zum Tod des Organismus kommen. Ist sie kurz, ist die Erkrankung schwach.

Stark verkürzt ist die Latenzzeit, wenn der Organismus nach einiger Zeit erneut vom gleichen Virus befallen wird. Das ist darauf zurückzuführen, daß das *Immunsystem ein lernendes System* ist. Der erste Kontakt mit einem Virus führt nicht nur zu einer Immunantwort, sondern verändert auch die Reaktionsbereitschaft gegenüber diesem Antigen und induziert große Mengen von antigenspezifischen Gedächtniszellen. Bei einem zweiten Kontakt mit dem gleichen Virus kennt der Organismus dieses bereits und bildet auf Grund seines *immunologischen Gedächtnisses* schneller und in größerer Zahl Antikörper. Diese bleiben nunmehr auch über einen längeren Zeitraum erhalten und können nach weiteren Infektionen schließlich zu einer Immunität gegenüber dem Virus führen. Dem wird bei der Immunprophylaxe Rechnung getragen, indem Schutzimpfungen oft mehrmals wiederholt werden (vgl. Abschnitt 7.3.2).

Das immunologische Gedächtnis ist für den Organismus von großer Bedeutung. Es lernt beispielsweise die Krankheitskeime der Umgebung eines Kleinkindes nach und nach kennen und vermittelt diesem schließlich eine stabile Immunität gegen zahlreiche Viren, die Erkältungen, Durchfälle oder anderweitige Erkrankungen verursachen, aber auch gegen andere Krankheitserreger. Gelangt das kleine Kind jedoch aus seiner bisherigen Umgebung in eine andere Umwelt, wie das z. B. der Fall ist, wenn es zunächst in der Obhut der Familie aufgewachsen ist und dann im Alter von 3 Jahren in den Kindergarten oder von 7 Jahren in die Schule kommt, so fehlt oft die Immunität gegen einige dort gehäuft auftretende Viren oder sonstige Keime. Das Kind erkrankt häufig und oft relativ schwer, bis sich schließlich allmählich eine Immunität gegenüber dem Keimspektrum der neuen Umgebung ausbildet.

Wenn Viren, z. B. die Masern, in Gebiete verschleppt werden, in denen sie lange nicht vorgekommen sind, so daß die dort lebenden Menschen keine Immunität ausgebildet haben, dann verursachen sie schwere, oft tödliche Erkrankungen. Ähnliches ist der Fall, wenn Viren, z. B. Influenzaviren, durch Mutationen ihre Antigene in einem Maße ändern, daß sie vom immunologischen Gedächtnis nicht mehr erkannt werden. Dann kommt es zu den bereits erwähnten schweren Seuchenzügen. Gleiches gilt für Tierviren, z. B. für die Erreger von Rinderpest und Schweinepest, wenn sie in Gebiete einbrechen, in denen sie lange nicht vorhanden waren oder in denen, aus welchem Grund auch immer, Schutzimpfungen unterblieben sind. Würde beispielsweise die Rinderpest, etwa infole der immer größeren Schwierigkeiten für wirksame Kontrollen, die durch den ständig wachsenden, oft über Drittländer verlaufenden Vieh- und Fleischhandel entstehen, nach Europa gelangen, so würde sich diese wie ein Strohfeuer in den Rinderbeständen ausbreiten. Auch die Myxomatose, die nach Einschleppung in bisher von Myxomatose freie Gebiete in ganzen Landstrichen zu einem Zusammenbruch der Wildkaninchenpopulationen geführt hat, ist in diesem Zusammenhang anzuführen. Gleiches gilt für viele andere Viruskrankheiten in Wildtieren. Damit bestimmen die humoralen Immunreaktionen nicht nur die Populationsdynamik der Viren in ihrer zellulären und organismischen Umwelt wesentlich mit. Sie beeinflussen vielmehr auch gravierend das populationsdynamische Geschehen in unserer Umwelt. Das wird besonders dann sichtbar, wenn durch Veränderungen in den Antigenen der Viren das geschulte immunologische Gedächtnis versagt und die Abwehr zusammenbricht.

7.2.3   Viren entziehen sich der Abwehr und werden zu Geheimagenten

Chronische Virusinfektionen: Die Geheimagenten verwunden oder töten die zur Abwehr eingesetzten Polizisten

„Clevere Geheimagenten" verhindern eine wirksame Immunantwort und können sich hierdurch über lange Zeit unbehelligt in der Zelle versteckt halten. Hier entfalten sie eine subversive Tätigkeit, deren Folgen nicht ohne weiteres, oft erst nach längerer Zeit und dann meist nicht als virusbedingt erkennbar sind.

Vielfach verändern die als Geheimagenten tätigen Viren eine besondere Funktion ihrer Wirtszelle, ohne dieser unmittelbar zu schaden. So beeinflussen sie beispielsweise die Produktion oder Ausscheidung von Hormonen, die für die entsprechende Zelle nicht unbedingt lebenswichtig sind, aber für die Gesundheit oder die Entwicklung des Gesamtorganismus von großer Bedeutung sein können. Es mehren sich die Hinweise, daß solche unterschwelligen Virusaktivitäten auch die Ursache vieler Erkrankungen des Menschen sind, die man bisher nicht auf eine Virusinfektion zurückgeführt hatte. Dazu gehören unter anderem verschiedene Wachstumsstörungen und möglicherweise auch die Zuckerkrankheit (Diabetes mellitus), bestimmte Nervenleiden sowie Herzkrankheiten.

Erste wesentliche Erkenntnisse über derartige Viren wurden am *Lymphozytären Choriomeningitis–Virus (LCMV)* gewonnen, das zu den *Arenaviridae* gehört. Es kann beim Menschen grippale Infektionen, aber auch Hirnhautentzündung oder Meningoencephalitis hervorrufen. Der Mensch infiziert sich meist durch Exkremente erkrankter Goldhamster oder Mäuse. In der Maus steht ein ideales Versuchstier zur Verfügung, das zu wesentlichen Erkenntnissen über die Störung von Zellfunktionen durch chronische Virusinfektionen geführt hat. Die Verifizierung dieser Ergebnisse beim Menschen stößt naturgemäß auf erhebliche Schwierigkeiten und kommt deshalb verhältnismäßig langsam voran.

An der Maus wurde nachgewiesen, daß das Lymphozytäre Choriomeningitis-Virus (LCMV) und verschiedene andere Viren, die Lymphozyten infizieren können, für zwei der wichtigsten Arten von Immunzellen schädlich sind. Sie hindern die B–Zellen an der Produktion von Immunglobulinen (Antikörpern) und beeinträchtigen zugleich die T–Zellen in ihrer Fähigkeit, infizierte Zellen zu zerstören. Damit hat das Gangstersyndikat wichtige Polizeieinheiten so weit geschwächt, daß es seiner „Tätigkeit" nachgehen kann, ohne eliminiert zu werden. LMCV kann sich nunmehr ungestört entwickeln und verursacht Erkrankungen, die lange Zeit nicht als virusbedingt angesehen worden sind.

Es zeigte sich, daß LCM–Viren in den Vorderlappen der Hypophyse eindringen und sich dort bevorzugt vermehren können. Dabei wird die *Bildung von Wachstumshormon* dadurch *drastisch reduziert*, daß die Konzentration an Boten–RNS, in der die Aminosäurenfolge des Wachstumshormons verschlüsselt zu den Stätten der Proteinbildung transportiert wird, durch den Befall mit LCMV auf ein Fünftel des Wertes gesunder Tiere zurückgeht. Das ist darauf zurückzuführen, daß die Transkription, d. h. die Bildung entsprechender Boten–RNS, wesentlich seltener eingeleitet wird als bei gesunden Kontrolltieren. Hierdurch entsteht ein Mangel an Wachstumshormon, der zu *Zwergwuchs* und *Hypoglycämie* (niedrige Zuckerkonzentration im Blut) führt. Von der Transkriptionsstörung ist nur das Gen für das Wachstumshormon betroffen. Demgenüber verläuft die Transkription anderer Gene, z. B. der Gene, die das Hormon Thyreotropin oder das Strukturprotein Aktin codieren, in den mit LCMV infizierten Zellen normal.

Im Fortgang der Untersuchungen zeigte sich, daß LCMV nicht nur in Zellen der Hypophyse, sondern auch in Zellen anderer Organe selektive Transkriptionsstörungen hervorrufen kann. So dringt LCMV bei einem bestimmten Mäusestamm in die *Beta–Zellen der Langerhansschen Inseln der Bauchspeicheldrüse* ein, in denen *Insulin* gebildet wird. Bei den derartig infizierten Mäusen war die *Insulinproduktion gestört*, und die Tiere entwickelten Anzeichen von *Diabetes*. Die infizierten Beta–Zellen sehen unter dem Mikroskop normal aus, und es sind auch keine Anzeichen von Entzündungen zu entdecken. Ohne erkennbare cytologische Veränderungen kann demnach ein Virus die Zellen der Langerhansschen Inseln dauerhaft infizieren und dadurch ein biochemisches Krankheitsbild hervorrufen, das dem *Diabetes des Menschen* entspricht.

Weitere Untersuchungen an Mäusen haben ergeben, daß LCMV auch die *Epithelzellen der Schilddrüse* dauerhaft infizieren und hierdurch *die Produktion des Schilddrüsenhormons verringern* kann. Ebenso infiziert LCMV *Nervenzellen, die das Neuropeptid Somatostatin* enthalten. Die infizierten Neuronen sind wiederum morphologisch unauffällig. Es ist jedoch *weniger Boten–RNS für Somatostatin vorhanden* als in entsprechenden Zellen gesunder Tiere. Hierdurch wird die Bildung von Somatostatin vermindert, das in die Sekretion von Wachstumshormon und Insulin eingreift. Auch die Sekretion von Glucagon, einer Substanz, die den Glucosespiegel im Blut erhöht und die Magen- und Pankreassekretion sowie die Darmbeweglichkeit hemmt, wird beeinflußt.

Zu den Viren, die in verschiedenen Organsystemen eine chronische Infektion hervorrufen und dabei Zellfunktionen beeinträchtigen können, gehört offenbar auch das Röteln-Virus. So ist bei manchen Kindern, die eine *Infektion mit dem Röteln-Virus* hinter sich haben, das *Wachstum verlangsamt und der Zuckerstoffwechsel gedrosselt.* Durch Gaben von Wachstumshormonen wurden diese Anomalien behoben. Die Beweiskette, daß chronische Infektionen bestimmter Zellen und Organe mit dem Röteln-Virus die Ursache der Störungen sind, konnte jedoch noch nicht geschlossen werden. Bei Kindern, deren Mütter während der Schwangerschaft an Röteln erkrankt waren, treten bisweilen Mißbildungen, daneben aber auch Gesundheitsstörungen anderer Art auf, darunter in 20 bis 30% der Fälle Diabetes.

Coxsackie–, Cytomegalie– und Mumps–Viren können die Betazellen der Langerhansschen Zellen akut infizieren und schädigen. Das Mumpsvirus greift manchmal außerdem Schilddrüsenzellen an. Ob diese Viren auch chronische Infektionen hervorrufen, ist allerdings noch nicht sicher erwiesen.

Es gibt Hinweise darauf, daß chronisch infektiöse Viren auch für Schäden an lebenswichtigen Organen verantwortlich sein könnten. So haben in letzter Zeit namhafte Wissenschaftler das *Coxsackie–Virus und coxsackieähnliche Enteroviren* mit der *Cardiomyopathie*, einer lebensgefährlichen Herzmuskeldehnung, die manchmal Herztransplantationen erforderlich macht, in Verbindung gebracht. Bei 30 bis 50% einer Gruppe von mehr als 70 an Cardiomyopathie erkrankten Patienten wurden Nucleinsäureabschnitte solcher Viren in Herzmuskelzellen vorgefunden. Dagegen fanden sich im Biopsiegewebe von 40 Patienten, die an anderen Herzkrankheiten gelitten hatten, keine derartigen Abschnitte.

Im Hinblick auf die angeführten und weitere ähnlich gelagerte Befunde drängt sich der Verdacht auf, daß hinter vielen Erkrankungen des Menschen bisher nicht vermutete bzw. erkannte chronische Virusinfektionen stecken könnten. Bis zur Enttarnung aller viralen Geheimagenten und vor allem bis zur Auffindung von Möglichkeiten zu ihrer Bekämpfung ist der Weg jedoch noch weit.

Latente Virusinfektionen: Die Geheimagenten verstecken sich vor der intakten Abwehr, können sich aber in ihrem Versteck kaum vermehren

Bei einer Anzahl von Virusarten, die akute Erkrankungen hervorrufen, wandern einige Partikeln in die Enden von Nervenbahnen ein und entgehen auf diese Weise der Eliminierung durch Immunmechanismen, denn diese können nicht oder nur in Ausnahmen in Nervenbahnen eindringen. Die Nervenbahnen stellen für die entsprechenden Viren gewissermaßen ökologische Nischen dar, in denen sie zu Geheimagenten werden, die vor dem Zugriff der Polizei geschützt sind. Hier warten sie, ohne Aktivitäten zu entfalten, zumeist auch ohne sich zu vermehren, auf ihre Stunde. Diese ist dann gekommen, wenn die Immunmechanismen durch die Einwirkung ungünstiger Faktoren geschädigt sind oder wenn sie vor Organtransplantationen bzw. aus anderen Anlässen ausgeschaltet werden mußten. Dann verlassen sie wieder ihr Versteck und verursachen besonders große Schäden, die oft den Tod des Organismus nach sich ziehen, wenn überhaupt keine Immunmechanismen mehr aktiv sind.

Während ihres Aufenthaltes in den Nervenbahnen sind die Viren in der Regel nicht nachweisbar, auch nicht durch Antikörper. Man spricht daher von *latenten Virusinfektionen.*

Weit verbreitete latente Virusinfektionen, denen auch die meisten Leser dieses Buches ausgesetzt sind, verursacht das *Herpes–simplex–Virus.* Bei diesem können Zeiten einer akuten Erkrankung mit oft sehr langen Zeiten abwechseln, in denen die Infektion latent ist. Die erste Infektion mit dem Herpes–simplex–Virus (HSV) erfolgt meist bereits im Säuglings– oder Kindesalter durch direkten Kontakt mit akut erkrankten Personen oder auch durch Speicheltröpfchen. Es kommt meist zu einer fieberhaften Allgemeinerkrankung. Diese ist oft von einem Bläschenausschlag begleitet, der besonders in der hinteren Mundhöhle auftritt. Nach wenigen Tagen klingt die Krankheit jedoch ab, da in großer Zahl Antikörper gebildet worden sind, die zur Eliminierung der Viren führen. Nur die Viren werden nicht eliminiert, die in Nervenendigungen einwandern konnten. HSV1–Virusstämme gelangen vorwiegend in sensorische Nerven im Trigeminusganglion, besonders in sensible Nervenganglien des Kopfbereiches. Demgegenüber wandern HSV2–Virusstämme vor allem in entsprechende Ganglien des Unterleibes ein. In Europa sind 80 bis 85% der Bevölkerung latent mit einem Stamm oder beiden Stämmen des Herpes–simplex–Virus durchseucht.

Meist nach der Pubertät treten *sekundäre Erkrankungsschübe* auf, die als *Herpes rezidivans* oder *Herpes recurrens* bezeichnet werden. Sie kommen in der Regel dadurch zustande, daß unspezifische Reizungen, z. B. starke Sonnenstrahlung, ungewöhnlich starke körperliche Anstrengung, Menstruation, Erkrankungen, aber auch psychischer Streß zu einer zeitlichen Disregulation des Immunsystems führen, die es den Herpesviren gestattet, ihr Versteck in den Nervenbahnen zu verlassen. Nach dem Sitz der nunmehr auftretenden Erkrankung wird zwischen *Herpes labialis*, der auf der Gesichts– und Lippenhaut sowie auf der Lippenschleimhaut zur Ausbildung von Bläschen, sogenannten Fieberbläschen, führt, und *Herpes genitalis* unterschieden, bei dem die Haut der äußeren Genitalien und die Schleimhaut der Vagina entsprechend geschädigt werden. Nach 8 bis 12 Tagen klingen die Erkrankungen wieder ab, da die Immunmechanismen inzwischen erneut aktiviert worden sind und die Viren außerhalb der Nervenbahnen eliminieren. Die Immunmechanismen bleiben zwar aktiv. Bei erneuter temporärer Schädigung des Immunsystems kann es aber wiederholt zu weiteren Erkrankungsschüben kommen.

Schlimm ist es, wenn die Immunmechanismen ausgeschaltet werden, wie das z. B. bei Organtransplantationen erforderlich ist. In diesem Fall breiten sich die aus den Nervenbahnen austretenden Herpesviren, daneben u. U. aber auch andere Viren, die sich in den Nervenbahnen verstecken, über den gesamten Körper aus und verursachen schmerzhafte Ausschläge und eine Allgemeinerkrankung, die in der Regel tödlich verläuft. Um zu verhindern, daß der Patient an derartigen Infektionen stirbt, müssen die Immunmechanismen wieder eingeschaltet werden. Hierdurch kommt es aber oft zur Abstoßung des implantierten Organs und damit ebenfalls zum Tod. Hilfe in dieser einer Zwickmühle gleichenden schwierigen Situation hat in den letzten Jahren die Entwicklung antiviraler Chemotherapeutika, besonders der zweiten Generation, gebracht (vgl. Abschnitt 7.3.4).

Auch das zu den *Herpesviridae* gehörende *Varicella–zoster–Virus* verursacht oft latente Infektionen. Die Primärinfektion mit diesem Virus, die meist im Kindesalter erfolgt, führt zu der weithin bekannten Erscheinungsform der *Windpocken*. Da die Viren in der Regel rasch durch die Immunmechanismen eliminiert werden, heilen die Windpocken meist ohne Komplikationen aus und hinterlassen eine dauerhafte Immunität.

Im Zusammenhang mit der primären Infektion können Varicella–zoster–Viren jedoch auch in Spinalganglien gelangen, in denen sie vor den Immunmechanismen sicher sind. In diesem „Versteck" können sie sich über Jahrzehnte aufhalten, ohne Schäden zu verursachen oder sich nennenswert zu vermehren. Bei einer späteren Reaktivierung, deren Ursachen weitgehend unbekannt sind, breitet sich das Virus dann allerdings entlang der Nervenbahnen aus und verläßt diese schließlich an den Nervenenden. Die noch von der Primärinfektion her vorhandenen humoralen Immunmechanismen verhindern jedoch eine erneute Allgemeinerkrankung. Es bilden sich aber auf der Haut auf gerötetem Grund Gruppen von stark schmerzenden Bläschen, die streng auf den Versorgungsbereich der befallenen Nerven begrenzt sind. Diese ergeben das Erscheinungsbid der *Gürtelrose* (Herpes zoster), die sehr schmerzhaft sein kann und nicht selten nur langsam abheilt. Besonders gefürchtet sind das Auftreten der Bläschen am Auge (Zoster ophthalmicus) oder am Ohr (Zoster oticus) und die Beteiligung des Zentralnervensystems an dieser Erkrankung.

Slow–Virus–Erkrankungen: Die Geheimagenten vermehren sich in ihrem Versteck langsam, wandern in diesem ebenso langsam und zerstören schließlich ihr „Zielgebiet"

Bestimmte Viren, bei denen es sich nicht selten um häufig auftretende, weithin bekannte Viren handelt, schützen sich ebenfalls vor den Immunmechanismen, indem sie in für diese nicht erreichbare Nischen, besonders in Enden von Nervenbahnen, einwandern. Im Gegensatz zu den im vorangegangenen Abschnitt angeführten Viren vermehren sie sich jedoch in ihrem Refugium langsam und wandern dabei von Zelle zu Zelle, in den Nervenbahnen oft in Richtung des Rückenmarks oder des Gehirns. Wenn sie ihren „Zielort" schließlich erreicht haben, kommt es nach einer extrem langen Inkubationszeit von Monaten bis Jahrzehnten (slow, engl.: langsam) zum Ausbruch der Erkrankung, die in der Regel tödlich verläuft.

Das *Masern-Virus*, das die bekannte, als *Masern* bezeichnete, akut verlaufende Krankheit hervorruft, kann auch eine ernste Slow-Virus-Erkrankung verursachen, wenn Viruspartikeln in die Enden von Nervenbahnen einwandern und hierdurch der Eliminierung durch die Immunmechanismen entgehen. In dieser für das Virus atypischen zellulären Umwelt, in die es glücklicherweise offenbar nur relativ selten gelangt, ist das Virus zu einer langsamen, oft unvollständigen Replikation befähigt. Die Vermehrung des virusspezifischen Materials in inkompletten Vermehrungszyklen führt dazu, daß sich Virusantigen an der Oberfläche der Nervenzellen anordnet. Hier kommt es zu Antigen-Antikörper-Reaktionen. Diese und die laufende Produktion viraler Proteine und Nucleinsäuren führen zu einer langsamen Degeneration der befallenen Zellen. Gleichzeitig wandern infektionstüchtige Nucleokapside über interzelluläre Brücken in bisher virusfreie Zellen ein und erreichen schließlich das Hirn. Dort kommt es zu fortschreitendem Abbau von Hirnzellen und hierdurch zur Ausbildung einer als *Subakute Sklerotisierende Panencephalitis* (SSPE) bezeichneten Krankheit. Diese beginnt etwa 5 bis 7 Jahre nach einer überstandenen akuten Maserninfektion und ist durch motorische Störungen, Tremor (Zittern), Lähmungen sowie zunehmenden geistigen Verfall bis hin zum völligen Verlust des Bewußtseins gekennzeichnet. Schließlich tritt der Tod ein.

Als weitere Verlaufsform einer Slow-Virus-Erkrankung mit dem *Masern-Virus* wird aufgrund immunologischer und virologischer Befunde auch die *Multiple Sklerose* diskutiert, die mit charakteristischer Entmarkung der weißen Substanz von Gehirn und Rückenmark einhergeht, in Schüben verläuft und nach jahrelanger Krankheitsdauer schließlich zum Tod führt. Auch eine Slow-Virus-Infektion mit einem anderen, bisher nicht identifizierten Paramyxovirus wird als Ursache für die Multiple Sklerose diskutiert.

Die Multiple Sklerose wird auch unter die Autoimmunkrankheiten gerechnet. Diese kommen dadurch zustande, daß der Organismus Immunreaktionen gegen körpereigene Strukturen richtet. Die Ursachen einer derartigen Autoimmunität sind komplex und noch nicht voll geklärt. Vielfach wird sie durch Lentiviren, Herpesviren und Paramyxoviren, zu denen auch das Masern-Virus gehört, ausgelöst, was den schweren Verdacht, unter dem das Masern-Virus steht, durchaus erhärten könnte.

Neben den angeführten und anderen mit mehr oder weniger großer Sicherheit durch konventionelle Viren ausgelösten Slow-Virus-Erkrankungen sind eine Reihe von „langsamen Erkrankungen" bekannt, die durch *Prionen* ausgelöst werden. Diese Bezeichnung wurde für Erreger von Enzephalopathien (organischen Erkrankungen des Gehirns) vorgeschlagen, die offenbar kleine, proteinhaltige, infektiöse, aber bisher noch nicht genügend charakterisierte Partikeln darstellen und durch die meisten Nucleinsäuren schädigenden Agentien nicht inaktiviert werden können. Nach gegenwärtigen Erkenntnissen bestehen Prionen aus einem einzigen Protein, das eine modifizierte Form eines an der Oberfläche von Neuronen vorkommenden Wirtsproteins unbekannter Funktion darstellt. Die für dieses Gen codierende Region liegt in einem einzigen Exon (Abschnitt 7.1.1) und stammt von einem Gen, das im gesunden wie kranken Hirn in gleicher Weise exprimiert wird. Das am besten untersuchte Prion ist der Erreger der Scrapie. Dieses Prion unterscheidet sich vom normalen Protein in den Neuronen seines Wirts besonders dadurch, daß es weitgehend resistent gegen Proteasen ist und wesentlich besser im Inneren der Neuronen akkumuliert wird. Auch wurden Veränderungen der Aminosäurensequenz beschrieben. Offenbar ist das infektiöse Prionprotein in der Lage, das natürlich vorkommende (Ausgangs)wirtsprotein dergestalt umzuwandeln, daß weitere infektiöse Proteinpartikeln mit veränderter Konfiguration entstehen. Bisher ist es jedoch noch nicht gelungen, mit isolierten Prionproteinen Infektionen zu erreichen. Damit ist es auch noch nicht sicher, ob es sich bei den sogenannten Prionproteinen tatsächlich um die Krankheitserreger handelt. Verschiedentlich wird auch angenommen, daß Prionen den Viroiden (Abschnitt 8.1.2) ähnliche Strukturen sein könnten.

Beim *Menschen* werden durch *Prionen* offenbar *Kuru* und die *Creutzfeld-Jacob-Erkrankung*, bei *Schaf und Ziege* die *Scrapie* und beim *Nerz* die *Infektiöse Enzephalopathie* hervorgerufen. Möglicherweise sind Prionen auch die Erreger des *Rinderwahnsinns*. Es wird erwogen, daß die Erreger des Rinderwahnsinns von ihren ursprünglichen Wirten, Schafen und Ziegen, mit mangelhaft sterilisiertem Futter, das Tiermehl an Scrapie erkrankter Schafe enthalten hat, auf das Rind übergegangen sind. Die angeführten Erkrankungen bewirken übereinstimmend nach langer Inkubationszeit degenerative Veränderungen des Zentralnervensystems, die mit Störungen der Bewegungskoordination, Schütteltremor, Muskelzucken und Übererregbarkeit verbunden sind und beim Menschen zu fortschreitender Geistesschwäche führen. Alle Erkrankungen enden schließlich tödlich. Sie werden vor allem durch Verzehr von rohem Gehirn, z. T. auch von roher Milz und Leber, möglicherweise auch von rohem oder zu wenig erhitztem Fleisch erkrankter Individuen hervorgerufen. Die als *Kuru* bekannte degenerative Erkrankung des Zentralnervensystems, die bei einer Gruppe von 50 000 Einwohnern des Hochlandes von Neuguinea verbreitet vorgekommen ist und das durchschnittliche Lebensalter auf etwa 30 Jahre herabgedrückt hatte, wurde vorwiegend durch rituellen Kannibalismus übertragen. Seit dieser 1967 verboten wurde, ist die Erkrankung drastisch zurückgegangen.

7.3 Der Mensch greift in das Wechselspiel zwischen Virus und Wirt ein

7.3.1 Expositions– und Dispositionsprophylaxe

Um sich und seine Haustiere vor Virusbefall zu schützen, versucht der Mensch, in unterschiedlicher Weise in das Wechselspiel zwischen Virus und Wirt einzugreifen. Dabei kommt der *Expositionsprophylaxe* besondere Bedeutung zu. Hierunter wird *der Komplex von Maßnahmen verstanden, der darauf abzielt, die Ausbreitung von Viren zu verhindern, indem Infektionsquellen ausgeschaltet, Übertragungswege der Viren unterbrochen und Übertragungsmöglichkeiten eingeschränkt werden.*

Die unterschiedlichen Maßnahmen der Expositionsprophylaxe werden wesentlich durch die Eigenschaften der verschiedenen Viren bestimmt, von denen ihr Verhalten in unserer Umwelt abhängig ist (vgl. Abschnitt 7.4.1). Für *Viren, die außerhalb des Wirtsorganismus sehr stabil sind, kommt Hygiene– und Sterilisationsmaßnahmen große Bedeutung zu.* Das gilt beispielsweise für die große Zahl von Viren, die mehr oder weniger schwere Magen– und Darmerkrankungen, vor allem Durchfall, hervorrufen. Von diesen sind Kleinkinder besonders stark betroffen, da sie einerseits mit den meisten Viren noch nicht in Berührung gekommen sind und andererseits ihr Immunsystem noch nicht voll ausgebildet ist, so daß sich kaum entsprechende Antikörper ausbilden können.

Es gibt wesentlich mehr Viren, die bei Kleinkindern, aber auch bei Erwachsenen Durchfall– und Magenerkrankungen verursachen, als allgemein bekannt ist. Sie finden sich in der Familie *Reoviridae* vor allem in der Gattung *Rotavirus*, ferner unter den *Coronaviridae* und bei den *Astroviren*, einer noch nicht klassifizierten Gruppe von Viren, deren Partikeln in elektronenmikroskopischen Aufnahmen sternförmig erscheinen (astrum, lat.: Gestirn). In der Familie der *Picornaviridae* sind in der Gruppe der *ECHO–Viren*[1] etwa 15 Serotypen bekannt, die besonders bei Kleinkindern Durchfälle hervorrufen.

Da die angeführten Viren außerhalb der Wirtsorganismen stabil sind, werden sie vorwiegend durch *Schmierinfektionen* übertragen, d. h. dadurch, daß auf der Toilette oder bei anderen Gelegenheiten ausgeschiedene Viren mit den Händen aufgenommen werden, von denen sie oft auf Lebensmittel oder auch direkt in den Mund gelangen. Man spricht deshalb von *fäkal–oralen Infektionen.* Diese können auch durch Fliegen vermittelt werden. Wesentliche Maßnahmen der Expositionsprophylaxe gegen fäkal–orale Infektionen sind häufiges und sorgfältiges Händewaschen mit viel Seife oder mit geeigneten, handelsübliche Detergentien

---

[1]Kunstwort aus den Anfangsbuchstaben wichtiger Befallssymptome und Wirte: enteric, cytopathogenic, human, orphan.

enthaltenden Präparaten sowie sorgfältiger Umgang mit Lebensmitteln, ferner Fernhalten von Fliegen.

Die angeführten Maßnahmen gelten auch für ein besonders gefährliches Virus, das durch fäkal–orale Infektion übertragen wird, das Hepatitis–A–Virus, das die epidemische Leberentzündung (Gelbsucht) hervorruft. Da das Virus vor allem durch verunreinigtes Wasser übertragen wird, stellt insbesondere in Zeiten anlaufender Gelbsuchtepidemien das Abkochen des Wassers, das mit Lebensmitteln in Berührung kommt, auch des Wassers, mit dem Gemüse gewaschen wird, ferner des Trinkwassers eine sehr wichtige Maßnahme der Expositionsprophylaxe dar. Darüber hinaus muß der Stuhl an epidemischer Gelbsucht Erkrankter sorgfältig desinfiziert werden.

Weitere Maßnahmen der Expositionsprophylaxe zur Verhinderung fäkal-oraler Infektionen sind Chlorierung des Wassers, und zwar sowohl des Trinkwassers als auch des Wassers in Bädern, und geordnete Abwasserbeseitigung sowie – reinigung. Wenn letzteres unterbleibt, stellen Flüsse gefährliche Infektionsquellen dar. In den 80er Jahren traf das besonders für die Saale sowie die Elster und die Pleiße zu.

Gegen das Hepatitis–B–Virus und andere Viren, die häufig durch verunreinigte ärztliche Instrumente, z. B. die zur Injektion oder zu anderweitigen Eingriffen verwendeten Materialien, übertragen werden, ist sorgfältige *Desinfektion* der Instrumente die wichtigste Maßnahme der Expositionsprophylaxe. Dabei ist die außerordentlich große Widerstandsfähigkeit einiger dieser Viren gegen hohe Temperaturen und bestimmte Desinfektionsmittel zu beachten.

Viren, die Erkrankungen des Respirationstraktes verursachen, z. B. Adeno–, Influenza– und Schnupfen–Viren, mischen sich dem Schleim und Auswurf bei und können dort z. T. sehr lange infektionstüchtig bleiben. Wenn sie in kleinsten Speicheltropfen, die sich viele Stunden in der Luft schwebend erhalten haben, auf die Schleimhäute neuer Wirte gelangen, können sie diese infizieren. Um die Gefahr derartiger *aerogener Infektionen* im Rahmen der Expositionsprophylaxe zu minimieren, sollte jeder, der an einer Erkältungskrankheit leidet, dazu beitragen, daß möglichst wenig Viren in die Luft gelangen. Beim Niesen und Husten den Mund zu bedecken, ist in diesem Fall ein Gebot des Anstands. Das Anlegen von Binden vor Mund und Nase ist in Japan und verschiedenen anderen Ländern verbreitet, aber in Europa kaum üblich. Eine besondere Ausdrucksform der Höflichkeit ist bei den an einer Erkältung leidenden eine scheinbare Unhöflichkeit: Daß der Erkältete bei der Begrüßung seinem Gegenüber nicht die Hand gibt, hat sich allgemein durchgesetzt und bringt einen gewissen Schutz. Bedeutend wichtiger ist jedoch, sein Gegenüber beim Sprechen nicht anzusehen, sondern an ihm vorbeizusprechen. Vor allem sollten Erkältete nicht zu nahe an ihr Gegenüber herantreten.

Da gegen Viren, die auf dem Luftweg übertragen werden, Maßnahmen der Expositionsprophylaxe nur unvollständigen Schutz gewähren, ist es insbesondere in Zeiten, in denen gehäuft Infektionen auftreten, von Bedeutung, diese durch *Maßnahmen der Dispositionsprophylaxe* zu ergänzen, die darauf abzielen, *die Bildung von Interferonen*, also der ersten Verteidigungslinie gegen Viren (Abschnitt 7.2.1), zu fördern. Entsprechende Maßnahmen schließen gesunde Lebensweise ebenso ein wie sinnvolle Körperpflege, vollwertige Ernährung, zweckmäßige Kleidung, die vor Unterkühlung, aber auch vor Überhitzung schützt, und darüber hinaus die Vermeidung von Überanstrengung und Streß. Die meisten dieser Maßnahmen können auch in einem gewissen Umfang zur Stimulierung des Immunsystems beitragen.

Bei Viren, die durch Zwischenträger (Vektoren) übertragen werden, stellt die Bekämpfung der Zwischenträger eine wichtige Maßnahme der Expositionsprophylaxe dar. So konnte beispielsweise das durch Stechmücken übertragbare *Gelbfieber-Virus*, das besonders im tropischen Mittel- und Südamerika sowie in Zentral- und Westafrika große Opfer gefordert hat und u.a. den ersten Versuch, den Panamakanal zu bauen, durch Dezimierung der Arbeiterkolonnen zum Scheitern gebracht hat, durch den Einsatz von Insektiziden wesentlich zurückgedrängt werden. Allerdings gewinnt das Gelbfieber jetzt wieder an Boden. Hierzu hat offensichtlich beigetragen, daß einige wohlfeile Insektizide besonders wegen ihrer Persistenz suspekt geworden sind und nicht mehr angewendet werden dürfen. Die jetzt zur Verfügung stehenden Insektizide sind aber für einige Anwender, besonders in den Entwicklungsländern, zu teuer. Darüber hinaus sind die Stechmücken gegen einige Insektizide resistent geworden. Daher gewinnen jetzt Maßnahmen der Immunprophylaxe (vgl. Abschnitt 7.3.2) bei der Bekämpfung des Gelbfiebers immer größere Bedeutung.

Nicht immer ist die Bekämpfung der Zwischenträger möglich. So können beispielsweise die Zecken, die das Zeckenenzephalitis-Virus, den Erreger der Frühsommer-Meningoenzephalitis, von Nagetier zu Nagetier und auch auf den Menschen übertragen, kaum chemisch bekämpft werden. In Gebieten, in denen die Frühsommerenzephalitis stärker auftritt, in Deutschland vor allem in Bayern, Baden-Württemberg sowie im Spreewald und in Ungarn rings um den Plattensee, empfiehlt sich daher als wichtige Maßnahme der Expositionsprophylaxe, vor allem in den Monaten Juni/Juli sowie September/Oktober nicht mit entblößtem Oberkörper oder auch nur mit entblößten Armen durch Wald und Busch zu streifen, sondern möglichst lange Hosen, langärmelige Hemden sowie festes Schuhwerk zu tragen. Kommt es trotzdem zu Zeckenbefall, sollten die Zecken möglichst schnell entfernt werden, da bis zu 12 Stunden vergehen, bis die Zecke mit dem Saugakt und damit der Virusübertragung beginnt. Wer sich längere Zeit in Gebieten mit starkem Zeckenbefall und erhöhter Erkrankungsgefahr aufzuhalten gedenkt, sollte zusätzlich Immunprophylaxe betreiben, d. h. eine Schutzimpfung gegen das Zeckenenzephalitis–Virus durchführen lassen.

Eine besondere Form der Expositionsprophylaxe, die vor allem bei schwer bekämpfbaren, gefährlichen, oft seuchenhaft auftretenden Viruskrankheiten zur Anwendung kommt, stellt die *Vermeidung von Kontakten zwischen erkrankten und gesunden Individuen dar.* Das ist relativ leicht zu erreichen, insofern die Viruserkrankung manifest geworden ist. Dann kann die Isolierung allerdings u. U. zu spät kommen, und die Viruskrankheit hat sich bereits beträchtlich ausgebreitet. Um der Verbreitung gefährlicher Erkrankungen wirksam vorzubeugen, müssen daher Individuen, die aus Gebieten, in denen die Krankheiten zur Zeit stark auftreten, in bisher nicht befallene Gebiete gelangen, einer *Quarantäne* unterzogen werden, d. h., sie müssen eine Zeit lang streng isoliert werden. In schwerwiegenden Fällen können derartige Quarantänemaßnahmen auch im Reiseverkehr angeordnet werden, obwohl sie für die betroffenen Reisenden eine große Härte bedeuten.

Die meisten Quarantänemaßnahmen werden im Zusammenhang mit dem Import von Tieren verhängt. Die Verhängung von Quarantänemaßnahmen ist nach internationalen Gesundheitsvorschriften geregelt, wenn es sich um Importe aus anderen Ländern handelt. Diese Vorschriften werden in der Regel durch nationale Anordnungen ergänzt, die die Verbreitung von Viruskrankheiten von befallenen Landesteilen in unbefallene regeln. Sowohl die Dauer der Außen– als auch der Binnenquarantäne entspricht in der Regel der *Inkubationszeit,* d. h. der Zeit, die zwischen der Infektion und dem Ausbruch der Krankheit vergeht. Importierte Tiere müssen während der verhängten Quarantäne getrennt eingestallt werden.

Mit der Ausgestaltung der Europäischen Union werden auch die Quarantänebestimmungen neu gefaßt. Gegenwärtig führen Übergangsbestimmungen nicht selten zu erheblichen Turbulenzen.

Eine rigorose Maßnahme der Expositionsprophylaxe, die zur Verhinderung der Ausbreitung gefährlicher Seuchen verhängt wird, stellt *die Tötung und Vernichtung erkrankter Tiere* (Keulung) dar. Dabei ist besonders schlimm, daß oft nicht nur alle Tiere der Stallung vernichtet werden müssen, in der die schwere, seuchenhafte Viruserkrankung aufgetreten ist. In nicht wenigen Fällen ist es vielmehr erforderlich, in einem relativ weiten Umkreis um den Erkrankungsherd alle empfänglichen Tiere zu töten. Das trifft beispielsweise bei Befall mit dem Schweinepest–Virus zu. Beim Auftreten der Schweinepest in Deutschland im Jahr 1994 kam es bezüglich des Umkreises, in dem auch die gesunden Tiere zu keulen sind, zu heftigen Kontroversen, besonders zwischen deutschen Behörden und Behörden der Europäischen Union. Viren beeinflussen somit nicht nur unsere organismische Umwelt. Sie können darüber hinaus auch zu einem Politikum werden, also gewissermaßen unsere „gesellschaftliche Umwelt" beeinflussen.

7.3.2 Immunprophylaxe

Der *Immunprophylaxe* kommt zur Zeit im Rahmen der Dispositionsprophylaxe unter den vorbeugenden Maßnahmen die größte Bedeutung zu. Sie zielt vor allem darauf ab, *durch vorbeugenden Kontakt mit Antigenen, z. B. mit intakten Viren, Virusbausteinen bzw. diesen ähnelnden Strukturen, u. a. bestimmten Polypeptiden, die Immunmechanismen* (vgl. Anschnitt 7.2.2) zu *aktivieren* und hierdurch über möglichst lange Zeiträume hinweg spezifische Abwehrreaktionen des Organismus gegenüber infizierenden Viren zu veranlassen. Daneben werden Maßnahmen, durch die auf den angeführten Wegen erzeugte Abwehrmechanismen in den zu schützenden Organismus überführt werden, der Immunprophylaxe zugeordnet. Im ersten Fall spricht man von *aktiver Immunisierung*, im zuletzt angeführten von *passiver Immunisierung*.

Lebendvakzinierung

Wenn die zur Immunprophylaxe verwendeten Impfstoffe *aktives („lebendes")* *Virus* enthalten, wird die Impfung als *Lebendvakzinierung* bezeichnet. Diese ist nur dann sinnvoll, wenn das zur Impfung verwendete Virus die Bildung von Antikörpern gegen ein gefährliches Virus bewirkt, ohne selbst zu einer Erkrankung zu führen oder den Organismus in anderer Weise zu schädigen. Daher wird in der Regel nicht voll aktives, sondern *abgeschwächtes Virus* verwendet. Die *Immunprophylaxe mit lebendem, abgeschwächtem Virus*, die als *Vakzinierung* oder *heterotypische Immunisierung* bezeichnet wird, wurde durch Jenner inauguriert. Dieser beobachtete, daß beim Rind (vacca, lat.: Kuh) ein Pocken–Virus vorkommt, das beim Menschen kaum zu Krankheitserscheinungen führt, aber einen dauerhaften Schutz gegen die gefährlichen Menschenpocken gewährt. Das in letzter Zeit zur Pockenschutzimpfung verwendete Vakzinia–Virus ist wahrscheinlich durch eine Rekombination von Menschen– und Kuhpocken–Virus entstanden. Durch die weltweit durchgeführten Schutzimpfungen gegen Pocken mit Vakzinia–Virus enthaltenden Seren konnte diese gefährliche Krankheit in einem Maße zurückgedrängt werden, daß sie als erloschen erklärt wurde. Dementsprechend ist auch die Schutzimpfung gegen Pocken nicht mehr Pflicht.

In der Veterinärmedizin beruht die Immunisierung von Geflügel gegen Geflügelpocken mit dem Taubenpocken–Virus bzw. gegen die Mareksche Geflügellähmung mit dem Putenherpes–Virus sowie von Welpen gegen Staupe mit dem Masern–Virus auf dem Prinzip der heterotypischen Immunisierung.

Wenn die heterotypische Immunisierung nicht möglich ist, können in einigen Fällen *auch pathogene Viren für die Immunisierung verwendet* werden, und zwar dann, wenn durch eine besondere Form der Applikation die Ausbildung der Krankheit verhindert wird. So kann Antikörperbildung gegen Adenoviren der Typen 3, 4, 7 und 21, die in der Regel epidemische Infektionen der Atemwege bewirken, ohne Auslösung einer Erkrankung erreicht werden, indem die *Impfviren in Kapseln eingeschlossen* werden, die sich erst im Darm auflösen. Damit werden die normalen Eintrittspforten des Virus in den Atemwegen umgangen. Es kommt nur zu einer Darminfektion, die keine Krankheitserscheinungen zur Folge hat, aber zur Bildung von Antikörpern führt, die gegen spätere Infektionen der Atemwege mit den entsprechenden Adenoviren schützen. Das gleiche Prinzip wird auch zum Schutz von Haustieren gegen verschiedene Herpes–Viren angewendet.

Die meisten Lebendvakzinen enthalten jedoch *attenuierte Viren.* Hierunter werden Viren verstanden, *deren krankmachende Eigenschaften durch Adaptierung an einen unnatürlichen Wirt attenuiert* (attenuatus, lat.: mager), d. h. *abgeschwächt worden sind, ohne ihre immunogenen Eigenschaften zu verlieren.*

Bei der *Gewinnung geeigneter Lebendvakzinen mit attenuierten Viren* geht man von Wildstämmen der entsprechenden Viren aus. Diese werden in virusfremden Zell- und Gewebekulturen vermehrt. Dabei treten oft Virusstämme auf, in der Mehrzahl Mutanten, die sich einerseits unter den gegebenen Kulturbedingungen besser vermehren als der Wildtyp und andererseits bei minimalen klinischen Reaktionen optimale Immunität hervorrufen. Im Ergebnis derartiger Untersuchungen wurden u. a attenuierte Impfstoffe gegen das *Gelbfieber–Virus* durch Adaption des Virus an Hühnerembryonen, gegen das *Poliomyelitis–Virus* durch Adaption an Affennierengewebe (Impfstoff nach Sabin), gegen das *Masern–Virus* durch Adaption an Hundenierengewebe und gegen das *Röteln–Virus* durch Adaption an Gewebe der Kaninchenniere gewonnen.

Die Herstellung von Lebendimpfstoffen mit attenuierten Viren unterliegt strengsten Kontrollen, u. a. bezüglich Verunreinigungen mit Fremdviren oder Mikroorganismen. Besondere Aufmerksamkeit wird der *genetischen Konstanz der attenuierten Impfstoffe* gewidmet. Es muß gewährleistet sein, daß diese nicht zu den virulenten Ausgangsstämmen revertieren (= zurückschlagen). Zur Kontrolle der genetischen Konstanz dienen Marker, die nur bei attenuierten Viren vorhanden sind und verhältnismäßig einfach geprüft werden können.

Lebendvakzinen gegen *Viren mit geteiltem Genom* können auch durch *genetisches Reassortment* gewonnen werden, d. h. durch Neusortieren der Genomsegmente. So kann man beispielsweise bei Myxo- und Reoviren aus virulenten und attenuierten Ausgangsstämmen zu Impfstämmen gelangen, indem das Genomsegment mit dem Antigentyp eines virulenten, epidemiologisch relevanten

Stammes jeweils mit den Genomsegmenten vereinigt wird, in denen geringe Pathogenität bzw. die Befähigung zur Vermehrung zu hohen Virustitern codiert sind.

Der *Vorteil von Lebendimpfstoffen* ist vor allem darin zu sehen, daß sie in der Regel einen langen, oft lebenslang anhaltenden Impfschutz gewähren. Auch sind nur verhältnismäßig geringe Mengen von Antigenen erforderlich, die zudem oft verhältnismäßig preisgünstig gewonnen werden können. Ein *Nachteil* besteht darin, daß bei attenuierten Vakzinen sorgfältig auf genetische Konstanz (s. o.) geachtet werden muß. Auch muß dafür Sorge getragen werden, daß die Infektiosität des Präparates erhalten bleibt. Es ist daher erforderlich, Lagerung und Transport der Lebendvakzinen bei niedrigen Temperaturen vorzunehmen. Ferner ist streng zu vermeiden, daß die Vakzinen mit Resten von Desinfektionsmitteln in Behältern oder Spritzen in Berührung kommen, die diese inaktivieren könnten.

Vakzinierung durch Totimpfstoffe

Die Gefahren, die von attenuierten Lebendvakzinen ausgehen können, z. B. indem sie in den virulenten Ausgangszustand rückschlagen, werden durch die Anwendung von *Totimpfstoffen* vermieden, d. h. von Impfstoffen, die *kein vermehrungsfähiges genetisches Material* enthalten. Die Schutzwirkung von Totimpfstoffen hält jedoch nur 6 bis 12 Monate vor. Es müssen daher oft *Wiederholungsinjektionen*, die als *Booster* bezeichnet werden, erfolgen. Ferner sind bei der Anwendung von Totimpfstoffen in der Regel höhere Antigenmengen als bei der Verwendung von Lebendimpfstoffen erforderlich. Hierdurch wächst die Gefahr, daß unerwünschte Nebenwirkungen, z. B. allergische Reaktionen, auftreten.

Ein entscheidender Vorteil von Totimpfstoffen besteht darin, daß Antigene unterschiedlicher Virusstämme und oft sogar verschiedener Virusarten gemeinsam appliziert werden können, ohne daß Interferenzerscheinungen, d. h. gegenseitige Behinderungen der verschiedenen Antigene, zu befürchten sind. Es ist daher möglich, *polyvalente Vakzinen* zu entwickeln, die gleichzeitig gegen mehrere Virusstämme oder -arten schützen können. Das wird beispielsweise zum Schutz vor Influenza praktiziert und im Kampf gegen HIV versucht. Die außerordentlich große Mutabilität des HIV im Antigenbereich, z. T. aber auch im Bereich der regulatorischen Proteine, hat jedoch bisherige Bemühungen immer wieder zunichte gemacht.

Die *Inaktivierung* der für die Herstellung von Totvakzinen vorgesehenen Virussubstanz *erfordert erhebliche Vorsichtsmaßnahmen*, denn die Vermehrungsfähigkeit und damit die Pathogenität des Virus muß mit Sicherheit ausgeschaltet werden, ohne daß die Fähigkeit des Virus zur Auslösung der Antikörperbildung verloren geht. Häufig können diese beiden Ziele durch *Inaktivierung mit Formaldehyd, β– Propiolakton bzw. Acetyl– oder Ethylenimin* erreicht werden.

Zur Zeit kommen *inaktivierte Viruspräparate u. a. zur Bekämpfung der Maul– und Klauenseuche, der Geflügelpest und anderer Tierseuchen zur Anwendung.* Auch gegen verschiedene Erkrankungen des Menschen, z. B. gegen die *Spinale Kinderlähmung* (Impfstoff nach Salk) oder gegen *Influenza* können Schutzimpfungen mit inaktiviertem Virus durchgeführt werden. Ferner werden gegen die *Tollwut* oft derartige Präparate verwendet.

Spalt–(Split–)vakzinen

Ein erheblicher Fortschritt ist mit der Entwicklung von Vakzinen erreicht worden, die anstatt von inaktivierten, aber vollständigen Viruspartikeln *Bausteine oder Spaltprodukte des Virions*, und zwar im Idealfall allein die zur Auslösung der Antikörperbildung erforderlichen Antigene, enthalten. Derartige Vakzinen werden als *Spalt– oder Splitvakzinen* bezeichnet. Die Verwendung von Spaltvakzinen schließt mit Sicherheit aus, daß infolge unvollständiger Inaktivierung der Impfviren bei der Schutzimpfung auch vermehrungsfähiges Material injiziert wird. Auch die Gefahr allergischer Reaktionen wird verringert. Ebenso ruft beispielsweise die Spaltvakzine gegen das Influenza–Virus weniger lokale Reaktionen hervor als das inaktivierte Präparat. Es ist daher möglich, *größere Antigenmengen zu applizieren.*

Spaltvakzinen werden vielfach gewonnen, indem die zunächst in Gewebekulturen angereicherten intakten Viruspartikeln so schonend in ihre Bestandteile zerlegt werden, daß das Antigen die Befähigung zur Induktion der Antikörper nicht verliert. In einem weiteren Arbeitsgang müssen die dabei anfallenden Bestandteile der Nucleokapsel bzw. der Virushülle, d. h. die Kapsomeren bzw. Peplomeren, die die Antigene tragen, soweit isoliert werden, wie das möglich und sinnvoll ist.

Weitere Möglichkeiten zur Gewinnung von Spaltvakzinen haben Gentechnologie und Biotechnologie eröffnet. Durch Techniken, die den im Abschnitt 6.2.7 beschriebenen im wesentlichen gleichen, werden aus den Virusgenomen die Gene isoliert, in denen die Antigene codiert sind. RNS–Genome werden zuvor durch Umkehrtranskriptase und Replikase in DNS–Doppelstranggenome umgewandelt. Die isolierten Gene werden dann in ein Plasmid oder in einen Charonphagen (vgl. Abschnitt 6.2.7) eingebaut und in *Escherichia coli* vermehrt. Nach ihrer Isolierung werden die Gene, zumeist in vitro, transkribiert und translatiert. Auf diese Weise konnte beispielsweise VP1–Protein des Maul– und Klauenseuche–(MKS–)Virus, HBS– Protein des Hepatitis–B–Virus, G–Protein des Tollwut–Virus und H–Protein des Influenza–Virus gewonnen werden. Diese Proteine stellen nicht das komplette natürliche Antigen der jeweiligen Viren dar, denn sie sind nicht wie die Antigene glykosyliert, d. h. an einen bestimmten Zucker gebunden. Trotzdem induzieren sie eine humorale Immunantwort.

Zur Induktion virusneutralisierender Antikörper ist nicht einmal das gesamte entglykosylierte Protein des Antigens erforderlich. In neuerer Zeit konnte vielmehr gezeigt werden, daß bestimmte, nur 6 bis 20 Aminosäuren umfassende *Oligopeptide*, die aus dem VP1-Protein des MKS–Virus gewonnen worden sind, zu Immunantworten führen, die Meerschweinchen vor einer Infektion mit MKS–Virus schützen. Ähnliches trifft für das Influenza–H–Protein zu. Hier konnten mit einigen Oligopeptiden sogar Immunantworten induziert werden, die bei Applikation des gesamten VP1-Proteins nicht erfolgen. So wurden auf dem Molekül des H–Proteins des Influenza–Virus nur vier antigene Domänen identifiziert, gegen die nach natürlicher Infektion Antikörper gerichtet sind. Wenn das H–Protein jedoch in Oligopeptide zerlegt wurde, konnten mit einigen von ihnen auch Antikörper gegen andere, normalerweise nicht antigene Domänen des H–Proteins induziert werden, die ebenfalls in der Lage sind, das Virus zu neutralisieren. Nach natürlichen Vorbildern *synthetisierte Oligopeptide* erzielten die gleichen Effekte. Diese Ergebnisse berechtigen zu der Hoffnung, daß es möglich sein wird, die Schwierigkeiten zu überwinden, die durch die häufigen Mutationen der Struktur und Antigenität der Hüllproteine der Influenza–Viren entstehen. Diese führen zu immer neuen Erregertypen, gegen die neue Antiseren hergestellt werden müssen. Es liegt nahe, daß nicht alle aufgefundenen und zusätzlich nutzbaren Antigene gleichzeitig mutieren, so daß die Wirkung derartiger polyvalenter Seren länger erhalten bleibt.

Immunprophylaxe bei wildlebenden Tieren, besonders Füchsen

Immunprophylaxe kann auch bei wildlebenden Tieren zweckmäßig sein, wenn diese Reservoire gefährlicher Viruskrankheiten darstellen, von denen Infektionen von Haustieren und Menschen ausgehen können. So kommt z. B. das Tollwut–Virus in der Natur vor allem in Füchsen vor, von denen es auf viele wildlebende Groß– und Kleinsäuger, aber auch auf Hunde, Katzen sowie Vieh übertragen werden kann. Damit sind auch für den Menschen gefährliche Infektionsquellen vorhanden, bei dem die Tollwut zum Tod führt, wenn nicht rechtzeitig Gegenmaßnahmen ergriffen werden können.

Um die Gefahr von Tollwutinfektionen für Haustiere und für den Menschen gering zu halten, wurden besonders in Zeiten verstärkten Auftretens der Tollwut die Füchse stark bejagt. Diese Maßnahme war jedoch nur eine gewisse Zeit effektiv und verhinderte die Ausbreitung der Tollwut nur unwesentlich. Es wur-

den aber Lebensgemeinschaften disreguliert, da ein gewisser Besatz an Füchsen
ein wichtiges Regulativ in unserer Umwelt darstellt.

Im Hinblick auf diese Verhältnisse wurde in der zweiten Hälfte der 80er Jahre
mit Versuchen begonnen, die *Tollwutbekämpfung bei Füchsen auch im Wege der
Immunprophylaxe durchzuführen und damit Lebensgemeinschaften zu schonen.
Dabei kamen in ihrer pathogenen Wirkung abgeschwächte Stämme des Tollwut-
Virus zum Einsatz. Das attenuierte Impfvirus wurde Ködern beigemischt, die
von Füchsen gern angenommen werden.* Auf diese Weise konnten etwa 75%
der im Versuchsgebiet vorkommenden Füchse immunisiert werden, was in der
Region zu einem beachtlichen Rückgang der Tollwutinfektionen von wildlebenden Säugetieren sowie Haustieren geführt hat. Trotzdem ist die Anwendung
von immunisiertem Tollwutvirus zur Immunprophylaxe bei Füchsen noch immer strittig, besonders im Hinblick auf die Sicherheit und Stabilität der Seren,
denn die attenuierten Virusstämme sind nicht selten pathogen für wild lebende
Nagetiere sowie entsprechende Laboratoriumstiere. Möglicherweise könnten sie
auch für den Menschen pathogen sein. Ferner ist nicht völlig auszuschließen,
daß die attenuierten Virusstämme in Füchsen in virulente Stämme revertieren.

Um die Sicherheit der Immunprophylaxe gegen das Tollwut-Virus bei Füchsen und anderen wildlebenden Tieren zu erhöhen und gleichzeitig die Wirkung
weiter zu verbessern, wurden neue Wege beschritten. *Es wurde gentechnologisch
in das Genom eines Stammes des Vakzinia-Virus, der wegen seiner sehr geringen Virulenz zur Pockenschutzimpfung verwendet werden kann, ein einziges Gen
des Tollwut-Virus eingeführt, und zwar das Gen, das nach seiner Expression
die Antikörperbildung gegen das Tollwut-Virus provoziert. Dieses gentechnologisch veränderte Vakzinia-Virus wird ähnlich wie das attenuierte Virus in geeigneten Ködern zur Applikation ausgelegt,* und zwar in solchen Ködern, die nicht
nur von Füchsen, sondern auch von Katzen, Mäusen, Mardern, Wildschweinen
sowie Raubvögeln u. a. aufgenommen werden. In Laboratoriums- sowie Freilandversuchen konnte nachgewiesen werden, daß sich in den genannten Tieren
nach Verzehr der Köder sowohl Antikörper gegen das Tollwut-Virus als auch
gegen das Vakzinia-Virus bilden. In einem anschließenden Großflächenversuch,
in dem die Köder mit dem gentechnologisch veränderten, rekombinanten Virus
zum Teil auch vom Flugzeug aus ausgebracht worden waren, war kein einziger
der erfaßten und untersuchten Füchse von Tollwut befallen, während vor Beginn
des Versuches im gleichen Gebiet 60% der erlegten Füchse mit dem Tollwut-
Virus infiziert waren. Auch wurde in dem Versuchsgebiet nach Abschluß der
Kampagne kein einziges von Tollwut befallenes Haustier vorgefunden. Die Ergebnisse dieses Großversuches und mehrerer ähnlicher Versuche lassen deutlich
erkennen, daß das gentechnologisch erzeugte Präparat ein effektives Mittel zur
Immunprophylaxe gegen das Tollwut-Virus bei wildlebenden Tieren sein kann.

Horizontale Übertragung des rekombinierten Virus von vakzinierten Tieren auf nicht vakzinierte ist bisher nicht nachgewiesen worden. Diese ist auch wenig wahrscheinlich, weil das rekombinierte Virus im Gegensatz zum Tollwut–Virus, auch zum attenuierten Tollwut–Virus, nicht in Speicheldrüsen vorgefunden wurde. Darüber hinaus vermehrt sich das rekombinierte Virus nur in einigen eng umgrenzten Gewebe– bzw. Organbezirken des jeweiligen Wirtes. Hierdurch liegt das potentielle Risiko, daß das rekombinierte Virus in Tieren mit wild vorkommenden Tierpocken–Virusstämmen rekombinieren und hierdurch evtl. zu aggressiven Formen führen könnte, nahe bei Null. Auch wurde das rekombinierte Virus bisher nie im Hirn der vakzinierten Tiere entdeckt, so daß Impfunfälle, die bei Schutzimpfungen gegen Pocken, allerdings selten, vorgekommen sind und zur Ausbildung von Enzephalitis (Gehirnentzündung) geführt haben, unwahrscheinlich sind.

Im Hinblick auf die angeführten und zahlreiche weitere Versuchsergebnisse sind Herstellung und Anwendung des rekombinierten Impfviruspräparates in verschiedenen westeuropäischen Ländern amtlich zugelassen. In Deutschland haben jedoch Umweltorganisationen Bedenken gegen die Zulassung angemeldet. Sie sprechen sich bezüglich der Immunprophylaxe bei wild lebenden Tieren eher für die Anwendung von Ködern mit dem attenuierten Impfstoff aus, obwohl bei diesem mit gewissen Gefahren zu rechnen ist, auf die bereits hingewiesen worden ist.

Passive Immunisierung

Der aktiven Immunisierung steht die *Immunprophylaxe durch passive Immunisierung* gegenüber. Diese wird jedoch nur noch in relativ seltenen Fällen angewendet. Sie erfolgt, indem zur Vorbeugung oder bei Beginn einer Erkrankung Antikörper aus Organismen injiziert werden, die die Erkrankung überstanden haben. Das geschieht zumeist im Wege der Injektion von *Immunglobulinen*. Im Hinblick auf die ständige Verbesserung der Vakzinen dürfte die passive Immunisierung bei der Bekämpfung von Viruskrankheiten weiter an Bedeutung verlieren.

7.3.3 Therapeutische Maßnahmen

Therapeutische Maßnahmen zielen darauf ab, die Replikation in den Wirt eingedrungener Viren zu unterbinden. Im Hinblick auf die enge Verflechtung zwischen der Virusreplikation und Replikationsprozessen des Viruswirts ist es allerdings außerordentlich schwierig, das Virus zu treffen, ohne den Wirt zu schädigen. Trotz aller Schwierigkeiten wurden jedoch durch intensive Forschungsarbeiten ermutigende Ergebnisse erzielt.

Interferone und Interferoninduktoren

Interferone (vgl. Abschnitt 7.2.1), die in Gewebekulturen oder biotechnologisch gewonnen worden sind, könnten wegen ihrer Breitenwirkung zu idealen Therapeutika werden. Da die Proteinsynthesen unspezifisch gehemmt werden, sind aber nicht nur Virusproteine, sondern auch Wirtsproteine betroffen. Daher ist mit nicht unbeträchtlichen Nebenwirkungen zu rechnen, zumal applizierte Interferone auch in sehr vielen nicht infizierten Zellen wirksam werden, während durch Virusbefall induzierte Interferone nur in den den Befallsherden benachbarten Zellen wirksam werden.

Bei gezielter Anwendung von Interferonen zeichnen sich gegen Erkrankungen durch Herpes–, Cytomegalie– und Masern–Viren sowie Virusinfektionen der Atemwege Erfolge ab, vor allem bei Patienten mit geschwächter Immunabwehr, bei denen entsprechende Infektionen zu gefährlichen Komplikationen führen können. Es ist aber abzusehen, daß mit den in letzter Zeit entwickelten Chemotherapeutika, vor allem mit solchen der zweiten Generation (s. u.), auch in den angeführten Fällen bei geringeren Nebenwirkungen bessere Ergebnisse erzielt werden können.

Die Anwendung von *Interferoninduktoren*, z. B. anionischen Polymeren, Polycarbonaten, Polysulfaten oder Polyphosphaten, hat sich wegen deren Toxizität bisher klinisch nicht für therapeutische Zwecke durchsetzen können.

Serumtherapie

Serumtherapie, d. h. die Zuführung von Antikörpern, die aus Organismen nach überstandener Viruskrankheit oder auf gentechnologischem Wege gewonnen worden sind, zu bereits mit Symptomen erkrankten Individuen wird in der Regel nur in Notfällen angewendet. Sie dürfte im Hinblick auf die Verbesserung der Vakzinen und der Chemotherapie weiter an Bedeutung verlieren.

Chemotherapie

Durch ständige Erweiterung der Kenntnisse über die Virusreplikation und die Wechselwirkungen der Viren mit ihrer zellulären und organismischen Umwelt wird es in jüngerer Zeit in zunehmendem Maße möglich, *in das Wechselspiel zwischen Virus und Wirt einzugreifen, indem Substanzen appliziert werden, die Schritte des Replikationszyklus der Viren oder ihre Ausbreitung im Wirtsorganismus beeinflussen, ohne wesentliche Nebenwirkungen zu verursachen.* Entsprechende Substanzen werden als *antivirale Verbindungen* bezeichnet. Vielfach nennt man sie auch *Virostatika,* da sie ähnlich den Bakteriostatika in der Regel nur bestimmte Schritte der Replikation hemmen, einmal gebildete Viruspartikeln aber nicht beeinflussen. Ist der von entsprechenden Substanzen beeinflußte Schritt im Replikationszyklus des Virus vollzogen, bevor diese in die Zelle gelangt sind, ist dieser Replikationszyklus daher nicht mehr zu beeinflussen. Erst wenn in der gleichen Zelle oder in anderen Zellen des Organismus die Replikation erneut einsetzt, können die nunmehr anwesenden Virostatika ihre Wirkung entfalten. Es wird also nach der Zuführung der Virostatika (= antiviralen Verbindungen) im wesentlichen die weitere Virusvermehrung gehemmt. Ob eine Virusinfektion nach Verabreichung von Virostatika praktisch eliminiert wird, ohne daß es zu einer Erkrankung kommt, oder ob sie lediglich mehr oder weniger stark abgeschwächt wird, ist demnach wesentlich davon abhängig, wie weit die Infektion fortgeschritten ist und wie viele Toxine infolge der Virusinfektion vor dem Auftreten der ersten Krankheitssymptome, die das Erkennen der Krankheit und damit die Behandlung mit Virostatika ermöglichen, gebildet worden sind. Darüber hinaus spielt auch die Geschwindigkeit, mit der nach der Virusinfektion die Bildung von Antikörpern erfolgt, eine Rolle.

Eine prophylaktische Anwendung von Virostatika ist nur in seltenen Ausnahmen zu empfehlen, denn das Virus wird durch Wirtsmechanismen vermehrt (vgl. Abschnitte 4 und 7.1), die von Substanzen, die in den Replikationszyklus der Viren eingreifen, ebenfalls mehr oder weniger stark beeinflußt werden können. Nebenwirkungen, wie sie bei außerordentlich vielen Arzneimitteln im Beipackzettel ausgewiesen sind, treten daher auch bei antiviralen Verbindungen auf. Wesentliche Anstrengungen sind infolgedessen in der Virostatikaforschung darauf gerichtet, diese Nebenwirkungen zu minimieren. Dabei sind mit der Entwicklung von Virostatika der zweiten Generation beachtliche Erfolge erzielt worden, über die nachfolgend an geeigneter Stelle ebenfalls zu berichten sein wird.

Nahezu alle Stadien des Infektions– und Replikationsprozesses der Viren (vgl. Abschnitt 4) werden als Ausgangspunkt für die Entwicklung antiviraler Therapeutika genutzt. So wird versucht, die *Adsorption* von Myxo– und Paramyxoviren, u. a. des Influenza–A–Virus, an die Membran der Wirtszellen zu hemmen, indem durch *Oligopeptide* bestimmter Konfiguration die Rezeptoren der Wirtszellen für Viren besetzt werden. Diese Vorgehensweise verspricht therapeutische Effekte, ohne daß Nebenwirkungen zu befürchten sind.

Als außerordentlich vielversprechend hat sich in diesem Zusammenhang ein aus 8 Aminosäuren bestehendes Oligopeptid erwiesen, das 3 Threoninmoleküle enthält und daher als *Peptid T oder auch als T3* bezeichnet wird. Dieses Peptid wurde im Ergebnis einer computergestützten Suche nach einem Peptid entwickelt, das den sogenannten *CD4-Rezeptor der Zellen besetzen* kann, der u. a. auch bei HIV den ersten Zellkontakt vermittelt. Auf diese Weise ist es daher möglich, die Zahl der mit HIV infizierten Zellen eines Organismus erheblich zu vermindern. Wegen fehlender Nebenwirkungen kann Peptid T sogar über einen längeren Zeitraum angewendet werden, wodurch der Fortgang der HIV-Infektion bzw. der AIDS-Erkrankung wesentlich verlangsamt wird. Die gute therapeutische Wirkung des Peptid T ist nicht zuletzt auch darauf zurückzuführen, daß dieses im Organismus relativ langsam abgebaut wird und daher lange funktionsfähig bleibt. Diese relativ hohe Stabilität wurde dadurch erreicht, daß bei der Synthese des Peptids die rechtsdrehende Form der Aminosäure Alanin eingesetzt wird. Hierdurch wird Peptid T vor dem Angriff der Peptidasen, d. h. der Peptide abbauenden Enzyme der Zelle, geschützt, denn diese bauen vor allem die linksdrehenden Aminosäuren ab. Darüber hinaus wird der Abbau des Peptids T auch dadurch erschwert, daß das C-terminale Ende zum Säureamid modifiziert wurde.

Infolge seiner verschiedenen günstigen Eigenschaften ist Peptid T in der klinischen Therapie gegen HIV zu einem Hoffnungsträger geworden. Besonders wenn es in Kombination mit AZT (Azidothymidin; s. u.) verabreicht wird, das über einen anderen Mechanismus wirkt, kann das Fortschreiten von AIDS über verhältnismäßig lange Zeit verhindert werden, wie durch umfangreiche Untersuchungen in mehreren Ländern belegt ist. Allerdings wird die Wirkung möglicherweise dadurch eingeschränkt, daß HIV, wie wir bereits erfahren haben, auch über Plasmabrücken von Zelle zu Zelle wandern kann und in diesen Fällen für die Besiedlung neuer Zellen keine funktionsfähigen Rezeptoren benötigt.

Die Bindung von HIV und anderer Viren an den CD4-Rezeptor wird nicht nur durch Peptid T, sondern auch durch weitere Verbindungen gehemmt, z. B. durch rCD4, das zur ersten Generation gentechnologisch hergestellter Varianten von Peptiden, die den CD4-Rezeptor besetzen, gerechnet wird. Auch rCD4- -Ricin und rCD4-*Pseudomonas*-Endotoxin sind in diesem Zusammenhang zu erwähnen. Bei diesen Verbindungen ist rCD4 jeweils an ein wirkungsvolles Zelltoxin gekoppelt. Hierdurch werden HIV-produzierende Zellen selektiv abgetötet. Diese Präparate befinden sich in vorklinischer Erprobung. Probleme könnten durch Lebertoxizität entstehen.

Andere antivirale Verbindungen greifen in die *Penetration* bzw. in das *Uncoating* verschiedener Viren ein. Von diesen hat das *Aminoadamantan*, das darüber hinaus auch die *Transkription von Virus-RNS hemmt*, die größte Bedeutung erlangt. Der guten Wirkung des Aminoadamantan, z. B. gegen Influenza-A-Viren, das Rubella-Virus und das onkogene Rous-Sarkom-Virus stehen verhältnismäßig wenige und schwache Nebenwirkungen gegenüber. Daher wird die Anwendung von Aminoadamantan auch zur Prophylaxe von Influenza-A-Virus- Infektionen empfohlen, und zwar besonders bei älteren Menschen, Herz-Kreislauf-Geschädigten und anderen Risikopersonen. Auch wenn es nach dem Auftreten erster Grippesymptome verabreicht wird, zeigt

Aminoadamantan gute therapeutische Wirksamkeit.

Neben seinen antiviralen Aktivitäten ist *Aminoadamantan* als *eines der besten Mittel gegen die Parkinsonsche Krankheit* bekannt. Gegen diese wird Aminoadamantan sogar häufiger angewendet als gegen Viren. Diese zweifache Wirkung des Aminoadamantan hat zu Spekulationen geführt, daß am Zustandekommen der Parkinsonschen Krankheit auch eine virale Komponente beteiligt sein könnte (vgl. Abschnitt 7.2.3). Experimentelle Hinweise auf eine latente Virusinfektion oder eine slow–Virus–Infektion konnten jedoch bisher nicht erbracht werden.

Auch verschiedene *Derivate des Aminoadamantan* sind antiviral wirksam. So werden Influenza–A–Viren durch 1–Adamantyl–ethylamin ausgezeichnet gehemmt. Diese Verbindung wird unter der Bezeichnung *Rimantadin* in vielen Ländern der ehemaligen Sowjetunion prophylaktisch und therapeutisch gegen Influenza–A–Virus–Infektionen eingesetzt. *N1–Adamantyl–2–dimethylaminoethoxy–acetamid (Tromantadin)* wird, z. B. unter der Bezeichnung Viru–Merz, als Salbe gegen Herpesinfektionen der Haut verwendet.

4,8–Dipiperidino–2,6–diethanolamino–pyrimidino–(5,6–e)pyrimidin, das unter der Bezeichnung *Dipyridamol* als Mittel zur Erweiterung der Herzkranzgefäße bekannt ist, hemmt auch eine Anzahl kleiner und großer Viren, z. B. verschiedene Flavi–, Picorna–, Orthomyxo–, Herpes– und Poxviren. In 1%iger Lösung in Form von Augentropfen kann Dipyridamol zur Behandlung der durch Herpesviren hervorgerufenen Hornhautentzündung des Auges verwendet werden.

Phosphonoameisensäure und Phosphonoessigsäure hemmen DNS–Polymerasen und auf diese Weise die DNS–Replikation. Dabei werden die viralen DNS–Polymerasen wesentlich stärker als die DNS–Polymerasen der Wirtszellen beeinflußt. Daher sind diese beiden Verbindungen *den selektiven Enzyminhibitoren zuzuordnen.* Sie erwiesen sich als wirksam gegen verschiedene Herpes–Viren, ferner gegen das Varizella–zoster–Virus, das Cytomegalie–Virus und einige weitere Viren. Sie hemmen auch die Transformation menschlicher Lymphozyten durch das Epstein–Barr–Virus. Da Phosphonoameisensäure geringere Nebenwirkungen als Phosphonoessigsäure zeigt, wird eine klinische Anwendung der Phosphonoameisensäure erwogen, und zwar zunächst gegen lokale Herpesinfektionen.

Hauptangriffsort einer antiviralen Chemotherapie ist die Beeinträchtigung der Nucleinsäurereplikation der Viren. In die Suche nach hierfür geeigneten Chemotherapeutika wurde eine Vielzahl von *Analoga von Nucleobasen, Nucleosiden und Nucleotiden* einbezogen. Diese stellen Modifikationen der angeführten Bausteine der Nucleinsäuren dar, die entweder die Aktivität der an der Nucleinsäurereplikation beteiligten Enzyme hemmen oder aber in die

Nucleinsäure eingebaut werden und deren Funktion, besonders aber deren Replikation beeinträchtigen. Hierdurch wirken sie als *Antimetaboliten des Nucleinsäurestoffwechsels.* Neben der Virusnucleinsäure werden durch derartige Antimetaboliten jedoch vielfach auch die Nucleinsäuren der Wirtszellen beeinflußt. Auch können Mutationen im genetischen Material des Wirts hervorgerufen werden, die wiederum u. a. zur Aktivierung von Onkogenen führen können (vgl. Abschnitt 7.1.5). Vor allem bei bestimmten Analoga von Nucleobasen ist daher neben den angestrebten virostatischen Effekten auch mit zytostatischen Effekten und mit Tumorbildung zu rechnen. Wegen derartiger Nebenwirkungen werden u. a. 5–Fluorouracil, 5–Thiouracil und 5–Bromuracil trotz beachtlicher antiviraler Aktivitäten heute kaum mehr angewendet.

Das Hauptproblem bei der Entwicklung und Nutzung von Analoga der Nucleobasen, Nucleoside und Nucleotide war im Hinblick auf die angeführten Verhältnisse die *Optimierung der antiviralen Wirkungen und die Minimierung von Nebenwirkungen.* Dabei wurden bedeutsame, richtungsweisende Ergebnisse erzielt. In diesem Zusammenhang ist die Entwicklung des 1–β–D–Ribofuranosyl–1,2,4–triazol–3–carboxamid anzuführen, bei dem die Struktur der Nucleobase stark verändert ist. Diese Verbindung, die den Trivialnamen (common name) *Ribavirin* und die Handelsnamen *Virazol* (USA) bzw. *Ribamidil* (frühere Sowjetunion) erhalten hat (Abb. 7.17), *wird erst in der Zelle durch enzymatische Phosphorylierung zum eigentlichen Wirkstoff, dem entsprechenden Triphosphat, also einem Nucleotidanalogon, umgewandelt. Dieses hemmt u. a. die Bildung oder Aktivierung der viruscodierten RNS–abhängigen RNS–Polymerase.* Darüber hinaus wird erwogen, daß das Nucleotidanalogon Signalgruppen der viralen DNS bzw. deren Kappenstruktur am Ende des DNS–Stranges maskiert bzw. inaktiviert. Hierauf dürfte zurückzuführen sein, daß diese Verbindung nicht nur gegen eine beträchtliche Anzahl von RNS–Viren,u. a. gegen Influenza–A–und B–Viren, das Masern– und das Mumps– Virus wirkt, sondern auch gegen medizinisch bedeutsame DNS–Viren, z. B. Herpesviren und Pockenviren. Die Nebenwirkungen halten sich in solchen Grenzen, daß die Verbindung in mehreren Ländern zu bestimmten klinischen Anwendungen zugelassen ist.

Das Nucleosidbasenanalogon Azidothymidin (AZT, Retrovir, Zidovudine; Abb. 7.18) ist zur Zeit eine der wirksamsten Verbindungen gegen AIDS (HIV). Es kann das Fortschreiten der Erkrankung wesentlich abbremsen und ist auch in Deutschland zur Behandlung HIV–Infizierter amtlich zugelassen. *AZT beeinflußt spezifisch die Umkehrtranskriptase des HIV.* Wenn dieses Schlüsselenzym anstelle von Thymidin Azidothymidin (AZT) angeboten bekommt, ist es nicht in der Lage, das Analogon mit dem vorangegangenen Nucleotid des in Bildung begriffenen HIV–DNS–Stranges zu verknüpfen. Es kommt daher zum Abbruch der in Bildung begriffenen DNS–Kette. Das virale Genom wird dementsprechend nur unvollständig kopiert und kann daher auch nicht in das Wirtsgenom eingebaut werden. *AZT verhindert somit die Infektion neuer Zellen.* Hierdurch wird für die Mehrzahl der behandelten AIDS–Patienten eine Verbesserung der Lebensqualität und eine Verminderung der Symptome erreicht. Ebenso kommt es zu einer Senkung der Sterblichkeit. Zu einer Gesundung kommt es jedoch nicht, da AZT in den Zellen etabliertes HIV nicht erreicht.

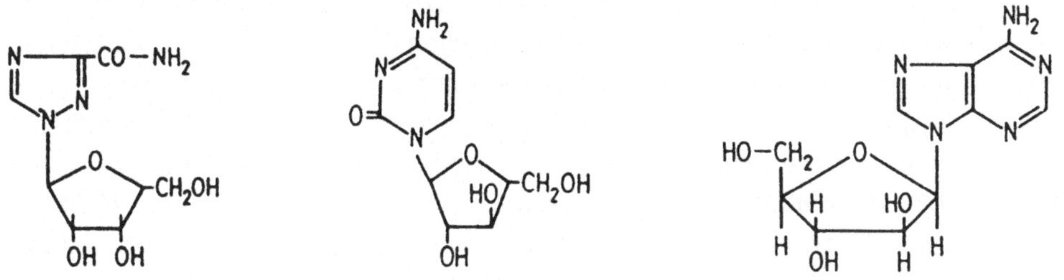

Abb. 7.17: Die Struktur von Ribavirin, Cytosinarabinosid und Adeninarabinosid (von links nach rechts)

AZT ist allerdings auch nicht frei von Nebenwirkungen. Vor allem kann es nach Gaben von AZT zur Schädigung des blutbildenden Systems kommen. Die Folgen sind Anämie und Granulozytopenie, d. h. Schädigung von weißen Blutkörperchen und absolute Verminderung der neutrophilen Granulozyten im peripheren Blut. Wenn mit der AZT–Therapie begonnen wird, bevor die Symptome von AIDS auftreten, kann die AZT–Konzentration allerdings erheblich gesenkt werden, und die Nebenwirkungen sind dann wesentlich geringer. Auch kann die Behandlung dann länger fortgesetzt werden, ohne daß schlimme Nebenwirkungen auftreten. Bei Kombination von AZT mit *Didesoxycytidin* (DDC), das in ähnlicher Weise wie AZT die Umkehrtranskriptase beeinflußt, ist es möglich, die Konzentration beider Chemotherapeutika beträchtlich zu verringern, ohne die therapeutische Wirksamkeit zu beeinträchtigen. Ähnliches gilt für die Kombination mit Peptid T (s.o.). Damit sinkt die Gefahr schädigender Nebenwirkungen weiter. Aber auch durch diese Behandlungsweisen kann nur die Neuinfektion weiterer Zellen mit HIV verhindert werden. Eine echte Heilung im Sinne der Eliminierung des Virus aus dem Körper ist z. Z. nicht möglich.

Hochwirksame Virostatika konnten ferner erhalten werden, indem anstelle der Nucleobasen die Zuckerkomponente des Nucleosids verändert wird. Als Cytosin nicht mit Ribose, sondern mit *Arabinose* verknüpft wurde, ergab sich im *Cytosinarabinosid (Cytarabin)* (Abb. 7.17) ein starker Inhibitor der viralen

DNS–Synthesen, der u. a. Pockenviren, Herpesviren, Adenoviren und auch das onkogene Rous–Sarkom– Virus wirksam beeinflußt. Da Cytosinarabinosid in hohen Konzentrationen die DNS–Synthese der Wirtszellen hemmt, kann es auch als *Cytostatikum* in der Krebstherapie eingesetzt werden.

Wird Adenin statt mit Ribose mit Arabinose verknüpft, ergibt sich im *Adeninarabinosid (Vidarabin)* (Abb. 7.17) ein Nucleosidanalogon, das noch mehr Viren in z. T. erheblich stärkerem Maße hemmt als Cytosinarabinosid. Die Bildung von Wirtsnucleinsäure wird dagegen in geringerem Maße beeinflußt. So hemmt Adeninarabinosid die vom Herpes–simplex- -Virus induzierte DNS–Polymerase etwa 120mal stärker als eine DNS–Polymerase der Wirtszelle. Deshalb ist *Adeninarabinosid zu den spezifischen Enzyminhibitoren zu stellen.* Adeninarabinosid ist von staatlichen Stellen zur *klinischen Behandlung systemischer Herpeserkrankungen* anerkannt, wie sie vor allem *nach Organtransplantationen* bei Patienten auftreten, deren *Immunsystem ausgeschaltet* werden mußte. Darüber hinaus kann Adeninarabinosid auch erfolgreich zur Behandlung der von Herpesviren hervorgerufenen *Keratokonjunktivitis* (Entzündung der Horn– und Bindehaut) sowie der durch das Varicella–zoster–Virus hervorgerufenen *Gürtelrose* eingesetzt werden.

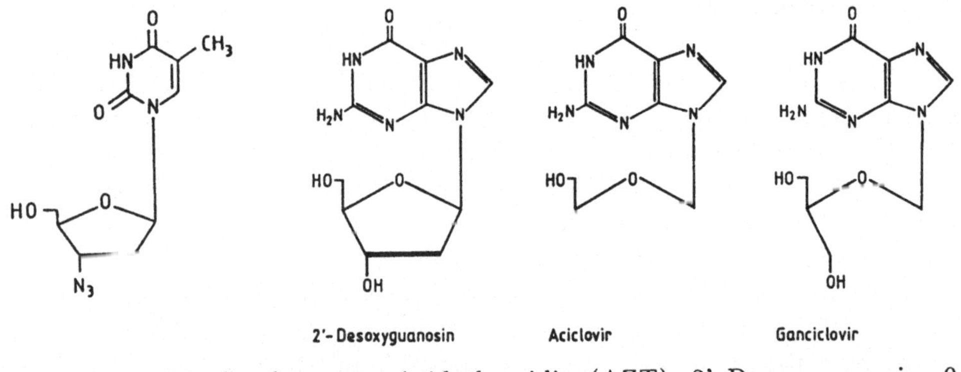

Abb. 7.18: Die Struktur von Azidothymidin (AZT), 2'–Desoxyguanosin, 9–Hydroxyethoxymethyl–guanin (= Acycloguanosin = Aciclovir) und 9–(1,3–dihydroxy–2–propoxymethyl)–guanin (= Ganciclovir), von links nach rechts

Wenn der Furanosidring der cyclisierten Desoxyribose des 2'–Desoxyguanosin (Abb. 7.18) geöffnet und zum Teil abgebaut wird, ergibt sich im 9–Hydroxyethoxymethyl–guanin eine hochaktive antivirale Verbindung, die als *Acycloguanosin* oder *Aciclovir* bezeichnet wird (Abb. 7.18). Acycloguanosin ist gegen das onkogene Epstein--Barr–Virus, das Zytomegalie–Virus und besonders gegen die verschiedenen Herpesviren hochwirksam. Der eigentliche Wirkstoff ist jedoch nicht das Acycloguanosin, sondern das entsprechende Triphosphat. Die erforderliche Phosphorylierung erfolgt vor allem durch die im Genom der angeführten Viren codierte Thymidinkinase. *Somit entsteht der aktive antivirale Wirkstoff erst in der virusinfizierten Zelle.* Er hemmt darüber hinaus virale DNS–Polymerasen wesentlich stärker als zelluläre DNS–Polymerasen. Aus diesem Grund treten unerwünschte Nebenwirkungen nur in geringem Umfang auf. *Virostatika, die wie Acycloguanosin (Aciclovir) in der virusinfizierten Zelle ausschließlich oder in viel stärkerem Maße als in der nicht infizierten Zelle zum aktiven Wirkstoff umgewandelt werden* und damit in den nicht infizierten Zellen nur in geringem Umfang vorhanden sind, werden als *Virostatika der zweiten Generation* bezeichnet.

Wenn bei Patienten, bei denen im Zusammenhang mit der Organtransplantation das Immunsystem ausgeschaltet werden mußte, latente Infektionen mit Herpes– oder Cytomegalieviren als schwere apparente Erkrankungen in Erscheinung treten, kann eine Behandlung mit Aciclovir binnen kurzem zur Ausheilung führen, ohne daß das Immunsystem eingeschaltet werden muß, und damit kann die Abstoßung des implantierten Organs verhindert werden. Eine klinische Erprobung des Aciclovir war ferner bei Herpes–Keratidis, Herpes zoster (Gürtelrose) sowie Hepatitis–B (Serumhepatitis) erfolgreich.

Wird die Seitenkette des Acycloguanosin um eine Methoxy–Gruppe verlängert, so liegt im 9–(1,3–dihydroxy–2–propoxymethyl)–guanin (Abb. 7.18) ein weiteres hochwirksames Virostatikum der zweiten Generation vor. Die Wirkung dieser Verbindung, die den Trivialnamen *Ganciclovir* erhalten hat, übertrifft in einigen Fällen die Wirkung des Aciclovir. Besonders gut wirkt Ganciclovir gegen das Zytomegalie–Virus. Dieses zur Subfamilie der *Herpesvirinae* gehörende Virus ruft u.a. die Mononukleose hervor, die mit Fieber, Mandelentzündung, allgemeiner Lymphdrüsenschwellung, vermehrtem Auftreten von mononucleären Zellen im Blut und Leberschwellung einhergeht. Dabei können sich auch Leberentzündungen mit Gelbsucht, Herzmuskelerkrankungen und Lungenentzündungen entwickeln. Eine besondere Gefahr stellen CMV–Infektionen für Patienten unter einer suppressiven Therapie dar, insbesondere im Zusammenhang mit Organtransplantationen. Ebenso führt die Immunkrankheit AIDS zu einer Aktivierung latenter Zytomegalie–Infektionen sowie zu einer Verschärfung der Folgen von Neuinfektionen. So treten gehäuft Netzhautentzündungen (Retiniten) auf, die bei 15 bis 40% der AIDS–Patienten zur Erblindung führen, ferner Lungenentzündungen und Gehirnentzündungen. Daher findet Ganciclovir zunehmend für die Behandlung von AIDS–Patienten Verwendung. Das Fortschreiten der angeführten zahlreichen opportunistischen Erkrankungen wurde durch Gaben von Ganciclovir in 70 bis 90% der Fälle verhindert. Vielfach konnte auch eine deutliche Besserung des Zustandes erreicht werden.

Mit den angeführten und anderen antiviralen Chemotherapeutika der zweiten Generation haben sich die Möglichkeiten für eine erfolgreiche antivirale Chemotherapie beträchtlich erhöht. Sich abzeichnende neue Syntheserichtungen und die Ausnutzung von synergistischen Effekten bei gleichzeitiger Anwendung von zwei oder drei gut miteinander kombinierbaren Präparaten lassen weitere Verbesserungen erwarten.

Zu Hoffnungen auf beträchtliche Verbesserungen der Therapiemöglichkeiten berechtigt darüber hinaus die kürzlich beschriebene Isolierung von Wirtszellfaktoren, die neben den ebenfalls in der Wirtszelle codierten Transkriptionsfaktoren Sp 1, TF II D und CDF sowie dem sogenannten leader binding protein (LDP) offensichtlich dazu beitragen, daß das im Genom von Immunzellen integrierte HIV nicht aus dem Genom ausgestoßen wird. Hierdurch würde der Übergang des Virus von der latenten in die aktive Phase verhindert. Das bedeutet, daß die mit HIV infizierten Personen nicht an AIDS erkranken würden.

Der deutsche AIDS-Forscher Reinhard Kurth vom Paul-Ehrlich-Institut in Langen hat den Zellfaktor Interleukin 16 beschrieben. Roberto Gallo, der amerikanische Virologe und Mitentdecker des HIV, der jetzt am Institute for Human Virology in Baltimore (USA) tätig ist, isolierte und untersuchte zusammen mit seinem Team die Schutzproteine RANTES, MIP-1 alpha und MIP 1 beta. Dem Team gelang es auch bereits, die mutmaßlichen Schutzfaktoren gentechnisch herzustellen. Diese gentechnisch erzeugten Proteine erwiesen sich als ebenso wirksam wie die natürlichen Schutzfaktoren. Sie unterdrückten sowohl die Vermehrung von HIV-1, das in Europa und den USA vorherrschend ist, als auch die Vermehrung von HIV-2, dem besonders in Afrika und auch in Südostasien verbreiteten HIV-Stamm und ebenso von SIV, dem Erreger von AIDS bei Affen. Damit konnte gezeigt werden, daß die Proteine stammunabhängig wirken. Es besteht daher große Hoffnung, daß die Schutzfaktoren die vielen Mutanten des HIV, die laufend entstehen und eine Serumtherapie von AIDS weitgehend wirkungslos machen, in gleicher Weise beeinträchtigen.

Insofern die Schutzfaktoren, über deren Angriffsort offenbar bisher kaum etwas bekannt ist, nach erfolgter Applikation im Menschen tatsächlich an alle erforderlichen Wirkorte gelangen, dort über einen längeren Zeitraum hinweg die postulierte Schutzfunktion ausüben und nicht dem Angriff von Proteasen zum Opfer fallen bzw. wie Peptid T vor diesen geschützt werden können (s.o) und insofern sie sich auch bei Langzeitanwendung als untoxisch erweisen, würde die von R. Gallo nach Auffindung der Schutzfaktoren voller Enthusiasmus und Optimismus postulierte neue Ära der AIDS-Bekämpfung tatsächlich begonnen haben.

7.4 Die Viren in unserer Umwelt

Nach den Wechselwirkungen der Vertebratenviren mit ihrer zellulären und organismischen Umwelt und den Eingriffen des Menschen in diese Wechselwirkungen sollen nunmehr die Mechanismen erörtert werden, die den Fortbestand der Viren, besonders durch Übertragung auf neue Wirte, gewährleisten und es hierdurch den Viren ermöglichen, in Ökosysteme einzugreifen, wie wir das u. a. am Beispiel der Myxomatose (Abschnitt 1.2) bereits kennen gelernt haben.

Maßgeblich für die Ausbreitung der Viren in unserer Umwelt und damit für ihren Fortbestand ist die Art und Weise, wie die verschiedenen Virusarten aus ihrer bisherigen Umwelt, dem Wirtsorganismus, ausgeschleust werden, wie sie in unserer Umwelt bestehen können und wie sie schließlich neue Wirte erreichen. Durch bestimmte Eigenschaften der Viren bedingt, haben sich in diesem Zusammenhang unterschiedliche Übertragungsweisen ausgebildet.

Ein weiterer wichtiger Teilaspekt der Virusökologie ist die *Epidemiologie, die die Analyse der Faktoren und Bedingungen umfaßt, durch die Häufigkeit und Verteilung der Viruserkrankungen in Wirtskollektiven bestimmt werden.*

Ein spezieller Aspekt der Virusökologie und Epidemiologie ergibt sich aus der *Anwendung von Viren zur Bekämpfung von Schadorganismen.* Dabei werden gezielt Virusepidemien in Schadorganismen hervorgerufen. In diesem Zusammenhang kommt Maßnahmen besondere Bedeutung zu, die sicher stellen, daß die Epidemien weder vorhandene Biozönosen nachteilig beeinflussen noch auf Nutzorganismen übergreifen oder den Menschen gefährden, etwa durch Förderung der Bereitschaft zur Tumorbildung, wie das bisweilen befürchtet worden ist.

7.4.1 Die Übertragung der Viren auf neue Wirte

Es wird zwischen zwei grundlegenden Formen der Virusübertragung unterschieden, und zwar zwischen der *horizontalen* und der *vertikalen* Virusübertragung. *Horizontale Virusübertragung liegt vor, wenn die Viren von Individuum zu Individuum ohne Beteiligung der Keimzellen weitergegeben werden. Erfolgt die Weitergabe der Viren über die Keimzellen von Generation zu Generation, so spricht man von vertikaler Virusübertragung.*

Der *Übertragungsmodus* ist bei der *horizontalen Virusübertragung,* der besondere ökologische Bedeutung zukommt, u. a. davon abhängig, wo sich das Virus im Wirt vermehrt, denn dadurch wird wesentlich bestimmt, auf welchem Weg das Virus seinen Wirt verlassen kann. Einmal aus dem Organismus in unsere Umwelt (i.e.S.) übergetreten, werden der Übertragungsweg und der Übertragungserfolg wesentlich von der *Tenazität* des Virus bestimmt. Unter Tenazität wird die Beständigkeit des jeweiligen Virus außerhalb des Wirtsorganismus gegenüber physikalischen Einflüssen, z. B. Wärme, Kälte und Austrocknung, oder auch gegenüber chemischen Einflüssen einschließlich der Wasserstoffionenkonzentration des Mediums oder organischen Lösungsmitteln verstanden.

Bei Viren, die nicht in irgend einer Weise aus dem Wirtsorganismus ausgeschleust werden können, ist die Virusübertragung vor allem davon abhängig, ob *Virusüberträger* vorhanden sind, die das Virus durch Biß oder Stich aufnehmen und in gleicher Weise an neue Wirte abgeben.

Aerogene Virusübertragung

Aerogene Virusübertragung liegt vor, wenn letzten Endes *die Luft als Übertragungsfaktor* wirkt. In dieser Weise werden vor allem *Viren* übertragen, die ständig oder vorübergehend *in oder auf den Epithelien der Atmungsorgane* vorkommen, z. B. *Influenza-, Parainfluenza-, Adeno-, Schnupfen- und Coronaviren.* Viren, die sich im gesamten Organismus ausbreiten, wie *beim Menschen die Erreger von Mumps, Masern, Röteln oder Windpocken* sowie *bei Tieren die Erreger der Maul- und Klauenseuche, der Asiatischen Geflügelpest (Newcastle-Krankheit) oder der Marekschen Krankheit, einer Viruskrankheit der Hühner*, die durch Tumorbildung und Lähmungserscheinungen charakterisiert ist, können während einer katarrhalischen Krankheitsphase ebenfalls aerogen übertragen werden. Daneben sind in diesen Fällen oft noch andere Übertragungsweisen möglich.

Die aerogene Virusübertragung beginnt, indem die entsprechenden Viren durch Sekrettröpfchen der Atemschleimhäute ausgeschieden werden. Bei infektionsbedingter Schleimhautschwellung oder Schleimauflagerung vergrößert sich beim Atmen die Strömungsgeschwindigkeit der Luft und damit der Ausstoß von Sekrettröpfchen. Gleiches ist beim Sprechen der Fall. Ferner kommt es beim Husten und Niesen zu stoßweisen Expirationen. *Bei einmaligem Niesen können bis zu 20 000 virushaltige Speichel- und Schleimtröpfchen in die Luft gelangen.* Selbst kleinere Expirationströpfchen mit einem Durchmesser bis zu 15 μm haben jedoch eine so große Fallgeschwindigkeit, daß sie innerhalb weniger Sekunden zu Boden sinken, wenn sie die Mundhöhle des Menschen verlassen haben. Die Gefahr einer *unmittelbaren* Infektion durch Tröpfchen ist daher relativ gering, wenn ein etwas größerer Abstand zu hustenden und niesenden Erkrankten eingehalten wird.

Vor allem in Räumen mit trockener, warmer Luft trocknen allerdings die kleineren Tröpfchen verhältnismäßig schnell zu *Tröpfchen- oder Residualkernen* aus, bevor sie den Boden erreicht haben. Dieses *infektiöse Aerosol* kann bei einem Durchmesser von ca. 2 μm *tagelang in der Schwebe bleiben und mit dem Wind kilometerweit transportiert werden.* Auch die größeren Tröpfchen, die zunächst relativ rasch zu Boden gesunken sind, trocknen dort bald ein. Die Trockensubstanz der Tröpfchen und damit auch die Viren können dann als Staub wieder hochgewirbelt werden und zur Infektion neuer Wirte beitragen. In Residualkernen und Staub bleiben die Viren je nach Virusart und Umweltfaktoren einen Tag bis mehrere Tage infektionstüchtig. In trockenen, kalten Räumen ist die Lebensfähigkeit der Viren größer als in feuchten, überhitzten.

Von der Größe der Tröpfchen bzw. Partikeln in Aerosolen und Stäuben hängt es ab, wie weit sie beim Einatmen in die Atemwege eindringen. In der Nase werden fast alle Teilchen, die größer als 10 μm sind, abgefangen. Kleinere Partikeln gelangen in Luftröhre und Bronchien, und die kleinsten erreichen die Bronchiolen (kleinsten Bronchienäste) und Alveolen (Lungenbläschen). Da das Flimmerepithel vor allem in den oberen Luftwegen einen ständig nach außen (oben) gerichteten Schleimstrom erzeugt, der Viren entfernen kann, bevor sie in Epithelzellen eindringen, kommt es im oberen Bereich der Luftwege zu weniger aerogenen Infektionen als im unteren.

Aerogene Virusinfektionen können immer erwartet werden, wenn viele Menschen auf engem Raum beieinander sind, z. B. in Schulen, Versammlungen, in öffentlichen Verkehrsmitteln usw. Gleiches gilt für Tiere, die in engen Ställen eingepfercht sind. Hier wie dort gehört es zum Gesundheitsschutz, durch gutes und häufiges Lüften möglichst viele Infektionskeime zu entfernen. Weitere Maßnahmen der Expositionsprophylaxe wurden bereits im Abschnitt 7.3.1 angeführt.

Aerogene Virusinfektionen der Atemwege führen beim Menschen alljährlich zu erheblichen Krankheitszeiten. Darüber hinaus stellen sie die häufigsten infektionsbedingten Todesursachen dar.

Fäkal–orale Virusübertragung

Bei der fäkal–oralen Virusübertragung gelangen über Kot oder Urin ausgeschiedene Viren durch hiermit beschmutzte Hände, Gegenstände oder Lebensmittel zu einem neuen Wirt und werden von diesem durch den Mund (os, lat.: Mund) aufgenommen. Nachdem sie die Speiseröhre passiert haben, müssen die Viren das Salzsäuremilieu des Magens, die proteolytische, d. h. Eiweiße abbauende Wirkung des Pepsins des Magens, die lipidlösende Wirkung der Gallensäfte, die proteolytischen Aktivitäten des Trypsins des Dünndarms sowie den Angriff zahlreicher bakterieller Enzyme, die von der Mikroflora des Darms gebildet werden, überstehen und eine kürzere oder längere Zeit im Darmtrakt beständig sein. *Die entsprechenden Viren müssen sich daher durch hohe Widerstandsfähigkeit gegenüber chemischen und physikalischen Einflüssen auszeichnen.* Eine Folge dieser Stabilität ist, daß sie auch außerhalb des Wirtsorganismus in Kot, Abwasser sowie Wasser lange infektiös bleiben.

Fäkal-oral übertragbar sind vor allem die *Enteroviren*, zu denen u. a. das Poliomyelitis-Virus und zahlreiche Coxsackieviren zählen, ferner viele *Reoviren* sowie einige *Adeno- und Coronaviren*. Eine beträchtliche Anzahl der oral inkorporierten Viren bleibt auf den Magen-Darmkanal beschränkt. Entsprechende Infektionen können symptomlos verlaufen, z. B. bei einigen Entero- und Reoviren. Andere Infektionen führen zu mehr oder weniger schweren Durchfallerkrankungen. Hohe Verluste, besonders bei Saugferkeln, hat beispielsweise die durch ein Coronavirus verursachte, weltweit verbreitete Virusdiarrhoe der Schweine (= transmissible Gastroenteritis der Schweine) zur Folge.

Andere oral übertragene Viren führen zu *generalisierenden Infektionen*, d. h., sie vermehren sich im gesamten Körper oder in Organsystemen, z. B. im Zentralnervensystem. Häufig replizieren sich die entsprechenden Viren zunächst in den Mandeln oder im Rachen, Schlund, Magen bzw. Darm. Dabei kommt es vielfach nur zu wenig auffälligen Symptomen, oder der infizierte Organismus bleibt völlig symptomfrei. Mit fortschreitender Infektion kann es aber in anderen Organen zu schweren Schäden kommen. So wird durch die Spinale Kinderlähmung, die Ansteckende Gehirn-Rückenmark-Entzündung des Geflügels (aviäre Enzephalomyelitis) oder die Teschener Schweinelähmung das Zentralnervensystem stark geschädigt. Die Leber wird beim Menschen vom Hepatitis-A-Virus, dem Erreger der Epidemischen Leberentzündung, stark in Mitleidenschaft gezogen. Der Erreger der Schweinepest schädigt das Retikuloendotheliale System, zu dem u. a. Retikulumzellen und Sinusendothelzellen von Milz, Lymphknoten, Mandeln und Knochenmark gehören.

Die Streubreite für fäkal-orale Virusinfektionen ist klein, wenn die Infektketten über Faktoren des Haushaltes gebildet werden. Wird dagegen das *Wasser als Übertragungsfaktor* eingeschaltet, so können die Viren viel breiter gestreut und über wesentlich weitere Strecken übertragen werden. Mit ungenügend gereinigten kommunalen und industriellen Abwässern, besonders solchen von Schlachthöfen und Tierverarbeitungsbetrieben, können zahlreiche Viren in Fließgewässer gelangen. Ebenso werden aber glücklicherweise auch *biologische Virusantagonisten*, z. B. verschiedene Bakterien, ferner anorganische und organische Verbindungen, die mit Viren in Interaktion treten können, sowie Schwebstoffe mit hoher Adsorptionskapazität in die Gewässer eingeleitet. Daher entsteht in Abhängigkeit von den hydrologischen Charakteristika des jeweiligen Gewässers, von der Fracht an Belastungsstoffen und von komplexen Vorgängen in den Biotopen entlang der Flußläufe eine *spezifische virale Kontaminationsdynamik*. Deren Kenntnis ist für die Gewässersanierung und den Gesundheitsschutz von erheblicher Bedeutung. Sie ist unerläßlich für die

Versorgung der Landwirtschaft mit Tränk- und Brauchwasser, besonders aber für die Nutzung von Gewässerabschnitten bzw. ganzer Gewässersysteme zur Versorgung der Bevölkerung mit Trinkwasser.

In ständig wachsendem Umfang tragen vorsorgende Maßnahmen dazu bei, daß Fließgewässer immer weniger mit oral–fäkal übertragbaren Viren kontaminiert werden. Diese müssen mit sorgfältiger Expositionsprophylaxe bei Erkrankten (Abschnitt 7.3.1) beginnen. Methoden für die biologische Kontrolle von Viren in Vorflutern sind verfügbar. In Kläranlagen müssen schließlich Bedingungen geschaffen werden, unter denen auch die schwer zu inaktivierenden Viren zerstört werden. Schließlich muß die Trinkwasseraufbereitung letzte Sicherheit vermitteln.

Nahrungsmittelepidemien, die durch fäkal–orale Virusinfektionen ausgelöst werden, *gehen häufig von kontaminierten Nahrungs- oder Futtermitteln aus.* So kann Fleisch von klinisch unauffälligen Schlachttieren u. a. die Erreger von Schweinepest sowie Maul- und Klauenseuche enthalten und Seuchenausbrüche verursachen, wenn nicht oder nur unvollständig sterilisierte Fleischabfälle verfüttert werden. Es ist ferner zu befürchten, daß mit Gefrierfleisch aus Übersee neben den weltweit bekannten Seuchenerregern auch exotische Viren eingeschleppt werden und zu Seuchenzügen führen.

Kontaktinfektionen

Vor allem Viren, deren Virion außerhalb des Wirtsorganismus rasch inaktiviert wird, z. B. Zytomegalie-, Papillom- und Herpesviren oder auch HIV, werden durch *Kontaktinfektionen, d. h. unmittelbaren physischen Kontakt*, wie er u. a. beim Kuß oder beim Geschlechtsverkehr gegeben ist, übertragen. Typ I dieser Infektionsweise umfaßt Infektionskrankheiten mit *Übertragung durch Schleimhautkontakte*, z. B. Herpeserkrankungen, Typ II *Verletzungsinfektionen*. Da die unverletzte Haut für viele Viren eine unüberwindliche Barriere bildet, dienen häufig kleine, unbemerkte Verletzungen der Haut bzw. Schleimhäute als Eintrittspforten für die bei engem Körperkontakt in Speichel oder anderen Körpersekreten, Sperma usw. vorliegenden Viren, z. B. für Warzen- und Pocken–Viren, besonders aber für HIV. Häufig kommen *Kontaktinfektionen* auch erst *nach Anwendung mechanischer Gewalt* zustande. Süchtige vollziehen diese bei der Injektion von Rauschgift, besonders wenn nicht sterilisierte Injektionsnadeln verwendet werden. Auf diese Weise infiziert sich der entsprechende Personenkreis u. a. häufig mit HIV. Oft kommt es auch im Gefolge von Biß-, Kratz- und Schürfwunden zu Kontaktinfektionen. So wird das Tollwut–Virus durch den Biß von Füchsen, Hunden, Katzen usw., in Lateinamerika auch durch den Biß von Fledermäusen auf den Menschen oder auf Tiere übertragen. *Ce-*

ropithecus-Affen übertragen durch Biß das auch für den Menschen gefährliche Herpes–B–Virus.

Eine besondere Form der Kontaktinfektion stellt die *iatrogene Virusübertragung* dar. Hierunter wird die *Übertragung von Viren und anderen Infektionserregern durch ärztliche Behandlung* verstanden. Als eine gewollte iatrogene Virusübertragung kann die seit E. Jenner ausgeübte Schutzimpfung mit dem Vakzinia–Virus durch Sklarifikation, d. h. Einritzen der Haut im Bereich aufgetragener Vakzinetropfen, aufgefaßt werden. Injektionen und Transfusionen haben früher u. a. zur Verbreitung der Serumhepatitis beigetragen, stellen aber heute in Ländern, in denen strenge Sterilisations- und Testregimes Pflicht sind, kaum mehr eine Gefahr dar. Von der Applikation therapeutischer und prophylaktischer Präparate können auch heute noch, zumeist infolge ungenügenden Erkenntnisstandes oder von Prüffehlern, schwere Gefahren ausgehen. Das hat in jüngerer Zeit das Vorkommen von aktivem HIV in Blutgerinnungspräparaten und Blutkonserven gezeigt. Aus der tierärztlichen Impfpraxis ist die iatrogene Verschleppung der Infektiösen Anämie der Einhufer sowie der Europäischen Schweinepest bekannt geworden.

Virusübertragung durch Arthropoden

Durch den Biß oder den Saugakt von Arthropoden (Gliederfüßern), besonders von Insekten, werden sehr viele Viren von einem Wirt auf den anderen übertragen. *Die Virusübertragung, bei der Arthropoden als Vektoren dienen, ist die epidemiologisch wichtigste Form der perkutanen, d. h. durch die Haut erfolgenden Infektion von Wirbeltieren.* In dieser Weise werden *alle Viren übertragen, die im Wirt eine Phase mit ausgeprägter Virämie durchlaufen*, d. h. eine Generalisationsphase mit Ansiedlung, Vermehrung und Ausbreitung der Viren auf dem Blutweg, denn nur während dieser Phase können die Vektoren beim Saugakt mit dem Blut auch Viren aufnehmen.

Einige der durch Arthropoden übertragbaren Viren bleiben an den Mundwerkzeugen der Virusvektoren haften und werden auf den neuen Wirt übertragen, sobald der Vektor diesen erreicht und angestochen hat. Das gilt beispielsweise für den Erreger der als Myxomatose bezeichneten, tödlichen Krankheit der Haus- und Wildkaninchen, die durch Stechmücken und Flöhe übertragen wird, oder für die verschiedenen Viren der Gattung *Avipoxvirus*, z. B. für das Hühner–, Tauben–, Puten–, Sperlings–, Star- und Wachtelpocken–Virus. Diese Avipoxviren führen besonders in den Herbst- und Wintermonaten in nahezu allen Ländern und Regionen zu Tierpockenausbrüchen mit allerdings zumeist regionalem Charakter.

Viele durch Vektoren übertragene Viren haften nicht nur an den Mundwerkzeugen des Vektors. Sie *gelangen vielmehr mit dem aufgenommenen Blut in den Darmtrakt.* Sie infizieren jedoch in der Regel nicht nur die Darmzellen des Vektors, sondern vielfach alle anderen Organe einschließlich der Speicheldrüsen und vermehren sich in diesen mehr oder weniger stark. Vor allem mit dem Speichel gelangen dann diese Viren beim Blutsaugen in einen neuen Wirt.

Unmittelbar nach der Aufnahme der Viren in den Darmtrakt ist der Arthropodenvektor noch nicht infektiös. Es vergeht vielmehr eine mehr oder weniger lange Zeit, bevor er das Virus nach seiner Vermehrung und Wanderung im Vektor übertragen kann. Diese Zeit wird als *extrinsische Inkubationszeit* bezeichnet. Ihre Länge wird durch Eigenschaften des Virus, des Wirbeltierwirts und des Vektorwirts, vor allem aber durch Umweltfaktoren, besonders durch die Außentemperatur, bestimmt. *Je höher die Lufttemperatur, desto kürzer ist die extrinsische Inkubationszeit. Daher spielen in tropischen und subtropischen Gebieten durch Arthropoden übertragene Viruskrankheiten von Mensch und Tier eine besondere Rolle.*

Alle die Viren, die in der Natur hauptsächlich oder weitgehend *in einem biologischen Übertragungskreislauf zirkulieren, der blutsaugende Gliederfüßer und empfängliche Wirbeltiere einbezieht,* und die bei ihrer Vermehrung in Wirbeltieren neben oft schweren Krankheitssymptomen eine Virämie verursachen, während sie bei ihrer Vermehrung im Vektor diesen nicht oder nur unwesentlich beeinträchtigen, und bei denen zwischen Aufnahme und Weitergabe durch den Vektor eine bestimmte Zeit vergeht, *werden als Arboviren* (artropod *borne viruses* = durch Arthropoden übertragbare Viren) *bezeichnet.* Die Gruppe der *Arboviren* stellt somit *keine systematische Kategorie* dar. Sie ist vielmehr im aufgezeigten Sinn *ökologisch definiert.*

Zu den Arboviren zählen Viren aus verschiedenen Familien. So gehören aus der Familie *Togaviridae* alle Viren der Gattungen *Alphavirus* und *Flavivirus* zu den Arboviren. Die wichtigsten dieser Viren sind das *Gelbfieber-Virus,* das *Dengue-Virus,* das *Virus der Murray-Valley-Enzephalitis* und das *Westnil-Virus.*

Zu den Arboviren werden ferner fast alle Viren der mehr als 150 Arten umfassenden Familie der *Bunyaviridae* gestellt. Sie werden vor allem durch Stechmücken (Moskitos), Schmetterlingsmücken oder Zecken übertragen. Sie führen bei Mensch und Tier vielfach zu schwerem hämorrhagischem Fieber. In diesem Zusammenhang sind u. a. das Phlebotomus-Fieber, das Rifttal-Fieber und das Krim-Kongo-hämorrhagische Fieber zu nennen.

Aus der Familie der *Reoviridae* zählen die meisten Vertreter der Gattung *Orbivirus* zu den Arboviren, u. a. der Erreger der *Afrikanischen Pferdepest,* die in Afrika vor allem zu beiden Seiten des Äquators im trockenen tropischen

Klima vorkommt. Die Krankheit tritt nicht nur bei Pferden, sondern auch bei Ziegen und Hunden auf und verursacht infolge ihrer starken Mortalität hohe wirtschaftliche Verluste. Ein Orbivirus ist auch der Erreger des durch Stechgnitzen übertragenen *Bluetongue* (Blauzungenerkrankung). Diese Krankheit tritt besonders in Afrika, aber auch in Nordamerika, Europa und Asien auf, und zwar vorwiegend bei Schafen. Sie kann infolge hoher Morbidität und Mortalität zu erheblichen wirtschaftlichen Verlusten führen.

Zu den Arboviren werden ferner alle Virusarten der Familie *Arenaviridae* gestellt, doch werden viele von ihnen auch durch oral–fäkale Infektionen bzw. Kontaktinfektionen wirksam übertragen. So führt z. B. das Junin–Virus, das in Argentinien bei Nagetieren vorkommt, vornehmlich zur Zeit der Maisernte durch Hautverletzungen mit kontaminiertem Maisstroh zur Infektion von Feldarbeitern.

Auch die meisten Viren der Familie *Iridoviridae* werden den Arboviren zugeordnet. Die *Iridoviridae* zeichnen sich durch einen sehr großen Wirtskreis aus, zu dem neben Wirbeltieren und Menschen auch Reptilien, Amphibien und Mollusken gehören. Ein sehr bedeutsames Virus dieser Gruppe ist das hauptsächlich *durch die Lederzecke Ornithodorus moubata porcinus übertragene, aber auch außerhalb des Organismus sehr beständige Virus der Afrikanischen Schweinepest.* Die Afrikanische Schweinepest ist eine sehr ansteckende, in Afrika südlich des 10. Grades nördlicher Breite heimische, blutvergiftende Viruskrankheit des Schweins, die beim Hausschwein oft tödlich verläuft. Demgegenüber erkranken drei als Virusträger erkannte afrikanische Wildschweinarten, das Warzenschwein, das Buschschwein und das Riesenwaldschwein, meist symptomlos. In manchen Regionen des traditionellen Seuchengebietes Süd– und Ostafrikas sind bis zu 40% der Warzenschweine Virusträger und damit neben der Lederzecke ein beachtliches Virusreservoir (s. u.).

Die Verwurzelung der Arboviren in der Biozönose wird einmal durch die *Nahrungskette der Überträger* und zum anderen durch das *Wirtsspektrum* der Viren bestimmt. Ökologisch und damit auch epidemiologisch bedeutsam sind ferner die *Virusreservoire*, von denen das Seuchengeschehen ausgehen kann.

Virusreservoire, die ggf. für eine Überdauerung der Viren in einer für die Überträger ungünstigen Jahreszeit, in Europa z. B. im Winter, eine Rolle spielen, können kleine Nager, Vögel, Schlangen und Frösche sein. Bei Reptilien und Lurchen wurden in der Kälte niedrige, mit steigenden Außentemperaturen höhere Viruskonzentrationen gefunden. Die möglichen Zyklen sind allerdings erst für einige Arboviren aufgeklärt worden. So ist bekannt, daß für die Viren, die *Pferdeenzephalitis der Typen Ost, West und Venezuela* hervorrufen, Frösche, Schlangen und Nagetiere sowie Wild– und Hausgeflügel Virusreservoire darstellen. Von diesen werden die Viren durch Stechmücken aufgenommen und nach einer Vermehrung im Überträger u. a. auf Pferd und Mensch übertragen.

Als Reservoire des *Gelbfieber-Virus* wurden Affen erkannt. Stechmücken übertragen das Virus von Affen auf Menschen sowie von Mensch zu Mensch.

Die Subtypen des *Zeckenenzephalitis-Virus* haben ihr Reservoir in verschiedenen Nagetieren des Waldes sowie in Schafen und Ziegen. Das Virus wird durch Zecken nicht nur zwischen den genannten Tierarten, sondern auch auf Menschen übertragen. Zusätzlich ist eine Infektion des Menschen ferner durch Ziegenmilch möglich.

Verschiedene Arboviren, beispielsweise *Viren der Bunyamvera-Gruppe*, die nach einem Ort gehäuften Auftretens in Uganda benannt ist, *werden über das Ei auf die folgenden Insektengenerationen weitergegeben. Hierdurch werden die Überträgerpopulationen zu Virusreservoiren.* Verschiedene Viren der Bunyamvera-Gruppe werden in Vögeln rasch und effektiv über weite Strecken verbreitet.

Auch wenn Virus, Vektor und Vertebratenwirt im gleichen Biotop vorhanden sind, muß es nicht zu einer starken bis seuchenhaften Ausbreitung der Viruskrankheit kommen. So gibt es Vertebratenwirte, bei denen die Viruskonzentration im Blut nicht hoch genug ist, um den Vektor zu infizieren. Derartige Wirte werden als *Sackgassenwirte* bezeichnet.

Maßgeblich für eine seuchenhafte Ausbreitung einer Viruserkrankung durch Vektoren ist in vielen Fällen das zahlenmäßige Verhältnis von Wirten und Arthropoden. Dieses kann in Abhängigkeit von ökologischen Bedingungen, z. B. Jahreszeit und Klima, starken Schwankungen unterworfen sein. So korrelieren beispielsweise Ausbrüche der Venezolanischen Pferdeenzephalitis mit ungewöhnlich starken Regenfällen. Diese führen zu einer Optimierung der Brutbedingungen für die Vektoren, im vorliegendem Fall für Mücken der Gattungen *Mansonia, Aedes, Culex* und *Psorophora*. Gleichzeitig überschwemmen die Wassermassen große Teile der Weideflächen. Hierdurch werden die Pferde auf engem Raum zusammengedrängt, so daß die Überträger nunmehr leichtes Spiel haben.

Vertikale Virusübertragung

Bei der vertikalen Virusübertragung, die innerhalb einer Population zur Weitergabe bestimmter Viren auf die Nachkommen führt, ist zwischen zwei verschiedenen Formen zu unterscheiden. *Die kongenitale vertikale Übertragung erfordert* wie die horizontale Übertragung *eine Infektion der jeweiligen Elterngeneration. Die genetische (= germinative) vertikale Übertragung verläuft über viele Generationen hinweg über die Keimbahn.*

Von erheblicher ökologischer Bedeutung ist die bereits erwähnte *kongeni-*

tale Übertragung von bestimmten Arboviren über die Eier der Vektoren auf neue Vektorgenerationen, denn sie schafft immer neue Virusreservoire, die zu Infektionen von Wirbeltierwirten führen können.

Bei *Vögeln* werden oft Virusinfektionen des Muttertieres über das Eidotter übertragen. Bei *Fischen* heftet das infizierte weibliche Tier Viren den Eiern nur mechanisch an. Da beim Laichen sehr viele Eier etwa gleichzeitig in dieser Weise mit Virus kontaminiert werden, kann es bei den aus den Eiern hervorgehenden Fischen zu erheblichen Verlusten kommen, beispielsweise bei Junghechten, die durch dem Ei anhaftendes *pike fry rhabdovirus* infiziert worden sind.

Bei Säugern werden viele Viren durch die Plazenta auf den Fetus übertragen. Die von Viren erreichte Frucht ist grundsätzlich hochempfänglich. Die Viren können daher bei Mensch und Tier zu angeborenen Anomalien und nicht selten auch zum Fruchttod führen. Das trifft für das Cytomegalo- und das Equine Rhinopneumonitis-Virus ebenso zu wie für Togaviren, z. B. das Rifttalfieber-, das Schweinepest-, das Virusdiarrhoe- und besonders das Röteln-Virus, ferner für Arenaviren, z. B. für das Virus der Lymphozytären Choriomeningitis.

Wenn der Fetus erst kurz vor oder während der Geburt infiziert wird, spricht man von *perinatalen Infektionen*. Beim Menschen können Herpes-simplex-, Cytomegalo-, Varicella-zoster-, Entero- und Hepatitis-B-Viren perinatale Infektionen verursachen. Diese haben in der Regel nicht so schlimme Folgen wie Infektionen über die Plazenta.

Verschiedene Virusinfektionen der Mutter werden bei Säugern auch mit der Milch auf Säuglinge übertragen, beispielsweise das Mammatumor-Virus der Maus.

Genetische (germinative) vertikale Übertragung erfolgt nur bei Retroviren. Sie ist dadurch gekennzeichnet, daß die DNS-Kopien dieser Viren in das Wirtsgenom integriert werden. Als endogene Viren werden diese dann wie stabile mendelnde Gene vererbt und können in nachfolgenden Generationen beim Zusammentreffen verschiedener Faktoren (vgl. Abschnitte 7.1.4 und 7.1.5) schließlich zur Tumorbildung beitragen.

7.4.2 Virusnosoareale

Unter *Virusnosoareal* (nosos, gr.: Kankheit) wird das *Verbreitungsgebiet einer virusbedingten Infektionskrankheit* verstanden. Es ist in der Regel mit dem *Virusareal* oder *Erregerareal* identisch, d. h. mit dem *Verbreitungsgebiet des die Krankheit bewirkenden Virus*. Als *nosogene Landschaften* werden Gebiete mit natürlichen (ökologischen) und sozialen Vorbedingungen für die Existenz einer Krankheit bezeichnet.

Die Grenzen der Virusnosoareale lassen sich im allgemeinen auf Komplexe ökologischer und ethologischer, d. h. durch das Verhalten der Viruswirte bedingter sozialer sowie erregerspezifischer Wirkungen zurückführen und unterliegen lang- und kurzfristigen Veränderungen. Langfristige Veränderungen sind für eine Vielzahl von Virusarten bekannt, und zwar vielfach in Form von Arealvergrößerung. Kurzfristige Arealveränderungen erfolgen vor allem im Zusammenhang mit dem Auftreten von Epidemien und Pandemien, d. h. über Länder und Erdteile ausgedehnten Epidemien.

Die Größe der jeweiligen Noso– und Virusareale hängt wesentlich von der Intensität ab, mit der die verschiedenen Viren übertragen werden, ferner von der Populationsstruktur und der Empfänglichkeit sowie der Verhaltensweise der Wirte. Sehr große bis globale Nosoareale treten bei solchen Viren auf, bei denen der epidemiologische Grundvorgang weniger an ökologische, in den verschiedenen Regionen der Erde stark wechselnde Vorbedingungen, sondern an soziale Verhaltensweisen und Gegebenheiten gebunden ist. Das trifft z. B. für die Masern zu, bei denen die großen Nosoareale ursprünglich vor allem von den die Kontinente und Inseln umgebenden Wasserflächen begrenzt waren. Ausweitungen dieser Nosoareale erfolgten allein durch den Menschen, der das Masern–Virus über Ozeane hinweg in bisher nicht befallene Gebiete verschleppt hat. Auch das Nosoareal von AIDS ist offenbar ein globales, selbst wenn es offensichtlich zunächst für eine gewisse Zeit auf Zentralafrika beschränkt war. Wir haben in jüngerer Zeit verfolgen können, wie die Verbreitungsgebiete des Virus, von Afrika ausgehend, innerhalb weniger Jahre durch den Menschen auf nahezu alle Kontinente ausgeweitet worden sind.

Die ökologischen und sozialen Vorbedingungen für die Existenz der einzelnen Viren reichen im allgemeinen über die Arealgrenzen hinaus. *Die für eine Besiedlung durch Viren geeigneten, aber zur Zeit unbesetzten Gebiete* werden ebenso wie die durch erfolgreiche Bekämpfung frei gewordenen Gebiete, wie wir sie z. B. im Zusammenhang mit der Rinderpest kennen, als *potentielle Nosoareale* bezeichnet.

Ein wichtiges Strukturmerkmal für ein Noso– oder Virusareal ist die *herdförmige Aufgliederung* entsprechend der Verteilung von ökologischen und sozialen Vorbedingungen für die Verbreitung der Krankheit bzw. des Erregers. Der *Elementarherd* (Naturherd) ist nach der geographischen Verteilung der entsprechenden Vorbedingungen jeweils in *Kern–, Rand–* und *Einstreugebiete* gegliedert.

Im *Kerngebiet* liegen Bedingungen vor, die eine große und vorwiegend gleiche Populationsdichte der Viren ermöglichen. Dementsprechend ist das Kerngebiet in epidemiologischer Sicht das *hyperendemische Gebiet*, in dem der epidemiologische Prozeß unter optimalen Bedingungen für das jeweilige Virus abläuft.

In den Wirtspopulationen kommen ständig Infektionen und Erkrankungen in hoher Anzahl vor. Praktisch entgeht kaum ein Individuum der Infektion.

Da Mensch und Wirbeltiere gegen die meisten Viren Antikörper bilden, die sie über viele Jahre bis lebenslänglich vor Neuinfektionen schützen, baut sich in der Wirtspopulation des Elementarherdes jedoch über kurz oder lang eine Immunstruktur auf, die die zunächst für die Viren optimalen Bedingungen mehr und mehr einschränkt. Das hat zur Folge, daß das Infektions- und Erkrankungsalter auf immer jüngere Individuen vorverlegt wird, die noch nicht befallen waren. *Die Viruskrankheit wird zur Kinderkrankheit*, wie wir das z. B. von den *Masern* und den *Röteln* her kennen.

Wenn die Masern jedoch aus ihren Nosoarealen in potentielle Nosoareale verschleppt werden, die bisher frei von Masern waren, so daß in der entsprechenden Bevölkerung noch keine Antikörper vorhanden sind, und wenn in diesen Gebieten die Bevölkerung zuvor keinen Impfschutz erhalten hat, was in der Regel der Fall ist, erkranken sowohl die Erwachsenen als auch die Kinder an Masern, und zwar besonders schwer. So wurde beispielsweise vom Hospital Albert Schweitzers in Lambarene über eine Masernepidemie im Urwald Zentralafrikas berichtet, die in der zuvor masernfreien Bevölkerung zu schweren gesundheitlichen Schäden, oft mit Todesfolge, und darüber hinaus zu ernsten Komplikationen, wie Enzephalitis (Gehirnentzündung) und Pneumonie (Lungenentzündung), geführt hat. Es erkrankten sogar Säuglinge bereits in den ersten Lebensmonaten, in denen sie normalerweise unter dem Schutz der von der Mutter mit der Milch übertragenen Antikörper stehen. Eine ähnliche Aggressivität zeigten die Masern auch, als sie in das potentielle Nosoareal von Madagaskar eingeschleppt worden waren.

Im Verlauf einer 1951 bei Eskimos auf Grönland durch Einschleppung des Masern-Virus ausgelösten Masernepidemie erkrankte nahezu die gesamte Bevölkerung. 30% der Erkrankten starben. 70% überlebten und erwarben eine lebenslange Immunität. Daher verschwand das Masern-Virus wieder aus Grönland. Demgegenüber hat sich auf Madagaskar und besonders in Zentralafrika das Masern-Virus erhalten, denn dort wurden genügend Kinder geboren, die gegenüber dem Masern-Virus nicht durch Antikörper geschützt sind. Hier wie in den ursprünglichen Nosoarealen zirkuliert nunmehr das Virus fortwährend in den Populationen, ohne daß Persistenz in Einzelpersonen vorliegt.

Theoretische Berechnungen führten zu dem Schluß, daß das Masern-Virus, das in ein von wirksamen natürlichen Verbreitungsgrenzen, insbesondere Wasser, umgebenes Gebiet eingeführt worden ist und dort zu einer Epidemie geführt hat, dieses Areal nur als Nosoareal gewinnen kann, wenn dieses von mehr als 400 000 Menschen bewohnt wird. Diese Berechnungen wurden von Beobachtungen aus der Praxis bestätigt, die bei Inseln mit unterschiedlicher Einwohnerzahl gewonnen worden sind. Auf Hawai, deren Bevölkerung etwa 550 000 Menschen umfaßt, konnte das Masern-Virus dauerhaft Fuß fassen. Aus anderen, weniger stark bevölkerten Inseln, z. B. aus den Fidschi-, Salomon-, Bermuda-, Tonga-, Cook- und Samoa-Inseln, ferner aus Island verschwand das Virus dagegen wieder. Bisweilen wurde es jedoch erneut importiert, nachdem sich die Bevölkerung, die keine Antikörper gegen Masern trug, wieder genügend stark vermehrt hatte. Das geschah auf Guam wiederholt durch Soldaten und auf den Bermudas durch Touristen.

Ähnliche anthropogen bedingte, mehr oder weniger dauerhafte Veränderungen der Virusnosoareale und des Krankheitsverlaufs sind auch bei einer Anzahl anderer Viruskrankheiten zu verzeichnen. Bei der stürmischen Entwicklung des Reiseverkehrs, besonders des Luftverkehrs, ist mit einer Besiedlung potentieller Virusnosoareale besonders durch solche Viren zu rechnen, die, wenn sie einmal eingeschleppt worden sind, aerogen, fäkal-oral oder durch Kontaktinfektionen übertragen werden. HIV wurde in diesem Zusammenhang bereits erwähnt. *Ökologisches und epidemiologisches Denken im Sinne einer globalen Virusökologie und -epidemiologie ist im Hinblick auf diese Verhältnisse von überragender Bedeutung.*

Virusökologische bzw. epidemiologische Beachtung verdienen auch die *Rand- und Einstreugebiete*, die an das Kerngebiet eines Nosoareals angrenzen bzw. von diesem umschlossen werden. Diese Gebiete sind dadurch gekennzeichnet, daß die Erhaltung von Virusreservoiren und die Virusübertragung nicht unter optimalen Bedingungen ablaufen. In diesen *hypendemischen Gebieten* kommen innerhalb der Wirtspopulationen Infektionen oder Erkrankungen relativ selten vor. Deshalb baut sich in den Wirtspopulationen auch nur eine geringe Immunität auf. Das Infektions- und Erkrankungsalter ist deshalb über alle Altersgruppen verteilt. Wenn es unter diesen Gegebenheiten zu Veränderungen der ökologischen oder sozialen Voraussetzungen kommt, z. B. zu einer Massenvermehrung des Überträgers infolge geeigneter Witterungsbedingungen oder zu einer Hungersnot oder zum Zusammenbruch hygienischer Systeme, etwa durch Elementarereignisse, wie Erdbeben, oder auch durch Kriege, dann können schwere Virusepidemien ausbrechen. In deren Verlauf wird die Anzahl der Überlebenden, bei denen sich Immunität gegen das jeweilige Virus aufbaut, immer größer, und die Zahl der Erkrankungen innerhalb der Wirtspopulation geht allmählich wieder auf das Ausgangsmaß zurück.

Die Faktoren, die die Größe der Virusnosoareale bestimmen, werden durch verschiedene Teilgebiete der Virusökologie nach unterschiedlichen Gesichtspunkten untersucht. Dabei ist es das Ziel aller Bemühungen, aus den erhaltenen Ergebnissen effektive Vorbeugungs- und Bekämpfungsmaßnahmen abzu-

leiten. Nachfolgend sollen zwei wichtige Teilgebiete der Virusökologie anhand
einiger problemrelevanter Ergebnisse dargestellt werden, die wesentliche Kenntnisse bezüglich der Ausweitung oder Verkleinerung von Virusnosoarealen vermitteln.

Die *Autökologie* untersucht die einzelnen Virusarten bezüglich ihrer besonderen Lebensansprüche und ihrer Reaktionen auf die Umwelt bzw. auf einzelne
Umweltfaktoren, z. B. Feuchte, Temperatur usw. In Zellkulturen aus verschiedenen Wirten wird die *ökologische Potenz* einer Art ermittelt und mit der *ökologischen Existenz*, d. h. der Realisierung der ökologischen Potenz unter verschiedenen Bedingungen, verglichen. Ökologische Potenz und ökologische Existenz
decken sich im allgemeinen nicht. Oft wird aus der Spanne von Umweltfaktoren,
in denen eine Virusart existieren kann, unter natürlichen Bedingungen nur ein
enger Bereich realisiert. Die Beziehungen der Viren zu ihren Wirten sind somit
oft wesentlich stärker eingeschränkt, als nach den im Experiment ermittelten
Möglichkeiten zu erwarten ist. Da andererseits die Experimente oft aus methodischen und anderen Gründen Beschränkungen unterliegen, kommt es jedoch
bisweilen auch zu einer unerwartet raschen Ausweitung der Lebensmöglichkei-
ten der Viren und damit zu Epidemien. Neben bisher übersehenen ökologischen
Gegebenheiten können auch Mutationen der Viren, die zu erhöhter Virulenz
führen, zu den entgegen der Erwartung auftretenden Veränderungen beitragen.

Die *Populationsökologie* untersucht die Faktoren, die zum Auf und Ab der
Populationsdichte einer Virusart in einer Biozönose im Laufe der Generationen führen und bringt diese in Beziehung zu den Lebensansprüchen der entsprechenden Virusart und zu ihren Reaktionen auf die Umwelt. Wesentliche
Untersuchungsziele der Populationsökologie sind Erkenntnisse über die Faktoren, die die Ausbreitung der Viren in Populationen begünstigen und damit zur
Ausweitung von Virusnosoarealen und zu Virusepidemien führen können.

Wie Viren in Lebensgemeinschaften einbezogen sind und diese z. T. auch
mit formen können, wurde besonders bei den Arboviren (Abschnitt 7.4.1) untersucht. Dabei hat sich gezeigt, daß die Bedeutung der Überträger– und Wirtsarten für das virusökologische Geschehen besonders von ihrer Empfänglichkeit
für eine Virusinfektion, der Schnelligkeit des Generationswechsels in der Wirtspopulation, der Fluktuation in der Populationsdichte und den zwischenörtli-
chen Kontakten abhängt. Diese Beziehungen sind an der Verbreitung der durch
Zecken übertragenen Enzephalitisviren bzw. Zeckenenzephalitiden deutlich zu
erkennen.

Die durch Zecken übertragenen Enzephalitisviren finden die besten Exi-
stenzbedingungen und damit die stabilsten Nosoareale in Gebieten, in denen
große Populationen von Zecken vorkommen. Die Größe der Zeckenpopulationen
hängt einerseits von Umweltbedingungen, z. B. Wärme, Feuchte oder Sumpf-

landschaft, und andererseits von der Anzahl von Zeckenwirten im entsprechenden Gebiet ab, die in der Regel auch Wirte der Zeckenenzephalitisviren sind. Besonders bedeutsam sind in diesem Zusammenhang neben Vögeln vor allem Kleinsäuger und unter diesen wiederum große Populationen von Nagetieren. Letztere sind relativ kurzlebig. Nach überstandener Viruskrankheit gegenüber Neuinfektionen resistente Tiere sterben daher in der Regel bald eines natürlichen Todes. Neue Generationen empfänglicher Individuen wachsen nach, werden infiziert und geben die Viren auf später bei diesen saugende Zecken weiter. Wenn auf diese Weise ein großer Teil der Zeckenpopulation Virusträger geworden ist, steigt schließlich auch der Anteil an großen Säugern und an Menschen, der von den Zeckenenzephalitisviren infiziert wird. Im Hinblick auf diese Verhältnisse ist es verständlich, daß die verschiedenen Formen der Zeckenenzephalitis nicht nur gebietsweise, sondern auch in Abhängigkeit von Witterung und Jahreszeit in unterschiedlicher Stärke auftreten und daß auch deutliche jahrweise Schwankungen in der Zahl der an Zeckenenzephalitis erkrankten Menschen zu verzeichnen sind.

7.4.3 Epidemiologie der Vertebratenviren

Unter einer Epidemie wird das gehäufte Vorkommen einer Viruserkrankung in einem Virusnosoareal oder in einem potentiellen Virusnosoareal, in das das Virus eingeschleppt worden ist, verstanden. Dabei ist *die Häufung der Erkrankungen räumlich und zeitlich begrenzt.* Bei einer *Pandemie* fällt die räumliche Begrenzung fort. Die Pandemie ist gewissermaßen eine weltweit erstreckte Epidemie.

Die zeitliche Begrenzung einer Epidemie kann von wenigen Tagen bis zu vielen Jahren reichen. Die räumliche Begrenzung streut ebenso breit. Es können die Bewohner eines Hauses, die Einwohner innerhalb eines Verbraucherbereichs für Nahrungsmittel und Wasser oder die Bevölkerung ganzer Landstriche, Länder und Erdteile erkranken.

Die *Verlaufsformen der Epidemien* sind sehr unterschiedlich. Sie hängen einmal von der Anzahl und der Streuung bzw. der räumlichen Verteilung der vorhandenen Virusreservoire ab. Darüber hinaus werden sie von der Intensität bestimmt, in der die Übertragungsfaktoren wirken, unbeschadet dessen, ob es sich um belebte oder unbelebte handelt. Der Verlauf der Epidemien wird ferner wesentlich von der *Populationsempfänglichkeit* bestimmt. Hierunter wird *die Empfänglichkeit der Gesamtheit der Individuen einer Art gegenüber einem Virus in einem ökologischen Raum* verstanden. Die Populationsempfänglichkeit ist wesentlich von der Struktur einer Population und der Übertragungsintensität abhängig. Darüber hinaus wird, wie wir bereits am Beispiel der durch

Masern ausgelösten Epidemien kennen gelernt haben, der Grad der Populationsempfänglichkeit von dem Anteil der Individuen bestimmt, die Antikörper gegen das die Epidemien auslösende Virus besitzen und damit gegen das Virus zu dieser Zeit immun sind.

An diesen Erkenntnissen knüpfen wesentliche Maßnahmen der Medizin und Veterinärmedizin an, die die Verhinderung von Epidemien zum Ziel haben. Durch geeignete *Schutzimpfungen* soll die Zahl der gegen die Erreger immunen Individuen so hoch gehalten werden, daß es zu möglichst wenigen Erkrankungen und insbesondere nicht zum Ausbruch von Epidemien kommt. Energische Durchsetzung dieser Erkenntnisse hat z. B. dazu geführt, daß die Spinale Kinderlähmung in vielen Ländern, in denen Impfzwang besteht, praktisch erloschen ist. Wie sich die Aufhebung des Impfzwanges, von der eine Verringerung der Zahl der Impfungen befürchtet wird, epidemiologisch auswirken wird, lehrt sicherlich die Zukunft.

Der Erfolg der Intensivhaltung von Großvieh und Geflügel, wie sie in allen Erdteilen trotz Bedenken des Umwelt- und Tierschutzes zumeist aus ökonomischen Gründen erfolgt, wird wesentlich dadurch mitbestimmt, daß durch Impfregimes die Populationsempfänglichkeit niedrig gehalten und nach Möglichkeit auf Werte nahe null herabgedrückt wird. So war beispielsweise in Gebieten, in denen vorbildliche Impfregimes durchgesetzt worden waren, *durch eine aktive Immunisierung der Mastschweine mit attenuiertem Virus* trotz großer Mastbestände und hohem Tierverkehr und trotz umfangreicher Verwertung von Küchenabfällen und sonstigen Abfällen als Futter *die Schweinepest praktisch niedergehalten* worden. 1991 wurde jedoch in der Europäischen Union die Impfung gegen Schweinepest mit attenuierten Seren verboten. Als ein Grund hierfür ist angegeben worden, daß die verwendeten attenuierten Impfstämme serologisch nicht von den aggressiven Wildstämmen zu unterscheiden sind, wodurch Gesundheitskontrollen erschwert werden. Ferner wird die Ansicht vertreten, die in verschiedenen westeuropäischen Ländern kaum mehr auftretende Schweinepest könne auch dadurch zum Erlöschen gebracht werden, daß in relativ großem Umfang um aufflammende Primärherde herum neben den von der Schweinepest befallenen Tieren auch alle gesunden Schweine gekeult (getötet) werden. Nunmehr ist die Schweinepest in den alten und neuen Bundesländern in relativ vielen Herden wieder aufgetreten. Durch Keulung von Tausenden von kranken und gesunden Tieren sind Milliardenschäden entstanden, die viele Landwirtschaftsbetriebe bis nahe an den Ruin oder – besonders kleinere Betriebe – zum Ruin gebracht haben. Andererseits hat das Auftreten der Schweinepest im Weg einer Art von „Nietenlotterie" in der Europäischen Union zu einem wirkungsvollen Abbau des sogenannten Schweinefleischberges beigetragen. Dieses traurige Beispiel zeigt, in welchem Umfang die Viren nicht nur unsere Umwelt, sondern indirekt durch diese auch die Ökonomie, z. T. durch auf politischem Weg bzw. aus politischen Gründen verordnete Maßnahmen, beeinflussen.

Zur Kennzeichnung der Populationsempfänglichkeit werden in verschiedenen medizinisch fortgeschrittenen Ländern, in denen auch ausreichend Mittel zum vorbeugenden Gesundheitsschutz zur Verfügung gestellt werden, *Antikörperkataster* aufgestellt, d. h. Verzeichnisse, in denen innerhalb bestimmter Territorien der Anteil von Personen mit bestimmten Antikörpern festgehalten ist. Antikörperkataster, die vorwiegend Viren umfassen, von denen die Bildung potentieller Epidemien befürchtet werden muß, ermöglichen die Kenntnis des *Immunstatus* der Bevölkerung und damit die Abschätzung der Bedeutung von viralen Infektionskrankheiten, die Planung und Auswertung von Impfprogrammen sowie die Früherkennung und somit rechtzeitige Abwendung von Gefahren. Läßt die Zahl der Individuen mit Antikörpern gegen bestimmte gefährliche Viren nach, muß diese ggf. durch geeignete Impfmaßnahmen wieder vergrößert werden.

Besonders bedeutsam sind Antikörperkataster im Hinblick auf Viren, die einerseits nach einer überstandenen Erkrankung nur zu einem verhältnismäßig kurzen Schutz durch Antikörper führen und andererseits durch häufige Mutationen sehr viele Stämme mit unterschiedlicher immunologischer Reaktion und unterschiedlicher Virulenz entstehen lassen. Das gilt besonders für die Influenzaviren.

Da die *Influenzaviren* wohl das zur Zeit bedeutsamste Beispiel dafür sind, wie durch Mutationen immer neue Formen entstehen, gegen die nur schwach wirksame oder überhaupt keine Antikörper vorhanden sind, so daß sie zu kleineren oder größeren Epidemien und darüber hinaus zu Pandemien führen, ist es erforderlich, diese auch *unter epidemiologischen Gesichtspunkten* eingehender zu erörtern.

Einzelne Punktmutationen und in noch größerem Ausmaß *Aufeinanderfolgen von Punktmutationen wirken sich,* besonders bei den verschiedenen Typen des Influenza-A-Virus, *auf die Antigenstruktur aus,* d. h. auf die Struktur der auf der Virushülle befindlichen Gebilde, an die die Wechselwirkungen des Virus mit Wirtsrezeptoren und mit den Immunmechanismen des Wirts gebunden sind (vgl. Abschnitt 7.3.2). Durch Punktmutationen entstehen somit immer neue Virustypen, die durch die in den Individuen nach überstandener Grippe oder nach Impfungen vorhandenen Antikörper nicht oder nur teilweise eliminiert werden. Derartige Veränderungen, die als *Antigen–Drift* bezeichnet werden, sind oft die Ursache kleiner Epidemien. Da Influenzaviren einen breiten Wirtskreis haben und von Haustieren auf den Menschen oder auch auf Geflügel bzw. wildlebende Vögel und umgekehrt übergehen können und da die Tierwirte der Influenzaviren zur Zeit nur in Ausnahmefällen in die immunologische Überwachung einbezogen sind, treten derartige Epidemien auch oft unerwartet auf.

Pandemien durch Influenzaviren werden durch interchromosomale Mutationen ausgelöst, die als Antigen–Shift bezeichnet werden. Die Ursachen hierfür sind durch die besondere Struktur der Viruspartikeln der Orthomyxoviren bedingt, zu denen die Gattung *Influenzavirus* gehört. Bei diesen ist das Genom auf 8 verschiedene Nucleinsäurestränge verteilt, die sich innerhalb der Hülle in 8 helikalen Nucleokapseln befinden (Abschnitte 3.2 und 7.1.3). Werden Organismen gleichzeitig mit zwei verschiedenen Typen von Influenzaviren infiziert, deren Nucleinsäurestränge sich bezüglich der Ausbildung der antigenen Determinanten unterscheiden, so können diese bei der Bildung neuer Viruspartikeln in unterschiedlicher Weise rekombiniert werden. Hierdurch kann es zur Bildung von Viruspartikeln mit völlig neuen antigenen Determinanten kommen, gegen die bisher in keinem Organismus Antikörper ausgebildet worden sind. Diese neuen Virusstämme, die sich oft auch durch erhöhte Virulenz auszeichnen und hierdurch zu erhöhter Morbidität und Mortalität führen, treffen daher weltweit auf ungeschützte Populationen von Menschen, Haustieren und Vögeln. Sie verbreiten sich oft so schnell, daß die Zeit zur Herstellung von gegen diese neuen Formen wirksamen Impfstoffen und besonders für eine Immunisierung eines genügend großen Personenkreises mit diesen Antiseren nicht ausreicht.

Neue Typen von Influenzaviren entstehen durch interchromosomale Mutationen offensichtlich oft in Haustieren, vor allem in Geflügel, und in wild lebenden Vögeln, besonders Wildenten. Die genannten Tiergruppen sind daher nicht nur als wesentliche Reservoire für Influenzaviren, sondern auch als Ausgangspunkt von Pandemien anzusehen.

Einer Hypothese zufolge ist der Erreger der Hongkong–Grippe, das Influenza–Virus–A, Hongkong 1/68 (H3N2)[1], das die Pandemie des Jahres 1968 ausgelöst hat, offensichtlich in Sibirien in Wildenten entstanden, die gleichzeitig von 2 verschiedenen Influenza–A–Subtypen infiziert worden waren, und zwar von dem Subtyp A/Singapore/1/57 (H2N2), der 1957/58 zu dem unter der Bezeichnung Asiatische Grippe bekannten Seuchenzug geführt hat, und von einem Ententyp.

Bei den Influenzavirus–Subtypen A/USSR/77 (H1N1) bzw. A/Bangkog/1/ 79 (H1N1), die die Epidemien von 1977/1980 hervorgerufen haben, besteht der Verdacht, daß diese oder nahe verwandte Subtypen schon die schwere Grippe-

---

[1]Die vollständige Nomenklatur der Influenzaviren umfaßt die Bezeichnung des Virustyps, die laufende Nummer der Isolierung im Jahr und die Jahresangabe der Isolierung unter Nennung der letzten beiden Ziffern. Hinzugefügt werden in Klammern die Subtypen des Hämagglutininantigens (H1 bis H12) sowie des Neuraminidaseantigens (N1 bis N9). Nach der Subtypennomenklatur von 1980 wird dagegen nicht mehr der tierische Wirtskreis berücksichtigt, aus dem der Subtyp isoliert worden ist, denn der gleiche Subtyp befällt oft verschiedene Tierarten und den Menschen. Der befallene Wirt ist also ohne taxonomische Bedeutung

Pandemie von 1918, der schätzungsweise 15 bis 20 Millionen Menschen zum Opfer gefallen sind, und die Pandemie von 1946/47 hervorgerufen haben. Offensichtlich waren entsprechende Antikörper im Laufe der Zeit aus den Populationen eliminiert worden, wozu auch die bereits erwähnte, die Influenza-Typen schrittweise verändernde Antigen-Drift beigetragen haben könnte.

Wenn die Frage gestellt wird, warum sich Influenza-Pandemien nach der Entstehung neuer Formen so rasch über weite Strecken ausbreiten, wird der Grund hierfür in erster Linie in dem immer stärker werdenden Luftverkehr gesucht. Sicherlich gewinnt dieser auch bezüglich der Ausbreitung von Pandemien zunehmend an Bedeutung. Aber an der raschen Ausbreitung der schweren Pandemien der Jahre 1918 und 1946/47 war der Luftverkehr mit Sicherheit kaum oder nur in geringem Maße beteiligt. Hieraus wird offensichtlich, daß für die schnelle Ausbreitung der Pandemien, die auch nur unvollständig durch Bahn- oder Schiffsreisende zu erklären ist, andere, natürliche Faktoren eine wesentliche Rolle spielen müssen. Diese sollen nachfolgend etwas ausführlicher erörtert werden, um an einem Beispiel zu zeigen, wie kompliziert die Virusökologie ist, auf deren „Landkarte" die weißen Flecken das erforschte „Land" noch bei weitem übertreffen.

Im Zusammenhang mit der raschen Ausbreitung von Epidemien und besonders Pandemien ist bedeutsam, daß viele Subtypen des Influenza-A-Virus, aber auch des Influenza-B-Virus, in Wildvögeln, z. B. Wildenten und Möwen, vor allem aber in vielen Zugvögeln, u. a. Schwalben, verbreitet vorkommen. Es gibt Vermutungen, nach denen auf dem Wasser lebende Vögel, besonders Wildenten, das Hauptreservoir für Influenzaviren darstellen, in denen sie sich lange halten und in denen sie auch oft mutieren. Da Influenzaviren nicht nur aerogen, sondern auch fäkal-oral übertragen werden können, werden nicht selten durch Kot der mit Influenza befallenen Wildenten bzw. mit durch diesen verunreinigtes Wasser Zugvögel infiziert. Diese können dann die Influenzaviren in kurzer Zeit über weite Strecken transportieren, zumal bei Zugvögeln Infektionen mit verschiedenen Stämmen von Influenzaviren zu keinen oder nur zu schwachen Erkrankungen führen. So wurden beispielsweise zu einem hohen Prozentsatz Antikörper gegen das Hongkong-Grippe-Virus Subtyp A/Hongkong 1/68 (H3N2) in Möwen- und Schwalbeneiern gefunden. 1977 wurden bereits 3 Monate vor dem Einsetzen der durch Influenza-Virus Subtyp A/USSR/90/77 (H1N1) hervorgerufenen Pandemie in Ungarn in 95% der untersuchten Hühnerküken spezifische Antikörper gegen dieses Virus nachgewiesen. Offensichtlich hatte die Grippeepidemie zunächst Vögel und Geflügel und erst später den Menschen erfaßt. Von den Küken, die etwa 3 Monate nach Beendigung der Epidemie ausgebrütet worden waren, erwiesen sich 70 bis 80% als virusinfiziert.

In Schwalbeneiern, die 1978 gelegt worden waren, wurden in Ungarn und anderen europäischen Ländern Antikörper gegen das Influenza–Virus, Subtyp A/FPV/Dutch/27, gefunden, der kurz zuvor in Nordafrika gehäuft aufgetreten war. Das läßt vermuten, daß die Schwalben das Virus bei der Unterbrechung ihres Zuges an der afrikanischen Küste des Mittelmeeres oder in Ägypten aufgenommen haben. Der Ausbruch der entsprechenden Influenza–Erkrankung bei Hausgeflügel fiel mit der Rückkehr der Zugvögel zusammen. Offensichtlich hatte das Hausgeflügel das Virus durch Wasser aufgenommen, das mit Kot der Zugvögel verunreinigt war. Die Übertragung eines Virusstammes von Zugvögeln auf domestizierte Vögel steigert gewöhnlich dessen Virulenz. Es treten oft schwere Krankheitssymptome auf, ohne daß das Antigen–Muster verändert worden ist.

Von Zugvögeln werden die Influenzaviren jedoch nicht nur auf Geflügel, sondern — ebenfalls oft durch den Kot — auch auf Schweine, Pferde und andere Säuger übertragen. Da Schwalben und andere Zugvögel oft auch in Ställen nisten, sind daneben jedoch offensichtlich auch aerogene Infektionen am Übergang der Influenzaviren von Zugvögeln auf Haustiere beteiligt. Am Ende dieser Infektkette steht schließlich der Mensch. Dabei werden die Influenzaviren offenbar bevorzugt durch Tröpfcheninfektionen zunächst von Tier zu Tier und dann vom Tier auf den Menschen und schließlich von Mensch zu Mensch übertragen.

Viel häufiger als die *Interspezies–Übertragung* vom Tier auf den Menschen erfolgen offenbar entsprechende Übertragungen vom Menschen auf das Schwein und andere Haustiere. Damit ergeben sich bei den Grippeviren infolge ihres breiten Wirtskreises und der unterschiedlichen Übertragungsformen ökologische Zyklen und Übertragungswege, die in ihrer Vielfalt noch immer nicht vollständig aufgeklärt sind, zumal die häufigen Mutationen zusätzlich für Veränderungen sorgen.

Bei anderen Viren mit breiten Wirtskreisen und z. T. mehreren Übertragungsweisen dürften ähnlich vielfältige Wanderungs- und Übertragungswege bestehen. Deren Klärung steht aber bestenfalls in den Anfängen.

7.4.4 Ökologisch–epidemiologische Überwachung

In der medizinischen Virologie hat sich die Weltgesundheitsorganisation (= World Health Organization = WHO; Genf) die Aufgabe gestellt, „...die Ökologie und Epidemiologie von Viruserkrankungen weltweit verstehen zu lernen, um Methoden zur Vorbeugung und Bekämpfung empfehlen zu können...". Für Tierseuchen sind die Food and Agriculture Organization (FAO; Rom) und das Office International des Epizooties (OIE; Paris) zuständig.

Da der Wert epidemiologischer Untersuchungen wesentlich von der Verläßlichkeit der zur Datenerhebung verwendeten diagnostischen Methoden abhängt, unterstützen die genannten Organisationen die nationalen Gesundheitsdienste durch *internationale und nationale Referenzzentren.* Diese sind nach virologischen Gesichtspunkten ausgerichtet. So gibt es z. B. Zentren für Influenza, respiratorische Viren außer Influenza, Enteroviren und Arboviren. Zu ihren wichtigsten Aufgaben gehören das Sammeln, die Auswertung und Verarbeitung epidemiologischer Informationen. Bei der ökologisch–epidemiologischen Überwachung werden vor allem Vorkommen und Verbreitung von Viruskrankheitserregern bzw. –krankheiten in definierten Biotopen und Biozönosen sowie der Immunstatus der jeweiligen Bevölkerung berücksichtigt.

Für die Untersuchungen über die Verteilung von Erregern, Krankheiten oder anderen Variablen werden *ökologisch–epidemiologisch sinnvolle Raster* benötigt, wie z. B. geomorphologische, orographische, hydrologische, edaphische, bioklimatische und biotische Bedingungen. Bisweilen kann sogar die Aufgliederung auf Häuserblocks, Kindergärten u. a. sinnvoll sein. Die administrativen Grenzen, z. B. von Kreisen, Bezirken oder Ländern, sind dagegen für diese Untersuchungen nicht zweckmäßig. Sie können u. U. sogar vorhandene Häufungen von Krankheitserregern verschleiern. Die geographische Darstellung von Häufigkeiten für größere Räume, z. B. Staaten, kann demgegenüber zweckmäßig sein, insofern die Werte auf sinnvolle epidemiologisch–ökologische Raster bezogen werden.

Zur Realisierung der genannten Aufgaben ist in der Regel die Unterstützung durch EDV–Programme erforderlich. Mit derartigen Untersuchungen kann u. a. die Bindung von Viruskrankheiten an bestimmte Landschaftstypen charakterisiert werden. Ferner werden Vorstellungen über mögliche Viruswanderungen und Seuchenzüge vermittelt, die wiederum zur zeitgerechten Bereitstellung von Seren sowie zur Durchführung entsprechender Impfprogramme beitragen können.

7.4.5 Insektenviren in der Biozönose; Biologische Schädlingsbekämpfung

Viren, die ausschließlich Insekten als Wirte haben, also die Insektenviren i.e.S., verursachen vor allem dann *Epidemien, wenn die Insektenwirte gehäuft auftreten.* So werden *Insektenkulturen,* die für gewerbliche Zwecke angelegt werden, nicht selten durch Insektenviren zum Absterben gebracht. Am Ende des Abschnitts 1.2 haben wir bereits kennen gelernt, daß das zu den Picornaviren gestellte *Bienensackbrut–Virus* ganze Bienenvölker ausrotten kann. *Seidenraupenzuchten* werden innerhalb kurzer Zeit durch das *Kernpolyedervirus der Seidenraupe* vernichtet, die eine als *Gelbsucht* bezeichnete Krankheit hervorruft.

Im Gegensatz zu Insektenzuchten sind *in der Natur die Möglichkeiten für*

die Weitergabe der Insektenviren von Individuum zu Individuum geringer. Sie
steigen jedoch an, wenn sich die Insekten bzw. ihre Raupen massenhaft vermehren. Im Abschnitt 1.2 war bereits darauf hingewiesen worden, daß durch die
in derartigen Fällen gehäuft auftretenden Infektionen mit Insektenviren, die in
der Regel zum Tod der befallenen Wirte, z. B. der Raupen der Nonne, führen,
die im Forst entstehenden Schäden vermindert werden können.

Da die Massenvermehrung der Insektenviren in der Regel beträchtlich später
als die Massenvermehrung der Wirte einsetzt, haben die gefräßigen Raupen allerdings oft bereits beachtliche Schäden verursacht, bevor sie durch Insektenviren abgetötet werden. *Daher versucht der Mensch, verlorengegangene Gleichgewichte rechtzeitig zugunsten der Kulturpflanzen zu beeinflussen, indem er
bereits bei Beginn der Massenvermehrung des Schadinsekts im Rahmen der
biologischen Schädlingsbekämpfung Virussuspensionen oder erkrankte Raupen
ausbringt.*

Die beachtlichen Erfolge, die z. B. bei der Bekämpfung der Nonne und
der Rotgelben Kiefernbuschhornblattwespe durch Viren erzielt worden sind
(vgl. Abschnitt 1.2), waren der Anlaß, *der biologischen Schädlingsbekämpfung
durch Viren große Aufmerksamkeit zu widmen.* Dabei gilt das Interesse vor
allem den *Baculoviren*, die Insekten stark schädigen, ohne bei Wirbeltieren
und Menschen Krankheiten hervorzurufen. Von besonderer Bedeutung sind im
Hinblick auf die biologische Schädlingsbekämpfung durch Viren aus der Familie
der *Baculoviridae* die *Kernpolyederviren* und die *Granuloseviren* (Kapselviren).
Vielfach wird vorgeschlagen, *Kernpolyederviren zur Schädlingsbekämpfung in
Trinkwasserschutzgebieten* anzuwenden, um dort den Einsatz insektizider Chemikalien abzulösen. Für diese speziellen Fälle könnten auch die relativ hohen
Kosten in Kauf genommen werden, die bei der Gewinnung der Viruspräparate anfallen, da zur Zeit die erforderlichen Viren nur in Zuchten von Raupen vermehrt werden können. Bei der Gewinnung der Viruspräparate aus den
abgestorbenen Raupen gelangen jedoch in großer Zahl Bakterien in die Poly-
ederpräparate und bei deren Ausbringung in das Trinkwasserschutzgebiet. In
einigen Ländern wird daher die Anwendung derartiger Präparate strikt abgelehnt, insofern sie zu einem Anstieg der Keimzahlen im Trinkwasser führen,
denn es werden dort nur die Keimzahlen und nicht die Art der Keime in Betracht gezogen. In anderen Ländern ist noch nicht geklärt, wie verfahren werden
soll. Ein Ausweg ergäbe sich, wenn die *Gewinnung der Kernpolyeder in Insektengewebe* erfolgen könnte. Allerdings ist es zur Zeit immer noch schwierig,
Insektengewebe in Sterilkultur rasch zu vermehren.

Neben Schädlingen von Forstgewächsen können auch *Schädlinge landwirtschaftlicher Kulturpflanzen* durch Kernpolyeder- und Kapselviren erfolgreich
bekämpft werden. Ein Beispiel hierfür stellt die Bekämpfung des in Amerika

mit beträchtlichen Schäden auftretenden Luzerneweißlings (*Colias philodice eurytheme*) durch eine Kernpolyedrose dar. Endgültig zugelassen ist in den USA ein Viruspräparat gegen den Amerikanischen Baumwollkapselwurm.

Auch in Mitteleuropa dürfte sich die Entwicklung von Viruspräparaten gegen Schadinsekten in landwirtschaftlichen Kulturen lohnen, denn infolge ihres oft allein auf den Schaderreger begrenzten Wirtsspektrums ist die Anwendung entsprechender Präparate im Gegensatz zur chemischen Bekämpfung oft außerordentlich schonend für die Nützlinge, d. h. die natürlichen Feinde der Schadinsekten. Da außer der peroralen Infektion in verschiedenen Fällen auch noch eine Weitergabe der Erreger auf die nächste Generation vorkommt, ist nicht selten zusätzlich eine gewisse, besonders im Hinblick auf die natürlichen Seuchenwellen bedeutsame Dauerwirkung zu verzeichnen. Andererseits vergeht im Vergleich zu Insektiziden, die unmittelbar nach der Ausbringung wirksam werden, in der Regel eine längere Zeit, bis die Wirkung von geeigneten Entomoviruspräparaten zum Tragen kommt. Darüber hinaus kann sich auch die strenge Erregerspezifität nachteilig auswirken, und zwar dann, wenn ein Pflanzenbestand gleichzeitig von mehreren Schaderregern befallen ist.

In letzter Zeit wird zunehmend versucht, die *biologische Schädlingsbekämpfung zu verbessern, indem die Wirksamkeit der hierfür verwendeten Insektenviruspräparate durch genetische Modifikation der Viren verstärkt wird.* Es wird angestrebt, *Gene in das Genom der Baculoviren einzufügen, die insektenspezifische Hormone, Endotoxine oder Neurotoxine codieren* und mit der Replikation der Viren im Insektenwirt repliziert und translatiert werden. *Dadurch werden Noxen wirksam, die den Insektenwirt zusätzlich schädigen und rascher zum Absterben bringen.* Auf diese Weise könnten die biologischen Präparate so rasch wirken wie Insektizide.

Als in das Genom eines geeigneten Experimentalvirus, und zwar des *Autographa-californica*-nuclear-polyhedrosis-Virus (AcNPV), das Gen für ein Hormon eingebaut wurde, das den Wasserhaushalt des Insektenwirts kontrolliert bzw. stört, starben die Insektenwirte infolge der hervorgerufenen Störungen ihres Wasserhaushaltes einen Tag eher als nach Applikation des nicht genetisch modifizierten Virus. Hierdurch entstanden vor der Eliminierung des Schaderregers wesentlich geringere Fraßschäden.

Auch das Gen, das in *Bacillus thuringiensis* die Bildung des für viele Insekten hochgiftigen *Bacillus-thuringiensis-* delta-Endotoxins codiert, konnte in das Genom des AcNPV eingebaut werden. Es zeigte sich, daß es bei der Replikation des Virus exprimiert wird. Wie bei Befall der Insekten mit *Bacillus thuringiensis* wird zunächst eine Vorstufe des Toxins gebildet, die dann im Mitteldarm der Insektenlarven bzw. Insekten zum eigentlichen Toxin umgewandelt werden muß. Der Übertritt des in den virusinfizierten Zellen gebildeten Protoxins in den Mitteldarm der Insektenlarven bzw. Insekten erfolgt jedoch nur in unbefriedigendem Umfang. Daher wird mit dem entsprechend modifizierten Virus z. Z. bei weitem nicht die theoretisch mögliche Schadwirkung erzielt.

Eine wesentliche Verbesserung der Wirkung von Baculoviren wurde erreicht, als *Gene, die insektenspezifische Neurotoxine codieren*, in das Virusgenom eingebaut wurden. Das betrifft sowohl das Gen für das insektenspezifische *Skorpion-Neurotoxin* als auch besonders das Gen, das *Milben–Neurotoxin* codiert. Vier Tage nach der Infektion von Insektenlarven mit AcNPV, in dessen Genom das Gen für die Bildung des Milben–Neurotoxins eingebaut worden war, waren über 80% der mit dem genetisch modifizierten Virus infizierten Larven abgestorben, während nach Infektion mit dem nicht modifizierten Virus erst 10% abgestorben waren. Die Entwicklung von Viruspräparaten, deren Wirkung durch Modifikation eines für die biologische Schädlingsbekämpfung geeigneten Virus wesentlich verstärkt wird, ist jedoch bei weitem nicht abgeschlossen.

Bevor genetisch modifizierte Viren zur biologischen Schädlingsbekämpfung im Freiland verwendet werden dürfen, müssen umfangreiche Untersuchungen zur Einschätzung des damit verbundenen Risikos durchgeführt worden sein. Diese betreffen vor allem die Frage, ob die in virusinfizierten Insekten produzierten rekombinanten Proteine, also etwa Toxine, ein Risiko für andere Arten, besonders für Säugetiere oder gar für den Menschen darstellen. In diesem Zusammenhang ist auch zu klären, ob das rekombinierte Protein durch Mutationen in einer Weise abgewandelt werden kann, daß es auch Säuger schädigt. Ebenso ist von Bedeutung, ob die Persistenz des rekombinierten Baculovirus in der Biozönose derjenigen des Wildtyp–Virus gleicht oder ob sie abgeschwächt bzw. erhöht ist. Ferner muß geklärt werden, ob die Einfügung einer fremden DNS in ein Virusgenom den Wirtskreis des rekombinierten Virus verändert und hierdurch ggf. auch zur Schädigung von Nützlingen führt. Die Klärung dieser und anderer Fragen ist mit z. T. erheblichem Aufwand begonnen worden. Nach vorläufigen Ergebnissen sind die in Erwägung gezogenen Schäden kaum zu erwarten. Damit erscheinen Hoffnungen berechtigt, daß für die biologische Schädlingsbekämpfung in der Zukunft genetisch modifizierte Baculovirus-Präparate zur Verfügung stehen werden, deren Unschädlichkeit für die Biozönose, Wirbeltiere und Menschen eingeschlossen, aufgrund der Ergebnisse international vereinbarter Prüfverfahren erwiesen ist.

8 Pflanzenviren in ihrer und unserer Umwelt

8.1 Die Vermehrung der Pflanzenviren im Wechselspiel zwischen den Viren und ihrer zellulären und organismischen Umwelt

Die Vorgänge, die zur Vermehrung pflanzenpathogener Viren führen, gleichen in ihren Grundzügen den Umsetzungen, die bei der Vermehrung von Bakterien- und Tierviren ablaufen. Allerdings *mußten sich die Pflanzenviren bezüglich ihrer Replikationsstrategien den Besonderheiten im Bau und der Organisation der Pflanzenwirte anpassen.* In diesem Zusammenhang ist bedeutsam, daß die Zellen der Samenpflanzen durch dicke Zellwände gekennzeichnet sind, die – insofern sie den Pflanzenkörper nach außen abschließen – in der Regel zusätzlich eine dicke Kutikula überzieht. *Diese dicken Zellwände und die Kutikula sind nicht nur bestimmend für Besonderheiten der Eindring- und Austrittsphase im Replikationszyklus der Pflanzenviren. Sie beeinflussen vielmehr auch die Verbreitung der Viren im Wirtsorganismus.* Darüber hinaus wird die Virusausbreitung innerhalb der Pflanze wesentlich dadurch bestimmt, daß *der Pflanze Systeme zum effektiven Stoffaustausch fehlen,* wie sie bei Wirbeltieren besonders durch das Blutgefäßsystem und den im wesentlichen durch dieses vermittelten Kreisläufen gegeben sind. Der Stoffaustausch verläuft daher verhältnismäßig langsam. Im Gefäßsystem gelangen vornehmlich Wasser und Nährsalze von der Wurzel in den Sproß, während in den Siebröhren vorwiegend organische Substanzen von den Orten ihrer Bildung zu den Orten des Verbrauchs, z. B. in die Wurzeln, die Sproßspitzen oder in die sich entwickelnden Früchte transportiert werden. Besondere Bedeutung bezüglich der Virusausbreitung kommt in der Pflanze den Siebröhren zu. Erst wenn die Viren nach sehr langsamer Wanderung von Zelle zu Zelle in die Siebröhren gelangt sind, können sie sich in diesen verhältnismäßig rasch in der Pflanze ausbreiten, und zwar mit dem Assimilatenstrom sowohl wurzel- als auch spitzenwärts.

8.1.1 Vermehrung der RNS–Viren

Da etwa 93% der bisher aus Pflanzen isolierten Virusarten ein Einzelstrang-RNS-Genom enthalten, soll nachfolgend vor allem die Vermehrung von Einzelstrang-RNS-Viren behandelt werden, zumal sich die Vermehrung von Pflanzenviren mit anderweitigen Genomtypen nicht grundlegend von der bei Bakterien- und Tierviren beschriebenen unterscheidet.

Insofern die Pflanzenviren nicht durch saugende und beißende Insekten oder andere Tiere übertragen werden, können sie nur durch *kleinere Wunden* in neue Wirte gelangen. Diese entstehen verhältnismäßig oft, wenn Sprosse benachbarter Pflanzen sich im Wind aneinanderreiben, aber auch durch Pflegemaßnahmen. Besonders gut dringen Pflanzenviren durch die Basis abgebrochener Haare in ihre Wirte ein.

In virologischen Untersuchungen erfolgt die *künstliche mechanische Virusübertragung*, indem Blätter mit einer virushaltigen Suspension, dem *Inokulum*, abgerieben werden. Dem Inokulum werden zur Erzeugung von Wunden feinkörnige, harte Substanzen zugesetzt, die als *Abrasiva* bezeichnet werden. Ein häufig verwendetes Abrasivum ist beispielsweise Carborundpuder. Wenn Inokulum und Abrasivum vorsichtig auf den Blättern verrieben werden, entstehen kleine Wunden, die Eintrittspforten für die Viren darstellen. Allerdings ist auf einem Blatt die Zahl der infizierbaren Stellen offenbar begrenzt. Selbst bei Anwendung hochkonzentrierter Inokula unter Zusatz von großen Mengen eines Abrasivums erhöht sich die Zahl der infizierbaren Stellen nur bis zu einem Grenzwert. Von den 10^7 bis 10^{10} Zellen an der Oberfläche eines Blattes können nur etwa 10^3 zur gleichen Zeit infiziert werden. Aufgrund der geringen Wahrscheinlichkeit, die für das Zusammentreffen von infektiösen Partikeln mit den relativ wenigen infizierbaren Stellen besteht, sind 10^6 bis 10^7 Viruspartikeln je ml Inokulum erforderlich, um eine einzige Infektion hervorzurufen, während bei Bakteriophagen hierfür nur 1 bis 5 Partikeln benötigt werden. Da unter natürlichen Bedingungen die Wahrscheinlichkeit einer mechanischen Virusübertragung noch wesentlich geringer ist als bei Inokulationsversuchen, müssen Pflanzenviren, die nur mechanisch übertragbar sind, riesige Mengen von Viruspartikeln produzieren, um die Infektion neuer Wirte und damit das Fortbestehen der Virusart zu sichern. Daher sind virusbefallene Pflanzenzellen oft mit riesigen Mengen von Viruspartikeln vollgestopft. In einer Haarzelle des Tabaks wurden beispielsweise 60 Millionen Viruspartikeln je 250 000 μm^3 vorgefunden. In den befallenen Zellen kann sogar wesentlich mehr Virusprotein als Pflanzenprotein vorhanden sein. Trotzdem werden hierdurch oft die Wirtspflanzen, beispielsweise Kartoffelpflanzen nach Infektion mit dem Kartoffel-X-Virus, nur geringfügig oder überhaupt nicht geschädigt. Bisweilen werden sie sogar im Wuchs gefördert.

Wenn die Viren durch Wunden die Plasmagrenzschichten der Zellen erreicht haben, werden sie *durch Pinocytose (Phagocytose) in die Zelle inkorporiert*, wie dies ähnlich bei vielen Tierviren geschieht. Das konnte durch Untersuchungen an Protoplasten, d. h. durch schonende Anwendung von Pektinasen und Zellulasen von ihrer Zellwand befreiten und damit isolierten Pflanzenzellen, nachgewiesen werden. Wie Abb. 8.1 am Beispiel des Tabakmosaik–Virus (TMV) zeigt, werden die Viren zunächst an die äußere Grenzschicht des Cytoplasmas, das Plasmalemma, gebunden (1 in Abb. 8.1). Es liegt nahe, daß diese Bindung ähnlich wie bei Bakterien- und Tierviren an *Virusrezeptoren* erfolgt. Entsprechende Virusrezeptoren für TMV wurden aus Membranfraktionen, die Plasmalemma und Endoplasmatisches Retikulum enthielten, isoliert und als *Glycoproteine* charakterisiert. Im Bereich der Bindung wird das Plasmalemma eingefaltet (2). Es bilden sich Pinocytosebläschen, die schließlich ins Cytoplasma abgeschnürt werden (3). Die Viruspartikeln befinden sich nun innerhalb der Pinocytosebläschen (4, 5) im Cytoplasma. Indem sich die Wandung der Pinocytosebläschen auflöst, gelangen die Viren ins Cytoplasma der Zelle, und die Virusvermehrung kann beginnen. Bei Viren, die durch Vektoren, etwa mit dem Saugakt einer Blattlaus, in das Cytoplasma einer Zelle gelangen, entfällt verständlicherweise dieser Abschnitt der Eindringphase.

Bei dem nunmehr einsetzenden *Uncoating* wird die Proteinhülle der infizierenden Partikeln zunächst teilweise und später vollständig abgestreift. Ein erster Schritt des Uncoating verläuft im Cytoplasma, ein zweiter in Verbindung mit Membrandurchzügen des Endoplasmatischen Retikulums. Das Uncoating kann in Abhängigkeit von der Virusart unterschiedlich verlaufen. Sobald die *Initiatorcodonen*, d. h. die Tripletts des Nucleinsäurestrangs, freigelegt sind, die Signale für den Beginn der *Bildung früher Proteine* enthalten, kommt es zur *Bindung* des z. T. noch von Hüllprotein umgebenen Nucleinsäurestrangs an Ribosomen, und zwar zunächst an *membrangebundene Ribosomen*. Nunmehr werden an den freiliegenden RNS-Abschnitten *frühe Proteine* gebildet. Eines von diesen ist die *RNS–abhängige RNS-Polymerase* bzw. der viruscodierte Anteil dieses Ferments.

Wenn genügende Mengen von RNS–abhängiger RNS-Polymerase zur Verfügung stehen, kann die *Replikation der RNS* beginnen. *Dabei entsteht zunächst Doppelstrang–RNS (RF–Form).* Außerdem werden oft in ihrer Größe heterogene, sogenannte replikative Intermediate (RI–Formen) gebildet. Diese bestehen aus Doppelstrang–RNS und an dieser wachsenden Tochtersträngen, die zunächst durch Polymerasemoleküle mit dem Mutterstrang verbunden bleiben. Sehr bald wird auch, und zwar mit fortschreitender Zeit in immer wachsendem Umfang, replizierte Einzelstrang–RNS nachweisbar, die der RNS der infizierenden Partikeln gleicht.

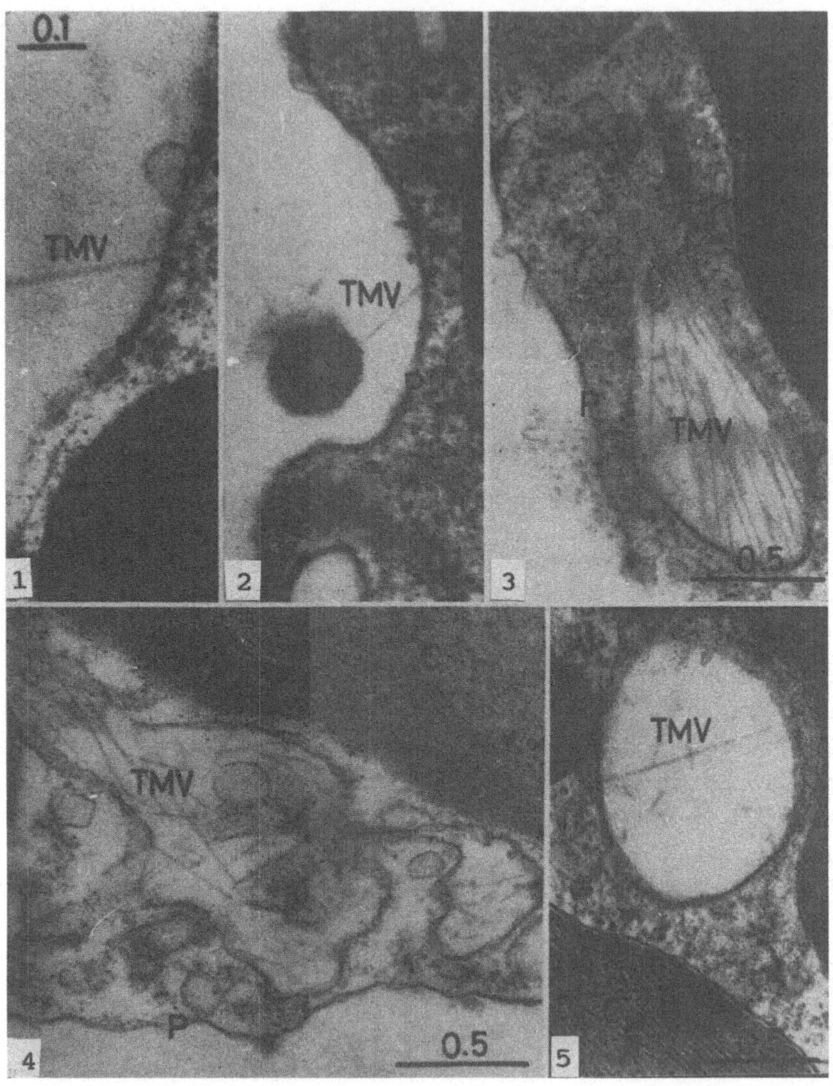

Abb. 8.1: Inkorporation des Tabakmosaik–Virus in Protoplasten aus Tabakmesophyll; Erklärungen im Text (Y. Otsuki et al., Virology 49, 1972, 188)

Wenn diese Einzelstrang–RNS in größeren Mengen gebildet worden ist, wird nur ein geringer, stetig abnehmender Teil der erneuten Replikation zugeführt. Dagegen dient ein ständig wachsender Anteil als polycistronischer Messenger der *Bildung später Proteine*. Bei einer Anzahl von Viren, z. B. beim TMV, werden darüber hinaus verschiedene kürzere RNS–Stränge synthetisiert. In großen

Mengen wird beim TMV ein nur 750 Nucleotide umfassender RNS–Strang gebildet, der Hüllprotein codiert. Diese kurzen Stränge werden zusätzlich translatiert. Damit ist gesichert, daß die bei der Bildung großer Virusmengen benötig-
ten riesigen Mengen von Hüllprotein auch tatsächlich zur Verfügung stehen.

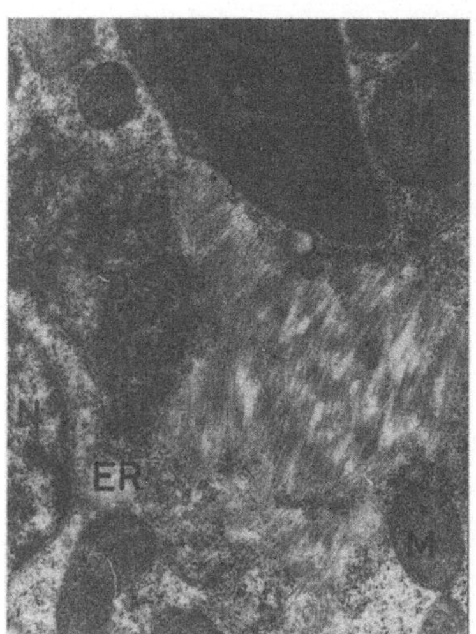

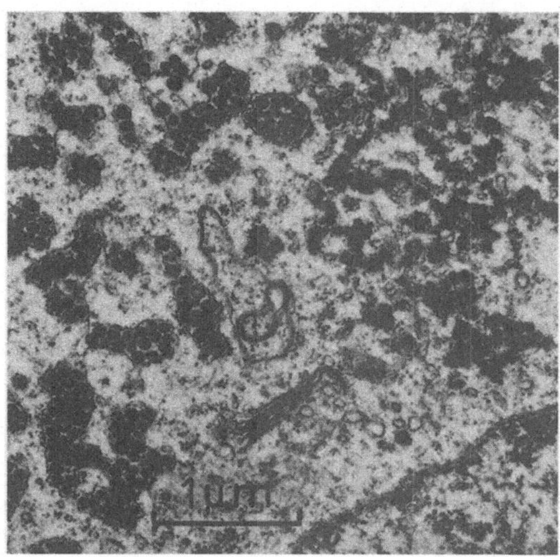

Abb. 8.2: links: Aggregation replizierter Partikeln des Tabakmosaik–Virus,
die von Endoplasmatischem Retikulum (ER) und elektronendichter Substanz
unbekannter Natur (DS) begleitet ist (Y. Otsuki et al., Virology 49, 1972,
387); rechts: Kluster von durch Elementarmembranen umhüllten Virionen des
Tomato–spotted–wilt–Virus im Cytoplasma einer Mesophyllzelle des Tabaks
(T. S. Ie, J. Gen. Virol. 59, 1982, 387)

Im Gegensatz zu den kleinen Tierviren, z. B den Picornaviren, *hemmen
Pflanzenviren die Translation von Wirts–RNS nicht* und schalten sie erst recht
nicht völlig aus. Folglich besteht ein *harter Wettbewerb um Ribosomen zwischen der Virus–RNS und der Boten–RNS der Wirtspflanze.* Damit die Viren die zur Bildung großer Mengen von Viruspartikeln erforderlichen Proteine, besonders Hüllproteine, bilden können, haben diese offensichtlich *im Verlauf einer langen Evolution Strukturen entwickelt, die ihnen im Wettbewerb
um Ribosomen Vorteile bringen.* So haben einige Pflanzenviren am 3'–Ende
Strukturen, die denjenigen der Transfer–RNS gleichen (vgl. Abb. 3.1) und fähig
sind, wie die Transfer–RNS spezifische Aminosäuren zu binden. So binden beispielsweise das Tabakmosaik–Virus und andere Tobamoviren Histidin, das Wasserrübengelbmosaik–Virus und andere Tymoviren Valin, das Trespenmosaik–
Virus und andere Bromoviren sowie das Gurkenmosaik–Virus und anderweitige
Cucumo–Viren Tyrosin. Derartige amino–acylierte Virusnucleinsäurestränge

haben sich im Vergleich zu entsprechenden Strängen des gleichen Virus, bei
denen die Aminosäure und die Transfer–RNS–Struktur abgespalten waren,
bezüglich der Bindung an einen Weizentranslationsfaktor als überlegen erwiesen. Auch sogenannte *Kappenstrukturen*, die wir bereits bei Tierviren kennen
gelernt haben, erleichtern offensichtlich den Beginn der Translation.

Nachdem die ersten Spätproteine, besonders Hüllproteine, gebildet worden
sind, beginnt sehr bald überlappend die *Reifephase*, die durch die *Vereinigung
von Virusnucleinsäure mit dem Hüllprotein zu kompletten Virusteilchen* gekennzeichnet ist. Die ersten kompletten Virusteilchen treten je nach Virusart,
Viruswirt und untersuchtem Gewebe 6 bis 10 h nach der Infektion auf. Die Bildung neuer Viruspartikeln setzt sich etwa bis zur 45. Stunde nach der Infektion
fort. Der Replikationszyklus der Pflanzenviren verläuft somit im Vergleich zu
dem der Bakterien– und Tierviren verhältnismäßig langsam.

Die nach Vollendung des Replikationszyklus gebildeten Virusteilchen verbleiben in der Regel in der Wirtszelle, bis es ihnen durch mechanische Übertragung oder durch Mitwirkung von Virusvektoren möglich wird, neue Wirte zu
infizieren. Dabei ist unklar, wodurch nach vollendeter Virusreplikation die neu
gebildeten Virusteilchen vor erneutem Uncoating geschützt werden. In nicht
wenigen Fällen wird offensichtlich der Angriff der das Uncoating bewirkenden
Wirtsenzyme durch *Einschluß der Virusteilchen in Membranvesikeln* oder durch
Bindung an Membranen verhindert (Abb. 8.2). Partikeln verschiedener Viren,
z. B. des Kundebohnenmosaik–Virus, sind in tubulären Gebilden eingeschlossen, andere, z. B. die des Kartoffelblattroll–Virus, zwischen cytoplasmatischen
Membranen (Abb. 8.3 links und Mitte). Auch amorphe Aggregationen von Viruspartikeln, z. B. P–Proteinkörper, sind von bisher nicht näher analysierten
Substanzen durchsetzt, die Schutz bieten dürften (Abb. 8.3, rechts). Ebenso
sind offenbar kristalline Zelleinschlußkörper, die aus reinen Virusaggregationen
bestehen, verhältnismäßig gut vor erneutem Uncoating geschützt.

Die Replikation der kugelförmigen Viren unterscheidet sich nicht wesentlich von derjenigen der stäbchenförmigen Viren und wird daher nicht gesondert
besprochen.

8.1.2 Vermehrung der Viroide

Die Viroide stellen eine Gruppe von virusähnlichen Erregern von Pflanzenkrankheiten dar, die im Gegensatz zu den Viren nur genetisches Material, aber niemals
einen dieses schützenden Proteinmantel ausbilden. Ihr RNS–Genom umfaßt 240
bis 380 Nucleotide und ist damit wesentlich kleiner als dasjenige der Viren. Sie
werden daher auch als „nackte Miniviren" bezeichnet.

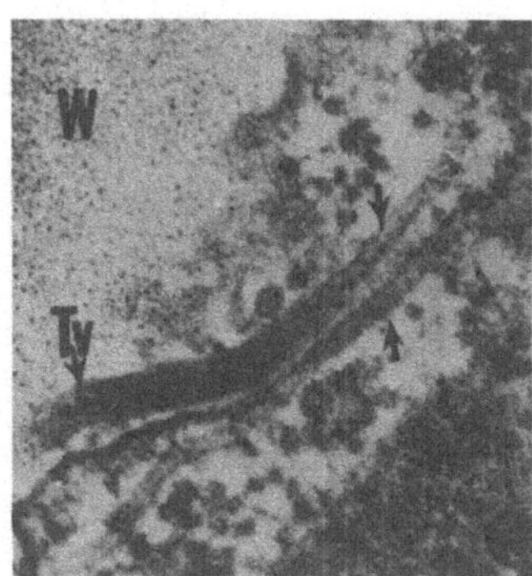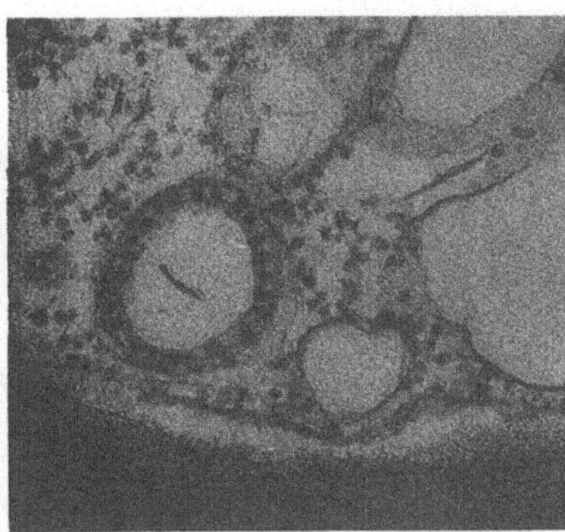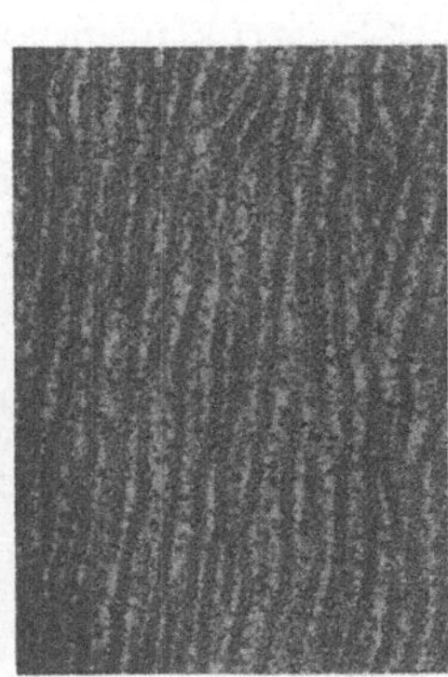

Abb. 8.3: links: Tubuläre Gebilde (Tv) mit Partikeln des Kundebohnenmosaik–
Virus und cytoplasmatische Mikrotubuli (Pfeile) nahe der Zellwand einer Zelle
von *Phaseolus vulgaris* (K. S. Kim und J. P. Fulton, Virology 64, 1975, 560);
Mitte: Partikeln des Kartoffelblattroll–Virus, die zwischen zwei cytoplasmati-
schen Membranen einer Geleitzelle im Phloem der Kartoffel eingeschlossen sind
(S. Shepardson et al., Virology 105, 1980, 392); rechts: Ausschnitt aus einem
P–Proteinkörper aus der Siebröhre einer mit Tabakmosaik–Virus infizierten Ta-
bakpflanze (K. Esau, Viruses in Plant Hosts, The University of Wisconsin Press,
Madison, Milwaukee, and London 1968)

Viroide treten vorzugsweise bei Kulturpflanzen warmer Klimazonen und
in gemäßigten Klimazonen im Gewächshaus auf. Besonders starke Schäden
verursacht das Citrus–Exocortis–Viroid in Citrusgewächsen. Darüber hinaus
schädigt es etwa 30 weitere Wirtspflanzen aus drei Familien mehr oder weniger stark. In Deutschland verursacht das Chrysanthemum–stunt–Viroid, der
Erreger der besonders in Zuchtmaterial verbreitet auftretenden Chrysanthe-
menstauche (Abb. 8.4, links) beträchtliche Schäden. Bekannt ist auch das
Kartoffelspindelknollen–Viroid, das 128 Pflanzenarten aus 11 Familien befällt
und bei der Kartoffel die Spindelknollenkrankheit hervorruft, durch die die Form
der Kartoffelknollen spindelförmig gestreckt wird (Abb. 8.4, rechts). Auch
bei Hopfen und Wein können besonders in wärmeren Gebieten beträchtliche
Schäden durch Viroide entstehen.

Viroide sind mechanisch mit den für Viren üblichen, bereits beschriebenen
Inokulationsmethoden übertragbar. Da sie nie einen schützenden Proteinmantel
ausbilden, sind sie ständig dem Angriff der Nucleasen ihrer Wirtszellen ausgesetzt. Sie schützen sich davor, indem sich das RNS–Molekül zum Ring schließt.
Darüber hinaus nimmt es eine ausgeprägte Sekundärstruktur an (Abb. 8.5).
Durch Basenpaarung ergeben sich Doppelstrangabschnitte, die durch kurze Einzelstrangabschnitte unterbrochen werden. Im elektronenmikroskopischen Bild

zeigen sich ferner oft doppelsträngige, ineinander verdrillte, stäbchenförmige
RNS–Strukturen von 37 nm Länge.

 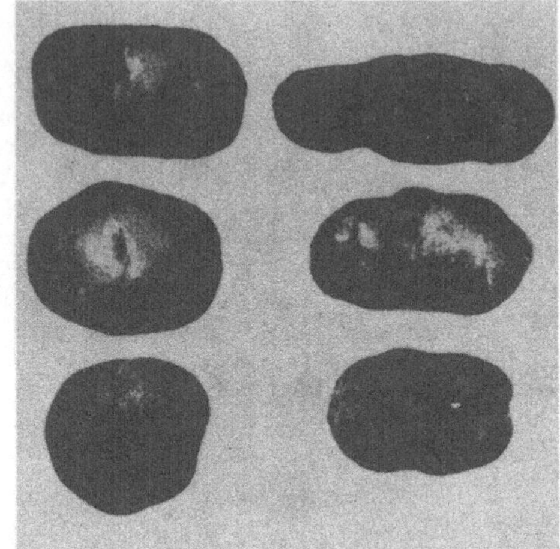

Abb. 8.4, links: vom Chrysanthemum–Viroid befallene Chrysanthemen, die
verfrühte Knospenbildung und niedrigen Wuchs zeigen (= Chrysanthemenstau-
che); dahinter gestreckte gesunde Pflanzen (C. Örtel, PAC-Werkbild); rechts:
vom Kartoffelspindelknollen–Viroid befallene (links) und gesunde (rechts) Kartoffelknollen (J. G. Atabekow und D. Spaar, Biol. Rundschau, 15, 1977, 217)

Da die Viroid-RNS nicht als m-RNS wirkt und somit auch nicht für regulatorische Proteine codiert, ist die Replikation der Viroide in weit größerem Maße
von Wirtsaktivitäten abhängig als die Replikation der RNS-Viren. Sie erfolgt
offensichtlich in einem Rolling-circle-Mechanismus (vgl. Abschnitt 6.2.1). Mit
Hilfe einer wirtsspezifischen RNS–Polymerase wird an dem infizierenden monomeren, zirkulären (+)-RNS-Strang ein oligomerer, linearer (-)-Strang synthetisiert. Dieser dient wiederum als Matrize zur Synthese oligomerer, linearer
(+)-Stränge. Diese werden von sequenzspezifischen RNasen zu linearen (+)-
Monomeren verbunden, die durch RNS–Ligasen zirkularisiert werden. Damit
entstehen neue monomere, zirkuläre (+)- Viroidmoleküle.

Zum Pathogenitätsmechanismus der Viroide gibt es verschiedene Vorstellungen. So wird erwogen, daß die Viroid–RNS mit bestimmten Bereichen der
Pflanzen–DNS interferiert. Im Hinblick auf die Lokalisierung der Viroide im
Nucleolus (Kernkörperchen) kommen hierfür die sogenannten Intergenic Regi-
ons der Gene in Frage, die bei der Regulation der Ribosomen–RNS–Synthese
eine wichtige Rolle spielen. Andere Vorstellungen gehen davon aus, daß eine
Sequenz der Viroid-RNS zur zellulären 7S-RNS der Signalerkennungspartikel

(SRP) komplementär ist und daher als Antisense–RNS mit dieser in Wechselwirkung treten und dabei ihre Funktion stören könnte. Hierdurch würde u. a. der Zusammentritt von 7S–RNS der SRP und der SRP–Proteine zum reifen SRP verhindert. Damit würde die durch SRP beeinflußte Synthese membrangebundener Proteine und die hiermit verbundene Translokation in das Endoplasmatische Retikulum und demzufolge auch der Aufbau von Wirtsmembranen gestört.

Die Weitergabe der Viroide auf neue Wirte erfolgt vorwiegend im Zuge der vegetativen Vermehrung ihrer Wirtspflanzen. Daneben ist mechanische Übertragung möglich. Da eine schützende Proteinhülle fehlt, können Viroide außerhalb ihrer Wirtszelle in Preßsaft jedoch in der Regel nur kurze Zeit bestehen. Manche Viroide sind auch durch Samen übertragbar.

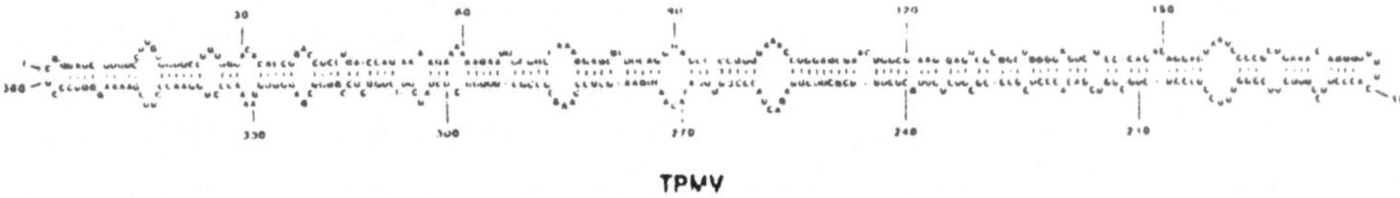

Abb. 8.5: Das Genom des tomato planta macho Viroids (PTMV) (B. Kiefer, Intervirology 22, 1984, 10)

8.1.3 Mehrere Viren infizieren gleichzeitig den Wirt

Wenn mehrere Viren gleichzeitig die Wirtszellen infizieren, entsteht in virologisch–ökologischer Sicht aus dem Demotop der nur von einem Virus befallenen Zellen ein Biotop. In diesem kommt es zu Wechselwirkungen zwischen den verschiedenen Viren untereinander und ihren Wirtszellen. Die Viren können sich gegenseitig hemmen oder auch fördern. Eine Virusart kann sogar bezüglich ihrer Replikation völlig von einer anderen abhängig sein und nur in deren Gegenwart und mit deren Hilfe ihren Replikationszyklus vollenden. Bisweilen kommt es zu einer besseren oder rascheren Verbreitung der infizierenden Viren oder eines von ihnen innerhalb des Wirtes. Oft werden auch Krankheitssymptome und Schäden verstärkt. In seltenen Fällen werden sie abgeschwächt.

Virusinterferenzen und Prämunität

Wenn zwei oder mehr verschiedene Virusarten oder auch verschiedene Stämme der gleichen Art in einer Pflanze zusammentreffen, kommt es oft zu *Interferenzerscheinungen*. Diese können sowohl den Umfang der Virusreplikation als auch die Stärke der Befallssymptome und der Pflanzenschäden betreffen.

Sehr oft hemmen sich die Viren bei der Replikation gegenseitig. In Versuchen mit jungen, aus einem Stengel bestehenden Kartoffelpflanzen, die *gleichzeitig* mit dem Kartoffel-X- und -Y-Virus infiziert worden waren, erwies sich beispielsweise die Replikation beider Viren im Vergleich zu Kontrollen, die jeweils nur mit einem der beiden Viren infiziert worden waren, um 17% bzw. 20% vermindert. Wurden die Kartoffelpflanzen jedoch zuerst mit dem Kartoffel-X-Virus und einige *Tage* danach mit dem Kartoffel-Y-Virus infiziert, so war die Replikation des Kartoffel-Y-Virus nur um 10% vermindert, die des Kartoffel-X-Virus jedoch um 67%. Wurden umgekehrt die Pflanzen zuerst mit dem Kartoffel-Y-Virus und einige Tage danach mit dem Kartoffel-X-Virus infiziert, so war die Replikation des Kartoffel-Y-Virus um 17% und die des Kartoffel-X-Virus um 62% vermindert. Offensichtlich wird das Kartoffel-X-Virus durch das Kartoffel-Y-Virus in jedem Fall stärker gehemmt, wenn das Biotop von diesem Virus in einem größeren zeitlichen Abstand besiedelt wird, und zwar unabhängig von der Reihenfolge der Besiedlung. Wenn jedoch die Infektion mit dem Kartoffel-X-Virus derjenigen mit dem Kartoffel-Y-Virus im Abstand von nur wenigen *Stunden* folgt, kann das Kartoffel-Y-Virus die Vermehrung des Kartoffel-X-Virus sogar fördern. Art und Umfang der Virusinterferenzen werden also in einer Anzahl von Fällen wesentlich *von der Reihenfolge und dem zeitlichen Abstand* bestimmt, in dem die Besiedlung des Biotops durch die Viren erfolgt. Darüber hinaus werden die Virusinterferenzen auch oft vom Entwicklungszustand der Wirtspflanzen und verschiedener Umweltfaktoren beeinflußt.

In einer Anzahl von Fällen wird die Vermehrung einzelner Virusarten oder -stämme durch vorangegangene Infektionen mit einem bestimmten anderen Virus oder Virusstamm vollständig gehemmt. Diese besondere Form der Virusinterferenzen wird als *Prämunität, mutueller Antagonismus* oder *cross protection* bezeichnet.

Es ist versucht worden, die *Prämunität* in der Praxis zur Bekämpfung stark schädigender Viren bzw. zur Verminderung der Virusschäden zu nutzen, also gewissermaßen *eine biologische Bekämpfung von Viren durch Viren* durchzuführen. Dabei werden Pflanzen mit einem schwach virulenten Stamm einer Virusart infiziert, der den Wirt kaum oder gar nicht schädigt, aber bei nachfolgenden Infektionen durch stark schädigende Virusstämme der gleichen oder einer verwandten Art deren Vermehrung abschwächt oder vollständig verhindert. Eine derartige Ausnutzung der Prämunität wird als *Prämunisierung* bezeichnet. Sie wird beispielsweise in Gewächshäusern vorgenommen, in denen die Tomaten häufig mit dem Tomatenmosaik–Virus (ToMV), einem dem Tabakmosaik–Virus (TMV) sehr ähnlichen, nahe verwandten Virus, befallen werden. Um den hierdurch entstehenden starken Schäden vorzubeugen, werden die jungen Tomatenpflanzen mit einem wenig virulenten, aber die gesamte Pflanze rasch besiedelnden TMV–Stamm infiziert. Hierdurch wird oft die Vermehrung des ToMV zurückgedrängt oder verhindert, und die starken, durch dieses Virus hervorgerufenen Schäden werden abgeschwächt oder vermieden.

Der Erfolg der Prämunisierung ist jedoch an gewisse Voraussetzungen gebunden. So dürfen die zu schützenden Pflanzen nicht bereits *vor* der Prämunisierung spontan mit virulenten ToMV– oder TMV–Stämmen infiziert worden sein, denn dann kommt es zu besonders starken Schäden und Ertragseinbußen. Derartige frühe Spontaninfektionen treten jedoch relativ häufig auf, da die genannten Viren der Samenschale des Tomatensamens äußerlich anhaften und von dort während der Keimung auf die jungen, sich entwickelnden Pflänzchen übergehen können. Um das und damit auch die nach der Prämunisierung auftretenden großen Schäden zu verhindern, müssen die Samen sorgfältig desinfiziert oder mit antiphytoviralen Verbindungen (vgl. Abschnitt 8.5.7) behandelt werden.

Nicht selten wurde der Erfog der Prämunisierung auch dadurch zunichte gemacht, daß die Tomatenpflanzen *nach* der Prämunisierung spontan von anderen Virusarten befallen wurden. In derartigen Fällen kommt es in der Regel zu Interferenzen mit dem zur Prämunisierung verwendeten Virusstamm, die oft sehr starke Schäden nach sich ziehen.

Beeinflussung der Befallssymptome

Beim Zusammentreffen verschiedener Viren in der Pflanze wird neben der Virusreplikation vielfach auch die Ausbildung von Virussymptomen in starkem Maße beeinflußt.

Oft treten Symptome auf, die die Viren nicht ausbilden, wenn sie den Wirt einzeln infizieren. So führen Mischinfektionen mit dem Tomatenmosaik–Virus und dem Gurkenmosaik–Virus, die beide bei alleiniger Infektion vorwiegend Mosaikerscheinungen (Abb. 8.6, links) hervorrufen, zum Krankheitsbild der *Fadenblättrigkeit* (Abb. 8.6, rechts). Dieses kommt dadurch zustande, daß das Gewebe zwischen den Leitbündeln in seiner Entwicklung so stark gehemmt ist, daß praktisch nur die oft schwach ausgebildeten Leitbündel (Blattadern) übrig bleiben. Insofern es nicht zu derartigen Veränderungen der Symptome kommt, können diese im Vergleich zur Infektion mit einzelnen Viren verstärkt oder, seltener, auch abgeschwächt sein.

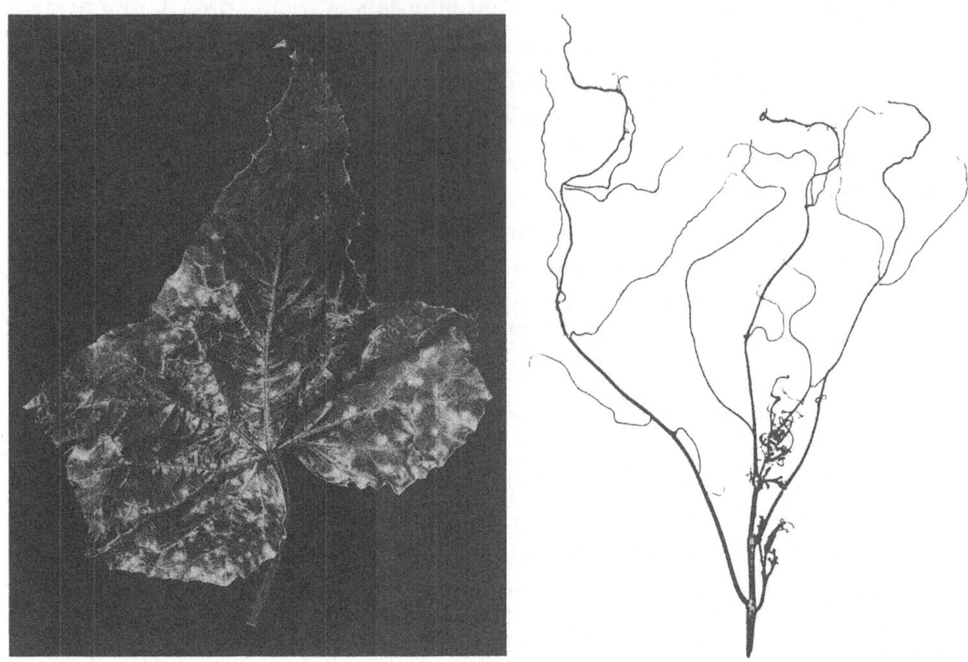

Abb. 8.6, links: Symptome des Gurkenmosaik-Virus auf einem Gurken-
blatt; rechts: Fadenblättrigkeit der Tomate nach Mischinfektion mit dem
Tomatenmosaik- und dem Gurkenmosaik-Virus (W. Kotte, Krankheiten und
Schädlinge im Gemüsebau und ihre Bekämpfung, Berlin und Hamburg 1952)

Wenn Tomatenpflanzen gleichzeitig mit dem Kartoffel–X–Virus und dem
Tabakmosaik-Virus befallen werden, die beide bei alleiniger Infektion Mosaikerscheinungen verursachen, so kommt es in der Regel rasch zum Absterben der
Blätter und bald danach der gesamten Pflanze (Abb. 8.7). Die Kombination
des Kartoffel–X–Virus mit dem Kartoffel–Y–Virus hat bei vielen Kartoffelsorten
und auch bei einigen Tomatensorten die Ausbildung eines typischen Kräuselmo-
saiks zur Folge. Diese Symptombilder kann auch der Hobbygärtner in Jahren
mit starker Virusausbreitung und –vermehrung in seinen Tomatenbeständen
beobachten.

In anderen Fällen werden bei Mischinfektionen die Symptombilder, die die
Viren bei alleiniger Infektion zeigen, abgeschwächt. Das rührt daher, daß sich
die Viren gegenseitig bezüglich ihrer Vermehrung behindern. Dies ist beispielsweise beim Kartoffel–X– und –A-Virus in bestimmten Kartoffelsorten zu beobachten.

Abb. 8.7: Tomatenpflanzen, die allein mit dem Kartoffel–X–Virus (A) oder dem Tabakmosaik–Virus (B) bzw. mit beiden Viren gleichzeitig (C) infiziert sind. Die Mischinfektion hat die Krankheitserscheinungen synergistisch verstärkt (E. H. Barnes, Atlas and Manual of Plant Pathology, Plenum Press, New York and London 1979)

Abhängigkeit (Dependence) und Ergänzung (Complementation); Satellitenviren und Satellitennucleinsäuren

Verschiedene Virusarten können sich nicht replizieren, wenn nicht gleichzeitig in der Zelle Viren einer zweiten Art anwesend sind, die sie bei der Replikation unterstützen. Das erste Virus repliziert sich also in völliger *Abhängigkeit* (Dependence) vom zweiten Virus, dem *Helfervirus*, durch das es eine *Ergänzung* (Complementation) erfährt, wie wir das ähnlich im Abschnitt 7.1.7 bereits für Tierviren kennen gelernt haben. Da das abhängige Virus in der Regel nur vergesellschaftet mit seinem Helfer existenzfähig ist und daher fast immer zusammen mit diesem auftritt, wird es auch als *Satellitenvirus* bezeichnet.

Abb. 8.8 zeigt das *Panicum*mosaik–Virus (A) und daneben sein Satellitenvirus (B). Dieses hat zwar im Genom sein eigenes Hüllprotein codiert. Es ist von seinem Helfervirus jedoch bezüglich bestimmter regulatorischer Proteine abhängig, wobei vor allem die RNS–abhängige RNS–Polymerase von Bedeutung sein dürfte. Das Satellitenvirus ist somit bezüglich früher regulatorischer Proteine *ein Parasit seines Helfervirus*. Es verlangsamt dessen Replikation und schwächt häufig die durch das Virus auf der Wirtspflanze hervorgerufenen Befallssymptome ab.

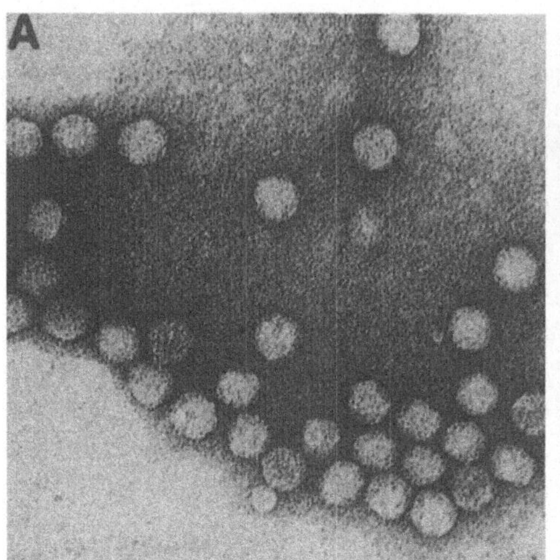
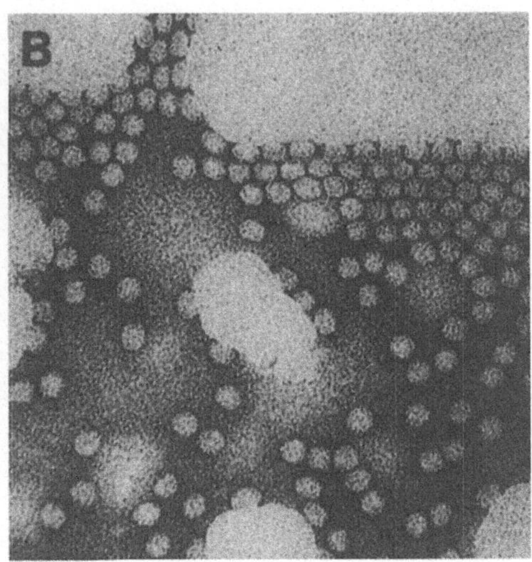

Abb. 8.8:   Das *Panicum*mosaik–Virus (A) und dessen Satellitenvirus (B), Vergr. 180 000fach (F. G. Buzen et al., Phytopathology 74, 1984, 315)

Die Bezeichnung *Satellit* wird jedoch nicht nur für vollständige Viren, sondern auch für *bestimmte Nucleinsäuren* gebraucht, die unfähig sind, sich in den Zellen ohne Hilfe durch ein spezifisches Helfervirus zu replizieren, aber umgekehrt für die Vermehrung des Helfervirus nicht erforderlich sind. Auch weist die Nucleinsäuresequenz der *Satelliten–Nucleinsäure* keine Homologie zu Sequenzen der Nucleinsäure des entsprechenden Helfervirus auf. Derartige Satelliten-Nucleinsäuren bilden nie eigene Hüllproteine. Sie werden zusammen mit dem Genom ihres Helfervirus in dessen Nucleokapsel verpackt. Hierdurch wird die Satelliten–RNS vor Nucleasen der Wirtszelle geschützt. Darüber hinaus wird die Satelliten–RNS zusammen mit dem Helfervirus durch dessen Vektor auf neue Wirte übertragen. Daneben sind die verschiedenen Satelliten–RNS–Formen auch bezüglich anderweitiger Funktionen von ihren Helfern abhängig, insbesondere bezüglich der auch für die Replikation der Satelliten–RNS erforderlichen RNS–abhängigen RNS-Replikase.

Die verschiedenen Formen von Satelliten–RNS, die mit dem Luzernemosaik–Virus, dem Vorübergehenden Luzernestreifen–Virus (lucerne transient streak virus; Abb. 8.9, links), dem Gurkenmosaik–Virus, dem Tabakrattle–Virus oder dem Tabaknekrose–Virus vergesellschaftet vorkommen, sind sehr stabil. Insbesondere erwiesen sich die angeführten Satelliten–RNS–Formen als sehr resistent gegen thermale Denaturierung oder Abbau durch Nucleasen des Wirts. Diese Widerstandsfähigkeit ist offensichtlich in hohem Maße durch Ausbildung von *Sekundärstrukturen* bedingt. So werden oft *ringförmige Strukturen* vorgefunden, wie sie von den Viroiden bekannt sind. Das gab Anlaß zu der Vermutung, daß auch Satelliten–RNS aus bestimmten Regionen der Wirts–RNS entstanden sein könnte.

Die große Stabilität der Satelliten–RNS trägt dazu bei, daß sie in der Regel stark infektiös ist und sich sehr gut repliziert. Das wiederum dürfte erklären, warum Satelliten–RNS sehr schwer von der Helfer–RNS getrennt werden kann, wenn die Vergesellschaftung einmal erfolgt ist.

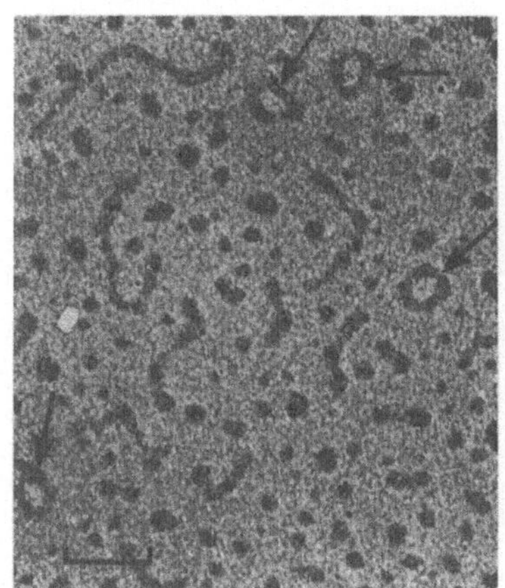
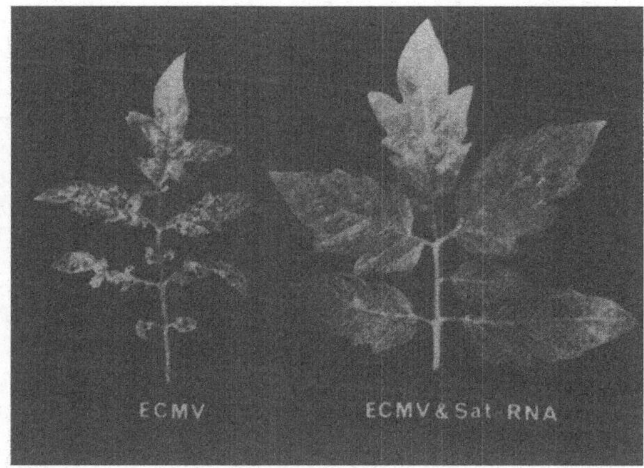

Abb. 8.9: links: Vorübergehendes Luzernestreifen–Virus (lucerne transient streak virus) und Satelliten–RNS (Pfeile). Der Maßstrich kennzeichnet 0,1 μm (A. T. Jones et al., J. gen. Virol. 64, 1983, 1169); rechts: Abschwächung der Symptome des Gurkenmosaik–Virus, Stamm E (ECMV) auf dem 5. Blatt von Tomatenpflanzen in Gegenwart von Satelliten–RNS (Sat–RNA) (D. W. Mossop und R. J. B. Francki, Virology 95, 1979, 399)

Die verschiedenen Satelliten–RNS–Formen können sowohl das Helfervirus als auch den Viruswirt beeinflussen. Beispielsweise hemmt eine Satelliten–RNS, die mit dem Gurkenmosaik–Virus und auch mit dem Tomatenaspermie–Virus vergesellschaftet vorkommt, die Replikation der Nucleinsäuren ihrer Helferviren beträchtlich. Gleichzeitig wird die Ausbildung von Befallssymptomen auf den Blättern ihrer Wirte abgeschwächt (Abb. 8.9 rechts). Eine andere Satelliten–RNS des Gurkenmosaik–Virus, die als CARNA–5 (*CMV–assoziierte RNA–5*) bezeichnet wird, verstärkt demgegenüber die Befallssymptome auf dem Viruswirt. Beispielsweise verursacht die Vergesellschaftung des Gurkenmosaik–Virus mit CARNA–5 bei Tomaten anstelle eines nicht sehr starken Mosaiks eine letale nekrotische Erkrankung (Abb. 8.10). Dabei handelt es sich mit großer Wahrscheinlichkeit um die gleiche Viruserkrankung, die 1972 in weiten Gebieten Frankreichs die meisten Feldtomatenbestände vernichtet hat. Offensichtlich kommt Satelliten–RNS erhebliche Bedeutung bei der Etablierung spezieller Pflanzenkrankheiten zu, doch ist die etiologische Rolle oft schwer nachweisbar.

In Pflanzen, die mit Gurkenmosaik–Virus, das CARNA–5 enthält, infiziert worden sind, treten neben Doppelstrang–RNS, die den RNS–Formen 1 bis 4 des in seiner Vermehrung deutlich gehemmten multikomponenten Gurkenmosaik–Virus entspricht, große Mengen von doppelsträngiger Satelliten–RNS auf. Letztere kann etwa 90% der in der Pflanze vorgefundenen Doppelstrang–RNS betragen. Ähnliches trifft für die Satelliten–RNS des Arabismosaik–Virus zu.

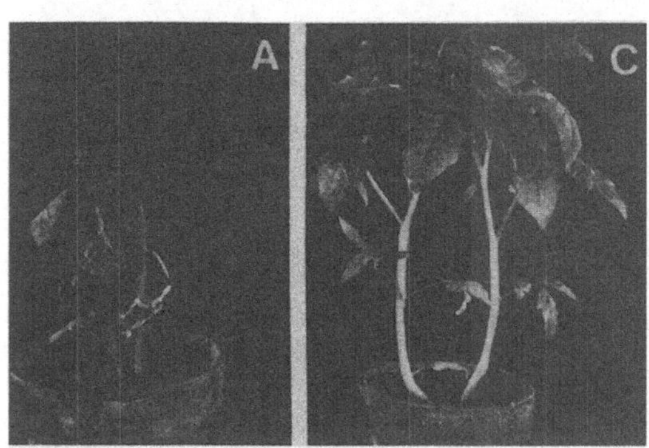
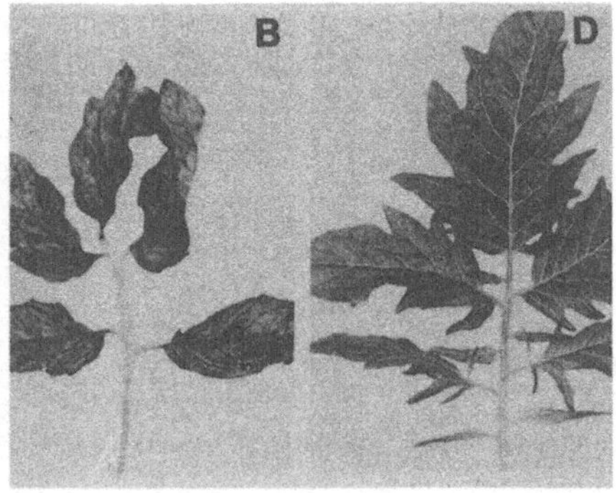

Abb. 8.10: Verstärkung der Schäden des Gurkenmosaik–Virus auf Tomatenpflanzen durch die Satelliten–RNS CARNA–5. In Gegenwart von CARNA–5 sind die mit Gurkenmosaik–Virus infizierten Pflanzen 28 Tage nach der Inokulation kollabiert, während sie bei Abwesenheit von CARNA–5 lediglich ein mildes Mosaik zeigen (A u. C, links). Gleiches gilt für Blätter (B u. D, rechts) (J. M. Kaper und H. E. Waterworth, Science, 169, 1977, 431)

Viren helfen anderen Viren bei der Ausbreitung innerhalb der Pflanze oder bei der Übertragung durch Vektoren

Bestimmte Viren bleiben in einigen Wirten auf das infizierte Blatt beschränkt. Bisweilen können ihnen aber andere Viren die Ausbreitung in der gesamten Pflanze ermöglichen. Sind z. B. mit TMV (Tabakmosaik–Virus) infizierte Gerstenpflanzen gleichzeitig vom Trespenmosaik–Virus befallen, so kann sich auch das TMV, das in Gerste normalerweise nur in der unmittelbaren Umgebung des Infektionsortes vorgefunden wird, in der gesamten Pflanze ausbreiten.

Das Trespenmosaik–Virus hilft also dem TMV bei der Wanderung innerhalb der Pflanze. Es wird diskutiert, daß ein Protein des Trespenmosaik–Virus die Sekundärstruktur der TMV–RNS in einer Weise verändert, daß diese in die Siebröhren der Pflanzen, in denen die meisten Viren transportiert werden, übertreten kann oder daß sie beim Ferntransport nicht durch Wirtsenzyme abgebaut wird. In diesem Fall wie auch in ähnlichen Fällen ist der Helfer ein Virus, das an seinen spezifischen Wirt angepaßt ist und einem nur gelegentlich diesen Wirt besiedelnden Virus hilft.

Nicht selten helfen bestimmte Viren auch anderen Virusarten bei der Ausbreitung von Pflanze zu Pflanze. So wird beispielsweise das Kartoffelaucubamosaik–Virus normalerweise nur mechanisch, nicht aber durch Blattläuse innerhalb eines Pflanzenbestandes übertragen. Haben aber bestimmte Blattläuse gleichzeitig das Kartoffel-Y- oder -A-Virus aufgenommen, so können sie auch das Kartoffelaucubamosaik–Virus übertragen. *Diese Viren sind also bezüglich der Blattlausübertragbarkeit zu Helfern des Kartoffelaucubamosaik–Virus geworden,* die dem normalerweise in Kartoffelbeständen eher sporadisch auftretenden Virus eine rasche Ausbreitung ermöglichen. Es wird erwogen, daß die Helferviren die Anheftung des normalerweise nicht durch Blattläuse übertragbaren Virus an den Mundwerkzeugen der Blattläuse bewirken.

Das Tabakscheckungs–Virus wird allein in Gegenwart des Adernverdrehungs–Virus des Tabaks durch Blattläuse übertragen. Es liegen Hinweise darauf vor, daß ein Anteil der RNS des Tabakscheckungs–Virus oder auch das gesamte Genom von der Proteinhülle seines Helfervirus umgeben worden ist und hierdurch die Insektenübertragbarkeit erlangt hat. *Die beiden angeführten Viren rufen in der Natur einen Krankheitskomplex hervor, der als Tabakrosettenkrankheit bezeichnet wird.* Bei alleiniger Infektion führt jedoch keines der beiden Viren zu dieser Erkrankung.

Auch andere derartige Helferviren bewirken zusammen mit den Viren, denen sie die Übertragung durch Blattläuse ermöglichen, besondere Krankheitskomplexe. Indem sich bestimmte Viren in dieser Weise gegenseitig beeinflussen, können sie das epidemiologische Geschehen sowie die Virusschäden wesentlich verändern.

8.2 Virusausbreitung und Virusverteilung in der Pflanze

Wenn Pflanzenviren in eine Pflanzenzelle eingedrungen sind, beginnen sie sich bereits nach dem Ablauf weniger Replikationszyklen von der infizierten

Zelle aus in Nachbarzellen auszubreiten. Als *Wanderweg* dienen bei diesem
Nahtransport vor allem die sehr dünnen, als *Plasmodesmen* bezeichneten Plas-
mastränge, die durch die Schließhäute der Tüpfel und die Zellwände hin-
durchführen und das Cytoplasma der einzelnen Zellen verbinden. Dabei werden
häufig, möglicherweise durch die Cytoplasmaströmung begünstigt, vollständige
Viruspartikeln transportiert. In elektronenmikroskopischen Aufnahmen sind
oft stäbchenförmige Viren, z. B. das Nekrotische Rübenvergilbungs–Virus
(Abb. 8.11), das Tabakmosaik–Virus, das Tabakätzmosaik–Virus und das
Kartoffel–Y–Virus, so orientiert, daß sie die Plasmodesmen der Länge nach
passieren können. Auch kugelförmige Viren wurden in Plasmodesmen vorgefunden.

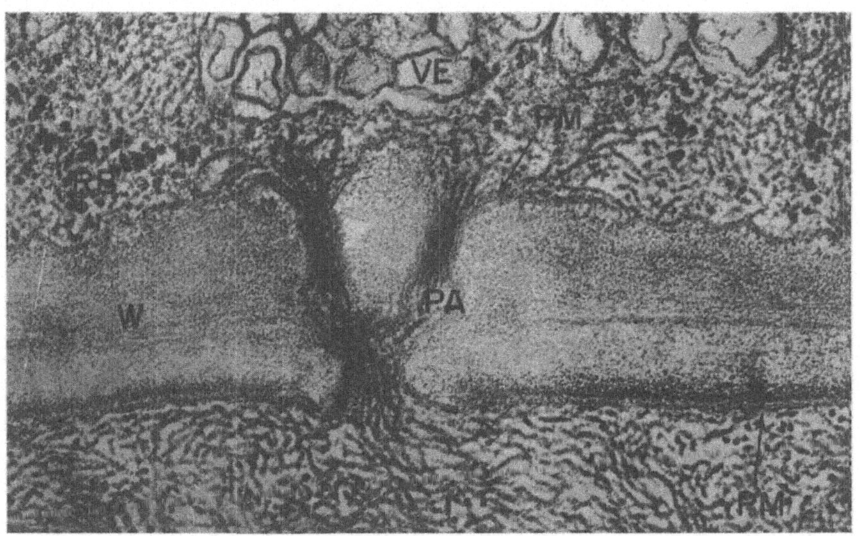

Abb. 8.11: Partikeln des Nekrotischen Rübenvergilbungs–Virus (PA) in einem
verzweigten Plasmodesmus der Zellwand (W) zwischen Siebröhren und Paren-
chymzellen eines Blattes von *Beta vulgaris*; PM = Plasmamembran, VE =
Vesikeln, die im Zusammenhang mit der Virusinfektion auftreten (K. Esau, Viruses in Plant Hosts, The University of Wisconsin Press, Madison, Milwaukee,
and London, 1968)

Bei einer Anzahl von Virusarten stellt jedoch das Virion nicht oder nicht
allein die Transportform dar. In diesen Fällen wird offensichtlich auch die
Virus–RNS transportiert. Die entsprechenden Viren codieren für ein Bewegungsprotein, das Virusnucleinsäuren in einer form–, aber nicht sequenzspezifischen Weise zu binden vermag, gleichzeitig die Durchlaßfähigkeit der Plasmodesmen für größere Moleküle erhöht und den Transport der Virusnucleinsäure
von Zelle zu Zelle vermittelt, wobei es ggf. auch den Ein– und Austritt der

Virusnucleinsäure aus den Plasmodesmen ermöglicht. Voraussetzung für einen derartigen Transport ist, daß die Nucleinsäure hinreichend vor dem Angriff der im Cytoplasma verbreitet auftretenden Nucleasen geschützt wird. Insofern das Bewegungsprotein hierzu nicht in der Lage ist, wird das offensichtlich oft dadurch erreicht, daß die RNS–Stränge Sekundär– oder Tertiärstrukturen ausbilden, in denen sich gegenüber vielen Nucleasen widerstandsfähige Doppelstrangabschnitte mit Einzelstrangabschnitten abwechseln (Abschnitt 3.2). Nicht selten werden derartige Strukturen auch unter Mitwirkung viruscodierter Proteine gebildet oder verfestigt, die in bestimmten Fällen auch als Transportproteine wirken. Verfügt das Virus nicht über entsprechende Proteine, bleibt der Virusbefall vielfach auf die Infektionsherde beschränkt, und es kommt zur Bildung von Lokalläsionen, wenn nicht gleichzeitig ein zweites (Helfer–)Virus anwesend ist, das das fehlende Protein zur Verfügung stellt, wie das bereits im vorangegangenen Abschnitt dargelegt worden ist.

Die Viren wandern verhältnismäßig langsam von Zelle zu Zelle. Innerhalb von 24 Stunden legen sie nur eine Strecke von etwa 0,4 mm zurück. Wenn die Viren bei diesem *langsamen Nahtransport* die *Leitbündel* erreichen, treten sie oft in diese über, und zwar vor allem in die Siebröhren des Siebteils (Phloem), in einigen Fällen, z. B. beim Virus des Südlichen Bohnenmosaiks, jedoch auch in die Gefäße des Gefäßteils (Xylem). Besonders *in den Siebröhren werden die Viren in den Pflanzen mit verhältnismäßig großer Geschwindigkeit, die zwischen 0,12 und 152,4 cm je Std. schwankt, sowohl spitzen– als auch wurzelwärts über verhältnismäßig weite Strecken transportiert.* Durch diesen *Ferntransport* können die Viren innerhalb weniger Tage, oft sogar an einem Tag, in der gesamten Pflanze verbreitet werden.

Wenn die Viren in den Leitbündeln, dem Gefäßsystem der Pflanzen, transportiert werden und hierdurch vom Infektionsherd aus in die verschiedenen Teile der Pflanze gelangen, bezeichnet man die *Infektion* als *systemisch*. In bestimmten Wirtspflanzen bleiben die Infektionen jedoch auf die infizierten Blätter und häufig auf die Infektionsherde beschränkt. In diesen Fällen fehlen offensichtlich (Wirts–)Faktoren, die den Eintritt der Viren bzw. der Virusnucleinsäure aus dem Parenchymgewebe ins Phloem, den Transport im Phloem oder den Austritt aus dem Phloem ermöglichen. Trotz zahlreicher Untersuchungen konnten hierüber jedoch noch keine gesicherten Erkenntnisse gewonnen werden.

Virusinfektionen, die auf die Infektionsherde beschränkt sind, werden als *Lokalinfektionen* bezeichnet. Diese führen in der Regel kaum zu Pflanzenschäden. Bisweilen, z. B. nach Infektionen mit einem Gelbstamm des TMV, sind die lokalen Erkrankungen an chlorotischen, z. B. hellgrünen bis gelblichen Flecken kenntlich (Abb. 8.12 links). Häufig sterben die infizierten Gewebebezirke jedoch ab, und es entstehen nekrotische *Lokalläsionen* (Abb. 8.12 rechts).

Ob eine Virusinfektion systemisch wird oder auf die Infektionsherde beschränkt bleibt, wird häufig durch die Virus–Wirt–Kombination bestimmt. So breitet sich das Tabakmosaik–Virus in *Nicotiana tabacum*, Sorte Samsun, systemisch in der gesamten Pflanze aus. In der Tabakart *Nicotiana glutinosa* wird es dagegen in der Umgebung der Infektionsherde lokalisiert.

Welche Vorgänge zur Lokalisierung des Virusinfekts führen, ist trotz umfangreicher Forschungsarbeiten noch immer nicht vollständig bekannt. Insofern am Virustransport von Zelle zu Zelle pflanzeneigene Bewegungsproteine beteiligt sind, kann deren Fehlen oder Inaktivierung zur Viruslokalisation führen. Oft werden ferner die vom Infektionsherd zu den umgebenden Zellen führenden Plasmodesmen durch Lignin (Holzstoff) oder durch Kallose, ein Glucosepolymerisat, verschlossen. Bisweilen wird in den dem Infektionsherd benachbarten Zellen offenbar auch das Uncoating der Viruspartikeln oder deren Replikation gestört. Dabei scheinen durch Virusbefall induzierte Abwehrmechanismen eine wesentliche Rolle zu spielen. Erhebliche Bedeutung kommt in diesem Zusammenhang offenbar bestimmten, kompliziert zusammengesetzten phenolischen Substanzen zu, die den durch Pilzbefall induzierten, als Phytoalexine bezeichneten Abwehrmechanismen ähnlich sind.

Neben den im einzelnen noch nicht sicher erkannten Mechanismen, die bei Lokalinfektionen die Viren auf den Infektionsherd beschränken, sind offensichtlich auch in systemisch infizierbaren Wirten *Schranken* vorhanden, die bestimmte Gewebebezirke vor der Einwanderung von Viren schützen. So sind *die Vegetationskegel und die Blattanlagen häufig virusfrei.* In diesem Zusammenhang kann von Bedeutung sein, daß im Vegetationskegel kurz nach Abschluß der Zellteilungen in der Regel noch keine Plasmodesmen ausgebildet sind. Darüber hinaus sind dort bei lebhafter Proteinbildung offenbar alle Ribosomen durch Boten–RNS des Wirts in einer Weise belegt, daß es der Virus–RNS nicht gelingt, die Wirts–Boten–RNS von den Ribosomen abzudrängen. Es gibt auch Hinweise darauf, daß in den Meristemen noch keine Proteasen vorhanden sind, so daß es nicht zum Uncoating eingewanderter Viruspartikeln kommt.

In jungen Blättern erfolgt die Virusvermehrung vor allem in den entwicklungsphysiologisch älteren Teilen in der Mitte des Blattes und in der Nähe der Blattspitze. Dabei werden aber offensichtlich einige Bereiche von der Viruseinwanderung bzw. von der Virusvermehrung ausgespart. *So weisen die dunkelgrünen Bezirke ausgereifter mosaikkranker Blätter, z. B. des Tabaks, vielfach eine geringere Viruskonzentration auf als die hellgrünen Blattbezirke, oder sie sind vollständig virusfrei.* Dabei ist die Zahl der Viruspartikeln in den Zellen an der Grenze zwischen hell– und dunkelgrünem Gewebe am höchsten. Sie nimmt nach dem Inneren der dunkelgrünen Zonen zu rasch ab, bis schließlich in inneren Regionen oft überhaupt kein Virus mehr nachweisbar ist. Die beschriebene

Verteilung der Viruspartikeln läßt darauf schließen, daß an der Grenze zwischen hell- und dunkelgrünem Gewebe eine Erschwerung der Viruswanderung von Zelle zu Zelle einsetzt und daß darüber hinaus im dunkelgrünen Gewebe Mechanismen vorhanden sind, die die Virusreplikation erschweren oder verhindern.

Abb. 8.12: links: Chlorotische Lokalläsionen eines Gelbstamms des TMV an Tabak der Sorte Samsun (K. Schmelzer); rechts: Nekrotische Lokalläsionen mit dunklem Rand nach Infektion von *Nicotiana glutinosa* mit TMV (U. Uschdraweit in D. Spaar (Hrsg.), Pflanzliche Virologie, 3. Aufl., Akademie–Verlag, Berlin 1980)

In vielen Pflanzenarten hindern offenbar Transportschranken, über deren Natur noch wenig bekannt ist, Viren auch daran, in Samen und Pollen einzuwandern. In diesen Fällen ist die Virusübertragung durch Samen oder Pollen nicht möglich. Einige Viren, z. B. das Gewöhnliche Bohnenmosaik–Virus, vermögen die offensichtlich in Abhängigkeit von der Pflanzenart mehr oder weniger stark ausgeprägten Transportschranken jedoch zu überwinden. Sie wandern in Samen und Pollen ein und können in diesen auf natürliche Weise in der näheren und weiteren Umgebung verbreitet werden. Der Mensch verschleppt Viren mit dem Saatgut von Kulturpflanzen nicht selten sogar über Kontinente hinweg (vgl. Abschnitt 8.3.1).

8.3   Die Pflanzenviren in unserer Umwelt

Auch die Pflanzenviren müssen in der Regel ihre Umwelt, die Wirtspflanzen, verlassen und in unsere Umwelt übertreten, um neue Wirte zu besiedeln und auf diese Weise ihr Überleben zu sichern. Dabei kommt es darauf an, nicht nur die Virusübertragung auf Individuen der gleichen Pflanzengeneration, sondern auch der folgenden Generationen zu gewährleisten. In Klimazonen, in denen Vegetationsperioden von Trockenzeiten oder winterlichen Kälteperioden mit stark eingeschränkter Vegetation abgelöst werden, gehört es ferner zur Überlebensstrategie der Viren, den Übergang von einer Vegetationsperiode auf die andere sicherzustellen. Dabei ist es für die Viren von Bedeutung, ihre Überlebensstrategien an die verschiedenen Pflanzengemeinschaften anzupassen, in denen sie ihre Wirte vorfinden, und zwar nicht nur an Gemeinschaften von Wildpflanzen, die neben einjährigen Pflanzen in der Regel auch ausdauernde Pflanzen umfaßt, sondern auch an Gemeinschaften von Kulturpflanzen, in denen einjährige Pflanzen vorherrschen. In einer Zeit sich immer stärker herausbildender Monokulturen mit engeren Fruchtfolgen erweisen sich die Pflanzenviren als immer besser an diese Bedingungen adaptiert. Hierauf dürfte zurückzuführen sein, daß in den letzten Jahrzehnten das Virusproblem im Pflanzenbau immer dringender geworden ist. Hinzu kommt, daß das Überleben der Viren auch durch Kulturmaßnahmen und unbelebte Umweltfaktoren oft gefördert wird.

Aus den mannigfachen Beziehungen der Viren zu ihrer und unserer Umwelt ergeben sich im Lebensraum und in der Zeit die Bedingungen für eine oft sehr rasche Vermehrung und Ausbreitung der Pflanzenviren und damit nicht selten auch für die Herausbildung von Epidemien. Ein wesentliches Ziel der Virusökologie ist es, die vielfältigen Faktoren, die in der Umwelt bei der Herausbildung von Epidemien zusammenwirken, zu untersuchen, um aus diesen Ergebnissen Ansatzpunkte für die Verhinderung von Epidemien zu finden.

8.3.1   Horizontale Virusübertragung

Unter horizontaler Virusübertragung wird die Übertragung der Viren von einer Wirtspflanze auf eine andere der gleichen Generation verstanden. Demgegenüber wird die Übertragung von einer Wirtsgeneration auf die folgende und darüber hinaus auch oft die Virusübertragung von einer Vegetationsperiode auf die andere als *vertikale Virusübertragung* bezeichnet.

Maßgeblich für die Effektivität der horizontalen Virusübertragung und damit auch wesentliche Bestandteile der ökologischen Systeme, die den Fortbestand der Viren in der Umwelt sichern, sind bestimmte Eigenschaften ihrer Wirte. In diesem Zusammenhang sind vor allem Kurz– oder Langlebigkeit sowie die Art und Weise der Virusausbreitung innerhalb der Wirte, z.B. systemisch oder lokal, anzuführen. Darüber hinaus sind die im Wirt bei der Replikation der Viren erreichte Viruskonzentration, die Toleranz des Wirts oder einiger seiner Gewebe gegenüber Virusinfektionen und besonders die Art und Weise sowie die Effektivität, mit der die Viren von Pflanze zu Pflanze übertragen werden, von Bedeutung.

Es werden zwei grundlegende Formen der horizontalen Virusübertragung unterschieden, und zwar *die vektorfreie Virusübertragung, d. h. die Übertragung ohne Mitwirkung von virusübertragenden Organismen,* und die *Übertragung durch Vektoren,* also durch Lebewesen, die zur Vermittlung von Virusinfektionen befähigt sind.

Vektorfreie Virusübertragung

Mechanische Virusübertragung

Bei der mechanischen Übertragung gelangt das Virus mit Pflanzensaft oder anderen pflanzlichen Materialien von einem Wirt an eine geeignete Eingangspforte eines zweiten Wirtes, etwa eine kleinere Wunde, und durch diese in dessen Zellen. In ihnen wird es in der Regel lebhaft vermehrt.

Wesentliche Voraussetzung für eine effektive mechanische Übertragung ist, daß die Viren außerhalb der lebenden Zellen der Wirtsorganismen ihre Infektiosität über längere Zeit bewahren können und daß sie in Pflanzengewebe in verhältnismäßig kurzer Zeit hohe Konzentrationen erreichen.

Der mechanischen Übertragung kommt beträchtliche Bedeutung zu. Sie stellt für einige weit verbreitete Viren mit starren, stäbchenförmigen Partikeln die wesentliche, oft sogar die einzige Form der Übertragung dar. In diesem Zusammenhang sind besonders die Viren der Tobamovirusgruppe anzuführen, zu der das Tabakmosaik-Virus, das Tomatenmosaik-Virus und das Gurkengrünscheckungs-Virus gehören, aber auch die Viren der Potexvirusgruppe, zu der neben dem Kartoffel-X-Virus u. a. das Kleegelbmosaik-Virus und das Weißkleemosaik-Virus gestellt werden. Viren verschiedener anderer Virusgruppen sind sowohl mechanisch als auch durch Vektoren übertragbar. Bei Viren mit stäbchenförmigen Partikeln nimmt mit der Verringerung ihres Durchmessers und der damit verbundenen Zunahme ihrer Flexibilität die mechanische Übertragbarkeit ab und die Übertragbarkeit durch Vektoren zu.

In der Natur erfolgt die mechanische Übertragung im allgemeinen durch kleine und besonders auch kleinste Wunden, die entstehen, wenn durch den Wind Sprosse befallener und gesunder Pflanzen bewegt werden. Auch streunendes Wild kann die Viren von Pflanze zu Pflanze verbreiten. Ebenso wer-

den durch ackerbauliche Maßnahmen, besonders durch Bodenlockerung und
Unkrautbekämpfung, mechanisch übertragbare Viren verbreitet. In Kartoffelbeständen kann man bisweilen verfolgen, wie die Virusinfektion von einer sekundär, also aus der Knolle infizierten Pflanze in der Kartoffelzeile über viele
Meter hinweg weitergetragen wird. In Tomaten- und Tabakbeständen werden Virusinfektionen oft bei Pflegemaßnahmen vom Menschen mit den Händen
oder mit dem Geizmesser übertragen, insofern nicht Desinfektionsmaßnahmen
ergriffen werden.

Künstliche mechanische Virusübertragung, für die die Bezeichnungen *Inokulation* und z. T. auch *Impfung* gebräuchlich sind, wird häufig bei virologischen
Untersuchungen vorgenommen. Das Vorgehen wurde bereits in Abschnitt 8.2.1
beschrieben. Die Zeit, die zwischen der Inokulation und dem ersten Auftreten
von Symptomen verstreicht, wird als *Inkubationszeit* bezeichnet. Ihre Länge ist
von der Aggressivität des Virus bzw. des Virusstammes, der Pflanzenart, den
Kulturbedingungen und zahlreichen weiteren Faktoren abhängig.

Künstliche mechanische Virusübertragungen werden in großem Umfang ausgeführt, wenn die Natur bestimmter virusverdächtiger Erscheinungen aufgeklärt
werden soll. Auch kann auf diese Weise geprüft werden, ob Pflanzen maskiert
oder latent, d. h. zeitweilig oder dauernd, ohne Ausbildung von Symptomen
mit Viren befallen sind. Mit diesem Ziel wird Preßsaft der zu untersuchenden Pflanzen auf Pflanzen übertragen, die auf Virusbefall mit deutlichen und
vielfach charakteristischen Symptomen reagieren. Solche Pflanzen werden als
Indikator- oder *Testpflanzen* bezeichnet. Bei einigen Testpflanzen, die nach
Infektion mit bestimmten Viren rings um jede Infektionsstelle streng lokalisierte, deutlich sichtbare chlorotische oder nekrotische Flecke, sogenannte *Lokalläsionen* (Abb. 8.12), ausbilden, genügt vielfach die Abreibung einiger weniger Blätter, um die Frage nach dem Vorliegen einer Viruserkrankung zu beantworten. Hierbei können die Blätter in bestimmten Fällen im sogenannten
Schalentest von der Pflanze abgetrennt in Petrischalen bis zur Symptomausbildung aufbewahrt werden.

Aus der Zahl der Einzelherde, die bei Lokalläsionen ausbildenden Pflanzen
je Blattflächeneinheit auftreten, können in geeigneter Versuchsanordnung Rückschlüsse auf die Viruskonzentration gezogen werden, die in dem zur Infektion
herangezogenen Pflanzensaft vorhanden war. Auf diese Weise wird es beispielsweise ermöglicht, Vergleiche zwischen dem Virusgehalt der Preßsäfte von Pflanzen zu ziehen, die unter unterschiedlichen Umweltbedingungen, etwa im Kurz-
oder Langtag oder bei niedrigen bzw. hohen Temperaturen, angezogen worden
sind. Auch die Veränderungen, die durch Applikation von antiphytoviralen Verbindungen, d. h. die Virusreplikation hemmenden Chemikalien (vgl. Abschnitt
8.5.9), bewirkt werden, können u. a. auf diesem Wege gekennzeichnet werden.

Die Bestimmung der absoluten Zahl der in einem Inokulum vorhandenen aktiven Virusteilchen ermöglicht der Lokalläsionentest jedoch nicht, denn einerseits führt nur ein Bruchteil der Virusteilchen eine Infektion herbei, und andererseits ergibt sich nicht in allen Konzentrationsbereichen eine lineare Beziehung zwischen der Viruskonzentration und der Zahl der Läsionen.

Virusübertragung durch den Erdboden

Eine Anzahl von Viren kann auch vom Erdboden aus ohne Mitwirkung von Vektoren neue Infektionen verursachen. So ist vom Tabakmosaik–Virus und vom Gurkengrünscheckungsmosaik–Virus und anderen Vertretern der Tobamovirusgruppe bekannt, daß sie im Boden lange Zeit überdauern und von dort aus Infektionen hervorrufen können. Das Tabakrattle–Virus wird von kranken Tabak- und Kartoffelpflanzen über die Wurzel in den Boden abgegeben und ist dort biologisch sowie elektronenmikroskopisch nachweisbar. Ferner wurden in jüngerer Zeit häufig Tabaknekrose–Virus und Nelkenringflecken–Virus frei im Boden nachgewiesen. Ebenso erwies sich das Tomatenzwergbusch–Virus (tomato bushy stunt virus) als vektorlos durch den Boden übertragbar. Dieses Virus ist derart widerstandsfähig, daß es den Verdauungstrakt sowohl des Menschen als auch von Mäusen zu passieren vermag, ohne seine Infektiosität einzubüßen. Auch das Gerstenstreifenmosaik–Virus, das Grünscheckungsmosaik–Virus, das Tabakrattle–Virus und das Luzernemosaik–Virus sowie das Trespenmosaik–Virus konnten nach Verfütterung infizierter Blätter an Mäuse bzw. Kaninchen mittels Testpflanzenverfahren (= biologisch) im Kot nachgewiesen werden. Wenn die intakten Viruspartikeln schließlich mit dem Kot in den Boden gelangen, können sie von dort aus offenbar wieder geeignete Wirtspflanzen infizieren. *Damit sind der Mensch und viele Wirbeltiere in Infektketten stabiler Viren eingeschaltet, die über den Boden verlaufen.* Sie sind in der Lage, die entsprechenden Viren über weite Strecken zu verbreiten.

Virusübertragung durch Flüsse und Gewässer

In jüngerer Zeit konnten in Deutschland in nahezu allen Wasserproben aus Flüssen und stehenden Gewässern Pflanzenviren nachgewiesen werden. Dabei handelt es sich vor allem um Viren, die auch aus Böden isoliert worden waren. Neben Viren der Tobamovirus- und der Potexvirusgruppe wurden das Tomatenzwergbusch–Virus, das Tabaknekrose–Virus und das Nelkenringflecken–Virus festgestellt. Auch das Nelkenscheckungs–Virus und das

Italienische Nelkenringflecken-Virus wurden in Gewässern vorgefunden. Das Italienische Nelkenringflecken-Virus wurde darüber hinaus auch in Waldböden nachgewiesen. Daher liegt nahe, daß dieses Virus nicht nur Nelken und ähnliche krautige Wirte, sondern auch Gehölzpflanzen infiziert. Diese Vermutung wurde bestätigt, als das Virus aus natürlich infizierten Kirschbäumen isoliert werden konnte. In Wasser aus verschiedenen Gräben in Weinbaugebieten wurde des öfteren das Petuniensternmosaik-Virus nachgewiesen, das bereits in früheren Untersuchungen häufig in Weinreben und Kirschen vorgefunden wurde.

Mehrere der aus Gewässern isolierten Viren sind jedoch mit keinem der bekannten Viren näher verwandt. Es handelt sich demnach offenbar um neue Viren, deren natürliche Wirte noch unbekannt sind. In diesen müssen sie in so großen Mengen vermehrt werden und schließlich in Gewässer gelangen, daß sie hier auch mit den bisher angewendeten, relativ unempfindlichen Methoden erfaßt werden können. In verschiedenen Fällen waren in Testpflanzen, bei denen wasserbürtige Viren zu Infektionen geführt hatten, keine Viruspartikeln, aber beträchtliche Mengen von doppelsträngiger Nucleinsäure nachgewiesen worden.

Da auch in Bächen aus Waldgebieten, besonders auch aus solchen, die zur Untersuchung des *Waldsterbens* herangezogen wurden, Viren nachgewiesen worden sind, wird erwogen, daß Holzgewächse in stärkerem Maße von Viren befallen sind, als bisher bekannt ist, und daß auch Viren am Waldsterben ursächlich beteiligt sein könnten. Der Beweis hierfür ist jedoch schwierig zu führen, da der Virusnachweis in Koniferen und anderen Holzgewächsen durch eine Anzahl von Inhaltsstoffen empfindlich gestört wird.

Virusübertragung durch Pollen und Samen

In Abschnitt 8.2 hatten wir kennengelernt, daß viele Viren innerhalb der Pflanze durch Verbreitungsschranken, deren Natur noch immer nicht vollständig bekannt ist, daran gehindert werden, in meristematisches Gewebe oder in die sich entwickelnden Staubblätter und Samenanlagen und damit in Pollen und Samen einzudringen. Bei bestimmten Pflanzengruppen, z. B. bei den Leguminosen (*Fabales*) sowie bei den Rosengewächsen (*Rosales*) und bei diesen besonders bei den Kernobstgewächsen (*Maloideae*) und Steinobstgewächsen (*Prunoideae*) ist es jedoch bestimmten Viren möglich, diese Schranken zu überwinden und auch in Pollen und Samen einzuwandern. In diesen können sie dann über weite Strecken verbreitet werden. Dabei dient der Pollen besonders der horizontalen Virusübertragung, während der infizierte Samen wesentlich zur vertikalen Virusübertragung (Abschnitt 8.3.2) beiträgt.

Mit dem Pollen wird beispielsweise das Gewöhnliche Bohnenmosaik–Virus übertragen. Auch das Tabakringflecken–Virus ist mit dem Pollen übertragbar. Das Nekrotische Kirschringflecken–Virus wird in Süß– und Sauerkirschplantagen durch Pollen oft in einem Umfang übertragen, daß schwere wirtschaftliche Schäden entstehen. In Himbeerpflanzungen wird das Himbeerzwergbusch–Virus durch Pollen verbreitet.

Bestäubung mit infiziertem Pollen kann zur Infektion der Mutterpflanzen führen und auf diese Weise eine rasche Ausbreitung von bestimmten Viren in Obstbeständen auch über größere Entfernungen ermöglichen, obwohl die Übertragungsrate nicht sehr groß ist. Darüber hinaus kann das Virus vom infizierten Pollen bei der Befruchtung auch in die Samenanlagen gelangen und durch infizierten Samen zur vertikalen Virusübertragung beitragen.

Virusübertragung durch Pfropfung

Durch Pfropfung läßt sich nahezu jedes Virus übertragen, das sich in den Pfropfpartnern systemisch ausbreitet. Dabei ist eine wichtige Voraussetzung, daß die Pfropfpartner miteinander verwachsen oder zumindest zu einem Stoffaustausch kommen.

Die Virusübertragung durch Pfropfung ist wesentliche Ursache für das weit verbreitete und häufige Auftreten von Viren in Obstgehölzen, z. B. Apfel, Birne, Kirsche sowie Zitrone, Apfelsine u. a., denn in der Regel werden bei der Herstellung junger Bäumchen Reiser der gewünschten Sorte auf geeignete Unterlagen gepfropft.

Um den z. T. erheblichen wirtschaftlichen Schäden zu begegnen, die durch die Auspflanzung infolge von Pfropfübertragungen erkrankter Jungbäume entstehen, müssen sowohl die Pflanzen, von denen die Edelreiser entnommen werden sollen, als auch die Unterlagen sorgfältig auf Virusbefall getestet werden, da Viruserkrankungen der Obstgewächse lange Zeit nicht an der Ausbildung von Symptomen zu erkennen sind. Nur virusfreie Unterlagen und Edelreiser dürfen bei der Gewinnung von Jungbäumen Verwendung finden, wenn später die neu angelegten Obstplantagen gute Erträge bringen sollen.

Neben serologischen Verfahren werden zum Nachweis von Obstviren in Pfropfpartnern vor allem *Doppelpfropfungen* und *Doppelinokulationen* durchgeführt. Bei der Doppelpfropfung wird auf einen virusfreien Sämling das zu prüfende Pfropfreis und auf dieses ein geeigneter Indikator gepfropft, der in relativ kurzer Zeit mit der Ausbildung deutlicher Virussymptome reagiert, wenn im Prüfreis das durch den Indikator angezeigte Virus vorhanden ist. Bei der Doppelinokulation werden in eine Unterlage je ein Auge des zu prüfenden Reises,

z. B. einer Edelrosenzüchtung, und ein Auge einer Indikatorpflanze eingesetzt.

Übertragung durch Virusvektoren

Unter den *Virusvektoren*, d. h. den Lebewesen, die aufgrund ihrer eigenen Aktivität zur Übertragung von Viren befähigt sind, kommt bestimmten Tiergruppen besondere Bedeutung zu. Vor allem die *Arthropoden* (Gliederfüßer) und unter diesen die *Insekten* sind an der Übertragung und Ausbreitung der Viren in unserer Umwelt maßgeblich beteiligt. Aber auch in anderen Tiergruppen, beispielsweise bei den *Nematoden*, werden bedeutsame Virusüberträger angetroffen. Daneben stellen *Pilze*, vor allem einzellige *Urpilze*, gefährliche Vektoren dar, deren Bedeutung erst in jüngerer Zeit voll erkannt wurde. Auch einige Schmarotzerpflanzen können Viren übertragen.

Tierische Virusvektoren

Insekten

Unter den Arthropoden kommt den Insekten als Virusvektoren die größte Bedeutung zu. *Die gefährlichsten Virusvektoren* finden sich unter den *saugenden Insekten*. Eine besondere Rolle spielen dabei die *Blattläuse* (Aphiden). Es konnten nahezu 220 Blattlausarten bzw. –unterarten als Überträger von mehr als 200 verschiedenen Virusarten nachgewiesen werden. Ein besonders gefährlicher Virusüberträger ist die *Grüne Pfirsichblattlaus* (*Myzus persicae*), die Hunderte von Pflanzenarten befällt und etwa 150 Virusarten zu übertragen vermag. Darunter befinden sich das weit verbreitete, stark schädigende Blattroll–Virus der Kartoffel, das Kartoffel–A–, –Y– und –M–Virus, das Virus der Nekrotischen sowie der Milden Rübenvergilbung, das Luzernemosaik–Virus und das Gurkenmosaik–Virus. Letzteres befällt weltweit über 400 verschiedene Pflanzenarten.

Weitere wichtige Virusvektoren sind unter den Aphiden die Schwarze Bohnenlaus, *Aphis fabae*, und die Gurkenlaus, *Aphis frangulae gossypii*, die ca. 50 bzw. 60 verschiedene Viren übertragen, darunter wichtige Kartoffel–, Rüben–, Leguminosen– und Zierpflanzenviren.

Auch unter den *Schildläusen* finden sich gefährliche Virusvektoren. So übertragen z. B. 9 verschiedene *Schmierlausarten* das Kakaosproßschwellungs–Virus, das die Sproßschwellungskrankheit des Kakaobaumes hervorruft. Dieser Viruskrankheit sind allein in Afrika zwischen 1935 und 1960 mehr als 200 Millionen Kakaobäume zum Opfer gefallen. Als weitere Virusüberträger sind unter den saugenden Insekten Mottenschildläuse (= Weiße Fliegen) zu nennen.

Eine große Rolle als Virusvektoren spielen auch die *Zikaden*. Etwa 60 verschiedene Zikadenarten übertragen zahlreiche Virusarten, von denen die meisten große isodiametrische Partikeln ausbilden und deutliche Bindung an das Phloem ihrer Wirtspflanzen zeigen. Da die Zikaden Phloemsauger sind, ist ihre Übertragung sehr effektiv. *Zikaden sind vor allem Vektoren von Viren, die in Getreide große Schäden verursachen.* So werden u. a. das Maisstrichel–Virus, das Maisstreifenmosaik–Virus, das Maisrauhverzwergungs–Virus, das Gerstengelbstreifenmosaik–Virus, das Virus der Sterilen Verzwergung des Hafers, das Virus der Haferblauverzwergung, das Russische Winterweizenmosaik–Virus, das Virus der Schwarzstrichelverzwergung des Reises, das Reisverzwergungs–Virus, das Virus der Weißblättrigkeit des Reises sowie der Erreger der das Zuckerrohr sehr stark schädigenden Fidji–Krankheit durch Zikaden übertragen.

Blasenfüße verbreiten u. a. das Tomatenbronzeflecken–Virus, das besonders in warmen Ländern, in denen der Hauptüberträger, *Thrips tabaci*, günstige Vermehrungsbedingungen vorfindet, bei Tabak und Tomate große Schäden hervorruft. Unter den *Blattwanzen* stellt die Rübenblattwanze (*Piesma quadratum*), die das Rübenkräuselvirus überträgt, einen der bedeutsamsten Virusvektoren dar.

Unter den *Insekten mit kauenden Mundwerkzeugen* sind *Heuschrecken*, die *Larven einiger Schmetterlinge* und vor allem *Käfer* als Virusvektoren anzuführen. Verschiedene Käferarten sind als Überträger von Leguminosen- und Cruciferenviren bekannt. Der Kartoffelkäfer (*Leptinotarsa decemlineata*) überträgt u. a. das an den Mundwerkzeugen anhaftende Kartoffel–X–Virus, der Marienkäfer (*Coccinella septempunctata*) das Kartoffel–X– und –S–Virus, ferner das Kundebohnenmosaik–, das Rettichmosaik–, das Kürbismosaik– und das Trespenmosaik–Virus.

Nach dem Verhältnis zu ihren Überträgern lassen sich die durch Vektoren übertragbaren Viren in zwei Gruppen einteilen, und zwar in die Gruppe der nichtpersistenten Viren (= nicht ausdauernden = stechborstenübertragbaren V.) und die Gruppe der persistenten Viren (= ausdauernden V.).

Die *nichtpersistenten Viren,* zu denen u. a. die Vertreter der Potyvirus- und der Cucumovirusgruppe gehören, können sofort nach ihrer Aufnahme durch den Überträger auf neue Wirtspflanzen weitergegeben werden. Sie verlieren aber im Überträger verhältnismäßig rasch, und zwar innerhalb von etwa 4 Stunden, ihre Infektionsfähigkeit. Am besten werden nicht persistente Viren, die in der Regel auch durch Saftverimpfung leicht übertragbar sind, von Blattläusen weitergegeben, die einige Zeit, z. B. 30 bis 60 min, gehungert haben. Das ist u. a. dadurch bedingt, daß hungernde Blattläuse ebenso wie Blattläuse nach einem mehr oder

weniger ausgedehnten Flug vor der eigentlichen Nahrungsaufnahme zahlreiche
Probestiche ausführen. Bei diesen dringen die Stechborsten wiederholt und an
mehreren Stellen sowie oft an verschiedenen Pflanzen in das oberflächlich liegende Pflanzengewebe ein, wo die nichtpersistenten Viren in besonders hoher
Konzentration vorliegen.

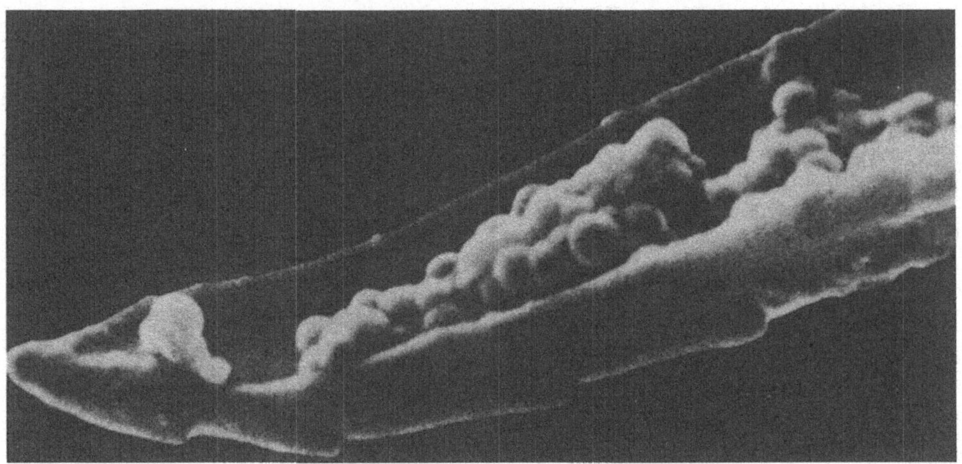

Abb. 8.13: Ende eines Mandibulus der Blattlaus *Macrosiphum euphorbiae* mit
Partikeln des Erbsenblattrollmosaik-Virus auf den inneren Oberflächen nach
5–minütiger Saugzeit (Vergr. 20 000fach)(W. L. Lim et al., Virology 79, 1977,
124)

Die Übertragung nichtpersistenter Viren durch saugende Insekten läßt sich
am einfachsten dadurch erklären, daß diese den Mandibeln der Blattläuse anhaften (Abb. 8.13) und mit dem Stich in Zellen nicht infizierter Pflanzen gelangen. In verschiedenen Fällen sind die Vorgänge jedoch komplizierter. So
muß beim Kartoffel-Y-Virus und einigen weiteren nichtpersistenten Viren der
Vektor, bevor das Virus übertragen werden kann, nicht nur das Virus selbst
aufnehmen, sondern auch einen *Übertragungsfaktor*, der im infizierten Pflanzengewebe vorkommt. Andere Viren, z. B. das Tabakscheckungs-Virus, können
nur dann nichtpersistent übertragen werden, wenn ein zweites Virus zugegen
ist, das als Helfervirus fungiert. Im Fall des Tabakscheckungs-Virus ist dieses
das Adernverdrehungs-Virus des Tabaks. Diese beiden Viren rufen in der Natur einen Krankheitskomplex hervor, der als Tabakrosettenkrankheit bezeichnet
wird.

Im Gegensatz zu den nichtpersistenten Viren bleiben die *persistenten Viren*,
die mechanisch nicht oder nur schwer von Pflanze zu Pflanze übertragbar sind,

in dem zur Übertragung befähigten Insekt nach der Aufnahme lange Zeit, oft sogar bis zu dessen Lebensende, infektionstüchtig. Die Aufnahme der persistenten Viren durch ihre Überträger, zu denen besonders Blattläuse und Zikaden sowie, wenigstens bezüglich einiger Merkmale, auch Wanzen, Weiße Fliegen und Blasenfüße zählen, erfordert jedoch *lange Saugzeiten* zwischen 10 und 60 min. Auch ist das übertragende Insekt in der Regel nicht unmittelbar nach der Aufnahme der persistenten Viren zur Übertragung befähigt. Es muß vielmehr eine bestimmte, als *Latenzzeit, Celationszeit* oder *Inkubationszeit* bezeichnete Frist vergehen, bevor das Insekt infektionstüchtig wird. Die Celationszeit ist für die einzelnen Viren, beim gleichen Virus zudem vielfach auch bei verschiedenen Rassen einer als Vektor dienenden Art unterschiedlich lang. Sie kann weniger als eine, aber auch mehr als 14 Stunden betragen.

Im Verlauf der Celationszeit legen die persistenten Viren im Insektenkörper einen längeren Weg zurück. So werden viele Luteoviren, z. B. das Gerstengelbverzwergungs-Virus (Abb. 8.14 und 8.15), mit dem Pflanzensaft zunächst in den Verdauungskanal aufgenommen. Dann dringen sie, oft im Weg der Endocytose, in das Gewebe der Darmwand ein, wo sie sich in tubulären Gebilden und Lysosomen anreichern können (Abb. 8.14). Schließlich gelangen sie durch das apikale Plasmalemma aus der Darmwand in die Hämolymphe, aus der sie dann in die Speicheldrüsen übertreten (Abb. 8.15). Sie mischen sich dem Speichel bei und werden mit diesem in das Gewebe der Pflanze injiziert, wenn diese vom Insekt angestochen wird.

Im Gegensatz zu den sogenannten *zirkulativen Viren*, die wie das Gerstengelbverzwergungs-Virus vom Verdauungskanal durch die Darmwand und die Hämolymphe in die Speicheldrüse gelangen, ohne sich hierbei zu vermehren, replizieren sich die *propagativen Viren* zunächst in bestimmten Organen ihres Vektors, bevor sie in größeren Mengen in die Hämolymphe und aus dieser in die Speicheldrüse übergehen. So wurde z. B. das Gänsedisteladernvergilbungs-Virus (sow thistle yellow vein virus) in seinem Vektor, der Blattlaus *Hyperomyzus lactucae*, in der Magenwand, im Gehirn- und Unterschlundganglion, in Haupt- und Nebendrüsen des Speichelsystems, im Oesophagus, Ventrikulus und Fettkörper, ferner in Muskeln, Myzetomen und Ovarien nachgewiesen.

Das Wundtumoren-Virus (Abb. 2.1) wird in der Regel etwa 24 Stunden nach einer längeren Saugzeit im Darm des Überträgers, der Zikade *Agallia constricta*, vorgefunden. Am 4. Tag nach der Aufnahme tritt es in einem Abschnitt der Filterkammer und am 7. Tag in der gesamten Filterkammer auf. Vom 12. Tag an ist das Virus im anschließenden Ventrikulus nachweisbar. Am 14. Tag wird es im Fettkörper (Abb. 8.16), Gehirn und in den Malphighischen Gefäßen und am 17. Tag schließlich in den Speicheldrüsen vorgefunden. Darüber hinaus tritt das Virus in die weiblichen Geschlechtsorgane über.

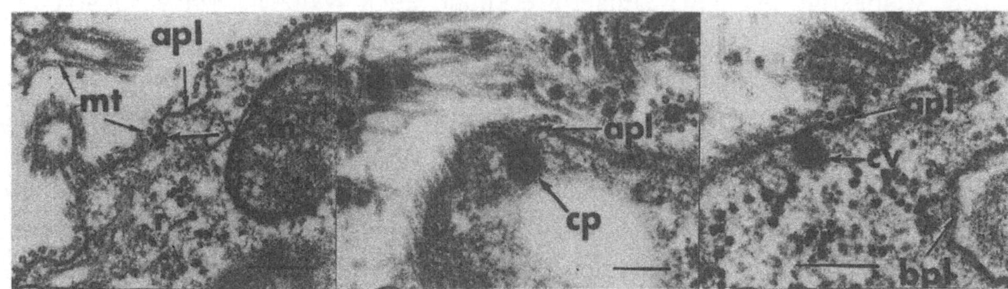

Abb. 8.14: Gerstengelbverzwergungs–Virus in der Darmwand der Blattlaus
Rhopalosiphum padi. Links: ein Virion (Pfeil) neben einem extrazellulären
Mikrotubulus (mt) und in Kontakt mit dem Plasmalemma (apl); Mitte: ein
Virion in einem durch Invagination der Membran entstehenden Vesikel (cp);
rechts: virushaltiges Vesikel (cv) in der Nähe des apikalen Plasmalemma. Das
basale Plasmalemma (bpl) grenzt die Darmwand zum Hämocöl ab. Die geringe
Entfernung zwischen apikalem und basalem Plasmalemma zeigt, wie dünn die
Darmwand an vielen Stellen ist. Die Maßstriche kennzeichnen 200 nm (F. E. Gil-
dow, Phytopathology 75, 1985, 295)

*Von den Geschlechtsorganen aus können auch die Eier und über diese die
Nachkommen der Zikaden infiziert werden*. Eine derartige *transovariale Virusübertragung* wurde z. B. bezüglich des Wundtumoren–Virus bei der Zikade
Agallia constricta nachgewiesen. Auch von weiteren zikadenübertragbaren Viren und einigen wenigen blattlausübertragbaren Viren ist sie bekannt. So werden z. B. die Viren der Maisrauhverzwergung sowie des Weizenstreifenmosaiks
ebenfalls durch das Ei der Zikade *Agallia constricta* auf die Nachkommen übertragen. Das Reisverzwergungs–Virus wird mit dem Ei der Zikaden *Nephotettix
apicalis, N. cincticeps* sowie *Recelia dorsalis* auf die Nachkommen weitergegeben. Das Kartoffelblattroll–Virus kann durch die Blattlaus *Myzus persicae*
und das Gänsedisteladernvergilbungs–Virus durch die Blattlaus *Hyperomyzus
lactucae* transovarial übertragen werden.

Die *propagativen persistenten Viren vermehren sich, wie wir gesehen haben,
sowohl in Samenpflanzen als auch in Insekten* und damit in Wirten ganz unterschiedlicher Organisationsformen. Dabei zeigen sie nicht nur zu ihren pflanzlichen Wirten, sondern auch zu ihren Insektenwirten enge Beziehungen, die noch
längst nicht in vollem Umfang bekannt sind. Diese legen zumindest in einigen

Fällen die Vermutung nahe, daß eine Anzahl der propagativ persistenten Viren zunächst Arthropodenviren gewesen sein könnten, die mit dem Saugakt in die Wirtspflanzen der entsprechenden Arthropoden übertragen worden sind, wobei es ihnen gelang, sich auch in diesen zu replizieren. Aber auch der umgekehrte Weg des Übergangs und der Anpassung ist denkbar.

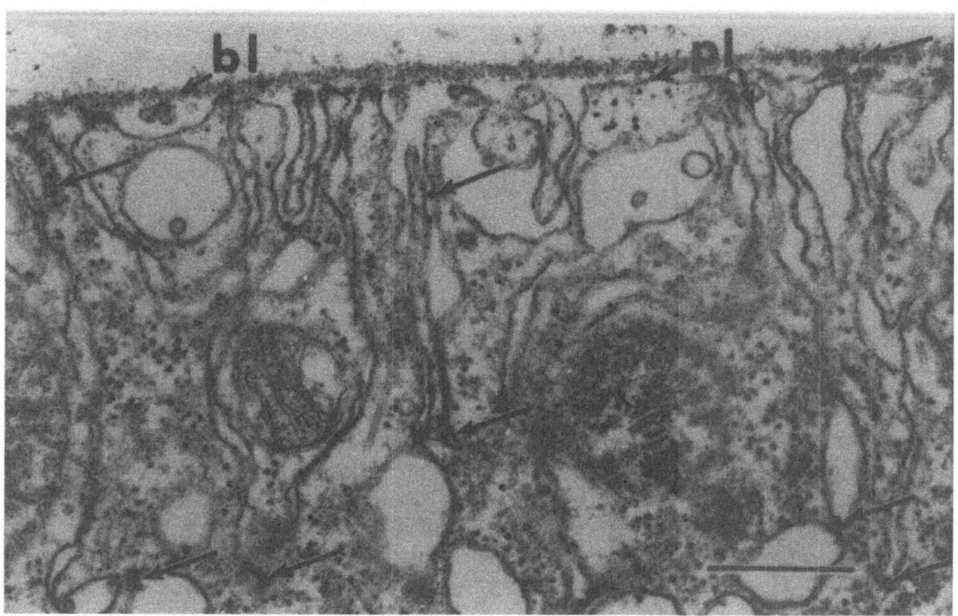

Abb. 8.15: Querschnitt durch eine Speicheldrüsenzelle der Blattlaus *Sitobion avenae* mit Partikeln des Gerstengelbverzwergungs–Virus (Pfeile), die in die Basallamina (bl) und in z. T. sehr tiefe Einfaltungen des Plasmalemma (pl) eingebettet sind. Die frei im Cytoplasma vorhandenen kugelförmigen Partikeln sind Ribosomen. Der Maßstrich kennzeichnet 500 nm (F. E. Gildow und W. F. Rochow, Virology 104, 1988, 99)

Milben

Auch unter den Spinnentieren (*Arachnidae*) finden sich Virusvektoren, und zwar in der Familiengruppe der Gallmilben (*Eriophyidae*) aus der Ordnung der Milben (*Acari*). Diese mit Längen von 0,15 bis 0,2 mm extrem kleinen Arthropoden werden oft passiv durch den Wind, nicht selten auch durch Insekten, an die sie sich anklammern, über weite Strecken auf neue, entfernte Wirte übertragen und

mit ihnen die Viren, die sie beim Saugakt von den vorangegangenen Wirtspflanzen aufgenommen haben. Diese injizieren sie in die neuen Wirte, wenn sie an
ihnen saugen. So verbreitet die Milbe *Aceria tulipae* das Weizenstrichelmosaik-
Virus. Die Milbe *Abacarus hystrix* ist als Überträger des Queckenmosaik- und
des Raygrasmosaik-Virus bekannt. Von anderen Gallmilben wird beispielsweise
das Feigenmosaik-Virus, das Pfirsichmosaik-Virus und das Latente Prunus-
Virus übertragen.

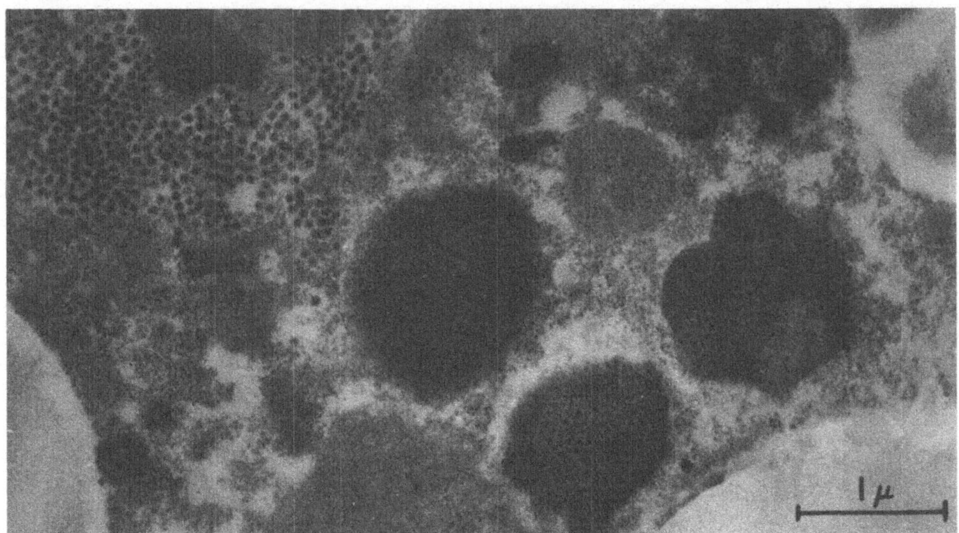

Abb. 8.16: Schnitt durch den Fettkörper der Zikade *Agullia constricta* mit
lockeren sowie dichten Aggregationen des Wundtumoren-Virus (D. Shikata und
K. Maramorosch, Virology 27, 1965, 461)

Nematoden

Bei den virusübertragenden Nematoden handelt es sich um wenige Millimeter
lange, frei lebende Fadenwürmer, die über einen Mundstachel Pflanzensäfte aus
ihren Wirtspflanzen und mit diesen oft auch Viren aufnehmen. Diese geben sie
dann oft auf neue Wirte weiter, die sie in langsamer Bewegung erreichen.

Die wichtigsten Virusüberträger gehören zu den Gattungen *Xiphinema* und
Longidorus. Sie übertragen vor allem Nepoviren (nematode portable viruses,
vgl. Abschnitt 5.3.5). So sind *Xiphinema diversicaudatum*, *X. index* und *X.
coxi* Überträger des Arabismosaik-Virus, das neben Mosaikerscheinungen auf

der Rauhen Gänsekresse u. a. das Rhabarbermosaik, die Gelbverzwergung der Himbeere sowie Krankheitserscheinungen an der Erdbeere, der Weinrebe und an verschiedenen Unkräutern hervorruft. Die Erreger des Himbeerringfleckenmosaiks und der Blattrollkrankheit der Süßkirsche werden von *Xiphinema diversicaudatum* übertragen. Arten der Gattungen *Trichodorus* und *Paratrichodorus* übertragen Viren der Tobravirusgruppe, und zwar u. a. das Tabakrattle–Virus, das Ackerbohne, Erbse, Kartoffel sowie weitere Pflanzen zu schädigen vermag, und das Frühe Erbsenverbräunungs–Virus.

Da Nematoden im Boden nur langsam wandern, sind sie nicht in der Lage, Viren über weite Strecken zu verbreiten, insofern sie nicht vom Menschen mit Erde verschleppt werden, die an ackerbaulichen Geräten, Kartoffelknollen oder anderem Pflanzgut anhaftet. *Viele durch Nematoden übertragbare Viren können jedoch zusätzlich durch Pollen oder Samen über weite Strecken übertragen werden.* Damit haben diese Viren ihren Fortbestand und ihre Ausbreitung durch Nutzung von zwei verschiedenen Übertragungsmodi gesichert. In diesem Zusammenhang ist bemerkenswert, daß Viren, die ihre Infektiosität in ihrem Nematodenvektor verhältnismäßig rasch einbüßen, in der Regel im Samen wesentlich länger infektiös bleiben und umgekehrt. So persistieren das Tomatenschwarzring–Virus und die Himbeerringfleckigkeits–Viren im Nematodenüberträger *Longidorus elongatus* im Boden nur etwa 9 Wochen, während sie sich im Samen Monate und z. T. auch Jahre lang halten können. Damit sind besonders infizierte Unkrautsamen und die hieraus hervorgehenden virusinfizierten Pflanzen, die oft wiederum infizierte Samen ausbilden, nicht nur im Hinblick auf die Virusausbreitung über längere Strecken, sondern auch als *Virusreservoire* von Bedeutung. In diesen können sich beispielsweise die Viren so lange halten, bis auf den entsprechenden Flächen wieder einmal anfällige Kulturpflanzen angebaut werden. *Wichtige Reservoire für nematodenübertragbare Viren sind Hirtentäschel, Sternmiere, Vergißmeinnicht und Gänsefuß. Nicht selten verursachen derartige Unkräuter als Virusreservoire und Virusüberträger wesentlich größere Schäden als durch Konkurrenz um Nährstoffe, Licht usw.* Auch ist es infolge ihrer langen Persistenz im Samen nicht möglich, Feldflächen, auf denen durch Nematoden übertragbare Viren schädigend auftreten, virusfrei zu machen, indem die durch die entsprechenden Viren geschädigten Kulturpflanzen auf diesen Feldern viele Jahre nicht angebaut werden. Zwar verlieren die virusübertragenden Nematoden ihre Viren nach mehr oder weniger langer Zeit. Die Viren überdauern jedoch in Unkrautsamen oder in den aus diesen hervorgehenden Unkräutern, denn eine vollständige Vernichtung der Unkräuter ist kaum erreichbar und wird jetzt auch nicht angestrebt.

Virusübertragung durch Pilze

Eine Anzahl von Viren, von denen man ursprünglich annahm, daß sie Pflanzen vom Erdboden aus infizieren, werden durch *bodenbewohnende parasitische Pilze* übertragen. Als *wesentliche Virusvektoren* wurden einzellige Pilze der Gattung *Olpidium* erkannt. Sie übertragen u. a. das Virus der Breitadrigkeit des Salats, das Tabakstauche–, das Nekrotische Rotkleemosaik– und das Tabaknekrose–Virus. Die Partikeln des Tabaknekrose–Virus werden z. B. an der Oberfläche der Zoosporen der genannten Pilze bzw. an deren Geißeln adsorbiert und gelangen beim Infektionsvorgang mit in die Wirtszellen.

Polymyxa graminis überträgt das Bodenübertragbare Weizenmosaik– sowie das Gerstengelbmosaik–Virus. *Polymyxa betae* ist der Überträger des Rübenwurzelbärtigkeits–Virus (beet necrotic yellow vein virus, Abb. 8.17, 4 bis 6), das die gefürchtete Rizomania der Zuckerrübe hervorruft (Abb. 8.17, 1 u. 2). Die Viren werden in die sich bildenden Dauersporen (Cystosporen), die häufig als Zusammenballungen (Sori) auftreten (Abb. 8.17, 3), aufgenommen und können Perioden zwischen dem Vorhandensein geeigneter Wirtspflanzen in diesen überstehen. Selbst wenn nach dem Virusbefall die Wirtspflanzen jahrelang nicht angebaut worden sind, kann bei erneutem Anbau die Krankheit wieder auftreten, da sich die Viren in den sehr widerstandsfähigen *Polymyxa*-Dauersporen erhalten haben und mit diesen bzw. mit den sich aus ihnen entwickelnden Zoosporen erneut in geeignete Viruswirte gelangen.

Der Erreger des Pulverschorfs kann das Mop–Top–Virus, das die Büschelgipfelkrankheit der Kartoffel hervorruft, verbreiten. Das Virus vermag mindestens ein Jahr in lufttrockenen Sporenballen des Pilzes zu überleben. Hier wie in anderen Fällen ist der Erfolg der Virusübertragung jedoch von spezifischen Beziehungen zwischen Virus, Wirt und Pilz abhängig. Sporen des Weizenschwarzrosts (*Puccinia graminis tritici*) erwiesen sich als Überträger des Trespenmosaik–Virus.

Virusübertragung durch Schmarotzerpflanzen

Vor allem *Cuscuta*-(Seide-)Arten, deren lang gestreckte Triebe von einer Wirtspflanze auf eine andere übergehen können, sind in der Lage, verschiedene Viren von einer Wirtspflanze auf die andere überzuleiten. In der Natur spielt dieser Übertragungsweg allerdings nur eine geringe oder keine Rolle. Der Virologe ist jedoch in der Lage, mit Hilfe von Schmarotzerpflanzen Virusübertragungen vorzunehmen, die infolge des Fehlens einer gemeinsamen Entomofauna oder anderer Berührungspunkte unmöglich sind.

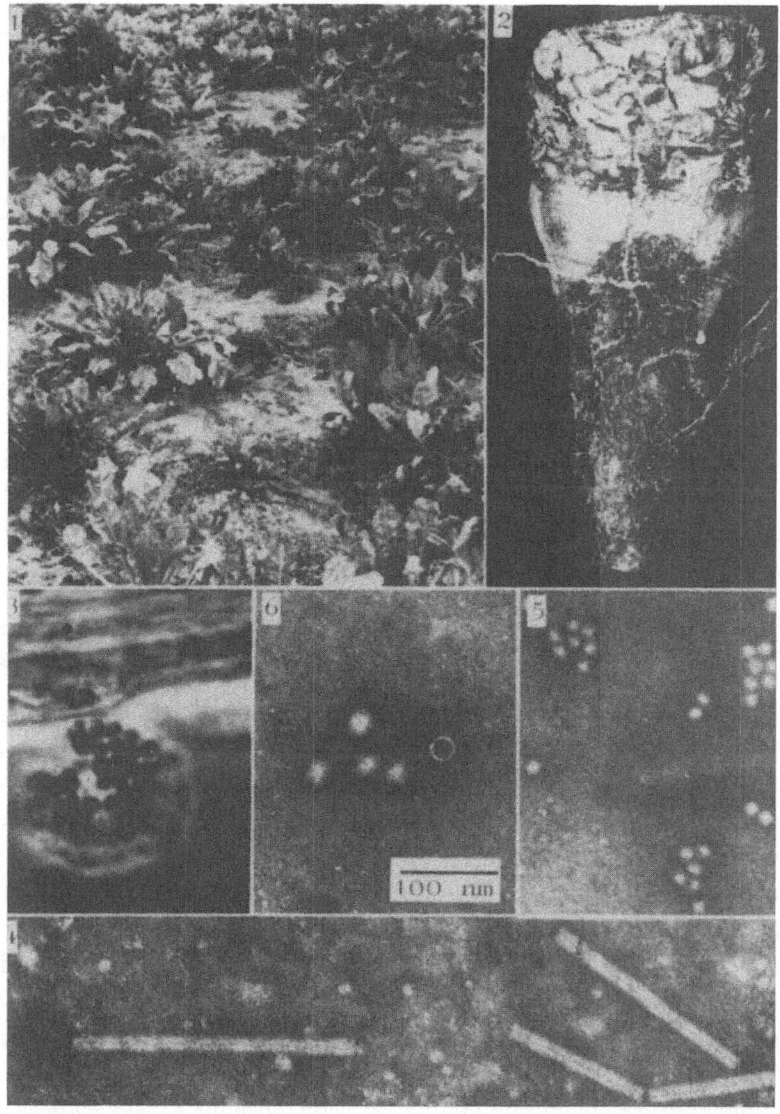

Abb. 8.17: 1) Durch Rizomania stark geschädigter Zuckerrübenbestand; 2) durch das Rübenwurzelbärtigkeitsvirus geschädigter Rübenkörper mit abnorm starker Entwicklung der Nebenwurzeln; 3) Cystosori (Dauersporenballen) des das Virus übertragenden parasitären Schleimpilzes *Polymyxa betae*; 4 bis 6) unterschiedlich gestaltete Partikeln des multikomponenten Rübenwurzelbärtig-keitsvirus (G. Hamdorf et al., Phytopath. Z. 90, 1977, 99)

8.3.2 Vertikale Virusübertragung

Neben der horizontalen Virusübertragung ist die *vertikale Virusübertragung*, d. h. *die Weitergabe der Infektionen von Wirtsgeneration zu Wirtsgeneration*, von erheblicher Bedeutung. Besonders trifft das für Viren einjähriger Pflanzen in Gebieten zu, in denen die Vegetationsperiode durch Kälte- oder Trockenperioden unterbrochen wird. Der Erfolg der Strategien, die die entsprechenden Viren bei der vertikalen Virusübertragung verfolgen, bestimmt wesentlich den Umfang des Virusauftretens in diesen Gebieten. Kenntnisse über die Art und Weise, wie die Infektketten über die Generationen hinweg aufrecht erhalten werden, sind daher nicht zuletzt im Hinblick auf Ansätze für eine Bekämpfung der Viren von Bedeutung. Es kommt dem Phytopathologen u. a. darauf an, die Infektketten zu unterbrechen, damit die Pflanzenbestände in der folgenden Vegetationsperiode gesund bleiben. Dieses Ziel wird allerdings häufig nicht oder nur unter großem materiellem Einsatz erreicht.

Überwinterung in mehrjährigen und vegetativ vermehrten Pflanzen

Problemlos gelingt der Übergang von einjährigen Wirtspflanzen auf entsprechende Wirtspflanzen der folgenden Vegetationsperiode den polyphagen Viren, die neben einjährigen Pflanzen auch winterannuelle Pflanzen, Stauden oder vegetativ vermehrte Pflanzen zu ihren Wirten zählen. Ein Musterbeispiel hierfür ist das Gurkenmosaik-Virus, das über 400 Pflanzenarten aus mehr als 30 Familien befällt. Darunter befinden sich einjährige Wirtspflanzen, z. B. Gurke, Spinat, Tomate, Kopfsalat und Paprika, bei denen es oft sehr starke Schäden hervorruft. Daneben befällt das Gurkenmosaik-Virus jedoch auch mehrjährige Pflanzen, wie Chrysanthemum, Lupine, Rittersporn sowie verschiedene Kleearten und darüber hinaus Pflanzen, die das Virus über Zwiebeln, Knollen, Rhizome (Wurzelstöcke) oder andere der vegetativen Vermehrung dienende Pflanzenteile von Vegetationsperiode zu Vegetationsperiode weitergeben, z. B. Schneeglöckchen, Tulpe, Lilie, Gladiole oder Dahlie. Aber auch auf verbreitete Unkräuter mit einer hohen Samenübertragungsrate geht das Gurkenmosaik-Virus über, beispielsweise auf die Vogelmiere (*Stellaria media*). Es gelangt hier auch in die Samen und bei der Keimung in einer der folgenden Vegetationsperioden wieder in die sich entwickelnden Pflanzen und von dort durch Insekten auf einjährige Kulturpflanzen. Es ist daher völlig aussichtslos, das Gurkenmosaik-Virus dadurch zu bekämpfen, daß seine Übertragung von einer Vegetationsperiode auf die andere verhindert wird. Gleiches trifft für viele andere Viren zu, die in einjährigen Pflanzen und daneben in ausdauernden Kulturpflanzen oder Unkräutern, Zwiebelgewächsen usw. überwintern können.

Im Hinblick auf die angeführten Verhältnisse ist es nicht verwunderlich, daß in Gärten und Kleingärten sowie in botanischen Gärten, in denen viele ein- und mehrjährige Pflanzenarten auf engem Raum zusammenstehen, Viren und Viruskrankheiten gehäuft und in großer Vielfalt auftreten (vgl. auch Abschnitt 8.3.7).

Vertikale Übertragung auf wenige einjährige Pflanzen beschränkter Viren und Gegenmaßnahmen

Erhebliche Schwierigkeiten bereitet die vertikale Übertragung denjenigen oligophagen Viren, die nahezu ausschließlich auf ihre einjährigen Wirte angewiesen sind. Sie haben hierfür nur dann eine Chance, wenn es ihnen gelingt, auf Pflanzenteile überzugehen, die der vegetativen Vermehrung dienen, und in diesen zu überwintern. So sind z. B. das Kartoffel-Y-, -A-, - X-, -S- und -M-Virus auf die Überwinterung in der Kartoffelknolle angewiesen. Mit Einschränkungen gilt das ebenfalls für das Kartoffelblattroll-Virus. Dieses kann jedoch auch in den Überträgern, der Grünen Pfirsichblattlaus (*Myzus persicae*) und anderen Blattläusen, in denen es sich persistent vermehrt, überwintern, wenn diese in milden Wintern in geeigneten Verstecken dem Tod durch Erfrieren entgehen. In diesen Fällen infizieren die Blattläuse verhältnismäßig früh im Jahr die noch kleinen Kartoffelpflanzen, wenn sie aus ihren Verstecken in die gerade aufgelaufenen Kartoffelschläge einwandern, und es entstehen besonders große Virusschäden. In der Regel überwintert die Grüne Pfirsichblattlaus, der wesentliche Überträger des Kartoffelblattroll-Virus, jedoch als Ei, das am Pfirsichbaum abgelegt wird. In diesem Fall wandern im nächsten Jahr erst verhältnismäßig spät Blattläuse in die Kartoffelbestände ein, und zwar umso später, je größer die Entfernung zwischen den Pfirsichbäumen und den Kartoffelbeständen ist. Verhältnismäßig virusfreie Kartoffelbestände sind daher in Gegenden zu erwarten, in denen der Pfirsichbaum nicht oder nur schlecht wächst, z. B. im Norden Deutschlands oder in Mittelgebirgslagen. Diese Gebiete werden als Gesundheitslagen bezeichnet.

Um die großen Schäden, die alljährlich im Kartoffelbau durch Viren entstehen, zu vermeiden oder zu vermindern, wird versucht, die Virusübertragung über die Kartoffelknolle zu verhindern oder wenigstens weitgehend einzuschränken. Dieses Ziel soll durch ein ganzes System von Maßnahmen erreicht werden.

Grundlage ist die *Gewinnung virusfreien Basispflanzgutes*. Dieses kann aus mehrfach serologisch auf Virusfreiheit getesteten und entsprechend selektierten Knollen erhalten werden. In immer größerem Umfang wird es jetzt auch durch *Meristemkultur, Sproßspitzenkultur und Wärmetherapie, z. T. in Verbindung mit Chemotherapie* gewonnen (vgl. Abschnitte 8.5.8 und 8.5.9). Die hierbei erhaltenen virusfreien Pflänzchen werden dann vielfach in den Internodien, d. h. den Stengelteilen zwischen den Blättern, zerschnitten. Aus jedem dieser *Schnittlinge* entwickelt sich innerhalb weniger Wochen wieder ein kleines Pflänzchen, aus dem erneut Schnittlinge gewonnen werden, usw. So entstehen innerhalb verhältnismäßig kurzer Zeit in sorgfältig vor Blattlauszuflug und damit vor Neuinfektionen abgeschirmten Gewächshäusern zahlreiche kleine Pflanzen, die nunmehr zur Knollenbildung gebracht werden. Dann werden durch eine weitere Zwischenvermehrung oft größere Knollen gewonnen. Diese werden schließlich in sog. Gesundheitslagen, also in Gebieten, in denen die Virusvektoren nicht oder erst spät im Jahr auftreten (s.o.), ausgepflanzt. In den Gesundheitslagen erfolgt auch die weitere Vermehrung des Pflanzgutes. Dabei wird oft durch Insektizidbehandlung gegen Blattläuse (vgl. Abschnitt 8.5.5) zusätzlicher Schutz vor Neuinfektionen durch Viren angestrebt. Während der Vegetationsperiode wird der gesamte Pflanzenbestand auf Pflanzen mit Virussymptomen durchmustert. Symptome tragende Pflanzen werden entfernt. Am Schluß der Vegetationsperiode werden repräsentative Knollenproben serologisch auf Virusfreiheit getestet. Nur wenn ein sehr niedrig angesetzter Grenzwert von virusinfizierten Knollen nicht überschritten wird, dürfen die Knollen der entsprechenden Herkunft als hochwertiges virusfreies Pflanzgut verkauft und verwendet werden. Andernfalls wird die Herkunft zurückgestuft oder vollständig als Pflanzgut verworfen. Auch bei anderen vegetativ vermehrten Pflanzen werden ähnliche Anstrengungen unternommen, um zumindest bei Zuchtmaterial die Virusübertragung von Vegetationsperiode zu Vegetationsperiode einzuschränken, beispielsweise bei der Erdbeere, bei der 54 verschiedene Viren nachgewiesen worden sind, oder bei der Chrysantheme.

Vertikale Virusübertragung durch Samen

Verschiedene Viren einjähriger Pflanzen, z.B. das Gewöhnliche Bohnenmosaik- und das Salatmosaik–Virus, können allein in Samen auf die folgenden Pflanzengenerationen übertragen werden. Während das Gewöhnliche Bohnenmosaik-Virus zu einem verhältnismäßig hohen Prozentzatz, der zwischen 2 und 89% schwanken kann, mit dem Samen übertragen wird, ist die Übertragungsrate des Salatmosaik–Virus mit 0,8 bis 5,5% verhältnismäßig gering. Dafür kann aber von wenigen Infektionsquellen aus das Virus durch verschiedene Blattlausarten, von denen der Grünen Pfirsichblattlaus die größte Bedeutung zukommt, sehr effektiv horizontal auf weitere Pflanzen des Bestandes übertragen werden, so daß am Ende der Vegetationsperiode nicht selten 25 bis 95% der Pflanzen mit dem Salatmosaik–Virus infiziert sind.

Beim Gerstenstreifenmosaik–Virus werden nur einige Virusstämme durch Samen vertikal übertragen. Dabei handelt es sich um solche Stämme, die in die primären Meristeme des Wirts eindringen können und hierdurch auch Möglichkeiten finden, weibliche und männliche Gametophyten und Gameten zu infizieren. Die Verteilung des Virus in den Integumenten, dem Nucellus und den Embryonen verschiedener Samenanlagen ist sehr unterschiedlich und verändert sich oft auch mit der Samenreifung. So kommen beispielsweise in einigen Samenanlagen nur wenige Viruspartikeln in weit entfernten Gruppen vor, während in anderen, besonders in reifen Samenanlagen zahlreiche Viruspartikeln angetroffen werden (vgl. Abb. 8.18 und 8.19).

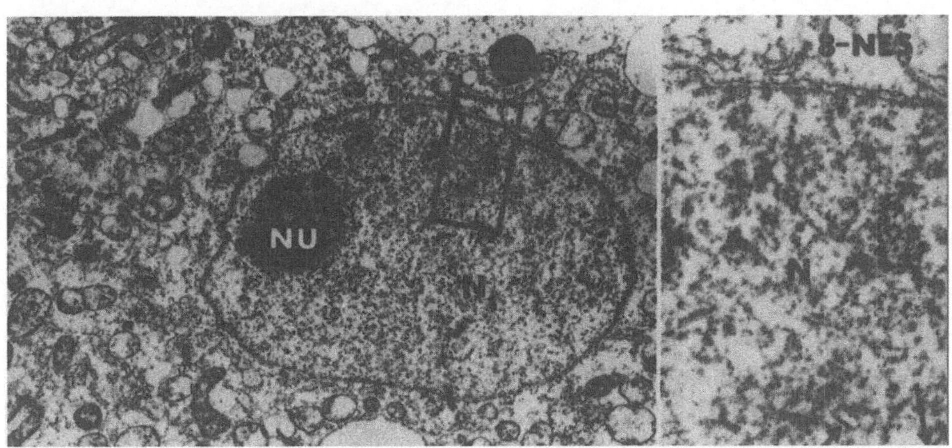

Abb. 8.18: Samenanlage von Gerste, Sorte Atlas, nach der dritten mitotischen Teilung mit einzelnen Partikeln des Gerstenstreifenmosaik–Virus, die im gekennzeichneten, rechts stärker vergrößerten Ausschnitt durch Pfeile angezeigt werden; N = Zellkern (Nucleus), NU = Kernkörperchen (Nucleolus), 8–NES = angrenzender, noch unreifer Embryosack mit 8 im Bild nicht sichtbaren Kernen, Vergr. 28 000fach (T. W. Carroll und D. E. Mayhew, Can. J. Bot. 54, 1976, 2508)

In jüngerer Zeit durchgeführte Untersuchungen haben gezeigt, daß Samenübertragung wesentlich weiter verbreitet ist, als ursprünglich angenommen wurde. Bisher ist Samenübertragung von ca. 150 Viren auf ca. 100 Pflanzenarten aus 33 Familien bekannt. Die meisten samenübertragbaren Viren wurden bei den Leguminosen vorgefunden. Es folgen die Rosengewächse, zu denen viele Obstarten gehören, die Kürbisgewächse und die Nachtschattengewächse. Die Samenübertragung ist allerdings nicht in allen Fällen erforderlich, um die vertikale Virusübertragung zu gewährleisten, wie wir bereits am Beispiel des Gurkenmosaik-Virus gesehen haben.

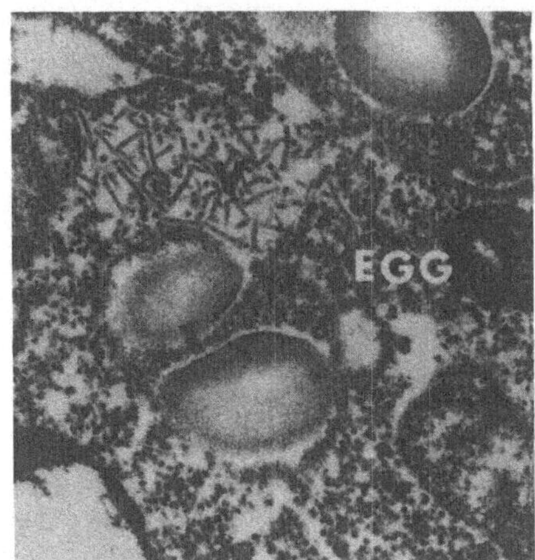

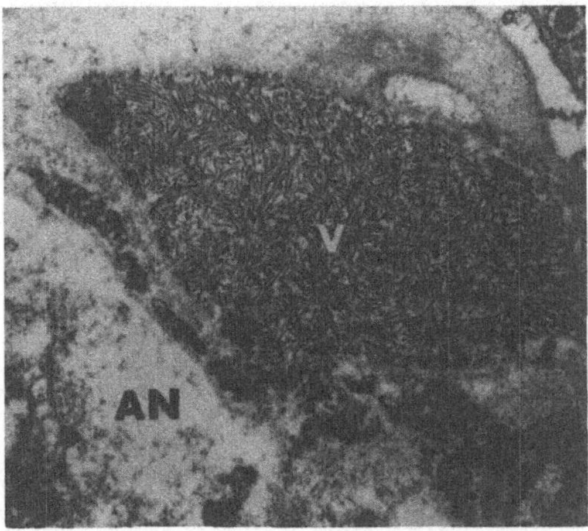

Abb. 8.19: Größere Ansammlungen von Partikeln des Gerstenstreifenmosaik-Virus (V) im Cytoplasma der Eizelle eines reifen Embryosacks im Samen von Gerste, Sorte Atlas (links) und in einer kollabierten Nucelluszelle, die an den Embryosack angrenzt (rechts); AN = eine Antipodenzelle des Embryosacks; Vergr. 28 000fach (links) bzw. 14 500fach (rechts)(T. W. Carroll und D. E. Mayhew, Can. J. Bot. 54, 1976, 2510)

Vertikale Virusübertragung durch Vektoren

Vorwiegend in seinem Vektor, der Rübenblattwanze, überwintert das Rübenkräusel-Virus und wird von diesem Insekt im folgenden Frühjahr auf die nächste Rübengeneration übertragen. Da die Rübenblattwanze gut durch moderne Insektizide bekämpft werden kann, und zwar auch in insektizidsparenden und umweltschonenden Anwendungsweisen, hat das Rübenkräusel-Virus sehr an Bedeutung verloren.

In einer beachtlichen Anzahl von Fällen werden Viren auch über die Eier ihrer Vektoren von einer Vegetationsperiode auf die andere übertragen. Zur Virusübertragung über das Ei sind vor allem Zikaden, insbesondere solche, die in wärmeren Ländern vorkommen, und daneben auch einige wenige Blattlausarten befähigt. So übertragen Eier der Zikade *Agallia constricta* das Kartoffelgelbverzwergungs-Virus sowie das Kleewundtumoren-Virus und Eier der Zikade *Javesella pellucida* das Virus des Streifigen Mosaiks des Weizens sowie das Mais–Rauhverzwergungs–Virus. Das zuletzt angeführte Virus gelangt auch durch das Ei der Zikade *Laodelphax striatellus* auf die nächste Generation. Eier von *Cicadulina bimaculata* können das Mais-Adernverdickungs-Virus vertikal übertragen. Das Reisverzwergungs-Virus wird über die Eier der Zikaden *Nephotettix cincticeps*, *Nephotettix apicalis* und *Recilia dorsalis* weitergegeben. Das Virus der Weißblättrigkeit des Reises gelangt durch das Ei der Zikade *Sogatodes orizicola* von einer Generation bzw. Vegetationsperiode auf die andere. Die Grüne Pfirsichblattlaus (*Myzus persicae*), die wir als einen gefährlichen Überträger zahlreicher Viren kennen gelernt haben, kann das Kartoffelblattroll-Virus auch über das Ei übertragen. Die Blattlaus *Hyperomyzus lactucae* gibt in dieser Weise das Gänsedisteladernvergilbungs-Virus weiter.

Die vertikale Virusübertragung über das Ei erfolgt bei den verschiedenen Virus–Vektor–Kombinationen mit unterschiedlicher Effektivität. Während beispielsweise nur etwa 1,8% der Larven von *Agalliopsis novella* mit dem Kleewundtumoren-Virus infiziert waren, betrug der Anteil der über das Ei mit dem Virus des Streifigen Mosaiks des Weizens infizierten Nachkommen der Zikade *Javesella pellucida* 15%. Das Virus der Weißblättrigkeit des Reises wurde sogar zu 74% auf die neue Generation der Zikade *Sogatodes orizicola* übertragen.

Über das Ei kann das Virus allerdings nicht unbegrenzt lange von einer Überträgergeneration auf die andere weitergegeben werden, wenn nicht geeignete Wirtspflanzen eingeschaltet werden. So waren Populationen von *Agallia constricta*, die mit dem Kleewundtumoren-Virus infiziert waren, ohne Zwischenschaltung geeigneter Wirtspflanzen nach zwei Jahren virusfrei. Die Übertragung des Mais-Adernverdickungs-Virus durch *Cicadulina bimaculata* ging schon innerhalb von 5 Generationen von 85 auf 20% zurück.

Vertikale Virusübertragung durch bodenbewohnende Pilze haben wir bereits am Beispiel des durch *Polymyxa betae* übertragen Rübenwurzelbärtigkeits-Virus kennen gelernt.

Vertikale Virusübertragung durch Pflanzenrückstände, Boden und Gewässer

Mit Pflanzenrückständen im Boden, mit dem Boden selbst und vielfach auch in Gewässern gelangen häufig sehr widerstandsfähige Viren, die überdies oft auch ohne wirksame Vektoren auskommen, von einer Vegetationsperiode in die andere und damit nicht selten auch von einer Wirtsgeneration auf die andere, z. B. das Tabakmosaik-Virus und das Gurkengrünscheckungs-Virus. Verschiedene Aspekte dieser Übertragungsweise wurden bereit im Abschnitt 8.3.1 eingehender erörtert.

8.3.3 Für die Verbreitung und das Überleben von Pflanzenviren in Ökosystemen maßgebliche Faktoren

Für das Überleben von Pflanzenviren in Ökosystemen[1] sind mehrere Elemente von wesentlicher Bedeutung, und zwar Eigenschaften der Viren und ihrer Wirte, die Möglichkeiten für die Viren, sich in ihren Wirten zu replizieren und in ihren Wirten zu überdauern und schließlich die Möglichkeiten der Virusübertragung von Wirt zu Wirt und von Wirtsgeneration zu Wirtsgeneration sowie von Vegetationsperiode zu Vegetationsperiode. In diesem Zusammenhang ist einerseits den unbelebten Faktoren als Gesamtheit der abiotischen Elemente eines empirisch abgrenzbaren Ökosystems Aufmerksamkeit zu widmen. Andereseits verdienen die Vektoren Beachtung, von denen die persistent übertragenden nicht nur bei der Virusübertragung, sondern auch bei der Überdauerung eine Rolle spielen können.

Wir haben bereits gesehen, daß das Verhalten und Verbleiben der Viren in ihrer und unserer Umwelt wesentlich von den Wechselwirkungen zwischen Virus und Wirt geprägt wird. So kommen Viren, die in ihren Wirtspflanzen hohe Konzentrationen erreichen können und überdies sehr stabil sind, ohne Vektoren aus und können darüber hinaus in vielen Fällen im Boden, in abgestorbenen Pflanzenteilen usw. aktiv bleiben und von dort in neue Wirte gelangen.

Im Gegensatz zu den stabilen Viren benötigen Viren, die außerhalb lebenden Gewebes schnell inaktiviert werden und in Wirtspflanzen nur verhältnismäßig niedrige Konzentrationen erreichen, für die Übertragung Vektoren, an die sie angepaßt sein müssen.

Um mit hoher Wahrscheinlichkeit in Vektoren zu gelangen und durch diese in neue Wirte und gegebenenfalls auch in neue Areale übertragen zu werden, ist es erforderlich, daß sich *Viren von der Infektionsstelle aus im Wirtsorganismus ausbreiten.* In *kurzlebigen Wirten ist die Schnelligkeit, mit der ein Virus den Wirt durchseucht,* von entscheidender Bedeutung dafür, daß die Viren bald wieder in geeignete Vektoren gelangen. Dagegen haben *Viren langlebiger Wirte auch dann eine Überlebenschance, wenn sie ihre Wirte nur langsam besiedeln. Lokalläsionen bildende Wirte,* bei denen der Virusbefall auf die Infektionsherde beschränkt bleibt, geben den Viren nur eine geringe Chance, in geeignete Vekto-

---

[1]Es wird die Definition der Ökosysteme von Knijenburg, Mattäus und Stöcker zugrunde gelegt, nach der ein Ökosystem durch die Wechselwirkung seiner Compartments, d. h. aus rein funktionalen Gesichtspunkten ausgewählten Elementen des Ökosystems, untereinander und mit ihrer Umgebung bestimmt wird. Hierdurch wird den Anforderungen und Gegebenheiten einer in Entstehung begriffenen Virusökologie, die noch immer durch erhebliche Kenntnislücken gekennzeichnet ist, am ehesten Rechnung getragen.

ren und durch diese in neue Organismen und Areale zu gelangen und hierdurch zu überleben. *Sie sind Sackgassenwirte.*

Auch *die Schwere der ausgelösten Erkrankung* ist für die Verbreitung eines Virus und für sein Überleben von erheblicher Bedeutung. Wenn ein Virus zur schnellen Abtötung der gesamten Wirtspflanze oder der befallenen Teile führt, beschränkt es naturgemäß sein eigenes Dasein, es sei denn, es ist so stabil, daß es auch in totem Gewebe überdauern kann. Ferner sind durch Virusbefall geschädigte, schlecht wachsende Pflanzen in der Regel für das betreffende Virus nachteilig, da diese normalerweise nicht oder nur mäßig stark von Vektoren besiedelt werden. Auf diese Gegebenheiten dürfte zurückzuführen sein, daß sich bei Viren, die in unterschiedlich aggressiven Stämmen vorliegen oder bei denen diese durch Mutationen neu entstehen, vor allem die Virusstämme durchsetzen, die den Wirt wenig oder nicht schädigen.

Die Daseins- und Ausbreitungsmöglichkeiten der Viren sind ferner entscheidend davon abhängig, ob diese *oligophag* sind, also nur eine oder wenige Pflanzenarten befallen, oder ob sie *polyphag* sind, d. h. einen großen Wirtspflanzenkreis haben, wie z. B. das Gurkenmosaik-Virus. *Je größer der Wirtspflanzenkreis, desto mehr Möglichkeiten zum Überleben und zur Ausbreitung können wahrgenommen werden.*

In jedem effektiven Überlebenssystem ist die Notwendigkeit für ein Pflanzenvirus, sich in einem einmal besiedelten Areal zu behaupten, umgekehrt proportional zu seinen Möglichkeiten, sich auf neue Wirte und Gebiete auszubreiten. So können Viren, die bodenbewohnende Pilze oder Nematoden als Vektoren haben, infolge der geringen Beweglichkeit ihrer Vektoren in der Regel nur langsam neue Wirte und insbesondere Gebiete erreichen. Daher müssen sie sich dort, wo sie sich einmal etabliert haben, lange Zeit halten und haben oft auch entsprechende Möglichkeiten gefunden. Dabei müssen sie nicht unbedingt in der Wirtspflanze überdauern. So kann das Bodenübertragbare Weizenmosaik-Virus, das einen sehr engen Wirtspflanzenkreis von *einjährigen* Pflanzen besitzt und vor allem auf Weizen und nur vereinzelt auf Roggen vorkommt, naturgemäß nicht in seinen einjährigen Wirtspflanzen überdauern. Es kann sich aber dadurch halten, daß es in der Lage ist, viele Jahre in Dauersporen seines Überträgers, des bodenbewohnenden parasitischen Pilzes *Polymyxa graminis*, zu überleben. Wenn schließlich auf der Feldfläche einmal wieder Weizen angebaut wird, kann es daher unter Vermittlung der aus den Überdauerungssporen entlassenen Zoosporen wieder Wirtspflanzen infizieren, sich dort lebhaft vermehren und schließlich erneut in Dauersporen von *Polymyxa graminis* übergehen. Die Möglichkeiten, sich auf andere Areale auszubreiten, sind jedoch für das Virus sehr gering. Sie sind nur dann gegeben, wenn mit *Polymyxa-* Sporen kontaminierte Bodenpartikeln durch Wind, Drainagewasser, Landmaschinen usw. transportiert werden.

Ähnliche Verhältnisse liegen beim Erreger der Rizomania, dem Rübenwurzelbärtigkeits–Virus (beet necrotic yellow vein virus), vor, das die Erträge von Zuckerrüben außerordentlich stark vermindert. Auch dieses Virus kann sich in Dauersporen seines Überträgers, des Pilzes *Polymyxa betae*, jahre– bis jahrzehntelang halten. Da *Polymyxa betae* in gut durchfeuchteten Böden, die sich im Frühjahr rasch erwärmen, besonders günstige Entwicklungsbedingungen vorfindet, kommt das Rübenwurzelbärtigkeits–Virus gehäuft in Flußauen wärmerer Gebiete vor. Hier wird es längs oft Hochwasser führender Flußläufe in den Dauersporen seines Vektors, die unmittelbar oder in Erdpartikeln gebunden transportiert werden, effektiv auch über weite Strecken verbreitet.

Die durch das Rübenwurzelbärtigkeits–Virus hervorgerufenen starken Schäden sind erst in jüngerer Zeit auffällig geworden. Es ist unwahrscheinlich, daß sie zuvor übersehen worden sind. Hieraus erwächst die Frage nach den Ursachen für die offensichtlich in letzter Zeit erfolgte weltweit rasche Ausbreitung des Virus. Es ist zu erwägen, daß hieran eine Intensivierung der Virus–Vektor–Beziehungen Anteil haben könnte.

Während die vorstehend angeführten, durch bodenbewohnende *Polymyxa*-Arten übertragenen Viren oligophag sind, *haben viele durch langsam im Boden wandernde Nematoden übertragene Viren einen mehr oder weniger breiten Wirtspflanzenkreis.* Einen weiten Wirtspflanzenkreis hat z. B. das Himbeerringflecken–Virus (raspberry ringspot virus). Zu diesem gehören neben ausdauernden Gewächsen, wie Himbeeren, Johannisbeeren und anderen Rosengewächsen, auch Unkräuter, z. B. Feldstiefmütterchen oder Hirtentäschel. Ähnlich breit ist der Wirtspflanzenkreis der das Virus übertragenden Nematoden, die vorwiegend der Gattung *Longidorus* angehören. Wenn das Virus durch die Nematoden auf Hirtentäschel und einige andere Unkräuter übertragen worden ist, verbreitet es sich in der gesamten Pflanze und dringt schließlich auch in deren Samen ein. In ihnen kann es überwintern und auch oft über größere Strecken verbreitet werden. Hierdurch gelangt es auch in neue Areale. Diese kann das Virus jedoch nur dauerhaft besiedeln, wenn dort die das Virus übertragenden Nematoden vorhanden sind. Ist das nicht der Fall, geht es mit den einjährigen Unkräutern zugrunde, insofern es nicht wieder in deren Samen gelangt.

Wesentlich günstigere Möglichkeiten, neue Wirte zu besiedeln, in einem einmal besiedelten Areal zu überdauern und darüber hinaus neue Areale zu erreichen, haben polyphage Viren, die sich sowohl in ein– als auch in mehrjährigen Pflanzen gut vermehren und überdies von gut beweglichen Vektoren effektiv übertragen werden. So befällt beispielsweise das Gerstengelbverzwergungs–Virus neben den vier Hauptgetreidearten auch Mais und Reis und darüber hinaus viele Gräser, in denen es überwintert. Wenn die Klimabedingungen im Frühsommer die Mobilität der das Virus übertragenden Blattläuse, zu denen besonders Arten der Gattungen *Macrosiphum* und *Rhopalosiphum* zählen, begünstigen, kann sich das Gerstengelbverzwergungs–Virus rasch und in oft dramatischer Weise von den Gräsern, in denen es überwintert hat, in die Getreideschläge ausbreiten und dort zu schweren Schäden führen. Ähnlich liegen die Verhältnisse beim Gurkenmosaik–Virus, das daher weltweit verbreitet ist.

Etwas anders ist das Überlebenssystem des Kräuselschopf–Virus der Zuckerrübe (beet curly top virus) gestaltet. Das Virus, das vor allem in semiariden Gebieten Amerikas verbreitet ist, überwintert in Wüstenpflanzen und wird im Frühjahr durch wandernde Zikaden, z. B. der Art *Eutetix tenellus*, über beachtliche Entfernungen hinweg auf Pflanzen übertragen, die auf gut bewässerten Feldflächen wachsen. Hier breitet es sich nicht nur rasch in Beta–Rüben aus, sondern auch in zahlreichen Leguminosen, Kürbisgewächsen, Nachtschattengewächsen, Kreuzblütlern sowie Umbelliferen und verursacht durchweg erhebliche Schäden. Das Kräuselschopf–Virus wird durch seine Vektoren so effektiv verbreitet, daß es kaum abträglich ist, daß es nur in mehrjährigen Pflanzen überwintern kann, die in relativ weit entfernten Arealen wachsen, zu denen es im Herbst von den einjährigen Kulturpflanzen zurückkehren muß.

In *tropischen Gebieten*, in denen sowohl Pflanzen als auch Virusvektoren ganzjährig günstige Bedingungen vorfinden, können die Viren ständig von geeigneten Viruswirten auf andere übertragen werden, und ein Abreißen der Infektketten ist nicht zu befürchten. Offensichtlich durch diese Bedingungen begünstigt, sind *in tropischen Gebieten nichtpersistent durch Blattläuse übertragbare Viren vorherrschend*. Es ist dort nicht nachteilig, daß die nichtpersistenten Viren an den Mundwerkzeugen ihrer Überträger nach verhältnismäßig kurzer Zeit inaktiviert werden, da in steter Aufeinanderfolge kurzlebige Pflanzen und Unkräuter als neue Wirte zur Verfügung stehen.

Aus Ökosystemen, in denen bestimmte Viren nicht effektiv verbreitet werden und in denen sie überdies ungünstige Vegetationsperioden nicht zu überdauern vermögen, verschwinden diese dagegen in der Regel wieder, nachdem sie von Gebieten, die ihnen günstige Überlebensbedingungen geboten haben, dorthin verschleppt worden sind. Die Gefahren, die durch Einschleppung von Viren aus anderen Gebieten erwachsen, können somit unterschiedlich groß sein und sind nur durch sorgfältige Vergleiche der Ökosysteme abzuschätzen.

8.3.4 Anpassung der Überlebensstrategien der Viren an verschiedene Pflanzengemeinschaften

Die in einer taxonomischen Gruppe zusammengefaßten Viren (vgl. Abschnitt 5.3) überleben und verbreiten sich oft in ähnlicher Weise. Dabei bieten offenbar bestimmte Replikations- und Verhaltensweisen bzw. Eigenschaften unter bestimmten ökologischen Bedingungen Vorteile gegenüber anderen Überlebenssystemen. Es ist daher von Interesse zu verfolgen, inwieweit und wodurch Virusgruppen an besondere Formen von Lebensgemeinschaften angepaßt sind. Die wenigen Ergebnisse, die über die Beziehungen zwischen Biozönosetypen i.e.S. und den in diesen vorkommenden Viren vorliegen, lassen allerdings zur Zeit nur in beschränktem Umfang Verallgemeinerungen zu. Einige Rückschlüsse sind jedoch aus den Ergebnissen vergleichender Untersuchungen über das Virusauftreten in verschiedenen *Kulturbiozönosen*, d. h. Lebensgemeinschaften, die unter Einwirkung des Menschen aus natürlichen Lebensgemeinschaften entstanden sind, möglich. Weitere Aufschlüsse ergeben sich aus der Gegenüberstellung der in Kulturbiozönosen gewonnenen Befunde und der in *Wildbiozönosen*, d. h. vom Menschen nicht oder nur wenig beeinflußten Biozönosen erhaltenen Ergebnisse.

Am besten untersucht sind von den Kulturbiozönosen die *Agrozönosen*, also Lebensgemeinschaften von ackerbaulich genutzten Kulturpflanzen, die auch die in diesen vorkommenden Ackerunkrautgesellschaften sowie Tiergemeinschaften umfassen. Die Agrozönosen zeichnen sich dadurch aus, daß dichte Populationen genetisch einander sehr ähnlicher Individuen der gleichen Art in gleichen Entwicklungsstadien auf Landflächen von z. T. erheblicher Größe vorkommen und vom Menschen zweckgerichtet durch Bodenbearbeitung, Pflege und Schutz vor Krankheiten und Schädlingen sowie durch regelmäßige vollständige oder teilweise Entnahme der Kulturpflanzen oder von Teilen beeinflußt werden. Überdies wird die Zusammensetzung der Arten der Agrozönosen in regelmäßigen Zeitabschnitten durch Fruchtfolgen verändert, was zur Unterbrechung natürlicher Sukzessionen führt und die Überdauerung sowie Ausbreitung von Viren erschwert. Es gibt jedoch eine Anzahl von Virusgruppen, die sich den Bedingungen der Agrozönosen vorzüglich angepaßt haben und dementsprechend oft auch große Schäden verursachen. Diese bezeichnet Harrison als CULPAD-Viren (= *cul*tivated *p*lants *ad*apted viruses). Ihnen stellt er die Viren gegenüber, die in Gemeinschaften von Wildpflanzen, die nur wenig vom Menschen beeinflußt werden, leben und die WILPAD-Viren (=*wil*d *p*lants *ad*apted viruses) genannt werden.

In Agrozönosen behaupten sich vor allem Viren, die in ihrem Wirt rasch hohe Konzentrationen erreichen, ohne diesen wesentlich zu schädigen. Oft sind sie auch außerhalb ihres Wirtes verhältnismäßig beständig, so daß in den Kulturpflanzenbeständen, in denen die einzelnen Pflanzen in der Regel sehr nahe beieinander stehen, *die mechanische Virusübertragung bedeutsam* werden kann. Über die angeführten Eigenschaften verfügen die *Potexviren*, von denen wir 11 Arten vorwiegend in Kulturpflanzen vorfinden. Vor allem befallen die Potexviren, von denen das Kartoffel-X-Virus eines der bekanntesten ist, solche

Pflanzen, bei denen sie in Pflanzenteilen, die der vegetativen Vermehrung dienen, überwintern können. Auch viele *Tobamoviren*, z. B. Tabak- und Gurkengrünscheckungsmosaik-Virus, kommen vorwiegend in Kulturpflanzen vor. Sie sind in der Lage, auch in abgestorbenen Pflanzenteilen oder an der Samenschale zu überdauern. Wie bei den Potexviren wird bei den Tobamoviren durch Maßnahmen der Bodenbearbeitung und durch Pflegemaßnahmen, die eine fortlaufende Berührung der Pflanzen bedingen, z. B. Ausgeizen, Verschneiden, Anbinden usw., die Virusübertragung auf weiter entfernte Pflanzen gefördert. Auch kleinere, sehr spezialisierte Biotope können auf diese Weise stark von Viren dieser Gruppen befallen werden, z. B. Tabakfelder oder Tomaten- bzw. Gurkenbestände in Gewächshäusern.

Das Gerstengelbmosaik-Virus und andere mit diesem in enger Beziehung stehende Viren der *Potyvirusgruppe* sind CULPAD-Viren mit einem sehr engen Wirtspflanzenkreis, in dem sie sich behaupten können, obwohl sie durch ihre bodenbewohnenden pilzlichen Vektoren nur langsam übertragen werden. Sie kommen am häufigsten auf Landflächen vor, die in aufeinanderfolgenden Jahren wiederholt von derselben Kulturpflanze bestellt werden. In Monokulturen können sie sich innerhalb weniger Jahre drastisch ausbreiten und die Ernterträge so stark dezimieren, daß der weitere Anbau der geschädigten Wirtspflanze nicht mehr lohnt. Sie überstehen aber in ihrem Überträger auch viele aufeinanderfolgende Vegetationsperioden, in denen auf den entsprechenden Schlägen keine für sie geeigneten Wirtspflanzen angebaut werden. Aus befallenen Schlägen können daher diese Viren weder durch außerordentlich weit gestellte Fruchtfolgen ohne Wirtspflanzen noch durch andere Maßnahmen wieder entfernt werden.

Das Nekrotische Kirschringflecken-Virus, das Apfelmosaik-Virus und weitere *Vertreter der Ilarviren* sind vorwiegend an langlebige Holzgewächse, u. a. Obstgewächse, angepaßt. Sie werden hauptsächlich durch Pollen übertragen, daneben auch durch Samen. Infolge der Langlebigkeit ihrer Wirte ist es für ihr Überleben und ihre Verbreitung nicht erforderlich, daß sie in den Wirten hohe Konzentrationen erreichen und daß die Übertragung effektiv erfolgt.

Verschiedene Viren kommen sowohl in Gemeinschaften von Kulturpflanzen als auch in Gemeinschaften von Wildpflanzen vor. Sie sind somit *weder ausgesprochene CULPAD- noch ausgesprochene WILPAD-Viren.* In diesem Zusammenhang sind die *Cucumo-Viren*, von denen das Gurkenmosaik-Virus die bekannteste Virusart ist, *viele Potyviren*, z. B. das Kartoffel-Y- und -A-Virus, das Gewöhnliche Bohnenmosaik-Virus und das Scharka-Virus der Pflaume, die *pflanzlichen Rhabdoviren*, z. B. das Erdbeerkräusel-Virus, das Maismosaik-Virus und das Kartoffelgelbverzwergungs-Virus, sowie die *Tymoviren* mit dem Wasserrübengelbmosaik-Virus als Typus zu nennen. Die entsprechenden Viren haben in der Regel einen sehr breiten Wirtspflanzenkreis und werden effektiv durch tierische Vektoren, besonders Insekten, übertragen. Diese ermöglichen es den Viren in jeder Vegetationsperiode erneut, sich von langlebigen Wildpflanzen oder Pflanzenteilen, die der vegetativen Vermehrung dienen, rasch auch in Kulturpflanzenbeständen zu verbreiten.

Die WILPAD-Viren sind daran angepaßt, in wildlebenden und damit oft nur verstreut vorkommenden Pflanzen zu überleben. Sie gehen jedoch gelegentlich auch auf Kulturpflanzen über. Zu den WILPAD-Viren werden das *Tabakmauche-Virus*, das Pflanzen aus über 50 Pflanzenfamilien befällt, *eine Anzahl von Luteoviren, verschiedene Nepoviren, z. B. das Arabis*-Mosaik-Virus sowie *Geminiviren* gestellt. Zu ihren wesentlichen Vektoren zählen Blattläuse, Zikaden, Heuschrecken, Mottenschildläuse und auch Nematoden.

Die WILPAD-Viren zeichnen sich durch lange Persistenz in ihren Vektoren aus. Dadurch können sie in aktiv fliegenden oder passiv mit dem Wind verschleppten Vektoren über beträchtliche Entfernungen transportiert werden und auch verstreut wachsende Pflanzen erreichen. In ihren Nematoden-Vektoren können die entsprechenden WILPAD-Viren überdauern, bis diese schließlich in langsamer Wanderung im Boden die Wurzeln einer anderen geeigneten Wirtspflanze erreichen. Gelegentlich werden die Nematoden samt Viren auch durch Tiere, Menschen und Geräte mit anhaftender Erde in neue Gebiete verschleppt.

Der große Wirtspflanzenkreis, der in der Regel neben einjährigen Pflanzen Stauden und Sträucher sowie Bäume umfaßt, trägt neben den aktiven Vektoren dazu bei, daß die WILPAD-Viren in Wildpflanzengesellschaften mit ihren vielen, in der Regel verstreut vorkommenden Pflanzenarten bestehen können.

8.3.5 Einflüsse von Klima und Wetter auf das Auftreten und die Verbreitung von Pflanzenviren

Klima und Wetter beeinflussen nicht nur unmittelbar die Virusreplikation, sondern auch die Virusvektoren und die Wirtspflanzen. Dabei kommt es zu zahlreichen witterungsabhängigen Wechselwirkungen zwischen Viren, Vektoren und Wirtspflanzen.

Die Intensität der Replikation der Viren wird wesentlich von der Lufttemperatur beeinflußt. Viele Viren replizieren sich offensichtlich optimal bei den Lufttemperaturen, an die sie angepaßt sind. Von zwei serologisch nahe verwandten Tymoviren, die beide im tropischen Gebiet Amerikas vorkommen, repliziert sich beispielsweise das Eierpflanzenmosaik-Virus, das aus den küstennahen Gebieten der Karibik stammt, im Gewebe seiner Wirtspflanzen optimal bei höheren Temperaturen, während sich das Latente Anden-Kartoffel-Virus, das aus den Hochlandregionen der Anden stammt und offensichtlich noch immer an die dort vorherrschenden niedrigen Temperaturen angepaßt ist, bei erheblich niedrigeren

Temperaturen optimal repliziert. Ein Stamm des Tabakmauche–Virus aus Brasilien hat sein Vermehrungsoptimum bei wesentlich höheren Temperaturen als ein Stamm dieses Virus aus Schottland. Das Kartoffelspindelknollen–Viroid vermehrt sich am besten bei Temperaturen von 30 °C. Daher ist es fraglich, ob sich dieses Viroid, dessen Einschleppung nach England durch strenge Quarantänemaßnahmen verhindert werden soll, in diesem Inselstaat mit maritim–kühler Witterung tatsächlich so rasch wie befürchtet ausbreitet, falls es eingeschleppt würde.

Die *Lufttemperatur* beeinflußt nicht nur die Intensität der Virusreplikation, sondern auch die *Aktivität der Virusvektoren*, die ein wichtiges Glied in den Überlebenssystemen der Viren darstellen. So sind beispielsweise in den Tropen Mottenschildläuse und Zikaden wesentlich bedeutsamere Vektoren als in gemäßigten Zonen. Gleiches trifft für Käfer zu. Dabei ist allerdings zu berücksichtigen, daß sich die Tropen von den gemäßigten Klimazonen nicht nur durch die Temperatur, sondern auch durch die Niederschlagsmenge, die Luftfeuchtigkeit und einige weitere das Klima bestimmende Faktoren unterscheiden.

Umgekehrt spielen offenbar andere Vektorengruppen, vor allem Nematoden sowie Pilze und Urpilze, in gemäßigten Klimazonen eine wesentlich größere Rolle als in den Tropen. Allerdings ist das in den vergangenen Jahren wieder in Frage gestellt worden, als in den Tropen zahlreiche bisher dort unbekannte nematodenübertragbare Viren nachgewiesen worden sind. Gleiches trifft für Viren zu, die Pilze als Vektoren haben. Diese neueren Befunde legen die Vermutung nahe, daß das gegenwärtig bekannte stärkere Vorkommen durch Nematoden bzw. Urpilze übertragbarer Viren in gemäßigten Klimazonen eher die Verteilung der Virologen auf die einzelnen Klimazonen als die der Viren widerspiegelt.

Eine wesentliche Ursache für die größere Intensität der Virusübertragung und das stärkere Virusvorkommen in den Tropen ist offensichtlich auch darin zu sehen, daß dort eine größere Kollektion von Virusvektoren vorhanden ist, was eine größere Zahl von Virusüberlebenssystemen und damit eine bessere Sicherung der Existenz der Viren zur Folge hat.

In den gemäßigten Klimazonen, in denen die Temperaturen nicht nur zwischen den verschiedenen Jahreszeiten, sondern auch innerhalb einer Jahreszeit oft beträchtlichen Schwankungen unterworfen sind, die überdies in verschiedenen Jahren unterschiedlich hoch sein können, *führt die Temperaturabhängigkeit der Vektoraktivität oft zu jahrweisen Schwankungen in der Intensität des Virusauftretens.* Temperaturen unter 15,5 °C unterbinden den Blattlausflug und schränken hierdurch die Virusübertragung wesentlich ein. Bei höheren Temperaturen steigt dagegen sowohl die Aktivität der Blattläuse als auch die Viruskonzentration in den Wirtspflanzen rasch an. Die Blattläuse nehmen die Viren mit größerer Wahrscheinlichkeit und in höheren Konzentrationen auf und verbreiten sie infolge erhöhter Flugaktivität sehr effektiv. *Daher sind Jahre mit warmen, besonders solche mit schwülwarmen Sommern oft „Virusjahre".*

Bei bestimmten Zikaden, die das Virus des Amerikanischen Streifenmosaiks des Weizens übertragen, wirkt sich die Temperatur in anderer Weise auf die Effektivität der Virusübertragung aus. Die Zikaden nehmen zwar das Virus innerhalb eines weiten Temperaturbereiches zwischen 10 und 33 °C auf. Bei höheren Temperaturen verkürzt sich jedoch die Latenzzeit im Vektor, d. h., der Vektor wird nach der Aufnahme des Virus schneller infektionstüchtig. Aus diesem Grund steigt die Infektionsrate bei höheren Temperaturen erheblich an.

Auch *Niederschlag* und *Feuchtigkeit* beeinflussen die Virusvermehrung und -ausbreitung oft in erheblichem Ausmaß, in der Regel allerdings indirekt über Wirtspflanzen und Vektoren. Wenn reichliche Niederschläge fallen und die Luftfeuchtigkeit hoch ist, wachsen die Pflanzen rasch, bleiben jedoch in der Regel zart und bilden nur dünnes Abschlußgewebe aus. Daher werden die Pflanzen hochanfällig für Viren, und zwar besonders für solche, die unter natürlichen Bedingungen mechanisch verbreitet werden. Aber auch nichtpersistent durch Blattläuse übertragbare Viren werden offenbar besser auf gut mit Wasser versorgte Pflanzen übertragen. Andererseits beeinflußt starker Regen das Gedeihen und die Wanderung von Blattläusen negativ. So verhindern niederschlagsreiche Tage den Massenflug von Blattläusen. Es kommt jedoch bei hoher relativer Luftfeuchte, besonders wenn gleichzeitig die Lufttemperatur hoch ist, zur Massenvermehrung der Läuse. Wenn der Regen aufgehört hat, setzen daher die Befallsflüge oft mit großer Intensität ein.

Für die Schwarze Bohnen- oder Rübenlaus (*Aphis fabae*) und auch für zahlreiche weitere Blattlausarten ist eine Luftfeuchte von 60 bis 70% für den Befallsflug optimal. Aus dieser Abhängigkeit der Flugaktivität der Blattläuse erklärt sich, warum bestimmte Regionen mit relativ hohen Niederschlägen und Luftfeuchten sowie Temperaturen stärkere Blattlauspopulationen und oft auch höheren Virusbefall von Kultur- und Wildpflanzen aufweisen als trockene Regionen.

Für bodenbewohnende pilzliche Virusvektoren sind Bodentemperatur und Bodenfeuchtigkeit wesentliche Faktoren, die ihre Aktivität bestimmen. So wird z. B. das Rübenwurzelbärtigkeits-Virus, der Erreger der Rizomania der Zuckerrübe, durch seinen Vektorpilz *Polymyxa betae* besonders effektiv übertragen, wenn sich im Frühjahr gut durchfeuchteter Boden rasch erwärmt.

Wind beeinflußt die mechanische Virusübertragung und vor allem die Virusverbreitung durch Vektoren. Indem der Wind durch Aneinanderreiben von Stengeln und Blättern Wunden entstehen läßt, durch die Viren mit dem Zellinhalt von einer Pflanze auf die andere gelangen können, werden *mechanische Spontaninfektionen gefördert,* und zwar vor allem in niederschlagsreichen Gebieten, in denen die Pflanzen relativ zart und damit leicht verletzbar bleiben.

Besonders stark fördert Wind die Ausbreitung von Viren, deren Vektoren passiv verweht werden. So wird beispielsweise das Weizenstrichelmosaik–Virus in Kanada in seinem Vektor, der Milbe *Aceria tulipae*, effektiv übertragen.

Wind kann aber auch die Virusverbreitung durch Vektoren, die zu aktivem Flug befähigt sind, beträchtlich beeinflussen. Geflügelte Blattläuse können wohl noch bei Windgeschwindigkeiten bis zu 3 m/sec aktiv starten. Aber bereits bei Windgeschwindigkeiten über 0,7 m/sec sind die Blattläuse nicht mehr in der Lage, ihren Flug aktiv zu steuern. Das hat zur Folge, daß auch die Ausbreitung von Viren durch zu aktivem Flug befähigte Vektoren wesentlich von der Windrichtung bestimmt wird. Gleiches gilt im Prinzip auch für die Verbreitung von Viren, die Zikaden als Vektoren haben, obwohl diese in der Lage sind, ihren Flug noch bis zu Windgeschwindigkeiten bis zu 0,9 m/sec aktiv zu steuern.

Da die Vektoren vom *Wind* oft über weite Strecken verschleppt werden, kann es auch zu *massenweisen Ferntransporten von vektorübertragbaren Viren* kommen. So wurde beobachtet, daß durch ständig mit einer Geschwindigkeit von 5 bis 10 m/sec wehende Südwinde massenhaft virusinfizierte Blattläuse vom Kontinent nach Südschweden verschleppt worden sind, die dann zu einer 100%igen Infektion von Zuckerrübenbeständen mit dem Nekrotischen Rübenvergilbungs–Virus geführt haben. In Nordamerika werden alljährlich von den südlichen Ebenen aus Blattläuse der Art *Schizaphis graminum* durch beständigen Südwind bis in die nördliche Zentralregion (Iowa und Wisconsin) und nicht selten sogar bis nach Kanada transportiert. Etwa drei Wochen nach dem Eintreffen der Blattläuse, die gewöhnlich in diesen Gebieten nicht überwintern können, werden die ersten Infektionen mit dem persistenten Gerstengelbverzwergungs–Virus sichtbar, das in seinen Vektoren die lange Reise angetreten hatte und normalerweise von diesen im neuen Gebiet auch rasch in den Wirtspflanzenbeständen verbreitet wird.

Die Ausbreitung von Virusinfektionen im Pflanzenbestand erfolgt jedoch nicht immer in der bevorzugten Windrichtung, da Blattläuse gegen den Wind fliegen, wenn sie in Landestimmung sind, insofern die Windgeschwindigkeit das zuläßt. *Windschutzstreifen und sonstige Flurgehölze* vermindern in ihrem Windschatten die Windgeschwindigkeit. Daher können die Blattläuse dort zum gezielten Landeanflug ansetzen und bevorzugte Wirtspflanzen besiedeln. Hierdurch kommt es im Windschatten von Flurgehölzen oft zu gehäuftem Virusauftreten und damit zum Ausgangspunkt für die Durchseuchung des Bestandes mit Viren. Doch auch direkt *vor einem Windschutz* ist die Blattlausdichte und damit die Zahl virusbefallener Pflanzen oft erhöht. Das ist offensichtlich auf *Luftturbulenzen* zurückzuführen, die die Blattläuse passiv in den Pflanzenbestand hineindrücken.

8.3.6 Einfluß der Bodenart

Art und Zustand des Bodens können sich *unmittelbar auf durch den Boden übertragbare Viren* auswirken, die an Pflanzenrückständen und oft auch an Bodenpartikeln adsorbiert vorliegen. In trockenem, kompaktem Boden bleiben die Viren lange Zeit aktiv erhalten, während feuchte, gut durchlüftete Böden die Inaktivierung der Viren begünstigen. So ist beispielsweise in den ausgedehnten Tabakkulturen von Sumatera (Sumatra) das Tabakmosaik-Virus viel häufiger auf grauem bis weißem Alluvialboden als auf rötlichem residuärem Boden verbreitet.

Darüber hinaus beeinflußt der Boden die Virussituation mittelbar durch Förderung oder Hemmung der im Boden lebenden Virusvektoren. Beispielsweise kommen die Nematoden der Gattungen *Longidorus* und *Trichodorus*, die für eine große Zahl von Virusarten ausgezeichnete Vektoren sind, vor allem in Alluvial- und Diluvialböden vor, während Löß- und Verwitterungsböden nahezu frei von den genannten Nematoden sind.

Auch das Vorkommen des Rübenkräusel-Virus steht in enger Beziehung zur Bodenart. Es kommt im europäischen Raum vorwiegend auf sandigen Böden vor, z. B. im Südwesten Polens, in nördlichen Regionen der neuen Bundesländer und im Nordwesten der alten Bundesländer. Sein Vektor, die Rübenblattwanze (*Piesma quadratum*), ist jedoch auch auf Lößböden, z. B. des nördlichen Harzvorlandes, zu finden, nicht jedoch das Virus. Warum die Übertragung des Virus nicht nur vom Vorkommen seines Vektors, sondern offensichtlich auch vom Boden mitbestimmt wird, ist noch nicht bekannt.

Boden mit starkem Humusanteil ist oft ein Reservoir des pilzlichen Vektors *Olpidium brassicae* und damit auch des von diesem übertragenen Tabaknekrose-Virus. Dieses Virus sowie gegebenenfalls auch das dazugehörige Satellitenvirus werden durch die Zoosporen des genannten Pilzes relativ fest adsorbiert und schließlich auf einen neuen Wirt übertragen.

Die Verbreitung von *Polymyxa betae* und damit auch die des von diesem übertragenen Rübenwurzelbärtigkeits-Virus wird durch relativ schwere Böden begünstigt, und zwar besonders dann, wenn diese gut durchfeuchtet und erwärmt sind.

8.3.7 Gebiete und Standorte mit unterschiedlich starker Infektionsgefährdung; einige Aspekte der Virogeographie

Aus dem Zusammenwirken der in den vorangegangenen Abschnitten erörterten Faktoren, die Vermehrung, Ausbreitung und Überdauerung der Viren und ihrer Vektoren beeinflussen, ergibt sich eine *unterschiedlich starke Infektions-gefährdung verschiedener Gebiete und Standorte*, wie das z. B. aus Vergleichen zwischen den Tropen und gemäßigten Klimazonen deutlich geworden ist.

Bei den nachfolgenden Erörterungen, die sich auf Europa und besonders Deutschland konzentrieren sollen, muß allerdings in Kauf genommen werden, daß die Faktoren, die die geographische Verteilung mitbestimmen, noch nicht in allen Fällen erkannt worden sind. So tritt beispielsweise das Allgemeine Wassermelonenmosaik–Virus, das auf vielen Gurkengewächsen sowie in zahlreichen Pflanzenarten außerhalb der Familie der Gurkengewächse vorkommt, im gesamten südosteuropäischen Raum stark verbreitet auf und verursacht dort zum Teil erhebliche Schäden. Die Verbreitungsgrenze liegt etwa beim Fluß March (Morava). Weiter westlich ist das Virus nur sporadisch festgestellt worden, obwohl auch in diesem Gebiet die gleichen, das Allgemeine Wassermelonenmosaik–Virus übertragenden Blattläuse vorkommen. Ebenso sind Wirtspflanzen und Pflanzen, in denen das Virus überwintern kann, in etwa gleicher Zahl vorhanden. Auch klimatisch unterscheiden sich viele Gebiete, z. B. des Böhmischen Beckens oder längs des Oberlaufs der Donau sowie längs des Mains oder Rheins, nicht wesentlich vom südosteuropäischen Raum. Damit spielen bei der geographischen Verbreitung des Allgemeinen Wassermelonenmosaik–Virus offensichtlich bisher noch unbekannte oder zu wenig beachtete Faktoren eine wesentliche Rolle.

Deutliche Beziehungen zeichnen sich in Deutschland zwischen geographischen Gegebenheiten und der Stärke des Auftretens von Kartoffelviren bzw. der Höhe der durch diese verursachten Schäden ab. Die Unterschiede sind so gravierend, daß man zwischen *Gesundheitslagen* und *Abbaulagen*, d. h. Gebieten, in denen es infolge starken Virusauftretens zu einem raschen Verfall der Ernteerträge kommt, unterscheidet. Gesundheitslagen sind vor allem nördliche Landesteile und, vielfach allerdings mit gewissen Einschränkungen, auch Mittelgebirgslagen. Zu den Abbaulagen zählen besonders mittel–, west– und süddeutsche Tiefebenen und die Gebiete längs der Flüsse.

Die Unterschiede zwischen Gesundheits– und Abbaulagen sind vor allem durch das zeitlich unterschiedliche Auftreten und die Häufigkeit der virusübertragenden Blattläuse bedingt. Die wesentliche Ursache hierfür ist darin zu sehen, daß in Gesundheitslagen der *Pfirsichbaum, der Winterwirt der Grünen Pfirsichblattlaus*, des Hauptüberträgers der gefährlichsten Kartoffelvirosen, nicht oder nicht gut gedeiht bzw. kaum angebaut wird. Daher haben die Blattläuse aktiv oder passiv einen weiten Weg zurückzulegen, bis sie verhältnismäßig spät im Frühjahr bzw. erst im Frühsommer auf Kartoffelschlägen der Gesundheitslagen eintreffen. Hier müssen sie erst die zunächst in der Regel auf relativ wenige Pflanzen beschränkten Viren aufnehmen, bevor sie infektionstüchtig sind.

Inzwischen haben sich die Kartoffelpflanzen bereits gut entwickelt und vermehren die Viren wesentlich schlechter als die jüngeren Pflanzen. Darüber hinaus zeichnen sich die Gesundheitslagen oft durch verhältnismäßig niedrige Temperaturen aus, in denen die Vermehrung und die Aktivität der virusübertragenden Blattläuse stark vermindert ist. Auch ist dort das Temperaturoptimum der Virusvermehrung an vielen Tagen beträchtlich unterschritten.

In Abbaulagen, in denen der Pfirsichbaum verbreitet vorkommt, erreichen dagegen die von diesem im späten Frühjahr abwandernden Blattläuse infolge des kurzen Weges die Kartoffelbestände verhältnismäßig schnell und verbreiten die Kartoffelviren zu einer Zeit in den Beständen, in der die Pflanzen in einem für Viren besonders empfänglichen Entwicklungsstadium sind. Verhältnismäßig hohe Temperaturen fördern oft zusätzlich die Vermehrung und Aktivität der Blattläuse und damit die Verbreitung der Viren.

Besonders infektionsgefährdet sind die Kartoffel und andere Kulturen in Abbaulagen in der Nachbarschaft von Großstädten, besonders von Berlin, sowie sonstigen Ballungsgebieten. Hierfür ist nicht nur ein verstärkter Pfirsichanbau in Plantagen, Gärten und Kleingärten von Bedeutung, der besonders kurze Wege vom Winterwirt auf Kartoffel, Tomate und andere Wirtspflanzen ermöglicht. Persistent mit Viren infizierte Blattläuse finden vielmehr dort im Herbst zahlreiche frostsichere Unterschlupfmöglichkeiten und können die in ihnen überwinternden Viren im Frühjahr rasch und effektiv innerhalb der Wirtspflanzen verbreiten, zumal die Jahresdurchschnittstemperatur in der Nähe großer Städte im Vergleich zu ländlichen Gebieten um 1 bis 2 °C erhöht sein kann, wodurch die Aktivität der Blattläuse gesteigert wird. Nicht infizierte Blattläuse können nach der Überwinterung oder nach der Abwanderung vom Winterwirt in Ballungsgebieten überdies Viren aus pflanzlichen Infektionsreservoiren aufnehmen, die in Städten und stadtnahen Gebieten in großer Zahl vorhanden sind, da in Gärten, Kleingärten usw. auf engstem Raum neben einjährigen Pflanzen auch Zwiebelgewächse, Stauden und Gehölze angebaut werden, die für zahlreiche Viren gute Vermehrungs- und Überwinterungsmöglichkeiten bieten. Aber auch die zahlreichen *Ruderalstandorte*, die in der Nähe menschlicher Siedlungen entstanden sind, stellen umfangreiche Virusreservoire und damit ein wesentliches Moment für die Ökologie und Epidemiologie der Pflanzenviren dar.

Für den Virologen von besonderem Interesse sind im aufgezeigten Zusammenhang *botanische Gärten* und, wenn auch in geringerem Maße, *Zuchtgärten* des Pflanzenzüchters. In beiden Einrichtungen werden eine Fülle von Pflanzenarten, -unterarten, -sorten und -herkünften zusammengetragen und mit diesen oft Viren und manchmal auch deren Überträger. Eine Vielzahl von Viren sowie Pflanzenarten unterschiedlicher Empfänglichkeit gegenüber Viren sind damit auf engstem Raum vereint. Deshalb vermitteln die genannten Standorte oft interessante Aufschlüsse über die Infektionsgefährdung der einzelnen Pflanzenarten und von Formen unterhalb der Art durch verschiedene Viren. Ebenso können Erkenntnisse über den spontanen Wirtskreis der verschiedenen Viren gewonnen werden. Ob botanische Gärten in stärkerem Maße zu einer Verschlechterung der Virussituation beitragen als eine Häufung von Gärten oder ob von diesen gar eine erhebliche Gefahr ausgeht, wie dies verschiedentlich befürchtet wird, sei dahingestellt, zumal sich Viren, die in ein Gebiet eingeschleppt worden sind, in dem sie nicht heimisch sind, dort oft nicht halten können, wie das bereits in vorangegangenen Abschnitten erwähnt worden ist.

8.4 Der Einfluß der menschlichen Tätigkeit auf Ökologie und Epidemiologie der Pflanzenviren

8.4.1 Veränderung der Virussituation durch Schaffung von ökologischen Ungleichgewichten

Die Anstrengungen des Menschen sind von jeher auf die größtmögliche Befriedigung seiner Lebensbedürfnisse gerichtet. In diesem Bestreben ist er bereits vor langer Zeit vom reinen Sammeln darauf übergegangen, für ihn wichtige Pflanzen anzubauen und deren Erträge durch verschiedene Maßnahmen zu verbessern. Damit hatte er begonnen, *Ungleichgewichte zu schaffen*, indem er die Gleichgewichte beschädigte, die in der unberührten Natur zwischen Pflanzen- und Tiergesellschaften und sicherlich auch zwischen Wirtspflanzen, Viren und Virusvektoren bestanden haben.

Besonders in den letzten beiden Jahrhunderten sind durch Eingriffe des Menschen, die im weitesten Sinne als *Kulturmaßnahmen* bezeichnet werden können, zunehmend Veränderungen in den natürlichen Ökosystemen erfolgt, die Pflanzenviren zahlreicher Virusgruppen und oft auch den Vektoren immer bessere Ausbreitungsmöglichkeiten boten. Dabei hat zweifellos die Umgestaltung der natürlichen Vegetation zu weitgehend künstlichen, aus Kulturpflanzen und Unkräutern bestehenden Pflanzengesellschaften und in jüngerer Zeit vor allem die zunehmende Verarmung und Verengung der Fruchtfolgen durch Bevorzugung weniger Pflanzenarten für den Anbau und durch immer raschere Aufeinanderfolge der einzelnen Kulturpflanzen bis hin zur Monokultur die Entwicklung großer Virus- und Vektorpopulationen ermöglicht.

Schwer fällt auch ins Gewicht, daß bei der Pflanzenselektion und Pflanzenzüchtung leistungsfähige Genotypen ohne Rücksicht auf ihre mögliche Virusanfälligkeit bevorzugt worden sind und z. T. noch immer bevorzugt werden. So wurden beispielsweise Zuckerrohrsorten selektiert, die bei guter Massenwüchsigkeit einen hohen Zuckergehalt erreichten. Diese waren aber zunehmend anfällig gegen das Zuckerrohrmosaik–Virus. Bedingt durch zunehmende Zuckerrohr(mono)kultur, die vegetative Vermehrung durch Stecklinge und andere Faktoren konnte sich das Virus in nahezu allen Anbaugebieten des Zuckerrohrs so rasch ausbreiten, daß es zu Ertragsverlusten zwischen 60 und 80% kam und der Zuckerrohranbau weit unter die Rentabilitätsgrenzen abgesunken war. So war beispielsweise im amerikanischen Staat Louisiana die Zuckererzeugung von 400 000 t auf 50 000 t pro Jahr zurückgegangen. Erst die Züchtung hochtoleranter Sorten, die durch das Zuckerrohrmosaik–Virus kaum geschädigt werden, führte zur Behebung dieser gefährlichen Situation.

8.4.2 Überführung von Viren und Pflanzen auf neue Standorte

Auch die Überführung vieler Pflanzen und mit diesen oft auch ihrer Viren in neue Gebiete hat zu ökologischen Ungleichgewichten und hierdurch vielfach zu einer Verschärfung der Virussituation geführt. So wurden beispielsweise mit der Einführung der Kartoffel aus Südamerika nach Europa auch zahlreiche Viren importiert, die in der Insektenfauna Europas ausgezeichnete Virusvektoren vorfanden. Gleichzeitig begünstigten offenbar in Europa abiotische Umweltbedingungen die Ausbreitung der Kartoffelviren, die in der ursprünglichen Heimat der Kartoffel, den südamerikanischen Hochgebirgen, offensichtlich verhältnismäßig langsam erfolgt, und zwar nicht nur innerhalb der Kartoffelbestände, sondern auch in anderen Pflanzenarten.

Erst in jüngerer Zeit ist aus Südamerika, möglicherweise mit Zuchtmaterial, ein Stamm des Kartoffel–Y–Virus eingeschleppt worden, der bei der Kartoffel und auch beim Tabak zu schweren Schäden geführt hat. Dieser Virusstamm tritt an der Kartoffel in der Regel erst gegen Ende der Vegetationsperiode mit tintenstrichartigen Symptomen in Erscheinung und ruft das Krankheitsbild des „Spätstrichels" hervor. In den 50er Jahren hat dieser Spätstrichelstamm die europäischen Kartoffelanbauflächen mit ungeheurer Geschwindigkeit durchseucht. In vielen Kartoffelbeständen wurden innerhalb kurzer Zeit nahezu alle Pflanzen infiziert, und sogar in gegen Virusinfektionen bestmöglich abgeschirmten Zuchtgärten breitete sich der Spätstrichelstamm rasch aus. Die Folge war, daß zahlreiche anfällige Kartoffelsorten vom weiteren Anbau ausgeschlossen und durch gegenüber diesem Virusstamm resistentere Sorten ersetzt werden mußten. In Deutschland verschwanden auf diese Weise beispielsweise die Kartoffelsorten Bona, Böhms Mittelfrühe und Ackersegen vom Markt, die bei der Bevölkerung nicht zuletzt wegen ihrer Schmackhaftigkeit sehr beliebt gewesen sind.

Die Durchseuchung der Kartoffelbestände mit dem Spätstrichelstamm des Kartoffel-Y-Virus ging so schnell vor sich, daß zunächst nur das Phänomen, nicht aber die Ursache bekannt war. Dafür mußte in der ehemaligen DDR der Erhaltungszüchter zweier bekannter und beliebter Kartoffelsorten büßen. Er wurde wegen angeblicher Sabotage der Kartoffelzüchtung zu einer hohen Gefängnisstrafe verurteilt, und es bedurfte der Anstrengung namhafter Pflanzenzüchter und Virologen, die Verhältnisse klar zu stellen und dem Züchter die Freiheit wiederzubringen.

Noch stärkere Schäden als bei der Kartoffel entstanden durch den eingeschleppten Stamm des Kartoffel-Y-Virus beim Tabak, bei dem er das Krankheitsbild der *Tabakrippenbräune* hervorruft. Die Tabakrippenbräune breitete sich in den meisten Tabakanbaugebieten Europas und in den an das Mittelmeer angrenzenden Ländern Nordafrikas wie ein Strohfeuer aus und führte zu außerordentlich hohen Ertrags- und Qualitätsverlusten. Erst durch gemeinsame internationale Anstrengungen gelang es, diese Viruskrankheit auch beim Tabak einzudämmen, nicht zuletzt durch Schaffung neuer resistenter Tabaksorten oder durch Einkreuzung von Resistenzgenen in wegen ihrer Geschmackseigenschaften beliebte Tabaksorten. Einige bekannte und beliebte Tabaksorten fielen aber dem eingeschleppten Virusstamm zum Opfer und verschwanden vom Markt.

8.4.3 Kulturmaßnahmen

Düngung

Die Düngung kann die Virusanfälligkeit der Pflanzen beträchtlich beeinflussen. So erhöht *Stickstoffüberdüngung* die Anfälligkeit des Blumenkohls für das Blumenkohlmosaik-Virus. Bei der Kartoffel führen übermäßige Stickstoffgaben bzw. relativer Stickstoffüberschuß zu verstärkter Blattlausbesiedlung und -vermehrung und damit schließlich auch zur verstärkten Übertragung persistenter und nichtpersistenter Kartoffelviren. Diese verläuft umso erfolgreicher, als bei den durch Stickstoffdüngung physiologisch jung erhaltenen Pflanzen auch die Vermehrung und die Ausbreitung der Viren innerhalb der Pflanze und hierdurch wiederum die Virusaufnahme durch den Vektor begünstigt werden. Darüber hinaus wird das besonders anfällige Jugendstadium durch Stickstoffgaben verlängert, und die Altersresistenz wird hinausgeschoben. Auch die Verbreitung von Viruskrankheiten anderer Kulturpflanzen wird nicht selten durch hohe Stickstoffgaben in ähnlicher Weise beeinflußt. Sparsamer Umgang mit Stickstoffdüngung ist daher nicht nur aus gewässer- und pflanzenökologischer, sondern auch aus virusökologischer Sicht von Bedeutung.

Bei der Kartoffel verstärken auch *chlorhaltige Düngemittel* die Virusanfälligkeit. Demgegenüber hat *Kaliüberschuß* eine leichte Hemmung der Virusausbrei-

tung zur Folge. Optimale Versorgung mit *Phosphorsäure* beschleunigt bei der
Kartoffel die Reife und ruft hierdurch relativ früh auch eine gewisse Altersresistenz hervor, die zu einer vorzeitigen Verlangsamung der Virusvermehrung und
oft auch der Abwanderung der Viren in die Knollen führt.

Saat- und Pflanztermine

Saat- und Pflanztermine können die Virussituation erheblich beeinflussen. So
bleibt der Virusbefall unter den Bedingungen Mittel- und Nordeuropas in zahlreichen Kulturpflanzen verhältnismäßig gering, wenn die *Aussaat oder das Auspflanzen möglichst früh* erfolgen, denn die Populationen virusübertragender
Blattläuse bauen sich erst im Verlauf des Spätfrühlings und Frühsommers auf,
und die inzwischen erstarkten Pflanzen sind weniger anfällig gegen Virusinfektionen als gerade erst aufgelaufene.

*Der Übergang von der Frühjahrs- auf Herbstbestellung kann demgegenüber
die Virussituation drastisch verschlechtern.* So hat in England zunehmender Anbau von Wintergerste bei gleichzeitig verringertem Anbau von Sommergerste zu
einer beträchtlichen Erhöhung des Befalls mit dem Gerstengelbverzwergungs-
Virus geführt. Auch wurde nach Herbstaussaat ein wesentlich stärkerer Befall
mit dem pilzübertragbaren Gerstengelbmosaik-Virus festgestellt.

Bewirtschaftungsmaßnahmen

Auch Bewirtschaftungsmaßnahmen können darüber entscheiden, ob Viren
überhandnehmen oder nicht. So stärken bestimmte Bewirtschaftungsmaßnahmen die Konkurrenzfähigkeit virusinfizierter Pflanzen im Pflanzenbestand, während andere diese schwächen. Weidelgraspflanzen, die mit dem
Gerstengelbverzwergungs-Virus befallen sind, setzen sich auf stark beweidetem Grasland besser durch als auf Grasland, das zur Heuwerbung genutzt
wird, denn das Gerstengelbverzwergungs-Virus fördert bei Weidelgras die Wurzelsproßbildung bzw. Bestockung und erhöht damit den Anteil virusinfizierter Pflanzenmasse im Bestand. Umgekehrt ist Knaulgras bei Befall mit dem
Knaulgrasmosaik-Virus auf zur Heugewinnung vorgesehenen Flächen konkurrenzfähiger, da dieses Virus das Längenwachstum des Knaulgrases fördert, die
Bestockung dagegen hemmt.

Anbautechnologien

Die Einführung neuer Anbautechnologien beeinflußt die Virussituation
beträchtlich. Nicht selten hat sie diese drastisch verschlechtert. So kann beispielsweise die Anwendung der *Nährlösungsfilmtechnik* bei Salat vernichtende

Ausbrüche der Breitadrigkeit des Salats zur Folge haben, denn diese Technik schafft ausgezeichnete Voraussetzungen zur Massenvermehrung der im Boden lebenden *Olpidium*-Arten, die die Vektoren des Salatbreitadrigkeits-Virus darstellen. Um den Virusschäden vorzubeugen, müssen bei Anwendung der Nährlösungsfilmtechnik die Bodenpilze in geeigneter Weise bekämpft werden.

Weit verbreitet ist jetzt die Anwendung durchsichtiger *Plaststreifen zur Abdeckung bestimmter Kulturen*. Unter der Abdeckung entstehen humide Bedingungen, die u. a. die Ausbreitung des durch *Olpidium*-Arten übertragenen Nekrotischen Ringflecken-Virus der Zuckermelone in Melonenbeständen und des kontaktübertragenen Gurkengrünscheckungsmosaik-Virus in Gurken begünstigen. Besonders starke Schäden sind aus Japan bekannt geworden.

Die Anwendung von *Plastezelten und -tunneln* ermöglicht bei Tabak ein sehr zeitiges Auspflanzen der Sämlinge. Auch sind diese, besonders bei gleichzeitiger unterstützender Anwendung von Insektiziden, längere Zeit vor Blattläusen und anderen Virusvektoren sehr gut geschützt. Hierdurch wird das Gurkenmosaik-Virus, das bei Tabak besonders bei Infektion von Jungpflanzen schwere Schäden anrichten kann, weitgehend zurückgedrängt. Dagegen werden Viren begünstigt, die, wie das Tabakmosaik-Virus und das Tabakstauche-Virus, Pflanzen über die Wurzel infizieren können.

Einflüsse benachbarter Bestände

Nicht selten sind virusverseuchte Nachbarschläge sowie benachbarte Gärten und Ruderalstandorte Ausgangspunkte für eine starke Virusverseuchung, die sogar zum Ausbruch von Epidemien führen können. So ist offensichtlich der Spätstrichelstamm des Kartoffel-Y-Virus (vgl. Abschnitt 8.4.2) in Tabakanbaugebieten wiederholt von Kartoffelbeständen auf Tabakfelder übertragen worden, wodurch die explosionsartig rasche Ausbreitung der Tabakrippenbräune wesentlich mitbestimmt worden ist.

In mehrjährigen Pflanzen, z. B. Luzerne und Klee, reichern sich verschiedene Viren an und werden überdies von einer Vegetationsperiode auf die andere übertragen. Daher sind z. B. Luzerne- und Kleefeldern benachbarte Erbsen- und Bohnenschläge in besonderem Maße von insektenübertragbaren Leguminosenviren bedroht.

Besonders ungünstig ist es, wenn Neuaussaaten neben Samenträgerbeständen der gleichen zweijährigen Kulturpflanze oder in sehr geringer Entfernung erfolgen. In diesen Fällen werden die Viren, die in den Samenträgern überwintert haben, massenhaft in die Neuaussaaten übertragen. Das hat z. B. bei Zuckerrüben oft zu schweren Infektionen mit den stark ertragsmindernden Vergilbungsviren geführt. Daher wird jetzt streng darauf geachtet, daß Neuaussaaten nur in erheblichem Abstand von Samenträgerbeständen erfolgen.

In Ländern, in denen aufgrund günstiger klimatischer Bedingungen die gleichen Kulturpflanzen im Jahr mehrfach angebaut werden können, sind Neuaussaaten stark virusgefährdet, wenn diese in der Nachbarschaft älterer Bestände durchgeführt werden. Die Virusvektoren gehen dann massenhaft von den stark virusverseuchten älteren Beständen auf die Schläge mit jüngeren Pflanzen über und übertragen dabei die Viren. So sind aus Ägypten und Marokko durch überlappenden Folgeanbau auf benachbarten Schlägen bei Kartoffel, Tomate, Eierpflanze und Paprika große Ertragsausfälle durch Viren bekanntgeworden, an denen besonders das Kartoffel–Y–Virus erheblichen Anteil hat. Auch Folgeaussaaten in der Nachbarschaft älterer Bestände von Gartenbohnen, Salat und Kohl wirken sich ungünstig aus.

Größe und Form der Felder

Je kleiner und schmaler ein Feld ist, umso stärker ist sein Pflanzenbestand infolge des verhältnismäßig großen Randanteils durch von außen herangetragene Virusinfektionen gefährdet. Hierdurch werden beispielsweise in Ägypten und Marokko, wo der Anbau oft auf sehr kleinen, vielfach langgestreckten Flächen erfolgt, die durch überlappenden Folgeanbau (s.o.) auftretenden Schäden wesentlich verschärft. Aber auch in Deutschland sind auf kleineren Flächen mehr Virusinfektionen nachgewiesen worden als auf größeren. Demgegenüber sind besonders auf großen, annähernd quadratisch angeordneten Feldern die Schäden durch *von außen einsetzenden Randbefall* mit Viren sehr gering. Andere Verhältnisse liegen auf großen Feldflächen allerdings oft hinsichtlich der durch Pflanz– oder Saatgut übertragbaren Viren vor. Letztere sind beim Auflaufen der Pflanzenbestände nach dem Gesetz des Zufalls in den Pflanzen des Bestandes verteilt. Von diesen verstreuten Infektionsquellen ausgehend, kommt es auch bei großen Feldflächen zu einer starken Virusverseuchung mit entsprechender Ernteschädigung, wenn Überträger und Übertragungsmechanismen hochwirksam sind. Beispiele hierfür sind in den Abbaulagen Mitteleuropas besonders bezüglich des Kartoffelblattroll– und –Y–Virus zu verzeichnen. Bei der Gartenbohne kann sich das samenübertragbare Bohnenmosaik–Virus und bei Salat trotz seiner geringen Samenübertragungsrate das Salatmosaik–Virus auch in größeren Beständen rasch ausbreiten.

Besondere Kultur– und Aufbewahrungsmaßnahmen

Auch einige in manchen Ländern übliche besondere Kultur– und Aufbewahrungsmöglichkeiten können den Virusbefall deutlich beeinflussen. So wirkt sich beispielsweise ein in Großbritannien zur Gewinnung samentragender Hopfenpflanzen angewendetes Verfahren offenbar ungünstig auf den Gesundheitszustand der Hopfengärten aus. Dort werden zur Sicherstellung der Bestäubung oft männliche Pflanzen in die Bestände eingestreut. Von diesen können mit dem Pollen Viren nicht nur auf den Samen, sondern auch auf die Mutterpflanzen übergehen. In den mitteleuropäischen Hopfenbaugebieten werden dagegen zur Qualitätssicherung männliche Hopfenpflanzen nicht nur aus den Hopfengärten selbst, sondern auch in einem relativ weiten Umkreis entfernt. Es liegt nahe, daß das weitgehende Fehlen der Nesselkrankheit des Hopfens in Mitteleuropa wenigstens zum Teil dieser Kulturmaßnahme zu verdanken ist.

In Indien wird das Saatgut der Kartoffelsorte Phulwa, die in den indischen Ebenen während der Monate Oktober bis April angebaut wird und an die dortigen Wachstumsbedingungen vorzüglich angepaßt ist, während der warmen Jahreszeit für 6 Monate in dunklen, strohgedeckten Hütten bei Temperaturen zwischen 27 und 36 °C gelagert. Unter diesen Bedingungen wird das Kartoffelblattroll-Virus, mit dem während der Vegetationszeit durch die massenhaft auftretenden Blattläuse nahezu alle Pflanzen infiziert werden, aufgrund seiner Temperaturempfindlichkeit nahzu vollständig eliminiert. Auf diese Weise werden die Sekundärinfektionen mit dem Blattrollvirus vermieden, die die Erträge in besonders starkem Maße vermindern.

Abschlußbemerkungen

Die vorstehenden Ausführungen zeigen an ausgewählten Beispielen, daß Kulturmaßnahmen i.w.S. die Virussituation in beachtlichem Umfang beeinflussen können. Wesentliche Ursachen hierfür sind darin zu sehen, daß Kulturpflanzenbestände hochspezialisierte, unstabile Pflanzengesellschaften darstellen, in denen die Überdauerung und Verbreitung der Viren, oft zu deren Gunsten, durch sehr viele Faktoren beeinflußt wird, die wiederum untereinander und mit Kulturmaßnahmen in Wechselwirkung stehen. Daher kann jede Veränderung acker- und pflanzenbaulicher Maßnahmen Gleichgewichte verschieben und hierdurch das Vorkommen von Viren wesentlich beeinflussen. Die Veränderungen, die in einer sich entwickelnden Landwirtschaft notwendig und unausweichlich sind, sollten daher nicht nur durch pflanzenökologische Untersuchungen, sondern auch durch virusökologische Untersuchungen begleitet werden.

8.4.4 Emissionen

Zweifellos haben auch die durch die menschliche Tätigkeit im Zeitalter der Industrialisierung und Technisierung in wachsendem Maß auftretenden Emissionen Einfluß auf das Auftreten und den Verlauf von Viruskrankheiten der Pflanze.

Allerdings liegt hierüber nur eine verhältnismäßig geringe Anzahl von Untersuchungen vor, die überdies nur an wenigen Viren, besonders am Tabakmosaik-Virus, durchgeführt worden sind. Sie betreffen auch nur wenige Schadstoffe, vor allem Fluoride und Ozon. Beide Stoffe erhöhen in der Regel die Disposition der geprüften Pflanzen gegenüber Virusinfektionen und führen zu einem schwereren Krankheitsverlauf. Es ist nicht auszuschließen, daß an der stärkeren Gefährdung von Kulturpflanzen, besonders der Kartoffel, für Viruserkrankungen, die in Ballungsgebieten beobachtet worden ist (vgl. Abschnitt 8.3.7), die dort verstärkt auftretenden Emissionen unterschiedlicher Art Anteil haben.

8.4.5 Pfropfung und Okulation

Obst- und Ziergehölze und besonders Rosen sind verbreitet mit Viren befallen, die sich unter natürlichen Bedingungen allerdings oft nur langsam ausbreiten. Zu dieser starken Virusdurchseuchung hat der Mensch wesentlich beigetragen, indem er in großem Umfang nicht samenechte Obst- oder Rosensorten usw. mit für ihn wertvollen Eigenschaften durch Pfropfung oder Inokulation vermehrt hat. Dabei läßt sich fast jedes Virus übertragen, das in beiden Pfropfpartnern systemisch wird. Die Viren können sowohl aus dem Edelreis als auch aus der Unterlage stammen. Daß auf diese Weise, bisweilen von einzelnen Baumschulen ausgehend, nahezu alle Bäume einer Plantage von Viren befallen sind und im Hinblick auf die hierdurch entstehenden Ertragsausfälle im normalerweise besten Produktionsalter gerodet werden müssen, ist darauf zurückzuführen, daß die Viren sowohl die zur Edelreisgewinnung verwendeten Gehölze als auch die Unterlagen oft latent befallen und damit nicht an Symptomen kenntlich sind. Deshalb haben Obst- und Rosenzüchter die Viruskalamitäten unbewußt oft selbst erzeugt. So wurde z. B. mit großer Wahrscheinlichkeit die weite Verbreitung der stark schädigenden Nekrotischen und Chlorotischen Ringfleckenkrankheit der Süß- und Sauerkirsche durch Pfropfungen initiiert. Anschließend wurde das Befallsgebiet nicht selten durch Virusübertragung mittels Pollen und Samen beträchtlich ausgeweitet. Ähnliches dürfte für das Pflaumenscharka-Virus zutreffen, das in Pflaumenbeständen vieler Länder zu enormen Schäden geführt hat. Daher wird jetzt viel Mühe darauf verwendet, die Virusausbreitung durch Pfropfung und Inokulation einzuschränken, indem mit großem Aufwand in hochempfindlichen Tests geprüft wird, ob Edelreis und Unterlagen frei von Viren sind (vgl. Abschnitte 8.3.1 und 8.5.3). Viele Baumschulen stellen für ihr Material entsprechende Gesundheitszertifikate aus.

8.5 Der Mensch greift in das Wechselspiel zwischen Pflanzenviren, Wirtspflanzen und Virusübertragung ein und entwickelt Abwehrmaßnahmen

8.5.1 Einführung und Überblick

Bei der Bekämpfung von Pflanzenviren kommt der *Prophylaxe*, d. h. den Maßnahmen zur Verhinderung oder Verzögerung der Virusausbreitung innerhalb der Pflanzengesellschaften, große Bedeutung zu. *Wichtige propylaktische Maßnahmen sind die Pflanzenquarantäne, die Ausschaltung von Infektionsquellen sowie Gewinnung und Anbau virusfreien Saat– und Pflanzgutes. Auch die Verhinderung bzw. Einschränkung der mechanischen Virusübertragung sowie der Virusübertragung durch Vektoren* sind in diesem Zusammenhang von Bedeutung.

Ein besonderer und hochwirksamer Weg, der vor allem zur Bekämpfung von Pflanzenviren beschritten werden kann, ist die Züchtung und der Anbau *virusresistenter Formen*, beispielsweise von Kulturpflanzensorten, die die Replikation der Viren unterbinden oder erschweren und damit die Umwelt der Viren und das Wechselspiel zwischen Virus und Wirt wesentlich zugunsten des Wirtes beeinflussen.

Die *Entwicklung therapeutischer Maßnahmen, die auf eine Erschwerung oder Verhinderung der Virusreplikation abzielen*, bereitet infolge der engen Bindung der Virusvermehrung an den Stoffwechsel der Wirtspflanzen erhebliche Schwierigkeiten, denn nur in wenigen Fällen gelingt es, allein das Virus und nicht auch den Wirt zu treffen. Hinzu kommt, daß bei Pflanzen im Gegensatz zu Mensch und Tier weder Interferone noch Immunmechanismen therapeutische Maßnahmen unterstützen können.

Von den therapeutischen Maßnahmen i.e.S. kommt der *Wärmetherapie*, oft in Verbindung mit der *Sproßspitzenkultur*, wesentliche Bedeutung zu. In neuerer Zeit sind auch die Bemühungen zur Entwicklung einer *Chemotherapie pflanzlicher Virosen* verstärkt worden. Es gelang, Substanzen natürlichen oder synthetischen Ursprungs aufzufinden bzw. zu entwickeln, die selektiv in Schritte des Replikationszyklus der Pflanzenviren eingreifen und hierdurch den Virusbefall der Pflanzen auf ein ökonomisch vertretbares Maß zurückdrängen, ohne an den Wirtspflanzen Schäden zu verursachen. Auch sind viele von ihnen für Mensch und Tier nicht toxisch.

8.5.2 Pflanzenquarantäne

In den vorangegangenen Abschnitten wurde bereits darauf hingewiesen, daß es in der Vergangenheit zum Ausbruch von z. T. schweren Virusepidemien gekommen ist, weil Viren in Gebiete eingeschleppt worden sind, die bisher frei von diesen waren. Mit dem in jüngerer Zeit immer stärker zunehmenden Austausch von pflanzlichen Produkten bzw. Pflanzenteilen, Saat- und Pflanzgut sowie Pflanzen über Ländergrenzen und sogar Erdteile hinweg wächst die Gefahr der Verschleppung von Viren in bisher befallsfreie Gebiete. Dieser sollen die Maßnahmen der Pflanzenquarantäne begegnen. Dabei wird zwischen Außen- und Innenquarantäne unterschieden.

Durch die *Außenquarantäne* soll eine Verschleppung von Quarantäneviren von einem Staat zum anderen verhindert werden. Die *Innenquarantäne* hat zum Ziel, die Weiterverbreitung bestimmter Viren innerhalb eines Staates von einem Gebietsteil zum anderen zu verhindern.

Geeignete Quarantänemaßnahmen sind schon lange ein gesamteuropäisches Anliegen. Die Europäische und Mittelmeerländische Pflanzenschutzorganisation (EM-PO) hat zwei Quarantänelisten erarbeitet, in die auch Viren aufgenommen worden sind. Die erste Liste umfaßt neben den anderweitigen Schaderregern *die* Viren, die in *allen* Staaten dieser Organisation noch nicht vorkommen, z. B. das Amerikanische Pfirsichmosaik-Virus, das Amerikanische Himbeerkräusel-Virus, das Kartoffelgelbverzwergungs-Virus und das Kartoffeladernvergilbungs-Virus. Diese und andere Viren der Liste sollen von allen Mitgliedsländern zu Quarantäneobjekten erklärt werden, um ihre Einfuhr zu verhindern.

Die zweite Liste enthält Viren, die in *einzelnen* Staaten des erfaßten Raumes vorhanden sind, in anderen jedoch nicht. Von diesen Viren sollen nur jene in die Quarantänebestimmungen des jeweiligen Landes aufgenommen werden, die unter den dort gegebenen Umweltbedingungen bei einer Einschleppung zu erheblichen Schäden führen könnten. Zu diesen zählen das Gerstenstreifenmosaik-Virus (vgl 8.1.7), das Rübenkräuselschopf-Virus, das Rübenkräusel-Virus, das Erdbeeradernbänderungs-Virus sowie zwei Viroide, und zwar das Chrysanthemenstauche-Viroid (Abb. 8.4) und das Kartoffelspindelknollen-Viroid (Abb. 8.4).

Beim Import von Pflanzenteilen oder Pflanzen, die von den in Quarantänelisten des jeweiligen Landes aufgenommenen Viren befallen werden können, muß der Absender in Zertifikaten bescheinigen, daß sie frei von den entsprechenden Viren sind. Derartige Nachweise werden von einer Anzahl von Ländern nicht nur beim Import, sondern auch beim Transit von Zwiebeln und Stecklingen oder Samensendungen verlangt, die Quarantäneviren enthalten könnten, z. B. Sojabohnen-, Melonen-, Kürbis- und Salatsamen. Die in den Absenderländern ausgestellten Gesundheitszeugnisse werden in verschiedenen importierenden Ländern durch deren Pflanzenschutzeinrichtungen zumindest in Stichproben durch Nachuntersuchungen überprüft.

Wesentliche Voraussetzung für das Funktionieren der Pflanzenquarantäne sind sichere Nachweisverfahren, die unter ökonomisch realisierbaren Bedingungen *selbst geringste Virusmengen* zu erkennen gestatten (vgl. hierzu auch Abschnitt 8.5.3). Durch die Schaffung eines von Handelsschranken befreiten Europäischen Binnenmarktes, der einen enormen Anstieg des Handels, auch des schwer kontrollierbaren Handels mit Pflanzenmaterialien, zur Folge hat, entstehen bezüglich Einhaltung und Kontrolle der Pflanzenquarantäne besonders im Hinblick auf die in Liste 2 aufgenommenen Viren Probleme. Maßnahmen der Außenquarantäne werden zu Maßnahmen der Innenquarantäne. Es ist daher erforderlich, die Vorschriften der Innenquarantäne zu ergänzen. Gleichzeitig müssen Kontrollmaßnahmen geschaffen, ergänzt und – hoffentlich – verschärft werden, damit es durch das verkehrsmäßige und wirtschaftliche Zusammenwachsen Europas nicht zu einer Verschlechterung der Virussituation kommt. Dabei sind im Gegeneinander kaufmännischer, wirtschaftlicher, nationaler und gesundheitspolitischer Interessen ähnliche Schwierigkeiten zu erwarten, wie sie in jüngster Zeit bei den Auseinandersetzungen um einen quarantäneähnlichen Ausschluß des Imports von Rindfleisch aus England aufgetreten sind, das den Erreger des Rinderwahnsinns enthalten könnte, der möglicherweise einem slow–Virus nahe steht. Besonders wenn Saat- und Pflanzguttransporte ähnlich wie Tier- und Fleischtransporte nacheinander durch viele Länder geschleust werden, scheint zur Zeit kaum eine wirksame Kontrolle gewährleistet zu sein. Da Pflanzenviren mit Sicherheit nicht zu Erkrankungen des Menschen führen, sind hier allerdings „nur" ökologische und ggf. ökonomische Schäden beachtlichen Ausmaßes zu befürchten.

8.5.3 Infektionsprophylaxe im Wege der Ausschaltung von Infektionsquellen; Virustests

Um zu verhindern, daß die Pflanzenerträge durch Befall mit Viren geschmälert werden, die sich im betreffenden Land fest etabliert haben, kommt der *Infektionsprophylaxe im Wege der Ausschaltung von gefährlichen Infektionsquellen* besondere Bedeutung zu. Es wird daher angestrebt, bei vegetativ vermehrten Pflanzen virusbefallene Knollen, Zwiebeln, Wurzelstöcke usw. zumindest in Pflanzgut erzeugenden Betrieben von der Vermehrung und darüber hinaus vom Handel auszuschließen. Ebenso sollten Zuchtbetriebe nur Samen liefern, der frei von samenübertragbaren Viren ist.

Damit diese Ziele auch nur annähernd erreicht werden können, sind *hoch-*

empfindliche, mit befriedigender Geschwindigkeit und unter tragbaren Kosten ausführbare *Virustests* erforderlich, die bereits sehr geringe Viruskonzentrationen anzeigen. Es ist daher von Bedeutung, daß es in den vergangenen Jahren gelungen ist, *die Nachweisempfindlichkeit serologischer Verfahren beträchtlich zu verstärken*, indem in *Tests mit markierten Antikörpern* die jeweiligen Antikörper an fluoreszierende Farbstoffe (Fluoreszenzimmunoassay), radioaktive Isotope (Radioimmunoassay) oder auch Enzyme (*enzyme-linked immunosorbent assay* = ELISA) gekoppelt wurden. Beim ELISA bewirkt das an die Antikörper gekoppelte Enzym unmittelbar oder mittelbar die Bildung eines Farbstoffes, durch dessen Konzentration die Stärke des Virusbefalls gekennzeichnet wird. Dabei wird die Farbstoffkonzentration in der Regel in hochempfindlichen photometrischen Verfahren anhand der Lichtabsorption bei einer bestimmten Wellenlänge ermittelt. Moderne Techniken ermöglichen eine weitgehende Automatisierung des insgesamt recht aufwendigen ELISA, der mehrere Zugaben von Reagenzlösungen, Waschvorgänge und eine Messung erfordert.

Trotz aller Automatisierung und Vereinfachung der Testverfahren kann der Virusbesatz in Materialien, die als Saat- und Pflanzgut verwendet werden sollen, nur in Stichproben ermittelt werden. Die Zahl der in den Stichproben vorgefundenen virusbefallenen Knollen, Samen usw. darf sehr niedrige, für die einzelnen Viren entsprechend ihrer Gefährlichkeit unterschiedlich festgesetzte *Grenzwerte nicht überschreiten*. Ist das der Fall, so wird die gesamte Herkunft, aus der die Stichprobe stammt, für die Vermehrung als Pflanz- oder Saatgut verworfen und darf allenfalls noch für den Anbau von Konsumware verwendet werden. Bei geringer Überschreitung der Grenzwerte ist allerdings eine Rückstufung in Saat- oder Pflanzgut einer niederen Anerkennungsstufe möglich, das dann allerdings wegen des höheren Infektionsrisikos auch einen erheblich geringeren Preis erzielt.

Bei Obst- und Ziergehölzen, Rosen usw. bleibt der Virusbefall oft über lange Zeit maskiert oder latent, d. h., er ist nicht an der Ausbildung von Symptomen erkennbar. Um dennoch virusfreies Baumschulmaterial zu liefern, das bei diesen langlebigen Gewächsen wesentliche Voraussetzung für gute Erträge ist, muß *die Virusfreiheit jeder einzelnen zur Pfropfreisgewinnung vorgesehenen Mutterpflanze und ggf. auch der als Unterlage verwendeten Pflanze sorgfältig unter Anwendung hochempfindlicher Tests geprüft werden*(vgl. Abschnitte 8.2.1 und 8.4.5). Getestete virusfreie Gehölzpflanzen werden in der Regel mit beigegebenen Zertifikaten gehandelt und erzielen dann höhere Preise.

Um möglichst viele die Anerkennung als Pflanzgut gefährdende Risiken auszuschalten, müssen aus den zur Erzeugung von virusfreiem Pflanzgut vorgesehenen Beständen während der Vegetationsperiode Pflanzen mit Virussymptomen entfernt und anschließend vernichtet werden. In der Pflanzkartoffelproduktion sollen hierfür drei bis vier Selektionsgänge durchgeführt werden. Daneben kommt es bei der Pflanzgutproduktion, aber auch bei der Produktion von Konsumware darauf an, *Infektionsquellen außerhalb des Kulturpflanzenbestandes zu minimieren* und nach Möglichkeit auch das Auftreten von Vektoren niedrig zu halten. Daher erfolgt beispielsweise die Pflanzgutproduktion der Kartoffel in sogenannten *Gesundheitslagen*, in denen die virusübertragenden Blattläuse verhältnismäßig spät im Jahr auftreten und in denen darüber hinaus auch die für den Konsumanbau vorgesehenen Bestände und die Unkräuter in wesentlich geringerem Maße von entsprechenden Viren infiziert sind als in Gebieten mit starkem Virusbefall (vgl. Abschnitt 8.3.7). Zusätzlich wird in den Gesundheitslagen darauf geachtet, daß die zur Pflanzgutgewinnung vorgesehenen Schläge möglichst weit von den für den Konsumanbau vorgesehenen Schlägen entfernt sind. Darüber hinaus werden aus benachbarten Kulturen alle Kartoffelpflanzen entfernt, die nach milden Wintern aus bei der Ernte übersehenen Knollen heranwachsen. Dasselbe gilt in der Nähe von Samenträgerbeständen auch für Zuckerrüben, die nach milden Wintern in anderen Kulturen austreiben und zur Übertragung von gefährlichen Rübenviren von einer Vegetationsperiode auf die andere führen können. Vor allem aber müssen Konsumrübenbestände möglichst weit entfernt von Samenträgerbeständen angebaut werden, um die Übertragung der Virosen auf die folgende Vegetationsperiode weitgehend einzuschränken.

Eine weitere wichtige Maßnahme zur Infektionsprophylaxe ist die *Unkrautbekämpfung*, und zwar sowohl in Gesundheitslagen als auch in virusgefährdeten Gebieten, denn die Unkräuter stellen gefährliche Infektionsquellen dar. Das gilt besonders für perennierende, zweijährige und winterannuelle Unkräuter, aber auch für einjährige Unkräuter, die im Laufe eines Jahres mehrere Generationen bilden, und für Unkräuter, in deren Samen die Viren übertragen werden. Wichtige Zwischenträger sind Unkräuter u. a. für das Gurkenmosaik-Virus und das Tomatenbronzeflecken-Virus. Für das Gurkenmosaik-Virus ist z. B. die weit verbreitete Vogelmiere eine bedeutsame Wirtspflanze, die das Virus im Samen auch über weite Strecken und von Vegetationsperiode zu Vegetationsperiode übertragen kann.

Auch für einige gefährliche Viren von Obstgehölzen stellen bestimmte, z. T. weit verbreitete Unkräuter Infektionsquellen dar. So wurden in den vergangenen Jahren das Aufgeblasene Leimkraut (*Silene vulgaris*), die Weiße Taubnessel (*Lamium album*), der Weißklee (*Trifolium repens*), der Scharfe Hahnenfuß (*Ranunculus acer*) und der Bittersüße Nachtschatten (*Solanum dulcamara*) als natürliche Wirte des in Pflaumenplantagen immense Schäden verursachenden Scharka-Virus der Pflaume erkannt. Diese stehen in ihrer Gefährlichkeit offenbar der Schlehe (*Prunus spinosa*) nicht nach, die als Wirt des Scharka-Virus schon länger bekannt ist und in der Nähe von Pflaumenplantagen entfernt werden sollte. Pläne, in bestimmten, durch das Scharka–Virus gefährdeten Anbaugebieten der Pflaume alle Schlehenhecken zu entfernen, waren seinerzeit glücklicherweise auf starken Widerstand gestoßen, denn hierdurch wären ökologische Gleichgewichte empfindlich gestört worden. Die Folgen hätten möglicherweise den durch das Scharka–Virus hervorgerufenen Schäden kaum nachgestanden. Die Auffindung von das Scharka–Virus vermehrenden Unkräutern (s.o.) hat überdies erkennen lassen, daß derartige Aktionen virologisch kaum Nutzen gebracht hätten.

Um die durch virusinfizierte Unkrautpflanzen gegebenen Infektionsquellen auszuschalten, darf sich die Unkrautbekämpfung nicht auf die Anbauflächen der Kulturpflanzen beschränken. Sie sollte vielmehr unter virologischen Gesichtspunkten auch Feldwege, Randstreifen und Feldraine umfassen. In dieser Hinsicht können jedoch virusökologische Notwendigkeiten im Gegensatz zu Gesichtspunkten der allgemeinen Ökologie stehen, und es werden Nutzensabwägungen durchzuführen sein.

Weitgehend offen ist z. Z. noch die Frage, ob und in welchem Ausmaß die Virussituation durch die *Unkrautflora* beeinflußt wird, die sich *auf dem Brachland* herausbildet, das durch die aus marktwirtschaftlichen Gründen geforderte, trotz des Hungers in der Welt durch Stillegungsprämien hoch subventionierte *Stillegung von Ackerflächen* und dem hiermit verbundenen weitgehenden *Bearbeitungsverbot* entstanden ist bzw. entsteht.

8.5.4 Maßnahmen gegen mechanisch übertragbare Viren

Die Ausbreitung hochinfektiöser, äußerst widerstandsfähiger, mechanisch übertragbarer Viren kann vor allem durch *Einhaltung strenger Hygienemaßnahmen* verhindert werden.

Eine wichtige Maßnahme zur Einschränkung der Verbreitung des Tabakmosaik–Virus und besonders des Tomatenmosaik–Virus, das in der Vergangenheit die Tomatenerträge großer Gewächshauskomplexe halbiert oder gar gedrittelt hat, kann in der *schonenden Desinfektion des Saatgutes* bestehen, da diese Viren oft der Samenschale äußerlich anhaften, von dort aus die Keimpflanzen infizieren und letztere hierdurch stark schädigen. Darüber hinaus ist beim Tomaten–, Gurken– und Zierpflanzenanbau unter Glas und Plaste in bestimmten Fällen auch die *Desinfektion der Anzuchterde und Blumentöpfe*, die oft relativ umweltschonend durch Heißdampf erfolgt, von Bedeutung. Ferner sollten *Geizmesser und andere Arbeitswerkzeuge ständig desinfiziert* werden, um die Virusübertragung bei Pflegearbeiten zu verhindern. Hierfür erwies sich *Trinatriumphosphatlösung* als effektiv und unschädlich. Schließlich ist anzustreben, beim Ausgeizen von Tomatenpflanzen und anderen Prozessen mit viel

Handarbeit auch die Hände mit einer desinfizierenden Trinatriumphosphatseifencreme zu desinfizieren. Auch der regelmäßige Wechsel der Arbeitskleidung ist eine wichtige hygienische Maßnahme, die besonders in großen Gewächshäusern nicht unterbleiben darf. Vor oder während der Pflege von Tabak- und Tomatenpflanzen sollte das Rauchen unterbleiben, denn selbst getrockneter und fermentierter Tabak, der in Zigaretten und anderen Tabakwaren verarbeitet worden ist, enthält oft noch große Mengen von infektiösem Tabakmosaik-Virus.

Die Infektion von Gurken mit dem Gurkengrünscheckungsmosaik-Virus und von Tomaten mit dem Tomatenmosaik- bzw. dem Tabakmosaik-Virus kann zusätzlich dadurch weiter eingeschränkt werden, daß die *Pflanzen mit infektionshemmenden Substanzen besprüht* werden, z. B. mit frischer, unverdünnter *Magermilch* oder mit *Molke*. Um zu verhindern, daß die entsprechenden Spritzbeläge von Mikroorganismen, besonders Pilzen, besiedelt werden, ist es erforderlich, den Spritzbrühen auch Fungizide usw. zuzusetzen.

Der Hobbygärtner, dem die angeführten Maßnahmen zu aufwendig sind, sollte wenigstens Pflanzen mit Virussymptomen und stärkeren Wuchsdepressionen bei der Pflege zuletzt bearbeiten, um die Viren nicht auf bisher unbefallene Pflanzen zu übertragen. Auch sollte er tunlichst nicht das Geizmesser benutzen und die Geize stets mit derselben Hand entfernen.

Im Freiland ist es zweckmäßig, Pflegemaßnahmen nur bei trockener Witterung durchzuführen, da die Gefahr der mechanischen Übertragung von Viren bei feuchten Pflanzen besonders groß ist. In Kulturen oder Gebieten, in denen eine sehr starke Gefährdung durch mechanisch übertragbare Viren besteht, sollten mechanische Pflegearbeiten weitgehend eingeschränkt werden.

8.5.5 Bekämpfung von Virusvektoren

Insekten

Im Freiland werden die virusübertragenden Insekten vornehmlich im Pflanzkartoffel- und Zuckerrübenanbau bekämpft. Die Möglichkeiten und Grenzen der Bekämpfung virusübertragender Blattläuse im Freiland sollen vorwiegend am Beispiel der Bemühungen um die Gewinnung und Erhaltung virusfreier Pflanzkartoffelbestände erörtert werden.

Der bedeutsamste Vektor von Kartoffelviren, die Grüne Pfirsichblattlaus (*Myzus persicae*), könnte schon am Ausgangspunkt ihrer nächstjährigen Vermehrung erfolgreich und mit verhältnismäßig geringem Aufwand bekämpft werden, indem *bei Pfirsich und Aprikose eine ordnungsgemäße Winterspritzung* durchgeführt wird, die *die Wintereier des Vektors abtötet*. Um einen vollen Erfolg zu erreichen, müßte die Winterspritzung allerdings nicht nur in entsprechenden Plantagen, sondern auch bei verstreut kultivierten Pfirsich- und Aprikosenbäumen, besonders auch außerhalb der eigentlichen Anbaugebiete, erfolgen. Da die aus den Wintereiern hervorgehenden Blattläuse und die folgenden Generationen bis zum Auftreten der gefügelten Blattläuse, die dann auf die Kartoffel und andere Wirtspflanzen abwandern, in der Regel bei Pfirsich und Aprikose keine wesentlichen Schäden verursachen, ist es den Besitzern von Plantagen oder einzelner Bäume jedoch schwer zu vermitteln, diese Bekämpfungsmaßnahmen durchzuführen. Daher setzt die Blattlausbekämpfung in der Regel erst in den Kartoffelbeständen ein.

Durch *Bekämpfung von Vektoren in den Kartoffelbeständen kann vor allem die Verbreitung persistent übertragbarer Viren erfolgreich eingeschränkt werden*, denn es vergeht nach der Aufnahme eines persistenten Virus, z. B. des Kartoffelblattroll–Virus, durch den Vektor eine längere Zeit, bevor dieser das Virus weitergeben kann. Innerhalb dieser Zeit sterben die Vektoren nach Aufnahme des Insektizids in der Regel ab, und es kommt nicht zur Weitergabe des Virus.

Der Termin der ersten Insektizidspritzung kann in der Pflanzkartoffelproduktion entscheidend für den gesamten Bekämpfungserfolg sein. Sie sollte erfolgen, bevor die ersten Blattläuse eingeflogen sind und Infektionsherde gesetzt haben. Um mit der Bekämpfung nicht zu spät zu kommen, aber auch um zu verhindern, daß durch vorzeitige Spritzungen unnötige Kosten und Biozönoseschäden (s.u.) entstehen, wird der erste Spritztermin in vielen Ländern durch den *Blattlauswarndienst* entsprechend dem Zuflug der ersten Blattläuse festgelegt.

Wenn nicht auf den Blattlauswarndienst zurückgegriffen werden kann oder soll, ist es trotzdem möglich, den auflaufenden Pflanzkartoffeln einen frühzeitigen und verhältnismäßig lang andauernden Schutz vor Blattläusen zu gewähren, indem bereits beim Auspflanzen *insektizide Granulate* zugegeben werden, deren Wirkstoff von den auflaufenden Kartoffelpflanzen aufgenommen, in den gesamten Sproß transportiert und dort verhältnismäßig langsam abgebaut wird. Durch Granulate werden auch die gefährlichen Virusinfektionen verhindert, die durch persistent mit Viren infizierte Blattläuse erfolgen, die in milden Wintern in Verstecken überlebt haben und bereits kurz nach dem Auflaufen in die Kartoffelbestände einwandern.

Bei Spritzbehandlung müsssen der ersten Spritzung weitere Spritzungen folgen, denn bei keiner Spritzung werden alle Aphiden vernichtet. Die verbleibenden Blattläuse vermehren sich außerordentlich rasch, wobei neben ungeflügelten auch geflügelte Generationen entstehen. Zudem wandern ständig weitere Aphiden in die Bestände ein, von denen neben der Grünen Pfirsichblattlaus vor allem die Kreuzdornlaus (*Aphis nasturdii*) ein wichtiger Vektor ist. Vielerorts werden zwei bis drei weitere Spritzungen in Abständen von 12 bis 14 Tagen als ausreichend angesehen, zumal ab Mitte August der Blattlausbesatz in der Regel auf natürliche Weise wieder abnimmt. Vor allem bei schwül–warmer Witterung kann sich jedoch bereits innerhalb einer Woche nach der Spritzung wieder eine Blattlauspopulation aufbauen, deren Umfang denjenigen nicht bekämpfter Schläge erreichen oder sogar übertreffen kann. Trotz Insektizidanwendung sind an jeder Kartoffelpflanze bisweilen über 5000 Blattläuse gezählt worden, die die Viren mit hoher Effektivität im Bestand verbreiten können. Im Hinblick hierauf sehen die Skeptiker unter den Virologen und Aphidologen in einer Blattlausbekämpfung mit nur zwei bis drei Wiederholungen eher eine kosmetische Maßnahme als ein durchgreifendes Verfahren zur Virusbekämpfung.

Um die Virusübertragung mit einiger Sicherheit wirkungsvoll einzuschränken, ist es erforderlich, die Blattlausbekämpfung in Wochenabständen mindstens 6mal zu wiederholen. Da die zur Blattlausbekämpfung herangezogenen Insektizide in der Regel eine breite Wirkung haben und neben anderweitigen Schädlingen auch viele Nützlinge abtöten, wird das Gleichgewicht in der Biozönose jedoch bereits durch drei- bis viermalige Blattlausbekämpfung und erst recht durch Blattlausbekämpfungen in Abständen von einer Woche empfindlich gestört. Bei Insektizidbehandlungen im Wochenabstand können die Schäden verheerend sein. Sie wirken sich überdies nicht nur im Behandlungsjahr aus, sondern noch viele Jahre danach, und zwar nicht nur bei der Kartoffel, sondern auch in Folgekulturen. So haben beispielsweise in den Niederlanden nach intensiver Vektorenbekämpfung in Kartoffelbeständen Getreideschädlinge zu starken Verlusten geführt, die jahre- bis jahrzehntelang nicht schädigend aufgetreten waren, weil sie durch Nützlinge stets in einem Maße reduziert worden waren, daß sie unterhalb der Schadschwellen geblieben sind. Infolge der nachhaltigen Vernichtung der Nützlinge konnte nunmehr die Massenvermehrung der Schädlinge ungebremst erfolgen. Im Hinblick auf diese Verhältnisse sollte die Durchführung rasch aufeinanderfolgender Maßnahmen zur Vektorenbekämpfung auf verhältnismäßig kleine Flächen mit besonders schutzwürdigen Kulturen, z. B. mit wertvollem Zuchtmaterial, beschränkt bleiben. Gegebenenfalls sollten auch insektizide Granulate verwendet werden, durch die zumindest oberirdisch lebende, nicht Pflanzensäfte saugende Nützlinge weitgehend geschont werden, doch sind auch hierdurch Biozönoseschäden nicht vollständig zu vermeiden.

Angesichts der Schäden, die durch die Vektorenbekämpfung in der Biozönose entstehen können, wird nach *Alternativlösungen* gesucht. *Diese betreffen vor allem Maßnahemen zur Verhinderung der Übertragung nichtpersistenter Viren,* die durch die nach der Insektizidbehandlung ansteigende Mobilität der virusübertragenden Blattläuse nicht verhindert, sondern oft sogar gefördert wird. *Durch Ölspritzungen kann sie jedoch beträchtlich eingeschränkt werden.* So wird durch mehrfache Behandlung mit Emulsionen bestimmter Öle oder Fette

u. a. die Ausbreitung des Kartoffel-Y- und -A-Virus in Kartoffelbeständen oder des Gurkenmosaik-Virus in Gurkenbeständen wesentlich vermindert. Dabei ist jedoch zu beachten, daß Öle bei bestimmten Pflanzenarten und -sorten phytotoxisch wirken können.

Der Wirkungsmechanismus der emulgierten Öle und Fette ist noch wenig aufgeklärt. Es wird erwogen, daß die Aufnahme und Abgabe der Viren durch Blattläuse gehemmt wird. Im Hinblick darauf, daß bestimmte Emulgatoren und anderweitige Detergentien Pflanzenviren stark hemmen (vgl. Abschnitt 8.5.9), sollte auch geprüft werden, ob antivirale Wirkungen der verwendeten Emulgatoren die nach Ölbehandlung vorgefundenen Effekte zum Teil oder gar vollständig bedingen könnten.

Als Alternative zur Blattlausbekämpfung könnte auch die Applikation von Präparaten gesehen werden, die den Replikationszyklus der Viren an bestimmten Stellen unterbrechen (vgl. Abschnitt 8.5.9). In mehrjährigen Freilandversuchen konnte besonders bei kombinierter Anwendung von 2 oder 3 Präparaten mit unterschiedlichem Wirkungsmechanismus die Neuinfektion sowohl mit nichtpersistenten als auch mit persistenten Viren um 60 bis 70%, z. T. auch bis 90% vermindert werden, insofern die erste Behandlung vor Beginn der Besiedlung der Kartoffelbestände durch Blattläuse erfolgt war. Dabei ist von Bedeutung, daß die entsprechenden Präparate weder phytotoxisch noch humantoxisch sind. Ein negativer Einfluß auf die Biozönose wurde bisher ebenfalls nicht festgestellt.

Auf kleineren Flächen, die mit ökonomisch wertvollen, aber stark virusgefährdeten Kulturen bestellt sind, kommt *als Alternative zur chemischen Vektorenbekämpfung auch die Abschreckung von Vektoren durch Antifraßmittel (antifeedings), chemische Abschreckungsmittel (repellents) und reflektierende Folien* in Betracht. Diese Maßnahmen werden z. T. erprobt. In eng umgrenzten Gebieten werden sie auch bereits praktisch angewendet.

Im Gegensatz zum Freiland ist der oft wiederholte *Einsatz von Insektiziden in Gewächshäusern* besonders dort vertretbar, *wo wertvolles Zuchtmaterial oder Zierpflanzen vor vektorvermittelten Virusinfektionen geschützt werden müssen,* denn in Gewächshäusern bilden sich in der Regel keine Biozönosen aus, da die Häuser in regelmäßigen Abständen beräumt und desinfiziert werden. Somit sind auch keine Biozönoseschäden in Rechnung zu stellen. Wenn die behandelten Pflanzen nicht zum Verzehr kommen, sind humantoxikologische Gesichtspunkte ebenfalls nicht von entscheidender Bedeutung, insofern die Maßnahmen des Anwenderschutzes gewissenhaft eingehalten werden. Dagegen bestehen auch in Gewächshäusern gegenüber der Vektorenbekämpfung durch Insektizide ernste Bedenken, wenn Kulturen geschützt werden sollen, von denen Früchte, Pflanzenteile oder die gesamte Pflanze zum Verzehr vorgesehen sind, zumal durch die

Beschleunigung der Pflanzenentwicklung im Gewächshaus die Gefahr besteht, daß die zwischen letzter Behandlung und Verzehr erforderlichen Karenzzeiten nur mit Mühe oder nicht eingehalten werden können.

Ein ernstes Problem bei der in kurzen Abständen wiederholten Bekämpfung von Blattläusen ist sowohl in Gewächshäusern als auch im Freiland die *Herausbildung gegen bestimmte Insektizide resistenter Blattlauspopulationen*. Um dieser Gefahr zu begegnen, müssen *Wirkstoffrotationen* eingehalten werden, d. h., es müssen bei aufeinanderfolgenden Behandlungen Präparate mit unterschiedlichen Wirkstoffen bzw. Wirkungsmechanismen angewendet werden.

Nematoden

Noch größere Probleme als die Bekämpfung der Virusvektoren im Luftraum bereitet die Bekämpfung der im Boden lebenden Vektoren, gleichgültig, ob es sich um Nematoden oder Pilze handelt. Es ist zwar möglich, *virusübertragende Nematoden*, z. B. *Longidorus elongatus*, den Überträger des Himbeerringflecken-, Tomatenschwarzring- und Nelkenringflecken-Virus sowie *Xiphinema diversicaudatum*, einen Vektor des Arabismosaik-, Trespenmosaik-, Nelkenringflecken-, Kirschblattroll- und Fächerblättrigkeits-Virus der Weinrebe (grape vine fanleaf virus) sowie des Latenten Erdbeerringflecken-Virus mit Nematiziden zu bekämpfen und auf diese Weise die Ausbreitung der von den Nematoden übertragenen Viren einzuschränken. Da die Wirkung der Nematizide mit zunehmender Bodentiefe abnimmt, besteht jedoch die Gefahr, daß Nematoden aus tieferen Bodenschichten nach Abklingen der nematiziden Wirkung allmählich wieder in die entseuchten Schichten einwandern. Infolge der hohen Kosten muß die Nematodenbekämpfung im Freiland überdies auf hochwertige Spezialkulturen beschränkt bleiben. Darüber hinaus ist der Einsatz der auch viele nützliche Bodenorganismen schädigenden Nematizide auf ernste ökologische Bedenken gestoßen. Diese haben dazu geführt, daß in einigen Bundesländern die Anwendung der Nematizide zur Bekämpfung bestimmter nematodenübertragbarer Viren durch Verordnungen eingeschränkt worden ist. In Gewächshäusern ist bei starker Verseuchung mit Nematoden und nematodenübertragbaren Viren die Nematodenbekämpfung ökologisch und ökonomisch eher vertretbar.

Pilze

Große Schwierigkeiten erwachsen bezüglich der Infektionsprophylaxe auch bei Viren, die durch bodenbewohnende Pilze übertragen werden, denn diese Virusvektoren sind im wesentlichen einzellige niedere Pilze, gegen die die meisten herkömmlichen, gegen Oomyzeten und die „echten Pilze", Ascomyzeten oder

Basidiomyzeten, entwickelten Fungizide nicht oder unbefriedigend wirken. Es ist daher eine Bekämpfung von pilzlichen Vektoren, z. B. von *Olpidium brassicae*, allenfalls in Gewächshäusern möglich.

Besonders schmerzlich ist das Fehlen geeigneter Mittel bzw. Verfahren zur Bekämpfung pilzlicher Vektoren im Hinblick auf die durch *Polymyxa*-Arten übertragenen Viren, die in den letzten Jahren beträchtlich an Bedeutung zugenommen haben. So gefährdet das Gerstengelbmosaik-Virus, das durch *Polymyxa graminis* übertragen wird und lange Zeit nur aus Japan bekannt war, in Deutschland etwa ein Drittel der Anbaufläche der Gerste. Der Ertrag anfälliger Sorten kann auf die Hälfte vermindert werden. Bisweilen ist der Schaden aber auch so groß, daß man sich zum Umbruch der befallenen Schläge entschließt. Da das Gerstengelbmosaik-Virus in den Dauersporen von *Polymyxa graminis* sehr lange stabil bleibt, ist auf einmal befallenen Schlägen selbst nach langen Anbaupausen wieder mit Infektionen zu rechnen. Auch das ebenfalls durch *Polymyxa graminis* übertragene, in vielen europäischen und außereuropäischen Ländern verbreitete Bodenübertragbare Weizenmosaik-Virus bleibt im Vektor jahrelang stabil.

Polymyxa betae, der Überträger des Rübenwurzelbärtigkeits-Virus, das in vielen europäischen sowie außereuropäischen Ländern Zuckerrüben stark schädigen und zu Zuckerertragsverlusten bis zu 80% führen kann, ist durch herkömmliche Fungizide ebenfalls nicht wirksam zu bekämpfen. Überraschenderweise wird jedoch die Bildung der Dauersporen von *Polymyxa graminis* und *P. betae*, in denen sich die Viren jahrelang halten können, durch bestimmte antiphytovirale Verbindungen, d. h. durch Präparate, die die Replikation von Pflanzenviren behindern (vgl Abschnitt 8.5.9), stark vermindert. So war in Gefäßversuchen mit Gerste nach Behandlung mit einigen antiphytoviralen Verbindungen, besonders nach Zusatz von Granulaten von 2,4-Dioxohexahydro-1,3,5-triazin (= 5- Azadihydrouracil) zum Boden und nachfolgende Spritzbehandlungen der Sprosse mit 2,4-Dioxohexahydro-1,3,5-triazin oder Alkanmonosulfonaten die Bildung von Cystosori von *Polymyxa graminis* beträchtlich verringert, und zwar bis zu 80%. Nicht nur die Bildung von Cystosori von *Polymyxa betae*, sondern auch die Konzentration des inokulierten Rübenwurzelbärtigkeits-Virus erwiesen sich als wesentlich vermindert, wenn die Pflanzen in Nährlösungen angezogen worden waren, die 2,4-Dioxohexahydro-1,3,5- triazin oder Alkanmonosulfonat enthielten. Wenn die Ergebnisse dieser Versuche durch Freilandversuche bestätigt werden, wäre es gegebenenfalls auch bei Beibehaltung der üblichen Fruchtfolgen möglich, das Vorkommen der virusübertragenden Polymyxa-Arten und gleichzeitig auch die Virusvermehrung in den Kulturpflanzen durch Anwendung von biozönoseverträglichen antiphytoviralen Präparaten zu vermindern.

8.5.6 Resistenz– und Toleranzzüchtung

Klassische Resistenz– und Toleranzzüchtung

Die wirksamsten und zugleich ökologisch am besten verträglichen Abwehrmaßnahmen gegen Pflanzenviren sind zur Zeit in der Züchtung und dem Anbau von
Kulturpflanzen zu sehen, die die Viren nicht oder nur in beschränktem Umfang vermehren. Allerdings sind bei der Resistenzzüchtung auch beträchtliche
Schwierigkeiten zu überwinden. So wird eine wirksame Resistenz oft nur gegenüber einigen wenigen Virusarten, nicht selten nur gegenüber einem Virus,
bisweilen auch nur gegenüber einem Virusstamm erhalten. Es kommt auch vor,
daß eingezüchtete Resistenz bei der Vermehrung des Saatgutes wieder verloren geht. Darüber hinaus entstehen durch Mutationen oft Virusstämme, die
sich auch in gegenüber dem entsprechenden Virus resistenten Kulturpflanzen
vermehren können, oder derartige Stämme werden aus den Viruspopulationen
selektiert.

Daß jetzt bei der Züchtung neuer Pflanzenformen der Resistenz gegenüber
Viren immer größere Bedeutung beigemessen wird, kann auch als eine Art
Wiedergutmachung dafür angesehen werden, daß bei der Züchtung hochleistungsfähiger Pflanzenformen über lange Zeit hinweg deren Widerstandsfähigkeit gegenüber Pathogenen zu wenig beachtet worden war, wodurch die Viren
zu einer immer ernsteren Bedrohung geworden sind.

Um die Widerstandsfähigkeit der Kulturpflanzen gegen Viren zu erhöhen,
geht der Züchter häufig auf *Wild– und Primitivformen* zurück, die sich als
mehr oder weniger widerstandsfähig gegen Viren erwiesen haben. Bei der
Einkreuzung der Widerstandsfähigkeit entsprechender Wildformen in hoch-
leistungsfähige Kulturformen gehen allerdings die erwünschten Eigenschaften
der Kulturformen vielfach·verloren. Daher werden, wenn vorhanden, gern gegenüber Viren widerstandsfähige *Zuchtformen* als Ausgangsmaterial für die Resistenzzüchtung verwendet. Aber selbst unter diesen Bedingungen gelingt es
bei Anwendung klassischer Züchtungsverfahren in der Regel erst nach Jahren
intensiver Züchtungs– und Selektionstätigkeit, Virusresistenz mit erwünschten
Anbau– und Ertragseigenschaften in befriedigender Weise zu kombinieren. Im
Erfolgsfall kann dann allerdings der ökonomische und ökologische Nutzen sehr
groß sein.

Der Züchter kann *verschiedene Typen der Virusresistenz* nutzen. *In der
Regel sind diese durch mehrere Gene, also polygen, bedingt.* Hierdurch ist die
Züchtungsarbeit beträchtlich erschwert, besonders wenn die Resistenzgene auf
mehrere Chromosomen verteilt sind. Es gibt aber auch Resistenzerscheinungen,
die nur durch ein einziges Gen hervorgerufen werden.

Ein wichtiger Resistenztyp ist die *Infektionsresistenz*. Um sie nachzuweisen, werden die neuen Zuchtformen mit Inokula gleicher Infektionsstärke inokuliert. Wenn sich danach im Vergleich zu anfälligen Zuchtformen weniger Einzelpflanzen als mit dem entsprechenden Impfvirus infiziert erweisen, deutet das auf eine mehr oder weniger ausgeprägte Infektionsresistenz hin. Diese wird oft durch relativ viele verschiedene Gene bedingt. Es sind daher langwierige Zuchtarbeiten erforderlich, um sie in die gewünschten Kulturformen einzukreuzen.

Die *Ausbreitungsresistenz* ist besonders durch eine *Verminderung der Geschwindigkeit der Virusvermehrung und -wanderung innerhalb der Pflanze* und, hierdurch bedingt, durch eine Senkung der Viruskonzentration charakterisiert.

Kommen Infektions- und Ausbreitungsresistenz nur in bestimmten Entwicklungsstadien, z. B. während der Blüte, zum Ausdruck, spricht man von *Stadienresistenz*. Eine Stadienresistenz, die sich erst bei alternden Pflanzen einstellt, wird als *Altersresistenz* bezeichnet.

Die nicht selten polygen bedingten Abwehrreaktionen, die den vorstehend angeführten Resistenztypen zugrunde liegen, sind im einzelnen noch wenig bekannt. Als Ursachen für die Stadien- und Altersresistenz wurden in verschiedenen Fällen stadienbedingte Veränderungen des pflanzlichen Stoffwechsels ermittelt. In alternden Pflanzen wird beispielsweise nicht selten die Bildung phenolischer Verbindungen mit antiviraler Wirksamkeit aktiviert. Es kann aber auch zu einer altersbedingten Erhöhung der Durchlässigkeit von Endomembranen kommen, die die oft auch die Pflanzen schädigenden phenolischen Verbindungen in der Regel in bestimmten Bereichen der Zelle konzentrieren und hierdurch aus dem Stoffwechsel ausgrenzen.

Die den angeführten Resistenztypen zugrunde liegenden Abwehrreaktionen bilden die Grundlage der sogenannten *Feldresistenz*, die bisweilen auch als *relative Resistenz* bezeichnet wird. *Diese äußert sich in einem statistisch nachweisbaren Minderbefall beim Anbau entsprechender Pflanzenformen in infektionsgefährdeten Lagen.* Nicht selten betrifft die Feldresistenz nur *ein* Virus. Es können aber auch die Vermehrung und Verbreitung mehrerer Viren beeinträchtigt sein. In seltenen Fällen werden alle in einer Pflanze vorkommenden Viren gehemmt. Bisweilen äußert sich die Feldresistenz auch nur in einer Abschwächung der Infektionsbereitschaft oder des Krankheitsverlaufs. So werden beispielsweise Kartoffelsorten, die gegenüber dem Blattroll-Virus Feldresistenz zeigen, durch die gleiche Zahl das Virus übertragender Blattläuse zu einem geringeren Prozentsatz infiziert als anfällige Sorten. Feldresistenz gegenüber dem Kartoffel-Y-, -M- und -A-Virus ist bei vielen Wildkartoffelarten und auch bei einer Anzahl von Kulturkartoffelsorten mehr oder weniger stark ausgeprägt.

Da die Feldresistenz polygen bedingt ist und oft verschiedene Viren und Virusstämme betrifft, bleibt sie verhältnismäßig lange erhalten, wenn sie einmal in eine geeignete Kulturform eingekreuzt worden ist. Aus diesem Grund ist sie ein wichtiges Zuchtziel, obwohl der Virusbefall in der Regel nur vermindert, aber nicht vermieden werden kann. Auch wird die Feldresistenz oft durch Umweltbedingungen, wie Temperatur, Ernährung, Belichtung usw. modifiziert. So erfolgen bei der Kartoffelsorte Schwalbe, die beachtliche Feldresistenz gegen das Kartoffelblattroll- und -Y-Virus aufweist, bei Temperaturen von 10 bis 15°C nur wenige Infektionen. Bei 25 bis 30°C werden jedoch nahezu alle Pflanzen infiziert. Offenbar hat sich der Genbestand der Kartoffel auch bezüglich der Virusresistenz an ihre verhältnismäßig kühle Hochgebirgsheimat angepaßt und sichert ihr dort die Abwehr gegenüber Viren. Bei Mais, einer an warme Gebiete angepaßten Pflanze, vermindert sich dagegen die Feldresistenz gegenüber dem Weizenstrichelmosaik-Virus bei niedrigen Temperaturen.

Die *Hypersensitivität* oder *Überempfindlichkeitsresistenz* ist dadurch gekennzeichnet, daß sie kurz nach der Infektion mit einem bestimmten Virus eine nekrotische Reaktion hervorruft, in deren Verlauf die virusbefallenen Zellen sowie die Zellen in der Umgebung des Infektionsortes zum Absterben kommen. Hierdurch entstehen *Lokalläsionen* (Abb. 8.12), in deren Umgebung das Virus in der Regel lokalisiert bleibt. Die Hypersensitivität kann daher auch als der Extremfall der Ausbreitungsresistenz aufgefaßt werden. Unter natürlichen Bedingungen wird die Hypersensitivität oft übersehen, wenn sie auf wenige nekrotischen Infektionsherde beschränkt bleibt.

Experimentell ist die Hypersensitivität bei vielen Wildkartoffelarten und Kulturkartoffelsorten gegenüber dem Kartoffel-X-, -Y-, -A- und -S-Virus nachgewiesen worden. Allerdings ruft bei der gleichen Art oder Sorte häufig nur ein einziges dieser Viren eine Überempfindlichkeitsreaktion hervor. So weisen eine Anzahl von Tabaksorten allein gegenüber dem Tabakmosaik-Virus Überempfindlichkeitsresistenz auf, nicht aber gegenüber dem Kartoffel-X- und -Y-Virus oder dem Gurkenmosaik-Virus und anderen den Tabak schädigenden Viren. Demgegenüber besitzen verschiedene *Phaseolus*-Arten bzw. Bohnensorten Hypersensitivität sowohl gegenüber dem Gewöhnlichen als auch gegenüber dem Gelben Bohnenmosaik-Virus.

Die Hypersensitivität wird im Gegensatz zur Feldresistenz in der Regel durch einige wenige Gene, nicht selten sogar durch ein einziges Gen kontrolliert. Sie ist daher züchterisch leicht zu handhaben. Diesem Vorteil steht der Nachteil gegenüber, daß die Hypersensitivität oft durchbrochen wird. Bereits Veränderungen von Umweltbedingungen können zu Resistenzdurchbrüchen führen. So werden lokalisierte Virusinfektionen oft bei hohen Temperaturen systemisch, und es entstehen in den befallenen Pflanzen beträchtliche Schäden. Sehr gefährlich sind Resistenzdurchbrüche, die durch neue, infolge Mutationen entstandener oder in das Gebiet verschleppter aggressiver Virusstämme erfolgen. Sie entwerten oft harte züchterische Arbeit innerhalb kürzester Zeit.

Abb. 8.20: Hypersensitivität nach Befall der Kartoffel mit dem Kartoffel–Y–
Virus in Form tintenspritzerartiger Flecke (Mitte) bzw. tintenstrichartiger Nekrosen längs der Leitbündel (links). Die Nekrosen in den Leitbündeln führen
durch Unterbindung des Stofftransports zu Kümmerwuchs und Absterbeerschei-
nungen (rechts)(M. Klinkowski, E. Mühle und E. Reinmuth, Phytopathologie
und Pflanzenschutz Bd. II, Akademie–Verlag, Berlin 1966)

Hypersensitivität bringt jedoch den Pflanzen nicht immer Vorteile. In bestimmten Fällen kann sie der Pflanze auch schaden. So führt die Hypersensitivität vieler Kartoffelsorten gegenüber dem Kartoffel–Y–Virus auf den Blättern
zunächst zu lokalisierten Infektionsherden, die als tintenspritzerartige schwarze
Flecke erscheinen (Abb. 8.20, Mitte). Durch verschiedene, z. T. noch unbekannte Faktoren kann die Lokalisierung der Virusinfektion jedoch aufgehoben
werden, und das Kartoffel–Y–Virus gelangt nunmehr auch in den Siebteil der
Pflanzen. Hier ruft es neue Überempfindlichkeitsreaktionen hervor, die als tin-
tenstrichartige Nekrosen längs der Leitbündel der Blätter und Sprosse erkennbar
sind (Abb. 8.20, rechts und links). Oft werden diese Reaktionen auch dadurch
ausgelöst, daß die das Virus übertragenden Blattläuse den Siebteil unmittelbar
anstechen. Überempfindlichkeitsreaktionen im Siebteil unterbinden den Transport organischer Substanzen. Darüber hinaus wird oft das gesamte Leitbündel
geschädigt, und es kommt zusätzlich zu Störungen im Mineralstoff– und Was-
sertransport. Durch die Beeinträchtigung des Stofftransports werden wachsende
Pflanzenteile, besonders die Wurzeln und die sich entwickelnden Knollen, nicht
mehr mit den erforderlichen Nährstoffen versorgt. Die Folge ist Kümmerwuchs
(Abb. 8.20, rechts). Oft wird keine einzige verwertbare Knolle gebildet. Blätter
und z. T. auch Sprosse vertrocknen.

Eine besondere Form der Hypersensitivität stellt die *extreme Resistenz* dar.
Sie kommt dadurch zustande, daß die Zellen extrem resistenter Pflanzen nach

Befall mit bestimmten Viren, die sich im Parenchym (Grundgewebe) der Pflanzen vermehren, nach der Infektion so rasch mitsamt dem Virus zugrunde gehen, daß der Infektionsherd punktförmig bleibt. Er wird daher oft übersehen. Die Pflanze ist scheinbar immun gegen das Virus. Erst im Ergebnis komplizierter Pfropfverfahren kann unterschieden werden, ob eine immune Pflanze oder eine Pflanze mit extremer Resistenz vorliegt.

Extreme Resistenz wurde bei verschiedenen Herkünften von Wildkartoffeln und deren Bastarden mit Kulturkartoffelsorten nachgewiesen. Zuchtmaterial mit extremer Resistenz gegen das Kartoffel-Y-Virus erwies sich jedoch als stark anfällig gegenüber dem Kartoffelblattroll-Virus und dem Kartoffel-M-Virus. Derartige gegensätzliche Effekte sind die crux des Resistenzzüchters. Es muß die Zukunft zeigen, ob es gelingt, extreme Resistenz gegenüber dem Kartoffel-Y-Virus mit hoher Infektionsresistenz gegenüber dem Kartoffelblattroll-Virus und dem Kartoffel-M-Virus zu vereinen.

Eine weitere Sonderform der Hypersensitivität stellt die *Intoleranz* dar. Diese ist dadurch gekennzeichnet, daß die Virusinfektion im Gegensatz zur Hypersensitivität nicht in der Umgebung des oft nekrotisierenden Infektionsherdes lokalisiert wird. Das sich in der Pflanze ausbreitende Virus führt vielmehr zur Bildung weiterer Nekrosen, zu Kümmerwuchs und schließlich zum Absterben der intoleranten Pflanzen. Infizierte intolerante Kartoffelpflanzen bilden keine oder nur sehr kleine Knollen. Auf diese Weise kommt es zur sogenannten *Selbstreinigung* einer Sorte, denn es gelangen keine infizierten Knollen ins Pflanzgut. Wenn die Intoleranz mit hoher Infektionsresistenz einhergeht, ergeben sich Pflanzensorten mit wertvoller Resistenz. Beispiele hierfür sind die Kartoffelsorten Apta und Carla, bei denen das Kartoffel-Y-Virus praktisch keine Rolle spielt.

Die *Virustoleranz* unterscheidet sich von der Resistenz dadurch, daß Virusinfektion, -vermehrung und -ausbreitung im Vergleich zu anfälligen Pflanzen unverändert sind. Die Ausbildung der üblichen Befallssymptome bleibt jedoch oft aus. In diesen Fällen spricht man von *Symptomtoleranz*. Wenn Wuchs und Ertrag durch die Virusinfektionen nicht oder nur wenig beeinflußt werden, bezeichnet man dies als *Leistungstoleranz*. Die Symptomtoleranz muß nicht unbedingt mit Leistungstoleranz einhergehen und umgekehrt. So reagieren bestimmte Gurkensorten auf Befall mit dem Gurkengrünscheckungsmosaik-Virus nicht mit Symptomen, zeigen aber genau so starke Ertragsdepressionen wie die mit deutlichen Symptomen reagierenden Sorten. Für die Praxis kann daher nur die Leistungstoleranz von Bedeutung sein. Vorteilhaft ist die Kombination beider Toleranzformen, besonders, wenn diese zusätzlich mit einer gewissen Ausbreitungs- und Vermehrungsresistenz verbunden ist, wie das bei den Gurkensorten „Chinese Long Green" und „Tokyo Long Green" der Fall ist.

Der spektakulärste Erfolg der Toleranzzüchtung war die Züchtung von Zuckerrohrsorten mit hoher Toleranz gegenüber dem Zuckerrohrmosaik–Virus. Diese hat den auf das Äußerste gefährdeten Zuckerrohranbau praktisch vor der Vernichtung durch das Virus gerettet. Eine gewisse Bedeutung haben auch Pflaumensorten erlangt, die sich durch hohe Toleranz ihrer Früchte gegenüber dem Scharka–Virus auszeichnen, so daß der Ertrag durch das Virus nur wenig beeinflußt wird.

Da tolerante Pflanzen gefährliche Infektionsquellen darstellen, die überdies oft nicht erkannt werden, ist *der Anbau toleranter Pflanzenformen epidemiologisch nicht unbedenklich*. Daher erfolgt Toleranzzüchtung in der Regel nur dann, wenn gegenüber bestimmten gefährlichen Viren keine verwertbaren Resistenztypen gefunden werden. Gegenwärtig ist das beispielsweise in der Zuckerrübenzüchtung bezüglich des Milden Rübenvergilbungs–Virus und bezüglich des Rübenwurzelbärtigkeits–Virus der Fall. Neu gezüchtete tolerante Sorten haben die Fortführung des Zuckerrübenbaus in den durch das Rübenwurzelbärtigkeits–Virus gefährdeten Gebieten ermöglicht. Besonders hoffnungsvoll stimmt, daß bei einigen Zuckerrübensorten die Toleranz gegenüber dem Rübenwurzelbärtigkeits–Virus auch bereits mit einer gewissen Infektions- und Ausbreitungsresistenz verknüpft ist.

Auch gegenüber bestimmten Getreideviren, z. B. gegenüber dem durch *Polymyxa graminis* übertragbaren Gerstengelbmosaik–Virus und dem Bodenbürtigen Weizenmosaik–Virus, wird gegenwärtig die Toleranzzüchtung als wesentliche Hilfe zur Schadensbegrenzung angesehen.

Gentechnologische Verfahren zur Auslösung von Virusresistenz

Neuerdings werden auch *gentechnologische Verfahren zur Auslösung von Resistenzphänomenen* herangezogen. Da es bisher nur in Ausnahmefällen möglich war, die Gene, die an der Auslösung der im vorangegangenen Abschnitt angeführten Resistenzformen beteiligt sind, zu erkennen, zu isolieren und gezielt in Kulturpflanzenformen einzuführen, werden hierbei oft neue Wege beschritten, die in der klassischen Resistenzzüchtung nicht gangbar sind. So wird beispielsweise ein DNS-Abschnitt, in dem das Hüllprotein des zu bekämpfenden Virus codiert ist, in das Genom einer Zelle der zu schützenden Wirtspflanzenart eingebaut. Pflanzen, die sich aus derartig transformierten Zellen entwickeln, bilden somit auch Hüllprotein des Virus. Durch die ständige Gegenwart des Hüllproteins soll einer Hypothese zufolge die Zahl der Stellen, an denen eine Infektion mit dem entsprechenden Virus erfolgen kann, beträchtlich vermindert werden.

In bahnbrechenden Untersuchungen, auf die hier nicht in Einzelheiten eingegangen werden kann, war von Powell et al. (Science 1986) eine DNS-Kopie des

Hüllproteingens des Tabakmosaik–Virus hergestellt worden. Diese war in ein Ti–Plasmid von *Agrobacterium tumefaciens* eingebaut worden, dem zuvor die Gene entfernt worden waren, die in dessen Wirtspflanzen Tumoren induzieren. Dieses modifizierte Ti–Plasmid und mit ihm das Hüllproteingen des TMV wurde in Zellen von *Nicotiana tabacum* „Xanthi" eingeführt. Wenn dieses modifizierte Genom von *Agrobacterium tumefaciens* in das Genom der Tabakzellen integriert worden ist, wie das ganz ähnlich in der Natur nach Befall mit *Agrobacterium tumefaciens* erfolgt, bilden Pflanzen, die sich aus diesen Zellen entwickeln, auch Hüllprotein des TMV. Werden derartig transformierte Pflanzen mit TMV infiziert, so werden in 60% von ihnen keine TMV–Partikeln gebildet. Auch treten keine Befallssymptome auf. In den restlichen Pflanzen sind Virusreplikation und Symptomausbildung im Vergleich zu nichttransformierten Kontrollpflanzen erheblich verzögert. Diese Ergebnisse stehen in Übereinstimmung mit der oben angeführten Hypothese.

In ähnlicher Weise wurde eine DNS–Kopie des Hüllproteingens des Rübenwurzelbärtigkeits–Virus, des Erregers der schwer zu bekämpfenden Rizomania der Zuckerrübe, in Blattscheiben bestimmter Tabakformen eingeführt. In diesen Blattscheiben wurde die Bildung von Sprossen und Wurzeln induziert. Hierdurch wurden transgene Pflanzen erhalten, in deren Zellen das Hüllprotein des Virus mit Hilfe serologischer Verfahren nachgewiesen werden konnte. Damit wurde eine erste wesentliche Etappe auf dem langen Weg erreicht, der auf die Herstellung transgener Zuckerrübenpflanzen mit Resistenz gegenüber dem Rübenwurzelbärtigkeits–Virus abzielt.

In der Kartoffelzüchtung wurde mit Versuchen begonnen, Resistenz gegen das Kartoffelblattroll–Virus zu erhalten, indem das Hüllprotein dieses Virus in das Genom von Gewebescheiben aus Kartoffelblättern bzw –knollen eingeführt wird. Auch hier gelang es in einer Aufeinanderfolge gentechnologischer Manipulationen, Pflanzen zu gewinnen, die Hüllprotein des Kartoffelblattroll–Virus bilden. Nun gilt es, dieses Ergebnis in der Resistenzzüchtung zur praktischen Anwendung zu führen.

Verhältnismäßig weit fortgeschritten ist das Vorhaben, eine DNS–Kopie des Hüllprotein–Gens des Virus der Gelben Kräuselblättrigkeit der Tomate (tomato yellow leaf curl virus), das besonders in subtropischen Anbaugebieten schwere Schäden verursacht, in das Genom handelsüblicher Tomatensorten einzuführen. Entsprechend transformierte Pflanzen bilden nach Infektion mit dem Virus weniger Symptome als nichttransgene Kontrollpflanzen aus. Die Konzentration der Virusnucleinsäure ist geringer als in den Vergleichspflanzen. Das Hüllprotein–Gen wird jedoch nur unbefriedigend über den Tomatensamen auf die nächste Generation übertragen.

Tabakpflanzen, in deren Genom eine DNS–Kopie des Hüllprotein–Gens des

GMV (Gurkenmosaik-Virus) eingeführt worden war, replizierten nach Inokulation mit einem hochinfektiösen Stamm des GMV das Virus in den inokulierten Blättern in geringerem Maß als in Kontrollblättern. Auch in den systemisch infizierten Blättern der Sproßspitzen verlief die Infektion wesentlich langsamer als in den Kontrollen. Aber wenn die Infektion einmal etabliert war, wurden ebenso hohe Viruskonzentrationen wie in den Kontrollpflanzen erreicht. Das deutet darauf hin, daß die Einführung des Hüllprotein-Gens des GMV lediglich die Ausbildung einer *Infektionsresistenz* bewirkt hat.

Erfolgsversprechend ist offensichtlich auch ein weiterer Weg zur biotechnologischen Auslösung von Resistenz, und zwar *die Einführung einer DNS-Kopie einer gutartigen*, d. h. im Wirt zu keinen Schäden führenden *Satelliten-RNS* (vgl. Abschnitt 8.3.5) in das Genom des zu schützenden Wirts. Wenn beispielsweise die DNS-Kopie einer entsprechenden Satelliten-RNS in das Genom von Tabakpflanzen eingeführt wird, so wird diese dauernd exprimiert. In den Zellen ist dementsprechend immer Satelliten-RNS vorhanden, und wenn der Wirt mit einem aggressiven GMV-Stamm infiziert wird, so erschwert die Satelliten-RNS dessen Replikation so stark, daß das GMV nur eine geringe Konzentration erreicht. Es wurde eine *Vermehrungs- und Ausbreitungsresistenz* induziert. Auch traten, wenn überhaupt, nur sehr milde Symptome auf. Ebenso zeigten die Pflanzen keine Wuchsdepressionen (Abb. 8.21). Somit ist die Vermehrungs- und Ausbreitungsresistenz offensichtlich mit Toleranz gekoppelt. Blattläuse, die GMV von mit Satelliten-RNS transformierten Pflanzen aufgenommen hatten, infizierten etwa 90% weniger Pflanzen als Aphiden, die an nicht transformierten, mit GMV infizierten Kontrollpflanzen gesaugt hatten. *Die induzierte Resistenz ist also durch Blattläuse mit dem Virus übertragbar*. Auch wirkt sie sich gegen alle bisher geprüften GMV-Stämme aus. Ebenso erwies sie sich als dauerhaft.

Hybriden zwischen Pflanzen, die mit DNS-Kopien einer Satelliten-RNS transformiert waren, und solchen, die mit einer DNS-Kopie des Hüllprotein-Gens des GMV transformiert waren, *erwiesen sich als weitgehend resistent gegen GMV-Infektionen*. Die systemische Ausbreitung der Infektion erfolgte nur unregelmäßig. In systemisch infizierten Blättern blieb die GMV-Konzentration niedrig, und es wurden kaum sichtbare Symptome ausgebildet.

Die mit Satelliten-RNS des GMV transformierten Pflanzen bildeten auch nach Infektion mit dem Tomatenaspermie-Virus, das wie GMV zur Cucumovirus-Gruppe gehört, weniger Symptome aus als entsprechende Kontrollen. Die Viruskonzentration erwies sich jedoch als kaum vermindert. Es wurde somit in diesem Fall nur eine Art Toleranz erreicht.

Weitere Untersuchungen zeigten, daß der Erfolg einer Transformation von potentiellen Wirtspflanzen mit Satelliten-RNS nicht nur vom Virus, sondern auch vom jeweiligen Wirt bestimmt wird. Der Gentechnologe steht also vor ähnlichen Schwierigkeiten wie der Pflanzenzüchter, der das Genom der Pflanzen auf herkömmliche Weise zu verändern und in seinem Sinn zu optimieren versucht.

Abb. 8.21: Der Einfluß der Transformation von Tabakpflanzen mit einer DNS–Kopie einer Satelliten–RNS des GMV (Gurkenmosaik–Virus) auf Symptombildung und Wachstum einer durch Blattläuse mit GMV infizierten Tabakpflanze (Mitte); links: nicht transformierte, mit GMV infizierte Pflanze; rechts: nicht transformierte, nicht mit GMV infizierte Kontrollpflanze (B. D. Harrison et al., Ann. Rep. Scot. Crop Res. Inst. 1986)

Um auf gentechnologischem Weg virusresistente Formen zu erhalten, werden noch weiterere Wege beschritten. So wird versucht, ein Gen in die Zelle einzuführen, das *Antisense–Virus–RNS* exprimiert, die dann die Replikation der Virus–RNS blockiert. Beispielsweise sollen hierdurch gegenüber dem Rübenwurzelbärtigkeits–Virus resistente Rübenpflanzen gewonnen werden. Neuerdings wird auch versucht, auf gentechnologischem Weg gegen Viren resistente Formen herzustellen, indem *Gene für katalytische RNS* in das Wirtsgenom eingebaut werden. So wird angestrebt, das *Gen des Ribozyms*, das eine komplementäre Zielsequenz in der viralen RNS spaltet, in das Pflanzengenom einzuführen.

Ein weiterer erfolgversprechender Weg zur gentechnologischen Gewinnung resistenter Formen ist darin zu sehen, *ein Gen in Wirtspflanzen einzubauen, das Antikörper gegen Viren codiert*. Wenn die Aminosäuresequenz eines Antikörpers, z. B. des *Antikörpers gegen das Hüllprotein* eines bestimmten Virus, aufgeklärt worden ist, kann nach diesem Muster ein das Protein codierender DNS–Strang synthetisiert und durch eine Folge von Maßnahmen in die Wirts– DNS eingeführt werden. Die Einfügung bestimmter Promotoren ermöglicht, daß dauernd die zur Bildung von Antikörpern erforderliche RNS transkribiert wird. Die entsprechenden Antikörper sind also bereits in den Wirtszellen vorhanden, wenn die Virusinfektion erfolgt. Daher wird ein beträchtlicher Teil der infizierenden Viren unmittelbar nach der Inkorporation inaktiviert. Von den wenigen zur Replikation kommenden Viruspartikeln werden die Virushüllproteine unmittelbar nach ihrer Bildung wieder eliminiert. Die replizierte Virusnucleinsäure ist somit ungeschützt den Nucleasen der Wirtszelle ausgesetzt und wird in der Regel rasch abgebaut. Die Pflanze bleibt virusfrei.

Auch DNS-Kopien von Antikörpern gegen regulatorische Proteine der Viren konnten in das Genom prospektiver Wirtspflanzen eingebaut werden. Da bei der Virusreplikation regulatorische Proteine nur in sehr geringem Maße gebildet werden, ist zu erwarten, daß diese besonders gut durch spezifische Antikörper blockiert werden können. Gegenwärtig wird versucht, auch auf diese Weise gegen das Rübenwurzelbärtigkeits–Virus resistente Pflanzen zu erhalten.

1993 erfolgte in Deutschland der erste Freilandversuch mit gentechnisch bezüglich der Resistenz gegenüber dem Rübenwurzelbärtigkeits–Virus veränderten Zuckerrüben. Auf welchem Weg dieses Ziel erreicht wurde, ist der Öffentlichkeit noch nicht bekannt.

Sicherheitsprüfung gentechnologisch erzeugter virusresistenter Pflanzen

Neue Formen, die in herkömmlicher Pflanzenzüchtung durch Veränderung des genetischen Materials im Wege von intra– oder interspezifischen Kreuzungen und nachfolgender Selektion oder durch Auslösung von Mutationen mittels Chemikalien bzw. in Protoplastenkulturen entstanden sind, werden keinen besonderen Prüfungen hinsichtlich der biologischen Sicherheit unterzogen. Demgegenüber sind bei neuen Formen, die durch gezielte Einführung von bestimmten Genen mittels gentechnologischer Verfahren zustande kommen, vor der Freigabe zur Anwendung im Freiland umfangreiche, in der Regel außerordentlich strenge Sicherheitsprüfungen erforderlich. Diese betreffen vor allem die Auswirkungen gentechnologisch eingeführter Gene auf Pflanzenbau und Umwelt. Sie sollen Aufschlüsse über die Stabilität der biotechnologisch übertragenen Gene, die Möglichkeit eines unerwünschten Gentransfers auf andere Kulturpflanzen oder Unkräuter, über die Weitergabe durch Pollen und Samen und darüber hinaus über mögliche direkte oder indirekte Effekte der veränderten Merkmale auf die gesamte Biozönose einschließlich Tier und Mensch erbringen.

Die Sicherheitsprüfungen werden in vielen Ländern durch staatliche Institutionen kontrolliert. In der Bundesrepublik Deutschland ist die Biologische Bundesanstalt für Land- und Forstwirtschaft Einvernehmensbehörde bei der Sicherheitsprüfung hinsichtlich der Freisetzung gentechnologisch veränderter Organismen. Eine große Arbeitsgruppe schafft die methodischen Voraussetzungen für entsprechende Prüfungen. So werden allgemeine Prüfkriterien für Freisetzungsfälle erarbeitet und Forschungen zu folgenden Risikofeldern durchgeführt:

- unkontrollierte Ausbreitung gentechnologisch veränderter Organismen oder der gentechnologischen Veränderungen selbst;

- unvorhergesehene Wirkungen der gentechnischen Veränderungen auf die Physiologie und den Phänotyp des Zielorganismus;

- Auswirkungen des gentechnologisch veränderten Organismus auf das Ökosystem.

Seit dem ersten Freilandversuch mit gentechnisch modifizierten Organismen im Jahr 1986 erfolgten bis 1992 weltweit 850 Versuche auf 1106 Versuchsflächen. Auch in der Bundesrepublik Deutschland wurden bis 1992 zwei Freisetzungsversuche durchgeführt, und zwar mit gentechnisch bezüglich ihrer Blütenfärbung veränderten Petunien. Bis Ende 1993 folgten zwei Versuche mit gentechnisch modifizierten Kartoffeln. Ein weiterer Versuch betraf bezüglich ihrer Resistenz gegenüber dem Rübenwurzelbärtigkeitsvirus veränderte Zuckerrüben (s. o.). Bis Ende des dritten Quartals 1995 wurden weitere 20 Freisetzungsversuche durchgeführt bzw. genehmigt, während 14 der gestellten Anträge auf Freisetzung abgelehnt wurden. Die meisten Anträge betreffen gentechnisch bezüglich ihrer Widerstandsfähigkeit gegen Unkrautbekämpfungsmittel bzw. Krankheitserreger modifizierte Nutzpflanzen.

Auch alle Pflanzenarten bzw. –sorten, deren Virusresistenz durch gentechnologische Verfahren ausgelöst worden ist, müssen vor der Nutzung im Pflanzenbau entsprechenden Prüfungen unterzogen werden. Im Vordergrund stehen dabei zur Zeit Untersuchungen über Risiken, die beim Einsatz von Pflanzen entstehen können, in deren Genom das Hüllprotein-Gen eines Virus eingebaut worden ist, denn auf diese Weise ist weltweit bereits gegen mehr als 20 Viren eine mehr oder weniger intensive Resistenz erreicht worden. In erster Linie wird geprüft, ob und welche Wechselwirkungen zwischen den nunmehr ständig in der Pflanze exprimierten Hüllproteinen und anderen Virusarten, die die transgenen Pflanzen infizieren, zu erwarten sind. So ist beispielsweise denkbar, daß in Pflanzen, die ständig Hüllproteine des Kartoffelblattroll-Virus bilden, nach Infektion

der Kartoffel mit dem Kartoffel- X-, -S- oder -M-Virus die entsprechenden
Nucleinsäuren nicht vom virusartspezifischen Hüllprotein, sondern vom Hüllprotein des Kartoffelblattroll- Virus umschlossen werden. Die hierdurch entstandenen neuen Virusformen könnten wie das Kartoffelblattroll-Virus durch
Blattläuse persistent übertragen werden. Sie würden somit, gewissermaßen
unter falscher Flagge, eine zusätzliche Verbreitungsmöglichkeit erhalten und
u. U. die Biozönose gewissermaßen überschwemmen.

Entsprechende Untersuchungen verliefen jedoch bisher überwiegend negativ. Es gibt allerdings einige Hinweise darauf, daß in transgenen Pflanzen, die
das Hüllprotein des Luzernemosaik exprimieren, die Nucleinsäure eines super-
infizierenden Gurkenmosaik-Virus vom Hüllprotein des Luzernemosaik-Virus
enkapsidiert wird. Ferner ist z. Z. noch offen, ob das auch für bestimmte Luteoviren gilt, von denen seit eh und je bekannt ist, daß deren Hüllprotein die
Nucleinsäuren anderer Viren in der Natur umhüllen kann. Insgesamt werden
die Häufigkeit derartiger *Transkapsidierungen* und die aus ihnen entstehenden
Gefahren nach dem gegenwärtigen Stand der Kenntnisse als gering eingeschätzt.
Die Einführung anderweitiger viraler Gene in das Genom transgener Pflanzen
hat bisher ebenfalls keine negativen Auswirkungen erkennen lassen.

Hull, ein weltweit anerkannter Virologe, führte auf dem „2. Internationalen
Symposium über Ergebnisse von Feldtests bezüglich der Biosicherheit genetisch
modifizierter Pflanzen und Mikroorganismen", das 1992 in Goslar durchgeführt
worden ist, u. a. aus: „Es gibt keine Informationen darüber, ob umfangreiche
Freisetzung von Pflanzen, die bezüglich viraler Sequenzen transgen sind, zur
Evolution eines ‚Supervirus‘ führen kann. Ich persönlich bezweifle das, aber ich
kann zur Zeit keine sichere experimentelle Evidenz bezüglich der Grundlagen
dieser Zweifel geben" (Übersetzung aus dem Englischen).

In China haben sich Tabak- und Tomatenpflanzen, die gegen Virusinfektionen resistent sind, in dreijährigen Feldversuchen an verschiedenen Versuchsor-
ten bewährt. Die fremden Gene der transgenen Pflanzen sind offenbar auch in
unterschiedlichen Umweltbedingungen stabil. Beim Tabak haben die Feldtests
mit transgenen Pflanzen einen Umfang von 500 Hektar überschritten. Damit
ist China zu einem der Länder geworden, in dem transgene Pflanzen in großem
Umfang im Feld eingesetzt werden. Im Hinblick auf die wirtschaftliche Bedeutung der Viruskrankheiten haben in China neben amtlichen Stellen auch
die Pflanzenbauer und die Industrie die Versuche mit transgenen Pflanzen sehr
unterstützt. Befunde, die zu Bedenken Anlaß geben, sind dort nicht bekannt
geworden. Tests über die Qualität von Zigaretten, die aus transgenem Tabak
hergestellt werden, werden gegenwärtig durchgeführt.

8.5.7 Resistenzinduktion

In verschiedenen Fällen bewirken vorangegangene Infektionen mit bestimmten Viren, Pilzen oder Bakterien eine Verminderung der Virusvermehrung oder auch der Zahl der Lokalläsionen. Diese Erscheinung wird als *Resistenzinduktion* bezeichnet. Offensichtlich wird sie dadurch hervorgerufen, daß die entsprechenden Pathogene zur Bildung von Substanzen führen, die mit der Virusvermehrung oder der Lokalläsionenbildung interferieren. Vielfach handelt es sich um kompliziert zusammengesetzte organische Verbindungen, die durch eine oder mehrere Phenolgruppen substituiert sind. Ganz ähnliche Strukturen weisen viele Substanzen auf, die durch Pilzinfektionen induziert werden, gegen superinfizierende Pilze und auch oft gegen Viren wirken und als *Phytoalexine* bezeichnet werden. Vieles deutet darauf hin, daß eine Anzahl der nach Virusinfektionen gebildeten antiviralen Prinzipien bezüglich Bildungsweg und Wirkung mit den Phytoalexinen identisch sind. Dabei ist bemerkenswert, daß die Ausbildung der Phytoalexine und der durch Virusbefall induzierten Resistenzprinzipien in auffälliger Weise mit mehr oder weniger starken, durch die vorangegangene Infektion bedingten Nekrotisierungsprozessen korreliert.

Es ist versucht worden, die Induktion von Virusresistenz durch nicht oder nur schwach pathogene Viren oder Pilze zur Verhinderung von Virusschäden zu nutzen, die durch aggressive Virusarten oder –stämme hervorgerufen werden. Wesentliche Voraussetzung hierfür ist, daß die organismischen Resistenzinduktoren nicht die vor Virusbefall zu schützenden Kulturen schädigen. Darüber hinaus dürfen sie aber auch in anfälligen Nachbarkulturen keine Schäden anrichten, denn es ist immer mit einer unkontrollierten Ausbreitung zu rechnen. Die durch organismische Resistenzinduktoren bewirkte Verminderung nachfolgender Virusinfektionen war jedoch bisher nur in wenigen Fällen so überzeugend, daß das Risiko einer unkontrollierten Ausbreitung der zur Resistenzinduktion verwendeten Pathogene tragbar wäre. Lediglich die Erzeugung von *Prämunität* (vgl. Abschnitt 8.1.3), die ebenfalls als Resistenzinduktion aufgefaßt werden kann, ist in verschiedenen Ländern im Tomatenbau unter Glas angewendet worden. Dabei sind Tomatenpflanzen durch frühzeitige Infektionen mit schwachen, diese kaum schädigenden Stämmen des Tabakmosaik–Virus vor nachfolgenden Schäden durch spontane Infektionen mit dem Tomatenmosaik–Virus geschützt worden. Allerdings ist es aus verschiedenen Ursachen bisweilen auch zu Fehlschlägen gekommen.

Die Gefahr der unkontrollierten Ausbreitung der zur Resistenzinduktion herangezogenen Pathogene in der Umgebung der zu schützenden Pflanzen kann vermieden werden, wenn als Resistenzinduktoren nicht Organismen, sondern *Chemikalien* herangezogen werden, die in geeigneten Wirtspflanzen systemisch transportable Resistenzprinzipien induzieren, die bei nachfolgender Infektion mit Viren deren Replikation oder die Lokalläsionenbildung abschwächen bzw. unterbinden.

Als chemische Resistenzinduktoren sind u. a. *Polyacrylsäure und verschiedene Polyanionen* bekannt. Da die genannten Substanzen in der Pflanze nicht transportiert werden, ist der Schluß nachvollziehbar, daß die antiviralen Aktivitäten, die ober- und unterhalb der behandelten Blätter nachgewiesen werden konnten, durch induzierte transportable antivirale Prinzipien bewirkt werden. Insofern als Resistenzinduktoren beschriebene Chemikalien in der Pflanze jedoch transportabel sind oder auch dann, wenn keine Kenntnisse bezüglich Transportabilität oder Nichttransportabilität vorhanden sind, ist dagegen der Nachweis, daß die aufgetretenen antiviralen Wirkungen auf induzierte Resistenzprinzipien und nicht auf eine unmittelbare Beeinträchtigung von Schritten des Replikationszyklus der Viren durch die vom Ort der Ausbringung zum Ort der Wirkung transportierten Chemikalien zurückzuführen sind, sehr schwierig zu erbringen. Wird er nicht überzeugend geführt, ist aber die Einordnung entsprechender Substanzen unter die Resistenzinduktoren zweifelhaft. Eher dürfte es sich um antivirale Substanzen i.e.S. handeln. Da Resistenzinduktoren zu den Pflanzenstärkungsmitteln gestellt werden können, deren amtliche Zulassung durch wesentlich geringeren Prüfungsaufwand erreicht werden kann als die von antiviralen Chemotherapeutika, wird jedoch ein vorgefundener antiviraler Effekt anscheinend gern und ohne schlüssigen Nachweis einer Resistenzinduktion zugeschrieben, zumal die von synthetischen oder natürlichen, d. h. aus Pflanzen gewonnenen chemischen Resistenzinduktoren ausgehende Gefährdung von Mensch, Tier und Umwelt, aus welchem Grund auch immer, oft als geringer eingeschätzt wird als die Gefährdung, die von antiviralen Chemikalien i.e.S. ausgeht.

8.5.8 Viruseliminierung durch Meristem- und Sproßspitzenkultur sowie Wärmetherapie

Bei allen vegetativ vermehrten Kulturpflanzen ist die Gewinnung virusfreier Klone, die als Ausgangspunkt für die Erhaltungzüchtung dienen können, eine der wichtigsten Maßnahmen der Virusbekämpfung. Diese beginnt mit der Suche nach virusfreien Pflanzen der jeweiligen Sorte. Es werden oft Hunderte von Pflanzen mittels hochempfindlicher Nachweismethoden auf Virusfreiheit geprüft. Trotz allen Aufwandes wird jedoch häufig nicht eine einzige virusfreie Pflanze gefunden. Um trotzdem zu virusfreiem Ausgangsmaterial zu kommen, kann der Umstand genutzt werden, daß auch bei virusinfizierten Pflanzen in einer Anzahl von Fällen die Meristeme (Teilungsgewebe) an den Sproßspitzen virusfrei bleiben. Es werden Spitzenmeristeme in Sterilbedingungen unter

einem binokularen Mikroskop entnommen und auf Nähragar bzw. kleine Filter-
papierbrücken, die in Nährlösung eintauchen, überführt. Wenn sich aus diesen
Meristemen im Verlauf mehrerer Wochen bis Monate kleine Pflänzchen entwickelt haben, werden diese in Erdkultur weiterkultiviert. Schließlich werden
sie in hochempfindlichen Tests auf Virusfreiheit geprüft. Dabei erweisen sich
oft nur verhältnismäßig wenige Pflanzen als virusfrei. Eine größere Anzahl von
Pflanzen muß ausgesondert werden, da in diesen noch immer Viren nachgewiesen worden sind. Darüber hinaus sind auf dem langen Weg vom Meristem
zur Pflanze auch anderweitige Verluste zu verzeichnen. So stehen schließlich
von den sehr vielen ursprünglich gewonnenen Meristemen nur wenige virusfreie
Pflänzchen als Ausgangspunkt für weitere Zuchtarbeiten zur Verfügung.

Um die Erfolgsrate zu vergrößern, wird versucht, anstelle von Meristemen die
viel längeren und robusteren *Sproßspitzen zu virusfreien Pflanzen anzuziehen*.
Die Spitzen schnell wachsender Sprosse bestimmter krautiger Pflanzen sind oft
virusfrei. Offenbar wachsen sie dem langsam nachwandernden Virus davon. In
diesen Fällen führt die *Sproßspitzenkultur* auch ohne zusätzliche Maßnahmen zu
virusfreien Pflanzen. So können allein durch Sproßspitzenkultur Dahlienklone
vom Tomatenbronzeflecken–Virus und Chrysanthemen vom Tomatenaspermie–
Virus befreit werden.

Bei anderen Pflanzenarten ist die Sproßspitze dagegen fast nie virusfrei. Um
die Möglichkeiten der Sproßspitzenkultur zu nutzen, muß daher die virusfreie
Zone im Spitzenmeristem durch besondere Maßnahmen vergrößert werden, beispielsweise, indem die Pflanzen vor der Entnahme der Sproßspitzen höheren
Temperaturen ausgesetzt werden. Dieses Verfahren wird als *Wärmetherapie*
bezeichnet. Um Sproßspitzen, die zur Gewinnung virusfreier Obstgewächse
vorgesehen sind, von Viren zu befreien, werden oft die Pflanzen vor deren Entnahme mehrere Tage bis Wochen bei Temperaturen von 35 bis 40°C angezogen.
Daneben ist es möglich, die Sproßspitzen von Reisern zu entnehmen, die nach
der Abtrennung von der Pflanze im Wasserbad entsprechenden Temperaturen
ausgesetzt waren. Auf diese Weise lassen sich aus dem Apfel die Chlorotische
Blattfleckung und das Apfelmosaik, aus der Birne das Ringfleckenmosaik und
die Steinfrüchtigkeit, aus der Süßkirche die Nekrotische Ringfleckenkrankheit
und aus der Pflaume das Bandmosaik eliminieren.

Wärmetherapie ist in verschiedenen Fällen auch mit ruhenden Pflanzenteilen möglich, indem Knollen, Zwiebeln oder Fechser, zumeist im Wasserbad,
Temperaturen bis zu 56°C ausgesetzt werden.

Neben der Wärmetherapie kann die Chemotherapie zur Verbesserung des
Ergebnisses der Sproßspitzenkultur und darüber hinaus der Meristemkultur beitragen (vgl. Abschnitt 8.5.9).

8.5.9 Antiphytovirale Verbindungen; Chemotherapie

**Notwendigkeit, Möglichkeiten und Grenzen der Entwicklung und
Anwendung antipytoviraler Verbindungen; Anwendungskriterien**

Die hohen Ertragsverluste, die weltweit durch Viruskrankheiten der Kulturpflanzen hervorgerufen werden, machen es erforderlich, die in den vorangegangenen Abschnitten angeführten, meist indirekten Bekämpfungsmaßnahmen, wie
Selektions– und Isolationsmaßnahmen, Verfahren zur Bekämpfung von Virusvektoren oder Züchtung von virusresistenten Kulturpflanzen, durch den Einsatz
antiphytoviraler Verbindungen zu ergänzen. Hierunter werden Substanzen synthetischen oder natürlichen Ursprungs verstanden, die die Vermehrung von Viren in Pflanzen unterbinden oder verlangsamen, hierdurch den Virusbefall auf
ein ökonomisch vertretbares Maß zurückdrängen und auf diese Weise die durch
Viruskrankheiten erwachsenden, oft sehr hohen Ertragsverluste verhindern oder
einschränken.

Durch die enge Verflechtung zwischen der Virusreplikation und der Replikation von Wirtsnucleinsäure und –proteinen sowie anderen Stoffwechselpro-
zessen des pflanzlichen Wirtes erwachsen bei der Entwicklung antiphytoviraler
Verbindungen, ähnlich wie bei der Entwicklung von Verbindungen, die gegen
Viren von Tier und Mensch eingesetzt werden sollen, große Schwierigkeiten.
Diese werden noch dadurch verstärkt, daß Pflanzen im Gegensatz zu Mensch
und Tier kein effektives humorales System zur raschen Verteilung von Xeno-
biotika und anderen Therapeutika besitzen. Auch fehlen bei Pflanzen echte
Immunmechanismen. Daher müssen antiphytovirale Verbindungen in der Regel
über einen längeren Zeitraum in den therapeutisch erforderlichen Konzentrationen zugegen sein, um zu verhindern, daß nach Unterbindung oder starker
Einschränkung der Virusreplikation von einzelnen Viruspartikeln, die bereits
vor Beginn der Therapie vorhanden waren oder in einigen Zellen mit niedriger
Wirkstoffkonzentration gebildet worden sind, eine Neuinfektion der Pflanze ausgeht. Nur bei frühzeitiger Anwendung antiphytoviraler Verbindungen können
in bestimmten Fällen Neuinfektionen gänzlich verhindert werden. Bei späte-
rer Anwendung werden diese lediglich mehr oder weniger stark eingeschränkt.
Da in der Regel durch antiphytovirale Verbindungen allein die Virusreplikation, nicht aber Viruspartikeln beeinträchtigt werden, ist es bisher nur in wenigen Fällen möglich, virusbefallene Pflanzen gänzlich von Viren zu befreien. So
können beispielsweise das Kartoffel–X–Virus durch 5–Azadihydrouracil (= 2,4–
Dioxohexahydro–1,3,5–triazin) und Ribavirin und der Erreger der Steinfrüchtigkeit der Birne durch Ribavirin vollständig eliminiert werden. Wesentlich mehr
Viren lassen sich durch eine Kombination der Chemotherapie mit der Meristem-
oder der Sproßspitzenkultur eliminieren.

Ein weiteres erreichbares Ziel der antiphytoviralen Chemotherapie, dem beträchtliche ökonomische Bedeutung zukommt, stellt die Ertragsstabilisierung in stark virusgefährdeten Kulturen dar.

Antiphytovirale Verbindungen müssen vier Kriterien gerecht werden, um erfolgreich zur antiphytoviralen Chemotherapie eingesetzt werden zu können:

- Sie sollen die Replikation möglichst vieler Pflanzenviren beeinträchtigen, ohne ihre Wirtspflanzen zu schädigen.

- Sie müssen für Mensch und Tier untoxisch sein und dürfen auch die Mikroflora des Bodens nicht beeinträchtigen.

- Sie müssen in Pflanzen und auch im Boden relativ rasch abgebaut werden, so daß keine Rückstände aufgefunden werden.

- Sie sollten zu Preisen verfügbar sein, die den Pflanzenbauern die Anwendung trotz der verhältnismäßig niedrigen Gewinne ermöglichen, die mit pflanzlichen Produkten erzielt werden. Durch Mischbarkeit mit anderen Pflanzenschutzmitteln und anderweitigen unabdingbar erforderlichen Agrochemikalien sollten die Kosten für die Ausbringung vermindert werden. Höhere Kosten sind nur bei der Gesunderhaltung oder Virusfreimachung wertvollen Zuchtmaterials vertretbar.

Trotz aller Schwierigkeiten sind in den letzten Jahren bei der Erforschung antiphytoviraler Substanzen beachtliche Fortschritte erzielt worden. Diese betreffen sowohl die Entwicklung vollsynthetischer Inhibitoren der Virusvermehrung, die der Erfüllung der angeführten Kriterien bereits sehr nahe kommen, als auch die Kenntnis antiphytoviraler Naturstoffe einschließlich der Antibiotika.

Nachfolgend sollen aus der Vielzahl der im Schrifttum beschriebenen antiphytoviralen Verbindungen nur solche angeführt werden, die den vier Kriterien weitgehend gerecht werden oder aber zur Kennzeichnung wesentlicher Entwicklungstrends erforderlich sind.

Wesentliche antiphytovirale Verbindungen

Ähnlich wie Viren von Tier und Mensch werden auch *Pflanzenviren* durch eine größere Zahl *von Analoga von Nucleobasen, Nucleosiden und Nucleotiden gehemmt,* und zwar sowohl von Purin- als auch von Pyrimidinanaloga.

Von den *Purinbasenanaloga* zeigt *8-Azaguanin* eine beachtenswerte Wirkung gegen eine größere Anzahl von Pflanzenviren und ist in zahlreichen

Untersuchungen geprüft worden. Die Nucleosidanaloga *(S)-9-(2,3-Dihydroxy-propyl)adenin* (Abb. 8.22) und *(3-Adenin-9- yl)-2-hydroxypropansäure-2-methylpropylester* hemmen neben zahlreichen Tierviren auch sehr gut verschiedene Pflanzenviren. Dabei beeinflußt, wie in einem *in-vitro*-Replikationssystem nachgewiesen wurde, (S)-9-(2,3-Dihydroxypropyl)adenin ein virusspezifisches Ferment, und zwar die viruscodierte bzw. -induzierte RNS-abhängige RNS-Polymerase, die an RNS-Strängen neue RNS-Stränge entstehen läßt. Es wird also ein allein der Replikation der Viren dienendes Ferment getroffen. Hierauf dürfte die gute Pflanzenverträglichkeit der Verbindung zurückzuführen sein.

Eines der bedeutsamsten Purinanaloga ist ein Analogon des 5-Amino-4-imidazol- carboxamid-ribotid (AICAR), eines Präcursors (Vorläufers) einer Purinbase, und zwar das *1-β-D-Ribofuranosyl-1,2,4-triazol-carboxamid-ribotid* (Abb 8.22), das unter dem common name (Trivialnamen) *Ribavirin* und den Handelsnamen *Virazol* (USA) und *Ribamidil* (ehem. Sowjetunion, bes. Lettland) bekannt ist. Es wirkt nicht nur gegen eine größere Anzahl von z. T. gefährlichen Viren des Menschen (vgl. Abschnitt 7.3.4), sondern auch gegen eine große Zahl von Pflanzenviren. Es gibt Hinweise darauf, daß Ribavirin erst im zu schützenden Organismus durch Phosphorylierung zu einem antiviral aktiven Nucleotidanalogon umgewandelt werden muß, das dann ein frühes Ereignis im Replikationszyklus der Pflanzenviren, und zwar möglicherweise die Bildung von Frühproteinen, zu denen die RNS-abhängige RNS-Replikase zählt, oder aber die Aktivität dieses Ferments selbst hemmt (s.o.).

Der relativ hohe Preis des Präparates beschränkt seine Anwendung z. Z. in der antiphytoviralen Therapie auf den Schutz besonders wertvollen Pflanzenmaterials, zu dem neben Zuchtmaterial u. a. auch voll ertragsfähige Birnbäume zählen, die durch Ribavirin von der Steinfrüchtigkeit befreit werden können. Da Ribavirin ein ausgezeichneter Synergist ist, der die Wirkung anderer antiphytoviraler Verbindungen auch bei Ausbringung geringster Mengen (s.u.) steigert, ist eine Anwendung in Freilandkulturen durchaus denkbar, zumal das Handelspräparat Ribamidil (s.o.) nach einem neuartigen Verfahren hergestellt wird und hierdurch relativ preisgünstig zur Verfügung steht. In einigen Ländern, z. B. Kanada, ist allerdings in der pflanzenbaulichen Praxis, d. h. außerhalb von Forschungsstellen, die antiphytovirale Therapie mittels Ribavirin untersagt, weil es auch als Humanarzneimittel angewendet wird und Arzneimittel dort nicht gleichzeitig als Pflanzenschutzmittel eingesetzt werden dürfen.

Von den *Pyrimidinbasenanaloga* hat *2-Thiouracil*, das in der Humanmedizin zur Chemotherapie gegen bestimmte Tumoren angewendet worden ist, in zahlreichen Untersuchungen verschiedene Pflanzenviren sehr gut gehemmt. Da sich 2-Thiouracil inzwischen als karzinogen erwiesen hat, kommt diese Verbindung jedoch kaum mehr als antiphytovirales Therapeutikum in Frage. Von anderweitigen, offenbar weniger gefährlichen Pyrimidinbasenanaloga haben sich 6–Aminothymin, 6–Fluorothymin und 6–Aminouracil (Abb. 8.22) als ausgezeichnete Hemmer der viruscodierten RNS–abhängigen RNS–Polymerase erwiesen.

Zwei Analoga von Kataboliten (Abbauprodukten) von Pyrimidinbasen, und zwar 5–Azadihydrouracil (= ADHU = 2,4–Dioxohexahydro–1,3,5–triazin = DHT; Abb. 8.22) und 1,5–Diacetyl–5–azadihydrouracil (= Diacetyl–ADHU = 1,5–Diacetyl–2,4–dioxohexahydro–1,3,5–triazin = Diacetyl–DHT) stellen antiphytovirale Verbindungen dar, die im Hinblick auf eine künftige Anwendung zu großen Hoffnungen berechtigen. Sie hemmen zahlreiche Viren, sind ausgezeichnete Synergisten für andere antiphytovirale Verbindungen, zeichnen sich durch hohe Pflanzenverträglichkeit aus und haben sich auch bereits im Freiland bewährt, z. T. in Großversuchen auf jeweils mehreren Hektar Ackerfäche (s.u.).

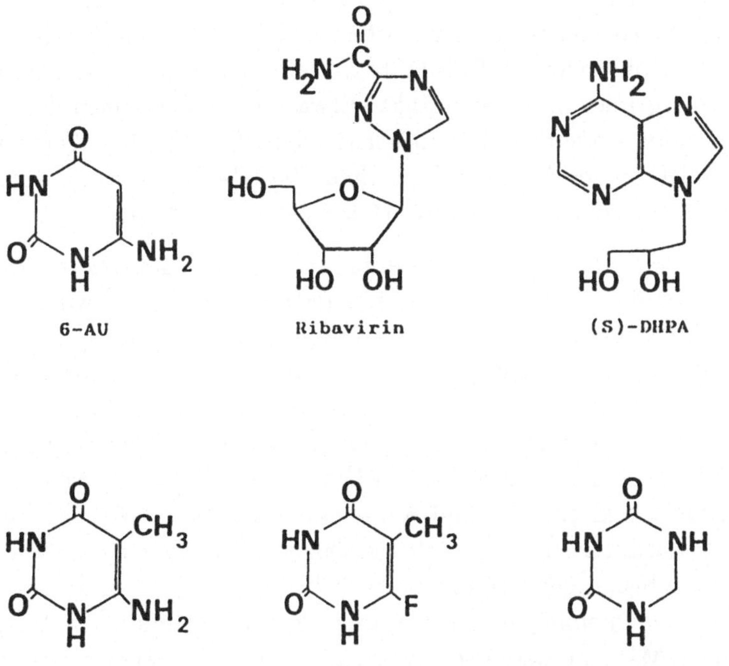

Abb. 8.22: Strukturformeln von antiphytoviralen Analoga von Purin- und Pyrimidinbasen bzw.–nucleosiden. 6–AU = 6–Aminouracil; Ribavirin = 1–β–D–Ribofuranosyl–1,2,4–triazol– carboxamid–ribotid; (S)–DHPA = (S)–9–(2,3–Dihydroxypropyl)adenin; 6–AT = 6– Aminothymin; 6–FT = 6–Fluorothymin; DHT = 2,4–Dioxohexahydro–1,3,5–triazin = 5–Azadihydrouracil

DHT und Diacetyl–DHT werden als Analoga des Dihydrouracil, der ersten beim Uracilabbau auftretenden Verbindung, offensichtlich ähnlich wie diese zumindest in für die kurative Wirkung erforderlichen Anteilen in einen besonderen Stoffwechselweg eingespeist, der nur in Pflanzen vorkommt. Dieser salvage pathway (Rettungsweg) trägt dazu bei, daß Pflanzen möglichst der gesamte, für sie knappe Stickstoff erhalten bleibt, wenn er einmal aus den nur in geringen Mengen für die Pflanze im Boden verfügbaren Stickstoffverbindungen aufgenommen worden ist. Das durch Abbau von Pyrimidinnucleotiden entstehende Dihydrouracil wird daher nicht weiter abgebaut, sondern wieder hydriert, ribosyliert sowie phosphoryliert und hierdurch erneut zum Nucleotid umgewandelt. Auch DHT (5–Azadihydrouracil) und Diacetyl-DHT (Diacetyl–5–Azadihydrouracil) werden in der *Pflanze* offenbar im gleichen salvage pathway in verhältnismäßig langsam verlaufenden Umsetzungen ribosyliert, phosphoryliert und möglicherweise auch dehydriert und erlangen erst hierdurch ihre antivirale Wirksamkeit. Da nach der Bildung der antiviral wirksamen Analoga aus den verabreichten Vorstufen ein relativ langsamer Abbau einsetzt, bleibt die Konzentration der wirksamen Nucleotidanaloga in der Pflanze selbst bei relativ hoher Dosierung der beiden antiphytoviralen Präparate auf ein antiviral wirksames, aber nicht pflanzenschädigendes Maß beschränkt. Etwa drei Wochen nach der letzten Applikation wurden keine Präparatenrückstände mehr gefunden. Offensichtlich ist dann ein vollständiger Abbau erfolgt, denn die C14–Markierung des DHT tritt sehr bald im von der Pflanze emittierten Kohlendioxyd auf.

Da Menschen, Tiere und Mikroorganismen im Gegensatz zu Samenpflanzen nicht über den angeführten salvage–pathway verfügen, wirken DHT und Diacetyl–DHT auch nicht gegen deren Viren. Es ist aber auch eine karzinogene Wirkung sehr unwahrscheinlich, da diese nach allen bisherigen Erkenntnissen von Basen– bzw. Nucleotidanaloga i.e.S., aber nicht von deren Kataboliten ausgeht. Alle bisher durchgeführten Karzinogenitätstests waren dementsprechend bisher negativ. Ebenso sind DHT und Diacetyl–DHT für Menschen, Tiere und Bakterien nicht toxisch. Sie sind somit auch umweltverträglich, zumal sie im Boden und Vorfluter usw. verhältnismäßig rasch abgebaut werden und nach dem Ergebnis bisheriger Prüfungen auch kaum in das Grundwasser gelangen können. In der ehemaligen DDR waren sie nach gründlichen Prüfungen im 1000–Tonnen–Maßstab hergestellt worden und u. a. als Bleichaktivator (Weißmacher) Bestandteil verschiedener dort produzierter Waschmittel. Obwohl hierdurch Millionen von Menschen hautnah mit den Präparaten in Berührung gekommen sind, wurden keine negativen Wirkungen festgestellt. Da somit gute antivirale Wirkung mit toxikologischer und umweltökologischer Unbedenklichkeit einhergehen, sind mit der Entwicklung des preisgünstig verfügbaren DHT und Diacetyl-DHT wesentliche Fortschritte bei der antiphytoviralen Therapie erzielt worden.

DHT und Diacetyl–DHT hemmen nach der Umwandlung zur antiviral aktiven Substanz ein frühes bzw. sehr frühes Ereignis. Die gegenwärtig vorliegenden Befunde deuten darauf hin, daß entweder die Bildung der RNS– abhängigen RNS–Polymerase gehemmt oder gebildetes Enzym inaktiviert wird. Daneben wird durch hohe Substanzkonzentrationen auch ein spätes Ereignis im Replikationszyklus der Viren, offenbar die Bildung von Spätproteinen, zu denen das Hüllprotein der Viren zählt, gehemmt.

Neben Basenanaloga sind auch *Aminosäurenanaloga* auf antiphytovirale Wirkungen geprüft worden. Viele hemmen die Virusvermehrung erst in Konzentrationen, die auch bereits Pflanzenschäden verursachen. Eine befriedigende selektive Wirkung zeigen *Cycloleucin* und eine gute bis sehr gute Wirkung *Ethionin* und besonders *Dioctylaminoethylglycin*.

Unter den heterozyklischen Verbindungen, die nicht als Basenanaloga aufgefaßt werden können, entfalten eine Anzahl von *Benzimidazolderivaten* interessante antiphytovirale Wirkungen, und zwar auch solche Präparate, die als Systemfungizide zur Bekämpfung von Pilzinfektionen anerkannt sind. In diesem Zusammenhang sind vor allem Carbendazim (Benzimidazol–2–yl–carbamat) und Benomyl (Methyl–1–butylcarbamoyl–1–benzimidazol) anzuführen. Verschiedene Befunde deuten darauf hin, daß Carbendazim die Synthese der Virus–RNS indirekt hemmt, indem es die Pflanze in einen Zustand versetzt, der die Virusreplikation nicht ermöglicht. Das würde bedeuten, daß Carbendazim u. U. zu den Resistenzinduktoren gestellt werden könnte.

Auch unter den *2,5–substituierten 1,3,4–Thiadiazolen* sowie *2,4–und/oder 5–substituierten Oxazolen* finden sich Verbindungen mit ausgezeichneter antiphytoviraler Wirkung. Von den Thiadiazolen sind an erster Stelle 2–Anilino–5–benzylthiadiazol und 2–Anilino–5– adamantylthiadiazol anzuführen. Das zuletzt genannte Thiadiazol hat sich auch bereits im Freiland gegen Kartoffelviren bewährt. Ein Oxazol mit ausgezeichneter antiphytoviraler Wirkung ist das 2,4–Dihydroxy–azetophenon– (4,5–diphenyl–oxazol–2–yl–hydrazon)–4,5–oxazol–2–yl–hydrazin–Addukt. In dieser Verbindung ist die antiphytovirale Aktivität der Oxazole mit der der Azetophenone, Hydrazine und der Diphenylverbindungen kombiniert, was offensichtlich zu additiver oder sogar synergistischer Steigerung der antiphytoviralen Wirkung geführt hat.

Verbindungen mit zum Teil ausgezeichneter antiphytoviraler Aktivität wurden bei der Prüfung von mehr als 400 *N–N'–substituierten Thioharnstoffen und Harnstoffen* gefunden. Dabei ist bemerkenswert, daß die gleichen Substituenten die antivirale Aktivität beider Grundgerüste in etwa gleicher Weise zu steigern vermögen. So entfaltet N–Phenyl–N'–p– carboxyphenyl–thioharnstoff ebenso wie der entsprechend substituierte Harnstoff ausgezeichnete antivirale

Aktivitäten. Beide Verbindungen haben sich auch bereits in Freilandversuchen mit virusinfizierten Kartoffelherkünften bewährt. Auch *S–Substitution von Thioharnstoff* mit den nur schwach antiphytoviral wirksamen Verbindungen 2–Chlorethanphosphonsäure bzw. 2–Chlorethyl– trimethylammoniumchlorid ergibt *Thiuroniumverbindungen von beachtlicher antiphytoviraler Aktivität.*

Unter den Verbindungen mit *Guanidinstruktur* gibt es nicht nur Inhibitoren von Menschen– und Tierviren, sondern auch von Pflanzenviren. Gegen Pflanzenviren sind bereits einfach substituierte Verbindungen aktiv, z. B. Guanidincarbonat, Acetylguanidin oder Cyanoguanidin (= Dicyandiamid). Cyanoguanidin ist auch ein ausgezeichneter, sehr preisgünstig zur Verfügung stehender Synergist, der die Wirkung verschiedener antiphytoviraler Präparate zu steigern vermag. Da Cyanoguanidin lange Zeit als Stickstoffdünger und in jüngerer Zeit auch als Nitrifikationshemmer verwendet worden ist, ohne daß sich irgendwelche nachteiligen humantoxischen Wirkungen gezeigt haben, dürften gegen den Einsatz als antiphytovirale Verbindung auch aus toxikologischer Sicht keine Bedenken bestehen, zumal diese Verbindung sowohl im Boden als auch in der Pflanze sehr rasch metabolisiert wird.

Bemerkenswerte antiphytovirale Aktivitäten zeigen ferner *Verbindungen mit Azinstruktur* (Abb. 8.23). Die Azinstruktur und ähnlich heterokonjugierte Systeme sind sowohl in zyklischen Verbindungen, z. B. in den bereits erwähnten Thiadiazolen und Oxazolen, als auch in *nichtzyklischen Verbindungen*, z. B. Isothiosemicarbazonen, Thiosemicarbazonen, Thiocarbonylhydrazonen, Semicarbazonen und Guanylhydrazonen, von Bedeutung. Eine der wirksamsten der geprüften ca. 300 nichtzyklischen Verbindungen mit Azinstruktur ist Pyridin–3–aldehyd–S–ethyl– isothiosemicarbazon, das auch gegen systemische Infektionen mit schwer bekämpfbaren Viren, z. B. mit dem Tabakmosaikvirus, eingesetzt werden kann.

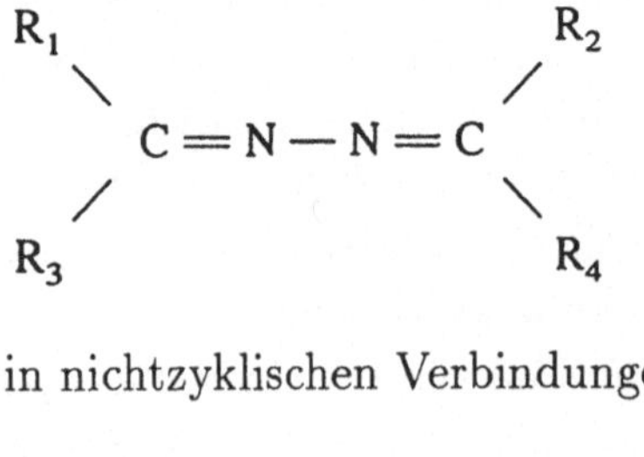

$$R_1 \diagdown \atop \diagup R_3 \quad C = N - N = C \quad {\diagup R_2 \atop \diagdown R_4}$$

Abb. 8.23: Azinstruktur in nichtzyklischen Verbindungen; R1, R2, R3 und R4: mögliche Substituenten

Da eine Anzahl nichtzyklischer Verbindungen mit Azinstruktur auch bei Mensch oder Tier auftretende Viren hemmt, wurden Verbindungern dieser Substanzgruppe im Hinblick auf die Aktivitäten in verschiedenen Virus–Wirt–

Systemen verglichen. Dabei zeigte sich, daß die gleichen Strukturen nur selten sowohl gegen Pflanzenviren als auch gegen Tier- und Menschenviren aktiv sind. Verbindungen, die gegen Pflanzenviren oder Tier- und Menschenviren aktiv waren, zeigten jedoch oft enge strukturelle Verwandtschaft. Struktur-Wirkungsvergleiche deuten darauf hin, daß einige spezifische Strukturen die antivirale Aktivität bedingen, während andere mit den unterschiedlichen Rezeptorformen reagieren, die in Pflanzen bzw. in Tier und Mensch vorkommen.

Im Hinblick auf die *engen Beziehungen, die zwischen der Virusreplikation und den Endomembransystemen der Viruswirte bestehen*, wurden die antiviralen Wirkungen von Verbindungen ermittelt, die in engerem oder weiterem Sinne als *Membranlipidanaloga* angesehen werden können. Dabei wurden unter den *Lysolecithinen* Verbindungen mit guter antiphytoviraler Wirksamkeit vorgefunden. Vollsynthetische Membranlipidanaloga mit hoher antiphytoviraler Aktivität wurden erhalten, indem das Brückenmolekül der Membranlipide eliminiert wurde, während eine oder mehrere der hydrophoben Alkanketten beibehalten und direkt an eine im Vergleich zu natürlichen Membranlipiden stark veränderte hydrophile Kopfgruppe gebunden wurden. Die besten Ergebnisse wurden mit Verbindungen erzielt, die eine negativ geladene, an mindestens eine lange Alkankette gebundene hydrophile Kopfgruppe besitzen. Unter den Verbindungen dieses Types entfaltete eine als Emulgator E 30 bezeichnete *Alkanmonosulfonatpräparation*, deren unverzweigte Alkanketten 9 bis 16 Kohlenstoffatome enthalten, sehr gute antiphytovirale Wirkungen. Diese sind umso ausgeprägter, je größer der Anteil langkettiger Alkane ist. Die antivirale Wirkung der sehr preisgünstig erhältlichen Alkanmonosulfonate, die auch Bestandteil von Körperpflegemitteln und Geschirrspülmitteln sind bzw. waren und daher bereits bezüglich Toxizität und möglicher negativer Umweltbeeinflussung geprüft sind, wurde bereits in zahlreichen Freilanduntersuchungen bestätigt. Alkanmonosulfonate sind auch gute Synergisten, wobei bedeutsam ist, daß sie als Detergentien anderen antiphytoviralen Präparaten auch als Formulierungshilfsstoffe zugesetzt werden können. Sie hemmen, besonders in Kombination mit anderen Präparaten, selbst schwer bekämpfbare Viren, z. B. das Tabakmosaik-, das Kartoffel-Y- und das Kartoffelblattroll-Virus sehr gut. Gleiches trifft für ein *Alkanbetainsulfonat* zu, das sich darüber hinaus wegen seiner antiphytoviralen und antibakteriellen Wirkung, die mit guter Pflanzenverträglichkeit einhergeht, auch als Bestandteil der Ummantelung von Monogermsaatgut der Zuckerrübe bewährt hat. Ferner ist zu erwähnen, daß sich *Gemische langkettiger Fettsäuren* als antiviral erwiesen haben. Sie sind besonders in China bereits auf großen Flächen erprobt worden.

Auch *Pflanzenhormone und Substanzen mit pflanzenhormonanaloger Aktivität* wurden an vielen Stellen bezüglich antiphytoviraler Wirkungen geprüft.

Dabei wurden mit *Giberellinen* sehr wenig überzeugende und mit *Auxin bzw. Auxinanaloga* bessere, doch kaum praktisch verwertbare Ergebnisse erzielt. Ebenso ist offen, ob das Pflanzenhormon *Ethylen* bzw. Ethrel oder andere in der Pflanze Ethylen frei setzende Substanzen zur antiphytoviralen Therapie verwendet werden können. *Abscisinsäure* zeigt antivirale Wirkungen, könnte jedoch vor allem als Antidot, das die durch hohe Konzentrationen von Ribavirin verursachten Pflanzenschäden aufhebt, Bedeutung erlangen. Beachtenswerte antiphytovirale Wirkungen entfalten bei hoher Pflanzenverträglichkeit *Cytokinine und Cytokininanaloga*. In diesem Zusammenhang ist besonders *Kinetin* anzuführen, das auch als eines der antiphytoviral aktivsten und zugleich am besten pflanzenverträglichen Purinbasenanaloga aufgefaßt werden kann.

Antiphytoviralen Naturstoffen kommt, nicht zuletzt unter ökologischen Aspekten, wachsende Bedeutung zu. Sie wurden in großem Umfang in der ehemaligen Sowjetunion, in Indien sowie in jüngerer Zeit vor allem in China untersucht. Beachtliche Ergebnisse wurden in der Sowjetunion, besonders in der Ukraine, mit *Imanin*, einem Extrakt aus Johanniskraut (*Hypericum perforatum*), erzielt. In Indien ist der sogenannte *Boerhavia–Inhibitor* aufgefunden und angewendet worden. Sein aktives Prinzip stellt ein Glycoprotein dar, das in wäßrigen Extrakten aus der Wurzel von *Boerhavia diffusa*, einer in verschiedenen Gegenden Indiens weit verbreiteten Unkrautpflanze, enthalten ist. Herausragende Ergebnisse wurden in letzter Zeit in China mit *Alginat*, einer aus Algen isolierten Verbindung, und besonders mit *Sojabohnenlecithin* erhalten. In Mitteleuropa wurden Untersuchungen zur Auffindung und Nutzung antiphytoviraler Naturstoffe, sicherlich nicht zuletzt angesichts einer gut ausgebauten chemischen Industrie, demgegenüber eher sporadisch ausgeführt. Interessante Ergebnisse wurden durch Auffindung und Prüfung antiphytoviraler *Saponine* erhalten.

Im Hinblick auf die Ungiftigkeit und die ausgezeichnete Umweltverträglichkeit der meisten antiphytoviralen Naturstoffe und die in der Europäischen Union verfügte Limitierung der für die Produktion von Getreide und anderen Grundnahrungsmitteln freigegebenen Flächen könnte eine Intensivierung entsprechender Forschungen bei gleichzeitiger Konzentration auf Inhaltsstoffe in Mitteleuropa ausgezeichnet wachsender Pflanzen für den Pflanzenbauer und für Ökobetriebe, möglicherweise auch für die chemische Industrie, die ggf. die antiviralen Stoffe schonend extrahieren und reinigen müßte, von Interesse sein.

Verbesserung der antiphytoviralen Chemotherapie durch Nutzung von Synergismen

Einen beachtlichen Fortschritt der antiphytoviralen Chemotherapie erbrachten Befunde, nach denen die Wirkung selbst sehr guter antiphytoviraler Präparate noch beträchtlich gesteigert werden kann, indem sie mit Präparaten mit anderen Wirkungsmechanismen kombiniert werden. Nicht selten wird hierdurch die antiphytovirale Wirkung synergistisch erhöht. Auf diese Weise wird es möglich, durch Anwendung geeigneter Präparatenkombinationen auch schwer bekämpfbare Viren zu einem hohen Prozentsatz zu eliminieren. Das Spektrum der durch die Chemotherapie erfaßten Viren wird breiter. Oft kann auch die Konzentration der miteinander kombinierten Präparate vermindert werden. Das ist besonders im Hinblick auf das hochwirksame, aber teure Ribavirin von Bedeutung, dessen Wirkung durch das preisgünstige DHT (2,4–Dioxohexahydro–1,3,5–triazin) beträchtlich gesteigert werden kann. So ist es beispielsweise möglich, durch kombinierte Ausbringung von 15 g Ribavirin und 15 g DHT je Hektar Tabak, Kartoffeln und andere Kulturen vor Infektionen mit dem Kartoffel–X–Virus zu schützen. Abb. 8.24 zeigt, daß die Wuchsdepressionen, die bei *Nicotiana glutinosa* nach Infektionen mit dem schwer bekämpfbaren Gurkenmosaik–Virus auftreten (d), aufgehoben werden, wenn die Pflanzen mit Ribavirin (c) oder DHT (a) behandelt werden. Die Pflanzen zeigen jedoch noch immer Virussymptome in Form einer schwachen Mosaikscheckung. Kombinierte Behandlung mit DHT und Ribavirin verhindert auch die Symptombildung vollständig (b). Die Konzentration des Gurkenmosaik–Virus war auf 2% der Konzentration in der unbehandelten Kontrolle vermindert. Demgegenüber betrug sie bei alleiniger Applikation von DHT 38% und bei alleiniger Applikation von Ribavirin 40%. Ähnliche Ergebnisse wurden durch Kombination von DHT mit N–Phenyl–N'–carboxyphenyl–thioharnstoff oder durch die sehr preisgünstige Kombination von DHT, Alkanmonosulfonat und Cyanoguanidin erhalten. In China wurden in jüngster Zeit im Freiland durch kombinierte Behandlung von kleinen Zuckerrübenpflanzen mit Sojabohnenlecithin und Alkanmonosulfonat bei der Bekämpfung des Rübenwurzelbärtigkeits–Virus, des Erregers der Rizomania, gute Ergebnisse erzielt.

Anwendungsgebiete für antiphytovirale Verbindungen

Die Effektivität der Meristem– und Sproßspitzenkultur (Abschnitt 8.5.8) sowie der Schnittlingskultur (s.u.) läßt sich bezüglich der Gewinnung virusfreien Zuchtmaterials durch Kombination mit chemotherapeutischen Maßnahmen beträchtlich erhöhen. Während z. B. von über 100 kleinen Kartoffelpflan-

zen, die aus unbehandelten Meristemen mit mehreren Viren sehr stark infizierter
Pflanzen der Kartoffelsorte Rosa angezogen worden waren, keine virusfrei war,
erwiesen sich von den aus gleich großen Meristemen angezogenen Pflanzen, die
in einem Nährsubstrat herangewachsen waren, dem DHT (2,4–Dioxohexahydro–
1,3,5–triazin) zugesetzt worden war, 55,4% als frei vom Kartoffel–X–Virus,
47.5% als frei vom Kartoffel–S–Virus, 58% als frei vom Kartoffel–M–Virus und
98% als frei vom Kartoffel–Y–Virus. Ähnliche Ergebnisse wurden durch Behandlung mit Thiouracil, Cyanoguanidin, bestimmten Lysolecithinen und Ribavirin erzielt.

Abb. 8.24: Mit Gurkenmosaik–Virus infizierte Pflanzen von *Nicotiana glutinosa*
nach Behandlung mit (a) DHT (0,1%), (c) Ribavirin (0,01%) und (b) einer
Kombination von DHT und Ribavirin (0,1 bzw. 0,01%). Rechts oben befindet
sich die unbehandelte Kontrolle (G. Schuster)

Bei der Kartoffel wurde durch die Anwendung antiphytoviraler Verbindungen die Gewinnung virusfreien Zuchtmaterials wesentlich vereinfacht, indem
es ermöglicht wurde, von der aufwendigen und langwierigen Meristemkultur
zur zeitsparenden, leicht handhabbaren *Schnittlingskultur* überzugehen. Die
Schnittlinge werden aus Lichtkeimen bzw. aus kleinen Pflänzchen, die aus der
Sproßspitzenkultur hervorgegangen sind, gewonnen, indem die Sproßachse in
der Mitte zwischen 2 Blättern zerschnitten wird. Die auf diese Weise aus
einer Pflanze gewonnenen 5 bis 6 Schnittlinge regenerieren in Nährsubstrat
rasch wieder zu kleinen Pflänzchen. Zusatz von antiviralen Verbindungen,

z. B. DHT oder Ribavirin, zum Nährsubstrat bewirkt, daß die aus den Schnitt-
lingen heranwachsenden Pflänzchen frei vom Kartoffel–X–Virus und oft auch
vom Kartoffel–Y–Virus sind. Zur sicheren Eliminierung des Kartoffel–Y–Virus
und besonders des Kartoffelblattroll–Virus und anderer schwer bekämpfbarer
Viren sind allerdings mehrere, und zwar in einigen Fällen bis zu vier aufeinanderfolgende Schnittlingskulturen erforderlich, bei denen jeweils nur die beiden
oberen Schnittlinge, in denen die antiphytoviralen Verbindungen die beste Wirkung entfalten, verwendet werden dürfen. Nach diesen vier Passagen waren in
den geprüften Fällen alle Schnittlinge frei von chemotherapeutisch schwer zu be-
einflussenden Viren. Dabei ist der Aufwand für diese vier Schnittlingspassagen
wesentlich geringer als der für eine einzige Meristemkultur erforderliche Aufwand. Zudem ist die Zahl der virusfreien Schnittlinge, die nach den Passagen
zur Verfügung stehen, wesentlich höher als die Zahl der ursprünglich angesetzten Schnittlinge, während nach Beendigung der Meristemkultur nur ein geringer
Prozentsatz der angesetzten Meristeme virusfreie Pflanzen ergibt.

In der Hand des Obstzüchters können antiphytovirale Verbindungen die Herstellung virusfreien Baumschulmaterials wesentlich erleichtern. So wird z. B. bei
Süß– und Sauerkirschensorten durch Injektion von DHT in den Stamm ein-
oder zweijähriger Pflanzen die Zahl der Sproßspitzen (Knospen), die frei vom
Kirschenringflecken–Virus sind, von etwa 30% bei unbehandelten Pflanzen auf
100% erhöht. Bei der Gewinnung virusfreien Ausgangsmaterials für verschiedene Erdbeersorten wurden ähnliche Ergebnisse erzielt.

Da für die Anwendung antiphytoviraler Verbindungen in Meristem–,
Sproßspitzen– oder Schnittlingskulturen im Rahmen der Pflanzenzüchtung
keine besondere amtliche Genehmigung erforderlich ist, werden in verschiedenen
Ländern, vor allem in den USA, antivirale Verbindungen beim Aufbau virusfreier Zuchten mit sehr guten Erfolgen eingesetzt.

*Auch bei Anwendung im Pflanzenbau im Freiland und unter Glas können an-
tiphytovirale Verbindungen wesentliche Beiträge zur Virusfreihaltung bzw. zur
Verminderung des Virusbefalls sowie zur Erhöhung der Erträge leisten.* So
konnten beispielsweise selbst in Gebieten mit sehr hohem Infektionsdruck Neuinfektionen von Kartoffelpflanzen mit Viren durch Behandlung mit antiphytoviralen Präparaten beträchtlich vermindert werden. Besonders gute Ergebnisse
wurden mit Kombinationspräparaten erzielt, die mehrere antiphytovirale Verbindungen mit unterschiedlichen Angriffsorten im Replikationszyklus der Viren enthielten. So war nach zweijährigem Anbau verschiedener Kartoffelsorten
in extremen Abbaulagen nach wiederholter Behandlung mit einer Kombination von DHT, Cyanoguanidin und Alkanmonosulfonat die Zahl der mit dem
Kartoffelblattroll–Virus infizierten Pflanzen um 75% geringer als bei den nicht
behandelten Kontrollpflanzen. Dabei war der Virusnachweis mit hochempfindli-

chen serologischen Verfahren (ELISA) an Augenstecklingspflanzen geführt worden, die aus den Knollen angezogen worden waren, die bei der Ernte von jeder einzelnen Versuchspflanze entnommen worden sind. Ähnliche Ergebnisse bezüglich des Kartoffelblattroll–Virus, aber auch anderer Kartoffelviren wurden bei gleicher Prüfmethodik mit verschiedenen anderen Kombinationen von antiphytoviralen Verbindungen erhalten und in mehreren aufeinanderfolgenden Versuchsjahren reproduziert. Nur in einem Versuchsjahr, in dem ein extrem milder Winter von einem überdurchschnittlich warmen Frühjahr gefolgt war, war die Schutzwirkung geringer. Offensichtlich hatten mit dem persistenten Blattrollvirus infizierte Blattläuse in Verstecken überwintert, waren bereits im späten Frühjahr in die gerade auflaufenden Kartoffelbestände eingewandert und hatten die sehr anfälligen kleinen Pflänzchen infiziert, bevor die Behandlung mit antiphytoviralen Präparaten beginnen konnte. Demgegenüber waren auch in diesem Versuchsjahr in den Versuchsparzellen, in denen die Knollen beim Auspflanzen DHT–Granulate erhalten hatten, so daß DHT bereits in den Sprossen der auflaufenden Pflanzen vorhanden war und nach der Infektion den ersten Replikationszyklus des Kartoffelblattroll–Virus unterbinden konnte, die Virusinfektionen stark eingeschränkt. Besonders nach sehr milden Wintern sollten daher den zu schützenden Beständen beim Auspflanzen DHT–Granulate zugegeben werden.

Im Zusammenhang mit den angeführten Befunden ist diskutiert worden, ob und unter welchen Voraussetzungen die sehr wenig umweltverträgliche chemische Blattlausbekämpfung (vgl. Abschnitt 8.5.5) durch die Ausbringung besser umweltverträglicher antiphytoviraler Verbindungen ersetzt werden könnte.

Durch die Verminderung der Neuinfektionen und die Verringerung der in der Pflanze erreichbaren Viruskonzentration können die Erträge nach Applikation antiviraler Verbindungen auch dann erhöht werden, wenn diese nicht zu völlig virusfreien Beständen führen, denn die Pflanzenschäden sind im allgemeinen eng mit der Intensität der Virusreplikation korreliert, und wenn diese vermindert wird, kommt es auch nur zu geringen Schäden bzw. Verlusten. So wurden in Großflächenversuchen, in denen jedes Versuchsglied 20 Hektar mehrmals mit DHT behandelter Kartoffelfläche umfaßte, im Vergleich zu den Kontrollen durchschnittliche Ertragssteigerungen von 10 bis 12% erzielt.

Noch besser als die Erträge der Kartoffel wurden nach Behandlung mit antiphytoviralen Präparaten die *Erträge virusinfizierter Tomatenpflanzen stabilisiert*. Während bei unbehandelten Freilandtomaten die Erträge an Tomatenfrüchten durch Mischinfektionen mit dem Kartoffel–X– und dem Tabakmosaik–Virus im Vergleich zu den nichtinfizierten Kontrollen um 80,4% verringert waren, erwiesen sich die Fruchterträge entsprechend infizierter Pflanzen, die beim Auspflanzen DHT–Granulat erhalten hatten und zusätzlich zweibis dreimal mit DHT behandelt worden waren, als nur um 12% vermindert. Ähnliche Ergebnisse wurden in Bulgarien bei Gewächshaustomaten nach Spritzbehandlung mit DHT erhalten. Zum Teil erreichten dort die Erträge der virusinfizierten behandelten Pflanzen die Erträge der nicht infizierten Kontrollpflanzen oder überstiegen diese sogar geringfügig. Gleichzeitig war in allen Versuchen die Qualität der mit DHT behandelten Früchte wesentlich besser als die der unbehandelten Kontrollen.

In großem Umfang werden besonders in Zentralchina und in den nordöstlichen Gebieten von China, in denen etwa die gleichen Kulturpflanzen wie in Europa angebaut und häufig außerordentlich stark von den gleichen Viren befallen werden, antiphytovirale Verbindungen geprüft und z. T. auch bereits im Pflanzenbau angewendet. So wurde im Jahr 1992 ein Fettsäuregemisch mit Kettenlängen zwischen 15 und 35 Kohlenstoffatomen, das als Präparat NS 83 bezeichnet wird, in einem Umfang von ca. 300 t angewendet. Junduging, dessen Wirkstoff das Aminosäurenanalogon Dioctylaminoethylglycin ist, kam 1992 mit 500 t zur Anwendung. Es ist das einzige bisher in größerem Umfang erprobte und angewendete Aminosäurenanalogon. Ein als Zhibingling bezeichnetes Präparat, das Triacontylalkohol als Wirkstoff enthält, wurde 1992 mit 200 t geprüft. Bingduling mit dem Wirkstoff Monoxydinihydrochloricum wurde in einem Umfang von knapp 100 t erprobt, und ein erst 1991 beschriebener Extrakt der chinesischen Pflanzenmedizin, dessen Zusammensetzung noch nicht bekanntgegeben worden ist, wurde in Aufwandmengen von etwa 50 t geprüft. In die Untersuchungen waren Obstgewächse, verschiedene Gemüsearten, besonders Tomate, Gurke und Paprika, sowie Tabak, Kartoffel, Zuckerrübe und Weizen einbezogen. Bei normalem Infektionsdruck wurde im Vergleich zu den unbehandelten Kontrollen die Zahl der Pflanzen mit Befallssymptomen um 30 bis 60% vermindert. Besonders erfolgreich war das Fettsäurengemisch NS–83, dessen Entwicklung, Prüfung und Anwendung wesentlich durch das National Science and Technique Council of China gefördert worden ist.

Die jüngste Entwicklung der antiphytoviralen Chemotherapie in China ist durch die Einführung von Kombinationspräparaten gekennzeichnet, in denen jeweils ein antiviraler Naturstoff, z. B. Alginat oder Sojabohnenlecithin, mit einem in der ehemaligen DDR entwickelten untoxischen synthetischen Präparat, z. B. DHT oder Alkanmonosulfonat, kombinierte worden ist. Damit findet die Entwicklung, Prüfung und Anwendung antiphytoviraler Präparate, die infolge der Situation in der Industrie- und Agrarforschung der neuen Bundesländer zum Erliegen gekommen ist, nicht nur bei der Gewinnung virusfreien Zuchtmaterials, wie sie in den USA betrieben wird, sondern auch bei der Anwendung im Freiland eine Fortsetzung. Erste Ergebnisse entsprechender Freilanduntersuchungen sind bisher nur bei der Bekämpfung des Rübenwurzelbärtigkeits-

Virus bekannt geworden. Durch mehrmalige Behandlung einer Kombination von Sojabohnenlecithin mit Alkanmonosulfonat wurde sowohl in Yongfeng als auch in Wangtai (Zentralchina) die durchschnittliche Konzentration des Rübenwurzelbärtigkeits–Virus um jeweils etwa 50% vermindert. Mit DHT–Granulat wurden etwa gleiche Ergebnisse erzielt. Es bleibt noch zu prüfen, in welchem Umfang gleichzeitig auch in China die Bildung von Cystosori des das Rübenwurzelbärtigkeits–Virus übertragenden Pilzes *Polymyxa betae* verringert wird, wie das bulgarische und insbesondere polnische Untersuchungen gezeigt haben.

Auch wenn in zunehmendem Maß untoxische und ökologisch weitgehend unbedenkliche antivirale Chemotherapeutika zur Verfügung stehen werden, dürfte ihr Einsatz auf Anwendungsgebiete beschränkt bleiben, bei denen Resistenzzüchtung und andere antivirale Maßnahmen nicht zu dem gewünschten Erfolg führen. Da vollständige Resistenz einer Kulturpflanze bisher oft nur ein einziges Virus, bisweilen sogar nur einen Virusstamm betrifft und überdies häufig durch Mutationen oder neu auftretende Virusstämme verloren geht und da die breiter wirksame Feldresistenz die Virusvermehrung in der Regel nur mehr oder auch weniger stark einschränkt, bleiben für eine antivirale Chemotherapie dennoch große Anwendungsgebiete. Deren Umfang dürfte die für die Entwicklung und Prüfung, besonders auf Toxizität und Umweltfreundlichkeit, erforderlichen hohen Aufwendungen rechtfertigen und amortisieren. In diesem Zusammenhang ist bedeutsam, daß antiphytovirale Verbindungen in Pflanzenformen, die eine gewisse Feldresistenz aufweisen, besonders gut wirken und oft Viren vollständig eliminieren. Offensichtlich ergeben sich in diesen Fällen Synergismen zwischen den die Resistenz auslösenden Prinzipien und den antiphytoviralen Verbindungen, deren Ursachen allerdings noch unbekannt sind. Sie auszunutzen bedeutet die *Einführung integrierter antiphytoviraler Maßnahmen*, die Bestandteil des weltweit in Entwicklung begriffenen *integrierten Pflanzenschutzes* werden könnten.

Schlußbemerkungen

Die Rolle der Viren in ihrer zellulären bzw. organismischen Umwelt und besonders in unserer Umwelt sowie die Wechselwirkungen zwischen dem Auftreten und der Verbreitung der Viren und dem ökologischen Geschehen konnte nur anhand ausgewählter Beispiele gezeigt werden. Das ist nicht allein dem naturgemäß begrenzten Umfang eines Buches geschuldet. Es ist vielmehr auch dadurch bedingt, daß mehr Fragen zur Virusökologie und deren Verflechtung mit der Ökologie der Organismen offen sind, als bisher beantwortet werden konnten. Diese Situation erfordert dringend eine Intensivierung entsprechender Untersuchungen und die Schließung der noch vorhandenen Kenntnislücken, zumal zunehmender Verkehr und Handel sowie der Wegfall von Zoll- und Handelsschranken zu immer intensiverem Austausch von Viren und Virusarten sowie von Virusüberträgern zwischen den verschieden Biozönosen führen. Hierdurch entstehen in diesen immer neue ökologische Ungleichgewichte. Das Auftreten und die unerwartet rasche Verbreitung neuer Viren von Mensch, Tier und Pflanze, aber auch von Viren, die in bestimmten Biozönosen als erloschen galten, erfordern immer neue oder auch, wie in jüngster Zeit im Fall der Schweinepest, die Wiedereinführung und ggf. Verbesserung bewährter Abwehrmaßnahmen. Diese müssen von der Verhinderung oder zumindest Einschränkung der Virusübertragung über geeignete Maßnahmen zur Immunisierung oder anderweitigen Resistenzinduktion und Maßnahmen einer antiviralen Chemotherapie bis hin zur Pflanzen- und ggf. auch Tierzüchtung reichen. Diese klassischen Maßnahmen, darüber hinaus aber auch neuartige gentechnologische Verfahren erfordern immer intensivere Kenntnisse zur Virusökologie und zur Beinflussung der Biozönosen durch Viren sowie durch Maßnahmen der Virusbekämpfung, in die auch die Anwendung gentechnisch veränderter Organismen einzuschließen sind.

Darüber hinaus erzwingen bestimmte Viren, die vor kürzerer oder längerer Zeit erstmalig in unserer Umwelt erschienen sind, auch Veränderungen in sozialen Verhaltensweisen. Das gilt besonders für HIV, das sich innerhalb von etwa 10 Jahren von seinem offensichtlichen Ursprungsgebiet in Afrika über die ganze Welt verbreitet hat, so daß Mitte 1995 weltweit über 18 Millionen mit HIV infizierter Menschen registriert waren. Die Dunkelziffer dürfte noch wesentlich größer sein. Auch bei der Ausbreitung von Viren, die Tierseuchen erregen, z. B. des Virus der Schweinepest, sind menschliche Verhaltensweisen wesentlich beteiligt, in die auch der realen Situation nicht gerecht werdende gesetzliche Regelungen eingeschlossen werden sollen. Vielfach leisten ferner ökonomische Erwägungen und Gewinnstreben der Ausbreitung von virusbedingten und anderen Tierseuchen wesentlichen Vorschub, z. B. wenn schwer kontrollierbare Tiertransporte in Zickzack–Routen über mehrere Staaten durch ganz Europa erfolgen. So sind zu einer Zeit, als in England der Rinderwahnsinn bereits ausgebrochen war, viele Rinder, und zwar nicht nur Schlachttiere, sondern auch Zuchttiere, aus England exportiert worden und auf mehr oder weniger verschlungenen Routen in verschiedene Länder Europas gelangt. Einem jetzt in Deutschland zur Schlachtung kommenden Tier ist seine mögliche Herkunft aus England oder die direkte Abstammung von einem seinerzeit importierten Muttertier kaum mehr nachzuweisen. Im Hinblick auf die lange Inkubationszeit des Rinderwahnsinns und die weder erwiesene noch ausgeschlossene Möglichkeit, daß diese schleichende Erkrankung von Muttertieren auf Kälber bzw. von Rindern auf Menschen übertragen wird, ist völlig offen, ob Gefahren drohen bzw. wie groß diese sind.

Um in Zukunft den Gefahren, die durch die Verschleppung von Viren und anderweitigen Seuchenerregern durch schwer zu kontrollierende Viehtransporte entstehen können, zu begegnen, ist aus virologischer Sicht, aber auch aus Sicht des Tierschutzes zu wünschen, daß trotz des Zusammenwachsens Europas Tiertransporte weitgehend eingeschränkt werden.

Es ist ein wesentliches Anliegen dieses Buches, deutlich werden zu lassen, wie die Viren in ihrer und unserer Umwelt in ein Geflecht von Beziehungen eingebunden sind, das infolge von evolutionären Veränderungen bei Viren, Viruswirten sowie in der Umwelt, ferner durch Maßnahmen der Menschen und auch durch menschliche Verhaltensweisen positiv und leider oft auch negativ beeinflußt werden kann. Diese Beziehungen zu erforschen und auf Grund der Erkenntnisse zu geeigneten, umweltfreundlichen Schutzmaßnahmen zu kommen, ist eine gewaltige Aufgabe. Um diese zu erfüllen, ist die Zusammenarbeit von Wissenschaftlern zahlreicher Disziplinen, von Virologen unterschiedlicher Arbeitsrichtungen, Medizinern, Serologen, Phytomedizinern, Entomolologen, Nematologen, Mykologen, Tier- und Pflanzenphysiologen, Pflanzenzüchtern, Biotechnologen, Ökologen und Verhaltensforschern, Soziologen und auch Juristen erforderlich. Möge diese interdisziplinäre Zusammenarbeit auf internationaler Basis zu einer Verminderung der Bedrohung der Umwelt durch Viren führen.

Literatur
(ausgewählte weiterführende Schriften)

Block, J. C.; Schwartzbrod, L.: Viruses in Watersystems: Detection and Identification. New York, Weinheim: Verlag Chemie 1989.

Büttner, C.: Untersuchungen zur Viruskontamination von Böden und Gewässern in Ökosystemen. Dissertation Univ. Bonn 1987.

Franz, J. M.; Krieg, A.: Biologische Schädlingsbekämpfung unter Berücksichtigung integrierter Verfahren. 3. Aufl. Berlin, Hamburg: Parey 1982.

Geiss, H. K.: Viren: die perfekte Überlebensstrategie. Heidelberg: Spektrum 1994.

Geissler, E. (Hrsg.): BI-Lexikon Virologie. Leipzig: Bibliographisches Institut 1986.

Gerba, C. P.; Goyal, S. M.: Methods in Environmental Virology. New York: Dekker 1982.

Grafe, A.: Viren, Parasiten unseres Lebensraumes: Taschenbuch der allgemeinen Virologie. Berlin, Heidelberg, New York: Springer 1977.

Gsell, O.; Krech, U.; Mohr, W. (Hrsg.): Klinische Virologie einschließlich Chlamydien, Coxiellen und Mykoplasmen; Fortschritte in Therapie, Diagnose und Prophylaxe. München, Wien: Urban und Schwarzenberg 1986.

Horzinek, M. C.: Kompendium der allgemeinen Virologie. 2. Aufl. Berlin, Hamburg: Parey 1985.

Kayser, F. H.; Bienz, K. A.; Eckert, J.; Lindemann, J.: Medizinische Mikrobiologie: Immunologie, Bakteriologie, Mykologie, Virologie, Parasitologie. 8. Aufl. Stuttgart, New York: Thieme 1993.

Kegler, H.; Friedt, W. (Hrsg.): Resistenz von Kulturpflanzen gegen pflanzenpathogene Viren. Jena: Fischer 1993.

Klinkowski, M.; Spaar, D. (Hrsg.): Pflanzliche Virologie, Bd. 1: Einführung in die allgemeinen Probleme. 3. Aufl. Berlin: Akademie–Verlag 1980.

Kurstak, E.; Marusyk, R. G.; Murphy, F. A.; Van Regenmortel, M. H. V. (Hrsg): Applied Virology Research, Vol. 1: New Vaccines and Chemotherapy. New York, London: Plenum Medical Book Company 1988.

Levine, A.J.: Viren: Diebe, Mörder und Piraten. Heidelberg: Spektrum 1992.

Liebermann, H.: Lehrbuch der veterinärmedizinischen Virologie. Jena: Fischer 1992.

Lopez – Pila, J. M. (Hrsg.): Viren und Plasmide in der Umwelt: Ausscheidung, Freisetzung, Biotechnologie. Stuttgart, New York: Fischer 1988.

Müller, H. E.: Die Infektionserreger des Menschen: Klinik, Epidemiologie, Ökologie und Nomenklatur. Berlin, Heidelberg: Springer 1989.

Nienhaus, F.: Viren, Mykoplasmen und Rickettsien – Parasiten an der Schwelle des Lebendigen. Stuttgart: Ulmer 1985.

Reinhard, E.; Kreis, W.; Rimpler, H.: Pharmazeutische Biologie, Bd. 1: Cytologie, Genetik, Physiologie, Viren, Bakterien, Pilze, Algen, Morphologie, Histologie und Anatomie des Kormus. Stuttgart: Fischer 1995.

Spaar, D.; Kleinhempel, H. (Hrsg): Bekämpfung von Viruskrankheiten der Kulturpflanzen. Berlin: Deutscher Landwirtschaftsverlag 1985.

Schuster, G.: Virus und Viruskrankheiten. 4. Aufl. Wittenberg Lutherstadt 1988; 5. Aufl. Magdeburg: Westarp – Wissenschaften (in Vorber.).

Vetter, C.: Viren, harmlos bis tödlich: Grippe, Masern, Herpes, AIDS; die Forschung im Wettlauf mit der Zeit. Stuttgart: Trias, Thieme, Hippokrates, Enke 1994.

Werner, H.: Medizinische Mikrobiologie. Stuttgart, New York: Schattauer 1991.

White, D. O.: Antiviral Chemotherapy, Interferons and Vaccines. Basel, München: Karger 1984.

Wiesmann, E.: Medizinische Mikrobiologie: Immunologie, Bakteriologie, Mykologie, Virologie, Parasitologie. 7. Aufl. Stuttgart, New York: Thieme 1989.

Sachverzeichnis

Worch
Wasser und Wasserinhaltsstoffe

**Eine Einführung
in die Hydrochemie**

Von Prof. Dr.
Eckhard Worch
Technische Universität Dresden

1997. 205 Seiten mit 33 Bildern.
16,2 x 22,9 cm.
(Teubner-Reihe UMWELT)
Kart. DM 48,–
ÖS 350,– / SFr 43,–
ISBN 3-8154-3525-0

Wasser ist ein wesentlicher Bestandteil unserer Umwelt und Grundlage des Lebens. Qualität und Nutzbarkeit des Wassers werden durch seine Inhaltsstoffe bestimmt. Das vorliegende Buch gibt – unter Berücksichtigung physikalisch-chemischer und stoffkundlicher Aspekte – einen kurzgefaßten Überblick über Vorkommen, Eigenschaften und Verhalten der wichtigsten natürlichen und anthropogenen Wasserinhaltsstoffe. Als Einführung in die Hydrochemie soll es wasserchemische Grundkenntnisse vermitteln und auf das Studium weiterführender Lehr- und Handbücher vorbereiten.

Das Buch wendet sich an Chemiestudenten, an Studenten wasserfachlicher und umweltwissenschaftlicher Studiengänge, in denen die Hydrochemie als Nebenfach gelehrt wird, sowie an alle, die sich in Ausbildung oder Beruf mit Fragen der Wasserqualität beschäftigen.

Preisänderungen vorbehalten.

B. G. Teubner Stuttgart · Leipzig

Kalbe
Limnische Ökologie

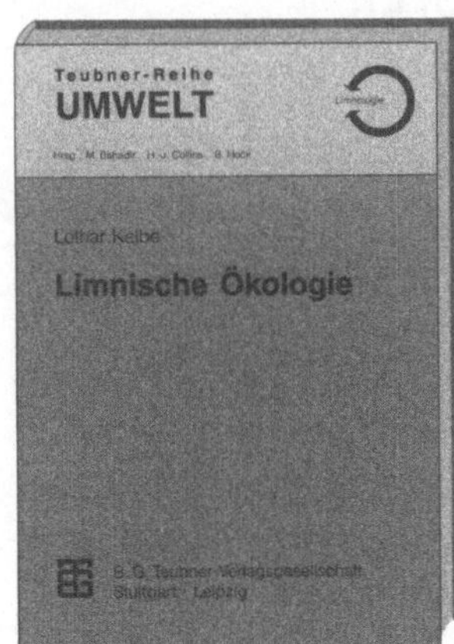

Von Dr. **Lothar Kalbe**
Potsdam

1997. 296 Seiten mit 81 Bildern
und 31 Tabellen.
16,2 x 22,9 cm.
(Teubner-Reihe UMWELT)
Kart. DM 59,80
ÖS 437,– / SFr 54,–
ISBN 3-8154-3510-2

In diesem Lehrbuch werden die
ökologischen Grundlagen der Limnologie und der angewandten
Ökologie dargestellt.

Im Mittelpunkt stehen die ökologischen Bedingungen für die Besiedlung der unterschiedlichen limnischen Ökosysteme mit Pflanzen
und Tieren, die Klassifizierung der
Gewässer und die Leistungen der
Lebensgemeinschaften. Dabei wird
der Leser mit der Belastbarkeit von
Ökosystemen, den Problemen der
Eutrophierung, der Selbstreinigung
und der Bioproduktion sowie der
Stabilität, Sanierung, Regeneration
und Restaurierung geschädigter
Systeme vertraut gemacht. Das
Buch wendet sich vor allem an Studenten und an Praktiker.

Preisänderungen vorbehalten.

B. G. Teubner Stuttgart · Leipzig